FUNDAMENTOS DA MECÂNICA DOS FLUIDOS

Blucher

**BRUCE R. MUNSON
DONALD F. YOUNG**
Departamento de Engenharia Aeroespacial e Mecânica Aplicada

THEODORE H. OKIISHI
Departamento de Engenharia Mecânica

UNIVERSIDADE ESTADUAL DE IOWA
Ames, Iowa, Estados Unidos da América

FUNDAMENTOS DA MECÂNICA DOS FLUIDOS

Tradução da 4.ª edição americana

Eng. Euryale de Jesus Zerbini
Professor Doutor do Departamento de Engenharia Mecânica
Escola Politécnica da Universidade de São Paulo
Integral Engenharia, Estudos e Projetos

Fundamentals of fluid mechanics
© 2002 by John Wiley & Sons, Inc.
A quarta edição em língua inglesa foi publicada pela
JOHN WILEY & SONS, INC.

Fundamentos da mecânica dos fluidos
© 2004 Editora Edgard Blücher Ltda.
1ª edição – 2004
9ª reimpressão – 2017

Blucher

Rua Pedroso Alvarenga, 1245, 4º andar
04531-934 – São Paulo – SP – Brasil
Tel.: 55 11 3078-5366
contato@blucher.com.br
www.blucher.com.br

É proibida a reprodução total ou parcial por quaisquer meios sem autorização escrita da editora.

Todos os direitos reservados pela Editora Edgard Blücher Ltda.

FICHA CATALOGRÁFICA

Munson, Bruce R.
   Fundamentos da mecânica dos fluidos / Bruce R. Munson, Donald F. Young, Theodore H. Okiishi; tradução da quarta edição americana: Euryale de Jesus Zerbini. – São Paulo: Blucher, 2004.

Título original: Fundamentals of fluid mechanics

ISBN 978-85-212-0343-8

1. Mecânica dos fluidos I. Young, Donald F. II. Okiishi, Theodore H. III. Título.

04-3629   CDD-620.106

Índices para catálogo sistemático:
1. Mecânica dos fluidos: Engenharia   620.106

Prefácio

Este livro é destinado aos estudantes de engenharia que estão interessados em aprender os fundamentos da mecânica dos fluidos. Esta área da mecânica está muito bem fundamentada e, obviamente, uma abordagem completa de todos seus aspectos não pode ser realizada num único volume. Assim, nós optamos pelo desenvolvimento de um texto adequado aos cursos iniciais sobre mecânica dos fluidos. Os princípios considerados são clássicos e estão bem estabelecidos há muitos anos. Entretanto, o modo de apresentar a mecânica dos fluidos evoluiu com as experiências em sala de aula e nós trouxemos para este texto nossas próprias idéias sobre o modo de ensinar este assunto importante e interessante. Nós preparamos esta quarta edição a partir dos resultados obtidos com a utilização das edições anteriores deste livro em muitos cursos introdutórios à mecânica dos fluidos e das sugestões de vários revisores, colegas e alunos. A maioria das alterações implementadas no texto são pequenas e visam torná-lo mais claro e moderno.

Nós agrupamos oitenta trechos de vídeo que ilustram vários aspectos importantes da mecânica dos fluidos e os disponibilizamos no site: www.blucher.com.br. Grande parte dos fenômenos mostrados nos vídeos estão relacionados com dispositivos simples e conhecidos. Nós também associamos um texto curto a cada vídeo para indicar o tópico que está sendo demonstrado e descrever sucintamente o fenômeno mostrado. A disponibilidade de um trecho de vídeo relacionado ao assunto que está sendo tratado é indicada pelo símbolo ☉. O número que acompanha o símbolo identifica o trecho de vídeo em questão (por exemplo, ☉ 2.3 se refere ao trecho de vídeo 3 do Capítulo 2). Nós também incluímos no livro vários problemas que utilizam informações presentes nos trechos de vídeo. Assim, os estudantes podem associar mais claramente o problema específico com o fenômeno relevante. Os problemas relacionados aos trechos de vídeo podem ser identificados facilmente.

Um de nossos objetivos é apresentar a mecânica dos fluidos como realmente ela é – uma disciplina muito útil e empolgante. Considerando este aspecto, nós incluímos muitas análises de problemas cotidianos que envolvem escoamentos. Nesta edição nós apresentamos a análise detalhada de 165 exemplos e também introduzimos um conjunto de problemas novos em cada um dos capítulos. Cerca de 10% dos problemas propostos devem ser resolvidos com calculadoras programáveis ou com computadores e estão devidamente identificados. Os problemas abertos continuam presentes nesta edição. A solução dos problemas deste tipo requer uma análise crítica, a formulação de hipóteses e a adoção de dados. Assim, os estudantes são estimulados a utilizar estimativas razoáveis ou obter informações adicionais fora da sala de aula. Os problemas abertos também são identificados facilmente. Uma característica das edições anteriores que foi mantida é a presença dos problemas parecidos com aqueles encontrados nos laboratórios didáticos de mecânica dos fluidos. Estes problemas incluem dados experimentais reais e o aluno é convidado a realizar uma análise detalhada de um problema similar ao encontrado num laboratório didático típico de mecânica dos fluidos. Nós acreditamos que este tipo de problema é particularmente importante para o desenvolvimento de um curso de mecânica dos fluidos que não conta com uma parte experimental. Estes problemas estão localizados na parte final dos capítulos e também podem ser identificados facilmente.

Este texto é introdutório. Assim, nossa apresentação visa proporcionar um desenvolvimento gradual do conhecimento do aluno e de sua capacidade de resolver problemas. Primeiramente, cada conceito importante, ou noção, é formulado em termos simples e é aplicado a circunstâncias fáceis de entender. Os aspectos complexos só são analisados após a apresentação inicial do material.

Os quatro primeiros capítulos apresentam ao estudante os aspectos fundamentais dos escoamentos, por exemplo: as propriedades importantes dos fluidos, regimes de escoamento, variações de pressão em fluidos em repouso ou escoando, cinemática dos fluidos e métodos utilizados na descrição e análise dos escoamentos. A equação de Bernoulli é introduzida no Capítulo 3. Isto foi feito para chamar a atenção sobre a inter-relação entre o movimento do fluido e a distribuição de pressão no campo de escoamento.

Nós acreditamos que esta consideração da dinâmica elementar dos fluidos aumentará a curiosidade do estudante e tornará a análise dos escoamentos complexos mais produtiva e interessante. Nós apresentamos, no Capítulo 4, os elementos essenciais da cinemática dos escoamentos. As descrições de Lagrange e Euler dos escoamentos são analisadas e indicamos a relação que existe entre estes dois modos de descrever os escoamentos. Para os professores que preferem considerar a cinemática dos fluidos detalhadamente, antes da apresentação da dinâmica dos fluidos elementar, os Capítulos 3 e 4 podem ser alternados sem perda de continuidade.

Os Capítulos 5, 6 e 7 apresentam uma expansão do método básico de análise geralmente utilizado para resolver, ou começar a resolver, os problemas de mecânica dos fluidos. Nós enfatizamos o entendimento do fenômeno físico, a descrição matemática do fenômeno e como se deve utilizar os volumes de controle diferencial e integral. Devido a importância crescente dos métodos numéricos na mecânica dos fluidos, nós incluímos um material introdutório sobre o assunto no Capítulo 6. Os efeitos do atrito nos campos de pressão e velocidade também são considerados com algum detalhe no Capítulo 6. Não é necessário um curso formal de termodinâmica para entender as várias porções do texto que tratam dos aspectos termodinâmicos dos escoamentos. Nós veremos que, em muitos casos, a análise matemática é insuficiente para analisar um escoamento. Assim, torna-se necessária a utilização de dados experimentais para resolver (fechar) o problema. Por este motivo, o Capítulo 7 apresenta as vantagens da utilização da análise dimensional e da similaridade para organizar os dados experimentais, para o planejamento experimental e, também, as técnicas básicas envolvidas nestes procedimentos.

Os Capítulos 8 e 9 oferecem ao estudante a oportunidade de aplicar os princípios vistos no texto, introduzem muitas noções adicionais importantes (camada limite, transição de escoamento laminar para turbulento, modelagem da turbulência, separação do escoamento etc.) c mostram muitas aplicações práticas da mecânica dos fluidos (escoamento em tubos, medições em escoamentos, arrasto, sustentação etc).

Nesta edição, os Capítulos Escoamento em Canal Aberto, Escoamento Compressível e Máquinas de Fluxo estão disponíveis no site: www.blucher.com.br. Isto foi feito para aumentar a portabilidade da versão impressa. As tabelas de escoamento compressível encontradas nas edições anteriores também foram substituídas por gráficos. Nós acreditamos que esta alteração facilitará a análise e visualização dos processos que ocorrem nos escoamentos compressíveis.

Os alunos que estudarem este texto e que resolverem um número representativo de problemas adquirirão um conhecimento sobre os fundamentos da mecânica dos fluidos. O material apresentado neste livro é maior do que aquele normalmente ministrado nos cursos introdutórios à mecânica dos fluidos. Assim, os professores podem escolher os tópicos necessários para alcançar os objetivos de seus próprios cursos. Nós também indicamos, quando oportuno, os artigos e livros que podem enriquecer o material apresentado no texto.

O Professor Bruce Reichert da Universidade Estadual do Kansas nos ajudou muito na elaboração do material sobre escoamento compressível e o Professor Patrick Kavanagh da Universidade Estadual de Iowa nos ajudou na elaboração do material sobre máquinas de fluxo. Nós expressamos nossos agradecimentos a estes Professores e a todos os colegas que nos ajudaram a desenvolver este livro. Nós queremos expressar nossa gratidão às pessoas que forneceram as fotografias utilizadas no texto e a Milton Van Dyke por sua ajuda nesta tarefa. Finalmente, nós agradecemos nossas famílias pelo apoio contínuo durante a preparação desta quarta edição.

O trabalho contínuo com os estudantes nos ensinou muito sobre como deve ser a educação em mecânica dos fluidos. Nós tentamos repassar esta experiência para as pessoas que utilizarem este texto. Obviamente, ainda estamos aprendendo e, antecipadamente, agradecemos suas sugestões e comentários.

Donald F. Young
Bruce R. Munson
Theodore H. Okiishi

CONTEÚDO

1 Introdução

1.1	Algumas Características dos Fluidos	1
1.2	Dimensões, Homogeneidade Dimensional e Unidades	2
1.2.1	Sistemas de Unidades	5
1.3	Análise do Comportamentos dos Fluidos	9
1.4	Medidas da Massa e do Peso dos Fluidos	10
1.4.1	Massa Específica	10
1.4.2	Peso Específico	11
1.4.3	Densidade	11
1.5	Lei dos Gases Perfeitos	11
1.6	Viscosidade	13
1.7	Compressibilidade dos Fluidos	18
1.7.1	Módulo de Elasticidade Volumétrico	18
1.7.2	Compressão e Expansão de Gases	19
1.7.3	Velocidade do Som	20
1.8	Pressão de Vapor	21
1.9	Tensão Superficial	21
1.10	Pequena Revisão Histórica	23
Referências		26
Problemas		26

2 Estática dos Fluidos

2.1	Pressão num Ponto	35
2.2	Equação Básica do Campo de Pressão	36
2.3	Distribuição de Pressão num Fluido em Repouso	37
2.3.1	Fluido Incompressível	37
2.3.2	Fluido Compressível	40
2.4	Atmosfera Padrão	42
2.5	Medições de Pressão	43
2.6	Manometria	45
2.6.1	Tubo Piezométrico	45
2.6.2	Manômetro em U	46
2.6.3	Manômetro com Tubo Inclinado	49
2.7	Dispositivos Mecânicos e Elétricos para a Medição da Pressão	49
2.8	Força Hidrostática Numa Superfície Plana	52
2.9	Prisma de Pressões	58
2.10	Força Hidrostática em Superfícies Curvas	62
2.11	Empuxo, Flutuação e Estabilidade	63
2.11.1	Princípio de Arquimedes	63
2.11.2	Estabilidade	66
2.12	Variação de Pressão num Fluido com Movimento de Corpo Rígido	67
2.12.1	Movimento Linear	67
2.12.1	Rotação de Corpo Rígido	69
Referências		72
Problemas		72

3 Dinâmica dos Fluidos Elementar - Equação de Bernoulli

3.1	Segunda Lei de Newton	89
3.2	$\mathbf{F} = m\mathbf{a}$ ao Longo de uma Linha de Corrente	91
3.3	Aplicação de $\mathbf{F} = m\mathbf{a}$ na Direção Normal à uma Linha de Corrente	96
3.4	Interpretarão Física	99
3.5	Pressão Estática, Dinâmica, de Estagnação e Total	102
3.6	Exemplos da Aplicação da Equação de Bernoulli	106
3.6.1	Jatos Livres	108
3.6.2	Escoamentos Confinados	115
3.6.3	Medição de Vazão	120
3.7	A Linha de Energia (ou de Carga Total) e a Linha Piezométrica	123
3.8	Restrições para a Utilização da Equação de Bernoulli	123
3.8.1	Efeitos da Compressibilidade	123
3.8.2	Efeitos Transitórios	126
3.8.3	Efeitos Rotacionais	128
3.8.4	Outras Restrições	129

Problemas   **130**

4   Cinemática dos Fluidos

4.1   O campo de velocidade   **145**
- 4.1.1 Descrições Euleriana e Lagrangeana dos Escoamentos   **147**
- 4.1.2 Escoamentos Uni, Bi e Tridimensionais   **148**
- 4.1.3 Escoamentos em Regime Permanente e Transitório   **149**
- 4.1.4 Linhas de Corrente, Linha de Emissão e Trajetória   **150**

4.2   O Campo de Aceleração   **153**
- 4.2.1 A Derivada Material   **154**
- 4.2.2 Efeitos Transitórios   **156**
- 4.2.3 Efeitos Convectivos   **157**
- 4.2.4 Coordenadas da Linha de Corrente   **160**

4.3   Sistemas e Volumes de Controle   **162**

4.4   Teorema de Transporte de Reynolds   **163**
- 4.4.1 Derivação do Teorema de Transporte de Reynolds   **165**
- 4.4.2 Interpretação Física   **170**
- 4.4.3 Relação com a Derivada Material   **171**
- 4.4.4 Efeitos em Regime Permanente   **172**
- 4.4.5 Efeitos Transitórios   **172**
- 4.4.6 Volumes de Controle Móveis   **174**
- 4.4.7 Escolha do Volume de Controle   **175**

Referências   **176**
Problemas   **176**

5   Análise com Volumes de Controle Finitos

5.1   Conservação da Massa - A Equação da Continuidade   **185**
- 5.1.1 Derivação da Equação da Continuidade   **185**
- 5.1.2 Volume de Controle Fixo e Indeformável   **187**
- 5.1.3 Volume de Controle Indeformável e Móvel   **193**
- 5.1.4 Volume de Controle Deformável   **195**

5.2   Segunda Lei de Newton — As Equações da Quantidade de Movimento Linear e do Momento da Quantidade de Movimento   **198**
- 5.2.1 Derivação da Equação da Quantidade de Movimento Linear   **198**
- 5.2.2 Aplicação da Equação da Quantidade de Movimento Linear   **199**
- 5.2.3 Derivação da Equação do Momento da Quantidade de Movimento   **214**
- 5.2.4 Aplicação da Equação do Momento da Quantidade de Movimento   **216**

5.3   A Primeira Lei da Termodinâmica - A Equação da Energia   **223**
- 5.3.1 Derivação da Equação da Energia   **223**
- 5.3.2 Aplicação da Equação da Energia   **225**
- 5.3.3 Comparação da Equação da Energia com a de Bernoulli   **229**
- 5.3.4 Aplicação da Equação da Energia a Escoamentos Não Uniformes   **235**
- 5.3.5 Combinação das Equações da Energia e de Momento da Quantidade de Movimento   **239**

5.4   A Segunda Lei da Termodinâmica – Escoamento Irreversível   **240**
- 5.4.1 Formulação da Equação da Energia para Volumes de Controle Semi-Infinitesimais   **240**
- 5.4.2 Segunda Lei da Termodinâmica para Volumes de Controle Semi-Infinitesimais   **240**
- 5.4.3 Combinação da Primeira com a Segunda Lei da Termodinâmica   **241**
- 5.4.4 Aplicação da Equação da Energia na Forma de Perda   **242**

Referências   **244**
Problemas   **245**

6   Análise Diferencial dos Escoamentos

6.1   Cinemática dos Elementos Fluidos   **265**
- 6.1.1 Campos de Velocidade e Aceleração   **266**
- 6.1.2 Movimento Linear e Deformação   **267**
- 6.1.3 Movimento Angular e Deformação   **268**

6.2	Conservação da Massa		271
	6.2.1 Equação da Continuidade na Forma Diferencial		271
	6.2.2 Sistema de Coordenadas Cilíndrico Polar		273
	6.2.3 A Função Corrente		274
6.3	Conservação da Quantidade de Movimento Linear		277
	6.3.1 Descrição das Forças que Atuam no Elemento Diferencial		278
	6.3.2 Equações do Movimento		279
6.4	Escoamento Invíscido		281
	6.4.1 As Equações do Movimento de Euler		281
	6.4.2 A Equação de Bernoulli		282
	6.4.3 Escoamento Irrotacional		283
	6.4.4 A Equação de Bernoulli para Escoamento Irrotacional		285
	6.4.5 Potencial de Velocidade		286
6.5	Escoamentos Potenciais Planos		289
	6.5.1 Escoamento Uniforme		291
	6.5.2 Fonte e Sorvedouro		291
	6.5.3 Vórtice		293
	6.5.4 Dipolo		296
6.6	Superposição de Escoamentos Potenciais Básicos		298
	6.6.1 Fonte num Escoamento Uniforme		299
	6.6.2 Corpos de Rankine		302
	6.6.3 Escoamento em Torno de um Cilindro		304
6.7	Outros Aspectos da Análise de Escoamentos Potenciais		309
6.8	Escoamento Viscoso		310
	6.8.1 Relações entre Tensões e Deformações		310
	6.8.2 As Equações de Navier–Stokes		311
6.9	Soluções Simples para Escoamentos Incompressíveis e Viscosos		312
	6.9.1 Escoamento Laminar e em Regime Permanente entre Duas Placas Paralelas		312
	6.9.2 Escoamento de Couette		315
	6.9.3 Escoamento Laminar e em Regime Permanente nos Tubos		317
	6.9.4 Escoamento Laminar, Axial e em Regime Permanente num Espaço Anular		320
6.10	Outros Aspectos da Análise Diferencial		322
	6.10.1 Métodos Numéricos		322
Referências			331
Problemas			331

7 Semelhança, Análise Dimensional e Modelos

7.1	Análise Dimensional		344
7.2	Teorema de Buckingham Pi		346
7.3	Determinação dos Termos Pi		347
7.4	Alguns Comentários Sobre a Análise Dimensional		353
	7.4.1 Escolha das Variáveis		353
	7.4.2 Determinação das Dimensões de Referência		354
	7.4.3 Unicidade dos Termos Pi		356
7.5	Determinação dos Termos Pi por Inspeção		357
7.6	Grupos Adimensionais Usuais na Mecânica dos Fluidos		359
7.7	Correlação de Dados Experimentais		363
	7.7.1 Problemas com Um Termo Pi		363
	7.7.2 Problemas com Dois ou Mais Termos Pi		364
7.8	Modelos e Semelhança		367
	7.8.1 Teoria dos Modelos		367
	7.8.2 Escalas do Modelo		371
	7.8.3 Aspectos Práticos na Utilização de Modelos		371
7.9	Estudo de Alguns Modelos Típicos		372
	7.9.1 Escoamentos em Condutos Fechados		373
	7.9.2 Escoamentos em Torno de Corpos Imersos		375
	7.9.3 Escoamentos com Superfície Livre		379
7.10	Semelhança Baseada nas Equações Diferenciais		382
Referências			385
Problemas			386

8 Escoamento Viscoso em Condutos

8.1	Características Gerais dos Escoamentos em Condutos		399
	8.1.1 Escoamento Laminar e Turbulento		399
	8.1.2 Região de Entrada e Escoamento Plenamente Desenvolvido		401

	8.1.3	Tensão de Cisalhamento e Pressão	402
8.2		Escoamento Laminar Plenamente Desenvolvido	403
	8.2.1	Aplicação de **F** = m**a** num Elemento Fluido	404
	8.2.2	Aplicação das Equações de Navier Stokes	408
	8.2.3	Aplicação da Análise Dimensional	409
	8.2.4	Considerações sobre Energia	411
8.3		Escoamento Turbulento Plenamente Desenvolvido	413
	8.3.1	Transição do Escoamento Laminar para o Turbulento	414
	8.3.2	Tensão de Cisalhamento Turbulenta	415
	8.3.3	Perfil de Velocidade Turbulento	420
	8.3.4	Modelagem da Turbulência	424
	8.3.5	Caos e Turbulência	424
8.4		Análise Dimensional do Escoamento em Tubos	425
	8.4.1	O Diagrama de Moody	425
	8.4.2	Perdas Localizadas (ou Singulares)	431
	8.4.3	Dutos	443
8.5		Exemplos de Escoamentos em Condutos	445
	8.5.1	Condutos Simples	445
	8.5.2	Sistemas com Múltiplos Condutos	455
8.6		Medição da Vazão em Tubos	460
	8.6.1	Medidores de Vazão em Tubos	460
	8.6.2	Medidores Volumétricos	465
Referências			467
Problemas			468

9 Escoamento Sobre Corpos Imersos

9.1		Características Gerais dos Escoamentos Externos	481
	9.1.1	Arrasto e Sustentação	483
	9.1.2	Características do Escoamento em Torno de Corpos	486
9.2		Características da Camada Limite	490
	9.2.1	Estrutura e Espessura da Camada Limite numa Placa Plana	490
	9.2.2	Solução da Camada Limite de Prandtl/Blasius	494
	9.2.3	Equação Integral da Quantidade de Movimento para a Placa Plana	498
	9.2.4	Transição de Escoamento Laminar para Turbulento	504
	9.2.5	Escoamento Turbulento na Camada Limite	506
	9.2.6	Efeitos do Gradiente de Pressão	511
	9.2.7	Equação Integral da Quantidade de Movimento com Gradiente de Pressão Não Nulo	515
9.3		Arrasto	516
	9.3.1	Arrasto Devido ao Atrito	516
	9.3.2	Arrasto Devido à Pressão	518
	9.3.3	Dados de Coeficiente de Arrasto e Exemplos	521
9.4		Sustentação	534
	9.4.1	Distribuição de Pressão Superficial	536
	9.4.2	Circulação	543
Referências			547
Problemas			548

A	Tabela para Conversão de Unidades	559
B	Propriedades Físicas dos Fluidos	561
C	Atmosfera Americana Padrão	564

Respostas de Alguns Problemas Pares — 565

Índice — 569

No site: www.blucher.com.br

10 Escoamento em Canal Aberto

10.1	Características Gerais dos Escoamentos em Canal Aberto	575
10.2	Ondas Superficiais	577

	10.2.1	Velocidade da Onda	577
	10.2.2	Efeitos do Número de Froude	580
10.3	Considerações Energéticas	581
	10.3.1	Energia Específica	581
	10.3.2	Variação da Profundidade do Escoamento	586
10.4	Escoamento com Profundidade Uniforme em Canais	587
	10.4.1	Aproximação de Escoamento Uniforme	587
	10.4.2	As Equações de Chezy e Manning	589
	10.4.3	Exemplos de Escoamentos com Profundidade Uniforme	591
10.5	Escoamento com Variação Gradual	598
	10.5.1	Classificação das Formas de Superfícies Livres	599
	10.5.2	Exemplos de Escoamentos com Variação Gradual	600
10.6	Escoamento com Variação Rápida	602
	10.6.1	O Ressalto Hidráulico	603
	10.6.2	Vertedores com Soleira Delgada	609
	10.6.3	Vertedores com Soleira Espessa	612
	10.6.4	Comportas Submersas	614
Referências	616
Problemas	617

11 Escoamento Compressível

11.1	Gases Perfeitos	628
11.2	Número de Mach e Velocidade do Som	633
11.3	Tipos de Escoamentos Compressíveis	637
11.4	Escoamento Isoentrópico de um Gás Perfeito	640
	11.4.1 Efeito da Variação da Seção Transversal do Escoamento	641
	11.4.2 Escoamentos em Dutos Convergente - Divergente	643
	11.4.3 Escoamentos em Dutos com Seção Transversal Constante	660
11.5	Escoamentos Não Isoentrópicos de um Gás Perfeito	660
	11.5.1 Escoamento Adiabático e com Atrito em Dutos com Seção Transversal Constante (Escoamento de Fanno)	660
	11.5.2 Escoamento Invíscido e com Transferência de Calor em Dutos com Seção Transversal Constante (Escoamento de Rayleigh)	673
	11.5.3 Ondas de Choque Normais	680
11.6	Analogia Entre Escoamentos Compressíveis e os em Canais Abertos	689
11.7	Escoamento Compressível Bidimensional	691
Referências	694
Problemas	694

12 Máquinas de Fluxo

12.1	Introdução	705
12.2	Considerações Energéticas Básicas	707
12.3	Considerações Básicas sobre o Momento da Quantidade de Movimento	711
12.4	A Bomba Centrífuga	713
	12.4.1 Considerações Teóricas	715
	12.4.2 Características do Comportamento das Bombas	718
	12.4.3 NPSH	720
	12.4.3 Características do Sistema e Escolha da Bomba	722
12.5	Parâmetros Adimensionais e Leis de Semelhança	726
	12.5.1 Leis Especiais de Semelhança para Bombas	728
	12.5.2 Rotação Específica	729
	12.5.3 Rotação Específica de Sucção	729
12.6	Bombas de Fluxo Axial e Misto	731
12.7	Ventiladores	733
12.8	Turbinas	734
	12.8.1 Turbinas de Ação	736
	12.8.2 Turbinas de Reação	744
12.9	Máquinas de Fluxo com Escoamento Compressível	748
	12.9.1 Compressores	749
	12.9.2 Turbinas	753
Referências	755
Problemas	756

Introdução 1

A mecânica dos fluidos é a parte da mecânica aplicada que se dedica à análise do comportamento dos líquidos e gases tanto em equilíbrio quanto em movimento. Obviamente, o escopo da mecânica dos fluidos abrange um vasto conjunto de problemas. Por exemplo, estes podem variar do estudo do escoamento de sangue nos capilares (que apresentam diâmetro da ordem de poucos mícrons) até o escoamento de petróleo através de uma oleoduto (o do Alaska apresenta diâmetro igual a 1,2 m e comprimento aproximado de 1300 km). Os princípios da mecânica dos fluidos são necessários para explicar porque o vôo dos aviões com formato aerodinâmico e com superfícies lisas é mais eficiente e também porque a superfície das bolas de golfe deve ser rugosa. Muitas questões interessantes podem ser respondidas se utilizarmos modelos simples da mecânica dos fluidos. Por exemplo:

- Como um foguete gera empuxo no espaço exterior (na ausência de ar para empurrá-lo)?
- Por que você não escuta o ruído de um avião supersônico até que ele passe por cima de você?
- Por que um rio escoa com uma velocidade significativa apesar do declive da superfície ser pequeno (o desnível não é detectado com um nível comum)?
- Como as informações obtidas num modelo de avião podem ser utilizadas no projeto de um avião real?
- Por que a superfície externa do escoamento de água numa torneira as vezes parece ser lisa e em outras vezes parece ser rugosa?
- Qual é a economia de combustível que pode ser obtida melhorando-se o projeto aerodinâmico dos automóveis e caminhões?

A lista das possíveis aplicações práticas, e também das perguntas envolvidas, é infindável. Mas, todas elas tem um ponto em comum – a mecânica dos fluidos. É muito provável que, durante a sua carreira de engenheiro, você utilizará vários conceitos da mecânica dos fluidos na análise e no projeto dos mais diversos equipamentos e sistemas. Assim, torna-se muito importante que você tenha um bom conhecimento desta disciplina. Nós esperamos que este texto introdutório lhe proporcione uma base sólida nos aspectos fundamentais da mecânica dos fluidos.

1.1 Algumas Características dos Fluidos

Uma das primeiras questões que temos de explorar é – o que é um fluido? Outra pergunta pertinente é – quais são as diferenças entre um sólido e um fluido? Todas as pessoas, no mínimo, tem uma vaga idéia destas diferenças. Um sólido é "duro" e não é fácil deformá-lo enquanto um fluido é "mole" e é muito fácil deformá-lo (nós podemos nos movimentar no ar !). Estas observações sobre as diferenças entre sólidos e fluidos, apesar de serem um tanto descritivas, não são satisfatórias do ponto de vista científico ou da engenharia. As análises da estrutura molecular dos materiais revelam que as moléculas de um material dito sólido (aço, concreto etc) são pouco espaçadas e estão sujeitas a forças intermoleculares intensas e coesivas. Esta configuração permite ao sólido manter sua forma e lhe confere a propriedade de não ser deformado facilmente. Entretanto, num material dito líquido (água, óleo etc), o espaçamento entre as moléculas é maior e as forças intermoleculares são fracas (em relação àquelas nos sólidos). Por estes motivos, as moléculas de um líquido apresentam maior liberdade de movimento e, assim, os líquidos podem ser facilmente deformados (mas não comprimidos), ser vertidos em reservatórios ou forçados a escoar em tubulações. Os gases (ar, oxigênio etc) apresentam espaços intermoleculares ainda maiores e as forças intermoleculares são desprezíveis (a liberdade de movimento das moléculas é ainda maior do que àquela nos líquidos). As consequências destas características são: os gases podem ser facilmente deformados (e comprimidos) e sempre ocuparão totalmente o volume de qualquer reservatório que os armazene.

2 Fundamentos da Mecânica dos Fluidos

Nós mostramos que as diferenças entre os comportamentos dos sólidos e dos fluidos podem ser explicadas qualitativamente a partir de suas estruturas moleculares. Entretanto, nós também podemos distingui-los a partir dos seus comportamentos (como eles deformam) sob a ação de uma carga externa. Especificamente, um fluido é definido como a substância que deforma continuamente quando submetida a uma tensão de cisalhamento de qualquer valor. A tensão de cisalhamento (força por unidade de área) é criada quando uma força atua tangencialmente numa superfície. Considere um sólido comum, tal como o aço ou outro metal, submetido a uma determinada tensão de cisalhamento. Inicialmente, o sólido deforma (normalmente a deformação provocada pela tensão é muito pequena) mas não escoa (deformação contínua). Entretanto, os fluidos comuns (como a água, óleo, ar etc) satisfazem a definição apresentada, ou seja, eles escoarão quando submetidos a qualquer tensão de cisalhamento. Alguns materiais, como o alcatrão e a pasta de dente, não podem ser classificados facilmente porque se comportam como um sólido quando submetidos a tensões de cisalhamento pequenas e se comportam como um fluido quando a tensão aplicada excede um certo valor crítico. O estudo de tais materiais é denominado reologia e não pertence a mecânica dos fluidos dita "clássica". Neste livro nós só lidaremos com fluidos que se comportam de acordo com a definição formulada neste parágrafo.

Apesar da estrutura molecular dos fluidos ser importante para distinguir um fluido de outro, não é possível descrever o comportamento dos fluidos, em equilíbrio ou em movimento, a partir da dinâmica individual de suas moléculas. Mais precisamente, nós caracterizaremos o comportamento dos fluidos considerando os valores médios, ou macroscópicos, das quantidades de interesse. Note que esta média deve ser avaliada em um volume pequeno mas que ainda contém um número muito grande de moléculas. Assim, quando afirmamos que a velocidade num ponto do escoamento vale um certo valor, na verdade, nós estamos indicando a velocidade média das moléculas que ocupam um pequeno volume que envolve o ponto. Este volume deve ser pequeno em relação as dimensões físicas do sistema que estamos analisando mas deve ser grande quando comparado com a distância média intermolecular. Será que este modo de descrever o comportamento dos fluidos é razoável? A resposta usualmente é sim porque, normalmente, o espaçamento entre as moléculas é muito pequeno. Por exemplo, as ordens de grandeza dos espaçamentos intermoleculares dos gases, a pressão e temperatura normais, e dos líquidos são respectivamente iguais a 10^{-6} e 10^{-7} mm. Assim, o número de moléculas por milímetro cúbico é da ordem de 10^{18} para os gases e 10^{21} para os líquidos. Note que o número de moléculas que ocupam um volume muito pequeno é enorme. Assim, a idéia de utilizar o valor médio avaliado neste volume é adequada. Nós também vamos admitir que todas as características dos fluidos que estamos interessados (pressão, velocidade etc) variam continuamente através do fluido - ou seja, nós trataremos o fluido como um meio contínuo. Este conceito será válido em todas as circunstâncias consideradas neste texto. Uma área da mecânica dos fluidos onde esta hipótese não é válida é o estudo dos gases rarefeitos (uma condição que é encontrada em altitudes muito altas). Neste caso, o espaçamento entre as moléculas de ar pode ser tão grande que o conceito de meio contínuo deixa de ser válido.

1.2 Dimensões, Homogeneidade Dimensional e Unidades

O estudo da mecânica dos fluidos envolve uma variedade de características. Assim, torna-se necessário desenvolver um sistema para descrevê-las de modo qualitativo e quantitativo. O aspecto qualitativo serve para identificar a natureza, ou tipo, da característica (como comprimento, tempo, tensão e velocidade) enquanto o aspecto quantitativo fornece uma medida numérica para a característica. A descrição quantitativa requer tanto um número quanto um padrão para que as várias quantidades possam ser comparadas. O padrão para o comprimento pode ser o metro ou a polegada, para o tempo pode ser a hora ou o segundo e para a massa pode ser o quilograma ou a libra. Tais padrões são chamados unidades e nós veremos, na próxima seção, alguns dos vários sistemas de unidades que estão sendo utilizados. A descrição qualitativa é convenientemente realizada quando utilizamos certas quantidades primárias (como o comprimento, L, tempo, T, massa, M, e temperatura, Θ). Estas quantidades primárias podem ser combinadas e utilizadas para descrever, qualitativamente, outras quantidades ditas secundárias, por exemplo: área $\doteq L^2$, velocidade $\doteq LT^{-1}$ e massa específica $\doteq ML^{-3}$. O símbolo $\doteq$ é utilizado para indicar a dimensão da quantidade secundária em função das dimensões das quantidades primárias. Assim, nós podemos descrever qualitativamente a velocidade, V, do seguinte modo

Tabela 1.1 Dimensões Associadas a Algumas Quantidades Físicas Usuais

	Sistema *FLT*	Sistema *MLT*
Aceleração	LT^{-2}	LT^{-2}
Aceleração angular	T^{-2}	T^{-2}
Ângulo	$F^0 L^0 T^0$	$M^0 L^0 T^0$
Área	L^2	L^2
Calor	FL	$ML^2 T^{-2}$
Calor específico	$L^2 T^{-2} \Theta^{-1}$	$L^2 T^{-2} \Theta^{-1}$
Comprimento	L	L
Deformação (relativa)	$F^0 L^0 T^0$	$M^0 L^0 T^0$
Energia	FL	$ML^2 T^{-2}$
Força	F	MLT^{-2}
Freqüência	T^{-1}	T^{-1}
Massa	$FL^{-1} T^2$	M
Massa específica	$FL^{-4} T^2$	ML^{-3}
Módulo de elasticidade	FL^{-2}	$ML^{-1} T^{-2}$
Momento de inércia (área)	L^4	L^4
Momento de inércia (massa)	FLT^2	ML^2
Momento de uma força	FL	$ML^2 T^{-2}$
Peso específico	FL^{-3}	$ML^{-2} T^{-2}$
Potência	FLT^{-1}	$ML^2 T^{-3}$
Pressão	FL^{-2}	$ML^{-1} T^{-2}$
Quantidade de movimento	FT	MLT^{-1}
Temperatura	Θ	Θ
Tempo	T	T
Tensão	FL^{-2}	$ML^{-1} T^{-2}$
Tensão superficial	FL^{-1}	MT^{-2}
Torque	FL	$ML^2 T^{-2}$
Trabalho	FL	$ML^2 T^{-2}$
Velocidade	LT^{-1}	LT^{-1}
Velocidade angular	T^{-1}	T^{-1}
Viscosidade cinemática	$L^2 T^{-1}$	$L^2 T^{-1}$
Viscosidade dinâmica	$FL^{-2} T$	$ML^{-1} T^{-1}$
Volume	L^3	L^3

$$V \doteq LT^{-1}$$

e dizer que a dimensão da velocidade é igual a comprimento dividido pelo tempo. As quantidades primárias também são denominadas dimensões básicas.

É interessante notar que são necessárias apenas três dimensões básicas (L, T e M) para descrever um grande número de problemas da mecânica dos fluidos. Nós também podemos utilizar um conjunto de dimensões básicas composto por L, T e F onde F é a dimensão da força. Isto é possível porque a 2ª lei de Newton estabelece que a força é igual a massa multiplicada pela aceleração, ou seja, em termos qualitativos, esta lei pode ser expressa por $F \doteq MLT^{-2}$ ou $M \doteq FL^{-1} T^2$. Assim, as quantidades secundárias expressas em função de M também podem ser expressas em função de F através da relação anterior. Por exemplo, a dimensão da tensão, σ, é força por unidade de área, $\sigma \doteq FL^{-2}$, mas uma equação dimensional equivalente é $\sigma \doteq ML^{-1} T^{-2}$. A Tab. 1.1 apresenta as dimensões das quantidades físicas normalmente utilizadas na mecânica dos fluidos.

4 Fundamentos da Mecânica dos Fluidos

Todas as equações teóricas são dimensionalmente homogêneas, ou seja, as dimensões dos lados esquerdo e direito da equação são iguais e todos os termos aditivos separáveis que compõe a equação precisam apresentar a mesma dimensão. Nós aceitamos como premissa fundamental que todas as equações que descrevem os fenômenos físicos são dimensionalmente homogêneas. Se isto não for verdadeiro, nós estaremos igualando quantidades físicas diversas e isto não faz sentido. Por exemplo, a equação para a velocidade de um corpo uniformemente acelerado é

$$V = V_0 + at \tag{1.1}$$

onde V_0 é a velocidade inicial, a é a aceleração e t é o intervalo de tempo. Em termos dimensionais, a forma desta equação é

$$LT^{-1} \doteq LT^{-1} + LT^{-1}$$

Assim, nós concluímos que a Eq. 1.1 é dimensionalmente homogênea.

Algumas equações verdadeiras contém constantes que apresentam dimensionalidade. Por exemplo, sob certas condições, a equação para a distância, d, percorrida por um corpo que cai em queda livre pode ser expressa por

$$d = 4,9\, t^2 \tag{1.2}$$

Um teste dimensional desta equação revela que a constante precisa apresentar dimensão LT^{-2} para que a equação seja dimensionalmente homogênea. De fato, a Eq. 1.2 é uma forma particular da conhecida equação da física clássica que descreve o movimento dos corpos em queda livre,

$$d = \frac{g\, t^2}{2} \tag{1.3}$$

onde g é a aceleração da gravidade. É importante observar que a Eq. 1.3 é dimensionalmente homogênea e válida em qualquer sistema de unidades. Já a Eq. 1.2 só é válida se $g = 9,8$ m/s² e se o sistema de unidades for baseado no metro e no segundo. As equações que estão restritas a um sistema particular de unidades são conhecidas como equações homogêneas restritas e, em oposição, as equações que são válidas em qualquer sistema de unidades são conhecidas como equações homogêneas gerais. A discussão precedente indica um aspecto elementar, mas importante, da utilização do conceito de dimensões: é possível determinar a generalidade de uma equação a partir da análise das dimensões dos vários termos da equação. O conceito de dimensão é fundamental para a análise dimensional (uma ferramenta muito poderosa que será considerada detalhadamente no Cap. 7).

Exemplo 1.1

A equação usualmente utilizada para determinar a vazão em volume, Q, do escoamento de líquido através de um orifício localizado na lateral de um tanque é

$$Q = 0,61 A \sqrt{2gh}$$

onde A é a área do orifício, g é a aceleração da gravidade e h é a altura da superfície livre do líquido em relação ao orifício. Investigue a homogeneidade dimensional desta equação.

Solução As dimensões dos componentes da equação são:

Q = volume/tempo $\doteq L^3 T^{-1}$ A = área $\doteq L^2$

g = aceleração da gravidade $\doteq LT^{-2}$ h = altura $\doteq L$

Se substituirmos estes termos na equação, obtemos a forma dimensional, ou seja,

$$\left(L^3 T^{-1}\right) \doteq (0,61)(L^2)\left(\sqrt{2}\right)\left(LT^{-2}\right)^{1/2}(L)^{1/2}$$

ou

$$\left(L^3 T^{-1}\right) \doteq \left[(0,61)\left(\sqrt{2}\right)\right]\left(L^3 T^{-1}\right)$$

Este resultado mostra que a equação é dimensionalmente homogênea (os dois lados da equação apresentam a mesma dimensão $L^3 T^{-1}$) e que as constantes (0,61 e $\sqrt{2}$) são adimensionais.

Agora, se é necessário utilizar esta relação repetitivamente, nós somos tentados a simplificá-la trocando *g* pelo valor da aceleração da gravidade padrão (9,81 m/s²). Assim,

$$Q = 2{,}70 A \sqrt{h} \qquad (1)$$

Uma verificação rápida das dimensões nesta equação revela que

$$(L^3 T^{-1}) \doteq (2{,}70)(L^{5/2})$$

Então, a equação expressa como Eq. 1 só pode ser dimensionalmente correta se o número 2,70 apresentar dimensão $L^{1/2} T^{-1}$. O significado da constante (número) de uma equação, ou fórmula, apresentar dimensões é que seu valor depende do sistema de unidades utilizado. Assim, para o caso considerado (a unidade de comprimento é o metro e a de tempo é o segundo), o número 2,70 apresenta unidade $m^{1/2}$/s. A Eq. 1 somente fornecerá o valor correto de *Q* (em m³/s) quando *A* for expresso em metros quadrados e a altura *h* em metros. Assim, a Eq. 1 é uma equação dimensionalmente restrita enquanto que a equação original é uma equação homogênea geral (porque é válida em qualquer sistema de unidades). Uma verificação rápida das dimensões dos vários termos da equação é uma prática muito indicada e sempre útil na eliminação de erros. Lembre que todas as equações que apresentam significado físico precisam ser dimensionalmente homogêneas. Nós abordamos superficialmente alguns aspectos da utilização das unidades neste exemplo e, por este motivo, vamos considerá-los novamente na próxima seção.

1.2.1 Sistemas de Unidades

Normalmente, além de termos que descrever qualitativamente uma quantidade, é necessário quantificá-la. Por exemplo, a afirmação – nós medimos a largura desta página e concluímos que ela apresenta 10 unidades de largura – não tem significado até que a unidade de comprimento seja definida. Nós estabeleceremos um sistema de unidade para o comprimento quando indicarmos que a unidade de comprimento é o metro e definirmos o metro como um comprimento padrão (agora é possível atribuir um valor numérico para a largura da página). Adicionalmente ao comprimento, é necessário estabelecer uma unidade para cada uma das quantidades físicas básicas que são importantes nos nossos problemas (força, massa, tempo e temperatura). Existem vários sistemas de unidades em uso mas nós consideraremos apenas três dos mais utilizados na engenharia.

Sistema Britânico Gravitacional. Neste sistema, a unidade de comprimento é o pé (ft), a unidade de tempo é o segundo (s), a unidade de força é a libra força (lbf), a unidade de temperatura é o grau Fahrenheit (°F) (ou o grau Rankine (°R) quando a temperatura é absoluta). Estas duas unidades de temperatura estão relacionadas através da relação

Tabela 1.2 Prefixos Utilizados no SI

Fator de Multiplicação da Unidade	Prefixo	Símbolo
10^{12}	tera	T
10^{9}	giga	G
10^{6}	mega	M
10^{3}	kilo	k
10^{2}	hecto	h
10	deca	de
10^{-1}	deci	d
10^{-2}	centi	c
10^{-3}	mili	m
10^{-6}	micro	μ
10^{-9}	nano	n
10^{-12}	pico	p
10^{-15}	fento	f
10^{-18}	ato	a

6 Fundamentos da Mecânica dos Fluidos

Tabela 1.3 Fatores de Conversão dos Sistemas Britânicos de Unidades para o SI [a]

	Para converter de	para	Multiplique por
Aceleração	ft / s²	m / s²	3,048 E−1
Área	ft²	m²	9,290 E−2
Comprimento	ft	m	3,048 E−1
	in	m	2,540 E−2
	milha	m	1,609 E+3
Energia	Btu	J	1,055 E+3
	ft · lbf	J	1,356
Força	lbf	N	4,448
Massa	lbm	kg	4,536 E−1
	slug	kg	1,459 E+1
Massa específica	lbm / ft³	kg / m³	1,602 E+1
	slugs / ft³	kg / m³	5,154 E+2
Peso específico	lbf / ft³	N / m³	1,571 E+2
Potência	ft · lb / s	W	1,356
	hp	W	7,457 E+2
Pressão	in. Hg (60 °F)	N / m²	3,377 E+3
	lbf / ft² (psf)	N / m²	4,788 E+1
	lbf / in² (psi)	N / m²	6,895 E+3
Temperatura	°F	°C	$T_c = 5/9\,(T_F - 32)$
	°R	K	5,556 E−1
Vazão em volume	ft³ / s	m³ / s	2,832 E−2
	galão / minuto (gpm)	m³ / s	6,309 E−5
Velocidade	ft / s	m / s	3,048 E−1
	milha / hora	m / s	4,470 E−1
Viscosidade cinemática	ft² / s	m² / s	9,290 E−2
Viscosidade dinâmica	lbf · s / ft²	N · s / m²	4,788 E+1

[a] O Apen. A contém uma tabela de conversão de unidades mais precisa.

$$°R = °F + 459{,}67$$

A unidade de massa, conhecida como *slug*, é definida pela da segunda lei de Newton (força = massa × aceleração). Assim,

$$1\ \text{lbf} = (1\ slug)\,(1\ \text{ft}/\text{s}^2)$$

Esta relação indica que uma força de 1 libra atuando sobre a massa de 1 *slug* provocará uma aceleração de 1 ft/s².

O peso W (que é a força devida a aceleração da gravidade) de uma massa m é dado pela equação

$$W = m\,g$$

No sistema britânico gravitacional,

$$W\,(\text{lbf}) = m\,(slugs)\,g\,(\text{ft}/\text{s}^2)$$

Como a aceleração da gravidade padrão é igual a 32,174 ft/s², temos que a massa de 1 *slug* pesa 32,174 lbf no campo gravitacional padrão (normalmente este valor é aproximado para 32,2 lbf).

Sistema Internacional (SI). A décima-primeira Conferência Geral de Pesos e Medidas (1960), organização internacional responsável pela manutenção de normas precisas e uniformes de medidas, adotou oficialmente o Sistema Internacional de Unidades. Este sistema, conhecido como SI, tem sido adotado em quase todo o mundo e espera-se que todos países o utilizem a longo prazo. Neste sistema, a unidade de comprimento é o metro (m), a de tempo é o segundo (s), a de massa é o quilograma (kg) e a de temperatura é o kelvin (K). A escala de temperatura Kelvin é absoluta e está relacionada com a escala Celsius (°C) através da relação

$$K = °C + 273,15$$

Apesar da escala Celsius não pertencer ao SI, é usual especificar a temperatura em graus Celsius quando estamos trabalhando no SI.

A unidade de força no SI é o newton (N) e é definida com a segunda lei de Newton, ou seja,

$$1\ N = (1\ kg)(1\ m/s^2)$$

Assim, uma força de 1 N atuando numa massa de 1 kg provocará uma aceleração de 1 m/s². O módulo da aceleração da gravidade padrão no SI é 9,807 m/s² (normalmente nós aproximamos este valor para 9,81 m/s²). Se adotarmos esta aproximação, a massa de 1 kg pesa 9,81 N sob a ação da gravidade padrão. Note que o peso e a massa são diferentes tanto qualitativamente como quantitativamente. A unidade de trabalho no SI é o joule (J). Um joule é o trabalho realizado quando o ponto de aplicação de uma força de 1 N é deslocado 1 m na direção de aplicação da força, ou seja,

$$1\ J = 1\ N \cdot m$$

Tabela 1.4 Fatores de Conversão do SI para os Sistemas Britânicos de Unidades [a]

	Para converter de	para	Multiplique por
Aceleração	m / s²	ft / s²	3,281
Área	m²	ft²	1,076 E+1
Comprimento	m	ft	3,281
	m	in	3,937 E+1
	m	milha	6,214 E−4
Energia	J	Btu	9,478 E−4
	J	ft · lbf	7,376 E−1
Força	N	lbf	2,248 E−1
Massa	kg	lbm	2,205
	kg	*slug*	6,852 E−2
Massa específica	kg / m³	lbm / ft³	6,243 E−2
	kg / m³	*slugs* / ft³	1,940 E−3
Peso específico	N / m³	lbf / ft³	6,366 E−3
Potência	W	ft · lbf / s	7,376 E−1
	W	hp	1,341 E−3
Pressão	N / m²	in. Hg (60 °F)	2,961 E−4
	N / m²	lbf / ft² (psf)	2,089 E−2
	N / m²	lbf / in² (psi)	1,450 E−4
Temperatura	°C	°F	$T_F = 1,8\ T_C + 32$
	K	°R	1,800
Vazão em volume	m³ / s	ft³ / s	3,531 E+1
	m³ / s	galão / minuto (gpm)	1,585 E+4
Velocidade	m / s	ft / s	3,281
	m / s	milha / hora	2,237
Viscosidade cinemática	m² / s	ft² / s	1,076 E+1
Viscosidade dinâmica	N · s / m²	lbf · s / ft²	2,089 E−2

[a] O Apen. A contém uma tabela de conversão de unidades mais precisa.

8 Fundamentos da Mecânica dos Fluidos

A unidade de potência no SI é o watt (W). Ela é definida como um joule por segundo.

$$1 \text{ W} = 1 \text{ J/s} = 1 \text{ N} \cdot \text{m/s}$$

A Tab. 1.2 mostra os prefixos utilizados para indicar os múltiplos e as frações das unidades utilizadas no SI. Por exemplo, a notação kN deve ser lida como "kilonewtons" e significa 10^3 N. De modo análogo, mm indica "milímetros", ou seja, 10^{-3} m. O centímetro não é aceito como unidade de comprimento no SI. Assim, os comprimentos serão expressos em milímetros ou metros.

Sistema Inglês de Engenharia. Neste sistema, as unidades de força e massa são definidas independentemente e, por isto, devemos tomar um cuidado especial quando utilizamos este sistema (principalmente quando operamos com a segunda lei de Newton). A unidade básica de massa neste sistema é a libra massa (lbm), a de força é a libra força (lbf), a de comprimento é o pé (ft), a de tempo é o segundo (s) e a de temperatura absoluta é o Rankine (°R). Para que a equação da segunda lei de Newton seja homogênea, nós temos que escrevê-la do seguinte modo:

$$F = \frac{ma}{g_c} \tag{1.4}$$

onde g_c é uma constante de proporcionalidade que nos permite definir tanto a força quanto a massa. Note que apenas a unidade de força foi definida no sistema britânico gravitacional de unidades e a unidade de massa foi definida de modo que $g_c = 1$. De modo análogo, para o sistema SI, a unidade de massa foi definida e a unidade de força foi estabelecida de modo que $g_c = 1$. Para o sistema inglês de engenharia, a força de 1 lbf é definida como aquela que atuando sobre a massa de 1 lbm provoca uma aceleração igual a da gravidade padrão (32,174 ft/s²). Assim, para que a Eq. 1.4 seja correta tanto numericamente como dimensionalmente,

$$1 \text{ lbf} = \frac{(1 \text{ lbm})(32{,}174 \text{ ft/s}^2)}{g_c}$$

de modo que

$$g_c = \frac{(1 \text{ lbm})(32{,}174 \text{ ft/s}^2)}{(1 \text{ lb})}$$

O peso e a massa no sistema inglês de engenharia estão relacionados pela equação

$$W = \frac{mg}{g_c}$$

onde g é a aceleração da gravidade local. É interessante observar que o peso em libras força e a massa em libras são numericamente iguais se o valor da aceleração da gravidade local é o padrão ($g = g_c$). É fácil concluir que 1 *slug* = 32,174 lbm porque uma força de 1 lbf provoca uma aceleração de 32,174 ft/s² numa massa de uma libra e uma aceleração de 1 ft/s² numa massa de 1 *slug*.

As Tabs. 1.3 e 1.4 apresentam um conjunto de fatores de conversão para as unidades normalmente encontradas na mecânica dos fluidos. Note que a notação exponencial foi utilizada para apresentar os fatores de conversão das tabelas. Por exemplo, o número 5,154 E+2 é equivalente a $5{,}154 \times 10^2$ na notação científica e o número 2,832 E−2 é equivalente a $2{,}832 \times 10^{-2}$. Uma tabela com vários fatores de conversão de unidades está disponível no Apen. A.

Exemplo 1.2

Um tanque contém água e está apoiado no chão de um elevador. Sabendo que a massa do conjunto formado pela água e pelo tanque é igual a 36 kg, determine a força que o tanque exerce sobre o elevador quando este movimenta para cima com uma aceleração de 7 ft/s².

Solução A Fig. E1.2 mostra o diagrama de corpo livre para o conjunto. Observe que W é o peso do tanque e da água. A expressão da segunda lei de Newton é

$$\sum F = ma$$

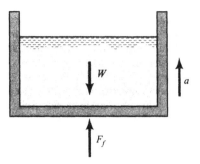

Figura E1.2

Aplicando esta lei ao problema, temos

$$F_f - W = ma \tag{1}$$

Note que o sentido para cima foi considerado positivo. Como $W = mg$, a Eq. (1) pode ser reescrita do seguinte modo:

$$F_f = m(g + a) \tag{2}$$

Nós precisamos escolher o sistema de unidades que vamos trabalhar, e termos certeza de que todos os dados estão expressos neste sistema de unidades, antes de substituir qualquer número na Eq. (2). Se nós quisermos conhecer o valor de F_f em newtons, é necessário exprimir todas as quantidades no SI. Assim,

$$F_f = 36 \text{ kg} \left[9{,}81 \text{ m/s}^2 + (7 \text{ ft/s}^2)(0{,}3048 \text{ m/ft}) \right]$$
$$= 430 \text{ kg} \cdot \text{m/s}^2$$

Como $1 \text{ N} = 1 \text{ kg} \cdot \text{m/s}^2$, temos que F_f é igual a 430 N (atua no sentido positivo). O sentido da força que atua no elevador é para o solo porque a força mostrada no diagrama de corpo livre é a força que atua sobre o tanque. Tome cuidado quando você não estiver trabalhando no SI porque a utilização incorreta de unidades pode gerar grandes erros.

1.3 Análise do Comportamento dos Fluidos

Nós utilizamos no estudo da mecânica dos fluidos as mesmas leis fundamentais que você estudou nos cursos de física e mecânica. Entre estas leis nós podemos citar as do movimento de Newton, a de conservação da massa, a primeira e a segunda lei da termodinâmica. Assim, existem grandes similaridades entre a abordagem geral da mecânica dos fluidos e a da mecânica dos corpos rígidos e deformáveis. Isto é alentador porque muitos dos conceitos e técnicas de análise utilizadas na mecânica dos fluidos são iguais as que você já encontrou em outros cursos.

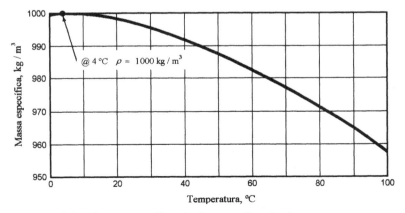

Figura 1.1 Massa específica da água em função da temperatura.

A mecânica dos fluidos pode ser subdividida no estudo da estática dos fluidos, onde o fluido está em repouso, e na dinâmica dos fluidos, onde o fluido está em movimento. Nos próximos capítulos nós consideraremos estas duas grandes áreas detalhadamente. Entretanto, antes de prosseguirmos no assunto, será necessário definir e discutir certas propriedades dos fluidos (as que definem o seu comportamento). É óbvio que fluidos diferentes podem apresentar características muito distintas. Por exemplo, os gases são leves e compressíveis enquanto os líquidos são pesados (em relação aos gases) e relativamente incompressíveis. Um escoamento de mel de um reservatório é bem mais lerdo do que o escoamento de água do mesmo reservatório. Assim, torna-se necessário definir certas propriedades para quantificar estas diferenças. Nós consideraremos, nas próximas seções, as propriedades que são importantes na análise do comportamento dos fluidos.

1.4 Medidas da Massa e do Peso dos Fluidos

1.4.1 Massa Específica

A massa específica de uma substância, designada por ρ, é definida como a massa de substância contida numa unidade de volume (a unidade da massa específica no SI é kg/m^3). Esta propriedade é normalmente utilizada para caracterizar a massa de um sistema fluido.

Os diversos fluidos podem apresentar massas específicas bastante distintas. Normalmente, a massa específica dos líquidos é pouco sensível as variações de pressão e de temperatura. Por exemplo, a Fig. 1.1 apresenta um gráfico da massa específica da água em função da temperatura. Já a Tab. 1.5 apresenta um conjunto de valores de massa específica para vários líquidos. De modo diferente dos líquidos, a massa específica dos gases é fortemente influenciada tanto pela pressão quanto pela temperatura e esta diferença será discutida na próxima seção.

O volume específico, v, é o volume ocupado por uma unidade de massa da substância considerada. Note que o volume específico é o recíproco da massa específica, ou seja,

$$v = \frac{1}{\rho} \tag{1.5}$$

Normalmente nós não utilizamos o volume específico na mecânica dos fluidos mas esta propriedade é muito utilizada na termodinâmica.

Tab. 1.5 Propriedades Físicas Aproximadas de Alguns Líquidos [a]

	Temperatura (°C)	Massa Específica ρ (kg/m^3)	Viscosidade Dinâmica μ (N·s/m^2)	Tensão Superficial [b], σ (N/m)	Pressão de Vapor, p_v [N/m^2 (abs)]	Compressibilidade [c] E_v (N/m^2)
Tetracloreto de Carbono	20	1590	9,58 E−4	2,69 E−2	1,3 E+4	1,31 E+9
Álcool Etílico	20	789	1,19 E−3	2,28 E−2	5,9 E+3	1,06 E+9
Gasolina[d]	15,6	680	3,1 E−4	2,2 E−2	5,5 E+4	1,3 E+9
Glicerina	20	1260	1,50 E+0	6,33 E−2	1,4 E−2	4,52 E+9
Mercúrio	20	13600	1,57 E−3	4,66 E−1	1,6 E−1	2,85 E+10
Óleo SAE 30[d]	15,6	912	3,8 E−1	3,6 E−2	–	1,5 E+9
Água do mar	15,6	1030	1,20 E−3	7,34 E−2	1,77 E+3	2,34 E+9
Água	15,6	999	1,12 E−3	7,34 E−2	1,77 E+3	2,15 E+9

a O peso específico, γ, pode ser calculado multiplicando-se a massa específica pela aceleração da gravidade. A viscosidade cinemática, ν, pode ser obtida dividindo-se a viscosidade dinâmica pela massa específica.

b Em contato com o ar.

c Compressibilidade isoentrópica calculada a partir da velocidade do som. Veja a Sec. 1.7.

d Valor típico. As propriedades dos derivados de petróleo variam com a composição.

Tab. 1.6 Propriedades Físicas Aproximadas de Alguns Gases na Pressão Atmosférica Padrão[a]

	Temperatura T (°C)	Massa Específica ρ (kg/m^3)	Viscosidade Dinâmica μ (N·s/m^2)	Constante do Gás [b], R (J/kg·K)	Razão entre os Calores Específicos [c] k
Ar (padrão)	15	1,23 E+0	1,79 E–5	2,869 E+2	1,40
Dióxido de Carbono	20	1,83 E+0	1,47 E–5	1,889 E+2	1,30
Hélio	20	1,66 E–1	1,94 E–5	2,077 E+3	1,66
Hidrogênio	20	8,38 E–2	8,84 E–6	4,124 E+3	1,41
Metano (gás natural)	20	6,67 E–1	1,10 E–5	5,183 E+2	1,31
Nitrogênio	20	1,16 E+0	1,76 E–5	2,968 E+2	1,40
Oxigênio	20	1,33 E+0	2,04 E–5	2,598 E+2	1,40

[a] O peso específico, γ, pode ser calculado multiplicando-se a massa específica pela aceleração da gravidade. A viscosidade cinemática, ν, pode ser obtida dividindo-se a viscosidade dinâmica pela massa específica.
[b] Os valores da constante do gás são independentes da temperatura.
[c] Os valores da razão entre os calores específicos dependem moderadamente da temperatura.

1.4.2 Peso Específico

O peso específico de uma substância, designado por γ, é definido como o peso da substância contida numa unidade de volume. O peso específico está relacionado com a massa específica através da relação

$$\gamma = \rho g \qquad (1.6)$$

onde g é a aceleração da gravidade local. Note que o peso específico é utilizado para caracterizar o peso do sistema fluido enquanto a massa específica é utilizada para caraterizar a massa do sistema fluido. A unidade do peso específico no SI é N/m^3. Assim, se o valor da aceleração da gravidade é o padrão ($g = 9,807$ m/s^2), o peso específico da água a 15,6 °C é 9,8 kN/m^3. A Tab. 1.5 apresenta valores para a massa específica de alguns líquidos. Assim, torna-se fácil obter os valores do peso específico destes líquidos. A Tab. B.1 do Apen. B apresenta um conjunto mais completo de propriedades da água.

1.4.3 Densidade

A densidade de um fluido, designada por SG ("specific gravity"), é definida como a razão entre a massa específica do fluido e a massa específica da água numa certa temperatura. Usualmente, a temperatura especificada é 4 °C (nesta temperatura a massa específica da água é igual a 1000 kg/m^3). Nesta condição,

$$SG = \frac{\rho}{\rho_{H_2O @ 4°C}} \qquad (1.7)$$

Como a densidade é uma relação entre massas específicas, o valor de SG não depende do sistema de unidades utilizado. É claro que a massa específica, o peso específico e a densidade são interdependentes. Assim, se conhecermos uma das três propriedades, as outras duas podem ser calculadas.

1.5 Lei dos Gases Perfeitos

Os gases são muito mais compressíveis do que os líquidos. Sob certas condições, a massa específica de um gás está relacionada com a pressão e a temperatura através da equação

$$p = \rho R T \qquad (1.8)$$

onde p é a pressão absoluta, ρ é a massa específica, T é a temperatura absoluta[*] e R é a constante

---

[*] Nós utilizaremos T para representar a temperatura nas relações termodinâmicas apesar de T também ser utilizado para indicar a dimensão básica do tempo.

do gás. A Eq. 1.8 é conhecida como a lei dos gases perfeitos, ou como a equação de estado para os gases perfeitos, e aproxima o comportamento dos gases reais nas condições normais, ou seja, quando os gases não estão próximos da liquefação.

A pressão num fluido em repouso é definida como a força normal por unidade de área exercida numa superfície plana (real ou imaginária) imersa no fluido e é criada pelo bombardeamento de moléculas de fluido nesta superfície. Assim, a dimensão da pressão é FL^{-2} e sua unidade no SI é N/m² (que é a definição do pascal, abreviado como Pa). Já no sistema britânico, a unidade para a pressão é a lbf/in² (psi). A pressão que deve ser utilizada na equação de estado dos gases perfeitos é a absoluta, ou seja, a pressão medida em relação a pressão absoluta zero (a pressão que ocorreria no vácuo perfeito). Por convenção internacional, a pressão padrão no nível do mar é 101,33 kPa (abs) ou 14,696 psi (abs). Esta pressão pode ser arredondada para 101,3 kPa (ou 14,7 psi) na maioria dos problemas de mecânica dos fluidos. É habitual, na engenharia, medir as pressões em relação a pressão atmosférica local e, nestas condições, as pressões medidas são denominadas relativas. Assim, a pressão absoluta pode ser obtida a partir da soma da pressão relativa com a pressão atmosférica local. Por exemplo, a pressão de 206,9 kPa (relativa) num pneu é igual a 308,2 kPa (abs) quando o valor da pressão atmosférica for igual ao padrão. A pressão é particularmente importante nos problemas de mecânica dos fluidos e será melhor discutida no próximo capítulo.

A constante do gás, R, que aparece na Eq. 1.8, é função do tipo de gás que está sendo considerado e está relacionada à massa molecular do gás. A Tab. 1.6 apresenta o valor da constante de gás para algumas substâncias. Esta tabela também apresenta um conjunto de valores para a massa específica (referentes a pressão atmosférica padrão e a temperatura que está indicada na tabela). A Tab. B.2 do Apen. B apresenta um conjunto mais completo de propriedades do ar.

Exemplo 1.3

Um tanque de ar comprimido apresenta volume igual a $2,38 \times 10^{-2}$ m³. Determine a massa específica e o peso do ar contido no tanque quando a pressão relativa do ar no tanque for igual a 340 kPa. Admita que a temperatura do ar no tanque é igual a 21 °C e que a pressão atmosférica vale 101,3 kPa (abs).

Solução A massa específica do ar pode ser calculada com a lei dos gases perfeitos (Eq. 1.8),

$$\rho = \frac{p}{RT}$$

Assim,

$$\rho = \frac{(340+101,3)\times 10^3}{(2,869\times 10^2)(273,15+21)} = 5,23 \text{ kg/m}^3$$

Note que os valores utilizados para a pressão e para a temperatura são absolutos. O peso, W, do ar contido no tanque é igual a

$$W = \rho g (\text{volume}) = 5,23 \times 9,8 \times 2,38 \times 10^{-2} = 1,22 \text{ N}$$

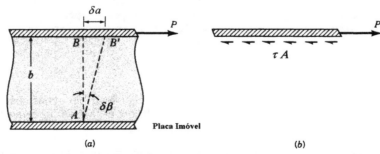

Figura 1.2 (a) Deformação do material colocado entre duas placas paralelas. (b) Forças que atuam na placa superior.

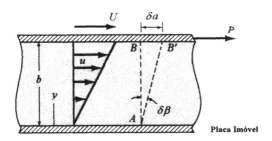

Figura 1.3 Comportamento de um fluido localizado entre duas placas paralelas.

1.6 Viscosidade

A massa específica e o peso específico são propriedades que indicam o "peso" de um fluido. Estas propriedades não são suficientes para caracterizar o comportamento dos fluidos porque dois fluidos (como a água e o óleo) podem apresentar massas específicas aproximadamente iguais mas se comportar muito distintamente quando escoam. Assim, torna-se aparente que é necessário alguma propriedade adicional para descrever a "fluidez" das substâncias (☉ 1.1 – Fluidos viscosos).

Para determinar esta propriedade adicional, considere o experimento hipotético mostrado na Fig. 1.2a. Note que um material é colocado entre duas placas largas e montadas paralelamente. A placa inferior está imobilizada mas a placa superior pode ser movimentada. Se um sólido, como o aço, for colocado entre as duas placas e aplicarmos a força P indicada, a placa superior se deslocará de uma pequena distância δa (supondo que o sólido está solidário às placas). A linha vertical AB rotacionará de um ângulo pequeno, $\delta\beta$, para a nova posição AB'. Nós notamos, neste experimento, a ocorrência de uma tensão de cisalhamento, τ, na interface placa superior – material. Para que o equilíbrio ocorra, P deve ser igual a τA, onde A é a área efetiva da placa superior (Fig. 1.2b). Se o sólido se comportar como um material elástico, a pequena deformação angular $\delta\beta$ (conhecida por deformação por cisalhamento) é proporcional a tensão de cisalhamento desenvolvida no material.

O que acontece se o sólido for substituído por um fluido que se comporta como a água? Nós iremos notar, imediatamente, uma grande diferença. Quando a força P á aplicada na placa superior, esta se movimenta continuamente com uma velocidade U e do modo mostrado na Fig. 1.3 (após o término do movimento inicial transitório). Este comportamento é consistente com a definição de fluido, ou seja, se uma tensão de cisalhamento é aplicada num fluido, ele se deformará continuamente. Uma análise mais detalhada do movimento do fluido revelaria que o fluido em contato com a placa superior se move com a velocidade da placa, U, que o fluido em contato com a placa inferior apresenta velocidade nula e que o fluido entre as duas placas se move com velocidade $u = Uy/b$ (note que esta velocidade é função só de y, veja a Fig. 1.3). Assim, notamos que existe um gradiente de velocidade, du/dy, no escoamento entre as placas. Neste caso, o gradiente de velocidade é constante porque $du/dy = U/b$. É interessante ressaltar que isto não será verdadeiro em situações mais complexas. A aderência dos fluidos às fronteiras sólidas tem sido observada experimentalmente e é um fato muito importante na mecânica dos fluidos. Usualmente, esta aderência é referida como a condição de não escorregamento. Todos os fluidos, tanto líquidos e gases, satisfazem esta condição (☉ 1.2 – Condição de não escorregamento).

Num pequeno intervalo de tempo, δt, uma linha vertical AB no fluido rotaciona um ângulo $\delta\beta$. Assim,

$$\tan \delta\beta \approx \delta\beta = \frac{\delta a}{b}$$

Como $\delta a = U \delta t$, segue que

$$\delta\beta = \frac{U \delta t}{b}$$

Observe que $\delta\beta$ é função da força P (que determina U) e do tempo. Considere a taxa de variação de $\delta\beta$ com o tempo e definamos a taxa de deformação por cisalhamento, $\dot{\gamma}$, através da relação

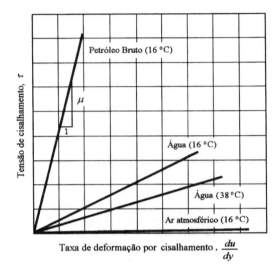

Figura 1.4 Tensão de cisalhamento em função da taxa de deformação por cisalhamento para alguns fluidos.

$$\dot{\gamma} = \lim_{\delta t \to 0} \frac{\delta \beta}{\delta t}$$

No caso do escoamento entre as placas paralelas, a taxa de deformação por cisalhamento é igual a

$$\dot{\gamma} = \frac{U}{b} = \frac{du}{dy}$$

Se variarmos as condições deste experimento nós verificaremos que a tensão de cisalhamento aumenta se aumentarmos o valor de P (lembre que $\tau = P/A$) e que a taxa de deformação por cisalhamento aumenta proporcionalmente, ou seja,

$$\tau \propto \dot{\gamma} \qquad \text{ou} \qquad \tau \propto \frac{du}{dy}$$

Este resultado indica que, para fluidos comuns (como a água, óleo, gasolina e ar), a tensão de cisalhamento e a taxa de deformação por cisalhamento (gradiente de velocidade) podem ser relacionadas com uma equação do tipo

$$\tau = \mu \frac{du}{dy} \qquad (1.9)$$

onde a constante de proporcionalidade, μ, é denominada viscosidade dinâmica do fluido. De acordo com a Eq. 1.9, os gráficos de τ em função de du/dy devem ser retas com inclinação igual a viscosidade dinâmica e isto está corroborado nas curvas mostradas na Fig. 1.4. O valor da viscosidade dinâmica varia de fluido para fluido e, para um fluido em particular, esta viscosidade depende muito da temperatura. As duas curvas referentes à água da Fig. 1.4 mostram este fato. Os fluidos que apresentam relação linear entre tensão de cisalhamento e taxa de deformação por cisalhamento (também conhecida como taxa de deformação angular) são denominados fluidos newtonianos. A maioria dos fluidos comuns, tanto líquidos como gases, são newtonianos. (☉ 1.3 – Viscosímetro de tubo capilar). Uma forma mais geral para a Eq. 1.9, que é aplicável a escoamentos mais complexos de fluidos newtonianos, será apresentada na Sec. 6.8.1.

Os fluidos que apresentam relação não linear entre a tensão de cisalhamento e a taxa de deformação por cisalhamento são denominados fluidos não newtonianos (☉ 1.4 – Comportamento não newtoniano). A Fig. 1.5 mostra o comportamento dos fluidos não newtonianos mais simples e comuns. É interessante ressaltar que existem fluidos não newtonianos que exibem outros tipos de comportamento. A inclinação da curva tensão de cisalhamento em função da taxa de deformação por cisalhamento é denominada viscosidade dinâmica aparente, μ_{ap}. Note que, para os fluidos newtonianos, a viscosidade dinâmica aparente é igual a viscosidade dinâmica e é independente da taxa de cisalhamento.

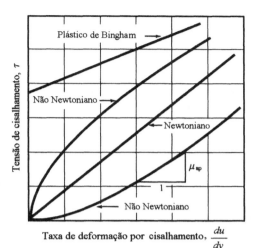

Figura 1.5 Tensão de cisalhamento em função da taxa de deformação por cisalhamento para alguns fluidos (incluindo alguns não Newtonianos).

Para os fluidos não dilatantes (curva acima da referente ao fluido newtoniano), a viscosidade dinâmica aparente diminui com o aumento da taxa de cisalhamento, ou seja, a viscosidade aparente se torna menor quanto maior for a tensão de cisalhamento imposta no fluido. Muitas suspensões coloidais e soluções de polímeros apresentam este comportamento. Por exemplo, a tinta látex não pinga do pincel porque a taxa de cisalhamento é baixa e a viscosidade aparente é alta. Entretanto, ela escoa suavemente na parede porque o movimento do pincel provoca uma taxa de cisalhamento suficientemente alta na camada fina de tinta que recobre a parede. Assim, como du/dy é grande, a viscosidade dinâmica aparente se torna pequena.

Para os fluidos do tipo dilatante (curva abaixo da referente ao fluido newtoniano), a viscosidade dinâmica aparente aumenta com o aumento da taxa de cisalhamento, ou seja, ela se torna cada vez mais alta quanto maior for a tensão de cisalhamento imposta ao fluido. Dois exemplos de fluidos que apresentam este comportamento são as misturas água - mel de milho e água - areia (areia movediça). Este é o motivo para que o esforço necessário para remover um objeto de uma areia movediça aumente brutalmente com o aumento da velocidade de remoção.

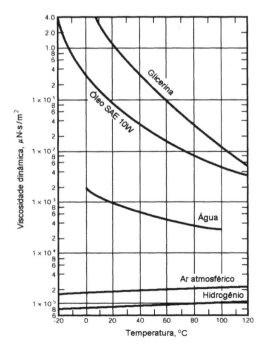

Figura 1.6 Viscosidade dinâmica de alguns fluidos em função da temperatura.

O outro tipo de comportamento indicado na Fig. 1.5 é o do plástico de Bingham (que não é um fluido nem um sólido). Este tipo de material pode resistir a uma tensão de cisalhamento finita sem se mover (assim, ele não é um fluido) mas, uma vez excedida a tensão de escoamento, o material se comporta como um fluido (assim ele não é um sólido). Dois exemplos deste tipo de material são a pasta de dente e a maionese.

É fácil deduzir, a partir da Eq. 1.9, que a dimensão da viscosidade é $F L^{-2} T$. Assim, no SI, a unidade da viscosidade dinâmica é $N \cdot s/m^2$. As Tabs. 1.5 e 1.6 apresentam valores desta propriedade para alguns líquidos e gases. A viscosidade dinâmica varia pouco com a pressão e o efeito da variação da pressão sobre o valor da viscosidade normalmente é desprezado. Entretanto, observe que o valor da viscosidade dinâmica é muito sensível as variações de temperatura. Por exemplo, quando a temperatura da água varia de 15 °C a 38 °C, a massa específica diminui menos do que 1% mas a viscosidade decresce aproximadamente 40%. Por este motivo, é importante determinar a viscosidade do fluido na temperatura correta da aplicação.

A Fig. 1.6 mostra mais detalhadamente como a viscosidade varia de fluido para fluido e como esta propriedade varia com a temperatura. Note que a viscosidade dos líquidos decresce com o aumento de temperatura e a dos gases cresce quando a temperatura no gás aumenta. Esta diversidade de comportamento pode ser atribuída à diferença que existe entre a estrutura molecular dos gases e a dos líquidos. Os espaçamentos entre as moléculas dos líquidos são pequenos (quando comparados com os dos gases), as forças coesivas entre as moléculas são fortes e a resistência ao movimento relativo entre camadas contíguas de líquido está relacionada as forças intermoleculares. Quando a temperatura aumenta, estas forças coesivas são reduzidas e isto provoca a redução da resistência ao movimento. Como a viscosidade dinâmica é um índice desta resistência, verificamos uma redução da viscosidade dinâmica com um aumento da temperatura. Já para os gases, as moléculas estão bem mais espaçadas, as forças moleculares são desprezíveis e a resistência ao movimento relativo é devida as trocas de quantidade de movimento das moléculas de gás localizadas em camadas adjacentes. Observe que num gás, as moléculas podem ser transportadas pelo movimento aleatório de uma região que apresenta velocidade baixa para outra que apresenta velocidade mais alta (e vice versa). Esse movimento molecular proporciona uma troca efetiva de quantidade de movimento que impõe uma resistência ao movimento relativo das camadas. Quando a temperatura do meio cresce, a atividade molecular aumenta (as velocidades aleatórias aumentam) e nós detectamos um aumento na viscosidade dinâmica do gás.

A influência das variações de temperatura na viscosidade dinâmica pode ser estimada com duas equações empíricas. A equação de Sutherland, adequada para os gases, pode ser expressa do seguinte modo:

$$\mu = \frac{C\,T^{3/2}}{T+S} \qquad (1.10)$$

onde C e S são constantes empíricas e T é a temperatura absoluta. Observe que é possível determinar os valores de C e S se conhecermos o valor da viscosidade dinâmica em duas temperaturas. Se conhecermos um conjunto de valores da viscosidade, nós podemos correlacionar o conjunto de dados com a Eq. 1.10 e algum tipo de esquema de aproximação por curvas.

Para os líquidos, a equação empírica que tem sido utilizada é a de Andrade,

$$\mu = D\,e^{B/T} \qquad (1.11)$$

onde D e B são constantes e T é a temperatura absoluta. Como nos casos dos gases, nós devemos conhecer, no mínimo, duas viscosidades obtidas em temperaturas diferentes para que as duas constantes possam ser determinadas. Uma discussão mais detalhada sobre o efeito da temperatura sobre as propriedades dos fluidos pode ser encontrada na Ref. [1].

É freqüente, nos problemas de mecânica dos fluidos, a viscosidade dinâmica aparecer combinada com a massa específica do seguinte modo:

$$\nu = \frac{\mu}{\rho}$$

Esta relação define a viscosidade cinemática (que é representada por ν). A dimensão da viscosidade cinemática é L^2/T. Assim, no SI, a unidade desta viscosidade é m^2/s. O Apen B apresenta alguns valores das viscosidades dinâmica e cinemática do ar e da água (Tabs. B.1 e B.2) e também dois gráficos que mostram o modo de variação das viscosidades com a temperatura de alguns fluidos (Figs. B.1 e B.2).

Apesar deste texto utilizar o sistema SI, a viscosidade dinâmica é muitas vezes expressa no sistema métrico CGS de unidades (centímetro - grama - segundo). Neste sistema, a unidade da viscosidade dinâmica é o dina · s / cm² (poise, abreviado por P). Neste mesmo sistema, a unidade da viscosidade cinemática é cm²/s (stoke, abreviado por St).

Exemplo 1.4

Uma combinação de variáveis muito importante no estudo dos escoamentos viscosos em tubos é o número de Reynolds (Re). Este número é definido por $\rho VD/\mu$, onde ρ é a massa específica do fluido que escoa, V é a velocidade média do escoamento, D é o diâmetro do tubo e μ é a viscosidade dinâmica do fluido. Um fluido newtoniano, que apresenta viscosidade dinâmica igual a 0,38 N · s / m² e densidade 0,91, escoa num tubo com 25 mm de diâmetro interno. Sabendo que a velocidade média do escoamento é igual a 2,6 m/s, determine o valor do número de Reynolds.

Solução A massa específica do fluido pode ser calculada a partir da densidade. Assim,

$$\rho = SG\, \rho_{H_2O@4°C} = 0{,}91 \times 1000 = 910\ \text{kg/m}^3$$

O número de Reynolds pode ser calculado a partir de sua definição, ou seja,

$$\text{Re} = \frac{\rho VD}{\mu} = \frac{(910\ \text{kg/m}^3)\,(2{,}6\ \text{m/s})\,(25\times 10^{-3}\ \text{m})}{(0{,}38\ \text{N}\cdot\text{s/m}^2)} = 156\,(\text{kg}\cdot\text{m/s}^2)/\text{N}$$

Entretanto, como 1 N = 1 kg·m/s², segue que o número de Reynolds é um adimensional, ou seja,

$$\text{Re} = 156$$

O valor de qualquer adimensional não depende do sistema de unidades utilizado desde que todas as variáveis utilizadas em sua composição forem expressas num sistema de unidades consistente. Os adimensionais tem um papel importante na mecânica dos fluidos. O significado do número de Reynolds, e de outros adimensionais, será discutido detalhadamente no Cap. 7. Note que a viscosidade cinemática, μ/ρ, é a propriedade importante na definição do número de Reynolds.

Exemplo 1.5

A distribuição de velocidade do escoamento de um fluido newtoniano num canal formado por duas placas paralelas e largas (veja a Fig. E1.5) é dada pela equação

$$u = \frac{3V}{2}\left[1 - \left(\frac{y}{h}\right)^2\right]$$

onde V é a velocidade média. O fluido apresenta viscosidade dinâmica igual a 1,92 N · s/m². Admitindo que $V = 0{,}6$ m/s e $h = 5$ mm, determine: (*a*) a tensão de cisalhamento na parede inferior do canal e (*b*) a tensão de cisalhamento que atua no plano central do canal.

Solução Para este tipo de escoamento, a tensão de cisalhamento pode ser calculada com a Eq. 1.9,

$$\tau = \mu \frac{du}{dy} \qquad (1)$$

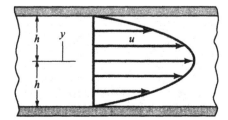

Figura E1.5

18 Fundamentos da Mecânica dos Fluidos

Se a distribuição de velocidade, $u = u(y)$, é conhecida, a tensão de cisalhamento, em qualquer plano, pode ser determinada com o gradiente de velocidade, du/dy. Para a distribuição de velocidade fornecida

$$\frac{du}{dy} = -\frac{3V}{h^2}y \qquad (2)$$

(a) O gradiente de velocidade na parede inferior do canal, $y = -h$, vale

$$\frac{du}{dy} = \frac{3V}{h}$$

e a tensão de cisalhamento vale

$$\tau_{\text{parede inferior}} = \mu\left(\frac{3V}{h}\right) = 1{,}92\,\frac{3\times 0{,}6}{5\times 10^{-3}} = 6{,}91\times 10^2 \text{ N/m}^2$$

Esta tensão cria um arraste na parede. Como a distribuição de velocidade é simétrica, a tensão de cisalhamento na parede superior apresenta o mesmo valor, e sentido, da tensão na parede inferior.

(b) No plano médio, $y = 0$, temos (veja a Eq. (2))

$$\frac{du}{dy} = 0$$

Assim, a tensão de cisalhamento neste plano é nula, ou seja,

$$\tau_{\text{plano médio}} = 0$$

Analisando a Eq. 2, nós notamos que o gradiente de velocidade (e, portanto, a tensão de cisalhamento) varia linearmente com y. Neste exemplo, a tensão de cisalhamento varia de 0, no plano central, a 691 N/m² nas paredes. Para um caso mais geral, a variação real dependerá da natureza da distribuição de velocidade do escoamento.

1.7 Compressibilidade dos Fluidos

1.7.1 Módulo de Elasticidade Volumétrico (Coeficiente de Compressibilidade)

Uma importante questão a responder quando consideramos o comportamento de um fluido em particular é: Quão fácil é variar o volume de uma certa massa de fluido (e assim a sua massa específica) pelo aumento do valor da pressão? Isto é, quão compressível é o fluido? A propriedade normalmente utilizada para caracterizar a compressibilidade de um fluido é o módulo de elasticidade volumétrico, E_v, que é definido por

$$E_v = -\frac{dp}{d\mathcal{V}/\mathcal{V}} \qquad (1.12)$$

onde dp é a variação diferencial de pressão necessária para provocar uma variação diferencial de volume $d\mathcal{V}$ num volume $\mathcal{V}$. O sinal negativo é incluído na definição para indicar que um aumento de pressão resultará numa diminuição do volume considerado. Como um decréscimo no volume de uma dada massa, $m = \rho\mathcal{V}$, resultará num aumento da massa específica, podemos reescrever a Eq. 1.12 do seguinte modo

$$E_v = \frac{dp}{d\rho/\rho} \qquad (1.13)$$

A dimensão do módulo de elasticidade volumétrico é FL^{-2}. Assim, no sistema SI, sua unidade é a mesma da pressão, ou seja, N/m² (Pa). Um fluido é relativamente incompressível quando o valor do seu módulo de elasticidade volumétrico é grande, ou seja, é necessária uma grande variação de pressão para criar uma variação muito pequena no volume ocupado pelo fluido. Como esperado, os valores de E_v dos líquidos são grandes (veja a Tab. 1.5). Deste modo, é possível concluir que os líquidos podem ser considerados como incompressíveis na maioria dos problemas da engenharia. O módulo de elasticidade volumétrico dos líquidos aumenta com a pressão mas, normalmente, o que interessa é o seu valor a uma pressão próxima da atmosférica. Usualmente, o módulo de elasticidade volumétrico é utilizado para descrever os efeitos da compressibilidade nos líquidos (mas também poder ser utilizado para descrever o comportamento dos gases).

1.7.2 Compressão e Expansão de Gases

Quando os gases são comprimidos (ou expandidos), a relação entre a pressão e a massa específica depende da natureza do processo. Se a compressão, ou a expansão, ocorre a temperatura constante (processo isotérmico), a Eq. 1.8 fornece

$$\frac{p}{\rho} = \text{constante} \qquad (1.14)$$

Se a compressão, ou a expansão, ocorre sem atrito e calor não é transferido do gás para o meio e vice versa (processo isoentrópico), temos

$$\frac{p}{\rho^k} = \text{constante} \qquad (1.15)$$

onde k é a razão entre o calor específico a pressão constante, c_p, e o calor específico a volume constante, c_v (i.e. $k = c_p / c_v$). Os dois calores específicos estão relacionados com a constante do gás, R, através da relação $R = c_p - c_v$. Como no caso da lei dos gases perfeitos, a pressão nas Eqs. 1.14 e 1.15 precisa estar expressa em termos absolutos. A Tab. 1.6 apresenta alguns valores de k e o Apen. B apresenta um conjunto de valores mais completo de k para o ar (Tab. B.2).

O módulo de elasticidade volumétrico pode ser facilmente obtido se tivermos uma equação de estado explícita (que relaciona a pressão em função da massa específica). Este módulo pode ser determinado a partir do cálculo de $dp/d\rho$ (por exemplo, utilizando como ponto de partida a Eq. 1.14 ou 1.15) e substituindo o resultado na Eq. 1.13. Assim, para um processo isotérmico

$$E_v = p \qquad (1.16)$$

e para um isoentrópico

$$E_v = k\,p \qquad (1.17)$$

Note que o módulo de elasticidade volumétrico varia diretamente com a pressão nos dois casos. Para ar a pressão atmosférica, $p = 101,3$ kPa (abs) e $k = 1,4$, o módulo de elasticidade volumétrico isoentrópico (compressibilidade isoentrópica) é igual a 0,14 MPa. Uma comparação entre este valor e o referente a água revela que, nas mesmas condições, o módulo da água é 15000 vezes maior. Assim, torna-se claro que devemos prestar uma atenção redobrada ao efeito da compressibilidade no comportamento do fluido quando estamos analisando escoamentos de gases. Entretanto, como discutiremos em seções posteriores, os gases também podem ser tratados como fluidos incompressíveis se as variações de pressão no fluido forem pequenas.

Exemplo 1.6

Um metro cúbico de hélio a pressão absoluta de 101,3 kPa é comprimido isoentropicamente até que seu volume se torne igual a metade do volume inicial. Qual é o valor da pressão no estado final?

Solução Para uma compressão isoentrópica,

$$\frac{p_i}{\rho_i^k} = \frac{p_f}{\rho_f^k}$$

onde os subscritos i e f se referem, respectivamente, aos estados inicial e final do processo. Como nós estamos interessados na pressão final,

$$p_f = \left(\frac{\rho_f}{\rho_i}\right)^k p_i$$

Como o volume final é igual a metade do inicial, a massa específica deve dobrar porque a massa de gás é constante. Assim,

$$p_f = (2)^{1,66}\left(101,3\times 10^3\right) = 3,20\times 10^5 \text{ N/m}^2 = 320 \text{ kPa}$$

1.7.3 Velocidade do Som

Um conseqüência importante da compressibilidade dos fluidos é: as perturbações introduzidas num ponto do fluido se propagam com uma velocidade finita. Por exemplo, se uma válvula localizada na seção de descarga de um tubo onde escoa um fluido é fechada subitamente (criando uma perturbação localizada), o efeito do fechamento da válvula não é sentido instantaneamente no escoamento a montante da válvula. É necessário um intervalo de tempo finito para que o aumento de pressão criado pelo fechamento da válvula se propague para as regiões a montante da válvula. De modo análogo, um diafragma de alto falante provoca perturbações localizadas quando vibra e as pequenas variações de pressão provocadas pelo movimento do diafragma se propagam através do ar com uma velocidade finita. A velocidade com que estas perturbações se propagam é denominada velocidade do som, c. É possível mostrar, veja o capítulo sobre escoamento compressível, que a velocidade do som está relacionada com as variações de pressão e da massa específica do fluido através da relação

$$c = \sqrt{\frac{dp}{d\rho}} \qquad (1.18)$$

Se utilizarmos a definição do módulo de elasticidade volumétrico (veja a Eq. 1.13), nós podemos reescrever a equação anterior do seguinte modo

$$c = \sqrt{\frac{E_v}{\rho}} \qquad (1.19)$$

Como as perturbações de pressão são pequenas, o processo de propagação das perturbações pode ser modelado como isoentrópico. Se o meio onde ocorre este processo isoentrópico é um gás, temos (observe que $E_v = kp$):

$$c = \sqrt{\frac{k\,p}{\rho}}$$

Se fizermos a hipótese de que o fluido se comporta como um gás perfeito,

$$c = \sqrt{kRT} \qquad (1.20)$$

Esta equação mostra que a velocidade do som num gás perfeito é proporcional a raiz quadrada da temperatura absoluta. Por exemplo, a velocidade do som no ar a 20 °C ($k = 1,4$ e $R = 286,9$ J/kg·K) é igual a 343,1 m/s. A velocidade do som no ar, em várias temperaturas, pode ser encontrada no Apen. B (Tab. B.2). A Eq. 1.19 também é válida para líquidos. Assim, podemos determinar a velocidade do som em líquidos se conhecermos o valor de E_v. Por exemplo, água a 20 °C apresenta $E_v = 2,19$ GN/m² e $\rho = 998,2$ kg/m³. Utilizando a Eq. 1.19, obtemos $c = 1481$ m/s. Note que a velocidade do som na água é muito mais alta do que aquela no ar. Se o fluido fosse realmente incompressível ($E_v = \infty$) a velocidade do som seria infinita. A velocidade do som na água, em várias temperaturas, pode ser encontrada no Apen. B (Tab. B.1).

Exemplo 1.6

Um avião a jato voa com velocidade de 890 km//h numa altitude de 10700 m (onde a temperatura é igual a –55 °C). Determine a razão entre a velocidade do avião, V, e a velocidade do som nesta altitude. Admita que, para o ar, k é igual a 1,40.

Solução. A velocidade do som pode ser calculada com a Eq. 1.15. Assim,

$$c = \sqrt{kRT} = \sqrt{1,4 \times 286,9 \times 218,15} = 296,0 \text{ m/s}$$

Como a velocidade do avião é

$$V = \frac{890 \times 1000}{3600} = 247,2 \text{ m/s}$$

a relação é

$$\frac{V}{c} = \frac{247,2}{301,1} = 0,84$$

Esta razão é denominada número de Mach, Ma. Se Ma < 1,0, o avião está voando numa velocidade subsônica e se Ma > 1 o vôo é supersônico. O número de Mach é um parâmetro adimensional importante no estudo de escoamentos com velocidades altas e será discutido nos Caps. 7, 9 e 11.

1.8 Pressão de Vapor

Nós sempre observamos que líquidos, como a água e a gasolina, evaporam se estes são colocados num recipiente aberto para a atmosfera. A evaporação ocorre porque algumas moléculas do líquido, localizadas perto da superfície livre do fluido, apresentam quantidade de movimento suficiente para superar as forças intermoleculares coesivas e escapam para a atmosfera. Se removermos o ar de um recipiente estanque que contém um líquido (o espaço acima do líquido é evacuado), nós notaremos o desenvolvimento de uma pressão na região acima do nível do líquido (esta pressão é devida ao vapor formado pelas moléculas que escapam da superfície do líquido). Quando o equilíbrio é atingido, o número de moléculas que deixam a superfície é igual ao número de moléculas que são absorvidas na superfície, o vapor é dito saturado e a pressão que o vapor exerce na superfície da fase liquida é denominada pressão de vapor. Como o desenvolvimento da pressão de vapor está intimamente relacionado com a atividade molecular, o valor da pressão de vapor para um fluido depende da temperatura. A Tab. 1 do Apen. B apresenta valores da pressão de vapor para a água em várias temperaturas e a Tab. 1.4 apresenta valores da pressão de vapor para alguns líquidos em temperaturas próximas a do ambiente. A formação de bolhas de vapor na massa fluida é iniciada quando a pressão absoluta no fluido alcança a pressão de vapor (pressão de saturação). Este fenômeno é denominado ebulição.

É possível observar no campo de escoamento o desenvolvimento de regiões onde a pressão é baixa. Note que a ebulição no escoamento iniciará quando a pressão nestas regiões atingir a pressão de vapor. Este é o motivo pelo nosso interesse na pressão de vapor e na ebulição. Por exemplo, este fenômeno pode ocorrer em escoamentos através das passagens estreitas e irregulares encontradas nas válvulas e bombas. Observe que as bolhas de vapor formadas num escoamento podem ser transportadas para regiões onde a pressão é alta. Nesta condição, as bolhas podem colapsar rapidamente e com uma intensidade suficiente para causar danos estruturais. A formação e o subseqüente colapso das bolhas de vapor no escoamento de um fluido, denominada cavitação, é um fenômeno importante na mecânica dos fluidos e será visto detalhadamente nos Caps. 3 e 7.

1.9 Tensão Superficial

Nós detectamos, na interface entre um líquido e um gás (ou entre dois líquidos imiscíveis), a existência de forças superficiais. Estas forças fazem com que a superfície do líquido se comporte como uma membrana esticada sobre a massa fluida. Apesar desta membrana não existir, a analogia conceitual nos permite explicar muitos fenômenos observados experimentalmente. Por exemplo, uma agulha de aço flutua na água se esta for colocada delicadamente na superfície livre do fluido (porque a tensão desenvolvida na membrana hipotética suporta a agulha). Pequenas gotas de mercúrio são formadas quando o fluido é vertido numa superfície lisa (porque as forças coesivas na superfície tendem a segurar todas as moléculas juntas e numa forma compacta). De modo análogo,

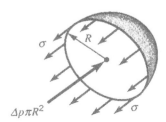

Figura 1.7 Forças que atuam na metade de uma gota de líquido.

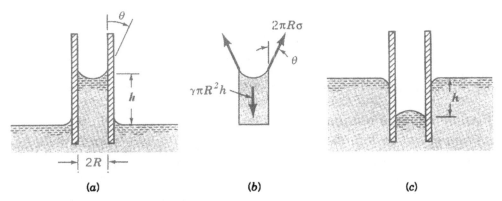

Figura 1.8 Efeito da ação capilar em tubos com diâmetro pequeno. (*a*) Elevação da coluna para um líquido que molha o tubo. (*b*) Diagrama de corpo livre para o cálculo da altura da coluna. (*c*) Depressão da coluna para um líquido que não molha a parede do tubo.

nós identificamos a formação de gotas quando água é vertida numa superfície gordurosa. Estes vários tipos de fenômenos superficiais são provocados pelo desbalanço das forças coesivas que atuam nas moléculas de líquido que estão próximas à superfície do fluido. As moléculas que estão no interior da massa de fluido estão envolvidas por outras moléculas que se atraem mutuamente e igualmente. Entretanto, as moléculas posicionadas na região próxima a superfície estão sujeitas a forças líquidas que apontam para o interior. A conseqüência física aparente deste desbalanceamento é a criação da membrana hipotética. Nós podemos considerar que a força de atração atua no plano da superfície e ao longo de qualquer linha na superfície. A intensidade da atração molecular por unidade de comprimento ao longo de qualquer linha na superfície é denominada tensão superficial (designada por σ). A tensão superficial é uma propriedade do líquido e depende da temperatura bem como do outro fluido que está em contato com o líquido. A dimensão da tensão superficial é FL^{-1} (a unidade no SI é N/m). A Tab. 1.4 apresenta o valor da tensão superficial de alguns líquidos em contato com o ar e a Tab. B.1 apresenta o valor desta propriedade para a água em várias temperaturas. Observe que o valor da tensão superficial diminui com o aumento da temperatura (☉ 1.5 – Tensão superficial numa lâmina de barbear).

A pressão dentro de uma gota de fluido pode ser calculada utilizando o diagrama de corpo livre mostrado na Fig. 1.7. Se a gota esférica é cortada pela metade (como mostra a figura), a força desenvolvida ao longo da borda, devida a tensão superficial, é $2\pi R\sigma$. Esta força precisa ser balanceada pela diferença de pressão, Δp, (entre a pressão interna, p_i, e a externa, p_e) que atua sobre a área πR^2. Assim,

$$2\pi R\sigma = \Delta p\,\pi R^2$$

ou

$$\Delta p = p_i - p_e = \frac{2\sigma}{R} \qquad (1.21)$$

Este resultado mostra que a pressão interna da gota é maior do que a pressão no meio que envolve a gota. (A pressão interna numa bolha de água pode ser igual a pressão interna de uma gota de água que apresenta mesmo diâmetro da bolha? Admita que temperatura é a mesma nos dois casos).

Um dos fenômenos associados com a tensão superficial é a subida (ou queda) de um líquido num tubo capilar. Se um tubo com diâmetro pequeno e aberto é inserido na água, o nível da água no tubo subirá acima do nível do reservatório (veja a Fig. 1.8*a*). Observe que, nesta situação, nós identificamos uma interface sólido-líquido-gás. Para o caso ilustrado, a atração (adesão) entre as moléculas da parede do tubo e as do líquido é forte o suficiente para sobrepujar a atração mútua (coesão) das moléculas do fluido. Nestas condições, o fluido "sobe" no capilar e nós dizemos que o líquido molha a superfície sólida.

A altura da coluna de líquido h é função dos valores da tensão superficial, σ, do raio do tubo, R, do peso específico do líquido, γ, e do ângulo de contato entre o fluido e o material do tubo, θ. Analisando o diagrama de corpo livre da Fig. 1.8*b*, é possível concluir que a força vertical provocada pela tensão superficial é igual a $2\pi R \sigma \cos\theta$, que o peso da coluna é $\gamma\pi R^2 h$ e que estas duas forças precisam estar equilibradas. Deste modo,

$$\gamma \pi R^2 h = 2\pi R \sigma \cos\theta$$

Assim, a altura da coluna é dada pela relação

$$h = \frac{2\sigma \cos\theta}{\gamma R} \tag{1.22}$$

O ângulo de contato é função da combinação líquido – material da superfície. Por exemplo, nós encontramos que $\theta \approx 0°$ para água em contato com vidro limpo. A Eq. 1.22 mostra que a altura da coluna é inversamente proporcional ao raio do tubo. Assim, a ascensão do líquido no tubo, pela ação da força capilar, fica mais pronunciada quanto menor for o diâmetro do tubo.

Exemplo 1.8

A pressão pode ser determinada medindo-se a altura da coluna de líquido num tubo vertical. Qual é o diâmetro de um tubo limpo de vidro necessário para que o movimento de água promovido pela ação capilar (e que se opõe ao movimento provocado pela pressão no tubo) seja menor do que 1,0 mm? Admita que a temperatura é uniforme e igual a 20 °C.

Solução. Utilizando a Eq. 1.22, temos

$$R = \frac{2\sigma \cos\theta}{\gamma h}$$

Para água a 20 °C (Tab. B.1), $\sigma = 0,0728$ N/m e $\gamma = 9,789$ kN/m³. Como $\theta \approx 0°$,

$$R = \frac{2 \times 0,0728}{(9,789 \times 10^3)(1,0 \times 10^{-3})} = 0,0149 \text{ m}$$

Assim, o diâmetro mínimo necessário, D, é

$$D = 2R = 0,0298 \text{ m} = 29,8 \text{ mm}$$

Se a adesão da molécula a superfície sólida é fraca (quando comparada a coesão entre moléculas), o líquido não molhará a superfície. Nesta condição, o nível do líquido no tubo imerso num banho será mais baixo que o nível do banho (veja a Fig. 1.8c). Mercúrio em contato com um tubo de vidro é um bom exemplo de líquido que não molha a superfície. Note que o ângulo de contato é maior do que 90° para os líquidos que não molham a superfície ($\theta \approx 130°$ para mercúrio em contato com vidro limpo).

A tensão superficial é importante em muitos problemas da mecânica dos fluidos, por exemplo: no escoamento de líquidos através do solo (e de outros meios porosos), nos escoamentos de líquidos em filmes finos, na formação de gotas e na quebra dos jatos de líquido. Fenômenos superficiais associados às interfaces líquido – gás, líquido – líquido, líquido – gás - sólido são muitos complexos e uma discussão mais detalhada e rigorosa está fora do escopo deste texto. Felizmente, os fenômenos superficiais caracterizados pela tensão superficial não são significativos em muitos problemas da mecânica dos fluidos. Nestes casos, a inércia, as forcas viscosas e as gravitacionais são muito mais importantes do que as forças promovidas pela tensão superficial.

1.10 Pequena Revisão Histórica

Antes de prosseguirmos com o nosso estudo da mecânica dos fluidos, nós faremos uma pausa para considerar alguns aspectos da história desta importante ciência da engenharia. De modo análogo as outras disciplinas básicas e da engenharia, o estabelecimento das bases desta disciplina não pode ser identificado precisamente. Entretanto, nós sabemos que as civilizações antigas já se interessavam pelo comportamento dos fluidos. Alguns dos problemas que estimularam o desenvolvimento da mecânica dos fluidos foram o desenvolvimento dos sistemas de distribuição de água para consumo humano e para irrigação, o projeto de barcos e navios e também de dispositivos para a guerra (como flechas e lanças). Estes desenvolvimentos foram baseados no procedimento da tentativa e erro e não utilizaram qualquer conceito da matemática ou da mecânica. Entretanto, a acumulação de tal conhecimento empírico formou a base para o desenvolvimento que ocorreu durante a civilização Grega antiga e depois na ascensão do Império Romano. Alguns dos primeiros escritos, que podem ser considerados sobre a mecânica dos fluidos moderna, são os de Arquimedes (matemático e inventor grego, 287 - 212 AC) onde são apresentados, pela primeira vez, os princípios da hidrostática e da flutuação. Os romanos construíram sistemas de distribuição de água bastante sofisticados entre o quarto século AC até o período inicial Cristão e Sextus Julius Frontinus (engenheiro romano, 40 - 103 DC) os descreveu detalhadamente. Entretanto, durante a Idade Média (também conhecida como a Idade das Trevas), não conseguimos identificar qualquer tentativa para adicionar algum conhecimento novo sobre o comportamento dos fluidos.

No início da Renascença (em torno do Sec. XV) nós detectamos uma série de contribuições que começaram a formar o que consideramos ser a base da ciência da mecânica dos fluidos. Leonardo da Vinci (1452 - 1519) descreveu, através de esquemas e escritos, muitos fenômenos envolvendo escoamentos e os trabalhos de Galileu Galilei (1564 - 1642) marcaram o início da mecânica experimental. Após o período inicial da renascença, e durante os Secs. XVII e XVIII, nós encontramos muitas contribuições importantes. Entre estas, encontramos os progressos teóricos e matemáticos associados aos nomes famosos de Newton, Bernoulli, Euler e d'Alembert. O conhecimento dos aspectos experimentais da mecânica dos fluidos também aumentou neste período mas, infelizmente, duas abordagens diferentes – a teórica e a experimental – se desenvolveram separadamente. Hidrodinâmica foi o termo associado ao estudo teórico, ou matemático, do comportamento de um fluido perfeito (fluido que não apresenta atrito) enquanto o termo hidráulica foi utilizado para descrever os aspectos aplicados, ou experimentais, do comportamento real dos fluidos (particularmente o comportamento da água). Nós encontramos, durante o Sec. XIX, muitas contribuições e refinamentos tanto na hidrodinâmica teórica quanto na hidráulica experimental. As equações diferenciais gerais que descrevem os movimentos dos fluidos e que são utilizadas na mecânica dos fluidos moderna foram desenvolvidas neste período. Os métodos da hidráulica experimental se tornaram mais científicos e muitos dos resultados experimentais obtidos durante o Sec. XIX ainda são utilizados atualmente.

No começo do Sec. XX, tanto a hidrodinâmica teórica quanto a hidráulica experimental estavam altamente desenvolvidas e foram realizadas várias tentativas para unificar as duas abordagens. Em 1904, num artigo clássico apresentado pelo professor alemão Ludwig Prandtl (1857 - 1953), foi introduzido o conceito da "camada limite fluida". O estabelecimento deste conceito foi a base para a reunificação das duas abordagens até então utilizadas na mecânica dos fluidos. Prandtl propôs que os escoamentos em torno de fronteiras sólidas podem ser subdivididos em duas regiões: uma, próxima as paredes, onde os efeitos viscosos são muito importantes (camada fina de fluido - camada limite) e outra, adjacente a camada fina, onde o fluido se comporta como um fluido ideal (que não apresenta atrito). Este conceito relativamente simples forneceu o ímpeto necessário para a resolução dos conflitos que existiam entre os que trabalhavam com a hidrodinâmica e os que trabalhavam com a hidráulica. Por este motivo, Prandtl é geralmente aceito como o fundador da mecânica dos fluidos moderna.

O primeiro vôo motorizado ocorreu na primeira década do Sec. XX e isto provocou um aumento do interesse sobre a aerodinâmica (campo da mecânica dos fluidos que se dedica ao estudo do escoamento de ar em torno dos corpos). É possível afirmar que o rápido desenvolvimento da mecânica dos fluidos detectado ao longo do Sec. XX foi parcialmente provocado pela necessi-dade de projetar os aviões porque o projeto de um avião eficiente requer um grande conhecimento de mecânica dos fluidos.

Ao longo do nosso estudo dos fundamentos da mecânica dos fluidos nós continuaremos a indicar as contribuições de muitos dos pioneiros deste campo. A Tab. 1.7 apresenta uma lista cronológica de algumas destas pessoas e revela alguns aspectos da história da mecânica dos fluidos. Certamente esta lista não é completa, em relação a todas as pessoas que contribuíram para a evolução da mecânica dos fluidos, mas inclui os nomes daqueles que estão mencionados neste texto. Nós indicaremos, nos próximos capítulos, as contribuições destas pessoas e uma análise rápida desta tabela revelará onde a contribuição se encaixa na cadeia histórica.

É impossível resumir a rica história da mecânica dos fluidos em poucos parágrafos. Nós apresentamos apenas um apanhado geral e esperamos que isto sirva para despertar o seu interesse. As Refs. [2 a 5] são bons pontos de partida para um estudo adicional. É interessante ressaltar que a Ref. [2] apresenta a história da mecânica dos fluidos de uma forma ampla e muito fácil de ler.

Tabela 1.7 Lista Cronológica dos que Contribuíram para a Ciência da Mecânica dos Fluidos e que Estão Referenciados no Texto [a]

Archimedes (287 - 212 AC)
Estabeleceu os princípios básicos do empuxo e da flutuação.

Sextus Juluis Frontinus (40 - 130 DC)
Escreveu um tratado sobre os métodos romanos de distribuição de água.

Leonardo da Vinci (1452 - 1519)
Expressou o princípio da continuidade de modo elementar; observou e fez análises de muitos escoamentos básicos e projetou algumas máquinas hidráulicas.

Galileu Galilei (1562 - 1642)
Estimulou indiretamente a experimentação em hidráulica e revisou o conceito Aristotélico de vácuo.

Evangelista Torricelli (108 - 1647)
Relacionou a altura barométrica com o peso da atmosfera e a forma do jato de líquido com a trajetória relativa a uma queda livre.

Blaise Pascal (1623-1662)
Esclareceu totalmente o princípio de funcionamento do barômetro, da prensa hidráulica e da transmissibilidade de pressão.

Isaac Newton (1642 - 1727)
Explorou vários aspectos de escoamentos reais e das ondas e descobriu a contração nos jatos.

Henri de Pitot (1695-1771)
Construiu um dispositivo duplo tubo para indicar a velocidade nos escoamentos de água a partir da diferença entre a altura de duas colunas de líquido.

Daniel Bernoulli (1700 - 1782)
Fez muitas experiências e escreveu sobre o movimento dos fluidos (o nome "hidrodinâmica" foi inventado por ele); organizou as técnicas manométricas de medida e, adotando o princípio primitivo de conservação da energia, explicou o funcionamento destes dispositivos; propôs a propulsão a jato.

Leonhard Euler (1707 - 1783)
Explicou qual era o papel da pressão nos escoamentos; formulou as equações básicas do movimento e o chamado teorema de Bernoulli; introduziu o conceito de cavitação e descreveu os princípios de operação das máquinas centrífugas.

Jean le Rond d'Alembert (1717 - 1783)
Introduziu as noções dos componentes da velocidade e da aceleração, a expressão diferencial da continuidade e o paradoxo da resistência nula num movimento não uniforme e em regime permanente.

Antoine Chezy (1718 - 1798)
Formulou os parâmetros de similaridade para predizer as características do escoamento num canal a partir de medidas em outro canal.

Giovanni Battista Venturi (1746 - 1822)
Realizou testes de vários bocais (particularmente as contrações e expansões cônicas).

Louis Marie Henri Navier (1785 - 1836)
Estendeu as equações do movimento para incluir as forças "moleculares".

Augustin Louis de Cauchy (1789 - 1857)
Contribuiu ao estudo da hidrodinâmica teórica e ao estudo dos movimentos das ondas.

Gotthilf Heinrich Ludwig Hagen (1797 - 1884)
Conduziu estudos originais sobre a resistência nos escoamentos e da transição entre escoamento laminar e turbulento.

Jean Louis Poiseuille (1799 - 1869)
Realizou testes precisos sobre a resistência nos escoamentos laminares em tubos capilares.

Henri Philibert Gaspard Darcy (1803 - 1858)
Estudou experimentalmente a resistência ao escoamento na filtração e o escoamento em tubos; iniciou os estudos sobre o escoamento em canal aberto (realizado por Bazin).

Julius Weisbach (1806 - 1871)
Incorporou a hidráulica nos tratados de engenharia mecânica utilizando resultados de experimentos originais. Entre suas contribuições estão a descrição de vários escoamentos, coeficientes adimensionais e equações para o cálculo da variação de pressão nos escoamentos.

William Froude (1810 - 1879)
Desenvolveu muitas técnicas de medida em tanques de prova e um método de conversão dos dados de resistência de onda e de camada limite do modelo para o protótipo.

Robert Manning (1816 - 1897)
Propôs muitas fórmulas para o cálculo da resistência nos escoamentos em canal aberto.

George Gabriel Stokes (1819 - 1903)
Derivou analiticamente várias relações importantes da mecânica dos fluidos - que variam desde a mecânica das ondas até a resistência viscosa nos escoamentos (particularmente aquela associada ao movimento de esferas num fluido).

Ernst Mach (1838 - 1916)
Um dos pioneiros da aerodinâmica supersônica.

Osborne Reynolds (1842 - 1912)
Descreveu experimentos originais em muitos campos - cavitação, similaridade de escoamentos em rios, resistência nos escoamentos em tubulações e propôs dois parâmetros de similaridade para escoamentos viscosos; adaptou a equação do movimento de um fluido viscoso para as condições médias dos escoamentos turbulentos.

John William Strutt, Lorde Rayleigh (1842 - 1919)
Investigou a hidrodinâmica do colapso de bolhas, movimento das ondas, instabilidade dos jatos, analogia dos escoamentos laminares e similaridade dinâmica.

Vincenz Strouhal (1850 - 1922)
Investigou o fenômeno das "cordas vibrantes".

Edgard Buckingham (1867-1940)
Estimulou o interesse na utilização da análise dimensional nos Estados Unidos da América.

Moritz Weber (1871 - 1951)
Enfatizou a utilização dos princípios da similaridade nos estudos dos escoamentos dos fluidos e formulou um parâmetro para a similaridade capilar.

Ludwig Prandtl (1875 - 1953)
Introduziu o conceito de camada limite. É considerado o fundador da mecânica dos fluidos moderna.

Lewis Ferry Moody (1880 - 1953)
Propôs muitas inovações nas máquinas hidráulicas e um método para correlacionar os dados de resistência nos escoamentos em dutos (o método é utilizado até hoje).

Theodore Von Kármán (1881 - 1963)
Um dos maiores expoentes da mecânica dos fluidos do Sec. XX. Contribuiu de modo significativo ao nosso conhecimento da resistência superficial, turbulência e fenômeno da esteira.

Paul Richard Heinrich Blasius (1883 - 1970)
Foi aluno de Prandtl e obteve a solução analítica das equações da camada limite. Também demonstrou que a resistência nos escoamentos em tubos está relacionada ao número de Reynolds

a Adaptado da Ref. [2] (com autorização do Iowa Institute of Hydraulic Research, Universidade do Iowa).

Referências

1. Reid, R. C., Prausnitz, J. M. e Sherwood, T. K., *The Properties of Gases and Liquids*, 3ª Ed., Mc Graw-Hill, New York, 1977.
2. Rouse, H. e Ince, S., *History of Hydraulics*, Iowa Institute of Hydraulic Research, Iowa City, 1957, Dover, New York, 1963.
3. Tokaty, G.A., *A History and Philosophy of Fluidmechanics*, G.T. Foulis and Co. Ltd, Oxfordshire, Inglaterra, 1971.
4. Rouse, H., *Hydraulics in the United States 1776-1976*, Iowa Institute of Hydraulic Research, Iowa City, Iowa, 1976.
5. Garbrecht, G. Ed. *Hydraulics and Hydraulic Research - A Historical Review*, A. A. Balkema, Rotterdam, Holanda, 1987.

Problemas

Nota: Se o valor de uma propriedade não for especificado no problema, utilize o valor fornecido na Tab. 1.5 ou 1.6 deste capítulo. Os problemas com a indicação (*) devem ser resolvidos com uma calculadora programável ou computador. Os problemas com a indicação (+) são do tipo aberto (requerem uma análise crítica, a formulação de hipóteses e a adoção de dados). Não existe uma solução única para este tipo de problema.

1.1 Determine as dimensões, tanto no sistema *FLT* quanto no *MLT*, para : (**a**) o produto da massa pela velocidade, (**b**) o produto da força pelo volume e (**c**) da energia cinética dividida pela área.

1.2 Verifique as dimensões, tanto no sistema *FLT* quanto no *MLT*, das seguintes quantidades que aparecem na Tab. 1.1: (**a**) velocidade angular, (**b**) energia, (**c**) momento de inércia (área), (**d**) potência e (**e**) pressão.

1.3 Verifique as dimensões, tanto no sistema *FLT* quanto no *MLT*, das seguintes quantidades que aparecem na Tab. 1.1: (**a**) aceleração, (**b**) tensão, (**c**) momento de uma força, (**d**) volume e (**e**) trabalho.

1.4 Se P é uma força e x um comprimento, quais serão as dimensões (no sistema *FLT*) de (**a**) dP/dx, (**b**) d^3P/dx^3, e (**c**) $\int P dx$?

1.5 Se p é uma pressão, V uma velocidade e ρ a massa específica de um fluido, quais serão as dimensões (no sistema *MLT*) de (**a**) p/ρ, (**b**) $pV\rho$, e (**c**) $p/\rho V^2$.

1.6 Se V é uma velocidade, l é um comprimento e ν é uma propriedade do fluido que apresenta dimensão $L^2 T^{-1}$, determine quais das combinações apresentadas são adimensionais: (a) $Vl\nu$, (b) Vl/ν, (c) $V^2\nu$ e (d) $V/l\nu$.

1.7 As combinações adimensionais de certas quantidades (denominados parâmetros adimensionais) são muito importantes na mecânica dos fluidos. Construa cinco parâmetros adimensionais com as quantidades apresentadas na Tab. 1.1.

1.8 A força exercida sobre uma partícula esférica (com diâmetro D) que se movimenta lentamente num líquido, P, é dada por
$$P = 3\pi\mu DV$$
onde μ é a viscosidade dinâmica do fluido (dimensões $FL^{-2}T$) e V é a velocidade da partícula. Qual é a dimensão da constante 3π. Esta equação é do tipo homogêneo geral?

1.9 Um livro antigo sobre hidráulica indica que a perda de energia por unidade de peso de fluido que escoa através do bocal instalado numa mangueira pode ser calculado com a equação
$$h = (0{,}04 \ a \ 0{,}09)(D/d)^4 V^2/2g$$
onde h é a perda de energia por unidade de peso, D é o diâmetro da mangueira, d é o diâmetro da seção transversal mínima do bocal, V é a velocidade do fluido na mangueira e g é a aceleração da gravidade. Esta equação é válida em qualquer sistema de unidades? Justifique sua resposta.

1.10 A diferença de pressão no escoamento de sangue através de um bloqueio parcial numa artéria (conhecido como estenose), Δp, pode ser avaliada com a equação:
$$\Delta p = K_v \frac{\mu V}{D} + K_u \left(\frac{A_0}{A_1} - 1\right)^2 \rho V^2$$
onde V é a velocidade média do escoamento de sangue, μ é a viscosidade dinâmica do sangue, D é o diâmetro da artéria, A_0 é a área da seção transversal da artéria desobstruída e A_1 é a área da seção transversal da estenose. Determine as dimensões das constantes K_v e K_u. Esta equação é válida em qualquer sistema de unidades?

1.11 Admita que a velocidade do som num fluido, c, é dada por $c = (E_v)^a (\rho)^b$, onde E_v é o modulo de elasticidade volumétrico e ρ é a massa específica. Determine os valores das constantes a e b para que a equação fornecida seja dimensionalmente homogênea. Seu resultado é consistente com aquele apresentado na Eq. 1.19?

1.12 Uma equação que é utilizada para estimar a vazão em volume, Q, do escoamento no vertedor de uma barragem é
$$Q = C\sqrt{2g}\, B\, (H + V^2/2g)^{3/2}$$
onde C é uma constante, g é a aceleração da gravidade, B é a largura do vertedor, H é a espessura da lâmina de água que escoa sobre o vertedor e V é a velocidade do escoamento de água a montante do vertedor. Esta equação é válida em qualquer sistema de unidades? Justifique sua resposta.

+ 1.13 Encontre um exemplo de equação homogênea restrita num artigo técnico de uma revista de engenharia. Defina todos os termos da equação, explique porque ela é homogênea restrita e forneça a citação completa do artigo utilizado (nome da revista, volume etc).

1.14 Utilize a Tab. 1.3 para expressar as seguintes quantidades no SI: (a) 10,2 in/min, (b) 4,81 slugs, (c) 3,02 lbm, (d) 73,1 ft/s^2 e (e) 0,0234 lbf·s /ft^2.

1.15 Utilize a Tab. 1.4 para expressar as seguintes quantidades no Sistema Britânico Gravitacional: (a) 14,20 km, (b) 8,14 N/m^3, (c) 1,61 kg/m^3, (d) 0,032 N·m/s e (e) 5,67 mm/h.

1.16 Utilize as tabelas do Apen. A para expressar as seguintes quantidades no SI: (a) 160 acres, (b) 742 Btu, (c) 240 milhas, (d) 79,1 hp e (e) 60,3 °F.

1.17 A massa das nuvens pode atingir milhares de quilogramas porque estas podem conter uma infinidade de gotículas de água. Normalmente, a quantidade de água líquida presente numa nuvem é especificada em gramas de água por unidade de volume da nuvem (g/m^3). Admita que uma nuvem do tipo cumulus apresenta volume igual a um quilometro cúbico e contém 0,2 g/m^3 de água líquida. (a) Qual é o volume desta nuvem em milhas cúbicas? (b) Determine a massa de água, em libras, contida na nuvem.

1.18 Verifique as relações de conversão para (a) área, (b) massa específica, (c) velocidade e (d) peso específico da Tab. 1.3. Utilize as seguintes relações básicas de conversão: 1 ft = 0,3048 m; 1 lbf = 4,4482 N e 1 slug = 14,594 kg.

1.19 Verifique as relações de conversão para (a) aceleração, (b) massa específica, (c) pressão e (d) vazão em volume da Tab. 1.4. Utilize as seguintes relações básicas de conversão: 1 m = 3,2808 ft; 1 N = 0,22481 lb e 1 kg = 0,068521 slug.

1.20 A vazão de água numa tubulação de grande porte é igual a 1200 galões / minuto. Qual é o valor desta vazão em m^3 / s e em litros / minuto.

1.21 Um tanque de óleo apresenta massa de 30 slugs. (a) Determine seu peso na superfície da Terra (em newtons). (b) Qual seria sua massa (em quilogramas) e seu peso (em newtons) se o tanque estivesse localizado na superfície da Lua (onde a aceleração gravitacional é igual a 1/6 do valor encontrado na superfície da Terra)?

1.22 Um certo objeto pesa 300 N na superfície da Terra. Determine a massa do objeto (em quilogramas) e seu peso (em newtons) quando localizado num planeta que apresenta aceleração gravitacional igual a 4,0 ft / s^2.

1.23 O número de Froude, definido como $V/(gl)^{1/2}$, é um adimensional importante em alguns problemas da mecânica dos fluidos (V é uma velocidade, g é a aceleração da gravidade e l é um comprimento). Determine o valor do número de Froude quando $V = 10$ ft/s, $g = 32,2$ ft/s² e $l = 2$ ft. Recalcule o adimensional com todos os termos expressos no SI.

1.24 O peso específico de um certo líquido é igual a 85,3 lbf/ft³. Determine a massa específica e a densidade deste líquido.

1.25 Um dos ensaios realizados com um densímetro, aparelho utilizado para medir a densidade dos líquidos (veja o ⊙ 2.6), indica que a densidade do líquido analisado é igual a 1,15. Determine a massa específica e o peso específico do líquido analisado. Expresse seus resultados no SI.

1.26 Um tanque cilíndrico, rígido e aberto para a atmosfera contém 4 ft³ de água. Inicialmente, a temperatura da água é igual a 40 °F. Transfere-se calor à água até que sua temperatura atinja 90 °F. Determine a variação do volume da água contida no tanque neste processo. Utilize as propriedades da água indicadas no Apen. B para resolver o problema. Admitindo que o diâmetro do tanque é igual a 2 ft, determine a variação do nível da água detectada no processo descrito.

+ 1.27 Estime qual é a massa de mercúrio necessária para encher uma pia de banheiro. Faça uma lista com todas as hipótese utilizadas para a obtenção de sua estimativa.

1.28 Um reservatório graduado contém 500 ml de um líquido que pesa 6 N. Determine o peso específico, a massa específica e a densidade deste líquido.

1.29 Um recipiente para transporte de refrigerante pesa 0,153 N e apresenta volume interno igual a 355 ml. Sabendo que o recipiente pode conter, no máximo, 0,369 kg de refrigerante, determine o peso específico, a massa específica e a densidade do refrigerante. Compare os valores calculados com os da água a 20 °C. Expresse seus resultados no SI.

* 1.30 A tabela abaixo mostra a variação da massa específica da água (ρ, em kg / m³) com a temperatura na faixa 20 °C ≤ T ≤ 60 °C.

ρ	998,2	997,1	995,7	994,1	992,2	990,2	988,1
T	20	25	30	35	40	45	50

Utilize estes dados para construir uma equação empírica, do tipo $\rho = c_1 + c_2 T + c_3 T$, que forneça a massa específica da água nesta faixa de temperatura. Compare os valores fornecidos pela equação com os da tabela. Qual é o valor da massa específica da água quando a temperatura é igual a 42,1 °C.

+ 1.31 Estime a vazão em massa de água consumida, para fins domiciliares, na sua cidade. Faça uma lista com todas as hipótese utilizadas para a obtenção de sua estimativa.

1.32 A massa específica do oxigênio contido num tanque é 2,0 kg/m³ quando a temperatura no gás é igual a 25 °C. Sabendo que a pressão atmosférica local é igual a 97 kPa, determine a pressão relativa no gás.

1.33 A temperatura e a pressão do ar contido num laboratório são iguais a 27 °C e 14,3 psia. Determine, nestas condições, a massa específica do ar. Expresse seus resultado em slugs/ft³ e em kg/m³.

1.34 Um tanque fechado apresenta volume igual a 0,057 m³ e contém 0,136 kg de um gás. Um manômetro indica que a pressão no tanque é 82,7 kPa quando a temperatura no gás é igual a 27 °C. Este tanque contém oxigênio ou hélio? Explique como você chegou a sua resposta.

+ 1.35 A presença de gotas de chuva no ar durante uma tempestade aumenta a massa específica média (aparente) da mistura ar – água. Como varia a massa aparente da mistura em função da quantidade de água na mistura? Faça uma lista com todas as hipóteses utilizadas na solução do problema.

1.36 Uma câmara de pneu, com volume interno igual a 0,085 m³, contém ar a 26 psi (relativa) e 21 °C. Determine a massa específica e o peso do ar contido na câmara.

1.37 Inicialmente, um tanque rígido contém ar a 0,62 MPa (abs) e 15,6 °C. O ar é aquecido até que a temperatura se torne igual a 43,3 °C. Qual é o aumento de pressão detectado neste processo?

* 1.38 Desenvolva um programa de computador para calcular a massa específica de um gás perfeito a partir da pressão absoluta (em Pa), da temperatura (em °C) e da constante do gás (em J / kg · K).

* 1.39 Desenvolva um programa de computador para calcular a massa específica de um gás perfeito a partir da pressão absoluta (em psi), da temperatura (em °F) e da constante do gás (em ft · lbf / slug · °R).

1.40 Determine o valor da viscosidade dinâmica do mercúrio a 24 °C utilizando os dados apresentados no Apen. B. Expresse seu resultado no SI.

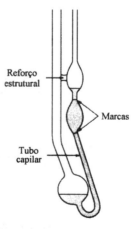

Figura P1.41

1.41 A Fig. P1.41 mostra o esquema de um viscosímetro do tipo tubo capilar (veja também o ⊙ 1.3). Neste tipo de dispositivo, a viscosidade do líquido pode ser avaliada medindo-se o tempo decorrido entre a passagem da superfície livre do líquido pela marca superior e a passagem da mesma superfície pela marca inferior do viscosímetro. A viscosidade cinemática, v, em m²/s, pode ser calculada com a equação $v = KR^4 t$, onde K é uma constante, R é o raio do tubo capilar (em mm) e t é o tempo necessário para drenar o líquido (em segundos). Um viscosímetro de tubo capilar foi calibrado com glicerina a 20 °C e o tempo de drenagem medido no ensaio foi igual a 1,430 s. O mesmo dispositivo também foi utilizado para avaliar a viscosidade de um líquido que apresenta massa específica igual a 970 kg/m³. Sabendo que o tempo de drenagem deste fluido foi igual a 900 s, determine a viscosidade dinâmica deste líquido.

1.42 A viscosidade cinemática de um refrigerante pode ser determinada com um viscosímetro de tubo capilar do tipo mostrado na Fig. P1.41 (veja também o ⊙ 1.3). Observe que a viscosidade cinemática do fluido é diretamente proporcional ao tempo de drenagem do fluido, ou seja, $v = Kt$. Um viscosímetro de tubo capilar foi utilizado para medir a viscosidade de duas versões do mesmo refrigerante. A versão dietética apresenta densidade igual a 1,003 e o tempo necessário para drenar o fluido no viscosímetro foi igual a 300,3 s. A versão normal apresenta densidade igual a 1,044 e o tempo de drenagem foi igual a 377,8 s. Qual é a diferença percentual entre as viscosidades dinâmicas das versões do refrigerante ensaiado?

1.43 O tempo necessário para retirar uma certa quantidade de líquido de um reservatório, t, é função de vários parâmetros e a viscosidade cinemática do fluido, v, é importante nesse processo (veja o ⊙ 1.1). Nós medimos, num laboratório, o tempo necessário para retirar 100 ml de vários óleos que apresentavam mesma massa específica mas viscosidades diferentes. O volume do béquer utilizado nos experimentos é igual a 150 ml e a inclinação do béquer na operação de esvaziamento foi mantida constante. Os resultados obtidos nos experimentos são bem representados pela equação

$$t = 1 + 9 \times 10^2 v + 8 \times 10^3 v^2$$

onde v está em m²/s. (**a**) A equação apresentada é do tipo homogênea geral? Justifique sua resposta. (**b**) Compare os tempos necessários para retirar 100 ml de óleo SAE 30 a 0 e a 60 °C do béquer de 150 ml. Utilize a Fig. B.2 do Apen. B para determinar o valor da viscosidade do óleo.

1.44 A viscosidade de um fluido é 5×10^{-4} poise. Determine a sua viscosidade dinâmica no SI e no sistema britânico gravitacional.

1.45 A viscosidade cinemática do oxigênio a 20 °C e 150 kPa (abs) é 0,104 stokes. Determine a viscosidade dinâmica do oxigênio nesta temperatura e pressão.

* 1.46 Muitos fluidos exibem comportamento não newtoniano (veja, por exemplo, o ⊙ 1.4). A distinção entre um fluido não newtoniano e um newtoniano normalmente pode ser realizada analisando-se o comportamento da tensão de cisalhamento em função a taxa de deformação por cisalhamento. A tabela abaixo mostra um conjunto de dados experimentais obtidos com um fluido não newtoniano a 27 °C.

τ (N/m²)	0,00	101	374	886	1518
$\dot{\gamma}$ (s⁻¹)	0	50	100	150	200

Utilize os dados da tabela para construir um gráfico da tensão de cisalhamento em função da taxa de deformação por cisalhamento. É possível representar os dados através de um polinômio do segundo grau? Sabendo que a taxa de deformação por cisalhamento é igual a 70 s⁻¹, determine a viscosidade aparente do fluido ensaiado. Compare o valor obtido com o da água a 27 °C.

1.47 Considere o escoamento de água sobre uma placa plana horizontal ($y = 0$). A distribuição de velocidade foi medida e um técnico propôs a equação

$$u = 0,81 + 9,2y + 4,1 \times 10^3 y^3$$

para representar os dados experimentais levantados. Observe que u é a componente horizontal do vetor velocidade, expresso em ft/s, e y é a distância, em ft, entre o ponto considerado e a superfície da placa. O intervalo de validade da equação é definido por $0 < y < 0,1$ ft. (**a**) A equação apresentada é válida em qualquer sistema de unidades? Justifique sua resposta. (**b**) Esta equação está correta? A análise do ⊙ 1.2 pode lhe ajudar a responder essa pergunta.

1.48 Calcule o número de Reynolds para os escoamentos de água e de ar num tubo com 4 mm de diâmetro. Admita que, nos dois casos, a temperatura é uniforme e igual a 30 °C e que a velocidades médias dos escoamentos são iguais a 3 m/s. Admita que a pressão seja sempre igual a atmosférica padrão (veja o Ex. 1.4).

1.49 As constantes da equação de Sutherland (Eq. 1.10) adequada para o ar a pressão atmosférica padrão são: $C = 1,458 \times 10^{-6}$ kg/(m·s·K^{1/2}) e $S = 110,4$ K. Utilize estes valores para estimar a viscosidade dinâmica do ar a 10 °C e a 90 °C. Compare os valores obtidos com os apresentados no Apen. B.

* 1.50 Determine as constantes C e S da equação de Sutherland (Eq. 1.10) utilizando os valores da viscosidade do ar fornecidos pela Tab. B.2 para as temperaturas 0, 20, 40, 60, 80 e 100 °C. Compare seus resultados com os fornecidos no Prob. 1.49. (Dica: Reescreva a equação na forma

$$\frac{T^{3/2}}{\mu} = \left(\frac{1}{C}\right)T + \frac{S}{C}$$

e construa a curva $T^{3/2}/\mu$ em função de T. Os valores de C e S podem ser determinados a partir da inclinação e do ponto de intersecção desta curva).

1.51 A viscosidade de um fluido é uma propriedade importante para determinar o modo de escoamento dos fluido (veja o ⊙ 1.1). O valor da viscosidade dinâmica varia de fluido para fluido e também é função da temperatura no escoamento. Vários experimentos com escoamentos de líquidos em tubos capilares horizontais mostram que a velocidade média do escoamento pode ser calculada com a equação $V = K / \mu$ se a diferença de pressão entre a seção de alimentação e descarga do tubo utilizado no ensaio for mantida constante. Nesta equação, μ é a viscosidade dinâmica do fluido e K é uma constante definida pela geometria do tubo e pela diferença de pressão utilizada no ensaio. Considere um líquido cuja viscosidade pode ser avaliada com a equação de Andrade (Eq. 1.11). Sabendo que $D = 2,4 \times 10^{-5}$ N·s / m^2 e $B = 2222$ K, determine o aumento percentual da velocidade media do escoamento deste fluido quando a temperatura média do líquido varia de 4 para 38 °C. Admita que todos os outros fatores do experimento permaneçam constantes.

* 1.52 Determine as constantes D e B da equação de Andrade (Eq. 1.11) utilizando os valores da viscosidade do água fornecidos pela Tab. B.1 para as temperaturas 0, 20, 40, 60, 80 e 100 °C. Calcule o valor da viscosidade referente a 50 °C e o compare com o valor fornecido pela Tab. B1. Dica: Reescreva a equação na forma

$$\ln \mu = (B)\frac{1}{T} + \ln D$$

e construa a curva ln μ em função de 1/T. Os valores de B e D podem ser determinados a partir da inclinação e do ponto de intersecção desta curva).

1.53 O espaço entre duas placas paralelas está preenchido com um óleo que apresenta viscosidade dinâmica igual a $4,56 \times 10^{-2}$ N · s / m^2. A placa inferior é imóvel e a superior está submetida a uma força P (veja a Fig. 1.3). Se a distância entre as duas placas é 2,5 mm, qual deve ser o valor de P para que a velocidade da placa superior seja igual a 0,9 m/s? Admita que a área efetiva da placa superior é igual a 0,13 m².

1.54 A condição de não escorregamento é muito importante na mecânica dos fluidos (veja o ⊙ 1.2). Considere o escoamento mostrado na Figura P1.54 onde as duas camadas de fluido são arrastadas pelo movimento da placa superior. Observe que a placa inferior é imóvel. Determine a razão entre o valor da tensão de cisalhamento na superfície da placa superior e aquele referente a tensão de cisalhamento que atua na placa inferior do aparato.

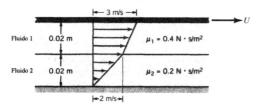

Figura P1.54

1.55 A viscosidade do sangue pode ser determinada medindo-se a tensão de cisalhamento, τ, e a taxa de deformação por cisalhamento, du/dy, num viscosímetro. Utilizando os dados fornecidos na tabela, determine se o sangue pode ser considerado como um fluido newtoniano.

τ (N/m^2)	0,04	0,06	0,12	0,18	0,30	0,52	1,12	2,10
du/dy (s^{-1})	2,25	4,50	11,3	22,5	45,0	90,0	225	450

1.56 O diâmetro e a altura do tanque cilíndrico mostrado na Fig. P1.56 são, respectivamente, iguais a 244 e 305 mm. Observe que o tanque desliza vagarosamente sobre um filme de óleo que é suportado pelo plano inclinado. Admita que a espessura do filme de óleo é constante e que a viscosidade dinâmica do óleo é igual a 9,6 N·s / m². Sabendo que a massa do tanque é 18,14 kg, determine o ângulo de inclinação do plano.

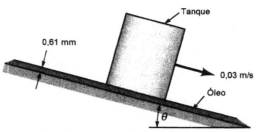

Figura P1.56

1.57 Um pistão, com diâmetro e comprimento respectivamente iguais a 139,2 e 241,3 mm, escorrega dentro de um tubo vertical com velocidade V. A superfície interna do tubo está lubrificada e a espessura do filme de óleo é igual a 0,05 mm. Sabendo que a massa do pistão e a viscosidade do óleo são iguais a 0,227 kg e 0,77 N· s/m², estime a velocidade do pistão. Admita que o perfil de velocidade no filme de óleo é linear.

1.58 Um fluido newtoniano, densidade e viscosidade cinemática respectivamente iguais a 0,92 e 4×10^{-4} m²/s, escoa sobre uma superfície imóvel. O perfil de velocidade deste escoamento, na região próxima à superfície, está mostrado na Fig. P 1.58. Determine o valor, a direção e o sentido da tensão de cisalhamento que atua na placa. Expresse seu resultado em função de U (m/s) e δ (m).

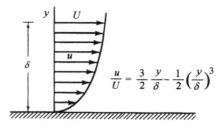

Figura P1.58

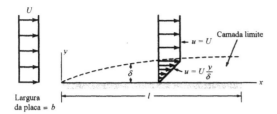

Figura P1.59

1.59 Quando um fluido viscoso escoa sobre uma placa plana que apresenta bordo de ataque afiado, nós observamos o desenvolvimento de uma camada fina, adjacente a superfície da placa, onde a velocidade do fluido varia de zero (a velocidade da placa) até o valor da velocidade do escoamento ao longe, U. Esta região é denominada camada limite e sua espessura, δ, é pequena em relação as outras dimensões do escoamento. A espessura da camada limite aumenta com a distância x medida ao longo da placa (veja a Fig. P1.59). Admita que $u = Uy/\delta$ e que $\delta = 3{,}5(\nu x / U)^{1/2}$, onde ν é a viscosidade cinemática do fluido. Determine a expressão para a força de arrasto desenvolvida na placa considerando que o comprimento e a largura da placa são respectivamente iguais a l e b. Expresse seus resultados em função de l, b, ν e ρ, onde ρ é a massa específica do fluido.

* 1.60 A próxima tabela apresenta os valores das velocidade medidas num escoamento de ar sobre uma placa plana.

y (mm)	1,5	3,0	6,1	12,2	18,3	24,4
u (m/s)	0,23	0,46	0,92	1,94	3,11	4,40

A distância y é medida na direção normal à superfície e u é a velocidade paralela a superfície. A temperatura e a pressão no escoamento podem ser consideradas uniformes e iguais a 15 °C e 101 kPa. (**a**) Admita que a distribuição de velocidade deste escoamento pode ser aproximada por

$$u = C_1 y + C_2 y^3$$

Determine os valores das constantes C_1 e C_2 utilizando uma técnica de ajustes de curvas. (**b**) Utilize o perfil obtido na parte (a) para determinar a tensão de cisalhamento na parede e no plano com $y = 15$ mm.

1.61 A viscosidade dinâmica de líquidos pode ser medida com um viscosímetro do tipo mostrado na Fig. P1.61 (cilindro rotativo). O cilindro externo deste dispositivo é imóvel enquanto o interno pode apresentar movimento de rotação (velocidade angular ω). O experimento para a determinação de μ consiste em medir a velocidade angular do cilindro interno e o torque necessário (T) para manter o valor de ω constante. Note que a viscosidade dinâmica é calculada a partir destes dois parâmetros. Desenvolva uma equação que relacione μ, ω, T, R_i e R_e. Despreze os efeitos de borda e admita que o perfil de velocidade no escoamento entre os cilindros é linear.

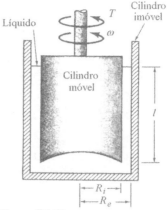

Figura P1.61

1.62 O espaço anular formado entre dois cilindros concêntricos, com comprimento igual a 0,15 m, está preenchido com glicerina ($\mu = 4{,}1 \times 10^{-1}$ N·s/m²). Os diâmetros dos cilindros interno e externo são iguais a 152,4 e 157,5 mm. Determine o torque e a potência necessária para manter o cilindro interno girando a 180 rpm. Admita que o cilindro externo é imóvel e que a distribuição de velocidade no escoamento de glicerina é linear.

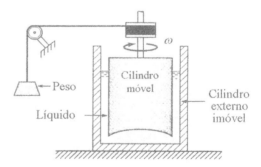

Figura P1.63

1.63 A Fig. P1.63 mostra um tipo de viscosímetro de cilindro rotativo conhecido como o de Stormer. Este dispositivo utiliza a queda de um peso, W, para movimentar o cilindro interno (com uma velocidade angular ω constante). A viscosidade do líquido está relacionada com W e ω através da relação $W = K \mu \omega$, onde K é uma constante que só depende da geometria do arranjo (que inclui a altura do banho de líquido no arranjo). Normalmente, o valor de K é determinado com a utilização de um líquido de calibração (um líquido com viscosidade conhecida). (**a**) A próxima tabela apresenta um conjunto de dados obtidos num certo viscosímetro de Stormer e que foram obtidos com glicerina a 20 °C (líquido de calibração). Determine o valor de K deste viscosímetro a partir da construção de um gráfico do peso em função da velocidade angular (desenhe a melhor curva que passa através dos pontos fornecidos).

W (N)	0,98	2,94	4,89	6,85	9,79
ω (rpm)	31,8	95,4	167,4	229,8	329,4

(b) A próxima tabela apresenta um conjunto de dados experimentais relativos a um líquido desconhecido e que foram obtidos com o mesmo viscosímetro da parte (a). Determine a viscosidade deste líquido.

W (N)	0,18	0,49	0,98	1,47	1,95
ω (rpm)	43,2	113,4	223,8	326,4	445,2

* 1.64 A tabela a seguir apresenta os valores de torque e velocidade angular obtidos num viscosímetro do tipo descrito o Prob. 1.61 e que apresenta as seguintes dimensões: R_e = 63,5 mm, R_i = 62,2 mm e l = 127 mm. Determine a viscosidade dinâmica do líquido ensaiado utilizando estes dados e um programa de ajustes de curvas.

T (J)	17,8	35,3	53,6	71,5	88,0	106,6
ω (rad/s)	1,0	2,0	3,0	4,0	5,0	6,0

1.65 A Fig. P1.65 mostra uma placa móvel e circular montada num suporte fixo. O diâmetro da placa móvel é igual a 305 mm e o espaço delimitado pela superfície inferior da placa móvel e o suporte está preenchido com glicerina. Sabendo que a espessura do filme de glicerina é igual a 2,5 mm, determine o torque necessário para que a placa móvel gire a 2 rpm. Admita que o perfil de velocidade no filme é sempre linear e que os efeitos de borda são desprezíveis.

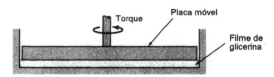

Figura P1.65

+ 1.66 Os amortecedores dos automóveis são utilizados para amortecer as oscilações provocadas pelas irregularidades existentes nas vias públicas. Descreva como a variação de temperatura do amortecedor afeta o comportamento deste componente.

1.67 Inicialmente, um tanque cúbico, rígido e selado está totalmente repleto com água líquida a 4 °C. A água é então aquecida até que sua temperatura se torne igual a 38 °C. Determine a pressão na água no estado final deste processo. Admita que o módulo de expansão volumétrica da água é constante e igual a 2069 MPa.

1.68 Determinou-se, num experimento dedicado a avaliação do módulo de elasticidade volumétrico de um líquido, que o volume da amostra diminuiu de 102,40 ml para 101,38 ml quando a pressão variou de 101 kPa (abs) a 20,5 MPa. Determine o módulo de elasticidade volumétrico deste líquido.

1.69 Calcule a velocidade do som, em m/s, para (a) água, (b) mercúrio e (c) água do mar.

1.70 Um conjunto cilindro-pistão contém ar. Um medidor de pressão indica que a pressão inicial no ar é 1,38 bar. Determine a leitura do manômetro quando o volume de ar for igual a um terço do volume inicial. Admita que o processo de compressão é isotérmico e que a pressão atmosférica é igual a 101,3 kPa.

1.71 Muitas vezes é razoável admitir que um escoamento é incompressível se a variação da massa específica do fluido ao longo do escoamento for menor do que 2%. Admita que ar escoa isotermicamente num tubo. As pressões relativas nas seções de alimentação e descarga do tubo são, respectivamente, iguais a 62,1 e 59,3 kPa. Este escoamento pode ser considerado incompressível? Justifique sua resposta. Admita que o valor da pressão atmosférica é o padrão.

1.72 Oxigênio a 30 °C e 300 kPa (abs) expande isotermicamente até a pressão de 140 kPa. Determine a massa específica do gás no estado final.

1.73 Gás natural a 15,6 °C e 101,3 kPa (abs) é comprimido isoentropicamente até a pressão absoluta de 4,14 bar. Determine a massa específica e a temperatura final do gás no estado final.

1.74 Compare a compressibilidade isoentrópica do ar a 101 kPa (abs) com a da água na mesma pressão.

* 1.75 Desenvolva um programa de computador que calcule a pressão relativa final de um gás em função da pressão relativa inicial, dos volumes inicial e final do gás, da pressão atmosférica e do tipo de processo de compressão (isotérmico ou isoentrópico). Compare o comportamento do seu programa com a resposta do Prob. 1.70.

1.76 O número de Mach, definido como a razão entre as velocidades locais do escoamento e a do som (Ma = V/c), é um grupo adimensional importante nos escoamentos compressíveis. Admita que a velocidade de disparo de um projétil é 1287 km/h. Considerando que a pressão atmosférica é a padrão e que a temperatura no local do disparo é 10 °C, determine o número de Mach referente ao escoamento em torno do projétil.

1.77 Os limites da faixa normal de operação dos aviões comerciais são 0 e 12200 m. Mostre, utilizando os dados indicados no Apen. B, como varia a velocidade do som neste intervalo.

1.78 Quando um líquido escoa numa tubulação curva, com raio de curvatura pequeno, podemos verificar a formação de uma região de baixa pressão próxima ao cotovelo da curva. Estime qual é a pressão absoluta mínima para que não ocorra a cavitação num escoamento de água a 70 °C.

1.79 Qual deve ser o valor mínimo da pressão absoluta (em Pa) para que não ocorra a cavitação num escoamento de álcool etílico a 20 °C na seção de alimentação de uma bomba.

1.80 A temperatura da água na seção de alimentação de um bocal é igual a 90 °C e a pressão no fluido diminui ao longo do escoamento no bocal. Estime o valor da pressão absoluta onde se detecta o início da cavitação neste escoamento.

1.81 Um tanque fechado contém álcool etílico a 20 °C e não está totalmente cheio. Se o ar acima do álcool é evacuado, qual é a pressão absoluta mínima que se desenvolve no espaço acima do líquido?

1.82 Estime o excesso de pressão numa gota de chuva que apresenta diâmetro igual a 3 mm.

1.83 Um jato d'água, com diâmetro igual a 12 mm, é disparado verticalmente na atmosfera. Observe que, devido aos efeitos da tensão superficial, a pressão interna do jato é um pouco maior do que a pressão atmosférica. Determine a diferença de pressão detectada no jato que está sendo analisado.

1.84 O ⊙ 1.5 mostra que as forças devidas a tensão superficial podem fazer uma lâmina de barba com duplo fio "flutuar" na água. Entretanto, uma lâmina de fio simples irá afundar. Admita que as forças de tensão superficial atuam numa direção que forma um ângulo θ em relação a superfície livre da água (veja a Fig. P1.84). (**a**) Sabendo que a massa da lâmina de duplo fio é $6,4 \times 10^{-4}$ kg e que o comprimento total dos fios é igual a 206 mm, determine o valor de θ para que o equilíbrio entre o peso da lâmina e a resultante das forças de tensão superficial seja mantido. (**b**) A massa da lâmina de fio simples é $2,61 \times 10^{-3}$ kg e o comprimento total de seus lados é igual a 154 mm. Explique porque esta lâmina afunda. Justifique sua resposta.

Figura P1.84

1.85 Os tubos de vidro podem ser conectados aos tanques de aço para que seja possível visualizar a posição da superfície livre do líquido contido no tanque. Se o tubo for montado na vertical, a altura da coluna de líquido pode ser utilizada para determinar a posição da superfície livre do líquido com uma precisão razoável. (**a**) Considere um tanque que armazena água líquida a 27 °C. Sabendo que a altura real da superfície livre é 915 mm, construa um gráfico do erro percentual da medida realizada com tubos de vidro em função do diâmetro do tubo indicador de nível. Considere que os tubos apresentam diâmetro na faixa $2,5 < D < 25$ mm e utilize a Eq. 1.22 com $\theta = 0°$. (**b**) Qual é o menor diâmetro que pode ser utilizado nesta aplicação se o erro máximo permitido for igual a 1%?

1.86 É possível, sob determinadas condições, fazer um objeto metálico e maciço flutuar na água (veja o ⊙ 1.5). Considere a colocação de uma agulha de aço (massa específica = 7850 kg/m^3) na superfície livre da água contida num copo. Qual é o máximo diâmetro da agulha para que ela flutue? Admita que a tensão superficial atua na vertical e para cima. Nota: Os clipes de papel apresentam diâmetro aproximadamente igual a 0,9 mm. Construa um pequeno cilindro a partir de um clipe, o coloque na superfície livre da água contida num copo e verifique se o resultado do seu experimento é compatível com o valor calculado no problema.

1.87 Um tubo de vidro, aberto e com 3 mm de diâmetro interno é inserido num banho de mercúrio a 20 °C. Qual será a depressão do mercúrio no tubo?

1.88 Um tubo aberto, com 2 mm de diâmetro interno, é inserido num banho de álcool etílico e um outro tubo, similar ao primeiro mas com 4 mm de diâmetro interno, é inserido num banho de água. A altura da coluna de líquido formada será maior em que tubo? Admita que o ângulo de contato seja o mesmo nos dois casos.

* 1.89 O "bombeamento capilar" depende muito da pureza do fluido e da limpeza do tubo. Normalmente, os valores medidos de h são menores que os fornecidos pela Eq. 1.22 (utilizando os valores de σ e θ referentes a fluidos puros e superfícies limpas). A próxima tabela apresenta algumas medidas da altura, h, de uma coluna de líquido num tubo vertical, aberto e com diâmetro interno igual a d. A água do ensaio era de torneira a 15,5 °C e não foi realizada qualquer operação para limpar o tubo de vidro. Estime, a partir destes dados, o valor de $\sigma \cos \theta$. Se o valor de σ é aquele fornecido pela Tab. 1.5, qual é o valor de θ? Se nós admitirmos que θ é igual a 0°, qual é o valor de σ?

d (mm)	7,62	6,35	5,08	3,81	2,54	1,27
h (mm)	3,38	4,19	5,03	6,93	10,69	20,22

1.90 Um técnico de laboratório está com um problema bastante sério pois não consegue determinar se um líquido é um fluido newtoniano ou não newtoniano. Após várias discussões, outro técnico perguntou: Será que um viscosímetro do tipo Stormer pode ser utilizado na determinação do comportamento desse fluido? Admita que você foi chamado para ajudar na solução do problema. Será que é possível utilizar este tipo de viscosímetro na determinação do comportamento do fluido?. Se for possível, qual é o procedimento experimental que deve ser utilizado nos testes experimentais. Dica: Leia atentamente o enunciado do Prob. 1.63.

1.91 A Fig. P1.91 mostra o esboço de um viscosímetro de tubo capilar utilizado para determinar a viscosidade cinemática de líquidos. A vazão em volume, Q, do escoamento de líquido no tubo com diâmetro pequeno (i.e., tubo capilar) é função de muitos parâmetros (incluindo o diâmetro e o comprimento do tubo, a aceleração da gravidade, a massa específica e a viscosidade do líquido e a altura do nível do líquido em relação a seção de alimentação do tubo). Uma análise detalhada do escoamento no tubo mostra que a viscosidade cinemática está relacionada com a vazão através da relação $v = K / Q$, onde K é uma constante (se admitirmos que todos os outros parâmetros são constantes). O valor de K pode ser determinado medindo-se a vazão do escoamento de um fluido com viscosidade cinemática conhecida (fluido de calibração). A vazão em volume, no arranjo apresentado, é dada por $Q = \mathcal{V} / t$, onde $\mathcal{V}$ é o volume de água coletado no cilindro graduado durante o intervalo de tempo t.

A próxima tabela apresenta os valores de $\mathcal{V}$ e t referentes a experimentos realizados com água num arranjo do tipo mostrado na figura e em várias temperaturas. Determine o valor de K referente a cada uma das temperaturas. Utilize os valores de viscosidade cinemática fornecidos no Apêndice.

É usual admitir que o valor de K é constante e independe da viscosidade do fluido utilizado nos testes. Seus resultados verificam esta hipótese? Discuta algumas razões para que isto não seja verdadeiro.

$\mathcal{V}$ (ml)	t (s)	T (°C)
9,50	15,4	26,3
9,30	17,0	21,3
9,05	20,4	12,3
9,25	13,3	34,3
9,40	9,9	50,4
9,10	8,9	58,0

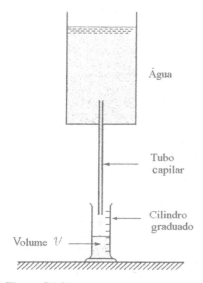

Figura P1.91

Estática dos Fluidos 2

Nós analisaremos neste capítulo a classe dos problemas da mecânica dos fluidos onde o fluido está em repouso ou num tipo de movimento que não obriga as partículas de fluido adjacentes a apresentar deslocamento relativo. Nestas situações, as tensões de cisalhamento nas superfícies das partículas do fluido são nulas e as únicas forças que atuam nestas superfícies são as provocadas pela pressão. O principal objetivo deste capítulo é o estudo da pressão, de como ela varia no meio fluido e do efeito da pressão sobre superfícies imersas. A ausência das tensões de cisalhamento simplifica muito a modelagem dos problemas e, como veremos, nos permite obter soluções relativamente simples para muitos problemas da engenharia.

2.1 Pressão num Ponto

Nós vimos no Cap. 1 que o termo pressão é utilizado para indicar a força normal por unidade de área que atua sobre um ponto do fluido num dado plano. Uma questão que aparece imediatamente é: Como a pressão varia com a orientação do plano que passa pelo ponto? Para responder a esta questão, considere o diagrama de corpo livre mostrado na Fig. 2.1. Esta figura foi construída removendo-se, arbitrariamente, um pequeno elemento de fluido, com a forma de uma cunha triangular, de um meio fluido. Como nós estamos considerando a situação onde as tensões de cisalhamento são nulas, as únicas forças externas que atuam na cunha são as devidas ao peso e a pressão. Note que, por simplicidade, as forças na direção x não estão mostradas e o eixo z é tomado como o eixo vertical (observe que o peso atua no sentido negativo deste eixo). Apesar de estarmos interessados, principalmente, nas situações onde o fluido está em repouso, nós faremos uma análise geral e admitiremos que o elemento de fluido apresenta um movimento acelerado. A hipótese de que as tensões de cisalhamento são nulas será adequada enquanto o movimento do elemento de fluido for igual aquele de um corpo rígido (onde os elementos adjacentes não apresentam movimento relativo).

As equações do movimento (segunda lei de Newton, $F = ma$) nas direções y e z são:

$$\sum F_y = p_y \delta x \delta z - p_s \delta x \delta s \, \text{sen}\theta = \rho \frac{\delta x \delta y \delta z}{2} a_y$$

$$\sum F_z = p_z \delta x \delta y - p_s \delta x \delta s \cos\theta - \gamma \frac{\delta x \delta y \delta z}{2} = \rho \frac{\delta x \delta y \delta z}{2} a_z$$

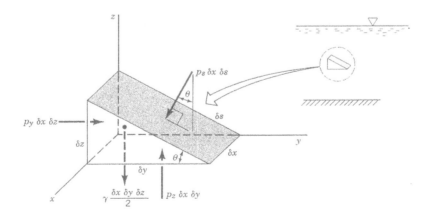

Figura 2.1 Forças num elemento de fluido arbitrário.

onde p_s, p_y e p_z são as pressões médias nas superfícies da cunha, γ e ρ são o peso específico e a massa específica do fluido e a_y, a_z representam as acelerações. Note que a pressão precisa ser multiplicada por uma área apropriada para que obtenhamos a força gerada pela pressão. Analisando a geometria da figura,

$$\delta y = \delta s \cos\theta \qquad \delta z = \delta s \,\text{sen}\, \theta$$

e as equações do movimento podem ser reescritas do seguinte modo:

$$p_y - p_s = \rho a_y \frac{\delta y}{2}$$

$$p_z - p_s = (\rho a_z + \gamma)\frac{\delta z}{2}$$

Como nós estamos interessados no que acontece num ponto, é interessante analisarmos o caso limite onde δx, δy e δz tendem a zero (mas mantendo-se o ângulo θ constante). Assim,

$$p_y = p_s \qquad p_z = p_s$$

ou $p_s = p_y = p_z$. Como a escolha do ângulo θ foi arbitrária, nós podemos concluir que a pressão num ponto de um fluido em repouso, ou num movimento onde as tensões de cisalhamento não existem, é independente da direção. Este resultado importante é conhecido como a lei de Pascal (Blaise Pascal, matemático francês que contribuiu significativamente no campo da hidrostática, 1623-1662). Nós mostraremos, no Cap. 6, que as tensões normais associadas a um ponto (que correspondem a pressão nos casos onde o fluido está em repouso) não são necessariamente iguais nos escoamentos que apresentam movimento relativo entre as partículas (i.e. na presença das tensões de cisalhamento). Nestes casos, a pressão é definida como a média das tensões normais tomadas em quaisquer três eixos mutuamente perpendiculares.

2.2 Equação Básica do Campo de Pressão

Apesar de termos respondido a questão – como varia a pressão num ponto com a direção? – nós temos outra questão tão importante quanto a já respondida – como varia, ponto a ponto, a pressão numa certa quantidade de fluido que não apresenta tensões de cisalhamento? Para responder esta nova questão, considere um pequeno elemento de fluido como o mostrado na Fig. 2.2. Observe que o elemento foi removido arbitrariamente da quantidade de fluido que estamos analisando. Existem dois tipos de forças que atuam neste elemento: as superficiais, devidas a pressão, e a de campo que, neste caso, é igual ao peso do elemento. Outros tipos de forças de campo, como àquela provocada pelos campos magnéticos, não serão consideradas neste texto.

Se nós designarmos a pressão no centro geométrico do elemento por p, as pressões médias nas várias faces do elemento podem ser expressas em função de p e de suas derivadas (veja a Fig. 2.2). Na verdade, nós estamos utilizando uma expansão em série de Taylor, baseada no centro

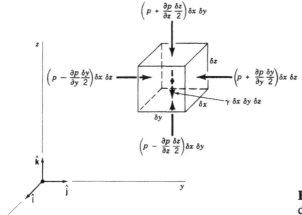

Figura 2.2 Forças superficiais e de campo atuando num elemento de fluido.

do elemento, para calcular as pressões nas faces e também desprezando os termos com ordem maior que 1 (pois estes se tornam nulos quando as distâncias δx, δy e δz tendem a zero). As forças superficiais na direção x não estão mostradas na Fig. 2.2 para melhorar a visualização da figura. A força resultante na direção y é dada por

$$\delta F_y = \left(p - \frac{\partial p}{\partial y} \frac{\delta y}{2} \right) \delta x \delta z - \left(p + \frac{\partial p}{\partial y} \frac{\delta y}{2} \right) \delta x \delta z$$

ou

$$\delta F_y = -\frac{\partial p}{\partial y} \delta x \delta y \delta z$$

De modo análogo, as forças resultantes nas direções x e z são dadas por

$$\delta F_x = -\frac{\partial p}{\partial x} \delta x \delta y \delta z \qquad \delta F_z = -\frac{\partial p}{\partial z} \delta x \delta y \delta z$$

A forma vetorial da força superficial resultante que atua no elemento é

$$\delta \boldsymbol{F}_s = \delta F_x \hat{\mathbf{i}} + \delta F_y \hat{\mathbf{j}} + \delta F_z \hat{\mathbf{k}}$$

ou

$$\delta \boldsymbol{F}_s = -\left(\frac{\partial p}{\partial x} \hat{\mathbf{i}} + \frac{\partial p}{\partial y} \hat{\mathbf{j}} + \frac{\partial p}{\partial z} \hat{\mathbf{k}} \right) \delta x \delta y \delta z \qquad (2.1)$$

onde $\hat{\mathbf{i}}$, $\hat{\mathbf{j}}$ e $\hat{\mathbf{k}}$ são os vetores unitários (versores) do sistema de coordenadas da Fig. 2.2.

O grupo entre parênteses da Eq. 2.1 representa a forma vetorial do gradiente de pressão e pode ser reescrito como

$$\frac{\partial p}{\partial x} \hat{\mathbf{i}} + \frac{\partial p}{\partial y} \hat{\mathbf{j}} + \frac{\partial p}{\partial z} \hat{\mathbf{k}} = \nabla p$$

onde

$$\nabla (\ ) = \frac{\partial (\ )}{\partial x} \hat{\mathbf{i}} + \frac{\partial (\ )}{\partial y} \hat{\mathbf{j}} + \frac{\partial (\ )}{\partial z} \hat{\mathbf{k}}$$

e o símbolo ∇ representa o operador gradiente. Assim, a força superficial resultante por unidade de volume por ser expressa por

$$\frac{\delta \boldsymbol{F}_s}{\delta x \delta y \delta z} = -\nabla p$$

Como o eixo z é vertical, o peso do elemento de fluido que estamos analisando é dado por

$$-\delta W \hat{\mathbf{k}} = -\gamma \delta x \delta y \delta z \hat{\mathbf{k}}$$

O sinal negativo indica que a força devida ao peso aponta para baixo (sentido negativo do eixo z). A segunda lei de Newton, aplicada ao elemento de fluido, pode ser escrita da seguinte forma

$$\sum \delta \boldsymbol{F} = \delta m \, \boldsymbol{a}$$

onde $\sum \delta \boldsymbol{F}$ representa a força resultante que atua no elemento, $\boldsymbol{a}$ a aceleração do elemento e δm é a massa do elemento (que pode ser escrita como $\rho \, \delta x \, \delta y \, \delta z$). Deste modo,

$$\sum \delta \boldsymbol{F} = \delta \boldsymbol{F}_s - \delta W \hat{\mathbf{k}} = \delta m \, \boldsymbol{a}$$

ou

$$-\nabla p \, \delta x \delta y \delta z - \gamma \delta x \delta y \delta z \, \hat{\mathbf{k}} = \rho \, \delta x \delta y \delta z \, \boldsymbol{a}$$

Dividindo por $\delta x \, \delta y \, \delta z$, obtemos

$$-\nabla p - \gamma \hat{\mathbf{k}} = \rho \, \boldsymbol{a} \qquad (2.2)$$

A Eq. 2.2 é a equação geral do movimento válida para os casos onde as tensões de cisalhamento no fluido são nulas. Nós iremos utilizar a equação geral na análise da distribuição de pressão num fluido em movimento (Sec. 2.12). Por enquanto, restringiremos nossa atenção aos casos onde o fluido está em repouso.

2.3 Variação de Pressão num Fluido em Repouso

A aceleração é nula ($a = 0$) quando o fluido está em repouso. Nestes casos, a Eq. 2.2 fica reduzida a

$$-\nabla p - \gamma \hat{\mathbf{k}} = 0$$

Os componentes da equação anterior são:

$$\frac{\partial p}{\partial x} = 0 \qquad \frac{\partial p}{\partial y} = 0 \qquad \frac{\partial p}{\partial z} = -\gamma \qquad (2.3)$$

Estas equações mostram que a pressão não é função de x ou y. Assim, nós não detectamos qualquer variação no valor da pressão quando mudamos de um ponto para outro situado no mesmo plano horizontal (qualquer plano paralelo ao plano x - y). Como p é apenas função de z, a última equação da Eq. 2.3 pode ser reescrita como uma equação diferencial ordinária, ou seja,

$$\frac{dp}{dz} = -\gamma \qquad (2.4)$$

A Eq. 2.4 é fundamental para o cálculo da distribuição de pressão nos casos onde o fluido está em repouso e pode ser utilizada para determinar como a pressão varia com a elevação. Esta equação indica que o gradiente de pressão na direção vertical é negativo, ou seja, a pressão decresce quando nós nos movemos para cima num fluido em repouso. Note que nós não fizemos qualquer restrição sobre o peso específico do fluido na obtenção da Eq. 2.4. Assim, a equação é válida para os casos onde o fluido apresenta γ constante (por exemplo, os líquidos) e também para os casos onde o peso específico do fluido varia (por exemplo, o ar e outros gases). Observe que é necessário especificar como o peso específico varia com z para que seja possível integrar a Eq. 2.4.

2.3.1 Fluido Incompressível

A variação do peso específico de um fluido é provocada pelas variações de sua massa específica e da aceleração da gravidade. Isto ocorre porque a propriedade é igual ao produto da massa específica do fluido pela aceleração da gravidade ($\gamma = \rho g$). Como as variações de g na maioria das aplicações da engenharia são desprezíveis, basta analisarmos as possíveis variações da massa específica. A variação da massa específica dos líquidos normalmente pode ser desprezada mesmo quando as distâncias verticais envolvidas são significativas. Nos casos onde a hipótese de peso específico constante é adequada, a Eq. 2.4 pode ser integrada diretamente, ou seja,

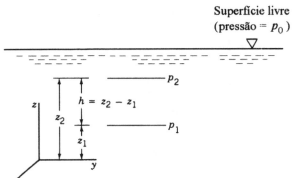

Figura 2.3 Notação para a variação de pressão num fluido em repouso e com superfície livre.

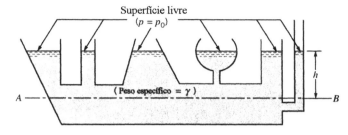

Figura 2.4 Equilíbrio de um fluido num recipiente de forma arbitrária.

$$\int_{p_1}^{p_2} dp = -\gamma \int_{z_1}^{z_2} dz$$

e

$$p_1 - p_2 = \gamma(z_2 - z_1) \tag{2.5}$$

onde p_1 e p_2 são as pressões nos planos com cota z_1 e z_2 (veja a Fig. 2.3).

A Eq. 2.5 pode ser reescrita de outras formas

$$p_1 - p_2 = \gamma h \tag{2.6}$$

ou

$$p_1 = \gamma h + p_2 \tag{2.7}$$

onde h é igual a distância $z_2 - z_1$ (profundidade medida a partir do plano que apresenta p_2). A Eq. 2.7 mostra que a pressão num fluido incompressível em repouso varia linearmente com a profundidade. Normalmente, este tipo de distribuição de pressão é denominada hidrostática. Note que a pressão precisa aumentar com a profundidade para que seja possível existir o equilíbrio.

Nós podemos observar na Eq. 2.6 que a diferença entre as pressões de dois pontos pode ser especificada pela distância h, ou seja,

$$h = \frac{p_1 - p_2}{\gamma}$$

Neste caso, a distância h é denominada "carga" e é interpretada como a altura da coluna de fluido com peso específico γ necessária para provocar uma diferença de pressão $p_1 - p_2$. Por exemplo, a diferença de pressão de 69 kPa pode ser especificada como uma carga de 7,04 m de coluna d'água ($\gamma = 9,8$ kN/m^3) ou como uma carga de 519 mm de Hg ($\gamma = 133$ kN/m^3).

Sempre existe uma superfície livre quando estamos trabalhando com líquidos (veja a Fig. 2.3) e é conveniente utilizar o valor da pressão nesta superfície como referência. Assim, a pressão de referência, p_0, corresponde a pressão que atua na superfície livre (usualmente é igual a pressão atmosférica). Se fizermos $p_2 = p_0$ na Eq. 2.7, temos que a pressão em qualquer profundidade h (medida a partir da superfície livre) é dada por

$$p = \gamma h + p_0 \tag{2.8}$$

De acordo com as Eqs. 2.7 e 2.8, a distribuição de pressão num fluido homogêneo, incompressível e em repouso é função apenas da profundidade (em relação a algum plano de referência) e não é influenciada pelo tamanho ou forma do tanque ou recipiente que contém o fluido. Note que a pressão é a mesma em todos os pontos da linha AB da Fig. 2.4 mesmo que a forma do recipiente seja um tanto irregular. O valor real da pressão ao longo de AB depende apenas da profundidade, h, da pressão na superfície livre, p_0, e do peso específico do fluido contido no reservatório.

Exemplo 2.1

A Fig. E2.1 mostra o efeito da infiltração de água num tanque subterrâneo de gasolina. Se a densidade da gasolina é 0,68, determine a pressão na interface gasolina-água e no fundo do tanque.

Solução A distribuição de pressão será a hidrostática porque os dois fluidos estão em repouso. Assim, a variação de pressão pode ser calculada com a equação

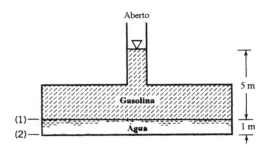

Figura E2.1

$$p = p_0 + \gamma h$$

Se p_0 corresponde a pressão na superfície livre da gasolina, a pressão na interface é

$$p_1 = p_0 + SG\gamma_{H_2O}h$$
$$p_1 = p_0 + 0{,}68 \times 9800 \times 5 = p_0 + 33320 \ (\text{em Pa})$$

Se nós estivermos interessados na pressão relativa, temos que $p_0 = 0$ e

$$p_1 = 33320 \text{ Pa} \quad \text{ou} \quad 3{,}4 \text{ m de coluna d'água}$$

Nós podemos agora aplicar a mesma relação para determinar a pressão no fundo do tanque, ou seja,

$$p_2 = p_1 + \gamma_{H_2O} h_{H_2O}$$
$$p_2 = 33320 + 9800 \times 1 = 43120 \text{ Pa} \quad \text{ou} \quad 4{,}4 \text{ m de coluna d'água}$$

Para transformar os resultados obtidos em pressões absolutas basta adicionar o valor da pressão atmosférica local aos resultados. A Sec. 2.5 apresenta uma discussão adicional sobre a pressão relativa e a absoluta.

O fato da pressão ser constante num plano com mesma elevação é fundamental para a operação de dispositivos hidráulicos como macacos, elevadores, prensas, controles de aviões e de máquinas pesadas. O aspecto básico do funcionamento destes dispositivos e sistemas está mostrado na Fig. 2.5. Um pistão localizado num sistema fechado e repleto com um líquido (por exemplo, óleo) é utilizado para variar a pressão no sistema e assim transmitir a força F_1 para um segundo pistão (que apresenta uma força resultante F_2). Como as pressões que atuam nas faces dos pistões são iguais (a alteração do valor da pressão por variação de elevação é desprezível neste tipo de dispositivo) segue que $F_2 = (A_2 / A_1)F_1$. Observe que A_2 pode ser muito maior do que A_1. Neste caso, é possível amplificar o módulo de uma força, ou seja, uma força pequena aplicada no pistão com diâmetro pequeno pode ser amplificada no pistão com diâmetro grande. A força aplicada no pistão com área A_1 pode ser gerada manualmente e transmitida através de algum dispositivo mecânico (tal como no macaco) ou através de ar comprimido atuando diretamente na superfície do líquido (como é realizado nos elevadores hidráulicos utilizados em postos de troca de óleo).

2.3.2 Fluido Compressível

Nós normalmente modelamos os gases, tais como o oxigênio e nitrogênio, como fluidos compressíveis porque suas massas específicas variam de modo significativo com as alterações de

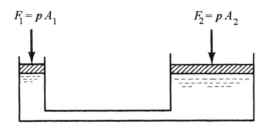

Figura 2.5 Transmissão da pressão num fluido.

pressão e temperatura. Por este motivo, é necessário considerar a possibilidade da variação do peso específico do fluido antes de integrarmos a Eq. 2.4. Entretanto, como foi discutido no Cap. 1, os pesos específicos dos gases comuns são pequenos em relação aos dos líquidos. Por exemplo, o peso específico do ar ao nível do mar a 15 °C é $1,2 \times 10^1$ N/m³ enquanto que o da água, nas mesmas condições, é $9,8 \times 10^3$ N/m³. Analisando a Eq. 2.4 nós notamos que, nestes casos, o gradiente de pressão na direção vertical é pequeno porque o peso específico dos gases é normalmente baixo. Assim, a variação de pressão numa coluna de ar com centenas de metros de altura é pequena. Isto significa que nós podemos desprezar o efeito da variação de elevação sobre a pressão no gás contido em tanques e tubulações que apresentem dimensões verticais moderadas.

Para os casos onde a variação de altura é grande, da ordem de milhares de metros, nós devemos considerar a variação do peso específico do fluido nos cálculos das variações de pressão. Como descrevemos no Cap. 1, a equação de estado para um gás perfeito é

$$p = \rho R T$$

onde p é a pressão absoluta, R é a constante do gás e T é a temperatura absoluta. Combinando esta relação com a Eq. 2.4 obtemos

$$\frac{dp}{dz} = -\frac{g\,p}{RT}$$

Separando as variáveis,

$$\int_{p_1}^{p_2} \frac{dp}{p} = \ln \frac{p_2}{p_1} = -\frac{g}{R} \int_{z_1}^{z_2} \frac{dz}{T} \tag{2.9}$$

onde g e R foram admitidos constantes no intervalo de integração.

Antes de completarmos a integração da Eq. 2.9 é necessário especificar como a temperatura varia com a elevação. Por exemplo, se nós admitirmos que a temperatura é constante e igual a T_0 no intervalo de integração (de z_1 a z_2), temos

$$p_2 = p_1 \exp\left[-\frac{g(z_2 - z_1)}{RT_0}\right] \tag{2.10}$$

Esta equação fornece a relação entre a pressão e a altura numa camada isotérmica de um gás perfeito. A próxima seção apresenta um procedimento, similar ao aqui desenvolvido, adequado para calcular a distribuição de pressão em camadas de gás não isotérmicas.

Exemplo 2.2

O Empire State Building de Nova York, uma das construções mais altas do mundo, apresenta altura aproximada de 381 m. Estime a relação entre as pressões no topo e na base do edifício. Admita que a temperatura é uniforme e igual a 15 °C. Compare este resultado com aquele que é obtido modelando o ar como incompressível e com peso específico igual a 12,01 N/m³ (valor padrão americano a 1 atm).

Solução Primeiramente, nós utilizaremos a Eq. 2.10 porque estamos modelando o ar como um fluido compressível. Assim,

$$\frac{p_2}{p_1} = \exp\left[-\frac{g(z_2 - z_1)}{RT_0}\right] = \exp\left[-\frac{9,8\,(381)}{286,9 \times 288}\right] = 0,956$$

Agora, se o ar é modelado como incompressível, nós devemos utilizar a Eq. 2.5. Neste caso,

$$p_2 = p_1 - \gamma(z_2 - z_1)$$

ou

$$\frac{p_2}{p_1} = 1 - \frac{\gamma(z_2 - z_1)}{p_1} = 1 - \frac{12,01 \times 381}{1,013 \times 10^5} = 0,955$$

Note que a diferença entre os dois resultados obtidos é pequena. As análises utilizando tanto o modelo de fluido compressível como o de fluido incompressível fornecem resultados praticamente iguais porque a diferença de pressão entre o topo e a base do edifício é pequena (isto implica que a variação da massa específica do fluido também é pequena).

A diferença percentual entre a pressão na base e a pressão no topo deste edifício bastante alto é menor do que 5%. Este resultado mostra que não é necessário uma grande diferença de pressão para suportar uma coluna de ar com 381 m de altura. Este fato também corrobora a afirmação feita anteriormente sobre as variações de pressão no ar, e em outros gases, provocada pela variação da elevação. Nós também podemos concluir, a partir destes resultados, que a diferença entre as pressões no topo e na base de tubulações de transporte de gás e nos sistemas de armazenamento de gases, são desprezíveis porque as distâncias verticais envolvidas são pequenas.

2.4 Atmosfera Padrão

Uma aplicação importante da Eq. 2.9 é o cálculo da variação da pressão na atmosfera terrestre. Nós gostaríamos de contar com medidas de pressão numa grande faixa de altitudes e para condições ambientais específicas (temperatura e pressão de referência) mas, infelizmente, este tipo de informação normalmente não é disponível. Assim, uma atmosfera padrão foi desenvolvida para ser utilizada no projeto de aviões, mísseis e espaçonaves e também para comparar o comportamento destes equipamentos numa condição padrão. O conceito de atmosfera padrão foi desenvolvido na década de 1920 e desde então muitas organizações nacionais e internacionais tem desenvolvido este padrão. A atmosfera americana padrão atual é baseada no documento publicado em 1962 e que foi revisado em 1976, Refs. [1 e 2]. Esta atmosfera também é utilizada como padrão em vários outros países. A atmosfera padrão é uma representação ideal da atmosfera terrestre e foi avaliada numa latitude média e numa condição ambiental média anual da atmosfera terrestre. A Tab. 2.1 apresenta algumas propriedades importantes da atmosfera padrão relativas ao nível do mar e a Fig. 2.6 mostra o perfil de temperatura adotado na atmosfera padrão. Note que a temperatura decresce com a altitude na região próxima a superfície da Terra (troposfera), fica aproximadamente constante na estratosfera e diminui na próxima camada.

A variação de temperatura na atmosfera padrão é representada por uma série de segmentos lineares. Assim, torna-se possível integrar a Eq. 2.9 para obter a variação de pressão correspondente. Por exemplo, na troposfera (a região que se estende até uma altura aproximadamente igual a 11 km), a distribuição de temperatura é dada por

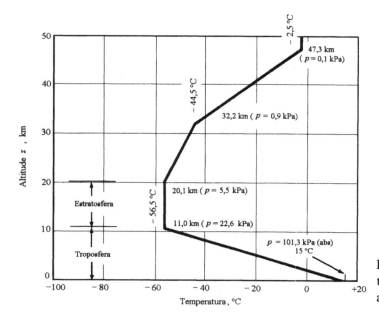

Figura 2.6 Variação da temperatura com a altitude na atmosfera padrão americana.

Tabela 2.1 Propriedades da Atmosfera Padrão Americana no Nível do Mar [a]

Temperatura, T	288,15 K (15 °C)
Pressão, p	101,33 kPa (abs)
Massa específica, ρ	1,225 kg/m³
Peso Específico, γ	12,014 N/m³
Viscosidade, μ	1,789 × 10⁻⁵ N·s/m²

[a] Aceleração da gravidade no nível do mar = 9,807 m/s².

$$T = T_a - \beta z \tag{2.11}$$

onde T_a é a temperatura no nível do mar ($z = 0$) e β é a taxa de decaimento da temperatura. Nesta região, nós encontramos que β é igual a 0,00650 K/m. Aplicando a Eq. 2.11 na Eq. 2,9, temos

$$p = p_a \left(1 - \frac{\beta z}{T_a}\right)^{g/R\beta} \tag{2.12}$$

onde p_a é a pressão absoluta em $z = 0$. Com p_a, T_a e g obtidos na Tab. 2.1 e com R = 286,9 J/kg·K, a variação de pressão na troposfera pode ser determinada com a Eq. 2.12. Este cálculo mostra que a temperatura e a pressão na interface troposfera – estratosfera são iguais a – 56,5 °C e 23 kPa. É interessante ressaltar que os jatos comerciais modernos voam nesta região. A Tab. C.1 do Apen. C apresenta um conjunto de valores para a pressão, temperatura, aceleração da gravidade e viscosidade para diversas altitudes da atmosfera padrão americana.

2.5 Medições de Pressão

A pressão é uma característica muito importante do campo de escoamento. Por esse motivo, vários dispositivos e técnicas foram desenvolvidos e são utilizados para sua medição. Como foi apontado rapidamente no Cap. 1, a pressão num ponto do sistema fluido pode ser designada em termos absolutos ou relativos. As pressões absolutas são medidas em relação ao vácuo perfeito (pressão absoluta nula) enquanto a pressão relativa é medida em relação a pressão atmosférica local. Deste modo, a pressão relativa nula corresponde a uma pressão igual a pressão atmosférica local. As pressões absolutas são sempre positivas mas as pressões relativas podem ser tanto positivas (pressão maior do que a atmosférica local) quanto negativas (pressão menor do que a atmosférica local). Uma pressão negativa é também referida como vácuo. Por exemplo, a pressão de 70 kPa (abs) pode ser expressa como −31,33 kPa (relativa), se a pressão atmosférica local é 101,33 kPa, ou com um vácuo de 31,33 kPa. A Fig. 2.7 ilustra os conceitos de pressão absoluta e relativa para duas pressões (representadas pelos pontos 1 e 2).

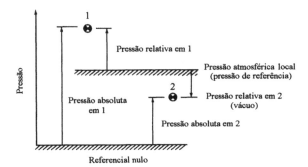

Figura 2.7 Representação gráfica das pressões relativa e absoluta.

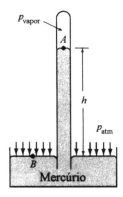

Figura 2.8 Barômetro de mercúrio.

Devido as características discutidas no parágrafo anterior, torna-se necessário especificar tanto a unidade da pressão quanto o referencial utilizado na sua medida. Como descrevemos na Sec. 1.5, a pressão é uma força por unidade de área. Assim, as unidades usuais nos sistemas britânicos são a lbf/ft^2 (psf) ou a lbf/in^2 (psi) e no SI a unidade é o N/m^2. Esta combinação é denominada Pascal e é abreviada por Pa (1 N/m^2 = 1 Pa). A pressão também pode ser especificada pela altura de uma coluna de líquido. Nesses casos, a pressão deve ser indicada pela altura da coluna (em metros, milímetros etc) e pela especificação do líquido da coluna (água, mercúrio etc). Por exemplo, a pressão atmosférica padrão pode ser expressa como 760 mm Hg (abs).

A maioria das pressões utilizadas neste livro são relativas e nós indicaremos apenas os casos onde as pressões são absolutas. Por exemplo, 100 kPa indica uma pressão relativa enquanto que 100 kPa (abs) se refere a uma pressão absoluta. Note que as diferenças de pressão são independentes do referencial e, deste modo, não é necessário fazer qualquer indicação.

A medição da pressão atmosférica é normalmente realizada com o barômetro de mercúrio. A Fig. 2.8 mostra o esboço de um barômetro de mercúrio simples. Este dispositivo é constituído por um tubo de vidro com um extremidade fechada e a outra (aberta) imersa num recipiente que contém mercúrio. Inicialmente, o tubo estava repleto com mercúrio e então foi virado de ponta cabeça (com a extremidade aberta lacrada) e inserido no recipiente de mercúrio. O equilíbrio da coluna de mercúrio ocorre quando o peso da coluna mais a força provocada pela pressão de vapor do mercúrio (que se desenvolve no espaço acima da coluna) é igual a força devida a pressão atmosférica. Assim,

$$p_{atm} = \gamma h + p_{vapor} \quad (2.13)$$

onde γ é o peso específico do mercúrio. A contribuição da pressão de vapor, na maioria dos casos, pode ser desprezada porque é muito pequena (a pressão de vapor do mercúrio a 20 °C é igual a 0,16 Pa (abs)). Nestas condições, nós temos que $p_{atm} \cong \gamma h$. É normal especificar a pressão atmosférica em função da altura de uma coluna de mercúrio. Observe que a pressão atmosférica padrão (101,33 kPa) corresponde a uma coluna de mercúrio com 0,76 m de altura e a uma coluna de água com aproximadamente 10,36 m de altura. A invenção do barômetro de mercúrio ocorreu no Sec. XVII (em torno de 1644) e é atribuída a Evangelista Torricelli.

Exemplo 2.3

A água de um lago localizado numa região montanhosa apresenta temperatura média igual a 10 °C e a profundidade máxima do lago é 40 m. Se a pressão barométrica local é igual a 598 mm Hg, determine a pressão absoluta na região mais profunda do lago.

Solução A pressão na água, em qualquer profundidade h, é dada pela equação

$$p = p_0 + \gamma h$$

onde p_0 é a pressão na superfície do lago. Como nós queremos conhecer a pressão absoluta, p_0 será a pressão barométrica local. Deste modo,

$$p_0 = \gamma_{Hg}\, h = (133\ \text{kN/m}^3)\,(0{,}598\ \text{m}) = 79{,}5\ \text{kN/m}^2$$

O peso específico da água a 10 °C pode ser obtido na Tab. B.1 ($\gamma_{H_2O} = 9{,}804\ \text{kN}/\text{m}^3$). Assim,

$$p = 79{,}5\ \text{kN/m}^2 + (9{,}804\ \text{kN/m}^3)(40\ \text{m}) = 472\ \text{kPa (abs)}$$

Este exemplo bastante simples mostra que é necessário estar atento as unidades utilizadas nos cálculos de pressão, ou seja, utilize sempre unidades consistentes e tome cuidado para não misturar cargas (m) com pressões (Pa).

2.6 Manometria

Uma das técnicas utilizadas na medição da pressão envolve o uso de colunas de líquido verticais ou inclinadas. Os dispositivos para a medida da pressão baseados nesta técnica são denominados manômetros. O barômetro de mercúrio é um exemplo deste tipo de manômetro mas existem muitas outras configurações que foram desenvolvidas para resolver problemas específicos. Os três tipos usuais de manômetros são o tubo piezométrico, o manômetro em U e o com tubo inclinado.

2.6.1. Tubo Piezométrico

O tipo mais simples de manômetro consiste num tubo vertical aberto no topo e conectado ao recipiente no qual desejamos conhecer a pressão (veja a Fig. 2.9). Note que a Eq. 2.8 é aplicável porque a coluna de líquido está em equilíbrio. Assim,

$$p = p_0 + \gamma h$$

Esta equação fornece o valor da pressão gerada por qualquer coluna de fluido homogêneo em função da pressão de referência p_0 e da distância vertical entre os planos que apresentam p e p_0. Lembre que a pressão aumenta quando nós nos movimentamos para baixo numa coluna de fluido em equilíbrio e decrescerá se nos movimentarmos para cima. A aplicação desta equação ao tubo piezométrico da Fig. 2.9 indica que a pressão p_A pode ser determinada a partir de h_1 através da relação

$$p_A = \gamma_1 h_1$$

onde γ_1 é o peso específico do líquido do recipiente. Note que nós igualamos a pressão p_0 a zero (o tubo é aberto no topo) e isto implica que estamos lidando com pressões relativas. A altura h_1 deve ser medida a partir do menisco da superfície superior até o ponto (1). Como o ponto (1) e o A do recipiente apresentam a mesma elevação, temos que $p_A = p_1$.

A utilização do tubo piezométrico é bastante restrita apesar do dispositivo ser muito simples e preciso. O tubo piezométrico só é adequado nos casos onde a pressão no recipiente é maior do que a pressão atmosférica (se não ocorreria a sucção de ar para o interior do recipiente). Além disso, a pressão no reservatório não pode ser muito grande (para que a altura da coluna seja razoável). Note que só é possível utilizar este dispositivo se o fluido do recipiente for um líquido.

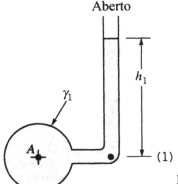

Figura 2.9 Tubo piezométrico.

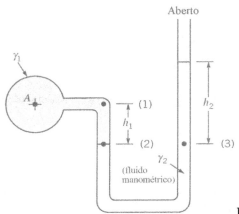

Figura 2.10 Manômetro com tubo em U simples.

2.6.2 Manômetro com o Tubo em U

Um outro tipo de manômetro, o com tubo em U, foi desenvolvido para superar algumas das dificuldades apontadas previamente. A Fig. 2.10 apresenta um esboço deste tipo de manômetro e, normalmente, o fluido que se encontra no tubo do manômetro é denominado fluido manométrico. Para determinar a pressão p_A em função das alturas das várias colunas, nós aplicaremos a Eq. 2.8 nos vários trechos preenchidos com o mesmo fluido. A pressão no ponto A e no ponto (1) são iguais e a pressão no ponto (2) é igual a soma de p_1 com $\gamma_1 h_1$. A pressão no ponto (2) é igual a pressão no ponto (3) porque as elevações são iguais. Note que nós não saltamos diretamente do ponto (1) para o ponto de mesma elevação no outro tubo porque existem dois fluidos diferentes na região limitada pelos planos horizontais que passam por estes pontos. Como conhecemos a pressão no ponto (3), nós vamos nos mover para a superfície livre da coluna onde a pressão relativa é nula. Quando nós nos movemos verticalmente para cima a pressão cai de um valor $\gamma_2 h_2$. Estes vários passos podem ser resumidos em

$$p_A + \gamma_1 h_1 - \gamma_2 h_2 = 0$$

e a pressão p_A pode ser escrita em função das alturas das colunas do seguinte modo:

$$p_A = \gamma_2 h_2 - \gamma_1 h_1 \qquad (2.14)$$

A maior vantagem do manômetro com tubo em U é que o fluido manométrico pode ser diferente do fluido contido no recipiente onde a pressão deve ser determinada. Por exemplo, o fluido do recipiente da Fig. 2.10 pode ser tanto um gás quanto um líquido. Se o recipiente contém um gás, a contribuição da coluna de gás, $\gamma_1 h_1$, normalmente pode ser desprezada de modo que $p_A \cong p_2$. Nesses casos, a Eq. 2.14 toma a seguinte forma

$$p_A = \gamma_2 h_2$$

Note que a altura da coluna (carga), h_2, é determinada unicamente pelo peso específico do fluido manométrico (γ_2) para uma dada pressão. Assim, nós podemos utilizar um fluido manométrico pesado, tal como mercúrio, para obter uma coluna com altura razoável quando a pressão p_A é alta. De outro lado, nós podemos utilizar um fluido mais leve, tal com a água, para obter uma coluna de líquido com uma altura adequada se a pressão p_A é baixa (⊙ 2.1 – Medição da pressão sangüínea).

Exemplo 2.4

Um tanque fechado esboçado na Fig. E2.4 contém ar comprimido e um óleo que apresenta densidade 0,9. O fluido manométrico utilizado no manômetro em U conectado ao tanque é mercúrio (densidade igual a 13,6). Se $h_1 = 914$ mm, $h_2 = 152$ mm e $h_3 = 229$ mm, determine a leitura no manômetro localizado no topo do tanque.

Solução Seguindo o procedimento geral utilizado nesta seção, nós iniciaremos a análise na interface ar – óleo localizada no tanque e prosseguiremos até a interface fluido manométrico – ar atmosférico onde a pressão relativa é nula. A pressão no ponto (1) é

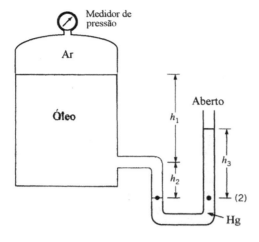

Figura E2.4

$$p_1 = p_{\text{ar comprimido}} + \gamma_{\text{óleo}}(h_1 + h_2)$$

Esta pressão é igual a pressão no ponto (2) porque os dois pontos apresentam a mesma elevação e estão localizados num trecho de tubo ocupado pelo mesmo fluido homogêneo e que está em equilíbrio. A pressão no ponto (2) é igual a pressão na interface fluido manométrico - ar atmosférico somada àquela provocada pela coluna com altura h_3. Se nós admitirmos que a pressão relativa é nula nesta interface (note que estamos trabalhando com pressões relativas),

$$p_{\text{ar comprimido}} + \gamma_{\text{óleo}}(h_1 + h_2) - \gamma_{\text{Hg}} h_3 = 0$$

ou

$$p_{\text{ar comprimido}} + (SG_{\text{óleo}})\gamma_{H_2O}(h_1 + h_2) - (SG_{\text{Hg}})\gamma_{H_2O} h_3 = 0$$

Aplicando os valores fornecidos no enunciado do exemplo,

$$p_{\text{ar comprimido}} = 13,6 \times 9800 \times 0,229 - 0,9 \times 9800 \times (0,914 + 0,152) = 2,11 \times 10^4 \text{ Pa}$$

Como o peso específico do ar é muito menor que o peso específico do óleo, a pressão medida no manômetro localizado no topo do tanque é muito próxima da pressão na interface ar comprimido-óleo. Deste modo,

$$p_{\text{manômetro}} = 21,1 \text{ kPa}$$

O manômetro com tubo em U também é muito utilizado para medir diferenças de pressão em sistemas fluidos. Considere o manômetro conectado entre os recipientes A e B da Fig. 2.11. A diferença entre as pressões em A e B pode ser determinada com o mesmo procedimento utilizado na solução do exemplo anterior. Deste modo, se a pressão em A é p_A (que é igual a p_1), a pressão em

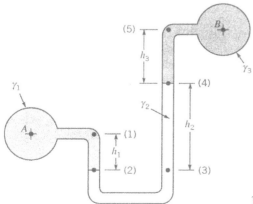

Figura 2.11 Manômetro diferencial em U.

em (2) é igual a p_A mais o aumento de pressão provocado pela coluna de fluido do recipiente A ($\gamma_1 h_1$). A pressão em (2) é igual a pressão em (3). Já a pressão em (4) é igual a p_3 menos a pressão exercida pela coluna com altura h_2. De modo análogo, a pressão em (5) é igual a p_4 menos $\gamma_3 h_3$. Finalmente, $p_5 = p_B$ porque estes pontos apresentam a mesma elevação. Resumindo,

$$p_A + \gamma_1 h_1 - \gamma_2 h_2 - \gamma_3 h_3 = p_B$$

e a diferença de pressão é dada por

$$p_A - p_B = \gamma_2 h_2 + \gamma_3 h_3 - \gamma_1 h_1$$

Normalmente, os efeitos da tensão superficial nas várias interfaces do fluido manométrico não são consideradas. Note que os efeitos da capilaridade se cancelam (admitindo que as tensões superficiais e os diâmetros dos tubos de cada menisco são iguais) no manômetro com tubo em U simples e que nós podemos tornar o efeito do bombeamento capilar desprezível se utilizarmos tubos com diâmetro grande (em torno de 12 mm, ou maiores). Os dois fluidos manométricos mais utilizados são a água e o mercúrio. Estes dois fluidos formam um menisco bem definido (é uma característica importante para os fluidos manométricos) e apresentam propriedades bem conhecidas. É claro que o fluido manométrico precisa ser imiscível nos fluidos que estão em contato com ele. É interessante ressaltar que nós devemos tomar um cuidado especial com a temperatura nas medições precisas porque os pesos específicos dos fluidos variam com a temperatura.

Exemplo 2.5

A Fig. E2.5 mostra o esboço de um dispositivo utilizado para medir a vazão em volume em tubos, Q, que será apresentado no Cap. 3. O bocal convergente cria uma queda de pressão $p_A - p_B$ no escoamento que está relacionada com a vazão em volume através da equação $Q = K(p_A - p_B)^{1/2}$ (onde K é uma constante que é função das dimensões do bocal e do tubo). A queda de pressão normalmente é medida com um manômetro diferencial em U do tipo ilustrado na figura. **(a)** Determine uma equação para $p_A - p_B$ em função do peso específico do fluido que escoa, γ_1, do peso específico do fluido manométrico, γ_2, e das várias alturas indicadas na figura. **(b)** Determine a queda de pressão se $\gamma_1 = 9,80$ kN/m^3, $\gamma_2 = 15,6$ kN/m^3, $h_1 = 1,0$ m e $h_2 = 0,5$ m.

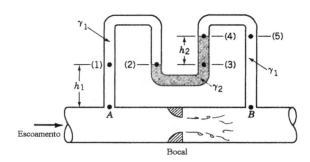

Figura E2.5

Solução (a) Apesar do fluido no tubo estar escoando, o que está contido no manômetro está em repouso e, assim, as variações de pressão nos tubos do manômetro são hidrostáticas. Deste modo, a pressão no ponto (1) é igual a pressão no ponto A menos a pressão correspondente a coluna de fluido com altura h_1 ($\gamma_1 h_1$). A pressão no ponto (2) é igual aquela no ponto (1) e também é igual aquela no ponto (3). Já a pressão no ponto (4) é igual a pressão no ponto (3) menos a pressão correspondente a coluna de fluido manométrico com altura h_2 ($\gamma_2 h_2$). A pressão no ponto (5) é igual a pressão no ponto (4) e a pressão em B é igual a pressão em (4) mais a pressão correspondente a coluna de fluido com altura ($h_1 + h_2$). Formalizando estes argumentos,

$$p_A - \gamma_1 h_1 - \gamma_2 h_2 + \gamma_1(h_1 + h_2) = p_B$$

ou

$$p_A - p_B = h_2(\gamma_2 - \gamma_1)$$

Note que apenas uma altura de coluna de fluido manométrico (h_2) é importante neste manômetro, ou seja, este dispositivo pode ser instalado com h_1 igual a 0,5 ou a 5,0 m acima do tubo e a leitura do manômetro (o valor de h_2) continuaria a mesma. Observe também que é possível obter valores relativamente grandes de leitura diferencial, h_2, mesmo quando a diferença entre as pressões é baixa pois basta utilizar fluidos que apresentem pesos específicos próximos.

(b) O valor da queda de pressão para os valores fornecidos é

$$p_A - p_B = 0{,}5\left(15{,}6 \times 10^3 - 9{,}8 \times 10^3\right) = 2{,}9 \times 10^3 \text{ Pa}$$

2.6.3 Manômetro com Tubo Inclinado

O manômetro esboçado na Fig. 2.12 é freqüentemente utilizado para medir pequenas variações de pressão. Uma perna do manômetro é inclinada, formando um ângulo θ com o plano horizontal, e a leitura diferencial l_2 é medida ao longo do tubo inclinado. Nestas condições, a diferença de pressão $p_A - p_B$ é dada por

$$p_A + \gamma_1 h_1 - \gamma_2 l_2 \operatorname{sen} \theta - \gamma_3 h_3 = p_B$$

ou

$$p_A - p_B = \gamma_2 l_2 \operatorname{sen} \theta + \gamma_3 h_3 - \gamma_1 h_1 \qquad (2.15)$$

Note que a distância vertical entre os pontos (1) e (2) é $l_2 \operatorname{sen} \theta$. Assim, para ângulos relativamente pequenos, a leitura diferencial ao longo do tubo inclinado pode ser feita mesmo que o diferencial de pressão seja pequeno. O manômetro de tubo inclinado é sempre utilizado para medir pequenas diferenças de pressão em sistemas que contém gases. Nestes casos,

$$p_A - p_B = \gamma_2 l_2 \operatorname{sen} \theta$$

ou

$$l_2 = \frac{p_A - p_B}{\gamma_2 \operatorname{sen} \theta} \qquad (2.16)$$

porque as contribuições das colunas de gás podem ser desprezadas. A Eq. 2.16 mostra que, para uma dada diferença de pressão, a leitura diferencial, l_2, do manômetro de tubo inclinado é $1/\operatorname{sen}\theta$ vezes maior do que àquela do manômetro com tubo em U. Lembre que $\operatorname{sen}\theta \to 0$ quando $\theta \to 0$.

2.7 Dispositivos Mecânicos e Elétricos para a Medição da Pressão

Os manômetros com coluna de líquido são muito utilizados mas eles não são adequados para medir pressões muita altas ou que variam rapidamente com o tempo. Além disso, a medida da pressão com estes dispositivos envolve a medição do comprimento de uma ou mais colunas de líquido. Apesar desta operação não apresentar dificuldade, ela pode consumir um tempo significativo. Para solucionar alguns destes problemas, outros tipos de medidores de pressão foram desenvolvidos. A maioria deles é baseada no princípio de que todas as estruturas elásticas deformam quando submetidas a uma pressão diferencial e que esta deformação pode ser relacionada com o valor da pressão. Provavelmente, o dispositivo mais comum deste tipo é o manômetro de Bourdon (veja a Fig. 2.13a). O elemento mecânico essencial neste manômetro é o tubo elástico curvado (tubo de Bourdon) que está conectado à fonte de pressão (Fig. 2.13b). O tubo curvado tende a ficar reto quando a pressão no tubo (interna) aumenta. Apesar da deformação

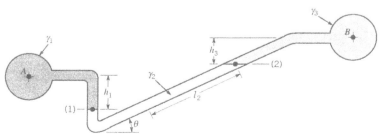

Figura 2.12 Manômetro com tubo inclinado.

(a)   (b)

Figura 2.13 (a) Manômetros de Bourdon para várias faixas de pressão. (b) Componentes do manômetro de Bourdon – Esquerda: Tubo de Bourdon com formato em "C" – Direita: Tubo de Bourdon "mola de torção" utilizado para medir pressões altas (Cortesia da Weiss Instruments Inc.).

ser pequena, ela pode ser transformada num movimento de um ponteiro localizado num mostrador. Como o movimento do ponteiro está relacionado com a diferença entre a pressão interna do tubo e a do meio externo (pressão atmosférica), a pressão indicada nestes dispositivos é relativa. O manômetro de Bourdon precisa ser calibrado para que ele indique o valor da pressão em psi ou em pascal. Lembre que uma leitura nula neste manômetro indica que a pressão medida é igual a pressão atmosférica. Este tipo de manômetro pode ser utilizado para medir pressões negativas (vácuo) e positivas (⊙ 2.2 – Manômetro de Bourdon).

O barômetro aneróide é um tipo de manômetro mecânico que é utilizado para medir a pressão atmosférica. Como a pressão atmosférica é especificada como uma pressão absoluta, o medidor de Bourbon não é indicado para este tipo de medição. O barômetro aneróide contém um elemento elástico localizado num recipiente evacuado de modo que a pressão interna no elemento é praticamente nula. Quando a pressão atmosférica externa muda, o elemento deflete e altera a posição de um elemento indicador (por exemplo, um ponteiro). Do mesmo modo que no manômetro de Bourdon, o indicador pode ser calibrado para fornecer a pressão atmosférica diretamente em milímetros de mercúrio.

Existem muitas aplicações onde é necessário medir a pressão com um dispositivo que converta o sinal de pressão numa saída elétrica. Um exemplo deste tipo de aplicação é o monitora-

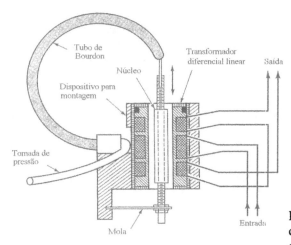

Figura 2.14 Transdutor de pressão que que combina um transformador linear diferencial variável com um tubo de Bourdon (Ref.[4], reprodução autorizada).

mento contínuo da pressão num processo químico. Este tipo de dispositivo é denominado transdutor de pressão. Existem muitos tipos de transdutores de pressão e um deles é aquele onde o tubo de Bourdon está conectado a um transformador linear diferencial variável (veja a Fig. 2.14). Note que o núcleo deste transformador está conectado a extremidade livre do tubo de Bourdon. Assim, a deformação do tubo de Bourdon, provocada pela pressão, move a bobina e então obtemos uma tensão entre os terminais de saída do transformador. A relação entre a tensão de saída e a pressão é linear e os valores da tensão podem ser armazenados num oscilógrafo ou digitalizados para armazenamento e processamento num computador.

Uma desvantagem do transdutor de pressão que utiliza o tubo de Bourdon como sensor elástico é que a sua utilização está limitada as aplicações onde a pressão é estável ou que não apresente variações bruscas ao longo do tempo. O motivo para esta restrição, ou seja, a incapacidade de acompanhar os transitórios rápidos, é a inércia relativamente grande do tubo de Bourdon. O transdutor de pressão que utiliza um diafragma fino e elástico como elemento sensor foi desenvolvido para superar esta dificuldade. Neste transdutor, quando o valor da pressão varia, o diafragma deflete e esta deflexão é convertida num sinal elétrico. Um modo de realizar esta conversão é instalar um extensômetro ("strain gage") na superfície do diafragma que não está em

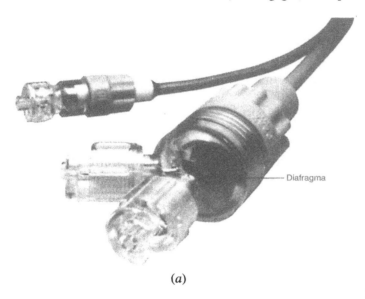

(a)

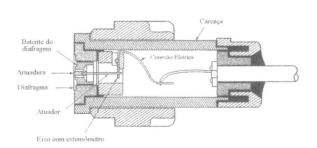

(b)

Figura 2.15 (a) Dois tipos de transdutores de pressão com extensômetro (Spectramed P10EZ e P23XL) utilizados para medir pressões fisiológicas. Os domos de plástico são preenchidos com um fluido e conectados aos vasos de sangue através de uma agulha ou catéter (Cortesia da Spectramed Inc.). (b) Diafragma do transdutor P23XL com o domo removido. A deflexão do diafragma, provocada pelo diferencial de pressão, é medida com um extensômetro conectado ao eixo de silício.

contato com o fluido ou num elemento solidário ao diafragma. Existem transdutores muito sensíveis (conseguem detectar pequenas tensões induzidas pela deformação do diafragma) e que fornecem uma tensão de saída proporcional a pressão. Este tipo de transdutor pode ser utilizado para medir, com boa precisão, pressões pequenas ou grandes e tanto pressões estáticas quanto variáveis. Por exemplo, o transdutor com extensômetro do tipo mostrado na Fig. 2.15 é utilizado para medir a pressão no sangue em artérias (que são pequenas e variam periodicamente com uma frequência próxima de 1 Hz). Nestas aplicações, o transdutor é normalmente conectado a artéria por meio de um tubo de diâmetro pequeno (catéter) e que está preenchido com um líquido fisiológico.

Os transdutores com extensômetro podem ser projetados para apresentar boa resposta em freqüência (até 10 kHz) mas o seu comportamento deteriora nas freqüências mais altas porque o diafragma precisa ser mais rígido para alcançar uma resposta em freqüência mais alta. Uma alternativa para o sensor de diafragma é a utilização de um cristal piezoelétrico como elemento elástico e sensor. Quando aplicamos uma pressão num cristal piezoelétrico, nós o deformamos e, como resultado, uma tensão elétrica, diretamente relacionada a pressão aplicada, é desenvolvida. Este tipo de transdutor pode ser utilizado para medir tanto pressões muito altas (até 6900 bar) quanto baixas e podem ser utilizados nos casos onde as taxas de variação da pressão são altas. As Refs. [3 a 5] apresentam muitas outras informações sobre os transdutores de pressão.

2.7 Força Hidrostática Numa Superfície Plana

Nós sempre detectamos a presença de forças na superfícies dos corpos que estão submersos nos fluidos. A determinação destas forças é importante no projeto de tanques para armazenamento de fluidos, navios, barragens e de outras estruturas hidráulicas. Nós também sabemos que o fluido exerce uma força perpendicular nas superfícies submersas quando está em repouso (porque as tensões de cisalhamento não estão presentes) e que a pressão varia linearmente com a profundidade se o fluido se comportar como incompressível. Assim, para uma superfície horizontal, como a inferior do tanque de líquido mostrado na Fig. 2.16, o módulo da força resultante sobre a superfície é $F_r = pA$ onde p é a pressão na superfície inferior e A é a área desta superfície. Note que para este caso (tanque aberto), $p = \gamma h$. Se a pressão atmosférica atua na superfície livre do fluido e na superfície inferior do tanque, a força resultante na superfície inferior é devida somente ao líquido contido no tanque. A força resultante atua no centróide da área da superfície inferior porque a pressão é constante e está distribuída uniformemente nesta superfície (⊙ 2.3 – Represa Hoover).

A Fig. 2.17 mostra um caso mais geral porque a superfície plana submersa está inclinada. A determinação da força resultante (i.e. sua direção, sentido, módulo e ponto de aplicação) que atua nesta superfície é um pouco mais complicada. Nós vamos admitir, por enquanto, que a superfície livre do fluido está em contato com a atmosfera. Considere que o plano coincidente com a superfície que está sendo analisada intercepta a superfície livre do líquido em 0 e seja θ o ângulo entre os dois planos (veja a Fig. 2.17). O sistema de coordenadas x - y é definido de modo que 0 está na origem do sistema de coordenadas e y pertence ao plano coincidente com a superfície que está sendo analisada. Note que a superfície que estamos analisando pode apresentar uma forma qualquer. A força que atua em dA (a área diferencial da Fig. 2.17 localizada numa profundidade h) é $dF = \gamma h \, dA$ e é perpendicular a superfície. Assim, o módulo da força resultante na superfície pode ser determinado somando-se todas as forças diferenciais que atuam na superfície, ou seja,

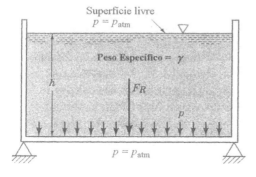

Figura 2.16 Pressão hidrostática e força resultante desenvolvida no fundo de um tanque aberto.

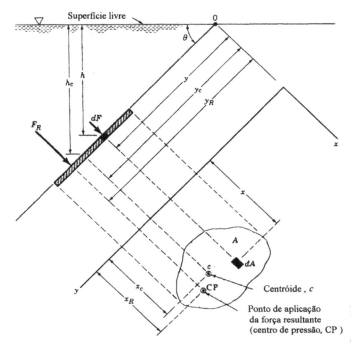

Figura 2.17 Força hidrostática numa superfície plana, inclinada e com formato arbitrário.

$$F_R = \int_A \gamma h \, dA = \int_A \gamma y \,\text{sen}\, \theta \, dA$$

onde $h = y \,\text{sen}\, \theta$. Se γ e θ são constantes,

$$F_R = \gamma \,\text{sen}\, \theta \int_A y \, dA \qquad (2.17)$$

A integral da Eq. 2.17 é o momento de primeira ordem (momento de primeira ordem da área) em relação ao eixo x. Deste modo, nós podemos escrever

$$\int_A y \, dA = y_c A$$

onde y_c é a coordenada y do centróide medido a partir do eixo x que passa através de 0. Assim, a Eq. 2.17 pode ser reescrita como

$$F_R = \gamma A y_c \,\text{sen}\, \theta$$

ou, de modo mais simples,

$$F_R = \gamma h_c A \qquad (2.18)$$

onde h_c é a distância vertical entre a superfície livre do fluido e o centróide da área. Note que o módulo de F_R independe de θ e é função apenas do peso específico do fluido, da área total e da profundidade do centróide da superfície. De fato, a Eq. 2.18 indica que o módulo da força resultante é igual a pressão no centróide multiplicada pela área total da superfície submersa. Como todas as forças diferenciais que compõem F_R são perpendiculares a superfície, a resultante destas forças também será perpendicular a superfície.

Apesar de nossa intuição sugerir que a linha de ação da força resultante deveria passar através do centróide da área este não é o caso. A coordenada y_R da força resultante pode ser determinada pela soma dos momentos em torno do eixo x, ou seja, o momento da força resultante precisa ser igual aos momentos das forças devidas a pressão, ou seja,

$$F_R y_R = \int_A y \, dF = \int_A \gamma \, \text{sen}\,\theta \, y^2 \, dA$$

Como $F_R = \gamma A y_c \, \text{sen}\, \theta$

$$y_R = \frac{\int_A y^2 \, dA}{y_c A}$$

A integral no numerador desta equação é o momento de segunda ordem (momento de segunda ordem da área ou momento de inércia), I_x, em relação ao eixo formado pela intersecção do plano que contém a superfície e a superfície livre (eixo x). Assim, nós podemos escrever

$$y_R = \frac{I_x}{y_c A}$$

Se utilizarmos o teorema dos eixos paralelos, I_x pode ser expresso como

$$I_x = I_{xc} + A y_c^2$$

onde I_{xc} é o momento de segunda ordem em relação ao eixo que passa no centróide e é paralelo ao eixo x, obtemos

$$y_R = \frac{I_{xc}}{y_c A} + y_c \qquad (2.19)$$

A Eq. 2.19 mostra que a força resultante não passa através da centróide mas sempre atua abaixo dele (porque $I_{xc}/y_c A > 0$).

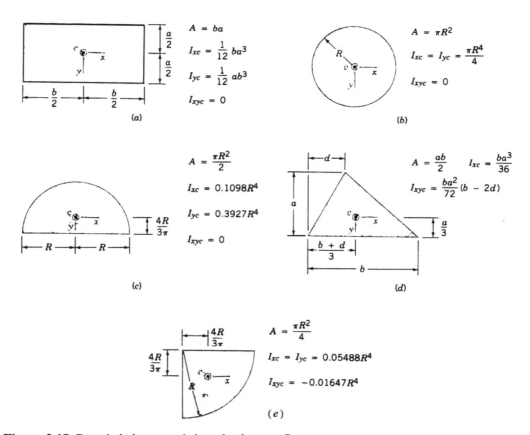

Figura 2.18 Propriedades geométricas de algumas figuras.

A coordenada x_R do ponto de aplicação da força resultante pode ser determinada de modo análogo, ou seja, somando-se os momentos em relação ao eixo y. Deste modo,

$$F_R x_R = \int_A \gamma \, \text{sen}\theta \, xy \, dA$$

e

$$x_R = \frac{\int_A xy \, dA}{y_c A} = \frac{I_{xy}}{y_c A}$$

onde I_{xy} é o produto de inércia em relação aos eixos x e y. Utilizando novamente o teorema dos eixos paralelos[1], podemos escrever

$$x_R = \frac{I_{xyc}}{y_c A} + x_c \qquad (2.20)$$

onde I_{xyc} é o produto de inércia em relação ao sistema de coordenadas ortogonal que passa através do centróide da área e criado por uma translação do sistema do sistema de coordenadas x-y. Se a área submersa é simétrica em relação ao eixo que passa pelo centróide e paralelo a um dos eixos (x ou y), a força resultante precisa atuar ao longo da linha $x = x_c$ porque I_{xyc} é nulo neste caso. O ponto de aplicação da força resultante é denominado centro de pressão. As Eqs. 2.19 e 2.20 mostram que um aumento de y_c provoca uma aproximação do centro de pressão para o centróide da área. Como $y_c = h_c / \text{sen}\,\theta$, a distância y_c crescerá se a h_c aumentar ou, se para uma dada profundidade, a área for rotacionada de modo que o ângulo θ diminua. A Fig. 2.18 apresenta as coordenadas do centróide e os momentos de inércia de algumas figuras geométricas usuais.

Exemplo 2.6

A Fig. E2.6a mostra o esboço de uma comporta circular inclinada que está localizada num grande reservatório de água ($\gamma = 9,80$ kN/m³). A comporta está montada num eixo que corre ao longo do diâmetro horizontal da comporta. Se o eixo está localizado a 10 m da superfície livre, determine: (**a**) o módulo e o ponto de aplicação da força resultante na comporta, e (**b**) o momento que deve ser aplicado no eixo para abrir a comporta.

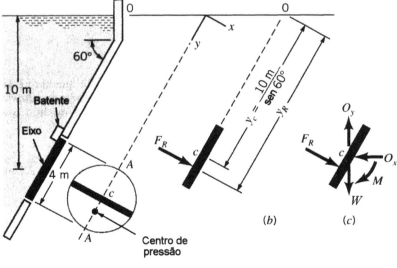

Figura E2.6

[1] O teorema dos eixos paralelos para o produto de inércia de uma área estabelece que o produto de inércia em relação a um sistema de coordenadas ortogonal (sistema de coordenadas x - y) é igual ao produto de inércia em relação ao sistema ortogonal paralelo ao sistema original e que passa através do centróide da área mais o produto da área pelas coordenadas x e y do centróide da área. Assim, $I_{xy} = I_{xyc} + A x_c y_c$.

56 Fundamentos da Mecânica dos Fluidos

Solução. (a) Para determinar a força resultante nós vamos utilizar a Eq. 2.18, ou seja,

$$F_R = \gamma h_c A$$

Como a distância vertical entre o centróide e a superfície livre da água é 10 m, temos,

$$F_R = (9,80 \times 10^3) \times (10) \times (4\pi) = 1,23 \times 10^6 \text{ N} = 1,23 \text{ MN}$$

Nós podemos utilizar as Eqs. 2.19 e 2.20 para localizar o ponto de aplicação da força resultante (centro de pressão).

$$y_R = \frac{I_{xc}}{y_c A} + y_c \qquad x_R = \frac{I_{xyc}}{y_c A} + x_c$$

Para o sistema de coordenadas mostrado, $x_R = 0$ porque a superfície da comporta é simétrica e o centro de pressão precisa estar localizado ao longo da linha A - A. Note que a Fig. 2.18 fornece

$$I_{xc} = \frac{\pi R^4}{4}$$

e que y_c está mostrado na Fig. E2.6b. Assim,

$$y_R = \frac{(\pi/4)(2)^2}{(10/\text{sen } 60°)(4\pi)} + \frac{10}{\text{sen } 60°} = 0,0866 + 11,55 = 11,6 \text{ m}$$

A distância entre o eixo da comporta e o centro de pressão (ao longo da comporta) é

$$y_R - y_c = 0,0866 \text{ m}$$

Resumindo, a força que atua sobre a comporta apresenta módulo igual a 1,23 MN, atua num ponto localizado a 0,0866 m abaixo da linha do eixo e que pertencente a linha A - A. Lembre que a força é perpendicular a superfície da comporta.

(b) O diagrama de corpo livre mostrado na Fig. E2.6c pode ser utilizado para determinar o momento necessário para abrir a comporta. Observe que W é o peso da comporta, O_x e O_y são as reações horizontal e vertical do eixo na comporta. A somatória dos momentos em torno do eixo da comporta é nula,

$$\sum M_c = 0$$

e nos fornece,

$$M = F_R (y_R - y_c) = (1,23 \times 10^6)(0,0866) = 1,07 \times 10^5 \text{ N} \cdot \text{m}$$

Exemplo 2.7

A Fig. E2.7a mostra o esboço de um aquário de água salgada ($\gamma = 10,0$ kN/m³) que apresenta profundidade igual a 3,0 m. O reforço triangular mostrado na figura deve ser instalado no aquário devido a um problema que surgiu num dos seus cantos inferiores. Determine o módulo e a localização do ponto de aplicação da força resultante neste reforço triangular.

Solução. As várias distâncias necessárias para resolver este problema estão mostradas na Fig. E2.7b. Como a superfície em que estamos interessados está na vertical, temos que $y_c = h_c = 2,7$ m. Utilizando a Eq. 2.18,

$$F_R = \gamma h_c A = (10 \times 10^3)(2,7)(0,9 \times 0,9/2) = 1,094 \times 10^4 \text{ N}$$

Note que esta força não é função do comprimento do tanque. A coordenada do centro de pressão (CP) pode ser determinada com a Eq. 2.19, ou seja,

$$y_R = \frac{I_{xc}}{y_c A} + y_c$$

Da Fig. 2.18,

$$I_{xc} = \frac{(0,9)(0,9)^3}{36} = 1,823 \times 10^{-2} \text{ m}^4$$

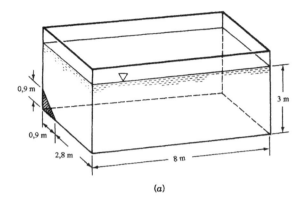

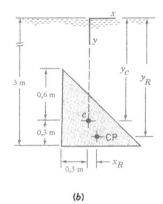
(b)

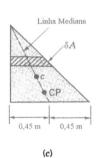
(c)

Figura E2.7

de modo que

$$y_R = \frac{1{,}823 \times 10^{-2}}{(2{,}7)(0{,}9 \times 0{,}9/2)} + 2{,}7 = 2{,}717 \text{ m}$$

De modo análogo, da Eq. 2.20

$$x_R = \frac{I_{xyc}}{y_c A} + x_c$$

e da Fig. 2.18

$$I_{xyc} = \frac{(0{,}9)(0{,}9)^2}{72}(0{,}9) = 9{,}113 \times 10^{-3} \text{ m}^4$$

de modo que

$$x_R = \frac{9{,}113 \times 10^{-3}}{(2{,}7)(0{,}9 \times 0{,}9/2)} + 0 = 8{,}3 \times 10^{-3} \text{ m}$$

Assim, nós concluímos que o centro de pressão está localizado a 8,3 mm a direita e a 17 mm abaixo do centróide do reforço. Note que este ponto pertence a linha mediana mostrada na Fig. E2.7c. Isto ocorre porque a área total pode ser substituída por um número grande de pequenas tiras com área δa e, como discutimos anteriormente, a resultante da forças de pressão atua no centro de cada uma das tiras. Logo, a resultante destas forças paralelas precisa estar localizada na linha mediana.

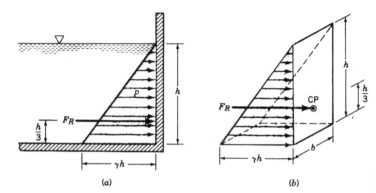

Figura 2.19 Prisma de pressões para uma superfície retangular vertical.

2.9 Prisma das Pressões

Nós apresentaremos, nesta seção, o desenvolvimento de uma interpretação gráfica da força desenvolvida por um fluido numa superfície plana. Considere a distribuição de pressão ao longo da parede vertical de um tanque com largura b e que contém um líquido que apresenta peso específico γ. Nós podemos representar a distribuição de pressão do modo mostrado na Fig. 2.19a porque a pressão varia linearmente com a profundidade. Note que a pressão relativa é nula na superfície livre do líquido, igual a γh na superfície inferior do líquido e que a pressão média ocorre num plano com profundidade $h/2$. Assim, a força resultante que atua na área retangular $A = bh$ é

$$F_R = p_{med} A = \gamma \left(\frac{h}{2}\right) A$$

Este resultado é igual ao obtido com a Eq. 2.18. A distribuição de pressão mostrada na Fig. 2.19a é adequada para toda a superfície vertical e, então, nós podemos representar tridimensionalmente a distribuição de pressão do modo mostrado na Fig. 2.19b. A base deste "volume" no espaço pressão - área é a superfície plana que estamos analisando e a altura em cada ponto é dada pela pressão. Este "volume" é denominado prisma das pressões e é claro que o módulo da forca resultante que atua na superfície vertical é igual ao volume deste prisma. Assim, a força resultante para o prisma mostrado na Fig. 2.19b é

$$F_R = \text{volume} = \frac{1}{2}(\gamma h)(bh) = \gamma \left(\frac{h}{2}\right) A$$

onde bh é a área da superfície retangular vertical.

A linha de ação da força resultante precisa passar pelo centróide do prisma das pressões. O centróide do prisma mostrado na Fig. 2.19b está localizado no eixo vertical de simetria da superfície vertical e dista $h/3$ da base (porque o centróide de um triângulo está localizado a $h/3$ de sua base). Note que este resultado está consistente com aqueles obtidos com as Eqs. 2.19 e 2.20.

A mesma abordagem gráfica pode ser utilizada nos casos onde a superfície plana está totalmente submersa (veja a Fig. 2.20). Nestes casos, a seção transversal do prisma das pressões é um trapézio. Entretanto, o módulo da força resultante que atua sobre a superfície ainda é igual ao volume do prisma das pressões e sua linha de ação passa pelo centróide do volume. A Fig. 2.20b mostra que o módulo da força resultante pode ser obtido decompondo o prisma das pressões em duas partes (ABDE e BCD). Deste modo,

$$F_R = F_1 + F_2$$

e este componentes podem ser determinados facilmente. A localização da linha de ação de F_R pode ser determinada a partir da soma de seus momentos em relação a algum eixo conveniente. Por exemplo, se utilizarmos o eixo que passa através de A temos,

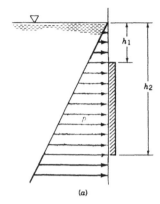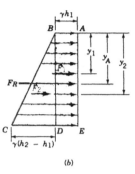

Figura 2.20 Representação gráfica das forças hidrostáticas que atuam numa superfície retangular.

$$F_R\, y_A = F_1\, y_1 + F_2\, y_2$$

O prisma das pressões também pode ser desenvolvido para superfícies planas inclinadas e, geralmente, a seção transversal do prisma será um trapézio (veja a Fig. 2.21). Apesar de ser conveniente medir as distâncias ao longo da superfície inclinada, a pressão que atua na superfície é função da distância vertical entre o ponto que está sendo analisado e a superfície livre do fluido.

A utilização do prisma das pressões para determinar a força em superfícies planas submersas é conveniente se a superfície é retangular porque o volume e o centróide do prisma podem ser determinados facilmente. Entretanto, quando o formato da superfície não é retangular, a determinação do volume e a localização do centróide pode ser realizada através de integrações. Nestes casos, é mais conveniente utilizar as equações desenvolvidas na seção anterior (que são adequadas para superfícies planas de qualquer formato).

O efeito da pressão atmosférica na superfície submersa ainda não foi considerado e nós podemos perguntar de que modo esta pressão influencia a força resultante. Nós consideraremos novamente a distribuição de pressão numa parede vertical plana como aquela mostrada na Fig. 2.22a. Note que a pressão relativa varia de zero, na superfície livre do fluido, até γh no fundo do tanque. Se nós atribuirmos o valor zero para a pressão na superfície livre do fluido nós estamos utilizando o valor da pressão atmosférica como referencial e, deste modo, nós estamos calculando as forças resultantes com pressões relativas. Se nós desejarmos incluir a pressão atmosférica, a nova distribuição de pressão é a mostrada na Fig. 2.22b. Nós notamos que, neste caso, a resultante da força que atua no lado da parede em contato com o fluido é uma superposição da resultante da distribuição de pressão hidrostática com a da pressão atmosférica ($p_{atm} A$, onde A é a área da superfície). Entretanto, se nós vamos incluir o efeito da pressão atmosférica no lado da superfície que está em contato com o fluido nós também devemos considerá-la no outro lado (admitindo que o outro lado da superfície também esteja exposto a atmosfera). Note que a pressão atmosférica produz

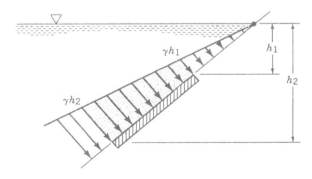

Figura 2.21 Variação de pressão ao longo de uma superfície plana inclinada.

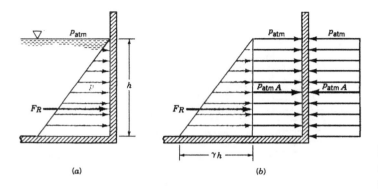

Figura 2.22 Efeito da pressão atmosférica sobre a força resultante que atua numa superfície plana vertical.

na superfície que não está em contato com o fluido uma força de mesmo módulo e direção da força resultante devida a pressão atmosférica no lado que está em contato com o fluido e que os sentidos destas forças são opostos. Assim, nós concluímos que a força resultante com que o fluido atua na superfície é devida apenas a pressão relativa — a pressão atmosférica não contribui para esta resultante. De fato, se a pressão na superfície do líquido for diferente da atmosférica (como o que ocorre num tanque fechado e pressurizado), a força resultante que atua numa área submersa A será igual a superposição da força devida a distribuição hidrostática com $p_s A$, onde p_s é a pressão relativa na superfície do líquido (nós admitimos que o outro lado da superfície está exposto a atmosfera).

Exemplo 2.8

A Fig. E2.8a mostra o esboço de um tanque pressurizado que contém óleo (densidade = SG = 0,9) A placa de inspeção instalada no tanque é quadrada e apresenta largura igual a 0,6m. Qual é o módulo, e a localização da linha de ação, da força resultante que atua na placa quando a pressão relativa no topo do tanque é igual a 50 kPa. Admita que o tanque está exposto a atmosfera.

Solução. A Fig. E2.8b mostra a distribuição de pressão na superfície da placa. A pressão num dado ponto da placa é composta por uma parcela devida a pressão do ar comprimido na superfície do óleo, p_s, e outra devida a presença do óleo (que varia linearmente com a profundidade). Nós vamos considerar que a força resultante na placa com área A é composta pelas forças F_1 e F_2. Assim,

$$F_1 = (p_s + \gamma h_1) A = (50 \times 10^3 + 0{,}9 \times 9{,}81 \times 10^3 \times 2)(0{,}36) = 24{,}4 \times 10^3 \text{ N}$$

e

$$F_2 = \gamma \left(\frac{h_2 - h_1}{2} \right) A = (0{,}9 \times 9{,}81 \times 10^3) \left(\frac{0{,}6}{2} \right)(0{,}36) = 0{,}95 \times 10^3 \text{ N}$$

O módulo da força resultante, F_R, é

$$F_R = F_1 + F_2 = 25{,}4 \times 10^3 \text{ N} = 25{,}4 \text{ kN}$$

A localização vertical do ponto de aplicação de F_R pode ser obtida somando os momentos em relação ao eixo que passa através do ponto O. Assim,

$$F_R y_O = F_1 (0{,}3) + F_2 (0{,}2)$$

ou

$$y_O = \frac{(24{,}4 \times 10^3)(0{,}3) + (0{,}95 \times 10^3)(0{,}2)}{(25{,}4 \times 10^3)} = 0{,}296 \text{ m}$$

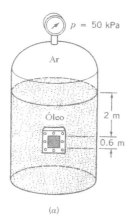

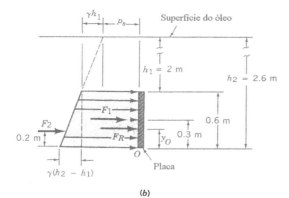

Figura E2.8

A força resultante atua num ponto situado a 0,296 m acima da borda inferior da placa e no eixo vertical de simetria da placa.

Note que a pressão do ar comprimido utilizado neste exercício é relativa. O valor da pressão atmosférica não afeta a força resultante (tanto o módulo quanto a direção e o sentido) porque ela atua nos dois lados da placa e seus efeitos são cancelados.

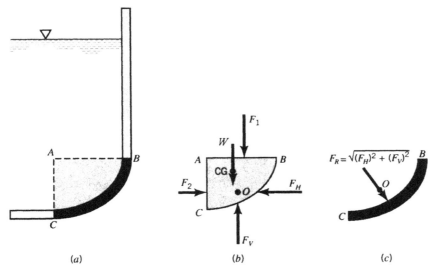

Figura 2.23 Força hidrostática numa superfície curva.

2.10 Força Hidrostática Em Superfícies Curvas

As equações desenvolvidas na Sec. 2.8 para a determinação do módulo, e a localização do ponto de aplicação, da força resultante que atua numa superfície submersa são aplicáveis a superfícies planas. Entretanto, nós também precisamos de resultados relativos a superfícies que não são planas (tais como as superfícies das barragens, tubulações e tanques). É possível determinar a força resultante em qualquer superfície por integração, como foi feito no caso das superfícies planas, mas este procedimento é trabalhoso e não é possível formular equações simples e gerais. Assim, como uma abordagem alternativa, nós consideraremos o equilíbrio de um volume de fluido delimitado pela superfície curva considerada e pelas suas projeções vertical e horizontal (⊙ 2.4 – Garrafa de refrigerante).

Por exemplo, considere a seção curva BC do tanque aberto mostrado na Fig. 2.23a. Nós desejamos determinar a força resultante que atua sobre esta seção que apresenta comprimento unitário na direção perpendicular ao plano do papel. Nós primeiramente vamos isolar o volume de fluido que é delimitado pela superfície curva considerada, neste caso a BC, o plano horizontal AB e o plano vertical AC. O diagrama de corpo livre deste volume está mostrado na Fig. 2.23b. Os módulos e as posições dos pontos de aplicação de F_1 e F_2 podem ser determinados utilizando as relações aplicáveis a superfícies planas. O peso do fluido contido no volume, W, é igual ao peso específico do fluido multiplicado pelo volume e o ponto de aplicação desta força coincide com o centro de gravidade da massa de fluido contida no volume. As forças F_H e F_V representam as componentes da força que o tanque exerce no fluido.

Para que este sistema de forças esteja equilibrado, o módulo do componente F_H precisa ser igual ao da força F_2 e estes vetores precisam ser colineares. Já o módulo do componente F_V deve ser igual a soma dos módulos de F_1 e W e estes vetores também devem ser colineares. Como três forças atuam na massa de fluido (F_2, a resultante de F_1 com W e a força que o tanque exerce sobre o fluido), estas precisam formar um sistema de forças concorrentes. Isto é uma decorrência do seguinte princípio da estática: quando um corpo é mantido em equilíbrio por três forças não paralelas, estas precisam ser concorrentes (suas linhas de ação se interceptam num ponto) e coplanares. Assim,

$$F_H = F_2$$
$$F_V = F_1 + W$$

e o módulo da força resultante é obtido pela equação

$$F_R = \sqrt{(F_H)^2 + (F_V)^2}$$

A linha de ação da força F_R passa pelo ponto O e o ponto de aplicação pode ser localizado somando-se os momentos em relação a um eixo apropriado. Assim, o módulo da força que atua na superfície curva BC pode ser calculado com as informações do diagrama de corpo livre mostrado na Fig. 2.23b e seu sentido é o mostrado na Fig. 2.23c.

Exemplo 2.9

A Fig. E2.9a mostra o esboço de um conduto utilizado na drenagem de um tanque e que está parcialmente cheio de água. Sabendo que a distância entre os pontos A e C é igual ao raio do conduto,

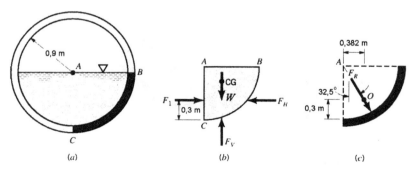

Figura E2.9

determine o módulo, a direção e o sentido da força que atua sobre a seção curva *BC* (devida a presença da água). Admita que esta seção apresenta comprimento igual a 1 m.

Solução. A Fig. E2.9*b* mostra o volume de fluido delimitado pela seção curva *BC*, pelo plano horizontal *AB* e pelo plano vertical *AC*. Este volume apresenta comprimento igual a 1 m. As forças que atuam no volume são a força horizontal F_1, que age na superfície vertical *AC*, o peso, *W*, da água contida no volume e as componentes horizontal e vertical da força que a superfície do conduto exerce sobre o volume (F_H e F_V). O módulo de F_1 pode ser determinado com a equação

$$F_1 = \gamma h_c A = (9{,}81 \times 10^3)(0{,}9/2)(0{,}9 \times 1) = 3{,}97 \times 10^3 \text{ N}$$

e a linha de ação desta força horizontal está situada a 0,3 m acima de *C*. O módulo do peso, *W*, é

$$W = \gamma \text{vol} = (9{,}81 \times 10^3)(\pi \times 0{,}9^2/4 \times 1) = 6{,}24 \times 10^3 \text{ N}$$

e seu ponto de aplicação coincide com o centro de gravidade da massa de fluido. De acordo com a Fig. 2.18, este ponto está localizado a 0,382 m da linha vertical *AC* (veja a Fig. E2.9*c*). As condições para o equilíbrio são:

$$F_H = F_1 = 3{,}97 \times 10^3 \text{ N}$$
$$F_V = W = 6{,}24 \times 10^3 \text{ N}$$

e o módulo da força resultante é

$$F_R = \sqrt{(F_H)^2 + (F_V)^2} = \sqrt{(3{,}97 \times 10^3)^2 + (6{,}24 \times 10^3)^2} = 7{,}40 \times 10^3 \text{ N}$$

O módulo da força com que a água age sobre o trecho de conduto é igual ao calculado mas o sentido desta força é oposto ao mostrado na Fig. E2.9*b*. A Fig. E2.9*c* mostra a representação correta da força resultante sobre o trecho do conduto. Note que a linha de ação da força passa pelo ponto *O* e apresenta a inclinação mostrada na figura.

Este resultado mostra que a linha de ação da força resultante passa pelo centro do conduto. Isto não é surpreendente porque cada ponto da superfície curva do conduto está submetida a uma força normal devida a pressão, ou seja, como as linhas de força de cada uma destas forças elementares passa pelo centro do conduto, a linha de ação da resultante também deve passar pelo centro do conduto.

A mesma abordagem geral pode ser utilizada para determinar a força gerada em superfícies curvas de tanques fechados e pressurizados. Note que o peso do gás normalmente é desprezível em relação as forças desenvolvidas pela pressão na avaliação das forças em superfícies de tanques dedicados a estocagem de gases. Nesses casos, as forças que atuam nas projeções horizontal e vertical da superfície curva em que estamos interessados (tais como F_1 e F_2 da Fig. 2.23*b*) podem ser calculadas como o produto da pressão interna pela área projetada apropriada.

2.11 Empuxo, Flutuação e Estabilidade

2.11.1 Princípio de Arquimedes

Nós sempre identificamos uma força, exercida pelos fluidos, sobre os corpos que estão completamente submersos ou flutuando. A força resultante gerada pelo fluido e que atua nos corpos é denominada empuxo. Esta força líquida vertical, com sentido para cima, é o resultado do gradiente de pressão (a pressão aumenta com a profundidade) e ela pode ser determinada através de um procedimento similar ao utilizado na seção anterior. Considere um corpo com forma arbitrária, como o mostrado na Fig. 2.24*a*, que apresenta volume $\mathcal{V}$ e que está imerso num fluido. Nós vamos envolver o corpo com um paralelepípedo e analisaremos seu diagrama de corpo livre com o corpo removido do paralelepípedo (veja a Fig. 2.24*b*). Note que as forças F_1, F_2, F_3 e F_4 são, simplesmente, as forças exercidas nas superfícies planas do paralelepípedo (para simplificar, as forças na direção *x* não estão mostradas), que *W* é o peso do fluido contido no paralelepípedo (relativo a área cinza) e F_B é a força que o corpo exerce sobre o fluido. As forças nas superfícies verticais, por exemplo: F_3 e F_4, são iguais e se cancelam. A condição para o equilíbrio na direção z é dada por

$$F_B = F_2 - F_1 - W \qquad (2.21)$$

Se o peso específico do fluido é constante,

$$F_2 - F_1 = \gamma(h_2 - h_1)A$$

onde A é a área das superfícies horizontais do paralelepípedo. Aplicando este resultado na Eq. 2.21, obtemos

$$F_B = \gamma(h_2 - h_1)A - \gamma[(h_2 - h_1)A - \mathcal{V}]$$

Simplificando esta equação nós obtemos a expressão para a força de empuxo

$$F_B = \gamma \mathcal{V} \qquad (2.22)$$

onde γ é o peso específico do fluido e $\mathcal{V}$ é o volume do corpo. O sentido da força de empuxo, que é a força que age sobre o corpo, é oposto aquele mostrado no diagrama de corpo livre. Assim, a força de empuxo apresenta módulo igual ao peso do fluido deslocado pelo corpo, sua direção é vertical e seu sentido é para cima. Este resultado é conhecido como o Princípio de Arquimedes em honra a Arquimedes (físico e matemático grego, 287 - 212 AC) pois ele foi o primeiro a enunciar as idéias básicas da hidrostática (⊙ 2.5 – Princípio de Arquimedes).

A localização da linha de ação da força de empuxo pode ser determinada somando-se os momentos das forças mostradas no diagrama de corpo livre da Fig. 2.24b em relação a um eixo conveniente. Por exemplo, somando os momentos em relação ao eixo perpendicular ao plano da figura e que passa pelo ponto D, temos

$$F_B y_c = F_2 y_1 - F_1 y_1 - W y_2$$

Substituindo as várias forças,

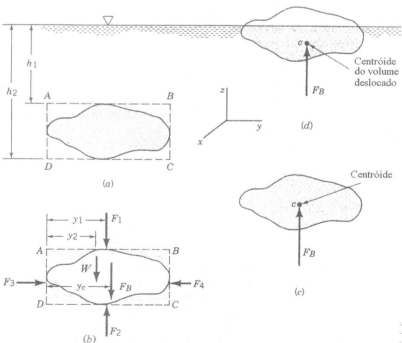

Figura 2.24 Força de empuxo em corpos submersos e flutuantes.

$$\mathcal{V} y_c = \mathcal{V}_T y_1 - (\mathcal{V}_T - \mathcal{V}) y_2 \tag{2.23}$$

onde $\mathcal{V}_T$ é o volume total definido por $(h_2 - h_1)A$. O lado direito da Eq. 2.23 é o primeiro momento do volume deslocado $\mathcal{V}$ em relação ao plano x - z de modo que y_c é igual a coordenada y do centróide do volume $\mathcal{V}$. De modo análogo, é possível mostrar que a coordenada x do ponto de aplicação da força de empuxo coincide com a coordenada x do centróide. Assim, nós concluímos que o ponto de aplicação da força de empuxo coincide com o centróide do volume deslocado (veja a Fig. 2.24c). O ponto de aplicação da força de empuxo é denominado centro de empuxo.

Estes resultados também são aplicáveis aos corpos que flutuam (Fig. 2.24d) se o peso específico do fluido localizado acima da superfície livre do líquido é muito pequeno em relação ao do líquido onde o corpo flutua. Normalmente, esta condição é satisfeita porque o fluido acima da superfície livre usualmente é ar (⊙ 2.6 – Densímetro).

Nós admitimos, nesta derivação, que o fluido apresenta peso específico constante. Se o corpo está imerso num fluido que apresenta variações de γ, tal como num fluido estratificado em camadas, o módulo da força de empuxo continua igual ao peso do fluido deslocado. Entretanto, o ponto de aplicação da força não coincide com o centróide do volume deslocado mas sim com o centro de gravidade do volume deslocado.

Exemplo 2.10

A Fig. E2.10a mostra o esboço de uma bóia, com diâmetro e peso iguais a 1,5 m e 8,5 kN, que está presa ao fundo do mar por um cabo. Normalmente, a bóia flutua na superfície do mar mas, em certas ocasiões, o nível do mar sobe e a bóia fica completamente submersa. Determine a força que tensiona o cabo na condição mostrada na figura.

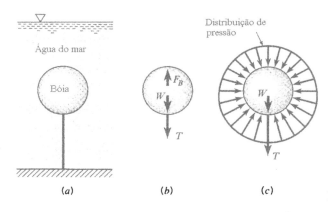

Figura E2.10

Solução. Nós primeiramente vamos construir o diagrama de corpo livre para a bóia (veja a Fig. E2.10b). A força F_B é a força de empuxo que atua sobre a bóia, W é o peso da bóia e T é a força que tensiona o cabo. Para que a bóia esteja em equilíbrio,

$$T = F_B - W$$

A Eq. 2.22 estabelece que

$$F_B = \gamma \mathcal{V}$$

O peso específico da água do mar é 10,1 kN/m³ e $\mathcal{V} = \pi d^3 / 6$. Substituindo,

$$F_B = (10,1 \times 10^3)[(\pi/6)(1,5)] = 1,785 \times 10^4 \text{ N}$$

Assim, a força que tensiona o cabo é

$$T = 1,785 \times 10^4 - 8,50 \times 10^3 = 9,35 \times 10^3 \text{ N} = 9,35 \text{ kN}$$

Note que nós trocamos o efeito das forças de pressão hidrostática no corpo pela força de empuxo. A Fig. E2.10c mostra um outro diagrama de corpo livre que também está correto, mas que apresenta uma distribuição das forças devidas a pressão. Lembre que o efeito líquido das forças de pressão na superfície da bóia é igual a força F_B (a força de empuxo).

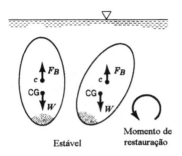
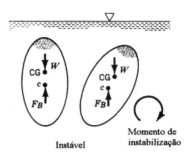

Figura 2.25 Estabilidade de um corpo submerso - centro de gravidade abaixo do centróide.

Figura 2.26 Estabilidade de um corpo submerso - centro de gravidade acima do centróde.

2.11.2 Estabilidade

Um outro problema interessante e importante é aquele associado a estabilidade dos corpos submersos ou que flutuam num fluido em repouso. Um corpo está numa posição de equilíbrio estável se, quando perturbado, retorna a posição de equilíbrio original. De modo inverso, o corpo está numa posição de equilíbrio instável se ele se move para uma nova posição de equilíbrio após ser perturbado (mesmo que a perturbação seja bastante pequena). As considerações sobre o equilíbrio são importantes na análise dos corpos submersos e flutuantes porque os centro de empuxo e de gravidade necessariamente não são coincidentes. Assim, uma pequena rotação pode resultar num momento de restituição ou de emborcamento. Por exemplo, para o corpo totalmente submerso mostrado na Fig. 2.25 (o centro de gravidade está localizado abaixo do centro de empuxo), uma rotação a partir do ponto de equilíbrio criará um momento de restituição formado pelo peso (W) e pela força de empuxo (F_B). Note que este binário provocará uma rotação no corpo para a sua posição original. Assim, para esta configuração, o equilíbrio é estável. O corpo sempre estará numa posição de equilíbrio estável, em relação a pequenas rotações, se o centro de gravidade estiver localizado abaixo do centro de empuxo. Entretanto, como mostra a Fig. 2.26, se o centro de gravidade estiver acima do centro de empuxo, o binário formado pelo peso e pela força de empuxo causará o emborcamento do corpo e ele se movimentará para uma nova posição de equilíbrio. Assim, um corpo totalmente submerso que apresenta centro de gravidade acima do centro de empuxo está numa posição de equilíbrio instável (☉ 2.7 – Estabilidade do modelo de uma barcaça).

O problema de estabilidade para os corpos que flutuam num fluido em repouso é mais complicado porque a localização do centro de empuxo (que coincide com o centróide do volume deslocado) pode mudar quando o corpo rotaciona. A Fig. 2.27 mostra o esquema de uma barcaça com calado pequeno. Este corpo pode estar numa posição estável mesmo que o centro de gravidade esteja acima do centróide. Isto é verdade porque a força de empuxo, F_B, na posição perturbada (relativa ao novo volume deslocado) combina com o peso para formar um binário de restituição (que levará o corpo para a posição de equilíbrio original). Entretanto, se impusermos uma pequena rotação num corpo esbelto que flutua (Fig. 2.28), a força de empuxo e o peso podem formar um binário de emborcamento.

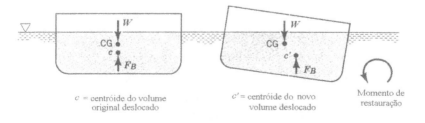

Figura 2.27 Estabilidade de um corpo flutuante – configuração estável.

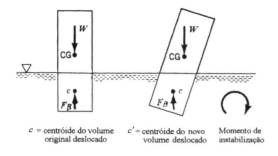

Figura 2.28 Estabilidade de um corpo flutuante - configuração instável.

Estes exemplos simples mostram que a análise da estabilidade dos corpos submersos e flutuantes pode ser dificultada tanto pela geometria quanto pela distribuição de peso no corpo analisado. É importante ressaltar que, as vezes, também é necessário considerar outros tipos de forças externas que atuam no corpo que está sendo analisado (tais como a induzida pelas rajadas de vento ou correntes no fluido). A análise de estabilidade é muito importante no projeto de embarcações e toma muito tempo do trabalho dos engenheiros navais (veja, por exemplo, a Ref. [6]).

2.12 Variação da Pressão num Fluido com Movimento de Corpo Rígido.

Até este ponto, nós nos preocupamos com problemas relativos a fluidos em repouso, mas a equação geral do movimento (Eq. 2.2)

$$-\nabla p - \gamma \hat{k} = \rho a$$

foi desenvolvida para fluidos que estão em repouso ou num movimento que não apresenta tensões de cisalhamento. Admitindo um sistema de coordenadas retangular, com o eixo z apontando para cima (o sentido da aceleração da gravidade é negativo), nós podemos desmembrar a Eq. 2.2 do seguinte modo:

$$-\frac{\partial p}{\partial x} = \rho a_x \qquad -\frac{\partial p}{\partial y} = \rho a_y \qquad -\frac{\partial p}{\partial z} = \gamma + \rho a_z \qquad (2.24)$$

O movimento do fluido que não apresenta tensão de cisalhamento é aquele onde a massa de fluido é submetida a um movimento de corpo rígido. Por exemplo, se um recipiente de fluido acelera ao longo de uma trajetória retilínea, o fluido se moverá como uma massa rígida (depois que o movimento transitório inicial tiver desaparecido) e cada partícula apresentará a mesma aceleração. Como não existe deformação neste tipo de movimento, as tensões de cisalhamento serão nulas e, deste modo, a Eq. 2.2 é adequada para descrever este movimento. De modo análogo, se o fluido contido num tanque rotaciona em torno de um eixo fixo, o fluido simplesmente rotacionará com o tanque como um corpo rígido e, de novo, a Eq. 2.2 pode ser utilizada para determinar a distribuição de pressão no fluido. Estes dois casos (movimento uniformemente acelerado de corpo rígido e rotação de corpo rígido) serão apresentados nas próximas seções. Note que os problemas de movimento de corpo rígido não são problemas de estática mas eles foram incluídos neste capítulo porque, como veremos adiante, a análise e as relações obtidas para o campo de pressão são similares àquelas relativas aos fluidos em repouso.

2.12.1 Movimento Linear

Inicialmente, nós vamos considerar o movimento retilíneo e uniformemente acelerado de um recipiente aberto que contém um líquido (Fig. 2.29). Como $a_x = 0$, segue que o gradiente de pressão na direção x ($\partial p / \partial x$) é nulo (veja a primeira equação da Eq. 2.24). Os gradientes de pressão nas direções y e z são:

$$\frac{\partial p}{\partial y} = -\rho a_y \qquad (2.25)$$

$$\frac{\partial p}{\partial z} = -\rho (g + a_z) \qquad (2.26)$$

68 Fundamentos da Mecânica dos Fluidos

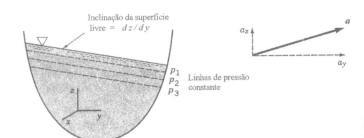

Figura 2.29 Aceleração linear de uma massa de líquido com superfície livre.

A variação de pressão entre dois pontos próximos, localizados em (y, z) e $(y + dy, z + dz)$, pode ser expressa por

$$dp = \frac{\partial p}{\partial y} dy + \frac{\partial p}{\partial z} dz$$

Aplicando as Eqs. 2.25 e 2.26 nesta equação, temos

$$dp = -\rho a_y dy - \rho(g + a_z)dz \quad (2.27)$$

Nós temos que $dp = 0$ ao longo de uma linha de pressão constante. Assim, a inclinação destas linhas é dada por

$$\frac{dz}{dy} = -\frac{a_y}{g + a_z} \quad (2.28)$$

A pressão, ao longo da superfície livre, é constante. Deste modo, a superfície livre da massa de fluido mostrada na Fig. 2.29 será inclinada se $a_y \neq 0$. Note que, neste caso, todas as linhas de pressão constante serão paralelas a superfície livre.

No caso especial onde $a_y = 0$ e $a_z \neq 0$, que corresponde a uma massa de fluido acelerando na direção vertical, a superfície do fluido será horizontal (analise a Eq. 2.28). Entretanto, a Eq. 2.26 indica que a distribuição de pressão não será a hidrostática, mas a fornecida pela equação

$$\frac{dp}{dz} = -\rho(g + a_z)$$

Esta equação mostra que a pressão variará linearmente com a profundidade se a massa específica do fluido for constante. Note que, neste caso, a variação é devida a combinação dos efeitos da gravidade com os induzidos pela aceleração, $\rho(g + a_z)$. Por exemplo, a pressão no fundo de um tanque que contém um líquido e que está apoiado no chão de um elevador com movimento acelerado para cima é maior que aquela medida quando o tanque está em repouso (ou em movimento com velocidade constante). Se uma massa de fluido está em queda livre ($a_z = -g$), o gradiente de pressão nas três coordenadas é zero. Assim, se a pressão no ambiente onde está localizada esta massa de fluido é zero, a pressão no fluido também será nula. A pressão interna numa gota de suco de laranja localizada num veículo espacial em órbita (uma forma de queda livre) é zero e a única força que mantém o liquido coeso é a tensão superficial (veja a Sec. 1.9).

Exemplo 2.11

A Fig. E2.11 mostra a seção transversal retangular do tanque de combustível instalado num veículo experimental. O tanque é ventilado (a superfície livre do líquido está em contato com a atmosfera) e contém um transdutor de pressão (veja a figura). Durante o teste do veículo, o tanque é submetido a uma aceleração linear constante a_y. (a) Determine uma expressão que relacione a_y e a pressão medida no transdutor para um combustível que apresenta densidade (SG) igual a 0,65. (b) Qual é o valor máximo da aceleração a_y para que o transdutor fique acima do nível do líquido?

Solução. (a) Se a aceleração é horizontal e constante, o fluido se movimentará como um corpo rígido e a inclinação da superfície livre do fluido pode ser determinada com a Eq. 2.28. Lembrando que $a_z = 0$, temos

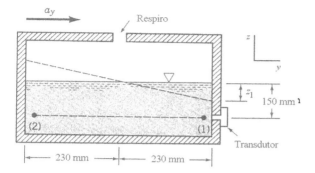

Figura E2.11

$$\frac{dz}{dy} = -\frac{a_y}{g} \qquad (1)$$

A mudança da profundidade do líquido no lado direito do tanque, z_1, provocada por uma aceleração a_y, pode ser determinada pela equação

$$-\frac{z_1}{0,230} = -\frac{a_y}{g} \qquad \text{ou} \qquad z_1 = (0,230)\left(\frac{a_y}{g}\right)$$

Como a_z é nula, a pressão ao longo da parede varia hidrostaticamente (veja a Eq. 2.26). Então, a pressão no transdutor é dada pela relação $p = \gamma h$ onde h é a distância vertical entre o transdutor e a superfície livre do líquido. Deste modo,

$$p = (0,65)(9,81\times 10^3)\left[0,15 - (0,23)\left(\frac{a_y}{g}\right)\right]$$
$$= 9,565\times 10^2 - 2,200\times 10^2 \left(\frac{a_y}{g}\right)$$

Observe que esta equação só é valida para $z_1 \leq 0,15$ m e que a pressão é dada em Pa.

(b) O valor da aceleração a_y para que o nível do líquido atinja o transdutor pode ser calculado com a equação

$$0,15 = (0,230)\left(\frac{a_y}{g}\right)$$

ou

$$a_y = 0,652\,g$$

Se o valor da aceleração da gravidade é o padrão, temos

$$a_y = 0,652 \times 9,81 = 6,40 \text{ m/s}^2$$

Note que, neste exemplo, a pressão nos planos horizontais não é constante. Isto ocorre porque $\partial p / \partial y = -\rho a_y \neq 0$. Por exemplo, a pressão no ponto (1) é diferente daquela no ponto (2).

2.12.2 Rotação de Corpo Rígido

Após o período transitório inicial, o fluido contido num tanque que gira com uma velocidade angular, ω, constante em torno do eixo mostrado na Fig. 2.30 também rotacionará como um corpo rígido em torno do mesmo eixo. Nós sabemos, da dinâmica elementar, que o módulo da aceleração de uma partícula localizada a uma distância r do eixo de rotação é igual a $\omega^2 r$, que a direção desta aceleração é radial e que é dirigida para o eixo de rotação (veja novamente a Fig. 2.30). Como as trajetórias das partículas de fluido são circulares, é conveniente utilizarmos o sistema de coordenadas cilíndrico polar r, θ e z definido na Fig. 2.30. Nós mostraremos no Cap. 6 que o gradiente de pressão neste sistema de coordenadas é expresso por

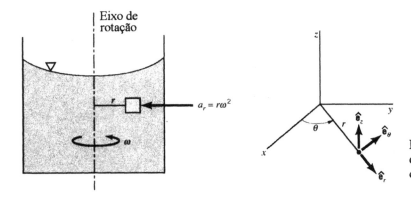

Figura 2.30 Rotação de corpo rígido do líquido contido num tanque.

$$\nabla p = \frac{\partial p}{\partial r}\hat{e}_r + \frac{1}{r}\frac{\partial p}{\partial \theta}\hat{e}_\theta + \frac{\partial p}{\partial z}\hat{e}_z \quad (2.29)$$

Então, para este sistema de coordenadas,

$$a_r = -\omega^2 r\, \hat{e}_r \qquad a_\theta = 0 \qquad a_z = 0$$

Utilizando a Eq. 2.2, temos

$$\frac{\partial p}{\partial r} = \rho r \omega^2$$

$$\frac{\partial p}{\partial \theta} = 0 \quad (2.30)$$

$$\frac{\partial p}{\partial z} = -\gamma$$

Estes resultados mostram que a pressão é função das variáveis r e z quando o fluido executa um movimento de rotação de corpo rígido. Nestes casos, o diferencial de pressão é dado por

$$dp = \frac{\partial p}{\partial r} dr + \frac{\partial p}{\partial z} dz$$

ou

$$dp = \rho \omega^2 r\, dr - \gamma\, dz \quad (2.31)$$

Ao longo de uma superfície com pressão constante, tal como a superfície livre, $dp = 0$. Se aplicarmos a Eq. 2.31 nesta superfície e utilizarmos $\gamma = \rho g$, temos

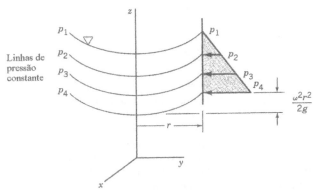

Figura 2.31 Distribuição de pressão para o movimento de corpo rígido.

$$\frac{dz}{dr} = \frac{\omega^2 r}{g}$$

Assim, a equação para as superfícies que apresentam pressão constante é

$$z = \frac{\omega^2 r^2}{2g} + \text{constante} \qquad (2.32)$$

Esta equação revela que as superfícies com pressão constante são parabólicas (veja a Fig. 2.31).

A integração da Eq. 2.31 fornece

$$\int dp = \rho \omega^2 \int r\, dr - \gamma \int dz$$

ou

$$p = \frac{\rho \omega^2 r^2}{2} - \gamma z + \text{constante} \qquad (2.33)$$

onde a constante de integração pode ser determinada em função da pressão em alguma posição arbitrária (por exemplo: r_0, z_0). Este resultado mostra que a pressão varia com a distância em relação ao eixo de rotação mas, para um dado raio, a pressão varia hidrostaticamenrte na direção vertical (veja a Fig. 2.31).

Exemplo 2.12

Foi sugerido que a velocidade angular de um corpo rígido, como um eixo, pode ser medida conectando-se um cilindro aberto e que contém um líquido ao corpo (do modo mostrado na Fig. E2.12a) e medindo-se, com um sensor de distância, a depressão $H - h_0$ provocada pela rotação do fluido. Qual é a relação entre a mudança do nível do líquido e a velocidade angular do corpo?

Solução. A altura h da superfície livre para $r = 0$ pode ser determinada com a Eq. 2.32. Assim

$$h = \frac{\omega^2 r^2}{2g} + h_0$$

O volume de fluido no tanque, $\mathcal{V}_i$, é constante e igual a

$$\mathcal{V}_i = \pi R^2 H$$

O volume de fluido contido no tanque, quando este está com movimento de rotação, pode ser calculado com a ajuda do elemento diferencial mostrado na Fig. E.2.12b. A casca cilíndrica é tomada em algum raio arbitrário r e seu volume é

$$d\mathcal{V} = 2\pi r h\, dr$$

O volume total é dado por

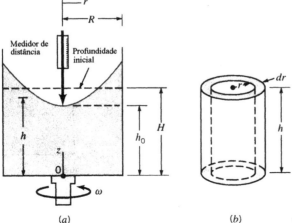

Figura E2.12

$$V = 2\pi \int_0^R r\left(\frac{\omega^2 r^2}{2g} + h_0\right) dr = \frac{\pi \omega^2 R^4}{4g} + \pi R^2 h_0$$

Como o volume de fluido no tanque é constante (admitindo que não haja transbordamento), temos

$$\pi R^2 H = \frac{\pi \omega^2 R^4}{4g} + \pi R^2 h_0$$

ou

$$H - h_0 = \frac{\omega^2 R^2}{4g}$$

Esta é a relação que estávamos procurando. Ela mostra que a mudança de profundidade pode ser utilizada para determinar a velocidade angular (apesar da relação entre a profundidade e a velocidade angular não ser linear).

Referências

1. *The U.S. Standard Atmosphere*, 1962, U.S. Government Printing Office, Washington, D.C., 1962.
2. *The U.S. Standard Atmosphere*, 1976, U.S. Government Printing Office, Washington, D.C., 1976.
3. Benedict, R. P., *Fundamentals of Temperature, Pressure, and Flow Measurements*, 3ª Ed. Wiley, New York, 1984.
4. Dally, J. W., Riley, W. F. e McConnell, K. G., *Instrumentation for Engineering Measurements*, 2ª Ed. Wiley, New York, 1993.
5. Holman, J. P., *Experimental Methods for Engineers*, 4a Ed. McGraw-Hill, New York, 1983.
6. Comstock, J. P.,ed., *Principles of Naval Architecture*, Society of Naval Architects and Marine Engineers, New York, 1967.

Problemas

Nota: Se o valor de uma propriedade não for especificado no problema, utilize o valor fornecido na Tab. 1.5 ou 1.6 do Cap. 1. Os problemas com a indicação (∗) devem ser resolvidos com uma calculadora programável ou computador. Os problemas com a indicação (+) são do tipo aberto (requerem uma análise crítica, a formulação de hipóteses e a adoção de dados). Não existe uma solução única para este tipo de problema.

2.1 A distância vertical entre a superfície livre da água numa caixa de incêndio aberta a atmosfera e o nível do solo é 30 m. Qual é o valor da pressão estática num hidrante que está conectado a caixa d'água e localizado ao nível do chão?

2.2 A pressão sangüínea é usualmente especificada pela relação entre a pressão máxima (pressão sistólica) e a pressão mínima (pressão diastólica). O ⊙ 2.1 mostra que estas pressões são normalmente representadas por uma coluna de mercúrio. Por exemplo, o valor típico desta relação para um humano é 12 por 7 cm de Hg. Quais os valores destas pressões em pascal?

2.3 Qual é o valor da pressão que atua sobre a pele de um mergulhador quando a profundidade de mergulho no mar é igual a 40m?

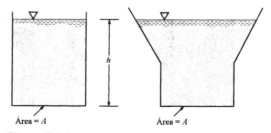

Figura P2.4

2.4 Os dois reservatórios abertos mostrados na Fig. P2.4 contém o mesmo líquido, apresentam formas diferentes mas as áreas de suas superfícies inferiores são iguais. Observe que as pressões nas superfícies inferiores dos tanques são iguais (porque as superfícies livres do líquido contido nos reservatórios apresentam o mesmo nível). Entretanto, apesar das semelhanças apontadas, os pesos dos fluidos contidos nos reservatórios é diferente. Como você explica este fato?

2.5 Os manômetros do tipo Bourdon (veja o ⊙ 2.2 e a Fig. 2.13) são muito utilizados nas medições da pressão. O manômetro conectado ao tanque mostrado na Fig. P2.5 indica que a pressão é igual a 34,5 kPa Determine a pressão absoluta no ar contido no tanque sabendo que a pressão atmosférica local é igual a 101,3 kPa.

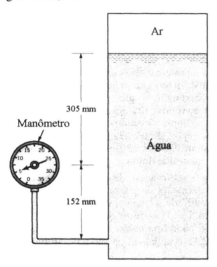

Figura P2.5

2.6 Os batiscafos são utilizados para mergulhos profundos no oceano. Qual é a pressão no batiscafo se a profundidade de mergulho é 5 km? Admita que o peso específico da água do mar é constante e igual a 10,1 kN/m^3?

2.7 O efeito da compressibilidade da água do mar pode ficar importante se estamos preocupados em determinar a pressão em profundidades muito grandes. (a) Admita que o módulo de compressibilidade da água do mar é constante e obtenha uma relação entre a pressão e a profundidade que leve em consideração a variação da massa específica do fluido com a profundidade. (b) Utilize o resultado da parte (a) para determinar a pressão numa profundidade de 6 km. Admita que o módulo de compressibilidade da água do mar é $2,3 \times 10^6$ Pa e que a massa específica da água na superfície é igual a 1030 kg/m^3. Compare este resultado com aquele obtido com a hipótese de massa específica constante e igual a 1030 kg/m^3.

2.8 A pressão arterial é usualmente medida com uma cinta pressurizada que envolve o braço porque a pressão do ar contido na cinta é proporcional a pressão arterial (veja o ⊙ 2.1) Observe que é sempre possível medir a pressão na cinta com um manômetro em U e que a pressão normal máxima de uma pessoa adulta é próxima de 120 mm Hg. Por que a pressão arterial é normalmente especificada em cm, ou mm, de coluna de Hg? Não é mais simples e barato utilizar a água como fluido manométrico? Justifique sua resposta.

2.9 A Fig. P2.9 mostra um recipiente composto por duas cascas hemisféricas aparafusadas e que é suportado por um cabo. O conjunto mostrado pesa 1780 N e está cheio com mercúrio. O topo do recipiente é ventilado. Se os oito parafusos de fixação estão montados simetricamente ao longo da circunferência, qual é a força vertical que atua em cada um dos parafusos?.

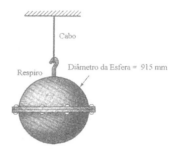

Figura P2.9

2.10 Desenvolva uma expressão para a variação de pressão num líquido que apresenta peso específico crescente com a profundidade. Utilize a relação $\gamma = Kh + \gamma_0$, onde K é uma constante, h é a profundidade e γ_0 é o peso específico na superfície livre do líquido.

* **2.11** A próxima tabela apresenta um conjunto de valores de peso específico medidos num banho de líquido em repouso.

Profundidade, h (m)	Peso específico, γ (kN/m^3)
0	11,00
3,0	11,94
6,0	13,20
9,0	14,30
12,0	15,24
15,0	16,02
18,0	16,81
21,0	17,28
24,0	17,60
27,0	17,91
30,0	18,07

A profundidade $h = 0$ corresponde ao nível da superfície livre (que está em contato com a atmosfera). Determine, através da integração numérica da Eq. 2.4, como a pressão varia com a profundidade. Mostre seus resultados num gráfico da pressão em função da profundidade.

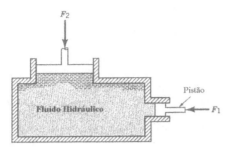

Figura P2.12

2.12 A Fig. P2.12 mostra os elementos básicos de uma prensa hidráulica. A área da seção transversal do pistão 1, onde atua a força F_1, é 650 mm² e o pistão é acionado por um mecanismo de alavanca que apresenta uma relação de forças igual a 8 para 1. O pistão 2, onde atua a força F_2, apresenta área da seção transversal igual a 96774 mm². Qual é o valor de F_2 se aplicarmos uma força de 90 N no mecanismo de alavanca?

2.13 Um cilindro com 0,3 m de diâmetro está conectado a outro cilindro com 0,02 m de diâmetro. Os cilindros são horizontais e contém pistões nas suas extremidades. Se o volume delimitado pelos cilindros e pistões está ocupado com água, qual deve ser o módulo da força aplicada no pistão com diâmetro maior para equilibrar uma força de 80 N aplicada no pistão com diâmetro menor. Despreze o atrito.

+ 2.14 A pressão da água disponível na tubulação localizada no segundo andar de uma casa é menor do que aquela no primeiro andar da mesma edificação. Observe que a variação de pressão na tubulação de distribuição de água pode se tornar inaceitável nos edifícios altos. Proponha algumas regras básicas de projeto para que as variações de pressão hidrostática nos sistemas de distribuição de água em edifícios altos se tornem aceitáveis.

2.15 Qual é o valor da pressão barométrica, em mm de Hg, para uma elevação de 4 km na atmosfera padrão americana? (Utilize a tabela do Apen. C)

2.16 Uma pressão de 62,1 kPa (abs) corresponde a que pressão relativa se a pressão atmosférica local vale 101,3 kPa.

* 2.17 Os manômetros do tipo Bourdon (veja o ☉ 2.2 e a Fig. 2.13) são muito utilizados nas medições da pressão. A Fig. P2.17a mostra um dispositivo utilizado para calibrar este tipo de medidor. O reservatório sempre está repleto com um líquido e um peso, W, é inserido na conexão especial existente no lado direito do reservatório. O diâmetro da conexão especial é d. O manômetro que vai ser calibrado é instalado na conexão esquerda do reservatório. Observe que o peso atua sobre o líquido e que a interação entre o peso e a conexão especial pode ser desprezada. O dispositivo descrito, com uma série de pesos, pode ser utilizado para determinar o movimento angular do ponteiro presente no medidor (veja a Fig. P2.17b). Por exemplo, a próxima tabela mostra alguns dados experimentais da deflexão, θ, em função do peso instalado no dispositivo. Determine, utilizando este conjunto de dados, a relação entre θ e a pressão (em kPa).

W (N)	0	4,63	8,90	14,37	18,01	23,31	28,07
θ (°)	0	20	40	60	80	100	120

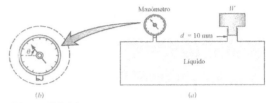

Figura P2.17

2.18 Admitindo que a pressão atmosférica é igual a 101 kPa (abs), determine as alturas das colunas de fluido em barômetros que contém os seguintes fluidos: (**a**) mercúrio, (**b**) água e (**c**) álcool etílico. Calcule as alturas levando em consideração a pressão de vapor destes fluidos e compare seus resultados com aqueles obtidos desconsiderando a pressão de vapor dos fluidos.

2.19 Os barômetros aneróides podem ser utilizados para medir variações de altitude. Qual é a variação de altitude entre dois locais que apresentam leituras iguais a 764,5 e 718,9 mm de Hg. Admita que a atmosfera se comporta como a padrão americana e que a Eq. 2.12 é aplicável na faixa de altitudes do problema.

2.20 A altitude do pico de uma montanha é 4300 m. (**a**) Determine a pressão neste local utilizando a Eq. 2.12. (**b**) Se nós admitirmos que o peso específico do ar é constante e igual a 1,2 N/m³, qual é o valor da pressão nesta altitude? (**c**) Se nós admitirmos que a temperatura é uniforme e igual a 15 °C, qual é o valor da pressão nesta altitude? Admita, nos três casos, que a atmosfera no nível do mar se comporta como a padrão (veja a Tab. 2.1).

2.21 A Eq. 2.12 é uma relação entre a pressão e a elevação válida nas regiões onde a temperatura varia linearmente com a elevação. Derive esta equação e verifique o valor da pressão fornecido na Tab. C1 do Apêndice para uma elevação de 5 km.

2.22 A Fig. 2.6 mostra que a altura da troposfera da atmosfera padrão americana é igual a 11 km e que neste local a pressão é 22,6 kPa (abs). Na próxima camada, a estratosfera, a temperatura permanece constante e igual a – 56,5 °C. Determine a pressão e a massa específica do ar numa altitude de 15 km admitindo que a aceleração da gravidade é igual a 9,77 m/s². Compare seus resultados com os fornecidos pela Tab. C1 do Apêndice C.

* 2.23 Em condições atmosféricas normais, a temperatura do ar diminui com o aumento da elevação.

Entretanto, em algumas ocasiões, pode ocorrer uma inversão térmica e a temperatura pode crescer com o aumento da elevação. A próxima tabela mostra um conjunto de dados experimentais da temperatura do ar em função da elevação obtidos com sensores instalados numa montanha. Sabendo que a pressão na base da montanha é igual a 83,6 kPa (abs), determine a pressão atmosférica no cume da montanha. Utilize um procedimento numérico de integração para resolver o problema.

Elevação (m)	Temperatura (°C)
1524 (base)	10,1
1676	12,9
1829	15,7
1951	17,0
2164	19,4
2256	20,2
2500	21,1
2621	20,8
2804	20,0
3017 (cume)	19.5

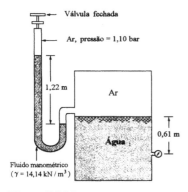

Figura P2.24

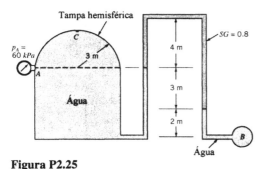

Figura P2.25

2.24 A Fig. P2.24 mostra um manômetro com tubo em U conectado a um tanque fechado que contém ar e água. A pressão do ar na extremidade fechada do manômetro é igual a 1,10 bar (abs). Determine a leitura no outro manômetro se a altura diferencial no manômetro com tubo em U é igual a 1219 mm. Admita que o valor da pressão atmosférica é o padrão e despreze o efeito do peso do ar nas colunas do manômetro.

2.25 A Fig. P2.25 mostra o esboço de um tanque cilíndrico, com tampa hemisférica, que contém água e está conectado a uma tubulação invertida. A densidade do líquido aprisionado na parte superior da tubulação é 0,8 e o resto da tubulação está repleto com água. Sabendo que a pressão indicada no manômetro montado em *A* é 60 kPa, determine: **(a)** a pressão em *B*, e **(b)** a pressão no ponto *C*.

2.26 Considere o arranjo mostrado na Fig. P2.26. Sabendo que a diferença entre as pressões em *B* e *A* é igual a 20 kPa, determine o peso específico do fluido manométrico.

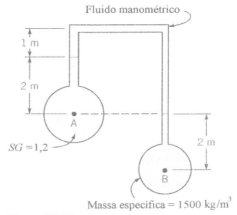

Figura P2.26

2.27 A Fig. P2.27 mostra um manômetro em U conectado a um tanque pressurizado. Sabendo que a pressão do ar contido no tanque é 13,8 kPa, determine a leitura diferencial no manômetro, *h*.

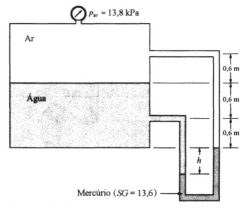

Figura P2.27

2.28 A Fig. P2.28 mostra uma ventosa que suporta uma placa que apresenta peso *W*. Utilizando as informações disponíveis na figura, determine o peso da placa.

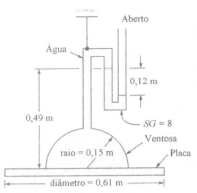

Figura P2.28

2.29 O pistão mostrado na Fig. P2.29 apresenta peso desprezível e área da seção transversal igual a 0,28 m². O pistão está em contato com um óleo (SG = 0,9) e o cilindro está conectado a um tanque pressurizado que armazena, ar, óleo e água. Observe que uma força P atua sobre o pistão para que ocorra o equilíbrio. **(a)** Calcule o valor de P. **(b)** Determine a pressão no fundo do tanque em metros de coluna d'água.

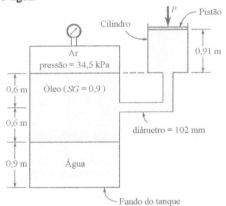

Figura P2.29

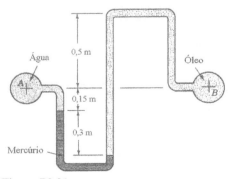

Figura P2.31

+ 2.30 Apesar da água não ser facilmente comprimida, a massa específica da água no fundo do oceano é maior do que aquela na superfície (o aumento é devido a variação de pressão). Estime qual seria o aumento da superfície do oceano se a água se tornasse verdadeiramente incompressível e apresentasse uma massa específica igual aquela encontrada em sua superfície livre.

2.31 O manômetro de mercúrio da Fig. P2.31 indica uma leitura diferencial de 0,3 m quando a pressão no tubo A é 30 mm de Hg (vácuo). Determine a pressão no tubo B.

2.32 O manômetro inclinado da Fig. P2.32 indica que a pressão no tubo A é 0,6 psi. O fluido que escoa nos tubos A e B é água e o fluido manométrico apresenta densidade 2,6. Qual é a pressão no tubo B que corresponde a condição mostrada na figura.

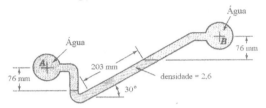

Figura P2.32

2.33 Os compartimentos A e B do reservatório mostrado na Fig. P2.33 contém ar e um líquido que apresenta densidade igual a 0,6. Determine a altura h indicada no manômetro sabendo que a pressão atmosférica vale 101,3 kPa. Observe que o manômetro instalado no compartimento A indica que a pressão no ar é igual a 3,5 kPa.

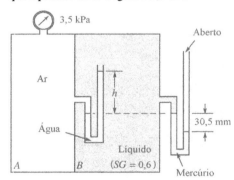

Fig. P2.33

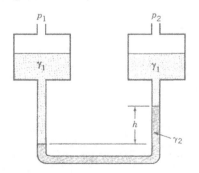

Figura P2.34

2.34 Nós utilizamos o micromanômetro esboçado na Fig. P2.34 para medir a diferença de pressão entre dois reservatórios de gases quando esta diferença é pequena. Este medidor é constituído por dois reservatórios grandes, cada um deles apresentando área da seção transversal igual a A_r e contendo um líquido que apresenta peso específico γ_1, conectados por um tubo em U. Este tubo apresenta área da seção transversal A_i e contém um líquido com peso específico γ_2. Nós detectamos uma leitura diferencial, h, quando aplicamos um diferencial de pressão $p_1 - p_2$ no manômetro e desejamos que esta leitura seja suficientemente grande para que seja fácil le-la quando o diferencial de pressão é pequeno. Determine a relação que existe entre h e $p_1 - p_2$ quando a relação entre as áreas A_i / A_r é pequena. Mostre, também, que a leitura diferencial pode ser amplificada se a diferença entre os pesos específicos for pequena. Admita que, inicialmente (com $p_1 = p_2$), os níveis nos dois reservatórios são iguais.

2.35 O tanque cilíndrico com tampas hemisféricas mostrado na Fig. P2.35 contém um líquido volátil em equilíbrio com seu vapor. A massa específica do líquido é 800 kg/m³ e a do vapor pode ser desprezada na resolução do problema. A pressão no vapor é igual a 120 kPa (abs) e a pressão atmosférica local vale 101 kPa (abs). Nestas condições, determine: **(a)** a pressão indicada no manômetro do tipo Bourdon; e **(b)** a altura h indicada no manômetro de mercúrio.

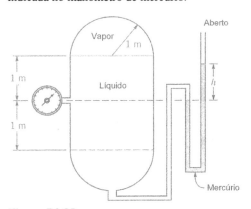

Figura P2.35

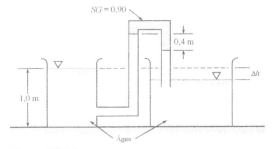

Figura P2.36

2.36 Determine a diferença entre os níveis dos líquidos contidos nos dois tanques expostos a atmosfera indicados na Fig. P2.36.

2.37 O tubo mostrado na Fig. P2.37 contém água, óleo e água salgada. A massa específica do óleo é igual a 619 kg/m³, a densidade da água salgada vale 1,20 e uma das extremidades do tubo está fechada. Nestas condições, determine a pressão no ponto 1 (que é interno ao tubo).

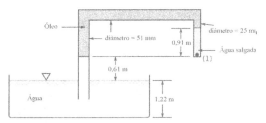

Figura P2.37

2.38 A Fig. P2.38 mostra uma casca hemisférica cheia de ar que está presa no fundo do oceano (profundidade igual a 10 m). Um barômetro localizado dentro da casca hemisférica apresenta uma coluna de mercúrio com altura de 765 mm e o manômetro em U mostrado na figura indica um leitura diferencial de 735 mm de mercúrio. Utilizando estes dados, determine qual o valor da pressão atmosférica na superfície livre do oceano.

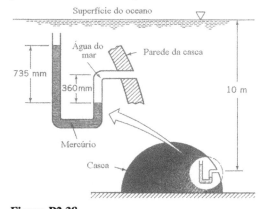

Figura P2.38

* 2.39 As duas extremidades do manômetro de mercúrio em U mostrado na Fig. P.2.39 estão inicialmente abertas para a atmosfera e sob a ação da atmosfera padrão. Quando a válvula no topo da perna direita é aberta o nível de mercúrio abaixa h_i. Após isto, a válvula é fechada e ar comprimido é aplicado na perna esquerda do manômetro. Determine a relação entre a leitura diferencial do manômetro e a pressão aplicada na perna esquerda do manômetro, p_g. Mostre, num gráfico, como a leitura diferencial varia com p_g para h_i = 25, 50, 75 e 100 mm e na faixa $0 \leq p_g \leq 300$ kPa. Admita que a temperatura do ar aprisionado no manômetro permanece constante.

78 Fundamentos da Mecânica dos Fluidos

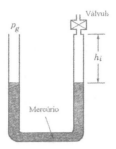

Figura P2.39

2.40 Um tubo manométrico que apresenta diâmetro interno igual a 2 mm está conectado ao tanque cilíndrico mostrado na Fig. P2.40. O diâmetro interno do tanque é 6,0 m, o peso específico do fluido manométrico é igual a 25,0 kN/m³ e a densidade do segundo fluido presente no sistema é 1,10. Sabendo que o tanque está cheio, determine a densidade do terceiro fluido contido no sistema.

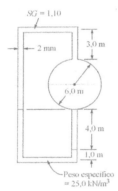

Figura P2.40

2.41 A Fig. P2.41 mostra um conjunto cilindro-pistão (diâmetro = 152 mm) conectado a um manômetro de tubo inclinado com diâmetro igual a 12,7 mm. O fluido contido no cilindro e no manômetro é óleo ($\gamma = 9{,}27 \times 10^3$ N/m³). O nível do fluido no manômetro sobe do ponto (1) para o (2) quando nós colocamos um peso ($\mathcal{W}$) no topo do cilindro. Qual é o valor do peso $\mathcal{W}$ para as condições mostradas na figura. Admita que a variação da posição do pistão é desprezível.

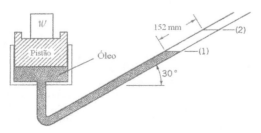

Figura P2.41

2.42 O fluido manométrico do manômetro mostrado na Fig. P2.42 apresenta densidade igual a 3,46 e os tubos A e B contém água. Determine a nova leitura diferencial no manômetro se a pressão no tubo A for diminuída de 9,0 kPa e a pressão no tubo B aumentar 6,2 kPa.

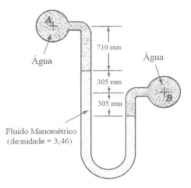

Figura P2.42

2.43 Determine a relação entre as áreas A_1 / A_2 das pernas do manômetro mostrado na Fig. P2.43 se uma mudança na pressão no tubo B de 3,5 kPa provoca uma alteração de 25,4 mm no nível do mercúrio na perna direita do manômetro. A pressão no tubo A é constante.

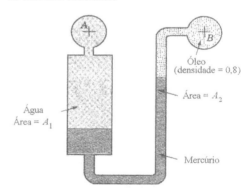

Figura P2.43

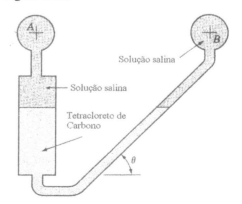

Figura P2.44

2.44 O manômetro diferencial inclinado mostrado na Fig. P2.44 contém tetracloreto de carbono. Inicialmente, a diferença entre as pressões nos tubos A e B, que contém uma solução salina que apresenta densidade igual a 1,1, é nula (como mostra a figura) Qual deve ser o ângulo θ para que o manômetro indique uma leitura 305 mm quando a diferença de pressões for igual a 0,7 kPa.

2.45 Determine a nova leitura diferencial no manômetro de mercúrio mostrado na Fig. P2.45 se a pressão no tubo A for diminuída de 12 kPa e a pressão no tubo B permanecer constante. O fluido contido no tubo A apresenta densidade igual a 0,9 e o contido no tubo B é água.

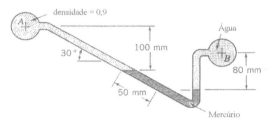

Figura P2.45

2.46 Determine a variação na altura da coluna esquerda do manômetro de mercúrio mostrado na Fig. P2.46 provocada por um aumento de pressão de 34,5 kPa no tubo A. Admita que a pressão no tubo B permanece constante.

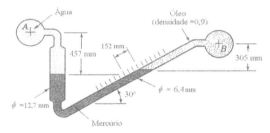

Figura P2.46

* 2.47 O arranjo mostrado na Fig. P2.47 inicialmente contém água e apresenta as seguintes dimensões: $H = D = 0,605$ m e $d = 30,5$ mm. Óleo (densidade = 0,85) é vertido no funil até que o seu nível apresente uma altura, h, maior que $H/2$. Determine os valores do aumento do nível da água no tubo, l, em função de h para $H/2 < h < H$. Construa um gráfico de l em função de h.

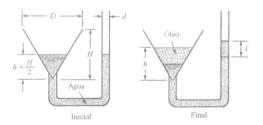

Figura P2.47

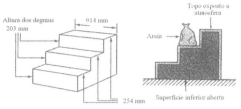

Figura P2.48

2.48 A forma sem fundo mostrada na Fig. P2.48 deve ser utilizada para a produção de um conjunto de degraus de concreto. Determine o peso do saco de areia necessário para impedir a movimentação da forma com concreto sabendo que o peso da forma é 50 kg e que o peso específico do concreto é igual a $2,36 \times 10^4$ N/m³.

2.49 Uma comporta quadrada (3 m × 3 m) está localizada na parede de uma barragem que apresenta inclinação igual a 45°. A água exerce uma força de 500 kN sobre a comporta. **(a)** Determine o valor da pressão que atua na parte inferior da comporta. **(b)** Localize o ponto de aplicação da força descrita no enunciado.

2.50 A Fig. P2.50 mostra um cilindro, com diâmetro igual a 0,1 m, que contém ar e água. A placa inferior não está presa ao cilindro a apresenta massa desprezível. A força necessária para desencostar a placa do cilindro foi medida e é igual a 20 N. Nestas condições, determine a pressão no ar contido no cilindro.

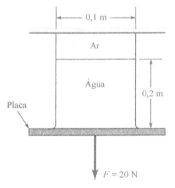

Figura P2.50

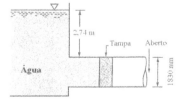

Figura P2.51

2.51 Um tanque grande e exposto a atmosfera contém água e está conectado a um conduto com 1830 mm de diâmetro do modo mostrado na Fig. P2.51. Note que uma tampa circular é utilizada para selar o conduto. Determine o ponto de aplicação, o módulo, a direção e o sentido da força com que a água atua na tampa.

2.52 A Fig. P2.52 mostra o corte transversal de uma comporta que apresenta massa igual a 363 kg. Observe que a comporta é articulada e que está imobilizada por um cabo. O comprimento e a largura da placa são respectivamente iguais a 1,2 e 2,4 m. Sabendo que o atrito na articulação é desprezível, determine a tensão no cabo.

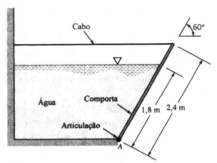

Figura P2.52

+ 2.53 Algumas vezes é difícil abrir uma porta de acesso a uma edificação porque o sistema de distribuição de ar da edificação impõe um diferencial de pressão. Estime o valor máximo desta diferença de pressão para que uma pessoa possa abrir a porta sem dificuldade.

2.54 Uma triângulo isósceles (base e altura respectivamente iguais a 1830 e 2440 mm) se encontra encostado na parede inclinada de um tanque que contém um líquido que apresenta peso específico igual a 12,5 kN/m³. A parede lateral do tanque forma um ângulo de 60° com a horizontal. A base do triângulo é horizontal e o vértice está localizado acima da base. Determine o módulo da força resultante com que o fluido atua sobre o triângulo sabendo que a superfície livre do líquido está a 6,1 m acima da base do triângulo. Determine, graficamente, aonde está localizado o centro de pressão.

2.55 Resolva o Prob. 2.54 trocando o triângulo isósceles por um triângulo retângulo que apresenta mesma base e altura.

2.56 A Fig. P2.56 mostra o corte transversal de um tanque rodoviário utilizado para transportar água. Determine o módulo da força que atua sobre a parede frontal do tanque.

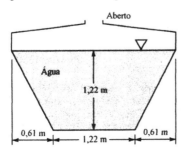

Figura P2.56

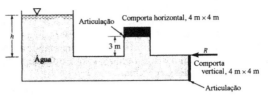

Figura P2.57

2.57 A Fig. P2.57 mostra um conduto conectado a um tanque aberto que contém água. As duas comportas instaladas no conduto devem abrir simultaneamente quando a altura da superfície livre da água h, atinge 5 m. Determine o peso da comporta horizontal e o módulo da força horizontal, R, para que isso ocorra. Admita que o peso da comporta vertical é desprezível e que não existe atrito nas articulações

2.58 A Fig. P2.58 mostra uma comporta rígida (OAB), articulada em O, e que repousa sobre um suporte (B). Qual é o módulo da mínima força horizontal P necessária para manter a comporta fechada. Admita que a largura da comporta é igual a 3 m e desprezetanto o peso da comporta quanto o atrito na articulação. Observe que superfície externa da comporta está exposta a atmosfera.

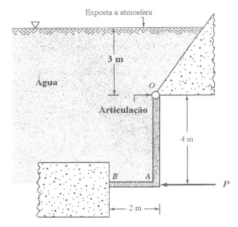

Figura P2.58

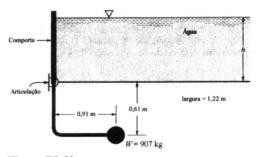

Figura P2.59

2.59 A Fig. 2.59 mostra o corte transversal de um reservatório de água. A largura da comporta é igual a 1,22 m e o atrito na articulação é nulo. Sabendo que a comporta está em equilíbrio pela ação do peso *W*, determine a profundidade da água no reservatório.

* 2.60 A Fig. P2.60 mostra o esboço de uma comporta homogênea (3 m de largura e 1,5 m de altura) que pesa 890 N e está articulada no ponto *A*. Note que a comporta é mantida na posição mostrada na figura através de uma barra que apresenta comprimento igual a 3,66 m. Quando o ponto inferior da barra é movimentado para a direita, o nível da água permanece no topo da comporta. A linha de ação da força que a barra exerce sobre a comporta coincide com o eixo da barra. (**a**) Faça um gráfico do módulo da força exercida pela barra em função do ângulo da comporta para $0 \leq \theta \leq 90°$. (**b**) Repita seus cálculos admitindo que o peso da comporta é desprezível. Analise seus resultados para $\theta \to 0$.

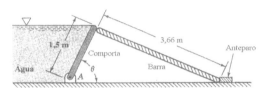

Figura P2.60

2.61 A Fig. P2.61 mostra o corte transversal de um tanque aberto que apresenta uma parede separadora interna. Observe que a partição direita contém gasolina e a outra contém água. A altura da superfície livre da gasolina é mantida igual a 4 m. Uma comporta retangular, com altura e largura respectivamente iguais a 4 e 2 m, articulada e com anteparo está instalada na parede interna. Sabendo que a massa específica da gasolina é igual a 700 kg/m³, determine a altura da superfície livre da água para que a comporta saia da condição de equilíbrio indicada.

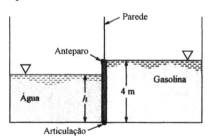

Figura P2.61

2.62 Uma comporta com a forma mostrada na Fig. P2.62 está instalada na parede vertical de um tanque aberto que contém água. Observe que a comporta está montada num eixo horizontal. (**a**) Determine os módulos das forças que atuam nas regiões retangular e semicircular da comporta quando o nível da superfície livre da água é o mostrado na figura. (**b**) Calcule, nas mesmas condições do item anterior, o momento da força que atua sobre a porção semicircular da comporta em relação ao eixo que coincide com aquele de acionamento da comporta.

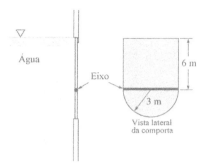

Figura P2.62

2.63 A comporta quadrada (1,83 m × 1,83 m) mostrada na Fig. P2.63 pode girar livremente em torno do vínculo indicado. Normalmente é necessário aplicar uma força *P* na comporta para que ela fique imobilizada. Admitindo que o atrito no vínculo é nulo, determine a altura da superfície livre da água, *h*, na qual o módulo da força *P* é nulo.

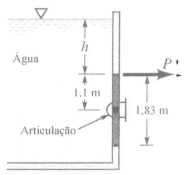

Figura P2.63

2.64 A comporta mostrada na Fig. P2.64 apresenta largura igual a 1,22 m e pode girar livremente em torno da articulação indicada. A porção horizontal da comporta cobre um tubo utilizado para drenar o tanque. O diâmetro deste tubo é 0,31 m e, na condição mostrada na figura, está ocupado com ar da atmosfera. Sabendo que a massa da comporta é desprezível, determine a altura mínima da superfície livre da água, *h*, para que a água escoe pelo dreno.

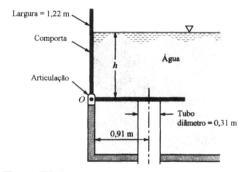

Figura P2.64

2.65 A Fig. P2.65 mostra uma camada estagnada de fluido. Sabendo que o peso específico do fluido

82 Fundamentos da Mecânica dos Fluidos

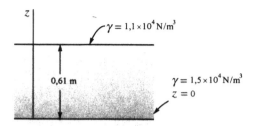

Figura P2.65

varia linearmente na camada, determine a pressão na superfície inferior da camada utilizando a Eq. 2.4.

* 2.66 Um tanque aberto de decantação contém uma suspensão líquida que apresenta peso específico em função da altura de acordo com a seguinte tabela:

h (m)	γ (kN/m³)
0	10,0
0,4	10,1
0,8	10,2
1,2	10,6
1,6	11,3
2,0	12,3
2,4	12,7
2,8	12,9
3,2	13,0
3,6	13,1

A profundidade $h = 0$ corresponde a superfície livre da suspensão. Determine, utilizando uma integração numérica, o módulo e a localização da força resultante que atua numa superfície vertical do tanque que apresenta 6 m de comprimento. A profundidade do fluido no tanque é 3,6 m.

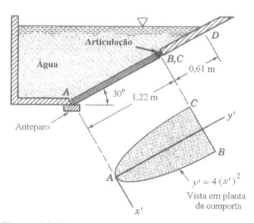

Figura P2.67

2.67 A parede inclinada AD do tanque mostrado na Fig. P2.67 é plana e contém uma comporta (ABC) articulada ao longo da linha BC. A vista em planta da comporta também está mostrada na figura. Admitindo que o tanque contém água, determine o módulo da força que a água exerce sobre a comporta.

2.68 A barragem mostrada na Fig. P2.68 é construída com concreto ($\gamma = 23{,}6$ kN/m³) e está simplesmente apoiada numa fundação rígida. Determine qual é o mínimo coeficiente de atrito entre a barragem e a fundação para que a barragem não escorregue. Admita que a água não provoca qualquer efeito na superfície inferior da barragem e analise o problema por unidade de comprimento da barragem.

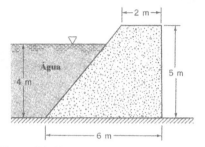

Figura P2.68

* 2.69 A Fig. P2.69 mostra o corte transversal de uma barragem que apresenta infiltração. A infiltração de água sob a fundação da barragem provoca a distribuição de pressão mostrada na figura. Se o nível da água, h, na represa é muito grande, a barragem tombará (girará em torno do ponto A). Para as dimensões fornecidas, determine a altura máxima da superfície livre da água na represa para $l = 6$, 9, 12, 15 e 18 m. Analise o problema por unidade de comprimento da barragem e admita que o peso específico do concreto é igual a 23,6 kN/m³.

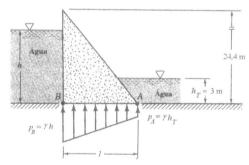

Figura P2.69

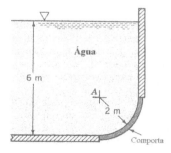

Figura P2.70

2.70 Uma comporta curvada, com 3 m de comprimento, está localizada na parede lateral de um tanque (veja a Fig. P2.70). Determine os módulos das componentes horizontal e vertical da força com que a água atua sobre a comporta. A linha de força desta força passa através do ponto A? Justifique sua resposta.

2.71 A pressão no ar contido na região superior da garrafa de refrigerante mostrada na Fig. P2.71 é igual a 276 kPa (veja também o ☉ 2.4). Observe que a forma do fundo da garrafa é irregular. (a) Determine o valor do módulo da força axial necessária para manter a tampa solidária à garrafa. (b) Considere a região da garrafa limitada pelo fundo e por um plano horizontal localizado a 50 mm do fundo. Calcule a força que atua na parede da garrafa necessária para manter esta região em equilíbrio. Admita, neste caso, que a massa específica do refrigerante é muito pequena. (c) Como o peso específico do refrigerante influencia o resultado calculado no item anterior? Admita que a massa específica do refrigerante é igual a da água.

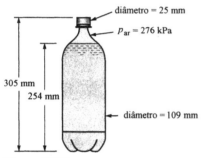

Figura P2.71

2.72 A parte *a* da Fig. P2.72 mostra o corte transversal da barragem Hoover e a parte *b* mostra a seção de escoamento de água imediatamente a montante da barragem (veja o ☉ 2.3). Utilize os dados fornecidos na figura para estimar a componente horizontal da força resultante que atua na barragem. Determine, também, o ponto de aplicação desta força.

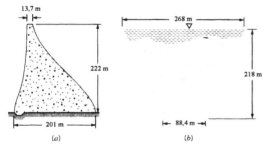

Figura P2.72

2.73 A Fig. P2.73 mostra um tampão cônico instalado na superfície inferior de um tanque de líquido pressurizado. A pressão no ar é 50 kPa e o líquido contido no tanque apresenta peso específico igual a 27 kN/m³. Determine o módulo, direção e

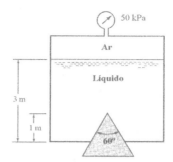

Figura P2.73

sentido da força resultante que atua na superfície lateral imersa do cone.

2.74 Um tubo com diâmetro igual a 304,8 mm transporta um gás a 9,65 bar. Determine a tensão normal desenvolvida na parede do tubo se a espessura da parede interna do tubo for igual a 6,4 mm.

2.75 O dique mostrado na Fig. P2.75 é construído com concreto (γ = 23,6 kN/m3) e é utilizado para reter um braço de mar que apresenta profundidade igual a 7,3 m. Determine o momento da força com que o fluido atua na superfície molhada do dique em relação ao eixo horizontal que passa pelo ponto A.

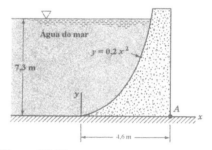

Figura P2.75

2.76 Um tanque cilíndrico apresenta diâmetro e comprimento respectivamente iguais a 2,0 e 4,0 m. O eixo do tanque está na horizontal e as paredes laterais do tanque são planas e verticais. Um tubo vertical, com diâmetro de 0,1 m, está conectado no topo do tanque. O tanque e o tubo estão preenchidos com álcool etílico e a superfície livre do fluido está a 1,5 m acima do topo do tanque. Determine a força resultante com que o fluido atua sobre uma das tampas laterais do tanque e determine o ponto de aplicação desta força.

2.77 Admita que as tampas laterais do exercício anterior tenham formato hemisférico. Determine o módulo da força resultante que atua sobre as novas tampas hemisféricas.

2.78 Imagine que o tanque do Prob. 2.76 foi "cortado pela metade" por um plano horizontal. Determine o módulo da força resultante do fluido sobre a parte inferior do tanque.

2.79 A Fig. P2.79 mostra o esboço de um tanque que apresenta um domo hemisférico montado em sua superfície superior. O diâmetro do domo é igual a 1,22 m e o tanque está repleto com água. Determine a força vertical que atua no domo sabendo que o manômetro instalado no lado esquerdo do tanque indica que a pressão vale 138 kPa e que a pressão do ar na superfície livre do fluido manométrico é igual a 87 kPa.

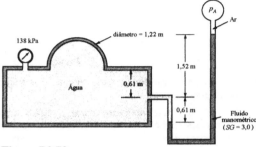

Figura P2.79

2.80 O fundo da garrafa de refrigerante mostrada na Fig. P2.80 é hemisférico. Compare esta garrafa com a mostrada na Fig. P.2.71 e no ⊙ 2.4. Admita que a capacidade da garrafa continua sendo igual a 2 litros, que a pressão do ar contido na garrafa vale 276 kPa e que a massa específica do refrigerante é igual àquela da água. Determine o módulo, direção e sentido da força resultante que atua no fundo da garrafa.

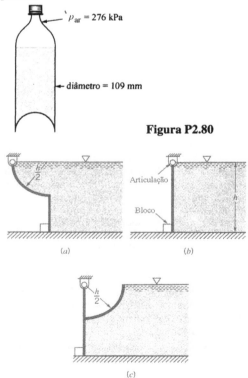

Figura P2.80

Figura P2.81

2.81 A Fig. P2.81 mostra três comportas com peso desprezível e que são utilizadas para conter a água num canal que apresenta comprimento b. O módulo da força que atua sobre o anteparo no caso (b) é R. Determine (em função de R) os módulos das forças que atuam sobre os anteparos nos outros dois casos

2.82 Um cubo de madeira (lado = 1,0 m) flutua na água contida num tanque que pode ser pressurizado. O peso específico da madeira é igual a 5813 N/m³. Determine a distância entre a superfície livre da água e a face superior do cubo quando a pressão na interface é a atmosférica padrão. Admita, agora, que o tanque foi pressurizado e que a pressão relativa na interface foi alterada para 6,9 kPa. Determine, nesta nova condição, a distância entre a superfície livre da água e a face superior do cubo. Faça uma lista com as hipótese utilizadas na solução do problema e justifique suas respostas.

2.83 O caibro de madeira homogênea da Fig. P2.83 apresenta seção transversal de 0,15 por 0,35 m. Determine o peso específico da madeira do caibro e a tensão no cabo mostrado na figura.

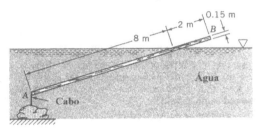

Figura P2.83

2.84 O lago formado pela construção da barragem de Tucurui cobriu uma vasta região onde existiam muitas árvores nobres. Infelizmente, não houve tempo disponível para remover todas estas árvores antes do início da formação do lago. Foi detectado que o corpo de muitas árvores ainda estavam muito bem conservados após 15 anos da formação do lago e algumas pessoas iniciaram a operação de remoção destas árvores submersas. O primeiro passo utilizado no processo de remoção consiste em fixá-las ao fundo com âncoras e cabos. O segundo passo consiste em cortar os troncos na altura das raízes. A ancoragem é necessária para evitar que as árvores cheguem na superfície livre do lago com um velocidade alta. Admita que uma árvore grande (altura = 30 m) possa ser modelada como um tronco de cone com diâmetros inferior e superior iguais a 2,4 e 0,6 m. Determine o módulo da componente vertical da força resultante que os cabos devem resistir quando a árvore é cortada e ainda está completamente submersa. Admita que a densidade da madeira é igual a 0,6.

+ 2.85 Estime qual é a mínima profundidade de água necessária para que uma canoa que transporta duas pessoas flutue. Faça uma relação com todas as hipóteses utilizadas na solução do problema.

2.86 A Fig. P2.86 mostra um tubo de ensaio inserido numa garrafa plástica de refrigerante (veja o ⊙ 2.5). A quantidade de ar aprisionado no tubo de

Estática dos Fluidos **85**

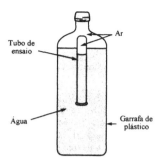

Figura P2.86

ensaio é a suficiente para que o tubo flutue do modo mostrado na figura. Se a tampa da garrafa está bem fechada, nós detectamos que o tubo afunda quando provocamos uma deformação na garrafa. Explique porque este fenômeno ocorre.

2.87 O densímetro mostrado na Fig. P2.87 (veja o ⊙ 2.6) apresenta massa igual a 45 gramas e a seção transversal da haste é igual a 290 mm². Determine a distância entre as graduações na haste referentes as densidades 1,00 e 0,90.

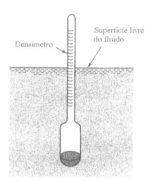

Figura P2.87

2.88 A Fig. P2.88 mostra o esboço de uma comporta rígida em L que apresenta largura igual a 0,61 m. Observe que a comporta é articulada e admita que seu peso é desprezível. Um bloco de concreto ($\gamma = 23600$ N/m³) deve ser instalado na comporta para que a reação vertical no ponto A se torne nula quando a superfície livre da água estiver 1,22 m acima deste ponto. Determine o volume do bloco considerando que o atrito na articulação é nulo.

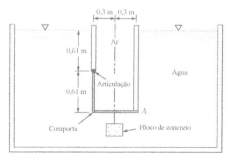

Figura P2.88

2.89 Um densímetro (veja a Fig. P2.87 e o ⊙ 2.6), com haste apresentando diâmetro igual a 7,6 mm, é colocado dentro de um recipiente que contém água. Nesta condição, a altura da haste exposta ao ar é 80 mm. Qual será a altura da haste exposta ao ar quando o mesmo densímetro for colocado noutro recipiente que contém um líquido que apresenta densidade igual a 1,10? Considere que o densímetro pesa 0,187 N.

2.90 A Fig. P2.90 mostra o esboço de um tanque que apresenta diâmetro igual a 1 m e que foi construído com chapas finas. Note que uma das extremidades é fechada e que a outra está mergulhada num banho de água. A massa do tanque é igual a 90 kg e este é mantido na posição mostrada na figura por um bloco de aço (massa específica = 7840 kg/m³). Admitindo que a temperatura do ar aprisionado no tanque é constante, determine: (**a**) a leitura do manômetro localizado no topo do tanque e (**b**) o volume do bloco de aço.

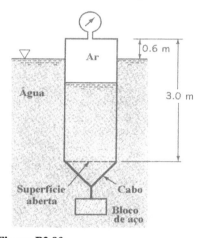

Figura P2.90

* **2.91** Um cone de metal é empurrado num banho de água do modo mostrado na Fig. P2.97. Determine como a distância r varia em função da profundidade d. Construa um gráfico de r em função de d para d variando de 0 a 1 m. Admita que a temperatura do ar aprisionado no cone permanece constante.

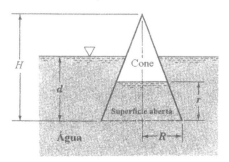

Figura P2.91

2.92 Um recipiente aberto contém um óleo e repousa na carroceria de um caminhão que está se movimentando, ao longo de uma estrada horizontal, a 105 km/h. Num certo instante, o motorista do caminhão impõe uma desaceleração uniforme e imobiliza o caminhão em 5 segundos. Qual será a inclinação da superfície livre do óleo durante esta desaceleração?

2.93 Um recipiente cilíndrico está repleto de glicerina e repousa sobre o chão de um elevador. Sabendo que o volume e a área da seção transversal do recipiente são iguais a $1,9 \times 10^{-2}$ m³ e $7,7 \times 10^{-2}$ m² **(a)** determine o valor da pressão no fundo do recipiente quando o elevador apresenta uma aceleração de 1 m/s² para cima, **(b)** qual é a força que o recipiente exerce sobre o chão do elevador durante este movimento? Admita que o peso do recipiente é desprezível.

2.94 Um tanque retangular e aberto (largura e comprimento respectivamente iguais a 1 e 2 m) contém gasolina. A superfície livre do fluido se encontra a 1 m do fundo do tanque. Qual deve ser a aceleração imposta ao tanque para que a gasolina vaze sabendo que a altura do tanque é igual a 1,5 m?

2.95 Admita que o tanque do Prob. 2.94 desliza num plano inclinado que forma 30° com a horizontal. Determine, nestas condições, o ângulo entre a superfície livre do fluido e a horizontal.

2.96 Um tanque fechado e cilíndrico (diâmetro e comprimento respectivamente iguais a 2,44 e 7,32 m) está completamente preenchido com gasolina. O tanque, com seu eixo de simetria na horizontal, é movido por um caminhão ao longo de uma superfície horizontal. Determine a diferença entre as pressões nos pontos extremos do eixo de simetria quando o caminhão impõe uma aceleração igual a 1,52 m/s² ao tanque.

2.97 O tubo em U aberto da Fig. P2.97 está parcialmente preenchido com um líquido. É possível identificar uma leitura diferencial no manômetro, h, quando este é submetido a um movimento uniformemente acelerado na horizontal. Qual é a relação entre a aceleração, a distância entre as colunas de líquido (l) e a leitura diferencial no manômetro?

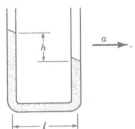

Figura P2.97

2.98 Um tanque aberto com 1 m de diâmetro contém água. A distância entre a superfície livre do fluido e o fundo do tanque é 0,7m quando este está em repouso. Quando o tanque gira em torno de seu eixo vertical a superfície livre do fluido fica deformada. Qual deve ser a velocidade angular do tanque para que a superfície do fundo do tanque fique exposta? Admita que não ocorre vazamento de água do tanque.

2.99 O tubo em U da Fig. P2.99 está parcialmente preenchido com água e gira em torno do eixo $a - a$. Determine qual deve ser a velocidade angular do tubo para que ocorra vaporização da água contida no tubo. Note que o primeiro local onde detectamos a vaporização é o ponto A.

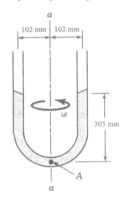

Figura P2.99

2.100 O tubo em U da Fig. P2.100 está parcialmente preenchido com mercúrio e pode girar em torno do eixo $a - a$. Quando o tubo está em repouso, as alturas das colunas de mercúrio são iguais a 150 mm. Qual deve ser a velocidade angular do tubo para que a diferença entre as alturas das colunas se torne igual a 75 mm?

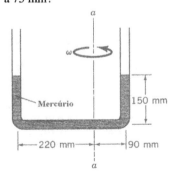

Figura P2.100

2.101 Um tanque cilíndrico e fechado (diâmetro igual a 0,4 m) está completamente preenchido com óleo (densidade igual a 0,9). Sabendo que o tanque gira com velocidade angular igual a 40 rd/s em torno do seu eixo de simetria, determine a diferença entre as pressões no eixo de simetria e num ponto localizado na periferia do tanque (estes dois pontos estão localizado num plano paralelo e muito próximo da superfície superior do tanque).

2.102 O dispositivo mostrado na Fig. P2.102 é utilizado para estudar a força hidrostática que atua em superfícies retangulares planas. Quando o tanque d'água está vazio, o eixo da balança está na horizontal. Um peso W é acoplado ao eixo, do modo mostrado na figura, e a distância entre a borda inferior da placa e a superfície livre da água no tanque é ajustada para que o eixo fique na posição horizontal.

A tabela abaixo mostra um conjunto de valores para W e h obtidos experimentalmente. Utilize estes resultados para construir um gráfico do peso em função desta altura. Superponha, no mesmo gráfico, a curva teórica obtida igualando-se o momento que o peso produz no apoio ao momento produzido pela força hidrostática na superfície retangular. Note que a força de pressão nas superfícies curvas do aparato não produzem momento em relação ao apoio porque a linha de ação destas forças passa pelo apoio. Compare os valores obtidos pelas via experimental e teórica e discuta as razões para os desvios que podem existir entre estes valores.

W(N)	h (mm)
0	0
0,196	28,2
0,587	48,8
1,174	70,1
1,566	81,3
1,957	91,4
2,549	105,9
2,949	114,6
3,923	136,9
4,897	159,3
5,387	170,1

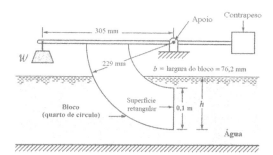

Figura P2.102

2.103 A Fig. P2.103 mostra o esboço de um tanque sem fundo, com duas paredes verticais e duas inclinadas, que está apoiado numa superfície plana. A força hidrostática sobre as paredes inclinadas tem uma componente vertical. Assim, se a profundidade da água no tanque for grande, a componente da força de pressão se torna maior que a combinação do peso do tanque, W_{tanque}, com a carga aplicada sobre o tanque, W. Nesta situação, o tanque levantará um pouco da superfície onde ele está apoiado e detectaremos um vazamento de água do tanque. Admita que este fato ocorre quando a profundidade de água no tanque é igual a h.

A próxima tabela mostra um conjunto de dados para W e h obtidos por via experimental. Utilize estes resultados para construir um gráfico da profundidade da água em função da carga aplicada. Sobreponha, neste gráfico, duas curvas teóricas obtidas da seguinte forma: (**a**) Admita que o peso combinado do tanque com o da carga aplicada está suportado pelas componentes verticais das forças hidrostáticas que atuam nas superfícies inclinadas. (**b**) Admita, para a segunda curva teórica, que existe uma força adicional (vertical e com sentido para cima) nas bordas da caixa provocada pela interação do tanque com a superfície onde ele repousa. Admita que a pressão nas borda inferior do tanque é igual a $\gamma h/2$ (porque ela varia de $p_1 = \gamma h$ no perímetro interior da borda inferior do tanque a $p_2 = 0$ no perímetro exterior da mesma borda - veja a figura).

Compare os valores obtidos pelas vias experimental e teórica e discuta as razões para os desvios que podem existir entre estes valores.

W(N)	h (mm)
0	52,3
0,983	62,0
1,961	67,8
2,945	74,7
3,919	80,3

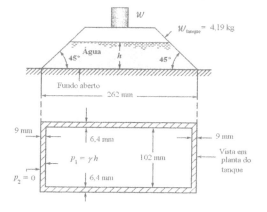

Figura P2.103

2.104 O dispositivo mostrado na Fig. P2.104 é utilizado para estudar a força hidrostática sobre superfícies planas retangulares. O tanque contém água (a profundidade no tanque é igual a h e pode ser variada) e a força R (aplicada no local indicado na figura) necessária para abrir a comporta retangular pode ser medida. A próxima tabela indica alguns valores experimentais obtidos com este dispositivo. Utilize estes resultados para construir um gráfico da força R em função de h. Superponha, neste gráfico, a curva obtida igualando-se o momento que a força aplicada produz na articulação da comporta com o momento provocado pela força hidrostática resultante.

Compare os valores obtidos pelas vias experimental e teórica e discuta as razões para os desvios que podem existir entre estes valores.

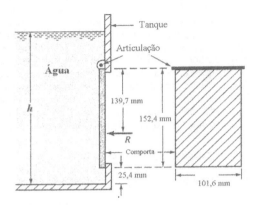

Figura P2.104

R (N)	h (m)
43,6	0,559
38,7	0,495
34,3	0,432
28,5	0,394
26,7	0,356
21,4	0,318
18,7	0,279
11,6	0,203

Dinâmica dos Fluidos Elementar – Equação de Bernoulli 3

Nós discutimos no capítulo anterior muitas situações onde o fluido estava imóvel ou apresentando um movimento igual aquele de um corpo rígido. Entretanto, nós identificamos, na maioria das aplicações, que os fluidos apresentam outros tipos de movimento. Por este motivo, nós investigaremos, neste capítulo, alguns movimentos típicos dos fluidos (dinâmica dos fluidos elementar).

Para entender os fenômenos associados aos movimentos dos fluidos é necessário considerar as leis fundamentais que modelam o movimento das partículas fluidas. Tais considerações incluem os conceitos de força e aceleração. Nós vamos discutir, com algum detalhe, a aplicação da segunda lei de Newton ($F = ma$) ao movimento da partícula fluida (de um modo ideal). Deste modo, nós vamos obter a famosa Equação de Bernoulli e a aplicaremos a vários escoamentos. É interessante ressaltar que esta equação pode ser efetivamente utilizada na análise de uma grande quantidade de escoamentos (apesar da equação ser uma das mais antigas da mecânica dos fluidos e obtida a partir de hipóteses bastante restritivas). Entretanto, nós poderemos incorrer em erros bastante sérios se a equação de Bernoulli for utilizada em condições inadequadas (onde as hipóteses utilizadas para a sua obtenção são violadas). De fato, muitas pessoas afirmam que a equação de Bernoulli é a equação mais utilizada e a mais mal aplicada da mecânica dos fluidos.

O aprendizado dos aspectos elementares da dinâmica dos fluidos encontrados neste capítulo, além de ser útil por si só, forma a base necessária para o material que será apresentado nos próximos capítulos (onde muitas das restrições utilizadas na obtenção da equação de Bernoulli serão removidas e, assim, será possível obter resultados mais próximos dos reais).

3.1 Segunda Lei de Newton

É usual identificamos uma aceleração, ou desaceleração, quando uma partícula fluida escoa de um local para outro. De acordo com a segunda lei de Newton, a força líquida que atua na partícula fluida que estamos considerando precisa ser igual ao produto de sua massa pela aceleração,

$$F = ma$$

Nós consideraremos, neste capítulo, apenas os escoamentos invíscidos, ou seja, nós vamos admitir que a viscosidade do fluido é nula. Se a viscosidade é nula, a condutibilidade térmica do fluido também é nula e, assim, o único mecanismo de transferência de calor presente nos escoamentos invíscidos é a radiação térmica.

Os fluidos invíscidos não existem porque todo fluido apresenta uma tensão de cisalhamento quando é submetido a uma taxa de deformação. Entretanto, existem escoamentos onde os efeitos viscosos são relativamente pequenos (quando comparados com os outros efeitos presentes). Assim, nós podemos obter uma aproximação de primeira ordem para estes casos se ignorarmos os efeitos viscosos. Por exemplo, as forças viscosas encontradas em muitos escoamentos de água apresentam ordens de grandeza muito menores do que as das outras forças presentes no escoamento (tais como as provocadas pela aceleração da gravidade ou pelas diferenças de pressão). Entretanto, em outros escoamentos, os efeitos viscosos podem ser dominantes. De modo análogo, normalmente os efeitos viscosos associados com os escoamentos de gases são desprezíveis mas, em algumas circunstâncias, estes efeitos podem ser muito importantes.

Por enquanto, nós vamos admitir que o movimento do fluido é provocado pelas forças de gravidade e de pressão. Aplicando a segunda lei de Newton à partícula fluida, obtemos

$$(\text{Força líquida na partícula devida a pressão}) + (\text{Força na partícula devida a gravidade}) =$$
$$(\text{massa da partícula}) \times (\text{aceleração da partícula})$$

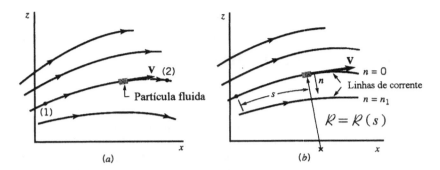

Figura 3.1 (*a*) Escoamento no plano *x–z*. (*b*) Descrição do escoamento utilizando as coordenadas da linha de corrente.

A análise da interação entre o campo de pressão, o campo gravitacional e a aceleração da partícula fluida são muito importantes na mecânica dos fluidos.

Para aplicar a segunda lei de Newton à partícula fluida (ou a qualquer outro objeto) nós precisamos definir um sistema de coordenadas apropriado para descrever o movimento. Geralmente, o movimento da partícula fluida será tridimensional e transitório de modo que serão necessárias três coordenadas espaciais e o tempo para descrever adequadamente o movimento. Existem vários sistemas de coordenadas disponíveis incluindo o cartesiano (*x*, *y*, *z*) e o cilíndrico (*r*, θ, *z*). Normalmente, o sistema de coordenada mais apropriado para descrever o fenômeno é definido pela geometria do problema que está sendo considerado.

Nós analisaremos, neste capítulo, os escoamentos bidimensionais como aquele mostrado no plano *x* - *z* da Fig. 3.1*a*. É claro que nós podemos descrever o escoamento em função das acelerações e velocidades das partículas fluidas nas direções *x* e *z*. As equações resultantes são normalmente conhecidas como a forma bidimensional das equações de Euler no sistema de coordenadas cartesiano. Esta abordagem será apresentada no Cap. 6.

Como normalmente é feito nos cursos de dinâmica (por exemplo, veja a Ref.[1]), o movimento de cada partícula fluida é descrito em função do vetor velocidade, *V*, que é definido como a taxa de variação temporal da posição da partícula. A velocidade da partícula é uma quantidade vetorial pois apresenta módulo, direção e sentido. Quando a partícula muda de posição, ela segue uma trajetória particular cuja formato é definido pela velocidade da partícula. A localização da partícula ao longo da trajetória é função do local ocupado pela partícula no instante inicial e de sua velocidade ao longo da trajetória. Se o escoamento é em regime permanente (i.e., nada muda ao longo do tempo em todo o campo de escoamento), todas as partículas que passam num dado ponto (como o ponto (1) da Fig. 3.1*a*) seguirão a mesma trajetória. Para estes casos, a trajetória é uma linha fixa no plano *x* – *z*. As partículas vizinhas, que passam nas vizinhanças imediatas do ponto (1), seguem outras trajetórias que podem apresentar formatos diferentes daquele relativo as partículas que passam pelo ponto (1). Note que o plano *x–z* está preenchido com trajetórias.

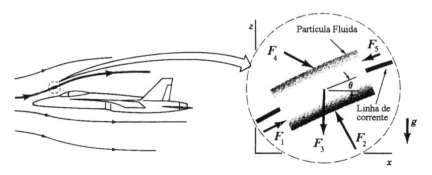

Figura 3.2 Remoção de uma partícula fluida do campo de escoamento.

Se o regime de escoamento é o permanente, toda partícula fluida escoa ao longo de sua trajetória e seu vetor velocidade é sempre tangente a trajetória. As linhas que são tangentes aos vetores velocidade no campo de escoamento são chamadas de linha de corrente. Em muitas situações é mais fácil descrever o escoamento em função das coordenadas da linha de corrente (veja a Fig. 3.1b). O movimento da partícula é descrito em função da distância, $s = s(t)$, medida ao longo da linha de corrente e a partir de uma origem conveniente, e do raio de curvatura local da linha de corrente $\mathcal{R} = \mathcal{R}(s)$. A distância ao longo da linha de corrente está relacionada com a velocidade da partícula através de $V = ds/dt$ e o raio de curvatura está relacionado com o formato da linha de corrente. Adicionalmente a coordenada ao longo da linha de corrente, s, a coordenada normal a linha de corrente, n, também será utilizada (veja a Fig. 3.1b).

Para aplicar a segunda lei de Newton à partícula que escoa numa linha de corrente, nós precisamos escrever a aceleração da partícula em função da coordenada ao longo da linha de corrente. Por definição, a aceleração é a taxa de variação temporal da velocidade da partícula, $a = dV/dt$. Para um escoamento bidimensional no plano x - z, a aceleração apresenta duas componentes – uma ao longo da linha de corrente a_s, e outra normal a linha de corrente, a_n.

A aceleração ao longo linha de corrente resulta da variação da velocidade da partícula ao longo da linha de corrente, $V = V(s)$. Por exemplo, a velocidade da partícula que passa pelo ponto (1) da Fig. 3.1a pode ser igual a 30 m/s e igual a 15 m/s quando passa pelo ponto (2). Assim, utilizando a regra da cadeia para diferenciação, e lembrando que $V = ds/dt$, a componente da aceleração na coordenada s é dada por $a_s = dV/dt = (\partial V / \partial s)(ds/dt) = (\partial V / \partial s)V$. A componente normal da aceleração, a aceleração centrífuga, é dada em função da velocidade da partícula e do raio de curvatura da trajetória. Assim, temos que $a_n = V^2 / \mathcal{R}$ (tanto V quanto $\mathcal{R}$ podem variar ao longo das trajetórias das partículas). As equações que descrevem as acelerações podem ser encontradas nos livros de física básica [Ref. 2] e de dinâmica [Ref. 1]. Uma derivação mais completa, e uma discussão mais detalhada, destes tópicos pode ser encontrada no Cap. 4.

Os componentes do vetor aceleração nas direções s e n, a_s e a_n, são dados por

$$a_s = V \frac{\partial V}{\partial s} \qquad e \qquad a_n = \frac{V^2}{\mathcal{R}} \qquad (3.1)$$

onde $\mathcal{R}$ é o raio de curvatura local da linha de corrente e s é a distância medida ao longo da linha de corrente e a partir de um ponto inicial arbitrário. Geralmente existe uma aceleração ao longo da linha de corrente (porque a velocidade muda ao longo da trajetória, $\partial V / \partial s \neq 0$) e também uma aceleração normal a linha de corrente (porque a partícula não escoa numa linha reta, $\mathcal{R} \neq 0$). Note que é necessário existir uma força líquida não nula aplicada na partícula para que ela apresente estas acelerações.

Para determinar as forças necessárias para produzir um dado escoamento (ou de modo inverso, que escoamento resulta de um dado conjunto de forças) nós consideraremos o diagrama de corpo livre da partícula fluida (como o mostrado na Fig. 3.2). A partícula em que estamos interessados é removida do seu meio imediato e as forças que atuam na partícula serão indicadas pelas forças F_1, F_2 e assim por diante. Nós vamos admitir que, neste caso, as únicas forças importantes são as provocadas pela gravidade e pelo campo de pressão, ou seja, nós vamos admitir que as outras forças (como as viscosas e as devidas a tensão superficial) são desprezíveis. Note que a aceleração da gravidade, g, é constante, atua na vertical, na direção negativa do eixo z e que forma um ângulo θ relativo a normal da linha de corrente.

3.2 $F = ma$ ao Longo de uma Linha de Corrente

A Fig. 3.3 mostra o diagrama de corpo livre de uma partícula fluida (a dimensão da partícula na direção normal ao plano da figura é δy). Os versores na direção ao longo da linha de corrente e na normal à linha de corrente são representados por $\hat{s}$ e $\hat{n}$. Se o regime de escoamento é o permanente, a aplicação da segunda lei de Newton na direção ao longo da linha de corrente fornece

$$\sum \delta F_s = \delta m\, a_s = \delta m\, V \frac{\partial V}{\partial s} = \rho\, \delta \mathcal{V}\, V \frac{\partial V}{\partial s} \qquad (3.2)$$

92 Fundamentos da Mecânica dos Fluidos

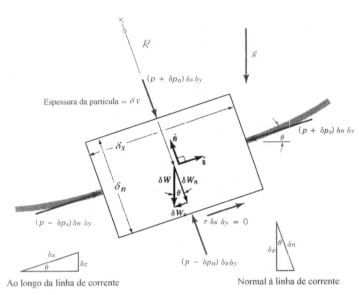

Figura 3.3 Diagrama de corpo livre para uma partícula fluida (as forças importantes são as devidas a pressão e a gravidade).

onde $\sum \delta F_s$ representa a soma dos componentes das forças que atuam na partícula na direção $\hat{s}$. Note que a massa da partícula é $\delta m = \rho \delta V$, que $V \partial V / \partial s$ é a aceleração da partícula na direção $\hat{s}$ e que $\delta V = \delta s \delta n \delta y$ é o volume da partícula. A Eq. 3.2 é válida tanto para fluidos compressíveis quanto para incompressíveis, ou seja, a massa específica não precisa ser constante no escoamento.

A força provocada pela aceleração da gravidade na partícula pode ser escrita como $\delta W = \gamma \delta V$ onde $\gamma = \rho g$ é o peso específico do fluido (N/m³). Assim, a componente da força peso na direção da linha de corrente é dada por

$$\delta W_s = -\delta W \, \text{sen} \theta = -\gamma \delta V \, \text{sen} \theta$$

Se o ponto que estamos analisando pertence a um trecho horizontal da linha de corrente temos que $\theta = 0$. Nestes casos, não existe componente da força peso na direção ao longo da linha de corrente (não existe contribuição do campo gravitacional para a aceleração da partícula nesta direção).

Como indicamos no Cap. 2, a pressão não é constante num meio imóvel ($\nabla p \neq 0$) por causa do peso do fluido. Do mesmo modo, a pressão num fluido que está escoando usualmente não é constante. Geralmente, para escoamentos em regime permanente, temos que $p = p(s, n)$. Se a pressão no centro da partícula mostrada na Fig. 3.3 é representada por p, os valores médios nas duas faces perpendiculares a linha de corrente são iguais a $p + \delta p_s$ e $p - \delta p_s$. Como a partícula é "pequena", nós podemos utilizar apenas o primeiro termo da expansão de Taylor para calcular estas pequenas variações de pressão, ou seja, (veja, no Cap. 2, como calculamos as forças de pressão em fluidos imóveis)

$$\delta p_s \approx \frac{\partial p}{\partial s} \frac{\partial s}{2}$$

Assim, se δF_{ps} é a força liquida de pressão na partícula na direção da linha de corrente, segue que

$$\delta F_{ps} = (p - \delta p_s) \delta n \delta y - (p + \delta p_s) \delta n \delta y = -2 \delta p_s \delta n \delta y$$
$$= -\frac{\partial p}{\partial s} \delta s \delta n \delta y$$

ou seja

$$\delta F_{ps} = -\frac{\partial p}{\partial s} \delta V$$

Note que o nível da pressão, p, não é importante para a determinação da força que acelera a partícula fluida. O que produz uma força líquida sobre a partícula é o fato da pressão não ser constante no campo de escoamento O gradiente de pressão, $\nabla p = \partial p / \partial s \,\hat{s} + \partial p / \partial n \,\hat{n}$, não nulo é o responsável pela força líquida que atua na partícula. As forças viscosas, representadas por $\tau \delta s \delta y$, são nulas porque utilizamos a hipótese de que o fluido é invíscido.

Assim, a força líquida que atua sobre a partícula fluida mostrada na Fig. 3.3 é dada por

$$\sum \delta F_s = \delta W_s + \delta F_{ps} = \left(-\gamma \operatorname{sen}\theta - \frac{\partial p}{\partial s}\right)\delta \mathcal{V} \tag{3.3}$$

Combinando as Eqs. 3.2 e 3.3 nós obtemos a seguinte equação do movimento ao longo da linha de corrente:

$$-\gamma \operatorname{sen}\theta - \frac{\partial p}{\partial s} = \rho V \frac{\partial V}{\partial s} = \rho a_s \tag{3.4}$$

Note que o volume da partícula fluida não está presente nesta equação porque ele aparece tanto no termo da força quanto no termo da aceleração da partícula fluida. Isto mostra que a massa específica do fluido é importante na avaliação da aceleração da partícula fluida e não a sua massa.

A interpretação física da Eq. 3.4 é que a variação da velocidade da partícula é provocada por uma combinação adequada do gradiente de pressão com a componente do peso da partícula na direção da linha de corrente. Este balanço entre as forças de pressão e gravidade, nos casos onde o fluido está imóvel, é tal que o lado direito da Eq. 3.4 é nulo (e a partícula permanece imóvel). As forças de pressão e peso não são necessariamente iguais num fluido que escoa - o desbalanceamento destas forças provoca uma aceleração e, assim, o movimento da partícula.

Exemplo 3.1

A Fig. E3.1a mostra algumas linhas de corrente do escoamento, em regime permanente, de um fluido invíscido e incompressível em torno de uma esfera de raio a. Nós sabemos, utilizando um tópico mais avançado da mecânica dos fluidos, que a velocidade ao longo da linha de corrente $A - B$ é dada por

$$V = V_0 \left(1 + \frac{a^3}{x^3}\right)$$

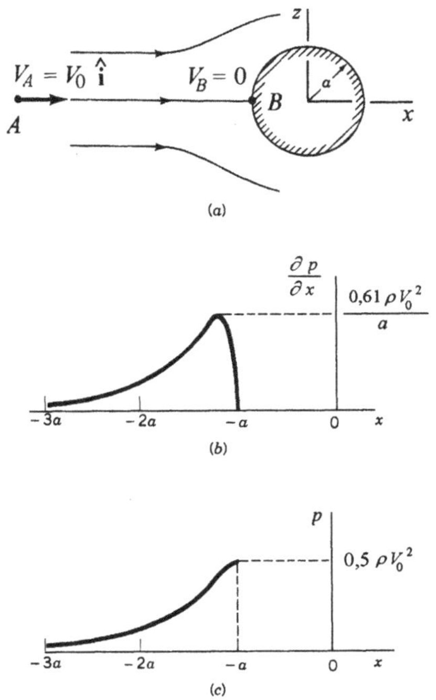

Figura E3.1

94 Fundamentos da Mecânica dos Fluidos

Determine a variação de pressão entre os pontos A ($x_A = -\infty$ e $V_A = V_0$) e B ($x_B = -a$ e $V_B = 0$) da linha de corrente mostrada na Fig. E3.1a.

Solução A Eq. 3.4 é aplicável, neste caso, porque o regime do escoamento é o permanente e o escoamento é invíscido. Adicionalmente, como a linha de corrente é horizontal, senθ = sen 0 = 0 e a equação do movimento ao longo da linha de corrente fica reduzida a

$$\frac{\partial p}{\partial s} = -\rho V \frac{\partial V}{\partial s} \qquad (1)$$

Aplicando a equação que descreve a velocidade na linha de corrente na equação anterior podemos obter o termo da aceleração, ou seja,

$$V \frac{\partial V}{\partial s} = V \frac{\partial V}{\partial x} = V_0 \left(1 + \frac{a^3}{x^3}\right) \left(-\frac{3V_0 a^3}{x^4}\right) = -3V_0^2 \left(1 + \frac{a^3}{x^3}\right) \frac{a^3}{x^4}$$

onde nós trocamos s por x porque as duas coordenadas são idênticas na linha de corrente A - B (a menos de uma constante aditiva). Note que $V(\partial V/\partial s) < 0$ ao longo da linha de corrente. Assim, o fluido desacelera de V_0, ao longe da esfera, até a velocidade nula no "nariz" da esfera ($x = -a$).

De acordo com a Eq. 1, o gradiente de pressão ao longo da linha de corrente é

$$\frac{\partial p}{\partial x} = \frac{3 \rho a^3 V_0^2 \left(1 + a^3/x^3\right)}{x^4} \qquad (2)$$

Esta variação está indicada na Fig. E3.1b. Note que a pressão aumenta na direção do escoamento pois $\partial p / \partial x > 0$ do ponto A para o ponto B. O gradiente de pressão máximo ocorre um pouco a frente da esfera ($x = -1{,}205a$). Este é o gradiente necessário para que o fluido escoe de A ($V_A = V_0$) para B ($V_B = 0$).

A distribuição de pressão ao longo da linha de corrente pode ser obtido integrando-se a Eq. 2 de $p = 0$ (é uma pressão relativa) em $x = -\infty$ até a pressão p em x. O resultado desta integração está apresentado abaixo e na Fig. E3.1c.

$$p = -\rho V_0^2 \left[\left(\frac{a}{x}\right)^3 + \frac{(a/x)^6}{2}\right]$$

A pressão em B, um ponto de estagnação porque $V_B = 0$, é a maior pressão nesta linha de corrente ($p_B = 0{,}5\rho V_0^2 / 2$). Nós mostraremos no Cap. 9 que este excesso de pressão na parte frontal da esfera (i.e., $p_B > 0$) contribui para a força de arrasto na esfera. Note que o gradiente de pressão e a pressão são diretamente proporcionais a massa específica do fluido (isto é uma representação do fato que a inércia do fluido é proporcional a sua massa).

A Eq. 3.4 pode ser rearranjada do seguinte modo. Primeiramente, note que ao longo de uma linha de corrente sen$\theta = dz/ds$ (veja a Fig. 3.3), que $VdV/ds = 1/2\, d(V^2)/ds$ e que o valor de n é constante ao longo da linha de corrente ($dn = 0$). Como $dp = (\partial p/\partial s)ds + (\partial p/\partial n)dn$, seque que, ao longo de uma linha de corrente, $\partial p / \partial s = dp/ds$. Aplicando estes resultados na Eq. 3.4 nós obtemos a seguinte equação (que é válida ao longo de uma linha de corrente)

$$-\gamma \frac{dz}{ds} - \frac{dp}{ds} = \frac{1}{2} \rho \frac{d(V^2)}{ds}$$

Simplificando,

$$dp + \frac{1}{2}\rho\, d(V^2) + \gamma\, dz = 0 \qquad \text{(ao longo da linha de corrente)} \qquad (3.5)$$

Nós podemos integrar a equação anterior ao longo da linha de corrente e obter

$$\int \frac{dp}{\rho} + \frac{1}{2}V^2 + g z = C \qquad \text{(ao longo da linha de corrente)} \qquad (3.6)$$

onde C é uma constante de integração que deve ser determinada pelas condições existentes em algum ponto da linha de corrente.

Muitas vezes não é possível integrar o primeiro termo da equação porque a massa específica não é constante e, assim, não pode ser removida da integral. Para realizar esta integração nós precisamos saber como a massa específica varia com a pressão. Na maioria das vezes isto não é fácil. Por exemplo, para uma gás perfeito, a massa específica, pressão e temperatura estão relacionadas através da relação $p = \rho RT$ onde R é a constante do gás (para saber como a massa específica varia com a pressão nós também precisamos saber como varia a temperatura). Por enquanto, nós vamos admitir que a massa específica é constante (escoamento incompressível). A justificativa para a adoção desta hipótese e as consequências da compressibilidade serão analisadas na Sec. 3.8.1 e, mais cuidadosamente, no Cap. 11.

Com a hipótese adicional de que a massa específica é constante (uma boa hipótese para os escoamentos de líquidos e também para os de gases desde que a velocidade não seja muito alta), a Eq. 3.6 fica reduzida a (válida em escoamentos em regime permanente, incompressível e invíscido):

$$p + \frac{1}{2}\rho V^2 + \gamma z = \text{constante ao longo da linha de corrente} \quad (3.7)$$

Esta equação é conhecida como a de Bernoulli. Em 1738 Daniel Bernoulli (1700-1782) publicou a obra *"Hydrodynamics"* (Hidrodinâmica) aonde apresenta uma forma equivalente desta equação. Para utilizar a equação de Bernoulli corretamente nós temos que lembrar das hipóteses que nós utilizamos na sua derivação: (1) os efeitos viscosos foram desprezados, (2) o escoamento ocorre em regime permanente, (3) o escoamento é incompressível, (4) a equação é aplicável ao longo de uma linha de corrente. Na derivação da Eq. 3.7 nós também admitimos que o escoamento ocorre num plano (o plano $x - z$). Esta equação é válida tanto para escoamentos planos e não planos (tridimensionais) desde que ela seja aplicada ao longo de uma linha de corrente (☉ 3.1 – Movimento de uma bola).

Nós apresentaremos muitos exemplos para ilustrar a utilização correta da equação de Bernoulli e mostraremos como a violação das hipóteses utilizadas na obtenção desta equação podem levar a conclusões erradas. A constante de integração da equação de Bernoulli pode ser avaliada se tivermos informações suficientes sobre o escoamento num ponto da linha de corrente.

Exemplo 3.2

Considere o escoamento de ar em torno do ciclista que se move em ar estagnado com velocidade V_0 (veja a Fig. E3.2). Determine a diferença entre as pressões nos pontos (*1*) e (*2*) do escoamento.

Solução Para um sistema de coordenadas fixo na bicicleta, o escoamento de ar ocorre em regime permanente e com velocidade ao longe igual a V_0. Se as hipóteses utilizadas na obtenção da equação de Bernoulli são respeitadas (regime permanente, escoamento incompressível e invíscido), a Eq. 3.7 pode ser aplicada ao longo da linha de corrente que passa pelos pontos (1) e (2), ou seja,

$$p_1 + \frac{1}{2}\rho V_1^2 + \gamma z_1 = p_2 + \frac{1}{2}\rho V_2^2 + \gamma z_2$$

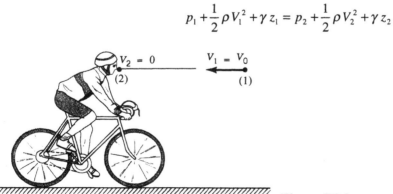

Figura E3.2

Nós vamos considerar que o ponto (1) está posicionado suficientemente longe do ciclista de modo que $V_1 = V_0$ e que o ponto (2) está localizado na ponta do nariz do ciclista. Nós ainda vamos admitir que $z_1 = z_2$ e $V_2 = 0$ (estas duas hipótese são razoáveis - veja a Sec. 3.4). Nestas condições, a pressão em (2) é maior que a pressão em (1), ou seja,

$$p_2 - p_1 = \frac{1}{2}\rho V_1^2 = \frac{1}{2}\rho V_0^2$$

Nós obtivemos um resultado similar no Exemplo 3.1 pela integração do gradiente de pressão no escoamento (e este gradiente foi calculado a partir da distribuição de velocidade ao longo da linha de corrente pois $V(s)$ era conhecido naquele exemplo). A equação de Bernoulli é a integração geral da equação $F = ma$. É interessante notar que não é necessário um conhecimento detalhado da distribuição de velocidade do escoamento para calcular $p_2 - p_1$ mas apenas as condições de contorno em (1) e (2). É claro que é necessário conhecer como varia a velocidade longo da linha de corrente para determinar a distribuição de pressão entre os pontos (1) e (2). Nós podemos determinar o valor da velocidade V_0 se nós medirmos a diferença de pressão ($p_1 - p_2$). Como será discutido na Sec. 3.5, este é o princípio utilizado em muitos dispositivos dedicados a medição da velocidade.

Se o ciclista estiver acelerando, ou desacelerando, o escoamento será transitório (i. e., $V_0 \neq$ constante) e a análise que nós realizamos seria incorreta porque a Eq. 3.7 só é aplicável a escoamentos em regime permanente.

A diferença entre as velocidades nos pontos do escoamento, V_1 e V_2, pode ser sempre controlada por restrições geométricas apropriadas. Por exemplo, os bocais das mangueiras de jardim são projetados para proporcionar uma velocidade na seção de descarga do bocal maior do que aquela na seção de alimentação do bocal. Como mostra a equação de Bernoulli, a pressão no fluido localizado na mangueira precisa ser maior do que àquela na seção de descarga do bocal (se a altura média das seções é a mesma). Normalmente, é necessária uma diminuição na pressão para que obtenhamos um aumento da velocidade (nos casos onde a Eq. 3.7 é aplicável). É a queda de pressão no bocal da mangueira que acelera o escoamento de água. De modo análogo, um aerofólio é projetado para que a velocidade média do escoamento sobre a superfície superior seja maior que aquela do escoamento na região inferior do aerofólio. A equação de Bernoulli mostra que a pressão média na superfície inferior do aerofólio é maior do que a na superfície superior. O resultado desta diferença de pressões é uma força liquida para cima e que é denominada sustentação.

3.3 Aplicação de $F = ma$ na Direção Normal à Linha de Corrente

Nós consideraremos, nesta seção, a aplicação da segunda lei de Newton na direção normal à linha de corrente. Muitos escoamentos apresentam linhas de corrente praticamente retas e o escoamento pode ser considerado unidimensional (as variações dos parâmetros na direção perpendicular às linhas de corrente podem ser desprezadas em relação as variações encontradas ao longo da linha de corrente). Entretanto, existem muitos escoamentos onde várias informações importantes podem ser obtidas a partir da aplicação de $F = ma$ na direção normal à linha de corrente. Por exemplo, a região de baixa pressão no centro de um tornado (olho do tornado) pode ser explicada aplicando-se a segunda lei de Newton numa direção normal as linhas de corrente do tornado.

Nós vamos considerar novamente o balanço de forças da partícula fluida mostrada na Fig. 3.3. Entretanto, desta vez, nós vamos considerar o movimento na direção normal à linha de corrente, $\hat{n}$. A aplicação da segunda lei de Newton nesta direção resulta em

$$\sum \delta F_n = \frac{\delta m V^2}{\mathcal{R}} = \frac{\rho \delta \mathcal{V} V^2}{\mathcal{R}} \tag{3.8}$$

onde $\Sigma \delta F_n$ representa a soma das componentes de todas as forças que atuam, na direção considerada, sobre a partícula fluida. Nós admitimos que o regime de escoamento é o permanente e que a aceleração normal a linha de corrente é $a_n = V^2/\mathcal{R}$ onde $\mathcal{R}$ é o raio de curvatura local da linha de corrente. Note que esta aceleração é produzida pela mudança de direção da velocidade da partícula (trajetória curva).

Nós também vamos admitir que as únicas forças importantes são as devidas a pressão e a gravidade. A componente do peso (força gravitacional) na direção normal à linha de corrente é

$$\delta W_n = -\delta W \cos\theta = -\gamma\,\delta\mathcal{V}\cos\theta$$

Se a linha de corrente é vertical no ponto em que estamos interessados, $\theta = 90°$ e não existe componente da força peso na direção normal ao escoamento (não existe contribuição da força peso na aceleração nesta direção).

Se a pressão no centro da partícula é p, os valores nas faces superior e inferior da partícula são $p + \delta p_n$ e $p - \delta p_n$ onde $\delta p_n = (\partial p/\partial n)(\delta n/2)$. Se δF_{pn} é a força líquida devida a variação de pressão na direção normal a trajetória, temos

$$\delta F_{pn} = (p - \delta p_n)\delta s\,\delta y - (p + \delta p_n)\delta s\,\delta y = -2\delta p_n\,\delta s\,\delta y$$
$$= -\frac{\partial p}{\partial n}\delta s\,\delta n\,\delta y$$

ou

$$\delta F_{pn} = -\frac{\partial p}{\partial n}\delta\mathcal{V}$$

Assim, a força líquida que atua na direção normal à linha de corrente mostrada na Fig. 3.3 é

$$\sum \delta F_n = \delta W_n + \delta F_{pn} = \left(-\gamma\cos\theta - \frac{\partial p}{\partial n}\right)\delta\mathcal{V} \tag{3.9}$$

Combinando as Eqs. 3.8 e 3.9 e lembrando que ao longo da normal à linha de corrente $\cos\theta = dz/dn$ (veja a Fig. 3.3), nós obtemos a equação do movimento na direção normal à linha de corrente

$$-\gamma\frac{dz}{dn} - \frac{\partial p}{\partial n} = \frac{\rho V^2}{\mathcal{R}} \tag{3.10}$$

Note que a mudança na direção do escoamento de uma partícula fluida (i.e., uma trajetória curva, $\mathcal{R} < \infty$) é realizada pela combinação apropriada do gradiente de pressão e da componente da força peso na direção normal à linha de corrente. Uma velocidade, ou massa específica, mais alta e um raio de curvatura da linha de corrente mais baixo requer um desbalanceamento maior para produzir o movimento. Por exemplo, se desprezarmos o efeito da gravidade (como normalmente é feito nos escoamentos de gases) ou se o escoamento ocorre num plano horizontal ($dz/dn = 0$), a Eq. 3.10 fica reduzida a

$$\frac{\partial p}{\partial n} = -\frac{\rho V^2}{\mathcal{R}}$$

Esta equação indica que a pressão aumenta com a distância para fora do centro de curvatura ($\partial p/\partial n$ é negativo porque $\rho V^2/\mathcal{R}$ é positivo - o sentido positivo de n é para "dentro" da linha de corrente curvada). Assim, a pressão fora de um tornado (pressão atmosfera típica) é maior que aquela no centro do tornado. Esta diferença de pressão é necessária para balancear a aceleração centrífuga associada com as linhas de correntes curvas do escoamento.

Exemplo 3.3

A Fig. E3.3 mostra dois escoamentos com linhas de corrente circulares. As distribuições de velocidade para estes escoamentos são

$$V(r) = C_1 r \qquad \text{para o caso } (a)$$

e

$$V(r) = \frac{C_2}{r} \qquad \text{para o caso } (b)$$

onde C_1 e C_2 são constantes. Determine a distribuição de pressão, $p = p(r)$, para cada caso sabendo que $p = p_0$ em $r = r_0$.

Solução Nós vamos admitir que o escoamento é invíscido, incompressível, ocorre em regime permanente e que as linhas de corrente pertencem a um plano horizontal ($dz/dn = 0$). Como as linhas de corrente são circulares, a coordenada n aponta num sentido oposto ao da coordenada

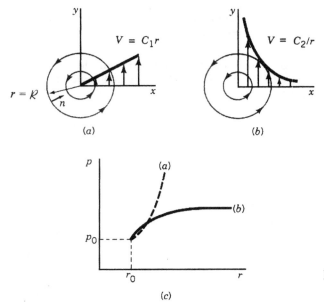

Figura E3.3

radial. Assim, $\partial/\partial n = -\partial/\partial r$ e o raio de curvatura é dado por $R = r$. Nestas condições, a Eq. 3.10 pode ser reescrita do seguinte modo

$$\frac{\partial p}{\partial r} = \frac{\rho V^2}{r}$$

Aplicando a distribuição de velocidade do caso (a) nesta equação,

$$\frac{\partial p}{\partial r} = \rho C_1^2 r$$

e a do caso (b)

$$\frac{\partial p}{\partial r} = \frac{\rho C_2^2}{r^3}$$

A pressão aumenta com o raio nos dois casos porque $\partial p/\partial r > 0$. A integração destas equações em relação a r e considerando que $p = p_0$ em $r = r_0$ resulta em

$$p = \frac{1}{2}\rho C_1^2 \left(r - r_0^2\right) + p_0$$

para o caso (a) e

$$p = \frac{1}{2}\rho C_2^2 \left(\frac{1}{r_0^2} - \frac{1}{r^2}\right) + p_0$$

para o caso (b). Estas distribuições de pressão estão esboçadas na Fig. E3.3c. As distribuições de pressão necessárias para balancear as acelerações centrífugas nos casos (a) e (b) não são iguais porque as distribuições de velocidade são diferentes. De fato, a pressão no caso (a) aumenta sem limite quando $r \to \infty$ enquanto que a pressão no caso (b) se aproxima de uma valor finito quando $r \to \infty$ (apesar dos formatos das linhas de corrente serem os mesmos nos dois casos).

Fisicamente, o caso (a) representa uma rotação de corpo rígido (pode ser obtida numa caneca de água sobre um mesa giratória) e o caso (b) representa um vórtice livre que é uma aproximação de um tornado ou do movimento da água na vizinhança do ralo de uma pia (⊙ 3.2 – Vórtice livre).

Se nós multiplicarmos a Eq. 3.10 por *dn*, utilizarmos a relação $\partial p / \partial n = dp / dn$ e se *s* é constante, a integração da equação resultante na direção *n* fornece

$$\int \frac{dp}{\rho} + \int \frac{V^2}{R} dn + gz = \text{constante na direção normal à linha de corrente} \quad (3.11)$$

Nós precisamos saber como varia a massa específica do fluido com a pressão e como a velocidade do escoamento e o raio de curvatura variam com *n* para integrar esta equação Se o escoamento é incompressível, a massa específica é constante e o primeiro termo da equação fica igual a p/ρ. É impossível integrar o segundo termo da Eq. 3.11 sem o conhecimento das relações $V = V(s, n)$ e $R = R(s, n)$.

Assim, a forma final da segunda lei de Newton aplicada na direção normal à linha de corrente num escoamento invíscido, incompressível e em regime permanente é

$$p + \rho \int \frac{V^2}{R} dn + \gamma z = \text{constante na direção normal à linha de corrente} \quad (3.12)$$

É importante lembrar que nós precisamos tomar muito cuidado na aplicação desta equação nos casos onde as hipóteses envolvidas na sua derivação forem violadas.

3.4 Interpretação Física

Nós desenvolvemos, nas duas seções anteriores, as equações básicas que descrevem o movimento dos fluidos sob um conjunto de restrições. Apesar de termos utilizado inúmeras hipóteses restritivas ainda podemos analisar uma variedade de escoamentos com estas equações. Uma interpretação física das equações será útil para entendermos o processo envolvido e, para isto, vamos apresentar novamente as Eqs. 3.7 e 3.12. A aplicação de **F** = m**a** nas direções ao longo da linha de corrente e na direção normal à linha de corrente resulta em

$$p + \frac{1}{2}\rho V^2 + \gamma z = \text{constante ao longo da linha de corrente} \quad (3.13)$$

e

$$p + \rho \int \frac{V^2}{R} dn + \gamma z = \text{constante na direção normal à linha de corrente} \quad (3.14)$$

As seguintes hipóteses foram utilizadas para obter estas equações: o escoamento ocorre em regime permanente, o fluido é invíscido e incompressível. Nas aplicações reais nenhuma destas hipóteses é exatamente verdadeira.

A violação de uma, ou mais, destas hipóteses é a causa comum para obter um casamento incorreto entre as soluções obtidas utilizando a equação de Bernoulli e o mundo real. Felizmente, muitos problemas reais podem ser modelados adequadamente com as Eqs. 3.13 e 3.14 porque o escoamento é quase permanente e incompressível e o fluido se comporta como invíscido.

A equação de Bernoulli foi obtida a partir da integração da equação do movimento ao longo da linha de corrente (utilizando as suas coordenadas naturais). É necessário existir um desbalanço de forças para produzir uma aceleração na partícula fluida e nós só consideramos relevantes as forças devidas ao campo de pressão e a gravidade. Assim, existem três processos envolvidos no escoamento - massa multiplicada pela aceleração (o termo $\rho V^2 / 2$), a pressão (o termo *p*) e o peso (o termo γz).

A Eq. 3.13, resultado da integração da equação do movimento, realmente representa o princípio do trabalho - energia muito utilizado no estudo da dinâmica dos corpos rígidos (reveja o princípio em qualquer livro sobre dinâmica, por exemplo, na Ref. [1]). Este princípio resulta duma integração geral da equação do movimento de um objeto. Observe que o desenvolvimento necessário é similar aquele utilizado para a partícula fluida da Sec. 3.2. Sob certas condições, a formulação do princípio do trabalho - energia pode ser escrito como:

O trabalho realizado sobre uma partícula por todas as forças que atuam a partícula é igual a variação de energia cinética da partícula.

A equação de Bernoulli é a formulação matemática deste princípio.

100 Fundamentos da Mecânica dos Fluidos

Quando uma partícula se move, tanto a força gravitacional quanto as forças de pressão realizam trabalho sobre a partícula. Lembre que o trabalho realizado por uma força é igual ao produto escalar da força pelo deslocamento realizado (i.e. trabalho = $\mathbf{F} \cdot \mathbf{d}$). Os termos γz e p da Eq. 3.13 estão relacionados ao trabalho realizado pela força peso e ao realizado pelas forças de pressão. Note que o termo $\rho V^2 / 2$ está relacionado com a energia cinética da partícula. De fato, um método alternativo de derivar a equação de Bernoulli é utilizar a primeira e a segunda lei da termodinâmica (as equações da energia e entropia) em vez da segunda lei de Newton. Com restrições apropriadas, a equação geral da energia se transforma na equação de Bernoulli. Este procedimento será discutido na Sec. 5.4.

Uma forma equivalente da equação de Bernoulli é obtida dividindo todos os termos da Eq. 3.7 pelo peso específico do fluido. Assim,

$$\frac{p}{\gamma} + \frac{V^2}{2g} + z = \text{constante ao longo da linha de corrente}$$

Cada um dos termos desta equação apresenta dimensão de energia por peso ($LF/F = L$) ou comprimento (metros) e representa um tipo de carga.

O termo de elevação, z, está relacionado a energia potencial da partícula e é chamado de carga de elevação, O termo de pressão, p/γ, é denominado de carga de pressão e representa o peso de uma coluna de líquido necessária para produzir a pressão p. O termo de velocidade, $V^2/2g$, é a carga de velocidade e representa a distância vertical necessária para que o fluido acelere do repouso até a velocidade V numa queda livre (desprezando o atrito). A equação de Bernoulli estabelece que a soma da cargas de pressão, velocidade e elevação é constante ao longo da linha de corrente.

Exemplo 3.4

Considere o escoamento de água mostrado na Fig. E3.4. A força aplicada no êmbolo da seringa produzirá uma pressão maior do que a atmosférica no ponto (1) do escoamento. A água escoa pela agulha, ponto (2), com uma velocidade bastante alta e atinge o ponto (3) no topo do jato. Discuta, utilizando a equação de Bernoulli, a distribuição de energia nos pontos (1), (2) e (3) do escoamento.

Solução Se as hipóteses (regime permanente, invíscido e escoamento incompressível) utilizadas na obtenção da equação de Bernoulli são aproximadamente válidas, nós podemos analisar o escoamento com esta equação. De acordo com a Eq. 3.13, a soma dos três tipos de energia (cinética, potencial e pressão) ou cargas (velocidade, elevação e pressão) precisam permanecer constantes. A próxima tabela indica as grandezas relativas de cada uma destas energias nos três pontos mostrados na figura.

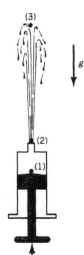

Figura E3.4

	Tipo de Energia		
	Cinética	Potencial	Pressão
Ponto	$\rho V^2/2$	γz	p
1	Pequena	Zero	Grande
2	Grande	Pequena	Zero
3	Zero	Grande	Zero

Observe que os valores associados aos diferentes tipos de energia variam ao longo do escoamento de água. Um modo alternativo de analisar este escoamento é o seguinte: o gradiente de pressão entre (1) e (2) produz uma aceleração para ejetar água pela agulha. A gravidade atua na partícula entre (2) e (3) e provoca a paralisação da água no topo do vôo.

Se o efeito do atrito (viscoso) é importante nós detectaremos uma perda de energia mecânica entre os pontos (1) e (3). Assim, para um dado p_1 , a água não será capaz de alcançar a altura indicada na figura. Tal atrito pode surgir na agulha (veja o Cap. 8, escoamento em tubo) ou entre o jato d'água e o ar ambiente (veja o Cap. 9, escoamento externo).

É necessária uma força líquida para acelerar qualquer massa. A aceleração, num escoamento em regime permanente, pode ser interpretada como o resultado de dois efeitos distintos - da mudança de velocidade ao longo da linha de corrente e da mudança de direção se a linha de corrente não é retilínea. A integração da equação do movimento ao longo da linha de corrente leva em consideração a variação de velocidade (variação de energia cinética) e resulta na equação de Bernoulli. A integração da equação do movimento na direção normal à linha de corrente leva em consideração a aceleração centrífuga ($V^2/\mathcal{R}$) e resulta na Eq. 3.14.

É necessário existir uma força líquida, dirigida para o centro de curvatura, quando uma partícula de fluido se desloca ao longo de uma trajetória curva. Sob certas condições, a Eq. 3.14 mostra que esta força pode ser tanto gravitacional ou devida a pressão ou uma combinação de ambas. Em muitas situações, as linhas de corrente são quase retilíneas ($\mathcal{R} = \infty$). Nestes casos, os efeitos centrífugos são desprezíveis e a variação de pressão na direção normal as linhas de corrente é a hidrostática (devida a gravidade) mesmo que o fluido esteja em movimento.

Exemplo 3.5

Considere o escoamento em regime permanente, incompressível e invíscido mostrado na Fig. E3.5. As linhas de corrente são retilíneas entre as seções A e B e circulares entre as seções C e D. Descreva como varia a pressão entre os pontos (1) e (2) e entre os pontos (3) e (4).

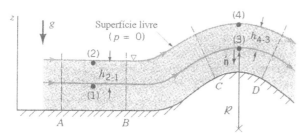

Figura E3.5

Solução Com as hipótese fornecidas e o fato de que $\mathcal{R} = \infty$ no trecho limitado por A e B, a aplicação da Eq. 3.14 resulta em

$$p + \gamma z = \text{constante}$$

A constante pode ser determinada a partir da avaliação de variáveis conhecidas em duas posições. Utilizando $p_2 = 0$ (pressão relativa), $z_1 = 0$ e $z_2 = h_{2-1}$, temos

$$p_1 = p_2 + \gamma(z_2 - z_1) = p_2 + \gamma h_{2-1}$$

Note que a variação de pressão na direção vertical é a mesma daquela onde o fluido está imóvel porque o o raio de curvatura da linha de corrente no trecho analisado é infinito.

Entretanto, se nós aplicarmos a Eq. 3.14 entre os pontos (3) e (4), nós obtemos (utilizando $dn = -dz$)

$$p_4 + \rho \int_{z_3}^{z_4} \frac{V^2}{\mathcal{R}}(-dz) + \gamma z_4 = p_3 + \gamma z_3$$

Como $p_4 = 0$ e $z_4 - z_3 = h_{4-3}$, obtemos

$$p_3 = \gamma h_{4-3} - \rho \int_{z_3}^{z_4} \frac{V^2}{\mathcal{R}} dz$$

Nós precisamos conhecer como V e $\mathcal{R}$ variam com z para avaliar esta integral. Entretanto, por inspeção, o valor da integral é positivo. Assim, a pressão em (3) é menor do que o valor da pressão hidrostática, γh_{4-3}. Esta pressão mais baixa, provocada pela curvatura da linha de corrente, é necessária para acelerar o fluido em torno da trajetória curva.

Note que nós não aplicamos a equação de Bernoulli (Eq. 3.13) na direção normal as linhas de corrente de (1) para (2) ou de (3) para (4). Em vez disto, nós utilizamos a Eq. 3.14. Como será discutido na Sec. 3.6, a aplicação da equação de Bernoulli na direção normal as linhas de corrente (em vez de ao longo delas) pode levar a sérios erros.

3.5 Pressão Estática, Dinâmica, de Estagnação e Total

A pressão de estagnação e a dinâmica são conceitos que podem ser associados a equação de Bernoulli. Estas pressões surgem da conversão de energia cinética do fluido em aumento de pressão quando o fluido é levado ao repouso (como no Exemplo 3.2). Nesta seção nós exploraremos vários resultados deste processo. Cada termo da equação de Bernoulli, Eq. 3.13, apresenta dimensão de força por unidade de área. O primeiro termo, p, é a pressão termodinâmica no fluido que escoa. Para medi-la, nós deveríamos nos mover solidariamente ao fluido, ou seja, de um modo estático em relação ao fluido. Por este motivo, esta pressão é denominada pressão estática. Um outro modo de medir a pressão estática é utilizando um tubo piezométrico instalado numa superfície plana do modo indicado no ponto (3) da Fig. 3.4. Como vimos no Exemplo 3.5, a pressão no fluido em (1) é $p_1 = \gamma h_{3-1} + p_3$ (igual a pressão se o fluido estivesse imóvel). Das considerações sobre manômetros do Cap. 2, nós sabemos que $p_3 = \gamma h_{4-3}$. Assim, como $h_{3-1} + h_{4-3} = h$, segue que $p_1 = \gamma h$.

O terceiro termo da Eq. 3.13, γz, é denominado pressão hidrostática pela relação óbvia com a variação de pressão hidrostática discutida no Cap. 2. Ele não é realmente uma pressão mas representa a mudança possível na pressão devida a variação de energia potencial do fluido como resultado na alteração de elevação.

O segundo termo da equação de Bernoulli, $\rho V^2 / 2$, é denominado pressão dinâmica. Sua interpretação pode ser vista na Fig. 3.4 considerando a pressão na extremidade do pequeno tubo inserido no escoamento e apontando para a montante do escoamento. Após o término do movimento inicial transitório, o líquido preencherá o tubo até uma altura H. O fluido no tubo, incluindo aquele na ponta do tubo, (2) estará imóvel, ou seja, $V_2 = 0$. Nestas condições o ponto (2) será denominado um ponto de estagnação.

Se nós aplicarmos a equação de Bernoulli entre os pontos (1) e (2), utilizarmos $V_2 = 0$ e admitirmos que $z_1 = z_2$, é possível obter

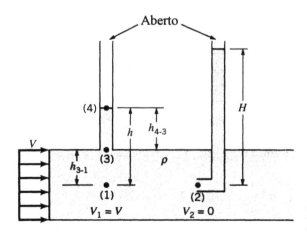

Figura 3.4 Medição das pressões estática e dinâmica.

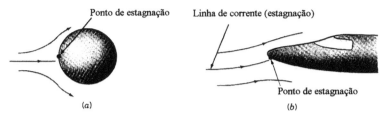

Figura 3.5 Pontos de estagnação em escoamentos sobre corpos.

$$p_2 = p_1 + \frac{1}{2}\rho V_1^2$$

Assim, a pressão no ponto de estagnação é maior do que a pressão estática, p_1, de $\rho V_1^2 / 2$, ou seja da pressão dinâmica.

É possível mostrar que só existe um ponto de estagnação em qualquer corpo imóvel colocado num escoamento de fluido. Algum fluido escoa "sobre" e algum "abaixo" do objeto. A linha divisória (ou superfície para escoamentos bidimensionais) é denominada linha de corrente de estagnação e termina no ponto de estagnação. Para objetos simétricos (tal como uma esfera) o ponto de estagnação está localizado na frente do objeto (veja a Fig. 3.5a). Para objetos não simétricos tal como um avião (veja a Fig. 3.5b) a localização do ponto de estagnação não é obvia (☉ 3.3 – Escoamento com ponto de estagnação).

Se os efeitos de elevação podem ser desprezados, a pressão de estagnação, $p + \rho V^2 / 2$ é a máxima pressão que uma linha de corrente pode apresentar, isto é, toda energia cinética do fluido é convertida num aumento de pressão. A soma das pressões estática, hidrostática e dinâmica é denominada pressão total, p_T. A equação de Bernoulli estabelece que a pressão total permanece constante ao longo da linha de corrente, ou seja,

$$p + \frac{1}{2}\rho V^2 + \gamma z = p_T = \text{constante ao longo da linha de corrente} \qquad (3.15)$$

Novamente, nós precisamos verificar se as hipóteses utilizadas na derivação desta equação são respeitadas no escoamento que estamos considerando.

O conhecimento dos valores das pressões estática e dinâmica no escoamento nos permite calcular a velocidade local do escoamento e esta é a base do funcionamento do tubo de Pitot estático. A Fig. 3.6 mostra dois tubos concêntricos que estão conectados a dois medidores de pressão (ou a um manômetro diferencial) de modo que os valores de p_3 e p_4 (ou a diferença $p_3 - p_4$) pode ser determinada. Note que o tubo central mede a pressão de estagnação (na sua extremidade exposta ao escoamento). Se a variação de elevação é desprezível,

$$p_3 = p + \frac{1}{2}\rho V^2$$

onde p e V são a pressão e a velocidade a montante do ponto (2). O tubo externo contém diversos furos pequenos localizados a uma certa distância da ponta de modo que estes medem a pressão estática. Se a diferença de elevação entre os pontos (1) e (2) é desprezível,

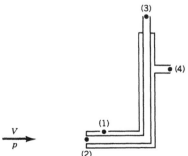

Figura 3.6 Tubo de Pitot estático.

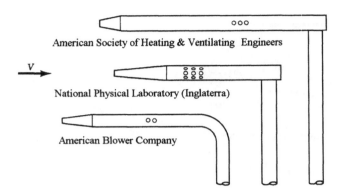

Figura 3.7 Tubos de Pitot típicos.

$$p_4 = p_1 = p$$

Combinando as duas últimas equações, temos

$$p_3 - p_4 = \frac{1}{2}\rho V^2$$

Esta última equação pode ser arranjada da seguinte forma

$$V = \sqrt{2(p_3 - p_4)/\rho} \qquad (3.16)$$

A forma dos tubos de Pitot estáticos utilizados para medir a velocidade em experimentos varia consideravelmente. A Fig. 3.7 apresenta alguns tipos usuais de tubos de Pitot estáticos (⊙ 3.4 – Indicador de velocidade do ar).

Exemplo 3.6

A Fig. E3.6 mostra um avião voando a 160 km/h numa altitude 3000 m. Admitindo que a atmosfera seja a padrão, determine a pressão ao longo do avião, ponto (1), a pressão no ponto de estagnação no nariz do avião, ponto (2), e a diferença de pressão indicada pelo tubo de Pitot que está instalado na fuselagem do avião.

Solução Nós encontramos na Tab. C.1 os valores da pressão estática e da massa específica do ar na altitude fornecida, ou seja,

$$p_1 = 70,12 \text{ kPa} \qquad \text{e} \qquad \rho = 0,9093 \text{ kg/m}^3$$

Nós vamos considerar que as variações de elevação são desprezíveis e que o escoamento ocorre em regime permanente, é invíscido e incompressível. Nestas condições, a aplicação da Eq. 3,13 resulta em

$$p_2 = p_1 + \frac{\rho V_1^2}{2}$$

Com $V_1 = 160$ km/h = 44,4 m/s e $V_2 = 0$ (porque o sistema de coordenadas está solidário ao avião), temos

$$p_2 = 70,12 \times 10^3 + \frac{0,9093 \times 44,4^2}{2} = (70,12 \times 10^3 + 8,96 \times 10^2) \text{Pa} = 71,02 \times 10^3 \text{ Pa(abs)}$$

Em termos relativos, a pressão no ponto (2) é igual a 0,896 kPa e a diferença de pressão indicada pelo tubo de Pitot é

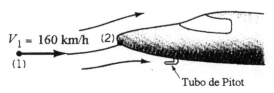

Figura E3.6

$$p_2 - p_1 = \frac{\rho V_1^2}{2} = 896 \text{ Pa} = 0,896 \text{ kPa}$$

Nós admitimos que o escoamento é incompressível - a massa específica permanece constante de (1) para (2). Entretanto, como $\rho = p / RT$, uma variação na pressão (ou temperatura) causará uma variação na massa específica. Para uma velocidade relativamente baixa, a relação entre as pressões absolutas é aproximadamente igual a 1 (i.e., $p_1 / p_2 = 70,12 / 71,02 = 0,987$) de modo que a variação na massa específica é desprezível. Entretanto, se a velocidade é alta, torna-se necessário utilizar os conceitos do escoamento compressível para obter resultados precisos (veja a Sec. 3.8.1 e o Cap. 11).

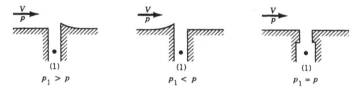

Figura 3.8 Projetos inadequados do ponto de medição da pressão estática e suas correções.

O tubo de Pitot é um instrumento simples para medir a velocidade de escoamentos. Seu uso depende da habilidade de medir as pressões de estagnação e estática do escoamento. É necessário tomar certos cuidados para obter estes valores adequadamente. Por exemplo, uma medição precisa da pressão estática requer que nenhuma energia cinética do fluido seja convertida num aumento de pressão no ponto de medida. Isto requer um furo bem usinado e sem a presença de imperfeições. Como indica a Fig. 3.8, tais imperfeições podem provocar uma leitura incorreta da pressão (o valor medido pode ser maior ou menor do que a pressão estática real).

A pressão varia ao longo da superfície do corpo imerso no escoamento desde a pressão de estagnação (no ponto de estagnação) até valores que podem ser menores do que a pressão estática ao longe do corpo (na linha de corrente livre). Uma variação típica de pressão num tubo de Pitot está indicada na Fig. 3.9. É importante que os furos utilizados para a medida de pressão estejam localizados de modo a assegurar que a pressão medida é realmente igual a pressão estática real.

É sempre difícil alinhar o tubo de Pitot com a direção do escoamento. Qualquer desalinhamento produzirá um escoamento não simétrico em torno do tubo de Pitot e isto provocará erros. Normalmente, desalinhamentos de 12 a 20° (dependendo do projeto do tubo de Pitot que está sendo utilizado) provocam erros menores do que 1% em relação a medida obtida com um alinhamento perfeito. É interessante ressaltar que, geralmente, é mais difícil medir a pressão estática do que a pressão de estagnação.

Um dispositivo utilizado para determinar a direção do escoamento e sua velocidade é o tubo de Pitot com três furos mostrado na Fig. 3.10. Os três furos são usinados num pequeno cilindro e são conectados a três transdutores de pressão. O cilindro é rotacionado até que a pressão nos dois

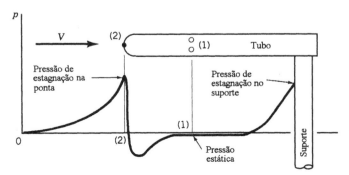

Figura 3.9 Distribuição típica de pressão ao longo de um tubo de Pitot.

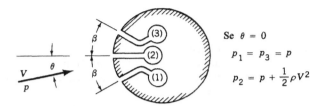

Figura 3.10 Seção transversal de um tubo de Pitot com três furos (para a determinação da direção do escoamento).

furos laterais se tornem iguais e, assim, indicando que o furo central aponta diretamente para a montante do escoamento. O furo central mede a pressão de estagnação. Os dois furos laterais estão localizados num ângulo específico ($\beta = 29{,}5°$) de modo que eles medem a pressão estática. A velocidade do escoamento é obtida com $V = [\,2(p_2 - p_1)\,/\,\rho\,]^{1/2}$.

A discussão anterior só é válida para escoamentos incompressíveis. Quando a velocidade é alta, os efeitos da compressibilidade do fluido se tornam importantes (a massa específica não permanece constante) e outros fenômenos ocorrem. Algumas destas idéias serão discutidas na Sec. 3.8 enquanto outras (tal como a onda de choque em tubos de Pitot supersônicos) serão discutidas no Cap. 11.

Os conceitos de pressão estática, dinâmica, estagnação e de pressão total são importantes e muito úteis na análise dos escoamentos.

3.6 Exemplos de Aplicação da Equação de Bernoulli

Nesta seção nós apresentaremos várias aplicações da equação de Bernoulli. Nós podemos aplicar a equação de Bernoulli entre dois pontos de uma linha de corrente, (1) e (2), se o escoamento puder ser modelado como invíscido, incompressível e se o regime for permanente. Assim,

$$p_1 + \frac{1}{2}\rho V_1^2 + \gamma z_1 = p_2 + \frac{1}{2}\rho V_2^2 + \gamma z_2 \qquad (3.17)$$

É óbvio que se conhecermos cinco das seis variáveis da equação, a variável que sobra pode ser determinada imediatamente. Em muitos casos é necessário introduzir outras equações, tal como a da conservação da massa, para a solução dos problemas. Tais considerações serão discutidas nesta seção e analisadas detalhadamente no Cap. 5.

3.6.1 Jato Livre

Um das equações mais antigas da mecânica dos fluidos é aquela que descreve a descarga de líquido de um grande reservatório (veja a Fig. 3.11). Um jato de líquido, com diâmetro d, escoa no bocal com velocidade V. A aplicação da Eq. 3.17 entre os pontos (1) e (2) da linha de corrente fornece

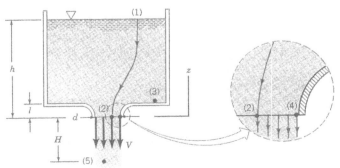

Figura 3.11 Escoamento vertical no bocal de um tanque.

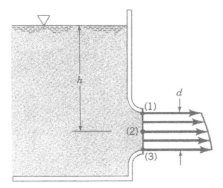

Figura 3.12 Escoamento horizontal no bocal de um tanque.

$$\gamma h = \frac{1}{2}\rho V^2$$

Nós utilizamos a hipótese que $z_1 = h$, $z_2 = 0$, que o reservatório é grande ($V_1 \cong 0$) e está exposto à atmosfera ($p_1 = 0$) e que o fluido deixa o bocal como um jato livre ($p_2 = 0$). Assim,

$$V = \sqrt{2\frac{\gamma h}{\rho}} = \sqrt{2gh} \qquad (3.18)$$

Esta equação é uma versão moderna do resultado formulado em 1643 pelo físico italiano Torricelli (1608-1647).

O fato da pressão na seção de descarga do jato ser igual a pressão ambiente ($p_2 = 0$) pode ser determinado aplicando-se $F = ma$ na direção normal à linha de corrente entre os pontos (2) e (4). Se as linhas de corrente na seção de descarga do bocal são retilíneas ($R = \infty$) segue que $p_2 = p_4$. Como (2) é um ponto arbitrário no plano de descarga do bocal, segue que a pressão neste plano é igual a pressão atmosférica. Note que a pressão precisa ser constante na direção normal às linhas de corrente porque não existe componente da força peso ou uma aceleração na direção horizontal.

O escoamento se comporta como um jato livre, com pressão uniforme e igual a atmosférica ($p_5 = 0$), a jusante do plano de descarga do bocal. Aplicando a Eq. 3.17 entre os pontos (1) e (5) nós identificamos que a velocidade aumenta de acordo com

$$V = \sqrt{2g(h+H)}$$

onde H é distância entre a seção de descarga do bocal e o ponto (5).

A Eq. 3.18 também pode ser obtida escrevendo-se a equação de Bernoulli entre os pontos (3) e (4) e notando que $z_4 = 0$, $z_3 = l$. Note que $V_3 = 0$ porque este ponto está localizado ao longe do bocal e que $p_3 = \gamma(h - l)$.

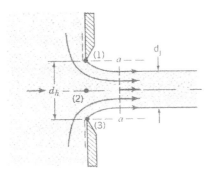

Figura 3.13 Efeito vena contracta num orifício com borda pontuda.

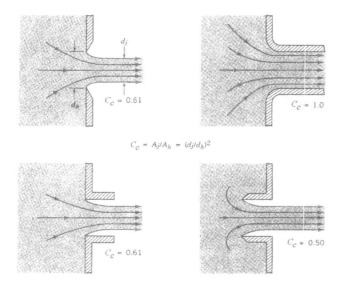

Figura 3.14 Formatos das linhas de corrente e coeficientes de contração para várias configurações de descarga (a seção transversal da descarga é circular).

Os cursos de física básica mostram que qualquer objeto atinge uma velocidade igual a $(2gh)^{1/2}$ em queda livre no vácuo. Note que esta velocidade é igual a do líquido que deixa o bocal. Este resultado é consistente com o fato de que toda a energia potencial da partícula é convertida em energia cinética desde que os efeitos de atrito (viscosos) forem desprezíveis. O mesmo raciocínio mostra que a carga de elevação no ponto (1) é convertida em carga de velocidade no ponto (2). Lembre que a pressão é a mesma nos pontos (1) e (2) para o caso mostrado na Fig. 3.11.

Já para o bocal horizontal mostrado na Fig. 3.12, a velocidade na linha de centro do escoamento, V_2, será um pouco maior do que a do topo V_1, e um pouco menor do que a do fundo, V_3, devido as diferenças de elevação. Nestes casos nós podemos admitir que a velocidade na linha de centro do escoamento representa bem a velocidade média do escoamento se $d \ll h$.

Se o contorno do bocal não é suave (veja a Fig. 3.13), o diâmetro do jato, d_j, será menor que o diâmetro do orifício, d_h. Este efeito, conhecido como vena contracta, é o resultado da inabilidade do fluido de fazer um curva de 90° (analise as linhas de corrente mostradas na figura).

Como as linhas de corrente no plano de saída são curvas ($\mathcal{R} < \infty$), a pressão não é constante entre as linhas de corrente. Note que é necessário um gradiente infinito de pressão para que seja possível fazer um curva com raio nulo ($\mathcal{R} = 0$). A pressão mais alta ocorre ao longo da linha de centro em (2) e a mais baixa, $p_1 = p_3 = 0$, ocorre no periferia do jato. Assim, as hipóteses de que a velocidade é uniforme, que as linhas de corrente são retilíneas e que a pressão é constante na seção de descarga não são válidas. Entretanto, elas o são no plano da vena contracta (seção a - a). A hipótese de velocidade uniforme é válida nesta seção desde que $d_j \ll h$ (como foi discutido no escoamento do bocal mostrado na Fig. 3.12).

O formato da vena contracta é função do tipo de geometria da secção de descarga. Algumas configurações típicas estão mostradas na Fig. 3.14 juntamente com os valores típicos experimentais do coeficiente de contração, C_c. Este coeficiente é definido pela relação A_j / A_h onde A_j é a área da seção transversal do jato na vena contracta e A_h é a área da seção de descarga do tanque.

3.6.2 Escoamentos Confinados

É comum encontrarmos situações onde o escoamento está confinado fisicamente (por exemplo, por paredes) e a pressão não pode ser determinada a priori como no caso do jato livre. Dois exemplos típicos destas situações são os escoamentos nos bocais e nas tubulações que apresentam diâmetro variável. Note que, nestes casos, a velocidade média do escoamento varia porque a área de escoamento não é constante. Para a resolução destes escoamentos confinados é

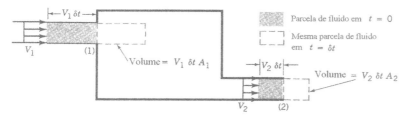

Figura 3.15 Escoamento em regime permanente num tanque.

necessário utilizar o conceito da conservação da massa (ou equação da continuidade) juntamente com a equação de Bernoulli. A derivação rigorosa da equação da continuidade será apresentada nos Caps. 4 e 5. Por enquanto, nós iremos derivar (a partir de argumentos intuitivos) e utilizar uma versão simplificada desta equação. Considere um escoamento de um fluido num volume fixo (tal como um tanque) que apresenta apenas uma seção de alimentação e uma seção de descarga (veja a Fig. 3.15). Se o escoamento ocorre em regime permanente, de modo que não existe acumulação de fluido no volume, a taxa com que o fluido escoa para o volume precisa ser igual a taxa com que o fluido escoa do volume (de outro modo a massa não seria conservada).

A vazão em massa na seção de descarga, $\dot{m}$ (kg/s), é dada por $\dot{m} = \rho Q$, onde Q é a vazão em volume (m³/s). Se a área da seção de descarga é A e o fluido escoar na direção normal ao plano da seção com velocidade média V, a quantidade de fluido que passa pela seção no intervalo de tempo δt é $V A \delta t$ (ou seja, igual a área da seção de descarga multiplicada pela distância percorrida pelo escoamento, $V \delta t$). Assim, a vazão em volume é $Q = AV$ e a vazão em massa é $\dot{m} = \rho VA$. Para que a massa no volume considerado permaneça constante, a vazão em massa na seção de alimentação deve ser igual àquela na seção de descarga. Se nós designarmos a seção de alimentação por (1) e a de descarga por (2), temos que $\dot{m}_1 = \dot{m}_2$. Assim, a conservação da massa exige que

$$\rho_1 A_1 V_1 = \rho_2 A_2 V_2$$

Se a massa específica do fluido permanecer constante, $\rho_1 = \rho_2$, a equação anterior se torna igual a

$$A_1 V_1 = A_2 V_2 \quad \text{ou} \quad Q_1 = Q_2 \qquad (3.19)$$

Por exemplo, se a área da seção de descarga é igual a metade da área da seção de alimentação, segue que a velocidade média na seção de descarga é igual ao dobro daquela na seção de alimentação (i.e., $V_2 = A_1 V_1 / A_2 = 2V_1$). A utilização da equação de Bernoulli com a equação de conservação da massa está demonstrada no Exemplo 3.7.

Exemplo 3.7

A Fig. E3.7 mostra um tanque (diâmetro $D = 1,0$ m) que é alimentado com um escoamento de água proveniente de um tubo que apresenta diâmetro, d, igual a 0,1 m. Determine a vazão em volume, Q, necessária para que o nível da água no tanque (h) permaneça constante e igual a 2 m.

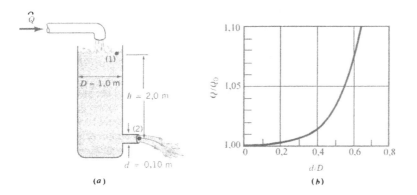

Figura E3.7

Solução Se modelarmos o escoamento como invíscido, incompressível e em regime permanente, a aplicação da equação de Bernoulli entre os pontos (1) e (2) resulta em

$$p_1 + \frac{1}{2}\rho V_1^2 + \gamma z_1 = p_2 + \frac{1}{2}\rho V_2^2 + \gamma z_2 \qquad (1)$$

Admitindo que $p_1 = p_2 = 0$, $z_1 = h$ e $z_2 = 0$, temos

$$\frac{1}{2}V_1^2 + gh = \frac{1}{2}V_2^2 \qquad (2)$$

Note que o nível d'água pode permanecer constante (h = constante) porque existe uma alimentação de água no tanque. A Eq. 3.19, que é adequada para escoamento incompressível, requer que $Q_1 = Q_2$, onde $Q = AV$. Assim, $A_1 V_1 = A_2 V_2$, ou

$$\frac{\pi}{4}D^2 V_1 = \frac{\pi}{4}d^2 V_2$$

Assim,

$$V_1 = \left(\frac{d}{D}\right)^2 V_2 \qquad (3)$$

Combinando as equações (1) e (3), obtemos

$$V_2 = \sqrt{\frac{2gh}{1-(d/D)^4}}$$

Aplicando os dados fornecidos na formulação do problema, temos

$$V_2 = \sqrt{\frac{2 \times 9{,}81 \times 2{,}0}{1-(0{,}1/1)^4}} = 6{,}26 \text{ m/s}$$

e

$$Q = A_1 V_1 = A_2 V_2 = \frac{\pi}{4}(0{,}1)^2 (6{,}26) = 0{,}0492 \text{ m}^3/\text{s}$$

Neste exemplo nós não desprezamos a energia cinética da água no tanque ($V_1 \neq 0$). Se o diâmetro do tanque é grande em relação ao diâmetro do jato ($D \gg d$), a Eq. 3 indica que $V_1 \ll V_2$ e a hipótese de $V_1 \approx 0$ seria adequada. O erro associado com esta hipótese pode ser visto a partir da relação entre a vazão calculada admitindo que $V_1 \neq 0$, indicada por Q, e aquela obtida admitindo que $V_1 = 0$, denotada por Q_0. Esta relação é dada por,

$$\frac{Q}{Q_0} = \frac{V_2}{V_2|_{D\to\infty}} = \frac{\left[2gh/\left(1-(d/D)^4\right)\right]^{1/2}}{\left[2gh\right]^{1/2}} = \frac{1}{\left(1-(d/D)^4\right)^{1/2}}$$

A Fig. E3.7b mostra o gráfico desta relação funcional. Note que $1 < Q/Q_0 \leq 1{,}01$ se $0 < d/D < 0{,}4$. Assim, o erro provocado pela hipótese $V_1 = 0$ é menor do que 1% nesta faixa de relação de diâmetros.

O Exemplo 3.8 mostra que a mudança de energia cinética está sempre acompanhada por uma mudança de pressão.

Exemplo 3.8

A Fig. E3.8 mostra o esquema de uma mangueira com diâmetro $D = 0{,}03$ m que é alimentada, em regime permanente, com ar proveniente de um tanque. O fluido é descarregado no ambiente através de um bocal que apresenta seção de descarga, d, igual a 0,01 m. Sabendo que a pressão no tanque é constante e igual a 3,0 kPa (relativa) e que a atmosfera apresenta pressão e temperatura padrões, determine a vazão em massa e a pressão na mangueira.

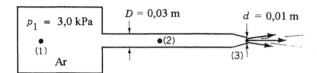

Figura E3.8

Solução Se nós admitirmos que o escoamento ocorre em regime permanente é invíscido e incompressível, nós podemos aplicar a equação de Bernoulli ao longo da linha de corrente que passa por (1), (2) e (3). Assim,

$$p_1 + \frac{1}{2}\rho V_1^2 + \gamma z_1 = p_2 + \frac{1}{2}\rho V_2^2 + \gamma z_2 = p_3 + \frac{1}{2}\rho V_3^2 + \gamma z_3$$

Se nós admitirmos que $z_1 = z_2 = z_3$ (a mangueira está na horizontal), que $V_1 = 0$ (o tanque é grande) e que $p_3 = 0$ (jato livre), temos que

$$V_3 = \sqrt{\frac{2p_1}{\rho}}$$

e

$$p_2 = p_1 - \frac{1}{2}\rho V_2^2 \quad (1)$$

A massa específica do ar no tanque pode ser obtida com a lei dos gases perfeitos (utilizando temperatura e pressão absolutas). Assim,

$$\rho = \frac{p_1}{RT_1} = \frac{[(3+101)\times 10^3]}{286,9\times(15+273)} = 1,26 \text{ kg/m}^3$$

Assim, nós encontramos que

$$V_3 = \sqrt{\frac{2(3,0\times 10^3)}{1,26}} = 69,0 \text{ m/s}$$

e

$$Q = A_3 V_3 = \frac{\pi}{4}d^2 V_3 = \frac{\pi}{4}(0,01)^2(69,0) = 5,42\times 10^{-3} \text{ m}^3/\text{s}$$

Note que o valor de V_3 independe do formato do bocal e foi determinado utilizando apenas o valor de p_1 e as hipóteses envolvidas na equação de Bernoulli. A carga de pressão no tanque, $p_1/\gamma = (3000 \text{ Pa})/[(9,8 \text{ m/s}^2)(1,26 \text{ kg/m}^3)] = 243$ m, é convertida em carga de velocidade na seção de descarga, $V_2^2/2g = (69,0 \text{ m/s})^2/(2\times 9,8 \text{ m/s}^2) = 243$ m. Observe que, apesar de termos utilizado pressões relativas na equação de Bernoulli ($p_3 = 0$), nós utilizamos a pressão absoluta para calcular a massa específica do ar com a lei dos gases perfeitos.

A pressão na mangueira pode ser calculada utilizando a Eq. (1) e a equação da conservação da massa (Eq. 3.19)

$$A_2 V_2 = A_3 V_3$$

Assim,

$$V_2 = A_3 V_3 / A_2 = \left(\frac{d}{D}\right)^2 V_3 = \left(\frac{0,01}{0,03}\right)^2 (69,0) = 7,67 \text{ m/s}$$

e da Eq. 1

$$p_2 = 3,0\times 10^3 - \frac{1}{2}(1,26)(7,67)^2 = 2963 \text{ N/m}^2$$

A pressão na mangueira é constante e igual a p_2 se os efeitos viscosos não forem significativos. O decréscimo na pressão de p_1 a p_3 acelera o ar e aumenta sua energia cinética de zero no tanque até um valor intermediário na mangueira e finalmente até um valor máximo na seção de descarga do bocal. Como a velocidade do ar na seção de descarga do bocal é nove vezes maior do que na mangueira, a maior queda de pressão ocorre no bocal ($p_1 = 3$ kPa, $p_2 = 2,96$ kPa e $p_3 = 0$).

Como a variação de pressão de (1) para (3) não é muito grande em termos absolutos, $(p_1 - p_3)/p_1 = 3,0/101 = 0,03$, temos que a variação na massa específica do ar não é significativa (veja a equação dos gases perfeitos). Assim, a hipótese de escoamento incompressível é razoável para este problema. Se a pressão no tanque fosse consideravelmente maior ou se os efeitos viscosos forem importantes, os resultados obtidos neste exercício não são adequados.

Em muitos casos a combinação dos efeitos da energia cinética, pressão e gravidade são importantes nos escoamentos. O Exemplo 3.9 ilustra uma destas situações.

Exemplo 3.9

A Fig. E3.9 mostra o escoamento de água numa redução. A pressão estática em (1) e em (2) são medidas com um manômetro em U invertido que utiliza óleo, densidade igual a *SG*, como fluido manométrico. Nestas condições, determine a leitura no manômetro (*h*).

Solução Se admitirmos que o regime de operação é o permanente e que o escoamento é incompressível e invíscido, nós podemos escrever a equação de Bernoulli do seguinte modo:

$$p_1 + \frac{1}{2}\rho V_1^2 + \gamma z_1 = p_2 + \frac{1}{2}\rho V_2^2 + \gamma z_2$$

A equação da conservação da massa (Eq. 3.19) pode fornecer uma segunda relação entre V_1 e V_2 se nós admitirmos que os perfis de velocidade são uniformes nestas duas seções. Deste modo,

$$Q = A_1 V_1 = A_2 V_2$$

Combinando as duas últimas equações,

$$p_1 - p_2 = \gamma(z_2 - z_1) + \frac{1}{2}\rho V_2^2 \left[1 - (A_2/A_1)^2\right] \quad (1)$$

Esta diferença de pressão é a medida pelo manômetro e pode ser determinada com os conceitos desenvolvidos no Cap. 2. Assim,

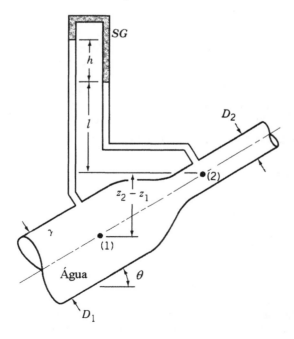

Figura E3.9

$$p_1 - \gamma(z_2 - z_1) - \gamma l - \gamma h + SG\gamma h + \gamma l = p_2$$

ou

$$p_1 - p_2 = \gamma(z_2 - z_1) + (1 - SG)\gamma h \tag{2}$$

As equações (1) e (2) podem ser combinadas para fornecer

$$(1 - SG)\gamma h = \frac{1}{2}\rho V_2^2 \left[1 - (A_2/A_1)^2\right]$$

mas como $V_2 = Q/A_2$

$$h = (Q/A_2)^2 \frac{1 - (A_2/A_1)^2}{2g(1 - SG)}$$

A diferença de elevação $z_1 - z_2$ não aparece na equação porque o termo de variação de elevação na equação de Bernoulli é cancelado pelo termo referente a variação de elevação na equação do manômetro. Entretanto, a diferença de pressão $p_1 - p_2$ é função do ângulo θ por causa do termo $z_1 - z_2$ da Eq. (1). Assim, para uma dada vazão em volume, a diferença de pressão $p_1 - p_2$ medida no manômetro variará com θ mas a leitura do manômetro, h, é independente deste ângulo.

Geralmente, um aumento de velocidade é acompanhado por uma diminuição na pressão (☉ 3.6 – Canal Venturi). Por exemplo, a velocidade média do escoamento de ar na região superior de uma asa de avião é maior do que a velocidade média do escoamento na região inferior da asa. Assim, a força líquida devida a pressão na região inferior da asa é maior do que aquela na região superior da asa e isto gera uma força de sustentação na asa.

Se a diferença entre estas velocidades é alta, a diferença entre as pressões também pode ser considerável. Isto pode introduzir efeitos compressíveis nos escoamentos de gases (como os apresentados na Sec. 3.8 e no Cap. 11) e a cavitação nos escoamentos de líquidos. A cavitação ocorre quando a pressão no fluido é reduzida a pressão de vapor e o líquido evapora.

Como foi discutido no Cap. 1, a pressão de vapor, p_v, é a pressão em que bolhas de vapor se formam num líquido, ou seja, é a pressão em que o líquido muda de fase. Obviamente esta pressão depende do tipo de líquido e da temperatura. Por exemplo, a água evapora a 100 °C na atmosfera padrão, 1,013 bar, e a 30 °C quando a pressão no líquido é igual a 4,24 kPa (abs). Deste modo, $p_v = 4,24$ kPa (abs) a 30 °C e $p_v = 101,3$ kPa (abs) a 100 °C (veja a Tab. B1 do Apêndice).

É possível identificar a produção de cavitação num escoamento de líquido utilizando a equação de Bernoulli. Se a velocidade do fluido é aumentada (por exemplo, por uma redução da área disponível para o escoamento, veja a Fig. 3.16) a pressão diminuirá. Esta diminuição de pressão, necessária para acelerar o fluido na restrição, pode ser grande o suficiente para que a pressão no líquido atinja o valor da sua pressão de vapor. Um exemplo simples de cavitação pode

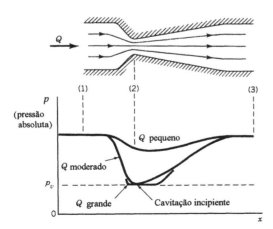

Figura 3.16 Distribuição de pressão e cavitação numa tubulação com diâmetro variável.

114 Fundamentos da Mecânica dos Fluidos

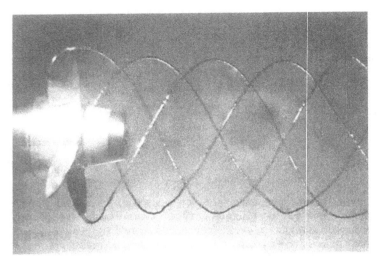

Figura 3.17 Cavitação num hélice (Fotografia obtida no Túnel de água da Pennsylvania State University).

ser demonstrado numa mangueira de jardim. Se o bocal de borrifamento for estrangulado nós obteremos uma restrição da área de escoamento similar àquela mostrada na Fig. 3.16. Deste modo, a velocidade da água nesta restrição poderá ser relativamente grande. Se formos diminuindo a área de escoamento, o som produzido pelo escoamento de água mudará - um ruído bem definido é produzido a partir de um certo estrangulamento. Este som é provocado pela cavitação.

A ebulição ocorre na cavitação (apesar da temperatura ser baixa) e, assim, temos a formação de bolhas de vapor nas zonas de baixa pressão. Quando o fluido escoa para uma região que apresenta pressão mais alta (baixa velocidade), as bolhas colapsam. Este processo pode produzir efeitos dinâmicos (implosões) que causam transientes de pressão na vizinhança das bolhas. Acredita-se que pressões tão altas quanto 690 MPa ocorrem neste processo. Se as bolhas colapsam próximas de uma fronteira física elas podem, depois de um certo tempo, danificar a superfície na área de cavitação. A Fig. 3.17 mostra a cavitação nas pontas de um hélice. Neste caso, a alta rotação do hélice produz uma zona de baixa pressão na periferia do hélice. Obviamente, é necessário projetar e utilizar adequadamente os equipamentos para eliminar os danos que podem ser produzidos pela cavitação.

Exemplo 3.10

A Fig. E3.10 mostra um modo de retirar água a 20 °C de um grande tanque. Sabendo que o diâmetro da mangueira é constante, determine a máxima elevação da mangueira, H, para que não ocorra cavitação no escoamento de água na mangueira. Admita que a seção de descarga da mangueira está localizada a 1,5 m abaixo da superfície inferior do tanque e que a pressão atmosférica é igual a 1,013 bar.

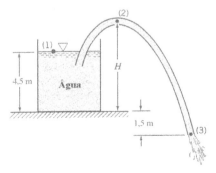

Figura E3.10

Solução Nós podemos aplicar a equação de Bernoulli ao longo da linha de corrente que passa por (1), (2) e (3) se o escoamento ocorre em regime permanente, é incompressível e invíscido. Nestas condições,

$$p_1 + \frac{1}{2}\rho V_1^2 + \gamma z_1 = p_2 + \frac{1}{2}\rho V_2^2 + \gamma z_2 = p_3 + \frac{1}{2}\rho V_3^2 + \gamma z_3 \tag{1}$$

Nós vamos utilizar o fundo do tanque como referência. Assim, $z_1 = 4,5$ m, $z_2 = H$ e $z_3 = -1,5$ m. Nós também vamos admitir que $V_1 = 0$ (tanque grande), $p_1 = 0$ (tanque aberto), $p_3 = 0$ (jato livre). A equação da continuidade estabelece que $A_2 V_2 = A_3 V_3$. Como o diâmetro da mangueira é constante, temos que $V_2 = V_3$. Assim a velocidade do fluido na mangueira pode ser determinada com a Eq. (1), ou seja,

$$V_3 = \sqrt{2g(z_1 - z_2)} = \sqrt{2 \times 9,8 \times (4,5 - (-1,5))} = 10,8 \text{ m/s} \tag{2}$$

A utilização da Eq. (1) entre os pontos (1) e (2) fornece a pressão na elevação máxima da mangueira, p_2,

$$p_2 = p_1 + \frac{1}{2}\rho V_1^2 + \gamma z_1 - \frac{1}{2}\rho V_2^2 - \gamma z_2 = \gamma(z_1 - z_2) - \frac{1}{2}\rho V_2^2$$

A Tab. B.1 do Apêndice mostra que a pressão de vapor da água a 20 °C é igual a 2,338 kPa(abs). Assim, a pressão mínima na mangueira deve ser igual a 2,338 kPa (abs) para que ocorra cavitação incipiente no escoamento. A análise da Fig. E3.10 e da Eq. (2) mostra que a pressão mínima do escoamento na mangueira ocorre no ponto de elevação máxima. Como nós utilizamos pressões relativas na Eq. 1 nós precisamos converter a pressão no ponto (2) em pressão relativa, ou seja, p_2 = 2,338 − 101,3 = −99 kPa. Aplicando este valor na Eq. (2), temos

$$-99 \times 10^3 = 9800 \times (4,5 - H) - \frac{1}{2} \times 1000 \times 10,8^2$$

ou

$$H = 8,7 \text{ m}$$

Note que ocorrerá a formação de bolhas em (2) se o valor de H for maior do que o calculado e, nesta condição, o escoamento no sifão cessará. Nós poderíamos ter trabalhado com pressões absolutas (p_2 = 2,338 kPa e p_1 = 101,3 kPa) em todo o problema e é claro que obteríamos o mesmo resultado. Quanto mais baixa a seção de descarga da mangueira maior a vazão e menor o valor permissível de H.

Nós também poderíamos ter utilizado a equação de Bernoulli entre os pontos (2) e (3) com $V_2 = V_3$ e obteríamos o mesmo valor de H. Neste caso não seria necessário determinar V_2 com a aplicação da equação de Bernoulli entre os pontos (1) e (3).

Os resultados obtidos neste Exemplo são independentes do diâmetro e do comprimento da mangueira (desde que os efeitos viscosos não sejam importantes). Observe que ainda é necessário realizar um projeto mecânico da mangueira (ou tubulação) para assegurar que ela não colapse devido a diferença entre a pressão atmosférica e a pressão no escoamento.

3.6.3 Medição da Vazão

Muitos tipos de dispositivos foram desenvolvidos, a partir da equação de Bernoulli, para medir a velocidade de escoamentos e vazões em massa. O tubo de Pitot discutido na Sec. 3.5 é um exemplo. Nesta seção nós discutiremos alguns dispositivos utilizados na medição de vazões em volume em tubos, condutos e canais abertos. Por enquanto, nós só vamos considerar medidores de vazão "ideais", ou seja, aqueles onde os efeitos viscosos e de compressibilidade não são levados em consideração. A correção destes efeitos será considerada nos Caps. 8 e 10. Nosso objetivo, nesta seção, é entender o princípio básico de operação destes medidores de vazão.

Um modo eficiente de medir a vazão em volume em tubos é instalar algum tipo de restrição no tubo (veja a Fig. 3.18) e medir a diferença entre as pressões na região de baixa velocidade e alta pressão (1) e a de alta velocidade e baixa pressão (2). A Fig. 3.18 mostra três tipos comuns de medidores de vazão: o medidor de orifício, o medidor de bocal e o medidor Venturi. A operação

116 Fundamentos da Mecânica dos Fluidos

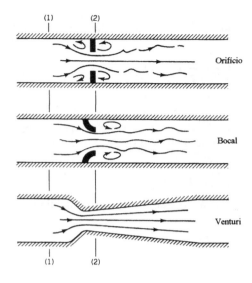

Figura 3.18 Dispositivos típicos para medir a vazão em volume em tubos

de cada um é baseada no mesmo princípio - um aumento de velocidade provoca uma diminuição na pressão. A diferença entre eles é uma questão de custo, precisão e como sua condição ideal de funcionamento se aproxima da operação real.

Nós vamos admitir que o escoamento entre os pontos (1) e (2) é incompressível, invíscido e horizontal ($z_1 = z_2$). Se o regime de escoamento é o permanente, a equação de Bernoulli fica restrita a

$$p_1 + \frac{1}{2}\rho V_1^2 = p_2 + \frac{1}{2}\rho V_2^2$$

Note que o efeito da inclinação do escoamento pode ser incorporado na equação incluindo a mudança de elevação $z_1 - z_2$ na equação de Bernoulli.

Se nós admitirmos que os perfis de velocidade são uniformes em (1) e (2), a equação de conservação da massa (Eq. 3.19) pode ser rescrita como

$$Q = A_1 V_1 = A_2 V_2$$

onde A_2 é a área de escoamento da seção (2). Combinando estas duas equações obtemos a seguinte expressão para a vazão em volume teórica

$$Q = A_2 \left(\frac{2(p_1 - p_2)}{\rho \left(1 - (A_2/A_1)^2\right)} \right)^{1/2} \quad (3.20)$$

Assim, para um dada geometria do escoamento (A_1 e A_2) a vazão em volume pode ser determinada se a diferença de pressão $p_1 - p_2$ for medida. A vazão real, Q_{real}, será menor que o resultado teórico porque existem várias diferenças entre o mundo real e aquele modificado pelas hipóteses utilizadas na obtenção da Eq. 3.20. Estas diferenças (que dependem da geometria dos medidores e podem ser menores do que 1% ou tão grandes quanto 40%) serão discutidas no Cap. 8.

Exemplo 3.11

Querosene (densidade = SG = 0,85) escoa no medidor Venturi mostrado na Fig. E3.11 e a vazão em volume varia de 0,005 a 0,050 m³/s. Determine a faixa de variação da diferença de pressão medida nestes escoamentos, ($p_1 - p_2$).

Solução Se nós admitirmos que o escoamento é invíscido, incompressível e que o regime é o permanente, a relação entre a variação de pressão e a vazão pode ser calculada com a Eq. 3.20, ou seja,

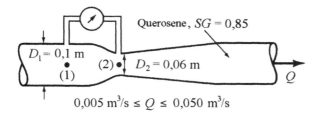

Figura E3.11

$$p_1 - p_2 = \frac{Q^2 \rho \left(1-(A_2/A_1)^2\right)}{2 A_2}$$

A massa específica do querosene é igual a

$$\rho = SG\ \rho_{H_2O} = 0{,}85(1000) = 850\ \text{kg/m}^3$$

A diferença de pressão correspondente a vazão mínima é

$$p_1 - p_2 = (0{,}005)^2 (850) \frac{\left(1-(0{,}06/0{,}10)^4\right)}{2\left((\pi/4)(0{,}06)^2\right)^2} = 1160\ \text{N/m}^2 = 1{,}16\ \text{kPa}$$

Já a diferença de pressão correspondente a vazão máxima é

$$p_1 - p_2 = (0{,}05)^2 (850) \frac{\left(1-(0{,}06/0{,}10)^4\right)}{2\left((\pi/4)(0{,}06)^2\right)^2} = 116000\ \text{N/m}^2 = 116\ \text{kPa}$$

Assim,

$$1{,}16\ \text{kPa} \leq p_1 - p_2 \leq 116\ \text{kPa}$$

Estes valores representam as diferenças de pressão que seriam encontradas em escoamentos incompressíveis, invíscidos e em regime permanente. Os resultados ideais apresentados são independentes da geometria do medidor de vazão - um orifício, bocal ou medidor Venturi (veja a Fig. 3.18).

A Eq. 3.20 mostra que a vazão em volume varia com a raiz quadrada da diferença de pressão. Assim, como indicam os resultados obtidos neste exemplo, um aumento de 10 vezes na vazão em volume provoca um aumento de 100 vezes na diferença de pressão. Esta relação não linear pode causar dificuldades na medição de vazão se a faixa de variação for muito larga. Tais medições podem requere transdutores de pressão com uma faixa muito ampla de operação. Um modo alternativo para escapar deste problema é a utilização de dois manômetros em paralelo - um dedicado a medir as baixas vazões e outro dedicado a faixa com vazões mais altas.

Outros medidores de vazão, baseados na equação de Bernoulli, são utilizados para medir de vazão em canais abertos tais como as calhas e canais de irrigação. Dois destes dispositivos de medida, a comporta deslizante e o vertedouro de soleira delgada, serão analisados sob a hipótese de que o escoamento é invíscido, incompressível e que o regime é o permanente. Estes dispositivos e outros dedicados a canais abertos serão discutidos mais detalhadamente no Cap. 10.

A comporta deslizante mostrada na Fig. 3.19 é muito utilizada para controlar e medir a vazão em volume em canais abertos. A vazão em volume, Q, é função da profundidade do escoamento de água a montante da comporta, z_1, da largura da comporta, b, e de sua abertura, a. A aplicação da equação de Bernoulli e da equação da conservação da massa (continuidade) entre os pontos (1) e (2) pode fornecer uma boa aproximação da vazão real neste dispositivo. Nós vamos admitir que os perfis de velocidade são suficientemente uniformes a montante e a jusante da comporta.

A aplicação das equações de Bernoulli e da continuidade entre os pontos (1) e (2) - que estão localizados na superfície livre do escoamento - resulta em

$$p_1 + \frac{1}{2}\rho V_1^2 + \gamma z_1 = p_2 + \frac{1}{2}\rho V_2^2 + \gamma z_2$$

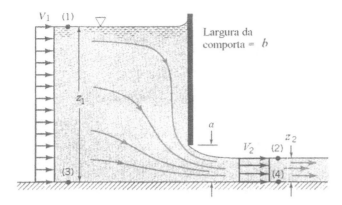

Figura 3.19 Comporta deslizante.

e

$$Q = A_1 V_1 = b V_1 z_1 = A_2 V_2 = b V_2 z_2$$

Como os dois pontos são superficiais, temos que $p_1 = p_2 = 0$. Combinado as duas últimas equações, obtemos

$$Q = z_2 b \sqrt{\frac{2g(z_1 - z_2)}{1 - (z_2/z_1)^2}} \qquad (3.21)$$

No caso limite onde $z_1 \gg z_2$, esta equação fica reduzida a

$$Q = z_2 b \sqrt{2 g z_1}$$

Neste caso limite, a energia cinética do fluido a montante da comporta é desprezível e a velocidade do fluido a jusante da comporta é igual a de uma queda livre com altura igual a $(z_1 - z_2) \approx z_1$.

O mesmo resultado da Eq. 3.21 pode ser obtido a partir da aplicação da equação de Bernoulli entre os pontos (3) e (4) e utilizando $p_3 = \gamma z_1$ e $p_4 = \gamma z_2$ porque as linhas de corrente nestas seções são retas. Nesta formulação, em vez de termos as contribuições da energia potencial em (1) e (2) nós encontramos as contribuições da pressão em (3) e (4).

Nos utilizamos a profundidade do escoamento a jusante da comporta, z_2, e não a abertura da comporta, a, para obter a Eq. 3.21. Como foi discutido no escoamento em orifícios (Fig. 3.14), o fluido não pode fazer uma curva de 90° e, neste caso, nós também encontramos uma vena contracta que induz um coeficiente de contração $C_c = z_2/a$ menor do que 1. O valor típico de C_c é aproximadamente igual a 0,61 na faixa $0 < a/z_1 < 0,2$ mas o valor do coeficiente de contração cresce rapidamente quando a relação a/z_1 aumenta.

Exemplo 3.12

Água escoa sob a comporta deslizante mostrada na Fig. E3.12. Estime o valor da vazão em volume de água na comporta por unidade de comprimento de canal.

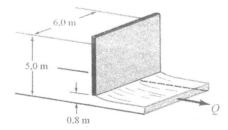

Figura E3.12

Solução Nós vamos admitir que o escoamento é incompressível, invíscido e que o regime do escoamento é o permanente. Assim, nós podemos aplicar a Eq. 3.21 para obter Q/b, ou seja, a vazão em volume por unidade de comprimento do canal.

$$\frac{Q}{b} = z_2 \sqrt{\frac{2g(z_1 - z_2)}{1 - (z_2/z_1)^2}}$$

Neste caso nós temos que $z_1 = 5,0$ m e $a = 0,8$ m. Como $a/z_1 = 0,16 < 0,20$, vamos admitir que C_c, o coeficiente de contração, é igual a 0,61. Assim, $z_2 = C_c a = 0,61 \times 0,8 = 0,488$ m e a vazão por unidade de comprimento do canal é

$$\frac{Q}{b} = (0,488)\sqrt{\frac{2 \times 9,81 \times (5,0 - 0,488)}{1 - (0,488/5,0)^2}} = 4,61 \text{ m}^3/\text{s}$$

Se nós considerarmos que $z_1 \gg z_2$ e desprezarmos a energia cinética do fluido a montante da comporta, encontramos

$$\frac{Q}{b} = z_2 \sqrt{2gz_1} = (0,488)\sqrt{2 \times 9,81 \times 5,0} = 4,83 \text{ m}^3/\text{s}$$

Neste caso, a diferença entre as vazões calculadas dos dois modos não é muito significativa porque a relação entre as profundidades é razoavelmente grande ($z_1/z_2 = 5,0/0,488 = 10,2$). Este resultado mostra que muitas vezes é razoável desprezar a energia cinética do escoamento a montante da comporta em relação àquela a jusante da comporta.

Um outro dispositivo utilizado para medir a vazão em canais abertos é o vertedoro. A Fig. 3.20 mostra um vertedoro retangular de soleira delgada típico. Nestes dispositivos de medida, a vazão de líquido sobre o vertedoro é função da altura do vertedoro, P_w, da largura do canal, b, e da carga d'água acima do topo do vertedoro, H. A aplicação da equação de Bernoulli pode fornecer um resultado aproximado para a vazão nestas situações (mesmo sabendo que o escoamento real no vertedoro é muito complexo).

Os campos de pressão e gravitacional provocam a aceleração do fluido entre os pontos (1) e (2) do escoamento, ou seja, a velocidade varia de V_1 para V_2. No ponto (1) a pressão é $p_1 = \gamma h$ enquanto que no ponto (2) a pressão é praticamente igual a atmosférica, $p_2 = 0$. Na região localizada acima do topo do vertedoro (seção $a - a$), a pressão varia do valor atmosférico na superfície superior até um valor máximo na seção e de novo para o valor atmosférico na superfície inferior. Esta distribuição de pressão está indicada na Fig. 3.20. Tal distribuição de pressão combinada com as linhas de corrente curvas produz um perfil de velocidade não uniforme na seção $a - a$. A distribuição de velocidade nesta seção só pode ser determinada experimentalmente ou utilizando recursos teóricos avançados.

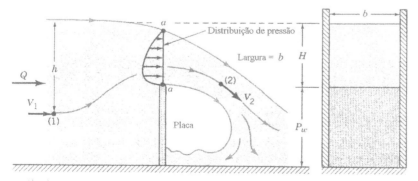

Figura 3.20 Vertedoro retangular de soleira delgada.

Por enquanto, nós analisaremos o problema de um modo muito simples pois vamos admitir que o escoamento no vertedoro é similar ao escoamento num orifício com linha de corrente livre. Se esta hipótese for válida, nós podemos esperar que a velocidade média sobre o vertedoro é proporcional a $(2gH)^{1/2}$ e que a área de escoamento para o vertedoro retangular é proporcional a Hb. Nestas condições, temos

$$Q = C_1 H b \sqrt{2gH} = C_1 b \sqrt{2g}\ H^{3/2}$$

onde C_1 é uma constante que precisa ser determinada.

A utilização da equação de Bernoulli forneceu um método para analisar o escoamento bastante complexo sobre o vertedouro. A dependência funcional correta entre Q e H foi obtida (Q é proporcional a $H^{3/2}$) mas o valor da constante C_1 é desconhecido. Este resultado não é desanimador porque mesmo as análises mais avançadas deste escoamento não fornecem um valor preciso para C_1. Como será discutido no Cap. 10, o valor desta constante normalmente é determinado por via experimental.

Exemplo 3.13

Água escoa sobre um vertedoro triangular como o mostrado na Fig. E3.13. Determine a dependência funcional entre a vazão em volume, Q, e a profundidade H utilizando um procedimento baseado na equação de Bernoulli. Se a vazão em volume é Q_0 quando $H = H_0$, estime qual é a vazão quando a profundidade aumenta para $H = 3H_0$.

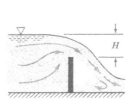
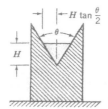

Figura E3.13

Solução Se admitirmos que o escoamento é invíscido, incompressível e que ocorre em regime permanente nós podemos utilizar a Eq. 3.18 para estimar a velocidade média do escoamento sobre a comporta triangular. Deste modo nós obtemos que a velocidade média é proporcional a $(2gH)^{1/2}$. Nós também vamos admitir que a área de escoamento, para uma profundidade H, é $H(H\tan(\theta/2))$. A combinação destas hipóteses resulta em

$$Q = AV = H^2 \tan\frac{\theta}{2}\left(C_2\sqrt{2gh}\right) = C_2 \tan\frac{\theta}{2}\sqrt{2g}\ H^{5/2}$$

onde C_2 é uma constante que precisa ser determinada experimentalmente.

Se triplicarmos a profundidade (de H_0 para $3H_0$), a relação entre as vazões é dada por

$$\frac{Q_{3H_0}}{Q_{H_0}} = \frac{C_2\tan(\theta/2)\sqrt{2g}\ (3H_0)^{5/2}}{C_2\tan(\theta/2)\sqrt{2g}\ (H_0)^{5/2}} = 15,6$$

Note que a vazão em volume é proporcional a $H^{5/2}$ no vertedoro triangular enquanto que no vertedouro retangular é proporcional a $H^{3/2}$.

3.7 A Linha de Energia (ou de Carga Total) e a Linha Piezométrica

A equação de Bernoulli, como apresentada na Sec. 3.4, é a equação de conservação da energia mecânica. Esta equação também mostra qual é a partição desta energia nos escoamentos invíscidos, incompressíveis e em regime permanente e estabelece que a soma das várias energias do fluido permanece constante no escoamento de uma seção para outra. Uma interpretação útil da equação de Bernoulli pode ser obtida através da utilização dos conceitos da linha piezométrica e da

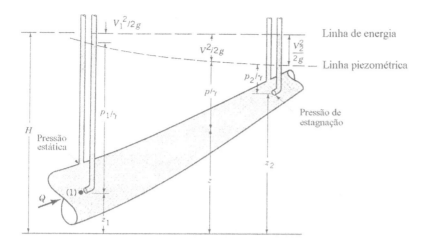

Figura 3.21 Representação da linha de energia e da linha piezométrica.

linha de energia. Estes conceitos nos permitem realizar uma interpretação geométrica do escoamento e podem ser utilizados para propiciar um melhor entendimento dos escoamentos.

A energia total permanece constante ao longo da linha de corrente nos escoamentos incompressíveis, invíscidos e que ocorrem em regime permanente. O conceito de carga foi introduzido dividindo cada um dos termos da Eq. 3.7 pelo peso específico do fluido, $\gamma = \rho g$, ou seja,

$$\frac{p}{\gamma} + \frac{V^2}{2g} + z = \text{constante numa linha de corrente} = H \qquad (3.22)$$

Cada um dos termos desta equação apresenta unidades de comprimento e representa um certo tipo de carga. A equação de Bernoulli estabelece que a somatória das cargas de pressão, de velocidade e de elevação é constante numa linha de corrente. Esta constante é denominada carga total, H.

A linha de energia representa a carga total disponível no fluido. Como mostra a Fig. 3.21, a elevação da linha de energia pode ser obtida a partir da pressão de estagnação medida com um tubo de Pitot (um tubo de Pitot é a porção do tubo de Pitot estático que mede a pressão de estagnação, veja a Sec. 3.5). Assim, a pressão de estagnação fornece uma medida da carga (ou energia) total do escoamento. A pressão estática, medida pelos tubos piezométricos, por outro lado, mede a soma da carga de pressão e de elevação, $p/\gamma + z$, e esta soma é denominada carga piezométrica.

De acordo com a Eq, 3.22, a carga total permanece constante ao longo da linha de corrente (desde que as hipótese utilizadas na derivação da equação de Bernoulli sejam respeitadas). Assim, um tubo de Pitot inserido em qualquer local do escoamento irá medir sempre a mesma carga total (veja a Fig. 3.21). Entretanto, as cargas de elevação, velocidade e pressão podem variar ao longo do escoamento.

Figura 3.22 As linhas de energia e piezométrica no escoamento efluente de um grande tanque.

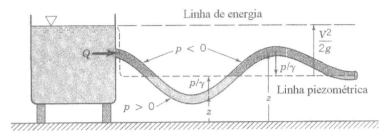

Figura 3.23 Utilização das linhas de energia e piezométrica.

O lugar geométrico das elevações obtidas com um tubo de Pitot num escoamento é denominado linha da energia. A linha formada pela série de medições piezométricas num escoamento é denominada linha piezométrica. Note que a linha de energia será horizontal se o escoamento não violar as hipótese utilizadas para a obtenção da equação de Bernoulli. Se a velocidade do fluido aumenta ao longo da linha de corrente, a linha piezométrica não será horizontal. Se os efeitos viscosos forem importantes (como nos escoamentos em tubos) a carga total não permanece constante devido as perdas de energia mecânica ao longo da linha de corrente. Isto significa que a linha de energia não é mais horizontal. Estes efeitos viscosos serão discutidos no Cap. 8.

A Fig. 3.22 mostra a linha de energia e a piezométrica relativas ao escoamento efluente de um grande tanque. Se o escoamento é invíscido, incompressível e o regime for o permanente, a linha de energia é horizontal e passa pela superfície livre do líquido no tanque (porque a velocidade e a pressão relativa na superfície livre do tanque são nulas). A linha piezométrica dista $V^2/2g$ da linha de energia. Assim, uma mudança na velocidade do fluido, provocada por uma variação no diâmetro da tubulação, resulta numa mudança da altura da linha piezométrica. A carga de pressão é nula na seção de descarga da tubulação e, deste modo, a altura da tubulação coincide com a linha piezométrica.

A distância entre a tubulação e a linha piezométrica indica qual é a pressão no escoamento (veja a Fig. 3.23). Se o trecho de tubulação se encontra abaixo da linha piezométrica a pressão no escoamento é positiva (acima da atmosférica). Se o trecho de tubulação está acima da linha piezométrica a pressão é negativa (abaixo da atmosférica). Assim, nós podemos utilizar o desenho em escala de uma tubulação e a linha piezométrica para identificar as regiões onde as pressões são positivas e as regiões onde as pressões são negativas.

Exemplo 3.14

A Fig. E3.14 mostra água sendo retirada de um tanque através de uma mangueira que apresenta diâmetro constante. Um pequeno furo é encontrado no ponto (1) da mangueira. Nós identificaremos um vazamento de água ou de ar no furo?

Solução Se a pressão no ponto (1) for menor do que a atmosférica nós detectaremos um vazamento de ar para o escoamento de água e se a pressão em (1) for maior do que a atmosférica nós identificaremos um vazamento de água da mangueira. Nós podemos determinar o valor da pressão neste ponto se utilizarmos as linhas de energia e piezométrica. Primeiramente nós vamos admitir que o escoamento ocorre em regime permanente, é incompressível e invíscido. Nestas condições, a carga total é constante, ou seja, a linha de energia é horizontal. A equação da continuidade (AV = constante) estabelece que a velocidade do escoamento na mangueira é constante porque o diâmetro da mangueira não varia. Assim, a linha piezométrica está localizada a $V^2/2g$ abaixo da linha de energia (veja a Fig. E3.14). Como a pressão na seção de descarga da mangueira é igual a atmosférica, segue que a linha piezométrica apresenta a mesma altura da seção de descarga da mangueira. O fluido contido na mangueira está acima da linha piezométrica e, assim, a pressão em toda a mangueira é menor do que a pressão atmosférica.

Isto mostra que ar vazará para o escoamento de água através do furo localizado no ponto (1).

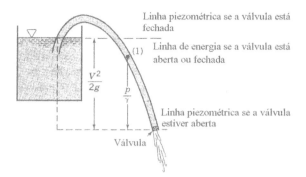

Figura E3.14

Note que os efeitos viscosos podem tornar esta análise simples (linha de energia horizontal) incorreta. Entretanto, se a velocidade do escoamento não for alta, se o diâmetro da mangueira não for muito pequeno e seu comprimento não for longo, o escoamento pode ser modelado como não viscoso e os resultados desta análise são muito próximos dos experimentais. Será necessário realizar uma análise mais detalhada deste escoamento se qualquer uma das hipóteses utilizadas for relaxada (veja o Cap. 8). Se a válvula localizada na seção de descarga da mangueira for fechada, de modo que a vazão em volume se torna nula, a linha piezométrica coincidirá com a linha de energia ($V^2/2g = 0$ em toda a mangueira) e a pressão no ponto (1) será maior que a atmosférica. Neste caso, nós identificaremos um vazamento de água pelo furo localizado no ponto (1).

As discussões anteriores sobre as linhas de energia e piezométrica estão restritas aos escoamentos invíscidos, incompressíveis e que ocorrem em regime permanente. Uma outra restrição é que não existem "fontes" ou "sorvedouros" de energia no escoamento, ou seja, o escoamento não é afetado por bombas ou turbinas. Nós apresentaremos no Cap. 8 as alterações na linha de energia e na linha piezométrica provocadas por estes dispositivos.

3.8 Restrições para a Utilização da Equação de Bernoulli

A utilização correta da equação de Bernoulli requer uma atenção especial sobre as hipóteses utilizadas na sua obtenção. Nós reanalisaremos, nesta seção, algumas destas hipóteses e consideraremos as consequências da utilização incorreta da equação.

3.8.1 Efeitos da Compressibilidade

Uma das principais hipóteses utilizadas na obtenção da equação de Bernoulli é a incompressibilidade do fluido. Apesar desta hipótese ser razoável para a maioria dos escoamentos de líquidos, ela pode, em certos casos, introduzir sérios erros na análise de escoamentos de gases.

Nós vimos, na seção anterior, que a diferença entre a pressão de estagnação e a pressão estática é igual a $\rho V^2/2$ desde que a massa específica permaneça constante. Se a pressão dinâmica não é alta, quando comparada com a pressão estática, a variação da massa específica entre dois pontos do escoamento não é muito grande e o fluido pode ser considerado incompressível. Entretanto, como a pressão dinâmica varia com V^2, o erro associado com a hipótese de incompressibilidade do fluido aumenta com o quadrado da velocidade do escoamento. Para analisar os efeitos da compressibilidade nós vamos retornar a Eq. 3.6 e integrar adequadamente o termo $\int dp/\rho$ (levando em consideração a variação da massa específica do fluido).

Um escoamento compressível fácil de analisar é o isotérmico de um gás perfeito (a temperatura do gás perfeito permanece constante ao longo da linha de corrente). Assim, nós consideraremos $p = \rho R T$ onde T é constante (geralmente, p, ρ e T variam). Assim, se o escoamento ocorre em regime permanente, é isotérmico e invíscido, a Eq. 3.6 se torna igual a

$$RT \int \frac{dp}{\rho} + \frac{1}{2} V^2 + g z = \text{constante}$$

124 Fundamentos da Mecânica dos Fluidos

onde nós utilizamos $\rho = p/RT$. O termo de pressão é facilmente integrável e a constante de integração avaliada se z_1, p_1, e V_1 são conhecidos em algum ponto da linha de corrente. Assim,

$$\frac{V_1^2}{2g} + z_1 + \frac{RT}{g}\ln\left(\frac{p_1}{p_2}\right) = \frac{V_2^2}{2g} + z_2 \qquad (3.23)$$

A Eq. 3.23 é uma versão da equação de Bernoulli adequada para escoamentos isotérmicos de um gás perfeito e invíscido. Na situação limite em que $p_1/p_2 = 1 + (p_1 - p_2)/p_2 = 1 + \varepsilon$ com $\varepsilon \ll 1$, a Eq. 3.23 se reduz a equação de Bernoulli padrão. Isto pode ser mostrado utilizando a aproximação $\ln(1 + \varepsilon) = \varepsilon$ quando ε é pequeno. A utilização da Eq. 3.23 é muito restrita porque os efeitos viscosos são importantes na maioria dos escoamentos isotérmicos (veja a Sec. 11.5).

Um escoamento compressível mais usual é o isoentrópico (entropia constante) de um gás perfeito. Estes escoamentos são adiabáticos reversíveis - sem a presença de atrito e transferência de calor - e são boas aproximações em muitas situações. Como será apresentado no Cap. 11, a massa específica e a pressão estão relacionados por $p/\rho^k = C$, onde k é a relação entre os calores específicos e C é uma constante, nos escoamentos isoentrópicos de gases perfeitos. Assim, a integral $\int dp/\rho$ da Eq. 3.6 pode ser avaliada do seguinte modo: se escrevermos a massa específica em função da pressão como $\rho = p^{1/k} C^{-1/k}$, a Eq. 3.6 pode ser reescrita como

$$C^{1/k} \int p^{-1/k} dp + \frac{1}{2}V^2 + gz = \text{constante}$$

O termo de pressão pode ser integrado entre os pontos (1) e (2) da linha de corrente e a constante C avaliada em um dos pontos ($C^{1/k} = p_1^{1/k}/\rho_1$ ou $C^{1/k} = p_2^{1/k}/\rho_2$) para fornecer

$$C^{1/k} \int_{p_1}^{p_2} p^{-1/k} dp = C^{1/k}\left(\frac{k}{k-1}\right)\left[p_2^{(k-1)/k} - p_1^{(k-1)/k}\right] = \left(\frac{k}{k-1}\right)\left(\frac{p_2}{\rho_2} - \frac{p_1}{\rho_1}\right)$$

Assim, a forma da Eq. 3.6 adequada para escoamentos compressíveis de gases perfeitos que ocorrem em regime permanente e que são isoentrópicos é

$$\left(\frac{k}{k-1}\right)\frac{p_1}{\rho_1} + \frac{V_1^2}{2} + gz_1 = \left(\frac{k}{k-1}\right)\frac{p_2}{\rho_2} + \frac{V_2^2}{2} + gz_2 \qquad (3.24)$$

A similaridade entre os resultados para escoamento compressível isoentrópico (Eq. 3.24) e incompressível isoentrópico (a equação de Bernoulli, Eq. 3.7) é aparente. As únicas diferenças são os fatores $[k/(k-1)]$ que multiplicam os termos de pressão e o fato das massas específicas serem diferentes ($\rho_1 \neq \rho_2$). Nós mostraremos, no próximo parágrafo, que as duas equações fornecem os mesmos resultados quando aplicadas a escoamentos com velocidades baixas.

Nós consideramos o escoamento de estagnação da Sec. 3.5 para ilustrar a diferença entre os resultados incompressíveis dos compressíveis. Como será mostrado no Cap. 11, a Eq. 3.24 pode ser reescrita na forma adimensional como

$$\frac{p_2 - p_1}{p_1} = \left[\left(1 + \frac{k-1}{2}\text{Ma}_1^2\right)^{k/k-1} - 1\right] \quad \text{(compressível)} \qquad (3.25)$$

onde (1) denota as condições a montante e (2) as condições de estagnação. Note que nós admitimos que $z_1 = z_2$ e que $\text{Ma} = V_1/c_1$ é o número de Mach a montante – o número de Mach é a relação entre a velocidade do escoamento e a velocidade do som, $c_1 = (kRT_1)^{1/2}$.

A comparação entre este resultado compressível e o incompressível é mais facilmente visualizada se nós escrevermos o resultado incompressível em função da relação entre as pressões e o número de Mach. Para isto, nós vamos dividir todos os termos da equação de Bernoulli, $\rho V_1^2/2 + p_1 = p_2$, por p_1 e utilizar a equação dos gases perfeitos, $p_1 = \rho RT_1$, para obter

$$\frac{p_2}{p_1} = 1 + \frac{V_1^2}{2RT_1}$$

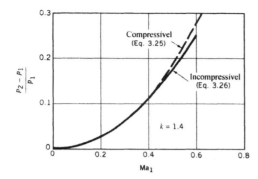

Figura 3.24 Relação de pressão em função do número de Mach para escoamentos isoentrópicos compressível e incompressível.

Como $Ma_1 = V_1 / (kRT_1)^{1/2}$, este resultado pode ser reescrito como

$$\frac{p_2 - p_1}{p_1} = \frac{k\, Ma_1^2}{2} \quad \text{(incompressível)} \tag{3.26}$$

A Fig. 3.24 mostra a representação gráfica das Eqs. 3.25 e 3.26. No limite onde as velocidades são baixas, $Ma_1 \to 0$, os resultados obtidos com as duas equações são iguais. Isto pode ser visto escrevendo $(k-1)\, Ma_1^2 / 2 = \tilde{\varepsilon}$ e utilizando a expressão binomial $(1+\tilde{\varepsilon})^n = 1 + n\tilde{\varepsilon} + n(n-1)\tilde{\varepsilon}^2/2 + \cdots$, onde $n = k/(k-1)$, para rescrever a Eq. 3.25 do seguinte modo

$$\frac{p_2 - p_1}{p_1} = \frac{k\, Ma_1^2}{2}\left(1 + \frac{1}{4} Ma_1^2 + \frac{2-k}{24} Ma_1^4 + \cdots\right) \quad \text{(compressível)}$$

Os resultados obtidos com esta equação são equivalentes aos da Eq. 3.26 se o número de Mach é muito menor do que 1. A diferença máxima entre os resultados compressível e incompressível é menor do que aproximadamente de 2% para números de Mach menores do que 0,3. Para números de Mach maiores do que 0,3 a discordância entre os resultados dos dois modelos aumenta.

Assim, um escoamento de gás perfeito pode ser considerado incompressível desde que o número de Mach seja menor do que 0,3. Para ar a $T_1 = 15\ °C$, a velocidade do som é igual a $c_1 = (kRT_1)^{1/2} = 332$ m/s. Deste modo, um escoamento com velocidade $V_1 = c_1\, Ma_1 = 0,3 \times 332 = 99,5$ m/s ainda pode ser considerado incompressível. Note que os efeitos da compressibilidade podem ser importantes se a velocidade do escoamento for maior que este valor.

Exemplo 3.15

Um Boeing 777 voa, com Ma = 0,82, numa altitude de 10000 m. Admitindo que a atmosfera se comporta como a padrão, determine a pressão de estagnação no bordo de ataque de suas asas modelando o escoamento como incompressível e, também, como compressível.

Solução Nós podemos encontrar as propriedades da atmosfera padrão na Tab. C.1. Assim, $p_1 = 26,5$ kPa(abs), $T_1 = -49,9\ °C = 223,3$ K, $\rho = 0,414$ kg/m³ e $k = 1,4$. Se nós modelarmos o escoamento como incompressível, a Eq. 3.26 fornece

$$\frac{p_2 - p_1}{p_1} = \frac{k\, Ma_1^2}{2} = \frac{1,4(0,82)^2}{2} = 0,471 \quad \text{ou} \quad p_2 - p_1 = 0,471 \times 26,5 = 12,5\ \text{kPa}$$

De outro lado, se nós admitirmos que o escoamento é isoentrópico e compressível, a Eq. 3.25 indica que

$$\frac{p_2 - p_1}{p_1} = \left\{\left[1 + \frac{1,4-1}{2}(0,82)^2\right]^{1,4/(1,4-1)} - 1\right\} = 0,555$$

ou

$$p_2 - p_1 = 0,555(26,5) = 14,7\ \text{kPa}$$

Note que os efeitos da compressibilidade são importantes quando o número de Mach é igual a 0,82. A pressão (e como uma primeira aproximação, a sustentação e o arrasto no avião; veja o Cap. 9) é aproximadamente 14,7/12,5 = 1,18 vezes maior no caso compressível do que no incompressível. Isto pode ser muito significativo. Como discutiremos no Cap. 11, para números de Mach maiores do que 1 (escoamento supersônico), as diferenças entre os resultados compressíveis e incompressíveis não são apenas quantitativas mas também qualitativas.

3.8.2 Efeitos Transitórios

Outra restrição para a derivação da equação de Bernoulli (Eq. 3.7) é a hipótese de que o escoamento ocorre em regime permanente. Em tais escoamentos, a velocidade numa linha de corrente é só função de s, a coordenada da linha de corrente, ou seja, $V = V(s)$. Para escoamentos em regime transitório, $V = V(s, t)$ e nós somos obrigados a levar em consideração a derivada temporal da velocidade para obter a aceleração ao longo da linha de corrente. Assim, nós obtemos $a_s = \partial V / \partial t + V \partial V / \partial s$ em vez de $a_s = V \partial V / \partial s$ (que é o resultado adequado para os escoamentos em regime permanente). A aceleração nos escoamentos em regime permanente é devida a mudança de velocidade resultante da mudança de posição da partícula (o termo $V \partial V / \partial s$) enquanto que nos escoamentos em regime transitório existe uma contribuição adicional que é o resultado da variação de velocidade com o tempo numa posição fixa (o termo $\partial V / \partial t$). Estes efeitos serão discutidos detalhadamente no Cap. 4. A inclusão do termo transitório na equação do movimento não permite que esta possa ser integrada facilmente (como foi feito para obter a equação de Bernoulli) e nós somos induzidos a utilizar outras hipóteses adicionais.

A equação de Bernoulli foi obtida integrando-se a componente da segunda lei de Newton (Eq. 3.5) ao longo da linha de corrente. Quando integrada, a contribuição da aceleração, o termo $\rho \, d(V^2)/2$, fornece o termo de energia cinética da equação de Bernoulli. Se os passos que levaram a Eq. 3.5 forem repetidos com a inclusão do termo transitório ($\partial V / \partial t \neq 0$), obtemos

$$\rho \frac{\partial V}{\partial t} ds + dp + \frac{1}{2} \rho \, d(V^2) + \gamma \, dz = 0 \quad \text{(ao longo da linha de corrente)}$$

Esta equação pode ser facilmente integrada entre os pontos (1) e (2) do escoamento se o escoamento for incompressível, ou seja,

$$p_1 + \frac{1}{2} \rho V_1^2 + \gamma z_1 = \rho \int_{s_1}^{s_2} \frac{\partial V}{\partial t} ds + p_2 + \frac{1}{2} \rho V_1^2 + \gamma z_1 \quad \text{(ao longo da linha de corrente)} \tag{3.27}$$

A Eq. 3.27 é uma versão da equação de Bernoulli adequada para escoamentos invíscidos, incompressíveis e em regime transitório. Exceto pela integral que envolve a aceleração local, $\partial V / \partial t$, ela é idêntica a equação de Bernoulli para regime permanente. Normalmente, não é fácil avaliar esta integral porque a variação de $\partial V / \partial t$ ao longo da linha de corrente não é conhecida. Em alguns casos, o conceito de "escoamento irrotacional" e o "potencial de velocidade" podem ser utilizados para simplificar esta integral. Estes tópicos serão analisados no Cap. 6.

Exemplo 3.16

Um escoamento simples aonde os efeitos transitórios são dominantes é aquele da oscilação de uma coluna de líquido no tubo em U (veja a Fig. E3.16). Quando a coluna é liberada de uma posição de não equilíbrio, ela oscilará numa freqüência definida. Determine esta freqüência admitindo que os efeitos viscosos não são importantes.

Solução A freqüência da oscilação pode ser calculada com a Eq. 3.27. Admita que os pontos (1) e (2) estão localizados nas interfaces ar - água das duas colunas do tubo e que $z = 0$ corresponde a posição de equilíbrio das interfaces. Assim, $p_1 = p_2 = 0$ e se $z_1 = z$ temos que $z_2 = -z$. Note que z é uma função do tempo, $z = z(t)$. Para um tubo em U com diâmetro constante, a velocidade do fluido no tubo é constante, $V_1 = V_2 = V$ em qualquer instante e a integral que representa o efeito transitório da Eq. 3.27 pode ser escrita como

$$\int_{s_1}^{s_2} \frac{\partial V}{\partial t} ds = \frac{dV}{dt} \int_{s_1}^{s_2} ds = l \frac{dV}{dt}$$

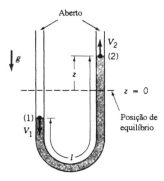

Figura E3.16

onde l é o comprimento total da coluna de líquido (veja a Fig. E3.16). Assim, a Eq. 3.27 pode ser transformada em

$$\gamma(-z) = \rho l \frac{dV}{dt} + \gamma z$$

Como $V = dz/dt$ e $\gamma = \rho g$, esta equação pode ser escrita como uma equação diferencial de segunda ordem (igual àquela que descreve os movimentos harmônicos simples da mecânica), ou seja,

$$\frac{d^2 z}{dt^2} + \frac{2g}{l} z = 0$$

cuja solução é $z(t) = C_1 \, \text{sen} \, ((2g/l)^{1/2} t) + C_2 \cos ((2g/l)^{1/2} t)$. Os valores das constantes C_1 e C_2 dependem do estado inicial (velocidade e posição) do líquido no instante $t = 0$. Assim, o líquido oscila no tubo com uma freqüência $\omega = (2g/l)^{1/2}$. Observe que esta freqüência é função do comprimento da coluna e da aceleração da gravidade (de modo similar as oscilações em um pêndulo). O período desta oscilação (o tempo necessário para completar uma oscilação é) $t_0 = 2\pi (l/2g)^{1/2}$.

Nós podemos retirar o caráter transitório de alguns escoamentos com a adoção de um sistema de coordenadas adequado. O Exemplo 3.17 ilustra um destes casos.

Exemplo 3.17

A Fig. E3.17 mostra um submarino navegando numa profundidade de 50 m e com velocidade, V_0, igual a 5,0 m/s. Considerando que a densidade (SG) da água do mar é 1,03, determine a pressão de estagnação no ponto (2).

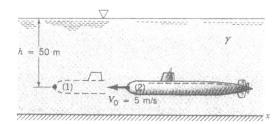

Figura E3.17

Solução O escoamento em torno do submarino é transitório para um sistema de coordenadas solidário ao fundo do oceano. Por exemplo, a velocidade no ponto (1) é nula se o submarino está em sua posição inicial mas no instante em que o nariz do submarino, ponto (2), alcança o ponto (1) a velocidade se torna igual a $\mathbf{V}_1 = -V_0 \hat{\mathbf{i}}$. Assim, $\partial \mathbf{V}_1 / \partial t \neq 0$ e o escoamento é transitório. Se aplicássemos a equação de Bernoulli para escoamento em regime permanente entre os pontos (1) e (2) nós obteríamos "$p_1 = p_2 + \rho V_0^2 / 2$". Este resultado está errado porque a pressão estática é sempre menor do que a pressão de estagnação. Note que este resultado absurdo é uma decorrência da aplicação inadequada da equação de Bernoulli.

128 Fundamentos da Mecânica dos Fluidos

Nós podemos analisar o escoamento em regime transitório (o que está fora do escopo deste texto) ou redefinir o sistema de coordenadas para que o escoamento perca seu caráter transitório. Se tomarmos um sistema de coordenadas solidário ao submarino, o escoamento em torno do submarino ocorre em regime permanente. Aplicando a equação de Bernoulli, temos

$$p_2 = \frac{\rho V_1^2}{2} + \gamma h = \frac{1{,}03 \times 1000 \times 5{,}0^2}{2} + 1{,}03 \times 9800 \times 50 = 5{,}18 \times 10^5 \text{ Pa} = 518 \text{ kPa}$$

Note que este resultado é similar aquele do Exemplo 3.2.

Se o submarino estivesse acelerando, $\partial V_0 / \partial t \neq 0$, o escoamento seria transitório nos dois sistemas de coordenadas apresentados e nós seríamos obrigados a utilizar a forma da equação de Bernoulli adequada a escoamentos transitórios.

Alguns escoamentos transitórios podem ser modelados como "quase permanentes" e resolvidos utilizando a equação de Bernoulli referente a escoamentos em regime permanente. Nestes casos, os efeitos transitórios "não são muito grandes" e os resultados para regime permanente podem ser aplicados em cada instante do tempo como se o regime do escoamento fosse permanente. O esvaziamento de um tanque que contém um líquido é um exemplo deste tipo de escoamento.

3.8.3 Efeitos Rotacionais

Uma outra restrição da equação de Bernoulli é que ela só pode ser aplicada ao longo de uma linha de corrente. A aplicação da equação de Bernoulli entre linhas de corrente (i.e. de um ponto numa linha de corrente para um ponto noutra linha de corrente) pode levar a erros consideráveis e que dependem das condições do escoamento que está sendo analisado. Geralmente, a constante de Bernoulli varia de linha de corrente para linha de corrente. Entretanto, sob certas restrições, estas constantes são iguais em todo campo de escoamento. O Exemplo 3.18 ilustra este fato.

Exemplo 3.18

Considere o escoamento uniforme no canal mostrado na Fig. E.3.18a. Discuta a utilização da equação de Bernoulli entre os pontos (1) e (2), entre os pontos (3) e (4) e entre os pontos (4) e (5). Admita que o líquido contido no tubo piezométrico está imóvel.

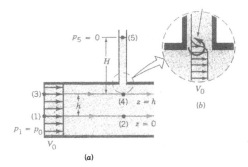

Figura 3.18

Solução Se o escoamento é invíscido, incompressível e ocorre em regime permanente, a aplicação da Eq. 3.7 entre os pontos (1) e (2) fornece

$$p_1 + \frac{1}{2}\rho V_1^2 + \gamma z_1 = p_2 + \frac{1}{2}\rho V_2^2 + \gamma z_2 = \text{constante} = C_{12}$$

Como $V_1 = V_2 = V_0$ e $z_1 = z_2 = 0$ segue que $p_1 = p_2 = p_0$ e a constante da equação de Bernoulli para esta linha de corrente, C_{12}, é dada por

$$C_{12} = \frac{1}{2}\rho V_0^2 + p_0$$

Analisando a linha de corrente que passa por (3) e (4) nós notamos que $V_3 = V_4 = V_0$ e $z_3 = z_4 = h$. Como foi mostrado no Exemplo 3.5, a aplicação de ***F*** = *m****a*** na direção normal à linha de corrente (Eq. 3.12) fornece $p_3 = p_1 - \gamma h$ porque as linhas de corrente são retilíneas e horizontais. Estes fatos combinados com a equação de Bernoulli aplicada entre os pontos (3) e (4) mostram que $p_3 = p_4$ e que a constante de Bernoulli ao longo desta linha de corrente é igual àquela da linha de corrente entre os pontos (1) e (2). Ou seja, $C_{34} = C_{12}$, ou

$$p_3 + \frac{1}{2}\rho V_3^2 + \gamma z_3 = p_4 + \frac{1}{2}\rho V_4^2 + \gamma z_4 = C_{34} = C_{12}$$

Argumentos similares podem ser utilizados para mostrar que a constante de Bernoulli é a mesma para qualquer linha de corrente do escoamento mostrado na Fig. E3.18. Assim,

$$p + \frac{1}{2}\rho V^2 + \gamma z = \text{constante em todo o escoamento no canal}$$

No Exemplo 3.5 nós mostramos que $p_4 = p_5 + \gamma H = \gamma H$. Se nós aplicarmos a equação de Bernoulli entre os pontos (4) e (5) nós obteríamos o resultado "$H = p_4 / \gamma + V_4^2 / 2g$" que é incorreto pois o resultado correto é $H = p_4 / \gamma$.

A solução deste exemplo mostra que nós podemos aplicar a equação de Bernoulli na direção normal as linhas de corrente (1) - (2) e (3) - (4) (i.e. $C_{12} = C_{34}$) mas não entre linhas de corrente de (por exemplo, entre os pontos (4) para (5)). A razão para isto é que o escoamento no canal é irrotacional enquanto o escoamento na proximidade do tubo piezométrico é rotacional. Como o perfil de velocidade do escoamento no canal é uniforme as partículas de fluido não giram ou "rodam" quando elas se movem e por isto o escoamento é denominado irrotacional. Entretanto, como podemos ver na Fig. E3.18*b*, existe uma região muito fina entre os pontos (4) e (5) em que as partículas de fluido interagem e isto as faz girar. Isto produz o escoamento rotacional. Uma análise mais completa mostra que a equação de Bernoulli não pode ser aplicada entre linhas de corrente se o escoamento é rotacional (veja o Cap. 6).

Nós mostramos no Exemplo 3.18 que é válido aplicar a equação de Bernoulli entre linhas de corrente se o escoamento for irrotacional (i.e., as partículas de fluido não giram durante seu movimento) e que a aplicação desta equação está restrita a linha de corrente se o escoamento for rotacional. A distinção entre escoamentos irrotacionais e rotacionais as vezes é sutil e estes tópicos serão analisados novamente no Cap. 6. A Ref. [3] apresenta uma discussão mais completa dos assuntos tratados nesta seção.

3.8.4 Outras Restrições

Outra restrição para a aplicação da equação de Bernoulli é que o escoamento seja invíscido. Como discutimos na Sec. 3.4, a equação de Bernoulli é, de fato, a primeira integral da segunda lei de Newton ao longo da linha de corrente. Esta integração foi possível porque, na ausência de efeitos viscosos, o sistema fluido considerado é conservativo (a energia mecânica total do sistema permanece constante). Se os efeitos viscosos são importantes, o sistema passa a ser não conservativo e ocorrem perdas de energia mecânica. Nestes casos, é necessário realizar uma análise mais detalhada do escoamento (veja o material que está apresentado no Cap. 8).

A restrição final para a aplicação da equação de Bernoulli entre dois pontos da mesma linha de corrente é que não podem existir dispositivos mecânicos (bombas ou turbinas) entre estes dois pontos. Note que estes dispositivos representam fontes ou sumidouros de energia. Como a equação de Bernoulli é realmente uma forma da equação da energia, ela precisa ser alterada para levar em consideração a presença de bombas ou turbinas. A inclusão das bombas e turbinas está apresentada nos Caps. 5 e 12.

Nós gastamos um tempo considerável neste capítulo analisando escoamentos que podem ser modelados como invíscidos, incompressíveis e que ocorrem em regime permanente. Muitos escoamentos podem ser convenientemente analisados com este modelo. Entretanto, muitos outros escoamentos não podem ser analisados com este modelo porque as restrições inerentes ao modelo são muito severas. O entendimento das idéias básicas mostradas neste capítulo proporciona uma base sólida para os próximos tópicos que serão analisados neste livro.

REFERÊNCIAS

1. Riley, W. F., Sturges, L.D., *Engineering Mechnics: Dynamics*, 2ª Ed., Wiley, New York, 1996.
2. Tipler, P. A., *Physics*, Worth, New York, 1982.
3. Panton, R. L. *Incompressible Flow*, Wiley, New York, 1984.

PROBLEMAS

Nota: Se o valor de uma propriedade não for especificado no problema, utilize o valor fornecido na Tab. 1.5 ou 1.6 do Cap. 1. Os problemas com a indicação (∗) devem ser resolvidos com uma calculadora programável ou computador. Os problemas com a indicação (+) são do tipo aberto (requerem uma análise crítica, a formulação de hipóteses e a adoção de dados). Não existe uma solução única para este tipo de problema.

3.1 Água escoa em regime permanente no bocal mostrado na Fig. P3.1. O eixo de simetria do bocal está na horizontal e a distribuição de velocidade neste eixo é dada por $\mathbf{V} = 10(1 + x)\,\hat{\imath}$ m/s. Admitindo que os efeitos viscosos são desprezíveis, determine: **(a)** o gradiente de pressão necessário para produzir este escoamento (em função de x). **(b)** Se a pressão na seção (1) é 3,4 bar, determine a pressão na seção (2) (i) integrando o gradiente de pressão obtido na parte **(a)** e (ii) aplicando a equação de Bernoulli.

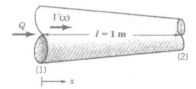

Figura P3.1

3.2 Refaça o Prob. 3.1 admitindo que o bocal está na vertical e que o sentido do escoamento é para cima.

3.3 A Fig. P3.3 mostra o escoamento em regime permanente de um fluido incompressível em torno de um objeto (veja o ⊙ 3.3). A velocidade do escoamento ao longo da linha de corrente horizontal que divide o escoamento ($-\infty \le x \le -a$) é dada por $V = V_0(1 + a/x)$ onde a é o raio de curvatura da região frontal do objeto e V_0 é a velocidade a montante (ao longe) do cilindro. **(a)** Determine o gradiente de pressão ao longo desta linha de corrente. **(b)** Se a pressão a montante do cilindro é p_0, integre o gradiente de pressão para obter $p(x)$ na faixa $-\infty \le x \le -a$. **(c)** Mostre, utilizando o resultado da parte **(b)**, que a pressão no ponto de estagnação ($x = -a$) é igual a $p_0 + \rho V_0^2/2$.

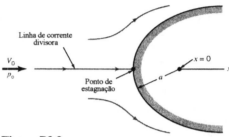

Figura P3.3

3.4 Qual é o gradiente de pressão ao longo da linha de corrente, dp/ds, necessário para impor uma aceleração de 30 m/s^2 no escoamento de água num tubo horizontal?

3.5 A velocidade e o gradiente de pressão no ponto A de um escoamento de ar são iguais a 20 m/s e 100 N/m^3. Estime a velocidade do escoamento no ponto B que pertence a mesma linha de corrente e que está localizado a 0,5 m a jusante do ponto A.

3.6 Qual o gradiente de pressão ao longo da linha de corrente, dp/ds, necessário para impor uma aceleração de 9,14 m/s^2 no escoamento ascendente de água num tubo vertical? Qual é o valor deste gradiente se o escoamento for descendente?

3.7 Considere o fluido compressível em que a pressão e a massa específica estão relacionadas por $p/\rho^n = C_0$, onde n e C são constantes. Integre a equação do movimento ao longo da linha de corrente, Eq. 3.6, para obter a "Equação de Bernoulli" adequada a um escoamento compressível deste fluido.

3.8 A Equação de Bernoulli é válida para descrever os escoamentos incompressíveis, invíscidos e que ocorrem em regime permanente num campo gravitacional que apresenta aceleração constante. Considere uma situação onde a aceleração da gravidade varia com a altura, z, e é dada por $g = g_0 - cz$, onde g_0 e c são constantes. Integre "$\mathbf{F} = m\mathbf{a}$" ao longo de uma linha de corrente e obtenha a forma equivalente da Equação de Bernoulli válida para escoamentos neste campo gravitacional.

3.9 Considere o escoamento de um líquido compressível que apresenta módulo de elasticidade volumétrico constante. Integre "$\mathbf{F} = m\mathbf{a}$" ao longo de uma linha de corrente e obtenha a forma equivalente da Equação de Bernoulli válida para um escoamento deste líquido.

3.10 Água escoa na curva bidimensional mostrada na Fig. 3.10. Note que as linhas de corrente são circulares e que a velocidade é uniforme no escoamento. Determine a pressão nos pontos (2) e (3) sabendo que a pressão no ponto (1) é igual a 40 kPa.

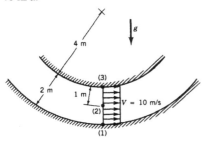

Figura P3.10

+ 3.11 O ar escoa suavemente sobre o seu rosto quando você anda de bicicleta. Entretanto, é bastante comum nós sentirmos o impacto de insetos e de pequenas partículas no nosso rosto e olhos durante os passeios. Explique porque isto ocorre.

* 3.12 A Fig. P3.12 mostra uma linha de corrente horizontal e circular que apresenta raio r. Esta linha pode representar tanto o escoamento de água num recipiente como o de ar num tornado (veja o ⊙ 3.2). Determine o gradiente de pressão radial, $\partial p / \partial r$, nos seguintes casos: **(a)** Escoamento de água com $r = 75$ mm e $V = 0,25$ m/s. **(b)** Escoamento de ar com $r = 91,4$ m e $V = 322$ km/h.

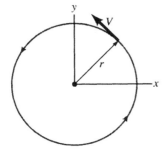

Figura P3.12

3.13 A superfície livre do escoamento, de um líquido, que apresenta rotação pode apresentar uma depressão (veja a Fig. P3.13 e o ⊙ 3.2). Considere as condições operacionais do escoamento de líquido no tanque cilíndrico que gira mostradas na Fig. P3.13. Admitindo que a velocidade tangencial do líquido é dada por $V = K/r$, onde K é uma constante, e que os efeitos viscosos são desprezíveis, mostre que $h = K^2 [1/r^2 - 1/R^2] / (2g)$. Determine, também, o valor de K referente ao caso analisado.

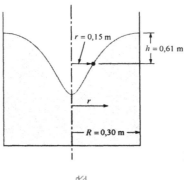

Figura P3.13

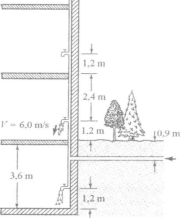

Figura P3.14

3.14 Água escoa na torneira localizada no andar térreo do edifício mostrado na Fig. P3.14 com velocidade máxima de 6,1 m/s. Determine as velocidades máximas dos escoamentos nas torneiras localizadas no subsolo e no primeiro andar do edifício. Admita que o escoamento é invíscido e que a altura de cada andar seja igual a 3,6 m.

3.15 A Fig. P3.15 mostra dois jatos d'água sendo descarregados da superfície lateral de uma garrafa de refrigerante (veja também o ⊙ 3.2). A distância entre a superfície lateral da garrafa e o ponto onde os jatos d'água se cruzam é L e as distâncias entre os orifícios e a superfície livre da água são iguais a h_1 e h_2. Admitindo que os efeitos viscosos não são importantes e que o regime de escoamento é próximo do permanente, mostre que $L = 2(h_1 h_2)^{1/2}$. Compare este resultado com aquele que pode ser obtido a partir do ⊙ 3.2. A distância entre os orifícios da garrafa mostrada no vídeo é 50,8 mm.

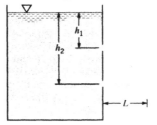

Figura P3.15

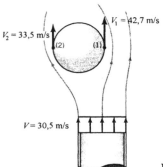

Figura P3.16

3.16 A Fig. P3.16 mostra um jato de ar incidindo numa esfera (veja o ⊙ 3.1). Observe que a velocidade do ar na região próxima ao ponto 1 é maior do que aquela da região próxima do ponto 2 quando a esfera não está alinhada com o jato. Determine, para as condições mostradas na figura, a diferença entre as pressões nos pontos 2 e 1. Despreze os efeitos viscosos e gravitacionais.

+ 3.17 Estime qual é a pressão na seção de descarga da bomba de um caminhão tanque necessária para que a água atinja um incêndio localizado no teto de uma edificação com cinco pavimentos. Faça uma lista com todas as hipóteses utilizadas na solução do problema.

3.18 O bocal de uma mangueira de incêndio apresenta diâmetro igual a 29 mm. De acordo com algumas normas de segurança, o bocal deve ser capaz de fornecer uma vazão mínima de 68 m³/h. Determine o valor da pressão na seção de alimentação do bocal para que a vazão mínima seja detectada sabendo que o bocal está conectado a uma mangueira que apresenta diâmetro igual a 76 mm.

3.19 O diâmetro interno da tubulação mostrada na Fig. P3.19 é 19 mm e o jato d'água descarregado atinge uma altura, medida a partir da seção de descarga da tubulação, igual a 71 mm. Determine, nestas condições, a vazão em volume do escoamento na tubulação (veja o ⊙ 8.6).

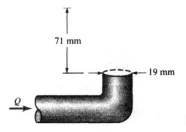

Figura P3.19

3.20 A Fig. P3.20 mostra um esboço de uma garrafa de refrigerante que contém água e apresenta três orifícios na sua superfície lateral. Os diâmetros dos orifícios são iguais a 3,8 mm, a distância entre linhas de centro de orifícios adjacentes é 51 mm e o diâmetro da garrafa é 102 mm. No instante inicial, a superfície livre da água dista 51 mm da linha de centro do primeiro orifício (veja a figura). Admitin-

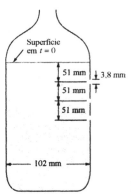

Figura P3.20

do que os efeitos viscosos são desprezíveis e que o regime de escoamento é próximo do permanente, determine o tempo necessário para que a vazão no primeiro orifício se torne nula. Compare seu resultado com aquele que pode ser obtido no ⊙ 3.5.

3.21 A Fig. P3.21 mostra um dispositivo que pode ser utilizado para medir a vazão de um jato descarregado de um tubo num ambiente aberto. Observe que a gravidade provoca uma curvatura no jato descarregado do tubo (veja os ⊙'s 3.5 e 4.3) e que a deflexão da superfície do jato pode ser avaliada a partir dos comprimentos L e x indicados na figura. Mostre que a vazão em volume do escoamento é dada por, $Q = \pi D^2 L g^{1/2} / (2^{5/2} x^{1/2})$, onde D é o diâmetro interno do tubo.

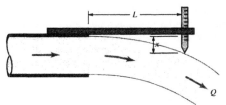

Figura P3.21

3.22 Uma pessoa coloca a mão para fora de um automóvel que se desloca com uma velocidade de 105 km/h numa atmosfera estagnada. Qual é a máxima pressão que atua na mão exposta ao escoamento? Qual seria o valor desta pressão máxima se a velocidade do automóvel fosse igual a 354 km/h? Admita que a atmosfera se comporte como a padrão.

3.23 O manômetro de pressão diferencial conectado a um tubo de Pitot foi modificado para fornecer a velocidade do escoamento diretamente (em lugar da diferença entre a pressão de estagnação e a estática). A calibração do conjunto foi realizada com ar na condição atmosférica padrão. Entretanto, o conjunto foi utilizado para medir a velocidade num escoamento de água e, nesta condição, indicou que a velocidade era igual a 102,9 m/s. Determine a velocidade real do escoamento de água.

3.24 A velocidade do vento ao longe é 64 km/h e ela aumenta quando o ar escoa ao redor e sobre o telhado de uma casa. Admitindo que a pressão ao longe é 101,3 kPa e que os efeitos gravitacionais no escoamento são desprezíveis, determine a pressão no ponto do telhado onde a velocidade do ar é igual a 96 km/h. Determine, também, a pressão de estagnação neste escoamento.

3.25 Água escoa em regime permanente na tubulação mostrada na Fig. P3.25. Sabendo que o manômetro indica pressão relativa nula no ponto 1 e admitindo que os efeitos viscosos são desprezíveis, determine a pressão no ponto 2 e a vazão em volume neste escoamento.

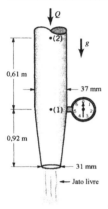

Figura P3.25

3.26 A Fig. P3.26 mostra um material sendo cortado por um jato de líquido a alta pressão. Estime qual é a pressão necessária para produzir um jato com diâmetro igual a 0,1 mm e que apresente velocidade de 700 m/s. Qual é a vazão em volume deste jato? Admita que os efeitos viscosos são desprezíveis.

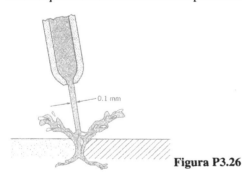

Figura P3.26

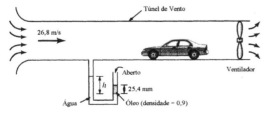

Figura P3.27

3.27 A Fig. P3.27 mostra o esboço de um túnel de vento com circuito aberto. Determine a leitura no manômetro, h, localizado na seção de teste do túnel de vento quando a velocidade nesta seção for igual a 26,8 m/s. Calcule, também, a diferença entre a pressão de estagnação na região frontal do automóvel e a pressão na seção de teste.

3.28 O mergulhão é um pássaro que pode locomover-se no ar e na água. Qual é a velocidade de mergulho do pássaro que produz uma pressão dinâmica igual àquela relativa a um vôo com velocidade igual a 18 m/s.

3.29 A Fig. P3.29 mostra o esboço de um grande tanque que contém água e óleo (densidade = 0,7). Admitindo que os efeitos viscosos são desprezíveis e que o regime de operação é próximo do permanente, determine a altura do jato de água (h) e a pressão do escoamento no tubo horizontal.

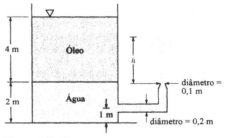

Figura P3.29

3.30 Água escoa na contração axisimétrica mostrada na Fig. P3.30. Determine a vazão em volume na contração em função de D sabendo que a diferença de alturas no manômetro é constante e igual a 0,2 m.

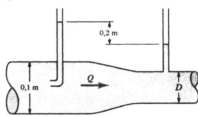

Figura P3.30

3.31 Água escoa na contração axisimétrica mostrada na Fig. P3.31. Determine a vazão em volume na contração em função de D sabendo que a diferença de alturas no manômetro é constante e igual a 0,2 m.

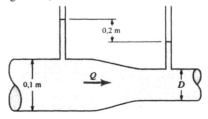

Figura P3.31

3.32 Água escoa na contração axisimétrica mostrada na Fig. P3.32. Determine a vazão em volume

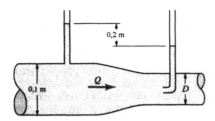

Figura P3.32

na contração em função de D sabendo que a diferença de alturas no manômetro é constante e igual a 0,2 m.

3.33 A velocidade de um avião pode ser calculada a partir da diferença entre a pressão de estagnação e a estática medida num tubo de Pitot (veja o ⊙ 3.4) e o indicador do diferencial de pressão também pode ser calibrado para fornecer diretamente a velocidade do avião (se a atmosfera padrão for adotada como referência). Nestas condições, a velocidade medida com este conjunto medidor só será a verdadeira se o avião estiver voando na atmosfera padrão. Determine a velocidade real de um avião que está voando a uma altura de 6100 m e a velocidade indicada pelo conjunto medidor é 113 m/s.

3.34 A Fig. P3.34 mostra a interação entre dois jatos d'água. Determine a altura h admitindo que os efeitos viscosos são desprezíveis e que A é um ponto de estagnação.

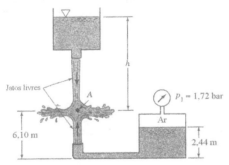

Figura P3.34

3.35 Um tubo com diâmetro igual a 0,15 m está conectado a outro que apresenta diâmetro igual a 0,10m. Determine a carga de velocidade dos escoamentos nos dois tubos sabendo que o conjunto de tubos transporta 0,12 m³/s de querosene.

3.36 A vazão de água do escoamento ascendente no bocal mostrado na Fig. P3.36 é Q. Determine qual é o formato do bocal (i.e., D em função de z e D_1) de modo que a pressão permaneça constante no escoamento. Admita que os efeitos viscosos são desprezíveis.

3.37 Água escoa em regime permanente na tubulação mostrada na Fig. P3.37. Determine, para as condições indicadas na figura, o diâmetro do tubo de descarga (D). Admita que os feitos viscosos são desprezíveis.

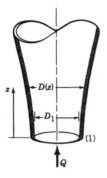

Figura P3.36

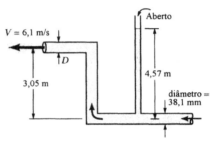

Figura P3.37

3.38 A diâmetro da seção de saída de uma torneira é 20 mm e o jato d'água descarregado apresenta um diâmetro de 10 mm a 0,5 m da torneira. Determine a vazão de água neste escoamento.

3.39 Água é retirada do tanque mostrado na Fig. P3.39 enquanto o barômetro d'água indica uma leitura de 9,21 m. Determine o máximo valor de h com a restrição de que não ocorra cavitação no sistema analisado. Note que a pressão do vapor no topo da coluna do barômetro é igual a pressão de vapor do líquido.

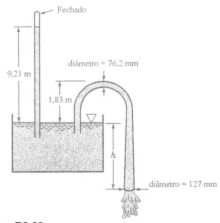

Figura P3.39

3.40 Um fluido escoa, em regime permanente e com velocidade ao longe V_0, em torno do corpo mostrado na Fig. 3.40 (veja o ⊙ 3.3). Observe que a linha de corrente de estagnação também está mostra-

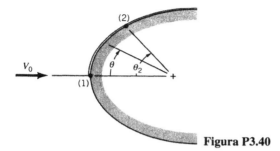

Figura P3.40

da na figura. A velocidade do escoamento ao longo do corpo é dada por $V = 2 V_0 \sen\theta$, onde θ é o ângulo indicado. Em que posição angular θ_2 nós detectamos $p_1 - p_2 = \rho (V_0)^2 / 2$? Admita que os efeitos gravitacionais e viscosos podem ser desprezados neste escoamento.

3.41 Considere um aspirador de pó doméstico. Sabendo que a pressão na boca de sucção da mangueira é igual a -2 kPa (vácuo), determine a velocidade do ar na mangueira.

3.42 O escoamento numa torneira enche um frasco com 0,47 litros em 10 s. Se o diâmetro do jato na seção de descarga da torneira é 15 mm, qual será o diâmetro do jato a uma distância de 350 mm da seção de descarga da torneira?

3.43 Uma mangueira de plástico, com 10 m de comprimento e diâmetro interno igual a 15 mm, é utilizada para drenar uma piscina do modo mostrado na Fig. P3.43. Qual é a vazão em volume do escoamento na mangueira? Admita que os efeitos viscosos são desprezíveis.

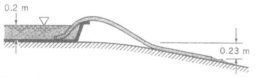

Figura P3.43

3.44 A vazão de dióxido de carbono num trecho de tubulação, composto por dois tubos em série (diâmetros iguais a 76,2 e 38,1 mm) é 153 m³/h. A pressão e a temperatura do escoamento no tubo maior são iguais a 1,38 bar e 49 °C. Determine a pressão no tubo menor admitindo que o escoamento é incompressível e que os efeitos viscosos são desprezíveis.

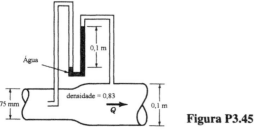

Figura P3.45

3.45 Óleo (densidade igual a 0,83) escoa na tubulação mostrada na Fig. P3.45. Determine a vazão em volume na tubulação sabendo que os efeitos viscosos são desprezíveis.

3.46 A Fig. P3.46 mostra água escoando de um grande tanque para a atmosfera. Determine o diâmetro da seção de estrangulamento (A) para que os manômetros instalados em A e B indiquem o mesmo valor.

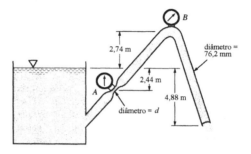

Figura P3.46

3.47 Determine a vazão em volume na tubulação mostrada na Fig. P3.47.

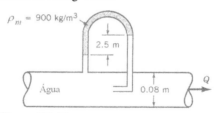

Figura P3.47

3.48 Água escoa em regime permanente na tubulação mostrada na Fig. P3.48. Alguns experimentos revelaram que o trecho de tubulação com parede fina (diâmetro interno = 100 mm) colapsa quando a pressão interna se torna igual a externa menos 10 kPa. Até que valor de h a tubulação opera convenientemente?

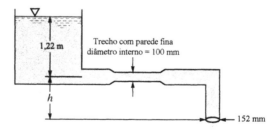

Figura P3.48

3.49 A Fig. P3.49 mostra o escoamento de gasolina numa expansão axissimétrica. As pressões nas seções transversais (1) e (2) são, respectivamente, iguais a 3,88 e 4,01 bar. Determine a vazão em massa deste escoamento.

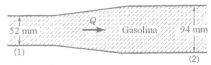

Figura P3.49

3.50 A vazão de água que é bombeada de um lago, através de uma tubulação com 0,2 m de diâmetro, é 0,28 m³/s. Qual é a pressão no tubo de sucção da bomba numa altura de 1,82 m acima da superfície livre do lago? Admita que os efeitos viscosos são desprezíveis.

3.51 Ar escoa no canal Venturi, com seção transversal retangular, mostrado na Fig. P3.51 (veja o ⊙ 3.6). A largura do canal é constante e igual a 0,06 m. Considerando a condição operacional indicada na figura e admitindo que os efeitos viscosos e da compressibilidade são desprezíveis, determine a vazão em volume de ar no canal. Calcule, também, a altura h_2 e a pressão no ponto 1 do canal.

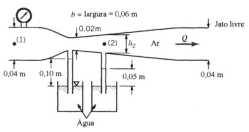

Figura P3.51

3.52 A Fig. P3.52 mostra um líquido sendo descarregado de um grande tanque. Sabendo que a velocidade do líquido na seção de descarga do tubo é 12,2 m/s, determine a densidade do líquido contido no tanque.

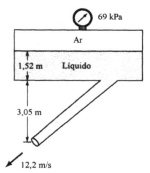

Figura P3.52

3.53 Ar escoa em regime permanente no dispositivo mostrado na Fig. P3.53. A velocidade do escoamento na seção de descarga do dispositivo é igual a 30,5 m/s e a diferença de pressão indicada no manômetro é 283 Pa. Admitindo que os efeitos viscosos e da compressibilidade são desprezíveis, calcule a altura H indicada no manômetro em U e o diâmetro da seção mínima do bocal, d.

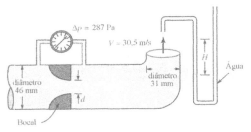

Figura 3.53

3.54 A Fig. P3.54 mostra o braço de um irrigador articulado. A tubo de alimentação apresenta 10 orifícios espaçados uniformemente e cada jato descarregado do tubo cobre uma zona com largura igual a 9,1 m (veja a figura). Admitindo que os efeitos viscosos são desprezíveis, determine os diâmetros dos orifícios em função do diâmetro do décimo orifício.

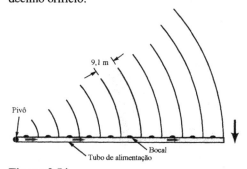

Figura 3.54

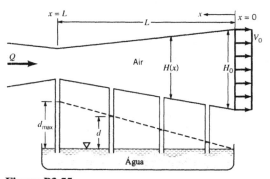

Figura P3.55

3.55 Ar escoa, em regime permanente, no bocal convergente – divergente mostrado na Fig. P3.55 (veja também o ⊙ 3.6). A seção transversal do bocal é retangular com largura constante. A altura do bocal e a velocidade do escoamento na seção de descarga do bocal são iguais a H_0 e V_0. A forma do bocal é tal que a curva que pode ser construída com as alturas das colunas de água nos manômetros instalados no bocal é uma reta (veja a figura). Nestas condições, $d = (d_{max} / L) x$, onde L é o comprimento do trecho divergente do bocal, d_{max} é a altura da coluna de água em $x = L$. Determine a altura do canal em função da distância (x) e de outros parâmetros importantes do problema.

* **3.56** A vazão de ar numa tubulação horizontal que apresenta diâmetro variável, $D = D(x)$, é 153 m³/h. A próxima tabela apresenta um conjunto de 12 medidas de pressão estática obtidas ao longo da tubulação. Faça um gráfico de D em função de x se o diâmetro em $x = 0$ é igual a 25, 50 e 75 mm. Admita que o escoamento é incompressível e invíscido.

x (mm)	p (mm H$_2$O)	x (mm)	p (mm H$_2$O)
0	25,0		
25	18,0	175	11,2
50	4,0	200	12,9
75	−24,4	225	16,5
100	−7,9	250	19,8
125	6,9	275	22,9
150	9,9	300	25,0

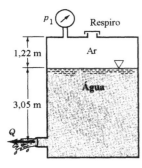

Figura P3.57

3.57 O respiro do tanque mostrado na Fig. P3.57 está fechado e o tanque foi pressurizado para aumentar a vazão Q. Qual é a pressão no tanque, p_1, para que a vazão no tubo seja igual ao dobro daquela referente a situação onde respiro está aberto?

3.58 Água escoa em regime permanente nos tanques mostrados na Fig. P3.58. Determine a profundidade da água no tanque A, h_A.

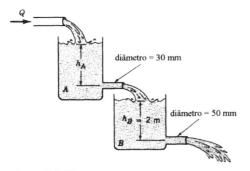

Figura P3.58

3.59 Ar a 26,7°C e 1,0 bar escoa para o tanque mostrado na Fig. P3.59. Determine as vazões em massa e em volume deste escoamento. Admita que o escoamento é incompressível.

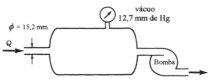

Figura P3.59

3.60 Água escoa do grande tanque mostrado na Fig. P3.60. A pressão atmosférica é igual a 1,0 bar e a pressão de vapor da água é igual a 20 kPa. Qual é a altura h necessária para que nós detectemos o início da cavitação? O valor de D_1 deve ser aumentado ou diminuído para evitar a cavitação? O valor de D_2 deve ser aumentado ou diminuído para evitar a cavitação? Justifique suas respostas e admita que os efeitos viscosos são desprezíveis.

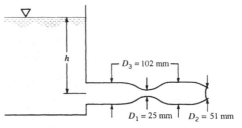

Figura P3.60

3.61 A vazão de água na torneira mostrada na Fig. P3.61 é igual a 0,13 litros/s (veja o ⊙ 5.1). Se o ralo for fechado, a água pode atingir os drenos posicionados na região superior da pia. Considere que cada dreno é circular com diâmetro igual a 10 mm. Quantos drenos são necessários para que a pia não apresente transbordamento? Despreze os efeitos viscosos.

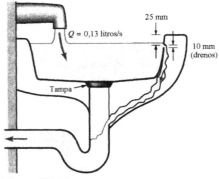

Figura P3.61

3.62 Qual é a pressão p_1 necessária para descarregar uma vazão de 9,2 m³/h do tanque mostrado na Fig. P3.62?

3.63 A pressão ambiente nos laboratórios que trabalham com materiais perigosos normalmente é negativa. Isto é feito para evitar o transporte destes materiais para fora dos laboratórios. Admita que a pressão num laboratório é 2,5 mm de coluna d'água menor do que a pressão em sua vizinhança imediata.

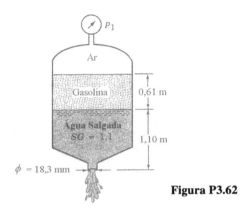

Figura P3.62

Determine, nesta condição, a velocidade do ar que entra no laboratório através de uma abertura. Admita que os efeitos viscosos são desprezíveis.

3.64 Água é retirada do tanque mostrado na Fig. P3.64. Determine a vazão em volume do escoamento e as pressões nos pontos (1), (2) e (3). Admita que os efeitos viscosos são desprezíveis.

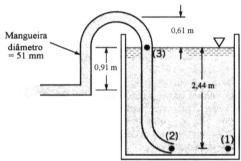

Figura P3.64

3.65 Um bocal, que apresenta seção de descarga com 25 mm de diâmetro, foi instalado na mangueira do Prob. 3.64. Recalcule novamente a vazão e as pressões pedidas naquele problema.

3.66 Determine a leitura manométrica, h, para o escoamento mostrado na Fig. P3.66.

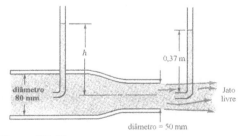

Figura P3.66

3.67 A densidade do fluido manométrico utilizado no dispositivo mostrado na Fig. P3.67 é igual a 1,07. Determine a vazão, Q, no dispositivo admitindo que o escoamento é invíscido e incompressível.

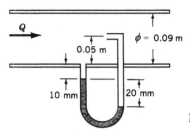

Figura P3.67

Considere os seguintes fluidos: (**a**) água, (**b**) gasolina e (**c**) ar na condição padrão.

3.68 Um combustível, densidade igual a 0,77, escoa no medidor Venturi mostrado na Fig. P3.68. A velocidade do escoamento é 4,6 m/s no tubo que apresenta diâmetro igual a 152 mm. Determine a elevação h no tubo aberto que está conectado a garganta do medidor. Admita que os efeitos viscosos são desprezíveis.

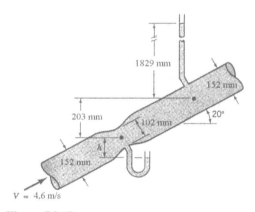

Figura P3.68

3.69 Refaça o problema anterior admitindo que o fluido que escoa no medidor é água.

3.70 Ar na condição padrão escoa na chaminé axisimétrica mostrada na Fig. P3.70. Determine a vazão em volume na chaminé sabendo que o fluido utilizado no manômetro é água. Admita que os efeitos viscosos são desprezíveis.

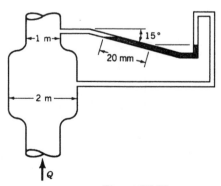

Figura P3.70

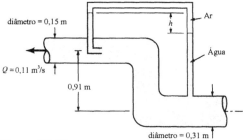

Figura P3.71

3.71 Água escoa, em regime permanente, na tubulação mostrada na Fig. P3.71. Admitindo que a água é incompressível e que os efeitos viscosos são desprezíveis, determine o valor de h.

3.72 Determine a vazão em volume no orifício afogado mostrado na Fig. P3.72. Admita que o coeficiente de contração, C_c, é igual a 0,63.

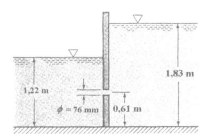

Figura P3.72

3.73 Determine a vazão em volume no medidor Venturi mostrado na Fig. P3.73. Admita que todas as condições de escoamento são ideais.

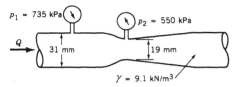

Figura P3.73

3.74 Qual é a vazão no medidor Venturi descrito no problema anterior para que ocorra a cavitação? Admita p_1 = 275 kPa (relativa), p_{atm} = 101 kPa (abs) e pressão de vapor igual a 3,6 kPa (abs).

3.75 Determine o diâmetro do orifício, d, mostrado na Fig. P3.75 para que $p_1 - p_2$ seja igual a 16,3 kPa quando a vazão for igual a 6,8 m³/h. Admita que o escoamento é ideal e que o coeficiente de contração é igual a 0,63.

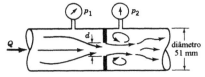

Figura P3.75

3.76 A Fig. P3.76 mostra um antigo dispositivo utilizado para medir o tempo. O formato do vaso axisimétrico é tal que o nível da água cai com velocidade constante. Determine o formato do vaso, $R(z)$, sabendo que a velocidade da superfície livre da água e o diâmetro do orifício posicionado no fundo do dispositivo são iguais a 0,10 m/h e 5,0 mm. Admita que o dispositivo opera 12 horas sem recarga.

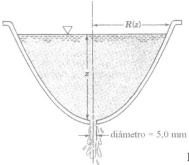

Figura P3.76

+3.77 Foi detectada a presença de um pequeno furo no fundo do barco mostrado na Fig. P3.77. Admitindo que o barco está parado, estime o tempo necessário para que o barco afunde. Faça uma lista com todas as hipóteses utilizadas na solução do problema e justifique sua resposta.

Figura P3.77

*3.78 Um tanque esférico, diâmetro D, apresenta um furo, com diâmetro d, localizado na sua parte mais baixa. O tanque é ventilado, ou seja a pressão na superfície livre do líquido no tanque é sempre igual a atmosférica. Inicialmente, o tanque estava cheio e o escoamento de líquido para fora do tanque pode ser modelado como quase permanente e inviscido. Determine como varia a altura da superfície livre do líquido no tanque em função do tempo. Construa um gráfico de $h(t)$ para cada um dos seguintes diâmetros de tanque: 0,3; 1,5; 3,0; e 6 m. Admita que d = 25 mm.

Figura P3.79

*3.79 A Fig. P3.79 mostra um cronômetro construído com um funil. O funil é enchido até a borda com água e a tampa é removida no instante t = 0. As marcas devem ser colocadas na parede do funil e devem indicar intervalos de tempo iguais a 15 s. O fundo de escala do cronômetro deve ser igual a 3 minutos (neste instante o funil está vazio). Projete vários funis considerando θ = 30, 45 e 60 ° e que o diâmetro da seção de descarga do funil é 2,5 mm. Refaça o problema admitindo que o diâmetro da seção de descarga é igual a 1,25 mm.

*3.80 A área da superfície livre, A, da represa mostrada na Fig. P3.80 varia com a profundidade h do modo mostrado na tabela abaixo. No instante $t = 0$ a válvula é aberta e a drenagem da represa ocorre pela tubulação que apresenta diâmetro D. Construa um gráfico de h em função do tempo considerando que D = 0,15; 0,30; 0,45; 0,60; 0,75 e 0,90 m. Admita que os efeitos viscosos são desprezíveis e que h = 5,52 m em $t = 0$.

h (m)	A (m²)
0	0
0,61	1,21×10³
1,22	2,02×10³
1,83	3,23×10³
2,44	3,64×10³
3,05	4,45×10³
3,66	6,07×10³
4,30	7,28×10³
4,91	9,71×10³
5,52	1,13×10⁴

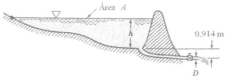

Figura P3.80

3.81 Água escoa na tubulação ramificada que está esboçada na Fig. P3.81. Admitindo que os efeitos viscosos são desprezíveis, determine a pressão nas seções 2 e 3 desta tubulação.

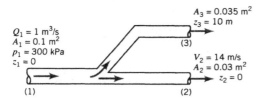

Figura P3.81

3.82 Água escoa na tubulação ramificada que está esboçada na Fig. P3.82. Admitindo que os efeitos viscosos são desprezíveis, determine a velocidade do escoamento na seção (2), a pressão na seção (3) e a vazão em volume na seção (4).

3.83 A Fig. P3.83 mostra um grande tanque sendo drenado por uma tubulação que apresenta ramificação. Determine a vazão em volume na seção de descarga do tanque e a pressão no ponto (1). Admita que os efeitos viscosos são desprezíveis.

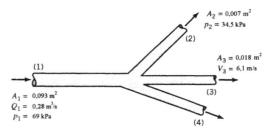

Figura P3.82

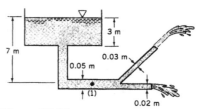

Figura P3.83

3.84 Água escoa na derivação horizontal mostrada na Fig. P3.84. A vazão e a pressão na seção (1) são iguais a 234 m³/h e 3,4 bar. Determine as pressões nas seções (2) e (3) sabendo que as vazões em volume nestas seções são iguais.

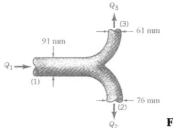

Figura P3.84

3.85 A Fig. P3.85 mostra o jato descarregado pelo tubo interagindo com um disco circular. Determine a vazão em volume do escoamento e a altura manométrica H. Note que a geometria do problema é axisimétrica.

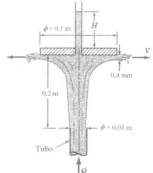

Figura P3.85

3.86 Ar escoa para a churrasqueira coberta mostrada na Fig. P3.86 através de nove furos que apresentam diâmetros iguais a 10,2 mm. Determine

Figura P3.86

a pressão na região inferior a grelha necessária para manter uma vazão de ar igual a 2,36 m³/h na churrasqueira. Admita que o escoamento é incompressível e invíscido.

3.87 Uma tampa cônica é utilizada para regular o escoamento de ar descarregado de uma tubulação (veja a Fig. P3.87). A espessura do filme de ar que deixa o cone é uniforme e igual a 0,02 m. Determine a pressão do ar no tubo sabendo que a vazão de ar descarregado é 0,50 m³/s. Admita que os efeitos viscosos são desprezíveis.

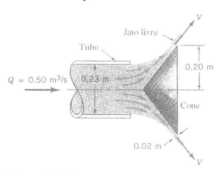

Figura P3.87

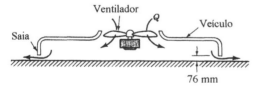

Figura P3.88

3.88 A Fig. P3.88 mostra o esboço de um veículo suportado por um colchão de ar. O ar escapa através da fresta formada pela saia do veículo e pela superfície da água (ou chão). Admita que a massa do veículo é igual a 4530 kg e que seu formato é retangular (9,1 m × 19,8 m). O volume da câmara é grande o suficiente para que a energia cinética do ar na câmara seja desprezível. Determine a vazão em volume, Q, necessária para suportar o veículo sabendo que a espessura da fresta é igual a 76 mm. Se a espessura da fresta for reduzida para 51 mm, qual é a vazão necessária para suportar o veículo? Se a massa do veículo for reduzida para 2265 kg e a espessura da fresta for mantida igual a 76 mm, qual é a vazão de ar necessária para suportar o veículo?

3.89 Um pequeno cartão é colocado na superfície lateral de um carretel do modo mostrado na Fig. P3.89. Não é possível expulsar o cartão do carretel soprando ar através do furo central do carretel. Quanto mais forte for o sopro, mais o cartão "gruda" no carretel. De fato, é possível manter o cartão preso no carretel com o conjunto virado de ponta cabeça se o sopro for muito forte. (Nota: Pode ser necessário utilizar uma tachinha para inibir o movimento lateral do cartão). Explique este fenômeno.

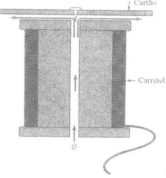

Figura P3.89

3.90 Água escoa sobre um vertedoro que apresenta abertura parabólica (veja a Fig. P3.90 e o ⊙ 10.7). Observe que a largura útil máxima do dispositivo é dada por $CH^{1/2}$, onde C é uma constante. Como varia a vazão em volume no vertedoro em função da cota H?

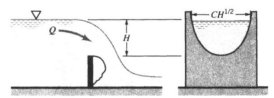

Figura P3.90

3.91 O vertedoro trapezoidal mostrado na Fig. P3.91 é utilizado para medir a vazão de água num canal. Sabendo que a vazão em volume é Q_0 quando $H = l/2$, determine o valor da vazão quando $H = l$.

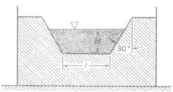

Figura P3.91

3.92 Água escoa na rampa inclinada mostrada na Fig. P3.92. O escoamento é uniforme nas seções (1) e (2) e os efeitos viscosos são desprezíveis. Para as condições fornecidas na figura, mostre que é possível obter três soluções para a espessura h_2 a partir das equações de Bernoulli e da continuidade. Mostre que apenas duas destas soluções são possíveis. Determine estes valores.

Figura P3.92

3.93 A vazão em volume de água em canais pode ser determinada com um dispositivo denominado calha de Venturi. A Fig. P3.93 mostra que este dispositivo é constituído por uma protuberância construída no fundo do canal. Admitindo que a depressão provocada no escoamento é igual a 70 mm, determine a vazão em volume do escoamento de água por unidade de largura do canal. Admita que os perfis de velocidade no escoamento são uniformes e que os efeitos viscosos são desprezíveis.

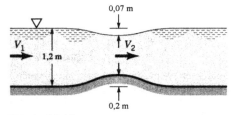

Figura P3.93

3.94 Água escoa no canal retangular, largura igual a 0,5 m, mostrado na Fig. P3.94. Determine a vazão em volume deste escoamento sabendo que os efeitos viscosos são desprezíveis.

Figura P3.94

3.95 Água escoa sob a comporta inclinada mostrada na Fig. P3.95. Determine a vazão em volume do escoamento sabendo que a largura da comporta é igual a 2,44 m.

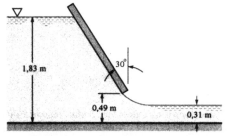

Figura P3.95

3.96 Água escoa num tubo vertical que apresenta diâmetro interno igual a 0,15 m. A vazão de água é 0,2 m³/s e a pressão é 2 bar numa seção transversal que apresenta elevação igual a 25 m. Determine as cargas de velocidade e pressão nas seções transversais que apresentam elevações iguais a 20 e 55 m.

3.97 Desenhe a linha de energia e a piezométrica para o escoamento descrito no Prob. 3.64.

3.98 Desenhe a linha de energia e a piezométrica para o escoamento descrito no Prob. 3.60.

3.99 Desenhe a linha de energia e a piezométrica para o escoamento descrito no Prob. 3.65.

*3.100 Água escoa no canal inclinado que está esboçado na Fig. P3.100. A velocidade e a profundidade do escoamento a montante do canal (V_1 e h_1) são mantidas constantes. Construa um gráfico da profundidade h_2 em função da altura H para a faixa $0 \leq H \leq 2m$. Admita que os efeitos viscosos são desprezíveis. Note que existem três soluções para cada valor de H e que nem todas as soluções apresentam significado físico.

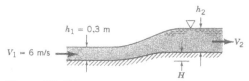

Figura P3.100

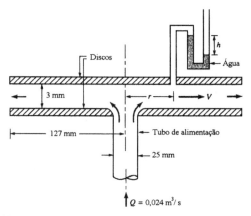

Figura P.3.101

3.101 O dispositivo mostrado na Fig. P3.101 é utilizado para investigar o escoamento radial entre dois discos paralelos. Ar a temperatura de 28 °C e a pressão absoluta de 739 mm de mercúrio escoa pelo tubo de alimentação (Q = 2,37 litros/s) e é injetado no espaço formado por dois discos paralelos. O escoamento nesta região é radial. A pressão estática, p, em função de r é determinada com um manômetro (que fornece uma altura manométrica h). A equação de Bernoulli mostra que a pressão aumenta na direção radial porque a velocidade V diminui com o aumento do raio. Note que a pressão relativa é zero na borda do disco (seção de descarga do escoamento).

A próxima tabela apresenta um conjunto de valores experimentais das leituras manométricas em função da distância radial. Utilize estes resultados para construir um gráfico da carga de pressão (em m de coluna de ar) em função da posição radial. Construa, no mesmo gráfico, a curva teórica obtida com a equação de Bernoulli e os dados fornecidos.

Compare os valores obtidos pelas vias experimental e teórica e discuta as razões para os desvios que podem existir entre estes valores.

h (mm)	r (mm)
−70,87	0,00
−44,45	7,92
12,70	10,97
229,87	18,59
152,91	25,30
51,30	38,10
24,38	50,90
12,19	63,40
6,10	76,20
3,30	89,00
0,76	101,50
0,25	114,30
0,00	127,00

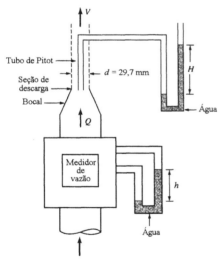

Figura P3.102

3.102 O dispositivo da Fig. P3.102 pode ser utilizado para calibrar medidores de vazão. A vazão em volume no medidor em questão, Q, é proporcional a raiz quadrada da diferença de pressão no medidor (dada em função da leitura h do manômetro de coluna d'água). Assim, $Q = K(h)^{1/2}$, onde K é uma constante desconhecida que é função do projeto do medidor.

Ar, a 23,9 °C e numa pressão absoluta de 737 mm de coluna de mercúrio, escoa pelo medidor e é descarregado no ambiente através de um bocal projetado para fornecer um perfil uniforme de velocidade na sua seção de descarga. A velocidade nesta seção, V, pode ser determinada utilizando um tubo de Pitot conectado a um manômetro de coluna d'água. A leitura neste manômetro é H. A vazão em volume pode ser calculada por $Q = VA$, onde A é a área da seção de descarga do bocal.

A próxima tabela apresenta um conjunto de dados experimentais para h e H. Utilize estes resultados para construir um gráfico log − log da vazão em função da leitura h. Note que o gráfico obtido será uma linha reta com inclinação 1/2 se $Q = K(h)^{1/2}$. Determine o valor de K.

Quais são as possíveis fontes de erro neste experimento?

h (mm)	H (mm)
294,6	142,2
281,9	137,1
271,8	132,1
256,5	124,5
243,8	119,4
223,5	109,2
200,7	99,1
182,8	88,9
154,9	78,7
137,1	68,6
114,3	58,4
96,5	50,8
73,6	40,6

3.103 O dispositivo mostrado na Fig. P3.103 é utilizado para investigar a variação de pressão num canal de seção transversal variável. O canal apresenta profundidade uniforme, uma parede reta e uma curva (veja a figura). A largura do canal, b, varia ao longo do dispositivo. A vazão de ar no canal, a 22 °C e numa pressão absoluta igual a 736 mm de coluna de mercúrio, é 134,6 m³/h. A pressão estática, p, pode ser medida em vários locais ao longo do canal (tanto na superfície plana como na curva) com um manômetro de coluna d'água (a altura da coluna de água no manômetro é h). A pressão relativa na seção de descarga do canal ($y = 551,7$ mm) é zero.

A próxima tabela apresenta um conjunto de valores para y, b, e h obtidos por via experimental. Utilize estes dados para construir um gráfico da carga de pressão, em metros de coluna de ar, em função da posição ao longo do canal para a superfície curva e outro relativo a superfície plana. Construa, no mesmo gráfico, a curva teórica obtida com a equação de Bernoulli e dos dados fornecidos. Compare os valores obtidos pelas vias experimental e teórica e discuta as razões para os desvios que podem existir entre estes valores.

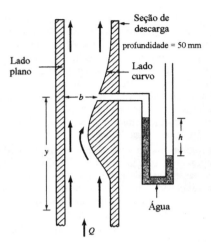

Figura P3.103

y (mm)	b (mm)	h (curva) (mm)	h (reta) (mm)
18,3	50,8	−7,9	−7,1
64,0	50,8	−9,4	−4,6
100,6	32,5	−8,1	10,7
118,9	26,7	41,4	19,6
137,2	26,7	26,7	25,4
207,3	32,8	15,7	16,0
274,3	39,1	7,9	8,1
335,3	45,0	3,8	3,8
402,3	50,8	1,3	0,0
551,7	50,8	0,0	0,0

Cinemática dos Fluidos 4

Nós definimos, nos três primeiros capítulos deste livro, algumas propriedades básicas dos fluidos e analisamos muitas situações onde o fluido estava imóvel ou se movimentando de um modo muito simples. Nós também vimos que existem muitos casos onde o fluido está imóvel ou apresentando deslocamentos tão pequenos que podem ser desprezados. Entretanto, os fluidos normalmente apresentam a tendência de escoar. É muito difícil "segurar" um fluido e restringir o seu movimento. Por menor que seja a tensão de cisalhamento aplicada num fluido ela induzirá um movimento no fluido. De modo análogo, um desbalanço apropriado das tensões normais (pressão) também provocará o movimento nos fluidos.

Neste capítulo nós analisaremos vários aspectos do movimento dos fluidos sem considerarmos as forças necessárias para produzir o escoamento. Ou seja, nós consideraremos a cinemática do movimento – a análise da velocidade e da aceleração no fluido – e também a descrição e a visualização do movimento. A análise das forças necessárias para produzir o escoamento (a dinâmica do movimento) será discutida detalhadamente nos próximos capítulos. Nós podemos obter uma grande quantidade de informações úteis através da análise cinemática do escoamento e o modo de descrever, e observar o movimento dos fluidos, é um passo essencial para o entendimento completo da dinâmica dos fluidos.

É muito fácil observar escoamentos fascinantes como aquele associado com a fumaça descarregada por uma chaminé ou o escoamento da atmosfera indicado pelo movimento das nuvens. O movimento das ondas num lago ou a mistura de tintas num balde também são exemplos de visualização de escoamentos. Muitas informações úteis destes escoamentos podem ser obtidas a partir de sua análise cinemática e sem considerar as forças que os provocam.

4.1 O Campo de Velocidade

Os fluidos apresentam movimentos moleculares, ou seja, as moléculas do fluido sempre estão se movimentando de um ponto para outro ponto. Como nós discutimos no Cap. 1, uma porção típica de fluido contém tantas moléculas que ficaria totalmente inviável descrever o movimento de todas as moléculas individualmente (exceto em alguns casos). Em vez disto, nós formulamos a hipótese de meio contínuo e consideramos o fluido como composto por partículas fluidas que interagem entre si e com o meio. Cada partícula contém muitas moléculas. Assim, nós podemos descrever o escoamento de fluido em função do movimento das partículas fluidas (velocidade e aceleração) em vez do movimento das moléculas.

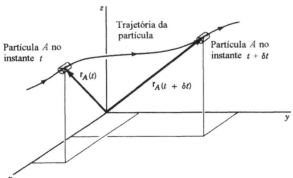

Figura 4.1 Localização da partícula com o vetor posição.

146 Fundamentos da Mecânica dos Fluidos

As partículas infinitesimais de fluido são compactas (é uma decorrência da hipótese de meio contínuo). Assim, num dado instante, a descrição de qualquer propriedade do fluido (i.e. massa específica, pressão, velocidade e aceleração) pode ser formulada em função da posição da partícula. A apresentação dos parâmetros do fluido em função das coordenadas espaciais é denominada representação do campo de escoamento. É claro que a representação do campo de escoamento pode ser diferente a cada instante e, deste modo, nós precisamos determinar os vários parâmetros em função das coordenadas espaciais e do tempo para descrever totalmente o escoamento. Assim, para especificar a temperatura, T, do ar contido numa sala nós precisamos especificar o campo de temperatura, $T = T(x, y, z, t)$, na sala (do chão ao teto e de parede a parede) ao longo do tempo.

Uma das variáveis mais importantes dos escoamentos é o campo de velocidades,

$$\mathbf{V} = u(x,y,z,t)\hat{\mathbf{i}} + v(x,y,z,t)\hat{\mathbf{j}} + w(x,y,z,t)\hat{\mathbf{k}}$$

onde u, v e w são os componentes do vetor velocidade nas direções x, y e z. Por definição, a velocidade da partícula é igual a taxa de variação temporal do vetor posição desta partícula. A Fig. 4.1 mostra que a posição da partícula A, em relação ao sistema de coordenadas, é dada pelo seu vetor posição, $\mathbf{r}_A$, e que este vetor é uma função do tempo se a partícula está se movimentando. A derivada temporal do vetor posição fornece a velocidade da partícula, ou seja, $d\mathbf{r}_A/dt = \mathbf{V}_A$. Nós podemos descrever o campo vetorial de velocidade especificando a velocidade de todas as partículas fluidas, ou seja, $\mathbf{V} = \mathbf{V}(x, y, z, t)$.

A velocidade é um vetor, logo ela apresenta módulo, direção e sentido. O módulo de $\mathbf{V}$ é representado por $V = |\mathbf{V}| = (u^2 + v^2 + w^2)^{1/2}$. Nós mostraremos na próxima seção que uma mudança na velocidade provoca numa aceleração e que esta aceleração pode ser devida a uma mudança de velocidade e/ou direção (⊙ 4.1 – Campo de velocidade).

Exemplo 4.1

O campo de velocidade de um escoamento é dado por $\mathbf{V} = (V_0/l)(x\hat{\mathbf{i}} - y\hat{\mathbf{j}})$, onde V_0 e l são constantes. Determine o local no campo de escoamento onde a velocidade é igual a V_0 e construa um esboço do campo de velocidade no primeiro quadrante ($x \geq 0$, $y \geq 0$).

Solução Os componentes do vetor velocidade nas direções x, y e z são $u = V_0 x/l$, $v = -V_0 y/l$ e $w = 0$. Assim, o módulo do vetor velocidade é

$$V = (u^2 + v^2 + w^2)^{1/2} = \frac{V_0}{l}(x^2 + y^2)^{1/2} \tag{1}$$

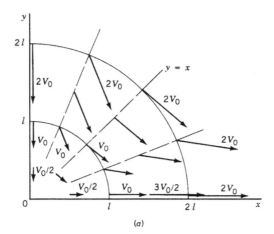

(a)

(b)

Figura E4.1

Note que o local onde a velocidade é igual a V_0 é o círculo com raio l e com centro na origem do sistema de coordenadas (veja a Fig. E4.1a). A direção do vetor velocidade em relação ao eixo x é fornecida pelo ângulo θ, definido por $\theta = \arctan(v/u)$. Para este escoamento (veja a Fig. E4.1b),

$$\tan\theta = \frac{v}{u} = \frac{-V_0 y/l}{V_0 x/l} = \frac{-y}{x}$$

Ao longo do eixo x ($y = 0$) nós temos que $\tan\theta = 0$ de modo que $\theta = 0°$ ou $\theta = 180°$. De modo análogo, ao longo do eixo y ($x = 0$) nós temos que $\tan\theta = \pm\infty$ de modo que $\theta = 90°$ ou $\theta = 270°$. Note, também, que para $y = 0$ nós encontramos $\mathbf{V} = (V_0 x/l)\hat{\imath}$ enquanto que para $x = 0$ nós encontramos $\mathbf{V} = (-V_0 y/l)\hat{\jmath}$. Isto indica (se $V_0 > 0$) que o escoamento é dirigido para a origem no eixo y e para fora da origem ao longo do eixo x (veja novamente a Fig. E4.1a).

A determinação de $\mathbf{V}$ e θ em outros pontos do plano $x-y$ nos permite esboçar o campo de velocidade (veja a Fig. E4.1a). Por exemplo, a velocidade está inclinada de $-45°$ em relação ao eixo x na reta $y = x$ ($\tan\theta = v/u = -y/x = -1$). Nós também encontramos que $\mathbf{V} = 0$ na origem ($x = y = 0$) e, por este motivo, a origem é um ponto de estagnação. A Eq. 1 mostra que quanto mais distante da origem estiver o ponto que está sendo analisado maior é a velocidade do escoamento. É sempre possível obter informações sobre o escoamento analisando cuidadosamente o campo de velocidade.

4.1.1 Descrições Euleriana e Lagrangeana dos Escoamentos

Existem dois modos para analisar os problemas da mecânica dos fluidos (ou de outras áreas da física). O primeiro método, denominado Euleriano, utiliza o conceito de campo apresentado na seção anterior. Neste caso, o movimento do fluido é descrito pela especificação completa dos parâmetros necessários (por exemplo, pressão, massa específica e velocidade) em função das coordenadas espaciais e do tempo. Neste método nós obtemos informações do escoamento em função do que acontece em pontos fixos do espaço enquanto o fluido escoa por estes pontos.

O segundo método, denominado Lagrangeano, envolve seguir as partículas fluidas e determinar como as propriedades da partícula variam em função do tempo. Ou seja, as partículas são "rotuladas" (identificadas) e suas propriedades são determinadas durante o movimento.

A diferença entre os dois métodos de descrever os escoamentos pode ser vista na análise da fumaça descarregada de uma chaminé (veja a Fig. 4.2). No método Euleriano, uma pessoa pode instalar um dispositivo para a medir a temperatura no topo da chaminé (ponto 0) e registrar a temperatura neste ponto em função do tempo. Note que o termômetro indicará a temperatura de partículas diversas em instantes diferentes. Assim, podemos obter a temperatura, T, neste ponto ($x = x_0$; $y = y_0$ e $z = z_0$) em função do tempo. A utilização de vários termômetros fixos em diversos pontos nos fornecerá o campo de temperatura do escoamento, $T(x, y, z, t)$. A temperatura da partícula em função do tempo não pode ser determinada a menos que conheçamos a posição da partícula em função do tempo.

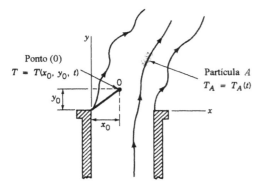

Figura 4.2 Descrição Euleriana e Lagrangeana da temperatura num escoamento.

No método Lagrangeano, nós instalaríamos um dispositivo para medir a temperatura numa partícula fluida (partícula A) e registraríamos a sua temperatura durante o movimento. Assim, nós obteríamos a história da temperatura da partícula, $T_A = T_A(t)$. A utilização de um conjunto de dispositivos para medir a temperatura em várias partículas forneceria a história das temperaturas destas partículas. Nós não poderíamos determinar a temperatura em função da posição a menos que a localização de cada partícula fosse conhecida em função do tempo. É importante ressaltar que se dispusermos das informações suficientes para a descrição Euleriana é possível determinar todas as informações Lagrangeanas do escoamento em questão e vice versa.

Usualmente é mais fácil utilizar o método Euleriano para descrever os escoamentos - tanto nas investigações experimentais quanto nas analíticas. Existem, entretanto, certos casos em que o método Lagrangeano é mais conveniente. Por exemplo, alguns métodos numéricos para a resolução dos escoamentos são baseados na análise de partículas individuais e nas interações desta partícula com outras partículas fluidas e, assim, descrevem o escoamento a partir de termos Lagrangeanos. De modo análogo, em alguns experimentos as partículas fluidas são "rotuladas" e seguidas no seu movimento e, deste modo, fornecendo uma descrição Lagrangeana. Várias medições oceanográficas são obtidas com dispositivos que escoam junto com as correntes do oceano. De modo análogo, a utilização de traçador opacos ao raio X torna possível seguir o escoamento de sangue nas artérias e obter uma descrição Lagrangeana do escoamento. Uma descrição Lagrangeana também pode ser útil para analisar o escoamento em máquinas hidráulicas (como bombas e turbinas) aonde as partículas fluidas ganham ou perdem energia ao longo de suas trajetórias.

Uma outra situação que mostra a diferença entre as descrições Lagrangeana e Euleriana pode ser vista no seguinte exemplo. Cada ano milhares de pássaros migram entre seus habitats de verão e de inverno. Os ornitólogos estudam estas migrações para obter vários tipos de informações importantes. Um conjunto destes dados é a taxa com que os pássaros passam num certo local da sua rota de migração. Isto corresponde a uma descrição Euleriana - "vazão" de pássaros numa dada posição em função do tempo. Os ornitólogos não precisam seguir os pássaros identificados para obter esta informação. Um outro tipo de informação pode ser obtido "rotulando" alguns pássaros com rádio transmissores e seguir o seu movimento ao longo da rota de migração. Isto corresponde a uma descrição Lagrangeana - posição de uma dada partícula em função do tempo.

4.1.2 Escoamentos Unidimensionais, Bidimensionais e Tridimensionais

Os escoamentos normalmente são fenômenos tridimensionais, transitórios e complexos, $\mathbf{V} = \mathbf{V}(x, y, z, t)$. Entretanto, em muitos casos, é normal utilizarmos hipóteses simplificadoras para que seja possível analisar o problema (sem sacrificar muito a precisão dos resultados da análise). Uma destas hipóteses é a de considerar o escoamento real como unidimensional ou bidimensional.

O campo de velocidade, na maioria dos casos, apresenta três componentes (por exemplo: u, v e w) e, em muitas situações, os efeitos do caráter tridimensional do escoamento são importantes. Nestes casos é necessário analisar o escoamento tridimensionalmente pois se desprezarmos um dos componentes do vetor velocidade na análise do escoamento obteremos resultados que apresentam desvios significativos em relação aqueles encontrados no escoamento real.

O escoamento de ar em torno de uma asa de avião é um exemplo de escoamento tridimensional complexo. A Fig. 4.3 mostra o aspecto da estrutura tridimensional deste escoamento. Note que foi utilizada uma técnica de visualização de escoamentos para enfatizar as estruturas do escoamento ao longo de um modelo de asa de avião (⊙ 4.2 – Escoamento em torno de uma asa).

Existem muitas situações onde um dos componentes do vetor velocidade é pequeno em relação aos outros dois componentes. Nestas situações, pode ser razoável desprezar este componente do vetor velocidade e admitir que o escoamento é bidimensional, ou seja, $\mathbf{V} = u\,\hat{\imath} + v\,\hat{\jmath}$ onde u e v são funções de x, y e, possivelmente, do tempo.

As vezes também é possível simplificar ainda mais a análise do escoamento admitindo que dois componentes do vetor velocidade são muito pequenos e aproximar o escoamento como unidimensional, ou seja, $\mathbf{V} = u\,\hat{\imath}$. Como nós veremos ao longo deste livro, o número de escoamentos verdadeiramente unidimensionais é mínimo (talvez eles nem existam) mas nós encontramos muitos escoamentos que podem ser modelados como unidimensionais (os resultados obtidos com o modelo são próximos daqueles encontrados por via experimental). É interessante ressaltar que esta hipótese não é adequada para um número muito grande de escoamentos.

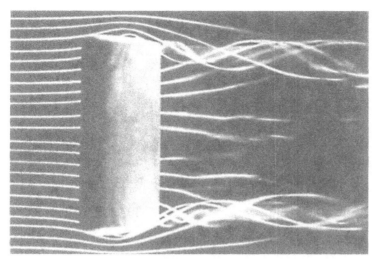

Figura 4.3 Visualização do escoamento ao longo de um modelo de aerofólio (Fotografado por M. R. Head).

4.1.3 Escoamentos em Regime Permanente e Transitórios

Nós admitimos, nas discussões da seção anterior, que o regime dos escoamentos era o permanente, ou seja, a velocidade num dado ponto não varia com o tempo, $\partial V / \partial t = 0$. Na realidade, quase todos os escoamentos são transitórios, ou seja, o campo de velocidade varia com o tempo. É bastante razoável acreditar que é mais difícil analisar os escoamentos transitórios, tanto analiticamente como experimentalmente, do que os escoamentos em regime permanente. Assim, a nossa análise do escoamento é bastante simplificada se o regime de escoamento puder ser admitido como permanente. Entre os vários tipos de escoamentos transitórios nós encontramos os escoamentos não periódicos, periódicos e os escoamentos verdadeiramente aleatórios. O tratamento da transitoriedade, da identificação do tipo de transitoriedade e sua inclusão no modelo teórico não é uma tarefa simples.

Um exemplo de escoamento não periódico transitório é aquele produzido no fechamento de uma torneira. Usualmente este processo transitório e as forças desenvolvidas como resultado deste processo transitório não precisam ser analisados. Entretanto, se o escoamento é interrompido subitamente (como numa válvula elétrica com solenóide) os efeitos transitórios podem ser significativos. O golpe de aríete (resultado do fechamento brusco de uma válvula de controle num sistema de transporte de líquidos) é um bom exemplo deste tipo e ele pode ser detectado pelo ruído produzido nas tubulações (veja a Ref. [1]).

Os efeitos transitórios podem ser periódicos (ocorrendo de tempos em tempos) em outros escoamentos. A injeção periódica de mistura ar - gasolina nos cilindros de um motor automotivo é um bom exemplo deste tipo de transitoriedade. Os efeitos são bastante regulares e repetitivos. É interessante ressaltar que estes efeitos são importantes na operação destas máquinas.

Em muitos casos, o caráter transitório do escoamento é aleatório, ou seja, não existe uma seqüência regular da transitoriedade. Este comportamento ocorre nos escoamentos turbulentos e não está presente nos escoamentos laminares. O escoamento de mel nas panquecas normalmente é laminar e determinístico e ele é muito diferente do escoamento turbulento observado nas torneiras. As rajadas irregulares de vento representam outro tipo de escoamento aleatório. As diferenças entre estes tipos de escoamento serão analisados detalhadamente nos Caps. 8 e 9 (☉ 4.3 – Tipos de escoamentos).

É importante entender que a definição de escoamento em regime permanente é aplicável a pontos fixos. No regime permanente, todos os parâmetros do escoamento (velocidade, temperatura e massa específica) são independentes do tempo em qualquer ponto. Entretanto, o valor do parâmetro para uma partícula fluida pode variar com o tempo enquanto ela escoa de um ponto para outro – mesmo que o regime de escoamento seja o permanente (☉ 4.4 – Vórtice de Júpiter). Por

150 Fundamentos da Mecânica dos Fluidos

exemplo, o campo de temperatura gerado pelo escoamento de gás de combustão de um automóvel pode permanecer inalterado durante horas mas a temperatura de uma partícula fluida descarregada há 5 minutos é mais baixa que àquela da partícula que está na iminência de ser descarregada pelo cano de escapamento do automóvel (apesar do regime de escoamento ser o permanente).

4.1.4 Linhas de Corrente, Linha de Emissão e Trajetória

Os escoamentos podem ser bastante complicados mas existem vários conceitos que podem ser utilizados para ajudar a visualização e a análise de seus campos. Tendo isto em vista, nós discutiremos a utilização das linhas de corrente, das linhas de emissão e das trajetórias. A linha de corrente é bastante utilizada no trabalho analítico enquanto que a linha de emissão e a trajetória são mais utilizadas no trabalho experimental.

A linha de corrente é a linha contínua que é sempre tangente ao campo de velocidade. Se o regime do escoamento é o permanente – nada muda com o tempo num ponto fixo (inclusive a direção do vetor velocidade) – as linhas de corrente são linhas fixas no espaço. Já nos escoamentos em regime transitório, os formatos das linhas de corrente podem variar com o tempo. As linhas de corrente são obtidas, analiticamente, integrando as equações que definem as linhas tangentes ao campo de velocidade. Para os escoamentos bidimensionais, a inclinação da linha de corrente, dy/dx, precisa ser igual a tangente do ângulo que o vetor velocidade faz com o eixo x, ou seja,

$$\frac{dy}{dx} = \frac{v}{u} \tag{4.1}$$

Esta equação pode ser integrada para fornecer as equações das linhas de corrente se o campo de velocidade for dado como uma função de x e y (e t se o escoamento for transitório).

Não existe um modo fácil para produzir as linhas de corrente nos escoamentos transitórios em laboratório. Como será discutido posteriormente, a observação de tinta, fumaça ou outro traçador injetado no escoamento pode fornecer informações úteis mas, se o regime é transitório, não é sempre possível obter informações sobre as linhas de corrente do escoamento.

Exemplo 4.2

Determine as linhas de corrente para o escoamento bidimensional em regime permanente apresentado no Exemplo 4.1, $\mathbf{V} = (V_0/l)(x\hat{\mathbf{i}} - y\hat{\mathbf{j}})$.

Solução Como $u = (V_0/l)x$ e $v = -(V_0/l)y$, temos que as linhas de corrente são dadas pela solução da equação

$$\frac{dy}{dx} = \frac{v}{u} = \frac{-(V_0/l)y}{(V_0/l)x} = -\frac{y}{x}$$

Note que as variáveis podem ser separadas e a equação resultante integrada, ou seja,

$$\int \frac{dy}{y} = -\int \frac{dx}{x}$$

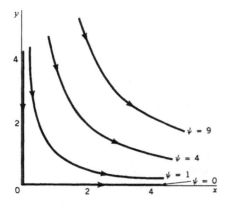

Figura E4.2

ou
$$\ln y = -\ln x + \text{constante}$$
Assim, nós encontramos que ao longo de uma linha de corrente
$$xy = C \qquad \text{onde } C \text{ é uma constante}$$
Nós podemos construir várias linhas de corrente no plano $x - y$ utilizando valores diferentes de C. A notação usual para a linhas de corrente é $\psi =$ constante na linha de corrente. Assim, a equação para as linhas de corrente deste escoamento é
$$\psi = xy$$
Como será discutido mais cuidadosamente no Cap. 6, a função $\psi = \psi(x,y)$ é denominada função corrente. A Fig. E4.2 mostra as linhas de corrente do primeiro quadrante. Uma comparação desta figura com a Fig. E4.1 mostra que as linhas são paralelas ao campo de velocidade.

Uma linha de emissão consiste de todas as partículas do escoamento que passaram por um determinado ponto. As linhas de emissão são mais utilizadas nos trabalhos experimentais do que nos teóricos. Elas podem ser obtidas tomando fotografias instantâneas de partículas marcadas que passaram por um determinado ponto em algum instante anterior ao da fotografia. Tal linha pode ser produzida pela injeção contínua de um traçador fluido numa dada posição (fumaça em ar, ou tintas em água - o traçador deve apresentar massa específica próxima da do fluido que escoa para que os efeitos de empuxo não sejam importantes – Ref. [2]). Se o regime de escoamento é o permanente, cada partícula injetada no escoamento segue precisamente o mesmo caminho e forma uma linha de emissão que é exatamente igual a linha de corrente que passa pelo ponto de injeção.

Em escoamentos transitórios, as partículas injetadas no mesmo ponto mas em instantes diferentes não seguem, necessariamente, o mesmo caminho. Uma fotografia instantânea do fluido traçador mostraria uma linha de emissão a cada instante mas esta linha não necessariamente coincidiria com a linha de corrente que passa pelo ponto de injeção neste ou em qualquer outro instante (veja o Exemplo 4.3 e o ⊙ 4.5 – Linhas de corrente).

O terceiro método utilizado para visualizar e descrever os escoamentos envolve a utilização da trajetória. Uma trajetória é a linha traçada por uma dada partícula que escoa de um ponto para outro. A trajetória é um conceito Lagrangeano e que pode ser produzido no laboratório marcando-se uma partícula fluida ("pintando um pequeno elemento fluido") e tirando uma fotografia de longa exposição do seu movimento.

Se o regime do escoamento é o permanente, a trajetória seguida por uma partícula marcada será a mesma que a linha formada por todas as partículas que passaram no ponto de injeção (a linha de emissão). Em tais casos estas linhas também são tangentes ao campo de velocidade. Assim, a trajetória, a linha de corrente e a linha de emissão são coincidentes nos escoamentos em regime permanente. Já nos escoamentos em regime transitório, nenhuma destes três tipos de linha necessariamente são coincidentes (Ref. [3]). É comum encontrarmos fotografias que mostram as linhas de corrente que foram identificadas pela injeção de tinta ou de fumaça no escoamento (veja a Fig. 4.3) mas tais fotografias mostram as linhas de emissão e não as de corrente. Entretanto, para escoamentos em regime permanente estas duas linhas são idênticas e apenas a nomenclatura utilizada está incorreta.

Exemplo 4.3

Água escoa no nebulizador oscilante mostrado na Fig. E4.3a e produz um campo de velocidade dado por $\mathbf{V} = u_0 \text{sen}[\omega(t - y/v_0)]\,\hat{\mathbf{i}} + v_0\,\hat{\mathbf{j}}$ onde u_0, v_0 e ω são constantes. Note que o componente y do vetor velocidade permanece constante ($v = v_0$) e que o componente x em $y = 0$ coincide com a velocidade do nebulizador oscilante ($u = u_0 \text{sen}(\omega t)$ em $y = 0$).

(**a**) Determine a linha de corrente que passa pela origem em $t = 0$ e em $t = \pi/2\omega$. (**b**) Determine a trajetória da partícula que estava na origem em $t = 0$ e em $t = \pi/2\omega$. (**c**) Discuta o formato das linhas de emissão que passam pela origem.

Solução (**a**) Como $u = u_0 \text{sen}[\omega(t - y/v_0)]$ e $v = v_0$ segue que as linhas de corrente são dadas pela solução de (veja a Eq. 4.1)

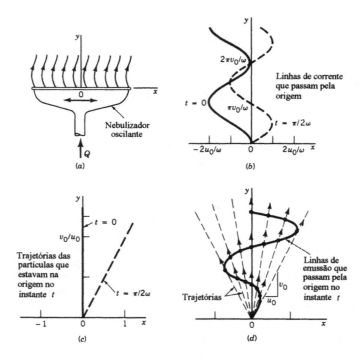

Figura E4.3

$$\frac{dy}{dx} = \frac{v}{u} = \frac{v_0}{u_0 \, \text{sen}[\omega(t - y/v_0)]}$$

Note que as variáveis podem ser separadas e a equação resultante integrada (em qualquer instante do tempo), ou seja,

$$u_0 \int \text{sen}\left[w\left(t - \frac{y}{v_0}\right)\right] dy = v_0 \int dx$$

ou

$$u_0 (v_0/\omega) \cos\left[\omega\left(t - \frac{y}{v_0}\right)\right] = v_0 x + C \quad (1)$$

onde C é uma constante. O valor de C para a linha de corrente que passa através da origem ($x = y = 0$) em $t = 0$ é $u_0 v_0 / \omega$. Assim, a equação desta linha de corrente é

$$x = \frac{u_0}{\omega}\left[\cos\left(\frac{\omega y}{v_0}\right) - 1\right] \quad (2)$$

De modo análogo, a Eq. 1 mostra que $C = 0$ para a linha de corrente que passa pela origem no instante $t = \pi/2\omega$. Assim, a equação desta linha de corrente é

$$x = \frac{u_0}{\omega} \cos\left[\omega\left(\frac{\pi}{2\omega} - \frac{y}{v_0}\right)\right] = \frac{u_0}{\omega} \cos\left(\frac{\pi}{2} - \frac{\omega y}{v_0}\right) = \frac{u_0}{\omega} \text{sen}\left(\frac{wy}{v_0}\right) \quad (3)$$

A Fig. E4.3b mostra estas duas linhas de corrente. As duas linhas não são coincidentes porque o escoamento é transitório. Por exemplo, na origem ($x = y = 0$) a velocidade é $\mathbf{V} = v_0 \, \hat{\mathbf{j}}$ em $t = 0$ e $\mathbf{V} = u_0 \, \hat{\mathbf{i}} + v_0 \, \hat{\mathbf{j}}$ em $t = \pi/2\omega$. Assim, o ângulo da linha de corrente que passa pela origem varia ao longo do tempo. De modo análogo, as formas das linhas de corrente são função do tempo.

(b) A trajetória da partícula (os locais ocupados pela partícula em função do tempo) pode ser obtida a partir do campo de velocidade e da definição de velocidade. Como $u = dx/dt$ e $v = dy/dt$,

$$\frac{dx}{dt} = u_0 \operatorname{sen}\left[\omega\left(t - \frac{y}{v_0}\right)\right] \quad \text{e} \quad \frac{dy}{dt} = v_0$$

A segunda equação pode ser integrada (porque v_0 é constante) e fornecer a coordenada y da trajetória, ou seja,

$$y = v_0 t + C_1 \tag{4}$$

onde C_1 é uma constante. Utilizando esta relação entre y e t nós podemos reescrever a equação de dx/dt do seguinte modo

$$\frac{dx}{dt} = u_0 \operatorname{sen}\left[\omega\left(t - \frac{v_0 t + C_1}{v_0}\right)\right] = -u_0 \operatorname{sen}\left(\frac{C_1 \omega}{v_0}\right)$$

Esta equação pode ser integrada e fornecer o componente x da trajetória, ou seja,

$$x = -\left[u_0 \operatorname{sen}\left(\frac{C_1 \omega}{v_0}\right)\right] t + C_2 \tag{5}$$

onde C_2 é uma constante. Para cada partícula que estava na origem ($x = y = 0$) no instante $t = 0$, as Eqs (4) e (5) fornecem $C_1 = C_2 = 0$. Assim, as trajetórias são definidas por

$$x = 0 \quad \text{e} \quad y = v_0 t \tag{6}$$

De modo análogo, para a partícula que estava na origem em $t = \pi/2\omega$, as Eqs 4 e 5 fornecem $C_1 = -\pi v_0 / 2\omega$ e $C_2 = -\pi u_0 / 2\omega$. Assim, a trajetória para esta partícula é

$$x = u_0\left(t - \frac{\pi}{2\omega}\right) \quad \text{e} \quad y = v_0\left(t - \frac{\pi}{2\omega}\right) \tag{7}$$

As trajetórias podem ser construídas a partir de $x(t)$, $y(t)$ para $t \geq 0$ ou pela eliminação do tempo na Eq. 7. Procedendo deste modo,

$$y = \frac{v_0}{u_0} x$$

Observe que as trajetórias e as linhas de corrente não são coincidentes porque o regime do escoamento é o transitório (⊙ 4.5 – Trajetórias).

(c) A linha de emissão que passa pela origem em $t = 0$ é o lugar geométrico em $t = 0$ das partículas que passaram previamente pela origem ($t < 0$). A forma geral das linhas de emissão podem ser determinadas do seguinte modo. Cada partícula que escoou pela origem se desloca numa linha reta (as trajetórias são radiais a partir da origem) e a inclinação de cada uma destas retas está contida no intervalo $\pm v_0/u_0$ (veja a Fig. E4.3d). As partículas que passam pela origem em instantes diferentes estão localizadas em raios diferentes da origem. Se injetássemos continuamente um filete de tinta no nebulizador nós obteríamos uma linha de emissão com formato igual a linha mostrada na Fig. E4.3d. Como o escoamento é transitório, as linhas de emissão variarão com o tempo mas sempre apresentarão o caráter oscilante e sinuoso mostrado na figura.

As linhas de corrente, as trajetórias e as linhas de emissão não são coincidentes neste exemplo mas todas estas linhas seriam idênticas se o escoamento ocorresse em regime permanente.

4.2 O Campo de Aceleração

Nós mostramos na seção anterior que é possível descrever os escoamentos de dois modos: (1) seguindo as partículas fluidas (descrição Lagrangeana) e (2) analisando o que acontece num ponto fixo no espaço, ou seja, observando partículas diferentes que passam por este ponto (descrição Euleriana). Para aplicar a segunda lei de Newton ($\mathbf{F} = m\mathbf{a}$), tanto na abordagem Lagrangeana quanto na Euleriana, é necessário especificar apropriadamente a aceleração da partícula. Para o método de Lagrange (cuja utilização não é freqüente) nós especificamos a aceleração do fluido do mesmo modo utilizado na mecânica dos corpos rígidos. Já para a descrição Euleriana, nós vamos especificar o campo de aceleração (função da posição e do tempo) e não vamos analisar o movimento de uma partícula isolada. Isto é análogo a descrever o escoamento com o campo de velocidade, $\mathbf{V} = \mathbf{V}(x, y, z, t)$, e não com o conjunto de velocidades das partículas. Nesta seção nós mostraremos como obter o campo de aceleração a partir do campo de velocidade.

A aceleração de uma partícula é a taxa de variação de sua velocidade. Para escoamentos em regime transitório, a velocidade numa dada posição (ocupada por diferentes partículas) pode variar com o tempo e, deste modo, proporcionar uma aceleração. Mas uma partícula fluida também pode ser acelerada enquanto escoa de um ponto para outro devido a variação de sua velocidade. Por exemplo, a água que está escoando, em regime permanente, numa mangueira de jardim apresentará uma aceleração quando escoar da mangueira, onde a velocidade é relativamente baixa, para a seção de descarga do bocal da mangueira (onde a velocidade é relativamente alta).

4.2.1 A Derivada Material

Considere a partícula fluida que se move ao longo da trajetória mostrada na Fig. 4.4. Normalmente, a velocidade da partícula A, $\mathbf{V}_A$, é uma função de sua posição e do tempo, ou seja,

$$\mathbf{V}_A = \mathbf{V}_A(\mathbf{r}_A, t) = \mathbf{V}_A[x_A(t), y_A(t), z_A(t), t]$$

onde $x_A = x_A(t)$, $y_A = y_A(t)$ e $z_A = z_A(t)$ definem a posição da partícula fluida. Por definição, a aceleração da partícula é igual a taxa de variação de sua velocidade. Como a velocidade pode ser uma função da posição e do tempo, seu valor pode ser alterado em função de variações temporais bem como devido a mudanças de posição. Assim, se utilizarmos a regra da cadeia da diferenciação para obter a aceleração da partícula A, obteremos

$$\mathbf{a}_A(t) = \frac{d\mathbf{V}_A}{dt} = \frac{\partial \mathbf{V}_A}{\partial t} + \frac{\partial \mathbf{V}_A}{\partial x}\frac{dx_A}{dt} + \frac{\partial \mathbf{V}_A}{\partial y}\frac{dy_A}{dt} + \frac{\partial \mathbf{V}_A}{\partial z}\frac{dz_A}{dt} \tag{4.2}$$

Lembrando que $u_A = dx_A/dt$, $v_A = dy_A/dt$ e $w_A = dz_A/dt$, nós podemos reescrever a equação anterior do seguinte modo:

$$\mathbf{a}_A(t) = \frac{\partial \mathbf{V}_A}{\partial t} + u_A \frac{\partial \mathbf{V}_A}{\partial x} + v_A \frac{\partial \mathbf{V}_A}{\partial y} + w_A \frac{\partial \mathbf{V}_A}{\partial z}$$

Nós podemos generalizar esta equação (remover a referência a partícula A) porque ela é válida para qualquer partícula fluida, ou seja

$$\mathbf{a}(t) = \frac{\partial \mathbf{V}}{\partial t} + u \frac{\partial \mathbf{V}}{\partial x} + v \frac{\partial \mathbf{V}}{\partial y} + w \frac{\partial \mathbf{V}}{\partial z} \tag{4.3}$$

Os componentes escalares desta equação vetorial são:

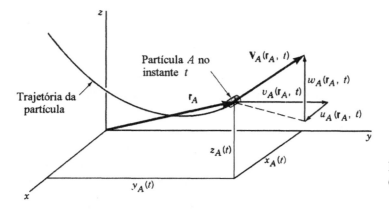

Figura 4.4 Velocidade e posição de uma partícula A no instante t.

$$a_x = \frac{\partial u}{\partial t} + u\frac{\partial u}{\partial x} + v\frac{\partial u}{\partial y} + w\frac{\partial u}{\partial z}$$

$$a_y = \frac{\partial v}{\partial t} + u\frac{\partial v}{\partial x} + v\frac{\partial v}{\partial y} + w\frac{\partial v}{\partial z} \qquad (4.4)$$

$$a_z = \frac{\partial w}{\partial t} + u\frac{\partial w}{\partial x} + v\frac{\partial w}{\partial y} + w\frac{\partial w}{\partial z}$$

onde a_x, a_y e a_z são os componentes do vetor aceleração nas direções x, y e z.

O resultado anterior muitas vezes é escrito como

$$\mathbf{a} = \frac{D\mathbf{V}}{Dt}$$

onde o operador

$$\frac{D(\ )}{Dt} = \frac{\partial(\ )}{\partial t} + u\frac{\partial(\ )}{\partial x} + v\frac{\partial(\ )}{\partial y} + w\frac{\partial(\ )}{\partial z} \qquad (4.5)$$

é denominado derivada material ou derivada substantiva. Uma outra notação utilizada para o operador derivada material é

$$\frac{D(\ )}{Dt} = \frac{\partial(\ )}{\partial t} + (\mathbf{V}\cdot\nabla)(\ ) \qquad (4.6)$$

O produto escalar do vetor velocidade, $\mathbf{V}$, com o operador gradiente, $\nabla(\ ) = \partial(\ )/\partial x\,\hat{\mathbf{i}} + \partial(\ )/\partial y\,\hat{\mathbf{j}} + \partial(\ )/\partial z\,\hat{\mathbf{k}}$ (é um operador vetorial), fornece uma notação conveniente para as derivadas espaciais que aparecem na representação cartesiana da derivada material. Observe que a notação $\mathbf{V}\cdot\nabla$ representa o operador $\mathbf{V}\cdot\nabla() = u\partial(\ )/\partial x + v\partial(\ )/\partial y + w\partial(\ )/\partial z$.

O conceito de derivada material é muito útil na análise de vários parâmetros do escoamento e não apenas na análise da aceleração. A derivada material de qualquer variável é igual a taxa com que a variável muda com o tempo para uma dada partícula (como vista por um observador que se move solidário ao escoamento - uma descrição Lagrangeana). Por exemplo, considere o campo de temperatura $T = T(x, y, z, t)$ associado a um dado escoamento como o mostrado na Fig. 4.2. Pode ser interessante determinar a taxa de variação temporal da temperatura de uma participa fluida (partícula A) enquanto ela se move através do campo de temperatura. Se o campo de velocidade, $V = V(x, y, z, t)$, é conhecido, nós podemos aplicar a regra da cadeia para determinar a taxa de variação de temperatura. Assim,

$$\frac{dT_A}{dt} = \frac{\partial T_A}{\partial t} + \frac{\partial T_A}{\partial x}\frac{dx_A}{dt} + \frac{\partial T_A}{\partial y}\frac{dy_A}{dt} + \frac{\partial T_A}{\partial z}\frac{dz_A}{dt}$$

Esta equação pode ser generalizada do seguinte modo

$$\frac{DT}{Dt} = \frac{\partial T}{\partial t} + u\frac{\partial T}{\partial x} + v\frac{\partial T}{\partial y} + w\frac{\partial T}{\partial z} = \frac{\partial T}{\partial t} + \mathbf{V}\cdot\nabla T$$

Note que o operador derivada material, $D(\ )/Dt$, também aparece nesta equação (como no caso da determinação da aceleração no campo de escoamento).

Exemplo 4.4

A Fig. E4.4a mostra o escoamento incompressível, invíscido e em regime permanente de um fluido ao redor de uma esfera de raio a. De acordo com uma análise mais avançada deste escoamento, a velocidade do fluido ao longo da linha de corrente $A - B$ é dada por

$$\mathbf{V} = u(x)\hat{\mathbf{i}} = V_0\left(1 + \frac{a^3}{x^3}\right)\hat{\mathbf{i}}$$

onde V_0 é a velocidade ao longe da esfera. Determine a aceleração imposta numa partícula fluida enquanto ela escoa ao longo desta linha de corrente.

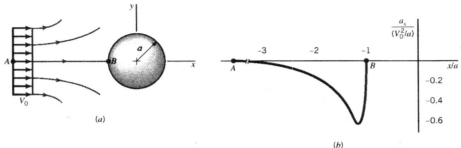

Figura E4.4

Solução Ao longo da linha de corrente $A - B$ só existe um componente do vetor velocidade pois $v = w = 0$. Assim, a Eq. 4.3 fica resumida a

$$\mathbf{a} = \frac{\partial \mathbf{V}}{\partial t} + u\frac{\partial \mathbf{V}}{\partial x} = \left(\frac{\partial u}{\partial t} + u\frac{\partial u}{\partial x}\right)\hat{\mathbf{i}}$$

ou

$$a_x = \frac{\partial u}{\partial t} + u\frac{\partial u}{\partial x} \qquad a_y = 0 \qquad a_z = 0$$

Como o regime do escoamento é o permanente, a velocidade num dado ponto não varia ao longo do tempo e, deste modo, $\partial u / \partial t = 0$. Utilizando a distribuição de velocidade fornecida,

$$a_x = u\frac{\partial u}{\partial x} = V_0\left(1 + \frac{a^3}{x^3}\right)V_0\left[a^3\left(-3x^{-4}\right)\right] = -3\left(V_0^2/a\right)\frac{1+(a/x)^3}{(x/a)^4}$$

Note que, ao longo da linha de corrente $A - B$ ($-\infty \leq x \leq -a$ e $y = 0$), o vetor aceleração apresenta apenas o componente x e que o valor deste componente é negativo. Assim, o fluido desacelera da velocidade ao longe, $\mathbf{V} = V_0\hat{\mathbf{i}}$ em $x = -\infty$, até a velocidade nula, $V = 0$ em $x = -a$ (ponto de estagnação). O comportamento de a_x ao longo da linha de corrente $A - B$ está mostrado na Fig. E4.4b. Este resultado é igual aquele obtido no Exemplo 3.1 e que foi calculado a partir da aceleração na direção da linha de corrente, $a_x = V \partial V / \partial s$. A desaceleração máxima ocorre em $x = -1,205a$ e, neste local, a aceleração apresenta módulo igual a $-0,61V_0^2/a$.

É importante ressaltar que, de modo geral, as partículas que escoam em outras linhas de corrente apresentam os três componentes do vetor aceleração (a_x, a_y e a_z) não nulos.

Nós podemos encontrar acelerações (ou desacelerações) bastante intensas nos escoamentos. Considere o escoamento de ar em torno de uma bola de "baseball" que apresenta raio $a = 43$ mm e que se desloca com velocidade de 44,8 m/s. De acordo com o resultado do Exemplo 4.4 a máxima desaceleração encontrada na linha de corrente frontal a bola é dada por

$$|a_x|_{max} = |a_x|_{x=-51,82mm} = \frac{0,61\times(44,8)^2}{0,043} = 2,85\times10^4 \text{ m/s}^2$$

Note que esta aceleração é, aproximadamente, 3000 vezes maior do que a da gravidade. A aceleração, ou desaceleração, das partículas fluidas podem ser bastante grandes em muitos escoamentos. Um caso extremo pode ser encontrado no escoamento através da onda de choque criada no escoamento supersônico em torno de um objeto (veja o Cap. 11). Em tal circunstância, a partícula fluida pode apresentar uma desaceleração centenas de milhares de vezes maior do que a da gravidade. Obviamente, é necessário existir forças muitas grandes para produzir uma aceleração desta magnitude.

4.22 Efeitos Transitórios

A derivada material contém dois tipos de termos – aqueles que envolvem derivadas temporais [$\partial\,(\,)/\partial t$] e aqueles que envolvem derivadas espaciais [$\partial\,(\,)/\partial x$, $\partial\,(\,)/\partial y$ e $\partial\,(\,)/\partial z$] (veja

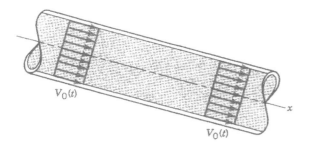

Figura 4.5 Escoamento em regime transitório num tubo com diâmetro constante

a Eq. 4.5). O conjunto de derivadas temporais é denominado derivada local. Eles representam os efeitos da transitoriedade do escoamento. Assim, a aceleração local é dada por $\partial \mathbf{V}/\partial t$. Se o regime do escoamento é o permanente, as derivadas locais são nulas em todo o campo do escoamento, ou seja, não existe variação pontual dos parâmetros do escoamento (mas nós podemos encontrar variações nestes parâmetros se analisarmos o escoamento de uma partícula fluida).

Quando o regime de escoamento é o transitório, seus parâmetros (por exemplo, velocidade, temperatura e massa específica), em qualquer ponto do campo de escoamento, podem apresentar variações. Por exemplo, uma xícara de café não misturada ($\mathbf{V} = 0$) resfriará devido a transferência de calor para o ambiente. Assim, $DT/Dt = \partial T/\partial t + \mathbf{V} \cdot \nabla T = \partial T/\partial t < 0$. De modo análogo, uma partícula fluida pode apresentar aceleração não nula criada pela transitoriedade do escoamento. Considere o escoamento num tubo com diâmetro constante mostrado na Fig. 4.5. Se nós admitirmos que o escoamento é uniforme no tubo, ou seja, $V = V_0(t)\,\hat{\mathbf{i}}$ em todos os pontos do campo de escoamento, o valor da aceleração depende da variação de V_0 (a aceleração local só existirá se V_0 for variável). Assim, o campo de aceleração, $\mathbf{a} = \partial V_0/\partial t\,\hat{\mathbf{i}}$, é uniforme em todo campo de escoamento mas ele pode variar com o tempo ($\partial V_0/\partial t$ não precisa ser constante). A aceleração devida es variações espaciais de velocidade (por exemplo, $u\,\partial u/\partial x$, $v\,\partial v/\partial y$) são nulas neste escoamento porque $\partial u/\partial x = 0$ e $v = w = 0$, ou seja,

$$\mathbf{a} = \frac{\partial \mathbf{V}}{\partial t} + u\frac{\partial \mathbf{V}}{\partial x} + v\frac{\partial \mathbf{V}}{\partial y} + w\frac{\partial \mathbf{V}}{\partial z} = \frac{\partial \mathbf{V}}{\partial t} = \frac{\partial V_0}{\partial t}\hat{\mathbf{i}}$$

4.2.3 Efeitos Convectivos

A porção da derivada material (Eq. 4.5) que apresenta derivadas espaciais é denominada derivada convectiva. Ela representa o seguinte fato: a propriedade associada à partícula fluida pode variar pelo movimento da partícula de um ponto para outro do campo de escoamento. Esta contribuição à taxa de variação temporal do parâmetro da partícula pode ocorrer tanto nos escoamentos em regime permanente quanto nos transitórios. Isto é, nós detectamos uma variação do parâmetro em questão devido a convecção, ou movimento, da partícula no campo de escoamento onde existe um gradiente [$\nabla(\ ) = \partial(\ )/\partial x\,\hat{\mathbf{i}} + \partial(\ )/\partial y\,\hat{\mathbf{j}} + \partial(\ )/\partial z\,\hat{\mathbf{k}}$] deste parâmetro. A porção da aceleração dada pelo termo $(\mathbf{V} \cdot \nabla)\mathbf{V}$ é denominada aceleração convectiva.

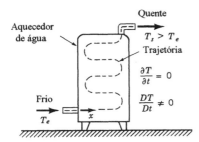

Figura 4.6 Operação em regime permanente de um aquecedor de água.

158 Fundamentos da Mecânica dos Fluidos

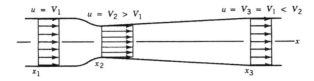

Figura 4.7 Escoamento unidimensional e em regime permanente numa tubulação com diâmetro variável.

A Fig. 4.6 mostra como a temperatura de uma partícula de água muda enquanto escoa por um aquecedor. O escoamento ocorre em regime permanente e a temperatura da água nas seções de alimentação e descarga são constantes. Entretanto, a temperatura T de cada partícula aumenta enquanto esta escoa pelo aquecedor – $T_{saída} > T_{entrada}$. Assim, $DT/Dt \neq 0$ porque o termo convectivo da derivada total da temperatura não é nulo. Resumindo, $\partial T / \partial t = 0$, mas $u \, \partial T / \partial x \neq 0$ (onde x aponta na direção da linha de corrente) porque existe um gradiente de temperatura não nulo ao longo da linha de corrente. Uma partícula fluida que escoa, com velocidade u, ao longo de uma trajetória que apresenta temperatura variável ($\partial T / \partial x \neq 0$) apresentará uma taxa de variação temporal da temperatura igual a $DT/Dt = u \, \partial T / \partial x$ mesmo que o regime de escoamento seja o permanente ($\partial T / \partial t = 0$).

Nós podemos encontrar o mesmo tipo de processo nas acelerações dos escoamentos. Considere o escoamento na tubulação com diâmetro variável mostrada na Fig. 4.7. Nós vamos admitir que o escoamento ocorre em regime permanente e é unidimensional. Note que a velocidade varia de acordo com o mostrado na figura. Quando o fluido escoa da seção (1) para a seção (2), a velocidade aumenta de V_1 para V_2. Assim, mesmo que $\partial V / \partial t = 0$, as partículas são aceleradas com $a_x = u \, \partial u / \partial x$. Nós podemos concluir que $a_x > 0$ na região $x_1 < x < x_2$, ou seja a velocidade do escoamento passa de V_1 para V_2. Note que $a_x < 0$ na outra região ($x_2 < x < x_3$), ou seja, o escoamento é desacelerado nesta região. Agora, se $V_1 = V_3$, a variação de velocidade provocada pela aceleração na primeira região deve ser igual a variação de velocidade provocada na segunda região (mesmo que as distâncias entre x_2 e x_1 e entre x_3 e x_2 forem diferentes).

Exemplo 4.5

Reconsidere o campo de escoamento bidimensional, e em regime permanente, apresentado no Exemplo 4.2. Determine o campo de aceleração deste escoamento.

Solução A aceleração num escoamento é dada por

$$\mathbf{a} = \frac{D\mathbf{V}}{Dt} = \frac{\partial \mathbf{V}}{\partial t} + (\mathbf{V} \cdot \nabla)(\mathbf{V}) = \frac{\partial \mathbf{V}}{\partial t} + u\frac{\partial \mathbf{V}}{\partial x} + v\frac{\partial \mathbf{V}}{\partial y} + w\frac{\partial \mathbf{V}}{\partial z} \quad (1)$$

O vetor velocidade é dado por $V = (V_0/l)(x\hat{\mathbf{i}} - y\hat{\mathbf{j}})$ de modo que $u = (V_0/l)x$ e $v = -(V_0/l)y$. Como o escoamento é em regime permanente e bidimensional temos que $\partial(\ )/\partial t = 0$, $w = 0$ e $\partial(\ )/\partial z = 0$. Aplicando estas considerações na Eq. (1),

$$\mathbf{a} = u\frac{\partial \mathbf{V}}{\partial x} + v\frac{\partial \mathbf{V}}{\partial y} = \left(u\frac{\partial u}{\partial x} + v\frac{\partial u}{\partial y}\right)\hat{\mathbf{i}} + \left(u\frac{\partial v}{\partial x} + v\frac{\partial v}{\partial y}\right)\hat{\mathbf{j}}$$

Assim, o campo de aceleração para este escoamento é dado por

$$\mathbf{a} = \left[\left(\frac{V_0}{l}\right)(x)\left(\frac{V_0}{l}\right) + \left(\frac{V_0}{l}\right)(y)(0)\right]\hat{\mathbf{i}} + \left[\left(\frac{V_0}{l}\right)(x)(0) + \left(-\frac{V_0}{l}\right)(y)\left(-\frac{V_0}{l}\right)\right]\hat{\mathbf{j}}$$

Assim, temos que

$$a_x = \frac{V_0^2 \, x}{l^2} \quad \text{e} \quad a_y = \frac{V_0^2 \, y}{l^2}$$

O fluido é submetido a acelerações nas direções x e y. Como o regime de escoamento é o permanente, não existe aceleração local - a velocidade do fluido em qualquer ponto do campo de escoamento é constante. Entretanto, existe uma aceleração convectiva devida a variação de veloci-

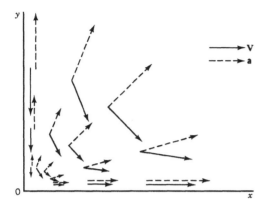

Figura E4.5

dade de um ponto para outro da linha de corrente da partícula. Lembre que a velocidade é um vetor pois ela apresenta direção, módulo e sentido. Neste escoamento tanto o módulo da velocidade quanto sua direção variam de ponto para ponto (veja a Fig. E4.1a).

O módulo da aceleração neste escoamento é constante nos círculos com centros na origem pois

$$|\mathbf{a}| = \left(a_x^2 + a_y^2 + a_z^2\right)^{1/2} = \left(\frac{V_0}{l}\right)^2 \left(x^2 + y^2\right)^{1/2} \qquad (2)$$

O ângulo que o vetor aceleração forma com o eixo x é dado por

$$\tan\theta = \frac{a_y}{a_x} = \frac{y}{x}$$

Este resultado mostra que a aceleração está dirigida para a origem (radial) e que o módulo da aceleração é proporcional a distância até a origem. A Fig. E4.5 mostra alguns vetores aceleração típicos (calculados com a Eq. 2) e alguns vetores velocidade (calculados no Exemplo 4.1) no primeiro quadrante. Note que **a** e **V** não são paralelos exceto ao longo dos eixos x e y (isto é responsável pelas trajetórias curvas do escoamento) e que a velocidade e a aceleração são nulas na origem ($x = y = 0$). Uma partícula infinitesimal de fluido colocada na origem permanecerá sempre neste local mas se for colocada a uma distância muito próxima da origem ela será removida.

O conceito de derivada material pode ser utilizado para determinar a taxa de variação de qualquer parâmetro associado as partículas durante o seu movimento. A sua utilização não está restrita apenas a mecânica dos fluidos. Os ingredientes básicos necessários para utilizar o conceito da derivada material são a descrição de campo do parâmetro, $P = P(x, y, z, t)$ e a taxa com que a partícula se desloca no campo, $\mathbf{V} = \mathbf{V}(x, y, z, t)$.

Exemplo 4.6

Um fabricante produz um produto perecível numa fábrica localizada em $x = 0$ e vende o produto ao longo da rota de distribuição definida por $x > 0$. O preço de venda do produto, P, é uma função do tempo de vida do produto, t, e da localização do ponto de venda, x, ou seja, $P = P(x, t)$. Num dado ponto, o preço do produto diminui ao longo do tempo (pois o produto é perecível) de acordo com $\partial P / \partial t = -C_1$ onde C_1 é uma constante positiva (reais por hora). Adicionalmente, os custos de transporte aumentam com a distância medida a partir da fábrica de acordo com $\partial P / \partial x = C_2$ onde C_2 é uma constante positiva (reais por quilômetros). Determine qual deve ser a velocidade de distribuição ao longo da rota sabendo que o fabricante deseja vender o produto pelo mesmo preço em qualquer lugar ao longo da rota de distribuição.

Solução Para uma certo lote de produto (descrição Lagrangeana), a taxa de variação temporal do preço pode ser obtida a partir da derivada material, ou seja,

$$\frac{DP}{Dt} = \frac{\partial P}{\partial t} + \mathbf{V}\cdot\nabla P = \frac{\partial P}{\partial t} + u\frac{\partial P}{\partial x} + v\frac{\partial P}{\partial y} + w\frac{\partial P}{\partial z} = \frac{\partial P}{\partial t} + u\frac{\partial P}{\partial x}$$

Nós utilizamos o fato de que o movimento é unidimensional com $V = u\ \hat{\mathbf{i}}$ onde u é a velocidade com que o produto é "convectado" ao longo de sua rota. Se o preço de venda deve ser mantido constante ao longo da rota de distribuição,

$$\frac{DP}{Dt} = 0 \quad \text{ou} \quad \frac{\partial P}{\partial t} + u\frac{\partial P}{\partial x} = 0$$

Assim, a velocidade de distribuição é dada por

$$u = \frac{-\partial P/\partial t}{\partial P/\partial x} = \frac{C_1}{C_2}$$

Se o produto é distribuído com esta velocidade, o decréscimo do preço provocado pelo efeito local ($\partial P/\partial t$) é balanceado pelo aumento de preço devido ao efeito convectivo ($u\,\partial P/\partial x$). Uma velocidade de distribuição mais rápida provocará um aumento de preço de um lote de produto pois $DP/Dt > 0$ enquanto que uma velocidade de distribuição mais lenta provocara uma diminuição do preço do lote pois, neste caso, $DP/Dt < 0$.

4.2.4 Coordenadas da Linha de Corrente

Muitas vezes é conveniente utilizar um sistema de coordenadas definido em função das linhas de corrente do escoamento. A Fig. 4.8 mostra um exemplo de escoamento bidimensional em regime permanente. Tais escoamentos podem ser descritos em função de apenas duas coordenadas, por exemplo: x, y de um sistema cartesiano; r e θ num sistema de coordenadas polar e as duas coordenadas do sistema de coordenadas da linha de corrente. Neste último sistema, o escoamento é descrito em função da coordenada ao longo da linha de corrente, s, e da coordenada normal à linha de corrente, n. Os versores nestas duas direções são representados por $\hat{\mathbf{s}}$ e $\hat{\mathbf{n}}$ (veja a figura). É necessário tomar cuidado para não confundir a distância ao longo da linha de corrente, s, que é um escalar com o versor (vetor unitário) ao longo da linha de corrente, $\hat{\mathbf{s}}$.

Assim, o plano é coberto por um conjunto de curvas ortogonais que também são linhas coordenadas. As direções de s e n são perpendiculares em qualquer ponto mas as linhas de s constante, ou n constante, necessariamente não são retas. Sem o conhecimento do campo de velocidade real (e assim das linhas de corrente) não é possível construir este conjunto de linhas. Muitas vezes nós somos obrigados a formular hipóteses simplificadoras para que esta falta de informação não represente uma dificuldade intransponível. Uma das maiores vantagens da utilização do sistema de coordenadas da linha de corrente é que a velocidade é sempre tangente a direção s, ou seja,

$$\mathbf{V} = V\,\hat{\mathbf{s}}$$

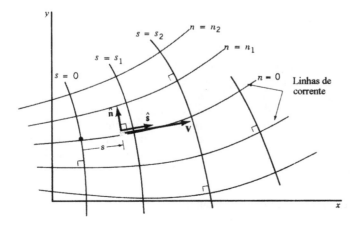

Figura 4.8 Sistema de coordenadas da linha de corrente para escoamentos bidimensionais.

Nós veremos que isto permite simplificações na descrição da aceleração da partícula fluida e na solução da equação que modela o escoamento.

Nós podemos determinar a aceleração de uma partícula fluida num escoamento bidimensional e que ocorre em regime permanente do seguinte modo:

$$\mathbf{a} = \frac{D\mathbf{V}}{Dt} = a_s\,\hat{\mathbf{s}} + a_n\,\hat{\mathbf{n}}$$

onde a_s e a_n são os componentes do vetor aceleração nas direções s e n. Nós utilizamos a derivada material porque, por definição, a aceleração é a taxa de variação da velocidade de uma partícula ao longo do seu movimento. Se as linhas de corrente são curvas, tanto a velocidade quanto a direção do escoamento podem mudar de ponto para ponto do campo de escoamento. Normalmente, quando o regime é permanente, a velocidade e a direção do escoamento são funções da posição; $V = V(s, n)$ e $\hat{\mathbf{s}} = \hat{\mathbf{s}}(s, n)$. Para uma dada partícula, o valor de s varia com o tempo mas o valor de n permanece fixo porque a partícula escoa ao longo da linha de corrente definida por n = constante (lembre que as linhas de corrente e as trajetórias são coincidentes quando o escoamento é em regime permanente). Assim, a aplicação da regra da cadeia fornece

$$\mathbf{a} = \frac{D(V\hat{\mathbf{s}})}{Dt} = \frac{DV}{Dt}\hat{\mathbf{s}} + V\frac{D\hat{\mathbf{s}}}{Dt}$$

ou

$$\mathbf{a} = \left(\frac{\partial V}{\partial t} + \frac{\partial V}{\partial s}\frac{ds}{dt} + \frac{\partial V}{\partial n}\frac{dn}{dt}\right)\hat{\mathbf{s}} + V\left(\frac{\partial \hat{\mathbf{s}}}{\partial t} + \frac{\partial \hat{\mathbf{s}}}{\partial s}\frac{ds}{dt} + \frac{\partial \hat{\mathbf{s}}}{\partial n}\frac{dn}{dt}\right)$$

No regime permanente nada muda ao longo do tempo num dado ponto. Assim, tanto $\partial V/\partial t$ como $\partial \hat{\mathbf{s}}/\partial t$ são nulos. Lembrando que a velocidade ao longo da linha de corrente é $V = ds/dt$ e que $dn/dt = 0$ (porque a partícula permanece na sua linha de corrente - n = constante), temos

$$\mathbf{a} = \left(V\frac{\partial V}{\partial s}\right)\hat{\mathbf{s}} + V\left(V\frac{\partial \hat{\mathbf{s}}}{\partial s}\right)$$

A quantidade $\partial \hat{\mathbf{s}}/\partial s$ representa a variação do versor ao longo da linha de corrente, $\delta\hat{\mathbf{s}}$, em relação a mudança da distância ao longo da linha de corrente, δs, quando $\delta s \to 0$. O módulo de $\hat{\mathbf{s}}$ é igual a 1 porque $\hat{\mathbf{s}}$ é um versor mas sua direção não é constante quando a linha de corrente é curva. A Fig. 4.9 mostra que o módulo de $\partial \hat{\mathbf{s}}/\partial s$ é igual ao inverso do raio de curvatura da linha de corrente, R, no ponto em questão. Isto é conseqüência da semelhança que existe entre os triângulos AOB e $A'O'B'$ da figura. Assim, $\delta s / R = |\delta\hat{\mathbf{s}}|/|\hat{\mathbf{s}}|$ ou $|\delta\hat{\mathbf{s}}|$ ou $|\delta\hat{\mathbf{s}}/\delta s| = 1/R$. De modo análogo, no limite $\delta s \to 0$, a direção de $\delta\hat{\mathbf{s}}/\delta s$ é normal a linha de corrente, ou seja,

$$\frac{\partial \hat{\mathbf{s}}}{\partial s} = \lim_{\delta s \to 0} \frac{\delta\hat{\mathbf{s}}}{\delta s} = \frac{\hat{\mathbf{n}}}{R}$$

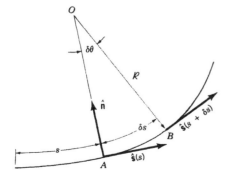
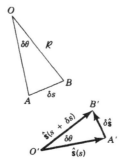

Figura 4.9 Relação entre o versor $\hat{\mathbf{s}}$ e o raio de curvatura da linha de corrente, R.

Assim, a aceleração de um escoamento bidimensional e que ocorre em regime permanente pode ser escrita em função dos componentes na direção ao longo da linha de corrente e normal à linha de corrente do seguinte modo:

$$\mathbf{a} = V\frac{\partial V}{\partial s}\hat{\mathbf{s}} + \frac{V^2}{\mathcal{R}}\hat{\mathbf{n}} \quad \text{ou} \quad a_s = V\frac{\partial V}{\partial s} \quad \text{e} \quad a_n = \frac{V^2}{\mathcal{R}} \tag{4.7}$$

O primeiro termo, a_s, representa a aceleração convectiva ao longo da linha de corrente e o segundo termo, a_n, representa a aceleração centrífuga normal ao movimento do fluido (também é um tipo de aceleração convectiva). Estes componentes podem ser vistos na Fig. E4.5 decompondo o vetor aceleração em seus componentes ao longo da linha de corrente e normal ao vetor velocidade. Note que o sentido do versor $\hat{\mathbf{n}}$ aponta o centro de curvatura da linha de corrente e que estas formas para o vetor aceleração são parecidas com as encontradas nos cursos de dinâmica.

4.3 Sistemas e Volumes de Controle

Como nós discutimos no Cap. 1, os fluidos são materiais fáceis de deformar e que interagem facilmente com o meio. Como qualquer material, o comportamento dos fluidos é modelado por um conjunto de leis físicas fundamentais que são aproximadas por um conjunto de equações apropriado. A aplicação de tais leis – como a de conservação da massa, as leis de Newton do movimento e as leis da termodinâmica – forma a base da análise da mecânica dos fluidos. Existem vários modos de aplicar estas leis aos fluidos incluindo a abordagem dos sistemas e a dos volumes de controle. Por definição, um sistema é uma certa quantidade de material com identidade fixa (composto sempre pelas mesmas partículas de fluido) que pode se mover, escoar e interagir com o meio. De outro lado, um volume de controle é um volume no espaço (uma entidade geométrica e independente da massa) através do qual o fluido pode escoar.

Um sistema é uma quantidade fixa de massa identificável. Ele pode ser constituído por uma quantidade relativamente grande de massa (tal como todo o ar da atmosfera terrestre) ou ser infinitesimal (tal como uma partícula fluida). Em qualquer caso, as moléculas que constituem o sistema são "rotuladas" de algum modo (porque elas são sempre as mesmas) para que possam ser identificadas a qualquer instante. O sistema pode interagir com o meio de vários modos (por exemplo: pela transferência de calor ou exercendo uma força provocada pela pressão). O sistema pode apresentar variação de forma e tamanho mas ele sempre contém a mesma massa.

Uma certa massa de ar aspirada por um compressor de ar pode ser considerada como um sistema. Ela apresenta mudança de forma e tamanho quando é comprimida e sua temperatura pode variar durante o processo de compressão. Entretanto, a massa do sistema que estamos analisando é constante. O comportamento deste material pode ser investigado aplicando as equações apropriadas a este sistema.

Um dos conceitos importantes utilizados no estudo da cinemática e dinâmica é o diagrama de corpo livre. Ou seja, nós identificamos um objeto, o isolamos de seu meio, trocamos o meio por ações equivalentes que o meio exerce sobre o objeto e aplicamos as leis do movimento de Newton. O corpo em tais casos é o nosso sistema - uma porção identificada de matéria que nós seguimos durante as interações com o meio. Normalmente, na mecânica dos fluidos, é difícil identificar e acompanhar uma quantidade fixa de matéria. Uma porção finita de fluido contém um

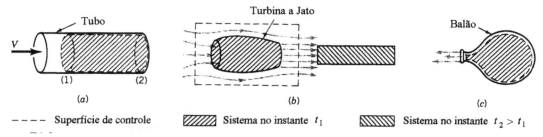

Figura 4.10 Volumes de controle típicos: (*a*) volume de controle fixo, (*b*) volume de controle fixo ou móvel, (*c*) volume de controle deformável.

número incontável de partículas fluidas que se movem quase livremente (de modo diferente dos sólidos que podem deformar mas usualmente mantém sua identidade). Por exemplo, nós não podemos seguir facilmente um porção de água num rio como nós podemos seguir um galho que flutua na sua superfície.

Nós podemos estar mais interessados em determinar as forças que atuam num ventilador, avião ou automóvel (exercida pelo fluido que escoa sobre o objeto) do que as informações que podem ser obtidas pelo acompanhamento de uma dada quantidade de fluido (um sistema) enquanto esta escoa sobre o objeto. Nestas situações nós sempre utilizamos a abordagem do volume de controle. Assim, é necessário identificar um volume no espaço (por exemplo: um volume associado com o ventilador, avião ou automóvel) e analisar o escoamento no volume de controle ou em torno dele. O volume de controle pode ser móvel e deformável. Entretanto, a maioria dos casos considerados neste livro será analisada com volumes de controle fixos e não deformáveis. A matéria contida no volume de controle pode variar ao longo do tempo e, conseqüentemente, a quantidade de massa no volume de controle também pode variar com o tempo. O volume de controle é uma entidade geométrica e independe do fluido.

A Fig. 4.10 mostra alguns exemplos de volumes de controle e de superfície de controle (a superfície do volume de controle). O caso (a) apresenta o escoamento de um fluido num tubo. A superfície de controle fixa é formada pela superfície interna do tubo e pelas seções de alimentação (1) e descarga (2). Uma porção da superfície de controle é uma superfície física (o tubo) enquanto que as outras são simplesmente superfícies espaciais. Note que o fluido escoa através de algumas superfícies deste volume de controle (o fluido não escoa através do tubo).

Um outro volume de controle é aquele que engloba a turbina de um avião (veja a Fig. 4.10b). Ar escoa através da turbina quando o avião está parado e se preparando para a decolagem na cabeceira da pista. O ar que preenche a turbina no instante $t = t_1$ (um sistema) escoa pela turbina e é descarregado num instante posterior, $t = t_2$. Neste instante posterior uma outra quantidade de ar (um outro sistema) preenche a turbina. Se o avião está se movimentando, o volume de controle é fixo em relação a um observador solidário ao avião mas é um volume de controle móvel para um observador localizado no solo. Nos dois casos o ar escoa pela turbina e em torno dela.

O balão que está esvaziando mostrado na Fig. 4.10c é um exemplo de volume de controle deformável. Note que, neste caso, o volume de controle (cuja superfície é a superfície interna do balão) diminui com o tempo. Se nós não segurarmos o balão ele se movimentará e se transformará num volume de controle móvel e deformável. Nós utilizaremos volumes de controle fixos e não deformáveis na maioria das análises apresentadas neste livro. Entretanto, em alguns casos, será necessário utilizar um volume de controle móvel e deformável para analisar o problema.

A relação entre um sistema e um volume de controle é bastante similar a relação que existe entre as descrições Lagrangeana e Euleriana introduzidas na Sec. 4.1.1. Nos sistemas, ou descrição Lagrangeana, nós seguimos o fluido e observamos seu comportamento durante o escoamento. Nos volumes de controle, ou descrição Euleriana, nós permanecemos estacionários e observamos o comportamento do fluido numa posição fixa (se o volume de controle é móvel ele virtualmente nunca se move com o sistema - o sistema escoa através do volume de controle). Estas idéias serão discutidas detalhadamente na próxima seção.

Todas as leis que modelam o movimento dos fluidos são formuladas, basicamente, para a abordagem dos sistemas. Por exemplo, "a massa de um sistema permanece constante" ou "a taxa de variação da quantidade de movimento de um sistema é igual a soma de todas as forças que atuam no sistema". Note que só a palavra sistema aparece nestas definições (e não volume de controle). Assim, nós precisamos transformar as equações adequadas a sistemas para que estas possam ser utilizadas na abordagem dos volumes de controle. Tendo isto em vista esta transformação, nós apresentaremos o teorema de transporte de Reynolds na próxima seção.

4.4 Teorema de Transporte de Reynolds

Muitas vezes nós estamos interessados no que acontece numa região particular do escoamento e, em outras vezes, estamos interessados no efeito do escoamento num objeto que interage com o escoamento. Assim, nós precisamos descrever as leis que modelam os movimentos dos fluidos utilizando tanto a abordagem dos sistemas (considerando uma massa fixa de fluido)

164 Fundamentos da Mecânica dos Fluidos

quanto a dos volumes de controle (considerando um dado volume). Observe que é interessante contarmos com uma ferramenta analítica que transforme uma representação na outra. O teorema de transporte de Reynolds é a ferramenta adequada para este fim.

Todas as leis da física são formuladas em função de vários parâmetros físicos. Por exemplo, a velocidade, aceleração, massa, temperatura e quantidade de movimento são alguns destes parâmetros. Seja B um parâmetro físico e b a quantidade deste parâmetro por unidade de massa, ou seja,

$$B = mb$$

onde m é a massa da porção de fluido que estamos analisando. Por exemplo, se $B = m$, a massa, segue que $b = 1$. Se $B = mV^2/2$. a energia cinética da massa, segue que $b = V^2/2$ (a energia cinética por unidade de massa). Os parâmetros B e b podem ser escalares ou vetoriais. Assim, se $\mathbf{B} = m\mathbf{V}$, a quantidade de movimento da massa considerada, segue que $\mathbf{b} = \mathbf{V}$ (a quantidade de movimento por unidade de massa).

O parâmetro B é denominado propriedade extensiva enquanto b é denominado propriedade intensiva. O valor de B é diretamente proporcional a quantidade de massa que estamos considerando enquanto que o valor de b independe da massa. A quantidade de uma propriedade extensiva que um sistema apresenta num dado instante, B_{sis}, pode ser determinada pela somatória da quantidade associada a cada partícula fluida que compõem o sistema. Para uma partícula fluida infinitesimal com tamanho $\delta \mathcal{V}$ e massa $\rho\, \delta \mathcal{V}$ esta somatória (no limite em que $\delta \mathcal{V} \to 0$) toma a forma de uma integração sobre todas as partículas no sistema e pode ser escrita como

$$B_{sis} = \lim_{\delta \mathcal{V} \to 0} \sum_i b_i (\rho_i\, \delta \mathcal{V}_i) = \int_{sis} \rho b\, d\mathcal{V}$$

Os limites de integração cobrem todo o sistema - usualmente um volume móvel. Nós utilizamos o fato de que a quantidade de B numa partícula com massa $\rho\, \delta \mathcal{V}$ é dada, em função de b, por $\delta B = b\, \rho\, \delta \mathcal{V}$.

A maiorias das leis que descrevem o movimento dos fluidos envolve a taxa de variação temporal de uma propriedade extensiva (por exemplo, a taxa de variação da quantidade de movimento do sistema etc). Assim, nós sempre encontraremos termos que apresentam a seguinte forma

$$\frac{dB_{sis}}{dt} = \frac{d\left(\int_{sis} \rho b\, d\mathcal{V}\right)}{dt} \tag{4.8}$$

Na abordagem do volume de controle, nós precisamos obter uma expressão para a taxa de variação de uma propriedade extensiva no volume de controle, B_{vc}, e não num sistema. Isto pode ser escrito do seguinte modo

$$\frac{dB_{vc}}{dt} = \frac{d\left(\int_{vc} \rho b\, d\mathcal{V}\right)}{dt} \tag{4.9}$$

onde os limites de integração, denotados por vc, cobrem o volume de controle em que estamos interessados. Apesar das Eqs. 4.8 e 4.9 possam parecer similares, a interpretação física de cada uma delas é bastante diferente. Lembre que o volume de controle é um volume no espaço (na maioria dos casos é estacionário mas ele pode se mover e com um movimento que não é igual ao do sistema). De outro lado, o sistema é uma quantidade fixa de massa identificável que se move com o fluido (de fato, é uma porção especificada do fluido). Nós vamos aprender que as quantidades dB_{sis}/dt e dB_{vc}/dt não precisam, necessariamente, ser iguais mesmo nos casos onde o sistema e o volume de controle momentaneamente são coincidentes. O teorema de transporte de Reynolds fornece uma relação entre a taxa de variação temporal de uma propriedade extensiva para um sistema e aquela para um volume de controle, ou seja, a relação entre as Eqs. 4.8 e 4.9.

Exemplo 4.7

Um fluido escoa do extintor de incêndio mostrado na Fig. E4.7. Discuta as diferenças entre dB_{sis}/dt e dB_{vc}/dt se B representa a massa.

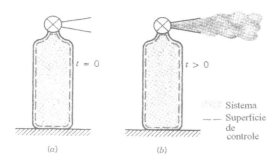

Figura E.4.7

Solução Com $B = m$, a massa do sistema, segue que $b = 1$ e as Eqs. 4.8 e 4.9 podem ser escritas do seguinte modo

$$\frac{dB_{sis}}{dt} = \frac{dm_{sis}}{dt} = \frac{d\left(\int_{sis} \rho\, d\mathcal{V}\right)}{dt} \quad \text{e} \quad \frac{dB_{vc}}{dt} = \frac{dm_{vc}}{dt} = \frac{d\left(\int_{vc} \rho\, d\mathcal{V}\right)}{dt}$$

Estas equações representam a taxa de variação temporal da massa no sistema e a taxa de variação temporal da massa no volume de controle. Nós escolhemos o fluido contido no extintor no instante inicial ($t = 0$) como sistema e o tanque como volume de controle (a superfície de controle é a parede interna do extintor). Um instante após a abertura da válvula, uma parte do sistema escoa para fora do volume de controle como mostra a Fig. E4.7b. O volume de controle permanece imóvel. Os limites de integração são fixos para o volume de controle e eles são uma função do tempo para o sistema.

Se a massa deve ser conservada (uma das leis básicas dos movimentos dos fluidos), a massa de fluido do sistema é constante, ou seja

$$\frac{d\left(\int_{sis} \rho\, d\mathcal{V}\right)}{dt} = 0$$

De outro lado, é claro que uma certa quantidade de fluido deixou o volume de controle através da válvula do tanque durante o processo. Assim, a quantidade de massa no tanque (o volume de controle) decresce ao longo do tempo, ou

$$\frac{d\left(\int_{vc} \rho\, d\mathcal{V}\right)}{dt} < 0$$

O valor numérico real da taxa com que a massa no volume de controle decresce dependerá da taxa com que o fluido escoa na válvula do extintor (i.e., o tamanho da seção de escoamento na válvula, da velocidade do escoamento e da massa específica do fluido). É claro que os significados de dB_{sis}/dt e dB_{vc}/dt são diferentes. Neste exemplo, $dB_{vc}/dt < dB_{sis}/dt$. Em outras situações nós também podemos encontrar que $dB_{vc}/dt \geq dB_{sis}/dt$.

4.4.1 Derivação do Teorema de Transporte de Reynolds

Uma versão simples do teorema de transporte de Reynolds, que relaciona os conceitos de sistema com os de volume de controle, pode ser obtida facilmente se analisarmos o escoamento unidimensional através de um volume de controle fixo (veja a Fig. 4.11a). Nós consideraremos que o volume de controle é estacionário e coincidente com a tubulação entre as seções (1) e (2) da figura. O sistema que nós consideraremos é o fluido que ocupa o volume de controle no instante t. Um instante mais tarde, $t + \delta t$, o sistema se deslocou um pouco para a direita. As partículas fluidas que coincidiam com a seção (2) da superfície de controle no instante t se moveram de $\delta l_2 = V_2\, \delta t$ para a direita onde V_2 é a velocidade do fluido que passa pela seção (2). De modo análogo, o fluido que inicialmente estava na seção (1) se deslocou de $\delta l_1 = V_1\, \delta t$ onde V_1 é a velocidade do fluido na

166 Fundamentos da Mecânica dos Fluidos

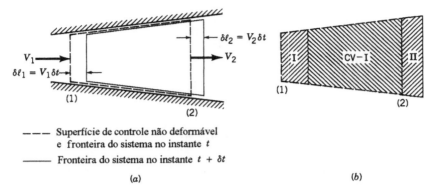

Figura 4.11 Volume de controle e sistema para o escoamento numa tubulação com seção transversal variável.

seção (1). Nós vamos admitir que as direções dos escoamentos nas seções (1) e (2) são normais a estas superfícies e que os valores de V_1 e V_2 são constantes nas seções (1) e (2).

Como está mostrado na Fig. 4.11b, o escoamento para fora do volume de controle, entre os instantes t e $t + \delta t$, é denominado volume II, o escoamento para o volume de controle como volume I e o volume de controle como VC. Assim, o sistema no instante t consiste do fluido na seção VC ("SIS = VC" no instante t) enquanto que no instante $t + \delta t$ o sistema (constituído pelas mesmas partículas fluidas) ocupa as seções (VC − I) + II. Ou seja, , "SIS = VC − I + II" no instante $t + \delta t$. O volume de controle permanece como VC todo o tempo.

Se B é um parâmetro intensivo do sistema, o valor associado a este parâmetro para o sistema no instante t é

$$B_{sis}(t) = B_{vc}(t)$$

porque o sistema e o fluido contido no volume de controle são coincidentes neste instante. Seu valor no instante $t + \delta t$ é

$$B_{sis}(t + \delta t) = B_{vc}(t + \delta t) - B_I(t + \delta t) + B_{II}(t + \delta t)$$

Assim, a variação da quantidade de B no sistema no intervalo de tempo δt dividido por este intervalo é dada por

$$\frac{\delta B_{sis}}{\delta t} = \frac{B_{sis}(t + \delta t) - B_{sis}(t)}{\delta t} = \frac{B_{vc}(t + \delta t) - B_I(t + \delta t) + B_{II}(t + \delta t) - B_{sis}(t)}{\delta t}$$

Lembrando que no instante inicial, t, nós temos $B_{sis}(t) = B_{vc}(t)$, esta expressão pode ser rescrita do seguinte modo:

$$\frac{\delta B_{sis}}{\delta t} = \frac{B_{vc}(t + \delta t) - B_{vc}(t)}{\delta t} - \frac{B_I(t + \delta t)}{\delta t} + \frac{B_{II}(t + \delta t)}{\delta t} \qquad (4.10))$$

No limite em que $\delta t \to 0$, o lado esquerdo da Eq. 4.10 é igual a taxa de variação temporal de B para o sistema e é escrita como DB_{sis}/Dt. Nós utilizamos a notação de derivada material, $D(\ )/Dt$, para enfatizar o caráter Lagrangeano deste termo (lembre que a derivada material, DP/Dt, de qualquer quantidade P representa a taxa de variação temporal daquela quantidade associada a partícula de fluido durante seu movimento – veja a Seção 4.2.1). De modo análogo, a quantidade DB_{sis}/Dt representa a taxa de variação temporal da propriedade B associada com o sistema (uma certa porção de fluido) enquanto ele se move.

No limite em que $\delta t \to 0$, o primeiro termo do lado direito da Eq. 4.10 representa a taxa de variação temporal da quantidade de B no volume de controle,

$$\lim_{\delta t \to 0} \frac{B_{vc}(t + \delta t) - B_{vc}(t)}{\delta t} = \frac{\partial B_{vc}}{\partial t} = \frac{\partial \left(\int_{vc} \rho b \, dV \right)}{\partial t} \qquad (4.11)$$

O terceiro termo do lado direito da Eq. 4.10 representa a taxa com que o parâmetro extensivo B escoa do volume de controle através da superfície de controle. Isto pode ser visto do fato que a quantidade de B na região II, a região de descarga, é a quantidade por unidade de volume, ρb, multiplicada pelo volume $\delta \mathcal{V}_{II} = A_2\, \delta l_2 = A_2(V_2\, \delta t)$. Assim,

$$B_{II}(t+\delta t) = (\rho_2 b_2)(\delta \mathcal{V}_{II}) = \rho_2 b_2 A_2 V_2 \delta t$$

onde b_2 e ρ_2 são os valores (constantes) de b e ρ na seção (2). Assim, a taxa com que esta propriedade escoa do volume de controle, $\dot{B}_s$, é dada por

$$\dot{B}_s = \lim_{\delta t \to 0} \frac{B_{II}(t+\delta t)}{\delta t} = \rho_2 A_2 V_2 b_2 \qquad (4.12)$$

De modo análogo, a alimentação de B no volume de controle através da seção (1), durante o intervalo de tempo δt, corresponde a região I e é dada pela quantidade por unidade de volume multiplicada pelo volume $\delta \mathcal{V}_I = A_1\, \delta l_1 = A_1(V_1\, \delta t)$. Assim,

$$B_I(t+\delta t) = (\rho_1 b_1)(\delta \mathcal{V}_I) = \rho_1 b_1 A_1 V_1 \delta t$$

onde b_1 e ρ_1 são os valores (constantes) de b e ρ na seção (1). Assim, a taxa de alimentação da propriedade B no volume de controle, $\dot{B}_e$, é dada por

$$\dot{B}_e = \lim_{\delta t \to 0} \frac{B_I(t+\delta t)}{\delta t} = \rho_1 A_1 V_1 b_1 \qquad (4.13)$$

Se nós combinarmos as Eqs. 4.10, 4.11, 4.12 e 4.13 nós veremos que a relação entre a taxa de variação temporal de B para o sistema e àquela do volume de controle são relacionadas por

$$\frac{DB_{sis}}{Dt} = \frac{\partial B_{vc}}{\partial t} + \dot{B}_s - \dot{B}_e \qquad (4.14)$$

ou

$$\frac{DB_{sis}}{Dt} = \frac{\partial B_{vc}}{\partial t} + \rho_2 A_2 V_2 b_2 - \rho_1 A_1 V_1 b_1 \qquad (4.15)$$

Esta é a versão do teorema de transporte de Reynolds válida sob as hipóteses associadas com o escoamento mostrado na Fig. 4.11 - volume de controle fixo com uma seção de entrada (alimentação) e uma seção de saída (descarga) e com escoamentos uniformes nestas seções (massa específica, velocidade normal ao plano da seção e parâmetro b constantes nas seções de alimentação e descarga). Note que a taxa de variação temporal de B para o sistema (o lado esquerdo da Eq. 4.15 ou a quantidade especificada na Eq. 4.8) não é necessariamente igual a taxa de variação de B no volume de controle (o primeiro termo do lado direito da Eq. 4.15 ou a quantidade especifi-cada na Eq. 4.9). Isto é verdade porque a taxa de alimentação ($b_1 \rho_1 V_1 A_1$) e a de descarga ($b_2 \rho_2 V_2 A_2$) da propriedade B no volume de controle não precisam serem iguais.

Exemplo 4.8

Considere novamente o escoamento no extintor de incêndio mostrado na Fig. E4.7. Seja a propriedade extensiva de interesse a massa do sistema ($B = m$, a massa do sistema, ou $b = 1$) e escreva a forma apropriada do teorema de transporte de Reynolds para este escoamento.

Solução Novamente nós tomaremos o extintor de incêndio como volume de controle e o fluido contido no extintor, em $t = 0$, como sistema. Neste caso não existe seção de alimentação (1) e somente uma seção de descarga (2). Assim, o teorema de transporte de Reynolds, Eq. 4.15, pode ser escrito como

$$\frac{Dm_{sis}}{Dt} = \frac{\partial}{\partial t}\left(\int_{vc} \rho\, d\mathcal{V}\right) + \rho_2 A_2 V_2 \qquad (1)$$

Se nós procedermos mais um passo, e utilizarmos a lei básica de conservação da massa, nós podemos igualar o lado esquerdo desta equação a zero (a quantidade de massa de um sistema é constante) e rescrever a Eq. 1 do seguinte modo:

$$\frac{\partial}{\partial t}\left(\int_{vc} \rho \, d\mathcal{V}\right) = -\rho_2 A_2 V_2 \qquad (2)$$

A interpretação física deste resultado é: a taxa de variação temporal da massa no tanque é igual a vazão em massa na seção de descarga do tanque com sinal negativo. Note que a unidade dos dois termos da Eq. 2 é kg/s. Se existisse tanto uma seção de alimentação quanto uma de descarga no volume de controle mostrado na Fig. E4.7, a aplicação correta da Eq. 4.15 resultaria em

$$\frac{\partial}{\partial t}\left(\int_{vc} \rho \, d\mathcal{V}\right) = \rho_1 A_1 V_1 - \rho_2 A_2 V_2 \qquad (3)$$

Adicionalmente, se o escoamento fosse em regime permanente, o lado esquerdo da Eq. 3 seria nulo (a quantidade de massa no volume de controle permaneceria constante ao longo do tempo) e a Eq. 3 se transforma em

$$\rho_1 A_1 V_1 = \rho_2 A_2 V_2$$

Esta é uma das formas do princípio da conservação da massa - a somatória das vazões em massa de alimentação é igual a somatória das vazões em massa de descarga quando o regime de escoamento é o permanente. Outras formas mais gerais desta equação serão apresentadas no Cap. 5.

A Eq. 4.15 é uma versão simplificada do teorema de transporte de Reynolds. Nós agora vamos derivar uma versão mais abrangente deste teorema. Considere o volume de controle fixo mostrado na Fig. 4.12. Observe que fluido escoa através do volume de controle. O campo de escoamento pode ser bastante simples (como no caso unidimensional analisado anteriormente) ou ou complexo (como um tridimensional e transitório). Em qualquer caso nós consideraremos o sistema como sendo o fluido contido no volume de controle no instante inicial t. Um instante depois, uma porção do fluido (região II) saiu do volume de controle e uma quantidade adicional de fluido (região I, que não fazia parte do sistema original) entrou no volume de controle.

Nós consideraremos uma propriedade extensiva do fluido B e procuraremos determinar como a taxa de variação de B associada ao sistema está relacionada, em qualquer instante, com a taxa de variação de B no volume de controle. Repetindo os mesmos passos que nós fizemos na análise simplificada do escoamento mostrado na Fig. 4.11, nós notamos que a Eq. 4.14 também é válida para o caso geral desde que nós interpretemos corretamente os termos $\dot{B}_s$ e $\dot{B}_e$. É normal encontrarmos volumes de controle que apresentam várias seções de alimentação (entrada) e descarga (saída). A Fig. 4.13 mostra uma tubulação com estas características. Em tais casos nós agrupamos, pelo menos conceitualmente, todas as seções de alimentação (I = $I_a + I_b + I_c + \cdots$) e todas as seções de descarga (II = $II_a + II_b + II_c + \cdots$).

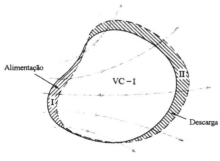

Figura 4.12 Volume de controle e sistema num escoamento através de um volume de controle fixo e arbitrário.

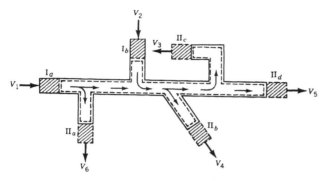

Figura 4.13 Volume de controle com várias seções de alimentação e descarga.

O termo $\dot{B}_s$ representa a vazão líquida da propriedade B do volume de controle. Seu valor pode ser interpretado como o resultado da adição (integração) das contribuições de cada elemento com área infinitesimal δA na porção da superfície de controle que separa a região II do volume de controle. Esta superfície é indicada por SC_s. Como está indicado na Fig. 4.14, o volume de fluido que passa pela por cada elemento de área no intervalo δt é dado por $\delta \mathcal{V} = \delta l_n \, \delta A$ onde $\delta l_n = \delta l \cos \theta$ é a altura (normal a base δA) do pequeno elemento fluido e θ é o ângulo entre o vetor velocidade e a normal que aponta para fora da superfície, $\hat{n}$. Como $\delta l = V \delta t$, a quantidade da propriedade B transportada através do elemento de área δA no intervalo de tempo δt é dada por

$$\delta B = b \rho \delta \mathcal{V} = b \rho \left(V \cos \theta \, \delta t \right) \delta A$$

A taxa com que B é transportado para fora do volume de controle através do elemento de área δA, $\delta \dot{B}_s$, é dada por

$$\delta \dot{B}_s = \lim_{\delta t \to 0} \frac{\rho b \delta \mathcal{V}}{\delta t} = \lim_{\delta t \to 0} \frac{(\rho b V \cos \theta \, \delta t) \delta A}{\delta t} = \rho b V \cos \theta \, \delta A$$

Integrando esta equação em toda porção da superfície de controle que apresenta descarga de fluido, SC_s, obtemos

$$\dot{B}_s = \int_{SC_s} d\dot{B}_s = \int_{SC_s} \rho b V \cos \theta \, dA$$

A quantidade $V \cos \theta$ é a componente da velocidade na direção normal a área δA. Utilizando a definição de produto escalar nós podemos escrever que $V \cos \theta = \mathbf{V} \cdot \hat{n}$. Assim, uma forma alternativa para escrever a equação anterior é

$$\dot{B}_s = \int_{SC_s} \rho b \mathbf{V} \cdot \hat{n} \, dA \tag{4.16}$$

De modo análogo, considerando a porção da superfície de controle que apresenta alimentação (entrada) – veja a Fig. 4.15, nós encontramos que a taxa de alimentação de B para o volume de controle é dada por

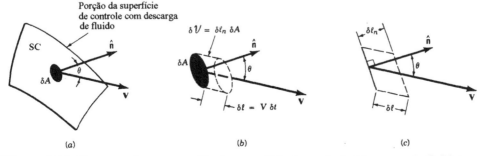

Figura 4.14 Escoamento numa região da superfície de controle (descarga de fluido).

170 Fundamentos da Mecânica dos Fluidos

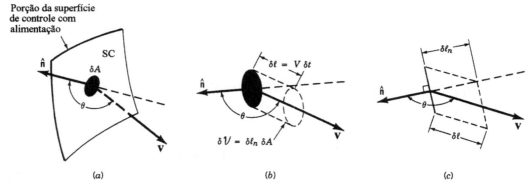

Figura 4.15 Escoamento numa região da superfície de controle (alimentação).

$$\dot{B}_e = -\int_{SC_e} \rho b V \cos\theta \, dA = -\int_{SC_e} \rho b \mathbf{V} \cdot \hat{\mathbf{n}} \, dA \tag{4.17}$$

Nós utilizamos a convenção padrão para a orientação do versor normal à superfície, ou seja, ele aponta para fora do volume do controle. Assim, $-90° < \theta < 90°$ nas regiões com descarga de fluido (a componente de V é positiva, $\mathbf{V} \cdot \hat{\mathbf{n}} > 0$) e $90° < \theta < 270°$ nas regiões que apresentam alimentação de fluido (a componente de V é negativa, $\mathbf{V} \cdot \hat{\mathbf{n}} < 0$) – veja a Fig. 4.16.

Note que o valor de $\cos\theta$ é positivo nas porções da superfície de controle que apresentam descarga, SC_s, e negativo nas regiões que apresentam alimentação de fluido, CS_e. Nas regiões da superfície de controle que não apresentam alimentação, ou descarga, nós temos que $\mathbf{V} \cdot \hat{\mathbf{n}} = V\cos\theta = 0$. Em tais situações nós temos que $V = 0$ (o fluido está preso na superfície) ou $\cos\theta = 0$ (o fluido escoa ao longo da superfície do volume de controle). Assim, o fluxo líquido do parâmetro B através da superfície de controle é dado por

$$\dot{B}_s - \dot{B}_e = \int_{SC_s} \rho b \mathbf{V} \cdot \hat{\mathbf{n}} \, dA - \left(-\int_{SC_e} \rho b \mathbf{V} \cdot \hat{\mathbf{n}} \, dA\right)$$
$$= \int_{SC} \rho b \mathbf{V} \cdot \hat{\mathbf{n}} \, dA \tag{4.18}$$

onde a integração deve cobrir toda a superfície de controle.

Combinando as Eqs. 4.14 e 4.18, obtemos

$$\frac{DB_{sis}}{Dt} = \frac{\partial B_{vc}}{\partial t} + \int_{sc} \rho b \mathbf{V} \cdot \hat{\mathbf{n}} \, dA$$

Lembrando que $B_{vc} = \int_{vc} \rho b \, dV$ nós podemos rescrever esta equação do seguinte modo

$$\frac{DB_{sis}}{Dt} = \frac{\partial}{\partial t}\int_{vc} \rho b \, d\mathcal{V} + \int_{sc} \rho b \mathbf{V} \cdot \hat{\mathbf{n}} \, dA \tag{4.19}$$

A Eq. 4.19 é a forma geral do teorema de transporte de Reynolds para volumes de controle fixos e não deformáveis. A interpretação e a utilização deste teorema serão apresentadas nas próximas seções.

4.4.2 Interpretação Física

O teorema de transporte de Reynolds, como formulado na Eq. 4.19, é largamente utilizado na mecânica dos fluidos e também em outras áreas da física. A princípio ele pode parecer uma expressão matemática formidável, entretanto a análise da equação revela que o teorema é simples e bastante fácil de ser aplicado. O seu propósito é fornecer uma ligação entre os conceitos ligados aos volumes de controle aqueles ligados aos sistemas.

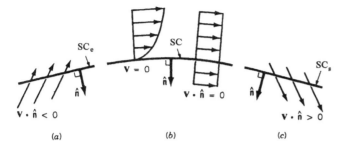

Figura 4.16 Possíveis configurações da velocidade numa região da superfície de controle: (a) alimentação, (b) sem escoamento através da superfície e (c) descarga de fluido.

O lado esquerdo da Eq. 4.19 representa a taxa de variação temporal de um parâmetro extensivo num sistema. Ele pode representar a taxa de variação de massa, da quantidade de movimento, ou do momento da quantidade de movimento do sistema e isto depende da escolha do parâmetro B.

Como o sistema está se movendo e o volume de controle é estacionário, a taxa de variação da quantidade de B no volume de controle não é necessariamente igual aquela do sistema. O primeiro termo do lado direito da Eq. 4.19 representa a taxa de variação de B no volume de controle. Lembre que b é a quantidade de B por unidade de massa de modo que $\rho b \, d\mathcal{V}$ é a quantidade de B no volume elementar $d\mathcal{V}$. Assim, a derivada temporal da integral de ρb no volume de controle é a taxa de variação de B no volume de controle num dado instante.

O último termo da Eq. 4.19 (uma integral sobre a superfície de controle) representa a vazão líquida do parâmetro B através de toda a superfície de controle. Note que a propriedade é transportada para fora do volume de controle se $\mathbf{V} \cdot \hat{\mathbf{n}} > 0$ e que a propriedade é transportada para o volume de controle se $\mathbf{V} \cdot \hat{\mathbf{n}} < 0$. Sobre o resto da superfície de controle (onde não ocorre transporte de B através da superfície de controle) $\mathbf{V} \cdot \hat{\mathbf{n}} = 0$ tanto porque $b = 0$ ou $\mathbf{V}$ é nulo ou paralelo a superfície de controle. A vazão em massa através de uma área elementar δA, dada por $\rho \mathbf{V} \cdot \hat{\mathbf{n}} \, \delta A$, é positiva nas seções que apresentam descarga de fluido e negativa nas seções que apresentam alimentação de fluido. Cada partícula fluida, ou massa de fluido, transporta uma certa quantidade de B que é dada pelo produto de B por unidade de massa, b, e a massa transportada. A taxa com que B é transportada em toda a superfície de controle pode ser negativa, nula ou positiva e isto é função da situação analisada.

O teorema de transporte de Reynolds também pode ser útil em outras áreas do conhecimento. Os ingredientes básicos necessários para sua utilização são um sistema, um volume de controle, o parâmetro de interesse e algum tipo de fluxo ou escoamento envolvido no processo.

4.4.3 Relação com a Derivada Material

Nós discutimos na Sec. 4.2.1 o conceito da derivada material, $D(\ )/Dt = \partial(\ )/\partial t + \mathbf{V} \cdot \nabla(\ )$. A interpretação física desta derivada é fornecer a taxa de variação temporal de uma propriedade do fluido (temperatura, velocidade etc) associada com uma partícula de fluido que escoa. O valor de um parâmetro associado a partícula pode variar devido a efeitos transitórios [o termo $\partial(\ )/\partial t$] ou provocados pelo movimento da partícula [o termo $\mathbf{V} \cdot \nabla(\ )$].

Uma análise cuidadosa da Eq. 4.19 indica o mesmo tipo de interpretação física para o teorema de transporte de Reynolds. O termo que envolve a derivada temporal da integral do volume de controle representa o efeito transitório associado com o fato de que os valores do parâmetro no volume de controle podem variar com o tempo. Para escoamentos em regime permanente este efeito é nulo – o fluido escoa pelo volume de controle mas a quantidade de qualquer parâmetro B no volume de controle é constante ao longo do tempo. O termo que envolve a integral sobre a superfície de controle representa os efeitos convectivos associados com o escoamento do sistema através da superfície de controle fixa. A soma destes dois termos fornece a taxa de variação do parâmetro B para o sistema. Isto corresponde a interpretação da derivada material, $D(\ )/Dt = \partial(\ )/\partial t + \mathbf{V} \cdot \nabla(\ )$, em que a soma do efeito transitório com os convectivos fornece a taxa de variação temporal do parâmetro associado a partícula fluida. Como nós discutimos

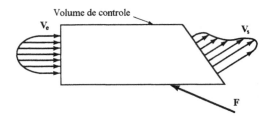

Figura 4.17 Escoamento em regime permanente num volume de controle.

na Sec. 4.2, o operador derivada material pode ser aplicado tanto a escalares (como a temperatura) quanto a vetores (como a velocidade) e isto também é válido para o teorema de transporte de Reynolds.

Tanto a derivada material quanto o teorema de transporte de Reynolds representam modos de transformar resultados Lagrangeanos (seguindo a partícula ou o sistema no seu movimento) em Eulerianos (observar o fluido num dado ponto do espaço ou observar o que acontece num volume de controle fixo). Essencialmente, a derivada material (Eq. 4.5) é o equivalente infinitesimal do teorema de transporte de Reynolds (Eq. 4.19).

4.4.4 Efeitos em Regime Permanente

Considere um escoamento em regime permanente. Nestes casos a Eq. 4.19 fica reduzida a

$$\frac{DB_{sis}}{Dt} = \int_{sc} \rho b \mathbf{V} \cdot \hat{\mathbf{n}} \, dA \qquad (4.20)$$

ou seja, para que exista variação da quantidade de B associada com o sistema é necessário existir uma diferença entre a taxa com que B é transportado para o volume de controle e a taxa com que B é transportado para fora do volume de controle. Assim, a integral de $\rho b \mathbf{V} \cdot \hat{\mathbf{n}}$ sobre as superfícies que apresentam alimentação de fluido não será igual, em módulo, a integral sobre as superfícies que apresentam descarga de fluido.

Considere um escoamento em regime permanente no volume de controle "caixa preta" que está mostrado na Fig. 4.17. Se o parâmetro B é a massa do sistema, o lado esquerdo da Eq. 4.20 é nulo (a conservação da massa para um sistema será discutida detalhadamente na Sec. 5.1). Assim, a vazão em massa para a caixa precisa ser igual a vazão em massa para fora da caixa porque o lado direito da Eq. 4.20 representa a vazão em massa líquida através da superfície de controle. De outro lado, admita que o parâmetro B é a quantidade de movimento do sistema. A quantidade de movimento do sistema não precisa ser constante. De fato, a segunda lei de Newton estabelece que a taxa de variação temporal da quantidade de movimento de uma sistema é igual a força líquida, $\mathbf{F}$, que atua sobre o sistema. Neste caso, e de modo geral, o lado esquerdo da Eq. 4.20 não é nulo. Assim, o lado direito da equação, que neste caso representa o fluxo líquido de quantidade de movimento através da superfície de controle, será não nulo. A vazão de quantidade de movimento para o volume de controle não precisa ser igual a vazão de quantidade de movimento do volume de controle para fora do volume de controle. Nós analisaremos estes conceitos mais cuidadosamente no Cap. 5 e eles são básicos para que possamos descrever a operação de dispositivos como as turbinas a jato e os sistemas de propulsão de foguetes.

A quantidade da propriedade B no volume de controle não varia com o tempo se o regime do escoamento é o permanente. A quantidade da propriedade associada com o sistema pode ou não variar com o tempo e isto depende do escoamento envolvido. A diferença entre a variação da propriedade associada com o volume de controle a aquela associada com o sistema é determinada pela taxa com que B é transportado através da superfície de controle.

4.4.5 Efeitos Transitórios

Considere um escoamento transitório $[\partial (\ ) / \partial t \neq 0]$ de modo que todos os termos da Eq. 4.19 não são nulos. Quando eles são vistos de um ponto de vista de volume de controle, a quantidade de parâmetro B no sistema pode variar porque a quantidade de B no volume de controle fixo pode variar

Cinemática dos Fluidos **173**

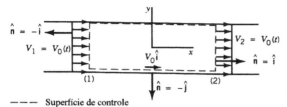

Figura 4.18 Escoamento transitório numa tubulação com diâmetro constante.

com o tempo [o termo $\partial (\int_{vc} \rho b dV) / \partial t$] e porque pode ocorrer um transporte líquido não nulo da propriedade B através da superfície de controle (o termo $\int_{sc} \rho b \mathbf{V} \cdot \hat{n} \, dA$).

Para o caso transitório especial em que a taxa de alimentação de parâmetro B é exatamente igual a taxa de descarga, segue que $\int_{sc} \rho b \mathbf{V} \cdot \hat{n} \, dA = 0$ e a Eq. 4.19 fica reduzida a

$$\frac{DB_{sis}}{Dt} = \frac{\partial}{\partial t} \int_{vc} \rho b \, dV \tag{4.21}$$

Em tais casos qualquer taxa de variação na quantidade de B associada com o sistema é igual a taxa de variação de B no volume de controle. Isto pode ser visto no escoamento numa tubulação com diâmetro constante mostrado na Fig. 4.18. O volume de controle está indicado na figura e o sistema é o fluido contido no volume de controle no instante t_0. Nós vamos admitir que o escoamento é unidimensional com $\mathbf{V} = V_0 \hat{i}$, onde $V_0(t)$ é uma função do tempo, e que a massa específica do fluido é constante. Todas as partículas do sistema apresentam a mesma velocidade em qualquer instante. Seja $\mathbf{B}$ a quantidade de movimento do sistema, $m\mathbf{V} = mV_0 \hat{i}$, onde m é a massa do sistema de modo que $\mathbf{b} = \mathbf{B}/m = \mathbf{V} = V_0 \hat{i}$ é a velocidade do fluido. A vazão de quantidade de movimento através da seção de descarga [seção (2)] é igual a vazão de quantidade de movimento na seção de alimentação [seção (1)]. Lembre que $\mathbf{V} \cdot \hat{n} > 0$ na seção de descarga, que $\mathbf{V} \cdot \hat{n} < 0$ na seção de alimentação e que $\mathbf{V} \cdot \hat{n} = 0$ ao longo da superfície lateral do volume de controle. Com $\mathbf{V} \cdot \hat{n} = -V_0$ na seção (1), $\mathbf{V} \cdot \hat{n} = V_0$ na seção (2) e $A_1 = A_2$, temos

$$\int_{sc} \rho b \mathbf{V} \cdot \hat{n} \, dA = \int_{sc} \rho (V_0 \hat{i}) \mathbf{V} \cdot \hat{n} \, dA$$

$$= \int_{(1)} \rho (V_0 \hat{i})(-V_0) \, dA + \int_{(2)} \rho (V_0 \hat{i})(V_0) \, dA = -\rho V_0^2 A_1 \hat{i} + \rho V_0^2 A_1 \hat{i} = 0$$

Note que a Eq. 4.21 é válida neste caso especial. A taxa de variação da quantidade de movimento do sistema é igual a taxa de variação de quantidade de movimento no volume de controle. Se V_0 é constante ao longo do tempo, não existe taxa de variação de quantidade de movimento no sistema e cada um dos termos do teorema de transporte de Reynolds é nulo neste outro caso especial.

Considere o escoamento na tubulação com diâmetro variável mostrado na Fig. 4.19. Em tais casos a velocidade do fluido não é constante. Assim, a vazão de quantidade de movimento na seção de descarga da tubulação não é igual àquela na seção de alimentação de modo que o termo convectivo na Eq. 4.20 [a integral do termo $\rho \mathbf{V} (\mathbf{V} \cdot \hat{n})$ sobre a superfície de controle] não é nulo. Estes tópicos serão discutidos mais detalhadamente no Cap. 5.

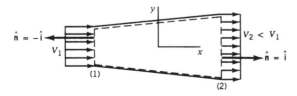

Figura 4.19 Escoamento numa tubulação com diâmetro variável.

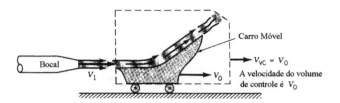

Figura 4.20 Exemplo de volume de controle móvel.

4.4.6 Volumes de Controle Móveis

Uma grande parte dos problemas da mecânica dos fluidos pode ser analisada com volumes de controle fixos e indeformáveis. Entretanto, existem situações que precisam ser analisadas com volumes de controle móveis ou deformáveis. A situação mais geral envolve a utilização de volumes de controle móveis, deformáveis e que apresentam aceleração. Como é de se esperar, a utilização destes volumes de controle pode ser muito trabalhosa e complexa.

Um número importante de problemas pode ser analisado de modo mais simples utilizando um volume de controle não deformável que se move com velocidade constante. A Fig. 4.20 mostra um jato de água com velocidade V_1 atingindo um carro que se move com velocidade constante V_0. Pode ser muito importante determinar a força **F** que a água exerce sobre o carro. Tais problemas são encontrados na análise de turbinas onde um jato de fluido (por exemplo, água ou vapor d'água) atinge uma série de pás (ou palhetas) que se deslocam pela frente do bocal. Para analisar tais problemas é vantajoso utilizar um volume de controle móvel. Nós vamos derivar o teorema de transporte de Reynolds para tais volumes de controle.

Nós consideraremos um volume de controle que se move com velocidade constante (veja a Fig. 4.21). O formato, tamanho e orientação do volume de controle não varia com o tempo. O volume de controle apenas translada com velocidade constante, V_{vc}, do modo mostrado na figura. De modo geral, as velocidades do volume de controle e a do fluido não são iguais de modo que existem regiões da superfície de controle onde se detecta escoamento de fluido. A principal diferença entre os casos com volume de controle fixo daqueles com volume de controle móvel é a interpretação correta da velocidade, ou seja, a velocidade relativa, **W**, transporta o fluido na superfície de controle móvel enquanto a velocidade absoluta, **V**, transporta o fluido através da superfície de controle fixa. A velocidade relativa do fluido em relação ao volume de controle móvel é a velocidade do fluido vista por um observador solidário ao volume de controle. A velocidade absoluta é a velocidade do fluido vista por um observador solidário a um sistema de coordenadas fixo.

A diferença entre as velocidades absoluta e relativa é a velocidade do volume de controle, $\mathbf{V}_{vc} = \mathbf{V} - \mathbf{W}$, ou

$$\mathbf{V} = \mathbf{W} + \mathbf{V}_{vc} \qquad (4.22)$$

Como a velocidade é um vetor, nós precisamos utilizar a adição vetorial (veja a Fig. 4.22) para obter a velocidade relativa a partir da velocidade absoluta e da velocidade do volume de controle. Assim, se a água deixa o bocal da Fig. 4.20 com velocidade $\mathbf{V}_1 = 30\,\hat{\mathbf{i}}$ m/s e a velocidade do carro

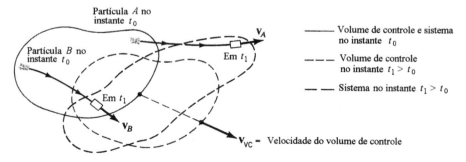

Figura 4.21 Volume de controle móvel típico e sistema.

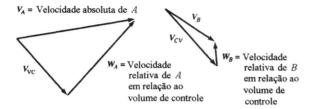

Figura 4.22 Relação entre as velocidades absoluta e relativa.

é $\mathbf{V}_0 = 10\,\hat{\mathbf{i}}$ m/s (a mesma do volume de controle), um observador solidário ao carro detectaria uma velocidade $\mathbf{W} = \mathbf{V} - \mathbf{V}_{vc} = 20\,\hat{\mathbf{i}}$ m/s. De modo geral, a velocidade absoluta, $\mathbf{V}$, e a velocidade do volume de controle, $\mathbf{V}_{vc}$, não apresentam a mesma direção de modo que as velocidades absoluta e relativa apresentarão direções diferentes.

O procedimento para a obtenção do teorema de transporte de Reynolds para um volume de controle móvel e não deformável é muito parecido com o apresentado para um volume de controle fixo. Como indica a Fig. 4.23, a única diferença que precisa ser considerada é: a velocidade do fluido detectada por um observador solidário ao volume de controle móvel é a velocidade relativa do fluido. Um observador solidário ao volume de controle móvel pode ou não saber se ele está se movendo em relação a algum sistema de coordenadas fixo. Se analisarmos o procedimento que leva a Eq. 4.19 (o teorema de transporte de Reynolds para um volume de controle fixo), nós notamos que o resultado correspondente para um volume de controle móvel pode ser obtido simplesmente trocando a velocidade absoluta, $\mathbf{V}$, pela velocidade relativa, $\mathbf{W}$. Assim, o teorema de transporte de Reynolds para um volume de controle que se desloca com velocidade constante é dado por

$$\frac{DB_{sis}}{Dt} = \frac{\partial}{\partial t}\int_{vc}\rho\,b\,d\mathcal{V} + \int_{sc}\rho\,b\,\mathbf{W}\cdot\hat{\mathbf{n}}\,dA \qquad (4.23)$$

onde a velocidade relativa é fornecida pela Eq. 4.22.

4.4.7 Escolha do Volume de Controle

Qualquer volume pode ser considerado como um volume de controle. O volume de controle pode ser de finito ou infinitesimal e a escolha do tamanho e formato depende do tipo de análise que pretendemos realizar. Nós utilizaremos, na maioria das vezes, volumes de controle fixos e indeformáveis mas, em algumas situações, vamos considerar volumes de controle que se deslocam com velocidade constante. É muito importante gastar um certo tempo na escolha do volume de controle que iremos utilizar.

A escolha do volume de controle apropriado na mecânica dos fluidos é muito parecida com a escolha do diagrama de corpo livre na mecânica dos sólidos. Na dinâmica dos sólidos nós isolamos o corpo em que estamos interessados, representamos o objeto num diagrama de corpo livre e aplicamos as leis pertinentes ao corpo. A facilidade de resolver os problemas de dinâmica depende muito do modo como nós escolhemos o diagrama de corpo livre. De modo análogo, a facilidade de resolver um problema de mecânica dos fluidos depende da escolha do volume de controle. A escolha do melhor volume de controle decorre da experiência pessoal. Nenhum volume de controle está errado mais alguns deles são mais adequados que outros.

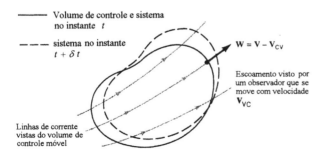

Figura 4.23 Volume de controle e sistema vistos por um observador solidário ao volume de controle.

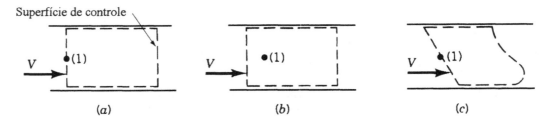

Figura 4.24 Vários volumes de controle para a análise do escoamento num tubo.

A solução de um problema típico envolverá a determinação de parâmetros como a velocidade, pressão e força em algum ponto do campo de escoamento. É usual que este ponto esteja localizado na superfície de controle e não "enterrado" dentro do volume de controle. Deste modo, a incógnita aparecerá no termo convectivo (a integral de superfície) do teorema de transporte de Reynolds. É sempre interessante posicionar a superfície de controle no plano normal a velocidade do fluido para que o ângulo θ nos termos de fluxo da Eq. 4.19 se tornem iguais a 0 ou 180°. Isto normalmente simplifica o processo de solução do problema.

A Fig. 4.24 ilustra três possíveis volumes de controle associados ao escoamento num tubo. Se o problema é determinar a pressão no ponto (1), a escolha do volume (a) é melhor do que o volume (b) porque o ponto (1) pertence a superfície de controle. De modo análogo, o volume de controle (a) é melhor do que o (c) porque o escoamento é normal as seções de alimentação e descarga do volume de controle. Nenhum dos volumes de controle está errado - (a) é o mais fácil de utilizar. A escolha adequada do volume de controle ficará mais clara no Cap. 5 onde o teorema de transporte de Reynolds será utilizado para transformar as leis adequadas a sistemas em leis adequadas a formulação baseada em volume de controle.

Referências

1. Streeter, V. L., e Wylie, E. B., *Fluid Mechanics*, Oitava Edição, McGraw-Hill, New York, 1985.

2. Goldstein, R. J., *Fluid Mechanics Measurements*, Hemisphere, New York, 1983.

3. Homsy, G. M., M*ultimedia Fluid Mechanics* CD - ROM, Cambride University Press, New York, 2000.

PROBLEMAS

Nota: Se o valor de uma propriedade não for especificado no problema, utilize o valor fornecido na Tab. 1.5 ou 1.6 do Cap. 1. Os problemas com a indicação (∗) devem ser resolvidos com uma calculadora programável ou computador. Os problemas com a indicação (+) são do tipo aberto (requerem uma análise crítica, a formulação de hipóteses e a adoção de dados). Não existe uma solução única para este tipo de problema.

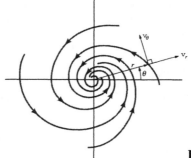

Figura P4.2

4.1 O campo de velocidade de um escoamento é dado por $\mathbf{V} = (3y + 2)\hat{\mathbf{i}} + (x - 8)\hat{\mathbf{j}} + 5z\hat{\mathbf{k}}$ m/s, onde x, y e z são medidos em metros. Determine a velocidade do fluido na origem ($x = y = z = 0$) e no eixo y ($x = z = 0$).

4.2 Os vetores velocidade, desenhados em posições convenientes, podem ser utilizados na visualização dos escoamentos (veja a Fig. E4.1 e o ⊙ 4.1) Considere o campo de velocidades definido por $v_r = -10/r$ e $v_\theta = 10/r$. Este campo descreve o escoamento de um fluido na região próxima de um ralo e está representado na Fig. P4.2. Faça um desenho que apresente os vetores velocidade nos pontos definidos por $r = 1, 2$ e 3 e $\theta = 0, 30, 60$ e $90°$.

4.3 O campo de velocidade de um escoamento é dado por $\mathbf{V} = 20y/(x^2 + y^2)^{1/2}\,\hat{\mathbf{i}} + 20x/(x^2 + y^2)^{1/2}\,\hat{\mathbf{j}}$ m/s, onde x e y são medidos em metros. Determine a velocidade do fluido ao longo dos eixos x e y. Quais são os ângulos formados pelos vetores velocidade com o eixo x nos pontos $(5, 0)$; $(5, 5)$ e $(0, 5)$?

4.4 Os componentes do vetor velocidade de um escoamento, nas direções x e y, são dados por $u = x - y$ e $v = x^2y - 8$. Localize os pontos de estagnação deste escoamento.

4.5 Os componentes do vetor velocidade de um escoamento nas direções x e y são, respectivamente, dados por $u = 0{,}9$ m/s e $v = 0{,}84x^2$ m/s, onde x é medido em metros. Determine a equação das linhas de corrente e as represente no meio plano superior.

4.6 Os componentes do vetor velocidade de um escoamento nas direções x e y são, respectivamente, $u = c(x^2 - y^2)$ e $v = -2cxy$, onde c é uma constante. Mostre que a equação das linhas de corrente é igual a $x^2y - y^3/3 = $ constante. Em que ponto, ou pontos, o escoamento é paralelo ao eixo x? Existem pontos de estagnação neste escoamento?

4.7 Os componentes do vetor velocidade de um escoamento nas direções x e y são, respectivamente, $u = -V_0 y/(x^2 + y^2)^{1/2}$ e $v = V_0 x/(x^2 + y^2)^{1/2}$, onde V_0 é uma constante. Em que locais do escoamento a velocidade é igual a V_0? Determine a equação das linhas de corrente e discuta as características deste escoamento.

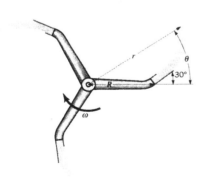

Figura 4.8

4.8 A Fig. P4.8 e o ⊙ 4.6 mostram o escoamento de água num irrigador. A velocidade angular, ω, e o raio do braço do irrigador, R, são iguais a 10 rd/s e 0,15 m. A água deixa o bocal do irrigador com velocidade relativa igual a 3,1 m/s (em relação ao bocal instalado no braço móvel do irrigador). Os efeitos gravitacionais e a interação entre o escoamento de água e o ar podem ser desprezados. **(a)** Mostre que as trajetórias deste escoamento são linhas radiais. Dica: Analise o escoamento utilizando um referencial solidário ao solo. **(b)** Mostre que, em qualquer instante, a coordenada r do jato é dada por $r = R + (V_a/\omega)\theta$, onde θ é o ângulo mostrado na figura e V_a é a velocidade absoluta da água.

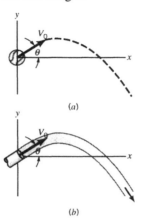

Figura P4.9

*4.9 Considere o lançamento da bola mostrado na Fig. 4.9a. Observe que a velocidade inicial da bola é V_0 e que o ângulo de lançamento é θ. Se os efeitos do atrito não são significativos, a trajetória da bola é dada por

$$y = (\tan\theta)\,x - [g/(2V_0^2 \cos^2\theta)]\,x^2$$

Consulte um livro texto sobre Física Geral para verificar se a equação está correta. Esta equação também pode ser escrita como $y = c_1 x + c_2 x^2$, onde c_1 e c_2 são constantes. Note que, neste caso, a trajetória é uma parábola. A Fig. P4.9b mostra um jato de água descarregado do bocal instalado numa mangueira (veja também o ⊙ 4.3). A próxima tabela mostra as coordenadas do jato d'água levantadas experimentalmente. **(a)** Será que as partículas de água também seguem trajetórias parabólicas? Verifique se é possível ajustar os dados experimentais com um polinômio do tipo $y = c_1 x + c_2 x^2$ **(b)** Calcule a velocidade do jato d'água na seção de descarga do bocal utilizando os valores de c_1 e c_2 calculados no item anterior.

x (mm)	y (mm)
0,00	0,00
6,35	3,30
12,70	4,06
19,05	3,30
25,40	0,00
31,75	−5,08
38,10	−13,46
44,45	−22,86
50,80	−36,32

4.10 Os componentes do vetor velocidade de um escoamento nas direções x e y são, respectivamente, $u = x^2y$ e $v = -xy^2$. Determine a equação das linhas de corrente e as compare com aquelas do Exemplo 4.2. Este escoamento é igual ao do Exemplo 4.2? Justifique sua resposta.

+ 4.11 A representação do campo de velocidade, por meio dos vetores velocidade, não varia quando o regime de escoamento é o permanente (veja a Fig. E4.1). Quando o regime do escoamento é o transitório, normalmente os módulos e as direções dos vetores associados ao campo de velocidade variam ao longo do tempo (veja o ⊙ 4.1). Observe que esta condição não é sempre verdadeira. Descreva um escoamento em regime transitório no qual os módulos e as direções dos vetores velocidade não variam em função do tempo. Faça um esboço do campo de velocidade para o escoamento descrito.

4.12 A atmosfera sempre apresenta um movimento horizontal ("vento") e outro vertical ("térmica") que é criado pelo aquecimento não uniforme do ar (veja a Fig. P4.12). Admita que o campo de velocidade do ar pode ser aproximado por $u = u_0$, $v = v_0(1 - y/h)$ para $0 < y < h$ e $u = u_0$, $v = 0$ para $y > h$. Desenhe a linha de corrente que passa pela origem para os seguintes valores de u_0/v_0: 0,5; 1 e 2.

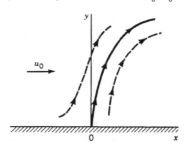

Figura P4.12

* 4.13 Resolva novamente o Prob. 4.12 admitindo que $u = u_0 y/h$ para $0 \leq y \leq h$ em vez de $u = u_0$. Utilize os seguintes valores para u_0/v_0: 0; 0,1; 0,2; 0,4; 0,6; 0,8 e 1,0.

4.14 Um campo de velocidade é dado por $u = cx^2$ e $v = cy^2$, onde c é uma constante. Determine os componentes do vetor aceleração nas direções x e y. Em que locais a aceleração é nula?

4.15 Um campo de velocidade é dado por $u = x^2$, $v = -2xy$ e $w = x + y$. Determine os componentes do vetor aceleração nas direções x e y e z.

+ 4.16 Estime a desaceleração média imposta numa gota de chuva no instante em que ela bate numa calçada. Faça uma lista com todas as hipóteses utilizadas na solução do problema.

4.17 Ar escoa no bocal divergente mostrado na Fig. P4.17. A velocidade na seção de alimentação do bocal é dada por $V_1 = 1,22t$ m/s e aquela na seção de descarga é dada por $V_2 = 0,61t$ m/s, onde t é especificado em segundos. **(a)** Determine a aceleração local nas seções de alimentação e descarga do

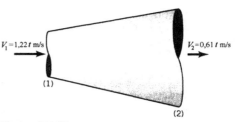

Figura P4.17

bocal. **(b)** A aceleração convectiva média do escoamento no bocal é negativa, positiva, ou nula? Justifique sua resposta.

4.18 Água escoa uniformemente num tubo que apresenta diâmetro constante. A velocidade é dada por $\mathbf{V} = (8/t + 5)\hat{j}$ m/s, onde t é medido em segundos. Determine a aceleração do escoamento nos instantes $t = 1$, 2 e 10 s.

4.19 O campo de velocidade do escoamento de água num certo tubo é dado por $u = 10(1 - e^{-t})$, $v = 0$ e $w = 0$ (u é medido em m/s e t em segundos) após a abertura de uma válvula. Determine a velocidade e a aceleração máximas deste escoamento.

* 4.20 A próxima tabela apresenta valores experimentais da velocidade do escoamento de água num tubo $[u(t)]$. Faça um gráfico da aceleração do escoamento em função do tempo para $0 \leq t \leq 20$ s. Faça outros gráficos da aceleração em função do tempo admitindo que as velocidades são iguais as da tabela multiplicadas por 2 e por 5.

t (s)	u (m/s)	t (s)	u (m/s)
0	0	11,2	2,47
1,8	0,52	12,3	2,56
3,1	0,98	13,9	2,52
4,0	1,16	15,0	2,47
5,5	1,40	16,4	2,41
6,9	1,77	17,5	2,13
8,1	1,92	18,4	2,01
10,0	2,16	20,0	1,74

4.21 A velocidade do fluido ao longo do eixo x mostrado na Fig. P4.21 muda linearmente de 6 m/s, no ponto A, para 18 m/s, no ponto B. Determine as acelerações nos pontos A, B e C. Admita que o regime do escoamento é o permanente.

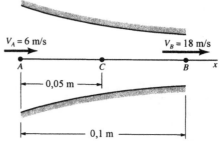

Figura P4.21

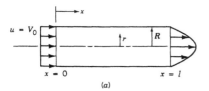

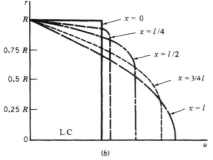

Figura P4.22

4.22 Quando um fluido escoa no tubo mostrado na Fig. P4.22a, os efeitos viscosos podem provocar uma alteração no perfil de velocidade do escoamento – de um perfil uniforme ($\mathbf{V} = V_0 \hat{i}$) na seção de alimentação do tubo para um perfil parabólico [$\mathbf{V} = 2V_0(1 - (r/R)^2)\hat{i}$] na seção de descarga do tubo ($x = l$). A Fig. P4.22b mostra alguns perfis de velocidade deste escoamento. Utilize estes perfis para mostrar que uma partícula que se move pela linha de centro apresenta uma aceleração e que uma partícula próxima a parede do tubo apresenta uma desaceleração. Uma partícula localizada em $r = 0,5R$ apresenta aceleração, desaceleração ou ambas? Justifique sua resposta.

4.23 Água escoa pelo difusor mostrado na Fig. P4.23 quando uma válvula é aberta. A velocidade ao longo da linha de centro do difusor é dada, em função do tempo, por $\mathbf{V} = u\hat{i} = V_0(1-e^{-ct})(1-x/l)\hat{i}$ onde u_0, c e l são constantes. Determine a aceleração do escoamento em função de x e t. Se $V_0 = 3,0$ m/s e $l = 1,5$ m, qual o valor de c (não nulo) necessário para que a aceleração seja nula em qualquer x e em $t = 2$ s? Como a aceleração pode ser nula num escoamento onde a vazão em volume aumenta com o tempo?

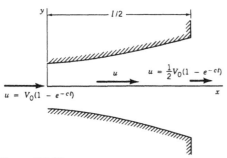

Figura P4.23

4.24 Um fluido escoa ao longo do eixo x com velocidade $V = (x/t)\hat{i}$, onde x é medido em metros e t em segundos. (**a**) Faça um gráfico da velocidade para $0 \le x \le 3,0$ m e $t = 3$ s. (**b**) Faça um gráfico da velocidade para $x = 2,1$ m e $2 \le t \le 4$ s. (**c**) Determine os valores das acelerações local e convectiva. (**d**) Mostre que a aceleração de qualquer partícula fluida do escoamento é nula. (**e**) Explique porque as velocidades das partículas deste escoamento transitório permanecem constantes durante o movimento.

4.25 A Fig. P4.25 mostra o esboço de um ressalto hidráulico num canal aberto (veja também o ⊙ 10.6). Note que a largura do ressalto (l) é pequena e que a profundidade do liquido varia de z_1 para z_2 (com a correspondente variação de velocidade de V_1 para V_2). Se $V_1 = 0,37$ m/s, $V_2 = 0,09$ m/s e $l = 6,1$ mm, estime a desaceleração média do liquido durante o escoamento através do ressalto hidráulico.

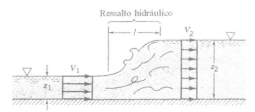

Figura P4.25

4.26 As partículas de fluido que escoam nas linhas de corrente de estagnação desaceleram até que suas velocidades se tornem nulas (veja a Fig. P4.26 e o ⊙ 4.5). As imagens desse vídeo indicam que a posição da partícula que estava a 0,18 m a montante do ponto de estagnação em $t = 0$ é dada por $s = 0,18e^{(-0,5t)}$, onde t e s são especificados em s e m. (**a**) Determine a velocidade da partícula fluida que escoa ao longo da linha de corrente de estagnação em função do tempo, $V_{partícula}(t)$. (**b**) Determine a velocidade da partícula fluida que escoa ao longo da linha de corrente de estagnação em função da posição, $V = V(s)$. (**c**) Determine a aceleração da partícula fluida que escoa a o longo da linha de corrente de estagnação em função da posição, $a_s = a_s(s)$.

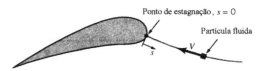

Figura P4.26

4.27 Um bocal foi projetado para acelerar um escoamento da velocidade V_1 para a velocidade V_2 de modo linear, ou seja, $V = ax + b$, onde a e b são constantes. Se o escoamento apresenta $V_1 = 10$ m/s em $x_1 = 0$ e $V_2 = 25$ m/s em $x_2 = 1$ m, determine as acelerações local, convectiva e total nos pontos (1) e (2).

+ **4.28** Considere o escoamento da água descarregada de uma torneira instalada numa pia doméstica. Normalmente, o jato d'água bate na superfície da pia. Estime a aceleração máxima que pode ser identificada nesse escoamento. Faça uma lista que contenha todas as hipóteses utilizadas na solução do problema.

4.29 Refaça o Prob. 4.27 considerando que o escoamento é transitório. Admita que $\partial V_1 / \partial t = 20$ m/s² e $\partial V_2 / \partial t = 60$ m/s² no instante em que $V_1 = 10$ m/s e $V_2 = 25$ m/s.

4.30 A Fig. P4.30a mostra o escoamento de um fluido incompressível ao longo da palheta de uma turbina (veja o ⊙ 4.5). A velocidade do escoamento é V_0 a montante e a jusante da palheta. A Fig. P4.30b mostra como varia a velocidade do fluido que escoa na linha de corrente definida pelos pontos A e F. Construa um gráfico da aceleração na direção da linha de corrente, a_s, ao longo dessa linha de corrente. Comente, também, as principais características do seu gráfico.

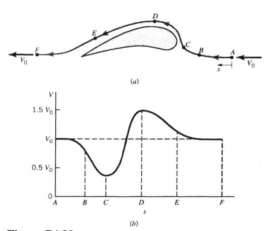

Figura P4.30

***4.31** Ar escoa num duto que apresenta seção transversal variável com velocidade $\mathbf{V} = u(x)\hat{\imath}$ m/s. A próxima tabela apresenta um conjunto de dados experimentais de $u(x)$. Faça um gráfico da aceleração em função de x para $0 \leq x \leq 300$ mm. Faça outros gráficos da aceleração admitindo que a vazão no duto é N vezes maior que a calculada com os dados da tabela. Considere $N = 2, 4, 10$.

x (mm)	u (m/s)	x (mm)	u (m/s)
0	3,00	175	6,13
25	3,11	200	5,30
50	3,96	225	4,11
75	6,13	250	3,63
100	8,63	275	3,14
125	8,66	300	3,05
150	7,86	325	3,05

4.32 Admita que a temperatura de exaustão numa chaminé pode ser aproximada por

$$T = T_0(1 + ae^{-bx})[1 + c\cos(wt)]$$

onde $T_0 = 100$ °C, $a = 3$, $b = 0,03$ m⁻¹, $c = 0,05$ e $w = 100$ rad/s. Se a velocidade de exaustão é constante e igual a 3 m/s, determine a taxa de variação da temperatura das partículas fluidas localizadas em $x = 0$ e $x = 4$ m quando $t = 0$.

* **4.33** A Fig. P4.33 mostra que a velocidade de exaustão num escapamento automotivo varia com o tempo e com a posição no cano de descarga (devido a amortecimentos que ocorrem nesta tubulação). Admita que o campo de velocidade é o mostrado na figura e que $V_0 = 2,4$ m/s, $a = 0,05$, $b = 1,6$ m⁻¹ e $w = 50$ rad/s. Calcule e faça um gráfico da aceleração do fluido em $x = 0$; 0,30; 0,61; 0,91; 1,22 e 1,52 m para $0 \leq t \leq \pi/25$ s.

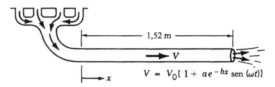

Figura P4.33

4.34 Considere um escoamento de gás ao longo do eixo x. As distribuições de velocidade e pressão desse escoamento são dadas por $V = 5x$ m/s e $p = 10x^2$ N/m², onde x é especificado em m. **(a)** Determine a taxa de variação da pressão no ponto $x = 1$. **(b)** Determine a taxa de variação da pressão para uma partícula fluida que está escoando em $x = 1$. **(c)** Explique, sem utilizar qualquer equação, porque as respostas dos itens (a) e (b) são diferentes.

4.35 A distribuição de temperatura num fluido é dada por $T = 10x + 5y$, onde x e y são, respectivamente, as coordenadas horizontal e vertical medidas em metros e T é medido em °C. Determine a taxa de variação da temperatura de uma partícula fluida que se desloca **(a)** horizontalmente com $u = 20$ m/s e **(b)** verticalmente com $v = 20$ m/s.

4.36 A Fig. P4.36 mostra um jato d'água sendo descarregado de uma tubulação (veja também o ⊙ 4.3). Considere a seção de escoamento mais alta encontrada no escoamento. Nesta seção, a velocidade horizontal no ponto central do jato é igual a 0,55 m/s e o raio de curvatura da linha de corrente que passa pelo ponto central é igual a 31 mm. Determine a componente normal do vetor aceleração do escoamento neste ponto.

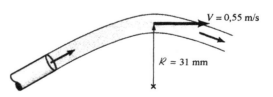

Figura P4.36

4.37 Nós sempre observamos a formação de escoamentos circulares (vórtices) nas pontas das asas dos aviões quando estes estão voando (veja o ⊙ 4.2 e a Fig. P4.37). Sob certas condições, os escoamentos circulares podem ser aproximados pelos campos de velocidade $u = -Ky/(x^2 + y^2)$ e $v = Kx/(x^2 + y^2)$, onde K é uma constante definida pelas características do avião considerado (i.e., seu peso, velocidade). Observe que tanto x como y são medidos a partir do centro dos escoamentos circulares. (a) Mostre que a velocidade nesses escoamentos é inversamente proporcional a distância da origem, $V = K/(x^2 + y^2)^{1/2}$. (b) Prove que as linhas de corrente desses escoamentos são circulares.

Figura P4.37

4.38 Admita que as linhas de corrente dos vórtices posicionados nas pontas das asas dos aviões podem ser consideradas circulares e que a velocidade desses escoamentos é dada por $V = K/r$, onde K é uma constante (veja o ⊙ 4.2 e a Fig. P4.37). Determine a aceleração na direção da linha de corrente, a_s, e a aceleração normal, a_n, desses escoamentos.

4.39 A Fig. P4.39 mostra o escoamento de um fluido em torno de uma esfera. A velocidade ao longe, V_0, é igual a 40 m/s e a velocidade do escoamento pode ser aproximada por $V = 3/2\, V_0 \operatorname{sen} \theta$. Determine as componentes do vetor aceleração nas direções da linha de corrente e normal à linha de corrente no ponto A sabendo que o raio da esfera, a, é igual a 0,20 m.

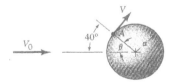

Figura P4.39

*4.40 Faça um gráfico de a_s, aceleração na direção da linha de corrente, e de a_n, aceleração na direção normal à linha de corrente, em função de θ para o escoamento do problema anterior. Considere $V_0 = 15$ m/s, $0 \le \theta \le 90°$ e $a = 30$; 300 e 3000 mm. Repita o problema com $V_0 = 1,5$ m/s. A aceleração é máxima em que local do escoamento?

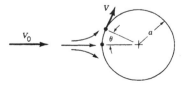

Figura P4.41

4.41 A Fig. P4.41 mostra o escoamento de um fluido em torno de um cilindro. A velocidade ao longe do cilindro é V_0 e a velocidade do escoamento ao longo do cilindro pode ser aproximada por $V = 2\, V_0 \operatorname{sen} \theta$ (este resultado pode ser obtido admitindo que os efeitos viscosos não são importantes). Determine as componentes do vetor aceleração nas direções da linha de corrente e normal à linha de corrente na superfície do cilindro em função de V_0, a e θ.

*4.42 Utilize os resultados do problema anterior para construir gráficos de a_s e a_n para $0 \le \theta \le 90°$, $V_0 = 10$ m/s e $a = 0,01$; 0,10; 1,0 e 10,0 m.

4.43 Determine os componentes do vetor aceleração nas direções x e y do escoamento descrito no Prob. 4.6. Uma partícula no ponto $x = x_0 > 0$ e $y = 0$ está acelerando ou desacelerando (admita c > 0)? Explique. Refaça o problema admitindo que $x_0 < 0$.

4.44 Água escoa na tubulação curva mostrada na Fig. 4.44. A velocidade do escoamento é dada por $V = 3,05t$ m/s, onde t é medido em s. Admitindo que $t = 2$ s, determine (a) o componente do vetor aceleração na direção da linha de corrente, (b) o componente do vetor aceleração na direção normal à linha de corrente, e (c) o módulo, direção e sentido do vetor aceleração deste escoamento.

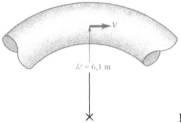

Figura P4.44

4.45 Água escoa em regime permanente no funil mostrado na Fig. P4.45. O escoamento no funil pode ser considerado radial, com centro em O, na maior parte do campo de escoamento. Nesta condição é possível admitir que $V = c/r^2$, onde r é a coordenada radial e c uma constante. Determine a aceleração nos pontos A e B sabendo que a velocidade é igual a 0,4 m/s quando $r = 0,1$ m.

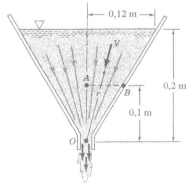

Figura P4.45

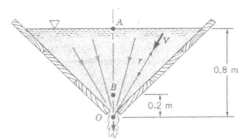

Figura P4.46

4.46 Água escoa em regime permanente na calha mostrada na Fig. P4.46. O escoamento pode ser considerado radial, com centro em O, na maior parte do campo de escoamento. Nesta condição, $V = c/r$, onde r é a coordenada radial e c uma constante. Determine a aceleração nos pontos A e B sabendo que a velocidade é igual a 40 mm/s quando $r = 0,1$ m.

4.47 Ar escoa no canal formado por dois discos paralelos (veja a Fig. P4.47). A velocidade do fluido no canal é dada por $V = V_0 R/r$, onde R é o raio dos discos, r é a coordenada radial e V_0 é a velocidade do fluido na borda do canal. Determine a aceleração em $r = 0,30$; 0,61 e 0,91 m, sabendo que $V_0 = 1,5$ m/s e $R = 0,91$ m.

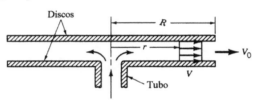

Figura P4.47

4.48 Ar escoa no canal formado por um disco e um tronco de cone (veja a Fig. P4.48). A velocidade do fluido no canal é dada por $V = V_0 R^2/r^2$, onde R é o raio do disco, r é a coordenada radial e V_0 é a velocidade do fluido na borda do canal. Determine a aceleração em $r = 0,15$ e 0,61 m, sabendo que $V_0 = 1,5$ m/s e $R = 0,61$ m.

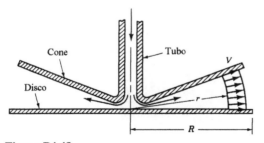

Figura P4.48

4.49 Água escoa no duto mostrado na Fig. P4.49 (seção transversal quadrada) com velocidade uniforme e igual a 20 m/s. Considere as partículas que estão sobre a linha $A - B$ no instante $t = 0$. Determine a posição destas partículas, a linha $A' - B'$, quando $t = 0,2$ s. Utilize o volume de fluido na região compreendida pelas linhas $A - B$ e $A' - B'$ para determinar a vazão em volume no duto. Repita o problema considerando que as partículas estavam originalmente nas linhas $C - D$ e $E - F$. Compare os três resultados.

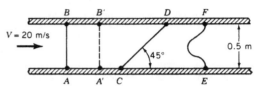

Figura P4.49

4.50 Refaça o problema anterior utilizando o perfil de velocidade mostrado na Fig. P4.53.

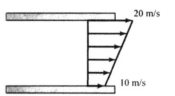

Figura P4.50

4.51 A Fig. P4.51 mostra o escoamento recirculativo na região próxima a seção de descarga de uma comporta. O campo de velocidade pode ser considerado como composto por duas regiões: uma com velocidade $V_a = 3,0$ m/s e outra com velocidade $V_b = 0,91$ m/s. Determine a vazão em massa de água na seção (2) admitindo que a largura do canal é igual a 6,1 m.

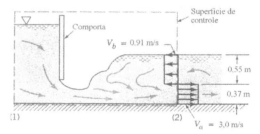

Figura P4.51

4.52 A válvula de alimentação de um tanque vazio (vácuo perfeito, $\rho = 0$) é aberta no instante $t = 0$ e o ar começa a escoar para o tanque. Determine a taxa de variação temporal da massa contida no tanque sabendo que o volume do tanque é $\mathcal{V}_0$ e a massa específica do ar no tanque aumenta de acordo com $\rho = \rho_\infty (1 - e^{-bt})$, onde b é uma constante.

+ 4.53 A regra de Leibnitz, estudada nos cursos de Cálculo, pode ser escrita do seguinte modo:

$$\frac{d}{dx}\int_{x_1(t)}^{x_2(t)} f(x,t)\,dx = \int_{x_1}^{x_2} \frac{\partial f}{\partial t}\,dx + f(x_2,t)\frac{dx_2}{dt} - f(x_1,t)\frac{dx_1}{dt}$$

Existe uma relação entre esta equação e o teorema de transporte de Reynolds?

4.54 A Fig. P4.54 mostra o trecho curvo de uma tubulação que é alimentada com ar. A velocidade do escoamento na seção de alimentação do trecho é uniforme e igual a 10 m/s. Observe que a distribuição de velocidade na seção de descarga do trecho não é uniforme. De fato, existe uma região do escoamento onde se detecta uma recirculação. Considere que o volume de controle fixo $ABCD$ coincide com o sistema no instante $t = 0$. Faça um desenho indicando: (a) o sistema no instante $t = 0{,}01$ s, (b) o fluido que entrou no volume de controle neste intervalo de tempo e (c) o fluido que saiu do volume de controle neste mesmo intervalo de tempo.

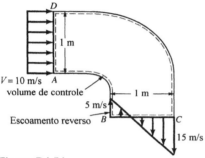

Figura P4.54

4.55 A Fig. P4.55 mostra um filme de óleo escoando sobre uma placa vertical. A distribuição de velocidade neste escoamento é dada por $\mathbf{V} = (V_0 / h^2)(2hx - x^2)\,\mathbf{j}$, onde V_0 e h são constantes. (a) Mostre que o fluido adere à parede e que a tensão de cisalhamento na superfície livre do filme é nula. (b) Determine a vazão em volume de óleo no filme admitindo que a largura da placa é b. (Nota: O perfil de velocidade deste escoamento é similar aquele encontrado nos escoamentos laminares em tubos. Veja o ⊙ 6.6).

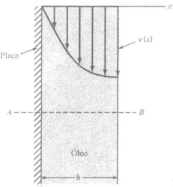

Figura P4.55

4.56 A Fig. P4.56 mostra um derivação onde escoa água. Observe que os perfis de velocidade nas seções de alimentação e descarga são uniformes. O volume de controle fixo indicado na figura coincide

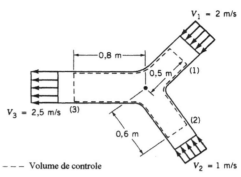

Figura P4.56

com o sistema no instante $t = 20$ s. Faça um esquema que indique (a) A fronteira do sistema no instante $t = 20{,}2$ s; (b) O fluido que deixou o volume de controle durante o intervalo de 0,2 s e (c) O fluido que entrou no volume de controle neste intervalo.

4.57 A Fig. P4.57 mostra um canal onde escoam, separadamente, dois líquidos que apresentam massa específica e viscosidade diferentes. A placa inferior do canal é fixa e a velocidade da placa superior é igual a 0,61 m/s. Observe que o perfil de velocidade em cada líquido é linear. O volume de controle fixo $ABCD$ coincide com o sistema no instante $t = 0$. Faça um desenho indicando: (a) o sistema no instante $t = 0{,}1$ s, (b) o fluido que entrou no volume de controle neste intervalo de tempo e (c) o fluido que saiu do volume de controle neste mesmo intervalo de tempo.

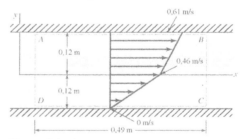

Figura P4.57

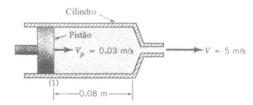

Figura P4.58

4.58 A Fig. P4.58 mostra água sendo expulsa de um conjunto cilindro – pistão com velocidade $V = 5$ m/s. A velocidade do pistão, nesta condição, é $V_p = 0{,}03$ m/s. A superfície do volume de controle deformável é composta pela superfície interna do cilindro e pela face do pistão. O sistema é constituído pela água contida no conjunto em $t = 0$ [quando a face do pistão está localizada na seção (1)]. Faça um esquema para indicar a superfície de controle e o sistema quando t for igual a 0,5 s.

4.59 A Fig. P4.59 mostra a vista superior de um canal com seção de escoamento retangular. Observe que o perfil de velocidade na seção de alimentação do canal não é uniforme e que o perfil de velocidade na seção de descarga é uniforme. O volume de controle fixo $ABCD$ coincide com o sistema no instante $t = 0$. Faça um desenho indicando: **(a)** o sistema no instante $t = 0,5$ s, **(b)** o fluido que entrou no volume de controle neste intervalo de tempo e **(c)** o fluido que saiu do volume de controle neste mesmo intervalo de tempo.

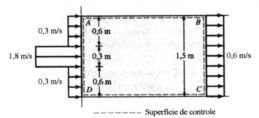

Figura P4.59

4.60 A Fig. P4.60 mostra a vista superior de um canal com seção de escoamento retangular. Observe que o perfil de velocidade na seção de alimentação do canal é uniforme. **(a)** Determine a vazão em massa do escoamento, através da seção CD do canal, integrando a Eq. 4.16 com $b = 1$. **(b)** Refaça o item a considerando $b = 1/\rho$, onde ρ é a massa específica do fluido que escoa no canal. **(c)** Qual é o significado físico da resposta do item b.

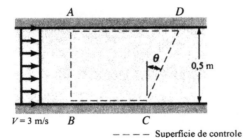

Figura P4.60

4.61 A Fig. P4.61 mostra o perfil de velocidade do vento numa campina. Utilize a Eq. 4.16 para determinar o fluxo da quantidade de movimento através da superfície vertical $A - B$ que apresenta comprimento na direção perpendicular ao plano da figura igual a 1 m.

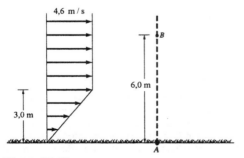

Figura P4.61

Análise com Volumes de Controle Finitos 5

Muitos problemas da mecânica dos fluidos podem ser resolvidos a partir da análise do comportamento do material contido numa região finita do espaço (um volume de controle). Por exemplo, nós podemos estar interessados em calcular a força necessária para ancorar uma turbina a jato numa bancada de teste ou em determinar o tempo necessário para encher um grande tanque de armazenamento de líquido. Uma das tarefas usuais dos engenheiros é estimar a potência necessária para transferir uma certa quantidade de água por unidade de tempo de um recipiente para outro (normalmente os tanques apresentam elevações diferentes). O material deste capítulo mostrará que estes, e outros problemas importantes, podem ser facilmente resolvidos utilizando volumes de controle finitos. A base deste método de solução é formada por alguns princípios básicos da física como a conservação da massa, a segunda lei de Newton, a primeira e a segunda lei da termodinâmica[1]. O método de solução que será apresentado é poderoso e aplicável a um grande número de problemas da mecânica dos fluidos e, ainda mais, as equações obtidas são muito fáceis de interpretar e de serem utilizadas na solução de muitos problemas reais.

As equações adequadas para a análise de volumes de controle são derivadas a partir das equações que representam as leis básicas aplicadas a sistemas. Você já deve estar acostumado a resolver problemas utilizando sistemas mas, normalmente, a solução dos problemas de mecânica dos fluidos é menos complicada se utilizarmos os volumes de controle. Assim, na mecânica dos fluidos, normalmente é mais conveniente o ponto de vista Euleriano do que o Lagrangeano. Os elementos chave para a derivação das equações adequadas aos volumes de controle são a noção do sistema e do volume de controle que ocupa a mesma região do espaço num certo instante e o teorema de transporte de Reynolds (Eqs. 4.19 e 4.23).

Neste capítulo nós vamos utilizar formulações integrais para garantir a generalidade das equações apresentadas. Note que as integrais de volume podem acomodar variações espaciais das propriedades dos materiais contidos no volume de controle e que as integrais de superfície (na superfície de controle) permitem que as variáveis dos escoamentos apresentem distribuições superficiais. Entretanto, por simplicidade, nós sempre vamos admitir que as variáveis dos escoamentos estão uniformemente distribuídas nas seções de alimentação e descarga dos volumes de controle. Este escoamento uniforme é denominado escoamento unidimensional. Os efeitos das não uniformidade dos perfis de velocidade e de outras variáveis do escoamento nas seções de alimentação e descarga serão analisados detalhadamente nos Caps. 8 e 9.

O regime da maioria dos escoamentos apresentados neste capítulo será o permanente. Entretanto, nós apresentaremos algumas análises de escoamentos transitórios. Apesar da ênfase dada aos volumes de controle fixos e não deformáveis nós também apresentaremos alguns exemplos de volumes de controle móveis deformáveis e indeformáveis.

5.1 Conservação da Massa – A Equação da Continuidade

5.1.1 Derivação da Equação da Continuidade

Um sistema é definido como uma quantidade fixa e identificável de material. Assim, o princípio de conservação da massa para um sistema pode ser estabelecido por

taxa de variação temporal da massa do sistema = 0

ou

$$\frac{DM_{sis}}{Dt} = 0 \qquad (5.1)$$

onde a massa do sistema, M_{sis}, pode ser representada por

---

[1] A seção sobre a segunda lei da termodinâmica pode ser omitida sem comprometer a continuidade do texto.

$$M_{sis} = \int_{sis} \rho \, d\mathcal{V} \tag{5.2}$$

Note que esta integração cobre todo o volume do sistema. A Eq. 5.2 estabelece que a massa do sistema é igual a somatória das massas de todos os volumes elementares (a massa de um volume elementar é igual ao produto da massa específica do material pelo volume elementar).

A Fig. 5.1 mostra um sistema e um volume de controle fixo e não deformável coincidentes num dado instante. A aplicação do teorema de transporte de Reynolds (Eq. 4.19) ao caso ilustrado resulta em

$$\frac{D}{Dt}\int_{sis} \rho \, d\mathcal{V} = \frac{\partial}{\partial t}\int_{vc} \rho \, d\mathcal{V} + \int_{sc} \rho \, \mathbf{V} \cdot \hat{\mathbf{n}} \, dA \tag{5.3}$$

ou

| taxa de variação temporal da massa do sistema coincidente | = | taxa de variação temporal da massa contida no volume de controle coincidente | + | vazão líquida de massa através da superfície de controle |

Nós expressamos a taxa de variação temporal da massa do sistema na Eq. 5.3 pela soma da taxa de variação temporal da massa contida no volume de controle,

$$\frac{\partial}{\partial t}\int_{vc} \rho \, d\mathcal{V}$$

com o vazão líquida de massa na superfície de controle,

$$\int_{sc} \rho \, \mathbf{V} \cdot \hat{\mathbf{n}} \, dA$$

Quando o regime do escoamento é o permanente, todas as propriedades no campo de escoamento (i.e., as propriedades em qualquer ponto – por exemplo, a massa específica) permanecem constantes ao longo do tempo e, assim, a taxa de variação temporal da massa contida no volume de controle é nula, ou seja,

$$\frac{\partial}{\partial t}\int_{vc} \rho \, d\mathcal{V} = 0$$

O termo $\mathbf{V} \cdot \hat{\mathbf{n}} \, dA$ na integral da vazão em massa representa o produto do componente do vetor velocidade perpendicular a uma pequena porção da superfície de controle e a área diferencial dA. Assim, $\mathbf{V} \cdot \hat{\mathbf{n}} \, dA$ é a vazão em volume através da área dA e $\rho \, \mathbf{V} \cdot \hat{\mathbf{n}} \, dA$ é a vazão em massa através de dA. Ainda mais, o sinal do produto escalar $\mathbf{V} \cdot \hat{\mathbf{n}}$ é positivo quando o escoamento é para fora do volume de controle e negativo para os escoamentos que alimentam o volume de controle porque $\hat{\mathbf{n}}$ é considerado positivo quando aponta para fora do volume de controle. Nós obtemos a vazão líquida de massa no volume de controle somando todas as contribuições diferenciais $\rho \, \mathbf{V} \cdot \hat{\mathbf{n}} \, dA$ que existem na superfície de controle, ou seja,

$$\int_{sc} \rho \, \mathbf{V} \cdot \hat{\mathbf{n}} \, dA = \sum \dot{m}_s - \sum \dot{m}_e \tag{5.4}$$

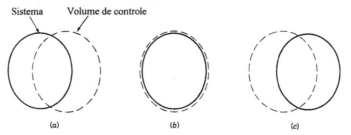

Figura 5.1 Sistema e volume de controle em três instantes diferentes. (*a*) Sistema e volume de controle no instante $t - \delta t$. (*b*) Sistema e volume de controle no instante t – condição coincidente. (*c*) Sistema e volume de controle no instante $t + \delta t$.

onde $\dot{m}$ é a vazão em massa (kg/s). Note que existe uma taxa de transferência de massa para fora do volume de controle se a integral da Eq. 5.4 for positiva. Agora, se a integral é negativa, a taxa de transferência de massa ocorre para dentro do volume de controle.

A expressão para a conservação da massa num volume de controle também é conhecida como a equação da continuidade. Combinando as Eqs. 5.1, 5.2 e 5.3, nós podemos obter uma equação de conservação da massa adequada a volumes de controle fixos e não deformáveis. Assim,

$$\frac{\partial}{\partial t} \int_{vc} \rho \, d\mathcal{V} + \int_{sc} \rho \, \mathbf{V} \cdot \hat{\mathbf{n}} \, dA = 0 \tag{5.5}$$

A Eq. 5.5 mostra que a soma da taxa de variação temporal da massa no volume de controle com a vazão líquida de massa na superfície de controle tem que ser nula para que a massa seja conservada. De fato, o mesmo resultado poderia ser obtido mais diretamente relacionando as vazões em massa no volume de controle com a taxa de acumulação de massa no volume de controle (veja a Sec. 3.6.2). Entretanto, é muito interessante mostrar que a aplicação do teorema de transporte de Reynolds funciona neste caso simples.

Uma expressão muito utilizada para a avaliação da vazão em massa, $\dot{m}$, numa seção da superfície de controle que apresenta área A é

$$\dot{m} = \rho Q = \rho A V \tag{5.6}$$

onde ρ é a massa específica do fluido, Q é a vazão em volume (m³/s) e V é o componente do vetor velocidade perpendicular a área A. Como

$$\dot{m} = \int_A \rho \, \mathbf{V} \cdot \hat{\mathbf{n}} \, dA$$

a aplicação da Eq. 5.6 envolve a utilização de valores representativos das médias da massa específica do fluido, ρ, e da velocidade do escoamento na seção que estamos considerando. Nós normalmente consideraremos uma distribuição uniforme da massa específica do fluido em cada seção de escoamento dos escoamentos compressíveis e permitiremos que as variações de massa específica ocorram apenas de uma seção para outra. O valor da velocidade que deve ser utilizado na Eq. 5.6 é o médio do componente do vetor velocidade normal a área que estamos analisando. O valor médio, $\overline{V}$, é definido por

$$\overline{V} = \frac{\int_A \rho \, \mathbf{V} \cdot \hat{\mathbf{n}} \, dA}{\rho A} \tag{5.7}$$

Se o perfil de velocidade do escoamento é uniforme na seção transversal que apresenta área A (escoamento unidimensional), temos

$$\overline{V} = \frac{\int_A \rho \, \mathbf{V} \cdot \hat{\mathbf{n}} \, dA}{\rho A} = V \tag{5.8}$$

Note que, as vezes, a barra sobre a velocidade não é utilizada para indicar que nós estamos operando com o valor médio da velocidade na seção de escoamento (como no Exemplo 5.1). Entretanto, a barra nos indica que devemos utilizar o valor médio da velocidade quando a distribuição de velocidade na seção transversal não é uniforme (como no Exemplos 5.2 e 5.4).

5.1.2 Volume de Controle Fixo e Indeformável

Existem muitos problemas da mecânica dos fluidos que podem ser adequadamente analisados com um volume de controle fixo e indeformável. Nós apresentaremos a seguir um conjunto de problemas que podem ser resolvidos com este tipo de volume de controle (⊙ 5.1 – Escoamento numa pia).

Exemplo 5.1

Água do mar escoa em regime permanente no bocal cônico mostrado na Fig. E5.1. O bocal está instalado numa mangueira e esta é alimentada por uma bomba hidráulica. Qual deve ser a vazão em volume da bomba para que a velocidade da seção de descarga do bocal seja igual a 20 m/s?

188 Fundamentos da Mecânica dos Fluidos

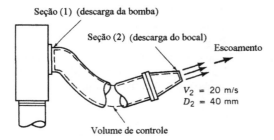

Figura E5.1

Solução Nós desejamos determinar a vazão em volume da bomba que alimenta a mangueira, que por sua vez, alimenta o bocal. Nós temos informações do escoamento na seção de descarga do bocal e com elas nós podemos determinar a vazão em massa na seção de descarga do bocal. Deste modo, nós podemos determinar as vazões no volume de controle tracejado apresentado na Fig. E5.1. Este volume de controle contém, em qualquer instante, a água do mar que está contida na mangueira e no bocal.

Aplicando a Eq. 5.5 neste volume de controle,

$$\underbrace{\frac{\partial}{\partial t} \int_{vc} \rho \, d\mathcal{V}}_{\text{é nulo (o regime é permanente)}} + \int_{sc} \rho \, \mathbf{V} \cdot \hat{\mathbf{n}} \, dA = 0 \qquad (1)$$

Note que o termo referente à taxa de variação temporal da massa no volume de controle é nulo porque o regime do escoamento é o permanente. A integral de superfície da Eq. 1 envolve as vazões em massa na seção de descarga da bomba, seção (1) e a vazão em massa na descarga do bocal, seção (2), ou seja

$$\int_{sc} \rho \, \mathbf{V} \cdot \hat{\mathbf{n}} \, dA = \dot{m}_2 - \dot{m}_1 = 0$$

de modo que

$$\dot{m}_2 = \dot{m}_1 \qquad (2)$$

Como a vazão em massa é igual ao produto da massa específica do fluido pela vazão em volume (veja a Eq. 5.6), temos

$$\rho_2 Q_2 = \rho_1 Q_1 \qquad (3)$$

Nós vamos admitir que o escoamento é incompressível (pois o escoamento é de líquido a baixa velocidade). Assim,

$$\rho_2 = \rho_1 \qquad (4)$$

Combinando as Es. 3 e 4,

$$Q_2 = Q_1 \qquad (5)$$

Assim, a vazão em volume da bomba (também conhecida como capacidade da bomba) é igual a vazão em volume na seção de descarga do bocal. Se, por simplicidade, nós admitirmos que o escoamento é unidimensional na seção de descarga do bocal, a combinação das Eqs. 5, 5.6 e 5.8 fornece

$$Q_1 = Q_2 = V_2 A_2 = V_2 \frac{\pi}{4} D_2^2$$

$$= 20 \times \frac{\pi}{4} \times (0{,}040)^2 = 0{,}0251 \, \text{m}^3/\text{s}$$

Exemplo 5.2

A Fig. E5.2 mostra um escoamento de ar num trecho longo e reto de uma tubulação que apresenta diâmetro interno igual a 102 mm. O ar escoa em regime permanente e as distribuições de temperatura e pressão são uniformes em todas as seções transversais do escoamento. Calcule a velocidade média do ar na seção (1) sabendo que a velocidade média do ar (distribuição não uniforme de velocidade) na seção (2) é 300 m/s.

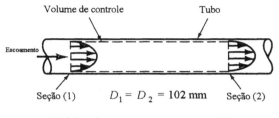

$p_1 = 690$ kPa (abs) $p_2 = 127$ kPa (abs)
$T_1 = 300$ K $T_2 = 252$ K
 $\overline{V}_2 = 300$ m/s

Figura E5.2

Solução A velocidade média do escoamento em qualquer seção pode ser calculada com a Eq. 5.7, ou seja, é igual a vazão em massa dividida pelo produto da massa específica do fluido na seção com a área da seção de escoamento. Nós vamos relacionar os escoamentos nas seções (1) e (2) com o volume de controle mostrado na Fig. E5.2.

Aplicando a Eq. 5.5 neste volume de controle,

$$\underbrace{\frac{\partial}{\partial t}\int_{vc} \rho\, d\mathcal{V}}_{\text{é nulo (o regime é permanente)}} + \int_{sc} \rho\, \mathbf{V}\cdot\hat{\mathbf{n}}\, dA = 0$$

Note que o termo referente a taxa de variação temporal da massa no volume de controle é nulo porque o regime do escoamento é o permanente. A integral de superfície desta equação envolve as vazões em massa nas seções (1) e (2). Aplicando a Eq. 5.4, temos

$$\int_{sc} \rho\, \mathbf{V}\cdot\hat{\mathbf{n}}\, dA = \dot{m}_2 - \dot{m}_1 = 0$$

ou

$$\dot{m}_1 = \dot{m}_2 \qquad (1)$$

Combinando as Eqs. 1, 5.6 e 5.7,

$$\rho_1 A_1 \overline{V}_1 = \rho_2 A_2 \overline{V}_2 \qquad (2)$$

ou

$$\overline{V}_1 = \frac{\rho_2}{\rho_1}\overline{V}_2 \qquad (3)$$

porque $A_1 = A_2$.

O ar, nas faixas de temperatura e pressão deste problema, pode ser modelado como um gás perfeito. A equação de estado para um gás perfeito é (Eq. 1.8)

$$\rho = \frac{p}{RT} \qquad (4)$$

Combinando as Eqs. 3 e 4,

$$\overline{V}_1 = \frac{p_2 T_1 \overline{V}_2}{p_1 T_2} = \frac{(127\times 10^3)(300)(300)}{(690\times 10^3)(252)} = 66 \text{ m/s}$$

Nós vimos, neste exemplo, que a equação da conservação da massa (equação da continuidade, Eq. 5.5) é válida tanto para escoamentos compressíveis quanto incompressíveis e que é possível trabalhar com perfis de velocidade não uniformes se utilizarmos o conceito de velocidade média.

Exemplo 5.3

O desumidificador mostrado na Fig. E 5.3 é alimentado com 320 kg/h de ar úmido (uma mistura de ar seco com vapor d'água). A vazão em massa de água líquida retirada do equipamento é 7,3 kg/h. Determine a vazão em massa de ar úmido na seção de descarga do desumidificador – seção (2).

190 Fundamentos da Mecânica dos Fluidos

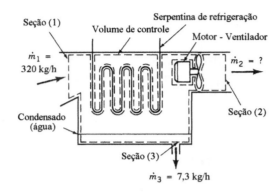

Figura E5.3

Solução A incógnita do problema, a vazão em massa na seção (2), é função das vazões em massa nas seções (1) e (2) para o volume de controle mostrado na Fig. E5.3. Note que o volume de controle contém uma mistura de ar e vapor d'água e o condensado (água líquida) no desumidificador. O volume de controle não engloba o ventilador, o motor e a serpentina de refrigeração. Nós vamos admitir que o regime do escoamento no equipamento é o permanente mesmo sabendo que o escoamento na região próxima do ventilador não é permanente (ele é periódico). Deste modo, as vazões em volume nas seções (1), (2) e (3) serão constantes e a taxa de variação temporal da massa contida no volume de controle, em média, pode ser considerada nula. A aplicação das Eqs. 5.4 e 5.5 ao volume de controle mostrado na figura resulta em

$$\int_{sc} \rho \mathbf{V} \cdot \hat{\mathbf{n}} \, dA = -\dot{m}_1 + \dot{m}_2 + \dot{m}_3 = 0$$

ou

$$\dot{m}_2 = \dot{m}_1 - \dot{m}_3 = 320,0 - 7,3 = 312,7 \text{ kg/h}$$

Note que a Eq. 5.5 pode ser utilizada em volumes de controle que apresentam várias seções de alimentação e descarga.

A mesma resposta seria obtida se utilizássemos um outro volume de controle. Por exemplo, se nós escolhêssemos um volume de controle que também englobasse a serpentina de refrigeração, a equação da continuidade ficaria da seguinte forma:

$$\dot{m}_2 = \dot{m}_1 - \dot{m}_3 + \dot{m}_4 - \dot{m}_5 \qquad (1)$$

onde $\dot{m}_4$ e $\dot{m}_5$ são as vazões em massa de fluido refrigerante nas seções de alimentação e descarga da serpentina de refrigeração. Como o equipamento opera em regime permanente, estas vazões em massa são iguais e, assim, a Eq. 1 fornece um resultado igual aquele obtido com o volume de controle original.

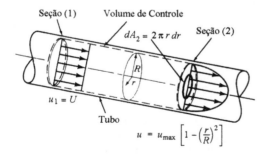

Figura E5.4

Exemplo 5.4

A Fig. E5.4 mostra o desenvolvimento de um escoamento laminar de água num tubo reto (raio R). O perfil de velocidade na seção (1) é uniforme com velocidade U paralela ao eixo do tubo. O perfil de velocidade na seção (2) é axissimétrico, parabólico, com velocidade nula na parede do tubo e velocidade máxima, u_{max}, na linha de centro do tubo. Qual é a relação que existe entre U e u_{max}? Qual é a relação que existe entre a velocidade média na seção (2), $\overline{V}_2$, e u_{max}?

Solução A aplicação da Eq. 5.5 no volume de controle mostrado na figura resulta em

$$\int_{sc} \rho \mathbf{V} \cdot \hat{\mathbf{n}} \, dA = 0$$

Avaliando as integrais de superfície nas seções (1) e (2), temos

$$-\rho_1 A_1 U + \int_{A_2} \rho \mathbf{V} \cdot \hat{\mathbf{n}} \, dA_2 = 0 \tag{1}$$

Os componentes dos vetores velocidade na seção (2), $\mathbf{V}$, são perpendiculares a seção e serão denotados por u_2. Já o elemento diferencial de área, dA_2, é igual a $2\pi r dr$ (veja a figura). Aplicando estes resultados na Eq. 1,

$$-\rho_1 A_1 U + \rho_2 \int_0^R u_2 \, 2\pi r \, dr = 0 \tag{2}$$

Nós vamos admitir que o escoamento é incompressível, ou seja, $\rho_1 = \rho_2$. Aplicando o perfil parabólico de velocidade da seção (2) na integral da Eq. 2,

$$-\pi R^2 U + 2\pi u_{max} \int_0^R \left[1 - \left(\frac{r}{R}\right)^2\right] r \, dr = 0 \tag{3}$$

Integrando,

$$-\pi R^2 U + 2\pi u_{max} \left(\frac{r^2}{2} - \frac{r^4}{4R^2}\right)_0^R = 0$$

ou

$$u_{max} = 2U$$

Como o escoamento é incompressível, a Eq. 5.8 mostra que U é a velocidade média em todas as seções transversais do tubo. Assim, a velocidade média na seção (2), $\overline{V}_2$, é igual a metade da velocidade máxima, ou seja,

$$\overline{V}_2 = \frac{u_{max}}{2}$$

Exemplo 5.5

A banheira retangular mostrada na Fig. E5.5 está sendo enchida com água fornecida por uma torneira. A vazão em volume na torneira é constante e igual a 2,0 m³/h. Determine a taxa de variação temporal da profundidade da água na banheira, $\partial h / \partial t$, em m/min.

Solução Nós veremos no Exemplo 5.9 que este problema pode ser resolvido com um volume de controle deformável que inclui somente a água na banheira. Por enquanto, nós utilizaremos o volume de controle indeformável indicado na Fig. E5.5. Este volume de controle contém, em qualquer instante, a água acumulada na banheira, a água do jato descarregado pela torneira e ar. A aplicação das Eqs. 5.4 e 5.5 a este volume de controle resulta em

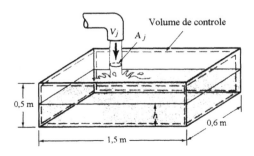

Figura E5.5

$$\frac{\partial}{\partial t} \int_{\text{volume de ar}} \rho_{ar} \, d\mathcal{V}_{ar} + \frac{\partial}{\partial t} \int_{\text{volume de água}} \rho_{\text{água}} \, d\mathcal{V}_{\text{água}} - \dot{m}_{\text{água}} + \dot{m}_{ar} = 0$$

Note que, isoladamente, a taxa de variação temporal da massa de ar e a de água não são nulas. Entretanto, a massa de ar precisa ser conservada, ou seja, a taxa de variação temporal da massa de ar no volume de controle precisa ser igual ao fluxo de massa que sai do volume de controle. Para simplificar o exemplo nós vamos admitir que não ocorre vaporização de água no volume de controle. Aplicando as Eqs. 5.4 e 5.5 para o ar contido no volume de controle, temos

$$\frac{\partial}{\partial t} \int_{\text{volume de ar}} \rho_{ar} \, d\mathcal{V}_{ar} + \dot{m}_{ar} = 0$$

Aplicando as mesmas equações a água contida no volume de controle,

$$\frac{\partial}{\partial t} \int_{\text{volume de água}} \rho_{\text{água}} \, d\mathcal{V}_{\text{água}} = \dot{m}_{\text{água}} \tag{1}$$

A taxa de variação temporal da água no volume de controle pode ser calculada do seguinte modo:

$$\frac{\partial}{\partial t} \int_{\text{volume de água}} \rho_{\text{água}} \, d\mathcal{V}_{\text{água}} = \frac{\partial}{\partial t} \left(\rho_{\text{água}} \left[h \times 0,6 \times 1,5 + (0,5 - h) A_j \right] \right) \tag{2}$$

onde A_j é a área da seção transversal do jato d'água. Combinando as Eqs. 1 e 2,

$$\rho_{\text{água}} (0,9 - A_j) \frac{\partial h}{\partial t} = \dot{m}_{\text{água}}$$

Assim,

$$\frac{\partial h}{\partial t} = \frac{Q_{\text{água}}}{(0,9 - A_j)}$$

Se $A_j \ll 0,9$ m² nós podemos concluir que

$$\frac{\partial h}{\partial t} = \frac{Q_{\text{água}}}{(0,9)} = \frac{2,0}{3600 \times 0,9} = 6,2 \times 10^{-4} \text{ m/s} = 37 \text{ mm/minuto}$$

O exemplo anterior ilustra alguns resultados importantes da aplicação do princípio de conservação da massa em volumes de controle fixos e indeformáveis. O produto escalar $\mathbf{V} \cdot \hat{\mathbf{n}}$ é considerado positivo quando o fluxo de massa é para fora do volume de controle (descarga, saída) e negativo quando o fluxo de massa é para dentro do volume de controle (alimentação, entrada). Assim, as vazões em massa que estão sendo descarregadas do volume de controle são positivas enquanto que as de alimentação são negativas. Quando o regime do escoamento é o permanente, a taxa de variação temporal da massa contida no volume de controle,

$$\frac{\partial}{\partial t} \int_{vc} \rho \, d\mathcal{V}$$

é nula. Nestes casos, a somatória das vazões em massa na superfície de controle também é nula, ou seja,

$$\sum \dot{m}_s - \sum \dot{m}_e = 0 \tag{5.9}$$

A somatória da vazão em volume na superfície de controle também será nula se o escoamento for incompressível e em regime permanente,

$$\sum Q_s - \sum Q_e = 0 \tag{5.10}$$

Muitos escoamentos transitórios cíclicos podem ser considerados como permanentes em média. Quando o escoamento é transitório, a taxa de variação instantânea da massa contida no volume de controle não é necessariamente nula e pode ser uma variável importante (☉ 5.2 – Aspirador industrial). A quantidade de massa contida no volume de controle aumenta ao longo do tempo se o valor de

$$\frac{\partial}{\partial t} \int_{vc} \rho \, d\mathcal{V}$$

é positivo e a quantidade de massa contida no volume de controle diminui ao longo do tempo se a integral é negativa.

Quando o escoamento é uniformemente distribuído numa seção de escoamento localizada na superfície de controle (escoamento unidimensional),

$$\dot{m} = \rho A V$$

onde V é o módulo (uniforme) do componente do vetor velocidade normal à área da seção de escoamento, A. Lembre que nós devemos utilizar o valor médio do perfil de velocidade, $\overline{V}$, quando este não for uniforme na seção de escoamento, ou seja, (veja a Eq. 5.7)

$$\dot{m} = \rho A \overline{V} \tag{5.11}$$

Se o volume de controle só apresenta uma seção de alimentação (1) e outra de descarga (2),

$$\dot{m} = \rho_1 A_1 \overline{V}_1 = \rho_2 A_2 \overline{V}_2 \tag{5.12}$$

Além disso, se o escoamento for incompressível, temos

$$Q = A_1 \overline{V}_1 = A_2 \overline{V}_2 \tag{5.13}$$

Se o regime dos escoamentos associados a um volume de controle que apresenta várias seções de entrada (alimentação) e saída (descarga) é o permanente,

$$\sum \dot{m}_e = \sum \dot{m}_s$$

Note que os exemplos apresentados mostram que a análise de problemas da mecânica dos fluidos com volumes de controle fixos e indeformáveis é bastante versátil e útil.

5.1.3 Volume de Controle Indeformável e Móvel

Muitas vezes é necessário analisar um problema utilizando um volume de controle indeformável solidário a um referencial móvel. Entre estes casos nós podemos ressaltar as análises dos escoamentos em turbinas de avião, em chaminés de navios e em tanques de combustível de automóveis em movimento.

Nós mostramos na Sec. 4.4.6 que a velocidade do fluido em relação ao volume de controle móvel (velocidade relativa) é uma variável importante na análise de escoamentos em volumes de controle móveis. A velocidade relativa, **W**, é a velocidade do fluido vista por um observador solidário ao volume de controle. A velocidade do volume de controle, $\mathbf{V}_{vc}$, é a velocidade do volume de controle detectada por um observador solidário a um sistema de coordenadas fixo. A velocidade absoluta do fluido, **V**, é a velocidade detectada por um observador imóvel solidário ao sistema de coordenadas fixo. Estas velocidades estão relacionadas pela seguinte equação vetorial:

$$\mathbf{V} = \mathbf{W} + \mathbf{V}_{vc} \tag{5.14}$$

Note que esta equação é idêntica a Eq. 4.22.

A aplicação do teorema de transporte de Reynolds (Eq. 4.23) a um volume de controle móvel e indeformável resulta em

$$\frac{DM_{sis}}{Dt} = \frac{\partial}{\partial t} \int_{vc} \rho \, d\mathcal{V} + \int_{sc} \rho \, \mathbf{W} \cdot \hat{\mathbf{n}} \, dA \tag{5.15}$$

Como a massa do sistema não varia, (veja a Eq. 5.1)

$$\frac{\partial}{\partial t} \int_{vc} \rho \, d\mathcal{V} + \int_{sc} \rho \, \mathbf{W} \cdot \hat{\mathbf{n}} \, dA = 0 \tag{5.16}$$

Exemplo 5.6

O avião esboçado na Fig. E5.6 voa a 971 km/h. A área da seção frontal de alimentação de ar da turbina é igual a 0,8 m² e o ar, neste local, apresenta massa específica igual a 0,736 kg/m³. Um observador solidário ao solo detecta que a velocidade dos gases de exaustão é igual a 1050 km/h. A área da seção transversal de exaustão da turbina é 0,585 m² e a massa específica destes gases é 0,515 kg/m³. Estime a vazão em massa de combustível utilizada nesta turbina.

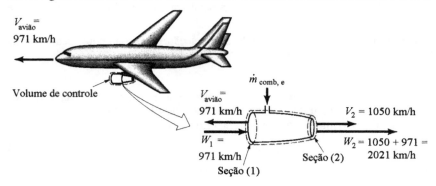

Figura E5.6

Solução Nós vamos utilizar um volume de controle que se move solidário ao avião e que engloba toda a turbina (veja as Figs. E5.6a e 5.6b). A aplicação da Eq. 5.16 a este volume de controle resulta em

$$\frac{\partial}{\partial t}\int_{vc}\rho\,d\mathcal{V}+\int_{sc}\rho\,\mathbf{W}\cdot\hat{\mathbf{n}}\,dA=0 \quad (1)$$

O primeiro termo da equação é nulo porque nós vamos considerar que o regime do escoamento em relação ao volume de controle móvel é, em média, permanente. Nós podemos avaliar a integral de superfície da Eq. 1 se admitirmos que o escoamento é unidimensional. Deste modo,

$$-\dot{m}_{comb,e} - \rho_1 A_1 W_1 + \rho_2 A_2 W_2 = 0$$

ou

$$\dot{m}_{comb,e} = \rho_2 A_2 W_2 - \rho_1 A_1 W_1 \quad (2)$$

Nós vamos considerar que a velocidade de admissão de ar em relação ao volume de controle móvel, W_1, é igual a velocidade do avião (971 km/h). A velocidade dos gases de exaustão em relação ao volume de controle móvel, W_2, também precisa ser avaliada. Como o observador fixo detectou que a velocidade dos gases de exaustão da turbina é igual a 1050 km/h, a velocidade destes gases em relação ao volume de controle móvel é dada por (veja a Eq. 5.14)

$$V_2 = W_2 + V_{avião} = 1050 + 971 = 2021\,\text{km/h}$$

Aplicando a Eq. 2,

$$\dot{m}_{comb,e} = (0,515)(0,558)(2021 \times 1000 \div 3600) - (0,736)(0,8)(971 \times 1000 \div 3600)$$
$$= 161,3 - 158,8 = 2,5\,\text{kg/s}$$

Note que a vazão em massa de combustível foi calculada pela diferença de dois valores bastante grandes e muito próximos. Assim, é necessário conhecer com precisão os valores de W_2 e W_1 para que seja possível obter um valor razoável para $\dot{m}_{comb,e}$.

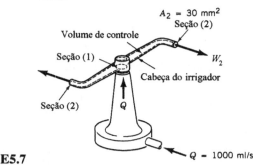

Figura E5.7

Exemplo 5.7

A vazão de água no irrigador rotativo de jardim mostrado na Fig. E5.7 é 1000 ml/s. Se a área da seção de descarga de cada um dos bocais do irrigador é igual a 30 mm², determine a velocidade da água que deixa o irrigador em relação ao bocal se (**a**) a cabeça do irrigador está imóvel, (**b**) a cabeça do irrigador apresenta rotação de 600 rpm, (**c**) a cabeça do irrigador acelera de 0 a 600 rpm.

Solução Nós vamos utilizar o volume de controle indicado na figura (ele contém toda a água localizada na cabeça do dispositivo). Este volume de controle é indeformável e é solidário a cabeça do irrigador. A aplicação da Eq. 5.16 neste volume de controle - válida para os três casos descritos na formulação do problema - resulta em

$$\frac{\partial}{\partial t}\int_{vc} \rho \, d\mathcal{V} + \int_{sc} \rho \mathbf{W} \cdot \hat{\mathbf{n}} \, dA = 0$$

O primeiro termo da equação é nulo porque o regime de escoamento é o permanente - tanto para o caso (**a**) quanto para os casos (**b**) e (**c**) - para um observador solidário à cabeça do dispositivo. De outro lado, a cabeça do irrigador está sempre cheia de água e, deste modo, a taxa de variação da massa de água contida na cabeça do irrigador é nula. Assim,

$$\int_{sc} \rho \mathbf{W} \cdot \hat{\mathbf{n}} \, dA = -\dot{m}_e + \dot{m}_s = 0$$

ou

$$\dot{m}_e = \dot{m}_s$$

Como

$$\dot{m}_s = 2\rho A_2 W_2 \qquad \text{e} \qquad \dot{m}_e = \rho Q$$

segue que

$$W_2 = \frac{Q}{2A_2} = \frac{1000 \times 10^{-6}}{2 \times 30 \times 10^{-6}} = 16,7 \text{ m/s}$$

O valor de W_2 independe da velocidade angular da cabeça do irrigador e representa a velocidade média da água descarregada nos bocais em relação ao bocal [esta conclusão é valida para os casos (**a**), (**b**) e (**c**)]. A velocidade da água descarregada em relação a um observador estacionário (i.e., V_2) variará com a velocidade angular da cabeça do irrigador porque (veja a Eq. 5.14)

$$V_2 = W_2 - U$$

onde U é a velocidade do bocal em relação ao observador estacionário (igual ao produto da velocidade angular da cabeça do irrigador pelo raio da cabeça do dispositivo).

A convenção do produto escalar continua a mesma quando nós trabalhamos com volumes de controle móveis e indeformáveis. Note que a taxa de variação da massa no volume de controle é nula quando o escoamento no volume de controle móvel é em regime permanente, ou permanente em média, e que devemos utilizar as velocidades vistas por um observador solidário ao volume de controle (velocidades relativas) na equação da continuidade. As velocidades absoluta e relativa estão relacionadas por uma equação vetorial (Eq. 5.14) que envolve a velocidade do volume de controle.

5.1.4 Volume de Controle Deformável

A utilização de um volume de controle deformável pode simplificar, algumas vezes, a solução de um problema. Note que o tamanho de um volume de controle deformável varia e, por isto, a superfície de controle se movimenta. Nestes casos, nós devemos utilizar o teorema de transporte de Reynolds adequado a volumes de controle móveis. Combinando as Eqs. 4.23 e 5.1, obtemos

$$\frac{DM_{sis}}{Dt} = \frac{\partial}{\partial t}\int_{vc} \rho \, d\mathcal{V} + \int_{sc} \rho \mathbf{W} \cdot \hat{\mathbf{n}} \, dA = 0 \tag{5.17}$$

A taxa de variação da massa contida no volume de controle

196 Fundamentos da Mecânica dos Fluidos

$$\frac{\partial}{\partial t}\int_{vc} \rho \, d\mathcal{V}$$

normalmente não é nula e precisa ser calculada cuidadosamente porque a fronteira do volume de controle varia com o tempo. Já o termo

$$\int_{sc} \rho \mathbf{W} \cdot \hat{\mathbf{n}} \, dA$$

precisa ser calculado com a velocidade do escoamento em relação a superfície de controle, $\mathbf{W}$. Como o volume de controle é deformável, a velocidade da superfície de controle não é necessariamente uniforme e idêntica a velocidade do volume de controle, $\mathbf{V}_{vc}$ (como acontecia no caso em que o volume de controle era móvel e indeformável). Assim, para um volume de controle deformável,

$$\mathbf{V} = \mathbf{W} + \mathbf{V}_{sc} \tag{5.18}$$

onde $\mathbf{V}_{sc}$ é a velocidade da superfície de controle detectada por um observador fixo. É interessante frisar que a velocidade relativa, $\mathbf{W}$, deve ser determinada cuidadosamente. Os próximos dois exemplos ilustrarão a utilização da equação da continuidade aplicada a volumes de controle deformáveis.

Exemplo 5.8

A Fig. E5.8 mostra o esquema de uma seringa utilizada para vacinar bois. A área da seção transversal do êmbolo é 500 mm². Qual deve ser a velocidade do êmbolo para que a vazão de líquido na agulha seja igual a 300 cm³/minuto? Admita que ocorre um vazamento de líquido entre o êmbolo e a seringa com vazão igual a 10% daquela na agulha.

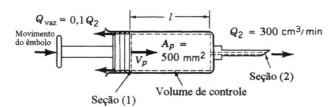

Figura E5.8

Solução O volume de controle escolhido para resolver este problema está indicado na Fig. E5.8. A seção (1) do volume de controle se movimenta com o êmbolo. A área da seção (1), A_1, vai ser considerada igual a área da seção transversal do êmbolo, A_p. Esta consideração não é verdadeira devido a presença de vazamento entre o êmbolo e a seringa. Entretanto, normalmente, esta diferença é pequena e assim,

$$A_1 = A_p \tag{1}$$

O líquido também deixa e seringa pela seção (2) que apresenta área da seção transversal igual a A_2. A aplicação da Eq. 5.17 neste volume de controle resulta em

$$\frac{\partial}{\partial t}\int_{vc} \rho \, d\mathcal{V} + \dot{m}_2 + \rho Q_{vaz} = 0 \tag{2}$$

Mesmo que Q_{vaz} e o escoamento na seção (2) sejam permanentes, a taxa de variação temporal da massa de líquido no volume de controle não é nula porque o volume de controle está ficando cada vez menor. A massa de líquido contido no volume de controle é dada por,

$$\int_{vc} \rho \, d\mathcal{V} = \rho \left(l A_1 + \mathcal{V}_{agulha} \right) \tag{3}$$

onde l é o comprimento variável do volume de controle (veja a Fig. E5.8) e $\mathcal{V}_{agulha}$ é o volume interno da agulha. Derivando a Eq. 3, obtemos

$$\frac{\partial}{\partial t}\int_{vc} \rho \, d\mathcal{V} = \rho A_1 \frac{\partial l}{\partial t} \tag{4}$$

Note que

$$-\frac{\partial l}{\partial t} = V_p \qquad (5)$$

onde V_p é a velocidade do êmbolo. Combinando as Eqs. 2, 4 e 5,

$$-\rho A_1 V_p + \dot{m}_2 + \rho Q_{\text{vaz}} = 0 \qquad (6)$$

Lembrando que

$$\dot{m}_2 = \rho Q_2 \qquad (7)$$

(veja a Eq. 5.6) nós podemos rescrever a Eq. 6 do seguinte modo

$$-\rho A_1 V_p + \rho Q_2 + \rho Q_{\text{vaz}} = 0 \qquad (8)$$

Isolando o termo V_p,

$$V_p = \frac{Q_2 + Q_{\text{vaz}}}{A_1} \qquad (9)$$

Como $Q_{\text{vaz}} = 0{,}1\, Q_2$,

$$V_p = \frac{Q_2 + 0{,}1\, Q_2}{A_1} = \frac{1{,}1\, Q_2}{A_1} = \frac{1{,}1 \times 300 \times 10^3}{500} = 660 \text{ mm/minuto}$$

Exemplo 5.9

Resolva o Exemplo 5.5 utilizando um volume de controle deformável que só contém a água acumulada na banheira.

Solução A Eq. 5.17 aplicada a este volume de controle deformável resulta em

$$\frac{\partial}{\partial t} \int_{\text{água}} \rho\, d\mathcal{V} + \int_{\text{sc}} \rho\, \mathbf{W} \cdot \hat{\mathbf{n}}\, dA = 0 \qquad (1)$$

O primeiro termo da Eq. 1 pode ser avaliado do seguinte modo

$$\frac{\partial}{\partial t} \int_{\text{água}} \rho\, d\mathcal{V} = \frac{\partial}{\partial t}\left[\rho h (1{,}5)(0{,}6)\right] = 0{,}9\, \rho\, \frac{\partial h}{\partial t} \qquad (2)$$

O segundo termo da Eq. 1 é igual a

$$\int_{\text{sc}} \rho\, \mathbf{W} \cdot \hat{\mathbf{n}}\, dA = -\rho\left(V_j + \frac{\partial h}{\partial t}\right) A_j \qquad (3)$$

onde A_j é a área da seção transversal do jato descarregado pela torneira e V_j é a velocidade da água no jato. Combinando as Eqs. 1, 2 e 3, obtemos

$$\frac{\partial h}{\partial t} = \frac{V_j A_j}{(0{,}9 - A_j)} = \frac{Q_{\text{água}}}{(0{,}9 - A_j)}$$

Se $A_j \ll 0{,}9$ m²,

$$\frac{\partial h}{\partial t} = \frac{Q_{\text{água}}}{(0{,}9)} = \frac{2{,}0}{3600 \times 0{,}9} = 6{,}2 \times 10^{-4} \text{ m/s} = 37 \text{ mm/minuto}$$

Nós mostramos que é razoavelmente fácil aplicar o princípio de conservação da massa ao conteúdo do volume de controle. A escolha apropriada de um tipo de volume de controle (por exemplo, fixo e indeformável, móvel e indeformável ou deformável) pode tornar mais simples o processo de solução de um problema. Normalmente, é interessante localizar a superfície de controle perpendicularmente ao escoamento (nas regiões onde existe escoamento). Nós mostraremos nas próximas seções que o princípio de conservação da massa é utilizado em conjunto com outras leis importantes da física para resolver os problemas da mecânica dos fluidos.

5.2 Segunda Lei de Newton – As Equações da Quantidade de Movimento Linear e do Momento da Quantidade de Movimento

5.2.1 Derivação da Equação da Quantidade de Movimento Linear

A segunda lei de Newton, para sistemas, estabelece que

| taxa de variação temporal da quantidade de movimento do sistema | = | soma das forças externas que atuam no sistema |

A quantidade de movimento de um sistema é igual ao produto de sua massa por sua velocidade (◉ 5.3 – Escoamento dos gases descarregados de uma chaminé). Assim, uma pequena partícula com massa $\rho\,d\mathcal{V}$ apresenta quantidade de movimento igual a $\mathbf{V}\rho\,d\mathcal{V}$ e um sistema apresenta quantidade de movimento $\int_{sis} \mathbf{V}\rho\,d\mathcal{V}$. Aplicando este resultado na segunda lei de Newton,

$$\frac{D}{Dt}\int_{sis} \mathbf{V}\,\rho\,d\mathcal{V} = \sum \mathbf{F}_{sis} \qquad (5.19)$$

Qualquer referencial, ou sistema de coordenadas, aonde esta afirmação é válida é denominado inercial. Um sistema de coordenadas fixo é inercial e um sistema de coordenadas que se desloca numa linha reta com velocidade constante também é inercial.

Nós apresentaremos a seguir o desenvolvimento da equação da quantidade de movimento linear adequada a volumes de controle. Quando o volume de controle é coincidente com o sistema, as forças que atuam no sistema e as forças que atuam no conteúdo do volume de controle coincidente (veja a Fig. 5.2) são instantaneamente idênticas, ou seja,

$$\sum \mathbf{F}_{sis} = \sum \mathbf{F}_{\text{conteúdo do volume de controle coincidente}} \qquad (5.20)$$

A aplicação do teorema de transporte de Reynolds no sistema e no conteúdo do volume de controle coincidente, que é fixo e indeformável, fornece (Eq. 4.19 com b e B_{sis} respectivamente iguais a velocidade e a quantidade de movimento do sistema),

$$\frac{D}{Dt}\int_{sis} \mathbf{V}\,\rho\,d\mathcal{V} = \frac{\partial}{\partial t}\int_{vc} \mathbf{V}\,\rho\,d\mathcal{V} + \int_{sc} \mathbf{V}\,\rho\,\mathbf{V}\cdot\hat{\mathbf{n}}\,dA \qquad (5.21)$$

ou

| taxa de variação temporal da quantidade de movimento linear do sistema | = | taxa de variação temporal da quantidade de movimento linear do conteúdo do volume de controle | + | fluxo líquido de quantidade de movimento linear através da superfície de controle |

A Eq. 5.21 estabelece que a taxa de variação temporal da quantidade de movimento linear é dada pela soma de duas quantidades relacionadas ao volume de controle: a taxa de variação temporal da quantidade de movimento linear do conteúdo do volume de controle e o fluxo líquido de quantidade de movimento linear através da superfície de controle. As partículas de fluido que cruzam a superfície de controle transportam quantidade de movimento e, assim, nós detectamos um fluxo líquido de quantidade de movimento linear na superfície do volume de controle.

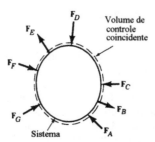

Figura 5.2 Forças externas que atuam no sistema e no volume de controle coincidente.

Combinando as Eqs. 5.19, 5.20 e 5.21 nós podemos obter uma formulação matemática da segunda lei de Newton para volumes de controle fixos (inerciais) e indeformáveis,

$$\frac{\partial}{\partial t}\int_{vc} \mathbf{V}\rho\,d\mathcal{V} + \int_{sc} \mathbf{V}\rho\mathbf{V}\cdot\hat{\mathbf{n}}\,dA = \sum \mathbf{F}_{\substack{\text{conteúdo do volume} \\ \text{de controle}}} \quad (5.22)$$

A Eq. 5.22 é conhecida como a equação da quantidade de movimento linear.

Inicialmente, por simplicidade, nós só analisaremos problemas com volumes de controle fixos e indeformáveis e posteriormente nós discutiremos a utilização de volumes de controles móveis e indeformáveis (mas inerciais). Nós não consideraremos os volumes de controle deformáveis ou que apresentem acelerações (não inerciais). Se o volume de controle não é inercial, os componentes do vetor aceleração (por exemplo a aceleração de translação, a aceleração de Coriolis e a aceleração centrífuga) requerem um tratamento especial.

As forças que compõem a somatória

$$\sum \mathbf{F}_{\substack{\text{conteúdo do volume} \\ \text{de controle coincidente}}}$$

são as de campo e as superficiais que atuam no conteúdo do volume de controle. A única força de campo que nós consideraremos neste capítulo é a associada a aceleração da gravidade. As forças de superfície são exercidas no conteúdo do volume de controle pelo material localizado na vizinhança imediata e externa ao volume de controle. Por exemplo, uma parede em contato com o fluido pode exercer uma força superficial de reação no fluido que ela confina. De modo análogo, o fluido na vizinhança externa do volume de controle pode empurrar o fluido localizado na vizinhança interna da interface comum (normalmente isto ocorre em regiões da superfície de controle onde se detecta escoamento de fluido). Um objeto imerso também pode atuar sobre o escoamento de um fluido com forças superficiais.

Os termos da equação de quantidade de movimento linear devem ser analisados cuidadosamente. Nós apresentaremos, nas próximas seções, várias aplicações desta equação.

5.2.2 Aplicação da Equação da Quantidade de Movimento Linear

A equação da quantidade de movimento linear para um volume de controle inercial é uma equação vetorial (veja a Eq. 5.22). Normalmente, nos problemas de engenharia, é necessário analisar todos os componentes desta equação vetorial em relação a um sistema de coordenadas ortogonal [por exemplo: o sistema de coordenadas cartesiano (x, y, z) ou o sistema de coordenadas cilíndrico (r, θ, z)]. Inicialmente, nós apresentaremos a análise de um problema simples que envolve um escoamento unidimensional, incompressível e que ocorre em regime permanente.

Exemplo 5.10

A Fig. E5.10a mostra um jato d'água horizontal incidindo num anteparo estacionário. O jato é descarregado do bocal com velocidade uniforme e igual a 3,0 m/s. O ângulo entre o escoamento de água, na seção de descarga do anteparo, e a horizontal é θ. Admitindo que os efeitos gravitacionais e viscosos são desprezíveis, determine a força necessária para manter o anteparo imóvel.

Solução Considere o volume de controle que inclui o anteparo e a água que está escoando sobre o anteparo (veja as Figs. E5.10 b e c). Aplicando a equação da quantidade de movimento linear, Eq. 5.22, nas direções x e z, temos

$$\frac{\partial}{\partial t}\int_{vc} u\rho\,d\mathcal{V} + \int_{sc} u\rho\mathbf{V}\cdot\hat{\mathbf{n}}\,dA = \sum \mathbf{F}_x \quad (1)$$

e

$$\frac{\partial}{\partial t}\int_{vc} w\rho\,d\mathcal{V} + \int_{sc} w\rho\mathbf{V}\cdot\hat{\mathbf{n}}\,dA = \sum \mathbf{F}_z \quad (2)$$

onde $\Sigma\mathbf{F}_x$ e $\Sigma\mathbf{F}_z$ representam as componentes da força resultante que atua no conteúdo do volume de controle e $\mathbf{V} = u\,\mathbf{i} + w\,\mathbf{k}$ é a velocidade do escoamento. Observe que as derivadas temporais são nulas quando o regime de operação é o permanente.

200 Fundamentos da Mecânica dos Fluidos

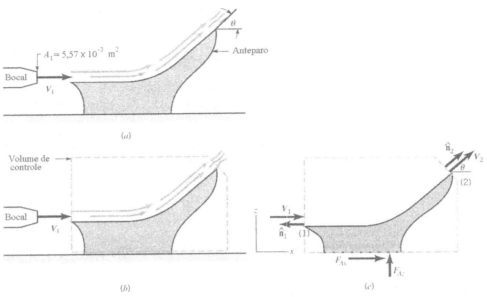

Figura E5.10

A água entra e sai do volume de controle como um jato livre a pressão atmosférica. Nesta condição, a pressão que atua na superfície do volume de controle é uniforme e igual a atmosférica e a força líquida, devida à pressão, que atua nesta superfície é nula. Se nós desprezarmos o peso da água e do anteparo, as únicas forças que atuam no conteúdo do volume de controle são os componentes horizontal e vertical da força que imobiliza o anteparo (F_{Ax} e F_{Az}, veja a Fig. E5.10c).

Nós só detectamos escoamentos nas seções (1) e (2) da superfície do volume de controle considerado. Observe que $\mathbf{V} \cdot \hat{\mathbf{n}} = -V_1$ na seção de alimentação (1) e que $\mathbf{V} \cdot \hat{\mathbf{n}} = V_2$ na seção de descarga do volume de controle (2). Relembre que o versor normal associado a uma superfície sempre aponta para fora do volume de controle. A velocidade do escoamento na seção (2) é igual àquela na seção (1) porque nós vamos desprezar os efeitos viscosos e gravitacionais e já vimos que as pressões nas seções de alimentação e descarga do anteparo são iguais (veja a equação de Bernoulli, Eq. 3.6). Assim, $u = V_1$, $w = 0$ na seção (1) e $u = V_1 \cos\theta$, $w = V_1 \sen\theta$ na seção (2). Utilizando estas informações, as equações 1 e 2 podem ser reescritas do seguinte modo

$$V_1 \rho (-V_1) A_1 + V_1 \cos\theta \, \rho (V_1) A_2 = F_{Ax} \quad (3)$$

e

$$(0) \rho (-V_1) A_1 + V_1 \sen\theta \, \rho (V_1) A_2 = F_{Az} \quad (4)$$

As Eqs. 3 e 4 podem ser simplificadas se nós utilizarmos a equação da continuidade restrita aos escoamentos incompressíveis, ou seja, $A_1 V_1 = A_2 V_2$. Como $V_1 = V_2$, temos que $A_1 = A_2$ e

$$F_{Ax} = -\rho A_1 V_1^2 + \rho A_1 V_1^2 \cos\theta = -\rho A_1 V_1^2 (1 - \cos\theta) \quad (5)$$

e

$$F_{Az} = \rho A_1 V_1^2 \sen\theta \quad (6)$$

Utilizando os dados fornecidos,

$$F_{Ax} = -(999)(5,57\times10^{-3})(3)^2(1-\cos\theta) = -50,1(1-\cos\theta) \text{ N}$$

e

$$F_{Az} = (999)(5,57\times10^{-3})(3)^2 \sen\theta = 50,1 \sen\theta \text{ N}$$

Observe que, quando $\theta = 0$, a força necessária para imobilizar o anteparo é nula. Isto ocorre porque nós modelamos o escoamento como inviscido. Se $\theta = 90°$, nós encontramos $F_{Ax} = -50,1$ N e $F_{Az} = 50,1$ N. Nesta condição, o jato tenta empurrar o anteparo para a direita. Se $\theta = 180°$, nós encontramos $F_{Ax} = -100,2$ N e $F_{Az} = 0$ N, ou seja, a componente vertical da força que atua no jato é nula e o módulo da componente horizontal dessa força é o dobro daquele verificado quando na condição em que $\theta = 90°$

As componentes horizontal e vertical da força necessária para imobilizar o anteparo também podem ser escritas em função da vazão em massa do jato. Lembrando que $\dot{m} = \rho A_1 V_1$,

$$F_{Ax} = -\dot{m}V_1 \,(1-\cos\theta)$$

e

$$F_{Az} = \dot{m}V_1 \,\text{sen}\,\theta$$

Exemplo 5.11

Determine a força necessária para imobilizar um bocal cônico instalado na seção de descarga de uma torneira de laboratório (veja a Fig. E5.11a) sabendo que a vazão de água na torneira é igual a 0,6 litros/s. A massa do bocal é 0,1 kg e os diâmetros das seções de alimentação e descarga do bocal são, respectivamente, iguais a 16 mm e 5 mm. O eixo do bocal está na vertical e a distância axial entre as seções (1) e (2) é 30 mm. A pressão na seção (1) é 464 kPa.

Solução A força procurada é a força de reação da torneira sobre a rosca do bocal. Para avaliar esta força nós escolhemos o volume de controle que inclui o bocal e a água contida no bocal (veja as Figs. E5.11a e E5.11b). Todas as forças verticais que atuam no conteúdo deste volume de controle estão identificadas na Fig. E5.11b. A ação da pressão atmosférica é nula em todas as direções e, por este motivo, não está indicada na figura. As forças devidas a pressão relativa na direção vertical não se cancelam e estão mostradas na figura. A aplicação da Eq. 5.22 (na direção vertical, z) ao conteúdo do volume de controle resulta em

$$\frac{\partial}{\partial t}\int_{vc} w\rho\,d\mathcal{V} + \int_{sc} w\rho\,\mathbf{V}\cdot\hat{\mathbf{n}}\,dA = F_A - W_n - p_1 A_1 - W_w + p_2 A_2 \quad (1)$$

onde w é o componente do vetor velocidade na direção z e os outros parâmetros podem ser identificados na figura. Observe que o primeiro termo da equação é nulo porque o regime de operação é o permanente.

Note que nós consideramos que as forças são positivas quando apontam "para cima". Nós também vamos utilizar esta convenção de sinais para a velocidade do fluido, w. O produto escalar $\mathbf{V}\cdot\hat{\mathbf{n}}$ da Eq. 1 será positivo quando o escoamento "sair" do volume de controle e negativo quando o escoamento "entrar" no volume de controle. Para este exemplo,

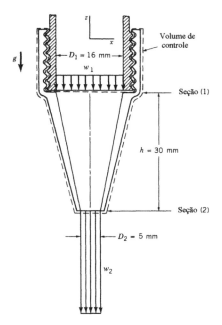

Figura E5.11a

202 Fundamentos da Mecânica dos Fluidos

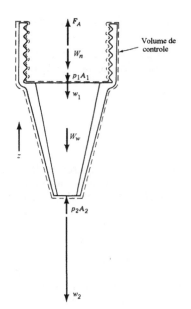

F_A = Força que atua no bocal
W_n = Peso do bocal
W_w = Peso da água contida no bocal
A_1 = Área da seção de alimentação
A_2 = Área da seção de descarga

Figura E5.11b

$$\mathbf{V} \cdot \hat{\mathbf{n}}\, dA = \pm |w|\, dA \quad (2)$$

onde o sinal + é utilizado no escoamento para fora do volume de controle e o sinal − no escoamento para o volume de controle. Nós precisamos conhecer os perfis de velocidade nas seções de alimentação e descarga do volume de controle e também como varia o valor da massa específica do fluido, ρ, no volume de controle. Por simplicidade nós vamos admitir que os perfis de velocidade são uniformes e com valores w_1 e w_2 nas seções de escoamento (1) e (2). Nós também vamos admitir que o escoamento é incompressível de modo que a massa específica do fluido é constante. Utilizando estas hipóteses nós podemos rescrever a Eq. 1 do seguinte modo

$$(-\dot{m}_1)(-w_1) + \dot{m}_2(-w_2) = F_A - W_n - p_1 A_1 - W_w + p_2 A_2 \quad (3)$$

onde $\dot{m} = \rho A V$ é a vazão em massa.

Note que nós utilizamos $-w_1$ e $-w_2$, porque estas velocidades apontam para baixo, $-\dot{m}_1$, porque o escoamento na seção (1) é para dentro do volume de controle e $+\dot{m}_2$ porque o escoamento na seção (2) é para fora do volume de controle. Nós podemos encontrar a força de imobilização, F_A, resolvendo a Eq. 3. Assim,

$$F_A = \dot{m}_1 w_1 - \dot{m}_2 w_2 + W_n + p_1 A_1 + W_w - p_2 A_2 \quad (4)$$

A aplicação da equação da conservação da massa, Eq. 5.12, a este volume de controle fornece

$$\dot{m}_1 = \dot{m}_2 = \dot{m} \quad (5)$$

que combinada com a Eq. 4 resulta em

$$F_A = \dot{m}(w_1 - w_2) + W_n + p_1 A_1 + W_w - p_2 A_2 \quad (6)$$

Note que a força necessária para imobilizar o bocal é proporcional ao peso do bocal, W_n, ao peso da água contida no bocal, W_w, a pressão relativa na seção (1), p_1, e inversamente proporcional a pressão na seção (2), p_2. A Eq. 6 também mostra que a variação do fluxo de quantidade de movimento na direção vertical, $\dot{m}(w_1 - w_2)$, provoca uma diminuição da força necessária para imobilizar o bocal porque $w_2 > w_1$.

Para completar este exemplo nós vamos avaliar numericamente a força necessária para imobilizar o bocal. Da Eq. 5.6,

$$\dot{m} = \rho w_1 A_1 = \rho Q = 999 \times (0{,}6 \times 10^{-3}) = 0{,}6 \text{ kg/s} \quad (7)$$

e

$$w_1 = \frac{Q}{A_1} = \frac{Q}{\pi\left(D_1^2/4\right)} = \frac{\left(0,6\times10^{-3}\right)}{\pi\left((16\times10^{-3})^2/4\right)} = 3,0 \text{ m/s} \tag{8}$$

Aplicando novamente a Eq. 5.6,

$$w_2 = \frac{Q}{A_2} = \frac{Q}{\pi\left(D_2^2/4\right)} = \frac{\left(0,6\times10^{-3}\right)}{\pi\left((5\times10^{-3})^2/4\right)} = 30,6 \text{ m/s} \tag{9}$$

O peso do bocal, W_n, pode ser obtido a partir da massa do bocal, m_n. Deste modo,

$$W_n = m_n g = 0,1\times 9,8 = 0,98 \text{ N} \tag{10}$$

O peso da água contida no volume de controle, W_w, pode ser calculado com a massa específica da água, ρ, e o volume interno do bocal.

$$W_w = \rho \mathcal{V} g = \rho \frac{1}{12}\pi h \left(D_1^2 + D_2^2 + D_1 D_2\right) g$$

$$W_w = \frac{999}{12}\pi \left(30\times10^{-3}\right)\left[(16)^2 + (5)^2 + (16\times 5)\right]\times 10^{-6}\times 9,8 = 0,028 \text{ N} \tag{11}$$

Aplicando estes resultados na Eq. 6, temos

$$F_A = 0,6\left(3,0-30,6\right)+0,98+464\times 10^3 \times \frac{\pi\left(16\times 10^{-3}\right)^2}{4}+0,028-0$$
$$= -16,5+0,98+93,3+0,028$$
$$= 77,8 \text{ N}$$

O sentido da força F_A é para cima porque seu valor é positivo. Note que o bocal seria arrancado da torneira se ele não estivesse fixado à torneira.

O volume de controle utilizado neste exemplo não é o único que pode ser utilizado na solução do problema. Nós vamos apresentar dois volumes de controle alternativos para a solução do mesmo problema - um que inclui apenas o bocal e outro que inclui apenas a água contida no bocal. Estes volumes de controle, e as forças que devem ser consideradas, estão mostrados nas Figs. E5.11c e E5.11d. A nova força R_z representa a interação entre a água e a superfície cônica interna do bocal (esta força é composta pelo efeito da pressão líquida que atua no bocal e pelo efeito das forças viscosas na superfície interna do bocal).

A aplicação da Eq. 5.22 ao conteúdo do volume de controle da Fig. E5.11c resulta em

$$F_A = W_n + R_z - p_{atm}\left(A_1 - A_2\right) \tag{12}$$

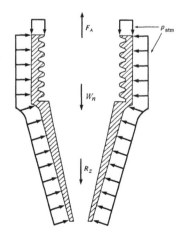

Figura E5.11c

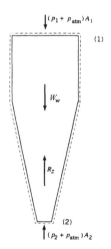

Figura E5.11d

O termo $p_{atm}(A_1 - A_2)$ é a força resultante da pressão atmosférica que atua na superfície externa do bocal (i.e., na porção da superfície do bocal que não está em contato com a água). Lembre que a força de pressão numa superfície curva é igual a pressão multiplicada pela projeção da área da superfície num plano perpendicular ao eixo do bocal. A projeção desta área num plano perpendicular a direção z é $A_1 - A_2$. O efeito da pressão atmosférica na área interna (entre o bocal e a água) também está incluído em R_z que representa a força líquida nesta área.

Já a aplicação da Eq. 5.22 ao conteúdo do volume de controle da Fig. E5.11d resulta em

$$R_z = \dot{m}(w_1 - w_2) + W_w + (p_1 + p_{atm})A_1 - (p_2 + p_{atm})A_2 \tag{13}$$

onde p_1 e p_2 são pressões relativas. É claro que o valor de R_z na Eq. 13 depende do valor da pressão atmosférica, p_{atm}, porque $A_1 \neq A_2$ e isto nos obriga a utilizar pressões absolutas, e não pressões relativas, na avaliação de R_z.

Combinando as Eqs. 12 e 13 nós obtemos, novamente, a Eq. 6, ou seja,

$$F_A = \dot{m}(w_1 - w_2) + W_n + p_1 A_1 + W_w - p_2 A_2$$

Note que apesar da força que atua na interface fluido – parede do bocal, R_z, ser função da pressão atmosférica, a força para imobilizar o bocal, F_A, independe do valor de p_{atm}. Este resultado corrobora o método utilizado para calcular F_A com o volume de controle mostrado na Fig. E5.11b.

Muitas aspectos importantes sobre a aplicação da equação da quantidade de movimento linear (Eq. 5.22) ficaram aparentes no exemplo que acabamos de apresentar.

1. As integrais de superfície se tornam mais simples quando nós modelamos os escoamentos na fronteira do volume de controle como unidimensionais. Assim, é muito mais fácil operar com escoamentos unidimensionais do que com escoamentos que apresentam distribuições de velocidade não uniforme.

2. A quantidade de movimento linear é uma entidade vetorial e, assim, ela pode apresentar três componentes ortogonais. A quantidade de movimento linear de uma partícula fluida pode ser pode ser positiva ou negativa. No Exemplo 5.11 apenas a quantidade de movimento na direção z foi considerada e todos os fluxos de quantidade de movimento apresentavam sentido negativo no eixo z. Por este motivo estes fluxos foram tratadas como negativos.

3. O sinal do fluxo de quantidade de movimento linear numa região da superfície de controle que apresenta escoamento depende do sinal do produto escalar $\mathbf{V} \cdot \hat{\mathbf{n}}$ e também do sinal do componente do vetor velocidade em que estamos interessados. O fluxo de quantidade de movimento linear na seção (1) do Exemplo 5.11 é positivo enquanto que na seção (2) é negativo.

4. A taxa de variação da quantidade de movimento linear do conteúdo de um volume de controle (i.e. $\partial / \partial t \int_{vc} \mathbf{V} \rho \, d\mathcal{V}$) é nula quando o regime é permanente. Os problemas sobre quantidade de movimento linear considerados neste livro só envolvem escoamentos em regime permanente.

5. A força superficial exercida pelo fluido que está localizado fora do volume de controle no fluido que está dentro do volume de controle, nas regiões da superfície de controle onde se detecta escoamento, é a provocada pela pressão se nós colocarmos a superfície de controle perpendicularmente ao escoamento. Note que a pressão numa seção de descarga do volume de controle é igual a atmosférica se o escoamento for descarregado na atmosfera e se este for subsônico. O escoamento na seção (2) do Exemplo 5.11 é subsônico de modo que nós admitimos que a pressão na seção de descarga do bocal é igual a pressão atmosférica. A equação da continuidade (Eq. 5.12) nos permitiu avaliar as velocidades do fluido nas seções (1) e (2).

6. As forças devidas a pressão atmosférica e que atuam na superfície de controle podem ser necessárias no cálculo da força de reação entre o bocal e a torneira (veja a Eq. 13). Note que nós não levamos em consideração as forças devidas a pressão atmosférica no cálculo da força necessária para imobilizar o bocal, F_A, porque estas se cancelavam (veja

que esta força desaparece se combinarmos a Eq. 12 com a 13). É importante ressaltar que é necessário utilizar pressões relativas na determinação de F_A.

7. As forças externas são positivas se apresentam mesmo sentido que o positivo do sistema de coordenadas.

8. Apenas as forças externas que atuam no conteúdo do volume de controle devem ser consideradas na equação de quantidade de movimento linear (Eq. 5.22). Assim, é necessário considerar as forças de reação entre o fluido e a superfície, ou superfícies, em contato com o fluido na aplicação da Eq. 5.22 se o volume de controle só contém um fluido. Já as forças que atuam no seio do fluido e nas superfícies localizadas dentro do volume de controle não aparecem na equação de quantidade de movimento linear porque elas são internas. A força necessária para imobilizar uma superfície em contato com o fluido é uma força externa e precisa ser levada em consideração na Eq. 5.22.

9. A força necessária para imobilizar um objeto é uma resposta as forças de pressão e viscosas (atrito) que atuam na superfície de controle, a mudança da quantidade de movimento linear do escoamento no volume de controle e aos pesos do objeto e do fluido contido no volume de controle. A força necessária para imobilizar o bocal do Exemplo 5.11 é fortemente influenciada pelas forças de pressão e parcialmente pela variação de quantidade de movimento do escoamento no bocal (o escoamento apresenta uma aceleração). A influência dos pesos da água e do bocal é muito pequena no cálculo da força necessária para imobilizar o bocal.

Nós apresentaremos a seguir um outro exemplo de aplicação da equação da quantidade de movimento linear a um escoamento unidimensional e só depois nós discutiremos as outras facetas desta equação fundamental.

Exemplo 5.12

Água escoa na curva mostrada na Fig. E5.12a. A área da seção transversal da curva é constante e igual a $9,3 \times 10^{-3}$ m². A velocidade é uniforme em todo o campo de do escoamento e é igual a 15,2 m/s. A pressão absoluta nas seções de alimentação e descarga da curva são, respectivamente, iguais a 207 kPa e 165 kPa. Determine os componentes da força necessária para ancorar a curva nas direções x e y.

Solução Nós vamos utilizar o volume de controle mostrado na Fig. E5.11a (inclui a curva e a água contida na curva) para avaliar as componentes da força necessária para imobilizar a tubulação. As forças horizontais que atuam no conteúdo deste volume de controle estão indicadas na Fig. E5.11b. Note que o peso da água atua na vertical (no sentido negativo do eixo z) e, por isto, não contribui para a componente horizontal da força de imobilização. Nós vamos combinar todas as forças normais e tangenciais exercidas sobre o fluido e o tubo em duas componentes resultantes F_{Ax} e F_{Ay}. A aplicação da componente na direção x da Eq. 5.22 no conteúdo do volume de controle resulta em

$$\int_{sc} u \rho \mathbf{V} \cdot \hat{\mathbf{n}} \, dA = F_{Ax} \qquad (1)$$

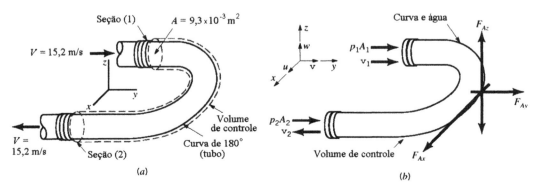

Figura E5.12

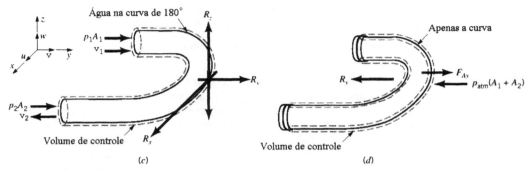

Figura E5.12 (continuação)

As direções dos escoamentos nas seções (1) e (2) coincidem com a do eixo y e por este motivo temos que $u = 0$ nesta seções. Note que não existe fluxo de quantidade de movimento na direção x para dentro ou para fora deste volume de controle e, então, nós podemos concluir que $F_{Ax} = 0$ (veja a Eq. 1).

A aplicação da componente na direção y da Eq. 5.22 no conteúdo do volume de controle resulta em

$$\int_{sc} v \rho \mathbf{V} \cdot \hat{\mathbf{n}} \, dA = F_{Ay} + p_1 A_1 + p_2 A_2 \quad (2)$$

Como o escoamento é unidimensional, a integral de superfície da Eq. 2 pode ser facilmente calculada, ou seja,

$$(+v_1)(-\dot{m}_1) + (-v_2)(+\dot{m}_2) = F_{Ay} + p_1 A_1 + p_2 A_2 \quad (3)$$

Note que o componente do vetor velocidade na direção y é positivo na seção (1) e que é negativo na seção (2). O termo de vazão em massa é negativo na seção (1) (escoamento para dentro do volume de controle) e é positivo na seção (2) (escoamento para fora do volume de controle). Aplicando a equação da continuidade (Eq. 5.12) no volume de controle indicado na Fig. E5.12, temos

$$\dot{m} = \dot{m}_1 = \dot{m}_2 \quad (4)$$

Combinando este resultado com a Eq. 3,

$$-\dot{m}(v_1 + v_2) = F_{Ay} + p_1 A_1 + p_2 A_2 \quad (5)$$

Isolando o termo F_{Ay},

$$F_{Ay} = -\dot{m}(v_1 + v_2) - p_1 A_1 - p_2 A_2 \quad (6)$$

Nós podemos calcular a vazão em massa na curva com a Eq. 5.6. Deste modo,

$$\dot{m} = \rho_1 A_1 v_1 = (999)(9,3 \times 10^{-3})(15,2) = 141,2 \text{ kg/s}$$

Nós podemos trabalhar com pressões relativas para determinar a força necessária para imobilizar a curva, F_A, porque os efeitos da pressão atmosférica se cancelam. Aplicando valores numéricos na Eq. 6, temos

$$F_{Ay} = -141,2\,(15,2+15,2) - (207 \times 10^3 - 100 \times 10^3)9,3 \times 10^{-3} - (165 \times 10^3 - 100 \times 10^3)9,3 \times 10^{-3}$$
$$= -4292,5 - 995,1 - 604,5 = -5892,1 \text{ N}$$

Note que F_{Ay} é negativa e, assim, esta força atua no sentido negativo do sistema de coordenadas mostrado na Fig. E5.12b.

A força necessária para imobilizar a curva é independente da pressão atmosférica (como no Exemplo 5.11). Entretanto, a força com que a curva atua no fluido contido no volume de controle, R_y, é função da pressão atmosférica. Nós podemos mostrar este fato utilizando o volume de controle mostrado na Fig. E5.12c (contém apenas o fluido contido na curva). A aplicação da equação da quantidade de movimento linear a este volume de controle resulta em

$$R_y = -\dot{m}(v_1 + v_2) - p_1 A_1 - p_2 A_2$$

onde p_1 e p_2 são as pressões absolutas nas seções (1) e (2). Aplicando os valores numéricos nesta equação,

$$R_y = -141,2(15,2+15,2) - (207\times10^3)9,3\times10^{-3} - (165\times10^3)9,3\times10^{-3}$$
$$= -4295,5 - 1925,1 - 1534,5 = -7755,1 \text{ N} \tag{7}$$

Nós podemos utilizar o volume de controle que inclui apenas a curva (sem o fluido contido na tubulação veja a Fig. E5.12d) para determinar F_{Ay}. Aplicando a equação de quantidade de movimento linear, referente a direção y, a este novo volume de controle,

$$F_{Ay} = R_y + p_{atm}(A_1 + A_2) \tag{8}$$

onde a força R_y é dada pela Eq. 7. O termo $p_{atm}(A_1 + A_2)$ representa a força de pressão líquida na porção externa do volume de controle. Lembre que a força de pressão líquida na superfície interna da curva é levada em consideração em R_y. Combinando as Eqs. 7 e 8, temos

$$F_{Ay} = -7755,1 + 100\times10^3 \left(9,3\times10^{-3} + 9,3\times10^{-3}\right) = -5895,1 \text{ N}$$

Note que este resultado está de acordo com o obtido utilizando o volume de controle da Fig. E5.12b.

O sentido do escoamento que entra no volume de controle do Exemplo 5.12 é diferente do sentido do escoamento que sai do volume de controle. Esta mudança de sentido do escoamento (a velocidade do escoamento permanece constante) é provocada pela força exercida pela curva sobre o fluido. Os Exemplos 5.11 e 5.12 mostram que as variações de velocidade e sentido dos escoamentos sempre estão acompanhadas por forças de reação. Os próximos exemplos vão mostrar como outros problemas da mecânica dos fluidos podem ser resolvidos com a equação de quantidade de movimento linear (Eq. 5.22).

Exemplo 5.13

Ar escoa em regime permanente num trecho reto de tubulação que apresenta diâmetro interno igual a 102 mm (veja a Fig. E5.13). As distribuições de temperatura e pressão nas seções transversais do escoamento são uniformes. Nós determinamos no Exemplo (2) que a velocidade média na seção (2), $\overline{V}_2$, é 300 m/s quando a velocidade média do ar é 66 m/s na seção (1). Admitindo que os perfis de velocidade são uniformes nas seções (1) e (2), determine a força de atrito exercida pelo tubo no escoamento de ar entre as seções (1) e (2).

Solução O volume de controle utilizado no Exemplo 5.2 também é apropriado para este problema. As força que atuam no escoamento de ar, entre as seções (1) e (2) estão identificadas na Fig. E5.13. Note que nós não levaremos em consideração o peso do ar porque ele é muito pequeno. A força de reação entre a superfície interna do tubo e o escoamento de ar, R_x, é a força de atrito procurada. A aplicação da equação de conservação da quantidade de movimento na direção x (Eq. 5.22) neste volume de controle resulta em

$$\int_{sc} u\,\rho\,\mathbf{V}\cdot\hat{\mathbf{n}}\,dA = -R_x + p_1 A_1 - p_2 A_2 \tag{1}$$

O sentido positivo do eixo x é para a direita. Se as distribuições de velocidade são uniformes nas seções de escoamento, a Eq. 1 fica reduzida a

$$(+u_1)(-\dot{m}_1) + (+u_2)(+\dot{m}_2) = -R_x + p_1 A_1 - p_2 A_2 \tag{2}$$

A aplicação da equação de conservação da massa, Eq. 5.12, neste volume de controle fornece

$$m = \dot{m}_1 = \dot{m}_2 \tag{3}$$

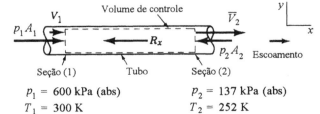

Figura E5.13

208 Fundamentos da Mecânica dos Fluidos

Aplicando este resultado na Eq. 2,
$$\dot{m}(u_2 - u_1) = -R_x + A_2(p_1 - p_2) \quad (4)$$
Isolando o termo R_x,
$$R_x = A_2(p_1 - p_2) - \dot{m}(u_2 - u_1) \quad (5)$$
Se admitirmos que o ar se comporta como um gás perfeito,
$$\rho_2 = \frac{p_2}{RT_2} \quad (6)$$
A área da seção transversal de escoamento, A_2, é dada por
$$A_2 = \frac{\pi D_2^2}{4} \quad (7)$$
Combinando as Eqs. 3, 6 e 7,
$$\dot{m} = \left(\frac{p_2}{RT_2}\right)\left(\frac{\pi D_2^2}{4}\right)u_2 = \left(\frac{137 \times 10^3}{286,9 \times 252}\right)\left(\frac{\pi \times 0,102^2}{4}\right) \times 300 = 4,65 \text{ kg/s} \quad (8)$$
Aplicando este resultado na Eq. 5,
$$R_x = \frac{\pi(0,102)^2}{4}(600 - 137) \times 10^3 - 4,65(300 - 66)$$
$$= 3783,3 - 1088,1 = 2695,2 \text{ N}$$

Note que tanto a variação de pressão como a de quantidade de movimento linear estão acopladas com a força de atrito, R_x. Entretanto, não haveria contribuição da variação da quantidade de movimento linear para a força de atrito se o escoamento fosse incompressível ($u_1 = u_2$).

Exemplo 5.14

Desenvolva uma expressão para a queda de pressão que ocorre entre as seções (1) e (2) do escoamento indicado no Exemplo 5.4. Admita que o escoamento é vertical e ascendente.

Solução O volume de controle inclui apenas o fluido delimitado pelas seções (1) e (2) do tubo (veja a Fig. E5.4). As forças que atuam no fluido contido no volume de controle estão indicadas na Fig. E5.14. A aplicação da equação da quantidade de movimento linear neste volume de controle (direção z) resulta em

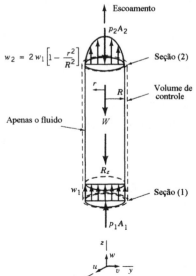

Figura E5.14

$$\int_{sc} w\rho \mathbf{V}\cdot\hat{\mathbf{n}}\,dA = p_1 A_1 - R_z - W - p_2 A_2 \qquad (1)$$

onde R_z é a força que o tubo exerce no fluido. Lembrando que o escoamento é uniforme na seção (1) e que o escoamento é para fora do volume de controle na seção (2), temos

$$(+w_1)(-\dot{m}_1) + \int_{A_2}(+w_2)\rho(+w_2)\,dA_2 = p_1 A_1 - R_z - W - p_2 A_2 \qquad (2)$$

O sentido positivo de eixo z é para cima. A integral de superfície na seção (2) - que apresenta área da seção transversal A_2, pode ser avaliada se utilizarmos o perfil parabólico de velocidade obtido no Exemplo 5.4 (veja a parte superior esquerda da Fig. E5.14). Deste modo,

$$\int_{A_2}(w_2)\rho(w_2)\,dA_2 = \rho\int_0^R w_2^2\,2\pi r\,dr = 2\pi\rho\int_0^R (2w_1^2)\left[1-\left(\frac{r}{R}\right)^2\right]^2 r\,dr$$

Assim,

$$\int_{A_2}(w_2)\rho(w_2)\,dA_2 = 4\pi\rho w_1^2 \frac{R^2}{3} \qquad (3)$$

Combinando as Eqs. 2 e 3,

$$-w_1^2\rho\pi R^2 + \frac{4}{3}w_1^2\rho\pi R^2 = p_1 A_1 - R_z - W - p_2 A_2 \qquad (4)$$

Isolando o termo $p_1 - p_2$,

$$p_1 - p_2 = \frac{\rho w_1^2}{3} + \frac{R_z}{A_1} + \frac{W}{A_1}$$

Esta equação mostra que a variação entre as pressões nas seções (1) e (2) é provocada pelos seguintes fenômenos:

1. Variação de quantidade de movimento linear do escoamento (associada a alteração do perfil de velocidade - de uniforme, na seção de entrada do volume de controle, para parabólico, na seção de saída do volume de controle).
2. Atrito na parede do tubo.
3. Peso da coluna de água (efeito hidrostático).

Se o perfis de velocidade nas seções (1) e (2) fossem parabólicos – escoamento plenamente desenvolvido – os fluxos de quantidade de movimento linear nestas seções seriam iguais. Neste caso, a queda de pressão $p_1 - p_2$ seria devida apenas ao atrito na parede e ao peso da coluna de água. Se além disso os efeitos gravitacionais forem desprezíveis (como nos escoamentos horizontais de líquidos e escoamentos de gases em qualquer direção), a queda de pressão $p_1 - p_2$ será provocada apenas pelo atrito na parede.

Apesar das velocidades médias do escoamento nas seções (1) e (2) serem iguais, o fluxo de quantidade de movimento na seção (1) é diferente daquele na seção (2). Se isso não ocorresse, o lado esquerdo da Eq. 4 seria nulo. O fluxo de quantidade de movimento em escoamentos com perfil de velocidade não uniforme pode ser relacionado com a velocidade média, $\overline{V}$, através do coeficiente de quantidade de movimento, β, que é definido por

$$\beta = \frac{\int w\rho\mathbf{V}\cdot\hat{\mathbf{n}}\,dA}{\rho\overline{V}^2 A}$$

Assim, o fluxo de quantidade de movimento é dado por

$$\int w\rho\mathbf{V}\cdot\hat{\mathbf{n}}\,dA = -\beta_1 w_1^2\rho\pi R^2 + \beta_2 w_1^2\rho\pi R^2$$

onde $\beta_1 = 1$ ($\beta = 1$ se o perfil de velocidade é uniforme) e $\beta_2 = 4/3$ ($\beta > 1$ se o perfil de velocidade não for uniforme).

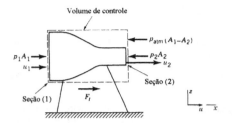

Figura E5.15

Exemplo 5.15

A Fig. E5.15 mostra o esquema de um banco de testes para turbinas de avião. Um teste típico forneceu os resultados abaixo relacionados. Determine o empuxo da turbina ensaiada.

Velocidade na seção de alimentação = 200 m/s
Velocidade na seção de descarga = 500 m/s
Área da seção de alimentação (transversal) = 1 m²
Pressão estática na seção de alimentação = −22,5 kPa = 78,5 kPa (abs)
Temperatura estática na seção de alimentação = 268 K
Pressão estática na seção de descarga = 0 kPa = 101 (abs)

Solução: Nós utilizaremos o volume de controle cilíndrico mostrado na Fig. E5.15 para resolver este problema. Note que as forças externas que atuam na direção axial (x) também estão mostradas na figura. A aplicação da equação da quantidade de movimento linear (Eq. 5.22) ao conteúdo deste volume de controle resulta em

$$\int_{sc} u \rho \mathbf{V} \cdot \hat{\mathbf{n}} \, dA = p_1 A_1 + F_t - p_2 A_2 - p_{atm}(A_1 - A_2) \quad (1)$$

onde as pressões são absolutas. Admitindo que o problema é unidimensional, nós podemos rescrever a Eq. 1 do seguinte modo:

$$(+u_1)(-\dot{m}_1) + (+u_2)(+\dot{m}_2) = F_t + (p_1 - p_{atm})A_1 - (p_2 - p_{atm})A_2 \quad (2)$$

Nós adotamos que os vetores são positivos quando apontam para a direita. A aplicação da equação de conservação da massa, Eq. 5.12, neste volume de controle fornece

$$\dot{m} = \dot{m}_1 = \rho_1 A_1 u_1 = \dot{m}_2 = \rho_2 A_2 u_2 \quad (3)$$

Combinando as Eqs. 2 e 3 e utilizando pressões relativas, temos

$$\dot{m}(u_2 - u_1) = F_t + p_1 A_1 - p_2 A_2 \quad (4)$$

Isolando o termo F_t,

$$F_t = -p_1 A_1 + p_2 A_2 + \dot{m}(u_2 - u_1) \quad (5)$$

É necessário conhecer a vazão em massa, $\dot{m}$, para que seja possível calcular F_t mas, para calcular a vazão em massa, nós precisamos conhecer o valor da massa específica na seção (1). Se admitirmos que o ar se comporta como gás perfeito,

$$\rho_1 = \frac{p_1}{RT_1} = \frac{78,5 \times 10^3}{286,9 \times 268} = 1,02 \text{ kg/m}^3$$

Assim,

$$\dot{m} = \rho_1 A_1 u_1 = (1,02)(1)(200) = 204 \text{ kg/s} \quad (6)$$

Combinando as Eqs. 5 e 6 e lembrando que $p_2 = 0$, obtemos

$$F_t = -(1)(-22,5 \times 10^3) + 0 + (204)(500 - 200)$$
$$= 22500 + 0 + 61200 = 83700 \text{ N}$$

A força que atua no conteúdo do volume de controle atua para a direita logo o fluido "empurra" a turbina (e o avião) para a esquerda.

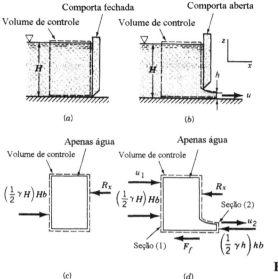

Figura E5.16

Exemplo 5.16

A comporta deslizante esquematizada na Figs. E5.16a e E5.16b está instalada num canal que apresenta largura b. A força necessária para imobilizar a comporta é maior quando a comporta está fechada ou quando a comporta está aberta?

Solução Nós responderemos a esta pergunta comparando as expressões para a força horizontal com que a água atua sobre a comporta, R_x. Os volumes de controle que nós utilizaremos para a determinação destas forças estão indicados nas Figs. E5.16a e E5.16b.

As forças horizontais que atuam no conteúdo do volume de controle mostrado na Fig. E5.16a (referente a situação onde a comporta está fechada) estão mostradas na Fig. E5.16c. A aplicação da Eq. 5.22 ao conteúdo deste volume de controle fornece

$$\int_{sc} u\, \rho\, \mathbf{V} \cdot \hat{\mathbf{n}}\, dA = \frac{1}{2} \gamma H^2 b - R_x \tag{1}$$

O primeiro termo da equação é nulo porque não existe escoamento. Nesta condição, a força com que a comporta atua na água (que, em módulo, é igual a força necessária para imobilizar a comporta) é igual a

$$R_x = \frac{1}{2} \gamma H^2 b \tag{2}$$

ou seja, o módulo de R_x é igual a força hidrostática exercida na comporta pela água.

As forças horizontais que atuam no conteúdo do volume de controle mostrado na Fig. E5.14b (referente a situação onde a comporta está aberta) estão mostradas na Fig. E5.14d. A aplicação da Eq. 5.22 ao conteúdo deste volume de controle fornece

$$\int_{sc} u\, \rho\, \mathbf{V} \cdot \hat{\mathbf{n}}\, dA = \frac{1}{2} \gamma H^2 b - R_x - \frac{1}{2} \gamma h^2 b - F_f \tag{3}$$

Nós admitimos que as distribuições de pressão são hidrostáticas nas seções (1) e (2) e que a força de atrito entre o fundo do canal e a água foi representada por F_f. A integral de superfície da Eq. 3 é não nula somente se existir escoamento através da superfície de controle. Se admitirmos que os perfis de velocidade são uniformes nas seções (1) e (2), temos

$$\int_{sc} u\, \rho\, \mathbf{V} \cdot \hat{\mathbf{n}}\, dA = (u_1) \rho (-u_1) H b + (u_2) \rho (u_2) h b \tag{4}$$

212 Fundamentos da Mecânica dos Fluidos

Se $H \gg h$, a velocidade ao longe u_1 é muito menor do que a velocidade u_2. Nesta condição, a contribuição da quantidade de movimento do escoamento que entra no volume de controle pode ser desprezada. A combinação da Eq. 3 com a Eq. 4 fornece

$$-\rho u_1^2 Hb + \rho u_2^2 hb = \frac{1}{2}\gamma H^2 b - R_x - \frac{1}{2}\gamma h^2 b - F_f \qquad (5)$$

Isolando o termo R_x e admitindo que $H \gg h$,

$$R_x = \frac{1}{2}\gamma H^2 b - \frac{1}{2}\gamma h^2 b - F_f - \rho u_2^2 hb \qquad (6)$$

Comparando as expressões para R_x (Eqs. 2 e 6) é possível concluir a força com que água atua na comporta é menor quando a comporta está aberta.

Todos os exemplos até aqui apresentados foram resolvidos com volumes de controle fixos e indeformáveis. Estes volumes de controle também eram inerciais porque os volumes de controle não apresentavam aceleração. Um volume de controle indeformável que translada numa linha reta com velocidade constante também é inercial porque a velocidade do movimento é uniforme. A aplicação do teorema de transporte de Reynolds (Eq. 4.23) para um sistema e um volume de controle indeformável, que se move com velocidade constante e que são coincidentes num certo instante, fornece

$$\frac{D}{Dt}\int_{sis} \mathbf{V}\rho\, d\mathcal{V} = \frac{\partial}{\partial t}\int_{vc} \mathbf{V}\rho\, d\mathcal{V} + \int_{sc} \mathbf{V}\rho\, \mathbf{W}\cdot\hat{\mathbf{n}}\, dA \qquad (5.23)$$

Se nós combinarmos a Eq. 5.23 com as Eqs. 5.19 e 5.20 é possível obter

$$\frac{\partial}{\partial t}\int_{vc} \mathbf{V}\rho\, d\mathcal{V} + \int_{sc} \mathbf{V}\rho\, \mathbf{W}\cdot\hat{\mathbf{n}}\, dA = \sum \mathbf{F}_{\text{atuam no conteúdo do volume de controle}} \qquad (5.24)$$

Agora, se utilizarmos a equação que relaciona as velocidades absoluta, relativa e a do volume de controle, Eq. 5.14, temos

$$\frac{\partial}{\partial t}\int_{vc} (\mathbf{W}+\mathbf{V}_{vc})\rho\, d\mathcal{V} + \int_{sc} (\mathbf{W}+\mathbf{V}_{vc})\rho\, \mathbf{W}\cdot\hat{\mathbf{n}}\, dA = \sum \mathbf{F}_{\text{atuam no conteúdo do volume de controle}} \qquad (5.25)$$

Se a velocidade do volume de controle, $\mathbf{V}_{vc}$, é constante e o escoamento ocorre em regime permanente para um observador solidário ao volume de controle,

$$\frac{\partial}{\partial t}\int_{vc} (\mathbf{W}+\mathbf{V}_{vc})\rho\, d\mathcal{V} = 0 \qquad (5.26)$$

Para este volume de controle inercial e indeformável

$$\int_{sc} (\mathbf{W}+\mathbf{V}_{vc})\rho\, \mathbf{W}\cdot\hat{\mathbf{n}}\, dA = \int_{sc} \mathbf{W}\rho\, \mathbf{W}\cdot\hat{\mathbf{n}}\, dA + \mathbf{V}_{vc}\int_{sc} \rho\, \mathbf{W}\cdot\hat{\mathbf{n}}\, dA \qquad (5.27)$$

Se o regime é permanente (ou permanente em média), a Eq. 5.15 mostra que

$$\int_{sc} \rho\, \mathbf{W}\cdot\hat{\mathbf{n}}\, dA = 0 \qquad (5.28)$$

Combinando as Eqs. 5.25, 5.26, 5.27 e 5.28 nós podemos concluir que a equação da quantidade de movimento linear para um volume de controle móvel e indeformável que engloba um escoamento em regime permanente (instantâneo ou em média) é

$$\int_{sc} \mathbf{W}\rho\, \mathbf{W}\cdot\hat{\mathbf{n}}\, dA = \sum \mathbf{F}_{\text{atuam no conteúdo do volume de controle}} \qquad (5.29)$$

O Exemplo 5.17 ilustra a utilização da Eq. 5.29.

Exemplo 5.17

A Fig. E5.17a mostra um carrinho que se move para a direita com velocidade constante $\mathbf{V}_0$. O carrinho é movido por um jato de água que é descarregado de um bocal com velocidade $\mathbf{V}_1$ e que é desviado em 45°. Lembre que este carrinho já foi analisado na Sec. 4.4.6. Determine o módulo,

Análise com Volumes de Controle Finitos **213**

direção e sentido da força exercida pelo jato d'água sobre a superfície do carrinho. A velocidade do jato d'água na seção de descarga do bocal é 30 m/s e o carrinho se move para a direita com velocidade igual a 6,0 m/s.

Solução Nós aplicaremos a Eq. 5.29 ao conteúdo do volume de controle móvel mostrado na Fig. E5.17*b* para determinar o módulo, a direção e o sentido da força exercida pelo jato no carrinho, **F**. As forças que atuam no conteúdo deste volume de controle estão indicadas na Fig. E15.7*c*. Note que todas as forças devidas a pressão se cancelam porque a pressão em torno do carrinho é a atmosférica. Admitindo que as forças na direção *x* são positivas quando apontam para a direita,

$$\int_{sc} W_x \, \rho \, \mathbf{W} \cdot \hat{\mathbf{n}} \, dA = -R_x$$

ou

$$(+W_1)(-\dot{m}_1) + (+W_2 \cos 45°)(+\dot{m}_2) = -R_x \quad (1)$$

onde

$$\dot{m}_1 = \rho_1 W_1 A_1 \quad e \quad \dot{m}_2 = \rho_2 W_2 A_2$$

Admitindo que as forças na direção *z* são positivas quando apontam para cima,

$$\int_{sc} W_z \, \rho \, \mathbf{W} \cdot \hat{\mathbf{n}} \, dA = R_z - W_w$$

ou

$$(+W_2 \, \text{sen} 45°)(+\dot{m}_2) = R_z - W_w \quad (2)$$

Nós vamos admitir, para simplificar o problema, que o escoamento de água não apresenta atrito e que a variação da cota da água no carrinho é desprezível. Deste modo nós podemos concluir (veja a equação de Bernoulli, Eq. 3.7) que a velocidade da água em relação ao volume de controle móvel, *W*, é constante, ou seja,

$$W_1 = W_2$$

A velocidade relativa do escoamento de água que entra no volume de controle, W_1, é dada por

$$W_1 = V_1 - V_0 = 30 - 6 = 24 \text{ m/s}$$

Assim,

$$W_1 = W_2 = 24 \text{ m/s}$$

A massa específica da água é constante. Deste modo,

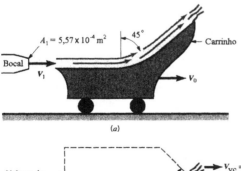

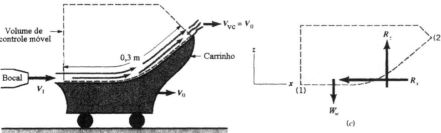

Figura E5.17

$$\rho_1 = \rho_2 = 1000 \text{ kg/m}^3$$

A aplicação da equação de conservação da massa (Eq. 5.16) ao conteúdo do volume de controle móvel fornece

$$\dot{m}_1 = \rho_1 W_1 A_1 = \rho_2 W_2 A_2 = \dot{m}_2$$

Combinando os resultados já obtidos,

$$R_x = \rho W_1^2 A_1 (1 - \cos 45°) = (1000)(24)^2 (5{,}57 \times 10^{-4})(1 - \cos 45°) = 94{,}0 \text{ N}$$

A Eq. 2 fornece,

$$R_z = \rho W_1^2 (\text{sen}45°) A_1 + W_w$$

onde

$$W_w = \rho g A_1 l$$

Assim,

$$\begin{aligned} R_z &= (1000)(24)^2 (\text{sen}45)(5{,}57 \times 10^{-4}) + (1000)(9{,}8)(5{,}57 \times 10^{-4})(0{,}3) \\ &= 226{,}9 + 1{,}6 = 228{,}5 \text{ N} \end{aligned}$$

O módulo da força que atua no conteúdo do volume de controle móvel é

$$R = \left(R_x^2 + R_y^2\right)^{1/2} = \left(94{,}0^2 + 228{,}5^2\right)^{1/2} = 247{,}1 \text{ N}$$

O ângulo formado pelo vetor **R** e a direção x, α, é

$$\alpha = \arctan \frac{R_z}{R_x} = \arctan \frac{228{,}5}{94{,}0} = 67{,}6°$$

A módulo da força com que a água atua no carrinho também é igual a 228,5 N mas sua direção é oposta a de **R**.

Os exemplos anteriores mostraram que a variação do vetor quantidade de movimento linear dos escoamentos, as forças de pressão, as forças de atrito e o peso do fluido podem gerar uma força de reação. Lembre sempre que a escolha do volume de controle é importante na análise de um problema porque a escolha adequada pode facilitar muito o procedimento de solução do problema.

5.2.3 Derivação da Equação do Momento da Quantidade de Movimento[2]

O momento de uma força em relação a um eixo (torque) é importante em muitos problemas da engenharia. Nós já mostramos que a segunda lei do movimento de Newton fornece uma relação muito útil entre as forças que atuam no conteúdo de um volume de controle e a variação da quantidade de movimento linear deste volume de controle. A equação da quantidade de movimento linear também pode ser utilizada para resolver problemas que envolvem torques. Entretanto, nós consideraremos o momento da quantidade de movimento e a força resultante associada com cada partícula fluida em relação a um ponto localizado num sistema de coordenadas inercial para desenvolver a equação do momento da quantidade de movimento (relaciona torques e a quantidade de movimento angular do escoamento contido no volume de controle). Nós veremos que a equação da momento da quantidade de movimento é mais conveniente do que a equação da quantidade de movimento linear nas situações onde os torques são importantes.

A aplicação da segunda lei do movimento de Newton a uma partícula fluida fornece

$$\frac{D}{Dt}(\mathbf{V} \rho \delta \mathcal{V}) = \delta \mathbf{F}_{\text{partícula}} \tag{5.30}$$

onde **V** é a velocidade da partícula medida em relação a um referencial inercial, ρ é a massa específica do fluido, $\delta \mathcal{V}$ é o volume da partícula fluida (infinitesimal) e $\delta \mathbf{F}_{\text{partícula}}$ é a resultante das forças externas que atuam na partícula. Se nós tomarmos o momento de cada um dos termos da Eq. 5.30 em relação a origem de um sistema de coordenadas inercial, temos

---

[2] Esta seção, em conjunto com as Secs. 5.2.4 e 5.2.5, pode ser omitida sem perda de continuidade. Entretanto, estas seções são essenciais para o entendimento do material apresentado no Cap. 12.

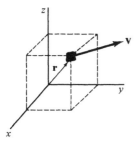

Figura 5.3 Sistema de coordenadas inercial.

$$\mathbf{r} \times \frac{D}{Dt}(\mathbf{V}\rho\,\delta\mathcal{V}) = \mathbf{r} \times \delta\mathbf{F}_{\text{partícula}} \quad (5.31)$$

onde **r** é o vetor posição da partícula fluida (medido a partir da origem do sistema de coordenadas – veja a Fig. 5.3). Nós sabemos que

$$\frac{D}{Dt}[(\mathbf{r}\times\mathbf{V})\rho\,\delta\mathcal{V}] = \frac{D\mathbf{r}}{Dt}\times\mathbf{V}\rho\,\delta\mathcal{V} + \mathbf{r}\times\frac{D}{Dt}(\mathbf{V}\rho\,\delta\mathcal{V}) \quad (5.32)$$

e

$$\frac{D\mathbf{r}}{Dt} = \mathbf{V} \quad (5.33)$$

Combinando as Eqs. 5.31, 5.32, 5.33 e lembrando que

$$\mathbf{V}\times\mathbf{V} = 0 \quad (5.34)$$

é possível obter

$$\frac{D}{Dt}[(\mathbf{r}\times\mathbf{V})\rho\,\delta\mathcal{V}] = \mathbf{r}\times\delta\mathbf{F}_{\text{partícula}} \quad (5.35)$$

A Eq. 5.35 é válida para qualquer partícula do fluido. É necessário utilizar a somatória de cada um dos lados da Eq. 5.35 se nós estamos interessados em analisar um sistema (i.e., um conjunto de partículas). Deste modo,

$$\int_{\text{sis}} \frac{D}{Dt}[(\mathbf{r}\times\mathbf{V})\rho\,d\mathcal{V}] = \sum (\mathbf{r}\times\mathbf{F})_{\text{sis}} \quad (5.36)$$

onde

$$\sum \mathbf{r}\times\delta\mathbf{F}_{\text{partícula}} = \sum (\mathbf{r}\times\mathbf{F})_{\text{sis}} \quad (5.37)$$

Note que

$$\frac{D}{Dt}\int_{\text{sis}} (\mathbf{r}\times\mathbf{V})\rho\,d\mathcal{V} = \int_{\text{sis}} \frac{D}{Dt}[(\mathbf{r}\times\mathbf{V})\rho\,d\mathcal{V}] \quad (5.38)$$

porque a ordem da diferenciação e integração pode ser invertida sem qualquer consequência. Lembre que a derivada material, $D(\;)/Dt$ representa a derivada temporal seguindo o sistema (veja a Sec. 4.2.1). Assim, combinando as Eqs. 5.36 e 5.38 nós obtemos

$$\frac{D}{Dt}\int_{\text{sis}} (\mathbf{r}\times\mathbf{V})\rho\,d\mathcal{V} = \sum (\mathbf{r}\times\mathbf{F})_{\text{sis}} \quad (5.39)$$

ou

taxa de variação temporal do momento $\quad = \quad$ soma dos torques externos
da quantidade de movimento do sistema $\quad\quad$ que atuam no sistema

Os torques que atuam no sistema e no conteúdo de um volume de controle que coincide instantaneamente com o sistema são idênticos, ou seja

$$\sum (\mathbf{r}\times\mathbf{F})_{\text{sis}} = \sum (\mathbf{r}\times\mathbf{F})_{\text{vc}} \quad (5.40)$$

Se aplicarmos o teorema de transporte de Reynolds (Eq. 4.19) para o sistema e o conteúdo do volume de controle coincidente (vamos admitir que este é fixo e indeformável), obteremos

$$\frac{D}{Dt}\int_{sis}(\mathbf{r}\times\mathbf{V})\rho\,d\mathcal{V}=\frac{\partial}{\partial t}\int_{vc}(\mathbf{r}\times\mathbf{V})\rho\,d\mathcal{V}+\int_{sc}(\mathbf{r}\times\mathbf{V})\rho\,\mathbf{V}\cdot\hat{\mathbf{n}}\,dA \qquad (5.41)$$

ou

taxa de variação temporal do momento da quantidade de movimento do sistema = taxa de variação temporal do momento da quantidade de movimento no vc + fluxo líquido de momento da quantidade de movimento na sc

Nós podemos obter a equação do momento de quantidade de movimento adequada para volumes de controle fixos (e portanto inerciais) e não deformáveis se combinarmos as Eqs. 5.39, 5.40 e 5.41. Deste modo,

$$\frac{\partial}{\partial t}\int_{vc}(\mathbf{r}\times\mathbf{V})\rho\,d\mathcal{V}+\int_{sc}(\mathbf{r}\times\mathbf{V})\rho\,\mathbf{V}\cdot\hat{\mathbf{n}}\,dA=\sum(\mathbf{r}\times\mathbf{F})_{\text{conteúdo do volume de controle}} \qquad (5.42)$$

Os escoamentos em máquinas rotativas (ou que tendem a rotacionar em torno de um único eixo) podem ser facilmente modelados com a ajuda da Eq. 5.42. Os irrigadores de jardim, circuladores de ar do tipo teto, turbinas de vento, turbocompressores e turbinas a gás são bons exemplos de equipamentos que apresentam escoamentos desta classe. Estes equipamentos são usualmente denominados turbomáquinas.

5.2.4 Aplicação da Equação do Momento da Quantidade de Movimento[3]

Nós só vamos aplicar a Eq. 5.42 sob as seguintes hipóteses:

1. Nós vamos admitir que o escoamento é unidimensional (distribuição uniforme de velocidade em qualquer seção).
2. Nós só analisaremos escoamentos em regime permanente ou permanentes em média (escoamentos cíclicos). Nestes casos,

$$\frac{\partial}{\partial t}\int_{vc}(\mathbf{r}\times\mathbf{V})\rho\,d\mathcal{V}=0$$

3. Nós só trabalharemos com a componente axial da Eq. 5.42. A direção considerada é a mesma do eixo de rotação do escoamento.

Considere o irrigador de jardim esboçado na Fig. 5.4. O escoamento de água cria um torque no braço do irrigador e o faz girar. Note que existe uma modificação na direção e na velocidade do escoamento no braço do irrigador pois o escoamento na seção de alimentação do braço – seção (1) – é vertical e os escoamentos nas seções de descarga – seção (2) – são tangenciais. Nós vamos utilizar o volume de controle fixo e indeformável mostrado na Fig. 5.4 para analisar este escoamento. O volume de controle, com a forma de um disco, contém a cabeça do irrigador (girando ou estacionária) e a água que está escoando no irrigador. A superfície de controle corta a base da cabeça do irrigador de modo que o torque que resiste ao movimento pode ser facilmente identificado. Quando a cabeça do irrigador está girando, o campo de escoamento no volume de controle estacionário é cíclico e transitório mas note que o escoamento é permanente em média. Nós só vamos analisar a componente axial da equação de momento da quantidade de movimento deste escoamento (Eq. 5.42).

O integrando do termo referente ao escoamento na superfície de controle da Eq. 5.42

$$\int_{sc}(\mathbf{r}\times\mathbf{V})\rho\,\mathbf{V}\cdot\hat{\mathbf{n}}\,dA$$

só pode ser não nulo nas regiões onde existe escoamento cruzando a superfície de controle. Em qualquer outra região da superfície de controle este termo será nulo porque $\mathbf{V}\cdot\hat{\mathbf{n}}=0$. A água entra axialmente no braço do irrigador pela seção (1). Nesta região da superfície de controle a componente de $\mathbf{r}\times\mathbf{V}$ na direção do eixo de rotação é nula porque $\mathbf{r}\times\mathbf{V}$ é perpendicular ao eixo de rotação. Assim, não existe fluxo de momento da quantidade de movimento na seção (1). Água é descarregada do volume de controle pelos dois bocais (seção (2)). Nesta seção, o módulo da

---

[2] Esta seção, em conjunto com as Secs. 5.2.3 e 5.2.5, pode ser omitida sem perda de continuidade. Entretanto, estas seções são essenciais para o entendimento do material apresentado no Cap. 12.

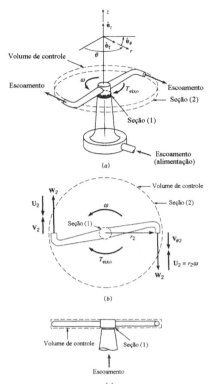

Figura 5.4 (*a*) Irrigador de jardim. (*b*) Vista em planta do irrigador. (*c*) Vista lateral do irrigador.

componente axial de $\mathbf{r} \times \mathbf{V}$ é $r_2 V_{\theta 2}$, onde r_2 é o raio da seção 2, medido em relação ao eixo de rotação, e $V_{\theta 2}$ é a componente tangencial do vetor velocidade do escoamento nos bocais de descarga do braço medido em relação ao sistema de coordenadas solidário a superfície de controle (que é fixa). A velocidade do escoamento em relação a superfície de controle fixa é $\mathbf{V}$. A velocidade do escoamento vista por um observador solidário ao bocal é denominada velocidade relativa, $\mathbf{W}$. As velocidades absoluta e relativa, $\mathbf{V}$ e $\mathbf{W}$, estão relacionadas pela seguinte equação vetorial

$$\mathbf{V} = \mathbf{W} + \mathbf{U} \tag{5.43}$$

onde $\mathbf{U}$ é a velocidade do bocal medida em relação a superfície de controle fixa. O produto vetorial e o produto escalar do termo referente ao escoamento na superfície de controle da Eq. 5.42

$$\int_{sc} (\mathbf{r} \times \mathbf{V}) \rho \, \mathbf{V} \cdot \hat{\mathbf{n}} \, dA$$

podem ser positivos ou negativos. O produto escalar $\mathbf{V} \cdot \hat{\mathbf{n}}$ é negativo para os escoamentos que entram no volume de controle e é positivo para os escoamentos descarregados do volume de controle. O sinal da componente axial de $\mathbf{r} \times \mathbf{V}$ pode ser determinado com a regra da mão direita (o sentido positivo no eixo de rotação está mostrado na Fig. 5.5). A direção do componente axial de $\mathbf{r} \times \mathbf{V}$ também pode ser verificada lembrando que o raio é dado por $r \hat{\mathbf{e}}_r$ e que a componente tangencial da velocidade absoluta é dada por $V_\theta \hat{\mathbf{e}}_\theta$. Assim, para o irrigador esboçado na Fig. 5.4,

Figura 5.5 Regra da mão direita.

218 Fundamentos da Mecânica dos Fluidos

$$\left[\int_{sc} (\mathbf{r} \times \mathbf{V}) \rho \, \mathbf{V} \cdot \hat{\mathbf{n}} \, dA \right]_{axial} = (-r_2 V_{\theta 2})(+\dot{m}) \quad (5.44)$$

onde $\dot{m}$ é a vazão em massa (total) no irrigador. Nós mostramos no Exemplo 5.7 que a vazão em massa no irrigador é a mesma se o dispositivo estiver girando ou parado. O sinal correto do componente axial de $\mathbf{r} \times \mathbf{V}$ pode ser facilmente determinado pela seguinte regra: o produto vetorial é positivo se os sentidos V_θ e U forem iguais.

O termo de torque na equação do momento da quantidade de movimento (Eq. 5.42) será analisado a seguir. Nós só estamos interessados nos torques que atuam em relação ao eixo de rotação. O torque líquido, em relação ao eixo de rotação, associado com as forças normais que atuam no conteúdo do volume de controle é muito pequeno (se não for nulo). O torque líquido devido as forças tangenciais também é desprezível para o volume de controle considerado. Assim, para o irrigador da Fig. 5.4,

$$\sum \left[(\mathbf{r} \times \mathbf{F})_{\substack{\text{conteúdo do} \\ \text{volume de controle}}} \right]_{axial} = T_{eixo} \quad (5.45)$$

Note que nós admitimos que T_{eixo} é positivo na Eq. 5.45. Isto é equivalente a admitir que T_{eixo} atua no mesmo sentido da rotação.

O componente axial do vetor momento da quantidade de movimento é (combinando as Eqs. 5.42, 5.44 e 5.45)

$$-r_2 V_{\theta 2} \dot{m} = T_{eixo} \quad (5.46)$$

Note que T_{eixo} é negativo e isto indica que o torque no eixo é oposto a rotação do braço do irrigador (veja a Fig. 5.4). O torque de eixo, T_{eixo}, é oposto a rotação em todas as turbinas.

Nós podemos avaliar a potência no eixo, $\dot{W}_{eixo}$, associado ao torque no eixo, T_{eixo}, pelo produto de T_{eixo} com a velocidade angular do eixo, ω. Assim, da Eq. 5.46,

$$\dot{W}_{eixo} = T_{eixo} \, \omega = -r_2 V_{\theta 2} \dot{m} \omega \quad (5.47)$$

Como $r_2 \omega$ é a velocidade dos bocais, U, nós podemos reescrever a equação anterior do seguinte modo:

$$\dot{W}_{eixo} = -U_2 V_{\theta 2} \dot{m} \quad (5.48)$$

O trabalho realizado por unidade de massa é definido por $\dot{W}_{eixo}/\dot{m}$. Dividindo a Eq. 5.48 pela vazão em massa,

$$w_{eixo} = -U_2 V_{\theta 2} \quad (5.49)$$

O volume de controle realiza trabalho quando este é negativo, ou seja, trabalho é realizado pelo fluido no rotor e, portanto, no seu eixo.

Os princípios associados ao exemplo do irrigador podem ser estendidos para modelar a maioria dos escoamentos encontrados nas turbomáquinas. A técnica fundamental não é difícil. Entretanto, a geometria destes escoamentos costuma ser bastante complicada. O Exemplo 5.18 ilustra a utilização da equação restrita do momento da quantidade de movimento (Eq. 5.46).

Exemplo 5.18

A vazão de água na seção de alimentação do braço do irrigador mostrado na Fig. E5.18 é igual a 1000 ml/s. As áreas das seções transversais dos bocais de descarga de água são iguais a 30 mm² e o escoamento deixa estes bocais tangencialmente. A distância entre o eixo de rotação até a linha de centro dos bocais, r_2, é 200 mm.

(**a**) Determine o torque necessário para imobilizar o braço do irrigador.
(**b**) Determine o torque resistivo necessário para que o irrigador gire a 500 rpm.
(**c**) Determine a velocidade do irrigador se não existir qualquer resistência ao movimento do braço.

Solução Nós utilizaremos o volume de controle mostrado na Fig. 5.4 para resolver as partes (**a**), (**b**) e (**c**) deste exemplo. A Fig. E.5.18*a* mostra que o único torque axial é aquele que resiste ao movimento, T_{eixo}.

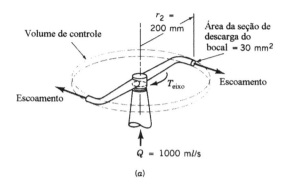

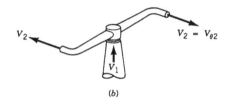

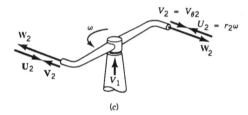

Figura E5.18

A Fig. E5.18*b* mostra as velocidades nas seções de alimentação e descarga do volume de controle quando a cabeça do irrigador está imóvel [caso (**a**)]. Aplicando a Eq. 5.46 ao conteúdo deste volume de controle,

$$T_{eixo} = -r_2 V_{\theta 2} \dot{m} \tag{1}$$

Como o volume de controle é fixo e indeformável e o escoamento é descarregado tangencialmente em cada um dos bocais,

$$V_{\theta 2} = V_2 \tag{2}$$

Combinando as Eqs. 1 e 2,

$$T_{eixo} = -r_2 V_2 \dot{m} \tag{3}$$

Nós concluímos no Exemplo 5.7 que $V_2 = 16,7$ m/s. Aplicando este resultado na Eq. 3,

$$T_{eixo} = -(0,2)(16,7)(999)(0,001) = -3,34 \text{ N} \cdot \text{m}$$

Quando a cabeça do borrifador está girando a 500 rpm, o campo de escoamento no volume de controle é transitório e cíclico mas pode ser modelado como permanente em média. As velocidades dos escoamentos nas seções de alimentação e descarga do volume de controle estão indicadas na Fig. E.5.17*c*. A velocidade absoluta do fluido que é descarregado num dos bocais, V_2, pode ser calculada com a Eq. 5.43, ou seja

$$V_2 = W_2 - U_2 \tag{4}$$

onde (veja o Exemplo 5.7)

$$W_2 = 16,7 \text{ m/s}$$

A velocidade dos bocais, U_2, pode ser obtida com

$$U_2 = r_2 \omega \qquad (5)$$

Combinando as Eqs. 4 e 5,

$$V_2 = 16,7 - r_2 \omega = 16,7 - \frac{(0,2)(500)(2\pi)}{(60)} = 6,2 \text{ m/s}$$

Aplicando os valores calculados na versão simplificada da equação do momento da quantidade de movimento, Eq. 3, obtemos,

$$T_{eixo} = -(0,2)(6,2)(999)(0,001) = -1,24 \text{ N} \cdot \text{m}$$

Note que o torque resistente associado ao escoamento na cabeça do irrigador é bem menor do que o torque resistente necessário para imobilizar a cabeça do irrigador.

Nós mostraremos a seguir que a cabeça do irrigador apresenta rotação máxima quando o torque resistente é nulo. A aplicação das Eqs. 3, 4 e 5 ao conteúdo do volume de controle resulta em

$$T_{eixo} = -r_2 (W_2 - r_2 \omega) \dot{m} \qquad (6)$$

Como o torque resistente é nulo,

$$0 = -r_2 (W_2 - r_2 \omega) \dot{m}$$

e

$$\omega = \frac{W_2}{r_2} \qquad (7)$$

Nós vimos no Exemplo 5.7 que a velocidade relativa do fluido descarregado pelos bocais, W_2, independe da velocidade angular da cabeça do irrigador, ω, desde que a vazão em massa no dispositivo seja constante. Assim,

$$\omega = \frac{W_2}{r_2} = \frac{16,7}{0,2} = 83,5 \text{ rad/s}$$

ou

$$\omega = \frac{(83,5)(60)}{(2\pi)} = 797 \text{ rpm}$$

Nesta condição ($T_{eixo} = 0$) os momentos angulares dos escoamentos nas seções de alimentação e descarga do braço do irrigador são nulas.

Observe que o torque resistente nos casos onde o braço do irrigador apresenta rotação são menores do que o torque necessário para imobilizar o braço e que a rotação do braço é finita mesmo na ausência de torque resistente.

O resultado da aplicação da equação do momento da quantidade de movimento (Eq. 5.42) a um escoamento unidimensional numa máquina rotativa é

$$T_{eixo} = (-\dot{m}_e)(\pm r_e V_{\theta e}) + (\dot{m}_s)(\pm r_s V_{\theta s}) \qquad (5.50)$$

Lembre que o sinal negativo associado com a vazão em massa na seção de alimentação da máquina, $\dot{m}_e$, resulta do produto escalar $\mathbf{V} \cdot \hat{\mathbf{n}}$. Já o sinal associado ao produto rV_θ depende do sentido do produto vetorial $(\mathbf{r} \times \mathbf{V})_{axial}$. Um modo simples de determinar o sinal do produto rV_θ é comparando o sentido de V_θ com o da velocidade da palheta ou bocal, U. O produto rV_θ é positivo se V_θ e U apresentam o mesmo sentido. O sinal do torque no eixo é positivo se T_{eixo} apresenta o mesmo sentido daquele da velocidade angular, ω.

A potência no eixo, $\dot{W}_{eixo}$, está relacionada com o torque no eixo, T_{eixo}, por

$$\dot{W}_{eixo} = T_{eixo} \, \omega \qquad (5.51)$$

Se admitirmos que T_{eixo} é positivo, a combinação das Eqs. 5.50 e 5.51 fornece

$$\dot{W}_{eixo} = (-\dot{m}_e)(\pm r_e \omega V_{\theta e}) + (\dot{m}_s)(\pm r_s \omega V_{\theta s}) \quad (5.52)$$

Lembrando que $r\omega = U$,

$$\dot{W}_{eixo} = (-\dot{m}_e)(\pm U_e V_{\theta e}) + (\dot{m}_s)(\pm U_s V_{\theta s}) \quad (5.53)$$

O produto UV_θ é positivo se U e V_θ apresentam o mesmo sentido. Note também que nós admitimos que o torque no eixo é positivo para obter a Eq. 5.53. Deste modo, $\dot{W}_{eixo}$ é positivo quando a potência é consumida no volume de controle (por exemplo, nas bombas) e é negativa quando a potência é produzida no volume de controle (por exemplo, nas turbinas).

O trabalho de eixo por unidade de massa, w_{eixo}, pode ser calculado a partir da potência de eixo, $\dot{W}_{eixo}$, pois basta dividir a Eq. 5.53 pela vazão em massa, $\dot{m}$. A conservação da massa impõe que

$$\dot{m} = \dot{m}_e = \dot{m}_s$$

e se aplicarmos este resultado na Eq. 5.53 obteremos

$$w_{eixo} = -(\pm U_e V_{\theta e}) + (\pm U_s V_{\theta s}) \quad (5.54)$$

O próximo exemplo ilustra a aplicação das Eqs. 5.50, 5.53 e 5.54. O Cap. 12 também apresenta vários exemplos onde são utilizados este conjunto de equações.

Exemplo 5.19

A Fig. E5.19a mostra o esboço de um rotor de ventilador que apresenta diâmetros externo e interno iguais a 305 mm e 254 mm. A altura das palhetas do rotor é 25 mm. O regime do escoamento no rotor é permanente em média e a vazão em volume média é igual a 0,110 m³/s. Note que a velocidade absoluta do ar na seção de alimentação do rotor, V_1, é radial e que o ângulo entre a direção do escoamento descarregado do rotor e a direção tangencial é igual a 30°. Estime a potência necessária para operar o ventilador sabendo que a rotação do rotor é 1725 rpm.

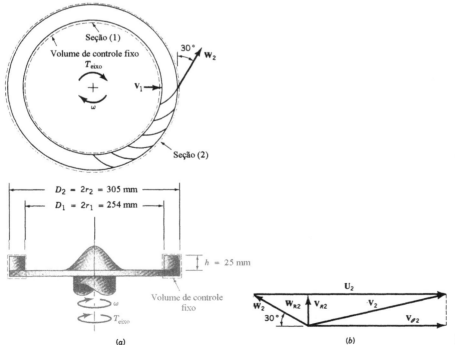

Figura E5.19

Solução Nós vamos utilizar o volume de controle indicado na Fig. E5.19a na solução deste problema. Este volume de controle é fixo, indeformável e inclui as palhetas do ventilador e o fluido contido no rotor. O escoamento neste volume de controle é cíclico mas pode ser considerado como permanente em média. O único torque que nós consideraremos é o torque no eixo motor, T_{eixo}. Note que este torque é produzido pelo motor acoplado ao ventilador. Nós vamos admitir que os escoamentos nas seções de alimentação e descarga do rotor apresentam perfis uniformes de velocidade e propriedades. A aplicação da Eq. 5.53 ao conteúdo deste volume de controle fornece

$$\dot{W}_{eixo} = (-\dot{m}_1)\underbrace{(\pm U_1 V_{\theta 1})}_{=0 \ (V_1 \text{ é radial})} + (\dot{m}_2)(\pm U_2 V_{\theta 2}) \quad (1)$$

Esta equação mostra que é necessário conhecer a vazão em massa, $\dot{m}$, a velocidade tangencial do escoamento descarregado do rotor, $V_{\theta 2}$, e a velocidade periférica do rotor, U_2, para que seja possível calcular a potência consumida no acionamento do ventilador. A vazão em massa de ar pode ser calculada com a Eq. 5.6, ou seja,

$$\dot{m} = \rho Q = 1,23 \times 0,110 = 0,135 \text{ kg/s} \quad (2)$$

A velocidade periférica do rotor, U_2, é dada por

$$U_2 = r_2 \omega = \frac{(0,305)}{2} \frac{(1725)(2\pi)}{(60)} = 27,5 \text{ m/s} \quad (3)$$

Nós vamos utilizar a Eq. 5.43 para determinar a velocidade tangencial do escoamento descarregado do rotor, $V_{\theta 2}$. Deste modo,

$$\mathbf{V}_2 = \mathbf{W}_2 + \mathbf{U}_2 \quad (4)$$

A Fig. E5.19b mostra esta adição vetorial na forma de um "triângulo de velocidades". Analisando esta figura nós concluímos que

$$V_{\theta 2} = U_2 - W_2 \cos 30° \quad (5)$$

Note que é necessário conhecer o valor de W_2 para resolver a Eq. 5. A Fig. E5.19b mostra que

$$V_{R2} = W_2 \text{ sen} 30° \quad (6)$$

onde V_{R2} é o componente radial dos vetores W_2 e V_2. A Eq. 5.6 fornece

$$\dot{m} = \rho A_2 V_{R2} \quad (7)$$

e a área A_2 é definida por

$$A_2 = 2\pi r_2 h \quad (8)$$

onde h é a altura das palhetas do ventilador. Combinando as Eqs. 7 e 8,

$$\dot{m} = \rho 2\pi r_2 h V_{R2} \quad (9)$$

Combinando o resultado apresentado na Eq. 6 com a última equação nós obtemos uma expressão para W_2,

$$W_2 = \frac{\dot{m}}{\rho 2\pi r_2 h \text{ sen} 30°} \quad (10)$$

Aplicando os valores numéricos nesta equação,

$$W_2 = \frac{(0,135)}{(1,23)2\pi (0,1525)(0,025) \text{sen} 30°} = 9,16 \text{ m/s}$$

Com o valor de W_2 nós podemos calcular $V_{\theta 2}$ com a Eq. 5. Assim,

$$V_{\theta 2} = U_2 - W_2 \cos 30° = 27,5 - 9,16 \cos 30° = 19,6 \text{ m/s}$$

Voltando a Eq. 1,

$$\dot{W}_{eixo} = (\dot{m}_2)(U_2 V_{\theta 2}) = (0,135)(27,5 \times 19,6) = 72,8 \text{ W} = 0,0976 \text{ hp}$$

Note que nós consideramos o produto $U_2 V_{\theta 2}$ positivo. Isto foi feito porque os dois vetores apresentam o mesmo sentido. A potência calculada, 72,8 W, é a necessária para acionar o eixo do rotor nas condições estabelecidas no exemplo. Toda a potência no eixo só será transferida ao escoamento se todos os processos de transferência de energia no ventilador forem ideais. Entretanto, o atrito no escoamento impede que isto seja realizado e apenas uma parte desta potência irá produzir um efeito útil (i.e., um aumento de pressão). A quantidade de energia transferida ao escoamento depende da eficiência da transferência de energia das palhetas do ventilador para o fluido. Este aspecto importante da transferência de energia será analisado na Sec. 5.3.5.

5.3 A Primeira Lei da Termodinâmica – A Equação da Energia

5.3.1 Derivação da Equação da Energia

A primeira lei da termodinâmica estabelece que

Taxa de variação temporal da energia total do sistema	=	Taxa líquida de transferência de calor para o sistema	+	Taxa de realização de trabalho (potência transferida ao sistema)

Esta lei, na forma simbólica, equivale a

$$\frac{D}{Dt}\int_{sis} e\rho\, d\mathcal{V} = \left(\sum \dot{Q}_e - \sum \dot{Q}_s\right)_{sis} + \left(\sum \dot{W}_e - \sum \dot{W}_s\right)_{sis}$$

ou

$$\frac{D}{Dt}\int_{sis} e\rho\, d\mathcal{V} = \left(\dot{Q}_{liq,e} + \dot{W}_{liq,e}\right)_{sis} \tag{5.55}$$

A energia total por unidade de massa (energia total específica), e, está relacionada com a energia interna específica, $\breve{u}$, com a energia cinética por unidade de massa, $V^2/2$ e com a energia potencial por unidade de massa, gz, pela equação

$$e = \breve{u} + \frac{V^2}{2} + gz \tag{5.56}$$

A taxa líquida de transferência de calor para o sistema é representada por $\dot{Q}_{liq,e}$ e a taxa de transferência de trabalho para o sistema é representada por $\dot{W}_{liq,e}$. As transferências de calor e de trabalho são consideradas positivas quando são transferidas para o sistema e negativas quando transferidas para fora do sistema.

A Eq. 5.55 é válida para referenciais inerciais ou não inerciais. Nós vamos desenvolver uma formulação da primeira lei da termodinâmica adequada para volumes de controle. Para isto, considere um volume de controle coincidente com o sistema num dado instante. Nesta condição,

$$\left(\dot{Q}_{liq,e} + \dot{W}_{liq,e}\right)_{sis} = \left(\dot{Q}_{liq,e} + \dot{W}_{liq,e}\right)_{\substack{\text{volume de controle}\\\text{coincidente}}} \tag{5.57}$$

A aplicação do teorema de transporte de Reynolds (Eq. 4.19 com o parâmetro b igual a e) pode fornecer uma relação entre a energia total do sistema e a do conteúdo do volume de controle coincidente (nós vamos considerar que este volume de controle é fixo e indeformável). Assim,

$$\frac{D}{Dt}\int_{sis} e\rho\, d\mathcal{V} = \frac{\partial}{\partial t}\int_{vc} e\rho\, d\mathcal{V} + \int_{sc} e\rho\, \mathbf{V}\cdot\hat{\mathbf{n}}\, dA \tag{5.58}$$

ou

Taxa de variação temporal da energia total do sistema	=	Taxa de variação temporal da energia total do conteúdo do volume de controle	+	Fluxo líquido de energia total na superfície de controle

A primeira lei da termodinâmica adequada a volumes de controle pode ser obtida pela combinação das Eqs. 5.55, 5.57 e 5.58. Procedendo deste modo,

$$\frac{\partial}{\partial t}\int_{vc} e\rho\, d\mathcal{V} + \int_{sc} e\rho\, \mathbf{V}\cdot\hat{\mathbf{n}}\, dA = \left(\dot{Q}_{liq,e} + \dot{W}_{liq,e}\right)_{\substack{\text{volume de controle}\\\text{coincidente}}} \qquad (5.59)$$

A taxa de transferência de calor, $\dot{Q}$, representa todas as interações do conteúdo do volume de controle com o meio devidas a diferenças de temperatura. Assim, radiação, condução e convecção são mecanismos de transferência de calor. A transferência de calor para o volume de controle é considerada positiva e a transferência de calor do volume de controle para o meio é considerada negativa. Vários processos encontrados nas atividades do engenheiro podem ser considerados adiabáticos. Nestes casos, a taxa de transferência de calor é nula. A taxa líquida de transferência de calor também pode ser nula se $\sum\dot{Q}_e - \sum\dot{Q}_s = 0$.

A taxa de transferência de trabalho (potência) é positiva quando o trabalho é realizado pelo meio sobre o conteúdo do volume de controle e é negativa quando o trabalho é realizado pelo conteúdo do volume de controle. O trabalho pode ser transferido pela superfície de controle de vários modos. Nós analisaremos nos próximos parágrafos algumas formas de transferência de trabalho.

Em muitas situações o trabalho é transferido para o conteúdo do volume de controle (através da superfície de controle) por um eixo móvel. Note que ocorre transferência de trabalho, através da região da superfície de controle cortada pelo eixo, nas turbinas, ventiladores e hélices. Mesmo nas máquinas recíprocas, como os motores de combustão interna e compressores que utilizam arranjo cilindro – pistão, é utilizado um virabrequim. Como o trabalho é igual ao produto escalar da força pelo deslocamento, a taxa de trabalho (a potência) é o produto escalar da força pela velocidade de deslocamento. Assim, a potência transferida num eixo, $\dot{W}_{eixo}$, está relacionada ao torque que provoca a rotação, T_{eixo}, e a velocidade angular do eixo, ω, pela relação

$$\dot{W}_{eixo} = T_{eixo}\,\omega$$

Quando a superfície de controle corta o material do eixo, o torque exercido pelo material do eixo atua na superfície de controle. Se generalizarmos esta conclusão a uma superfície de controle que apresenta vários eixos,

$$\dot{W}_{eixo,\,líquido} = \sum \dot{W}_{eixo,e} - \sum \dot{W}_{eixo,s} \qquad (5.60)$$

A transferência de trabalho também pode ocorrer quando uma força associada com a tensão normal no fluido é deslocada. Considere o escoamento simples e o volume de controle mostrados na Fig. 5.6. Para esta situação, as tensões normais no fluido, σ, são iguais a pressão com sinal negativo, ou seja,

$$\sigma = -p \qquad (5.61)$$

Esta relação é apropriada em vários casos e pode ser utilizada em muitos problemas da engenharia (veja o Cap. 6).

A potência associada com as tensões normais que atuam numa partícula fluida, $\delta\dot{W}_{\text{tensão normal}}$, pode ser avaliada como o produto escalar da força normal associada a esta tensão, $\delta\mathbf{F}_{\text{tensão normal}}$, e a velocidade da partícula, $\mathbf{V}$. Deste modo,

$$\delta\dot{W}_{\text{tensão normal}} = \delta\mathbf{F}_{\text{tensão normal}} \cdot \mathbf{V}$$

Se a força devida a tensão normal for expressa como o produto da pressão local, pois $\sigma = -p$, pela área da partícula fluida, $\delta A\,\hat{\mathbf{n}}$,

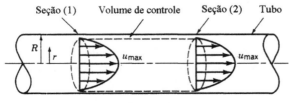

Figura 5.6 Escoamento simples plenamente desenvolvido.

$$\delta \dot{W}_{\text{tensão normal}} = \sigma \hat{n} \delta A \cdot \mathbf{V} = -p\hat{n}\delta A \cdot \mathbf{V} = -p\mathbf{V} \cdot \hat{n}\delta A$$

Assim, o valor de $\delta \dot{W}_{\text{tensão normal}}$ referente a todas as partículas que estão situadas na superfície de controle da Fig. 5.6, num dado instante, é dado por

$$\delta \dot{W}_{\text{tensão normal}} = \int_{sc} \sigma \hat{n} \cdot \mathbf{V}\, dA = \int_{sc} -p\mathbf{V} \cdot \hat{n}\, dA \qquad (5.62)$$

Note que $\delta \dot{W}_{\text{tensão normal}}$ é nulo para as partículas que estão na vizinhança imediata da superfície interna do tubo porque $\mathbf{V} \cdot \hat{n}$ é igual a zero neste local. Assim, $\delta \dot{W}_{\text{tensão normal}}$ só pode ser não nulo nas regiões da superfície de controle que apresentam escoamento. A Eq. 5.62 é abrangente apesar dela ter sido formulada a partir da análise do escoamento simples num tubo. O volume de controle utilizado nesta demonstração também pode ser utilizado como referência geral para outros casos.

As forças associadas as tensões tangenciais também podem transferir trabalho numa superfície de controle. O trabalho de rotação de um eixo é transferido pelas tensões de cisalhamento no material do eixo. Para uma partícula fluida, a potência associada a força tangencial, $\delta \dot{W}_{\text{tensão tangencial}}$, pode ser calculada pelo produto escalar da força tangencial, $\delta \mathbf{F}_{\text{tensão tangencial}}$, e a velocidade da partícula fluida, ou seja,

$$\delta \dot{W}_{\text{tensão tangencial}} = \delta \mathbf{F}_{\text{tensão tangencial}} \cdot \mathbf{V}$$

A velocidade da partícula fluida é nula na vizinhança imediata da superfície interna do tubo mostrado na Fig. 5.6. Assim, não existe transferência de trabalho associado as tensões tangenciais nesta porção da superfície de controle. Além disso, a força devida a tensão tangencial é perpendicular a velocidade da partícula fluida onde o fluido atravessa a superfície de controle, e assim, a transferência de trabalho devido as tensões tangenciais também é nula nestas regiões da superfície de controle. De modo geral, nós escolhemos os volumes de controle do modo como foi escolhido o da Fig. 5.6 e consideramos que a potência transferida, devida a tensão tangencial, é muito pequena.

Nós podemos expressar a primeira lei da termodinâmica para o conteúdo do volume de controle combinando a nossa discussão sobre potência e as Eqs. 5.59, 5.60 e 5.62. Deste modo,

$$\frac{\partial}{\partial t} \int_{vc} e\rho\, d\mathcal{V} + \int_{sc} e\rho\mathbf{V} \cdot \hat{n}\, dA = \dot{Q}_{\text{liq,e}} + \dot{W}_{\text{liq,e}} - \int_{sc} p\mathbf{V} \cdot \hat{n}\, dA \qquad (5.63)$$

Se nós aplicarmos a definição da energia total (Eq. 5.56) na equação anterior, obtemos

$$\frac{\partial}{\partial t} \int_{vc} e\rho\, d\mathcal{V} + \int_{sc}\left(\tilde{u} + \frac{p}{\rho} + \frac{V^2}{2} + gz\right)\rho\mathbf{V} \cdot \hat{n}\, dA = \dot{Q}_{\text{liq,e}} + \dot{W}_{\text{liq,e}} \qquad (5.64)$$

5.3.2 Aplicação da Equação da Energia

O termo $\partial/\partial t \int_{vc} e\rho\, d\mathcal{V}$ da Eq. 5.64 representa a taxa de variação temporal da energia total do volume de controle. Este termo é nulo quando o regime de escoamento é o permanente e também é nulo se o escoamento for permanente em média (cíclico).

O termo

$$\int_{sc}\left(\tilde{u} + \frac{p}{\rho} + \frac{V^2}{2} + gz\right)\rho\mathbf{V} \cdot \hat{n}\, dA$$

da Eq. 5.64 só pode ser não nulo nas regiões da superfície de controle onde se detecta escoamento ($\mathbf{V} \cdot \hat{n} \neq 0$). A integração desta equação é trivial se os valores de $\tilde{u}$, p/ρ, $V^2/2$ e gz forem uniformes nas seções de alimentação e descarga do volume de controle. Nestas condições,

$$\int_{sc}\left(\tilde{u} + \frac{p}{\rho} + \frac{V^2}{2} + gz\right)\rho\mathbf{V} \cdot \hat{n}\, dA = \sum_{s}\left(\tilde{u} + \frac{p}{\rho} + \frac{V^2}{2} + gz\right)\dot{m}$$
$$-\sum_{e}\left(\tilde{u} + \frac{p}{\rho} + \frac{V^2}{2} + gz\right)\dot{m} \qquad (5.65)$$

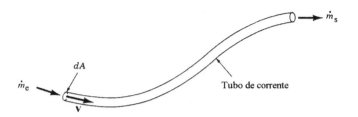

Figura 5.7 Escoamento num tubo de corrente.

A equação anterior fica mais simples se o volume de controle só apresentar uma seção de alimentação e uma de descarga (os escoamentos nestas seções são uniformes), ou seja,

$$\int_{sc}\left(\breve{u}+\frac{p}{\rho}+\frac{V^2}{2}+gz\right)\rho \mathbf{V}\cdot\hat{\mathbf{n}}\,dA = \left(\breve{u}+\frac{p}{\rho}+\frac{V^2}{2}+gz\right)_s \dot{m}_s - \left(\breve{u}+\frac{p}{\rho}+\frac{V^2}{2}+gz\right)_e \dot{m}_e \quad (5.66)$$

O escoamento num tubo de corrente com diâmetro infinitamente pequeno é uniforme (veja a Fig. 5.7). Este tipo de escoamento está associado ao movimento, em regime permanente, de uma partícula fluida ao longo de sua trajetória. Nós também podemos modelar o escoamento numa seção como uniforme e, deste modo, não é necessário levar em consideração as não uniformidades que podem existir na seção de escoamento. Nós denominamos este escoamento de unidimensional. Apesar destes escoamentos serem raros, a simplicidade do modelo justifica o seu uso. Mais detalhes sobre os efeitos das distribuições não uniformes de velocidade e de outras variáveis do escoamento podem ser encontradas na Sec. 5.3.4 e nos Caps. 8, 9 e 10.

É interessante ressaltar que o escoamento precisa ser transitório – pelo menos localmente (veja as Refs. [1 e 2]) – quando temos transferência de trabalho no volume de controle. O escoamento em qualquer máquina que envolve trabalho de eixo é transitório. Por exemplo, a velocidade e a pressão numa posição fixa e próxima as palhetas de um ventilador centrífugo variam ao longo do tempo. Entretanto, o escoamento pode ser modelado como permanente a montante e a jusante da máquina. É comum o trabalho de eixo estar associado com escoamentos transitórios cíclicos. A Eq. 5.64 pode ser simplificada com os resultados mostrados nas Eqs. 5.9 e 5.66 para os casos onde o escoamento é unidimensional, permanente em média e num volume de controle que apresenta apenas um seção de alimentação e uma seção de descarga, ou seja,

$$\dot{m}\left[\breve{u}_s - \breve{u}_e + \left(\frac{p}{\rho}\right)_s - \left(\frac{p}{\rho}\right)_e + \frac{V_s^2 - V_e^2}{2} + g(z_s - z_e)\right] = \dot{Q}_{liq,e} + \dot{W}_{liq,e} \quad (5.67)$$

A Eq. 5.67 é denominada equação da energia unidimensional para escoamentos em regime permanente em média. Note que a Eq. 5.67 é válida tanto para escoamentos incompressíveis quanto para escoamentos compressíveis. A propriedade entalpia específica é definida por

$$\breve{h} = \breve{u} + \frac{p}{\rho} \quad (5.68)$$

Assim, nós podemos reescrever a Eq. 5.67, em função desta propriedade, do seguinte modo

$$\dot{m}\left[\breve{h}_s - \breve{h}_e + \frac{V_s^2 - V_e^2}{2} + g(z_s - z_e)\right] = \dot{Q}_{liq,e} + \dot{W}_{liq,e} \quad (5.69)$$

A Eq. 5.69 pode ser utilizada para resolver problemas que envolvem escoamentos compressíveis. Os Exemplos 5.20 e 5.21 mostram como utilizar as Eqs. 5.67 e 5.69.

Exemplo 5.20

A Fig. E5.20 mostra o esquema de uma bomba d'água que apresenta vazão, em regime permanente, igual a 0,019 m³/s. A pressão na seção (1) da bomba – seção de alimentação da bomba – é 1,24 bar

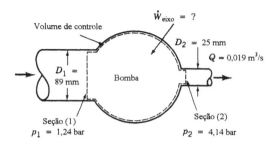

Figura E5.20

e o diâmetro do tubo de alimentação é igual a 89 mm. A seção de descarga apresenta diâmetro igual a 25 mm e a pressão neste local é 4,14 bar. A variação de elevação entre os centros das seções (1) e (2) é nula e o aumento de energia interna específica da água associada com o aumento de temperatura do fluido, $\breve{u}_2 - \breve{u}_1$, é igual a 279 J/kg. Determine a potência necessária para operar a bomba admitindo que esta opere de modo adiabático.

Solução Nós utilizaremos o volume de controle indicado na Fig. E5.20 para resolver este exemplo. A aplicação da Eq. 5.67 ao conteúdo deste volume de controle resulta em

$$\dot{m}\left[\breve{u}_2 - \breve{u}_1 + \left(\frac{p}{\rho}\right)_2 - \left(\frac{p}{\rho}\right)_1 + \frac{V_2^2 - V_1^2}{2} + g(z_2 - z_1)\right] = \dot{Q}_{liq,e} + \dot{W}_{liq,eixo} \quad (1)$$

Observe que o termos referentes a variação de energia potencial e a taxa de transferência de calor são nulos. Nós precisamos determinar os valores da vazão em massa na bomba, $\dot{m}$, e das velocidades nas seções (1) e (2) do volume de controle para que seja possível calcular a potência necessária para operar a bomba com a Eq. 1. A vazão em massa na bomba pode ser calculada com a Eq. 5.6,

$$\dot{m} = \rho Q = (1000)(0,019) = 19,0 \text{ kg/s} \quad (2)$$

A velocidade numa seção de escoamento também pode ser calculada com a Eq. 5.6, ou seja,

$$V = \frac{Q}{A} = \frac{Q}{\pi D^2/4}$$

Assim,

$$V_1 = \frac{Q}{A_1} = \frac{0,019}{\pi (89 \times 10^{-3})^2/4} = 3,1 \text{ m/s} \quad (3)$$

e

$$V_2 = \frac{Q}{A_2} = \frac{0,019}{\pi (25 \times 10^{-3})^2/4} = 38,7 \text{ m/s} \quad (4)$$

Aplicando estes valores na Eq. 1,

$$\dot{W}_{liq,eixo} = (19,0)\left[(279) + \left(\frac{4,14 \times 10^5}{1000}\right) - \left(\frac{1,24 \times 10^5}{1000}\right) + \frac{(38,7)^2 - (3,1)^2}{2}\right] = 2,49 \times 10^4 \text{ W}$$

Note que são utilizados 5,30 kW para aumentar a energia interna da água, 5,5 kW para aumentar a pressão do fluido e 14,1 kW para aumentar a energia cinética do escoamento.

Exemplo 5.21

A Fig. E5.21 mostra o esquema de uma turbina a vapor. A velocidade e a entalpia específica do vapor na seção de alimentação da turbina são iguais a 30 m/s e 3348 kJ/kg. O vapor deixa a turbina como uma mistura de líquido e vapor, com entalpia específica igual a 2550 J/kg, e a velocidade do escoamento na seção de descarga da turbina é 60 m/s. Determine o trabalho no eixo da turbina por unidade de massa de fluido que escoa no equipamento sabendo que o escoamento pode ser modelado como adiabático e que as variações de cota no escoamento são desprezíveis.

228 Fundamentos da Mecânica dos Fluidos

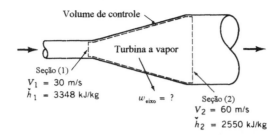

Figura E5.21

Solução Nós vamos utilizar o volume de controle indicado na Fig. E5.21 para resolver este problema. A aplicação da Eq. 5.69 ao conteúdo deste volume de controle resulta em

$$\dot{m}\left[\breve{h}_2 - \breve{h}_1 + \frac{V_2^2 - V_1^2}{2} + g(z_2 - z_1)\right] = \dot{Q}_{liq,e} + \dot{W}_{liq,eixo} \quad (1)$$

Observe que o termos referentes a variação de energia potencial e a taxa de transferência de calor são nulos. O trabalho no eixo da turbina por unidade de massa de fluido que escoa no equipamento, $w_{liq,eixo}$, pode ser obtido dividindo a Eq. (1) pela vazão em massa de fluido na turbina, $\dot{m}$. Deste modo,

$$w_{liq,eixo} = \frac{\dot{W}_{liq,eixo}}{\dot{m}} = \breve{h}_2 - \breve{h}_1 + \frac{V_2^2 - V_1^2}{2} \quad (2)$$

ou

$$w_{liq,eixo} = 2550 - 3348 + \frac{(30)^2 - (60)^2}{2 \times 1000} = -797 \text{ kJ/kg}$$

O trabalho por unidade de massa de fluido que escoa na turbina é negativo porque o trabalho está sendo realizado pelo fluido que escoa no equipamento. Note que a variação de energia cinética é pequena em relação a variação de entalpia do fluido que escoa na turbina (isto ocorre na maioria das turbinas a vapor). Para determinar a potência fornecida pela turbina é necessário conhecer a vazão em massa no equipamento, $\dot{m}$.

Considere um volume de controle com apenas uma seção de alimentação e uma seção de descarga. Se o escoamento neste volume de controle é unidimensional e o regime for o permanente em todo o volume de controle; ou seja, não existe trabalho envolvido no escoamento; a Eq. 5.67 fica reduzida a

$$\dot{m}\left[\breve{u}_s - \breve{u}_e + \left(\frac{p}{\rho}\right)_s - \left(\frac{p}{\rho}\right)_e + \frac{V_s^2 - V_e^2}{2} + g(z_s - z_e)\right] = \dot{Q}_{liq,e} \quad (5.70)$$

Esta equação é conhecida como a equação da energia para escoamento unidimensional e em regime permanente e ela é válida para escoamentos compressíveis e incompressíveis. É mais comum trabalharmos com a entalpia específica (em vez da energia interna específica) se o escoamento for compressível. Deste modo, a equação anterior pode ser rescrita do seguinte modo

$$\dot{m}\left[\breve{h}_s - \breve{h}_e + \frac{V_s^2 - V_e^2}{2} + g(z_s - z_e)\right] = \dot{Q}_{liq,e} \quad (5.71)$$

Exemplo 5.22

A Fig. E5.22 mostra o esquema de uma queda d'água com altura de 152 m. Determine a variação de temperatura associada a este escoamento sabendo que os dois reservatórios de água são grandes.

Solução Nós vamos utilizar o tubo de corrente com seção transversal pequena indicado na Fig. E5.22 na solução deste problema. Nós precisamos determinar a variação de temperatura $T_1 - T_2$. Esta variação de temperatura está relacionada com a variação de energia interna específica da água pela relação

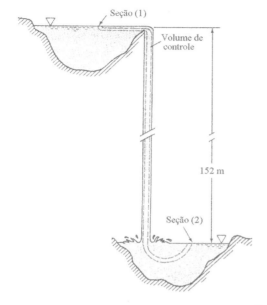

Figura E5.22

$$T_2 - T_1 = \frac{\breve{u}_2 - \breve{u}_1}{\breve{c}} \quad (1)$$

onde $\breve{c}$ é o calor específico da água (4187 J/kg·K). A aplicação da Eq. 5.70 ao conteúdo do volume de controle indicado na figura leva a

$$\dot{m}\left[\breve{u}_2 - \breve{u}_1 + \left(\frac{p}{\rho}\right)_2 - \left(\frac{p}{\rho}\right)_1 + \frac{V_2^2 - V_1^2}{2} + g(z_2 - z_1)\right] = \dot{Q}_{\text{liq,e}} \quad (2)$$

Nós vamos admitir que o escoamento é adiabático, $\dot{Q}_{\text{liq, e}} = 0$. Agora, se considerarmos que o escoamento é incompressível,

$$\left(\frac{p}{\rho}\right)_1 = \left(\frac{p}{\rho}\right)_2 \quad (3)$$

porque as pressões nas seções (1) e (2) são iguais a pressão atmosférica.

Nós também vamos admitir que as velocidades nas seções (1) e (2) são muito pequenas porque os reservatórios d'água são grandes. Assim, nós vamos aproximar estas velocidades por

$$V_1 = V_2 = 0 \quad (4)$$

Combinando as Eqs. 1, 2, 3 e 4,

$$T_2 - T_1 = \frac{g(z_1 - z_2)}{\breve{c}}$$

e

$$T_2 - T_1 = \frac{9,8\,(152)}{4178} = 0,35 \text{ K} = 0,35°\text{C}$$

Note que a variação de temperatura calculada é pequena apesar da altura de queda d'água ser alta.

Nós desenvolveremos na próxima seção uma forma da equação da energia muito utilizada na solução de problemas que envolvem escoamentos incompressíveis.

5.3.3 Comparação da Equação da Energia com a de Bernoulli

Quando a equação da energia para escoamentos em regime permanente em média, Eq. 5.67, é aplicada a um escoamento em regime permanente nós obtemos a Eq. 5.70. A única diferença entre estas equações é a potência de eixo, $\dot{W}_{\text{liq. eixo}}$, que é nula se o escoamento é permanente em todo o volume de controle (lembre que os escoamentos em máquinas que operam com fluido sempre apresentam regiões onde o escoamento é transitório). Adicionalmente, se admitirmos que o escoamento é incompressível, a Eq. 5.70 fica reduzida a

$$\dot{m}\left[\breve{u}_s - \breve{u}_e + \frac{p_s}{\rho} - \frac{p_e}{\rho} + \frac{V_s^2 - V_e^2}{2} + g(z_s - z_e)\right] = \dot{Q}_{\text{liq,e}} \quad (5.72)$$

Dividindo a Eq. 5.72 pela vazão em massa, $\dot{m}$, e rearranjando os termos,

$$\frac{p_s}{\rho} + \frac{V_s^2}{2} + g z_s = \frac{p_e}{\rho} + \frac{V_e^2}{2} + g z_e - \left(\breve{u}_s - \breve{u}_e - q_{\text{liq,e}}\right) \quad (5.73)$$

onde

$$q_{\text{liq,e}} = \frac{\dot{Q}_{\text{liq,e}}}{\dot{m}}$$

é a taxa de transferência de calor por unidade de massa que escoa no volume de controle. Note que a Eq. 5.73 envolve energia por unidade de massa e é aplicável a escoamentos unidimensionais em volumes de controle com uma seção de alimentação e outra de descarga ou em escoamentos entre duas seções de uma linha de corrente.

Se os efeitos viscosos no escoamento que estamos analisando forem desprezíveis (escoamento sem atrito), a equação de Bernoulli, Eq. 3.7, pode ser utilizada para descrever o que acontece entre duas seções do escoamento, ou seja,

$$p_s + \frac{\rho V_s^2}{2} + \gamma z_s = p_e + \frac{\rho V_e^2}{2} + \gamma z_e \quad (5.74)$$

onde $\gamma = \rho g$ é o peso específico do fluido. Para que seja possível comparar a Eq. 5.73 com a Eq. 5.74 é necessário transformar a Eq. 5.74 de modo que seus termos apresentem dimensão energia por unidade de massa. Para isto, nós vamos dividir a Eq. 5.74 pela massa específica do fluido, ρ, ou seja,

$$\frac{p_s}{\rho} + \frac{V_s^2}{2} + g z_s = \frac{p_e}{\rho} + \frac{V_e^2}{2} + g z_e \quad (5.75)$$

A comparação da Eq. 5.73 com a Eq. 5.74 indica

$$\breve{u}_s - \breve{u}_e - q_{\text{liq,e}} = 0 \quad (5.76)$$

quando o escoamento é permanente, incompressível e sem atrito. A experiência mostra que

$$\breve{u}_s - \breve{u}_e - q_{\text{liq,e}} > 0 \quad (5.77)$$

nos escoamentos permanentes, incompressíveis e com atrito.

Nós vamos considerar que o termo (veja as Eqs. 5.73 e 5.75)

$$\frac{p}{\rho} + \frac{V^2}{2} + g z$$

é a energia por unidade de massa disponível no escoamento. Logo, o termo $\breve{u}_s - \breve{u}_e - q_{\text{liq,e}}$ representa uma perda de energia disponível, devida ao atrito, no escoamento incompressível. Assim,

$$\breve{u}_s - \breve{u}_e - q_{\text{liq,e}} = \text{perda} \quad (5.78)$$

As Eqs. 5.73 e 5.75 nos mostram que esta perda é nula quando o escoamento não apresenta atrito.

É sempre conveniente expressar a Eq. 5.73 em função da perda, ou seja,

$$\frac{p_s}{\rho} + \frac{V_s^2}{2} + g z_s = \frac{p_e}{\rho} + \frac{V_e^2}{2} + g z_e - \text{perda} \quad (5.79)$$

O próximo exemplo mostra uma aplicação da Eq. 5.79.

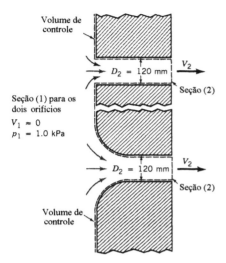

Figura E5.23

Exemplo 5.23

A Fig. E5.23 mostra dois orifícios localizados numa parede com espessura igual a 120 mm. Os orifícios são cilíndricos e um deles apresenta entrada arredondada. O ambiente (lado esquerdo da figura) apresenta pressão constante e igual a 1,0 kPa acima do valor atmosférico e a descarga dos dois orifícios ocorre na atmosfera. Como nós discutiremos na Sec. 8.4.2, a perda de energia disponível no escoamento em orifícios com entrada brusca (orifício superior da figura) é igual a $0,5 V_2^2 / 2$ onde V_2 é a velocidade uniforme na seção de descarga do orifício. Já a perda de energia disponível no escoamento no orifício com entrada arredondada é igual a $0,05 V_2^2 / 2$ onde V_2 é a velocidade uniforme na seção de descarga do orifício. Nestas condições, determine as vazões nos orifícios mostrados na Fig. E5.23.

Solução Nós vamos utilizar o volume de controle indicado na figura para resolver este problema. A vazão em volume num orifício, Q, pode ser calculada por $Q = A_2 V_2$ onde A_2 é a área da seção transversal da seção (2) e V_2 é a velocidade uniforme na mesma seção. A aplicação da Eq. 5.79, válida para os escoamentos nos dois orifícios, leva a

$$\frac{p_2}{\rho} + \frac{V_2^2}{2} = \frac{p_1}{\rho} - {}_1\text{perda}_2 \tag{1}$$

pois V_1 foi considerada nula e não existe variação de energia potencial neste escoamento. Isolando o termo V_2,

$$V_2 = \left[2\left(\frac{p_1 - p_2}{\rho} - {}_1\text{perda}_2 \right) \right]^{1/2} \tag{2}$$

onde

$$_1\text{perda}_2 = K_L \frac{V_2^2}{2} \tag{3}$$

e K_L é o coeficiente de perda ($K_L = 0,5$ e $0,05$ para os dois orifícios mostrados na figura). Combinando as Eqs. 2 e 3,

$$V_2 = \left[2\left(\frac{p_1 - p_2}{\rho} - K_L \frac{V_2^2}{2} \right) \right]^{1/2} \tag{4}$$

ou

$$V_2 = \left[\frac{p_1 - p_2}{\rho \left((1+K_L)/2 \right)} \right]^{1/2} \tag{5}$$

232 Fundamentos da Mecânica dos Fluidos

Assim, a vazão em volume num orifício é dada por

$$Q = A_2 V_2 = \frac{\pi D_2^2}{4} \left[\frac{p_1 - p_2}{\rho\,((1+K_L)/2)} \right]^{1/2} \qquad (6)$$

Para o orifício com borda arredondada mostrado na parte inferior da figura,

$$Q = \frac{\pi(0,12)^2}{4} \left[\frac{1,0\times 10^3}{1,23\,((1+0,05)/2)} \right]^{1/2} = 0,445 \text{ m}^3/\text{s}$$

Para o orifício com borda reta mostrado na parte superior da figura,

$$Q = \frac{\pi(0,12)^2}{4} \left[\frac{1,0\times 10^3}{1,23\,((1+0,5)/2)} \right]^{1/2} = 0,372 \text{ m}^3/\text{s}$$

Note que a vazão no orifício com borda arredondada é maior do que aquela no outro orifício. Isto ocorre porque a perda associada ao escoamento no orifício com borda arredondada é menor do que a perda associada ao escoamento no orifício com borda reta.

Os escoamentos unidimensionais, incompressíveis, permanentes em média, com atrito e trabalho de eixo são importantes na mecânica dos fluidos. Note que os escoamentos com massa específica constante em bombas, sopradores, ventiladores e turbinas estão incluídos nesta categoria. Para este tipo de escoamento, a Eq. 5.67 fica reduzida a

$$\dot{m}\left[\breve{u}_s - \breve{u}_e + \frac{p_s}{\rho} - \frac{p_e}{\rho} + \frac{V_s^2 - V_e^2}{2} + g(z_s - z_e) \right] = \dot{Q}_{liq,e} + \dot{W}_{liq,e} \qquad (5.80)$$

Dividindo esta equação pela vazão em massa, obtemos

$$\frac{p_s}{\rho} + \frac{V_s^2}{2} + gz_s = \frac{p_e}{\rho} + \frac{V_e^2}{2} + gz_e + w_{liq,eixo} - (\breve{u}_s - \breve{u}_e - q_{liq,e}) \qquad (5.81)$$

onde $w_{liq,eixo}$ é o trabalho por unidade de massa ($\dot{W}_{liq,eixo}/\dot{m}$). A Eq. 5.81 se torna idêntica a Eq. 5.73 se o regime do escoamento é o permanente em todo o volume de controle e o termo $u_s - u_e - q_{liq,e}$ continua a representar a perda de energia disponível do escoamento. Assim nós concluímos que a Eq. 5.81 pode ser expressa por

$$\frac{p_s}{\rho} + \frac{V_s^2}{2} + gz_s = \frac{p_e}{\rho} + \frac{V_e^2}{2} + gz_e + w_{liq,eixo} - \text{perda} \qquad (5.82)$$

Esta é a forma da equação da energia adequada para escoamentos incompressíveis onde o regime é permanente em média (⊙ 5.7 – Transferência de energia). Esta equação também é conhecida com a equação da energia mecânica ou a equação de Bernoulli estendida. Note que a dimensão dos termos da Eq. 5.82 é energia por unidade de massa (J/kg).

A Eq. 5.82 mostra que quanto maior for a perda num escoamento que recebe trabalho de eixo (por exemplo, numa bomba) maior será o trabalho de eixo necessário para que seja possível obter o mesmo aumento de energia disponível. De modo análogo, quanto maior for a perda num escoamento que realiza trabalho de eixo (por exemplo, nas turbinas) menor será o trabalho de eixo realizado para a mesma queda de energia disponível. Os projetistas de equipamentos que envolvem escoamentos se esforçam para tornar mínimas estas perdas. Os próximos exemplos demonstram porque as perdas devem ser as mínimas nos sistemas fluidos.

Exemplo 5.24

A Fig. E5.24 mostra o esquema de um ventilador axial que é acionado por um motor que transfere 0,4 kW para as pás do ventilador. O escoamento a jusante do ventilador pode ser modelado como cilíndrico (diâmetro igual a 0,6 m) e o ar nesta região apresenta velocidade igual a 12 m/s. O escoamento a montante do ventilador apresenta velocidade desprezível. Determine o trabalho transferido ao ar, ou seja, o trabalho que é convertido num aumento na energia disponível e estime a eficiência mecânica deste ventilador.

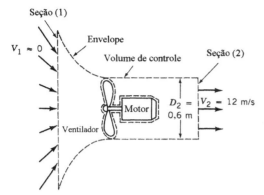

Figura E5.24

Solução Nós vamos utilizar o volume de controle fixo e indeformável indicado na Fig. E5.24. A aplicação da Eq. 5.82 ao conteúdo deste volume de controle leva a

$$w_{liq,eixo} - \text{perda} = \left(\frac{V_2^2}{2}\right) \quad (1)$$

Note que os termos de pressão foram anulados porque a pressão nas duas seções é a atmosférica, que nós admitimos nula a velocidade na seção (1) e que não ocorre variação de energia potencial no escoamento. Assim, o aumento na energia disponível neste escoamento é igual a

$$w_{liq,eixo} - \text{perda} = \frac{12^2}{2} = 72{,}0 \text{ J/kg} \quad (2)$$

Nós podemos estimar a eficiência deste ventilador pela relação entre a quantidade de trabalho que produz um efeito útil (aumento da energia disponível no escoamento) e a quantidade de trabalho fornecida as pás do ventilador, ou seja,

$$\eta = \frac{w_{liq,eixo} - \text{perda}}{w_{liq,eixo}} \quad (3)$$

O trabalho fornecido as pás do ventilador, por unidade de massa que escoa no equipamento, pode ser calculado com a relação

$$w_{liq,eixo} = \frac{\dot{W}_{liq,eixo}}{\dot{m}} \quad (4)$$

onde $\dot{m}$ é a vazão em massa de ar no volume de controle. Se admitirmos que o escoamento é uniforme na seção (2),

$$\dot{m} = \rho A V = \rho \frac{\pi D_2^2}{4} V_2 \quad (5)$$

Combinando as Eqs. 4 e 5 e considerando que a massa específica do ar é igual a 1,23 kg/m³ (ar na condição padrão), temos

$$w_{liq,eixo} = \frac{4 \dot{W}_{liq,eixo}}{\rho \pi D_2^2 V_2} = \frac{4(400)}{(1{,}23)\pi(0{,}6)^2(12)} = 95{,}8 \text{ J/kg} \quad (6)$$

Aplicando os resultados numéricos na Eq. 3,

$$\eta = \frac{72{,}0}{95{,}8} = 0{,}75$$

Note que apenas 75% da potência fornecida ao ar resulta num efeito útil, ou seja, no aumento da energia disponível no escoamento (o resto é perdido por atrito e convertido em energia interna).

Os termos da Eq. 5.82 apresentam dimensão energia por unidade de massa. Se multiplicarmos todos os termos desta equação pela massa específica do fluido, temos

$$p_s + \frac{\rho V_s^2}{2} + \gamma z_s = p_e + \frac{\rho V_e^2}{2} + \gamma z_e + \rho\, w_{liq,eixo} - \rho\,(\text{perda}) \tag{5.83}$$

onde $\gamma = \rho g$ é o peso específico do fluido. Os termos da Eq. 5.83 apresentam dimensão energia por unidade de volume que é igual a dimensão de pressão (N/m^2). Agora, se dividirmos a Eq. 5.82 pela aceleração da gravidade, g,

$$\frac{p_s}{\gamma} + \frac{V_s^2}{2g} + z_s = \frac{p_e}{\gamma} + \frac{V_e^2}{2g} + z_e + h_{eixo} - h_L \tag{5.84}$$

onde

$$h_{eixo} = \frac{w_{liq,eixo}}{g} = \frac{\dot{W}_{liq,eixo}}{\dot{m}g} = \frac{\dot{W}_{liq,eixo}}{\gamma Q} \tag{5.85}$$

e $h_L = \text{perda}/g$. A dimensão dos termos da Eq. 5.84 é comprimento (ou energia por unidade de peso). Nós introduzimos na Sec. 3.7 a noção de carga (cuja dimensão é comprimento). Na hidráulica é normal utilizarmos a notação $h_{eixo} = -h_T$ (com $h_T > 0$) para as turbinas e $h_{eixo} = h_b$ para as bombas. A quantidade h_T é denominada carga da turbina e h_b é denominada carga da bomba. O termo de perda, h_L, também é conhecido como perda de carga. A carga da turbina pode ser escrita do seguinte modo

$$h_T = -(h_{eixo} + h_L)_T$$

onde o subscrito T indica a turbina contida no volume de controle. A quantidade h_T é a queda real de carga na turbina e é igual a soma do trabalho de eixo com as perdas de carga na turbina. Quando uma bomba está no volume de controle,

$$h_b = (h_{eixo} - h_L)_b$$

é o aumento real de carga na bomba (igual a diferença entre o trabalho de eixo na bomba e a perda de carga na bomba). Note que h_L é utilizado tanto para as turbinas quanto para as bombas e que este termo, nas duas últimas equações, representa apenas a perda de carga no equipamento. É importante lembrar que o termo h_L da Eq. 5.84 envolve todas as perdas (incluindo aquelas na turbina ou compressor) e que h_L inclui todas as perdas exceto aquelas associadas com os escoamentos na turbina ou bomba quando nós substituímos h_{eixo} por h_T (ou h_b).

Exemplo 5.25

A vazão da bomba d'água indicada na Fig. E.5.25 é igual a 0,056 m^3/s e o equipamento transfere 7,46 kW para a água que escoa na bomba. Sabendo que a diferença entre as cotas das superfícies dos reservatórios indicados na figura é 9,1 m, determine as perdas de carga e de potência no escoamento de água.

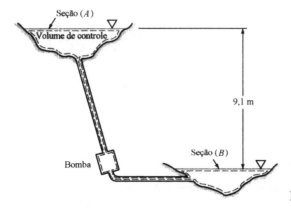

Figura E5.25

Solução A forma da equação da energia que nós vamos utilizar é (Eq. 5.84)

$$\frac{p_A}{\gamma}+\frac{V_A^2}{2g}+z_A = \frac{p_B}{\gamma}+\frac{V_B^2}{2g}+z_B+h_{eixo}-h_L \qquad (1)$$

onde A e B representam as superfícies livres dos reservatórios. Observe que $p_A = p_B = 0$, $V_A = V_B = 0$, $z_B = 0$ e $z_A = 9,1$ m. Nestas condições, a Eq. 1 pode ser reescrita do seguinte modo

$$h_L = h_{eixo} - z_A \qquad (2)$$

A carga da bomba pode ser calculada com a Eq. 5.85,

$$h_{eixo} = \frac{\dot{W}_{eixo,e}}{\gamma Q} = \frac{7460}{(9,8)(999)(0,056)} = 13,6 \text{ m}$$

e a perda de carga no escoamento é

$$h_L = 13,6 - 9,1 = 4,5 \text{ m}$$

É interessante notar que, neste exemplo, a função da bomba é "levantar" a água (9,1 m) e vencer a perda de carga do sistema (4,5 m) porque nós não detectamos variações de pressão e velocidade nas superfícies livres dos reservatórios.

A perda de potência no escoamento também pode ser calculada com a Eq. 5.85. Assim,

$$\dot{W}_{perdida} = \gamma Q h_L = (9,8)(999)(0,056)(4,5) = 2467 \text{ W} = 2,47 \text{ kW}$$

A comparação da equação da energia com a equação de Bernoulli levou ao conceito de perda de energia disponível em escoamentos incompressíveis com atrito. No Cap. 8 nós apresentaremos detalhadamente os métodos utilizados para estimar as perdas em escoamentos incompressíveis com atrito. Na Sec. 5.4 e no Cap. 11 nós demonstraremos que a perda de energia disponível também é um fator importante nos escoamentos compressíveis com atrito.

5.3.4 Aplicação da Equação da Energia a Escoamentos Não Uniformes

As formas da equação da energia apresentadas nas Secs. 5.3.2 e 5.3.3 são aplicáveis a escoamentos unidimensionais.

A análise da equação da energia para volumes de controles, Eq. 5.64, em situações onde o perfil de velocidade não é uniforme em qualquer região onde o escoamento cruza a superfície de controle sugere que a integral

$$\int_{sc} \frac{V^2}{2} \rho \mathbf{V} \cdot \hat{\mathbf{n}} \, dA$$

requer uma atenção especial. Os outros termos da Eq. 5.64 podem ser considerados do modo apresentado nas Secs. 5.3.2 e 5.3.3.

Nós podemos calcular a integral acima com a relação

$$\int_{sc} \frac{V^2}{2} \rho \mathbf{V} \cdot \hat{\mathbf{n}} \, dA = \dot{m}\left(\frac{\alpha_s \overline{V}_s^2}{2} - \frac{\alpha_e \overline{V}_e^2}{2}\right)$$

onde α é o coeficiente de energia cinética e $\overline{V}$ é a velocidade média definida na Eq. 5.7. A partir destes resultados nós podemos concluir que

$$\frac{\dot{m}\alpha \overline{V}^2}{2} = \int_A \frac{V^2}{2} \rho \mathbf{V} \cdot \hat{\mathbf{n}} \, dA$$

para o escoamento que cruza a região da superfície de controle que apresenta área A. Assim,

$$\alpha = \frac{\int_A (V^2/2) \rho \mathbf{V} \cdot \hat{\mathbf{n}} \, dA}{\dot{m}\overline{V}^2/2} \qquad (5.86)$$

236 Fundamentos da Mecânica dos Fluidos

É possível mostrar que $\alpha \geq 1$ para qualquer perfil de velocidade e que α só é igual a 1 se o escoamento for uniforme. A equação da energia, baseada na dimensão energia por unidade de massa, para um escoamento incompressível e válida para um volume de controle com uma seção de entrada e outra de saída apresenta a seguinte forma

$$\frac{p_s}{\rho} + \frac{\alpha_s \overline{V}_s^2}{2} + gz_s = \frac{p_e}{\rho} + \frac{\alpha_e \overline{V}_e^2}{2} + gz_e + w_{liq,eixo} - \text{perda} \quad (5.87)$$

Agora, se utilizarmos a base energia por unidade de volume para escrever a equação da energia, temos

$$p_s + \frac{\rho \alpha_s \overline{V}_s^2}{2} + \gamma z_s = p_e + \frac{\rho \alpha_e \overline{V}_e^2}{2} + \gamma z_e + \rho w_{liq,eixo} - \rho(\text{perda}) \quad (5.88)$$

e se utilizarmos a base energia por unidade de peso (carga),

$$\frac{p_s}{\gamma} + \frac{\alpha_s \overline{V}_s^2}{2g} + z_s = \frac{p_e}{\gamma} + \frac{\alpha_e \overline{V}_e^2}{2g} + z_e + \frac{w_{liq,eixo}}{g} - h_L \quad (5.89)$$

Os próximos exemplos ilustram a utilização do coeficiente da energia cinética.

Exemplo 5.26

A vazão em massa de ar no pequeno ventilador esboçado na Fig. E5.26 é 0,1 kg/min. O escoamento no tubo de alimentação do ventilador é laminar (perfil parabólico) e o coeficiente de energia cinética, neste escoamento, é 2,0. O escoamento no tubo de descarga do ventilador é turbulento (o perfil de velocidade é muito próximo do uniforme) e o coeficiente de energia cinética é 1,08. O aumento de pressão estática no ventilador é igual a 0,1 kPa e a potência consumida na operação do equipamento é 0,14 W. Compare os valores da perda de energia disponível calculadas nas seguintes condições: **(a)** admitindo que todos os perfis de velocidade são uniformes e **(b)** considerando os perfis de velocidade reais nas seções de alimentação e descarga do ventilador.

Solução A aplicação da Eq. 5.87 ao conteúdo do volume de controle indicado na Fig. E5.26 resulta em

$$\frac{p_2}{\rho} + \frac{\alpha_2 \overline{V}_2^2}{2} = \frac{p_1}{\rho} + \frac{\alpha_1 \overline{V}_1^2}{2} + w_{liq,eixo} - \text{perda} \quad (1)$$

Note que nós desprezamos a variação de energia potencial do escoamento. Isolando a perda,

$$\text{perda} = w_{liq,eixo} - \left(\frac{p_2 - p_1}{\rho}\right) + \frac{\alpha_1 \overline{V}_1^2}{2} - \frac{\alpha_2 \overline{V}_2^2}{2} \quad (2)$$

Assim, é necessário conhecer os valores de $w_{liq,eixo}$, $\overline{V}_1$ e $\overline{V}_2$ para que seja possível calcular a perda.

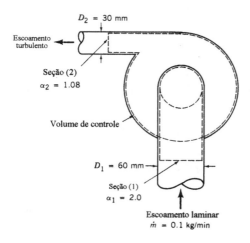

Figura E5.26

O trabalho no eixo, por unidade de massa de fluido que escoa no ventilador, pode ser calculado com

$$w_{\text{liq, eixo}} = \frac{\text{potência fornecida ao ventilador}}{\dot{m}}$$

Substituindo os valores numéricos,

$$w_{\text{liq, eixo}} = \frac{0,14}{(0,1)/60} = 84,0 \text{ J/kg} \tag{3}$$

A velocidade média na seção (1) do volume de controle pode ser determinada com a Eq. 5.11. Assim,

$$\overline{V}_1 = \frac{\dot{m}}{\rho A_1} = \frac{\dot{m}}{\rho \left(\pi D_1^2/4\right)} = \frac{(0,1/60)}{(1,23)\left(\pi\, 0,06^2/4\right)} = 0,48 \text{ m/s} \tag{4}$$

A velocidade média na seção (2) também pode ser calculada com a Eq. 5.11.

$$\overline{V}_2 = \frac{\dot{m}}{\rho \left(\pi D_2^2/4\right)} = \frac{(0,1/60)}{(1,23)\left(\pi\, 0,03^2/4\right)} = 1,92 \text{ m/s} \tag{5}$$

(**a**) Se admitirmos que os perfis de velocidade são uniformes, temos que α_1 e α_2 são iguais a 1. Utilizando a Eq. 2,

$$\text{perda} = w_{\text{liq, eixo}} - \left(\frac{p_2 - p_1}{\rho}\right) + \frac{\overline{V}_1^2}{2} - \frac{\overline{V}_2^2}{2} \tag{6}$$

Aplicando os resultados obtidos nas Eqs. 3, 4 e 5 e o valor do aumento de pressão fornecido na formulação do problema,

$$\text{perda} = 84,0 - \frac{(0,1 \times 10^3)}{1,23} + \frac{(0,48)^2}{2} - \frac{(1,92)^2}{2}$$
$$= 84,0 - 81,3 + 0,12 - 1,84 = 0,98 \text{ J/kg}$$

(**b**) Nós temos que utilizar os coeficientes de energia cinética ($\alpha_1 = 2$ e $\alpha_2 = 1,08$) na Eq. 1 se vamos levar em consideração os perfis de velocidade fornecidos no problema. Deste modo,

$$\text{perda} = w_{\text{liq, eixo}} - \left(\frac{p_2 - p_1}{\rho}\right) + \frac{\alpha_1 \overline{V}_1^2}{2} - \frac{\alpha_2 \overline{V}_2^2}{2} \tag{7}$$

Aplicando os valores numéricos,

$$\text{perda} = 84,0 - \frac{(0,1 \times 10^3)}{1,23} + \frac{2(0,48)^2}{2} - \frac{1,08(1,92)^2}{2}$$
$$= 84,0 - 81,3 + 0,24 - 1,99 = 0,95 \text{ J/kg}$$

Note que a diferença entre a perda calculada com os perfis de velocidade uniformes e a perda calculada com os perfis de velocidade não uniformes é pequena em relação ao trabalho por unidade de massa transferido ao conteúdo do volume de controle, $w_{\text{liq, eixo}}$.

Exemplo 5.27

Aplique a Eq. 5.87 ao escoamento do Exemplo 5.14 e desenvolva uma expressão para a variação de pressão que ocorre entre as seções (1) e (2). Compare a expressão obtida para esta variação de pressão com o resultado do Exemplo 5.14. Qual é o valor da perda de energia disponível escoamento?

Solução A aplicação da Eq. 5.87 ao escoamento do Exemplo 5.14 (veja a Fig. E5.14) leva a

$$\frac{p_2}{\rho} + \frac{\alpha_2 \overline{w}_2^2}{2} + gz_2 = \frac{p_1}{\rho} + \frac{\alpha_1 \overline{V}_1^2}{2} + gz_1 - \text{perda} + w_{\text{liq, eixo}} \tag{1}$$

Lembrando que o trabalho realizado no processo é nulo, a variação de pressão é dada por

$$p_1 - p_2 = \rho \left[\frac{\alpha_2 \overline{w}_2^2}{2} - \frac{\alpha_1 \overline{w}_1^2}{2} + g(z_2 - z_1) + \text{perda} \right] \tag{2}$$

O coeficiente de energia cinética na seção 1, α_1, é unitário porque o perfil de velocidade do escoamento é uniforme nesta seção. Já o coeficiente de energia cinética na seção 2, α_2, não é unitário e precisa ser calculado com o perfil de velocidade fornecido no Exemplo 5.4. Utilizando a Eq. 5.86,

$$\alpha_2 = \frac{\int_{A_2} \rho w_2^3 \, dA_2}{\dot{m}\, \overline{w}_2^2} \tag{3}$$

Aplicando o perfil parabólico na equação anterior,

$$\alpha_2 = \frac{\rho \int_0^R (2w_1)^3 \left[1-(r/R)^2\right]^3 2\pi r\, dr}{(\rho A_2 \overline{w}_2)\, \overline{w}_2^2}$$

Como $A_1 = A_2$, a equação de conservação da massa fornece

$$w_1 = \overline{w}_2 \tag{4}$$

Aplicando este resultado na Eq. 3,

$$\alpha_2 = \frac{\rho\, 8\overline{w}_2^3\, 2\pi \int_0^R \left[1-(r/R)^2\right]^3 r\, dr}{\rho \pi R^2 \overline{w}_2^3}$$

ou

$$\alpha_2 = \frac{16}{R^2} \int_0^R \left[1 - 3(r/R)^2 + 3(r/R)^4 - (r/R)^6\right] r\, dr = 2 \tag{5}$$

Combinando as Eqs. 2 e 5,

$$p_1 - p_2 = \rho \left[\frac{2{,}0\,\overline{w}_2^2}{2} - \frac{1{,}0\,\overline{w}_1^2}{2} + g(z_2 - z_1) + \text{perda}\right] \tag{6}$$

A equação da conservação da massa impõe que $\overline{w}_2 = \overline{w}_1 = \overline{w}$. Assim a equação anterior pode ser reescrita da seguinte forma

$$p_1 - p_2 = \frac{\rho\, \overline{w}^2}{2} + \rho g(z_2 - z_1) + \rho\,(\text{perda}) \tag{7}$$

O termo associado com a variação de elevação, $\rho g(z_2 - z_1)$ é igual ao peso por unidade de área da seção transversal da água contida entre as seções (1) e (2), ou seja,

$$\rho g(z_2 - z_1) = \frac{W}{A} \tag{8}$$

Combinando as Eqs. 7 e 8, temos

$$p_1 - p_2 = \frac{\rho\, \overline{w}^2}{2} + \frac{W}{A} + \rho\,(\text{perda}) \tag{9}$$

A queda de pressão entre as seções (1) e (2) é devida a:
1. Variação de energia cinética entre as seções (1) e (2). Esta variação está associada com a mudança de perfil de velocidade uniforme para perfil parabólico de velocidade.
2. Peso da coluna de água (efeito hidrostático).
3. Perda viscosa

    Comparando a Eq. 9 com a resposta obtida no Exemplo 5.14,

$$\frac{\rho\, \overline{w}^2}{2} + \frac{W}{A} + \rho\,(\text{perda}) = \frac{\rho\, \overline{w}^2}{3} + \frac{R_z}{A} + \frac{W}{A} \tag{10}$$

ou

$$\text{perda} = \frac{R_z}{\rho A} - \frac{\overline{w}^2}{6}$$

5.3.5 Combinação das Equações da Energia e de Momento da Quantidade de Movimento[4]

Nós podemos avaliar o trabalho de eixo numa máquina rotativa utilizando a Eq. 5.82 e a Eq. 5.54 [desenvolvida na Sec. 5.2.4 a partir da equação do momento da quantidade de movimento (Eq. 5.42)]. Note que esta combinação de equações só pode ser aplicada a escoamentos unidimensionais, incompressíveis e permanentes em média. O Exemplo 5.28 mostra como avaliar a perda que ocorre no escoamento incompressível numa máquina rotativa com as Eqs. 5.54 e 5.82.

Exemplo 5.28

Reconsidere o Exemplo 5.19. Mostre que apenas uma parte da potência transferida ao ar é convertida num efeito útil no escoamento. Desenvolva uma equação para a eficiência do ventilador e um modo prático para estimar a energia que não é convertida num efeito útil.

Solução Nós vamos utilizar neste Exemplo o mesmo volume de controle que utilizamos na solução do Exemplo 5.19. A aplicação da Eq. 5.82 ao conteúdo deste volume de controle leva a

$$\frac{p_2}{\rho} + \frac{\overline{V}_2^2}{2} + g z_2 = \frac{p_1}{\rho} + \frac{\overline{V}_1^2}{2} + g z_1 + w_{liq,eixo} - \text{perda} \tag{1}$$

Como no Exemplo 5.26, nós podemos identificar que o "efeito útil" neste ventilador é dado por

$$\text{efeito útil} = w_{liq,eixo} - \text{perda} = \left(\frac{p_2}{\rho} + \frac{\overline{V}_2^2}{2} + g z_2\right) - \left(\frac{p_1}{\rho} + \frac{\overline{V}_1^2}{2} + g z_1\right) \tag{2}$$

Note que apenas uma porção do trabalho de eixo fornecido ao ar pelas palhetas do rotor é utilizada para aumentar a energia disponível no escoamento e o resto é perdido pelo atrito existente no escoamento.

A eficiência do ventilador pode ser definida como a relação entre o trabalho de eixo que é convertido em efeito útil e o trabalho fornecido ao equipamento, $w_{liq,eixo}$. Assim, nós podemos expressar a eficiência, η, como

$$\eta = \frac{w_{liq,eixo} - \text{perda}}{w_{liq,eixo}} \tag{3}$$

Entretanto, se aplicarmos Eq. 5.54 – que foi desenvolvida a partir da equação do momento da quantidade de movimento (Eq. 5.42) – ao conteúdo do volume de controle da Fig. E5.19, temos

$$w_{liq,eixo} = +U_2 V_{\theta 2} \tag{4}$$

Combinando as Eqs. 2, 3 e 4,

$$\eta = \frac{\left(\frac{p_2}{\rho} + \frac{\overline{V}_2^2}{2} + g z_2\right) - \left(\frac{p_1}{\rho} + \frac{\overline{V}_1^2}{2} + g z_1\right)}{U_2 V_{\theta 2}} \tag{5}$$

A Eq. 5 nos fornece um modo prático para avaliar a eficiência do ventilador do Exemplo 5.19.

A perda no equipamento pode ser determinada se combinarmos as Eqs. 2 e 4. Assim,

$$\text{perda} = U_2 V_{\theta 2} - \left[\left(\frac{p_2}{\rho} + \frac{\overline{V}_2^2}{2} + g z_2\right) - \left(\frac{p_1}{\rho} + \frac{\overline{V}_1^2}{2} + g z_1\right)\right] \tag{6}$$

A Eq. 6 nos fornece um método útil para avaliar a perda devida ao atrito no escoamento do Exemplo 5.19. Note que todas as variáveis da equação podem ser determinadas experimentalmente.

---

[4] Esta seção pode ser omitida sem perda de continuidade. Entretanto, ela não pode ser estudada sem o conhecimento do material apresentado nas Sec. 5.2.3 e 5.2.4. Todas estas seções são essenciais para o entendimento do Cap. 12.

5.4 Segunda Lei da Termodinâmica – Escoamento Irreversível[5]

A segunda lei da termodinâmica nos permite formalizar a desigualdade

$$\breve{u}_2 - \breve{u}_1 - q_{liq,e} \geq 0 \tag{5.90}$$

nos escoamentos incompressíveis, unidimensionais e em regime permanente (veja a Eq. 5.73). Nesta seção nós continuaremos a desenvolver a noção de energia disponível (ou útil) para escoamentos com atrito. A minimização da perda de energia disponível em qualquer escoamento é muito importante na engenharia.

5.4.1 Formulação da Equação da Energia para Volumes de Controle Semi-infinitesimais

O resultado da aplicação da equação da energia adequada a escoamentos unidimensionais e em regime permanente, Eq. 5.70, ao conteúdo do volume de controle mostrado na Fig. 5.8 (note que sua espessura é infinitesimal) é

$$\dot{m}\left[d\breve{u} + d\left(\frac{p}{\rho}\right) + d\left(\frac{V^2}{2}\right) + g(dz)\right] = \delta\dot{Q}_{liq,e} \tag{5.91}$$

A próxima relação termodinâmica é válida para todas as substâncias puras (veja a Ref. [3])

$$T\,ds = d\breve{u} + p\,d\left(\frac{1}{\rho}\right) \tag{5.92}$$

onde T é a temperatura absoluta e s é a entropia específica (por unidade de massa).

Combinando as Eqs. 5.91 e 5.92, obtemos

$$\dot{m}\left[T\,ds - p\,d\left(\frac{1}{\rho}\right) + d\left(\frac{p}{\rho}\right) + d\left(\frac{V^2}{2}\right) + g\,dz\right] = \delta\dot{Q}_{liq,e}$$

Dividindo a equação por $\dot{m}$ e definindo $\delta q_{liq,e}$ como $\delta\dot{Q}_{liq,e}/\dot{m}$,

$$\frac{dp}{\rho} + d\left(\frac{V^2}{2}\right) + g\,dz = -(T\,ds - \delta q_{liq,e}) \tag{5.93}$$

5.4.2 Segunda Lei da Termodinâmica para Volumes de Controle Semi-infinitesimais

Uma das formulações gerais da segunda lei da termodinâmica é

$$\frac{D}{Dt}\int_{sis} s\rho\,d\mathcal{V} \geq \sum\left(\frac{\delta\dot{Q}_{liq,e}}{T}\right)_{sis} \tag{5.94}$$

ou seja

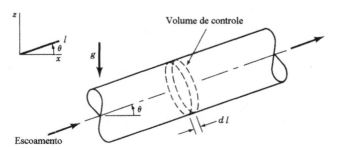

Figura 5.8 Volume de controle semi-infinitesimal.

---

[4] Esta seção pode ser omitida sem perda da continuidade do material apresentado no livro.

$$\text{taxa de aumento temporal da entropia do sistema} \geq \text{soma da taxa líquida de transferência de calor para o sistema dividida pela temperatura absoluta de cada partícula fluida do sistema que recebe calor do meio}$$

O lado direito da Eq. 5.94 é idêntico para o sistema e o volume de controle que instantaneamente são coincidentes. Assim,

$$\sum \left(\frac{\delta \dot{Q}_{\text{liq, e}}}{T} \right)_{\text{sis}} = \sum \left(\frac{\delta \dot{Q}_{\text{liq, e}}}{T} \right)_{\text{vc}} \tag{5.95}$$

Nós podemos transformar a derivada temporal do sistema para uma relativa ao conteúdo do volume de controle coincidente, que é fixo e indeformável, com o teorema de transporte de Reynolds. Utilizando a Eq. 4.19, obtemos

$$\frac{D}{Dt} \int_{\text{sis}} s \rho \, d\mathcal{V} = \frac{\partial}{\partial t} \int_{\text{vc}} s \rho \, d\mathcal{V} + \int_{\text{sc}} s \rho \, \mathbf{V} \cdot \hat{\mathbf{n}} \, dA \tag{5.96}$$

Para um volume de controle fixo e indeformável, a combinação das Eqs. 5.94, 5.95 e 5.96 fornece

$$\frac{\partial}{\partial t} \int_{\text{vc}} s \rho \, d\mathcal{V} + \int_{\text{sc}} s \rho \, \mathbf{V} \cdot \hat{\mathbf{n}} \, dA \geq \sum \left(\frac{\delta \dot{Q}_{\text{liq, e}}}{T} \right)_{\text{vc}} \tag{5.97}$$

Quando o regime de escoamento é o permanente,

$$\frac{\partial}{\partial t} \int_{\text{vc}} s \rho \, d\mathcal{V} = 0 \tag{5.98}$$

Se o volume de controle apresenta apenas uma seção de alimentação e uma seção de descarga, se o regime é permanente e se as propriedades estão uniformemente distribuídas nas seções (escoamento unidimensional), temos que a Eq. 5.97 fica reduzida a

$$\dot{m}(s_s - s_e) \geq \sum \frac{\delta \dot{Q}_{\text{liq,e}}}{T} \tag{5.99}$$

O resultado da aplicação da Eq. 5.99 num volume de controle com espessura infinitesimal, como o mostrado na Fig. 5.8, resulta em

$$\dot{m} \, ds \geq \sum \frac{\delta \dot{Q}_{\text{liq,e}}}{T} \tag{5.100}$$

Admita que a temperatura no volume de controle com espessura infinitesimal é uniforme e igual a T. Nestes casos a aplicação da Eq. 5.100 resulta em

$$T \, ds \geq \delta q_{\text{liq, e}}$$

ou

$$T \, ds - \delta q_{\text{liq, e}} \geq 0 \tag{5.101}$$

A igualdade é válida para qualquer processo reversível e a desigualdade é válida para os processos irreversíveis.

5.4.3 Combinação da Primeira com a Segunda Lei da Termodinâmica

Se combinarmos a Eq. 5.93 com a 5.101 é possível concluir que

$$-\left[\frac{dp}{\rho} + d\left(\frac{V^2}{2} \right) + g \, dz \right] \geq 0 \tag{5.102}$$

A igualdade é válida para qualquer escoamento em regime permanente e reversível. Um exemplo importante desta classe de escoamentos são aqueles aonde a aplicação da equação de Bernoulli é

242 Fundamentos da Mecânica dos Fluidos

válida. A desigualdade é válida para qualquer escoamento irreversível (com atrito) em regime permanente. O valor do termo entre colchetes da Eq. 5.102 é muito significativo porque representa o grau com que se perde a energia disponível (ou útil). Lembre que a deterioração da energia disponível é devida as irreversibilidades que existem no escoamento. Nós podemos reescrever a Eq. 5.102 do seguinte modo:

$$-\left[\frac{dp}{\rho}+d\left(\frac{V^2}{2}\right)+g\,dz\right]=\delta\,(\text{perda})=(T\,ds-\delta q_{\text{liq},e}) \quad (5.103)$$

Note que a perda é nula nos escoamentos reversíveis e que é maior do que zero nos escoamentos com atrito. Quando o escoamento não apresenta atrito, a Eq. 5.103 multiplicada pela massa específica do fluido é idêntica a Eq. 3.5. Assim, se o escoamento não apresenta atrito e ocorre em regime permanente, a segunda lei de Newton do movimento (veja a Sec. 3.1) e o conjunto da primeira com a segunda lei da termodinâmica são equivalentes e levam a mesma equação diferencial,

$$\frac{dp}{\rho}+d\left(\frac{V^2}{2}\right)+g\,dz=0 \quad (5.104)$$

O regime de escoamento é transitório, pelo menos localmente, quando nós temos uma interação trabalho de eixo no volume de controle. A forma apropriada para a equação da energia para um volume de controle com espessura infinitesimal pode ser desenvolvida a partir da Eq. 5.67. A equação resultante é

$$-\left[\frac{dp}{\rho}+d\left(\frac{V^2}{2}\right)+g\,dz\right]=\delta(\text{perda})-\delta w_{\text{liq},e} \quad (5.105)$$

As Eqs. 5.103 e 5.105 são válidas para escoamentos compressíveis e incompressíveis. Se nós combinarmos as Eqs. 5.92 com a Eq. 103, obtemos

$$-\left[\frac{dp}{\rho}+d\left(\frac{V^2}{2}\right)+g\,dz\right]=\delta(\text{perda})-\delta w_{\text{liq},e} \quad (5.105)$$

As Eqs. 5.103 e 5.105 são válidas para escoamentos compressíveis e incompressíveis. Se nós combinarmos as Eqs. 5.92 e 5.103,

$$d\breve{u}+p\,d\left(\frac{1}{\rho}\right)-\delta q_{\text{liq},e}=\delta\,(\text{perda}) \quad (5.106)$$

Se o escoamento é incompressível, nós temos que $d(1/\rho)=0$ e a equação anterior fica reduzida a

$$d\breve{u}-\delta q_{\text{liq},e}=\delta(\text{perda}) \quad (5.107)$$

O resultado da aplicação da Eq. 5.107 a um volume de controle finito é

$$\breve{u}_s-\breve{u}_e-q_{\text{liq},e}=\text{perda}$$

Note que esta equação é idêntica a Eq. 5.78 (adequada a escoamentos incompressíveis).

Se o escoamento é compressível, nós temos que $d(1/\rho)\neq 0$. O resultado da aplicação da Eq. 5.106 a um volume de controle finito é

$$\breve{u}_s-\breve{u}_e+\int_e^s p\,d\left(\frac{1}{\rho}\right)-q_{\text{liq},e}=\text{perda} \quad (5.108)$$

Este resultado indica que a perda nos escoamentos compressíveis não é igual a $\breve{u}_s-\breve{u}_e-q_{\text{liq},e}$.

5.4.4 Aplicação da Equação da Energia na Forma de Perda

O escoamento sem atrito e em regime permanente ao longo de uma trajetória pode ser facilmente analisado com a equação da energia na forma de perda (Eq. 5.105). Nós vamos integrar esta equação de um certo local, seção (1), até um outro local a jusante do primeiro, seção (2). Note que perda = 0 porque o escoamento é reversível (sem atrito). Como o regime é permanente em toda a região analisado $w_{eixo,\,e} = 0$ (lembre que o escoamento é, no mínimo, localmente transitório quando existe a presença de trabalho de eixo). Como o escoamento é incompressível nós temos que a massa específica é constante. O volume de controle para esta aplicação apresenta diâmetro infinitamente pequeno pois só engloba o tubo de corrente (veja a Fig. 5.7). A equação que resulta é

$$\frac{p_2}{\rho} + \frac{V_2^2}{2} + g z_2 = \frac{p_1}{\rho} + \frac{V_1^2}{2} + g z_1 \tag{5.109}$$

Note que esta equação é idêntica a equação de Bernoulli discutida no Cap. 3 (veja a Eq. 3.7).

Se o escoamento considerado no parágrafo anterior fosse compressível, a aplicação da Eq. 5.105 ao mesmo volume de controle resultaria em

$$\int_1^2 \frac{dp}{\rho} + \frac{V_2^2}{2} + g z_2 = \frac{V_1^2}{2} + g z_1 \tag{5.110}$$

Observe que é necessário conhecer a relação que existe entre a massa específica do fluido, ρ, e a pressão, p para que seja possível integrar o primeiro termo da equação. Se o escoamento que estamos analisando é de um gás perfeito, sem atrito e com transferência de calor nula (escoamento adiabático) nós temos que a relação necessária é dada por (veja a Sec. 11.1)

$$\frac{p}{\rho^k} = \text{constante} \tag{5.111}$$

onde k é a razão entre o calor específico a pressão constante e o calor específico a volume constante ($k = c_p/c_v$). Note que estes dois calores específicos são propriedades do fluido. Utilizando a Eq. 5.111, temos

$$\int_1^2 \frac{dp}{\rho} = \frac{k}{k-1}\left(\frac{p_2}{\rho_2} - \frac{p_1}{\rho_1}\right) \tag{5.112}$$

Aplicando este resultado na Eq. 5.110,

$$\frac{k}{k-1}\frac{p_2}{\rho_2} + \frac{V_2^2}{2} + g z_2 = \frac{k}{k-1}\frac{p_1}{\rho_1} + \frac{V_1^2}{2} + g z_1 \tag{5.113}$$

Note que esta equação é idêntica a Eq. 3.24. O próximo exemplo mostra uma aplicação das Eqs. 5.109 e 5.113.

Exemplo 5.29

Ar expande adiabaticamente e sem atrito do estado de estagnação (p = 6,9 bar (abs) e T = 290K) até a pressão de 1,01 bar. Determine a velocidade do ar no estado final admitindo (**a**) que o escoamento é incompressível e (**b**) que o escoamento é compressível.

Solução (**a**) Nós podemos utilizar a equação de Bernoulli, Eq. 5.109, para resolver este problema se nós modelarmos o escoamento como incompressível. Nós vamos aplicar esta equação num tubo de corrente como o mostrado na Fig. 5.7 do ponto de estagnação, estado (1), ao estado final, (2). Assim,

$$\frac{p_2}{\rho} + \frac{V_2^2}{2} = \frac{p_1}{\rho} \tag{1}$$

ou

$$V_2 = \left[2\left(\frac{p_1 - p_2}{\rho}\right)\right]^{1/2}$$

Note que nós desprezamos a variação de energia potencial no escoamento e que fizemos V_1 igual a zero porque o estado (1) é de estagnação. Nós podemos calcular a massa específica do ar no estado de estagnação se admitirmos que o ar se comporta como um gás perfeito. Deste modo,

$$\rho = \frac{p_1}{RT_1} = \frac{6,9 \times 10^5}{(286,9)(290)} = 8,29 \text{ kg/m}^3 \qquad (2)$$

Assim,

$$V_2 = \left[2 \left(\frac{6,90 \times 10^5 - 1,01 \times 10^5}{8,29} \right) \right]^{1/2} = 377,0 \text{ m/s}$$

A hipótese de escoamento incompressível não é adequada neste caso porque a variação de pressão no escoamento é muito grande e isto induz uma variação de massa específica significativa.

(b) A Eq. 5.113 pode ser aplicada no escoamento num tubo de corrente com seção transversal infinitesimal, como o mostrado na Fig. 5.7, se nós modelarmos o escoamento como compressível. Novamente, o estado (1) é o de estagnação e o estado (2) é aquele onde o valor da pressão é igual ao fornecido na formulação do problema. A aplicação da Eq. 5.113 leva a

$$\frac{k}{k-1} \frac{p_2}{\rho_2} + \frac{\overline{V}_2^2}{2} = \frac{k}{k-1} \frac{p_1}{\rho_1} \qquad (3)$$

ou

$$V_2 = \left[\frac{2k}{k-1} \left(\frac{p_1}{\rho_1} - \frac{p_2}{\rho_2} \right) \right]^{1/2} \qquad (4)$$

Note que nós desprezamos a variação de energia potencial no escoamento e que fizemos V_1 igual a zero porque o estado (1) é de estagnação. A única variável que não é conhecida na Eq. 4 é a massa específica no estado 2. Para determinar ρ_2 nós vamos utilizar a equação

$$\frac{p}{\rho^k} = \text{constante} \qquad (5)$$

onde k é a relação entre os calores específicos do fluido. Esta relação será derivada no Cap. 11 e é adequada para descrever escoamentos reversíveis (sem atrito e adiabáticos). Como $k = 1,4$ para o ar,

$$\rho_2 = \rho_1 \left(\frac{p_2}{p_1} \right)^{1/k}$$

ou

$$\rho_2 = 8,29 \left(1,01 \times 10^5 / 6,90 \times 10^5 \right)^{1/1,4} = 2,10 \text{ kg/m}^3$$

Aplicando este resultado na Eq. 4,

$$V_2 = \left[\frac{(2)(1,4)}{1,4-1} \left(\frac{6,90 \times 10^5}{8,29} - \frac{1,01 \times 10^5}{2,10} \right) \right]^{1/2} = 496,0 \text{ m/s}$$

A diferença entre os valores calculados com as hipóteses de escoamento compressível e incompressível é muito grande e este tipo de escoamento sempre deve ser tratado como compressível.

Referências

1. Eck, B. , *Technische Stromungslehre*, Springer - Verlag, Berlin, Alemanha, 1957.
2. Dean, R. C., "On the Necessity of Unsteady Flow in Fluid Machines", ASME *Journal of Basic Engineering*; 24 - 28, Março de 1959.
3. Moran, M. J. e Shapiro, H. N., *Fundamentals of Engineering Thermodynamics*, Quarta Edição, Wiley, New York, 2000.

Problemas

Nota: Se o valor de uma propriedade não for especificado no problema, utilize o valor fornecido na Tab. 1.5 ou 1.6 do Cap. 1. Os problemas com a indicação (∗) devem ser resolvidos com uma calculadora programável ou computador. Os problemas com a indicação (+) são do tipo aberto (requerem uma análise crítica, a formulação de hipóteses e a adoção de dados). Não existe uma solução única para este tipo de problema.

5.1 Água escoa numa pia do modo indicado na Fig. P5.1 (veja o ⊙ 5.1). Sabendo que a vazão de água na torneira é 7,8 litros por minuto, determine a velocidade média do escoamento de água nos três drenos de segurança da pia. Admita que o diâmetro dos drenos são iguais a 10 mm, que o ralo está tampado e que o nível da água na pia é constante.

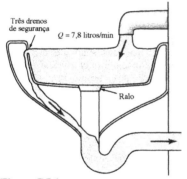

Figura P5.1

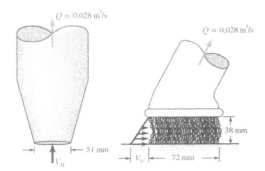

Figura P5.2

5.2 Os aspiradores de pó normalmente são vendidos com vários acessórios (veja o ⊙ 5.2). A Fig. P5.2 mostra dois deles: um bocal e uma escova. Considere que a vazão de ar nos acessórios é sempre igual a 0,028 m³/s. **(a)** Determine a velocidade média na seção de alimentação do bocal, V_n. **(b)** Admita que o ar entra radialmente na escova e que o perfil de velocidade é linear (variando de 0 a V_b do modo indicado na figura). Nestas condições, determine o valor de V_b.

5.3 Água de chuva escoa na calha mostrada na Fig. P5.3 (veja o ⊙ 10.3). A vazão de água descarregada do telhado na calha, por unidade de comprimento da calha, é igual a 1,34 m³/hora. Numa extremidade da calha ($x = 0$), a espessura do filme de água na calha é nula. **(a)** Determine a expressão que relaciona a espessura do filme d'água na calha, h, com a distância, x, sabendo que a velocidade média do escoamento na calha é constante e igual a 0,31 m/s. **(b)** Em que posição ocorrerá o transbordamento na calha?

Figura P5.3

5.4 Ar escoa em regime permanente no tubo longo mostrado na Fig. P5.4. Levando em consideração as pressões estáticas e temperaturas estáticas indicadas na figura, determine a velocidade média na seção (2) sabendo que a velocidade média do escoamento na seção (1) é igual a 205 m/s.

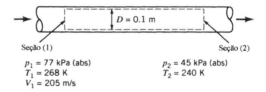

Figura P5.4

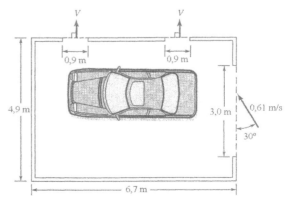

Figura P5.5

5.5 Ar escoa com velocidade de 0,61 m/s na porta da garagem esboçada na Fig. P5.5 (a altura da porta é igual a 2,1 m). Determine a velocidade média dos escoamentos nas duas janelas indicadas na figura, V, sabendo que as alturas das janelas são iguais a 1,2 m.

5.6 A vazão de água na turbina de uma hidroelétrica é igual a 12,6 m³/s. Determine o diâmetro mínimo da tubulação de alimentação desta turbina sabendo que a velocidade máxima permissível nesta tubulação é 9,2 m/s.

5.7 A área da seção de teste de um túnel de água é igual a 9,29 m². Sabendo que a velocidade nesta seção é 15,2 m/s, determine a vazão de água no túnel.

5.8 A Fig. P5.8 mostra um ressalto hidráulico localizado a jusante de um vertedor. A profundidade do escoamento a montante do ressalto é igual a 0,18 m e neste local a velocidade média do escoamento é igual a 5,5 m/s. Calcule a profundidade do escoamento a jusante do ressalto sabendo que neste local a velocidade do escoamento é igual a 1,0 m/s.

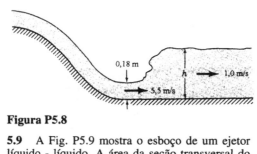

Figura P5.8

5.9 A Fig. P5.9 mostra o esboço de um ejetor líquido - líquido. A área da seção transversal do jato d'água é igual a 0,01 m² e a velocidade média do jato é 30 m/s. Este jato provoca o arrastamento de água que, inicialmente, escoa pela seção anular do tubo (veja a figura). A área da seção transversal do tubo é igual a 0,075 m². Determine a vazão de água que é arrastada pelo jato sabendo que a velocidade do escoamento no tubo é uniforme e igual a 6 m/s a jusante do ponto de descarga do jato.

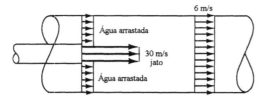

Figura P5.9

5.10 O tanque cilíndrico mostrado na Fig. P5.10 é alimentado pelas Seções (1) e (2) com as vazões indicadas na figura. Determine a velocidade média na seção de descarga do tanque, sabendo que o nível da água no tanque permanece constante ao longo do tempo.

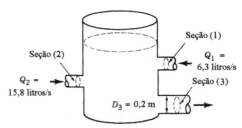

Figura P5.10

5.11 A turbina de um avião consome 0,34 kg/s de combustível e 29,5 kg/s de ar quando opera na condição de cruzeiro. A velocidade média dos produtos de combustão em relação a turbina é igual a 457 m/s. Estime a massa específica média dos produtos de combustão sabendo que a área da seção de descarga da turbina é igual a 0,325 m².

5.12 A vazão de ar na seção de alimentação de um compressor é 30 m³/min (o ar está na condição padrão). A relação de compressão, $p_{saída}/p_{entrada}$, é igual a 10 para 1 e nós sabemos que p/ρ^n permanece constante durante o processo de compressão (com $n = 1,4$). Determine qual é o diâmetro mínimo do tubo de descarga do compressor sabendo que a velocidade média na seção de descarga do compressor não deve exceder 30 m/s.

5.13 A Fig. P5.13 mostra a confluência de dois rios. Observe que os perfis de velocidade nos dois rios a montante da confluência são uniformes e que o perfil de velocidade na seção a jusante da confluência não é uniforme. Sabendo que a profundidade do rio formado é uniforme e igual a 1,83 m, determine o valor de V.

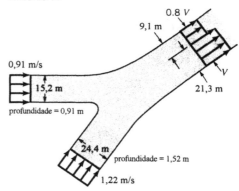

Figura P5.13

5.14 A Fig. P5.14 mostra um ejetor líquido - líquido que arrasta um óleo que apresenta densidade (SG) igual a 0,9. A vazão de água é 1 m³/s e a mistura água - óleo apresenta densidade (SG) igual a 0,95. Calcule a vazão de óleo arrastada neste ejetor.

5.15 O compressor indicado na Fig. P5.15 é alimentado com 0,283 m³/s de ar na condição padrão. O ar é descarregado do tanque através de uma tubulação que apresenta diâmetro igual a 30,5 mm. A velocidade e a massa específica do ar que escoa no tubo de descarga são iguais a 213 m/s e 1,80 kg/m³.

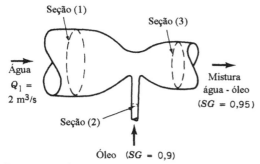

Figura P5.14

Fig. P5.15

(a) Determine a taxa de variação da massa de ar contido no tanque em kg/s. (b) Determine a taxa média de variação da massa específica do ar contido no tanque.

5.16 Um perfil de velocidade adequado para descrever o escoamento turbulento em tubos é

$$\mathbf{V} = u_c \left(\frac{R-r}{R}\right)^{1/n} \hat{\mathbf{i}}$$

onde u_c é a velocidade na linha de centro do tubo, r é a coordenada radial, R é o raio do tubo e $\hat{\mathbf{i}}$ é o versor alinhado com a linha de centro do tubo. Determine a razão entre a velocidade média, $\bar{u}$, e a velocidade no centro, u_c, para (a) $n = 4$, (b) $n = 6$, (c) $n = 8$ e (d) $n = 10$.

5.17 Os perfis de velocidade e temperatura na seção transversal do escoamento laminar de ar com transferência de calor num tubo são dados por

$$\mathbf{V} = u_c \left[1 - (r/R)^2\right] \hat{\mathbf{i}}$$

$$T = T_c \left[1 + \frac{1}{2}\left(\frac{r}{R}\right)^2 - \frac{1}{4}\left(\frac{r}{R}\right)^4\right]$$

onde o versor $\hat{\mathbf{i}}$ está alinhado com o eixo do tubo, o subscrito c indica o valor na linha de centro do tubo, r é a coordenada radial, R é o raio do tubo e T é a temperatura local. Mostre como se calcula a vazão em massa numa seção transversal do tubo.

*5.18 A próxima tabela apresenta um conjunto de valores experimentais da velocidade axial do escoamento de ar num tubo que apresenta diâmetro igual a 152,4 mm. Determine a vazão em massa de ar deste escoamento.

r (mm)	U (m/s)	r (mm)	U (m/s)
0	9,14	50,8	7,82
5,1	9,06	55,9	7,57
10,2	8,96	61,0	7,27
15,2	8,86	66,0	6,86
20,3	8,74	71,1	6,21
25,4	8,63	73,7	5,62
30,5	8,50	74,9	5,09
35,6	8,36	75,7	4,47
40,6	8,20	76,2	0
45,7	8,02		

5.19 A Fig. P5.19 mostra a vista lateral da região de entrada de um canal que apresenta largura igual a 0,91 m. Observe que o perfil de velocidade na seção de entrada do canal é uniforme e que, ao longe, o perfil de velocidade é dado por $u = 4y - 2y^2$, onde u está especificado em m/s e y em m. Nestas condições, determine o valor de V.

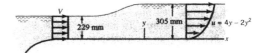

Fig. P5.19

5.20 A Fig. P5.20 mostra o escoamento de um fluido viscoso na região próxima a uma placa plana. Note que a velocidade do escoamento é nula na placa e aumenta continuamente até atingir um valor constante ao longe. Esta região que apresenta variação de velocidade é denominada "camada limite". O perfil de velocidade do escoamento pode ser considerado uniforme no bordo de ataque da placa e o valor da velocidade neste local é U. A velocidade também é constante e igual a U na fronteira externa da camada limite. Se o perfil de velocidade longitudinal na seção (2) é dado por

$$\frac{u}{U} = \left(\frac{y}{\delta}\right)^{1/7}$$

desenvolva uma expressão para calcular a vazão em volume na fronteira externa da camada limite delimitada entre o bordo de ataque e a seção transversal que apresenta espessura de camada limite igual a δ.

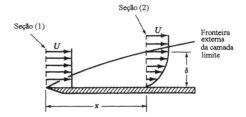

Figura P5.20

+ 5.21 Qual é o consumo de gasolina, em litros por hora, de um automóvel típico percorrendo uma estrada bem conservada? Determine, também, o tempo necessário para este automóvel esgotar o combustível contido numa lata de refrigerante que apresenta volume igual a 335 ml. Faça uma lista com todas as hipóteses utilizadas na solução do problema.

5.22 Estime o tempo necessário para encher uma piscina cilíndrica (diâmetro e profundidade respectivamente iguais a 5 m e 1,5 m) com uma mangueira de jardim. Admita que a vazão de água na mangueira é igual a 1,0 litros/s.

5.23 O comprimento médio e a área aproximada da superfície livre da água contida numa represa são iguais a 185 km e 583 km². O rio que alimenta a represa apresenta vazão constante e igual a 1274 m³/s e o vertedouro da barragem descarrega 227 m³/s. Determine, nestas condições, o aumento da cota da superfície livre da água em 24 horas.

5.24 A velocidade da superfície livre da água infiltrada no porão de um edifício é igual a 25,4 mm por hora. A área do chão do porão é 139,4 m². Qual deve ser a capacidade da bomba para que (**a**) o nível da água no porão se mantenha constante e (**b**) reduzir o nível da água no porão com uma velocidade de 76,2 mm por hora (admita que a vazão de água infiltrada é a mesma do item anterior).

5.25 A Fig. P5.25 mostra uma seringa hipodérmica que é utilizada para aplicar vacinas. Calcule a velocidade média do escoamento na agulha admitindo que a velocidade do êmbolo é constante e igual a 20 mm/s e que a vazão em volume do vazamento é igual a 10% da vazão de vacina na agulha. Os diâmetros internos da seringa e da agulha são respectivamente iguais a 20 mm e 0,7 mm.

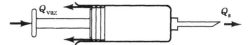

Figura P5.25

+ 5.26 Estime a máxima vazão em volume de água da chuva (durante uma chuva de verão) que você pode encontrar na tubulação de descarga das calhas de sua casa. Faça um lista com todas as hipóteses utilizadas na solução deste problema.

5.27 O tempo necessário para encher o tanque de gasolina de um automóvel é 1 minuto. Sabendo que o volume do tanque de combustível do automóvel é igual a 51 litros, determine a velocidade média do combustível na seção de descarga do bocal da bomba de combustível.

5.28 Gás escoa num duto que apresenta seção transversal variável. Se a massa específica do gás é uniforme em qualquer seção transversal do duto, mostre que a conservação da massa leva a

$$\frac{d\rho}{\rho} + \frac{d\overline{V}}{\overline{V}} + \frac{dA}{A} = 0$$

onde ρ é a massa específica do gás, $\overline{V}$ é a velocidade média do escoamento e A é a área da seção transversal do duto.

5.29 Um jato d'água, com diâmetro igual a 10 mm, incide num bloco que pesa 6 N do modo indicado na Fig. P5.29 (veja o ⊙ 5.4). A espessura, largura e altura do bloco são, respectivamente, iguais a 15, 200 e 100 mm. Determine a vazão de água do jato necessária para tombar o bloco.

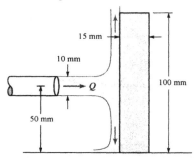

Figura P5.29

5.30 Água escoa na contração com seções transversais circulares esboçada na Fig. P5.30. A velocidade na seção (1) é uniforme e igual a 7,6 m/s e a pressão, nesta seção, é 5,17 bar. A água é descarregada da contração pela seção (2) com velocidade de 30,5 m/s. (**a**) Determine a componente axial da força de reação exercida pela contração sobre o escoamento. (**b**) Determine a componente axial da força necessária para imobilizar a contração.

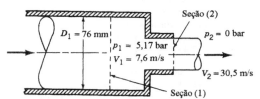

Figura P5.30

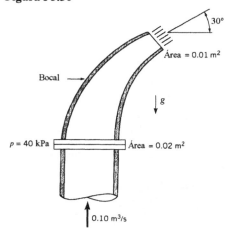

Figura P5.31

5.31 O bocal curvo mostrado na Fig. P5.31 está instalado num tubo vertical e descarrega água na atmosfera. Quando a vazão é igual a 0,1 m³/s a pressão relativa na flange é 40 kPa. Determine a componente vertical da força necessária para imobilizar o bocal. O peso do bocal é 200 N e o volume interno do bocal é 0,012 m³. O sentido da força vertical é para cima ou para baixo?

5.32 Determine os módulos e os sentidos das componentes nas direções x e y da força necessária para imobilizar o conjunto cotovelo - bocal esboçado na Fig. P5.32. O conjunto está montado na horizontal. Determine também os módulos e sentidos das componentes das forças exercidas pelo cotovelo e pelo bocal sobre o escoamento de água.

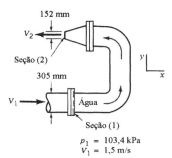

Figura P5.32

5.33 A Fig. P5.33 mostra uma conexão do tipo "Tee" descarregando dois jatos d'água na atmosfera. Admitindo que os efeitos viscosos e gravitacionais são desprezíveis, determine as componentes, nas direções x e y, da força que atua no tubo conectado ao "Tee".

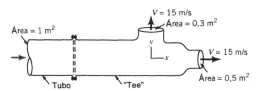

Figura P5.33

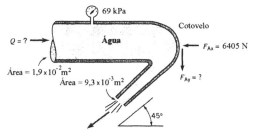

Figura P5.34

5.34 O bocal horizontal mostrado na Fig. P5.34 descarrega água na atmosfera. O componente na direção x da força necessária para imobilizar o bocal, F_{Ax}, é igual a 6405 N quando o manômetro indica pressão relativa de 69 kPa. Determine, nestas condições, a vazão em volume no bocal e o componente na direção y da força necessária para imobilizar o bocal. Desconsidere o atrito no escoamento.

5.35 O controle vetorial de propulsão é uma técnica que pode melhorar substancialmente a manobrabilidade dos aviões de caça. Esta técnica é baseada no controle dos jatos descarregados das turbinas dos aviões através de pás defletoras instaladas nas seções de descarga dos jatos. (a) Considere as condições operacionais indicadas na Fig. P5.35. Determine o momento de "pitch" (o momento que faz o nariz do avião subir) em relação ao centro de massa do avião (cg). (b) Compare o empuxo associado às condições operacionais indicadas na figura e aquele associado à situação onde o jato é descarregado paralelamente à linha de centro do avião.

Figura P5.35

5.36 A propulsão dos "jet ski" é realizada por um jato d'água descarregado a alta velocidade (veja o ⊙ 9.7). Considere as condições operacionais indicadas na Fig. P5.36 e admita que os escoamentos nas seções de alimentação e descarga do "jet ski" se comportem como jatos livres. Nestas condições, determine a vazão de água bombeada para que o empuxo no "jet ski" seja igual a 1335 N.

Figura P5.36

5.37 A Fig. P5.37 mostra um borrifador de água. O jato descarregado do dispositivo é horizontal e apresenta velocidade igual a 9,1 m/s. Determine o módulo e o sentido da força horizontal necessária para imobilizar este borrifador.

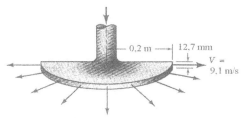

Figura P5.37

5.38 Uma placa circular com diâmetro de 300 mm é mantida perpendicular à um jato horizontal axissimétrico de ar que apresenta velocidade e diâmetro iguais a 40 m/s e 80 mm (veja a Fig. P5.38). Um furo no centro da placa cria um outro jato de ar que também apresenta velocidade igual a 40 m/s mas 20 mm de diâmetro. Determine a componente horizontal da força necessária para imobilizar a placa circular.

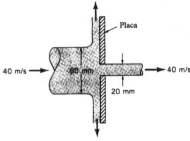

Figura P5.38

5.39 Um jato plano com espessura $h = 0,01$ m é descarregado do dispositivo mostrado na Fig. P5.39. A água entra no dispositivo pelo tubo vertical e sai dele na horizontal com o perfil de velocidade mostrado na figura. Determine a componente na direção y da força necessária para imobilizar este dispositivo.

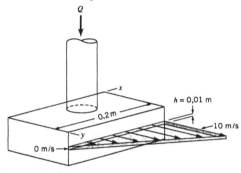

Figura P5.39

5.40 O perfil de velocidade a jusante do corpo mostrado na Fig. P5.40, seção 2, é dado por

$$u = 30,5 - 9,15\left(1 - \frac{|y|}{0,91}\right) \quad |y| \le 0,91\,\text{m}$$

$$u = 30,5 \quad |y| > 0,91\,\text{m}$$

onde u é a velocidade em m/s e y é a distância em relação a linha de centro em metros (veja a Fig. P5.40). Este resultado foi obtido num túnel de vento e ele pode ser utilizado para determinar o arrasto no corpo mostrado na figura. Note que a velocidade a montante do corpo é uniforme e igual a 30,5 m/s e que as pressões estáticas nas seções 1 e 2 são iguais a 100 kPa. Admita que o formato da seção transversal do corpo não varia na direção normal ao plano do papel. Calcule a força de arrasto (força de reação na direção x) exercida sobre o ar pelo corpo por unidade de comprimento normal ao plano do desenho.

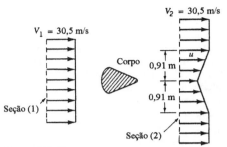

Figura P5.40

5.41 A Fig. P5.41 mostra o esboço de uma draga hidráulica utilizada para retirar areia do fundo de um rio. Estime o empuxo, promovido pelo hélice, necessário para que a draga permaneça em equilíbrio na posição mostrada na figura. Admita que a densidade (SG) da mistura areia – água é igual a 1,2.

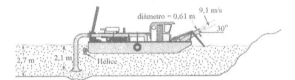

Figura P5.41

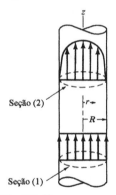

Fig. P5.42

5.42 Água escoa verticalmente no tubo mostrado na Fig. P5.42. O perfil de velocidade na seção (1) é uniforme e na seção (2) é dado por

$$\mathbf{V} = w_c\left(\frac{R-r}{R}\right)^{1/7}\hat{\mathbf{k}}$$

onde $\mathbf{V}$ é o vetor velocidade local, w_c é a velocidade axial na linha de centro, R é o raio do tubo e r é a coordenada radial. Desenvolva uma expressão para a perda de pressão que ocorre entre as seções (1) e (2).

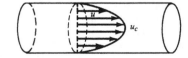

Figura P5.43

5.43 O perfil de velocidade num escoamento laminar e bem desenvolvido é parabólico (veja a Fig. P5.43), ou seja,

$$u = u_c \left[1 - \left(\frac{r}{R}\right)^2\right]$$

Compare o fluxo de quantidade de movimento axial calculado com a velocidade média do escoamento com o fluxo de quantidade de movimento calculado com a distribuição de velocidade fornecida acima.

* 5.44 Calcule o fluxo de quantidade de movimento axial do escoamento de ar descrito no Prob. 5.18. Qual é o erro cometido se utilizarmos a velocidade média axial para calcular o fluxo de quantidade de movimento na direção axial?

5.45 Considere o escoamento transitório no tubo horizontal esboçado na Fig. P5.45. Os perfis de velocidade do escoamento nas seções transversais do tubo são uniformes mas variam ao longo do tempo, ou seja, $V = u(t)\,\hat{i}$. Determine $p_1 - p_2$ utilizando a equação da quantidade de movimento. Mostre que seu resultado está relacionado a equação $F_x = m\,a_x$.

Figura P5.45

5.46 A Fig. 5.46 mostra um barco adequado para atravessar pântanos. O hélice produz um jato de ar com velocidade, relativa ao barco, igual a 26 m/s. O diâmetro da seção transversal efetiva do jato de ar descarregado do hélice é 0,91 m. Sabendo que a temperatura do ar ambiente é 27 °C e que o barco se desloca a 6,1 m/s, determine a força exercida pelo hélice no barco. Considere a situação onde o barco está parado. Qual é, nesta condição, a força exercida pelo hélice no barco?

Figura 5.46

5.47 A Fig. P5.47 mostra um jato incidindo numa cunha. A força necessária para imobilizar a cunha apresenta componentes horizontal e vertical respectivamente iguais a F_H e F_V. Admitindo que os efeitos gravitacionais são desprezíveis e que a velocidade do fluido é constante ao longo de todo o escoamento, determine a razão

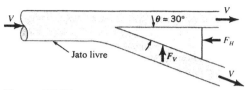

Figura P5.47

entre as componentes da força necessária para imobilizar a cunha, F_H/F_V.

5.48 A Fig. P5.48 mostra o escoamento de água num canal aberto e bidimensional que é defletido por uma placa inclinada. Qual é a força necessária para imobilizar a placa se a velocidade na seção (1) for igual a 3,0 m/s? A distribuição de pressão na seção (1) é a hidrostática e o fluido se comporta como um jato livre na seção (2). Despreze o atrito.

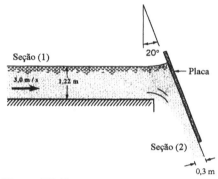

Figura P5.48

+ 5.49 Considere um jogador de baseball apanhando a bola. A Fig. P5.49 mostra como varia o módulo da força exercida pela bola na luva do apanhador. Descreva como esta situação é similar a deflexão de um jato d'água por uma pá. Nota: Analise a frenagem de uma seqüência rápida de bolas de baseball na luva do apanhador.

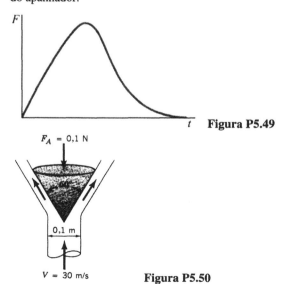

Figura P5.49

Figura P5.50

5.50 A Fig. P5.50 mostra um jato vertical e circular de ar atingindo um defletor cônico. Note que é necessária uma força de 0,1 N para imobilizar o cone. Nestas condições, determine a massa do defletor. Admita que o módulo do vetor velocidade é constante em todo o escoamento.

5.51 A Fig. P5.51 mostra o escoamento de água de um grande tanque para uma bandeja num determinado instante. **(a)** Determine, neste instante, o módulo da força no cabo, T_1, sabendo que a soma do peso da água contida no tanque com o peso do tanque é igual a W_1. **(b)** Determine o módulo da força que sustenta a bandeja, F_2, sabendo que a soma do peso da água contida na bandeja com o peso da bandeja é igual a W_2.

Figura 5.53

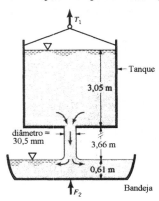

Figura P5.51

5.52 A Fig. P5.52 mostra um jato de ar horizontal incidindo numa placa vertical. O módulo da força necessária para imobilizar a placa é igual a 12 N. Qual é a leitura do manômetro instalado na tubulação de ar? Admita que o escoamento é incompressível e sem atrito.

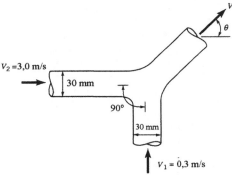

Figura P5.54

5.55 O escoamento de água no trecho de tubulação mostrado na Fig. P5.55 pode ser modelado como incompressível e unidimensional. Os diâmetros internos dos tubos que compõe a tubulação são iguais a 1 m. Determine, para as condições indicadas na figura, as componentes nas direções x e y da força que é exercida no trecho de tubulação. Admita que os efeitos viscosos são desprezíveis.

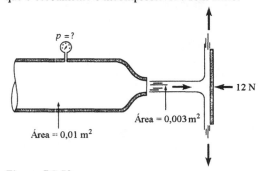

Figura P5.52

+ 5.53 O ⊙ 3.1 e a Fig. P5.53 mostram uma bola de tênis de mesa sustentada por um jato de ar. Por que a bola fica parada? Por que a bola não acompanha o jato?

5.54 A Fig. P5.54 mostra dois jatos incidentes. Os jatos apresentam diâmetros e velocidades iguais. Determine a velocidade V e o ângulo θ do jato formado pelos outros dois. Admita que os efeitos da gravidade são nulos.

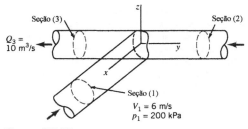

Figura P5.55

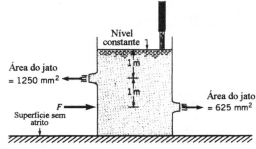

Figura P5.56

5.56 A Fig. P5.56 mostra um tanque sendo carregado com um escoamento vertical. O nível do líquido no tanque é constante e o tanque está apoiado num plano horizontal e que não propicia atrito. Determine o módulo da força horizontal necessária para manter o tanque imóvel. Despreze todas as perdas.

5.57 O tanque esboçado na Fig. P5.57 está apoiado sobre rodas que não apresentam atrito. A vazão em massa de água na tubulação de alimentação do tanque é igual a soma das vazões em massa nos dois tubos que descarregam água do tanque. Admitindo que $F = 0$, determine o diâmetro D de modo que o tanque permaneça estático.

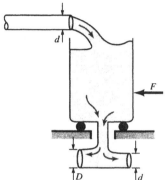

Figura P5.57

5.58 Os quatro dispositivos mostrados na Fig. P5.58 só podem se deslocar na direção indicada e estão apoiados sobre rodas que não apresentam atrito. Inicialmente, todos os dispositivos estão imobilizados. As pressões nas seções de alimentação e descarga dos dispositivos são iguais a atmosférica e todos os escoamentos são incompressíveis. O conteúdo de cada dispositivo é desconhecido. Determine quais dispositivos se deslocarão para a direita, e quais para a esquerda, quando os vínculos que imobilizam os dispositivos forem retirados. Justifique suas respostas.

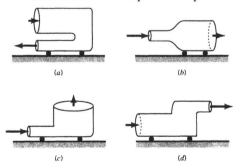

Figura P5.58

5.59 O dispositivo esboçado na Fig. P5.59 descarrega água na atmosfera. Determine o módulo da componente horizontal da força que atua na flange que mantém o dispositivo na posição indicada. Despreze os efeitos gravitacionais e viscosos.

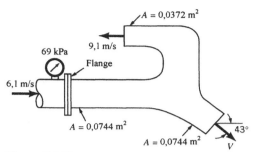

Figura P5.59

5.60 A Fig. P5.60 mostra um jato d'água incidindo numa placa que apresenta massa igual a 1,5 kg. O bocal descarrega a água a 10 m/s e o diâmetro do jato na seção de descarga do bocal é 20 mm. Nestas condições, determine a distância vertical h.

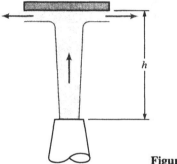

Figura P5.60

5.61 O diâmetro da chaminé mostrada na Fig. P5.61 é 1,22 m e a velocidade dos gases de combustão na seção de descarga da chaminé é igual a 1,83 m/s (veja o ⊙ 5.3). O vento deflete o jato descarregado da chaminé e o escoamento de gases de combustão se torna horizontal com velocidade média igual à àquela do vento (4,57 m/s). Determine o módulo da componente horizontal da força que atua sobre os gases de combustão neste escoamento. Admita que as propriedades dos gases de combustão são iguais àquelas do ar na condição padrão.

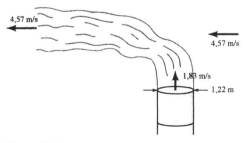

Figura 5.61

5.62 A Fig. P5.162 mostra um bocal com 50 mm de diâmetro descarregando um jato de ar que incide num defletor montado num plano vertical. Note que um tubo de estagnação, conectado a um manômetro com tubo em U, está medindo a pressão de estagnação no jato livre. Determine o módulo da componente horizontal da força exercida pelo jato de ar sobre o defletor. Admita que os efeitos da gravidade e do atrito no escoamento são desprezíveis.

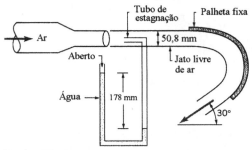

Figura P5.62

+ 5.63 Estime a força exercida pelo jato d'água, gerado numa mangueira de jardim, que incide na carroceria de um automóvel. Faça uma lista com todas as hipóteses utilizadas na solução deste problema.

+ 5.64 Um caminhão que transporta galinhas é muito pesado para atravessar uma ponte. Após um longo estudo, detectou-se que a ponte suportaria, com segurança, o caminhão vazio. O motorista do caminhão sugeriu que uma pessoa poderia ficar espantando as galinhas e mantendo-as voando, dentro do baú do caminhão, durante a travessia da ponte. Nesta condição, o motorista garantiu que a travessia também seria segura. Você concorda com a afirmação do motorista? Justifique sua resposta.

5.65 A Fig. P5.65 mostra um jato de água circular que atinge uma placa plana. Determine a velocidade do jato se uma força de 44,5 N é necessária para manter a placa parada (caso *a*) e permitir que a placa se mova para a direita com uma velocidade constante e igual a 3,0 m/s (caso *b*).

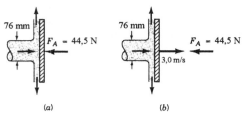

Figura P5.65

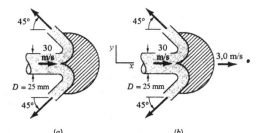

Figura P5.66

5.66 A Fig. P5.66 mostra a interação de um jato horizontal (seção transversal circular) de água com uma pá de uma turbina Pelton (veja o ☉ 5.4). O jato deixa o bocal com velocidade de 30 m/s. Determine a componente na direção *x* da força necessária para imobilizar a pá (caso *a*) e a mesma componente que permite a pá se mover para a direita com uma velocidade constante e igual a 3,0 m/s (caso *b*).

5.67 Qual é a potência transferida para a pá móvel do Prob. 5.66.

5.68 O irrigador rotativo mostrado na Fig. P5.68 é alimentado pela base com uma vazão de 1 litro/s. As áreas das seções transversais dos bocais de descarga do irrigador são iguais a 25,8 mm² e os escoamentos descarregados destes bocais são tangenciais. (**a**) Determine o torque necessário para manter o irrigador imóvel. (**b**) Determine o torque resistente no irrigador sabendo que a parte móvel apresenta rotação igual a 500 rpm. (**c**) Determine a velocidade angular do irrigador se o torque resistente na parte móvel for nulo.

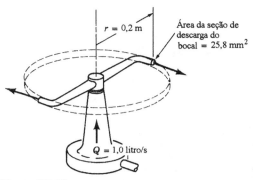

Figura P5.68

5.69 O irrigador rotativo mostrado no ☉ 5.5 e na Fig. P5.69 é alimentado pela base com uma vazão de 5 litros/s. As áreas das seções transversais dos três bocais de descarga do irrigador, normais as direções das velocidades relativas do escoamento, são iguais a 18 mm². Determine o torque necessário para manter o irrigador imóvel e a velocidade angular do irrigador se o torque resistente na parte móvel for nulo. Considere (**a**) $\theta = 0$, (**b**) $\theta = 30°$ e (**c**) $\theta = 60°$.

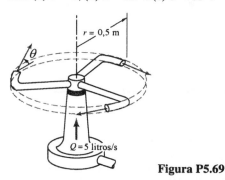

Figura P5.69

+ 5.70 Explique o princípio de funcionamento do irrigador mostrado no ☉ 5.6.

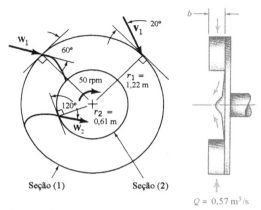

Figura P5.71

5.71 A Fig. P5.71 mostra o esboço do rotor de uma turbina hidráulica. Os raios interno e externo da fileira de pás são respectivamente iguais a 0,61 m e 1,32 m. O ângulo entre o vetor velocidade absoluta na seção de entrada do rotor com a direção tangencial é 20° (veja a figura). O ângulo da pá na seção de entrada do rotor em relação à direção tangencial é igual a 60° e o ângulo na seção de descarga das pás em relação a direção tangencial é 120°. A vazão em massa no rotor é 0,57 m³/s. Determine a altura das pás e a potência disponível no eixo da turbina sabendo que os escoamentos são tangentes as pás nas seções de alimentação e descarga da fileira de pás

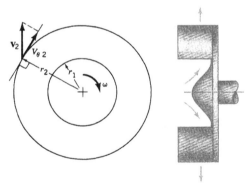

Figura P5.72

5.72 A Fig. P5.72 mostra o esboço do rotor de um soprador que opera com um fluido incompressível. O torque no eixo, T_{eixo}, pode ser estimado com a seguinte relação:

$$T_{eixo} = \dot{m} r_2 V_{\theta 2}$$

onde $\dot{m}$ é a vazão em massa no soprador, r_2 é o raio externo do rotor e $V_{\theta 2}$ é a componente tangencial da velocidade do fluido que deixa o rotor. Mostre quais são as condições para que esta equação seja válida.

5.73 A Fig. P5.73 mostra o esboço de um rotor de uma bomba d'água centrífuga e suas condições normais de operação. Note que o fluido entra no rotor radialmente. Determine qual é o trabalho de eixo por unidade de massa de fluido que escoa nesta bomba.

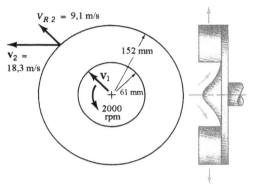

Figura P5.73

5.74 A Fig. P5.74 mostra o esboço e as condições normais de operação do rotor de um ventilador. O diâmetro externo do rotor é 305 mm, o diâmetro interno da fileira de palhetas é 127 mm, o rotor gira a 1725 rpm e a altura das palhetas é constante e igual a 25,4 mm. A vazão em volume, no regime permanente, é 0,108 m³/s e a velocidade absoluta do ar na entrada das palhetas, V_1, é radial. O ângulo de descarga das palhetas, medido em relação à direção tangencial a periferia externa do rotor (veja a figura), é 30°. (a) Determine qual é o ângulo de entrada da palheta adequado (ângulo da palheta na seção de alimentação das palhetas e medido em relação a direção tangencial à periferia interna da fileira de palhetas). (b) Determine qual é a potência necessária para operar o ventilador que utiliza este rotor.

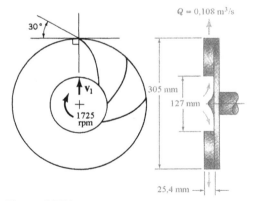

Figura P5.74

5.75 A Fig. P5.75 mostra o esboço de uma bomba axial de gasolina. Note que a bomba é constituída por uma fileira de palhetas rotativas (rotor) seguida por uma fileira de palhetas estacionárias (estator). A gasolina entra no rotor axialmente (sem apresentar quantidade de movimento angular) com velocidade igual a 3 m/s. Os ângulos de entrada e saída das palhetas do rotor são respectivamente iguais a 60° e 45°. A área da seção transversal de escoamento na bomba é constante. Admita que o escoamento é sempre tangencial às palhetas da bomba. Construa os triângulos de velocidade para o escoamento imediatamente a montante e imediatamente a jusante do rotor. Determine os triângulos de velocidade nas mesmas posições do estator (onde o escoamento é axial). Qual é a energia transferida por quilograma de gasolina que escoa na bomba?

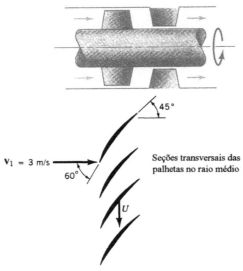

Figura P5.75

5.76 A Fig. P5.76 apresenta o esquema do estágio de uma turbina hidráulica. A rotação do rotor é igual a 1000 rpm. (a) Construa o triângulo de velocidades para os escoamentos nas seções de entrada e saída da fileira de pás do rotor. Utilize **V** para indicar velocidades absolutas, **W** para as velocidades relativas e **U** para indicar a velocidade das pás. Admita que o escoamento entra e sai de cada fileira de pás com os ângulos mostrados na figura. (b) Calcule o trabalho de eixo por unidade de massa que escoa na turbina.

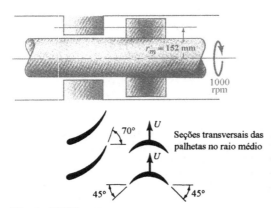

Figura P5.76

5.77 Faça um esboço dos triângulos de velocidade nas seções de alimentação e descarga do

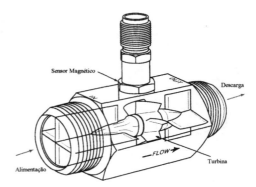

Figura P5.77 (cortesia da EC&G Flow Technology, Inc.)

rotor utilizado no medidor de vazão do tipo turbina mostrado na Fig. P5.77. Mostre que a velocidade angular do rotor é proporcional a velocidade média do fluido.

5.78 Prove que o trabalho de eixo por unidade de massa de fluido que escoa no rotor é dado por

$$w_{liq,e} = \frac{V_2^2 - V_1^2 + U_2^2 - U_1^2 + W_1^2 - W_2^2}{2}$$

onde o subscrito 1 indica que o valor é referente a montante do rotor, o subscrito 2 indica que o valor é referente a jusante do rotor, V é o módulo da velocidade absoluta do escoamento, W é o módulo da velocidade relativa do escoamento e U é a velocidade das pás.

*5.79 A próxima tabela apresenta um conjunto de valores experimentais obtidos no escoamento de ar num ventilador axial de baixa velocidade. Calcule a variação do fluxo axial de quantidade de movimento angular neste escoamento e avalie a potência no eixo do ventilador. Os raios interno e externo do rotor são iguais a 142 e 203 mm e a velocidade angular do rotor é igual a 2400 rpm.

	Montante do rotor		Jusante do rotor	
Raio (mm)	Velocidade axial (m/s)	Velocidade tangencial absoluta (m/s)	Velocidade axial (m/s)	Velocidade tangencial absoluta (m/s)
142	0	0	0	0
148	32,03	0	32,28	12,64
169	32,03	0	32,37	12,24
173	32,04	0	31,78	11,91
185	32,03	0	31,50	11,35
197	31,09	0	29,64	11,66
203	0	0	0	0

5.80 Ar entra num soprador radial com momento da quantidade de movimento nulo e ele o deixa com velocidade absoluta tangencial, V_θ, igual a 30,5 m/s. A velocidade das pás, na seção de descarga do rotor, é 21,3 m/s. Determine a perda de energia disponível neste escoamento sabendo que o aumento de pressão no rotor é igual a 0,69 kPa.

5.81 Água entra no rotor de uma bomba radialmente e ela o deixa com velocidade absoluta tangencial igual a 10 m/s. O diâmetro externo do rotor é 60 mm e o rotor gira a 1800 rpm. Determine a perda de energia disponível no escoamento através do rotor e a eficiência hidráulica da bomba sabendo que o aumento de pressão de estagnação no rotor é igual a 45 kPa.

5.82 Água entra no rotor de uma turbina axial com velocidade absoluta tangencial, V_θ, igual a 4,6 m/s. A velocidade das pás, U, é 15,2 m/s. A água deixa a fileira de pás sem apresentar momento de quantidade de movimento. Determine a eficiência hidráulica da turbina sabendo que a variação de pressão de estagnação na turbina é igual a 82,7 kPa.

5.83 A Fig. P5.83 mostra o esboço de uma turbina radial com escoamento "para dentro" e que opera com água. O ângulo do bocal, α_1, é 60° e a velocidade periférica do rotor, U_1, é igual a 9,1 m/s. A razão entre os raios externo e interno do rotor é igual a 2,0. A componente radial do vetor velocidade permanece constante e igual a 6,1 m/s no escoamento através do rotor. O escoamento deixa o rotor pela seção (2) e, nesta seção, o escoamento não apresenta momento da quantidade de movimento. Determine a perda de energia disponível neste escoamento e a eficiência hidráulica da turbina sabendo que a variação de pressão de estagnação no escoamento é igual a 110 kPa.

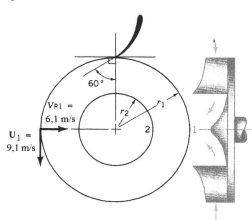

Figura P5.83

5.84 A Fig. P5.83 mostra o esboço de uma turbina radial com escoamento "para dentro" e que opera com ar. O ângulo do bocal, α_1, é 60° e a velocidade periférica do rotor, U_1, é igual a 9,1 m/s. A razão entre os raios externo e interno do rotor é igual a 2,0. A componente radial do vetor velocidade permanece constante e igual a 6,1 m/s no escoamento através do rotor. O escoamento deixa o rotor pela seção (2) e, nesta seção, o escoamento não apresenta momento da quantidade de movimento. Determine a perda de energia disponível neste escoamento e a eficiência aerodinâmica da turbina sabendo que a variação de pressão de estagnação no escoamento é igual a 69 Pa.

5.85 Determine a perda de energia disponível no processo mostrado no ⊙ 5.7.

5.86 Considere um escoamento de água. Qual é a perda de carga necessária para que a temperatura da água suba 0,6 °C?

5.87 A largura e a vazão de um rio são iguais a 30,5 m e 68 m³/s. A Fig. P5.87 mostra uma região deste rio onde existe uma pilha de pedras no fundo do rio. Considerando as condições operacionais indicadas na figura, determine a perda de carga associada ao escoamento através da pilha de pedras.

Figura P5.87

5.88 A potência do motor que aciona o ventilador axial mostrado na Fig. P5.88 é 560 W. O diâmetro do duto e a velocidade média do escoamento de ar produzido pelo ventilador são iguais a 610 mm e 12,2 m/s. Determine o rendimento do ventilador e o módulo da força que atua nos suportes da tubulação onde está montado o ventilador.

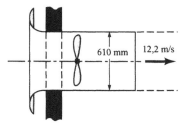

Figura P5.88

5.89 Ar escoa em torno de um objeto do modo indicado na Fig. P5.89. O diâmetro do tubo que envolve o objeto é 2 m e o ar é descarregado do tubo como um jato livre. A velocidade e a pressão a montante do objeto são iguais a 10 m/s e 50 N/m². Observe que o perfil de velocidade a jusante do objeto não é uniforme. (a) Determine a perda de carga para uma partícula fluida que escoa de montante e é descarregada dentro na esteira provocada pela presença do objeto. (b) Determine o módulo da força que atua no objeto. Admita que a tensão de cisalhamento na parede do tubo é nula e que a seção transversal do escoamento na esteira é circular.

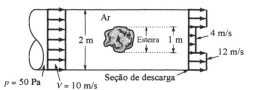

Figura P5.89

5.90 Óleo (densidade = SG = 0,9) escoa para baixo na contração axissimétrica mostrada na Fig. P5.90. Se o manômetro de mercúrio indica uma leitura, h, igual a 120 mm, determine a vazão em volume na contração. Admita que os efeitos do atrito são desprezíveis. A vazão real é maior ou menor do que a calculada com esta hipótese? Explique.

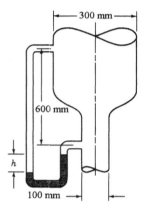

Figura P5.90

5.91 Um líquido incompressível escoa no tubo mostrado na Fig. P5.91. Admitindo que o regime de escoamento é o permanente, determine o sentido do escoamento e a perda de carga no escoamento entre as seções onde estão instalados os manômetros.

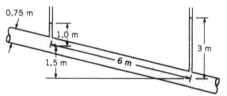

Figura P5.91

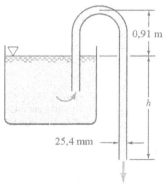

Figura P5.92

5.92 Um sifão é utilizado para retirar água a 20 °C de um grande reservatório (veja a Fig. P5.92). Mostre que é possível variar a vazão na mangueira alterando-se o comprimento do sifão abaixo do nível de líquido (h). Determine a vazão máxima na mangueira admitindo que os efeitos do atrito no escoamento são desprezíveis. A condição que limita a operação do sifão é a cavitação no escoamento. A vazão máxima na mangueira que você calculou é maior, ou menor, do que a vazão real no sifão? Justifique sua resposta.

5.93 A Fig. P5.93 mostra o esquema de um sifão que opera com água. Se a perda por atrito entre os pontos A e B do escoamento é $0,6V^2/2$, onde V é a velocidade do escoamento na mangueira, determine a vazão na mangueira que transporta água.

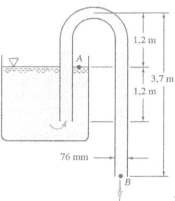

Figura P5.93

+ 5.94 Estime a pressão na seção de alimentação da bomba axial mostrada na Fig. P5.94. Esta pressão é maior, ou menor, do que a atmosférica? Quais aspectos devem ser levados em consideração no projeto deste tipo de bomba para evitar a ocorrência de cavitação no escoamento.

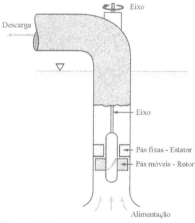

Figura P5.94

5.95 Água escoa no tubo vertical mostrado na Fig. P5.95. O escoamento é "para cima" ou "para baixo". Justifique sua resposta.

5.96 Um bocal para mangueiras de incêndio é projetado para lançar um jato vertical com altura de 30 m. Calcule a pressão de estagnação necessária na seção de alimentação do bocal admitindo que (**a**) a perda no escoamento é nula e (**b**) a perda no escoamento é igual a 30 N·m/kg.

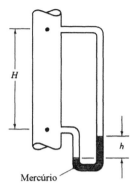

Figura P5.95

5.97 Determine a perda de energia disponível no escoamento entre as seções (1) e (2) do cotovelo mostrado na Fig. P5.97. Qual é a perda de energia disponível no escoamento entre a seção (2) e o local onde a água atinge o repouso?

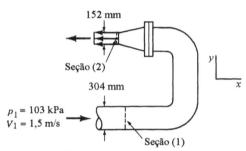

Figura P5.97

5.98 A condição de funcionamento do motor de um automóvel será maximizada se a pressão na interface entre o coletor de escapamento e o bloco do motor for minimizada. Mostre como as reduções das perdas no coletor de escapamento, na tubulação de escapamento e nos silenciosos provocam a diminuição da pressão nesta interface. Como as perdas no sistema de exaustão de gases podem ser reduzidas? Quais são as restrições para a minimização destas perdas?

5.99 Água escoa para cima num tubo vertical. O perfil de velocidade é uniforme na seção de entrada do tubo, seção (1). Na seção de descarga do tubo, seção (2), o perfil de velocidade é dado por

$$\mathbf{V} = w_c \left(\frac{R-r}{R} \right)^{1/7} \hat{\mathbf{k}}$$

onde **V** é o vetor velocidade local do escoamento, w_c é a velocidade axial na linha de centro do tubo, R é o raio interno do tubo e r é a coordenada radial medida a partir da linha de centro. Desenvolva uma expressão para a perda de energia disponível que ocorre entre as seções (1) e (2).

5.100 Mostre quais são as causas das perdas de energia disponível nos escoamentos e as discuta.

5.101 Reconsidere o escoamento no tubo mostrado na Fig. P5.91. Admita que o fluido que escoa no tubo é água e considere o trecho de tubo delimitado pelas seções onde estão instalados os manômetros. Determine o módulo das componentes axial e normal da força que atua sobre a água que escoa neste trecho de tubo.

5.102 Água escoa no tubo inclinado mostrado na Fig. P5.102. Determine: (**a**) A diferença entre as pressões p_1 e p_2. (**b**) A perda no escoamento entre as seções (1) e (2). (**c**) A força líquida axial exercida pelo tubo sobre a água entre as seções (1) e (2).

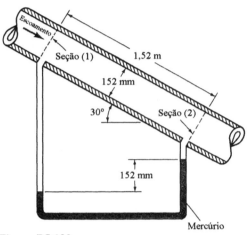

Figura P5.102

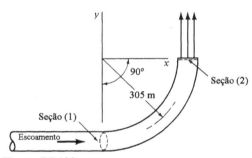

Figura P5.103

5.103 A vazão de água no trecho de tubulação horizontal mostrado na Fig. P5.103 é 1,42 m³/s. O diâmetro dos elementos da tubulação é 0,61 m e a água é descarregada da tubulação na atmosfera ($p = 1,013$ bar (abs)). A perda de pressão, devida ao atrito no escoamento, entre as seções (1) e (2) é igual a 1,72 bar. Determine as componentes nas direções x e y da força exercida pela água sobre a trecho de tubulação limitado pelas seções (1) e (2).

5.104 A perda de energia disponível no escoamento numa expansão axissimétrica (veja a Fig. P5.104), perda$_{ex}$, pode ser calculada com

$$\text{perda}_{ex} = \left(1 - \frac{A_1}{A_2} \right)^2 \frac{V_1^2}{2}$$

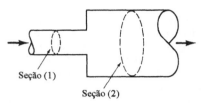

Figura P5.104

onde A_1 é a área da seção transversal a montante da expansão, A_2 é a área da seção transversal a jusante da expansão e V_1 é a velocidade do escoamento a montante da expansão. Derive esta relação.

5.105 A Fig. P5.105 mostra o esboço de um ressalto hidráulico (veja o ⊙ 10.5). Note que a velocidade no canal é reduzida abruptamente durante o ressalto. Utilizando os princípios de conservação da massa e da quantidade de movimento linear, mostre que a expressão para h_2 é

$$h_2 = -\frac{h_1}{2} + \left[\left(\frac{h_1}{2}\right)^2 + \frac{2V_1^2 h_1}{g}\right]^{1/2}$$

A perda de energia disponível no ressalto também pode ser determinada se considerarmos a conservação de energia. Mostre que a expressão para esta perda é

$$\text{perda}_{\text{salto}} = \frac{g(h_2 - h_1)^3}{4 h_1 h_2}$$

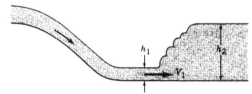

Figura P5.105

5.106 A Fig. P5.106 mostra a colisão de dois jatos d'água. (a) Determine a velocidade V e a direção θ do jato resultante. (b) Determine a perda para uma partícula fluida que escoa de (1) para (3) e para outra partícula que escoa de (2) para (3). Admita que os efeitos da gravidade são desprezíveis.

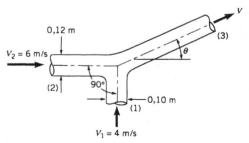

Figura P5.106

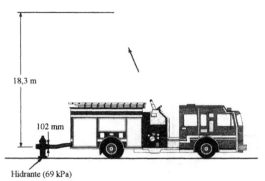

Figura P5.107

5.107 A vazão da bomba instalada no caminhão mostrado na Fig. P5.107 é $4,25 \times 10^{-2}$ m³/s e o jato d'água lançado pelo canhão deve alcançar o plano que dista 18,3 m do hidrante. A pressão da água na seção de alimentação da mangueira, que apresenta diâmetro igual a 102 mm, é 69 kPa. Admitindo que a perda de carga no escoamento é pequena, determine a potência transferida à água pela bomba.

5.108 Qual é a máxima potência que pode ser obtida com a turbina hidroelétrica mostrada na Fig. P5.108?

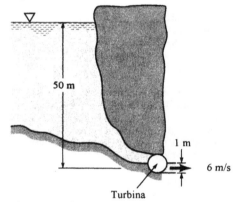

Figura P5.108

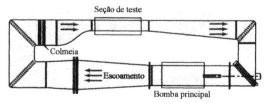

Figura P5.109

5.109 A Fig. P5.109 mostra o esquema de um túnel de água. Na condição de projeto, a perda de carga e a vazão do escoamento são iguais a 4,27 m de coluna d'água e 138,7 m³/s. Estime o valor da potência necessária para acionar a bomba principal do túnel na condição de projeto.

5.110 Determine a perda de energia disponível por unidade de tempo no escoamento entre as seções (1) e

(2) indicadas na Fig. P5.110 sabendo que a potência gerada na turbina hidráulica é igual a 1,86 MW.

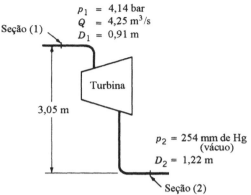

Fig. P5.110

5.111 Uma turbina a vapor é alimentada com vapor d'água a pressão, $p_1 = 27{,}58$ bar (abs), velocidade, $V_1 = 30{,}5$ m/s, e entalpia específica, $\tilde{h}_1 = 3273$ kJ/kg. O fluido deixa a turbina como uma mistura vapor - líquido com uma velocidade, $V_2 = 61{,}0$ m/s, pressão, $p_2 = 13{,}8$ kPa (abs), e apresentando entalpia específica, $\tilde{h}_2$, igual a 2554 kJ/kg. Se o escoamento na turbina for adiabático e a diferença de altura entre as seções de alimentação (1) e descarga (2) da turbina for desprezada, calcule (**a**) o trabalho realizado pelo escoamento por unidade de massa de fluido que escoa na turbina e (**b**) o rendimento da turbina sabendo que o trabalho ideal por unidade de massa é igual a 1086 kJ/kg.

5.112 A pressão de estagnação na seção de entrada do estágio de um compressor é 1,014 bar (abs) e a pressão de estagnação na seção de saída do mesmo estágio é 4,137 bar (abs). A temperatura de estagnação na seção de entrada do estágio é 27 °C. Se a perda de pressão total no estágio de compressão é 69 kPa, estime os aumentos de temperatura de estagnação ideal e real no escoamento através do estágio de compressão. Estime, também, a razão entre o aumento de temperatura ideal e o aumento de temperatura real para obter um valor aproximado do rendimento do estágio de compressão.

+ 5.113 Explique, utilizando o conceito de perda de energia disponível, como opera uma torneira residencial. Analise o funcionamento da torneira da condição "totalmente fechada" até a condição "totalmente aberta".

* 5.114 A próxima tabela apresenta um conjunto de valores experimentais do aumento total de carga em função da vazão em volume obtido no teste de um ventilador. O fluido utilizado no teste do ventilador era ar. Qual será a vazão em volume num sistema de transporte de fluido se utilizarmos este ventilador? Admita que a perda total de carga no sistema de transporte de fluido é descrita por $K_L Q^2$. Considere (**a**) $K_L = 49$ mm H$_2$O/(m³/s)²; (**b**) $K_L = 91$ mm H$_2$O/(m³/s)²; (**c**) $K_L = 140$ mm H$_2$O/(m³/s)².

Q (m³/s)	Aumento total de carga (mm H$_2$O)
0	79
0,14	79
0,28	76
0,42	67
0,57	65
0,71	70
0,85	76
0,99	79
1,13	75
1,27	64

5.115 A Fig. P5.115a mostra água sendo bombeada de um tanque. A perda de carga no escoamento é dada por $1{,}2 V^2/2g$, onde V é a velocidade média do escoamento no tubo. A Fig. P5.115b mostra a curva característica da bomba que está sendo utilizada para retirar água do tanque. Observe que a carga da bomba, h_b, está especificada em m de coluna de água. Determine, para as condições operacionais especificadas, a vazão na tubulação montada a jusante da bomba.

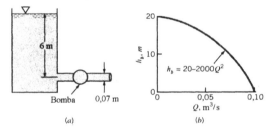

Figura P5.115

5.116 A Fig. P5.116 mostra água escoando de um lago para outro pela ação da gravidade. A vazão de água no conduto é 0,38 m³/min. Qual é a perda de energia detectada neste escoamento? Estime a potência necessária para acionar uma bomba que reverta o escoamento de água. Admita que a vazão na bomba também é igual a 0,38 m³/min e que a perda de energia é igual àquela calculada no primeiro item do problema.

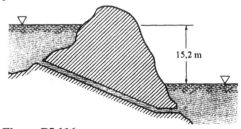

Figura P5.116

5.117 Um ventilador, acionado por um motor que apresenta potência igual a 560 W, produz um jato de ar com diâmetro e velocidade média iguais a

0,61 m e 12,2 m/s. Determine o rendimento deste ventilador.

5.118 A Fig. P5.118 e o ⊙ 5.8 mostram uma aerador. Sabendo que a vazão de água na coluna do aerador é igual a 0,085 m³/s, determine a potência que a bomba transfere ao fluido. Admita que $V_2 = 0$ e que a perda de carga no escoamento de (1) para (2) é igual a 1,22 m de coluna d'água. Determine a perda de carga no escoamento entre (2) e (3) sabendo que a velocidade média em (3) vale 0,61 m/s.

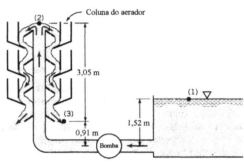

Figura P5.118

5.119 A turbina esboçada na Fig. P5.119 apresenta potência igual a 74,6 kW quando a vazão de água que escoa pela turbina vale 0,57 m³/s. Admitindo que todas as perdas são nulas, determine: **(a)** a cota da superfície livre da água, h; **(b)** a diferença entre a pressão na seção de alimentação e àquela na seção de descarga da turbina e **(c)** a vazão na tubulação horizontal se nós retirarmos a turbina do sistema.

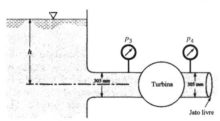

Figura P5.119

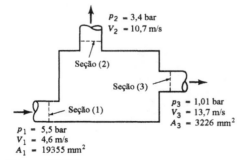

Figura P5.120

5.120 A máquina esquematizada na Fig. P5.120 é alimentada com um líquido, que apresenta massa específica constante e igual a 1030 kg/m³, pela seção (1). Note que o fluido é descarregado da máquina pelas seções (2) e (3). O escoamento na máquina é adiabático, sem atrito e ocorre num plano horizontal. Determine a potência no eixo da máquina utilizando os dados apresentados na figura.

5.121 A vazão de água transportada do reservatório inferior para o superior da Fig. P5.121, pela ação da bomba, é igual a 0,071 m³/s. A perda de energia disponível no escoamento da seção (1) para a seção (2) é dada por 657 $\overline{V}^2/2$ m²/s², onde $\overline{V}$ é a velocidade média do escoamento na tubulação. Determine a potência no eixo da bomba.

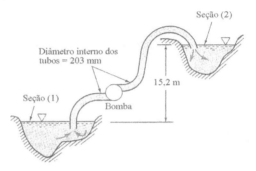

Figura P5.121

5.122 A vazão de óleo no tubo inclinado mostrado na Fig. P5.122 é 0,142 m³/s. Sabendo que a densidade do óleo (SG) é igual a 0,88 e que o manômetro de mercúrio indica uma diferença entre as alturas das superfícies livres do mercúrio igual a 914 mm, determine a potência que a bomba transfere ao óleo. Admita que as perdas de carga são desprezíveis.

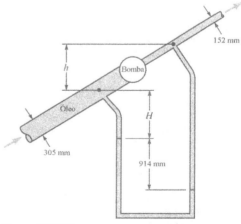

Figura P5.122

+ 5.123 Considere um aspirador de pó parecido com aquele mostrado no ⊙ 5.2. Estime a depressão (vácuo) gerada na boca de sucção do ventilador necessária para operação adequada do aspirador.

5.124 O perfil de velocidade do escoamento turbulento num tubo pode ser aproximado por

$$\frac{u}{u_c} = \left(\frac{R-r}{R}\right)^{1/n}$$

onde u é a velocidade axial local, u_c é a velocidade axial na linha de centro do tubo, R é o raio interno do tubo, r é a coordenada radial medida a partir da linha de centro e n é uma constante. Determine o coeficiente de energia cinética, α, admitindo que (**a**) $n = 5$, (**b**) $n = 6$, (**c**) $n = 7$, (**d**) $n = 8$, (**e**) $n = 9$ e (**f**) $n = 10$.

5.125 A vazão de ar num pequeno ventilador é igual a 6,53 kg/h. O diâmetro do tubo de alimentação do ventilador é 63,5 mm e o escoamento de ar neste tubo é laminar (perfil de velocidade parabólico e coeficiente de energia cinética igual a 2,0). O diâmetro do tubo de descarga do ventilador é 25,4 mm e o escoamento de ar neste tubo é turbulento (perfil de velocidade quase uniforme e coeficiente de energia cinética igual a 1,08). A potência no eixo do ventilador é 0,18 W e o aumento de pressão estática provocado pelo ventilador é igual a 103 Pa. Calcule a perda no escoamento através do ventilador admitindo (**a**) que os perfis de velocidade são uniformes nas seções de alimentação e descarga e (**b**) que os perfis de velocidade são aqueles fornecidos na formulação do problema.

axissimétrico, a força líquida exercida pelo ar sobre a placa, R, é dada por

$$R = 2\pi \int_0^{D/2} pr\,dr$$

onde D é o diâmetro da placa.

A próxima tabela apresenta um conjunto de valores experimentais de h e r. Utilize estes resultados para determinar o valor de R. Note que é necessário utilizar um processo de integração gráfico ou numérico para obter o módulo da força R.

Compare o valor obtido com os dados experimentais com aquele que é obtido com a equação de quantidade de movimento, $R = \rho V^2 A$. Discuta as possíveis razões para a diferença que pode existir entre estes valores.

h (mm)	r (mm)
74,93	0
71,12	10,14
46,48	20,09
31,75	31,55
15,24	40,62
8,38	51,82
3,81	61,21
1,78	72,39
0,76	82,04
0,51	93,22
0	102,0

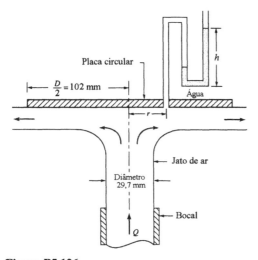

Figura P5.126

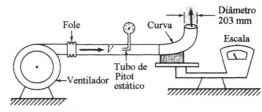

Figura P5.127

5.126 O dispositivo mostrado na Fig. P5.126 é utilizado para determinar a força exercida pelo jato de ar numa placa plana. Ar a 25°C e numa pressão absoluta de 743 mm de Hg escoa do bocal com uma vazão de 0,04 m³/s. O jato de ar incide na placa plana e é defletido em 90° (veja a figura). Um manômetro com água é utilizado para medir a pressão p na placa em função da coordenada radial medida a partir do eixo de simetria da placa. Como o escoamento é

5.127 O dispositivo mostrado na Fig. P5.127 é utilizado para investigar a força necessária para defletir um escoamento de ar. O ventilador força ar a 23 °C e pressão absoluta de 738 mm de Hg numa tubulação de ferro galvanizado com seção transversal circular. Note que a velocidade média do escoamento, V, é determinada com o tubo de Pitot estático. Uma curva, com grande raio de curvatura, está instalada na seção de saída do tubo e defrete o ar em 90°. A curva está apoiada numa balança e o tubo horizontal está conectado ao ventilador através de uma junta flexível em torno da qual o tubo pode girar livremente. A leitura da balança, R, é anulada quando o ventilador está desligado.

A próxima tabela apresenta um conjunto de valores experimentais para V e R. Utilize estes resultados para construir um gráfico da força que o ar exerce na curva em função da velocidade média do escoamento. Construa, no mesmo gráfico, a curva obtida teoricamente com a equação de conservação da quantidade de movimento.

V (m/s)	R (N)
6,1	1,69
7,2	2,36
9,1	3,51
11,0	4,67
12,4	6,14
13,7	7,34
14,7	8,45
15,8	9,74
17,9	12,59
19,1	13,88
20,0	15,03

Compare os resultados experimentais com os teóricos e discuta as possíveis razões para a diferença que pode existir entre estes valores.

5.128 O dispositivo mostrado na Fig. P5.128 é utilizado para investigar a força necessária para defletir um jato de água. O jato d'água, com vazão Q e velocidade V, é defletido pelo anteparo e o ângulo entre a linha de centro do anteparo e os jatos defletidos é θ. O anteparo não pode se movimentar na horizontal. A tensão na mola é ajustada para que a leitura no indicador seja nula quando a vazão de água e o peso W são nulos. O experimento consiste em colocar um peso conhecido no suporte e ajustar a vazão até que a leitura nula seja obtida. A vazão d'água é determinada pelo peso da água consumida no experimento durante o intervalo de tempo t. Assim, $Q = W_a/(\gamma t)$ onde γ é o peso específico da água. As próximas tabelas apresentam conjuntos de valores experimentais de W, W_a e t para $\theta = 90°$ e $\theta = 180°$.

Utilize estes dados para construir um gráfico da força que atua no anteparo, em função da velocidade da água no bocal, referente a $\theta = 90°$ e outro (no mesmo papel) referente a $\theta = 180°$. Construa, no mesmo gráfico, as curvas teóricas correspondentes aos dois casos.

Compare os resultados experimentais com os teóricos e discuta as possíveis razões para a diferença que pode existir entre estes valores.

Resultados referentes a $\theta = 90°$

W (N)	W_a (N)	t (s)
0,196	34,3	26,8
0,685	38,5	18,2
1,174	39,7	12,6
1,664	39,1	10,0
2,157	44,3	10,6

Resultados referentes a $\theta = 180°$

W (N)	W_a (N)	t (s)
0,490	30,3	24,5
0,979	40,0	20,8
2,451	35,1	10,9
3,249	35,5	9,5
3,914	28,3	7,6

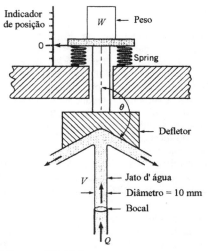

Figura P5.128

Análise Diferencial dos Escoamentos 6

Nós mostramos no capítulo anterior a utilização dos volumes de controle finitos na solução de vários problemas importantes da mecânica dos fluidos. Esta abordagem é muito prática porque, normalmente, não é necessário levar em consideração as variações dos campos de pressão e velocidade existentes no interior do volume de controle na solução do problema (apenas as condições na superfície de controle são importantes para a solução do problema). Nestas condições, os problemas podem ser resolvidos sem o conhecimento detalhado do campo de escoamento. Infelizmente existem muitas situações aonde os detalhes do escoamento são importantes e a abordagem dos volumes de controle finitos não pode fornecer as informações desejadas. Por exemplo, muitas vezes é necessário conhecer como varia a velocidade do escoamento na seção transversal de um tubo ou como a pressão e a tensão de cisalhamento variam ao longo da superfície da asa de um avião. Nestes casos é necessário contar com relações que se aplicam localmente (pontualmente) ou que são válidas, pelo menos, numa região muito pequena (volume infinitesimal). Esta abordagem envolve volumes de controle infinitesimais e é denominada análise diferencial do escoamento (porque as equações que descrevem os escoamentos são equações diferenciais).

Nós apresentaremos neste capítulo o desenvolvimento das equações diferenciais que descrevem detalhadamente os movimentos dos fluidos. Infelizmente, nós também vamos mostrar que estas equações são bastante complicadas e que normalmente não podem ser resolvidas de modo exato (exceto em alguns casos simples). Nós mostraremos que os procedimentos utilizados para obter as informações dos escoamentos não são simples mas a análise diferencial dos escoamentos tem o poder de fornecer informações detalhadas dos escoamentos. É importante ressaltar que esta abordagem é fundamental para o estudo da mecânica dos fluidos. Nós não gostaríamos de desencorajar o leitor neste ponto pois apesar de todas as dificuldades ainda existem soluções analíticas que são muito úteis (nós apresentaremos algumas soluções ao longo deste capítulo). É importante lembrar que as hipóteses simplificadoras são importantes na obtenção das soluções analíticas. Por exemplo, em alguns casos pode ser razoável admitir que os efeitos viscosos são tão pequenos que podem ser desprezados. A adoção desta hipótese simplifica muito a análise dos escoamentos e nos proporciona conhecer a solução detalhada de muitos escoamentos complexos. Nós apresentaremos alguns exemplos de escoamentos invíscidos neste capítulo.

Alguns escoamentos podem ser conceitualmente divididos em duas regiões - uma muito fina e adjacente as fronteiras do sistema aonde os efeitos viscosos são importantes (camada limite) e uma outra região aonde o escoamento é essencialmente invíscido (escoamento externo). Um número muito grande de problemas pode ser resolvido se utilizarmos certas hipóteses sobre o comportamento do fluido na camada fina adjacente às fronteiras e a hipótese de escoamento invíscido fora desta região. Este tipo de escoamento será discutido no Cap. 9. Finalmente é interessante ressaltar que existem vários métodos numéricos para a solução das equações diferenciais que descrevem os escoamentos (estes métodos constituem a base da mecânica dos fluidos computacional). Apesar deste assunto estar fora do escopo deste livro o leitor deve ficar atento aos desenvolvimentos nesta área porque estes métodos nos permitem resolver escoamentos complexos sem a utilização de hipóteses muito restritivas. Nós apresentaremos no final deste capítulo alguns comentários sobre a mecânica dos fluidos computacional.

Nós iniciaremos a apresentação deste capítulo com uma revisão de algumas idéias associadas a cinemática dos fluidos. Estas idéias foram introduzidas no Cap. 4 e formam a base para o desenvolvimento do material que será apresentado neste capítulo, ou seja, a derivação das equações básicas da mecânica dos fluidos (elas são baseadas no princípio de conservação da massa e na segunda lei do movimento de Newton) e a aplicação destas equações em alguns escoamentos.

6.1 Cinemática dos Elementos Fluidos

Nesta seção nós reapresentaremos o modo de descrever matematicamente o movimento das partículas fluidas num campo de escoamento. A Fig. 6.1 mostra uma partícula fluida cúbica que inicialmente ocupa uma determinada posição e que depois de um pequeno intervalo de tempo, δt, ocupa uma outra posição. Normalmente os campos de escoamento são complexos. Assim, é normal que a partícula apresente movimentos adicionais a translação, ou seja, a partícula pode apresentar variação de volume durante o movimento (deformação linear), pode rotacionar e também apresentar uma variação de forma (deformação angular). Apesar destes movimentos e deformações ocorrerem simultaneamente, nós podemos analisá-los separadamente (veja a Fig. 6.1). O motivo para apresentaremos a revisão dos procedimentos utilizados para descrever os campos de velocidade e aceleração é a forte inter-relação que existe entre o movimento da partícula, a deformação da partícula, o campo de velocidade e as variações de velocidade no campo de escoamento.

6.1.1 Campos de Velocidade e Aceleração

O campo de velocidade de um escoamento pode ser descrito especificando-se o vetor velocidade $\mathbf{V}$, ao longo do tempo, em todos os seus pontos (nós já discutimos este fato na Sec. 4.1). Assim, $V(x, y, z, t)$ se estivermos utilizando um sistema de coordenadas retangulares para descrever o escoamento. Isto significa que a velocidade de uma partícula fluida depende de sua posição no campo de escoamento (as coordenadas x, y e z) e do momento em que ela ocupa esta posição (o instante t). Nós vimos na seção 4.1.1 que este método de descrever o movimento do fluidos é denominado método de Euler. É conveniente expressar o vetor velocidade do seguinte modo:

$$\mathbf{V} = u\,\hat{\mathbf{i}} + v\,\hat{\mathbf{j}} + w\,\hat{\mathbf{k}} \qquad (6.1)$$

onde u, v e w são os componentes do vetor velocidade nas direções x, y e z. Note que $\hat{\mathbf{i}}$, $\hat{\mathbf{j}}$, $\hat{\mathbf{k}}$ são os versores nas direções x, y e z. De fato, cada um dos componentes do vetor pode ser uma função de x, y e z e do tempo, t. Um das finalidades da análise diferencial é determinar como variam os componentes do vetor velocidade em função de x, y, z e t.

Nós mostramos na Sec. 4.2.1. que o vetor aceleração de uma partícula fluida é dado por

$$\mathbf{a} = \frac{\partial \mathbf{V}}{\partial t} + u\frac{\partial \mathbf{V}}{\partial x} + v\frac{\partial \mathbf{V}}{\partial y} + w\frac{\partial \mathbf{V}}{\partial z} \qquad (6.2)$$

Já os componentes do vetor aceleração são descritos por

$$a_x = \frac{\partial u}{\partial t} + u\frac{\partial u}{\partial x} + v\frac{\partial u}{\partial y} + w\frac{\partial u}{\partial z} \qquad (6.3a)$$

$$a_y = \frac{\partial v}{\partial t} + u\frac{\partial v}{\partial x} + v\frac{\partial v}{\partial y} + w\frac{\partial v}{\partial z} \qquad (6.3b)$$

$$a_z = \frac{\partial w}{\partial t} + u\frac{\partial w}{\partial x} + v\frac{\partial w}{\partial y} + w\frac{\partial w}{\partial z} \qquad (6.3c)$$

O vetor aceleração também pode ser descrito como

$$\mathbf{a} = \frac{D\mathbf{V}}{Dt} \qquad (6.4)$$

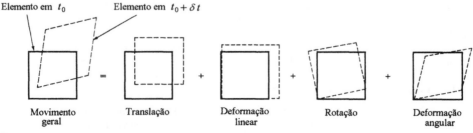

Figura 6.1 Tipos de movimentos e deformações de um elemento fluido.

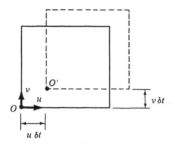

Figura 6.2 Translação de um elemento fluido.

onde o operador

$$\frac{D(\ )}{Dt} = \frac{\partial(\ )}{\partial t} + u\frac{\partial(\ )}{\partial x} + v\frac{\partial(\ )}{\partial y} + w\frac{\partial(\ )}{\partial z} \tag{6.5}$$

é denominado derivada material ou derivada substantiva. Se utilizarmos a notação vetorial,

$$\frac{D(\ )}{Dt} = \frac{\partial(\ )}{\partial t} + (\mathbf{V}\cdot\nabla)(\ ) \tag{6.6}$$

onde o operador gradiente, $\nabla(\ )$, é dado por

$$\nabla(\ ) = \frac{\partial(\ )}{\partial x}\hat{\mathbf{i}} + \frac{\partial(\ )}{\partial y}\hat{\mathbf{j}} + \frac{\partial(\ )}{\partial z}\hat{\mathbf{k}} \tag{6.7}$$

Nós veremos nas próximas seções que o movimento e a deformação do partícula fluida são funções do campo de velocidade. A relação entre o movimento e as forças que promovem o movimento depende do campo de aceleração.

6.1.2 Movimento Linear e Deformação

O tipo mais simples de movimento duma partícula fluida é a translação pura (veja a Fig. 6.2). A partícula localizada inicialmente no ponto O se deslocará para o ponto O' da figura num intervalo de tempo δt. Se todos os pontos da partícula apresentarem a mesma velocidade (o que é verdade se os gradientes de velocidade forem nulos), a partícula transladará de uma posição para outra. Entretanto, se existirem gradientes de velocidade, a partícula normalmente deformará e rotacionará durante o movimento. Por exemplo, considere o efeito do gradiente de velocidade $\partial u/\partial x$ num pequeno cubo com lados δx, δy e δz. A Fig. 6.3a mostra que o componente do vetor velocidade na direção x nos pontos A e C pode ser expresso por $u + (\partial u/\partial x)\delta x$ se o componente na direção x da velocidade nos pontos próximos O e B é igual a u. Esta diferença de velocidades provoca o "esticamento" da partícula fluida. Note que o aumento de volume provocado por este "esticamento", durante o intervalo de tempo δt, é proporcional a $(\partial u/\partial x)(\delta x)(\delta t)$ porque a linha OA deforma para OA' e a linha BC deforma para BC' (veja a Fig. 6.3b). A variação de volume da partícula em relação ao volume original, $\delta \mathcal{V} = \delta x\, \delta y\, \delta z$, é dada por

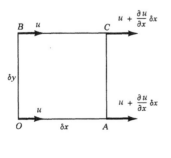
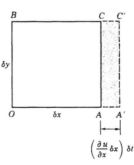

Figura 6.3 Deformação linear de um elemento fluido.

$$\text{Variação em } \delta \mathcal{V} = \left(\frac{\partial u}{\partial x}\delta x\right)(\delta y\, \delta z)(\delta t)$$

e a taxa de variação de volume por unidade de volume devida ao gradiente de velocidade $\partial u / \partial x$ é

$$\frac{1}{\delta \mathcal{V}}\frac{d(\delta \mathcal{V})}{dt} = \lim_{\delta t \to 0}\left[\frac{(\partial u/\partial x)\delta t}{\delta t}\right] = \frac{\partial u}{\partial x} \tag{6.8}$$

É fácil mostrar que a expressão geral para a taxa de variação de volume por unidade de volume é expressa por (note que os gradientes de velocidade $\partial v/\partial y$ e $\partial w/\partial z$ também estão representados na equação)

$$\frac{1}{\delta \mathcal{V}}\frac{d(\delta \mathcal{V})}{dt} = \frac{\partial u}{\partial x} + \frac{\partial v}{\partial y} + \frac{\partial w}{\partial z} = \nabla \cdot \mathbf{V} \tag{6.9}$$

A taxa de variação do volume por unidade de volume é denominada taxa de dilatação volumétrica. Nós mostramos que o volume da partícula fluida pode mudar enquanto ela se desloca de uma posição para outra do campo de escoamento. Entretanto, a taxa de dilatação volumétrica é nula para os fluidos incompressíveis porque o volume da partícula não pode variar sem uma alteração da massa específica do fluido (a massa da partícula fluida precisa ser conservada). As variações de velocidade na direção da velocidade, representadas pelos termos $\partial u/\partial x$, $\partial v/\partial y$ e $\partial w/\partial z$, provocam deformações lineares no elemento fluido pois o formato do elemento não muda durante o seu movimento. As derivadas cruzadas, tais como $\partial u/\partial y$ e $\partial v/\partial x$, provocam a rotação do elemento e, normalmente, induzem uma deformação angular que altera a forma do elemento.

6.1.3 Movimento Angular e Deformação

Para simplificar a análise nós consideraremos que o escoamento ocorre no plano x - y mas os resultados podem ser estendidos para o caso geral. A variação de velocidade que provoca a rotação e a deformação angular está apresentada na Fig. 6.4a (☉ 6.1 – Deformação por cisalhamento). A Fig. 6.4b mostra que os segmentos OA e OB rotacionaram com ângulos $\delta\alpha$ e $\delta\beta$ para as novas posições OA' e OB' no pequeno intervalo de tempo δt. A velocidade angular da linha OA, ω_{OA}, é

$$\omega_{OA} = \lim_{\delta t \to 0}\frac{\delta \alpha}{\delta t}$$

Se o ângulo $\delta\alpha$ é pequeno,

$$\tan\delta\alpha \approx \delta\alpha = \frac{(\partial v/\partial x)\delta x\, \delta t}{\delta x} = \frac{\partial v}{\partial x}\delta t \tag{6.10}$$

e

$$\omega_{OA} = \lim_{\delta t \to 0}\left[\frac{(\partial v/\partial x)\delta t}{\delta t}\right] = \frac{\partial v}{\partial x}$$

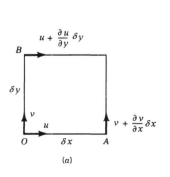
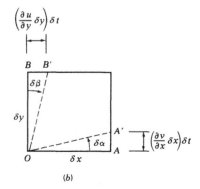

Figura 6.4 Movimento angular e deformação de um elemento fluido.

Note que o sentido de ω_{OA} será anti-horário se $\partial v/\partial x$ for positivo. De modo análogo, a velocidade angular da linha OB é

$$\omega_{OB} = \lim_{\delta t \to 0} \frac{\delta \beta}{\delta t}$$

e

$$\tan \delta\beta \approx \delta\beta = \frac{(\partial u/\partial y)\delta y\, \delta t}{\delta y} = \frac{\partial u}{\partial y}\delta t \tag{6.11}$$

de modo que

$$\omega_{OB} = \lim_{\delta t \to 0}\left[\frac{(\partial u/\partial y)\delta t}{\delta t}\right] = \frac{\partial u}{\partial y}$$

Note que o sentido de ω_{OB} será horário se $\partial u/\partial y$ for positivo. A velocidade angular do elemento em torno do eixo z, ω_z, é definida como a média das velocidades angulares das duas linhas perpendiculares OA e OB, ou seja, igual a média de ω_{OA} com ω_{OB} (ω_z também pode ser interpretado como a velocidade angular do bissetor do ângulo formado pelas linhas OA e OB). Se considerarmos a rotação anti-horária como positiva, temos

$$\omega_z = \frac{1}{2}\left(\frac{\partial v}{\partial x} - \frac{\partial u}{\partial y}\right) \tag{6.12}$$

As rotações da partícula fluida em torno dos dois outros eixos do sistema de coordenadas podem ser analisadas com o mesmo procedimento. Assim, a velocidade angular do elemento em torno do eixo x é

$$\omega_x = \frac{1}{2}\left(\frac{\partial w}{\partial y} - \frac{\partial v}{\partial z}\right) \tag{6.13}$$

e a velocidade angular do elemento em torno do eixo y é dada por

$$\omega_y = \frac{1}{2}\left(\frac{\partial u}{\partial z} - \frac{\partial w}{\partial x}\right) \tag{6.14}$$

Nós podemos agrupar estes três componentes no vetor velocidade angular, ω, ou seja

$$\boldsymbol{\omega} = \omega_x\,\hat{\mathbf{i}} + \omega_y\,\hat{\mathbf{j}} + \omega_z\,\hat{\mathbf{k}} \tag{6.15}$$

Note que ω é igual a metade do rotacional do vetor velocidade,

$$\boldsymbol{\omega} = \frac{1}{2}\operatorname{rot}\mathbf{V} = \frac{1}{2}\nabla\times\mathbf{V} \tag{6.16}$$

porque o resultado da operação $\nabla \times \mathbf{V}$ é

$$\frac{1}{2}\nabla\times\mathbf{V} = \frac{1}{2}\begin{vmatrix} \hat{\mathbf{i}} & \hat{\mathbf{j}} & \hat{\mathbf{k}} \\ \dfrac{\partial}{\partial x} & \dfrac{\partial}{\partial y} & \dfrac{\partial}{\partial z} \\ u & v & w \end{vmatrix}$$

$$= \frac{1}{2}\left(\frac{\partial w}{\partial y} - \frac{\partial v}{\partial z}\right)\hat{\mathbf{i}} + \frac{1}{2}\left(\frac{\partial u}{\partial z} - \frac{\partial w}{\partial x}\right)\hat{\mathbf{j}} + \frac{1}{2}\left(\frac{\partial v}{\partial x} - \frac{\partial u}{\partial y}\right)\hat{\mathbf{k}}$$

O vetor vorticidade, ξ, é definido por

$$\xi = 2\boldsymbol{\omega} = \operatorname{rot}\mathbf{V} = \nabla\times\mathbf{V} \tag{6.17}$$

A utilização da vorticidade para descrever as características rotacionais do fluido elimina o fator (1/2) associado com o vetor velocidade angular.

A Eq. 6.12 mostra que o elemento fluido rotacionará em torno do eixo z como um bloco indeformável (rotação de corpo rígido, i.e., $\omega_{OA} = -\omega_{OB}$) somente se $\partial u/\partial y = -\partial v/\partial x$. Se isto não ocorrer, a rotação estará associada com uma deformação angular. A Eq. 6.12 também mostra que a rotação em torno do eixo z é nula quando $\partial u/\partial y = \partial v/\partial x$. De modo geral, a rotação (e a vorticidade) é nula quando o rot $\mathbf{V} = 0$. Nós denominamos de escoamento irrotacional todos os escoamentos que apresentam rotacional da velocidade nulo em todos os seus pontos. Nós veremos na Sec. 6.4 que a análise de um escoamento é mais simples se ele for irrotacional. Por enquanto não está claro porque um escoamento apresenta rotacional nulo e nós só apresentaremos uma análise cuidadosa deste assunto na Sec. 6.4.

Exemplo 6.1

O campo de velocidade de um escoamento bidimensional é descrito por

$$\mathbf{V} = 4xy\,\hat{\mathbf{i}} + 2(x^2 - y^2)\hat{\mathbf{j}}$$

Este escoamento é irrotacional?

Solução Um escoamento é irrotacional quando o vetor velocidade angular é nulo. Os componentes deste vetor estão especificados nas Eqs. 6.12, 6.13 e 6.14. Os componentes do campo de velocidade fornecido são

$$u = 4xy \qquad v = 2(x^2 - y^2) \qquad w = 0$$

Assim,

$$\omega_x = \frac{1}{2}\left(\frac{\partial w}{\partial y} - \frac{\partial v}{\partial z}\right) = 0$$

$$\omega_y = \frac{1}{2}\left(\frac{\partial u}{\partial z} - \frac{\partial w}{\partial x}\right) = 0$$

$$\omega_z = \frac{1}{2}\left(\frac{\partial v}{\partial x} - \frac{\partial u}{\partial y}\right) = \frac{1}{2}(4x - 4x) = 0$$

Este resultado mostra que o escoamento é irrotacional.

É importante ressaltar que ω_x e ω_y são nulos nos campos de velocidade bidimensionais que ocorrem no plano $x - y$. Isto ocorre porque u e v não dependem de z e também porque w é nulo. Nestes casos, a condição de irrotacionalidade fica restrita a $\omega_z = 0$ ou $\partial u/\partial y = \partial v/\partial x$ (as linhas OA e OB rotacionam com mesma velocidade mas em direções opostas de modo que a rotação do elemento fica nula).

A Fig. 6.4b mostra que as derivadas $\partial u/\partial y$ e $\partial v/\partial x$, além de provocar a rotação do elemento, podem induzir deformações angulares no elemento. Um resultado destas deformações é a alteração da forma do elemento. A variação do ângulo formado pelas linhas OA e OB, que originalmente era reto, é denominada deformação por cisalhamento, $\delta\gamma$ (veja a Fig. 6.4b). Assim,

$$\delta\gamma = \delta\alpha + \delta\beta$$

A deformação por cisalhamento é positiva se ocorrer diminuição do ângulo formado pelas linhas OA e OB. A taxa de variação de $\delta\gamma$ é denominada taxa de deformação por cisalhamento ou taxa de deformação angular e é normalmente representada por $\dot{\gamma}$. Os ângulos $\delta\alpha$ e $\delta\beta$ estão relacionados com os gradientes de velocidade através das Eqs. 6.10 e 6.11. Deste modo,

$$\dot{\gamma} = \lim_{\delta t \to 0}\frac{\delta\gamma}{\delta t} = \lim_{\delta t \to 0}\left[\frac{(\partial v/\partial x)\delta t + (\partial u/\partial y)\delta t}{\delta t}\right]$$

ou

$$\dot{\gamma} = \frac{\partial v}{\partial x} + \frac{\partial u}{\partial y} \qquad (6.18)$$

Nós veremos na Sec. 6.8 que a taxa de deformação angular está relacionada com a tensão de cisalhamento que provoca a mudança de forma do elemento fluido. A Eq. 6.18 mostra a taxa de deformação angular é nula se $\partial u / \partial y = -\partial v / \partial x$. Esta condição corresponde ao caso em que o elemento rotaciona como um bloco rígido (veja a Eq. 6.12). No restante deste capítulo nós veremos como as várias relações cinemáticas desenvolvidas nesta seção são importantes para o desenvolvimento das equações diferenciais que descrevem os movimentos dos fluidos.

6.2 Conservação da Massa

Nós mostramos na Sec. 5.2 que a massa de um sistema, M, permanece constante enquanto o sistema se desloca num campo de escoamento. A formulação matemática deste princípio é

$$\frac{DM_{sis}}{Dt} = 0$$

O material apresentado no Cap. 5 mostrou que é mais conveniente utilizar a abordagem de volume de controle na resolução dos problemas da mecânica dos fluidos. O princípio da conservação da massa adequado a esta abordagem pode ser formulado do seguinte modo:

$$\frac{\partial}{\partial t} \int_{vc} \rho \, d\mathcal{V} + \int_{sc} \rho \mathbf{V} \cdot \hat{\mathbf{n}} \, dA = 0 \qquad (6.19)$$

Esta equação (também conhecida como a equação da continuidade) pode ser aplicada a qualquer volume de controle finito (vc) delimitado por uma superfície de controle (sc). A primeira integral do lado esquerdo da Eq. 6.19 representa a taxa de variação temporal da massa contida no volume de controle e a segunda integral representa o fluxo líquido de massa identificado na superfície de controle. Um dos modos utilizados para obter a forma diferencial da equação da continuidade é baseado na aplicação da Eq. 6.19 a um volume de controle infinitesimal.

6.2.1 Equação da Continuidade na Forma Diferencial

Nós vamos aplicar a Eq. 6.19 ao pequeno volume de controle estacionário indicado na Fig. 6.5a para obter a equação da continuidade na forma diferencial. A massa específica do fluido no centro do volume de controle é ρ e os componentes do vetor velocidade do escoamento, no mesmo ponto, são u, v e w. A taxa de variação da massa contida no volume de controle pode ser expressa do seguinte modo:

$$\frac{\partial}{\partial t} \int_{vc} \rho \, d\mathcal{V} \approx \frac{\partial \rho}{\partial t} \delta x \, \delta y \, \delta x \qquad (6.20)$$

As vazões em massa nas superfícies do elemento vão ser avaliadas separadamente, ou seja, nós vamos tratar individualmente os escoamentos nas direções x, y e z. Por exemplo, o escoamento na direção x está mostrado na Fig. 6.5b. Seja ρu a vazão em massa por unidade de área na direção x no centro do elemento. As vazões em massa por unidade de área nas faces direita e esquerda são

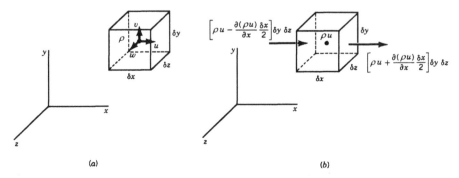

Figura 6.5 Elemento diferencial utilizado para o desenvolvimento da equação da continuidade.

$$\rho u\big|_{x+(\delta x/2)} = \rho u + \frac{\partial(\rho u)}{\partial x}\frac{\delta x}{2} \qquad (6.21)$$

$$\rho u\big|_{x-(\delta x/2)} = \rho u - \frac{\partial(\rho u)}{\partial x}\frac{\delta x}{2} \qquad (6.22)$$

Note que nós estamos utilizando apenas o termo de ordem 1 da série de Taylor para a avaliação das vazões em massa nas superfícies laterais do elemento (os termos $(\delta x)^2$, $(\delta x)^3$ e os posteriores foram desprezados). Quando nós multiplicamos os lados direitos das Eqs. 6.21 e 6.22 pela área $\delta y\, \delta z$ nós obtemos as vazões em massa de fluido nas superfícies direita e esquerda do elemento que estamos analisando (veja a Fig. 6.5b). Nós podemos obter a vazão líquida de massa na direção x neste elemento se combinarmos estas duas equações, ou seja,

$$\begin{array}{l}\text{Vazão em massa} \\ \text{líquida na direção } x\end{array} = \left[\rho u + \frac{\partial(\rho u)}{\partial x}\frac{\delta x}{2}\right]\delta y\, \delta z - \left[\rho u - \frac{\partial(\rho u)}{\partial x}\frac{\delta x}{2}\right]\delta y\, \delta z = \frac{\partial(\rho u)}{\partial x}\delta x\, \delta y\, \delta z \qquad (6.23)$$

Até este ponto nós só consideramos o escoamento na direção x para simplificar a análise mas, normalmente, nós também detectamos escoamentos nas direções y e z do elemento. Uma análise similar a realizada para o escoamento na direção x mostra que

$$\begin{array}{l}\text{Vazão em massa} \\ \text{líquida na direção } y\end{array} = \frac{\partial(\rho v)}{\partial y}\delta x\, \delta y\, \delta z \qquad (6.24)$$

e

$$\begin{array}{l}\text{Vazão em massa} \\ \text{líquida na direção } z\end{array} = \frac{\partial(\rho w)}{\partial z}\delta x\, \delta y\, \delta z \qquad (6.25)$$

Assim,

$$\begin{array}{l}\text{Vazão em massa} \\ \text{líquida no elemento}\end{array} = \left[\frac{\partial(\rho u)}{\partial x} + \frac{\partial(\rho v)}{\partial y} + \frac{\partial(\rho w)}{\partial z}\right]\delta x\, \delta y\, \delta z \qquad (6.26)$$

A forma final da equação diferencial da conservação da massa (também conhecida como a equação da continuidade) pode ser obtida com a combinação das Eqs. 6.19, 6.20 e 6.26, ou seja,

$$\frac{\partial \rho}{\partial t} + \frac{\partial(\rho u)}{\partial x} + \frac{\partial(\rho v)}{\partial y} + \frac{\partial(\rho w)}{\partial z} = 0 \qquad (6.27)$$

A equação da continuidade é uma das equações fundamentais da mecânica dos fluidos. Note que a Eq. 6.27 é válida tanto para os escoamentos incompressíveis quanto para os compressíveis. Nós também podemos utilizar a notação vetorial para expressar a Eq. 6.27. Deste modo,

$$\frac{\partial \rho}{\partial t} + \nabla \cdot \rho \mathbf{V} = 0 \qquad (6.28)$$

Se o escoamento é compressível e o regime for o permanente, a Eq. 6.28 fica reduzida a

$$\nabla \cdot \rho \mathbf{V} = 0$$

ou

$$\frac{\partial(\rho u)}{\partial x} + \frac{\partial(\rho v)}{\partial y} + \frac{\partial(\rho w)}{\partial z} = 0 \qquad (6.29)$$

Note que a variação temporal da massa específica não é considerada nesta equação porque o regime do escoamento é o permanente. Agora, se o escoamento for incompressível, a massa específica é constante em todo o campo de escoamento e a Eq. 6.28 fica reduzida a

$$\nabla \cdot \mathbf{V} = 0 \tag{6.30}$$

ou

$$\frac{\partial u}{\partial x} + \frac{\partial v}{\partial y} + \frac{\partial w}{\partial z} = 0 \tag{6.31}$$

A Eq. 6.31 é aplicável tanto a escoamentos incompressíveis em regime permanente quanto a escoamentos incompressíveis em regime transitório. Note que a Eq. 6.31 é igual a Eq. 6.9 (que foi obtida igualando-se a taxa de dilatação volumétrica a zero). Este resultado não é surpreendente porque estas duas relações são baseadas na conservação da massa para fluidos incompressíveis. Entretanto, a expressão para a taxa de dilatação volumétrica foi desenvolvida utilizando a abordagem de sistema enquanto que a Eq. 6.31 foi desenvolvida a partir de uma abordagem Euleriana (volume de controle). No primeiro caso nós estudamos a deformação de uma massa diferencial de fluido e no segundo caso nós analisamos o escoamento num volume de controle diferencial.

Exemplo 6.2

Os componentes do vetor velocidade de um escoamento incompressível e que ocorre em regime permanente são definidos por

$$u = x^2 + y^2 + z^2$$
$$v = xy + yz + z$$
$$w = ?$$

Determine a forma do componente da velocidade na direção z, w, que satisfaça a equação da continuidade.

Solução Para que um campo de velocidade tenha significado físico é necessário que este satisfaça a equação da continuidade. Como o escoamento deste problema é incompressível, a forma adequada desta equação é

$$\frac{\partial u}{\partial x} + \frac{\partial v}{\partial y} + \frac{\partial w}{\partial z} = 0$$

Nós temos que

$$\frac{\partial u}{\partial x} = 2x$$

e

$$\frac{\partial v}{\partial y} = x + z$$

Assim, a derivada de w em relação a z é dada por

$$\frac{\partial w}{\partial z} = -2x - (x + z) = -3x - z$$

Integrando esta equação, temos

$$w = -3xz - \frac{z^2}{2} + f(x, y)$$

O terceiro componente do vetor velocidade não pode ser determinado explicitamente porque a equação da conservação da massa estará satisfeita qualquer que seja a forma da função $f(x, y)$. A forma explícita desta função só será determinada se o campo do escoamento for completamente descrito. Assim, é necessário conhecer alguma informação adicional do campo de velocidades para que seja possível determinar completamente o terceiro componente do vetor velocidade.

6.2.2 Sistema de Coordenadas Cilíndrico Polar

Em muitas situações é mais conveniente utilizar um sistema de coordenadas cilíndrico polar do que um cartesiano. A Fig. 6.6 mostra que o ponto P é localizado por r, θ e z num sistema de

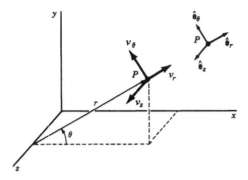

Figura 6.6 Componentes do vetor velocidade no sistema de coordenadas cilíndrico polar.

coordenadas cilíndrico polar. A coordenada r é a distância radial medida a partir do eixo z, θ é o ângulo medido a partir de uma linha paralela ao eixo x (θ é positivo quando o deslocamento é no sentido anti-horário) e z é a coordenada ao longo do eixo z. Os componentes do vetor velocidade, como mostrado na Fig. 6.6, são a velocidade radial v_r, a velocidade tangencial v_θ, e a velocidade axial, v_z. Assim, a velocidade em qualquer ponto arbitrário P pode ser expressa por

$$\mathbf{V} = v_r\,\hat{\mathbf{e}}_r + v_\theta\,\hat{\mathbf{e}}_\theta + v_z\,\hat{\mathbf{e}}_z \qquad (6.32)$$

onde $\hat{\mathbf{e}}_r$, $\hat{\mathbf{e}}_\theta$ e $\hat{\mathbf{e}}_z$ são os versores nas direções r, θ e z. A utilização do sistema de coordenadas cilíndrico polar é conveniente quando a fronteira do escoamento é cilíndrica.

A forma diferencial da equação da continuidade em coordenadas cilíndricas é

$$\frac{\partial \rho}{\partial t} + \frac{1}{r}\frac{\partial(r\rho v_r)}{\partial r} + \frac{1}{r}\frac{\partial(\rho v_\theta)}{\partial \theta} + \frac{\partial(\rho v_z)}{\partial z} = 0 \qquad (6.33)$$

Esta equação também pode ser obtida com o procedimento utilizado na seção anterior (veja o Prob. 6.17). A forma da equação da continuidade adequada para os escoamentos compressíveis e que ocorrem em regime permanente é

$$\frac{1}{r}\frac{\partial(r\rho v_r)}{\partial r} + \frac{1}{r}\frac{\partial(\rho v_\theta)}{\partial \theta} + \frac{\partial(\rho v_z)}{\partial z} = 0 \qquad (6.34)$$

Já a forma adequada da equação da continuidade para os escoamentos incompressíveis é (a equação é válida tanto para o regime permanente quanto para o transitório)

$$\frac{1}{r}\frac{\partial(rv_r)}{\partial r} + \frac{1}{r}\frac{\partial(v_\theta)}{\partial \theta} + \frac{\partial(v_z)}{\partial z} = 0 \qquad (6.35)$$

6.2.3 A Função Corrente

Muitos escoamentos encontrados nas aplicações da engenharia podem ser modelados como bidimensionais planos e incompressíveis. Um escoamento é bidimensional plano quando apenas dois componentes do vetor velocidade são importantes na análise do problema (tal como u e v se o escoamento ocorrer no plano $x - y$). A aplicação da equação da continuidade (Eq. 6.31) a este tipo de escoamento resulta em

$$\frac{\partial u}{\partial x} + \frac{\partial v}{\partial y} = 0 \qquad (6.36)$$

Esta equação sugere que existe uma relação especial entre as velocidades u e v. Se nós definirmos uma função $\psi(x, y)$, denominada função corrente, pelas equações

$$u = \frac{\partial \psi}{\partial y} \qquad v = -\frac{\partial \psi}{\partial x} \qquad (6.37)$$

a equação da continuidade estará sempre satisfeita. Esta conclusão pode ser verificada substituindo as expressões de u e v na Eq. 6.36. Deste modo,

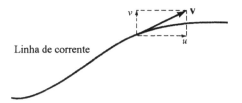

Figura 6.7 Vetor velocidade e suas componentes na linha de corrente.

$$\frac{\partial}{\partial x}\left(\frac{\partial \psi}{\partial y}\right)+\frac{\partial}{\partial y}\left(-\frac{\partial \psi}{\partial x}\right)=\frac{\partial^2 \psi}{\partial x \partial y}-\frac{\partial^2 \psi}{\partial y \partial x}=0$$

Assim, a conservação da massa estará satisfeita se os componentes do vetor velocidade estiverem especificados em função da linha de corrente. De fato, nós ainda não sabemos como determinar a função corrente para um determinado problema mas pelo menos nós simplificamos bastante a análise do escoamento [porque nós devemos determinar apenas a função $\psi(x, y)$ e não as velocidades $u(x, y)$ e $v(x, y)$].

Uma outra vantagem de utilizar a função corrente para descrever os escoamentos está relacionada ao seguinte fato: as linhas onde ψ é constante também são linhas de corrente. Nós vimos na Sec. 4.1.4 que as linhas de corrente são as linhas do escoamento que sempre são tangentes a velocidade (veja a Fig. 6.7). A definição da linha de corrente impõe que a inclinação da linha de corrente em qualquer ponto é dada por

$$\frac{dy}{dx}=\frac{v}{u}$$

A variação no valor de ψ enquanto nós nos movemos de um ponto (x, y) para um ponto próximo $(x + dx, y + dy)$ é dada pela relação

$$d\psi=\frac{\partial \psi}{\partial x}dx+\frac{\partial \psi}{\partial y}dy=-v\,dx+u\,dy$$

Ao longo de uma linha com ψ constante nós temos que $d\psi = 0$. Deste modo,

$$-v\,dx+u\,dy=0$$

Assim, nós mostramos que, ao longo de uma linha com ψ constante,

$$\frac{dy}{dx}=\frac{v}{u}$$

Esta equação define as linhas de corrente. Assim, se conhecermos a função $\psi(x, y)$, nós podemos construir as linhas de ψ constante para fornecer uma família de linhas de corrente que são úteis na visualização do escoamento. Existe um número infinito de linhas de corrente para um determinado campo de escoamento porque é possível construir uma linha de corrente para cada valor de ψ.

O valor numérico associado a uma linha de corrente não tem significado particular mas a variação no valor de ψ está relacionada com a vazão em volume do escoamento. Considere as duas linhas de corrente próximas mostradas na Fig. 6.8a. A linha de corrente inferior é designada por ψ e a superior por $\psi + d\psi$. Seja dq a vazão em volume do escoamento entre as duas linhas de corrente (por unidade de comprimento na direção perpendicular ao plano $x - y$). Lembre que o escoamento nunca atravessa as linhas de corrente (por definição, a velocidade do escoamento é paralela à linha de corrente). A conservação da massa impõe que a vazão dq que entra pela superfície arbitrária AC da Fig. 6.8a precisa ser igual a vazão que sai pelas superfícies AB e BC. Assim,

$$dq = u\,dy - v\,dx$$

ou, em termos da função corrente,

$$dq=\frac{\partial \psi}{\partial y}dy+\frac{\partial \psi}{\partial x}dx \qquad (6.38)$$

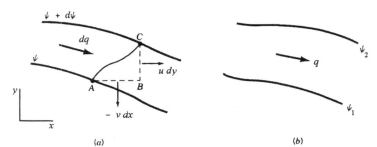

Figura 6.8 O escoamento entre duas linhas de corrente.

O lado direito da Eq. 6.38 é igual a $d\psi$, ou seja,

$$dq = d\psi \tag{6.39}$$

Assim, a vazão em volume, q, entre duas linhas de corrente ψ_1 e ψ_2 da Fig. 6.8b pode ser determinada integrando-se a Eq. 6.39. Assim,

$$q = \int_{\psi_1}^{\psi_2} d\psi = \psi_2 - \psi_1 \tag{6.40}$$

A vazão em volume q é positiva se a linha de corrente superior, ψ_2, apresenta valor maior do que o da linha de corrente inferior, ψ_1, e isto indica que o escoamento ocorre da esquerda para a direita. Se $\psi_1 > \psi_2$, o escoamento ocorre da direita para a esquerda.

A aplicação da equação da continuidade em coordenadas cilíndricas (Eq. 6.35) a um escoamento bidimensional plano e incompressível resulta em

$$\frac{1}{r}\frac{\partial(rv_r)}{\partial r} + \frac{1}{r}\frac{\partial(v_\theta)}{\partial \theta} = 0 \tag{6.41}$$

e os componentes do vetor velocidade v_r e v_θ podem ser relacionados com a função de corrente, $\psi(r, \theta)$, através das equações

$$v_r = \frac{1}{r}\frac{\partial \psi}{\partial \theta} \qquad v_\theta = -\frac{\partial \psi}{\partial r} \tag{6.42}$$

Note que a equação da continuidade, Eq. 6.41, fica automaticamente satisfeita se adotarmos as velocidades indicadas na equação anterior. O conceito de função corrente pode ser estendido a escoamentos axissimétricos, tal como aquele em tubos ou em torno de corpos de revolução, e a escoamentos compressíveis bidimensionais. Entretanto, o conceito não é aplicável a um escoamento tridimensional geral.

Exemplo 6.3

Os componentes do vetor velocidade num campo de escoamento bidimensional e que ocorre em regime permanente são dados por

$$u = 2y$$
$$v = 4x$$

Determine a função de corrente deste escoamento e faça um esquema que apresente algumas linhas de corrente do escoamento. Indique o sentido do escoamento ao longo das linhas de corrente.

Solução Se utilizarmos a definição da função corrente (Eq. 6.37), temos

$$u = \frac{\partial \psi}{\partial y} = 2y \qquad \text{e} \qquad v = -\frac{\partial \psi}{\partial x} = 4x$$

A primeira equação pode ser integrada. Assim,

$$\psi = y^2 + f_1(x)$$

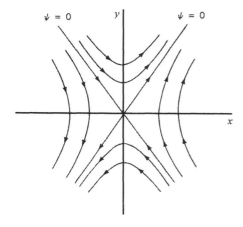

Figura E6.3

onde $f_1(x)$ é uma função arbitrária de x. A integração da segunda equação fornece

$$\psi = -2x^2 + f_2(y)$$

onde $f_2(y)$ é uma função arbitrária de y. Nós devemos agora procurar uma expressão que satisfaça as duas expressões para a função corrente. A função

$$\psi = -2x^2 + y^2 + C$$

satisfaz as duas expressões (C é uma constante arbitrária).

Note que nós podemos utilizar uma constante arbitrária na função corrente porque os componentes do vetor velocidade estão relacionados com as derivadas da função da corrente (o valor da constante é realmente arbitrário). Normalmente nós adotamos $C = 0$. Deste modo, a forma mais simples da linha de corrente deste exemplo é

$$\psi = -2x^2 + y^2 \tag{1}$$

As linhas de corrente podem ser construídas adotando um valor para ψ e desenhando a curva correspondente. O valor de ψ na origem é zero (porque nós adotamos $C = 0$) de modo que a equação da linha de corrente que passa pela origem (a linha $\psi = 0$) é

$$0 = -2x^2 + y^2$$

ou

$$y = \pm\sqrt{2}\, x$$

As outras linhas de corrente podem ser obtidas adotando outros valores para ψ. Rearranjando a Eq. 1 é possível mostrar que as equações das linhas de corrente deste exemplo (para $\psi \neq 0$) podem ser expressas por

$$\frac{y^2}{\psi} - \frac{x^2}{\psi/2} = 1$$

Note que o gráfico desta equação é uma hipérbole. Assim, as linhas de corrente são uma família de hipérboles e as linhas de corrente correspondes a $\psi = 0$ são assíntotas a esta família. A Fig. E6.3 mostra um esquema das linhas de corrente deste exemplo. O sentido do escoamento ao longo das linhas de corrente pode ser facilmente deduzido porque as velocidades podem ser calculadas em qualquer ponto. Por exemplo, $v = -\partial\psi/\partial x = 4x$. Assim, que $v > 0$ para $x > 0$ e $v < 0$ para $x < 0$. Os sentido dos escoamentos nas linhas de corrente também está indicado na Fig. E6.3.

6.3 Conservação da Quantidade de Movimento Linear

Nós podemos utilizar a equação de conservação da quantidade de movimento linear adequada a abordagem de sistema para desenvolver a equação diferencial da quantidade de movimento linear, ou seja,

$$F = \left.\frac{DP}{Dt}\right|_{sis} \quad (6.43)$$

onde **F** é a força resultante que atua na massa fluida, **P** é a quantidade de movimento linear definida por

$$P = \int_{sis} V\, dm$$

e o operador $D(\ )/Dt$ é a derivada material (veja a Sec. 4.2.1). No último capítulo nós mostramos que a equação de conservação da quantidade de movimento adequada a abordagem de volume de controle finitos é

$$\sum F_{\text{conteúdo do volume de controle}} = \frac{\partial}{\partial t}\int_{vc} V\rho\, d\mathcal{V} + \int_{sc} V\rho V\cdot \hat{n}\, dA \quad (6.44)$$

Nós podemos aplicar a Eq. 6.43 a um sistema diferencial ou aplicar a Eq. 6.44 a um volume de controle infinitesimal, que inicialmente contém uma massa δm, para obter a forma diferencial da equação de quantidade de movimento linear. Provavelmente é mais fácil utilizar a abordagem de sistema porque a aplicação da Eq. 6.43 a massa diferencial resulta em

$$\delta F = \frac{D(V\delta m)}{Dt}$$

onde δF é a força resultante que atua em δm. Como a massa do sistema é constante,

$$\delta F = \delta m \frac{DV}{Dt}$$

onde DV/Dt é a aceleração, **a**, do elemento. Assim,

$$\delta F = \delta m\, a \quad (6.45)$$

que é simplesmente a segunda lei de Newton aplicada a massa δm. Este resultado também pode ser obtido aplicando a Eq. 6.44 a um volume de controle infinitesimal (veja a Ref. [1]). O nosso próximo passo será analisar qual é o melhor modo de expressar a força δF.

6.3.1 Descrição das Forças que Atuam no Elemento Diferencial

Nós devemos considerar dois tipos de forças que atuam no elemento fluido: as forças de superfície (que atuam na superfície do elemento) e as forças de campo (que são forças distribuídas que atuam no meio fluido). Nós vamos analisar primeiramente as forças de campo. Neste livro nós só vamos considerar a força de campo devida a aceleração da gravidade, ou seja,

$$\delta F_b = \delta m\, g \quad (6.46)$$

onde **g** é o vetor aceleração da gravidade. Os componentes da equação anterior são

$$\delta F_{bx} = \delta m\, g_x \quad (6.47a)$$

$$\delta F_{by} = \delta m\, g_y \quad (6.47b)$$

$$\delta F_{bz} = \delta m\, g_z \quad (6.47c)$$

onde g_x, g_y e g_z são os componentes do vetor aceleração da gravidade nas direções x, y e z.

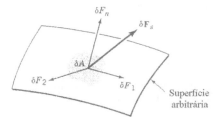

Figura 6.9 Componentes da força que atua numa superfície diferencial arbitrária.

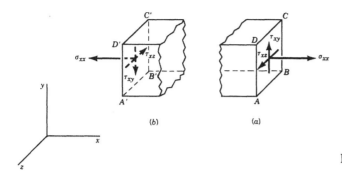

Figura 6.10 Notação para as tensões.

As forças superficiais que atuam no elemento são o resultado da interação do elemento com o meio. Nós podemos modelar esta interação como uma força $\delta \mathbf{F}_s$ que atua numa pequena área δA localizada numa superfície arbitrária situada na massa de fluido (veja a Fig. 6.9). Normalmente $\delta \mathbf{F}_s$ está inclinada em relação a superfície. Assim, nós devemos decompor a força $\delta \mathbf{F}_s$ nas componentes δF_n, δF_1 e δF_2. Note que δF_n é normal à área δA e que δF_1 e δF_2 são paralelos ao plano considerado e mutuamente ortogonais. A tensão normal, σ_n, é definida por

$$\sigma_n = \lim_{\delta A \to 0} \frac{\delta F_n}{\delta A}$$

e as tensões de cisalhamento são definidas por

$$\tau_1 = \lim_{\delta A \to 0} \frac{\delta F_1}{\delta A}$$

e

$$\tau_2 = \lim_{\delta A \to 0} \frac{\delta F_2}{\delta A}$$

Nós vamos utilizar o símbolo σ para representar as tensões normais e o símbolo τ para representar as tensões de cisalhamento. A intensidade da força por unidade de área que atua num ponto do corpo pode ser caracterizada pela tensão normal e por duas tensões de cisalhamento se a orientação da área estiver especificada. Normalmente nós utilizamos um sistema de coordenadas para especificar a posição de uma superfície.

Por exemplo, a Fig. 6.10 mostra que nós vamos considerar as tensões que atuam nos planos paralelos aos planos coordenados do sistema de coordenadas cartesiano. A tensão normal é escrita como σ_{xx} e as tensões de cisalhamento são escritas como τ_{xy} e τ_{xz} no plano $ABCD$ da Fig. 6.10a (que é paralelo ao plano y - z). Nós estamos utilizando dois subíndices para identificar uma tensão que atua na superfície. O primeiro subíndice indica a direção da normal ao plano em que a tensão atua e o segundo subíndice indica a direção em que atua a tensão. Assim, a tensão normal apresenta índices repetidos enquanto que os índices das tensões de cisalhamento são sempre diferentes.

Neste ponto torna-se necessário estabelecer uma convenção de sinais para as tensões. Nós vamos adotar que uma tensão é positiva quando aponta para o sentido positivo do sistema de coordenadas e quando a área, onde atua a tensão, apresenta normal positiva. Todas as tensões mostradas na Fig. 6.10a são positivas porque a normal a superfície $ABCD$ é positiva e as tensões apontam nos sentidos positivos do sistema de coordenadas. Agora, se a normal da superfície é negativa, as tensões serão positivas se apontarem para o sentido negativo do sistema de coordenadas. Todas as tensões indicadas na Fig. 6.10b também são positivas porque a normal da $A'B'C'D'$ é negativa e as tensões apontam para os sentidos negativos dos eixos do sistema de coordenadas. Note que as tensões normais positivas são tensões de tração, ou seja, elas tendem a "esticar" o material.

É importante lembrar que o estado de tensão num ponto do material não está completamente definido se especificarmos apenas os três componentes do "vetor tensão" porque qualquer "vetor tensão" é função da orientação do plano que passa pelo ponto. Entretanto, nós podemos mostrar que as tensões normal e de cisalhamento que atuam em qualquer plano que passa pelo ponto podem ser expressas em função das tensões que atuam em três planos ortogonais que passam pelo ponto (veja a Ref. [2]).

Nós podemos exprimir as forças superficiais que atuam num pequeno elemento cúbico de fluido em função das tensões que atuam nas faces do elemento (veja a Fig. 6.11). Normalmente, as tensões que atuam no fluido variam de ponto para ponto do campo de escoamento. Assim, nós vamos expressar as forças que atuam nas várias faces do elemento em função das tensões que atuam no seu centro e dos gradientes das tensões nas direções do sistema de coordenadas (veja a Fig. 6.11). Nós indicamos na figura apenas as tensões que atuam na direção x e isto foi feito para simplificar a apresentação. Lembre que todas as tensões precisam ser multiplicadas por uma área para que se obtenha uma força. A somatória de todas as forças na direção x fornece

$$\delta F_{sx} = \left(\frac{\partial \sigma_{xx}}{\partial x} + \frac{\partial \tau_{yx}}{\partial y} + \frac{\partial \tau_{zx}}{\partial z} \right) \delta x \delta y \delta z \qquad (6.48a)$$

onde δF_{sx} é a força superficial resultante na direção x. De modo análogo, as forças superficiais resultantes nas direções y e z são dadas por

$$\delta F_{sy} = \left(\frac{\partial \tau_{xy}}{\partial x} + \frac{\partial \sigma_{yy}}{\partial y} + \frac{\partial \tau_{zy}}{\partial z} \right) \delta x \delta y \delta z \qquad (6.48b)$$

e

$$\delta F_{sz} = \left(\frac{\partial \tau_{xz}}{\partial x} + \frac{\partial \tau_{yz}}{\partial y} + \frac{\partial \sigma_{zz}}{\partial z} \right) \delta x \delta y \delta z \qquad (6.48c)$$

A força superficial resultante pode ser expressa por

$$\delta \mathbf{F}_s = \delta F_{sx} \hat{\mathbf{i}} + \delta F_{sy} \hat{\mathbf{j}} + \delta F_{sz} \hat{\mathbf{k}} \qquad (6.49)$$

e esta força pode ser combinada com a força de campo, $\delta \mathbf{F}_b$, para fornecer a força total, $\delta \mathbf{F}$, que atua na massa diferencial δm (i.e., $\delta \mathbf{F} = \delta \mathbf{F}_s + \delta \mathbf{F}_b$).

6.3.2 Equações do Movimento

As equações do movimento podem ser obtidas aplicando as expressões para as forças de campo e de superfície na Eq. 6.45. Deste modo, os três componentes da Eq. 6.45 são

$$\delta F_x = \delta m\, a_x$$
$$\delta F_y = \delta m\, a_y$$
$$\delta F_z = \delta m\, a_z$$

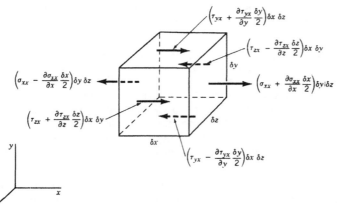

Figura 6.11 Componentes na direção x das forças superficiais que atuam num elemento fluido.

onde $\delta m = \rho \delta x \delta y \delta z$. Se combinarmos estas equações com as Eqs. 6.47, 6.48 e lembrando que os componentes do vetor aceleração estão descritos na Eq. 6.3, temos

$$\rho g_x + \frac{\partial \sigma_{xx}}{\partial x} + \frac{\partial \tau_{yx}}{\partial y} + \frac{\partial \tau_{zx}}{\partial z} = \rho \left(\frac{\partial u}{\partial t} + u\frac{\partial u}{\partial x} + v\frac{\partial u}{\partial y} + w\frac{\partial u}{\partial z} \right) \quad (6.50a)$$

$$\rho g_y + \frac{\partial \tau_{xy}}{\partial x} + \frac{\partial \sigma_{yy}}{\partial y} + \frac{\partial \tau_{zy}}{\partial z} = \rho \left(\frac{\partial v}{\partial t} + u\frac{\partial v}{\partial x} + v\frac{\partial v}{\partial y} + w\frac{\partial v}{\partial z} \right) \quad (6.50b)$$

$$\rho g_z + \frac{\partial \tau_{xz}}{\partial x} + \frac{\partial \tau_{yz}}{\partial y} + \frac{\partial \sigma_{zz}}{\partial z} = \rho \left(\frac{\partial w}{\partial t} + u\frac{\partial w}{\partial x} + v\frac{\partial w}{\partial y} + w\frac{\partial w}{\partial z} \right) \quad (6.50c)$$

Note que o volume do elemento fluido, $\delta x \, \delta y \, \delta z$, não aparece nestas equações.

As equações que compõem a Eq. 6.50 são as equações diferenciais gerais do movimento para um fluido. De fato, elas são aplicáveis a qualquer meio contínuo (sólido ou fluido) em movimento ou em repouso. Entretanto, antes de nós utilizarmos estas equações para resolver problemas específicos, nós devemos estudar melhor as tensões que atuam no meio. Note que, por enquanto, nós temos mais incógnitas (todas as tensões, a velocidade e a massa específica) do que equações.

6.4 Escoamento Invíscido

Nós enfatizamos na Sec. 1.6 que as tensões de cisalhamento presentes nos escoamentos são devidas a viscosidade do fluido. Nós sabemos que a viscosidade de alguns fluidos comuns, como a água e o ar, é muito pequena. Assim, parece razoável admitir que nós podemos desprezar os efeitos da viscosidade (i.e., considerar nulas as tensões de cisalhamento) em alguns escoamentos. Os campos de escoamento que apresentam tensões de cisalhamento desprezíveis são denominados escoamentos invíscidos, não viscosos ou sem atrito. Nós discutimos na Sec. 2.1 que as tensões normais que atuam num ponto do fluido independem da direção (i.e., $\sigma_{xx} = \sigma_{yy} = \sigma_{zz}$) se não existirem tensões de cisalhamento atuando no fluido. Neste caso, nós vamos definir a pressão, p, como a tensão normal com sinal negativo, ou seja

$$-p = \sigma_{xx} = \sigma_{yy} = \sigma_{zz}$$

O sinal negativo é utilizado para que a tensão normal de compressão (é a tensão normal que nós esperamos encontrar nos fluidos) forneça um valor positivo para p.

O conceito de escoamento invíscido foi utilizado para o desenvolvimento da equação de Bernoulli no Cap. 3 e nós também apresentamos várias aplicações importantes desta equação. Nesta seção nós vamos considerar novamente a equação de Bernoulli e também mostraremos como ela pode ser derivada a partir da equação geral do movimento para escoamentos invíscidos.

6.4.1 As Equações do Movimento de Euler

As equações gerais do movimento, Eqs. 6.50, quando aplicadas aos escoamentos invíscidos (onde as tensões de cisalhamento são nulas e as tensões normais podem ser substituída por $-p$), ficam reduzidas a

$$\rho g_x - \frac{\partial p}{\partial x} = \rho \left(\frac{\partial u}{\partial t} + u\frac{\partial u}{\partial x} + v\frac{\partial u}{\partial y} + w\frac{\partial u}{\partial z} \right) \quad (6.51a)$$

$$\rho g_y - \frac{\partial p}{\partial y} = \rho \left(\frac{\partial v}{\partial t} + u\frac{\partial v}{\partial x} + v\frac{\partial v}{\partial y} + w\frac{\partial v}{\partial z} \right) \quad (6.51b)$$

$$\rho g_z - \frac{\partial p}{\partial z} = \rho \left(\frac{\partial w}{\partial t} + u\frac{\partial w}{\partial x} + v\frac{\partial w}{\partial y} + w\frac{\partial w}{\partial z} \right) \quad (6.51c)$$

Estas relações são conhecidas como as equações de Euler para homenagear o matemático suíço Leonhard Euler (1707 - 1783). Euler apresentou os primeiros trabalhos sobre a relação que existe entre a pressão e o escoamento. As equações de Euler na forma vetorial apresenta a seguinte forma:

282 Fundamentos da Mecânica dos Fluidos

$$\rho \mathbf{g} - \nabla p = \rho \left[\frac{\partial \mathbf{V}}{\partial t} + (\mathbf{V} \cdot \nabla) \mathbf{V} \right] \quad (6.52)$$

Apesar das Eqs. 6.51 serem consideravelmente mais simples que as equações gerais do movimento ainda não é possível encontrar um método geral que nos permita determinar como varia a pressão e a velocidade em todos os pontos do campo de escoamento. É importante lembrar que a grande dificuldade para resolver estas equações é devida aos termos de velocidade não lineares que aparecem na aceleração convectiva (tais como $u\,\partial u/\partial x$, $v\,\partial u/\partial y$ etc). Estes termos dão o caracter não linear às equações de Euler e inibem que nós tenhamos um método geral para resolve-las. Entretanto, sob algumas circunstâncias, nós podemos usá-las para obter informações úteis sobre os campos de escoamentos invíscidos. Por exemplo, nós mostraremos na próxima seção que a equação de Bernoulli (uma relação, válida numa linha de corrente, entre a elevação, pressão e velocidade) pode ser obtida a partir da integração, ao longo da linha de corrente, da Eq. 6.52.

6.4.2 A Equação de Bernoulli

Nós derivamos a equação de Bernoulli na Sec. 3.2 aplicando a segunda lei de Newton numa partícula fluida que se desloca ao longo da linha de corrente. Nesta seção nós vamos derivar novamente a equação de Bernoulli mas desta vez nós vamos partir da equação de Euler. De fato, nós temos que obter o mesmo resultado porque a equação de Euler nada mais é do que uma forma da segunda lei de Newton adequada para a resolução de escoamentos. Nós vamos restringir nossa atenção aos escoamentos em regime permanente. Deste modo, a equação de Euler fica reduzida a

$$\rho \mathbf{g} - \nabla p = \rho (\mathbf{V} \cdot \nabla) \mathbf{V} \quad (6.53)$$

Nós desejamos integrar esta equação diferencial ao longo de uma linha de corrente arbitrária (veja a Fig. 6.12). Note que nós escolhemos um sistema de coordenadas com um eixo vertical (o sentido positivo do eixo z é "para cima") e, deste modo, nós podemos exprimir o vetor aceleração da gravidade do seguinte modo:

$$\mathbf{g} = -g\,\nabla z$$

onde g é o módulo do vetor aceleração da gravidade. Se utilizarmos a identidade vetorial

$$(\mathbf{V} \cdot \nabla)\mathbf{V} = \frac{1}{2}\nabla(\mathbf{V} \cdot \mathbf{V}) - \mathbf{V} \times (\nabla \times \mathbf{V})$$

nós podemos transformar a Eq. 6.53 em

$$-\rho g\,\nabla z - \nabla p = \frac{\rho}{2}\nabla(\mathbf{V} \cdot \mathbf{V}) - \rho(\mathbf{V} \times \nabla \times \mathbf{V})$$

Reescrevendo esta equação, temos

$$\frac{\nabla p}{\rho} + \frac{1}{2}\nabla(V^2) + g\nabla z = \mathbf{V} \times (\nabla \times \mathbf{V})$$

O próximo passo consiste em realizar o produto escalar de cada um dos termos da equação pelo comprimento diferencial ds tomado ao longo da linha de corrente (veja a Fig. 6.12). Assim,

$$\frac{\nabla p}{\rho}\cdot ds + \frac{1}{2}\nabla(V^2)\cdot ds + g\nabla z \cdot ds = [\mathbf{V} \times (\nabla \times \mathbf{V})]\cdot ds \quad (6.54)$$

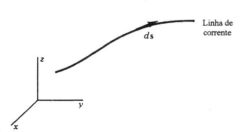

Figura 6.12 Notação para o comprimento diferencial tomado ao longo da linha de corrente.

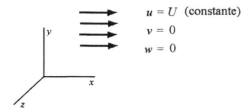

Figura 6.13 Escoamento uniforme na direção x.

Os vetores ds e V são paralelos porque ds apresenta a direção da linha de corrente. Entretanto, o vetor $\mathbf{V} \times (\nabla \times \mathbf{V})$ é perpendicular a $\mathbf{V}$ (por que?), ou seja,

$$[\mathbf{V} \times (\nabla \times \mathbf{V})] \cdot ds = 0$$

Lembre que o produto escalar do gradiente de um escalar por um comprimento diferencial fornece a variação diferencial do escalar na direção do comprimento diferencial. Deste modo, se $ds = dx\,\hat{\mathbf{i}} + dy\,\hat{\mathbf{j}} + dz\,\hat{\mathbf{k}}$, nós podemos escrever que $\nabla p \cdot ds = (\partial p / \partial x)dx + (\partial p / \partial y)dy + (\partial p / \partial z)dz = dp$. Combinando este resultado com a Eq. 6.54, temos

$$\frac{dp}{\rho} + \frac{1}{2}d(V^2) + g\,dz = 0 \tag{6.55}$$

Note que as variações na pressão, velocidade e altura devem ser avaliadas ao longo da linha de corrente. A Eq. 6.55 pode ser integrada e fornecer

$$\int \frac{dp}{\rho} + \frac{V^2}{2} + gz = 0 \tag{6.56}$$

Esta equação indica que a soma dos três termos da equação precisa permanecer constante ao longo da linha de corrente. A Eq. 6.56 é válida para escoamentos incompressíveis e também para os escoamentos compressíveis (mas é necessário conhecer como ρ varia com p antes que seja possível integrar o primeiro termo da equação nos escoamentos compressíveis).

A Eq. 6.56 pode ser reescrita do seguinte modo se o escoamento for invíscido e incompressível (escoamento ideal):

$$\frac{p}{\rho} + \frac{V^2}{2} + gz = \text{constante} \tag{6.57}$$

e esta é a equação de Bernoulli utilizada extensivamente no Cap. 3. É sempre conveniente escrever a Eq. 6.57 entre dois pontos da linha de corrente, (1) e (2), e expressar os termos da equação em termos de carga (basta dividir cada termo da equação por g). Assim,

$$\frac{p_1}{\gamma} + \frac{V_1^2}{2g} + z_1 = \frac{p_2}{\gamma} + \frac{V_2^2}{2g} + z_2 \tag{6.58}$$

Nós devemos enfatizar que a equação de Bernoulli, como expressa pelas Eqs. 6.57 e 6.58, está restrita aos escoamentos ao longo de uma linha de corrente, invíscidos, incompressíveis e que ocorrem em regime permanente. Talvez seja interessante, neste ponto, rever os exemplos sobre a aplicação da equação de Bernoulli apresentados no Cap. 3.

6.4.3 Escoamento Irrotacional

A análise dos escoamentos invíscidos fica mais simples se nós admitirmos que o escoamento é irrotacional. Nós mostramos na Sec. 6.1.3 que a velocidade angular de um elemento fluido é igual a 1/2 rot $\mathbf{V}$ e que um campo de escoamento é irrotacional se rot V = 0. Como a vorticidade, ξ, é definida como rot $\mathbf{V}$, segue que a vorticidade num escoamento irrotacional é nula. O conceito de irrotacionalidade pode parecer um tanto estranho. Porque um campo de velocidade é irrotacional? Nós temos que analisar vários aspectos do escoamento para responder a esta pergunta. Primeiramente, note que cada um dos componente do vetor rot $\mathbf{V}$ deve ser nulo para que o vetor rot $\mathbf{V}$ seja nulo (veja as Eqs. 6.12, 6.13 e 6.14). Como estes componentes incluem vários gradientes de velocidade do campo de escoamento, a condição de irrotacionalidade impõe relações específicas entre os gradientes de velocidade. Por exemplo, se a rotação em torno do eixo z é nula, segue da Eq. 6.12 que

$$\omega_z = \frac{1}{2}\left(\frac{\partial v}{\partial x} - \frac{\partial u}{\partial y}\right) = 0$$

e, assim,

$$\frac{\partial v}{\partial x} = \frac{\partial u}{\partial y} \tag{6.59}$$

De modo análogo, as Eqs. 6.13 e 6.14 fornecem

$$\frac{\partial w}{\partial y} = \frac{\partial v}{\partial z} \tag{6.60}$$

e

$$\frac{\partial u}{\partial z} = \frac{\partial w}{\partial x} \tag{6.61}$$

Um campo de escoamento geral não satisfaz estas três equações. Entretanto, um escoamento uniforme, como o ilustrado na Fig. 6.13, satisfaz estas condições. Como $u = U$ (constante), $v = 0$ e $w = 0$, segue que as Eqs. 6.59, 6.60 e 6.61 estão satisfeitas. Assim, um campo de escoamento uniforme (aonde não existem gradientes de velocidade) é um exemplo de escoamento irrotacional.

Os escoamentos uniformes, por si só, não são muito interessantes. Entretanto, muitos problemas apresentam regiões onde o escoamento é irrotacional (veja a Fig. 6.14). A Fig 6.14a mostra um corpo sólido colocado num escoamento que inicialmente é uniforme. Observe que o escoamento ao longo do corpo continua uniforme. Assim, o escoamento é irrotacional nesta região (o escoamento não é irrotacional na região vizinha ao corpo). A Fig. 6.14b mostra o escoamento na região de entrada de um tubo. O escoamento é descarregado de um grande tanque e entra no tubo suavemente. Note que o escoamento na parte central da região de entrada apresenta perfil de velocidade praticamente uniforme. Assim, nesta região, o escoamento é irrotacional.

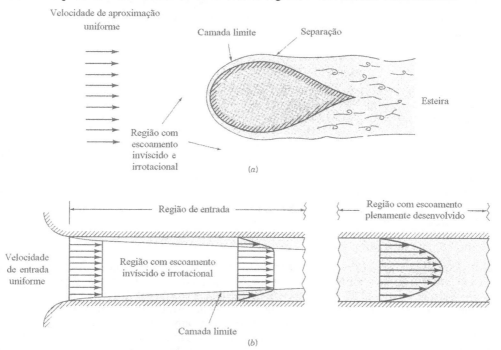

Figura 6.14 Regiões do escoamento: (a) em torno de corpos e (b) em canais.

As tensões de cisalhamento são nulas nos escoamentos invíscidos – as únicas forças que atuam nos elementos fluidos são o peso e as forças de pressão. Note que estas forças não podem provocar a rotação do elemento porque o peso atua no centro de gravidade e as forças de pressão atuam nas direções normais as superfícies do elemento. Por exemplo, considere um escoamento invíscido e que apresenta uma região onde o movimento é irrotacional. Nestas circunstâncias, os elementos fluidos emanados da região irrotacional não apresentarão rotação enquanto escoam pelo resto do campo de escoamento. Este fenômeno está ilustrado na Fig. 6.14a. Note que os elementos fluidos que escoam ao longe do corpo apresentam movimento irrotacional e que o escoamento deixa de ser irrotacional apenas na região adjacente ao corpo. A velocidade do escoamento varia bruscamente nesta região – de zero na fronteira com o corpo (condição de não escorregamento) para algum valor relativamente grande a uma pequena distância da superfície do corpo. Esta mudança brusca de velocidade provoca um gradiente de velocidade na direção normal à fronteira e produz tensões de cisalhamento significativas (mesmo que a viscosidade do fluido seja pequena). De fato, se nós tivéssemos um escoamento verdadeiramente invíscido, o fluido simplesmente escorregaria pela superfície do corpo e o escoamento seria irrotacional em todo o campo de escoamento. Mas isto não ocorre nos escoamentos reais de modo que nós sempre encontraremos uma região (normalmente fina) onde as tensões de cisalhamento não são desprezíveis. Esta região é denominada camada limite. Fora da camada limite o escoamento pode ser tratado como irrotacional. Um outro fenômeno que pode ocorrer é o descolamento da camada limite e a formação de uma esteira na região traseira do corpo imerso. Esta esteira normalmente apresenta velocidades baixas e aleatórias. A análise completa deste tipo de escoamento requer a consideração do escoamento invíscido irrotacional fora da camada limite, a consideração do escoamento viscoso e rotacional na camada limite e de algum procedimento destinado a casar as soluções referentes as duas regiões. Este tipo de análise será considerado no Cap. 9.

A Fig. 6.14b mostra que o escoamento na entrada de um tubo pode apresentar uma região onde o perfil de velocidade é uniforme (desde que a conexão entre o tubo e o reservatório seja suave) e, assim, o escoamento será irrotacional nesta região. Note que a região onde o escoamento permanece irrotacional apresenta um comprimento que não é desprezível. Entretanto, nós também identificamos o crescimento de uma camada limite na parede do tubo. É claro que a espessura da camada limite crescerá até o ponto em que ela preencha o tubo. Assim, para este tipo de escoamento interno, existe uma região de entrada (com centro irrotacional) seguida por uma região onde o escoamento é plenamente desenvolvido (aonde as forças viscosas são preponderantes). Lembre que o escoamento na região plenamente desenvolvida é rotacional. Os detalhes deste tipo de escoamento interno serão analisados no Cap. 8.

Os dois exemplos anteriores ilustram as possíveis aplicações dos escoamentos irrotacionais em situações reais e algumas limitações da aplicação do conceito de irrotacionalidade. Nós ainda vamos desenvolver algumas equações úteis baseadas nas hipóteses de escoamento invíscido, incompressível e irrotacional. É importante ressaltar que é necessário aplicar estas equações com cautela porque as hipóteses utilizadas nas suas derivações são muito restritivas.

6.4.4 A Equação de Bernoulli para Escoamento Irrotacional

Nós integramos a Eq. 6.54 ao longo da linha de corrente para obter a equação de Bernoulli na Sec. 6.4.2. Nós realizamos esta operação ao longo da linha de corrente porque o lado direito da Eq. 6.54 fica nulo nesta condição (ds é paralelo a $\mathbf{V}$ ao longo da linha de corrente), ou seja,

$$[\mathbf{V} \times (\nabla \times \mathbf{V})] \cdot ds = 0$$

Agora, se o escoamento é irrotacional, $\nabla \times \mathbf{V} = 0$, o lado direito da Eq. 6.54 é sempre nulo e independe da direção de ds. Nós vamos seguir o mesmo procedimento utilizado para obter a Eq. 6.55 mas, desta vez, as variações diferenciais de dp, $d(V^2)$ e dz podem ser tomadas em qualquer direção. Deste modo, a integração da Eq. 6.55 fornece

$$\int \frac{dp}{\rho} + \frac{V^2}{2} + g\,z = \text{constante} \tag{6.62}$$

Note que a constante da equação acima é válida para todo o campo de escoamento. Agora, se o escoamento é incompressível e irrotacional, a equação de Bernoulli pode ser escrita como

$$\frac{p_1}{\gamma} + \frac{V_1^2}{2g} + z_1 = \frac{p_2}{\gamma} + \frac{V_2^2}{2g} + z_2 \qquad (6.63)$$

Esta equação pode ser aplicada entre dois pontos quaisquer do campo de escoamento. A forma da Eq. 6.63 é exatamente igual a da Eq. 6.58 mas a última equação só pode ser aplicada entre dois pontos de uma linha de corrente. É importante ressaltar que a aplicação da Eq. 6.63 está limitada a escoamentos invíscidos, incompressíveis, irrotacionais e que ocorrem em regime permanente. Neste ponto é interessante rever o Exemplo 3.19. Observe a diferença entre os resultados obtidos com as aplicações correta e incorreta da equação de Bernoulli num escoamento rotacional.

6.4.5 Potencial de Velocidade

Os gradientes de velocidade nos escoamentos irrotacionais estão relacionados pelas Eqs. 6.59, 6.60 e 6.61. Isto implica que os componentes do vetor velocidade destes escoamentos podem ser expressos a partir de uma função escalar $\phi(x, y, z, t)$, ou seja,

$$u = \frac{\partial \phi}{\partial x} \qquad v = \frac{\partial \phi}{\partial y} \qquad w = \frac{\partial \phi}{\partial z} \qquad (6.64)$$

onde ϕ é denominado potencial de velocidade. A aplicação direta destas expressões para os componentes do vetor velocidade nas Eqs. 6.59, 6.60 e 6.61 comprova que o campo de velocidade definido pela Eq. 6.64 é, de fato, irrotacional. A forma vetorial das Eqs. 6.64 é

$$\mathbf{V} = \nabla \phi \qquad (6.65)$$

de modo que a velocidade num escoamento irrotacional pode ser expressa como o gradiente da função escalar ϕ (potencial de velocidade).

O potencial de velocidade é uma consequência da irrotacionalidade do campo de escoamento enquanto que a função corrente é uma consequência da conservação da massa. É interessante ressaltar que o potencial de velocidade pode ser definido para um escoamento tridimensional geral enquanto que a função corrente está restrita a escoamentos bidimensionais.

A equação de conservação da massa para um escoamento incompressível é

$$\nabla \cdot \mathbf{V} = 0$$

e lembrando que num escoamento irrotacional, $\mathbf{V}$ é igual a $\nabla \phi$, temos

$$\nabla^2 \phi = 0 \qquad (6.66)$$

onde $\nabla^2(\ ) = \nabla \cdot \nabla(\ )$ é o operador Laplaciano. Este operador, em coordenadas cartesianas apresenta a seguinte forma:

$$\frac{\partial^2 \phi}{\partial x^2} + \frac{\partial^2 \phi}{\partial y^2} + \frac{\partial^2 \phi}{\partial z^2} = 0$$

Esta equação diferencial aparece em muitas áreas da engenharia e da física e é conhecida como a equação de Laplace. Os escoamentos invíscidos, incompressíveis e irrotacionais são descritos pela equação de Laplace e este tipo de escoamento normalmente é denominado escoamento potencial. Para tornar completa a formulação matemática de um dado problema é necessário especificar as condições de contorno do problema. Normalmente nós vamos especificar as velocidades do escoamento na fronteira do campo de escoamento que estamos analisando. Assim, se pudermos determinar a função potencial do escoamento, a velocidade em todos os pontos do campo de escoamento pode ser calculada com a Eq. 6.64 e o campo de pressão em todos os pontos pode ser determinado com a equação de Bernoulli (Eq. 6.63). O conceito do potencial de velocidade é aplicável em escoamentos transitórios mas nós vamos restringir nossa atenção aos escoamentos em regime permanente.

Em muitos casos é conveniente trabalhar com um sistema de coordenadas cilíndricas (r, θ e z). O operador gradiente neste sistema de coordenadas é

$$\nabla(\ ) = \frac{\partial(\ )}{\partial r}\hat{\mathbf{e}}_r + \frac{1}{r}\frac{\partial(\ )}{\partial \theta}\hat{\mathbf{e}}_\theta + \frac{\partial(\ )}{\partial z}\hat{\mathbf{e}}_z \quad (6.67)$$

de modo que

$$\nabla \phi = \frac{\partial \phi}{\partial r}\hat{\mathbf{e}}_r + \frac{1}{r}\frac{\partial \phi}{\partial \theta}\hat{\mathbf{e}}_\theta + \frac{\partial \phi}{\partial z}\hat{\mathbf{e}}_z \quad (6.68)$$

onde $\phi = \phi(r, \theta, z)$. Como

$$\mathbf{V} = v_r\,\hat{\mathbf{e}}_r + v_\theta\,\hat{\mathbf{e}}_\theta + v_z\,\hat{\mathbf{e}}_z \quad (6.69)$$

segue que para um escoamento irrotacional ($\mathbf{V} = \nabla \phi$)

$$v_r = \frac{\partial \phi}{\partial r} \qquad v_\theta = \frac{1}{r}\frac{\partial \phi}{\partial \theta} \qquad v_z = \frac{\partial \phi}{\partial z} \quad (6.70)$$

A equação de Laplace em coordenadas cilíndricas é

$$\frac{1}{r}\frac{\partial}{\partial r}\left(r\frac{\partial \phi}{\partial r}\right) + \frac{1}{r^2}\frac{\partial^2 \phi}{\partial \theta^2} + \frac{\partial^2 \phi}{\partial z^2} = 0 \quad (6.71)$$

Exemplo 6.4

O escoamento bidimensional, invíscido e incompressível de um fluido na vizinhança do canto com 90° mostrado na Fig. E6.4a é descrito pela função corrente

$$\psi = 2r^2\,\text{sen}\,2\theta$$

A dimensão de ψ é m²/s e r é medido em metros. (**a**) Determine, se possível, o potencial de velocidade correspondente. (**b**) Calcule a pressão no ponto (2) sabendo que a pressão no ponto (1) – localizado na parede – é 30 kPa. Admita que a massa específica do fluido é 1000 kg/m³ e que o plano $x - y$ é horizontal, ou seja, as elevações dos pontos (1) e (2) são iguais.

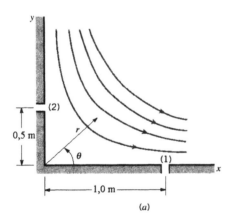

(a)

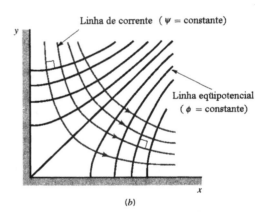

(b)

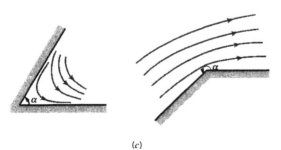

(c)

Figura E.6.4

Solução (a) Os componentes radial e tangencial do vetor velocidade podem ser obtidos a partir da função corrente (veja a Eq. 6.42). Deste modo,

$$v_r = \frac{1}{r}\frac{\partial \psi}{\partial \theta} = 4r\cos 2\theta$$

e

$$v_\theta = -\frac{\partial \psi}{\partial r} = -4r\,\text{sen}\,2\theta$$

Como

$$v_r = \frac{\partial \phi}{\partial r}$$

segue que

$$\frac{\partial \phi}{\partial r} = 4r\cos 2\theta$$

Integrando,

$$\phi = 2r^2 \cos 2\theta + f_1(\theta) \tag{1}$$

onde $f_1(\theta)$ é uma função arbitrária de θ. De modo análogo,

$$v_\theta = \frac{1}{r}\frac{\partial \phi}{\partial \theta} = -4r\,\text{sen}\,2\theta$$

Integrando,

$$\phi = 2r^2 \cos 2\theta + f_2(r) \tag{2}$$

onde $f_2(r)$ é uma função arbitrária de r. O potencial de velocidade precisa apresentar a forma abaixo para que sejam satisfeitas as Eqs. 1 e 2,

$$\phi = 2r^2 \cos 2\theta + C$$

onde C é uma constante arbitrária. O valor específico da constante C não é importante (como no caso da função corrente) e é usual adotarmos $C = 0$. Deste modo, o potencial de velocidade para o escoamento no canto é

$$\phi = 2r^2 \cos 2\theta$$

Nós citamos "se possível" na formulação do problema porque não é sempre possível determinar o potencial de velocidade. A razão para isto é que nós podemos sempre definir uma função linha de corrente para um escoamento bidimensional mas o escoamento deve ser irrotacional para que exista um potencial de velocidade correspondente. Assim, o fato de sermos capazes de determinar o potencial de velocidade é uma conseqüência da irrotacionalidade do escoamento. A Fig. E6.4b mostra algumas linhas de corrente e outras linhas que apresentam ϕ constante. Note que estes dois conjuntos de linhas são ortogonais. A razão para que isto sempre aconteça será apresentada na Sec. 6.5.

(b) O escoamento deste problema é invíscido e irrotacional. Isto implica que é permitido aplicar a equação de Bernoulli entre dois pontos quaisquer do campo de escoamento. Assim,

$$\frac{p_1}{\gamma} + \frac{V_1^2}{2g} = \frac{p_2}{\gamma} + \frac{V_2^2}{2g}$$

ou

$$p_2 = p_1 + \frac{\rho}{2}\left(V_1^2 - V_2^2\right) \tag{3}$$

Lembre que as elevações dos pontos (1) e (2) são iguais. Como

$$V^2 = v_r^2 + v_\theta^2$$

segue que o quadrado do módulo do vetor velocidade no campo de escoamento é dado por

$$V^2 = (4r\cos 2\theta)^2 + (-4r\sen 2\theta)^2$$
$$= 16r^2(\cos^2 2\theta + \sen^2 2\theta) = 16r^2$$

Este resultado indica que o quadrado da velocidade é apenas função da distância radial, r. Assim,
$$V_1^2 = 16 \times 1^2 = 16\,\text{m}^2/\text{s}^2$$
e
$$V_2^2 = 16 \times 0{,}5^2 = 4\,\text{m}^2/\text{s}^2$$

Aplicando estes valores na Eq. 3,
$$p_2 = 30 \times 10^3 + \frac{1000}{2}(16-4) = 36\,\text{kPa}$$

A função corrente utilizada neste exemplo também pode ser expressa em coordenadas cartesianas. Assim,
$$\psi = 2r^2\sen 2\theta = 4r^2\sen\theta\cos\theta$$
ou
$$\psi = 4xy$$

porque $x = r\cos\theta$ e $y = r\sen\theta$. Entretanto é mais interessante trabalhar com as coordenadas cilíndricas porque os resultados obtidos podem ser generalizados para descrever o escoamento na vizinhança de um canto com ângulo α (veja a Fig. E6.4c). Esta generalização resulta em
$$\psi = Ar^{\pi/\alpha}\sen\frac{\pi\theta}{\alpha}$$
e
$$\phi = Ar^{\pi/\alpha}\cos\frac{\pi\theta}{\alpha}$$

onde A é uma constante.

6.5 Escoamentos Potenciais Planos

O maior atrativo da equação de Laplace é sua linearidade. Observe que, devido a natureza linear da equação, nós podemos somar várias soluções para obter uma outra solução, ou seja, se $\phi_1(x, y, z)$ e $\phi_2(x, y, z)$ são duas soluções da equação de Laplace então $\phi_3 = \phi_1 + \phi_2$ também é solução da equação de Laplace (este procedimento é conhecido como o princípio da superposição). Assim, se nós conhecermos certas soluções básicas nós podemos combiná-las para obter outras soluções de problemas mais complicados e interessantes. Nesta seção nós apresentaremos alguns potenciais de velocidade básicos (que descrevem escoamentos relativamente simples) e na próxima seção nós obteremos a solução de problemas mais complexos a partir da superposição das soluções básicas.

Para simplificar a apresentação nós só consideraremos os escoamentos planos (bidimensionais). Nestes casos, as relações entre as velocidades e o potencial de velocidade, em coordenadas cartesianas, são

$$u = \frac{\partial\phi}{\partial x} \qquad v = \frac{\partial\phi}{\partial y} \tag{6.72}$$

Agora, se o problema for melhor expresso em coordenadas cilíndricas, temos

$$v_r = \frac{\partial\phi}{\partial r} \qquad v_\theta = \frac{1}{r}\frac{\partial\phi}{\partial\theta} \tag{6.73}$$

Nós sempre podemos definir uma função corrente para escoamentos bidimensionais, ou seja,

$$u = \frac{\partial\psi}{\partial y} \qquad v = -\frac{\partial\psi}{\partial x} \tag{6.74}$$

e

$$v_r = \frac{1}{r}\frac{\partial \psi}{\partial \theta} \qquad v_\theta = -\frac{\partial \psi}{\partial r} \qquad (6.75)$$

onde a função corrente foi definida pelas Eqs. 6.37 e 6.42. Nós sabemos que o princípio de conservação da massa está automaticamente satisfeito se nós definirmos as velocidades em termos da função corrente. Adicionalmente, se impusermos a condição de irrotacionalidade, segue da Eq. 6.59 que

$$\frac{\partial u}{\partial y} = \frac{\partial v}{\partial x}$$

Se utilizarmos a função corrente,

$$\frac{\partial}{\partial y}\left(\frac{\partial \psi}{\partial y}\right) = \frac{\partial}{\partial x}\left(-\frac{\partial \psi}{\partial x}\right)$$

ou

$$\frac{\partial^2 \psi}{\partial x^2} + \frac{\partial^2 \psi}{\partial y^2} = 0$$

Este resultado mostra que nós podemos tanto usar a função corrente quanto o potencial de velocidade se o escoamento for irrotacional porque estas duas funções satisfazem a equação de Laplace bidimensional. Estes resultado também mostra que o potencial de velocidade e a função corrente são relacionadas. Nós já mostramos que as linhas de ψ constante são linhas de corrente, ou seja,

$$\left.\frac{dy}{dx}\right|_{\psi=\text{constante}} = \frac{v}{u} \qquad (6.76)$$

A variação de ϕ relativa ao deslocamento do ponto (x, y) para um ponto próximo $(x + dx, y + dy)$ é dada pela relação:

$$d\phi = \frac{\partial \phi}{\partial x}dx + \frac{\partial \phi}{\partial y}dy = u\,dx + v\,dy$$

Ao longo de uma linha com ψ constante nós temos que $d\psi = 0$. Este resultado implica em

$$\left.\frac{dy}{dx}\right|_{\phi=\text{constante}} = -\frac{u}{v} \qquad (6.77)$$

As Eqs. 6.76 e 6.77 mostram que as linhas de ϕ constante (denominadas linhas equipotenciais) são ortogonais as linhas de ψ constante (linhas de corrente) em todos os pontos onde as linhas se interceptam (lembre que duas linhas são ortogonais se o produto de suas inclinações é igual a -1). Nós podemos construir uma "rede de escoamento" baseada nas linhas de

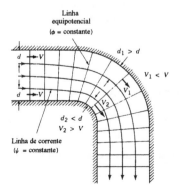

Figura 6.15 Rede de escoamento numa curva de 90° (reprodução autorizada, Ref. [3]).

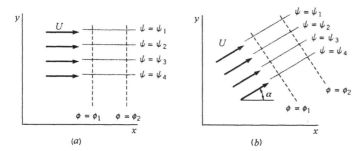

Figura 6.16 Escoamento uniforme: (a) na direção x e (b) numa direção arbitrária.

corrente e equipotenciais para qualquer escoamento potencial plano. Esta rede é muito útil na visualização do escoamento e também pode ser usada para obter uma solução gráfica aproximada dos escoamentos. O procedimento gráfico consiste em esboçar as linhas de corrente e as equipotenciais e ajustar todas as linhas até que elas se tornem aproximadamente ortogonais em todos os pontos onde elas se interceptam. A Fig. 6.15 mostra um exemplo desta rede. As velocidades podem ser estimadas a partir da "rede de escoamento" porque a velocidade é inversamente proporcional ao espaçamento das linhas de corrente. Assim, analisando o exemplo da Fig. 6.15, nós podemos concluir que a velocidade ao longo da parte interna da curva será maior do que a velocidade ao longo da parte externa da curva.

6.5.1 Escoamento Uniforme

O escoamento plano mais simples é aquele onde as linhas de corrente são retas paralelas e o módulo da velocidade do escoamento é constante. Este tipo de escoamento é denominado escoamento uniforme. Por exemplo, considere o escoamento uniforme no sentido positivo do eixo x mostrado na Fig. 6.16a. Neste caso, $u = U$, $v = 0$ e o potencial de velocidade é dado por

$$\frac{\partial \phi}{\partial x} = U \qquad \frac{\partial \phi}{\partial y} = 0$$

Integrando estas equações,

$$\phi = Ux + C$$

onde C é uma constante arbitrária que pode ser igualada a zero. Assim, para um escoamento uniforme no sentido positivo do eixo x,

$$\phi = Ux \qquad (6.78)$$

A função corrente correspondente a este potencial pode ser obtida de modo análogo,

$$\frac{\partial \psi}{\partial y} = U \qquad \frac{\partial \psi}{\partial x} = 0$$

e

$$\psi = Uy \qquad (6.79)$$

Estes resultados podem ser generalizados para fornecer o potencial de velocidade e a função corrente para um escoamento uniforme que apresenta um ângulo α em relação ao eixo x (veja a Fig. 6.16b). Para este caso,

$$\phi = U(x\cos\alpha + y\,\text{sen}\,\alpha) \qquad (6.80)$$

e

$$\psi = U(y\cos\alpha - x\,\text{sen}\,\alpha) \qquad (6.81)$$

6.5.2 Fonte e Sorvedouro

A Fig. 6.17 mostra um escoamento radial emanado de uma linha perpendicular ao plano $x - y$ e que passa pela origem do sistema de coordenadas. Seja m a vazão em volume de fluido emanado da fonte por unidade de comprimento da linha. Para satisfazer a conservação da massa, temos

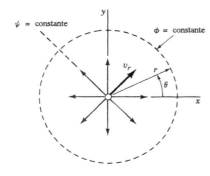

Figura 6.17 Formato das linhas de corrente de uma fonte.

$$(2\pi r)v_r = m$$

ou

$$v_r = \frac{m}{2\pi r}$$

A velocidade tangencial é nula porque o escoamento é radial. O potencial de velocidade deste escoamento pode ser obtido integrando-se as equações

$$\frac{\partial \phi}{\partial r} = \frac{m}{2\pi r} \qquad \frac{1}{r}\frac{\partial \phi}{\partial \theta} = 0$$

Assim,

$$\phi = \frac{m}{2\pi} \ln r \qquad (6.82)$$

O escoamento radial é dirigido "para fora" da linha se m é positivo e este escoamento é denominado fonte. Se m é negativo, o escoamento radial é dirigido para a linha e o escoamento é denominado sorvedouro. A vazão em volume por unidade de comprimento, m, é a intensidade da fonte ou do sorvedouro.

Note que a velocidade do escoamento se torna infinita na origem, $r = 0$, e que isto é fisicamente impossível. Assim, as fontes e sorvedouros não existem e as linhas que representam as fontes e os sorvedouros são uma singularidade matemática no campo de escoamento. Entretanto, algumas regiões dos escoamentos reais podem ser aproximadas utilizando as fontes e sorvedouros mas estas regiões devem estar afastadas das singularidades. O potencial de velocidade que representa este escoamento hipotético também pode ser combinado com outros potenciais básicos para descrever aproximadamente alguns escoamentos reais. Este procedimento será apresentado na Sec. 6.6.

A função corrente para a fonte pode ser obtida integrando-se as relações

$$\frac{1}{r}\frac{\partial \psi}{\partial \theta} = \frac{m}{2\pi r} \qquad \frac{\partial \psi}{\partial r} = 0$$

Assim,

$$\psi = \frac{m}{2\pi} \theta \qquad (6.83)$$

Esta equação mostra que as linhas de corrente (linhas com ψ constante) são radiais e a Eq. 6.82 mostra que as linhas equipotenciais (linhas com ϕ constante) são círculos concêntricos centrados na origem.

Exemplo 6.5

A Fig. E6.5 mostra um escoamento invíscido e incompressível num canal com forma de cunha. O potencial de velocidade (em m²/s) que descreve aproximadamente este escoamento é

$$\phi = -2 \ln r$$

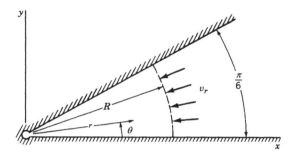

Figura E6.5

Determine a vazão em volume deste escoamento por unidade de comprimento na direção perpendicular ao plano da figura.

Solução Os componentes do vetor velocidade são dados por

$$v_r = \frac{\partial \phi}{\partial r} = -\frac{2}{r} \qquad v_\theta = \frac{1}{r}\frac{\partial \phi}{\partial \theta} = 0$$

o que indica que nós estamos lidando com um escoamento radial puro. A vazão em volume, por unidade de comprimento, que cruza o arco com comprimento $R\pi/6$, q, pode ser obtida pela integração da expressão

$$q = \int_0^{\pi/6} v_r R\, d\theta = -\int_0^{\pi/6} \left(\frac{2}{R}\right) R\, d\theta = -\frac{\pi}{3} = -1{,}05 \text{ m}^3/\text{s}$$

Note que o raio R é arbitrário porque a vazão em volume que cruza qualquer curva entre as duas paredes é constante. O sinal negativo indica que o escoamento é dirigido para a abertura localizada na origem do sistema de coordenadas, ou seja, a origem se comporta como um sorvedouro.

6.5.3 Vórtice

Nós agora vamos considerar o campo de escoamento onde as linhas de corrente são circulares e concêntricas, ou seja, nós vamos permutar o potencial de velocidade e a função corrente que utilizamos para o caso fonte. Deste modo

$$\phi = K\theta \tag{6.84}$$

e

$$\psi = -K \ln r \tag{6.85}$$

onde K é uma constante. Neste caso, as linhas de corrente são círculos concêntricos (veja a Fig. 6.18), $v_r = 0$ e

$$v_\theta = \frac{1}{r}\frac{\partial \phi}{\partial \theta} = -\frac{\partial \psi}{\partial r} = \frac{K}{r} \tag{6.86}$$

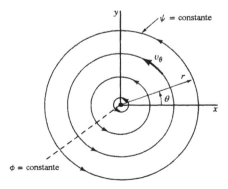

Figura 6.18 Formato das linhas de corrente para um vórtice.

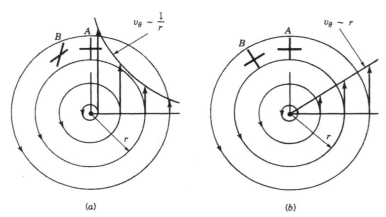

Figura 6.19 Movimento de um elemento fluido de A para B: (a) vórtice livre (irrotacional) e (b) vórtice forçado (rotacional).

O resultado anterior indica que a velocidade tangencial varia inversamente com a distância até a origem e também que existe uma singularidade em $r = 0$ (onde a velocidade se torna infinita).

Pode parecer estranho que o escoamento num vórtice possa ser irrotacional (lembre que a irrotacionalidade é um pré-requisito para que o escoamento tenha um potencial de velocidade). Entretanto, é necessário lembrar que a rotacionalidade se refere a rotação do elemento fluido e não a trajetória seguida pelo elemento. Assim, se instalarmos um par de pequenos indicadores no ponto A de um vórtice irrotacional (veja a Fig. 6.19a) nós detectaríamos uma rotação dos indicadores enquanto eles se deslocam para a posição B. Um dos indicadores, aquele que está alinhado com a linha de corrente, seguirá um caminho circular com rotação no sentido antihorário. O outro indicador vai rodar no sentido horário devido a natureza do campo de escoamento, ou seja, a parte do indicador mais próxima da origem se move mais rapidamente que a outra extremidade. Apesar do movimento de rotação dos dois indicadores, a velocidade angular média dos dois indicadores é nula porque o escoamento é irrotacional.

Se o fluido apresenta rotação de corpo rígido, $v_\theta = K_1 r$, onde K_1 é uma constante, os adesivos colocados no campo de escoamento rotacionariam do modo mostrado na Fig. 6.19b. Este tipo de movimento vortical é rotacional e não pode ser descrito em função de um potencial de velocidade. O vórtice rotacional também é conhecido por vórtice forçado enquanto que o vórtice irrotacional também é conhecido por vórtice livre. O escoamento da água nas proximidades de um ralo de banheira é similar a um vórtice livre enquanto que o movimento do líquido contido num tanque que gira em torno do seu eixo com velocidade angular constante ω corresponde ao vórtice forçado.

Um vórtice combinado é aquele formado por um vórtice central do tipo forçado e uma distribuição de velocidade correspondente a um vórtice livre fora da região central. Assim, para um vórtice combinado,

$$v_\theta = \omega r \qquad r \le r_0 \tag{6.87}$$

e

$$v_\theta = \frac{K}{r} \qquad r > r_0 \tag{6.88}$$

onde K e ω são constantes e r_0 corresponde ao raio da região central do vórtice combinado. A distribuição de pressão no vórtice livre e no forçado foram analisadas no Exemplo 3.3.

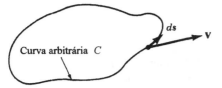

Figura 6.20 Notação para a determinação da circulação numa curva fechada C.

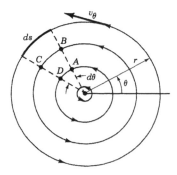

Figura 6.21 Circulação em várias trajetórias de um vórtice livre

A circulação é um conceito matemático normalmente associado ao movimento vortical. A circulação, Γ, é definida como a integral de linha do componente tangencial do vetor velocidade tomada em torno de uma curva fechada C no campo de escoamento. Deste modo,

$$\Gamma = \oint_C \mathbf{V} \cdot d\mathbf{s} \tag{6.89}$$

Note que a integração deve ser realizada no sentido antihorário e que $d\mathbf{s}$ é o comprimento diferencial tomado ao longo da curva (veja a Fig. 6.20). Nós temos que $\mathbf{V} = \nabla \phi$ se o escoamento é irrotacional. Neste caso, $\mathbf{V} \cdot d\mathbf{s} = \nabla \phi \cdot d\mathbf{s} = d\phi$ e

$$\Gamma = \oint_C d\phi = 0$$

Este resultado indica que a circulação é nula nos escoamentos irrotacionais. Entretanto, a circulação não é nula se existirem singularidades dentro da curva de integração. Por exemplo, nós encontramos que $v_\theta = K/r$ num vórtice livre como o mostrado na Fig. 6.21. A circulação em torno de uma trajetória circular de raio r da Fig. 6.21 é

$$\Gamma = \int_0^{2\pi} \frac{K}{r} (r d\theta) = 2\pi K$$

o que mostra que a circulação, neste caso, não é nula e que a constante K é igual a $\Gamma / 2\pi$. Entretanto, a circulação em torno de qualquer curva fechada que não inclua a origem será nula. Isto pode ser facilmente confirmado avaliando a circulação na curva fechada $ABCD$ da Fig. 6.21.

O potencial de velocidade e a função corrente para o vórtice livre normalmente são escritos em função da circulação, ou seja,

$$\phi = \frac{\Gamma}{2\pi} \theta \tag{6.90}$$

e

$$\psi = -\frac{\Gamma}{2\pi} \ln r \tag{6.91}$$

O conceito de circulação é muito utilizado na avaliação das forças desenvolvidas nos corpos imersos em escoamentos. Esta aplicação será considerada na Sec. 6.6.3.

Exemplo 6.6

A Fig. E6.6 mostra um líquido sendo drenado de um grande tanque através de um pequeno orifício (veja também o ☉ 6.2 – Vórtice num bequer). A distribuição de velocidade do escoamento, fora da vizinhança imediata do orifício, pode ser aproximada como a de um vórtice livre que apresenta potencial de velocidade

$$\phi = \frac{\Gamma}{2\pi} \theta$$

Determine uma expressão que relacione o formato da superfície livre do líquido com a circulação do vórtice, Γ.

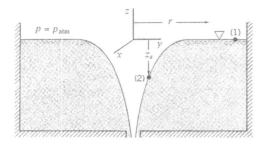

Figura E6.6

Solução O escoamento num vórtice livre é irrotacional. Nesta condição nós podemos aplicar a equação de Bernoulli entre dois pontos quaisquer do campo de escoamento. Assim,

$$\frac{p_1}{\gamma} + \frac{V_1^2}{2g} + z_1 = \frac{p_2}{\gamma} + \frac{V_2^2}{2g} + z_2$$

Nós temos que $p_1 = p_2 = 0$ se os pontos (1) e (2) estiverem na superfície livre do escoamento. Assim,

$$\frac{V_1^2}{2g} = z_s + \frac{V_2^2}{2g} \tag{1}$$

onde z_s é a elevação da superfície livre em relação ao plano horizontal que passa pelo ponto (1).

A velocidade é dada pela equação

$$v_\theta = \frac{1}{r}\frac{\partial \phi}{\partial \theta} = \frac{\Gamma}{2\pi r}$$

Note que $V_1 = v_\theta \approx 0$ quando estamos afastados da origem. Nesta situação a Eq. 1 fornece

$$z_s = -\frac{\Gamma^2}{8\pi^2 r^2 g}$$

que é a equação da superfície livre (o sinal negativo está compatível com a situação mostrada na Fig. E6.6). Lembre que esta solução não é válida na região próxima ao orifício porque a velocidade teórica fica muito grande nesta região.

6.5.4 Dipolo

O último escoamento potencial bidimensional simples que nós analisaremos é aquele obtido pela combinação de uma fonte e um sorvedouro. Considere o par fonte - sumidouro, que apresentam intensidades iguais, mostrado na Fig. 6.22. A função corrente para esta situação é dada por

$$\psi = -\frac{m}{2\pi}(\theta_1 - \theta_2)$$

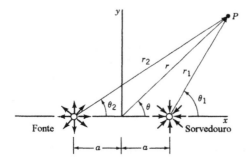

Figura 6.22 A combinação de uma fonte com um sorvedouro que apresentam intensidades iguais.

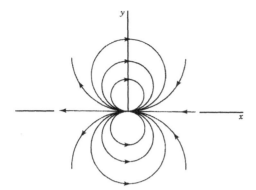

Figura 6.23 Linhas de corrente de um dipolo.

Esta equação pode ser rescrita do seguinte modo

$$\tan\left(-\frac{2\pi\psi}{m}\right) = \tan(\theta_1 - \theta_2) = \frac{\tan\theta_1 - \tan\theta_2}{1 + \tan\theta_1 \tan\theta_2} \quad (6.92)$$

Analisando a Fig. 6.22 é possível concluir que

$$\tan\theta_1 = \frac{r\,\text{sen}\theta}{r\cos\theta - a}$$

e

$$\tan\theta_2 = \frac{r\,\text{sen}\theta}{r\cos\theta + a}$$

Aplicando estas relações na Eq. 6.92, temos

$$\tan\left(-\frac{2\pi\psi}{m}\right) = \frac{2ar\,\text{sen}\theta}{r^2 - a^2}$$

de modo que

$$\psi = -\frac{m}{2\pi}\tan^{-1}\left(\frac{2ar\,\text{sen}\theta}{r^2 - a^2}\right) \quad (6.93)$$

Se o valor de a for pequeno,

$$\psi = -\frac{m}{2\pi}\frac{2ar\,\text{sen}\theta}{r^2 - a^2} = \frac{mar\,\text{sen}\theta}{\pi(r^2 - a^2)} \quad (6.94)$$

porque, nesta situação, a tangente do ângulo se aproxima do valor do ângulo.

O dipolo é obtido quando a distância entre a fonte e o sorvedouro tendem a zero ($a \to 0$) e a intensidade deles tende a infinito ($m \to \infty$) de modo que o produto ma/π permanece constante. Neste caso, como $r/(r^2 - a^2) \to 1/r$, a Eq. 6.94 fica reduzida a

$$\psi = -\frac{K\,\text{sen}\theta}{r} \quad (6.95)$$

onde K, uma constante igual a ma/π, é denominada intensidade do dipolo. O potencial de velocidade do dipolo é

$$\phi = \frac{K\cos\theta}{r} \quad (6.96)$$

O desenho das linhas com ψ constante revela que as linhas de corrente do dipolo são círculos tangentes a origem do sistema de coordenadas (veja a Fig. 6.23). As fontes e os sorvedouros são entes matemáticos e, então, os dipolos não são realizáveis (do ponto de vista físico). Entretanto, as combinações do dipolo com outros escoamentos potenciais podem representar alguns escoamentos interessantes. Por exemplo, nós determinaremos na Sec. 6.6.3 que a combinação do escoamento uniforme com o dipolo pode ser utilizada para representar o escoamento em torno de um cilindro. A Tab. 6.1 apresenta um resumo das equações relativas aos escoamentos potenciais planos que apresentamos nas seções anteriores.

Tabela 6.1

Resumo das Características dos Escoamentos Planos Potenciais.

Descrição do Campo de Escoamento	Potencial de Velocidade	Função Corrente	Componentes do Vetor Velocidade[a]
Escoamento uniforme com um ângulo α em relação ao eixo x (Fig. 6.16b)	$\phi = U(x\cos\alpha + y\,\text{sen}\,\alpha)$	$\psi = U(y\cos\alpha - x\,\text{sen}\,\alpha)$	$u = U\cos\alpha$ $v = U\,\text{sen}\,\alpha$
Fonte ou sorvedouro (Fig. 6.17) $m > 0$ fonte $m < 0$ sorvedouro	$\phi = \dfrac{m}{2\pi}\ln r$	$\psi = \dfrac{m}{2\pi}\theta$	$v_r = \dfrac{m}{2\pi r}$ $v_\theta = 0$
Vórtice livre (Fig. 6.18) $\Gamma > 0$ rotação anti-horária $\Gamma < 0$ rotação horária	$\phi = \dfrac{\Gamma}{2\pi}\theta$	$\psi = -\dfrac{\Gamma}{2\pi}\ln r$	$v_r = 0$ $v_\theta = \dfrac{\Gamma}{2\pi r}$
Dipolo (Fig. 6.23)	$\phi = \dfrac{K\cos\theta}{r}$	$\psi = -\dfrac{K\,\text{sen}\,\theta}{r}$	$v_r = -\dfrac{K\cos\theta}{r^2}$ $v_\theta = -\dfrac{K\,\text{sen}\,\theta}{r^2}$

[a] Os componentes do vetor velocidade estão relacionados com o potencial de velocidade e a função corrente através das relações $u = \dfrac{\partial\phi}{\partial x} = \dfrac{\partial\psi}{\partial y}$, $v = \dfrac{\partial\phi}{\partial y} = -\dfrac{\partial\psi}{\partial x}$, $v_r = \dfrac{\partial\phi}{\partial r} = \dfrac{1}{r}\dfrac{\partial\psi}{\partial\theta}$ e $v_\theta = \dfrac{1}{r}\dfrac{\partial\phi}{\partial\theta} = -\dfrac{\partial\psi}{\partial r}$.

6.6 Superposição de Escoamentos Potenciais Básicos

Nós mostramos na seção anterior que os escoamentos potenciais são descritos pela equação de Laplace. Esta equação é linear e, assim, nós podemos combinar os vários potenciais de velocidade e funções corrente para obter novos potenciais e funções corrente. Nós só saberemos se o resultado da combinação é significativo através da análise do escoamento que resulta deste procedimento. Lembre que qualquer linha de corrente num escoamento invíscido pode ser considerada como um fronteira sólida (porque a condição ao longo da fronteira sólida e numa linha de corrente são as mesmas, ou seja, não existe escoamento através da fronteira sólida ou da linha de corrente). Assim, se a combinação de alguns potenciais de velocidade básicos, ou funções corrente, fornecer uma linha de corrente que corresponda ao formato de um corpo de interesse, a combinação proposta pode ser utilizada para descrever o escoamento em torno do corpo. O método baseado neste fato pode resolver alguns problemas significativos e é conhecido como o método da superposição. O assunto das próximas três seções será a aplicação do método da superposição.

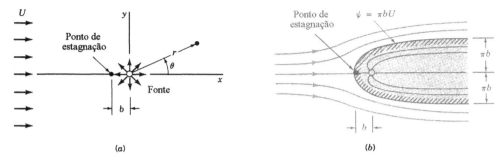

Figura 6.24 Escoamento em torno de um corpo semi - infinito: (a) superposição de uma fonte a um escoamento uniforme e (b) substituição da linha de corrente $\psi = \pi b U$ por uma fronteira sólida para a obtenção do corpo semi - infinito.

6.6.1 Fonte num Escoamento Uniforme

Considere a superposição de uma fonte e um escoamento uniforme do modo mostrado na Fig. 6.24a. A função corrente resultante é

$$\psi = \psi_{\text{escoamento uniforme}} + \psi_{\text{fonte}}$$

$$= U r \,\text{sen}\,\theta + \frac{m}{2\pi} \theta \tag{6.97}$$

e o potencial de velocidade correspondente é

$$\phi = U r \cos\theta + \frac{m}{2\pi} \ln r \tag{6.98}$$

É claro que a velocidade devida a fonte deve cancelar a velocidade do escoamento uniforme em algum ponto da parte negativa do eixo x. Como este ponto apresenta velocidade nula ele é um ponto de estagnação. Analisando a fonte,

$$v_r = \frac{m}{2\pi r}$$

de modo que o ponto de estagnação está localizado em $x = -b$ onde

$$U = \frac{m}{2\pi b}$$

ou

$$b = \frac{m}{2\pi U} \tag{6.99}$$

O valor da função corrente no ponto de estagnação pode ser calculado com a Eq. 6.97 com $r = b$ e $\theta = \pi$. Deste modo,

$$\psi_{\text{estagnação}} = \frac{m}{2}$$

A Eq. 6.99 fornece $m/2 = \pi b U$ e, assim, a equação da linha de corrente que passa pelo ponto de estagnação é

$$\pi b U = U r \,\text{sen}\,\theta + b U \theta$$

ou

$$r = \frac{b(\pi - \theta)}{\text{sen}\,\theta} \tag{6.100}$$

onde θ pode variar entre 0 e 2π. A Fig. 6.24b mostra um gráfico desta linha de corrente. Se nós trocarmos esta linha de corrente por uma fronteira sólida, do modo indicado na figura, torna-se claro que esta combinação de escoamento uniforme com uma fonte pode ser utilizada para descrever o escoamento em torno de um corpo esbelto imerso num escoamento uniforme ao longe. Note que a outra extremidade do corpo é aberta e por este motivo o corpo é denominado semi – infinito (⊙ 6.3 – Corpo semi-infinito). Nós podemos construir outras linhas de corrente com a Eq. 6.97 bastando variar o valor de ψ. A Fig. 6.24b mostra várias linhas de corrente e cada uma é referente a um valor de ψ. Observe que as linhas de corrente localizadas no interior do corpo estão presentes na figura. Entretanto, elas não são necessárias porque nós só estamos interessados no escoamento externo ao corpo. É interessante ressaltar que existe uma singularidade no campo de escoamento (a fonte) e que ela está localizada dentro do corpo e que não existem singularidades no campo de escoamento (externo ao corpo).

A espessura do corpo tende assintoticamente a $2\pi b$. Isto é uma conseqüência da Eq. 6.100. que pode ser escrita como

$$y = b(\pi - \theta)$$

Assim, quando $\theta \to 0$ ou $\theta \to 2\pi$ a meia espessura se aproxima de $\pm b\pi$. Conhecendo a função corrente, ou o potencial de velocidade, os componentes do vetor velocidade em qualquer ponto do campo de escoamento podem ser determinados. Se utilizarmos a Eq. 6.100, temos

$$v_r = \frac{1}{r}\frac{\partial \psi}{\partial \theta} = U\cos\theta + \frac{m}{2\pi r}$$

e

$$v_\theta = -\frac{\partial \psi}{\partial r} = -U\,\text{sen}\,\theta$$

Assim, o quadrado do módulo da velocidade, V, em qualquer ponto do escoamento é dado por

$$V^2 = v_r^2 + v_\theta^2 = U^2 + \frac{Um\cos\theta}{\pi r} + \left(\frac{m}{2\pi r}\right)^2$$

Lembrando que $b = m/2\pi U$,

$$V^2 = U^2\left(1 + 2\frac{b}{r}\cos\theta + \frac{b^2}{r^2}\right) \tag{6.101}$$

Conhecendo a velocidade, a pressão em qualquer ponto do escoamento pode ser calculada com a equação de Bernoulli (ela pode ser aplicada entre quaisquer dois pontos do escoamento porque este é irrotacional). Assim, se aplicarmos a equação de Bernoulli entre um ponto localizado ao longo do corpo, onde a pressão é p_0 e a velocidade é U, e outro ponto arbitrário, onde a pressão é p e a velocidade é V, temos

$$p_0 + \frac{1}{2}\rho U^2 = p + \frac{1}{2}\rho V^2 \tag{6.102}$$

Note que nós desprezamos a variação de elevação no escoamento. Agora, basta aplicar o resultado da Eq. 6.101 na Eq. 6.102 para obter a pressão no ponto em função do valor da pressão de referência p_0 e da velocidade U.

Este escoamento potencial relativamente simples nos fornece algumas informações úteis sobre o escoamento na parte frontal do corpo esbelto (tal como o pilar de uma ponte ou uma longarina colocada num escoamento uniforme). Um ponto importante a ser notado é que a velocidade tangente a superfície do corpo não é nula, ou seja, o fluido escorrega pela fronteira. Este resultado é uma conseqüência de termos desprezado a viscosidade do fluido – a propriedade que provoca a aderência do fluido à parede. Todos os escoamentos potenciais diferem dos escoamentos reais neste respeito e por isso não representam bem o perfil de velocidade real nas regiões próximas às fronteiras sólidas. Entretanto, a teoria do escoamento potencial fornece bons resultados na região externa a camada limite (se não ocorrer separação do escoamento). A distribuição de pressão ao longo da superfície será muito próxima da prevista pela teoria do escoamento potencial desde que a camada limite seja fina (porque a variação de pressão na camada fina é desprezível). De fato, como nós discutiremos no Cap. 9, a distribuição de pressão obtida com a teoria do escoamento potencial é utilizada em conjunto com a teoria do escoamento viscoso para determinar as características do escoamento na camada limite.

Exemplo 6.7

O formato de uma colina localizada numa planície pode ser aproximado como a seção superior de um corpo semi-infinito (veja a Fig. E6.7). Note que a altura da colina se aproxima de 61,0 m. **(a)** Determine a velocidade do ar no ponto localizado acima da origem do sistema de coordenadas, ponto (2), quando o vento sopra com uma velocidade de 18,0 m/s contra a colina. **(b)** Calcule a altura do ponto (2) e a diferença entre as pressões nos pontos (1), localizado na superfície da planície, e (2). Admita que a massa específica do ar é igual a 1,22 kg/m³.

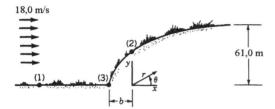

Figura E6.7

Solução **(a)** A Eq. 6.101 fornece o campo de velocidade do escoamento, ou seja,

$$V^2 = U^2 \left(1 + 2\frac{b}{r}\cos\theta + \frac{b^2}{r^2}\right)$$

Nós temos que $\theta = \pi/2$ no ponto (2). Este ponto é superficial e a Eq. 6.100 indica que

$$r = \frac{b(\pi - \theta)}{\text{sen}\,\theta} = \frac{\pi b}{2} \quad (1)$$

Assim,

$$V_2^2 = U^2 \left[1 + \frac{b^2}{(\pi b/2)^2}\right] = U^2 \left(1 + \frac{4}{\pi^2}\right)$$

A velocidade no ponto (2) referente a velocidade ao longe igual a 18,0 m/s é

$$V_2 = \left(1 + \frac{4}{\pi^2}\right)^{1/2} (18,0) = 21,3 \text{ m/s}$$

(b) A elevação no ponto (2), em relação à planície, é dada pela Eq. 1,

$$y_2 = \frac{\pi b}{2}$$

Como a elevação da colina tende a 61,0 m e esta altura é igual a πb, segue

$$y_2 = \frac{61,0}{2} = 30,5 \text{ m}$$

O eixo y é vertical e, assim, a equação de Bernoulli pode ser escrita como

$$\frac{p_1}{\gamma} + \frac{V_1^2}{2g} + y_1 = \frac{p_2}{\gamma} + \frac{V_2^2}{2g} + y_2$$

Rearranjando,

$$p_1 - p_2 = \frac{\rho}{2}\left(V_2^2 - V_1^2\right) + \gamma(y_2 - y_1)$$
$$= \frac{1,22}{2}\left(21,3^2 - 18,0^2\right) + (1,22)(9,8)(30,5 - 0)$$
$$= 79,1 + 364,7 = 443,8 \text{ Pa}$$

Este resultado indica que a pressão no ponto (2) é um pouco menor do que a pressão na planície. Note que a variação de velocidade provoca uma diferença de pressão igual a 79,1 Pa e que a variação de altura provoca uma diferença de pressão igual a 364,7 Pa.

A velocidade máxima do escoamento sobre a colina não ocorre no ponto (2) mas na posição onde $\theta = 63°$. A velocidade superficial neste ponto é igual a $1,26U$ (Prob. 6.55). A velocidade mínima do escoamento e a máxima pressão ocorrem no ponto (3) porque este é um ponto de estagnação.

6.6.2 Corpos de Rankine

O corpo que nós tratamos na seção anterior apresenta uma extremidade aberta (meio - corpo ou corpo semi - infinito). Nós podemos utilizar a combinação de um dipolo com um escoamento uniforme para estudar o escoamento em torno de um corpo fechado (veja a Fig. 6.25a). A função corrente para esta combinação é

$$\psi = U r \operatorname{sen}\theta - \frac{m}{2\pi}(\theta_1 - \theta_2) \tag{6.103}$$

e o potencial de velocidade é

$$\phi = U r \cos\theta - \frac{m}{2\pi}(\ln r_1 - \ln r_2) \tag{6.104}$$

Como nós discutimos na Sec. 6.5.4, a função corrente do par fonte - sumidouro pode ser expressa do modo utilizado Eq. 6.93 e, assim, a Eq. 6.103 pode ser reescrita da seguinte maneira:

$$\psi = U r \operatorname{sen}\theta - \frac{m}{2\pi} \tan^{-1}\left(\frac{2ar\operatorname{sen}\theta}{r^2 - a^2}\right)$$

ou

$$\psi = U y - \frac{m}{2\pi} \tan^{-1}\left(\frac{2ay}{x^2 + y^2 - a^2}\right) \tag{6.105}$$

As linhas de corrente deste campo de escoamento podem ser obtidas adotando-se um valor para ψ. Se desenharmos várias linhas de corrente nós descobriremos que a linha de corrente com $\psi = 0$ forma um corpo fechado que apresenta o formato indicado na Fig. 6.25b. Nós podemos pensar que esta linha de corrente forma um corpo com comprimento $2l$ e espessura $2h$ e que este corpo está imerso num escoamento uniforme. As linhas de corrente situadas dentro do corpo são fechadas e não apresentam qualquer interesse prático. Note que todo o escoamento emanado da fonte é absorvido pelo sorvedouro (porque o corpo é fechado) e que o formato do corpo é ovalado. Estes corpos são denominados corpos de Rankine.

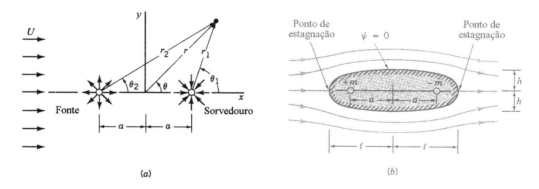

Figura 6.25 Escoamento em torno de um corpo de Rankine: (a) superposição de um dipolo a um escoamento uniforme e (b) substituição da linha de corrente $\psi = 0$ por uma fronteira sólida para a obtenção do corpo de Rankine.

A Fig. 6.25b indica que os pontos frontal e traseiro do corpo são pontos de estagnação. Estes pontos estão sobre o eixo x e podem ser localizados procurando-se os locais onde a velocidade é nula. Os pontos de estagnação correspondem aos pontos onde a velocidade do escoamento uniforme, do escoamento da fonte e do escoamento do sorvedouro se combinam para fornecer uma velocidade nula. A localização dos pontos de estagnação depende dos valores de a, m e U. O meio comprimento do corpo, l (o valor de $|x|$ que fornece $\mathbf{V} = 0$ quando $y = 0$) pode ser expresso do seguinte modo:

$$l = \left(\frac{ma}{\pi U} + a^2\right)^{1/2} \tag{6.106}$$

ou

$$\frac{l}{a} = \left(\frac{m}{\pi U a} + 1\right)^{1/2} \tag{6.107}$$

A meia espessura do corpo, h, pode ser obtida determinando-se o valor de y no local definido pela intersecção do eixo y com a linha de corrente com $\psi = 0$. Utilizando a Eq. 6.105 com $\psi = 0$, $x = 0$ e $y = h$, temos

$$h = \frac{h^2 - a^2}{2a} \tan \frac{2\pi U h}{m} \tag{6.108}$$

ou

$$\frac{h}{a} = \frac{1}{2}\left[\left(\frac{h}{a}\right)^2 - 1\right] \tan\left[2\left(\frac{\pi U a}{m}\right)\frac{h}{a}\right] \tag{6.109}$$

As Eqs. 6.107 e 6.109 mostram que tanto l/a quanto h/a são funções do adimensional $\pi U a/m$. Note que, para um dado Ua/m, o valor de l/a pode ser determinado diretamente com a Eq. 6.107 mas que h/a precisa ser determinado com um método de tentativa e erro (veja a forma da Eq. 6.109).

Nós podemos obter uma grande variedade de corpos, com relação comprimento - espessura diferentes, variando o valor de Ua/m. Quando este parâmetro é grande, nós podemos estudar o escoamento em torno de um corpo esbelto e longo. Entretanto, se o valor é pequeno, nós obtemos o escoamento em torno de um corpo bojudo. A pressão aumenta com a distância ao longo da superfície a jusante da seção do corpo que apresenta espessura máxima. Esta condição (denominada gradiente adverso de pressão) pode levar a separação do escoamento da superfície e produzir uma esteira na parte traseira do corpo. A separação não é prevista pela teoria do escoamento potencial (a teoria indica que o escoamento é simétrico). Assim, a solução potencial para os corpos de Rankine só fornece uma aproximação razoável para o campo de velocidade na região frontal do corpo (fora da camada limite) e a distribuição de pressão na parte frontal do corpo.

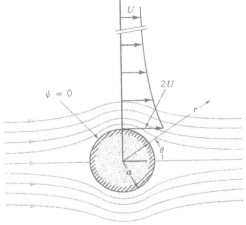

Figura 6.26 Escoamento em torno de um cilindro.

6.6.3 Escoamento em Torno de um Cilindro

Nós comentamos na seção anterior que o formato do corpo de Rankine se torna mais bojudo quanto menor for a distância entre a fonte e o sumidouro. De fato, o corpo de Rankine se aproxima de uma forma circular quando a distância tende a zero. É importante lembrar que a análise do dipolo descrito na Sec. 6.5.4 foi desenvolvida aproximando a fonte e o sorvedouro. Assim, nós podemos esperar que um escoamento no sentido positivo do eixo x combinado com o escoamento de um dipolo pode ser utilizado para representar o escoamento em torno de um cilindro. Esta combinação fornece a função corrente

$$\psi = U r \,\text{sen}\,\theta - \frac{K \,\text{sen}\,\theta}{r} \tag{6.110}$$

e o potencial de velocidade

$$\phi = U r \cos\theta - \frac{K \cos\theta}{r} \tag{6.111}$$

Para que a função corrente represente o escoamento em torno de um cilindro é necessário que ψ seja constante para $r = a$, onde a é o raio do cilindro. A Eq. 6.110 pode ser rescrita como

$$\psi = \left(U - \frac{K}{r^2}\right) r \,\text{sen}\,\theta$$

Assim, $\psi = 0$ para $r = a$ se

$$U - \frac{K}{a^2} = 0$$

Este resultado indica que a intensidade do dipolo, K, precisa ser igual a Ua^2. Assim, a função corrente para o escoamento em torno do cilindro pode ser expressa como

$$\psi = U r \left(1 - \frac{a^2}{r^2}\right) \text{sen}\,\theta \tag{6.112}$$

e o potencial de velocidade como

$$\phi = U r \left(1 + \frac{a^2}{r^2}\right) \cos\theta \tag{6.113}$$

A Fig. 6.26 mostra um esboço das linhas de corrente deste escoamento.

Os componentes do vetor velocidade do escoamento podem ser obtidos com a Eq. 6.112 ou com a Eq. 6.113. Deste modo,

$$v_r = \frac{\partial \phi}{\partial r} = \frac{1}{r}\frac{\partial \psi}{\partial \theta} = U\left(1 - \frac{a^2}{r^2}\right)\cos\theta \tag{6.114}$$

e

$$v_\theta = \frac{1}{r}\frac{\partial \phi}{\partial \theta} = -\frac{\partial \psi}{\partial r} = -U\left(1 + \frac{a^2}{r^2}\right)\text{sen}\,\theta \tag{6.115}$$

As Eqs. 6.114 e 6.115 mostram que a velocidade radial do escoamento é nula na superfície do cilindro ($v_r = 0$ em $r = a$) e que, neste local, a velocidade tangencial vale

$$v_{\theta s} = -2U \,\text{sen}\,\theta$$

Este resultado mostra que a velocidade máxima ocorrem em $\theta = \pm \pi / 2$ e que o módulo da velocidade nestes locais é igual a $2U$. A Fig. 6.26 mostra a distribuição de velocidade ao longo da linha vertical que passa pelo centro do cilindro.

A distribuição de pressão na superfície do cilindro pode ser obtida com a equação de Bernoulli. Nós vamos utilizar um ponto afastado do cilindro, onde a pressão é p_0 e a velocidade é U, como ponto inicial para a aplicação desta equação. Assim,

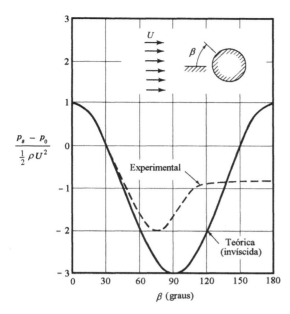

Figura 6.27 Comparação entre a distribuição teórica de pressão na superfície de um cilindro e uma distribuição experimental típica.

$$p_0 + \frac{1}{2}\rho U^2 = p_s + \frac{1}{2}\rho v_{\theta s}^2$$

onde p_s é a pressão na superfície do cilindro. Note que nós desprezamos as variações de elevação na equação de Bernoulli. Como $v_{\theta s} = -2U \,\text{sen}\,\theta$, a pressão na superfície pode ser expressa como

$$p_s = p_0 + \frac{1}{2}\rho U^2 \left(1 - 4\,\text{sen}^2\theta\right) \quad (6.116)$$

A Fig. 6.27 mostra uma comparação entre esta distribuição teórica de pressão (note que ela é simétrica) com uma distribuição típica obtida por via experimental. A figura mostra claramente que só existe aderência entre as distribuições na região frontal do cilindro. A camada limite que se desenvolve sobre o cilindro provoca a separação do escoamento principal do cilindro e este fenômeno é responsável pela grande diferença que existe entre a solução invíscida e os resultados experimentais na parte traseira do cilindro (veja o Cap. 9).

A força resultante que atua no cilindro, por unidade de comprimento, pode ser determinada a partir da integração da distribuição de pressão na superfície do cilindro. Utilizando as informações da Fig. 6.28, temos

$$F_x = -\int_0^{2\pi} p_s \cos\theta \, a \, d\theta \quad (6.117)$$

e

$$F_y = -\int_0^{2\pi} p_s \,\text{sen}\,\theta \, a \, d\theta \quad (6.118)$$

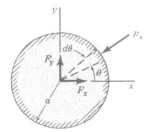

Figura 6.28 Notação para a determinação do arrasto e sustentação num cilindro.

onde F_x é o arrasto (força paralela à direção do escoamento uniforme) e F_y é a sustentação (força perpendicular à direção do escoamento uniforme). Nós concluiremos que $F_x = 0$ e $F_y = 0$ se aplicarmos a equação para p_s (Eq. 6.116) nestas duas equações e as integrarmos (Prob. 6.64). Estes resultados indicam que tanto o arrasto quanto a sustentação de um cilindro colocado num escoamento uniforme são nulos se calculados com a teoria potencial. Este não é um resultado surpreendente porque a distribuição de pressão no cilindro é simétrica. Entretanto, a experiência indica que existe um arrasto significativo quando colocamos um cilindro num escoamento uniforme. Esta discrepância é conhecida como o paradoxo de d'Alembert em honra ao matemático e filósofo francês Jean le Rond d'Alembert (1717 – 1783). Foi d'Alembert que mostrou pela primeira vez que o arrasto nos corpos imersos em escoamentos invíscidos é nulo. O paradoxo de d'Alembert só foi resolvido no período compreendido entre o final do século XIX e as primeiras décadas do século XX quando se mostrou que a viscosidade é importante neste tipo de problema.

Exemplo 6.8

A Fig. E6.8a mostra o escoamento bidimensional em torno de um cilindro e o ponto de estagnação na região frontal do cilindro. Observe que o escoamento ao longe do cilindro é uniforme. Se nós usinarmos um pequeno orifício na região frontal do cilindro, a pressão de estagnação, p_{estag}, pode ser medida e utilizada para determinar a velocidade ao longe, U. (**a**) Determine a relação funcional entre p_{estag} e U. (**b**) Se existir um ângulo de desalinhamento igual a α, mas a medida de pressão ainda é interpretada como a pressão de estagnação, determine uma expressão para a razão entre a velocidade ao longe real U e a velocidade inferida com a pressão de estagnação errônea, U'. Construa um gráfico para esta razão em função de α para a faixa $-20° \leq \alpha \leq 20°$.

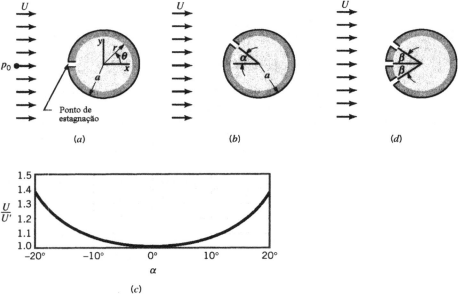

Figura E6.8

Solução (**a**) A velocidade no ponto de estagnação é nula. Assim, nós podemos aplicar a equação de Bernoulli na linha de corrente de estagnação, entre um ponto localizado ao longe do cilindro e o ponto de estagnação, ou seja

$$\frac{p_0}{\gamma} + \frac{U^2}{2g} = \frac{p_{estag}}{\gamma}$$

Assim,

$$U = \left[\frac{2}{\rho}\left(p_{estag} - p_0\right)\right]^{1/2}$$

A medida da diferença entre a pressão de estagnação e a pressão ao longe pode ser utilizada para determinar a velocidade de aproximação do escoamento. Note que este resultado é igual aquele obtido na análise do tubo de Pitot estático (veja a Sec. 3.5).

(b) É possível que a normal do orifício usinado no cilindro esteja desalinhada (ângulo de desalinhamento, α) em relação à direção do escoamento principal se nós não conhecermos "a priori" a direção do escoamento (veja a Fig. E6.8b). Nestes casos, a pressão real medida é p_α e o valor desta pressão será diferente da pressão de estagnação real. Agora, se o desalinhamento não for detectado, a velocidade do escoamento prevista, U', pode ser calculada com

$$U' = \left[\frac{2}{\rho}(p_\alpha - p_0)\right]^{1/2}$$

Assim,

$$\frac{U(\text{verdadeiro})}{U'(\text{previsto})} = \left(\frac{p_\text{estag} - p_0}{p_\alpha - p_0}\right)^{1/2} \quad (1)$$

A velocidade na superfície do cilindro, v_θ, pode ser obtida com a Eq. 6.115 (com $r = a$), ou seja,

$$v_\theta = -2U \operatorname{sen}\theta$$

Se nós aplicarmos a equação de Bernoulli entre um ponto a montante do cilindro e o ponto na superfície do cilindro com $\theta = \alpha$, temos

$$p_0 + \frac{1}{2}\rho U^2 = p_\alpha + \frac{1}{2}\rho(-2U\operatorname{sen}\alpha)^2$$

e, deste modo,

$$p_\alpha - p_0 = \frac{1}{2}\rho U^2 \left(1 - 4\operatorname{sen}^2\alpha\right) \quad (2)$$

Lembrando que $p_\text{estag} - p_0 = 1/2\,\rho U^2$, a combinação da Eq. 1 com a Eq. 2 fornece

$$\frac{U(\text{verdadeiro})}{U'(\text{previsto})} = \left(1 - 4\operatorname{sen}^2\alpha\right)^{-1/2}$$

A Fig. E6.8c mostra um gráfico desta relação em função do ângulo de desalinhamento. Este resultado indica que nós podemos cometer erros significativos se o orifício utilizado para medir a pressão de estagnação não estiver alinhado com a linha de corrente de estagnação. Como nós discutimos na Sec. 3.5, é possível determinar a orientação correta do orifício central em relação ao escoamento principal se nós adicionarmos mais dois orifícios para a medida de pressão (simétricos em relação ao orifício de medida de pressão de estagnação – veja a Fig. E6.8d). O procedimento utilizado para o posicionamento do orifício central consiste em rotacionar o cilindro até que a pressão nos dois orifícios laterais se tornem iguais. Isto indica que o orifício central está alinhado com o escoamento principal. Agora, se $\beta = 30°$ a pressão teórica nos dois orifícios são iguais a pressão a montante do cilindro, p_0. Neste caso, a medida da diferença entre a pressão no orifício central e a pressão nos orifícios laterais pode ser utilizada para determinar a velocidade ao longe, U.

Um outro escoamento potencial interessante é aquele que resulta da combinação de um vórtice livre com a função corrente (ou potencial de velocidade) do escoamento em torno de um cilindro. O resultado desta combinação é

$$\psi = Ur\left(1 - \frac{a^2}{r^2}\right)\operatorname{sen}\theta - \frac{\Gamma}{2\pi}\ln r \quad (6.119)$$

e

$$\phi = Ur\left(1 + \frac{a^2}{r^2}\right)\cos\theta + \frac{\Gamma}{2\pi}\theta \quad (6.120)$$

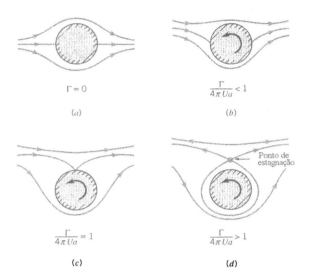

Figura 6.29 Localização dos pontos de estagnação num cilindro: (a) sem circulação; (b, c, d) com circulação.

onde Γ é a circulação. Note que o circunferência com $r = a$ ainda é uma linha de corrente (e portanto ainda pode representar um cilindro sólido) porque as linhas de corrente do vórtice livre são circulares. Entretanto, a velocidade tangencial, v_θ, na superfície do cilindro se transforma em

$$v_{\theta s} = -\left.\frac{\partial \psi}{\partial r}\right|_{r=a} = -2U\,\text{sen}\,\theta + \frac{\Gamma}{2\pi a} \tag{6.121}$$

Este tipo de escoamento poderia ser criado colocando-se um cilindro rotativo num escoamento uniforme. A viscosidade de um fluido real obrigaria o fluido em contato com o cilindro a escoar com velocidade igual a periférica do cilindro e o escoamento pareceria com aquele obtido pela combinação do escoamento uniforme sobre o cilindro com o vórtice livre.

Nós podemos obter uma variedade enorme de linhas de corrente variando a intensidade do vórtice. É possível determinar a posição dos pontos de estagnação na superfície do cilindro com a Eq. 6.121 já que $v_\theta = 0$ em $\theta = \theta_{\text{estag}}$. Procedendo deste modo,

$$\text{sen}\,\theta_{\text{estag}} = \frac{\Gamma}{4\pi U a} \tag{6.122}$$

Se $\Gamma = 0$, nós encontramos que $\theta_{\text{estag}} = 0$ ou $\pi/2$, ou seja, os pontos de estagnação ocorrem nos pontos indicados na Fig. 6.29a. Entretanto, os pontos de estagnação ocorrem em posições como as indicadas na Fig. 6.29b e 6.29c se $-1 \leq \Gamma/4\pi U a \leq 1$. Agora, se o valor absoluto do parâmetro $\Gamma/4\pi U a$ é maior do que 1, a Eq. 6.122 não pode ser satisfeita e os pontos de estagnação estão localizados fora da superfície do cilindro (veja a Fig. 6.29d).

A força por unidade de comprimento desenvolvida no cilindro pode ser novamente obtida a partir da integração das forças de pressão que atuam na superfície do cilindro (como fizemos para obter as Eqs. 6.117 e 6.118). A pressão na superfície do cilindro com circulação, p_s, pode ser calculada com a equação de Bernoulli e a Eq. 6.121 (que fornece a velocidade na superfície do cilindro). Deste modo,

$$p_0 + \frac{1}{2}\rho U^2 = p_s + \frac{1}{2}\rho\left(-2U\text{sen}\,\theta + \frac{\Gamma}{2\pi a}\right)^2$$

ou

$$p_s = p_0 + \frac{1}{2}\rho U^2\left(1 - 4\,\text{sen}^2\theta + \frac{2\Gamma\,\text{sen}\,\theta}{\pi a U} - \frac{\Gamma^2}{4\pi^2 a^2 U^2}\right) \tag{6.123}$$

Aplicando este resultado na Eq. 6.117 nós descobrimos que o arrasto no cilindro é nulo,

$$F_x = 0$$

ou seja, nós não detectaríamos uma força na direção do escoamento uniforme mesmo que o cilindro apresente rotação. Entretanto se nós aplicarmos o resultado apresentado na Eq. 6.123 na Eq. 6.118 (para calcular a sustentação, F_y) nós encontramos que (Prob. 6.65)

$$F_y = -\rho U \Gamma \qquad (6.124)$$

Note que a sustentação não é nula quando o cilindro apresenta rotação. O sinal negativo indica que a força F_y atua para baixo quando a velocidade U é positiva e a intensidade do vórtice, Γ, é positiva (um vórtice livre que gira no sentido anti-horário). De fato, a força F_y atua para cima se o cilindro gira no sentido horário ($\Gamma < 0$). Esta força que atua na direção perpendicular a direção do escoamento uniforme também provoca a curvatura das trajetórias das bolas de golfe e tênis quando estas apresentam rotação durante o movimento. O desenvolvimento desta sustentação em corpos que apresentam rotação é denominado efeito Magnus (veja os comentários adicionais na Sec. 9.3). Apesar da Eq. 6.124 ter sido desenvolvida para um cilindro com circulação, ela também fornece a sustentação por unidade de comprimento para barras com qualquer seção transversal colocadas num escoamento uniforme e invíscido. A equação geral que relaciona a sustentação, a massa específica do fluido, a velocidade e a circulação é conhecida como a lei de Kuttta – Joukowski e é normalmente utilizada para determinar a sustentação em aerofólios (veja a Sec. 9.4.2 e as Refs [2 - 6]).

6.7 Outros Aspectos da Análise de Escoamentos Potenciais

Nós utilizamos, nas seções anteriores, o método da superposição para obter informações detalhadas de alguns escoamentos irrotacionais em torno de corpos imersos num escoamento uniforme. Nos combinamos dois, ou mais, potenciais básicos para obter as informações dos escoamentos mas uma questão continua aberta: Qual é o tipo de escoamento que uma determinada combinação pode fornecer? A abordagem que nós apresentamos é relativamente simples e não requer a utilização de técnicas matemáticas avançadas. Entretanto, a questão posta acima mostra que esta abordagem é restrita pois ela não permite que nós especifiquemos "a priori" o formato do corpo imerso para depois determinarmos o potencial de velocidade ou função corrente. A determinação do potencial de velocidade para um corpo escolhido é um problema muito mais complicado.

É possível estender a idéia da superposição considerando uma distribuição de fontes e sorvedouros (ou dipolos) combinadas com um escoamento uniforme. Este procedimento pode fornecer a descrição do escoamento em torno de corpos com formatos arbitrários. Existem algumas técnicas para determinar a distribuição necessária para fornecer o escoamento em torno do corpo escolhido. É interessante ressaltar que a teoria das variáveis complexas (que utiliza tanto os números reais quanto os imaginários) pode ser efetivamente utilizada para fornecer soluções para um grande número de escoamentos potenciais planos importantes. Existem também as técnicas numéricas que podem ser utilizadas para resolver os problemas tridimensionais além dos bidimensionais planos. Como os escoamentos potenciais são descritos pela equação de Laplace, qualquer procedimento disponível para resolver esta equação pode ser aplicado na avaliação dos escoamentos invíscidos e irrotacionais. O leitor pode encontrar mais informações sobre este tópico nas Refs. [2, 3, 4, 5 e 6].

É muito importante lembrar que qualquer solução obtida com a teoria potencial é uma solução aproximada do problema real. Isto ocorre porque a hipótese de escoamento invíscido é inerente a teoria potencial (⊙ 6.4 – Escoamento potencial). Assim, as "soluções exatas" baseadas na teoria do escoamento potencial representam apenas uma aproximação para os casos reais. A aplicabilidade da teoria do escoamento potencial foi mostrada nos vários exemplos das seções anteriores. Uma regra básica para que o resultado da aplicação da teoria do escoamento potencial seja adequado é: a teoria deve ser aplicada nos casos onde a velocidade é relativamente alta e em regiões do campo de escoamento onde o fluido está acelerando. Nestas circunstâncias nós geralmente encontramos que o efeito da viscosidade está confinado a uma região bastante fina adjacente a fronteira sólida (a camada limite). Os perfis de velocidade e pressão são bem previstos pela teoria potencial fora da camada limite. Entretanto, a pressão próxima a fronteira sólida irá aumentar no sentido do escoamento nas regiões do campo do escoamento onde o fluido está desacelerando (por exemplo: na parte posterior dos corpos bojudos e na região de expansão de um conduto). Este gradiente adverso de pressão pode levar a separação. Este fenômeno provoca uma mudança radical no campo de escoamento e não é levado em consideração na teoria potencial. Entretanto, como veremos no Cap. 9, a teoria do escoamento potencial pode ser utilizada para obter soluções perto da fronteira (e também pode predizer a separação). A equação diferencial geral para descrever o comportamento dos escoamentos viscosos, e algumas soluções simples destas equações, será o assunto das próximas seções deste capítulo.

6.8 Escoamento Viscoso

É importante que nós reanalisemos a equação geral do movimento, Eq. 6.50, antes de incorporar os efeitos viscosos nas análises diferenciais dos escoamentos. Note que esta equação envolve tensões e velocidades e que o número de incógnitas é maior do que o número de equações. Assim, antes de prosseguirmos com a nossa apresentação, é necessário estabelecer uma relação entre tensões e velocidades.

6.8.1 Relações entre Tensões e Deformações

Nós sabemos que as relações entre as tensões e as taxas de deformação são lineares nos fluidos Newtonianos e incompressíveis. Se utilizarmos um sistema de coordenadas cartesiano para exprimir as tensões normais, temos

$$\sigma_{xx} = -p + 2\mu \frac{\partial u}{\partial x} \tag{6.125a}$$

$$\sigma_{yy} = -p + 2\mu \frac{\partial v}{\partial y} \tag{6.125b}$$

$$\sigma_{zz} = -p + 2\mu \frac{\partial w}{\partial z} \tag{6.125c}$$

No mesmo sistema de coordenadas, as tensões de cisalhamento são expressas por

$$\tau_{xy} = \tau_{yx} = \mu\left(\frac{\partial u}{\partial y} + \frac{\partial v}{\partial x}\right) \tag{6.125d}$$

$$\tau_{yz} = \tau_{zy} = \mu\left(\frac{\partial v}{\partial z} + \frac{\partial w}{\partial y}\right) \tag{6.125e}$$

$$\tau_{zx} = \tau_{xz} = \mu\left(\frac{\partial w}{\partial x} + \frac{\partial u}{\partial z}\right) \tag{6.125f}$$

onde p é a pressão definida como o negativo da média das três tensões normais, ou seja $-p = 1/3(\sigma_{xx} + \sigma_{yy} + \sigma_{zz})$. As três tensões normais não são necessariamente iguais para os fluidos viscosos em movimento e assim nós somos obrigados a definir a pressão deste modo. Quando o fluido está em repouso, ou em situações onde os efeitos viscosos são desprezíveis, as três tensões normais são iguais (nós utilizamos este fato no capítulo sobre estática dos fluidos e no desenvolvimento das equações para os escoamentos invíscidos). Várias discussões detalhadas do desenvolvimento das relações entre as tensões e os gradientes de velocidade do escoamento podem ser encontradas nas Refs. [3, 7 e 8]. Um ponto importante a ser notado é que as tensões estão linearmente relacionadas as deformações nos corpos elásticos e que as tensões estão linearmente relacionadas as taxas de deformação nos fluidos Newtonianos.

Se utilizarmos um sistema de coordenadas cilíndrico polar para exprimir as tensões normais, temos

$$\sigma_{rr} = -p + 2\mu \frac{\partial v_r}{\partial r} \tag{6.126a}$$

$$\sigma_{\theta\theta} = -p + 2\mu\left(\frac{1}{r}\frac{\partial v_\theta}{\partial \theta} + \frac{v_r}{r}\right) \quad \text{(6.126b)}$$

$$\sigma_{zz} = -p + 2\mu\frac{\partial v_z}{\partial z} \quad \text{(6.126c)}$$

No mesmo sistema de coordenadas, as tensões de cisalhamento são expressas por

$$\tau_{r\theta} = \tau_{\theta r} = \mu\left[r\frac{\partial}{\partial r}\left(\frac{v_\theta}{r}\right) + \frac{1}{r}\frac{\partial v_r}{\partial \theta}\right] \quad \text{(6.126d)}$$

$$\tau_{\theta z} = \tau_{z\theta} = \mu\left(\frac{\partial v_\theta}{\partial z} + \frac{1}{r}\frac{\partial v_z}{\partial \theta}\right) \quad \text{(6.126e)}$$

$$\tau_{zr} = \tau_{rz} = \mu\left(\frac{\partial v_r}{\partial z} + \frac{\partial v_z}{\partial r}\right) \quad \text{(6.126f)}$$

O duplo índice tem o mesmo significado daquele utilizado no sistema de coordenadas cartesiano, ou seja, o primeiro índice indica o plano aonde atua a tensão e o segundo índice indica a direção. Por exemplo, σ_{rr} é a tensão que atua num plano perpendicular a direção radial e na direção radial (é uma tensão normal). De modo análogo, $\tau_{r\theta}$ é a tensão que atua num plano perpendicular a direção radial mas na direção tangencial (direção θ), ou seja, é uma tensão de cisalhamento.

6.8.2 As Equações de Navier – Stokes

Nós podemos aplicar as tensões apresentadas na seção anterior na equação geral do movimento, Eqs. 6.50, e simplificar as equações resultantes com a equação da continuidade (Eq. 6.31). Procedendo deste modo nós obtemos: (na direção x)

$$\rho\left(\frac{\partial u}{\partial t} + u\frac{\partial u}{\partial x} + v\frac{\partial u}{\partial y} + w\frac{\partial u}{\partial z}\right) = -\frac{\partial p}{\partial x} + \rho g_x + \mu\left(\frac{\partial^2 u}{\partial x^2} + \frac{\partial^2 u}{\partial y^2} + \frac{\partial^2 u}{\partial z^2}\right) \quad \text{(6.127a)}$$

(na direção y)

$$\rho\left(\frac{\partial v}{\partial t} + u\frac{\partial v}{\partial x} + v\frac{\partial v}{\partial y} + w\frac{\partial v}{\partial z}\right) = -\frac{\partial p}{\partial y} + \rho g_y + \mu\left(\frac{\partial^2 v}{\partial x^2} + \frac{\partial^2 v}{\partial y^2} + \frac{\partial^2 v}{\partial z^2}\right) \quad \text{(6.127b)}$$

(na direção z)

$$\rho\left(\frac{\partial w}{\partial t} + u\frac{\partial w}{\partial x} + v\frac{\partial w}{\partial y} + w\frac{\partial w}{\partial z}\right) = -\frac{\partial p}{\partial z} + \rho g_z + \mu\left(\frac{\partial^2 w}{\partial x^2} + \frac{\partial^2 w}{\partial y^2} + \frac{\partial^2 w}{\partial z^2}\right) \quad \text{(6.127c)}$$

Nós rearranjamos as equações para que os termos de aceleração fiquem no lado esquerdo e os termos de força fiquem no lado direito do sinal de igualdade. Estas equações são conhecidas como as equações de Navier – Stokes em honra ao matemático francês L. M. H. Navier (1758 – 1836) e ao físico inglês Sir G. G. Stokes (1819 - 1903) que foram os responsáveis pela formulação destas equações do movimento. Estas três equações combinadas com a equação da conservação da massa (Eq. 6.31) fornecem uma descrição matemática completa do escoamento incompressível de um fluido Newtoniano porque nós agora temos quatro equações com quatro incógnitas (u, v, w e p). Assim o problema está bem posto em termos matemáticos. Infelizmente, a complexidade das equações de Navier - Stokes (as equações são diferenciais parciais de segunda ordem e não lineares) impede a existência de muitas soluções analíticas. É importante ressaltar que apenas os escoamentos simples apresentam soluções analíticas. Entretanto, nestes casos, onde é possível obter soluções analíticas, a aderência entre as soluções e os dados experimentais são muito boas. Assim, as equações de Navier – Stokes são consideradas as equações diferenciais que descrevem o movimento de um fluido incompressível e Newtonianos.

As equações de Navier – Stokes num sistema de coordenadas cilíndrico polar (veja a Fig. 6.6) podem ser escritas do seguinte modo: (direção r)

$$\rho\left(\frac{\partial v_r}{\partial t}+v_r\frac{\partial v_r}{\partial r}+\frac{v_\theta}{r}\frac{\partial v_r}{\partial \theta}-\frac{v_\theta^2}{r}+v_z\frac{\partial v_r}{\partial z}\right)=$$

$$=-\frac{\partial p}{\partial r}+\rho g_r+\mu\left[\frac{1}{r}\frac{\partial}{\partial r}\left(r\frac{\partial v_r}{\partial r}\right)-\frac{v_r}{r^2}+\frac{1}{r^2}\frac{\partial^2 v_r}{\partial \theta^2}-\frac{2}{r^2}\frac{\partial v_\theta}{\partial \theta}+\frac{\partial^2 v_r}{\partial z^2}\right] \quad (6.128a)$$

(direção θ)

$$\rho\left(\frac{\partial v_\theta}{\partial t}+v_r\frac{\partial v_\theta}{\partial r}+\frac{v_\theta}{r}\frac{\partial v_\theta}{\partial \theta}+\frac{v_r v_\theta}{r}+v_z\frac{\partial v_\theta}{\partial z}\right)=$$

$$=-\frac{1}{r}\frac{\partial p}{\partial \theta}+\rho g_\theta+\mu\left[\frac{1}{r}\frac{\partial}{\partial r}\left(r\frac{\partial v_\theta}{\partial r}\right)-\frac{v_\theta}{r^2}+\frac{1}{r^2}\frac{\partial^2 v_\theta}{\partial \theta^2}+\frac{2}{r^2}\frac{\partial v_r}{\partial \theta}+\frac{\partial^2 v_\theta}{\partial z^2}\right] \quad (6.128b)$$

(direção z)

$$\rho\left(\frac{\partial v_z}{\partial t}+v_r\frac{\partial v_z}{\partial r}+\frac{v_\theta}{r}\frac{\partial v_z}{\partial \theta}+v_z\frac{\partial v_z}{\partial z}\right)=$$

$$=-\frac{\partial p}{\partial z}+\rho g_z+\mu\left[\frac{1}{r}\frac{\partial}{\partial r}\left(r\frac{\partial v_z}{\partial r}\right)+\frac{1}{r^2}\frac{\partial^2 v_z}{\partial \theta^2}+\frac{\partial^2 v_z}{\partial z^2}\right] \quad (6.128c)$$

Nós apresentaremos, na próxima seção, o desenvolvimento de algumas soluções exatas das equações de Navier – Stokes e isto deve ser encarado como uma introdução ao estudo da aplicação destas equações. As soluções que iremos apresentar são relativamente simples mas isto não é o caso geral. De fato, o número de soluções analíticas que foram obtidas até hoje é muito pequeno.

6.9 Soluções Simples para Escoamentos Incompressíveis e Viscosos

A principal dificuldade para resolver as equações de Navier – Stokes é provocada pela não linearidade dos termos que representam as acelerações convectivas (i.e., $u\partial u/\partial x$, $w\partial v/\partial z$ etc). Não existe um procedimento analítico geral para resolver equações diferenciais parciais não lineares (por exemplo, o método das superposições não pode ser utilizado) e cada problema precisa ser considerado individualmente. As partículas fluidas, na maioria dos escoamentos, apresentam movimento acelerado quando escoam de um ponto para outro do campo de escoamento. Assim, os termos de aceleração convectiva são normalmente importantes. Entretanto, existem alguns casos especiais onde a aceleração convectiva é nula devido a geometria das fronteiras do escoamento. Nestes casos, é quase sempre possível encontrar uma solução do escoamento. As equações de Navier – Stokes são aplicáveis a escoamentos laminares e turbulentos. Os escoamentos turbulentos apresentam flutuações aleatórias ao longo do tempo e isto adiciona uma complicação tal que torna impossível obter uma solução analítica destes escoamentos. Assim, nós só analisaremos escoamentos laminares com campo de velocidade independe do tempo (escoamento em regime permanente) ou dependente do tempo numa maneira muito bem definida (escoamento transitório).

6.9.1 Escoamento Laminar e em Regime Permanente entre Duas Placas Paralelas

Primeiramente nós vamos considerar o escoamento em regime permanente entre duas placas infinitas, paralelas e horizontais (veja a Fig. 6.30a). Note que, neste escoamento, as partículas fluidas se deslocam na direção x, que é paralela as placas, e que não existem outros componentes do vetor velocidade, ou seja, $v=0$ e $w=0$. Nestas circunstâncias, a equação da continuidade (Eq. 6.31) fornece $\partial u/\partial x = 0$. Como o regime de escoamento é o permanente, $\partial u/\partial t = 0$, de modo que $u = u(y)$. Se aplicarmos estas condições nas equações de Navier – Stokes (Eqs. 6.127), temos

$$0=-\frac{\partial p}{\partial x}+\mu\left(\frac{\partial^2 u}{\partial y^2}\right) \quad (6.129)$$

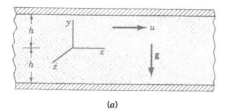
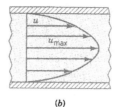

(a) (b)

Figura 6.30 Escoamento viscoso entre duas placas paralelas: (a) sistema de coordenadas utilizado na análise do escoamento e (b) perfil de velocidade parabólico para o escoamento entre placas paralelas e imóveis.

$$0 = -\frac{\partial p}{\partial y} - \rho g \tag{6.130}$$

$$0 = -\frac{\partial p}{\partial z} \tag{6.131}$$

Note que $g_x = 0$, $g_y = -g$ e $g_z = 0$, ou seja, o eixo y aponta para cima. Estas equações são muito mais simples do que as equações de Navier – Stokes. As Eqs. 6.130 e 6.131 podem ser integradas facilmente. Assim,

$$p = -\rho g y + f_1(x) \tag{6.132}$$

Este resultado mostra que a pressão varia hidrostaticamente na direção y. A Eq. 6.129 pode ser reescrita do seguinte modo:

$$\frac{d^2 u}{d y^2} = \frac{1}{\mu} \frac{\partial p}{\partial x}$$

Se integrarmos a primeira vez, obtemos

$$\frac{du}{dy} = \frac{1}{\mu}\left(\frac{\partial p}{\partial x}\right) y + c_1$$

e o resultado da segunda integração é

$$u = \frac{1}{2\mu}\left(\frac{\partial p}{\partial x}\right) y^2 + c_1 y + c_2 \tag{6.133}$$

Note que nós tratamos o gradiente de pressão, $\partial p / \partial x$, como uma constante no processo de integração porque (como mostra a Eq. 6.132) este gradiente não é função de y. As duas constantes c_1 e c_2 precisam ser determinadas com as condições de contorno do escoamento. Por exemplo, se as duas placas são estacionárias, $u = 0$ para $y = \pm h$ (condição de aderência completa para escoamentos viscosos, veja o ☉ 6.5 – Condição de não escorregamento). Para satisfazer esta condição c_1 precisa ser igual a zero e

$$c_2 = -\frac{1}{2\mu}\left(\frac{\partial p}{\partial x}\right) h^2$$

Nestas condições, o perfil de velocidade do escoamento é

$$u = \frac{1}{2\mu}\left(\frac{\partial p}{\partial x}\right)\left(y^2 - h^2\right) \tag{6.134}$$

Esta equação mostra que o perfil de velocidade do escoamento entre as duas placas imóveis é parabólico (veja a Fig. 6.30b).

A vazão em volume do escoamento entre as placas por unidade de comprimento na direção z, q, pode ser obtida com a relação

$$q = \int_{-h}^{h} u \, dy = \int_{-h}^{h} \frac{1}{2\mu}\left(\frac{\partial p}{\partial x}\right)(y^2 - h^2) \, dy$$

ou

$$q = -\frac{2h^3}{3\mu}\left(\frac{\partial p}{\partial x}\right) \qquad (6.135)$$

O gradiente de pressão $\partial p / \partial x$ é negativo porque a pressão diminui no sentido do escoamento. Se nós representarmos a queda de pressão na distância l por Δp, temos

$$\frac{\Delta p}{l} = -\left(\frac{\partial p}{\partial x}\right)$$

e a Eq. 6.135 pode ser rescrita como

$$q = \frac{2h^3 \Delta p}{3\mu l} \qquad (6.136)$$

A vazão deste escoamento é proporcional ao gradiente de pressão, inversamente proporcional a viscosidade e fortemente influenciada pela espessura do canal ($\sim h^3$). A velocidade média do escoamento, V, pode ser calculada com $V = q/2h$. Utilizando a Eq. 6.136,

$$V = \frac{h^2 \Delta p}{3\mu l} \qquad (6.137)$$

As Eqs. 6.136 e 6.137 fornecem relações convenientes que relacionam a queda de pressão ao longo do canal formado pelas placas paralelas com a vazão em volume e com a velocidade média do escoamento. A velocidade máxima do escoamento, u_{max}, ocorre no plano médio do canal ($y = 0$). Utilizando a Eq. 6.134, temos

$$u_{max} = -\frac{h^2}{2\mu}\left(\frac{\partial p}{\partial x}\right)$$

ou

$$u_{max} = \frac{3V}{2} \qquad (6.138)$$

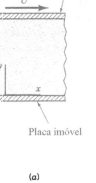

(a)

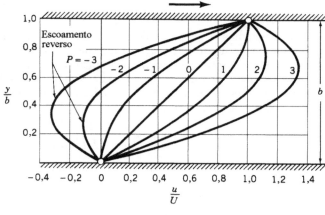

(b)

Figura 6.31 Escoamento viscoso entre duas placas paralelas – a placa inferior é imóvel e a superior é móvel (escoamento de Couette): (a) sistema de coordenadas utilizado na análise do escoamento e (b) perfis de velocidade em função do parâmetro P, onde $P = -(b^2/2\mu U)\partial p/\partial x$ (Ref. [8], reprodução autorizada).

Os detalhes do escoamento laminar e que ocorre em regime permanente no canal formado pelas placas infinitas e paralelas foi completamente determinado pela solução das equações de Navier – Stokes. Por exemplo, se conhecermos o gradiente de pressão, a viscosidade do fluido e o espaçamento entre as placas, as Eqs. 6.134, 6.136 e 6.137 nos permitem calcular o perfil de velocidade do escoamento, a vazão em volume e a velocidade média do escoamento. Adicionalmente, se utilizarmos a Eq. 6.132, temos

$$f_1(x) = \left(\frac{\partial p}{\partial x}\right)x + p_0$$

onde p_0 é a pressão em $x = y = 0$ (pressão de referência). Assim, a pressão no fluido pode ser calculada com

$$p = -\rho g y + \left(\frac{\partial p}{\partial x}\right)x + p_0 \tag{6.139}$$

Deste modo, para uma dada pressão de referência, a pressão em qualquer ponto do campo de escoamento pode ser determinada. Este exemplo relativamente simples de solução analítica das equações de Navier – Stokes ilustra como é possível obter informações detalhadas de um escoamento viscoso. O escoamento no canal será laminar se o número de Reynolds baseado na distância entre as placas, $Re = \rho V(2h)/\mu$, for menor do que 1400. Se o número de Reynolds for maior do que este valor, o escoamento será turbulento e a análise apresentada nesta seção não será mais válida (porque o escoamento turbulento é tridimensional e transitório).

6.9.2 Escoamento de Couette

Nós podemos obter um outro escoamento paralelo simples fixando uma das placas da seção anterior e impondo um movimento com velocidade constante U na outra placa (veja a Fig. 6.31a). As equações de Navier – Stokes ficam reduzidas as mesmas equações apresentadas na seção anterior, ou seja, o perfil de velocidade continua sendo fornecido pela Eq. 6.133 e o campo de pressão pela Eq. 6.132. Entretanto, as condições de contorno do novo problema são diferentes. Neste caso, nós vamos localizar o origem do sistema de coordenadas na placa inferior e b será a distância entre as placas (veja a Fig. 6.31a). As constantes c_1 e c_2 da Eq. 6.133 podem ser determinadas com as condições de contorno $u = 0$ em $y = 0$ e $u = U$ em $y = b$. Deste modo,

$$u = U\frac{y}{b} + \frac{1}{2\mu}\left(\frac{\partial p}{\partial x}\right)(y^2 - by) \tag{6.140}$$

Se adimensionalizarmos a equação anterior,

$$\frac{u}{U} = \frac{y}{b} - \frac{b^2}{2\mu U}\left(\frac{\partial p}{\partial x}\right)\left(\frac{y}{b}\right)\left(1 - \frac{y}{b}\right) \tag{6.141}$$

O perfil de velocidade real do escoamento é função do parâmetro adimensional

$$P = -\frac{b^2}{2\mu U}\left(\frac{\partial p}{\partial x}\right)$$

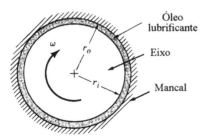

Figura 6.32 Escoamento no canal de um mancal de deslizamento.

A Fig. 6.31b mostra vários perfis de velocidade deste escoamento que é conhecido como o escoamento de Couette.

O escoamento de Couette mais simples é aquele onde o gradiente de pressão é nulo, ou seja, o escoamento é provocado pelo fluido arrastado pela fronteira móvel. Assim, $\partial p / \partial x = 0$ e a Eq. 6.140 fica reduzida a

$$u = U \frac{y}{b} \qquad (6.142)$$

Este resultado indica que a velocidade varia linearmente entre as duas placas mostradas na Fig. 6.31b para $P = 0$. O escoamento entre dois cilindros concêntricos, o externo fixo e o interno apresentando velocidade angular constante (ω), pode ser modelado como um escoamento de Couette desde que a folga entre os cilindros seja pequena, ou seja, $r_o - r_i \ll r_i$. A Fig. 6.32 mostra o escoamento de lubrificante num mancal de deslizamento. Neste caso, $U = r_i \omega$, $b = r_o - r_i$ e a tensão de cisalhamento provocada pela rotação do eixo é dada por $\tau = \mu r_i \omega / (r_o - r_i)$. Note que os cilindros se tornarão acêntricos se o eixo estiver carregado (i.e., quando existe uma força atuando na direção normal ao eixo de rotação). Nesta situação, o escoamento de lubrificante não pode ser modelado como um escoamento de Couette. Tais problemas são tratados na teoria da lubrificação (veja, por exemplo, a Ref. [9]).

Exemplo 6.9

Uma correia larga se movimenta num tanque que contém um líquido viscoso do modo indicado na Fig. E6.9. O movimento da correia é vertical e ascendente e a velocidade da correia é V_0. As forças viscosas provocam o arrastamento de um filme de líquido que apresenta espessura h. Note que a aceleração da gravidade força o líquido a escoar, para baixo, no filme. Obtenha uma equação para a velocidade média do filme de líquido a partir das equações de Navier – Stokes. Admita que o escoamento é laminar, unidimensional e que o regime de escoamento é o permanente.

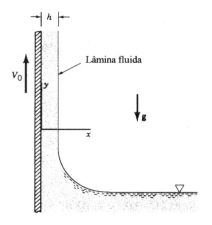

Figura E6.9

Solução Nós só consideraremos o componente na direção y do vetor velocidade porque a formulação do problema sugere que o escoamento é unidimensional (assim, $u = w = 0$). A equação da continuidade indica que $\partial v / \partial y = 0$. O regime do escoamento é o permanente e então $\partial v / \partial t = 0$. Nestas condições nós encontramos que $v = v(x)$. Nestas condições, as equações de Navier – Stokes na direção x (Eq. 6.127a) e na direção z (Eq. 6.127c) ficam reduzidas a

$$\frac{\partial p}{\partial x} = 0 \qquad \frac{\partial p}{\partial z} = 0$$

Este resultado indica que a pressão não varia em qualquer plano horizontal. Ainda é possível concluir que a pressão no filme é constante e igual a pressão atmosférica porque a pressão na superfície do filme ($x = h$) é a atmosférica. Nestas condições, a equação do movimento na direção y (Eq. 6.127b) se torna igual a

$$0 = -\rho g + \mu \frac{d^2 v}{d x^2}$$

ou

$$\frac{d^2 v}{d x^2} = \frac{\gamma}{\mu} \qquad (1)$$

A integração da Eq. 1 fornece

$$\frac{d v}{d x} = \frac{\gamma}{\mu} x + c_1 \qquad (2)$$

Nós vamos admitir que a tensão de cisalhamento é nula na superfície do filme ($x = h$), ou seja, o arraste de ar pelo filme é desprezível. A tensão de cisalhamento na superfície livre (ou em qualquer plano vertical no filme) é designada por τ_{xy}. A Eq. 6.125d indica que esta tensão é dada por

$$\tau_{xy} = \mu \left(\frac{d v}{d x} \right)$$

Como $\tau_{xy} = 0$ em $x = h$, segue da Eq. 2 que

$$c_1 = -\frac{\gamma h}{\mu}$$

A segunda integração da Eq. 2 fornece o perfil de velocidade no filme, ou seja,

$$v = \frac{\gamma}{2\mu} x^2 - \frac{\gamma h}{\mu} x + c_2$$

A velocidade do fluido em $x = 0$ é igual a velocidade da correia, V_0. Assim, c_2 é igual a V_0 e o perfil de velocidade no filme é representado por

$$v = \frac{\gamma}{2\mu} x^2 - \frac{\gamma h}{\mu} x + V_0$$

A vazão em volume na correia por unidade de comprimento na direção normal ao plano da figura, q, pode ser calculada com este perfil de velocidade,

$$q = \int_0^h v \, dx = \int_0^h \left(\frac{\gamma}{2\mu} x^2 - \frac{\gamma h}{\mu} x + V_0 \right) dx$$

e, assim,

$$q = V_0 h - \frac{\gamma h^3}{3\mu}$$

A velocidade média no filme, V, é definida por $V = q/h$. Deste modo,

$$V = V_0 - \frac{\gamma h^2}{3\mu}$$

Este resultado mostra que só existirá um escoamento ascendente de líquido se $V_0 > \gamma h^2 / 3\mu$. Assim, é necessário que a velocidade da correia seja relativamente alta para "levantar" um líquido que apresenta baixa viscosidade.

6.9.3 Escoamento Laminar e em Regime Permanente em Tubos

Provavelmente, a solução exata das equações de Navier – Stokes mais conhecida é a do escoamento laminar e que ocorre em regime permanente num tubo reto. Este tipo de escoamento é conhecido com o escoamento de Hagen – Poiseuille em honra ao médico francês J. L. Poiseuille (1799 – 1869) e ao engenheiro hidráulico alemão G. H. L. Hagen (1797 – 1884). Poiseuille estava interessado no escoamento de sangue nos vasos capilares e deduziu experimentalmente as leis de resistência ao escoamento laminar em tubos. As investigações de Hagen, sobre o escoamento em tubos, também foram experimentais. O material que será apresentado nesta seção foi desenvolvido posteriormente aos trabalhos de Hagen e Poiseuille mas estes nomes estão normalmente associados com a solução deste problema.

Considere o escoamento num tubo com raio R como o mostrado na Fig. 6.33a. Note que é conveniente utilizar o sistema de coordenadas cilíndrico porque a geometria do problema é cilíndrica. Nós vamos admitir que o escoamento é paralelo a parede de modo que $v_r = 0$ e $v_\theta = 0$. Nestas circunstâncias, a equação da continuidade, Eq. 6.34, indica que $\partial v_z / \partial z = 0$. A velocidade v_z não é função do tempo (porque nós estamos preocupados com a solução do regime permanente) e de θ (o escoamento é axissimétrico). Assim, é possível concluir que $v_z = v_z(r)$. Nestas condições, as equações de Navier – Stokes ficam reduzidas a

$$0 = -\rho g \,\text{sen}\,\theta - \frac{\partial p}{\partial r} \tag{6.143}$$

$$0 = -\rho g \cos\theta - \frac{1}{r}\frac{\partial p}{\partial \theta} \tag{6.144}$$

$$0 = -\frac{\partial p}{\partial z} + \mu \left[\frac{1}{r}\frac{\partial}{\partial r}\left(r \frac{\partial v_z}{\partial r} \right) \right] \tag{6.145}$$

onde nós utilizamos as relações $g_r = -g\,\text{sen}\,\theta$ e $g_\theta = -g\cos\theta$ (com θ medido a partir do plano horizontal. As Eqs. 6.143 e 6.144 podem ser integradas facilmente. Deste modo,

$$p = -\rho g (r\,\text{sen}\,\theta) + f_1(z)$$

ou

$$p = -\rho g y + f_1(z) \tag{6.146}$$

Esta equação mostra que a pressão varia hidrostaticamente em qualquer seção transversal do tubo e que o componente na direção z do gradiente de pressão, $\partial p / \partial z$, não é função de r ou de θ.

A equação do movimento na direção z (Eq. 6.145) pode ser reescrita na forma

$$\frac{1}{r}\frac{\partial}{\partial r}\left(r \frac{\partial v_z}{\partial r} \right) = \frac{1}{\mu}\frac{\partial p}{\partial z}$$

e integrada (lembrando que $\partial p / \partial z$ = constante) para fornecer

$$r\frac{\partial v_z}{\partial r} = \frac{1}{2\mu}\left(\frac{\partial p}{\partial z}\right) r^2 + c_1$$

Integrando novamente,

$$v_z = \frac{1}{4\mu}\left(\frac{\partial p}{\partial z}\right) r^2 + c_1 \ln r + c_2 \tag{6.147}$$

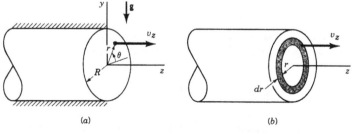

Figura 6.33 Escoamento viscoso num tubo horizontal; (a) sistema de coordenadas utilizado na análise do escoamento e (b) escoamento num anel diferencial.

A velocidade na linha de centro do tubo deve ser finita e, por isso, $c_1 = 0$. A velocidade do escoamento na parede do tubo ($r = R$) é nula. Para que isto aconteça,

$$c_2 = -\frac{1}{4\mu}\left(\frac{\partial p}{\partial z}\right)R^2$$

Assim, o perfil de velocidade do escoamento laminar e que ocorre em regime permanente num tubo reto é dado por

$$v_z = \frac{1}{4\mu}\left(\frac{\partial p}{\partial z}\right)\left(r^2 - R^2\right) \tag{6.148}$$

Note que o perfil de velocidade em qualquer seção transversal do tubo é parabólico (⊙ 6.6 – Escoamento laminar).

Nós utilizaremos o volume de controle semi-infinitesimal indicado na Fig. 6.33b para obter a relação entre a vazão em volume no tubo e o gradiente de pressão no escoamento. A área da seção transversal do "anel" com espessura diferencial é $dA = (2\pi r)dr$ e a velocidade do escoamento nesta seção é constante e igual a v_z. Assim,

$$dQ = v_z(2\pi r)dr$$

e

$$Q = 2\pi \int_0^R v_z r\, dr \tag{6.149}$$

Substituindo v_z pelo perfil de velocidade do escoamento (Eq. 6.148) e integrando,

$$Q = -\frac{\pi R^4}{8\mu}\left(\frac{\partial p}{\partial z}\right) \tag{6.150}$$

Esta relação pode ser expressa em função da queda de pressão, Δp, que ocorre num comprimento de tubo igual a l porque

$$\frac{\Delta p}{l} = -\frac{\partial p}{\partial z}$$

Utilizando estes resultados, temos

$$Q = \frac{\pi R^4 \Delta p}{8\mu l} \tag{6.151}$$

Para uma dada queda de pressão por unidade de comprimento, a vazão em volume do escoamento é inversamente proporcional a viscosidade do fluido e proporcional ao raio do tubo elevado a quarta potência. Note que se dobrarmos o diâmetro do tubo, e mantivermos todas as outras condições inalteradas, nós vamos obter uma vazão em volume dezesseis vezes maior! A Eq. 6.151 é conhecida como a lei de Poiseuille.

A velocidade média deste escoamento, definida por $V = Q/\pi R^2$, é dada por (veja a Eq. 6.151)

$$V = \frac{R^2 \Delta p}{8\mu l} \tag{6.152}$$

A velocidade máxima do escoamento, v_{max}, ocorre no centro do tubo. Utilizando a Eq. 6.148,

$$v_{max} = -\frac{R^2}{4\mu}\left(\frac{\partial p}{\partial z}\right) = \frac{R^2 \Delta p}{4\mu l} \tag{6.153}$$

de modo que

$$v_{max} = 2V$$

A distribuição de velocidade pode ser escrita em função de v_{max}, ou seja,

$$\frac{v_z}{v_{max}} = 1 - \left(\frac{r}{R}\right)^2 \tag{6.154}$$

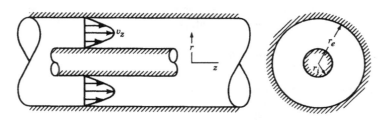

Figura 6.34 Escoamento viscoso num espaço anular.

A solução das equações de Navier – Stokes forneceu uma descrição detalhada das distribuições de velocidade e pressão para o escoamento laminar e que ocorre em regime permanente no trecho reto de um tubo (do mesmo modo que forneceu uma descrição detalhada destas distribuições para o escoamento entre as placas da seção anterior). A aderência entre os resultados experimentais disponíveis para escoamentos laminares em tubo e aqueles obtidos a partir das equações de Navier – Stokes é muito boa. Note que o escoamento no tubo permanece laminar até que o número de Reynolds baseado no diâmetro, Re = $\rho V (2R) / \mu$, atinja 2100. O escoamento turbulento em tubos será considerado no Cap. 8.

6.9.4 Escoamento Laminar, Axial e em Regime Permanente num Espaço Anular

As equações diferenciais utilizadas para resolver o escoamento laminar em tubos (regime permanente), Eqs. 6.143, 6.144 e 6.145, também podem ser utilizadas para descrever o escoamento no espaço anular formado por dois cilindros concêntricos (veja a Fig. 6.34). A Eq. 6.147 ainda é aplicável mas as condições de contorno adequadas ao novo problema são: $v_z = 0$ em $r = r_e$ e $v_z = 0$ para $r = r_i$. Assim, as novas constantes da Eq. 6.147, c_1 e c_2, podem ser determinadas e a nova distribuição de velocidade é dada por

$$v_z = \frac{1}{4\mu}\left(\frac{\partial p}{\partial z}\right)\left[r^2 - r_e^2 + \frac{r_i^2 - r_e^2}{\ln(r_e/r_i)}\ln\frac{r}{r_e}\right] \quad (6.155)$$

A vazão em volume que corresponde a esta distribuição de velocidade é

$$Q = \int_{r_i}^{r_e} v_z (2\pi r)\, dr = -\frac{\pi}{8\mu}\left(\frac{\partial p}{\partial z}\right)\left[r_e^4 - r_i^4 - \frac{(r_e^2 - r_i^2)^2}{\ln(r_e/r_i)}\right]$$

Esta equação pode ser reescrita em função da queda de pressão por unidade de comprimento, $\Delta p/l$,

$$Q = \frac{\pi \Delta p}{8\mu l}\left[r_e^4 - r_i^4 - \frac{(r_e^2 - r_i^2)^2}{\ln(r_e/r_i)}\right] \quad (6.156)$$

A velocidade em qualquer posição no espaço anular pode ser calculada com a Eq. 6.155. A velocidade máxima ocorre no ponto onde $\partial v_z / \partial r = 0$. Se a coordenada radial do ponto onde a velocidade é máxima for representada por r_m, temos

$$r_m = \left[\frac{r_e^2 - r_i^2}{2\ln(r_e/r_i)}\right]^{1/2} \quad (6.157)$$

Uma análise deste resultado mostra que a velocidade máxima não ocorre no raio médio do espaço anular mas num ponto mais próximo ao cilindro interno.

Os resultados apresentados nesta seção são válidos para escoamentos laminares. O critério baseado no número de Reynolds convencional (definido em função do diâmetro do tubo) não é aplicável a este caso porque o espaço anular apresenta dois diâmetros (interno e externo). Nós vamos definir o diâmetro hidráulico – um diâmetro "equivalente" (ou efetivo) – para contornar o problema que surge quando estamos lidando com escoamentos em condutos (seção transversal diferente daquela do tubo). O diâmetro hidráulico é definido por

$$D_h = \frac{4 \times \text{área da seção transversal}}{\text{perímetro molhado}}$$

O perímetro molhado é o perímetro que está em contato com o fluido. O diâmetro hidráulico para o espaço anular é

$$D_h = \frac{4\pi \left(r_e^2 - r_i^2\right)}{2\pi \left(r_e + r_i\right)} = 2\left(r_e - r_i\right)$$

O número de Reynolds baseado no diâmetro hidráulico é Re = $\rho D_h V/\mu$, onde V é a velocidade média do escoamento no espaço anular. É usual admitir que o escoamento no espaço anular é laminar se o número de Reynolds for menor do que 2100. A Sec. 8.4.3 apresenta uma discussão mais detalhada sobre o conceito do diâmetro hidráulico.

Exemplo 6.10

Um líquido viscoso ($\rho = 1{,}18 \times 10^3$ kg/m³; $\mu = 0{,}0045$ N·s/m²) escoa num tubo horizontal que apresenta diâmetro interno igual a 4 mm. A vazão em volume do escoamento no tubo é 12 ml/s. (**a**) Admitindo que o escoamento é plenamente desenvolvido, determine a queda de pressão por unidade de comprimento de tubo. (**b**) Se instalarmos um cilindro sólido, diâmetro externo de 2 mm, concentricamente ao tubo, nós obteremos um espaço anular. Admitindo que a vazão de líquido no canal é igual a do item anterior, determine a queda de pressão no escoamento por unidade de comprimento de canal anular.

Solução (**a**) O primeiro passo é calcular o número de Reynolds para determinar se o escoamento é laminar ou turbulento. A velocidade média do escoamento é

$$V = \frac{Q}{(\pi/4)D^2} = \frac{12 \times 10^{-6}}{(\pi/4)\left(4 \times 10^{-3}\right)^2} = 0{,}955 \text{ m/s}$$

Assim,

$$\text{Re} = \frac{\rho V D}{\mu} = \frac{\left(1{,}18 \times 10^3\right)\left(0{,}955\right)\left(4 \times 10^{-3}\right)}{0{,}0045} = 1000$$

O número de Reynolds do escoamento é bem menor do que 2100 e, deste modo, o escoamento no tubo é laminar. A Eq. 6.151 pode fornecer a queda de pressão neste tipo de escoamento. Assim,

$$\frac{\Delta p}{l} = \frac{8\mu Q}{\pi R^4} = \frac{8(0{,}0045)\left(12 \times 10^{-6}\right)}{\pi \left(2 \times 10^{-3}\right)^2} = 8594 \text{ Pa/m}$$

(**b**) A velocidade média no espaço anular é

$$V = \frac{Q}{\pi \left(r_e^2 - r_i^2\right)} = \frac{12 \times 10^{-6}}{(\pi)\left(\left(2 \times 10^{-3}\right)^2 - \left(1 \times 10^{-3}\right)^2\right)} = 1{,}27 \text{ m/s}$$

e o número de Reynolds, baseado no diâmetro hidráulico, é

$$\text{Re} = \frac{2\rho V \left(r_e - r_i\right)}{\mu} = \frac{2\left(1{,}18 \times 10^3\right)(1{,}27)\left(2 \times 10^{-3} - 1 \times 10^{-3}\right)}{0{,}0045} = 666$$

Este valor é menor do que 2100. Assim, o escoamento no espaço anular também é laminar. Aplicando a Eq. 6.156,

$$\frac{\Delta p}{l} = \frac{8\mu Q}{\pi}\left[r_e^4 - r_i^4 - \frac{\left(r_e^2 - r_i^2\right)^2}{\ln\left(r_e/r_i\right)}\right]^{-1}$$

$$= \frac{8(0{,}0045)\left(12 \times 10^{-6}\right)}{\pi}\left\{\left(2 \times 10^{-3}\right)^4 - \left(1 \times 10^{-3}\right)^4 - \frac{\left[\left(2 \times 10^{-3}\right)^2 - \left(1 \times 10^{-3}\right)^2\right]^2}{\ln(2/1)}\right\}^{-1}$$

$$= 68218 \text{ Pa/m} = 68{,}2 \text{ kPa/m}$$

A queda de pressão no espaço anular é muito maior do que aquela no tubo. Este resultado não é surpreendente porque a velocidade média do escoamento no espaço anular tem que ser maior do que a do escoamento no tubo para que a vazão transportada seja a mesma. Este aumento de velocidade induz tensões de cisalhamento nas paredes do espaço anular que precisam ser compensadas por uma queda de pressão maior. O aumento da queda de pressão no escoamento anular será significativo mesmo que o diâmetro do cilindro interno seja pequeno. Por exemplo, se o diâmetro do cilindro interno for igual a 1/100 do diâmetro externo, $\Delta p_{(espaço\ anular)}/\Delta p_{(tubo)} = 1,28$.

6.10 Outros Aspectos da Análise Diferencial

Nós apresentamos neste capítulo o desenvolvimento das equações diferenciais básicas que descrevem os escoamentos dos fluidos. As equações de Navier − Stokes, que na notação vetorial são representadas por,

$$\rho\left(\frac{\partial \mathbf{V}}{\partial t} + \mathbf{V}\cdot\nabla\mathbf{V}\right) = -\nabla p + \rho\mathbf{g} + \mu\nabla^2\mathbf{V} \quad (6.158)$$

e a equação da continuidade,

$$\nabla\cdot\mathbf{V} = 0 \quad (6.159)$$

são as equações que descrevem os escoamentos incompressíveis de fluidos Newtonianos. Apesar de nós termos restringido nossa atenção aos escoamentos incompressíveis, estas equações podem ser facilmente estendidas para incluir os efeitos da compressibilidade. Está fora do escopo deste texto introdutório considerar minuciosamente as técnicas analíticas e numéricas que são utilizadas para obter tanto as soluções exatas quanto as aproximadas das equações de Navier − Stokes. É importante ressaltar que as equações gerais apresentadas neste capítulo são normalmente utilizadas nas análises avançadas dos escoamentos. Nós mostramos neste capítulo um procedimento para obter algumas soluções relativamente simples das equações de Navier − Stokes e indicamos o tipo de informação que pode ser obtido com a utilização da análise diferencial. Entretanto, nós esperamos que a nossa apresentação não deixe a impressão de que os procedimentos utilizados para obter as soluções das equações de Navier Stokes são fáceis. Nós já mencionamos que existem muito poucas soluções analíticas para escoamentos com aplicação prática. De fato, não existe uma solução analítica da Eq. 6.158 para o escoamento em torno de um corpo como uma esfera, cubo ou avião.

A dificuldade para resolver as equações de Navier − Stokes provocou o desenvolvimento de vários procedimentos para a obtenção de soluções aproximados. Por exemplo, se admitirmos que a viscosidade é nula, as equações de Navier Stokes se transformam nas equações de Euler. Assim, as soluções invíscidas discutidas anteriormente são soluções aproximadas das equações de Navier − Stokes. No outro extremo, os efeitos viscosos são dominantes e os termos de aceleração não linear (convectivos) podem ser desprezados nos escoamentos que apresentam velocidade muito baixa. Esta hipótese normalmente simplifica bastante a análise do escoamento porque lineariza as equações do movimento. Existem várias soluções analíticas para escoamentos deste tipo. Um outro método aproximado importante para estudar os escoamentos nas camadas limite é aquele apresentado por L. Prandtl em 1904. As soluções do tipo camada limite são muito importantes no estudo da mecânica dos fluidos e serão discutidas detalhadamente do Cap. 9.

6.10.1 Métodos Numéricos

Atualmente os métodos numéricos são muito utilizados na resolução de uma quantidade significativa de escoamentos. Como nós discutimos anteriormente, o número de soluções analíticas das equações que descrevem o movimento de fluidos Newtonianos (as equações de Navier Stokes, Eqs. 6.158) é muito pequeno apesar destas equações terem sido derivadas há muito tempo. O advento dos computadores digitais de alta velocidade permitiu a obtenção de soluções numéricas aproximadas destas equações (e de outras da mecânica dos fluidos) e se tornou possível a simulação numérica dos escoamentos (⊙ 6.7 − Uma aplicação da mecânica dos fluidos computacional).

Os três tipos de técnicas disponíveis para a solução numérica das equações que descrevem o movimento dos fluidos são: (1) o método das diferenças finitas, (2) o método dos elementos finitos e dos volumes finitos e (3) o método dos elementos de contorno. Nestes métodos, o campo de

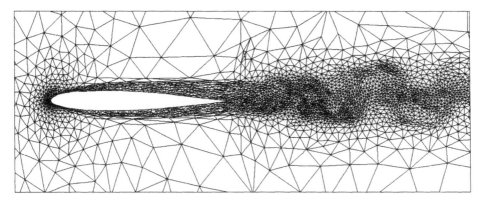

Figura 6.35 Malha adaptativa utilizada na avaliação do escoamento viscoso em torno de um aerofólio NACA 0012. O ângulo de ataque, o número de Reynolds e o de Mach utilizados na simulação do escoamento são iguais a 1,5°, 10.000 e 0,755 (cortesia do CFD Laboratory, Universidade Concordia, Montreal, Canadá).

escoamento contínuo (i.e. as distribuições de velocidade e pressão em função do espaço e do tempo) passa a ser descrito em função de um conjunto de valores discretos e relativos a determinadas posições. Estas técnicas propiciam que as equações diferenciais sejam substituídas por um conjunto de equações algébricas que podem ser resolvidas num computador.

O campo de escoamento, no método dos elementos finitos, é substituído por um conjunto de pequenos elementos fluidos (normalmente os elementos são triangulares nos casos onde o escoamento é bidimensional ou pequenos volumes quando o escoamento é tridimensional). As equações de conservação (i.e., conservação da massa, quantidade de movimento e energia) são escritas, numa forma apropriada, para cada elemento e o conjunto de equações resultante é resolvido numericamente para determinar o campo de escoamento discretizado. O número, tamanho e forma dos elementos são determinados, em parte, pela geometria e pelas condições do escoamento. É necessário utilizar um número bastante grande de elementos finitos no estudo de escoamentos complexos. Note que o número de equações algébricas simultâneas que precisa ser resolvido aumenta rapidamente com o número de elementos utilizados na simulação do escoamento. É normal encontrar simulações que utilizam de 1000 a 10000 elementos e a resolução de 50000 equações acopladas não é incomum. A Fig. 6.35 mostra uma malha utilizada para estudar o escoamento em torno de um aerofólio. As Refs. [10 e 13] contêm muitas informações sobre a aplicação do método dos elementos finitos na mecânica dos fluidos.

Já no método dos elementos de contorno apenas a fronteira do campo de escoamento é substituída por um conjunto de segmentos discretos (e não todo o campo de escoamento como no caso dos elementos finitos – veja a Ref. [14]) e se distribuem singularidades apropriadas nos elementos de fronteira (tais como fontes, sorvedouros, dipolos e vórtices). A intensidade e o tipo de singularidades são escolhidas de modo que obtenhamos as condições de contorno apropriadas para o escoamento nos elementos de contorno. O escoamento nos pontos internos do campo (e não da fronteira o escoamento) é calculado a partir da adição das contribuições das várias singularidades localizadas na fronteira. Usualmente, os tempos de execução dos programas que utilizam este método são menores do que aqueles referentes aos programas que utilizam os elementos finitos mas os detalhes do método dos elementos de contorno são bastante sofisticados.

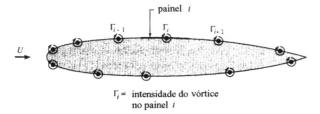

Figura 6.36 Utilização do método dos paineis para simular o escoamento em torno de um aerofólio.

324 Fundamentos da Mecânica dos Fluidos

A Fig. 6.36 mostra alguns elementos de fronteira típicos e as singularidades associadas aos elementos (vórtices). Este arranjo foi utilizado para simular o escoamento bidimensional em torno de uma aerofólio. O método dos elementos de fronteira utilizado no estudo da aerodinâmica é denominado método dos paineis porque cada elemento se comporta como um painel na superfície do aerofólio (veja a Ref. [15]).

Talvez o método de simulação de escoamentos mais fácil de entender, e o mais utilizado, é o método das diferenças finitas. Neste método, o campo de escoamento é substituído por uma malha de pontos e as funções contínuas (velocidade, pressão etc) são aproximadas pelos valores destas funções calculados nos pontos da malha. As derivadas das funções são aproximadas pelas diferenças entre os valores das funções em pontos vizinhos divididas pela distância entre os pontos vizinhos (espaçamentos da malha). As equações diferenciais são transformadas num conjunto de equações algébricas que podem ser resolvidas com uma técnica numérica apropriada. Quanto maior for o número de pontos maior será o conjunto de equações que precisa ser resolvido. Normalmente é necessário aumentar o número de pontos (i.e., utilizar uma malha mais fina) nos locais onde se espera que os gradientes das funções apresentem valor alto (tal como na região próxima a uma fronteira sólida).

O próximo exemplo apresenta a utilização da técnica das diferenças finitas na solução de um escoamento unidimensional muito simples.

Exemplo 6.11

A Fig. E.6.11 mostra a operação de esvaziamento de um tanque grande e aberto que contém um óleo viscoso. O diâmetro da tubulação de descarga de óleo é pequeno e no instante inicial, $t = 0$, a profundidade do fluido no tanque é H. Utilize a técnica das diferenças finitas para determinar a profundidade do líquido no tanque em função do tempo, $h = h(t)$. Compare o resultado numérico com a solução exata da equação de descreve esta operação de esvaziamento do tanque.

Solução Apesar do regime deste escoamento ser transitório (i.e., quanto maior a altura da superfície livre do óleo no tanque maior é a vazão no tubo de descarga) nós vamos admitir que o regime do escoamento é quase-permanente (veja o Exemplo 3.18). Assim, nós vamos admitir que as equações referentes ao regime permanente são válidas a cada instante.

A Eq. 6.152 estabelece que a velocidade média do escoamento laminar e que ocorre em regime permanente num tubo que apresenta diâmetro D é

$$V = \frac{D^2 \Delta p}{32 \mu l} \quad (1)$$

onde Δp é a queda de pressão num tubo com comprimento l. Neste problema, a pressão relativa no fundo do tanque é γh e a pressão relativa na seção de descarga do tubo é nula. Assim, $\Delta p = \gamma h$ e a Eq. 1 pode ser reescrita do seguinte modo:

$$V = \frac{D^2 \gamma h}{32 \mu l} \quad (2)$$

A conservação da massa requer que a vazão em volume de óleo no tubo, $Q = \pi D^2 V/4$, esteja relacionada com a taxa de variação do nível da superfície livre do óleo no tanque, dh/dt, por

$$Q = -\frac{\pi}{4} D_T^2 \frac{dh}{dt}$$

onde D_T é o diâmetro do tanque. Assim,

$$\frac{\pi}{4} D^2 V = -\frac{\pi}{4} D_T^2 \frac{dh}{dt}$$

ou

$$V = -\left(\frac{D_T}{D}\right)^2 \frac{dh}{dt} \quad (3)$$

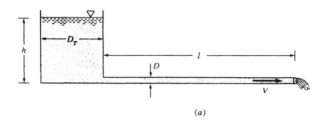

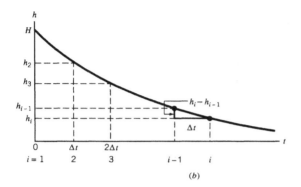

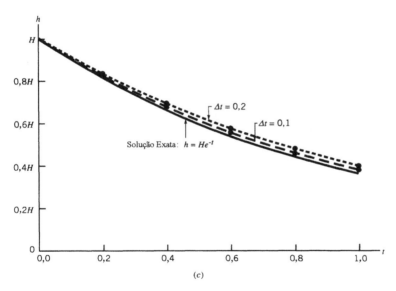

Figura E6.11

Combinando as Eqs. 2 e 3, obtemos

$$\frac{D^2 \gamma h}{32 \mu l} = -\left(\frac{D_T}{D}\right)^2 \frac{dh}{dt}$$

ou

$$\frac{dh}{dt} = -Ch$$

onde C é uma constante igual a $\gamma D^4 / 32 \mu l D_T^2$. Para simplificar o problema, nós vamos admitir que $C = 1$. Assim, nós precisamos resolver a seguinte equação diferencial:

$$\frac{dh}{dt} = -h \qquad \text{com} \qquad h = H \quad \text{em} \quad t = 0 \qquad (4)$$

326 Fundamentos da Mecânica dos Fluidos

A solução exata da Eq. 4 pode ser obtida com a separação das variáveis e a integração da equação resultante. Assim,

$$h = H e^{-t} \tag{5}$$

Entretanto, nós vamos admitir que esta solução não está disponível e nos vamos utilizar a técnica das diferenças finitas para obter uma solução aproximada deste problema.

A Fig. E6.11b mostra que nós vamos utilizar pontos discretos (nós ou pontos da malha) para representar o tempo. Uma das possíveis aproximações para a derivada temporal de h é

$$\left.\frac{dh}{dt}\right|_{t=t_i} \approx \frac{h_i - h_{i-1}}{\Delta t} \tag{6}$$

onde Δt é o intervalo de tempo entre os nós vizinhos no eixo do tempo, h_i e h_{i-1} são os valores aproximados de h nos nós i e $i-1$. A Eq. 6 é conhecida como a aproximação "para trás" (a ré) de dh/dt. A escolha do intervalo de tempo utilizado na discretização é arbitrária. Não é necessário que o intervalo de tempo Δt seja constante mas, normalmente, é conveniente trabalharmos com apenas um valor de Δt. Como a equação que descreve o esvaziamento do tanque, Eq. 4, é uma equação diferencial ordinária, a malha para o método das diferenças finitas é unidimensional (veja a Fig. E.6.11b). Note que a malha referente a discretização de equações a derivadas parciais é, no mínimo, bidimensional (veja a Fig. E6.12b).

Assim, para cada valor de $i = 2, 3, 4, \ldots$ nós podemos aproximar a equação que descreve o esvaziamento do tanque, Eq. 4, por

$$\frac{h_i - h_{i-1}}{\Delta t} = -h_i$$

ou

$$h_i = \frac{h_{i-1}}{(1+\Delta t)} \tag{7}$$

Nós não podemos utilizar a Eq. 7 para $i = 1$ porque não existe um valor para h_0. Em vez disso nós utilizaremos a condição inicial (Eq. 4) que fornece

$$h_1 = H$$

O resultado de todo este procedimento é um conjunto de N equações algébricas para os N valores aproximados de h nos instantes, $t_1 = 0, t_2 = \Delta t, \ldots, t_N = (N-1)\Delta t$.

$$h_1 = H$$
$$h_2 = h_1 / (1+\Delta t)$$
$$h_3 = h_2 / (1+\Delta t)$$
$$\vdots \quad \vdots \quad \vdots$$
$$h_N = h_{N-1} / (1+\Delta t)$$

As equações algébricas que surgem na maioria dos problemas são mais complicadas do que as equações deste problema e será necessário utilizar um computador para obter o valor de h_i. Para este problema simples a solução é

$$h_2 = H / (1+\Delta t)$$
$$h_3 = H / (1+\Delta t)^2$$
$$\vdots \quad \vdots \quad \vdots$$

ou

$$h_i = H / (1+\Delta t)^{i-1}$$

A Fig. E6.11c apresenta os resultados para 0 < t < 1 e a próxima tabela apresenta os valores da altura da superfície livre do óleo no tanque para t = 1.

Δt	i para $t = 1$	h_i para $t = 1$
0,2	6	0,4019H
0,1	11	0,3855H
0,01	101	0,3697H
0,001	1001	0,3681H
Valor Exato (Eq. 4)	–	0,3678H

Os resultados desta tabela são próximos da solução exata fornecida pela Eq. 5. Note que os resultados obtidos com a técnica das diferenças finitas se tornam cada vez mais próximos da solução exata quanto menor é o valor de Δt e que a aproximação utilizada para as derivadas se aproxima da definição real da derivada quando $\Delta t \to 0$.

Normalmente nós utilizamos o método das diferenças finitas para resolver equações a derivadas parciais (e não um equação diferencial ordinária como a Eq. 4 do exemplo anterior). Nestes casos, o método apresenta aspectos mais delicados. O próximo exemplo ilustra algumas características da simulação de um escoamento bidimensional.

Exemplo 6.12

Considere o escoamento invíscido e que ocorre em regime permanente em torno de um cilindro (veja a Fig. E6.12a). A função corrente, ψ, para este escoamento é descrita pela equação de Laplace (veja a Sec. 6.5)

$$\frac{\partial^2 \psi}{\partial x^2} + \frac{\partial^2 \psi}{\partial y^2} = 0 \quad \textbf{(1)}$$

A solução analítica (exata) deste problema pode ser encontrada na Sec. 6.6.3.

Descreva uma técnica, baseada em diferenças finitas, que pode ser utilizada para simular o escoamento deste problema.

Solução O primeiro passo para simular o escoamento em torno do cilindro é definir o domínio do escoamento e construir uma malha apropriada para o esquema de diferenças finitas. O campo de escoamento é simétrico em relação aos planos horizontal e vertical que cortam o eixo do cilindro. Assim, só é necessário considerar um quarto do domínio do escoamento (veja a malha da Fig. E6.12b). Nós posicionamos as fronteiras superior e direita bem distantes do cilindro. Deste modo, nós esperamos que os escoamentos nestas fronteiras sejam aproximadamente uniformes. O posicionamento destas fronteiras quase nunca é óbvio. A solução obtida será incorreta se a distância não for adequada porque nós estaríamos impondo uma condição de contorno artificial (condição de escoamento uniforme em locais onde o escoamento real não é uniforme). Se estas fronteiras estiverem localizadas a uma distância muito grande do corpo, o domínio do escoamento será maior do que o necessário e o tempo de processamento necessário para resolver o problema também será maior do que o necessário. A experiência acumulada na simulação de escoamentos é muito importante no posicionamento das fronteiras em um escoamento desconhecido.

Um vez que o domínio do escoamento foi escolhido, nós devemos superpor uma malha apropriada ao domínio do escoamento (veja a Fig. E6.12b). É possível utilizar vários tipos de malhas. Se a malha for muito grossa, a solução pode não ser capaz de capturar a estrutura fina do campo de escoamento real. Se a malha é muito fina, o tempo necessário para resolver as equações e a memória consumida na simulação do escoamento serão excessivos. A Ref. [16] mostra que a escolha da malha é um assunto muito importante e bastante estudado. Note que nós escolhemos uma malha uniformemente espaçada nas direções x e y para estudar o escoamento em torno do cilindro.

A Eq. 6.112 mostra que a solução da Eq. 1 – em termos de coordenadas cilíndricas polares (r, θ) em vez de coordenadas cartesianas (x, y) – é $\psi = Ur(1 - a^2/r^2)\,\text{sen}\,\theta$. A solução obtida com

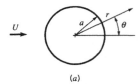

(a)

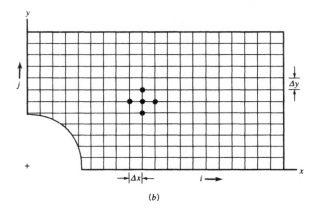

(b)

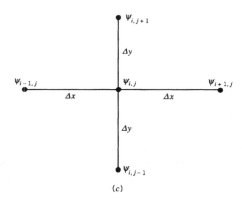

(c)

Figura E6.12

a técnica das diferenças finitas fornece um conjunto finito de valores aproximados desta função. Note que cada um dos valores do conjunto, $\psi_{i,j}$, se refere a um ponto da malha. Os pontos da malha são identificados pelos índices i e j pois indicam as distâncias x_i e y_j.

As derivadas de ψ podem ser aproximadas por

$$\frac{\partial \psi}{\partial x} \approx \frac{1}{\Delta x}\left(\psi_{i+1,j} - \psi_{i,j}\right)$$

e

$$\frac{\partial \psi}{\partial y} \approx \frac{1}{\Delta y}\left(\psi_{i,j+1} - \psi_{i,j}\right)$$

Este tipo de aproximação é denominada diferença "a frente". É interessante ressaltar que este não é o único modo de aproximar uma derivada e que existem muitos outros modos de realizar esta operação. Se utilizarmos o mesmo procedimento para a derivada segunda de ψ, temos

$$\frac{\partial^2 \psi}{\partial x^2} \approx \frac{1}{(\Delta x)^2}\left(\psi_{i+1,j} - 2\psi_{i,j} + \psi_{i-1,j}\right) \tag{2}$$

e

$$\frac{\partial^2 \psi}{\partial y^2} \approx \frac{1}{(\Delta y)^2}(\psi_{i,j+1} - 2\psi_{i,j} + \psi_{i,j-1}) \tag{3}$$

Combinando as Eqs. 1, 2 e 3,

$$\frac{\partial^2 \psi}{\partial x^2} + \frac{\partial^2 \psi}{\partial y^2} \approx \frac{1}{(\Delta x)^2}(\psi_{i+1,j} + \psi_{i-1,j}) + \frac{1}{(\Delta y)^2}(\psi_{i,j+1} + \psi_{i,j-1})$$
$$-2\left(\frac{1}{(\Delta x)^2} + \frac{1}{(\Delta y)^2}\right)\psi_{i,j} = 0 \tag{4}$$

Nós podemos isolar o termo $\psi_{i,j}$ na Eq. 4. Deste modo,

$$\psi_{i,j} = \frac{1}{2\left[(\Delta x)^2 + (\Delta y)^2\right]}\left[(\Delta y)^2(\psi_{i+1,j} + \psi_{i-1,j}) + (\Delta x)^2(\psi_{i,j+1} + \psi_{i,j-1})\right] \tag{5}$$

Note que o valor de $\psi_{i,j}$ é função dos valores das funções corrente em todos os nós vizinhos ao nó com índices i, j (veja a Eq. 5 e a Fig. E6.12c).

Para resolver este escoamento (analiticamente ou numericamente) é necessário especificar as condições de contorno na fronteira do domínio do escoamento (veja a Sec. 6.6.3). Por exemplo, nós podemos especificar que $\psi = 0$ na fronteira inferior do domínio (veja a Fig. E6.12b) e $\psi = C$, onde C é uma constante, na fronteira superior do domínio. Nós devemos também impor condições de contorno convenientes nas fronteiras esquerda e direita do domínio. Assim, a Eq. 5 é válida para os nós localizados no interior da malha e equações similares (que refletem as condições de contorno), ou os valores especificados de $\psi_{i,j}$, devem ser utilizados na fronteira do domínio. Note que nós temos uma equação para cada nó da malha. O resultado de todo este procedimento é a obtenção de um sistema de equações algébrico que pode ser resolvido com um método numérico adequado. A solução deste sistema de equações fornece uma solução aproximada para a função corrente do escoamento em torno do cilindro. As linhas de corrente (linhas com ψ constante) podem ser obtidas a partir da interpolação dos valores de $\psi_{i,j}$ e da união dos pontos indicados pelo processo de interpolação. O campo de velocidade pode ser obtido a partir da derivação numérica da função corrente, ou seja, (veja a Eq. 6.74)

$$u = \frac{\partial \psi}{\partial y} \approx \frac{1}{\Delta y}(\psi_{i,j+1} - \psi_{i,j})$$

e

$$v = -\frac{\partial \psi}{\partial x} \approx \frac{1}{\Delta y}(\psi_{i+1,j} - \psi_{i,j})$$

Mais características e detalhes da técnica das diferenças finitas estão fora do escopo deste livro. As Refs. [11 e 12] apresentam detalhadamente a aplicação desta da técnica na simulação de escoamentos.

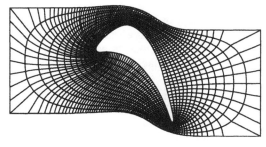

Figura 6.37 Malha utilizada na simulação do escoamento em torno de uma pá de turbina com a técnica das diferenças finitas (Ref. [17], reprodução autorizada).

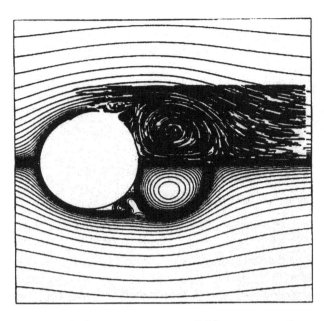

Figura 6.38 Linhas de corrente do escoamento transitório em torno de um cilindro. A metade superior é uma fotografia de um experimento (a identificação das linhas de corrente é obtida com uma técnica de visualização) e a metade inferior mostra os resultados de uma simulação que utiliza a técnica das diferenças finitas (Ref. [17], reprodução autorizada).

Os dois exemplos de simulação numérica de escoamentos apresentados nesta seção são bastante simples porque as equações que descrevem estes escoamentos não são complicadas. A solução, baseada na técnica das diferenças finitas, de problemas mais complicados como a resolução das equações não lineares de Navier – Stokes requer um esforço consideravelmente maior. A Fig. 6.37 mostra a malha utilizada para simular o escoamento em torno de uma pá de turbina. Note que a densidade da malha (número de nós por unidade de área) é bem maior nas regiões próximas aos bordos de ataque e de fuga da palheta do que ao longo da palheta. Isto foi feito para que os gradientes do escoamento que existem nas regiões próximas as bordas da palheta sejam melhor descritos pela técnica das diferenças finitas.

A Fig. 6.38 mostra as linhas de corrente, num determinado instante, do escoamento viscoso em torno de um cilindro. O escoamento em torno do cilindro é provocado pelo movimento do cilindro num meio que originalmente era estacionário. A metade inferior desta figura mostra as linhas de corrente obtidas com a técnica das diferenças finitas e a metade superior mostra uma fotografia do mesmo escoamento. As linhas de corrente são relativas ao mesmo instante em que foi tirada a fotografia. A figura mostra que os resultados numéricos são bem próximos dos obtidos por via experimental.

Todas as técnicas utilizadas na solução numérica de escoamentos apresentam sutilezas que podem gerar grandes problemas. Por exemplo, é razoável admitir que uma discretização mais fina (i.e., a utilização de pequenos elementos ou espaçamento da malha menor) garante uma solução numérica mais precisa. As vezes esta afirmação é verdadeira (veja o Exemplo 6.11) mas muitas vezes a discretização mais fina provoca problemas de estabilidade e convergência. Em tais casos a "solução" numérica obtida pode exibir "oscilações" não razoáveis ou o resultado numérico pode divergir para um valor incorreto ou absurdo.

É necessário tomar muito cuidado na obtenção de soluções numéricas aproximadas das equações que descrevem os escoamentos. O processo não é tão simples como o tão ouvido "deixa que o computador resolve". A mecânica dos fluidos computacional (CFD – "Computational Fluid Dynamics") é uma área muito importante da mecânica dos fluidos avançada. A maior parte dos progressos nesta área ocorreu no passado recente mas ainda falta muita coisa a ser feita. Nós gostaríamos de incentivar os leitores a consultar a literatura sobre este assunto importante.

Referências

1. White, F. M., *Fluid Mechanics*, Segunda Edição, McGraw – Hill, New York, 1986.
2. Streeter, V. L., *Fluid Dynamics*, McGraw – Hill, New York, 1948.
3. Rouse, H., *Advanced Mechanics of Fluids*, Wiley, New York, 1959.
4. Milne – Thomson, L. M., *Theoretical Hydrodynamics*, Quarta Edição, Macmillan, New York, 1960.
5. Robertson, J. M., *Hydrodynamics in Theory and Application*, Prentice – Hall, Englewood Cliffs, N. J., 1965.
6. Panton, R. L., *Incompressible Flow*, Wiley, New York, 1984.
7. Li, W. H., e Lam, S. H., *Principles of Fluid Mechanics*, Addison – Wesley, Reading, Mass., 1964.
8. Schlichting, H., *Boundary – Layer Theory*, Sétima Edição, McGraw – Hill, New York, 1979.
9. Fuller, D. D., *Theory and Practice of Lubrification for Engineers*, Wiley, New York, 1984.
10. Baker, A. J., *Finite Element Computational Fluid Mechanics*, McGraw – Hill, New York, 1983.
11. Peyret, R., e Taylor, T. D., *Computational Methods for Fluid Flow*, Springer – Verlag, New York, 1983.
12. Anderson, D. A., Tannehill, J. C., e Pletcher, R. H., *Computational Fluid Mechanics and Heat Transfer*, Segunda Edição, Taylor and Francis, Washington, D.C., 1997.
13. Carey, G. F., e Oden, J. T., *Finite Elements: Fluid Mechanics*, Prentice – Hall, Englewood Cliffs, N. J., 1986.
14. Brebbia, C. A. e Dominguez, J., *Boundary Elements: An Introductory Course*, McGraw – Hill, New York, 1989.
15. Moran, J., *An Introduction to Theoretical and Computational Aerodynamics*, Wiley, New York, 1984.
16. Thompson, J. F., Warsi, Z. U. A. e Mastin, C. W., *Numerical Grid Generation: Foundations and Applications*, North – Holland, New York, 1985.
17. Hall, E. J. e Pletcher, R. H., *Simulation of Time Dependent, Compressible Viscous Flows Using Central and Upwind – Biased Finite – Difference Techniques*, Technical Report HTL – 52, CFD –22, College of Engineering, Iowa State University, 1990.

Problemas

Nota: Se o valor de uma propriedade não for especificado no problema, utilize o valor fornecido na Tab. 1.5 ou 1.6 do Cap. 1. Os problemas com a indicação (∗) devem ser resolvidos com uma calculadora programável ou computador. Os problemas com a indicação (+) são do tipo aberto (requerem uma análise crítica, a formulação de hipóteses e a adoção de dados). Não existe uma solução única para este tipo de problema.

6.1 Um escoamento bidimensional é descrito pela equação

$$\mathbf{V} = 2xt\,\hat{\mathbf{i}} - 2yt\,\hat{\mathbf{j}}$$

onde x e y são dados em metros e o tempo é medido em segundos. Determine as expressões para os componentes das acelerações local e convectiva deste escoamento. Quais são os módulos, direções e sentidos dos vetores velocidade e aceleração quando $x = y = 1$ m e $t = 0$?

6.2 Refaça o problema anterior admitindo que o campo de velocidade é descrito por

$$\mathbf{V} = 3(x^2 - y^2)\,\hat{\mathbf{i}} - 6xy\,\hat{\mathbf{j}}$$

onde x e y são dados em metros.

6.3 Um escoamento tridimensional é descrito pela equação

$$\mathbf{V} = x\,\hat{\mathbf{i}} + x^2 z\,\hat{\mathbf{j}} + yz\,\hat{\mathbf{k}}$$

Determine as expressões dos componentes do vetor aceleração deste escoamento.

6.4 Os três componentes do vetor velocidade de um escoamento são:

$$u = x^2 + y^2 + z^2$$
$$v = xy + yz + z^2$$
$$w = -3xz - z^2/2 + 4$$

(**a**) Determine a taxa de dilatação volumétrica e interprete o resultado. (**b**) Determine a expressão do vetor rotação. Este escoamento é irrotacional?

6.5 Um campo de escoamento é descrito por

$$\mathbf{V} = -xy^3\,\hat{\mathbf{i}} + y^4\,\hat{\mathbf{j}}$$

Determine o vetor vorticidade deste escoamento. Este escoamento é irrotacional?

6.6 Um escoamento unidimensional é descrito por

$$u = ay + by^2$$
$$v = w = 0$$

onde a e b são constantes. Este escoamento é irrotacional? Qual é a combinação das constantes que propicia uma taxa de deformação angular, Eq. 6.18, nula?

6.7 Os escoamentos incompressíveis apresentam taxa de dilatação volumétrica nula, ou seja, $\nabla \cdot \mathbf{V} = 0$. Determine a combinação das constantes a, b, c e e de modo que

$$u = ax + by$$
$$v = cx + ey$$
$$w = 0$$

represente um campo de escoamento incompressível.

6.8 A Fig. P6.8 mostra o escoamento viscoso e incompressível entre duas grandes placas paralelas. A placa inferior é imóvel e a velocidade da placa superior é U. Nestas condições, o perfil de velocidade do escoamento é dado por

$$u = U\frac{y}{b}$$

Determine: (**a**) a taxa de dilatação volumétrica, (**b**) o vetor rotação, (**c**) a vorticidade e (**d**) a taxa de deformação angular deste escoamento.

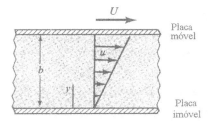

Figura P6.8

6.9 Um fluido viscoso ocupa o espaço formado pelos dois cilindros concêntricos mostrados na Fig. P6.9a. O cilindro interno é imóvel e o externo gira com velocidade angular ω (veja o ⊙ 6.1). Admita que a distribuição de velocidade no fluido é linear (Fig. 6.9b). Determine, para o pequeno elemento retangular indicado na Fig. 6.9b, a taxa de variação do ângulo γ com o tempo provocada pelo movimento do fluido. Expresse seus resultados em função de r_o, r_i e ω.

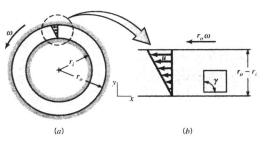

Figura P6.9

6.10 Uma série de experimentos realizados num escoamento tridimensional e incompressível indicou que $u = 6xy^2$ e $v = -4y^2z$. Entretanto, os dados relativos a velocidade na direção z apresentam conflitos. Um conjunto de dados experimentais indica que $w = 4yz^2$ e outro indica $w = 4yz^2 - 6y^2z$. Qual dos dois conjuntos é o correto? Justifique sua resposta.

6.11 Os componentes do vetor velocidade de um escoamento bidimensional e incompressível são dados por

$$u = 2xy$$
$$v = x^2 - y^2$$

Mostre que este escoamento é irrotacional e que satisfaz a equação da conservação da massa.

6.12 Considere as funções corrente

(**a**) $\quad \psi = xy$
(**b**) $\quad \psi = -2x^2 + y$

Sabendo que as funções corrente estão expressas em m²/s, determine o módulo do vetor velocidade e o ângulo formado pelo vetor velocidade e a horizontal (eixo x) no ponto definido por $x = 1$ m e $y = 2$ m. Existe algum ponto de estagnação nestes escoamentos?

6.13 A função corrente de um certo escoamento incompressível é dada por

$$\psi = 10y + e^{-y}\,\text{sen}\,x$$

Este escoamento é irrotacional? Justifique sua resposta.

6.14 A função corrente de um escoamento bidimensional e incompressível é dada por

$$\psi = ay^2 - bx$$

onde a e b são constantes. Este escoamento é irrotacional? Justifique sua resposta.

6.15 Os componentes do vetor velocidade de um escoamento plano e incompressível são dados por

$$v_r = A r^{-1} + B r^{-2} \cos\theta$$
$$v_\theta = B r^{-2} \sen\theta$$

onde A e B são constantes. Determine a função corrente deste escoamento.

6.16 Um certo campo de escoamento bidimensional é descrito por

$$u = 0$$
$$v = V$$

(a) Quais são os componentes radial e tangencial do vetor velocidade deste escoamento? (b) Determine a função corrente deste escoamento utilizando um sistema de coordenadas cartesiano e outro cilíndrico polar.

6.17 Utilize o volume de controle mostrado na Fig. P6.17 para derivar a equação da conservação da massa (equação da continuidade) em coordenadas cilíndricas polares (Eq. 6.33 do texto).

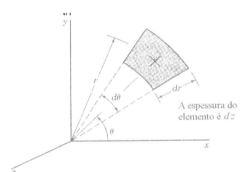

Figura P6.17

6.18 As próximas equações foram propostas para representar um escoamento bidimensional e incompressível:

$$u = A y$$
$$v = B x$$

onde A e B são constantes positivas. (a) Estas equações satisfazem a conservação da massa? (b) Este escoamento é irrotacional? (c) Determine a equação das linhas de corrente e faça um esboço das linhas que passam pela origem. Indique o sentido do escoamento nestas linhas de corrente.

6.19 A massa específica de um fluido varia linearmente em relação ao eixo x num escoamento bidimensional e permanente, ou seja, $\rho = A x$ (A é uma constante). Se o componente do vetor velocidade na direção x é dado por $u = y$, determine a expressão para v.

6.20 O componente na direção x do vetor velocidade de um escoamento bidimensional e incompressível é dado por $u = 2x$. (a) Determine a equação para o componente do vetor velocidade na direção y sabendo que $v = 0$ ao longo do eixo x. (b) Qual é o módulo da velocidade média do fluido que

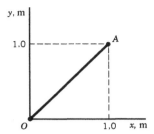

Figura P6.20

cruza a superfície OA da Fig. P6.20?. Admita que x e y são medidos em metros e que as velocidades são expressas em m/s.

6.21 O componente radial do vetor velocidade de um escoamento incompressível e bidimensional ($v_z = 0$) é

$$v_r = 2r + 3 r^2 \sen\theta$$

Determine a velocidade tangencial deste escoamento de modo que a equação da conservação da massa seja satisfeita?

6.22 A função corrente de um campo de escoamento incompressível é

$$\psi = 3 x^2 y - y^3$$

onde x e y são dados em metros e ψ em m²/s. (a) Faça um esboço das linhas de corrente que passam pela origem. (b) Determine a vazão que atravessa a linha AB indicada na Fig. P6.22.

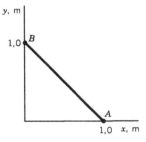

Figura P6.22

6.23 As linhas de corrente de um escoamento bidimensional e incompressível são círculos concêntricos (de modo que $v_r = 0$). Determine a função corrente para (a) $v_\theta = A r$ e (b) $v_\theta = A r^{-1}$, onde A é uma constante.

*6.24 A função corrente de um campo de escoamento bidimensional e incompressível é

$$\psi = 3 x^2 y + y$$

Faça um gráfico que apresente várias linhas de corrente deste escoamento.

*6.25 A função corrente de um campo de escoamento bidimensional e incompressível é

$$\psi = 2 r^3 \sen 3\theta$$

Faça um gráfico que apresente várias linhas de corrente deste escoamento na faixa $0 \leq \theta \leq \pi/3$.

6.26 Os componentes do vetor velocidade de um campo de escoamento incompressível e invíscido são:

$$u = U_0 + 2y$$
$$v = 0$$

onde U_0 é uma constante. Se a pressão na origem (Fig. P6.26) é p_0, determine as expressões para as pressões nos pontos A e B. Explique claramente o procedimento utilizado para obter estas pressões. Admita que os efeitos das forças de campo são desprezíveis.

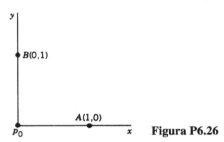

Figura P6.26

6.27 Os componentes do vetor velocidade de um certo escoamento bidimensional são $u = -1,22$ m/s e $v = -0,61$ m/s. Determine a função corrente e o potencial de velocidade deste escoamento. Faça um esboço da linha equipotencial $\phi = 0$ que passa pela origem do sistema de coordenadas.

6.28 O potencial de velocidade de um escoamento bidimensional é dado por

$$\phi = \frac{5}{3}x^3 - 5xy^2$$

Mostre que este potencial satisfaz a equação da continuidade e determine a função corrente deste escoamento.

6.29 O potencial de velocidade de um escoamento bidimensional é dado por

$$\phi = x^3 - 3xy^2$$

Faça um esboço da linha de corrente $\psi = 0$ que passa pela origem.

6.30 A função corrente de um certo escoamento é dada por

$$\psi = A\theta + Br\,\text{sen}\,\theta$$

onde A e B são constantes. Determine o potencial de velocidade deste escoamento e localize os possíveis pontos de estagnação do escoamento.

6.31 O perfil de velocidade do escoamento viscoso, bidimensional e em regime permanente num canal formado por duas grandes placas paralelas (veja a Fig. P6.31) é parabólico, ou seja,

$$u = U_c\left[1 - \left(\frac{y}{H}\right)^2\right]$$

e $v = 0$. Determine, se possível, a função corrente e o potencial de velocidade deste escoamento.

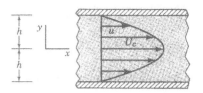

Figura P6.31

6.32 O potencial de velocidade de um campo de escoamento invíscido é

$$\phi = -(3x^2y - y^3)$$

onde x e y são dados em metros e ϕ é expresso em m²/s. Determine a diferença entre as pressões nos pontos ($x = 1$ m, $y = 2$ m) e ($x = 4$ m, $y = 4$ m). Admita que o escoamento é de água e que os efeitos das forças de campo são desprezíveis.

6.33 Considere o escoamento bidimensional, invíscido e incompressível no canal mostrado na Fig. P6.33. O potencial de velocidade deste campo de escoamento é dado por

$$\phi = x^2 - y^2$$

(a) Determine a função corrente deste escoamento.
(b) Qual é a relação que existe entre a vazão q (vazão por unidade de comprimento do canal na direção perpendicular ao plano da figura) e as coordenadas x_i e y_i de qualquer ponto localizado na parede curva do canal? Despreze os efeitos das forças de campo.

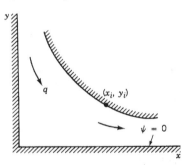

Figura P6.33

6.34 A função corrente de um escoamento bidimensional, invíscido e incompressível é

$$\psi = -2(x - y)$$

onde x e y são dados em metros e ψ em m²/s. (a) A equação da continuidade é satisfeita neste escoamento? (b) Este escoamento é irrotacional? Se isto for verdade, determine o potencial de velocidade do escoamento. (c) Determine o gradiente de pressão na direção horizontal (eixo x) no ponto ($x = 2$ m, $y = 2$ m).

6.35 A única força importante num escoamento bidimensional, em regime permanente e invíscido é a de campo. O peso específico do fluido é igual a 7855 N/m³. O componente na direção x do vetor velocidade do escoamento é $u = 6x$, onde x é dado em metros e u em m/s. O componente na direção y do vetor velocidade do escoamento é só função de y. O eixo y é vertical e a velocidade na origem do sistema de coordenadas é nula. (a) Determine o componente na direção y do vetor velocidade do escoamento de modo que a equação da continuidade seja satisfeita. (b) A diferença entre as pressões nos pontos (x = 0,305 m, y = 0,305 m) e (x = 0,305 m, y = 1,219 m) pode ser calculada com a equação de Bernoulli? Justifique sua resposta.

6.36 O potencial de velocidade de um escoamento invíscido, incompressível e em regime permanente é

$$\phi = 2x^2 y - (2/3) y^3$$

onde x e y são dados em metros e ϕ em m²/s. Determine a pressão no ponto (x = 2 m, y = 2m) se a pressão no ponto (x = 1 m, y = 1 m) é 200 kPa. Despreze os efeitos das forças de campo neste escoamento.

6.37 Considere um escoamento bidimensional incompressível, invíscido, que ocorre em regime permanente, uniforme e que faz um ângulo de 30° com o eixo horizontal (eixo x). (a) Determine o potencial de velocidade e a função corrente deste escoamento. (b) Determine a expressão para o componente vertical (eixo y) do gradiente de pressão deste escoamento. Interprete seu resultado.

6.38 As linhas de corrente de um escoamento bidimensional, incompressível e invíscido são circulares e concêntricas. A velocidade deste escoamento é dada por

$$v_\theta = K r$$

onde K é uma constante. (a) Determine, se possível, a função corrente deste escoamento. (b) A equação de Bernoulli pode ser utilizada para calcular a diferença de pressão entre a origem e qualquer ponto do escoamento? Justifique sua resposta.

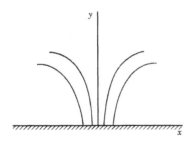

Figura P6.39

6.39 O potencial de velocidade

$$\phi = -k(x^2 - y^2) \quad (k = \text{constante})$$

pode ser utilizado para representar o escoamento incidente num plano infinito (veja a Fig. P6.39). Normalmente, o gradiente de pressão, ao longo da superfície, na região próxima ao ponto de estagnação é admitido igual a

$$\frac{\partial p}{\partial x} = A x$$

onde A é uma constante. Utilize o potencial de velocidade fornecido para mostrar que este gradiente de pressão é adequado nesta região.

6.40 Água escoa, em regime permanente, no difusor mostrado na Fig. P6.40. Considere que o escoamento pode ser modelado como radial e criado por uma fonte localizada na origem O (a) Admitindo que a velocidade na seção de alimentação é 20 m/s, determine uma expressão para o gradiente de pressão ao longo da parede do difusor. (b) Qual é a diferença entre a pressão na seção de descarga e aquela na seção de alimentação do difusor?

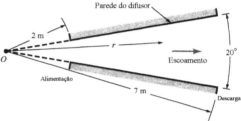

Figura P6.40

6.41 Um fluido ideal escoa, através de um canal bidimensional formado por duas paredes inclinadas, para um sorvedouro localizado na origem (veja a Fig. P6.41). O potencial de velocidade deste escoamento é

$$\phi = \frac{m}{2\pi} \ln r$$

onde m é uma constante. (a) Determine a função corrente deste escoamento. Note que o valor da função corrente ao longo da parede OA é zero. (b) Determine a equação da linha de corrente que passa pelo ponto B.

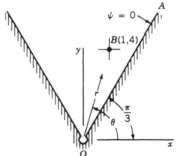

Figura P6.41

6.42 Uma pessoa sugeriu que o potencial

$$\phi = r^{4/3} \cos(4\theta/3)$$

é adequado para representar o escoamento bidimensional, incompressível e invíscido na vizinhança do canto mostrado na Fig. P6.42. Esta proposta é razoável? Justifique sua resposta.

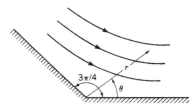

Figura P6.42

6.43 O escoamento na região externa ao núcleo de um tornado, $r > R_c$ (R_c é o raio do núcleo, veja a Fig. P6.43), pode ser aproximado por um vórtice livre com intensidade Γ. A velocidade no ponto A é 38,1 m/s e a no ponto B é 22,9 m/s. Determine a distância do ponto A ao centro do tornado. Por que todo o tornado ($r \geq 0$) não pode ser modelado como um vórtice livre?

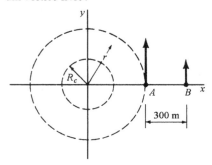

Figura P6.43

6.44 A Fig. P6.44 mostra que o escoamento bidimensional, incompressível e invíscido numa curva horizontal pode ser modelado como um vórtice livre. Mostre que a vazão do escoamento por unidade de comprimento na direção normal ao plano da figura, q, é dada por

$$q = C \left(\frac{\Delta p}{\rho} \right)^{1/2}$$

onde $\Delta p = p_B - p_A$. Determine o valor da constante C para a curva apresentada na figura.

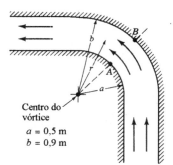

Figura P6.44

6.45 A Fig. P6.45 mostra o esvaziamento de um grande tanque de água através do escoamento pelo orifício A. Note que ocorre a formação de um vórtice acima do orifício Este vórtice pode ser considerado como um vórtice livre. Ao mesmo tempo

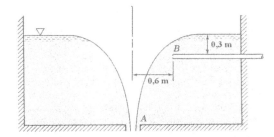

Figura P6.45

é necessário descarregar uma pequena quantidade de água pelo tubo B. A intensidade do vórtice, indicada pela circulação, cresce quando a descarga através do orifício é aumentada. Determine a máxima intensidade do vórtice para que não ocorra sucção de ar pelo tubo B. Expresse seu resultado em função da circulação. Admita que o nível do fluido no tanque é constante, que a distância entre o orifício e a superfície livre do líquido é grande e que os efeitos viscosos são desprezíveis.

6.46 As linhas de corrente de um escoamento bidimensional são circulares e concêntricas (veja a Fig. P6.46). A velocidade tangencial é dada pela equação $v_\theta = \omega r$, onde ω é a velocidade angular da massa fluida. Determine a circulação em torno da curva $ABCD$.

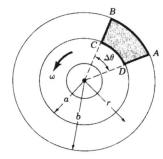

Figura P6.46

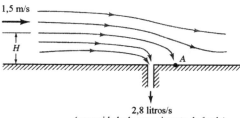

2,8 litros/s
(por unidade de comprimento da fenda)

Figura P6.47

6.47 Água escoa sobre a superfície plana mostrada na Fig. P6.47 com velocidade igual a 1,5 m/s. Um bomba succiona água pela fenda mostrada na figura e a vazão por unidade de comprimento de fenda é igual a 2,8 litros/s. Admita que o escoamento é incompressível, invíscido e que pode ser representado pela combinação de um escoamento uniforme com um sorvedouro. Localize o ponto de estagnação deste escoamento (ponto A) e determine a equação da linha de corrente de estagnação. Qual é o valor da distância H mostrada na figura?

6.48 Considere duas fontes com mesma intensidade e localizadas no eixo x (em x = 0 e x = 2 m) e um sorvedouro localizado no eixo y (em y = 2 m). A vazão em volume das fontes e a vazão em volume do sorvedouro são respectivamente iguais a 0,5 e 1,0 m³/s por unidade de comprimento. Determine o módulo, a direção e o sentido do vetor velocidade do escoamento no ponto definido por x = 5 m e y = 0 m.

6.49 O potencial de velocidade para o vórtice espiralado mostrado na Fig. P6.49 é dado por

$$\phi = (\Gamma/2\pi)\theta - (m/2\pi)\ln r$$

onde Γ e m são constantes. Mostre que o ângulo α (ângulo entre o vetor velocidade e a direção radial) é constante em todo o campo de escoamento.

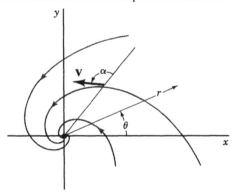

Figura P6.49

6.50 Considere um vórtice livre (veja o ⊙ 6.2). Determine a expressão para o gradiente de pressão **(a)** ao longo da linha da corrente e **(b)** na direção normal à linha de corrente. Admita que a linha de corrente está localizada num plano horizontal e expresse seu resposta em função da circulação.

6.51 O escoamento potencial incidente numa placa plana (veja a Fig. P6.51a) pode ser descrito pela função corrente

$$\psi = Axy$$

onde A é uma constante. O ponto de estagnação é transferido do ponto O para algum ponto localizado no eixo y se adicionarmos uma fonte, com intensidade m, no ponto O. Determine a relação que existe entre a altura h, a constante A e a intensidade da fonte, m.

6.52 A combinação de um escoamento uniforme e de uma fonte pode ser utilizada para descrever o escoamento em torno de um corpo semi-infinito e com aspecto "aerodinâmico" (veja o ⊙ 6.3). Admita que o corpo semi-infinito está imerso num escoamento que apresenta velocidade ao longe igual a 15 m/s. Determine a intensidade da fonte para que a espessura do corpo semi infinito se torne igual a 0,5 m.

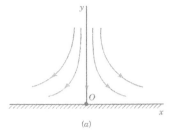

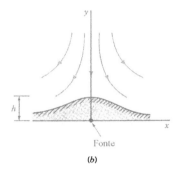

Figura P6.51

6.53 O corpo semi-infinito mostrado na Fig. P6.52 é colocado num escoamento uniforme que apresenta velocidade ao longe igual a U. Mostre como a velocidade ao longe pode ser estimada a partir da medida da diferença de pressão que existe entre o ponto A e o ponto de estagnação. Expresse esta diferença de pressão em função de U e da massa específica do fluido. Despreze as forças de campo e admita que o escoamento é invíscido e incompressível.

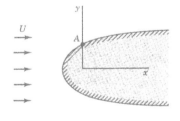

Figura P6.53

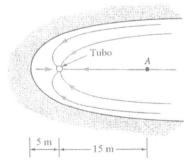

Figura P6.54

6.54 A extremidade de um lago apresenta formato parecido com o do corpo semi-infinito mostrado na Fig. P6.54. Um tubo vertical poroso está localizado perto da extremidade do lago de modo que água pode ser bombeada do lago. Determine a velocidade no ponto A quando o tubo poroso apresenta 3 m de comprimento e a vazão de água bombeada é igual a 0,08 m³/s. Sugestão: Considere o escoamento dentro do corpo semi-infinito.

* 6.55 Mostre num gráfico como varia o módulo da velocidade na superfície do corpo semi-infinito descrito na Sec. 6.6.1, V_s, em função da distância medida a partir do ponto de estagnação (e ao longo da superfície). Utilize as variáveis adimensionais V_s/U e s/b (as definições de U e b podem ser encontradas na Fig. 6.24).

* 6.56 A Fig. P6.56 mostra a combinação de um escoamento uniforme na direção x, com velocidade ao longe U, e dois vórtices livres localizados no eixo y. O vórtice localizado em $x = a$ apresenta rotação no sentido horário ($\psi = K \ln r$) e o posicionado em $x = -a$ apresenta rotação no sentido anti-horário. Observe que K é uma constante positiva. É possível mostrar que a linha de corrente $\psi = 0$ forma uma linha fechada quando $Ua/K < 2$. Assim, esta combinação pode ser utilizada para representar o escoamento ao redor de uma família de corpos (conhecida como os ovais de Kelvin). Mostre, utilizando gráficos, como a altura adimensional, H/a, varia em função do parâmetro Ua/K na faixa $0,3 < Ua/K < 1,75$.

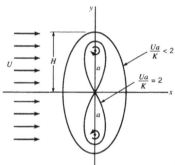

Figura P6.56

6.57 Um corpo de Rankine é obtido pela superposição de um par fonte - sumidouro (intensidades iguais a 3,34 m²/s e distanciados de 3,66 m ao longo do eixo x) com um escoamento uniforme que apresenta velocidade igual a 3,0 m/s (a direção do escoamento uniforme é a do eixo x e seu sentido é o positivo do mesmo eixo). Determine a comprimento e a espessura máxima deste corpo de Rankine.

* 6.58 Utilize as Eqs. 6.107 e 6.109 para construir uma tabela que mostre como l/a, h/a e h/l dos corpos de Rankine variam em função do parâmetro $\pi Ua/m$. Construa um gráfico de l/h versus $\pi Ua/m$. Descreva como este gráfico pode ser utilizado para obter os valores de m e a do corpo de Rankine (com valores específicos de l e h) imerso num escoamento uniforme que apresenta velocidade U.

6.59 Admita que o escoamento em torno do cilindro longo mostrado na Fig. P6.59 é invíscido e incompressível. A figura também mostra que as pressões

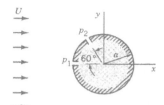

Figura P6.59

superficiais p_1 e p_2 podem ser medidas. Uma pessoa propõe que a velocidade ao longe, U, pode ser relacionada com a diferença de pressão, $\Delta p = p_1 - p_2$, através da relação

$$U = C \left(\frac{\Delta p}{\rho} \right)^{1/2}$$

onde ρ é a massa específica do fluido. Determine o valor da constante C. Despreze os efeitos das forças de campo.

6.60 Um fluido ideal escoa em torno da protuberância semicircular e longa localizada numa fronteira plana (veja a Fig. P6.60). O perfil de velocidade ao longo da protuberância é uniforme e a pressão ao longe é igual a p_0. (a) Determine as expressões para os valores máximo e mínimo da pressão ao longo da protuberância e indique os locais onde encontramos estas pressões. Expresse seus resultados em função de ρ, U e p_0. (b) Se a superfície sólida for uma linha de corrente com $\psi = 0$, determine a equação da linha de corrente que passa pelo ponto ($\theta = \pi/2$, $r = 2a$).

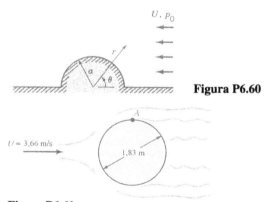

Figura P6.60

Figura P6.61

6.61 A Figura P6.61 mostra o esquema do suporte de uma ponte construída sobre um rio. O escoamento da água no rio apresenta velocidade média igual a 3,66 m/s e o diâmetro do suporte é 1,83 m. Considere que o escoamento de água pode ser modelado como ideal na parte frontal do cilindro e que ocorre a separação do escoamento (veja o ⊙ 6.4). Nesta condição, a pressão média na parte traseira do suporte pode ser considerada constante e igual a metade da pressão detectada no ponto A. Estime a força, por unidade de comprimento na direção perpendicular ao plano da figura, que atua no suporte.

*6.62 Considere o escoamento em regime permanente em torno do cilindro mostrado na Fig. 6.26. Construa um gráfico da velocidade adimensional do escoamento, V/U, em função da coordenada vertical y (considere apenas o trecho positivo do eixo). Qual a distância adimensional ao longo do eixo vertical, y/a, necessária para que a diferença entre a velocidade ao longe e a local se torne menor do que 1%?

6.63 O potencial de velocidade para o escoamento em torno do cilindro com rotação mostrado na Fig. P6.63 é

$$\phi = Ur\left(1+\frac{a^2}{r^2}\right)\cos\theta + \frac{\Gamma}{2\pi}\theta$$

onde Γ é a circulação. Determine o valor da circulação para que o ponto de estagnação coincida (**a**) com o ponto A e (**b**) como ponto B.

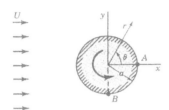

Figura P6.63

6.64 Um cilindro infinito é colocado num escoamento uniforme, invíscido e incompressível. Admita que o escoamento é irrotacional. Prove que o arrasto no cilindro é nulo. Despreze os efeitos das forças de campo.

6.65 Refaça o problema anterior para um cilindro rotativo. Admita que a função corrente e o potencial de velocidade são dados pelas Eqs. 6.119 e 6.120. Verifique se a sustentação é não nula e se pode ser representada pela Eq. 6.124.

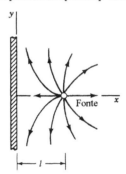

Figura P6.66

6.66 Uma fonte com intensidade m está localizada a uma distância l de uma parede vertical (veja a Fig. P6.66). O potencial de velocidade para este escoamento incompressível e irrotacional é dado por

$$\phi = \frac{m}{4\pi}\left\{\ln\left[(x-l)^2+y^2\right] + \ln\left[(x+l)^2+y^2\right]\right\}$$

(**a**) Mostre que não existe escoamento através da parede. (**b**) Determine a distribuição de velocidade ao longo da parede. (**c**) Determine a distribuição de pressão ao longo da parede admitindo que $p = p_0$ ao longe da fonte. Despreze os efeitos da força gravitacional sobre o campo de pressão.

6.67 Um tubo longo e poroso esta posicionado paralelamente a uma superfície plana e horizontal do modo mostrado na Fig. P6.67. O eixo longitudinal do tubo é perpendicular ao plano da figura. Água é descarregada radialmente do tubo com uma vazão igual a 46,5 π litros/s por metro de tubo. Determine a diferença entre a pressão no ponto B e a pressão no ponto A. O escoamento descarregado pelo tubo pode ser aproximado por uma fonte bidimensional. Sugestão: Para obter a função corrente ou o potencial de velocidade para este tipo de escoamento coloque (simetricamente) uma fonte com mesma intensidade no outro lado da parede. Esta combinação propicia que a velocidade normal ao plano horizontal seja nula e, assim, o plano pode ser substituído por uma fronteira sólida. Esta técnica é conhecida como o "método das imagens".

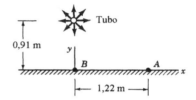

Figura P6.67

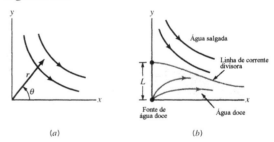

Figura P6.68

6.68 A Fig. P6.68*a* mostra a vista superior de um trecho costeiro. O escoamento de água salgada nesta curva com ângulo reto pode ser aproximado pelo escoamento potencial de um fluido incompreensível. (**a**) Mostre que a função corrente deste escoamento é $\psi = Ar^2\text{sen}2\theta$, onde A é uma constante positiva. (**b**) Considere que existe um reservatório de água doce posicionado no canto da curva e que a água salgada deve ser mantida longe do reservatório para que não ocorra contaminação da água doce (Fig. 6.68*b*). A fonte de água doce pode ser modelada como uma linha que apresenta intensidade m (vazão em volume de água fresca por unidade de comprimento da linha). Determine m sabendo que o escoamento de água salgada deve ser desviado para a condição indicada na Fig. P6.68*b*. Dica: Encontre o valor de m, em função de A e L, para que ocorra um ponto de estagnação em $y = L$. (c) A linha de corrente que passa pelo ponto de estagnação deve representar a linha que divide o escoamento de água doce daquele de água salgada. Construa um gráfico que apresente esta linha de corrente.

6.69 O campo de velocidade do escoamento bidimensional e incompressível de glicerina a 20° C (fluido Newtoniano) é descrito por

$$\mathbf{V} = (12xy^2 - 6x^3)\hat{\mathbf{i}} + (18x^2y - 4y^3)\hat{\mathbf{j}}$$

onde x e y são dados em metros e a velocidade em m/s. Determine as tensões σ_{xx}, σ_{yy} e τ_{xy} no ponto ($x = 0,5$ m, $y = 1,0$ m) se a pressão neste ponto é igual a 6 kPa. Faça um esboço para apresentar estas tensões.

6.70 As soluções invíscidas dos escoamentos em torno de corpos indicam que o fluido escoa suavemente ao longo do corpo mesmo que ele seja rombudo (veja o ⊙ 6.4). Entretanto, os experimentos mostram que os efeitos viscosos podem fazer com que o escoamento principal descole do corpo. Neste caso, nós detectamos a formação de uma esteira na parte traseira do corpo (veja a Sec. 9.2.6). A ocorrência da separação do escoamento depende do gradiente de pressão ao longo da superfície do corpo e o gradiente pode ser avaliado com a teoria do escoamento invíscido. A separação não ocorrerá se a pressão diminui no sentido do escoamento (gradiente de pressão favorável). Entretanto, a separação poderá ocorrer se a pressão aumenta no sentido do escoamento (gradiente de pressão adverso). A Fig. P6.70 mostra um cilindro colocado num escoamento que apresenta velocidade ao longe igual a U. Determine uma expressão para o gradiente de pressão na superfície do cilindro. Em que faixa de valores de θ nós detectaremos um gradiente de pressão adverso?

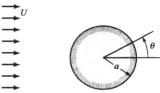

Figura P6.70

6.71 Mostre que a componente na direção z do vetor vorticidade, ξ_z, de um escoamento incompressível no plano $x - y$ varia de acordo com

$$\frac{D\xi_z}{Dt} = \nu \nabla^2 \xi_z$$

Qual é a interpretação física desta equação num escoamento invíscido. Sugestão: Esta equação de transporte da vorticidade pode ser obtida a partir da derivação das equações de Navier – Stokes e eliminação do termo de pressão (veja as Eqs. 6.127).

6.72 A velocidade de uma partícula fluida que se desloca ao longo da linha de corrente horizontal coincidente com o eixo x de um escoamento bidimensional e incompressível é dada por $u = x^2$. Determine, ao longo desta linha de corrente, a expressão para: (a) a taxa de variação da componente do vetor velocidade v em relação a coordenada y, (b) a aceleração da partícula e (c) o gradiente de pressão na direção x. Admita que o fluido é Newtoniano.

6.73 A distância entre duas placas horizontais, infinitas e paralelas é b. Um líquido viscosos ocupa o espaço delimitado pelas placas. Admita que a placa inferior é imóvel, que a placa superior apresenta velocidade U e que o gradiente de pressão é nulo (veja a descrição do escoamento simples de Couette na Sec. 6.9.2). (a) Determine a distribuição de velocidade do escoamento entre as placas utilizando a equação de Navier – Stokes. (b) Determine uma expressão para a vazão do escoa-mento entre as placas (por unidade de largura da placa). Expresse seu resultado em função de b e U.

6.74 Óleo SAE 30 a 15,6°C escoa em regime permanente no canal formado por duas placas paralelas, horizontais e imóveis. A perda de pressão por unidade de comprimento do canal é igual a 30 kPa/m e a distância entre as placas é 4 mm. O escoamento é laminar. Determine: (a) a vazão em volume por unidade de comprimento do canal, (b) o módulo e o sentido da tensão de cisalhamento que atua na placa inferior do canal e (c) a velocidade do escoamento no plano central do canal.

6.75 A distância entre duas placas paralelas e horizontais é 5 mm. Um fluido viscoso (densidade = 0,9 e viscosidade dinâmica = 0,38 N·s/m²) escoa entre as placas com velocidade média de 0,27 m/s. Determine a queda de pressão deste escoamento por unidade de comprimento na direção do escoamento. Qual é a velocidade máxima deste escoamento?

6.76 Uma lâmina de fluido viscoso, com espessura constante, escoa em regime permanente num plano infinito e inclinado (a velocidade perpendicular a placa é nula). Utilize as equações de Navier – Stokes para obter uma equação que relacione a espessura da lâmina com a vazão no filme (por unidade de comprimento). O escoamento é laminar e a tensão de cisalhamento na superfície livre da lâmina é nula.

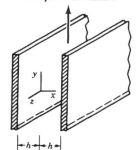

Figura P6.77

6.77 Um fluido viscoso escoa, em regime permanente, entre as duas placas infinitas, verticais e paralelas indicadas na Fig. P6.77. Utilize as equações de Navier – Stokes para determinar o gradiente de pressão na direção do escoamento. Admita que o escoamento é laminar e incompressível. Expresse seu resultado em função da velocidade média do escoamento.

6.78 Um fluido com massa específica ρ escoa em regime permanente entre duas placas infinitas, verticais e paralelas (veja a geometria do arranjo na Fig. P6.77). A direção do escoamento é vertical mas o sentido é coincidente com o sentido negativo do eixo y. O escoamento é laminar, plenamente desenvolvido e o gradiente de pressão na direção do escoamento é nulo. Utilize as equações de Navier – Stokes para obter uma equação para a vazão do escoamento neste canal.

6.79 Reconsidere o Exemplo 6.9. Utilize os resultados apresentados no Exemplo para construir um gráfico do perfil adimensional de velocidade no filme (v/V_0 em função de x/h). Admita que a velocidade média do filme, V, é igual a 10% da velocidade da correia.

6.80 A Fig. P6.80 mostra duas placas infinitas, paralelas e horizontais. O espaço entre as placas está preenchido com um fluido viscoso e incompressível. Os valores das velocidades e os sentidos dos movimentos das placas são os mostrados na figura. O gradiente de pressão na direção x é nulo e a única força de campo é a devida a ação da gravidade. Utilize as equações de Navier – Stokes para determinar o perfil de velocidade do escoamento entre as placas. Admita que o escoamento é laminar.

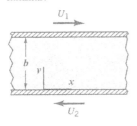

Figura P6.80

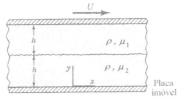

Figura P6.81

6.81 Dois fluidos imiscíveis, incompressíveis e viscosos escoam entre as placas infinitas, paralelas e horizontais mostradas na Fig. P6.81. As massas específicas dos fluidos são iguais mas as viscosidades são diferentes. A placa inferior é imóvel e a superior apresenta o movimento indicado na figura. Determine a velocidade na interface dos fluidos. Expresse seus resultados em função de U, μ_1 e μ_2. O escoamento é promovido apenas pelo movimento da placa superior, ou seja,

não existe gradiente de pressão na direção x. Os perfis de velocidade e de tensão de cisalhamento são contínuos na interface entre os fluidos. Admita que o escoamento é laminar.

6.82 A Fig. P6.82 mostra um escoamento viscoso e incompressível entre duas placas paralelas. O escoamento é promovido pelo movimento da placa inferior e pela presença de um gradiente de pressão $\partial p / \partial x$. Determine a relação entre U e $\partial p / \partial x$ de modo que a tensão de cisalhamento na parede fixa seja nula.

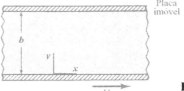

Figura P6.82

6.83 Um fluido viscoso ($\gamma = 12568$ N/m³; viscosidade dinâmica = 1,44 N·s/m²) está contido entre duas as placas infinitas e paralelas mostradas na Fig. P6.83. O escoamento é promovido pelo movimento da placa superior e pela ação de um gradiente de pressão. Note que a placa inferior é imóvel. O manômetro em U indicado na figura fornece uma leitura diferencial de 2,54 mm quando a velocidade da placa superior, U, é igual a 6,1 mm/s. Nestas condições, determine a distância entre a placa inferior e o ponto onde a velocidade do escoamento é máxima. Admita que o escoamento é laminar.

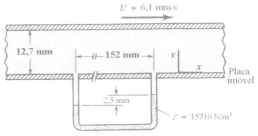

Figura P6.83

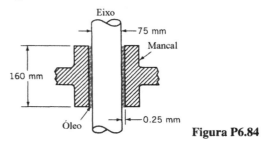

Figura P6.84

6.84 A Fig. P6.84 mostra um mancal de deslizamento vertical lubrificado com um óleo que apresenta viscosidade dinâmica igual a 0,2 N·s/m². Admita que o escoamento de óleo pode ser modelado como um escoamento laminar entre duas placas paralelas e com gradiente de pressão nulo na direção do escoamento. Estime o torque necessário para manter a rotação do eixo constante e igual a 80 rpm.

6.85 Um fluido viscoso está contido entre dois cilindros longos e concêntricos. A geometria do sistema é tal que o escoamento entre os cilindros pode ser aproximado como aquele que ocorre entre duas placas paralelas e infinitas. Determine a expressão que relaciona o torque que deve ser aplicado no cilindro externo para que o cilindro externo apresente velocidade angular ω. O cilindro interno é imóvel. Expresse seu resultado em função da geometria do sistema, da viscosidade dinâmica do fluido e da velocidade angular.

* 6.86 Óleo SAE 30 escoa entre duas placas horizontais, paralelas e distanciadas de 5 mm. A placa inferior é imóvel enquanto a superior apresenta velocidade horizontal igual a 0,2 m/s no sentido positivo do eixo x. O gradiente de pressão no escoamento é igual a − 60 kPa/m (na direção x). Calcule a velocidade em vários pontos do canal formado pelas placas e construa um gráfico com os seus resultados. Admita que o escoamento de óleo é laminar.

6.87 Considere o escoamento laminar e que ocorre em regime permanente num duto reto e horizontal que apresenta seção transversal constante e elíptica. A equação da elipse é

$$\frac{x^2}{a^2}+\frac{y^2}{b^2}=1$$

As linhas de corrente do escoamento são retas e paralelas. Investigue a possibilidade de

$$w = A\left(1-\frac{x^2}{a^2}-\frac{y^2}{b^2}\right)$$

(w é a velocidade na direção da linha de centro do duto) ser uma solução exata deste problema. Utilize esta distribuição de velocidade para obter uma relação entre o gradiente de pressão ao longo do duto com a vazão em volume do escoamento.

6.88 Um fluido contido entre duas placas infinitas, horizontais e paralelas inicialmente está em repouso. Num certo instante aplica-se um gradiente de pressão no fluido e este começa a escoar. Modele este escoamento utilizando as equações de Navier - Stokes, ou seja, simplifique as equações e estabeleça as condições iniciais e de contorno do problema (você não precisa resolver o problema).

6.89 A distribuição de velocidade do escoamento laminar e em regime permanente nos tubos é parabólica (veja o ⊙ 6.6). Considere que álcool etílico escoa num tubo horizontal, que apresenta 10 mm de diâmetro interno, com velocidade média igual a 0,15 m/s. (a) O perfil de velocidade do escoamento é parabólico? Justifique sua resposta. (b) Determine a queda de pressão por unidade de comprimento de tubo.

6.90 O arranjo experimental indicado na Fig. P6.90 pode ser utilizado para estudar escoamentos em regime permanente em tubos. O líquido contido no reservatório apresenta viscosidade dinâmica igual a 0,015 N·s/m² e massa específica igual a 1200 kg/m³. A velocidade média do escoamento no tubo é 1,0 m/s e o escoamento é descarregado na atmosfera. (a) Qual é o regime do escoamento no tubo? (b) Qual é a leitura no manômetro sabendo que o escoamento é plenamente desenvolvido no trecho da tubulação localizado a jusante do manômetro. (c) Qual é módulo da tensão de cisalhamento na parede do tubo, τ_{rz}, na região com escoamento plenamente desenvolvido?

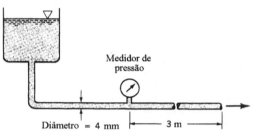

Figura P6.90

6.91 Um tubo longo, vertical e com diâmetro igual a 150 mm contém um líquido viscoso e Newtoniano ($\rho = 1300$ kg/m³, $\mu = 6,0$ N·s/m²). Inicialmente, o líquido está em repouso. Entretanto, num certo instante, a válvula instalada no fundo do tubo é aberta e o fluido começa a escoar. Apesar do escoamento variar vagarosamente com o tempo, a distribuição de velocidade em qualquer seção transversal do tubo é parabólica (veja o ⊙ 6.6). Observe que o regime deste escoamento é o quase permanente. Admita que a velocidade média do escoamento de líquido no tubo varia de acordo com a relação $V = 0,1t$, onde V e t estão expressos em m/s e s. (a) Desenhe a distribuição de velocidade do escoamento (velocidade axial em função do raio) em $t = 2$ s. (b) Verifique se o escoamento é laminar neste instante.

6.92 (a) Um fluido Newtoniano com viscosidade dinâmica μ escoa num tubo (escoamento de Poiseuille). Mostre que a tensão de cisalhamento na parede do tubo, τ_{rz}, é dada por

$$\left|\left(\tau_{rz}\right)_{parede}\right|=\frac{4\mu Q}{\pi R^3}$$

A vazão do escoamento no tubo é Q. (b) Um fluido com viscosidade dinâmica igual a 0,003 N·s/m² escoa num tubo, diâmetro interno igual a 2 mm, com velocidade média de 0,1 m/s. Nestas condições, determine o módulo da tensão de cisalhamento na parede.

6.93 A Fig. P6.93 mostra um fluido Newtoniano escoando, em regime permanente, num canal anular e longo. O cilindro externo é imóvel mas o interno apresenta velocidade V_0. Qual deve ser o valor de V_0 para que o arrasto no cilindro interno seja nulo? Admita que o escoamento é laminar, incompressível, axissimétrico e plenamente desenvolvido.

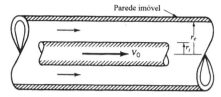

Figura P6.93

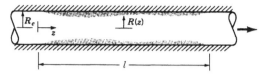

Figura P6.99

6.94 Um cilindro sólido, vertical e infinitamente longo está envolvido por uma massa infinita de um fluido incompressível. O raio do cilindro é R. Utilize a equação de Navier – Stokes referente a direção θ para obter uma expressão para a distribuição de velocidade no fluido quando o cilindro rotaciona em torno de seu eixo com velocidade angular ω. Admita que as forças de campo são nulas, que o escoamento é axissimétrico e que o fluido permanece em repouso no infinito.

6.95 Um fluido viscoso está contido entre dois cilindros infinitos, verticais e concêntricos. O cilindro externo apresenta raio r_e e rotaciona com uma velocidade angular ω. O cilindro interno é imóvel e apresenta raio r_i. Utilize as equações de Navier Stokes para obter uma solução exata da distribuição de velocidade do escoamento entre os cilindros. Admita que a única força de campo é a devida a ação da gravidade, que o escoamento é axissimétrico (tanto a velocidade quanto a pressão não dependem da posição angular θ) e que o único componente do vetor velocidade do escoamento é o tangencial.

6.96 Considere o escoamento entre dois cilindros concêntricos onde o cilindro interno é imóvel e o externo gira com velocidade angular ω. É usual admitirmos que a distribuição de velocidade tangencial (v_θ) no escoamento entre os cilindros é linear. Entretanto, se considerarmos a solução exata do problema (veja o Prob. 6.95), veremos que a distribuição de velocidade não é linear. Admita que os raios dos cilindros interno, r_{int}, e externo, r_{ext}, são iguais a 45,7 e 50,8 mm. Faça um desenho do perfil adimensional de velocidade, $v_\theta / r_{ext}\omega$, em função da distância adimensional r/r_{ext} para a solução exata do problema. Compare seu resultado com aquele relativo à solução aproximada do problema. A adoção do perfil linear é adequada?

6.97 Um líquido (massa específica = 922 kg/m³, viscosidade dinâmica = 0,77 N·s/m²) escoa em regime permanente no espaço anular formado por dois cilindros horizontais, imóveis e concêntricos. O raio do cilindro interno é 38 mm e o do cilindro externo é 63,5 mm. Determine a queda de pressão por unidade de comprimento de canal quando a vazão do escoamento for igual a 9,18 m³/hora.

* **6.98** Construa um gráfico do perfil de velocidade do escoamento no espaço anular descrito no Prob. 6.97. Utilize este gráfico para determinar o raio onde ocorre a velocidade máxima do escoamento e compare este valor com o previsto pela Eq. 6.157.

* **6.99** O gradiente de pressão num escoamento laminar num tubo (raio interno constante) é dado por (veja a Eq. 6.150)

$$\frac{\partial p}{\partial z} = -\frac{8\mu Q}{\pi R^4}$$

A Fig. P6.99 mostra um tubo que apresenta uma variação gradual de raio interno. Nós esperamos que esta equação possa ser utilizada para estimar a variação de pressão ao longo do tubo desde que o tubo seja modelado como um conjunto de pequenos tubos com raios reais $R(z)$. A próxima tabela mostra um conjunto de dados experimentais obtidos num tubo real.

z/l	$R(z)/R_0$
0	1,00
0,1	0,73
0,2	0,67
0,3	0,65
0,4	0,67
0,5	0,80
0,6	0,80
0,7	0,71
0,8	0,73
0,9	0,77
1,0	1,00

Compare a queda de pressão ao longo do trecho de tubo com comprimento l deste tubo com a queda de pressão que ocorre num tubo de mesmo comprimento e com raio R_0. Sugestão: Para resolver este problema você terá que integrar numericamente a equação para a queda de pressão fornecida acima.

6.100 Mostre como a Eq. 6.155 é obtida.

6.101 Um fio com diâmetro d está instalado na linha de centro de um tubo que apresenta diâmetro interno D. Admita que a queda de pressão por unidade de comprimento de tubo é constante. Determine a redução na vazão em volume no tubo se (**a**) $d/D = 0,1$ e (**b**) $d/D = 0,01$.

7 Semelhança, Análise Dimensional e Modelos

Muitos problemas da mecânica dos fluidos podem ser resolvidos com os procedimentos analíticos descritos no capítulo anterior. Entretanto, o número de problemas que só podem ser resolvidos com a utilização de resultados experimentais é enorme. De fato, é possível afirmar que poucos escoamentos reais podem ser resolvidos com os métodos analíticos existentes. Assim, a solução de muitos problemas é alcançada com a utilização de uma combinação de métodos analíticos e dados experimentais. Este é um dos motivos para que os engenheiros que trabalham com fluidos precisam estar familiarizados com a abordagem experimental dos escoamentos pois só assim eles podem interpretar e utilizar corretamente os dados experimentais públicos (i.e. aqueles que constam dos livros e manuais) ou serem capazes de planejar e executar os experimentos necessários em seus próprios laboratórios. Neste capítulo nós consideraremos algumas técnicas e conceitos importantes para o planejamento e execução de experimentos bem como o modo de interpretar e correlacionar os dados que podem ser obtidos em experimentos.

Um objetivo óbvio de qualquer experimento é obter resultados amplamente aplicáveis. O conceito de semelhança é utilizado para alcançar este objetivo, ou seja, o conceito de semelhança garante que as medidas obtidas num sistema (por exemplo, no laboratório) podem ser utilizadas para descrever o comportamento de outro sistema similar (fora do laboratório). O sistema do laboratório usualmente é um modelo utilizado para estudar o fenômeno que estamos interessados sob condições experimentais cuidadosamente controladas. O estudo dos fenômenos no modelo pode resultar em formulações empíricas que são capazes de fornecer predições específicas de uma ou mais características de outro sistema similar. Para que isto seja possível é necessário estabelecer a relação que existe entre o modelo de laboratório e o "outro" sistema. Nas próximas seções nós mostraremos como isto pode ser feito de uma maneira sistemática.

7.1 Análise Dimensional

Considere o escoamento em regime permanente, incompressível de um fluido Newtoniaino num tubo longo, horizontal e que apresenta parede lisa. Este escoamento é um exemplo de problema onde é necessária a utilização de resultados experimentais. Uma característica importante deste sistema, e que é fundamental para o engenheiro que está projetando uma tubulação, é a queda de pressão no escoamento por unidade de comprimento de tubo (a queda de pressão é um efeito do atrito no escoamento). Este escoamento parece ser relativamente simples mas ele não pode ser resolvido analiticamente (mesmo com a utilização de computadores de grande porte) sem a utilização de resultados experimentais.

O primeiro passo no planejamento de um estudo experimental deste problema é decidir quais os fatores, ou variáveis, que contribuem significativamente para a queda de pressão por unidade de comprimento de tubo, Δp_l. Nós esperamos que a lista de variáveis pertinentes inclua o diâmetro do tubo, D, a massa específica do fluido, ρ, a viscosidade dinâmica do fluido, μ, e a velocidade média do escoamento no tubo, V. Assim, nós podemos expressar esta relação do seguinte modo:

$$\Delta p_l = f(D, \rho, \mu, V) \tag{7.1}$$

Esta equação indica que nós esperamos que a perda de pressão por unidade de comprimento de tubo é uma função dos fatores contidos entre os parênteses. Neste ponto, a expressão da função que relaciona as variáveis é desconhecida e o objetivo dos experimentos que devem ser realizados é a determinação da natureza desta função.

Para realizar os experimentos de uma forma adequada e sistemática é necessário alterar uma das variáveis, tal como a velocidade, enquanto todos os outros fatores permanecem constantes e medir como varia a queda de pressão. Os dados desta série de testes podem ser representados graficamente (veja a Fig.7.1a). É importante notar que este gráfico é válido apenas para um tubo específico e para o fluido utilizado nos testes. Certamente, este gráfico não pode fornecer a formu-

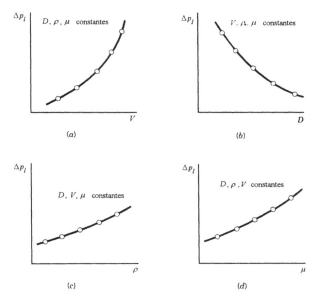

Figura 7.1 Gráficos que mostram como a queda de pressão no escoamento num tubo é afetada por várias variáveis diferentes.

lação geral do problema que nós estamos analisando. Nós poderíamos repetir os experimentos variando cada um dos outros fatores isoladamente (veja as Figs. 7.1*b*, 7.1*c* e 7.1*d*). Este procedimento para a determinação da relação funcional entre a perda de pressão por metro de tubo e os fatores que a influenciam é, conceitualmente, lógico mas pode apresentar grandes problemas. Alguns dos experimentos seriam muito difíceis de realizar. Por exemplo: é necessário variar a massa específica do fluido, enquanto a viscosidade permanece constante, para obter os dados ilustrados na Fig. 7.1*c*. Como isto pode ser feito? Finalmente, uma vez obtidas todas as curvas da Fig. 7.1, como nós poderíamos combinar estes resultados para obter a relação funcional entre Δp_l, D, ρ, μ e V válida para qualquer escoamento num tubo similar ao utilizado nas experiências?

Felizmente existe uma abordagem para este problema que elimina as dificuldades descritas anteriormente. Nós mostraremos, nas próximas seções, que em vez de trabalharmos com a relação original de variáveis, como na Eq. 7.1, nós podemos agrupar as variáveis em duas combinações adimensionais (denominados grupos adimensionais) de modo que

$$\frac{D\Delta p_l}{\rho V^2} = \phi\left(\frac{\rho V D}{\mu}\right) \tag{7.2}$$

Assim, nós podemos trabalhar com dois grupos adimensionais em vez de nos ocupar com cinco variáveis. O experimento necessário para estudar o escoamento no tubo liso consiste em variar o grupo adimensional $\rho VD/\mu$ e determinar o valor correspondente de $D\Delta p_l/\rho V^2$. A Fig. 7.2 mostra como os resultados dos experimentos podem ser apresentados numa única curva. Note que esta curva é válida para qualquer combinação de tubo com parede lisa e fluido (incompressível e Newtoniano) e que os experimentos podem ser conduzidos com um tubo com diâmetro conveniente e um fluido que facilita a realização do experimento. Deste modo, o experimento se torna mais simples e menos dispendioso porque não é mais necessário variar o diâmetro do tubo e realizar experimentos com vários fluidos diferentes.

A base para esta simplificação reside na consideração das dimensões das variáveis envolvidas. Nós discutimos no Cap. 1 que é possível realizar uma descrição qualitativa das quantidades físicas em função das dimensões básicas como a massa, M, comprimento, L, e tempo, T [1]. Note que também é possível utilizar as dimensões básicas da força, F, do comprimento, L, e do tempo, T, para esta descrição porque a segunda lei de Newton estabelece que

---

[1] Nós indicaremos a dimensão básica de tempo por T. Note que nós já utilizamos T para indicar a temperatura nas relações termodinâmicas (como na equação dos gases perfeitos).

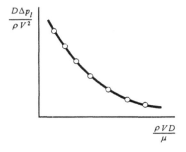

Figura 7.2 Gráfico ilustrativo dos dados de queda de pressão utilizando parâmetros adimensionais.

$$F \doteq MLT^{-2}$$

(Lembre que nós já utilizamos a notação $\doteq$ para indicar a igualdade de dimensões). Por exemplo, as dimensões das variáveis do escoamento num tubo são: $\Delta p_l \doteq FL^{-3}$, $D \doteq L$, $\rho \doteq FL^{-4}T^2$, $\mu \doteq FL^{-2}T$ e $V \doteq LT^{-1}$. Uma verificação rápida das dimensões dos dois grupos que aparecem na Eq. 7.2 mostra que eles são, de fato, produtos adimensionais, ou seja,

$$\frac{D\Delta p_l}{\rho V^2} = \frac{L(F/L^3)}{(FL^{-4}T^2)(LT^{-1})^2} \doteq F^0 L^0 T^0$$

e

$$\frac{\rho V D}{\mu} = \frac{(FL^{-4}T^2)(LT^{-1})(L)}{(FL^{-2}T)} \doteq F^0 L^0 T^0$$

É interessante ressaltar que nós reduzimos o número de variáveis de cinco para dois e que os novos grupos são combinações adimensionais das cinco variáveis. Isto significa que os resultados apresentados na da Fig. 7.2 são independentes do sistema de unidades utilizado na realização dos experimentos. Este tipo de abordagem é denominada análise dimensional. A base para a aplicação desta abordagem a uma ampla variedade de problemas é o teorema de Buckingham pi e este é assunto da próxima seção.

7.2 Teorema de Buckingham Pi

Uma questão fundamental que nós precisamos responder é: Qual é o número de grupos adimensionais necessário para substituir a relação original de variáveis. A resposta desta questão é fornecida pelo teorema básico da análise dimensional, ou seja,

> Uma equação dimensionalmente homogênea que envolve k variáveis pode ser reduzida a uma relação entre $k - r$ produtos adimensionais independentes onde r é o número mínimo de dimensões de referência necessário para descrever as variáveis.

Os produtos adimensionais são usualmente referidos como "termos pi" e o teorema é conhecido como o de Buckingham pi[2] pois Buckingham utilizou o símbolo Π para representar os produtos adimensionais (esta notação ainda é bastante utilizada). Apesar do teorema ser bastante simples sua demonstração é complexa e não será apresentada neste texto. Muitos livros são dedicados a semelhança e a análise dimensional (por exemplo, Refs. [1 – 15]) e os leitores interessados nestes assuntos, e na demonstração do teorema de Buckingham, devem consultar esta bibliografia.

O teorema pi está baseado no conceito de homogeneidade dimensional (este conceito foi introduzido no Cap. 1). Considere uma equação com significado físico e que apresenta k variáveis,

$$u_1 = f(u_2, u_3, \ldots, u_k)$$

Essencialmente, nós admitimos que a dimensão da variável do lado esquerdo da equação é igual a dimensão de qualquer termo isolado presente no lado direito da equação. Assim, nós podemos rearranjar a equação num conjunto de produtos adimensionais (termos pi) de modo que

---

[2] O teorema desta seção é atribuído a Edgar Buckingham (1867 – 1940) apesar de existirem investigações anteriores como, por exemplo, a de Lorde Rayleigh (1842 – 1919). Buckingham estimulou o interesse no assunto através de várias publicações realizadas na primeira parte do século XX. Veja, por exemplo, E. Buckingham, On Physically Similar Systems: Illustrations of the Use of Dimensional Equations, *Phys. Rev.*, 4 (1914), 345 – 376.

$$\Pi_1 = \phi\left(\Pi_2, \Pi_3, \ldots, \Pi_{k-r}\right)$$

A diferença entre o número necessário de termos pi e o número de variáveis original é igual a r. Note que r é igual ao número mínimo de dimensões de referência utilizado para descrever todas as variáveis originais da equação. Normalmente, as dimensões de referência necessárias para descrever as variáveis originais são as dimensões básicas M, L e T ou F, L e T. Entretanto, em alguns casos, apenas duas dimensões, tais como L e T, são necessárias e em outros casos é necessária apenas uma dimensão para descrever as variáveis originais. Em alguns casos excepcionais, as variáveis podem ser descritas por alguma combinação de dimensões básicas, tal como M/T^2 e L, e neste caso r é igual a dois (em vez de três). Nós apresentaremos na próxima seção um procedimento simples para a aplicação do teorema pi a um dado problema.

7.3 Determinação dos Termos Pi

Existem muitos métodos para a determinação dos grupos adimensionais (os termos pi) necessários para a realização da análise dimensional. Essencialmente, nós estamos procurando um método que nos permita obter, de forma sistemática, os termos pi necessários para descrever o problema (com certeza eles serão adimensionais e independentes). O método que nós descreveremos a seguir é conhecido como o método das variáveis repetidas.

É interessante particionar o método das variáveis repetidas numa série de passos que podem ser seguidos na análise de qualquer problema. Assim, com um pouco de prática, você será capaz de completar a análise dimensional de qualquer problema.

Passo 1. Faça uma lista com todas as variáveis que estão envolvidas no problema. Este passo é o mais difícil e, sem dúvida, é vital relacionar todas as variáveis importantes no problema. A análise dimensional estará incorreta se este passo não for realizado adequadamente! Nós estamos utilizando o termo "variável" para incluir qualquer quantidade (incluindo constantes dimensionais e adimensionais) importante no fenômeno que estamos investigando. Todas estas quantidades devem ser incluídas na relação de "variáveis" que será considerada na análise dimensional. A determinação das variáveis precisa ser realizada a partir do conhecimento experimental do problema e das leis físicas que descrevem o fenômeno que está sendo analisado. Tipicamente, a relação de variáveis conterá aquelas que são necessárias para descrever a geometria do sistema (tal como o diâmetro do tubo), aquelas utilizadas para definir qualquer propriedade do fluido (tal como a viscosidade dinâmica do fluido) e as variáveis que indicam os efeitos externos que influenciam o sistema (tal como a diferença de pressão que promove o escoamento). Esta classificação geral pode ser muito útil na identificação das variáveis. Note que ainda podem existir algumas variáveis de difícil classificação e é necessário analisar cuidadosamente cada problema.

É importante que todas as variáveis sejam independentes porque nós desejamos manter mínimo o número de variáveis. O resultado deste procedimento é a minimização do trabalho experimental. Por exemplo, se a área da seção transversal de um tubo é importante num certo problema, nós podemos utilizar tanto a área ou o diâmetro do tubo como variável (mas não os dois porque eles não são independentes). De modo análogo; se tanto a massa específica, ρ, e peso específico, γ, são variáveis importantes no problema que estamos analisando; nós podemos incluir na lista de variáveis ρ e g (aceleração da gravidade) ou γ e g. Entretanto, seria incorreto usar as três variáveis porque $\gamma = \rho g$. Normalmente g é constante nos experimentos mas este fato é irrelevante para a análise dimensional.

Passo 2. Expresse cada uma das variáveis em função das dimensões básicas. As dimensões básicas mais utilizadas nos problemas de mecânica dos fluidos são (M, L e T) e (F, L e T). Dimensionalmente, estes dois conjuntos estão relacionados pela segunda lei de Newton ($\mathbf{F} = m\mathbf{a}$) de modo que $F \doteq MLT^{-2}$. Por exemplo, $\rho \doteq ML^{-3}$ ou $\rho \doteq FL^{-4}T^2$. Assim, cada um dos conjuntos pode ser utilizado na análise dimensional. As dimensões básicas das variáveis típicas encontradas nos problemas de mecânica dos fluidos estão apresentadas na Tab. 1.1 do Cap. 1.

Passo 3. Determine o número necessário de termos pi. Isto pode ser realizado com o teorema de Buckingham pi pois ele indica que o número de termos pi é igual a $k - r$ onde k é o número de variáveis do problema e r é o número de dimensões de referência necessário para descrever estas variáveis (o número de dimensões básicas foi determinado no Passo 2). As dimensões de referência usualmente são iguais às dimensões básicas e podem ser determinadas pela análise das dimensões das variáveis (Passo 2). Existem alguns casos (raros) onde as dimensões básicas aparecem combinadas de modo que o número de dimensões de referência é menor do que o número de dimensões básicas. Esta possibilidade está ilustrada no Exemplo 7.2.

Passo 4. Escolha das variáveis repetidas. O número de variáveis repetidas é igual ao número de dimensões de referência. A essência deste passo é a escolha das variáveis que podem ser combinadas com cada uma das variáveis restantes para formar um termo pi. Todas as dimensões de referência precisam estar incluídas no grupo de variáveis repetidas e cada variável repetida precisa ser dimensionalmente independente das outras (i.e., a dimensão de uma variável repetida não pode ser reproduzida por qualquer combinação de produtos das variáveis repetidas restantes elevadas a qualquer potência). Isto significa que as variáveis repetidas não podem ser combinadas para formar um produto adimensional.

Nós usualmente estamos interessados em determinar como uma certa variável do problema que estamos analisando é influenciada pelas outras variáveis. Assim, nós podemos considerar esta certa variável como dependente e introduzi-la num termo pi. Deste modo, não escolha a variável dependente com uma das variáveis repetidas porque as variáveis repetidas usualmente aparecem em mais de um termo pi.

Passo 5. Construa um termo pi pela multiplicação de uma variável não repetida pelo produto das variáveis repetidas elevadas a um expoente que torne a combinação adimensional. Essencialmente, cada termo pi terá a forma $u_i\, u_1^{a_i}\, u_2^{b_i}\, u_3^{c_i}$ onde u_i é uma das variáveis não repetidas; u_1, u_2 e u_3 são as variáveis repetidas; e os expoentes a_i, b_i e c_i devem ser determinados de modo que a combinação seja adimensional.

Passo 6. Repita o Passo 5 para cada uma das variáveis não repetidas restantes. O resultado deste passo é o conjunto de termos pi adequado para a análise do problema (o número de elementos do conjunto foi determinado no Passo 3). Se isto não acontecer, verifique seu trabalho - você cometeu algum engano!

Passo 7. Verifique se todos os termos pi são adimensionais. É fácil cometer um erro na obtenção dos termos pi. Entretanto, isto pode ser confirmado substituindo as variáveis dos termos pi pelas suas dimensões. Um bom modo de realizar esta operação é expressar todas as variáveis em função de M, L e T se as dimensões básicas utilizadas forem F, L e T e vice versa. Verifique sempre se os termos pi são adimensionais!

Passo 8. Expresse o resultado da análise como uma relação entre os termos pi e analise o significado da relação obtida. Tipicamente, a relação entre os termos pi apresenta a forma

$$\Pi_1 = \phi(\Pi_2, \Pi_3, \ldots, \Pi_{k-r})$$

onde Π_1 deve conter a variável dependente no numerador. Nós devemos enfatizar que a relação entre os termos pi pode ser utilizada para descrever o seu problemas se você iniciou com a lista correta de variáveis (e os outros passos foram realizados adequadamente). Assim, você precisará apenas trabalhar com os termos pi e não com as variáveis originais do problema. Entretanto, você deve notar que isto é o máximo que podemos alcançar com a análise dimensional, ou seja, a relação funcional real entre os termos pi deve ser determinada experimentalmente.

Considere novamente o escoamento de um fluido incompressível e Newtoniano num tubo horizontal que apresenta parede lisa para ilustrar a aplicação deste método de obtenção dos termos pi. Lembre que nós estamos interessados na queda de pressão por unidade de comprimento de tubo, Δp_l. De acordo com o Passo 1 do método, nós precisamos relacionar todas as variáveis importantes do problema. Observe que a escolha das variáveis deve ser baseada na nossa experiência anterior com o problema. Neste problema nós admitimos que

$$\Delta p_l = f(D, \rho, \mu, V)$$

onde D é o diâmetro do tubo, ρ é a massa específica do fluido, μ é a viscosidade dinâmica do fluido e V é a velocidade média do escoamento.

No próximo passo (Passo 2) nós devemos exprimir todas as variáveis em função das dimensões básicas. Se utilizarmos F, L e T como dimensões básicas, temos

$$\Delta p_l \doteq F L^{-3}$$
$$D \doteq L$$
$$\rho \doteq F L^{-4} T^2$$
$$\mu \doteq F L^{-2} T$$
$$V \doteq L T^{-1}$$

Nós também poderíamos ter utilizado M, L e T como dimensões básicas e o resultado final seria o mesmo. Note que nós utilizamos a dimensão $FL^{-4}T^2$ para a massa específica e que esta dimensão é equivalente a ML^{-3} (i.e., massa por unidade de volume). Nós não devemos misturar as dimensões básicas, ou seja, ou utilizamos o conjunto F, L e T ou o conjunto M, L e T.

Nós podemos agora aplicar o teorema pi para determinar o número necessário de termos pi (Passo 3). A inspeção das dimensões das variáveis indicadas no Passo 2 revela que três dimensões básicas são necessárias para descrever as variáveis. Como o número de variáveis é cinco ($k = 5$) (não esqueça a variável dependente Δp_l) e o número de dimensões de referência é três ($r = 3$), o teorema pi indica que o número de termos pi necessário é dois (5 − 3).

As variáveis repetidas, que devem ser utilizadas para formar os termos pi (Passo 4), precisam ser escolhidas entre D, ρ, μ e V. É importante lembrar que nós não podemos utilizar a variável dependente como uma das variáveis repetidas. É necessário escolher três variáveis repetidas porque nós vamos utilizar três dimensões de referência. Normalmente, nós escolhemos as variáveis repetidas entre aquelas que são dimensionalmente mais simples. Por exemplo, se uma das variáveis apresenta dimensão de comprimento, escolha esta variável como uma das variáveis repetidas. Neste exemplo nós vamos utilizar D, V e ρ como as variáveis repetidas. Observe que estas variáveis são dimensionalmente independentes porque a dimensão de D é comprimento, a de V envolve comprimento e tempo e a massa específica envolve força, comprimento e tempo. Isto significa que nós não podemos formar um produto adimensional com este conjunto de variáveis.

Nós agora estamos prontos para obter os dois termos pi (Passo 5). Nós iniciaremos com a variável dependente, ou seja, vamos combiná-la com as variáveis repetidas para formar o primeiro termo pi. Deste modo,

$$\Pi_1 = \Delta p_l D^a V^b \rho^c$$

Como esta combinação deve ser adimensional, segue

$$(F L^{-3})(L)^a (L T^{-1})^b (F L^{-4} T^2)^c \doteq F^0 L^0 T^0$$

Os expoentes a, b e c precisam ser determinados de modo que o expoente resultante de cada uma das dimensões básicas − F, L e T − seja nulo (de modo que a combinação resultante seja adimensional). Assim, nós podemos escrever

$$\begin{aligned} 1 + c &= 0 & \text{(para } F\text{)} \\ -3 + a + b - 4c &= 0 & \text{(para } L\text{)} \\ -b + 2c &= 0 & \text{(para } T\text{)} \end{aligned}$$

A solução deste sistema de equações algébricas fornece os valores de a, b e c ($a = 1$, $b = -2$ e $c = -1$) e o primeiro termo pi é dado por

$$\Pi_1 = \frac{\Delta p_l D}{\rho V^2}$$

O processo é repetido para as variáveis não repetidas restantes (Passo 6). Neste exemplo só existe uma variável adicional (μ). Assim,

$$\Pi_2 = \mu D^a V^b \rho^c$$

ou

$$(F L^{-2} T)(L)^a (L T^{-1})^b (F L^{-4} T^2)^c \doteq F^0 L^0 T^0$$

e o sistema linear de equações associado é

350 Fundamentos da Mecânica dos Fluidos

$$1+c = 0 \qquad \text{(para } F\text{)}$$
$$-2+a+b-4c = 0 \qquad \text{(para } L\text{)}$$
$$1-b+2c = 0 \qquad \text{(para } T\text{)}$$

Resolvendo este sistema obtemos $a = -1$, $b = -1$, $c = -1$. Observe que

$$\Pi_2 = \frac{\mu}{DV\rho}$$

Note que nós obtemos o número correto de termos pi como determina o Passo 3 do procedimento apresentado nesta seção.

Neste ponto é interessante verificar se os termos pi são adimensionais (Passo 7). Nós vamos utilizar os conjuntos (*FLT*) e (*MLT*) para a verificação. Assim,

$$\Pi_1 = \frac{\Delta p_l\, D}{\rho V^2} \doteq \frac{(FL^{-3})(L)}{(FL^{-4}T^2)(LT^{-1})} \doteq F^0 L^0 T^0$$

$$\Pi_2 = \frac{\mu}{DV\rho} \doteq \frac{(FL^{-2}T)}{(L)(LT^{-1})(FL^{-4}T^2)} \doteq F^0 L^0 T^0$$

e, de modo análogo,

$$\Pi_1 = \frac{\Delta p_l\, D}{\rho V^2} \doteq \frac{(ML^{-2}T^{-2})(L)}{(ML^{-3})(LT^{-1})} \doteq M^0 L^0 T^0$$

$$\Pi_2 = \frac{\mu}{DV\rho} \doteq \frac{(ML^{-1}T^{-1})}{(L)(LT^{-1})(ML^{-3})} \doteq M^0 L^0 T^0$$

Finalmente (Passo 8), nós podemos exprimir o resultado da análise dimensional do seguinte modo:

$$\frac{\Delta p_l D}{\rho V^2} = \tilde{\phi}\left(\frac{\mu}{DV\rho}\right)$$

Este resultado indica que nós podemos estudar o problema com dois termos pi (em vez das cinco variáveis originais do problema). Entretanto, a análise dimensional não fornecerá a forma da função $\tilde{\phi}$. Esta função só pode ser determinada a partir de um conjunto adequado de experimentos. Note que nós podemos rearranjar os termos pi, ou seja, nós podemos reescrever a equação anterior com o recíproco de $\mu/DV\rho$ e a ordem com que nós escrevemos as variáveis também pode ser alterada. Por exemplo, nós podemos exprimir Π_2 como

$$\Pi_2 = \frac{\rho V D}{\mu}$$

e a relação entre Π_1 e Π_2 pode ser reescrita do seguinte modo:

$$\frac{D\Delta p_l}{\rho V^2} = \phi\left(\frac{\rho V D}{\mu}\right)$$

Nós utilizamos esta relação na discussão inicial deste problema (Eq. 7.2). O produto adimensional $\rho VD/\mu$ é o número de Reynolds (um adimensional muito famoso na mecânica dos fluidos) que foi apresentado nos Caps. 1 e 6 e será novamente discutido na Sec. 7.6

Resumindo, os passos a serem seguidos na realização da análise dimensional com o método das variáveis repetidas são:

Passo 1 Relacione todas as variáveis que são importantes no problema.

Passo 2 Expresse cada uma das variáveis em função das dimensões básicas.

Passo 3 Determine o número necessário de termos pi.

Passo 4 Escolha o número de variáveis repetidas (o número necessário é igual ao número de variáveis de referência – normalmente é igual ao número de dimensões básicas).

Passo 5 Forme um termo pi multiplicando uma das variáveis não repetidas pelo produto das variáveis repetidas elevadas a um expoente que torne a combinação adimensional.

Passo 6 Repita o Passo 5 para cada uma das variáveis repetidas restantes.

Passo 7 Verifique se todos os termos pi são adimensionais.

Passo 8 Expresse a forma final da relação entre os termos pi e analise o significado desta relação.

Exemplo 7.1

Uma placa fina e retangular está imersa num escoamento uniforme com velocidade ao longe igual a V. A placa apresenta largura e a altura respectivamente iguais a w e h e está montada perpendicularmente ao escoamento principal. Admita que o arrasto na placa, D, é função de w, h, da massa específica do fluido (ρ), da viscosidade dinâmica do fluido (μ) e da velocidade do escoamento ao longe. Determine a conjunto de termos pi adequado para o estudo experimental deste problema.

Solução A formulação do problema indica que

$$D = f(w, h, \mu, \rho, V)$$

Esta equação expressa a relação geral entre o arrasto e as várias variáveis que são importantes no problema. As dimensões das variáveis (utilizando o sistema MLT) são

$$D \doteq MLT^{-2}$$
$$w \doteq L$$
$$h \doteq L$$
$$\mu \doteq ML^{-1}T^{-1}$$
$$\rho \doteq ML^{-3}$$
$$V \doteq LT^{-1}$$

Note que as três dimensões básicas são necessárias para definir as seis variáveis do problema. O teorema de Buckingham pi indica que serão necessários três termos pi para a análise do fenômeno (seis variáveis menos três dimensões de referência, $k - r = 6 - 3 = 3$).

Nós escolheremos como variáveis repetidas w, V e ρ. Uma inspeção rápida destas três variáveis mostra que elas são dimensionalmente independentes porque cada uma delas apresenta uma dimensão que não consta das variáveis restantes. É importante ressaltar que é incorreto utilizar w e h como variáveis repetidas porque estas variáveis apresentam a mesma dimensão.

Nós iniciaremos o procedimento de determinação dos termos pi com a variável dependente, D. Assim, o primeiro termo pi pode ser obtido pela combinação de D com as variáveis repetidas, ou seja,

$$\Pi_1 = D w^a V^b \rho^c$$

Substituindo as variáveis por suas dimensões,

$$(MLT^{-2})(L)^a (LT^{-1})^b (ML^{-3})^c \doteq M^0 L^0 T^0$$

Para que Π_1 seja adimensional,

$$1 + c = 0 \qquad \text{(para } M\text{)}$$
$$1 + a + b - 3c = 0 \qquad \text{(para } L\text{)}$$
$$-2 - b = 0 \qquad \text{(para } T\text{)}$$

A solução deste sistema de equações algébricas é $a = -2$, $b = -2$ e $c = -1$. Assim, o primeiro termo pi é

$$\Pi_1 = \frac{D}{w^2 V^2 \rho}$$

Agora nós vamos repetir o procedimento com a segunda variável não repetida, h. Assim,

$$\Pi_2 = h w^a V^b \rho^c$$

Substituindo as variáveis por suas dimensões,

$$(L)(L)^a (LT^{-1})^b (ML^{-3})^c \doteq M^0 L^0 T^0$$

Para que Π_2 seja adimensional,

$$c = 0 \quad \text{(para } M\text{)}$$
$$1 + a + b - 3c = 0 \quad \text{(para } L\text{)}$$
$$b = 0 \quad \text{(para } T\text{)}$$

A solução deste sistema de equações algébricas é $a = -1$, $b = 0$ e $c = 0$. Assim, o segundo termo pi é

$$\Pi_2 = \frac{h}{w}$$

A aplicação do procedimento a terceira variável não repetida, μ, resulta em

$$\Pi_3 = \mu w^a V^b \rho^c$$

Substituindo as variáveis por suas dimensões,

$$(ML^{-1}T^{-1})(L)^a (LT^{-1})^b (ML^{-3})^c \doteq M^0 L^0 T^0$$

Para que Π_3 seja adimensional,

$$1 + c = 0 \quad \text{(para } M\text{)}$$
$$-1 + a + b - 3c = 0 \quad \text{(para } L\text{)}$$
$$-1 - b = 0 \quad \text{(para } T\text{)}$$

A solução deste sistema de equações algébricas é $a = -1$, $b = -1$ e $c = -1$. Assim, o terceiro termo pi é

$$\Pi_3 = \frac{\mu}{wV\rho}$$

Deste modo nós determinamos os três termos pi necessários para a análise do fenômeno. É muito interessante verificar se os termos são realmente adimensionais. Nós vamos utilizar o sistema (F, L, T) para realizar esta verificação. Assim,

$$\Pi_1 = \frac{D}{w^2 V^2 \rho} \doteq \frac{(F)}{(L)^2 (LT^{-1})^2 (FL^{-4}T^2)} \doteq F^0 L^0 T^0$$

$$\Pi_2 = \frac{h}{w} \doteq \frac{(L)}{(L)} \doteq F^0 L^0 T^0$$

$$\Pi_2 = \frac{\mu}{wV\rho} \doteq \frac{(FL^{-2}T)}{(L)(LT^{-1})(FL^{-4}T^2)} \doteq F^0 L^0 T^0$$

Note que é necessário voltar a relação original de variáveis, reanalisar a dimensão de cada variável e verificar todo o procedimento que você utilizou para determinar os expoentes a, b e c se o resultado da verificação não for satisfatório.

Finalmente, nós podemos expressar os resultados da análise dimensional na forma

$$\frac{D}{w^2 V^2 \rho} = \tilde{\phi}\left(\frac{h}{w}, \frac{\mu}{wV\rho}\right)$$

Neste estágio da análise dimensional a natureza da função $\tilde{\phi}$ é desconhecida e nós podemos rearranjar os termos pi. Por exemplo, nós podemos expressar o resultado final na forma

$$\frac{D}{w^2 \rho V^2} = \phi\left(\frac{w}{h}, \frac{\rho V w}{\mu}\right)$$

Esta forma é mais conveniente porque a razão entre a largura e a altura da placa, w/h, é denominada relação de aspecto e $\rho Vw/\mu$ é o número de Reynolds. Para prosseguir a análise deste problema é necessário realizar um conjunto de experimentos para determinar a natureza da função ϕ (veja a Sec. 7.7).

7.4 Alguns Comentários Adicionais Sobre a Análise Dimensional

Nós apresentamos na seção anterior um método para a determinação dos termos pi. Existem outros métodos para a determinação destes termos mas nós achamos que o método das variáveis repetidas é o mais adequado para uma apresentação inicial da matéria. Existem alguns aspectos desta ferramenta importante na engenharia que podem parecer, a primeira vista, um tanto misteriosos. Nesta seção nós esclareceremos alguns detalhes da análise dimensional que apresentam esta característica.

7.4.1 Escolha das Variáveis

Um dos passos mais importantes, e talvez o mais difícil, da aplicação do método das variáveis repetidas a qualquer problema é a escolha das variáveis envolvidas. Como apontamos anteriormente, nós utilizaremos, por conveniência, o termo variável para indicar qualquer quantidade relevante ao problema que estamos analisando (incluindo as constantes dimensionais e adimensionais). Não existe um procedimento simples para identificar facilmente estas variáveis. Geralmente, é necessário confiar na nossa interpretação física do fenômeno que está sendo analisado e de nossa habilidade em aplicar as leis físicas em situações parecidas com aquela que estamos lidando. Note que a solução final do problema apresentará muitos termos pi desnecessários se incluirmos termos extra na análise. Isto pode tornar a aplicação do método de determinação dos termos pi bastante difícil e demorada e tornar os experimentos necessários para estabelecer a relação funcional entre os termos pi bastante caros. Agora, se omitirmos algumas variáveis importantes, nós obteremos um resultado incorreto que poderá implicar em custos experimentais adicionais. Assim, é importan-tíssimo realizar o primeiro passo do método das variáveis repetidas com muita atenção.

Nós usualmente utilizamos hipóteses simplificadoras na solução da maioria dos problemas de engenharia. Note que a escolha destas hipóteses influi no número de variáveis que devem ser consideradas. Normalmente nós desejamos simplificar ao máximo a análise dos problema e muitas vezes até com o sacrifício da precisão da análise que estamos realizando. É importante lembrar que as análises de engenharia sempre devem apresentar um equilíbrio entre simplicidade e precisão dos resultados. A precisão da solução depende do objetivo da análise do problema. Por exemplo, nós podemos desprezar as variáveis secundárias (aquelas que não influenciam de modo significativo o comportamento da solução do problema que estamos analisando) se estivermos realizando apenas uma análise de tendências do problema.

Nós podemos classificar as variáveis da maioria dos problemas de engenharia (incluído os problemas de mecânica dos fluidos) em três amplos grupos – geométricas, propriedades do material e efeitos externos.

Variáveis Geométricas. As características geométricas normalmente são descritas por uma série de comprimentos e ângulos. Na maioria dos problemas, a geometria do sistema é importante e torna-se necessário incluir todas as variáveis geométricas necessárias para descrever o sistema que desejamos analisar. Normalmente é fácil identificar as variáveis geométricas

Propriedades do Material. A resposta do sistema a um efeito externo aplicado (tal como uma força, diferença de pressão e variações de temperatura) depende da natureza do material contido no sistema. Assim, as propriedades do material que relacionam os efeitos externos e a resposta precisam ser incluídas como variáveis. Por exemplo, a viscosidade dinâmica de um fluido Newtoniano relaciona as forças aplicadas com as taxas de deformação no fluido. Quanto mais complexo for o comportamento do material, tal como o comportamento de um fluido não Newtoniaino, mais difícil será a identificação das propriedades do material relevantes ao problema que está sendo analisado.

Efeitos externos. Esta terminologia é utilizada para indicar qualquer variável que produz, ou tende a produzir, uma mudança no sistema. Por exemplo, na mecânica de estruturas, as forças (tanto concentradas quanto distribuídas) aplicadas no sistema tendem a produzir uma mudança geométrica e tais forças podem ser consideradas como variáveis pertinentes ao problema que está sendo analisado. Na mecânica dos fluidos, as variáveis desta classe estão relacionadas as pressões, velocidades ou a ação da gravidade.

As classes de variáveis descritas acima devem ser encaradas como classes gerais e esta classificação pode ajudar na identificação das variáveis. Entretanto, podem existir variáveis importantes que não podem ser facilmente classificadas numa determinada categoria. Assim, cada problema deve ser analisado cuidadosamente.

É importante que o número de variáveis seja mínimo e que todas as variáveis sejam independentes. Por exemplo, nós sabemos que o momento de inércia e a área de uma placa circular são variáveis pertinentes num determinado problema. Deste modo, nós devemos incluir o momento de inércia da placa ou o diâmetro da placa na lista de variáveis pertinentes. Entretanto, será desnecessário incluir as duas variáveis porque elas não são independentes. Em termos gerais, se nós estamos lidando com um problema cujas variáveis são dadas por

$$f(p,q,r,\ldots,u,v,w,\ldots) = 0 \tag{7.3}$$

e nós sabemos que existe uma relação adicional entre algumas variáveis, por exemplo,

$$q = f(u,v,w,\ldots) \tag{7.4}$$

então q não é necessário e pode ser omitido. De outro lado, as variáveis u, v, w, ... podem ser substituídas pela variável q se soubermos que o único modo com que as variáveis u, v, w, ... entram no problema é através da relação indicada na Eq. 7.4. Note que, deste modo, obtemos a redução do número de variáveis.

Resumindo, nós devemos considerar os seguintes pontos na escolha das variáveis:

1. Defina claramente o problema. Qual é a variável em que estamos interessados (a variável dependente)?
2. Considere as leis básicas que descrevem o fenômeno. Mesmo uma teoria muito simples que descreva os aspectos essenciais do sistema pode ser muito útil.
3. Inicie o processo de escolha das variáveis agrupando-as nos três grandes grupos de variáveis: variáveis geométricas, propriedades do material e efeitos externos.
4. Considere as variáveis que não podem ser enquadradas nos três grupos. Por exemplo, o tempo será uma variável importante se alguma outra variável apresentar característica temporal.
5. Verifique se você incluiu todas as quantidades que são importantes no problema – mesmo que esta quantidade seja constante (por exemplo, a aceleração da gravidade, g). O importante na análise dimensional é a dimensão das quantidades e não seus valores específicos.
6. Verifique se todas as variáveis são independentes. Procure a existência de relações entre os subconjuntos de variáveis.

7.4.2 Determinação das Dimensões de Referência

É desejável, na análise de qualquer problema, reduzir o número de termos pi ao mínimo. Assim, é necessário que o número de variáveis também seja mínimo. É muito importante conhecer quantas dimensões de referência são necessárias para descrever as variáveis do problema que estamos analisando. Como nós já vimos nos exemplos anteriores, o conjunto de dimensões básicas (F, L, T) parece ser conveniente para caracterizar as quantidades que aparecem nos problemas de mecânica dos fluidos. Entretanto não existe nada fundamental neste conjunto e nós também mostramos que o conjunto (M, L, T) também é adequado para descrever as quantidades. Realmente, qualquer conjunto de quantidades mensuráveis pode ser utilizado como conjunto de dimensões básicas desde que todas as quantidades secundárias possam ser descritas a partir deste conjunto de dimensões básicas. Entretanto, a utilização de (FLT) ou (MLT) como conjunto de dimensões básicas é mais simples e estes conjuntos podem ser utilizadas para descrever os fenômenos da mecânica dos fluidos. Nós veremos que em alguns casos não será necessário utilizar todos os três componentes do conjunto de dimensões básicas para estudar o problema. Este ponto está ilustrado no Exemplo 7.2. As Refs. [4 e 12] apresentam várias discussões interessantes, tanto práticas como filosóficas, sobre o conceito das dimensões básicas.

Exemplo 7.2

Um tanque cilíndrico e aberto apresenta diâmetro D e é suportado por uma cinta que contorna a superfície inferior do tanque. O tanque contém um líquido que apresenta peso específico γ e a distância entre a superfície livre do líquido e o fundo do tanque é h. A deflexão vertical, δ, no centro da placa inferior do tanque é função de D, h, d, γ e E, onde d é a espessura da placa inferior do tanque e E é o módulo de elasticidade do material da placa. Realize a análise dimensional deste problema.

Solução A formulação do problema estabelece que a relação entre a deflexão vertical e as outras variáveis é dada por

$$\delta = f(D, h, d, \gamma, E)$$

As dimensões das variáveis são

$$\delta \doteq L$$
$$D \doteq L$$
$$h \doteq L$$
$$d \doteq L$$
$$\gamma \doteq FL^{-3} \doteq ML^{-2}T^{-2}$$
$$E \doteq FL^{-2} \doteq ML^{-1}T^{-2}$$

Note que nós utilizamos tanto o conjunto de dimensões básicas (FLT) quanto o (MLT) para expressar as dimensões das variáveis importantes do problema.

Nós vamos utilizar o teorema pi para determinar o número necessário de termos pi deste problema. Primeiramente nós vamos utilizar o conjunto (FLT) como sistema de dimensões básicas. Note que existem seis variáveis e duas dimensões de referências (F e L) e, deste modo, são necessários quatro termos pi. Nós vamos escolher D e γ como variáveis repetidas. Assim,

$$\Pi_1 = \delta D^a \gamma^b$$
$$(L)(L)^a \left(FL^{-3}\right)^b \doteq F^0 L^0$$

e

$$1 + a - 3b = 0 \quad \text{(para } L\text{)}$$
$$b = 0 \quad \text{(para } F\text{)}$$

Assim, $a = -1$, $b = 0$ e

$$\Pi_1 = \frac{\delta}{D}$$

De modo análogo,

$$\Pi_2 = h D^a \gamma^b$$

Seguindo o mesma seqüência de cálculos nós determinamos que $a = -1$ e $b = 0$. Assim,

$$\Pi_2 = \frac{h}{D}$$

Os outros dois termos pi podem ser determinados com o mesmo procedimento. Deste modo,

$$\Pi_3 = \frac{d}{D} \qquad \Pi_4 = \frac{E}{D\gamma}$$

Estes resultados mostram que o problema pode ser estudado através da relação

$$\frac{\delta}{D} = \phi\left(\frac{h}{D}, \frac{d}{D}, \frac{E}{D\gamma}\right)$$

Nós agora vamos resolver o mesmo problema utilizando o sistema (MLT). Obviamente, o número de variáveis é o mesmo mas agora nós temos três dimensões de referência (em vez de duas). Se isto estiver correto, nós poderemos reduzir o número de termos pi necessário para

356 Fundamentos da Mecânica dos Fluidos

descrever o problema (de quatro para três). Isto parece razoável? Como nós podemos reduzir o número necessário de termos pi simplesmente pela substituição do sistema de dimensões básicas (*FLT*) pelo (*MLT*)? A resposta é que nós não podemos e uma análise detalhada das dimensões das variáveis do problema revela que apenas duas dimensões são necessárias para realizar a análise dimensional (MT^{-2} e L).

Este é um exemplo de situação onde o número de dimensões de referência difere do número de dimensões básicas. Esta situação não é muito freqüente e pode ser detectada pela análise das dimensões das variáveis (em qualquer sistema de dimensões básicas utilizado). Assim, é necessário verificar o número de dimensões de referência necessário para descrever todas as variáveis. Uma vez que o número de dimensões de referência foi determinado, nós podemos prosseguir a análise dimensional do mesmo modo utilizado como outro sistema. O número de variáveis repetidas precisa ser igual ao número de dimensões de referência, ou seja, nós temos que utilizar duas variáveis repetidas. Nós vamos utilizar novamente D e γ como variáveis repetidas. Os termos pi são determinados do mesmo modo. Por exemplo, o termo pi que contém E pode ser desenvolvido da seguinte maneira:

$$\Pi_4 = E D^a \gamma^b$$

$$(ML^{-1}T^{-2})(L)^a(ML^{-2}T^{-2})^b \doteq (MT^{-2})^0 L^0$$

$$1 + b = 0 \quad \text{(para } MT^{-2}\text{)}$$
$$-1 + a - 2b = 0 \quad \text{(para } L\text{)}$$

Resolvendo o sistema de equações encontramos $a = -1$ e $b = -1$. Deste modo,

$$\Pi_4 = \frac{E}{D\gamma}$$

que é igual ao termo correspondente obtido com o sistema (*FLT*). Os outros termos pi podem ser encontrados e a relação entre os termos pi é idêntica a determinada anteriormente, ou seja,

$$\frac{\delta}{D} = \phi\left(\frac{h}{D}, \frac{d}{D}, \frac{E}{D\gamma}\right)$$

É importante lembrar que você não poderá alterar o número necessário de termos pi pela variação do sistema (*MLT*) para (*FLT*) e vice versa.

7.4.3 Unicidade dos Termos Pi

Uma pequena análise do processo utilizado para a determinação dos termos pi pelo método das variáveis repetidas revela que os termos pi dependem da escolha arbitrária das variáveis repetidas. Por exemplo, nós escolhemos D, V e ρ como variáveis repetidas na análise dimensional do problema que estuda a queda de pressão do escoamento no tubo. Esta escolha levou a seguinte relação entre termos pi:

$$\frac{D \Delta p_l}{\rho V^2} = \phi\left(\frac{DV\rho}{\mu}\right) \tag{7.5}$$

O que teria acontecido se nós tivéssemos escolhido D, V e μ como variáveis repetidas neste problema? Uma verificação rápida revela que o termo pi que contém Δp_l apresenta a forma

$$\frac{\Delta p_l D^2}{V\mu}$$

e o segundo termo pi permanece igual ao da análise anterior. Assim, nós podemos expressar o resultado final do seguinte modo:

$$\frac{\Delta p_l D^2}{V\mu} = \phi_1\left(\frac{DV\rho}{\mu}\right) \tag{7.6}$$

Os dois resultados estão corretos e ambos levarão a mesma equação final para Δp_l. Entretanto, as funções ϕ e ϕ_1 das Eqs. 7.5 e 7.6 serão diferentes porque os termos pi dependentes nas duas relações são diferentes.

Este exemplo mostra que não existe apenas um conjunto de termos pi para um determinado problema. Entretanto, o número necessário de termos pi é fixo e uma vez determinado o conjunto correto de termos pi todos as outros conjuntos possíveis podem ser desenvolvidos a partir deste pela combinação de produtos dos termos pi elevados a uma potência qualquer. Assim, se nós temos um problema que envolve três termos pi, ou seja,

$$\Pi_1 = \phi(\Pi_2, \Pi_3)$$

nós podemos sempre formar um novo conjunto a partir da combinação dos termos pi. Por exemplo, nós podemos formar um novo termo pi, Π'_2, através da relação

$$\Pi'_2 = \Pi_2^a \Pi_3^b$$

onde a e b são expoentes arbitrários. Assim, as relações entre os termos pi podem ser expressas por

$$\Pi_1 = \phi_1(\Pi'_2, \Pi_3)$$

ou

$$\Pi_1 = \phi_2(\Pi_2, \Pi'_2)$$

Todos estes resultados estão corretos. Entretanto, é necessário ressaltar que o número de termos pi não pode ser reduzido e que podemos apenas alterar a sua forma. Utilizando esta técnica nós podemos mostrar que os termos pi da Eq. 7.6 podem ser obtidos a partir daqueles da Eq. 7.5, ou seja, basta multiplicar o termo Π_1 da Eq. 7.5 pelo termo Π_2 e obter

$$\left(\frac{\Delta p_l D}{\rho V^2}\right)\left(\frac{DV\rho}{\mu}\right) = \frac{\Delta p_l D^2}{V\mu}$$

que é o termo Π_1 da Eq. 7.6.

Quais são os termos pi que facilitam a análise dos problemas de mecânica dos fluidos? Infelizmente não existe uma resposta simples para esta questão: Normalmente, a única diretriz que temos é manter os termos pi o mais simples possível. Também existem termos pi que facilitam os trabalhos algébrico e experimental mas a escolha final permanece arbitrária e geralmente é função da experiência anterior do investigador. Nós devemos enfatizar que apesar de não existir um conjunto único de termos pi para um determinado problema, o número necessário de termos pi para descrever o problema é fixo e definido pelo teorema pi.

7.5 Determinação dos Termos Pi por Inspeção

Nós apresentamos um método para obter os termos pi na Sec. 7.3. Este método é baseado num procedimento seqüencial que, se executado corretamente, fornece o conjunto completo e correto de termos pi. Apesar do método ser simples e direto ele é trabalhoso (particularmente nos problemas onde o número de variáveis é grande). As únicas restrições colocadas nos termos pi são: (1) o número seja o correto (2) que eles sejam adimensionais e (3) e independentes. Assim, torna-se possível determinar os termos pi por inspeção sem que seja necessário utilizar um procedimento mais formal.

Nós consideraremos novamente a queda de pressão, por unidade de comprimento, do escoamento num tubo com parede lisa para ilustrar esta abordagem. Independentemente da técnica a ser utilizada, o ponto de partida é o mesmo, ou seja, a determinação das variáveis importantes do fenômeno. Como já vimos anteriormente,

$$\Delta p_l = f(D, \rho, \mu, V)$$

O próximo passo é relacionar as dimensões das variáveis. Deste modo,

$$\Delta p_l \doteq FL^{-3}$$
$$D \doteq L$$

358 Fundamentos da Mecânica dos Fluidos

$$\rho \doteq FL^{-4}T^{2}$$
$$\mu \doteq FL^{-2}T$$
$$V \doteq LT^{-1}$$

Após este passo é necessário determinar o número de dimensões de referência. A aplicação do teorema pi nos indica qual é o número necessário de termos pi. Neste problema existem cinco variáveis e três dimensões de referência. Assim, será necessário utilizar dois termos pi. Note que a determinação do número necessário de termos pi deve ser feita sempre na parte inicial da análise.

Uma vez que o número de termos pi é conhecido nós podemos formar os termos pi por inspeção. Nós apenas vamos utilizar o fato de que cada termo pi precisa ser adimensional. Nós sempre colocamos a variável dependente no termo Π_1. Neste caso, a variável dependente é a queda de pressão por unidade de comprimento de tubo, Δp_l .(esta variável apresenta dimensão FL^{-3}). Nós precisamos combinar a variável dependente com outras variáveis para obter um produto adimensional. Uma possibilidade é dividir Δp_l por ρ . Deste modo,

$$\frac{\Delta p_l}{\rho} \doteq \frac{(FL^{-3})}{(FL^{-4}T^{2})} \doteq \frac{L}{T^{2}}$$

Esta relação não depende de F mas ainda não é adimensional. Para eliminar a dependência em T, nós dividiremos a relação anterior por V^2. Assim,

$$\left(\frac{\Delta p_l}{\rho}\right)\frac{1}{V^{2}} \doteq \left(\frac{L}{T^{2}}\right)\frac{1}{(LT^{-1})^{2}} \doteq \frac{1}{L}$$

Finalmente, para tornar esta combinação adimensional nós a multiplicaremos por D. Deste modo,

$$\left(\frac{\Delta p_l}{\rho V^{2}}\right)D \doteq \left(\frac{1}{L}\right)(L) \doteq L^{0}$$

Assim,

$$\Pi_{1} = \frac{\Delta p_{l} D}{\rho V^{2}}$$

O próximo passo é construir o segundo termo pi com a variável que não foi utilizada no termo Π_1. Nós podemos combinar a variável μ com outras variáveis para construir uma combinação adimensional (não utilize Δp_l em Π_2 porque nós queremos que a variável dependente só apareça no termo Π_1). Por exemplo, divida μ por ρ (para eliminar F), divida o resultado anterior por V (para eliminar T) e finalmente divida por D (para eliminar L). Assim,

$$\Pi_{2} = \frac{\mu}{\rho VD} \doteq \frac{(FL^{-2}T)}{(FL^{-4}T^{2})(LT^{-1})(L)} \doteq F^{0}L^{0}T^{0}$$

O resultado deste procedimento é

$$\frac{\Delta p_{l} D}{\rho V^{2}} = \phi\left(\frac{\mu}{DV\rho}\right)$$

que obviamente é o mesmo resultado que obtivemos com o método das variáveis repetidas.

Nós devemos tomar cuidado quando determinamos os termos pi por inspeção porque é necessário termos certeza de que os termos pi são independentes. No escoamento em tubo, Π_2 contém μ, que não aparece em Π_1. Isto mostra que estes dois termos pi obviamente são independentes. Num caso mais geral, um termo pi não pode ser independente dos outros se ele puder ser construído pela combinação dos outros termos pi deste caso geral. Se Π_2 puder ser construído através da combinação de Π_3, Π_4 e Π_5 , por exemplo,

$$\Pi_{2} = \frac{\Pi_{3}^{2}\,\Pi_{4}}{\Pi_{5}}$$

Π_2 não é um termo independente. Nós devemos assegurar que cada termo pi é independente dos outros termos utilizados na análise.

Apesar do procedimento de obtenção dos termos pi por inspeção ser essencialmente equivalente ao método das variáveis repetidas ele é menos estruturado. Com um pouco de prática este procedimento passa a ser uma alternativa aos procedimentos mais formais.

7.6 Grupos Adimensionais Usuais na Mecânica dos Fluidos

A parte superior da Tab. 7.1 apresenta as variáveis que normalmente são utilizadas na análise dos problemas de mecânica dos fluidos. A lista não é completa mas indica as variáveis mais utilizadas em problemas típicos. Felizmente nós não encontramos todas estas variáveis em todos os problemas de mecânica dos fluidos. Entretanto, quando encontramos combinações destas variáveis é normal combiná-las nos grupos adimensionais (termos pi) indicados na Tab. 7.1 Estas combinações são utilizadas tão freqüentemente que receberam nomes especiais.

Sempre é possível fornecer uma interpretação física dos grupos adimensionais. Estas interpretações podem ser úteis na análise dos escoamentos. Por exemplo, o número de Froude é um indicativo da relação entre a força devida a aceleração de uma partícula fluida e a força devida a gravidade (peso). Isto pode ser demonstrado considerando o movimento de uma partícula fluida ao longo de uma linha de corrente (Fig. 7.3). O módulo da força de inércia na direção da linha de corrente, F_l, pode ser expresso como $F_l = a_s\, m$, onde a_s é o módulo do componente do vetor aceleração na direção da linha de corrente e m é a massa da partícula fluida. Lembrando o nosso estudo sobre ao movimento da partícula ao longo de uma curva (veja a Sec. 3.1), temos

Tabela 7.1 Alguns Grupos Adimensionais e Variáveis Utilizadas na Mecânica dos Fluidos

Variáveis: Aceleração da gravidade, g; Módulo de elasticidade volumétrico, E_v ; Comprimento característico, l; Massa específica, ρ ; Frequência de oscilação do escoamento, ω ; Pressão, p (ou Δp); Velocidade do som, c; Tensão superficial, σ ; Velocidade, V; Viscosidade dinâmica, μ

Grupo Adimensional	Nome	Interpretação	Tipos de Aplicação
$\dfrac{\rho V l}{\mu}$	Número de Reynolds, Re	$\dfrac{\text{força de inércia}}{\text{força viscosa}}$	É importante na maioria dos problemas de mecânica dos fluidos
$\dfrac{V}{\sqrt{g l}}$	Número de Froude, Fr	$\dfrac{\text{força de inércia}}{\text{força gravitacional}}$	Escoamentos com superfície livre
$\dfrac{p}{\rho V^2}$	Número de Euler, Eu	$\dfrac{\text{força de pressão}}{\text{força de inércia}}$	Problemas onde a pressão, ou diferenças de pressão, são importantes
$\dfrac{\rho V^2}{E_v}$	Número de Cauchy[a], Ca	$\dfrac{\text{força de inércia}}{\text{força de compressibilidade}}$	Escoamentos onde a compressibilidade do fluido é importante
$\dfrac{V}{c}$	Número de Mach[a], Ma	$\dfrac{\text{força de inércia}}{\text{força de compressibilidade}}$	Escoamentos onde a compressibilidade do fluido é importante
$\dfrac{\omega l}{V}$	Número de Strouhal, St	$\dfrac{\text{força de inércia (local)}}{\text{força de inércia (convectiva)}}$	Escoamentos transitórios com uma freqüência de oscilação característica
$\dfrac{\rho V^2 l}{\sigma}$	Número de Weber, We	$\dfrac{\text{força de inércia}}{\text{força de tensão superficial}}$	Problemas onde os efeitos da tensão superficial são importantes

[a] Os números de Cauchy e de Mach são relacionados e podem ser utilizados como indicadores da relação entre os efeitos de inércia e da compressibilidade.

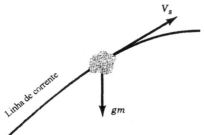

Figura 7.3 A força da gravidade atuando numa partícula fluida que se desloca ao longo de uma linha de corrente.

$$a_s = \frac{dV_s}{dt} = V_s \frac{dV_s}{ds}$$

onde s é medido ao longo da linha de corrente. Se nós adimensionalizarmos a velocidade V_s e o comprimento, s, obtemos

$$V_s^* = \frac{V_s}{V} \qquad s^* = \frac{s}{l}$$

onde V e l representam uma velocidade e um comprimento característicos. Assim,

$$a_s = \frac{V^2}{l} V_s^* \frac{dV_s^*}{ds^*}$$

e

$$F_I = \frac{V^2}{l} V_s^* \frac{dV_s^*}{ds^*} m$$

O módulo do peso da partícula, F_G, é $F_G = gm$ e, deste modo, a razão entre a inércia e a força gravitacional é dada por

$$\frac{F_I}{F_G} = \frac{V^2}{gl} V_s^* \frac{dV_s^*}{ds^*}$$

Note que a relação entre as forças F_I e F_G é proporcional a V^2/gl. A raiz quadrada desta razão, $V/(gl)^{1/2}$ é denominada número de Froude. A interpretação física do número de Froude é que ele representa uma medida, ou índice, das importâncias relativas das forças de inércia que atuam na partícula fluida e o peso da partícula. É importante ressaltar que o número de Froude não é igual a razão entre as forças mas indica algum tipo de medida da influência média destas duas forças. O número de Froude será um termo pi importante nos problemas onde a gravidade (ou o peso) é importante. A última coluna da Tab. 7.1 indica os tipos de aplicação onde o adimensional em questão é relevante e a coluna anterior apresenta as interpretações dos grupos adimensionais. A seção final deste capítulo contém uma discussão sobre este tipo de interpretação e, a seguir, nós mostraremos alguns detalhes adicionais destes importantes grupos adimensionais.

Número de Reynolds. O número de Reynolds, sem dúvida, é o parâmetro adimensional mais famoso da mecânica dos fluidos (◉ 7.1 – Número de Reynolds). Este adimensional leva o nome do engenheiro inglês Osborne Reynolds (1842 – 1912) porque Reynolds demonstrou, pela primeira vez, que a combinação de variáveis podia ser utilizada como um critério para a distinção entre escoamento laminar e turbulento. A maioria dos escoamentos apresenta um comprimento característico, l, uma velocidade característica, V, e, normalmente, as propriedades do fluido (como a massa específica e a viscosidade dinâmica) são variáveis relevantes do escoamento. Por estes motivos, o número de Reynolds,

$$\text{Re} = \frac{\rho V l}{\mu}$$

aparece naturalmente da análise dimensional. O número de Reynolds é uma medida da razão entre as forças de inércia de um elemento fluido e os efeitos viscosos no elemento. O número de Reynolds será importante quando estes dois tipos de força forem relevantes no escoamento que está sendo analisado. Entretanto, se o número de Reynolds é muito pequeno (Re << 1), nós temos que as forças viscosas são dominantes no problema e será possível desprezar os efeitos da inércia. Note que, nestes casos, a massa específica do fluido não será uma variável importante. Os escoamentos que apresentam baixo número de Reynolds ("creeping flow") serão discutidos na Sec. 6.10. Por outro lado, se o número de Reynolds for alto, os efeitos viscosos serão pequenos em relação aos efeitos da inércia e, nestes casos, nós podemos desprezar os efeitos da viscosidade e considerar o problema como "invíscido". Este tipo de problema foi analisado nas Secs. 6.4 a 6.7.

Número de Froude O número de Froude

$$\text{Fr} = \frac{V}{\sqrt{gl}}$$

é o único grupo adimensional da Tab. 7.1 que contém a aceleração da gravidade, g. A aceleração da gravidade é significativa nos problemas de mecânica dos fluidos onde o peso do fluido é uma variável importante. Como nós já discutimos, o número de Froude é uma medida da relação entre as forças de inércia de um elemento fluido e o peso do elemento. Este adimensional será importante na maioria dos escoamentos que apresentam superfície livre (porque a gravidade é relevante neste tipo de escoamento). O escoamento de água em torno de navios (com a ação das ondas resultantes do movimento do navio) e os que ocorrem nos rios e canais abertos são bons exemplos desta classe de escoamentos. Este adimensional leva o nome de Froude para homenagear o engenheiro civil, naval e matemático inglês William Froude (1810 – 1879) que foi o pioneiro na utilização de tanques de prova para o projeto de navios. É importante ressaltar que, as vezes, o número de Froude é definido como o quadrado do número de Froude apresentado na Tab. 7.1.

Número de Euler O número de Euler

$$\text{Eu} = \frac{p}{\rho V^2}$$

onde p é uma pressão característica no campo de escoamento pode ser interpretado como uma medida da razão entre as forças de pressão e as de inércia. É usual que o número de Euler seja escrito em função da diferença de pressão, Δp, de modo que $\text{Eu} = \Delta p/\rho V^2$. A combinação $\Delta p/(1/2\rho V^2)$ também é denominada coeficiente de pressão. Uma das formas do número de Euler normalmente é utilizada nos problemas onde a pressão, ou a diferença de pressão entre dois pontos, é uma variável importante do escoamento. Este adimensional é conhecido como número de Euler para homenagear o matemático suíço Leonhard Euler (1707 – 1783) que realizou vários trabalhos sobre a inter-relação entre os campos de pressão e velocidade dos escoamentos. O grupo adimensional $(p_r - p_v)/(1/2\rho V^2)$ é importante nos escoamentos que apresentam cavitação (p_v é a pressão de vaporização e p_r é uma pressão de referência). Apesar deste adimensional apresentar a mesma forma do número de Euler, ele normalmente é conhecido como número de cavitação.

Números de Cauchy e Mach O número de Cauchy

$$\text{Ca} = \frac{\rho V^2}{E_v}$$

e o número de Mach

$$\text{Ma} = \frac{V}{c}$$

são grupos adimensionais importantes nos problemas onde a compressibilidade do fluido é um fator importante. Como a velocidade do som, c, é igual a $(E_v/\rho)^{1/2}$ (veja a Sec. 1.7.3), temos

$$\text{Ma} = V\left(\frac{\rho}{E_v}\right)^{1/2}$$

Assim, o quadrado do número de Mach é igual ao número de Cauchy, ou seja,

$$\text{Ma}^2 = \frac{\rho V^2}{E_v} = \text{Ca}$$

Deste modo, qualquer um dos dois adimensionais (mas não os dois) pode ser utilizado nos problemas onde a compressibilidade do fluido é importante. Os números de Cauchy e Mach podem ser interpretados como um indicativo da razão entre as forças de inércia e as de compressibilidade. Quando o número de Mach é relativamente pequeno (menor do que 0,3) as forças de inércia presentes no escoamento não são suficientemente grandes para causar uma variação significativa na massa específica do fluido e, neste casos, os efeitos da compressibilidade do fluido podem ser desprezados. O número de Mach é mais utilizado do que o de Cauchy na análise dos escoamentos compressíveis (particularmente na dinâmica dos gases e na aerodinâmica). O engenheiro e matemático Augustin Louis de Cauchy (1789 – 1857) contribuiu significativamente na área da hidrodinâmica e o físico e filósofo austríaco Ernst Mach (1838 – 1916) na área da mecânica.

Número de Strouhal O número de Strouhal

$$\text{St} = \frac{\omega l}{V}$$

é uma parâmetro adimensional importante nos problemas transitórios que apresentam oscilações com frequência ω. Este adimensional é um indicativo da relação entre as forças de inércia devidas a transitoriedade do escoamento (aceleração local) as forças de inércia devidas a variação de velocidade de ponto a ponto do campo de escoamento (aceleração convectiva). Este tipo de escoamento transitório pode ser desenvolvido quando o fluido escoa em torno de um corpo sólido (como um fio ou cabo) colocado num escoamento. Por exemplo, numa certa faixa de número de Reynolds, um escoamento periódico se desenvolve na região traseira de um cilindro colocado num escoamento uniforme (veja a forma regular do desprendimento de vórtices emanados do corpo mostrado na Fig. 9.21). Estes sistema de vórtices – conhecido como esteira de vórtices de von Kármán [para homenagear Theodor von Kármán (1881 – 1963); um dos expoentes da mecânica dos fluidos do século XX] – cria um escoamento oscilatório que apresenta uma frequência discreta ω. Neste caso o número de Strouhal pode ser muito bem correlacionado com o número de Reynolds. Quando a frequência de emissão de vórtices está na faixa audível nós podemos ouvir o som emitido pelo fenômeno e os corpos parecem dançar. Vicenz Strouhal (1850 – 1922) utilizou, pela primeira vez, este parâmetro para estudar os "fios cantantes". Uma evidência dramática deste fenômeno ocorreu em 1940 com o colapso da ponte de Tacoma Narrows. A frequência de emissão dos vórtices coincidiu com a frequência natural da ponte e isto a levou ao colapso.

Existem vários outros tipos de escoamentos oscilatórios que são importantes. Por exemplo, o escoamento de sangue nas artérias é periódico e pode ser analisado quebrando-se o movimento periódico numa série de componentes harmônicos (análise de Fourier). Cada um destes componentes apresenta uma frequência que é múltipla da frequência fundamental ω (frequência de pulsação). Neste tipo de escoamento, em vez de utilizar o número de Strouhal, é normal utilizar o grupo adimensional formado pelo produto de St por Re, ou seja,

$$\text{St} \times \text{Re} = \frac{\rho \omega l^2}{\mu}$$

A raiz quadrada deste grupo adimensional é conhecida como o parâmetro de frequência.

Número de Weber O número de Weber

$$\text{We} = \frac{\rho V^2 l}{\sigma}$$

pode ser importante nos problemas onde existe uma interface entre dois fluidos. Nesta situação, a tensão superficial pode representar um papel importante no fenômeno que estamos interessados. O número de Weber pode ser interpretado como um indicador da relação entre a força de inércia e a força de tensão superficial que atua no elemento fluido. Os escoamentos de líquidos em filmes finos e a formação de gotas, ou bolhas, são bons exemplos de escoamentos onde este adimensional pode ser importante. É claro que a inclusão da tensão superficial na análise de todos os problemas que envolvem escoamentos com uma interface não é necessária. Por exemplo, o escoamento de água num rio não é afetado significativamente pela tensão superficial porque os efeitos de inércia e gravitacionais são muito mais importantes (We >> 1). Entretanto, como discutiremos numa seção posterior, é necessário tomar cuidado quando analisamos os modelos de rios (que normalmente apresentam pequenas profundidades) porque a tensão superficial pode ser uma variável importante no modelo e, com certeza, esta variável não é importante no escoamento nos rios. Este adimensional leva o nome do professor alemão de engenharia naval Moritz Weber (1871 – 1951) cujos trabalhos foram fundamentais para a formalização da utilização dos grupos adimensionais nos estudos de semelhança.

7.7 Correlação de Dados Experimentais

Uma das utilizações mais importantes da análise dimensional é o tratamento, interpretação e correlação de dados experimentais. Não é surpreendente que a análise dimensional tenha se tornado uma ferramenta importante na mecânica dos fluidos porque este campo é baseado em observações experimentais. Como já apontamos anteriormente, a análise dimensional não pode fornecer a resposta completa para qualquer problema porque esta ferramenta apenas indica os grupos adimensionais que descrevem o fenômeno e não as relações específicas entre os grupos adimensionais. Para determinar esta relação é necessário utilizar dados experimentais adequados do fenômeno. Este processo é bastante difícil e a dificuldade cresce com o número de termos pi necessários para descrever o fenômeno e da natureza dos experimentos (é muito difícil obter dados experimentais adequados em qualquer experimento). Obviamente, os problemas mais simples são aqueles que envolvem poucos termos pi e as próximas seções mostram como a complexidade da análise cresce com o aumento do número dos termos pi.

7.7.1 Problemas com Um Termo Pi

A aplicação do teorema pi indica que apenas um termo pi é necessário para descrever o fenômeno se o número de variáveis menos o número de dimensões de referência é igual a unidade. Assim, nestes casos, nós temos que

$$\Pi_1 = C$$

onde C é uma constante. Esta é uma situação onde a análise dimensional revela a forma específica da relação. Entretanto, o valor da constante precisa ser determinado experimentalmente. O próximo exemplo ilustra como as variáveis são relacionadas num problema deste tipo.

Exemplo 7.3

Uma partícula esférica cai lentamente num fluido viscoso. Admita que o arrasto, D, é função do diâmetro e da velocidade da partícula (d e V) e da viscosidade dinâmica do fluido, μ. Determine, com o auxílio da análise dimensional, qual é a relação entre o arrasto e a velocidade da partícula.

Solução A formulação do problema indica que o arrasto é função de

$$D = f(d, V, \mu)$$

As dimensões destas variáveis são:

$$D \doteq F$$
$$d \doteq L$$
$$V \doteq LT^{-1}$$
$$V \doteq FL^{-2}T$$

Nós temos quatro variáveis e três dimensões de referência (F, L e T). De acordo com o teorema pi só é necessário um termo pi para descrever o fenômeno. Nós podemos obter este termo por inspeção, ou seja,

$$\Pi_1 = \frac{D}{\mu V d}$$

Como só existe um termo pi, segue que

$$\frac{D}{\mu V d} = C$$

ou

$$D = C\mu V d$$

Assim, para uma dada partícula e um dado fluido, o arrasto varia diretamente com a velocidade, ou seja,

$$D \propto V$$

A análise dimensional não só revela que o arrasto varia diretamente com a velocidade mas também que varia diretamente com o diâmetro da partícula e com a viscosidade do fluido. Entretanto, nós não podemos predizer o valor do arrasto porque o valor da constante C não é conhecido. É necessário realizar um experimento para medir o arrasto e a velocidade de uma dada partícula num certo fluido. Em princípio, só é necessário realizar um único teste para a determinação do valor de C mas nós gostaríamos de repetir o teste várias vezes para obter um valor mais confiável de C. É importante lembrar que: uma vez determinado o valor de C, não é mais necessário realizar testes similares utilizando partículas com diâmetros diferentes e fluidos diferentes, ou seja, C é uma constante "universal". Nestas condições, o arrasto é uma função apenas do diâmetro da partícula, da velocidade e da viscosidade do fluido.

Uma solução aproximada deste problema pode ser obtida teoricamente. Nesta solução, o valor de C é igual a 3π. Assim,

$$D = 3\pi \mu V d$$

Este equação é conhecida como a lei de Stokes e é utilizada no estudo da decantação de partículas. Os experimentos revelam que este resultado só é valido quando o número de Reynolds é baixo ($\rho V d/\mu \ll 1$). O motivo para que isto ocorra é que nós não incluímos a massa específica do fluido na lista de variáveis originais do problema, ou seja, nós desprezamos os efeitos da inércia do fluido. A inclusão de uma variável adicional leva a um outro termo pi de modo que nós teríamos que trabalhar com dois termos pi em vez de um.

7.7.2 Problemas com Dois ou Mais Termos Pi

Existem muitos fenômenos que podem ser descritos com dois termos pi, ou seja,

$$\Pi_1 = \phi(\Pi_2)$$

A relação funcional entre as variáveis pode ser determinada variando-se Π_2 e medindo-se os valores correspondentes de Π_1. Neste caso, os resultados podem ser convenientemente apresentados na forma gráfica (veja a Fig. 7.4). É importante notar que a curva da figura é "universal" para o fenômeno que está sendo analisado, ou seja, só existe uma relação entre os termos pi se a escolha das variáveis e a análise dimensional resultante estão corretas. Entretanto, a relação é empírica e só é valida na faixa de Π_2 coberta pelos experimentos. Pode ser muito perigoso trabalhar com dados extrapolados (fora da faixa coberta pelos experimentos) porque a natureza do fenômeno pode variar de modo significativo fora da faixa analisada (observe as partes tracejadas da linha indicada na Fig. 7.4). Muitas vezes é interessante obter uma equação empírica que relacione os termos pi, além da representação gráfica, e isto normalmente é realizado com uma técnica de ajustes de curvas.

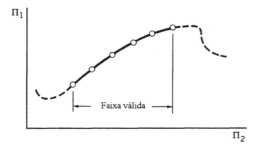

Figura 7.4 Representação gráfica dos dados em problemas que envolvem dois termos pi. Note que o comportamento da curva varia fora da região coberta pelos experimentos e, neste caso, a extrapolação fornece dados totalmente inadequados.

Exemplo 7.4

A relação entre a queda de pressão por unidade de comprimento (gradiente de pressão) do escoamento num tubo horizontal, que apresenta parede lisa, e as variáveis que afetam esta perda de pressão deve ser determinada experimentalmente. A queda de pressão foi medida, no laboratório, num tubo que apresenta parede lisa, diâmetro interno e comprimento iguais a 12,6 mm e 1,5 m. O fluido utilizado nos experimentos era água a 16°C (ρ = 999 kg/m³ e μ = 1,12 $\times 10^{-3}$ N·s/m²). Os testes foram realizados com várias velocidades médias e a pressão foi medida em cada teste. Os resultados destes testes estão apresentado na próxima tabela.

Velocidade (m/s)	0,36	0,59	0,89	1,78	3,39	5,16	7,11	8,76
Perda de pressão medida no tubo (N/m²)	300	747	1480	5075	15753	32600	57450	82830

Utilize estes dados para obter uma relação geral entre a queda de pressão por unidade de comprimento e as outras variáveis.

Solução É importante realizar uma análise dimensional do problema durante o planejamento dos experimentos, ou seja, antes da realização dos testes. Novamente, nós vamos admitir que a queda de pressão por unidade de comprimento, Δp_l, é função do diâmetro do tubo, D, da massa específica do fluido, ρ, da viscosidade dinâmica do fluido, μ, e da velocidade média do escoamento, V. Assim,

$$\Delta p_l = f(D, \rho, \mu, V)$$

e a aplicação do teorema pi fornece

$$\frac{D \Delta p_l}{\rho V^2} = \phi\left(\frac{\rho V D}{\mu}\right)$$

Nós precisamos variar o número de Reynolds, $\rho VD/\mu$, e medir os valores correspondentes de $D\Delta p_l /\rho V^2$ para determinar a forma desta relação. O número de Reynolds pode ser alterado a partir da variação de qualquer uma das seguintes variáveis (ou de suas combinações): ρ, V, D e μ. Entretanto, o modo mais simples de alterar o número de Reynolds é a partir da variação da velocidade do escoamento porque isto nos permite utilizar o mesmo tubo e o mesmo fluido. Nós podemos construir a próxima tabela se utilizarmos os dados fornecidos na formulação do problema:

$D \Delta p_l / \rho V^2$	0,0195	0,0175	0,0155	0,0132
$\rho V D / \mu$	4,01 $\times 10^3$	6,68 $\times 10^3$	9,97 $\times 10^3$	2,00 $\times 10^4$
	0,0113	0,0101	0,00939	0,00893
	3,81 $\times 10^4$	5,80 $\times 10^4$	8,00 $\times 10^4$	9,85 $\times 10^4$

Estes grupos são adimensionais e, assim, seus valores são independentes do sistema de unidades utilizado (desde que ele seja consistente). Note que todos os números de Reynolds da tabela anterior são maiores do que 2100. Deste modo, o escoamento no tubo é sempre turbulento.

A Fig. E7.4a apresenta um gráfico construído a partir da tabela anterior. A correlação entre os dados parece ser boa. Um indício de que nós cometemos algum erro experimental ou um engano na escolha das variáveis originais do problema é a obtenção de uma curva com aspecto "desajeitado". A curva indicada na Fig. E4.7a representa uma relação geral entre a queda de pressão e os outros fatores válida para a faixa de números de Reynolds limitada por 4,01 $\times 10^3$ e 9,85 $\times 10^4$. Assim, não é necessário repetir os testes com tubos que apresentam diâmetros diferentes do utilizado no experimento realizado, ou com outros fluidos, nesta faixa de número de Reynolds.

Não é óbvio qual deve ser a forma de equação empírica que relaciona Π_1 e Π_2 porque a relação entre os termos pi não é linear. Entretanto, se os mesmos dados forem utilizados para construir um gráfico com escalas logarítmicas, como o mostrado na Fig. E7.4b, nós obteríamos uma linha reta. Isto sugere que uma equação adequada apresenta a forma $\Pi_1 = A \Pi_2^n$, onde A e n são constantes empíricas que devem ser determinadas com uma técnica de ajustes de curvas (por exemplo, um programa de regressão não linear). Uma curva que apresenta boa aderência aos dados experimentais deste exemplo é

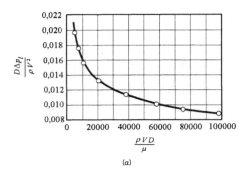

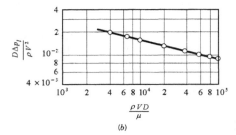

Figura E7.4

$$\Pi_1 = 0{,}150\, \Pi_2^{-0{,}25}$$

H. Blasius (1883 – 1970), um dos expoentes da mecânica dos fluidos do século XX, propôs uma equação empírica que é muito utilizada para calcular a queda de pressão nos escoamentos em tubos lisos na faixa $4 \times 10^3 <$ Re $< 1 \times 10^5$ (Ref. [16]). Esta equação pode ser expressa da seguinte forma:

$$\frac{D \Delta p_l}{\rho V^2} = 0{,}1582 \left(\frac{\rho V D}{\mu} \right)^{-1/4}$$

Esta relação, conhecida como a equação de Blasius, é baseada em vários resultados experimentais do mesmo tipo dos utilizados neste exemplo. Escoamentos em tubos serão discutidos mais detalhadamente no próximo capítulo onde será mostrado como a rugosidade da superfície interna do tubo (uma nova variável) pode afetar os resultados deste exemplo (que só são válidos para escoamentos em tubos lisos).

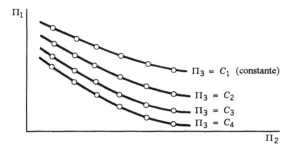

Figura 7.5 Representação gráfica dos dados em problemas com três termos pi.

O aumento do número de termos pi torna mais difícil mostrar os resultados na forma gráfica e obter a equação empírica que correlacione os dados experimentais. Os problemas que envolvem três termos pi apresentam a seguinte relação funcional

$$\Pi_1 = \phi(\Pi_2, \Pi_3)$$

Ainda é possível mostrar os dados em gráficos simples utilizando a técnica para a construção de família de curvas (veja a Fig. 7.5). Este modo de apresentação é muito útil para a representação dos dados. Também é possível determinar uma equação empírica adequada que relacione os três termos pi. Entretanto, quando o número de termos pi aumenta mais, o que corresponde a um crescimento da complexidade do problema que estamos analisando, tanto a representação gráfica quanto a determinação da equação empírica ficam mais difíceis. Nestes casos, é mais fácil utilizar um modelo para obter as características do sistema do que tentar formular correlações gerais.

7.8 Modelos e Semelhança

Os modelos são muito utilizados na mecânica dos fluidos. A maior parte dos projetos de engenharia que envolvem estruturas, aviões, navios, rios, portos, barragens, poluição do ar e da água freqüentemente utilizam modelos. Apesar do termo "modelo" ser utilizado em diferentes contextos, o modelo de engenharia segue a seguinte definição: Um modelo é uma representação de um sistema físico que pode ser utilizado para predizer o comportamento de alguma característica do sistema. O sistema físico para o qual as predições são feitas é denominado protótipo. Apesar dos modelos matemático ou computacionais também estarem de acordo com esta definição nosso interesse estará restrito em modelos físicos, ou seja, modelos que parecem com o protótipo mas que geralmente apresentam tamanho diferente, podem estar envolvidos por fluidos diferentes e sempre operam sob condições diferentes (pressão, velocidade etc). Normalmente o modelo é menor do que o protótipo. Assim, é menos custoso construir e operar o modelo do que o protótipo. Ocasionalmente, se o protótipo é muito pequeno, pode ser vantajoso trabalhar com um modelo que é maior do que o protótipo. Por exemplo, modelos maiores tem sido utilizados para estudar movimento das células vermelhas do sangue (normalmente elas apresentam diâmetro próximo a 8 μ m). Com o desenvolvimento de um modelo adequado é possível predizer, sob certas condições, o comportamento do protótipo. Assim, é possível examinar, a priori, os efeitos gerados por alterações no projeto original do protótipo. Existe um perigo inerente na utilização de modelos porque as predições obtidas com esta abordagem podem estar erradas e os erros podem não ser detectados até que o comportamento do protótipo seja avaliado. Assim, é importante que o modelo seja projetado e testado adequadamente e que os resultados também sejam interpretados corretamente. Nas próximas seções nós desenvolveremos os procedimentos para o projeto de modelos de modo que o comportamento do modelo e do protótipo sejam similares.

7.8.1 Teoria dos Modelos

A teoria dos modelos pode ser desenvolvida a partir da análise dimensional. Nós mostramos que qualquer problema pode ser descrito em função de um conjunto de termos pi, ou seja,

$$\Pi_1 = \phi\left(\Pi_2, \Pi_3, \ldots, \Pi_n\right) \tag{7.7}$$

A formulação desta relação requer apenas o conhecimento da natureza geral do fenômeno físico e das variáveis relevantes do fenômeno. Os valores específicos das variáveis (tamanho dos componentes, propriedades do fluido etc) não são necessários para a realização da análise dimensional. Assim, a Eq. 7.7 é aplicável a qualquer sistema que seja descrito pelas mesmas variáveis. Se esta equação descreve o comportamento de um protótipo, uma relação similar pode ser escrita para o modelo deste protótipo, ou seja,

$$\Pi_{1m} = \phi\left(\Pi_{2m}, \Pi_{3m}, \ldots, \Pi_{nm}\right) \tag{7.8}$$

onde a forma da função será a mesma desde que os fenômenos envolvidos no protótipo e no modelo sejam os mesmos. Variáveis, ou termos pi, sem o subscrito se referem ao protótipo enquanto o subscrito *m* será utilizado para indicar que a variável é relativa ao modelo.

Os termos pi podem ser desenvolvidos de modo que Π_1 contenha a variável que deve ser prevista a partir das observações feitas no modelo. Assim, se o modelo é projetado e operado nas seguintes condições

$$\begin{aligned} \Pi_{2m} &= \Pi_2 \\ \Pi_{3m} &= \Pi_3 \\ &\vdots \\ \Pi_{nm} &= \Pi_n \end{aligned} \tag{7.9}$$

Já que a forma de ϕ é a mesma para o modelo e para o protótipo, temos

$$\Pi_{1m} = \Pi_1 \tag{7.10}$$

A Eq. 7.10 indica que o valor medido no modelo, Π_{1m}, será igual ao valor de Π_1 do protótipo desde que os outros termos pi sejam iguais. As condições especificadas pela Eq. 7.9 fornecem as condições de projeto do modelo e são conhecidas como condições de semelhança ou leis do modelo.

Como um exemplo deste procedimento, considere o problema de determinar o arrasto, D, numa placa fina e retangular (largura w e altura h) colocada normalmente ao escoamento de um fluido que apresenta velocidade ao longe V. A análise dimensional deste problema foi realizada no Exemplo 7.1 onde nós admitimos que

$$D = f(w, h, \mu, \rho, V)$$

A aplicação do teorema pi fornece

$$\frac{D}{w^2 \rho V^2} = \phi\left(\frac{w}{h}, \frac{\rho V w}{\mu}\right) \tag{7.11}$$

Nós estamos interessados no projeto de um modelo que possa ser utilizado para predizer o arrasto num certo protótipo (que presumidamente apresenta tamanho diferente do modelo). Como a relação fornecida pela Eq. 7.11 se aplica tanto ao protótipo quanto ao modelo, temos

$$\frac{D_m}{w_m^2 \rho_m V_m^2} = \phi\left(\frac{w_m}{h_m}, \frac{\rho_m V_m w_m}{\mu_m}\right) \tag{7.12}$$

As condições de projeto do modelo, ou condições de semelhança, são

$$\frac{w_m}{h_m} = \frac{w}{h} \qquad \frac{\rho_m V_m w_m}{\mu_m} = \frac{\rho V w}{\mu}$$

O tamanho do modelo é obtido pela primeira expressão, ou seja,

$$w_m = \frac{h_m}{h} w \tag{7.13}$$

Nós estamos livres para escolher a relação de alturas h_m/h mas a largura da placa modelo, w_m, é estabelecida pela Eq. 7.13.

O segundo critério de semelhança indica que o modelo e o protótipo precisam operar com o mesmo número de Reynolds. Assim, a velocidade necessária no modelo é obtida com a relação

$$V_m = \frac{\mu_m}{\mu} \frac{\rho}{\rho_m} \frac{w}{w_m} V \tag{7.14}$$

Note que as condições de projeto do modelo requer uma escala geométrica, Eq. 7.13, e uma escala de velocidade, Eq. 7.14. Este resultado é típico da maioria dos projetos de modelo – é necessário utilizar outras escalas além da escala geométrica.

Se nós satisfizermos as condições de semelhança, a equação para o arrasto é

$$\frac{D}{w^2 \rho V^2} = \frac{D_m}{w_m^2 \rho_m V_m^2}$$

ou

$$D = \left(\frac{w}{w_m}\right)^2 \left(\frac{\rho}{\rho_m}\right) \left(\frac{V}{V_m}\right)^2 D_m$$

Esta equação fornece o arrasto do protótipo a partir do arrasto medido no modelo, D_m, das características geométricas das placas, das velocidades dos escoamentos sobre o modelo e sobre o protótipo e da razão entre a massa específica do fluido utilizado no protótipo e no modelo.

Este exemplo mostra que para alcançar a semelhança entre o comportamento do modelo e do protótipo é necessário que todos os termos pi do modelo e do protótipo precisam ser iguais. Normalmente, um ou mais termos pi envolvem razões entre comprimentos importantes (como w/h do exemplo), ou seja, eles são puramente geométricos. Assim, quando nós igualamos os termos pi que envolvem razões de comprimento nós estamos procurando a semelhança geométrica entre o modelo e o protótipo. Isto significa que o modelo precisa ser um versão em escala do protótipo. A escala geométrica precisa ser completa. Para isto, a rugosidade superficial também precisa estar em escala porque ela pode influenciar significativamente o escoamento. Qualquer desvio na semelhança geométrica precisa ser analisado cuidadosamente. Algumas vezes é difícil alcançar a semelhança geométrica completa particularmente nos casos onde a rugosidade superficial é importante (é sempre difícil caracterizar e controlar a rugosidade).

Alguns termos pi (tal como o número de Reynolds do exemplo anterior) envolvem razões entre forças (veja a Tab. 7.1). A igualdade dos termos pi requer que a relação entre estas forças no modelo e no protótipo sejam as mesmas. Assim, a razão entre as forças viscosas e as de inércia no modelo e no protótipo devem ser iguais se os números de Reynolds do modelo e do protótipo forem iguais. Se outros termos pi estiverem envolvidos, tal como o número de Froude ou de Weber, nós podemos obter uma conclusão similar, ou seja, a igualdade deste tipo de termos pi obriga que as relações entre as forças pertinentes no modelo e no protótipo sejam iguais. Assim, nós temos a semelhança dinâmica entre o modelo e o protótipo quando este tipo de termos pi são iguais no modelo e no protótipo. Note que os formatos das linhas de corrente do escoamento no modelo e no protótipo serão os mesmos, que as razões entre as velocidade (V_m/V) e as razões de acelerações (a_m/a) serão constantes no campo de escoamento se nós respeitarmos as regras das semelhanças geométrica e dinâmica. Nestas condições nós obteremos também a semelhança cinemática entre modelo e protótipo. Para que a semelhança entre o modelo e o protótipo seja completa nós devemos respeitar a semelhança geométrica, a cinemática e a dinâmica entre os dois sistemas. Isto será automaticamente obtido se todas as variáveis importantes estiverem incluídas na análise dimensional e se todas os requerimentos para a semelhança (baseados nos termos pi) estiverem satisfeitos.

Exemplo 7.5

A Fig. E7.5 mostra a seção transversal de um componente estrutural longo de uma ponte. Nós sabemos que ocorre o desenvolvimento de vórtices na parte posterior do corpo e que estes são desprendidos numa forma regular e com frequência definida quando o vento escoa em torno deste corpo rombudo. Estes vórtices podem criar forças periódicas que atuam a na estrutura e, assim, é importante determinar a frequência de emissão dos vórtices. Para a estrutura mostrada na figura, $D = 0,1$ m, $H = 0,3$ m e a velocidade do vento é igual a 50 km/h. Admita que as condições do ar são as normais. A frequência de emissão dos vórtices deve ser determinada com a utilização de um pequeno modelo ($D_m = 20$ mm) que deve ser testado num túnel de água. A temperatura da água no túnel é 20 °C. Determine a dimensão H_m do modelo e a velocidade do escoamento de água no teste do modelo. Se a frequência do desprendimento de vórtices no modelo for igual a 49,9 Hz, qual será a frequência de desprendimento de vórtices no protótipo?

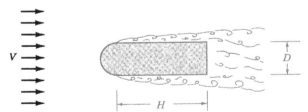

Figura E7.5

Solução Nós esperamos que a frequência de emissão de vórtices, ω, seja função dos comprimentos D e H, da velocidade ao longe V, da massa específica, ρ, e da viscosidade do fluido, μ. Assim,

$$\omega = f(D, H, V, \rho, \mu)$$

onde

$$\omega \doteq T^{-1}$$
$$D \doteq L$$
$$H \doteq L$$
$$V \doteq LT^{-1}$$
$$\rho \doteq ML^{-3}$$
$$\mu \doteq ML^{-1}T^{-1}$$

São necessários três termos pi para descrever o fenômeno porque existem seis variáveis e três dimensões de referência (*MLT*). A aplicação do teorema pi fornece

$$\frac{\omega D}{V} = \phi\left(\frac{D}{H}, \frac{\rho V D}{\mu}\right)$$

Nós identificamos no lado esquerdo da equação o número de Strouhal. Assim, a análise dimensional indica que o número de Strouhal é uma função do parâmetro geométrico, *D/H*, e do número de Reynolds. Assim, para manter a semelhança entre o modelo e o protótipo

$$\frac{D_m}{H_m} = \frac{D}{H}$$

e

$$\frac{\rho_m V_m D_m}{\mu_m} = \frac{\rho V D}{\mu}$$

O primeiro critério de semelhança requer que

$$H_m = \frac{D_m}{D}H = \frac{(20\times 10^{-3})}{(0,1)}(0,3) = 60\times 10^{-3}\ \text{m} = 60\ \text{mm}$$

O segundo critério de semelhança requer que o número de Reynolds no modelo e no protótipo sejam iguais. Deste modo, a velocidade no modelo deve ser igual a

$$V_m = \frac{\mu_m}{\mu}\frac{\rho}{\rho_m}\frac{D}{D_m}V \qquad (1)$$

As propriedades do ar na condição padrão são $\mu = 1{,}79 \times 10^{-5}$ kg/m·s e $\rho = 1{,}23$ kg/m³ e as da água a 20°C são $\mu = 1{,}00 \times 10^{-3}$ kg/m·s e $\rho = 998$ kg/m³. A velocidade do escoamento no protótipo é

$$V = \frac{(50\times 10^3)}{(3600)} = 13{,}9\ \text{m/s}$$

A velocidade no modelo pode ser calculada com a Eq. 1, ou seja,

$$V_m = \frac{(1{,}00\times 10^{-3})(1{,}23)(0{,}1)}{(1{,}79\times 10^{-5})(998)(0{,}020)}(13{,}9) = 4{,}79\ \text{m/s}$$

O valor desta velocidade é razoável e pode ser facilmente obtida num túnel d'água.

Com os dois critérios de semelhança satisfeitos, nós podemos afirmar que os números de Strouhal do protótipo e do modelo são iguais, ou seja,

$$\frac{\omega D}{V} = \frac{\omega_m D_m}{V_m}$$

A freqüência de desprendimento de vórtices no protótipo será

$$\omega = \frac{V}{V_m}\frac{D_m}{D}\omega_m = \frac{(13{,}9)(0{,}020)}{(4{,}79)(0{,}1)}(49{,}9) = 29{,}0\ \text{Hz}$$

Este mesmo modelo também pode ser utilizado para predizer o arrasto por unidade de comprimento, $\mathcal{D}_l$, no protótipo porque o arrasto também é função das mesmas variáveis utilizadas para a avaliação da frequência de desprendimento de vórtices. Assim, os critérios de semelhança são os mesmos e o adimensional $\mathcal{D}_l /D\rho V^2$ no modelo deve ser igual aquele referente ao protótipo. O arrasto medido no modelo pode ser correlacionado com o arrasto no protótipo através da relação

$$\mathcal{D}_l = \left(\frac{D}{D_m}\right)\left(\frac{\rho}{\rho_m}\right)\left(\frac{V}{V_m}\right)^2 \mathcal{D}_{lm}$$

7.8.2 Escalas do Modelo

Nós mostramos na seção anterior que as razões entre quantidades semelhantes do modelo e do protótipo aparecem naturalmente das condições de semelhança. Por exemplo, se num dado problema existem dois comprimentos importantes, i.e. l_1 e l_2, os critérios de semelhança baseados nos termos pi obtido com estas duas variáveis é

$$\frac{l_1}{l_2} = \frac{l_{1m}}{l_{2m}}$$

de modo que

$$\frac{l_{1m}}{l_1} = \frac{l_{2m}}{l_2}$$

Nós definimos a razão l_{1m}/l_1, ou l_{2m}/l_2, como escala de comprimento. Para os modelos verdadeiros só existirá uma única escala de comprimento e todos os comprimentos estão fixados com esta escala. Entretanto existem outras escalas como as de velocidade, V_m/V, de massa específica, ρ_m/ρ, de viscosidade, μ_m/μ etc. De fato, nós podemos definir uma escala para cada uma das variáveis do problema. Assim, não tem sem sentido falar sobre a escala do modelo sem especificar qual é a escala.

Nós designaremos a escala de comprimento por λ_l e as outras escalas por λ_V, λ_ρ, λ_μ etc onde o subscrito indica a escala. Também, nós indicaremos a razão entre o valor do modelo para o do protótipo como uma escala (em vez do inverso). As escalas de comprimento são sempre especificadas; por exemplo, como escala 1 : 10 ou como escala 1/10. O significado para esta especificação é que o modelo apresenta um décimo do tamanho do protótipo e nós sempre admitiremos que todos os comprimentos relevantes apresentam a mesma escala de modo que o modelo é geometricamente similar ao protótipo.

7.8.3 Aspectos Práticos na Utilização de Modelos

Validação do Projeto do Modelo Nós utilizamos hipóteses simplificadoras na maioria dos estudos com modelos. Normalmente estas hipóteses não são muito severas mas elas podem introduzir incertezas no projeto do modelo. Assim, é desejável verificar o projeto experimentalmente sempre que possível. Em algumas situações o objetivo do modelo é predizer o efeito de alterações num certo protótipo. Neste caso, algumas informações reais do protótipo podem estar disponíveis e o modelo pode ser testado nas condições equivalentes. Se a concordância entre os dados do modelo e os disponíveis é satisfatória o modelo pode ser alterado do modo desejado e o efeito correspondente no protótipo pode ser previsto com mais segurança (⊙ 7.3 – Modelo de um tanque para piscicultura).

Um outro procedimento útil e informativo é realizar testes com uma série de modelos com tamanhos diferentes. Nós podemos encarar um dos modelos como protótipo e outros serão "modelos" do protótipo. Este procedimento permite que nós testemos a validade do projeto do modelo porque nós poderemos obter uma predição precisa entre um par qualquer de modelos se o projeto for adequado (porque cada um dos sistemas pode ser encarado como um modelo de outro sistema). A concordância destes testes de validação não indica que o modelo foi projetado convenientemente (i.e. as escalas de comprimento entre os modelos de laboratório podem ser diferentes daquelas necessárias para predizer o comportamento do protótipo). Observe que não existe razão para esperar que estes modelos possam ser utilizados para predizer corretamente o comportamento do protótipo se a concordância entre os modelos não for possível.

Modelos Destorcidos Apesar da idéia geral que está por traz dos critérios de semelhança ser clara (nós simplesmente igualamos os termos pi) não é sempre possível satisfazer todos os critérios conhecidos. Se um ou mais critérios de semelhança não for satisfeito, por exemplo se $\Pi_{2m} \neq \Pi_2$ segue que a equação $\Pi_1 = \Pi_{1m}$ não será verdadeira. Modelos em que uma ou mais condições de similaridade não são satisfeitas são denominados modelos destorcidos.

Os modelos destorcidos são bastante utilizados e eles são criados por uma variedade de razões. Por exemplo, talvez um fluido adequado não seja encontrado para o modelo. O exemplo clássico de modelo destorcido ocorre no estudo do escoamento em canal aberto ou escoamento com superfície livre. Neste problema tanto o número de Reynolds, $\rho Vl/\mu$, quanto o de Froude, $V/(gl)^{1/2}$, são importantes. O critério de semelhança para o número de Froude requer que

$$\frac{V_m}{(g_m l_m)^{1/2}} = \frac{V}{(gl)^{1/2}}$$

Se o modelo e o protótipo são operados no mesmo campo gravitacional, a escala de velocidade necessária é

$$\frac{V_m}{V} = \left(\frac{l_m}{l}\right)^{1/2} = (\lambda_l)^{1/2}$$

O critério de semelhança para o número de Reynolds requer que

$$\frac{\rho_m V_m l_m}{\mu_m} = \frac{\rho V l}{\mu}$$

e a escala de velocidade é

$$\frac{V_m}{V} = \frac{\mu_m}{\mu} \frac{\rho}{\rho_m} \frac{l}{l_m}$$

A escala de velocidade deve ser igual a raiz quadrada da escala de comprimento. Assim,

$$\frac{\mu_m/\rho_m}{\mu/\rho} = \frac{v_m}{v} = (\lambda_l)^{3/2} \tag{7.15}$$

onde v é a viscosidade cinemática. É possível, em princípio, satisfazer as condições de projeto mas pode ser difícil, se não impossível, achar um fluido adequado para o teste do modelo (particularmente naqueles que apresentam pequenas escalas). Por exemplo, os modelos dos escoamentos em rios, vertedouros e portos (protótipos) também utilizam água como fluido de trabalho (os modelos são relativamente grandes de modo que o único fluido que pode ser utilizado é a água). Entretanto, neste caso (com a escala de viscosidade cinemática igual a um), a Eq. 7.15 não será satisfeita e nós teremos um modelo destorcido. Normalmente os modelos hidráulicos deste tipo são destorcidos e são projetados de modo que os números de Froude do modelo e do protótipo sejam iguais (assim, os números de Reynolds do modelo e do protótipo serão diferentes).

Os modelos destorcidos podem ser utilizados com sucesso mas a interpretação dos resultados obtidos com este tipo de modelo é mais difícil do que aquela referente a utilização de modelos verdadeiros (onde todos os critérios de semelhança são respeitados). Não existem regras gerais para lidar com os modelos destorcidos e, essencialmente, cada problema precisa ser considerado isoladamente. O sucesso da utilização de modelos destorcidos depende da experiência anterior do investigador responsável pelo projeto do modelo e na interpretação dos dados experimentais obtidos com o modelo. Os modelos destorcidos são muito utilizados e informações adicionais podem ser encontradas nas referências apresentadas no final de capítulo. As Refs. [14 e 15] contém discussões detalhadas de vários exemplos práticos de modelos destorcidos de sistemas fluidos e modelos hidráulicos

7.9 Estudo de Alguns Modelos Típicos

Os modelos são utilizados para investigar muitos tipos diferentes de escoamentos e é difícil caracterizar, de um modo geral, todos os critérios de semelhança (porque cada caso é único). Entretanto, nós podemos classificar grosseiramente os problemas a partir da natureza geral do escoamento e desenvolver, para cada classe de escoamentos, algumas características gerais para o projeto do modelo. Nas próximas seções nós consideraremos modelos para o estudo de escoamentos em (1) condutos fechados, (2) em torno de corpos imersos, e (3) com superfície livre. Os modelos de máquinas de fluxo serão considerados no Cap. 12.

7.9.1 Escoamentos em Condutos Fechados

Os escoamentos em tubos, válvulas, conexões e dispositivos para a medida de características dos escoamentos são muito comuns na engenharia. Apesar dos condutos normalmente apresentarem seção transversal circular (tubos) eles também podem apresentar outros formatos e ainda podem apresentar expansões e contrações. Como não existe uma interface fluido – fluido ou uma superfície livre, as forças dominantes são as de inércia e as viscosas. Nestes casos, o número de Reynolds é um parâmetro de semelhança importante. Os efeitos da compressibilidade são desprezíveis, nos escoamentos de gases e de líquidos se o número de Mach do escoamento for baixo (Ma < 0,3). Os parâmetros de semelhança geométrica entre o protótipo e o modelo precisam ser mantidos nesta classe de problemas. Geralmente as características podem ser descritas por uma série de termos de comprimento, l_1, l_2, l_3, l_i, e l onde l é alguma dimensão particular do sistema. Esta série de comprimentos leva a uma série de termos pi que apresentam a forma

$$\Pi_i = \frac{l_i}{l}$$

onde $i = 1, 2 \ldots$. A rugosidade das superfícies internas em contato com o fluido pode ser importante além da geometria básica do sistema. Se a altura média da rugosidade da superfície é definida como ε, o termo pi que representa a rugosidade pode ser ε/l. Este parâmetro indica que a rugosidade da superfície também precisa estar em escala para a obtenção da semelhança geométrica completa. Note que a superfície do modelo deve ser mais lisa do que àquela do protótipo se a escala de comprimento for menor do que 1 (porque $\varepsilon_m = \lambda_l \varepsilon$). Para complicar ainda mais, o formato dos elementos de rugosidade do modelo e do protótipo devem ser similares. Observe que é impossível satisfazer todas estas condições ao mesmo tempo. Felizmente, a rugosidade superficial não é muito importante em muitos problemas e, nestes casos, ela pode ser desprezada. Entretanto, em outros problemas (tal como o escoamento turbulento em tubos) a rugosidade pode ser muito importante.

Esta discussão sugere que qualquer termo pi dependente (aquele que contém a variável de interesse, por exemplo: a queda de pressão) referente ao escoamento em condutos fechados com baixos números de Mach pode ser expresso do seguinte modo:

$$\text{Termo pi dependente} = \phi\left(\frac{l_i}{l}, \frac{\varepsilon}{l}, \frac{\rho V l}{\mu}\right) \tag{7.16}$$

Esta é a formulação geral para este tipo de problema. Os dois primeiros termos pi no lado direito da Eq. 7.16 levam ao critério de semelhança geométrica, ou seja,

$$\frac{l_{im}}{l_m} = \frac{l_i}{l} \qquad \frac{\varepsilon_m}{l_m} = \frac{\varepsilon}{l}$$

ou

$$\frac{l_{im}}{l_i} = \frac{\varepsilon_m}{\varepsilon} = \frac{l_m}{l} = \lambda_l$$

Este resultado indica que o investigador está livre para escolher a escala de comprimento, λ_l, mas uma vez escolhida a escala todos os outros comprimentos devem apresentar a mesma escala.

Um critério adicional de semelhança aparece da igualdade dos números de Reynolds

$$\frac{\rho_m V_m l_m}{\mu_m} = \frac{\rho V l}{\mu}$$

Assim, a relação entre a velocidade no modelo e a no protótipo é igual a

$$\frac{V_m}{V} = \frac{\mu_m}{\mu} \frac{\rho}{\rho_m} \frac{l}{l_m} \tag{7.17}$$

e o valor real da escala de velocidade é função das escalas de viscosidade dinâmica, de massa específica e de comprimento. Nós podemos utilizar fluidos diferentes no modelo e no protótipo. Entretanto, se nós utilizarmos o mesmo fluido ($\mu_m = \mu$ e $\rho_m = \rho$), temos

$$\frac{V_m}{V} = \frac{l}{l_m}$$

Assim, $V_m = V/\lambda_l$, ou seja, a velocidade do fluido no modelo será maior do que aquela no protótipo se a escala for menor do que 1. As escalas de comprimento normalmente são muito menores do que a unidade. Assim, pode ser difícil operar o modelo com o mesmo número de Reynolds do protótipo porque o valor da velocidade do escoamento no modelo poderá ser muito alto.

O termo pi dependente será igual no modelo e no protótipo se os critérios de semelhança forem satisfeitos. Por exemplo, se a variável dependente de interesse é a variação de pressão[3] entre dois pontos ao longo do conduto fechado, Δp, o termo pi dependente pode ser expresso por

$$\Pi_1 = \frac{\Delta p}{\rho V^2}$$

A queda de pressão no protótipo pode ser então calculada com a relação

$$\Delta p = \frac{\rho}{\rho_m} \left(\frac{V}{V_m}\right)^2 \Delta p_m$$

se conhecermos a variação de pressão no modelo, Δp_m. Note que, normalmente, $\Delta p \neq \Delta p_m$.

Exemplo 7.6

Um modelo é utilizado para estudar o escoamento de água numa válvula que apresenta seção de alimentação com diâmetro igual a 610 mm. A vazão na válvula é 0,85 m³/s e o fluido utilizado no modelo também é água na mesma temperatura daquela que escoa no protótipo. A semelhança entre o modelo e o protótipo é completa e o diâmetro da seção de alimentação do modelo é igual a 76,2 mm. Determine a vazão de água no modelo.

Solução Para garantir a semelhança dinâmica, os testes do devem ser realizados com

$$Re_m = Re$$

ou

$$\frac{V_m D_m}{\nu_m} = \frac{VD}{\nu}$$

onde V e D são, respectivamente, a velocidade na seção de alimentação da válvula e o diâmetro da seção de alimentação da válvula. Como o mesmo fluido é utilizado no modelo e no protótipo,

$$\frac{V_m}{V} = \frac{D}{D_m}$$

A vazão na válvula, Q, é igual a VA, onde A é área da seção de alimentação da válvula. Deste modo,

$$\frac{Q_m}{Q} = \frac{V_m A_m}{VA} = \left(\frac{D}{D_m}\right) \frac{\left[(\pi/4) D_m^2\right]}{\left[(\pi/4) D^2\right]} = \frac{D_m}{D}$$

Utilizando os dados fornecidos,

$$Q_m = \frac{76,2 \times 10^{-3}}{610 \times 10^{-3}} (0,85) = 0,11 \, \text{m}^3/\text{s}$$

---

[3] Nós utilizamos em muitos exemplos anteriores a variação de pressão por unidade de comprimento, Δp_l. Este conceito é apropriado para escoamentos em tubos longos ou condutos aonde a pressão varia linearmente com a distância. Entretanto, num caso mais geral, a pressão pode variar não linearmente com a posição de modo que é necessário considerar a queda de pressão, Δp, como variável dependente. Neste caso, a distância entre os pontos de medição de pressão é uma variável adicional (bem como a distância de um dos pontos de medição até um ponto de referência no sistema fluido).

Apesar desta vazão ser alta para ser transportada numa tubulação com diâmetro de 76,2 mm (a velocidade média do escoamento é 23,3 m/s) ela ainda pode ser obtida num laboratório. Entretanto, nós devemos notar que a velocidade necessária no modelo deveria ser igual a 70,0 m/s se o diâmetro da seção de alimentação da válvula fosse igual a 25,4 mm. A obtenção de um escoamento com tal velocidade num laboratório é bem mais difícil. Estes resultados mostram uma das dificuldades para a obtenção de número de Reynolds que garanta a semelhança – em alguns casos não é possível, com os meios disponíveis, obter uma velocidade no modelo necessária para semelhança completa entre o modelo e o protótipo.

É importante enfatizar dois pontos adicionais sobre a modelagem dos escoamentos em condutos fechados. O primeiro ponto é: as forças de inércia são muito maiores do que as forças viscosas quando o número de Reynolds é alto. Nestes casos, pode ser possível desprezar os efeitos da inércia. A consequência importante disto é que pode não ser necessário manter a semelhança do número de Reynolds entre o modelo e o protótipo. Entretanto, tanto o modelo quanto o protótipo devem ser operados com números de Reynolds altos. Como nós não sabemos, a priori, o que é um número de Reynolds alto, é necessário realizar alguns testes com o modelo. Estes testes podem ser realizados variando o número de Reynolds no modelo para determinar a faixa (se existir) na qual a dependência do termo pi deixa de ser afetada pelas alterações do número de Reynolds.

O segundo ponto é: a cavitação pode ocorrer nos escoamentos em condutos fechados. Por exemplo, o escoamento nas passagens complexas das válvulas de controle pode apresentar velocidades bastantes altas (e, consequentemente, pressões absolutas baixas). Esta condição pode provocar a cavitação do fluido. Se o modelo é utilizado para estudar a cavitação, a pressão de vapor, p_v, se torna uma variável importante e um critério adicional de semelhança – tal como a igualdade do número de cavitação $(p_r - p_v)/(1/2 \rho V^2)$, onde p_r é uma pressão de referência – deve ser levado em consideração. A utilização de modelos para estudar a cavitação é complicada porque os mecanismos de formação e crescimento das bolhas de vapor ainda não são totalmente conhecidos. A formação das bolhas parece ser influenciada por partículas microscópicas que existem na maioria dos líquidos e ainda não está claro como este aspecto influencia os estudos de modelos. A Ref. [17] apresenta detalhes adicionais sobre este assunto.

7.9.2 Escoamentos em Torno de Corpos Imersos

Os modelos são amplamente utilizados no estudo das características dos escoamentos associados aos corpos totalmente imersos. Alguns exemplos destes escoamentos são aqueles em torno de aviões, automóveis, bolas de golfe e construções (estes tipos de modelos são usualmente testados em túneis de vento – veja a Fig. 7.6). As leis de semelhança nestes problemas são similares àquelas descritas na seção anterior; ou seja, é necessário manter a semelhança geométrica e o números de Reynolds no modelo e no protótipo devem ser iguais. A tensão superficial (número de Weber) não é importante neste tipo de problema porque estes não apresentam uma interface entre dois fluidos. Normalmente a aceleração da gravidade não afeta o escoamento de modo que o número de Froude não precisa ser considerado. O número de Mach será importante em escoamentos com alta velocidade (aonde a compressibilidade se torna um fator importante) mas para escoamentos incom-

Figura 7.6 Modelo do Edifício National Bank of Commerce, San Antonio, Texas. O modelo foi utilizado para o estudo das distribuições de pressões média e de pico no Edifício. A fotografia mostra o modelo na seção de teste de um túnel de vento metereológico (Cortesia da Cermak Peterka Petersen, Inc.).

pressíveis (tais como o de líquidos e gases a baixa velocidade) o número de Mach pode ser omitido. Nestas condições, a formulação geral do problema é

$$\text{Termo pi dependente} = \phi\left(\frac{l_i}{l}, \frac{\varepsilon}{l}, \frac{\rho V l}{\mu}\right) \quad (7.18)$$

onde l é um comprimento característico do sistema e l_i representa as outras dimensões pertinentes, ε/l é a rugosidade relativa da superfície (ou superfícies) e $\rho V l/\mu$ é o número de Reynolds.

Freqüentemente, a variável de interesse neste tipo de problema é o arrasto desenvolvido no corpo, D. Nesta situação, o termo pi é normalmente expresso na forma do coeficiente de arrasto, C_D, que é definido por

$$C_D = \frac{D}{\frac{1}{2}\rho V^2 l^2}$$

O fator 1/2 é arbitrário mas normalmente está incluído na definição de C_D e l^2 é usualmente tomado como alguma área representativa do objeto. Assim, os estudos de arrasto podem utilizar a seguinte formulação:

$$\frac{D}{\frac{1}{2}\rho V^2 l^2} = C_D = \phi\left(\frac{l_i}{l}, \frac{\varepsilon}{l}, \frac{\rho V l}{\mu}\right) \quad (7.19)$$

A Eq. 7.19 mostra que o critério de semelhança geométrica é

$$\frac{l_{im}}{l_m} = \frac{l_i}{l} \qquad \frac{\varepsilon_m}{l_m} = \frac{\varepsilon}{l}$$

Já o critério do número de Reynolds é

$$\frac{\rho_m V_m l_m}{\mu_m} = \frac{\rho V l}{\mu}$$

Se estas condições forem válidas,

$$\frac{D}{\frac{1}{2}\rho V^2 l^2} = \frac{D_m}{\frac{1}{2}\rho_m V_m^2 l_m^2}$$

ou

$$D = \frac{\rho}{\rho_m}\left(\frac{V}{V_m}\right)^2\left(\frac{l}{l_m}\right)^2 D_m$$

Esta equação fornece um modo para calcular o arrasto no protótipo, D, a partir da medição do arrasto no modelo, D_m.

Como nós discutimos na seção anterior, uma das dificuldades usuais com os modelos é a condição de similaridade do número de Reynolds. Esta condição estabelece que

$$V_m = \frac{\mu_m}{\mu}\frac{\rho}{\rho_m}\frac{l}{l_m}V \quad (7.20)$$

ou

$$V_m = \frac{\nu_m}{\nu}\frac{l}{l_m}V \quad (7.21)$$

onde ν_m/ν é a razão entre as viscosidades cinemáticas. Se o mesmo fluido for utilizado no modelo e no protótipo ($\nu_m = \nu$) temos,

$$V_m = \frac{l}{l_m}V$$

Note que a velocidade necessária no modelo será maior do que a no protótipo se l/l_m for maior do que a unidade. Normalmente, esta relação apresenta valores relativamente grandes e, assim, a velocidade no modelo V_m pode ser alta. Por exemplo, admita que a velocidade do protótipo seja igual a 80 km/h e que a escala de comprimento utilizada para a construção do modelo é 1/10. Nestas condições, a velocidade necessária no modelo é 800 km/h. Este valor é altíssimo para escoamentos de líquidos e os efeitos da compressibilidade serão importantes nos escoamentos de gases sobre o modelo (o que não ocorre nos escoamentos de gases sobre o protótipo).

A Eq. 7.21 mostra que V_m pode ser reduzida se utilizarmos um fluido diferente no modelo de modo que $v_m / v < 1$. Por exemplo, a razão entre as viscosidades cinemáticas da água e do ar é aproximadamente igual a 0,1. Assim, nós poderíamos ensaiar o modelo na água se o fluido do protótipo fosse ar. Esta medida reduziria a velocidade necessária no modelo mas ainda poderia ser difícil atingir a velocidade no modelo (por exemplo, num tanque de prova ou túnel d'água).

Um outro modo utilizado para reduzir a velocidade necessária no modelo consiste em aumentar a pressão no túnel de vento para que $\rho_m > \rho$ (veja a Eq. 7.20). A viscosidade dinâmica não é muito influenciada pelas variações de pressão. Os túneis de vento pressurizados tem sido utilizados mas eles são mais complicados e a realização dos testes é dispendiosa.

A velocidade necessária no modelo também pode ser reduzida se a escala de comprimento não for pequena, ou seja, o modelo é relativamente grande. A seção de teste para grandes modelos também é grande e isto provoca o aumento dos custos do túnel de vento. Entretanto, existem túneis de vento bastante grandes e adequados para o teste de grandes modelos (ou protótipos). Um dos túneis de vento do NASA Ames Research Center, Moffet Field, California, apresenta uma seção de teste de 12,2 m por 24,4 m e pode atingir velocidades de 154 m/s. O custo inicial deste túnel é muito alto e sua operação é dispendiosa. Certamente este túnel não é adequado para universidades ou laboratórios de indústria. Assim, a maioria dos testes de modelo tem sido feita com modelos relativamente pequenos.

Exemplo 7.7

Um modelo escala 1:10 de um avião deve ser ensaiado num túnel de vento pressurizado para determinar o arrasto no protótipo que deve voar a 107 m/s na atmosfera padrão. Para minimizar os efeitos da compressibilidade, a velocidade do ar na seção de teste do túnel de vento é igual a 107 m/s. Determine a pressão do ar na seção de teste do túnel. Qual é o arrasto no protótipo que corresponde a uma força de 4,45 N medida no modelo? Admita que a temperatura do ar na seção de teste é a padrão.

Solução A Eq. 7.19 mostra que o arrasto no protótipo pode ser obtido a partir do arrasto medido num modelo geometricamente semelhante se o número de Reynolds no modelo e no protótipo forem iguais. Assim,

$$\frac{\rho_m V_m l_m}{\mu_m} = \frac{\rho V l}{\mu}$$

Nós temos que, neste exemplo, $V_m = V$ e $l_m / l = 0,1$. Aplicando estas condições na equação anterior,

$$\frac{\rho_m}{\rho} = \frac{\mu_m}{\mu} \frac{V}{V_m} \frac{l}{l_m} = \frac{\mu_m}{\mu}(1)(10)$$

Assim,

$$\frac{\rho_m}{\rho} = 10 \frac{\mu_m}{\mu}$$

Este resultado mostra que se utilizarmos o mesmo fluido com $\rho_m = \rho$ e $\mu_m = \mu$ nós não conseguiremos obter a semelhança dinâmica. Uma possibilidade é pressurizar a seção de teste do túnel para aumentar a massa específica do ar. Nós vamos admitir que o aumento de pressão não altera de modo significativo o valor da viscosidade dinâmica do ar. Deste modo,

$$\frac{\rho_m}{\rho} = 10$$

Para um gás perfeito, $p = \rho RT$. Assim,

$$\frac{p_m}{p} = \frac{\rho_m}{\rho}$$

se a temperatura for constante ($T = T_m$). Estes resultados mostram que o túnel de vento precisa ser pressurizado e que as pressões no protótipo e no modelo estão relacionadas por

$$\frac{p_m}{p} = 10$$

Como o protótipo opera na pressão atmosférica padrão, a pressão na seção de teste do túnel de vento deve ser igual a

$$p_m = 10(101) = 1010 \text{ kPa(abs)}$$

Assim, nós vimos que a pressão necessária é relativamente alta e isto pode ser muito dispendioso. Entretanto, sob estas condições a igualdade dos números de Reynolds será atingida e o arrasto poderá ser calculado com a Eq. 7.19, ou seja,

$$\frac{D}{\frac{1}{2}\rho V^2 l^2} = \frac{D_m}{\frac{1}{2}\rho_m V_m^2 l_m^2}$$

Rearranjando esta equação, temos

$$D = \frac{\rho}{\rho_m}\left(\frac{V}{V_m}\right)^2\left(\frac{l}{l_m}\right)^2 D_m$$
$$= \left(\frac{1}{10}\right)(1)^2(10)^2 D_m = 10 D_m$$

Assim, o arrasto de 4,45 N no modelo corresponde a um arrasto no protótipo igual a 44,5 N.

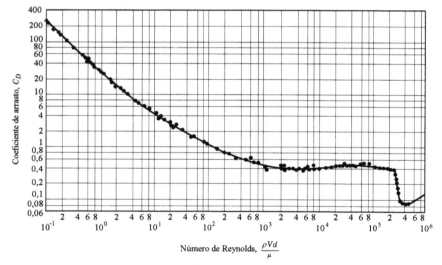

Figura 7.7 O efeito do número de Reynolds no coeficiente de arrasto de uma esfera. O coeficiente de arrasto é definido por $C_D = D/(1/2)A\rho V^2$, onde A é a área projetada da esfera (igual a $\pi d^2/4$) (Dados obtidos na Ref. 16, utilização autorizada).

Em muitas situações o escoamento não é muito influenciado pelo número de Reynolds. Nestes casos nós podemos relaxar a condição de igualdade de número de Reynolds para a semelhança. Para ilustrar este ponto considere a variação do coeficiente de arrasto com o número de

Reynolds para uma esfera lisa (diâmetro d) colocada num escoamento uniforme com velocidade ao longe V. A Fig. 7.7 mostra alguns dados típicos referentes a esta situação. Nós observamos que o coeficiente de arrasto é relativamente constante e praticamente independe do número de Reynolds na região onde o número de Reynolds varia de aproximadamente 10^3 a 2×10^5. Assim, a igualdade do número de Reynolds do modelo e do protótipo não é necessária nesta faixa (⊙ 7.5 – Teste do modelo de um trem num túnel de vento). O arrasto em corpos com outros formatos também é praticamente independente do número de Reynolds quando este é alto (i.e. as forças de inércia são dominantes no escoamento).

Um outro ponto interessante da Fig. 7.7 é a queda abrupta do coeficiente de arrasto perto do número de Reynolds igual a 3×10^5. Como será discutido na Sec. 9.3.3 isto é devido a mudança das condições do escoamento perto da superfície da esfera. Estas alterações são influenciadas pela rugosidade da superfície. De fato, o coeficiente de arrasto para uma esfera com superfície rugosa será geralmente menor do que o referente a uma esfera lisa se o número de Reynolds for alto. Por exemplo, as pequenas cavidades da bola de golfe são utilizadas para reduzir o arrasto que seria detectado numa bola lisa. Apesar destas cavidades serem interessantes para os golfistas elas também são relevantes para os engenheiros responsáveis pela construção de modelos porque isto enfatiza a importância potencial da rugosidade superficial. Entretanto, o papel da rugosidade superficial é secundário em relação as características principais do escoamento nos corpos que são suficientemente angulares e com cantos vivos.

A compressibilidade tem papel importante nos problemas que apresentam velocidades altas (número de Mach maior do que aproximadamente 0,3). Nestes casos a semelhança completa requer não apenas as semelhanças geométrica e de número de Reynolds mas também a igualdade do número de Mach. Deste modo,

$$\frac{V_m}{c_m} = \frac{V}{c} \qquad (7.22)$$

Este critério de semelhança quando combinado com o critério de semelhança do número de Reynolds (Eq. 7.21), fornece

$$\frac{c}{c_m} = \frac{v}{v_m}\frac{l_m}{l} \qquad (7.23)$$

É claro que o mesmo fluido ($c_m = c$ e $v_m = v$) não pode ser utilizado no modelo e no protótipo a menos que a escala de comprimento seja igual a um (isto significa que os testes devem ser realizados com o protótipo). O fluido do protótipo é usualmente ar na aerodinâmica de alta velocidade e torna-se difícil satisfazer a condição especificada pela Eq. 7.23 para escalas de comprimento razoáveis. Assim, os modelos que envolvem escoamentos com alta velocidade são normalmente destorcidos em relação ao critério de semelhança do número de Reynolds mas a semelhança do número de Mach é mantida.

7.9.3 Escoamentos com Superfície Livre

Os escoamentos em canais, rios, vertedouros e aqueles em torno de cascos de navios são bons exemplos de escoamentos que apresentam uma superfície livre. As forças gravitacional e de inércia são importantes nesta classe de problemas. Assim, o número de Froude se torna um parâmetro importante de semelhança. As forças devidas a tensão superficial também podem ser importantes nesta classe de escoamento (porque existe uma superfície livre). Assim, o número de Weber pode ser relevante e precisa ser considerado juntamente com o número de Reynolds. É óbvio que as variáveis geométricas também são importantes (⊙ 7.6 – Modelo do escoamento num rio). Assim, a formulação geral dos problema que envolvem uma superfície livre pode ser expressa por

$$\text{Termo pi dependente} = \phi\left(\frac{l_i}{l}, \frac{\varepsilon}{l}, \frac{\rho V l}{\mu}, \frac{V}{(gl)^{1/2}}, \frac{\rho V^2 l}{\sigma}\right) \qquad (7.24)$$

onde l é um comprimento característico do sistema, l_i representam outros comprimentos pertinentes e ε/l é a rugosidade relativa das superfícies. A aceleração da gravidade é importante neste tipo de problema. Assim, os números de Froude do modelo e do protótipo tem que ser iguais,

$$\frac{V_m}{(g_m l_m)^{1/2}} = \frac{V}{(g\, l)^{1/2}}$$

Normalmente o modelo e o protótipo operam no mesmo campo gravitacional ($g_m = g$) e por este motivo a equação anterior pode ser rescrita do seguinte modo:

$$\frac{V_m}{V} = \left(\frac{l_m}{l}\right)^{1/2} = \sqrt{\lambda_l} \qquad (7.25)$$

Note que a escala de velocidade é determinada pela raiz quadrada da escala de comprimento se nós projetamos o modelo utilizando o critério do número de Froude. Nós mostramos na Sec. 7.8.3 que a escala de viscosidade cinemática está relacionada com a escala de comprimento quando existe semelhança simultânea do número de Reynolds e do número de Froude. Deste modo,

$$\frac{\nu_m}{\nu} = (\lambda_l)^{3/2} \qquad (7.26)$$

Normalmente o fluido utilizado no protótipo é água doce ou salgada e a escala de comprimento é pequena. Nestas circunstâncias é virtualmente impossível satisfazer a Eq. 7.26 de modo que a grande maioria dos modelos de problemas que apresentam superfície livre são destorcidos. O problema fica mais complicado se nós fizermos uma tentativa de modelar os feitos superficiais porque esta condição requer a igualdade dos números de Weber. Esta última condição leva a

$$\frac{\sigma_m / \rho_m}{\sigma / \rho} = (\lambda_l)^2 \qquad (7.27)$$

É novamente evidente que o mesmo fluido não pode ser utilizado no modelo (com $\lambda_l \neq 1$) e no protótipo se nós desejarmos a semelhança em relação aos efeitos da tensão superficial.

Felizmente, tanto os efeitos da tensão superficial quanto os viscosos são pequenos em muitos escoamentos que apresentam superfície livre e, nestes casos, não é necessário que os números de Weber e Reynolds do modelo e do protótipo sejam iguais. Certamente a tensão superficial não é importante nos escoamentos em rios e estruturas hidráulicas. Nossa única preocupação aparece se a profundidade do modelo for muito pequena a ponto de que a tensão superficial se torne um fator importante (e isto não ocorre no protótipo). Este aspecto é muito importante no projeto de modelos de rios porque as escalas de comprimento utilizadas na construção dos modelos são muito pequenas. Normalmente são utilizadas duas escalas de comprimento diferentes para sobrepujar este problema – uma horizontal e uma vertical. Apesar desta abordagem eliminar os efeitos da tensão superficial no modelo, ela introduz uma distorção geométrica que precisa ser levada em consideração empiricamente (normalmente pelo aumento da rugosidade da superfície do modelo). Nestas circunstâncias é importante realizar testes de verificação do modelo (se possível) aonde os dados do modelo são comparados com os dados referentes a um protótipo básico. A rugosidade superficial do modelo pode então ser ajustada para que o modelo forneça dados que apresentem boa aderência aos dados disponíveis do protótipo básico. Deste modo, o modelo pode ser utilizado para fornecer dados mais confiáveis do protótipo que é obtido a partir das variações em torno do projeto básico (⊙ 7.7 – Teste do modelo de uma barcaça).

Os números de Reynolds dos escoamentos nas estruturas hidráulicas (por exemplo, nos vertedores) são grandes e, deste modo, as forças viscosas são pequenas em relação as forças devi-

Figura 7.8 Modelo em escala 1 : 197 da Barragem de Guri (Venezuela). O modelo foi utilizado para simular o escoamento a jusante da barragem e a erosão no vertedoro (Cortesia do Laboratório de Hidráulica St. Anthony Falls).

das a aceleração da gravidade e de inércia. Neste caso, a igualdade dos números de Reynolds não é mantida e o projeto do modelo é baseado na igualdade do número de Froude. É necessário tomar cuidado para garantir que o número de Reynolds no modelo seja alto mas não é necessário que ele seja igual ao do escoamento no protótipo. Usualmente, o tamanho deste tipo de modelo hidráulico é bastante grande para que o número de Reynolds no modelo seja alto. A Fig. 7.8 mostra o modelo de um vertedoro. Note que é mais fácil reproduzir os detalhes dos protótipos (por exemplo, a rugosidade superficial) quando os modelos são relativamente grandes. Lembre que $\varepsilon_m = \lambda_l \varepsilon$, ou seja, as superfície do modelo são mais "lisas" do que as do protótipo quando $\lambda_l < 1$.

Exemplo 7.8

A vazão de água num vertedoro de uma barragem, que apresenta largura igual a 20 m, é igual a 125 m³/s. Um modelo escala 1:15 deve ser construído para estudar as características do escoamento no vertedoro. Determine a largura do modelo do vertedoro e também a vazão de água no modelo. Qual é o intervalo de tempo no modelo que corresponde a um período de 24 horas no protótipo? Despreze os efeitos da tensão superficial e da viscosidade.

Solução A largura do modelo do vertedouro, w_m, pode ser obtida a partir da escala de comprimento, ou seja,

$$\frac{w_m}{w} = \lambda_l = \frac{1}{15}$$

e

$$w_m = \frac{20}{15} = 1{,}33 \text{ m}$$

É claro que todas as outras características do modelo (incluído a rugosidade superficial) devem apresentar a mesma escala, ou seja, a escala 1 : 15.

A Eq. 7.24 indica que, se desprezarmos os efeitos da tensão superficial e da viscosidade, a semelhança dinâmica será alcançada quando os números de Froude do protótipo e do modelo forem iguais. Assim,

$$\frac{V_m}{(g_m l_m)^{1/2}} = \frac{V}{(g\,l)^{1/2}}$$

Se $g_m = g$, temos

$$\frac{V_m}{V} = \left(\frac{l_m}{l}\right)^{1/2}$$

A vazão em volume é dada por $Q = VA$, onde A é a área da seção transversal do escoamento. Utilizando este resultado, obtemos

$$\frac{Q_m}{Q} = \frac{V_m A_m}{V A} = \left(\frac{l_m}{l}\right)^{1/2}\left(\frac{l_m}{l}\right)^2 = (\lambda_l)^{5/2}$$

Note que nós utilizamos a relação $A_m/A = (l_m/l)^2$. Para $\lambda_l = 1/15$ e $Q = 125$ m³/s,

$$Q_m = (1/15)^{5/2}(125) = 0{,}143 \text{ m}^3/\text{s}$$

A escala de tempo pode ser obtida a partir da escala de velocidade porque $V = l/t$. Assim.

$$\frac{V}{V_m} = \frac{l}{t}\frac{t_m}{l_m}$$

ou

$$\frac{t_m}{t} = \frac{V}{V_m}\frac{l_m}{l} = \left(\frac{l_m}{l}\right)^{1/2} = (\lambda_l)^{1/2}$$

Este resultado indica que o intervalo de tempo no protótipo será maior do que o intervalo de tempo correspondente no modelo se $\lambda_l < 1$. Para a escala de comprimento deste problema, o intervalo de tempo de 24 horas no protótipo equivale a

$$t_m = \left(\frac{1}{15}\right)^{1/2}(24) = 6{,}20 \text{ horas}$$

A escala de tempo menor do que a unidade pode ser interessante porque torna possível "acelerar" os acontecimentos no modelo.

Infelizmente existem escoamentos com superfície livre onde os efeitos viscosos, inerciais e gravitacionais são importantes. Por exemplo, o arrasto num navio é provocado pelas tensões de cisalhamento viscosas que atuam no casco e por um componente de pressão gerado pelo formato do casco e pela ação da ondas. O arrasto por cisalhamento é função do número de Reynolds enquanto o arrasto por pressão é função do número de Froude. Não é possível satisfazer os critérios de semelhança baseados nos números de Froude e Reynolds quando nós testamos o modelo de um casco num tanque de provas com água e, por este motivo, nós devemos utilizar outra técnica para a avaliação do modelo do navio. Uma abordagem comum é medir o arrasto total num pequeno modelo geometricamente semelhante operado no tanque de provas com o mesmo número de Froude do protótipo. O arrasto por cisalhamento no modelo é calculado com uma técnica analítica (veja o Cap. 9). Este valor calculado é subtraído do arrasto total medido para que obtenhamos o arrasto por pressão no modelo. Este arrasto pode fornecer o arrasto por pressão no protótipo se utilizarmos o critério de semelhança baseado no número de Froude. Este valor obtido por semelhança pode ser somado ao com o arrasto por cisalhamento no protótipo (que também é calculado com um método analítico) para fornecer o arrasto total no protótipo. Os modelos de navios são muito utilizados no projeto de novas embarcações mas os testes do modelo são dispendiosos e normalmente são realizados em grandes tanques de prova (veja a Fig. 7.9).

As discussões dos vários tipos de modelos que apresentam uma superfície livre mostram que o projeto e a utilização dos modelos requerem uma engenhosidade considerável e um bom entendimento do fenômeno físico envolvido. Esta afirmação é verdadeira para a maioria dos estudos dos modelos. A utilização de modelos é tanto uma arte quanto uma ciência. Os produtores de filmes utilizam muito modelos de navios, incêndios, explosões etc. É interessante observar as diferenças entre estes modelos destorcidos e os fenômenos reais.

7.10 Semelhança Baseada nas Equações Diferenciais

Até este ponto nós utilizamos a análise dimensional para obter as leis de semelhança. Esta abordagem é relativamente simples e direta e, por estes motivos, tem sido bastante utilizada. A análise dimensional requer apenas o conhecimento das variáveis que influenciam o fenômeno que desejamos analisar. Apesar da simplicidade desta abordagem ser atrativa é necessário reconhecer que a omissão de uma ou mais variáveis pode levar a erros bastante sérios no projeto do modelo. Existe uma abordagem alternativa se nós conhecermos as equações que descrevem o fenômeno que desejamos analisar (usualmente estas equações são diferenciais). Nesta situação nós podemos desenvolver as leis de semelhança a partir das equações que descrevem o fenômeno (mesmo sabendo que pode ser impossível obter uma solução analítica das equações).

Figura 7.9 Modelo instrumentado de um navio bi - casco num tanque de provas (Cortesia da Marinha dos Estados Unidos da América).

Considere o escoamento incompressível de um fluido Newtoniano para ilustrar este procedimento. Por simplicidade, nós restringiremos nossa atenção aos escoamentos bidimensionais (apesar dos resultados também serem aplicáveis ao caso geral tridimensional). Nós vimos no Cap. 6 que as equações que descrevem os escoamentos são a equação da continuidade

$$\frac{\partial u}{\partial x} + \frac{\partial v}{\partial y} = 0 \tag{7.28}$$

e as equações de Navier – Stokes

$$\rho\left(\frac{\partial u}{\partial t} + u\frac{\partial u}{\partial x} + v\frac{\partial u}{\partial y}\right) = -\frac{\partial p}{\partial x} + \mu\left(\frac{\partial^2 u}{\partial x^2} + \frac{\partial^2 u}{\partial y^2}\right) \tag{7.29}$$

$$\rho\left(\frac{\partial v}{\partial t} + u\frac{\partial v}{\partial x} + v\frac{\partial v}{\partial y}\right) = -\frac{\partial p}{\partial y} - \rho g + \mu\left(\frac{\partial^2 v}{\partial x^2} + \frac{\partial^2 v}{\partial y^2}\right) \tag{7.30}$$

Note que, nesta formulação, o eixo y é vertical de modo que a força gravitacional, ρg, aparece apenas na equação referente ao eixo y. É necessário estabelecer as condições de contorno para continuarmos a descrição matemática do problema. Por exemplo, nós podemos especificar as velocidades em todas as fronteiras da região que está sendo analisada; por exemplo, $u = u_B$ e $v = v_B$ em todos os pontos da fronteira com $x = x_B$ e $y = y_B$. Em alguns problemas é necessário especificar a pressão em alguma região da fronteira. Já nos problemas transitórios é necessário estabelecer as condições iniciais, ou seja, é necessário especificar os valores de todas as propriedades dependentes em algum instante (usualmente em $t = 0$).

Nós podemos prosseguir a nossa análise desde que conheçamos as equações que descrevem o fenômeno e as condições iniciais e de contorno do problema. O próximo passo consiste em definir um novo conjunto de variáveis adimensionais. Para isto nós devemos escolher quantidades de referência para cada tipo de variável. Neste problema as variáveis são u, v, p, x, y e t de modo que será necessário uma velocidade de referência, V, uma pressão de referência, p_0, um comprimento de referência, l, e um tempo de referência, τ. Estas quantidades de referência devem ser parâmetros pertinentes ao problema. Por exemplo, l pode ser um comprimento característico do corpo imerso num fluido ou a largura de um canal aonde escoa outro fluido. A velocidade V pode ser a velocidade ao longe (do escoamento não perturbado) ou a velocidade na seção de entrada do canal. As novas variáveis adimensionais (indicadas com o asterístico) podem ser expressas do seguinte modo:

$$u^* = \frac{u}{V} \qquad v^* = \frac{v}{V} \qquad p^* = \frac{p}{p_0}$$

$$x^* = \frac{x}{l} \qquad y^* = \frac{y}{l} \qquad t^* = \frac{t}{\tau}$$

As equações que descrevem o fenômeno podem ser reescritas em função destas novas variáveis. Por exemplo,

$$\frac{\partial u}{\partial x} = \frac{\partial V u^*}{\partial x^*}\frac{\partial x^*}{\partial x} = \frac{V}{l}\frac{\partial u^*}{\partial x^*}$$

e

$$\frac{\partial^2 u}{\partial x^2} = \frac{V}{l}\frac{\partial}{\partial x^*}\left(\frac{\partial u^*}{\partial x^*}\right)\frac{\partial x^*}{\partial x} = \frac{V}{l^2}\frac{\partial^2 u^*}{\partial x^{*2}}$$

Todos os outros termos das equações podem ser expressos de modo similar. Assim, as equações que descrevem o fenômeno em função das novas variáveis são

$$\frac{\partial u^*}{\partial x^*} + \frac{\partial u^*}{\partial y^*} = 0 \tag{7.31}$$

e

$$\left[\frac{\rho V}{\tau}\right]\frac{\partial u^*}{\partial t^*}+\left[\frac{\rho V^2}{l}\right]\left(u^*\frac{\partial u^*}{\partial x^*}+v^*\frac{\partial u^*}{\partial y^*}\right)=$$
$$-\left[\frac{p_0}{l}\right]\frac{\partial p^*}{\partial x^*}+\left[\frac{\mu V}{l^2}\right]\left(\frac{\partial^2 u^*}{\partial x^{*2}}+\frac{\partial^2 u^*}{\partial y^{*2}}\right) \qquad (7.32)$$

$$\underbrace{\left[\frac{\rho V}{\tau}\right]}_{F_{Il}}\frac{\partial v^*}{\partial t^*}+\underbrace{\left[\frac{\rho V^2}{l}\right]}_{F_{Ic}}\left(u^*\frac{\partial v^*}{\partial x^*}+v^*\frac{\partial v^*}{\partial y^*}\right)=$$
$$-\underbrace{\left[\frac{p_0}{l}\right]}_{F_P}\frac{\partial p^*}{\partial y^*}-\underbrace{[\rho g]}_{F_G}+\underbrace{\left[\frac{\mu V}{l^2}\right]}_{F_V}\left(\frac{\partial^2 v^*}{\partial x^{*2}}+\frac{\partial^2 v^*}{\partial y^{*2}}\right) \qquad (7.33)$$

Os termos que aparecem entre colchetes são quantidades de referência que podem ser interpretados como indicativos das várias forças (por unidade de volume). Assim, como mostra a Eq. 7.33, F_{Il} = força de inércia (local), F_{Ic} = força de inércia (convectiva), F_P = força de pressão, F_G = força gravitacional e F_V = força viscosa. O passo final do processo de adimensionalização é a divisão dos termos das Eqs. 7.32 e 7.33 por uma das quantidades que está entre colchetes. É usual dividir os termos das equações por $\rho V^2/l$ que é o indicativo da força de inércia convectiva. A forma final (adimensional) das equações é

$$\left[\frac{l}{\tau V}\right]\frac{\partial u^*}{\partial t^*}+u^*\frac{\partial u^*}{\partial x^*}+v^*\frac{\partial u^*}{\partial y^*}=-\left[\frac{p_0}{\rho V^2}\right]\frac{\partial p^*}{\partial x^*}+\left[\frac{\mu}{\rho V l}\right]\left(\frac{\partial^2 u^*}{\partial x^{*2}}+\frac{\partial^2 u^*}{\partial y^{*2}}\right) \qquad (7.34)$$

$$\left[\frac{l}{\tau V}\right]\frac{\partial v^*}{\partial t^*}+u^*\frac{\partial v^*}{\partial x^*}+v^*\frac{\partial v^*}{\partial y^*}=$$
$$-\left[\frac{p_0}{\rho V^2}\right]\frac{\partial p^*}{\partial y^*}-\left[\frac{gl}{V^2}\right]+\left[\frac{\mu}{\rho V l}\right]\left(\frac{\partial^2 v^*}{\partial x^{*2}}+\frac{\partial^2 v^*}{\partial y^{*2}}\right) \qquad (7.35)$$

Os termos entre colchetes são os grupos adimensionais (ou seus recíprocos) que foram desenvolvidos na análises dimensional; ou seja, $l/\tau V$ é uma forma do número de Strouhal, $p_0/\rho V^2$ é o número de Euler, gl/V^2 é o recíproco do quadrado do número de Froude e $\mu/\rho Vl$ é o recíproco do número de Reynolds. Esta análise mostra como cada um dos grupos adimensionais pode ser interpretado como uma razão entre duas forças e como estes grupos adimensionais aparecem naturalmente das equações que descrevem os escoamentos.

O processo de adimensionalização das equações não simplificou as equações originais que descrevem o fenômeno mas as formas adimensionais destas equações, Eqs. 7.31, 7.34 e 7.35, podem ser utilizadas para estabelecer os critérios de semelhança, ou seja, se dois sistemas são descritos por estas equações, as soluções em função de u^*, v^*, p^*, x^*, y^* e t^* serão iguais quando os quatro parâmetros adimensionais ($l/\tau V$, $p_0/\rho V^2$, gl/V^2 e $\mu/\rho Vl$) forem iguais nos dois sistemas. Note que, nestas condições, os dois sistemas serão dinamicamente semelhantes se as condições iniciais e de contorno expressas na forma adimensional também forem iguais nos dois sistemas (para que isto ocorra é necessário que os dois sistemas apresentem semelhança geométrica). Estas condições para a semelhança são iguais àquelas que foram determinadas pela análise dimensional (desde que consideremos as mesmas variáveis). Entretanto, a vantagem de trabalhar com as equações diferenciais que descrevem o fenômeno é que as variáveis aparecem naturalmente e nós não precisamos nos preocupar se omitimos uma variável importante (desde que as equações estejam especificadas corretamente). Nós podemos utilizar este método para deduzir as condições sob as quais as duas soluções serão similares mesmo pensando que uma das soluções será obtida por via experimental.

Nós consideramos nesta análise um caso geral onde o escoamento é transitório e tanto o nível real de pressão, p_0, e o efeito da aceleração da gravidade são importantes. Nós podemos obter uma redução do número de critérios de semelhança se removermos uma destas condições. Por exemplo, se o escoamento ocorre em regime permanente, o grupo $l/\tau V$ pode ser eliminado.

O nível real de pressão será importante se nós estivermos interessados na cavitação. Se isto não for verdade, as características do escoamento e as diferenças de pressão não serão função do nível de pressão. Neste caso p_0 pode ser substituído por ρV^2 (ou $\rho V^2/2$) e o número de Euler pode ser eliminado dos critérios de semelhança. Entretanto, se nós estivermos interessados na cavitação, o nível real da pressão é importante (a cavitação ocorre num campo de escoamento se a pressão em algum ponto atingir a pressão de vaporização, p_v). Nestes casos, é normal definir a pressão característica, p_0, em relação a pressão de vapor, ou seja, $p_0 = p_r - p_v$, onde p_r é uma pressão de referência do campo de escoamento. Este parâmetro também pode ser definido por $(p_r - p_v)/(\rho V^2/2)$ (conhecido como o número de cavitação – veja a Sec. 7.6). Assim, nós podemos concluir que é desnecessário um parâmetro de semelhança que envolva p_0 se não estivermos interessados na cavitação (o número de cavitação só se torna um parâmetro de semelhança importante se estivermos preocupados em modelar este fenômeno).

O número de Froude, que aparece quando levamos em consideração a aceleração da gravidade nas equações, é importante nos problemas que apresentam superfície livre. O escoamento em rios, vertedores e as ondas geradas pelo movimento dos navios são bons exemplos deste tipo de problema. Nestas situações, o formato da superfície livre é influenciado pela aceleração da gravidade e assim o número de Froude se torna um critério de semelhança importante. Entretanto, se não existe uma superfície livre, o único efeito da aceleração da gravidade é superpor uma distribuição de pressão hidrostática na distribuição de pressão criada pelo movimento do fluido. A distribuição de pressão hidrostática pode ser eliminada da Eq. 7.30 se definirmos uma nova pressão, ou seja, $p' = p - \rho gy$. Note que o número de Froude não aparece mais nas equações que descrevem o fenômeno que estamos analisando se utilizarmos esta nova pressão.

Esta discussão mostra que a semelhança dinâmica e cinemática entre dois escoamentos de fluidos incompressíveis e Newtonianos, sem superfícies livres e em regime permanente será alcançada se os números de Reynolds do modelo e do protótipo forem iguais (desde que exista semelhança geométrica). Nós precisamos manter a igualdade do número de Froude se os problemas apresentarem superfícies livres. Até este ponto nós admitimos que aos efeitos da tensão superficial nos escoamentos com superfície livre são desprezíveis. Se isto não for verdade nós devemos incluir a tensão superficial na análise do problema e o número de Weber, $\rho V^2 l/\sigma$, passa a ser um parâmetro importante no problema. Adicionalmente, o número de Mach, V/c, será um parâmetro relevante de semelhança quando estivermos analisando problemas onde a compressibilidade do fluido é importante.

É claro que todos os grupos adimensionais que desenvolvemos utilizando a análise dimensional aparecem nas equações diferenciais adimensionais que descrevem os escoamentos. Assim, a utilização das equações que descrevem os escoamentos para obter as leis de semelhança é uma alternativa a análise dimensional. Esta abordagem apresenta a vantagem de que as variáveis são conhecidas e as hipóteses envolvidas são claramente identificadas. Adicionalmente, esta abordagem fornece uma interpretação física dos vários grupos adimensionais que identificamos com a análise dimensional.

REFERÊNCIAS

1. Bridgman, P. W., *Dimensional Analysis*, Yale Universtity Press, New Haven, Conn., 1922.
2. Murphy, G., *Similitude in Engineering*, Ronald Press, New York, 1950.
3. Langhaar, H. L., *Dimensional Analysis and Theory of Models*, Wiley, New York, 1951.
4. Huntley, H. E., *Dimensional Analysis*, Macdonald, London, 1952.
5. Duncan, W. J., *Physical Similarity and Dimensional Analysis: An Elementary Treatise*, Edward Arnold, London, 1953.
6. Sedov, K. I., *Similarity and Dimensional Methods in Mechanics*, Academic Press, New York, 1960.
7. Ipsen, D. C., *Units, Dimensions and Dimensionless Numbers*, McGraw – Hill, New York, 1960.
8. Kline, S. J., Similitude and Approximation Theory, McGraw – Hill, New York, 1965.
9. Skoglund, V. J., Similitude – Theory and Applications, International Textbook, Scranton, Pa., 1967.

10. Baker, W. E., Westline, P. S., e Dodge, F. T., *Similarity Methods in Engineering Dynamics – Theory and Practice of Scale Modeling*, Hayden (Spartan Books), Rochell Park, N. J., 1973.
11. Taylor, E. S., *Dimensional Analysis for Engineers*, Clarendon Press, Oxford, 1974.
12. Isaacson, E. de St. Q., e Isaacson, M. de St. Q., *Dimensional Methods in Engineering and Physics*, Wiley, New York, 1975.
13. Schuring, D. J., *Scale Models in Engineering*, Pergamon Press, New York, 1977.
14. Yalin, M. S., *Theory of Hydraulic Models*, Macmillan, London, 1971.
15. Sharp, J. J., *Hidraulic Modeling*, Butterworth, London, 1981.
16. Schlichting, H., *Boundary – Layer Theory*, Sétima Edição, McGraw – Hill, New York, 1979.
17. Knapp, R. T., Daily, J. W. e Hammitt, F. G., *Cavitation*, McGraw – Hill, New York, 1970.

PROBLEMAS

Nota: Se o valor de uma propriedade não for especificado no problema, utilize o valor fornecido na Tab. 1.5 ou 1.6 do Cap. 1. Os problemas com a indicação (∗) devem ser resolvidos com uma calculadora programável ou computador. Os problemas com a indicação (+) são do tipo aberto (requerem uma análise crítica, a formulação de hipóteses e a adoção de dados). Não existe uma solução única para este tipo de problema.

7.1 O número de Reynolds, $\rho V D / \mu$, é um parâmetro importante na mecânica dos fluidos. Verifique se este número é adimensional utilizando tanto o sistema (FLT) quanto o (MLT). Determine o número de Reynolds referente a um escoamento de água a 70°C num tubo que apresenta diâmetro interno igual a 25,4 mm. Admita que a velocidade média do escoamento é igual a 2 m/s.

7.2 Quais são as dimensões da massa específica, pressão, peso específico, tensão superficial e viscosidade dinâmica nos sistemas (FLT) e (MLT). Compare seus resultados com os fornecidos na Tab. 1.1. do Cap. 1.

7.3 Os números de Froude, $V/(gl)^{1/2}$, e de Weber, $\rho V^2 h / \sigma$, são importantes no escoamento em filmes finos de líquido com superfície livre. Determine o valor destes parâmetros para um filme de glicerina a 20 °C que apresenta profundidade de 3 mm e velocidade média igual a 0,7 m/s.

7.4 O número de Mach para um corpo que se movimenta num fluido com velocidade V é V/c, onde c é a velocidade do som no fluido. Normalmente, este parâmetro adimensional é considerado importante na análise dos problemas quando seu valor é maior do que 0,3. Determine a velocidade do corpo para que o número de Mach seja igual a 0,3 se o fluido é (**a**) ar a 20 °C e pressão atmosférica padrão e (**b**) água na mesma temperatura e pressão.

7.5 Uma contração axissimétrica brusca apresenta diâmetros D_1 e D_2. A queda de pressão, Δp, no escoamento na contração depende dos valores de D_1 e D_2 bem como do valor da velocidade do escoamento no tubo de alimentação da contração (D_1), da massa específica, ρ, e da viscosidade dinâmica do fluido, μ. Determine os grupos adimensionais importantes do escoamento utilizando D_1, V e μ como variáveis repetidas. Porque é incorreto incluir a velocidade no tubo com diâmetro D_2 no conjunto de variáveis repetidas descrito acima?

7.6 Água escoa para frente e para trás no tanque esboçado na Fig. P7.6. É razoável admitir que a freqüência do escoamento, ω, é função da aceleração da gravidade, g, da altura média da superfície livre da água no tanque, h, e do comprimento do tanque, l. Desenvolva um conjunto adequado de parâmetros adimensionais relativo ao problema utilizando g e l como variáveis repetidas.

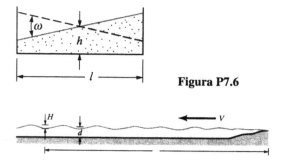

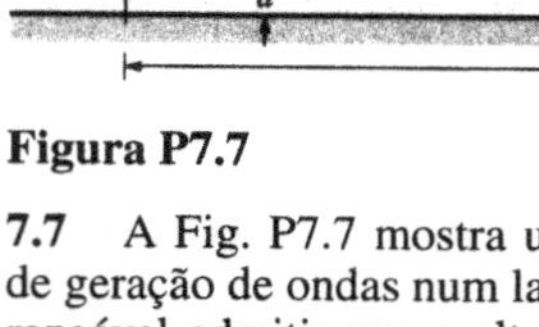

Figura P7.6

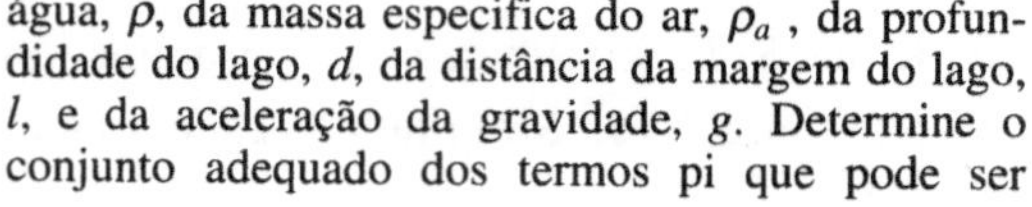

Figura P7.7

7.7 A Fig. P7.7 mostra um esquema do processo de geração de ondas num lago pela ação do vento. É razoável admitir que a altura da onda, H, é função da velocidade do vento, V, da massa específica da água, ρ, da massa especifica do ar, ρ_a, da profundidade do lago, d, da distância da margem do lago, l, e da aceleração da gravidade, g. Determine o conjunto adequado dos termos pi que pode ser utilizado para descrever o problema utilizando d, V e ρ como variáveis repetidas.

7.8 Água escoa sobre a barragem esboçada na Fig. P7.8. É razoável admitir que a vazão do escoamento de água, por unidade de comprimento da barragem, q, é função da cota, H, da largura da barragem, b, da aceleração da gravidade, g, da massa específica da água, ρ, e da viscosidade dinâmica da água, μ. Determine o conjunto adequado dos termos pi que pode ser utilizado para descrever o problema utilizando b, g e ρ como variáveis repetidas.

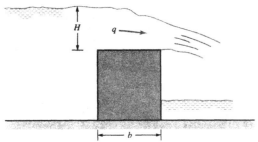

Figura P7.8

7.9 O aumento de pressão no escoamento provocado por uma bomba pode ser expresso por

$$\Delta p = f(D, \rho, \omega, Q)$$

onde D é o diâmetro do rotor da bomba, ρ é a massa específica do fluido, ω é a velocidade angular do rotor e Q é a vazão do escoamento. Determine o conjunto adequado de parâmetros adimensionais que descreve este problema.

7.10 O arrasto, D, numa placa com o formato de uma arruela que está colocada normalmente a um escoamento de fluido pode ser expresso por

$$D = f(d_1, d_2, V, \mu, \rho)$$

onde d_1 é o diâmetro externo, d_2 é o diâmetro interno, V é a velocidade do fluido, ρ é a massa específica e μ é a viscosidade dinâmica do fluido. Nós devemos realizar alguns testes num túnel de vento para determinar o arrasto na placa. Quais os parâmetros adimensionais devem ser utilizados na organização dos dados experimentais?

Figura P7.11

7.11 Uma placa de sinalização pode entrar num movimento oscilatório, com freqüência ω, quando exposta ao vento (veja a Fig. P7.11 e o ⊙ 9.6). Admita que ω é função da altura e largura da placa de sinalização, h e b, da velocidade do vento, V, da massa específica do ar, ρ, e de uma constante elástica do suporte da placa, k. Sabendo que a dimensão da constante k é FL, desenvolva um conjunto de termos pi que descreva adequadamente este problema.

7.12 É razoável admitir que a vazão em volume de água num canal aberto, Q, é função da área da seção transversal do canal, A, da altura média das irregularidades presentes na superfície do canal, ε, da aceleração da gravidade, g, e do declive do canal, S_o. Construa uma relação adimensional desta relação funcional.

7.13 A Fig. P7.13 mostra um objeto pesado em equilíbrio na superfície livre da água. Esta situação ocorre porque a tensão superficial aplica uma força vertical no objeto (veja o ⊙ 1.5). Considere uma lâmina quadrada, com lados e espessura iguais a l e h, na superfície livre da água. É razoável admitir que a máxima espessura da lâmina que pode ser suportada é função de l, da massa específica do material da lâmina, ρ, da aceleração da gravidade, g, e da tensão superficial do líquido, σ. Desenvolva um conjunto de parâmetros adimensionais que descreva adequadamente este problema.

Figura P7.13

7.14 A Fig. P7.14 e o ⊙ 5.4 mostram um jato de líquido incidindo num bloco apoiado num plano. Admita que a velocidade do jato necessária para tombar o bloco, V, é função da massa específica do fluido, ρ, do diâmetro do jato, D, do peso do bloco, W, da largura do bloco, b, e da distância d mostrada na figura. **(a)** Desenvolva um conjunto de parâmetros adimensionais que descreva adequadamente este problema. **(b)** Utilize a equação da quantidade de movimento para determinar V em função das outras variáveis. **(c)** Compare os resultados das partes **(a)** e **(b)**.

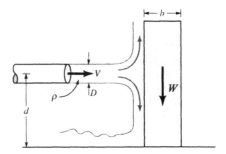

Figura P7.14

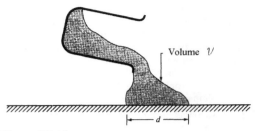

Figura P7.15

7.15 A Fig. P7.15 mostra o derramamento de um líquido viscoso numa placa horizontal. Admita que o tempo, t, necessário para que o fluido escoe uma certa distância, d, ao longo da placa é função do volume de fluido derramado, V, da aceleração da gravidade, g, da massa específica, ρ, e da viscosidade dinâmica do fluido, μ. Determine o conjunto de parâmetros adimensionais que descreve adequadamente este problema. Obtenha os termos pi por inspeção.

7.16 Admita que o arrasto, D, num avião que voa numa velocidade supersônica é função da velocidade, V, da massa específica do fluido, ρ, da velocidade do som no fluido, c, e de uma série de comprimentos; $l_1, \ldots, l_i$; que descrevem a geometria do avião. Determine o conjunto adequado de parâmetros adimensionais que pode ser utilizado para estudar experimentalmente a relação entre o arrasto no avião e as variáveis citadas anteriormente. Obtenha os termos pi por inspeção.

7.17 A Fig. P7.17 mostra um escoamento de ar incidindo numa placa vertical que apresenta largura e altura iguais a b e h. Admita que a pressão no ponto central da placa exposto ao escoamento principal, p, é função de b, de h, da velocidade do escoamento de ar ao longe, V, e da viscosidade dinâmica do ar, μ. Como p varia se dobrarmos a velocidade do escoamento ao longe? Utilize a análise dimensional para responder a pergunta.

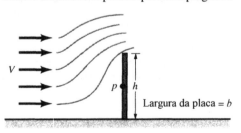

Figura P7.17

7.18 A queda de pressão, Δp, no escoamento laminar num tubo reto com diâmetro D foi estudada experimentalmente e foi observado que a queda de pressão varia diretamente com a distância entre os medidores de pressão, l. Admita que Δp é função de D, l, da velocidade média do escoamento, V, e da viscosidade dinâmica do fluido, μ. Utilize a análise dimensional para deduzir como a queda de pressão é influenciada pela variação do diâmetro do tubo.

7.19 A Fig. P7.19 mostra um cilindro que apresenta diâmetro D e que contém um líquido. A viscosidade deste líquido pode ser avaliada a partir do tempo necessário, t, para a esfera percorrer lentamente uma distância vertical, l. Admita que

$$t = f(l, d, D, \mu, \Delta\gamma)$$

onde $\Delta\gamma$ é a diferença entre os pesos específicos do material da esfera e do líquido. Mostre como t está relacionado com a viscosidade dinâmica utilizando a análise dimensional. Descreva como o aparato indicado pode ser utilizado para medir a viscosidade dinâmica de líquidos.

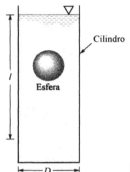

Figura P7.19

7.20 Um cilindro com diâmetro D flutua num líquido do modo indicado na Fig. P7.20. Quando o cilindro é empurrado verticalmente para baixo e liberado, nós observamos um movimento oscilatório com freqüência ω. Admita que esta freqüência é função do diâmetro D, na massa do cilindro, m, e do peso específico do fluido, γ. Determine como a freqüência do movimento oscilatório do cilindro está relacionada com as variáveis apresentadas. A freqüência do movimento aumenta, ou diminui, quando a massa do cilindro é aumentada?

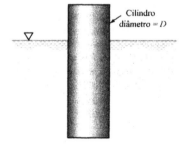

Figura P7.20

* 7.21 É razoável admitir que a queda de pressão, Δp, no escoamento de um fluido num certo trecho de tubo horizontal é função da velocidade média do escoamento, V, do diâmetro do tubo, D, da massa específica, ρ, e da viscosidade dinâmica, μ, do fluido que escoa na tubo. **(a)** Mostre que é possível descrever esta queda de pressão através de um "coeficiente de pressão" definido por $C_p = \Delta p / (0{,}5\rho V^2)$ e que este coeficiente é função do número de Reynolds, $Re = \rho V D/\mu$. **(b)** A próxima tabela foi construída com resultados experimentais obtidos num trecho que apresenta diâmetro igual a 30,5 mm. A massa específica e a viscosidade dinâmica do fluido utilizado no experimento são iguais a 1031 kg/m³ e 0,096 N.s/m². Construa um gráfico do coeficiente de pressão em função do número de Reynolds e utilize uma equação polinomial para determinar a relação funcional entre estes dois adimensionais.

V (m/s)	0,91	3,35	5,18	6,10
Δp (kN/m²)	9,2	33,7	52,1	61,3

(c) Quais são os limites de aplicabilidade da equação obtida no item (b) ?

7.22 A altura da coluna de líquido num tubo capilar, h, é função do diâmetro do tubo, D, do peso específico do líquido, γ, e da tensão superficial, σ. Faça uma análise dimensional deste problema utilizando os sistemas de dimensões básicas (MLT) e (FLT). Nota: Os resultados das duas análises tem que ser iguais. Se os seus resultados são diferentes, verifique o número necessário de dimensões de referência que você utilizou na solução do problema.

7.23 A velocidade do som num gás, c, é função da pressão no gás, p, e da massa específica do gás, ρ. Determine, utilizando a análise dimensional, como a velocidade do som está relacionada com a pressão e a massa específica. Tome cuidado na determinação do número de dimensões de referência necessário para a solução do problema.

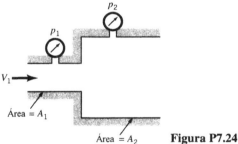

Figura P7.24

*7.24 O aumento da pressão no escoamento de um líquido através da expansão abrupta mostrada na Fig. P7.24 pode expressa por

$$\Delta p = f\left(A_1, A_2, \rho, V_1\right)$$

onde A_1 e A_2 são as áreas a montante e a jusante da expansão, ρ é a massa específica do fluido e V_1 é a velocidade média do escoamento a montante da expansão. A próxima tabela apresenta alguns dados experimentais obtidos com $A_2 = 0,116$ m², $\rho = 1000$ kg/m³ e $V_1 = 1,52$ m/s.

A_1 (m²)	Δp (kPa)
0,0093	1,56
0,0232	3,76
0,03437	4,93
0,0483	5,55
0,057	5,89

Construa um gráfico com os resultados deste experimento utilizando parâmetros adimensionais adequados. Determine a equação geral para Δp com um procedimento padrão de ajustes de curvas. Determine o aumento de pressão no escoamento para o caso onde $A_1/A_2 = 0,35$ e $V_1 = 1,14$ m/s.

7.25 Um líquido escoa com velocidade V através de um furo localizado na lateral de um grande tanque. Admita que

$$V = f(h, g, \rho, \sigma)$$

onde h é a distância entre o furo e a superfície livre do líquido no tanque, g é a aceleração da gravidade, ρ é a massa específica do fluido e σ é a tensão superficial do fluido. A próxima tabela foi construída com valores experimentais obtidos com a variação de h. O fluido utilizado nos testes apresenta massa específica e tensão superficial respectivamente iguais a 10^3 kg/m³ e 0,074 N/m.

V (m/s)	3,13	4,43	5,42	6,25	7,00
h (m)	0,50	1,00	1,50	2,00	2,50

Utilize estes dados para construir um gráfico que mostre a relação entre as variáveis adimensionais relevantes do problema. Nós podemos omitir alguma variável original do problema?

7.26 O tempo necessário, t, para derramar um certo volume de líquido de um recipiente cilíndrico é função de vários fatores. A viscosidade dinâmica do líquido é um fator importante neste processo (veja o ⊙ 1.1). Considere um recipiente cilíndrico que contém um líquido muito viscoso. Inicialmente, a altura da superfície livre do líquido é l. Admita que o tempo necessário para vazar 2/3 do volume inicial no recipiente é função de l, do diâmetro do recipiente, D, da viscosidade dinâmica do líquido, μ, e do peso específico do líquido, γ. A próxima tabela foi construída com dados experimentais obtidos nas seguintes condições: $l = 45$ mm, $D = 67$ mm e $\gamma = 9600$ N/m³. (a) Realize uma análise dimensional do problema. Utilize os dados apresentados na tabela para verificar se as variáveis utilizadas na descrição do problema estão corretas. Justifique sua resposta. (b) Formule, se possível, uma equação que relacione o tempo de vazamento com a viscosidade dinâmica do líquido. Esta equação deve ser válida para o recipiente e os líquidos utilizados no teste considerado. Se esta formulação for impossível, indique quais são as informações adicionais necessárias para a formulação completa do problema.

μ (N·s/m²)	11	17	39	61	107
t (s)	15	23	53	83	145

7.27 A queda de pressão por unidade de comprimento no escoamento de sangue num tubo que apresenta pequeno diâmetro é função da vazão em volume de sangue, Q, do diâmetro do tubo, D, e a viscosidade do sangue, μ. A próxima tabela apresenta um conjunto de dados experimentais obtidos com $D = 2$ mm e $\mu = 0,004$ N·s/m^2 e comprimento de tubo, l, igual a 300 mm. Faça a análise dimensional deste problema e utilize os dados da tabela para determinar a relação geral entre Δp_l e Q.

Q (m³/s)	Δp (N/m²)
$3,6 \times 10^{-6}$	$1,1 \times 10^4$
$4,9 \times 10^{-6}$	$1,5 \times 10^4$
$6,3 \times 10^{-6}$	$1,9 \times 10^4$
$7,9 \times 10^{-6}$	$2,4 \times 10^4$
$9,8 \times 10^{-6}$	$3,0 \times 10^4$

* 7.28 A Fig. P7.28 mostra o esboço do corte transversal de uma barcaça carregada. A flutuação é estável se a distância entre o centro de gravidade (*CG*) do conjunto formado pela barcaça e pela carga e o centro de empuxo (*C*) é menor do que uma certa distância *H*. Se esta distância for maior do que *H*, a barcaça poderá emborcar. Admita que *H* é função da largura da barcaça, *b*, do comprimento da barcaça, *l*, e do calado, *h*. **(a)** Construa a forma adimensional desta relação. **(b)** A próxima tabela foi construída com dados experimentais levantados num modelo de barcaça que apresenta largura igual a 1 m. Construa um gráfico adimensional destes dados e proponha uma equação polinomial que relacione os parâmetros adimensionais do problema.

l, m	h, m	H, m
2,0	0,10	0,833
4,0	0,10	0,833
2,0	0,20	0,317
4,0	0,20	0,417
2,0	0,35	0,238
4,0	0,35	0,238

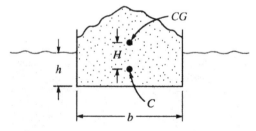

Figura P7.28

7.29 Um fluido escoa através do tubo curvo e horizontal esboçado na Fig. P7.29. A queda de pressão, Δp, entre as seções de entrada e saída da curva é função da velocidade média do escoamento, V, do raio de curvatura, R, do diâmetro do tubo, D, e da massa específica do fluido, ρ. A próxima tabela foi construída com dados experimentais obtidos com $\rho = 1030$ kg/m³, $R = 0,152$ m e $D = 30,5$ mm. Faça a análise dimensional do problema e determine se os dados da tabela são coerentes.

V (m/s)	0,64	0,91	1,19	1,55
Δp (N/m²)	57,5	86,1	287,2	311,2

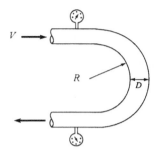

Figura P7.29

7.30 A vazão em volume, Q, num canal aberto pode ser medida inserindo-se uma placa no canal (veja a Fig. P7.30). Este tipo de dispositivo é conhecido como vertedoro. A altura H da superfície livre do líquido pode ser utilizada para determinar a vazão em volume no canal. Admita que a vazão Q é função de H e da aceleração da gravidade. Quais são os parâmetros adimensionais importantes neste problema?

Figura P7.30

7.31 A análise teórica do escoamento sobre o vertedoro do problema anterior mostra que a vazão em volume, Q, é diretamente proporcional a largura do canal. Determinou-se, em laboratório, que $Q = 0,056$ m³/s para $b = 0,91$ m e $H = 102$ mm. Determine a equação geral para a vazão em volume no vertedoro utilizando estes dados experimentais.

7.32 A vazão em volume de óleo SAE 30 a 15,6 °C num oleoduto (diâmetro igual a 914 mm) é igual a 0,40 m³/s. O diâmetro dos tubos de um modelo deste oleoduto é 76,2 mm e os experimentos devem ser realizados com água a 15,6 °C. Qual deve ser a velocidade média no escoamento de água no modelo para que o número de Reynolds no modelo seja igual aquele no protótipo?

7.33 Glicerina a 20°C escoa com velocidade média de 4 m/s num tubo que apresenta diâmetro igual a 30 mm. É necessário desenvolver um modelo deste sistema que utilize ar como fluido de trabalho e a velocidade média do escoamento de ar deve ser 2 m/s. Qual é o diâmetro do tubo do modelo para que exista semelhança dinâmica entre o modelo e o protótipo?

7.34 O comportamento de um torpedo deve ser estudado num túnel d'água e utilizando um modelo escala 1:5. O túnel opera com água doce a 20 °C enquanto o protótipo deve ser utilizado em água salgada a 15,6 °C. Qual deve ser a velocidade no túnel d'água para que simulemos corretamente o comportamento do protótipo se deslocando a 30 m/s?

7.35 O projeto de um modelo de rio foi baseado na igualdade do número de Froude. A profundidade do rio é igual a 3 m e o modelo apresenta profundidade igual a 50 mm. Nestas condições, qual é a velocidade no protótipo que corresponde a uma velocidade no modelo igual a 2 m/s?

7.36 Os números de Froude e Weber são importantes num certo escoamento e nós devemos estudá-lo com um modelo escala 1:15. Qual deve ser a escala de tensão superficial sabendo que escala de massa específica é igual a 1? O modelo e o protótipo operam no mesmo campo gravitacional.

7.37 As características aerodinâmicas de um avião voando a 107 m/s e numa altura de 3050 m devem ser investigadas num modelo escala 1:20. Qual deve ser a velocidade no túnel de vento se os testes do modelo devem ser realizados num túnel de vento que opera com ar na condição padrão? Esta velocidade é razoável?

7.38 Um avião voa a 1120 km/h numa altitude de 15 km. Qual deve ser a velocidade do avião numa altitude de 7 km para que o número de Mach destes dois escoamentos sejam iguais? Admita que as propriedades do ar são àquelas da atmosfera padrão americana.

+ 7.39 Descreva alguns escoamentos que fazem parte do seu cotidiano e estime os números de Reynolds destes escoamentos. Utilize seus resultados para investigar se a inércia dos fluidos é importante na maioria dos escoamentos.

7.40 Nós devemos determinar a sustentação e o arrasto de um hidrofólio em testes num túnel de vento que opera com ar na condição padrão. Qual deve ser a velocidade na seção de testes do túnel sabendo que a escala do modelo é 1:1. Admita que os números de Reynolds no modelo e no protótipo são iguais.

7.41 O modelo de uma barcaça, com escala 1/50, vai ser ensaiado num tanque de provas para que seja possível analisar o escoamento da água induzido na região próxima ao fundo do canal (veja o ⊙ 7.7). Este aspecto pode ser importante quando o canal não é profundo. Admita que o modelo opera de acordo com o critério de Froude para a semelhança dinâmica. A velocidade típica do protótipo da barcaça é 7,7 m/s. (a) Determine a velocidade que deve ser utilizada no teste do modelo. (b) Uma partícula pequena e posicionada num plano próximo ao fundo do tanque de prova apresenta velocidade igual a 0,046 m/s. Determine a velocidade do ponto correspondente no canal onde o protótipo vai ser utilizado.

7.42 Um modelo escala 1:40 de um navio deve ser testado num tanque de provas. Determine a viscosidade cinemática do fluido que deve ser utilizado no tanque de provas para que os números de Reynolds e Froude do modelo e do protótipo sejam iguais. Admita que o fluido do protótipo é água salgada a 16 °C. Analise se algum fluido presente na Fig. B.1 do Apen. B pode ser utilizado no tanque de prova.

7.43 Um cubo sólido está apoiado no fundo de um canal (veja a Fig. P7.43). A força de arrasto, D, que atua no cubo é função da profundidade do canal, d, da aresta do cubo, h, da velocidade da água no canal ao longo, V, da massa específica da água, ρ, e da aceleração da gravidade, g. (a) Realize uma análise dimensional deste problema. (b) A força de arrasto deve ser determinada com um modelo construído com escala de comprimento igual a 1/5. Sabendo que o fluido que será utilizado no ensaio do modelo é água e que a velocidade do escoamento no canal é igual a 2,7 m/s, determine a velocidade que deve ser utilizada no ensaio do modelo. Como você estimaria a força de arrasto no protótipo em função daquela que atua no modelo.

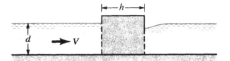

Figura P7.43

7.44 O arrasto num disco com 2 m de diâmetro provocado por um vento de 80 km/h deve ser determinado a partir dos testes de um modelo similar com diâmetro 0,4 m num túnel de vento. Admita que o ar está na condição padrão tanto no modelo quanto no protótipo. (a) Qual é o valor da velocidade do escoamento nos testes do modelo? (b) O arrasto medido no modelo foi igual a 170 N (com todas as condições de semelhança satisfeitas). Qual é o valor do arrasto do protótipo?

7.45 Álcool etílico a 20 °C escoa numa curva de 90° que apresenta diâmetro interno de 150 mm. A velocidade média deste escoamento é 5 m/s. Nós devemos estudar a queda de pressão entre as seções de entrada e saída da curva utilizando um modelo geometricamente similar que utiliza água a 20 °C como fluido de trabalho. A velocidade do escoamento no modelo está limitada a 10 m/s. (a) Determine o diâmetro interno deste componente de tubulação para que se obtenha a semelhança dinâmica. (b) Qual é a queda de pressão no protótipo que corresponde a uma queda de 15 kPa no modelo?

7.46 A análise experimental de um problema utiliza um modelo 1:5. Nós sabemos que o número de Froude no modelo e no protótipo são iguais e a possibilidade de ocorrência de cavitação também deve ser investigada. Deste modo nós vamos considerar que o número de cavitação do modelo também deve ser igual ao do protótipo. O fluido no protótipo é água a 30 °C e o fluido no modelo é água a 70 °C. Determine qual deve ser o valor da pressão ambiente nos ensaios do modelo sabendo que o protótipo deve operar num local onde a pressão ambiente é 101 kPa (abs).

7.47 A Fig. P7.47 mostra o esquema de um filtro projetado para operar numa tubulação. O elemento filtrante é constituído por uma placa fina que apresenta um conjunto de furos com diâmetro d. Existe uma dúvida sobre a perda de pressão provocada pela instalação do filtro numa tubulação que transporta um líquido. Para resolver a questão, um engenheiro propôs que o problema deve ser estudado com um modelo geometricamente similar. A próxima tabela apresenta alguns dados importantes do problema a ser estudado. (a) Admita que a queda de pressão no escoamento através da placa perfurada, Δp, é função das variáveis indicadas na tabela. Determine um conjunto de parâmetros adimensionais que descreve adequadamente o problema utilizando os procedimentos da análise dimensional. (b) Determine o diâmetro dos furos e a velocidade do escoamento ao longe que devem ser utilizados no ensaio do modelo. Calcule, também, a escala das quedas de pressão, $\Delta p_m /\Delta p$.

Protótipo	Modelo
Diâmetro dos furos $d = 1,0$ mm	$d = ?$
Diâmetro do tubo $D = 50$ mm	$D = 10$ mm
Viscosidade dinâmica $\mu = 0,002$ N.s/m^2	$\mu = 0,002$ N.s/m^2
Massa específica $\rho = 1000$ kg/m^3	$\rho = 1000$ kg/m^3
Velocidade $V = 0,1$ a $2,0$ m/s	$V = ?$

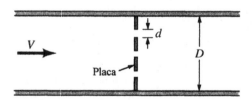

Figura P7.47

7.48 Considere um tanque aberto e utilizado para criar trutas. A seção transversal do tanque é quase quadrada (pois os cantos são arredondados) e a superfície interna do tanque é lisa. O movimento da água no tanque é garantido pela injeção de água num canto do tanque e a água é drenada do tanque através de um tubo posicionado no centro do tanque (veja o ⊙ 7.3). Um modelo, com escala 1:13 deve ser utilizado para avaliar a velocidade da água, V, em vários pontos do escoamento. Admita que $V = f(l, l_i, \rho, \mu, g, Q)$, onde l é alguma dimensão característica do tanque (como a largura do tanque), l_i representa uma série de outras dimensões pertinentes (tais como o diâmetro do tubo de alimentação, a profundidade da água no tanque etc), ρ é a massa específica da água, μ é a viscosidade dinâmica da água, g é a aceleração da gravidade e Q é a vazão em volume na seção de descarga do tanque. (a) Determine um conjunto de parâmetros adimensionais que descreva adequadamente o problema. Especifique como a distribuição de velocidade no protótipo pode ser avaliada a partir daquela referente ao modelo. É possível utilizar água no ensaio do modelo e garantir a validade de todos os critérios de similaridade? Justifique sua resposta. (b) Sabendo que a vazão em volume no protótipo é 15 litros de água por segundo e admitindo que o critério de similaridade de Froude esteja satisfeito, determine a vazão em volume no modelo. Qual deve ser a profundidade no modelo sabendo que a profundidade no protótipo é igual a 0,81 m?

7.49 É razoável admitir que o aumento de pressão detectado pela onda gerada numa explosão é função da quantidade de energia "liberada" na explosão, E, da massa específica do ar, ρ, da velocidade do som no ar, c, e da distância medida a partir do centro da explosão, d (veja a Fig. P7.49 e o ⊙ 11.5). (a) Construa a forma adimensional desta relação. (b) Considere duas explosões: a explosão protótipo com "liberação" de energia E e a modelo onde a "liberação" de energia é $E_m = 0,001E$. Determine a distância do centro de explosão do modelo onde ocorre um aumento de pressão igual aquele detectado a 1,6 km do centro de explosão do protótipo.

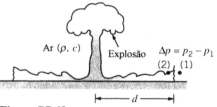

Figura P7.49

Figura P7.50

7.50 A força de arrasto, D, que atua numa esfera imersa num escoamento confinado por um tubo deve ser determinada experimentalmente (veja a Fig. P7.50). Admita que a força de arrasto é função do diâmetro da esfera, d, do diâmetro do tubo, D, da velocidade média do escoamento ao longe, V, e da massa específica do fluido que escoa no tubo, ρ. (a) Determine os parâmetros adimensionais necessários para descrever o problema. (b) Alguns experimentos foram realizados utilizando água e um tubo com diâmetro igual a 12,7 mm. O módulo da força de arrasto que atua numa esfera, com diâmetro igual a 5,1mm, foi medido e é igual a $6,7 \times 10^{-3}$ N. Nestes experimentos, a velocidade média do escoamento ao longe era igual a 0,61 m/s. Estime a força de arrasto que atua numa esfera localizada num tubo que apresenta diâmetro igual a 0,61 m e onde água escoa com velocidade média ao longo igual a 1,83 m/s. O diâmetro da esfera é tal que a semelhança geométrica está mantida. Se não for possível realizar a estimativa, justifique os motivos que impedem esta mudança de escala.

7.51 As características dos escoamentos induzidos pela ação do vento normalmente são estudadas em túneis de vento que operam com velocidades baixas (veja o ⊙ 7.5). A velocidade típica do ar nestes tuneis varia de 0,1 m/s a 30,0 m/s. Considere uma locomotiva sujeita a um vento lateral. Admita que a velocidade típica do escoamento induzido nas vizinhanças da locomotiva, V, é função da velocidade do vento ao longe, U, do comprimento l, altura, h, e da largura da locomotiva, b, da massa específica, ρ, e da viscosidade dinâmica do ar, μ. **(a)** Estabeleça os critérios de similaridade do problema. Proponha uma equação para calcular a velocidade do ar ao longe que deve ser utilizada no ensaio do modelo. **(b)** Mostre porque não é prático manter a similaridade do número de Reynolds considerando uma escala típica de comprimento igual a 1:50 e um túnel de vento que fornece um escoamento com velocidade ao longe igual a 25 m/s.

7.52 A queda de pressão no escoamento através de um orifício pode ser utilizada para determinar a vazão de escoamentos em tubos. Uma placa com um orifício foi ensaiada num laboratório e os resultados indicam que a vazão do escoamento num tubo, com diâmetro interno igual a 152,4 mm, era 0,081 m^3/s quando a queda de pressão valia 55,1 kPa. Considere um sistema geometricamente semelhante ao ensaiado no laboratório e que opera com o mesmo fluido utilizado no ensaio. Sabendo que o diâmetro interno do tubo utilizado no sistema geometricamente similar é igual a 610 mm, determine a vazão necessária para que a similaridade entre os dois sistemas seja mantida. Qual é o valor da queda de pressão neste sistema?

7.53 A Fig. P7.53 mostra um monte de neve formado durante uma tempestade de inverno. Admita que a altura do monte de neve, h, é função da altura de neve depositada pela tormenta, d, da altura dos arbustos, H, da largura dos arbustos, b, da velocidade do vento, V, da aceleração da gravidade, g, da massa específica do ar, ρ, do peso específico da neve, γ_s, e da porosidade dos arbustos, η. Observe que a porosidade de um arbusto é definida como a razão da área aberta do arbusto pela área frontal do arbusto. **(a)** Determine um conjunto de variáveis adimensionais que descreva adequadamente o problema. **(b)** Considere uma tempestade com ventos de 13,4 m/s e que deposita 406 mm de neve com peso específico igual a 785 N/m^3. Nós devemos utilizar um modelo com escala 1/2 para investigar a formação do monte de neve atrás dos arbustos. Nestas condições, determine o peso específico do "modelo" de neve e

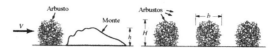

Figura P7.53

a velocidade do escoamento de ar que deve ser utilizado nos testes do modelo. Admita que a massa específica do ar utilizado nos testes do modelo é a mesma do ar na tempestade.

7.54 Os modelos são muito utilizados para estudar a dispersão de poluentes gasosos na atmosfera (veja o ⊙ 7.2). Admita que as seguintes variáveis independentes são importantes para a geração dos critérios de semelhança da fonte de poluição: a velocidade do gás poluente na seção de descarga da chaminé, V, a velocidade do vento, U, a massa específica do ar na atmosfera, ρ, a diferença entre a massa específica do ar e a do poluente, $\rho - \rho_s$, a aceleração da gravidade, g, a viscosidade cinemática do poluente, v_s, e o diâmetro da chaminé, D. **(a)** Determine um conjunto de critérios de semelhança adequado para a simulação da fonte de poluição. **(b)** A escala típica de comprimento utilizada neste tipo de estudo é 1:200. Os critérios de similaridade serão válidos se utilizarmos os mesmos fluidos no ensaio do modelo e no protótipo? Justifique sua resposta.

7.55 Nós devemos utilizar um modelo para estudar como varia o arrasto num corpo sólido que se desloca completamente submerso na água com velocidade de 15 m/s. O comprimento característico do protótipo é 2,5 mm e a escala de comprimento do modelo é 50 (i.e. o modelo é maior do que o protótipo). Investigue a possibilidade de utilizar um túnel de vento despressurizado ou um tanque de provas (com água como fluido de trabalho) neste estudo. Determine a velocidade necessária para ensaiar o modelo num túnel de vento e num tanque de provas. Obtenha a relação entre o arrasto no modelo e aquele no protótipo.

7.56 É necessário determinar o arrasto num novo automóvel que apresenta comprimento característico máximo de 6,1 m. Nós estamos interessados no arrasto em velocidades baixas (em torno de 9,0 m/s) e também em velocidades altas (40,2 m/s). É proposta a utilização de um túnel de vento despressurizado, que acomoda um modelo com comprimento característico máximo de 1,22 m, para o teste de um modelo do automóvel. Determine a faixa de velocidades que deve ser utilizada no túnel de vento sabendo que o números de Reynolds do modelo e do protótipo devem ser iguais. Estas velocidades são razoáveis? Justifique sua resposta.

7.57 O túnel de vento do problema anterior pode ser substituído por um outro túnel onde o ar é pressurizado isotermicamente até 8 atm (abs). Qual é a faixa de velocidades necessária para garantir as igualdades dos números de Reynolds? O túnel de vento pressurizado pode acomodar modelos com dimensão característica máxima de 0,61 m enquanto que o comprimento característico do protótipo permanece igual a 6,1 m.

7.58 As características do arrasto num avião devem ser determinadas a partir de testes de um modelo num túnel de vento que opera numa pressão absoluta de 1300 kPa. O protótipo deve voar a 385 km/h em ar na condição padrão. A velocidade correspondente no modelo não pode diferir mais do que 20% deste valor para que os efeitos da compressibilidade do fluido possam ser ignorados. Qual é a faixa das escalas de comprimento que podem ser utilizadas de modo que os números de Reynolds do modelo e do protótipo sejam iguais. Admita que a viscosidade do ar não é afetada pela variação de pressão do ar e que a temperatura do ar no túnel é igual a temperatura do ar que escoa em torno do avião.

7.59 Considere o movimento oscilatório de uma bandeira exposta ao vento. É razoável admitir que a freqüência deste movimento, ω, é função da velocidade do vento, V, da massa específica do ar, ρ, da aceleração da gravidade, g, do comprimento da bandeira, l, e da massa do pano utilizado na confecção da bandeira por unidade de área, ρ_A (dimensão ML^{-2}). É necessário conhecer a freqüência do movimento de uma bandeira que apresenta comprimento igual a 12,2 m quando exposta a um vento com velocidade 9,1 m/s. Para resolver a questão, uma bandeira, com comprimento igual a 1,22 m, foi ensaiada num túnel de vento. **(a)** Determine o valor de ρ_A utilizado no modelo sabendo que a bandeira protótipo foi confeccionada com um pano que apresenta $\rho_A = 0,94$ kg/m^2. **(b)** Qual é o valor da velocidade ao longo do escoamento de ar utilizado no ensaio do modelo? **(c)** Determine a freqüência do movimento no protótipo sabendo que a freqüência medida no modelo é 6 Hz.

7.60 Os modelos de rios são utilizados para estudar vários fenômenos fluviais (veja o ⊙ 7.6). Um rio, que transporta 19,8 m^3/s de água, apresenta largura e profundidade médias iguais a 18,3 e 1,22 m. Projete um modelo do rio, baseado no critério de similaridade de Froude, sabendo que a escala de descarga deve ser igual a 1/250. Mostre quais serão os valores da profundidade e da vazão de fluido no modelo.

7.61 Vários escoamentos secundários e complexos são gerados quando o vento sopra através de edificações e de conjuntos de edificações (veja o ⊙ 7.4). Admita que a pressão relativa local, p, num certo ponto da superfície de uma edificação é função da velocidade do vento ao longe, V, da massa específica do ar, ρ, de uma dimensão característica da edificação e de todos os outros comprimentos pertinentes, l_i, necessários para caracterizar a geometria da edificação e de sua vizinhança imediata. **(a)** Determine um conjunto de parâmetros adimensionais adequado para estudar a distribuição de pressão na edificação. **(b)** Nós devemos construir um modelo de uma edificação que apresenta altura igual a 30,5 m e este modelo será ensaiado num túnel de vento. Sabendo que a escala de comprimento que vai ser utilizada na construção do modelo é 1:300, determine a altura do modelo da edificação. **(c)** Como a pressão medida no modelo está relacionada com a pressão detectada no edificação? Admita que as massas específicas do ar no modelo e no protótipo são iguais. Considere apenas as variáveis independentes indicadas na formulação do problema. A velocidade do escoamento no túnel de vento precisa ser igual a velocidade do vento que sopra na edificação? Justifique sua resposta.

7.62 Um modelo escala 1/50 deve ser utilizado para determinar o arrasto no casco de um navio num tanque de prova. O modelo foi projetado de modo que os números de Froude do modelo e do protótipo são iguais. A velocidade do navio (protótipo) é 9,26 m/s. Qual deve ser a velocidade do modelo no tanque de prova? Nestas condições, determine a relação entre o arrasto no modelo e aquele do protótipo. Admita que as propriedades da água do tanque de prova são idênticas àquelas do protótipo e que o arrasto por cisalhamento é desprezível.

+ 7.63 Admita a ocorrência de um grande vazamento de óleo num navio tanque que navega perto da costa. Neste caso, o tempo que o óleo demora para atingir a costa é muito importante. Projete um modelo deste sistema que possa a ser utilizado para investigar este tipo de problema num laboratório. Indique todas as hipóteses utilizadas no projeto e discuta as dificuldades que podem surgir no projeto e na operação do modelo.

7.64 Admita que a tensão de cisalhamento na parede de um tubo, τ_w, criada pelo escoamento de um fluido (veja a Fig. P7.64a) é função do diâmetro do tubo, D, da vazão em volume do escoamento, Q, da massa específica, ρ, e da viscosidade cinemática do fluido que escoa no tubo, ν. A Fig. P7.64b mostra um conjunto de dados experimentais (τ_w em função de Q) levantado em experimentos que utilizavam um tubo com diâmetro interno igual a 0,61m. Realize uma análise dimensional do problema. Considere um tubo com diâmetro interno igual a 0,92 m. Sabendo que a vazão de água no tubo é 0,043 m^3/s, avalie a tensão de cisalhamento na parede do tubo neste escoamento.

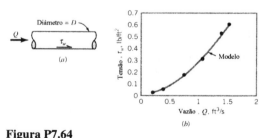

Figura P7.64

7.65 O aumento de pressão, Δp, produzido por uma certa bomba centrífuga (veja a Fig. P7.65a) pode ser expresso por

$$\Delta p = f(D, \omega, \rho, Q)$$

onde D é o diâmetro do rotor, ω é a velocidade angular do rotor, ρ é a massa específica do fluido e Q é a vazão em volume do escoamento através da bomba. Um modelo desta bomba com diâmetro de rotor igual a 8" (203 mm) é testada num laboratório utilizando água como fluido de trabalho. A Fig. P7.65b mostra como varia o aumento de pressão no modelo quando este opera com $\omega = 40\pi$ rd/s. Utilize esta curva para determinar o aumento de pressão numa bomba geometricamente semelhante (protótipo) que opera com uma vazão de 6 ft³/s. O protótipo apresenta rotor com diâmetro igual a 12" (305 mm) e opera com velocidade angular igual a 60π rd/s. O fluido no protótipo também é água.

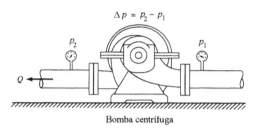

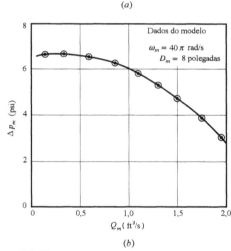

Figura P7.65

7.66 Verifique se as formas das equações da continuidade e de Navier – Stokes bidimensionais e adimensionais (Eqs. 7.31, 7.34 e 7.35) estão corretas a partir das formas dimensionais destas equações (Eqs. 7.28, 7.29 e 7.30).

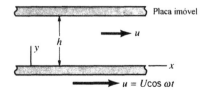

Figura P7.67

7.67 Um fluido incompressível está contido entre duas placas grandes e paralelas do modo mostrado na Fig. P7.67. A placa superior é imóvel e o fluido inicialmente está em repouso. Num certo instante a placa inferior passa a oscilar com freqüência ω. A equação diferencial que descreve este escoamento é

$$\rho \frac{\partial u}{\partial t} = \mu \frac{\partial^2 u}{\partial y^2}$$

onde u é a velocidade na direção x, ρ é a massa específica do fluido e μ é a viscosidade dinâmica do fluido. Reescreva a equação diferencial na forma adimensional. Utilize h, U e ω como parâmetros de referência.

Figura P7.68

7.68 A equação diferencial que descreve a deflexão na barra engastada indicada na Fig. P7.68 é

$$EI \frac{d^2 y}{dx^2} = P(x - l)$$

onde E é o módulo de elasticidade e I o momento de inércia da seção transversal da barra. As condições de contorno deste problema são: $y = 0$ em $x = 0$ e $dy/dx = 0$ em $x = 0$. (**a**) Reescreva a equação diferencial e as condições de contorno na forma adimensional. Utilize l como comprimento de referência. (**b**) Utilize o resultado da parte (a) para determinar os critérios de semelhança do problema. Qual é a equação que relaciona as deflexões no modelo com aquelas no protótipo?

7.69 Um líquido está contido num tubo que apresenta uma extremidade fechada (veja a Fig. P7.69). Inicialmente o líquido está em repouso. Num certo instante a extremidade é removida e o líquido começa a escoar. Admita que a pressão p_1 permaneça constante. A equação diferencial que descreve o escoamento é

$$\rho \frac{\partial v_z}{\partial t} = \frac{p_1}{l} + \mu \left(\frac{\partial^2 v_z}{\partial r^2} + \frac{1}{r} \frac{\partial v_z}{\partial r} \right)$$

onde v_z é a velocidade em qualquer posição radial e t é o tempo. Reescreva a equação da forma adimensional. Utilize R, a massa específica e a viscosidade dinâmica do fluido como parâmetros de referência.

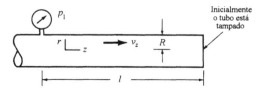

Figura P7.69

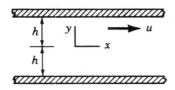

Figura P7.70

7.70 Um fluido incompressível está contido entre duas placas infinitas e paralelas (veja a Fig. P7.70). Sob a influência do gradiente harmônico de pressão na direção x o fluido passa a oscilar harmonicamente com uma freqüência ω. A equação diferencial que descreve o movimento do fluido é

$$\rho \frac{\partial u}{\partial t} = X \cos \omega t + \mu \frac{\partial^2 u}{\partial y^2}$$

onde X é a amplitude do gradiente de pressão. Expresse esta equação na forma adimensional. Utilize h e ω como parâmetros de referência.

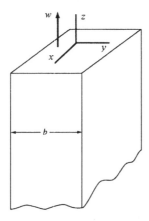

Figura P7.71

7.71 Um fluido viscoso escoa no canal vertical com seção transversal quadrada mostrado na Fig. P7.71. A velocidade w pode ser expressa por

$$w = f\left(x, y, b, \mu, \gamma, V, \partial p / \partial z\right)$$

onde μ é a viscosidade dinâmica do fluido, γ é o peso específico do fluido, V é velocidade média e $\partial p / \partial z$ é o gradiente de pressão na direção z. **(a)** Utilize a análise dimensional para determinar o conjunto adequado de variáveis e parâmetros adimensionais que descrevem este problema. **(b)** A equação diferencial que descreva este escoamento é

$$\frac{\partial p}{\partial z} = -\gamma + \mu \left(\frac{\partial^2 w}{\partial x^2} + \frac{\partial^2 w}{\partial y^2}\right)$$

Reescreva esta equação na forma adimensional e mostre que as condições de semelhança obtidas a partir da equação diferencial adimensional são iguais as condições encontradas no item a.

7.72 Um fluido escoa numa válvula gaveta montada num tubo (veja a Fig. P7.72) e a queda de pressão no escoamento através da válvula é Δp. Nós

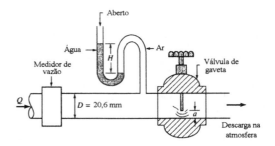

Figura P7.72

R (% aberta)	Q (m³/s)	H (mm)
25	$4{,}79 \times 10^{-3}$	128
25	$5{,}52 \times 10^{-3}$	165
25	$6{,}23 \times 10^{-3}$	195
25	$6{,}65 \times 10^{-3}$	233
38	$4{,}25 \times 10^{-3}$	49
38	$6{,}74 \times 10^{-3}$	124
38	$9{,}09 \times 10^{-3}$	222
38	$9{,}91 \times 10^{-3}$	265
75	$6{,}74 \times 10^{-3}$	25
75	$1{,}29 \times 10^{-2}$	66
75	$1{,}64 \times 10^{-2}$	110
75	$2{,}17 \times 10^{-2}$	194
100	$1{,}21 \times 10^{-2}$	16
100	$1{,}46 \times 10^{-2}$	25
100	$1{,}75 \times 10^{-2}$	36
100	$2{,}26 \times 10^{-2}$	60

projetamos um experimento para investigar como varia esta queda de pressão em função da velocidade do escoamento na região delimitada pela gaveta e o encosto (sede) da válvula. Nós admitimos que

$$\Delta p = f\left(a, D, \lambda_i, \rho, V\right)$$

onde a e D estão definidos na Fig. P7.72, λ_i representa todos os comprimentos necessários para definir a geometria da válvula, ρ é a massa específica do fluido e V é a velocidade do escoamento no tubo aonde está montada a válvula. Faça a análise dimensional do problema e mostre que

$$\frac{\Delta p}{1/2\left(\rho V^2\right)} = \phi_1\left(\frac{a}{D}, \frac{\lambda_i}{D}\right)$$

onde o fator 1/2 foi incluído arbitrariamente. Note que, para uma determinada válvula, a função ϕ_1 depende apenas da abertura da gaveta. Esta abertura também pode ser expressa como uma porcentagem, R, ou seja, $R = 0\%$ para a válvula fechada e $R = 100\%$ para a válvula totalmente aberta. Deste modo,

$$\frac{\Delta p}{1/2\left(\rho V^2\right)} = \phi(R)$$

O arranjo experimental indicado na Fig. P7.72 foi utilizado para determinar as características da queda de pressão do escoamento de ar (peso específico = 11,3 N/m³) na válvula. Note que um manômetro em U mede a pressão a montante da válvula e que a pressão relativa a jusante da válvula é nula porque o escoamento é descarregado na atmosfera. A tabela anterior apresenta um conjunto de dados obtidos no arranjo experimental descrito.

Construa um gráfico da vazão em volume, Q, em função da queda de pressão no escoamento. Utilize a análise dimensional para mostrar que uma única curva pode representar os dados experimentais. Os dados experimentais são compatíveis com os resultados da análise dimensional? Justifique sua resposta.

dados do modelo com os do protótipo. O projeto do modelo parece correto? Explique. O efeito da viscosidade foi desprezado até este ponto da análise do problema. Esta hipótese é razoável? Como o projeto do modelo é afetado com a inclusão da viscosidade dinâmica na análise do problema? Justifique sua resposta.

Dados do Modelo		Dados do Protótipo	
h_m (mm)	t_m (s)	h (mm)	t (s)
203	0,0	406	0,0
178	3,1	356	4,5
152	6,2	304	8,9
127	9,9	254	14,0
102	13,5	204	20,2
76	18,1	152	25,9
51	24,0	102	32,8
25	32,5	50	45,7
0	43,0	0	59,8

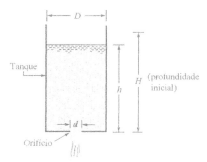

Figura P7.73

7.73 Um líquido é drenado de um tanque cilíndrico e aberto através de um pequeno orifício localizado no fundo do tanque (veja a Fig. P7.73). A altura da superfície livre do líquido, h, diminui com o passar do tempo. Nós devemos estudar como varia o nível da superfície livre do líquido em função do tempo com um modelo com escala 1:2. O líquido no tanque protótipo apresenta altura inicial da superfície livre, H, igual a 406 mm, o diâmetro do tanque, D, é 102 mm e o diâmetro do orifício é 6,4 mm. O fluido contido no tanque protótipo é água a 20°C. Desenvolva o conjunto de parâmetros adimensionais que descreva o problema admitindo que

$$h = f(H, D, d, \gamma, \rho, t)$$

onde γ e ρ são, respectivamente, a massa específica e o peso específico do fluido. Estabeleça os critérios de semelhança deste problema e determine a equação que relaciona a altura no modelo com aquela do protótipo.

A próxima tabela apresenta alguns dados experimentais obtidos com o modelo geometricamente similar (D_m = 51 mm, d_m = 3,2 mm e H_m = 203 mm) que opera com água a 20 °C. Construa um gráfico da altura da superfície livre no modelo em função do tempo, t_m. Construa, em outro papel, um gráfico destes dados na forma adimensional.

Alguns dados do protótipo também podem ser encontrados na tabela. Utilize os mesmo gráficos relativos ao modelo e superponha a curva construída com os dados do protótipo. Compare os

8 Escoamento Viscoso em Condutos

Nós consideramos, nos capítulos anteriores, vários tópicos relacionados com o movimento dos fluidos. Os princípios básicos que descrevem a conservação da massa, da quantidade de movimento e da energia foram desenvolvidos e aplicados, em conjunto com uma série de hipóteses, a vários tipos de escoamento. Neste capítulo nós iremos aplicar estes princípios básicos aos escoamentos viscosos e incompressíveis em tubos e dutos.

O transporte de um fluido (líquido ou gás) num conduto fechado (que é habitualmente chamado de tubo se sua seção transversal é circular e duto se a seção for não circular) é extremamente importante no nosso cotidiano. Uma rápida observação do mundo que está a nossa volta indicará a importância do escoamento em tubos; por exemplo: o oleoduto que transporta óleo cru por quase 1290 quilômetros através do Alasca e os complexos (mas não menos úteis) sistemas naturais de "tubos" que transportam sangue através do nosso corpo e ar para dentro e para fora dos nossos pulmões. Outros exemplos são as tubulações de água nas nossas casas e o próprio sistema de distribuição de água que a transporta dos reservatórios até as casas. A qualidade do ar é mantida em níveis confortáveis pelo ar condicionado (aquecido, resfriado, umedecido ou desumedecido) nos edifícios através de uma complicada rede de tubos e dutos. Embora todos estes sistemas sejam diferentes, os princípios da mecânica dos fluidos que descrevem os escoamentos nestes sistemas são os mesmos. O objetivo deste capítulo é apresentar os processos básicos destes escoamentos.

A Fig. 8.1 mostra alguns componentes básicos de uma tubulação típica. Alguns componentes importantes das tubulações são: os tubos (que podem apresentar vários diâmetros), as várias conexões utilizadas para conectar os tubos e, assim, formar o sistema desejado, os dispositivos de controle de vazão (válvulas) e as bombas ou turbinas (que adicionam ou retiram energia do fluido). Note que o escoamento num sistema de tubos simples é realmente muito complexo se o descrevermos a partir de considerações analíticas rigorosas. Nós só iremos analisar, de modo "exato", o caso mais simples que é o do escoamento laminar em tubos longos, lisos e com diâmetro constante. Os outros escoamentos serão analisados a partir de uma combinação da análise dimensional com resultados experimentais. Lembre que a abordagem totalmente teórica não é usual no tratamento dos problemas da mecânica dos fluidos. Quando os efeitos do "mundo real" são importantes (como os efeitos viscosos em escoamento em dutos), é freqüentemente difícil, ou impossível, utilizar métodos teóricos para obter os resultados desejados. Uma combinação adequada de dados experimentais com considerações teóricas e a análise dimensional geralmente fornece os resultados desejados.

Nós apresentaremos alguns conceitos básicos relacionados aos escoamentos em tubos e dutos antes de aplicarmos as equações fundamentais a estes escoamentos. Deste modo, nós estabeleceremos algumas regras básicas que nos permitirão formular e resolver, com segurança, vários escoamentos importantes.

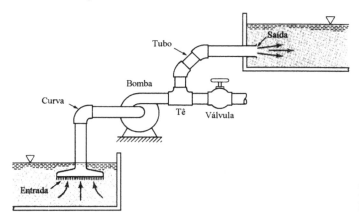

Figura 8.1 Componentes básicos de tubulações.

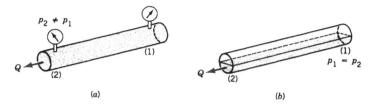

Figura 8.2 (*a*) Escoamento em tubo, (*b*) Escoamento em canal aberto.

8.1 Características Gerais dos Escoamentos em Condutos

A grande maioria dos condutos utilizados para transportar fluidos apresentam seção transversal circular. Normalmente, as tubulações de água, mangueiras hidráulicas e outros condutos apresentam seção transversal circular e são projetados para suportar uma diferença de pressão considerável (diferença entre a pressão no fluido e aquela no ambiente onde está localizada a tubulação) sem se deformar. De outro lado, os dutos utilizados nos sistemas para o condicionamento de ambientes (aquecimento ou resfriamento) normalmente apresentam seções transversais retangulares. Note que isto é possível porque a pressão relativa do fluido que escoa nestes dutos é relativamente pequena. A maioria dos princípios básicos que descrevem os escoamentos são independentes da forma da seção transversal (embora os detalhes do escoamento possam ser dependentes disso). Nós iremos admitir, exceto se especificado o contrário, que a seção transversal dos condutos é circular. Entretanto, nós também mostraremos o modo de calcular as características dos escoamentos em dutos.

Nós admitiremos que o conduto está totalmente preenchido com fluido em todos os casos considerados neste capítulo (veja a Fig. 8.2*a*). Assim nós não consideraremos os escoamentos de água de chuva em galerias de concreto porque a água normalmente escoa sem preenchê-lo totalmente (veja a Fig. 8.2*b*). Este último tipo de escoamento, conhecido como o de canal aberto, será tratado no Cap. 10. A diferença fundamental entre o escoamento em canal aberto e em conduto é o mecanismo que promove o escoamento. A gravidade é quem promove o escoamento em canais abertos (é por isto que a água escoa colina abaixo). A gravidade também pode ser importante no escoamento em condutos (o conduto não precisa ser horizontal) mas, neste caso, o principal mecanismo que promove o escoamento é o gradiente de pressão ao longo do conduto. Note que não é possível manter a diferença de pressão $p_1 - p_2$ se o tubo, ou duto, não está repleto de fluido.

8.1.1 Escoamento Laminar e Turbulento

O escoamento de um fluido num conduto pode ser laminar ou turbulento. Osborne Reynolds (1842 – 1912), cientista e matemático britânico, foi o primeiro a distinguir a diferença entre estes dois tipos de escoamentos utilizando um aparato simples (veja a Fig. 8.3*a*). Admita que água escoa num tubo, que apresenta diâmetro D, com uma velocidade média V. Nós podemos observar as seguintes características se injetarmos um líquido colorido, que apresenta massa específica igual a da

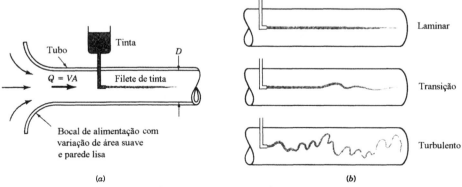

Figura 8.3 (*a*) Experimento utilizado para caracterizar o escoamento em tubos. (*b*) Filetes de tinta típicos.

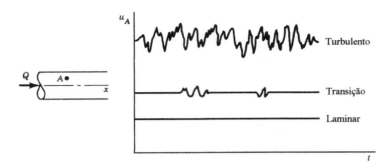

Figura 8.4 Variação temporal da velocidade do fluido num ponto.

água, no escoamento. Quando a vazão é "suficientemente pequena", o traço colorido permanece como uma linha bem definida ao longo do duto e apresenta somente alguns leves borrões provocados pela difusão molecular do corante na água. Se a vazão apresenta um "valor intermediário", o traço de corante flutua no tempo e no espaço e apresenta quebras intermediárias. Agora, se a vazão é "suficientemente grande", o traço de corante quase que imediatamente apresenta-se borrado e espalha-se ao longo de todo o tubo de forma aleatória. A Fig. 8.3b ilustra estas características e os escoamentos correspondentes são denominados escoamento laminar, de transição e turbulento (⊙ 8.1 – Escoamento laminar e turbulento num tubo).

As curvas da Fig. 8.4 mostram como pode se comportar a componente x do vetor velocidade do escoamento em função do tempo no ponto A do escoamento. As flutuações aleatórias do escoamento turbulento (associadas a mistura das partículas) dispersam o corante ao longo do duto e causam a aparência borrada ilustrada na Fig. 8.3b. Note que o escoamento laminar num tubo apresenta apenas um componente do vetor velocidade, ou seja, $\mathbf{V} = u\hat{\mathbf{i}}$. O componente do vetor velocidade predominante no escoamento turbulento num tubo também é longitudinal mas, neste tipo de escoamento, o vetor velocidade passa a apresentar componentes aleatórios e normais ao eixo do duto, ou seja, $\mathbf{V} = u\hat{\mathbf{i}} + v\hat{\mathbf{j}} + w\hat{\mathbf{k}}$. Este tipo de movimento ocorre mais rápido do que os nossos olhos podem ver mas filmes em câmara lenta podem mostrar claramente a natureza irregular e aleatória dos escoamentos turbulentos.

Nós mostramos no Cap. 7 que não é adequado caracterizar quantidades dimensionais como "pequenas" ou "grandes" e nós utilizamos algumas vezes termos deste tipo no parágrafo inicial desta seção. Mais precisamente, os adimensionais apropriados devem ser identificados e as características "pequeno" ou "grande" devem ser associadas a ele. Um quantidade é "pequena" ou "grande" em relação a uma quantidade de referência. A razão entre uma quantidade e a quantidade de referência é um adimensional. O parâmetro mais importantes nos escoamentos em condutos é o número de Reynolds, Re – a razão entre os efeitos de inércia e os viscosos no escoamento. Assim o termo vazão do primeiro parágrafo deve ser substituído pelo número de Reynolds, Re = $\rho VD/\mu$, onde V é a velocidade média do escoamento no tubo. Isto é, o escoamento é laminar, de transição ou turbulento de acordo com o número de Reynolds, que pode ser "pequeno o suficiente", "intermediário" ou "grande o suficiente". Não é somente a velocidade do fluido que determina a caracterização do escoamento - sua massa específica, viscosidade e tamanho do tubo têm igual importância. Estes parâmetros combinados produzem o número de Reynolds. Osborne Reynolds foi o pioneiro, em 1883, a distinguir o escoamento laminar do turbulento num tubo e também a caracterizar estes escoamentos com a utilização de um grupo adimensional.

Não é possível definir precisamente as faixas de números de Reynolds que indicam se o escoamento é laminar, de transição ou turbulento. A transição real de escoamento laminar para o turbulento pode acontecer em vários números de Reynolds pois a transição depende de quanto o escoamento está "perturbado" por vibrações nos condutos, da rugosidade da região de entrada etc. Nos projetos de engenharia (isto é, sem tomar precauções para eliminar estes tipos de perturbações), os seguintes valores são apropriados: o escoamento num tubo é laminar se o número de Reynolds é menor que aproximadamente 2100; o escoamento é turbulento se o número de Reynolds é maior que 4000. Para números de Reynolds entre estes dois limites, o escoamento pode apresentar, alternadamente e de um modo aleatório, características laminares e turbulentas (escoamento de transição).

Exemplo 8.1

Água a 10 °C escoa num tubo que apresenta diâmetro $D = 19$ mm. (**a**) Determine o tempo mínimo para encher um copo de 359 ml com água se o escoamento for laminar. (**b**) Determine o tempo máximo para encher o mesmo copo se o escoamento for turbulento. Refaça os cálculos admitindo que a temperatura da água seja é igual a 60 °C.

Solução (**a**) Se o escoamento no duto é laminar, o tempo mínimo para encher o copo ocorrerá quando o número de Reynolds for o máximo permitido para o escoamento laminar, ou seja, Re $= \rho VD/\mu = 2100$. Assim, $V = 2100\mu / \rho D$. As propriedades da água podem ser obtidas na Tab. B.1, ou seja: $\rho = 999{,}7$ kg/m^3, $\mu = 1{,}307 \times 10^{-3}$ N·s/m^2 para a temperatura de 10 °C e $\rho = 983{,}2$ kg/m^3, $\mu = 4{,}665 \times 10^{-4}$ N·s/m^2 para temperatura de 60 °C. Assim, a velocidade média máxima para escoamento laminar da água a 10°C no tubo é:

$$V = \frac{2100\mu}{\rho D} = \frac{2100\left(1{,}307 \times 10^{-3}\right)}{(999{,}7)(0{,}019)} = 0{,}145 \text{ m/s}$$

De modo análogo, $V = 0{,}052$ m/s a 60 °C. Com $\mathcal{V}$= volume do copo e $\mathcal{V} = Qt$ obtemos:

$$t = \frac{\mathcal{V}}{Q} = \frac{\mathcal{V}}{\left(\pi D^2 / 4\right)V} = \frac{4\left(359 \times 10^{-6}\right)}{\pi (0{,}019)^2 (0{,}145)} = 8{,}73 \text{ s} \quad \text{a} \quad T = 10°\text{ C}$$

De modo análogo, $t = 24{,}4$ s quando a temperatura da água é 60 °C. Note que a velocidade do escoamento de água quente tem que ser mais baixa do que aquela do escoamento de água fria.

(**b**) Se o escoamento no tubo é turbulento, o tempo máximo para encher o copo ocorrerá quando o número de Reynolds é o mínimo admitido para este tipo de escoamento, ou seja, Re = 4000. Assim, $V = 4000 \mu / \rho D = 0{,}275$ m/s e $t = 4{,}6$ s a 10 °C, enquanto que $V = 0{,}100$ m/s e $t = 12{,}7$ s a 60 °C.

Observe que a velocidade do escoamento deve ser baixa para que o escoamento seja laminar (isto é uma conseqüência da água apresentar uma viscosidade dinâmica "baixa"). É mais freqüente encontrarmos escoamentos turbulentos porque a viscosidade dinâmica dos fluidos mais comuns (água, gasolina, ar) é "baixa". Agora, se o fluido que escoa for mel – viscosidade cinemática ($\nu = \mu / \rho$) três mil vezes maior do que a da água – as velocidades acima iriam ser incrementadas por um fator três mil (3000) e os tempos reduzidos pelo mesmo fator. Como iremos ver nas próximas seções, a variação de pressão necessária para forçar um fluido "muito" viscoso a escoar num tubo com velocidade alta pode ser descomunal.

8.1.2 Região de Entrada e Escoamento Plenamente Desenvolvido

Qualquer conduto onde escoa um fluido deve apresentar uma seção de alimentação e uma de descarga. A região do escoamento próxima da seção de alimentação é denominada região de entrada (veja a Fig. 8.5). Esta região pode ser constituída pelos primeiros metros de um tubo conectado a um tanque ou pela porção inicial de uma longa tubulação de ar quente vindo de um fornalha.

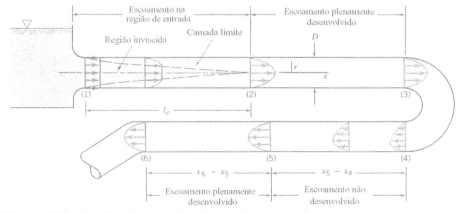

Figura 8.5 Região de entrada, desenvolvimento do escoamento e escoamento plenamente desenvolvido numa tubulação.

Normalmente, o fluido entra no conduto, seção (1), com um perfil de velocidade uniforme (analise novamente a Fig. 8.5). Os efeitos viscosos provocam a aderência do fluido às paredes do conduto (condição de não-escorregamento). Isto é verdade para um óleo muito viscoso e também para um fluido que apresente viscosidade dinâmica baixa (como o ar). Assim, é produzida uma camada limite, onde os efeitos viscosos são importantes, ao longo da parede do duto, tanto que perfil inicial de velocidade muda com a distância longitudinal, x, até que o fluido atinja o final do comprimento de entrada, seção (2). Note que, a partir desta seção, o perfil não varia mais com x. A camada limite cresce até preencher totalmente o duto. Os efeitos viscosos são de considerável importância dentro da camada limite. Para o fluido fora da camada limite, dentro da região invíscida localizada em torno da linha de centro de (1) a (2), os efeitos viscosos são desprezíveis.

A forma do perfil de velocidade do escoamento num tubo depende se este é laminar ou turbulento e também do comprimento da região de entrada, l_e. Como muitas outras propriedades do escoamento em tubos, o adimensional comprimento de entrada, l_e/D, também correlaciona muito bem com o número de Reynolds. Os valores típicos dos comprimentos de entrada são dados por:

$$\frac{l_e}{D} = 0{,}06\,\mathrm{Re} \qquad \text{para escoamento laminar} \qquad (8.1)$$

$$\frac{l_e}{D} = 4{,}4(\mathrm{Re})^{1/6} \qquad \text{para escoamento turbulento} \qquad (8.2)$$

O comprimento de entrada pode ser curto se o escoamento apresenta número de Reynolds muito baixo ($l_e = 0.6D$ se $\mathrm{Re} = 10$), ao passo que ele pode ser bastante longo se o número de Reynolds for muito grande ($l_e = 120D$ para $\mathrm{Re} = 2000$). Nós encontramos em muitos problemas da engenharia que $10^4 < \mathrm{Re} < 10^5$ e, assim, teremos $20D < l_e < 30D$.

Os cálculos do perfil de velocidade e da distribuição de pressão na região de entrada são muito complexos. Todavia, uma vez que o fluido tenha atingido o final da região de entrada, seção (2) da Fig. 8.5, o escoamento é mais simples de descrever porque a velocidade é uma função somente da distância ao centro do tubo, r, e é independente de x. Isto é verdade até que as características do tubo mudem de alguma maneira, como uma alteração no diâmetro, a presença de uma curva, válvula, ou de outro componente [veja o escoamento entre as seções (3) e (4) da Fig. 8.5]. O escoamento entre as seções (2) e (3) é denominado plenamente desenvolvido. Depois do trecho curvo da tubulação, o escoamento gradualmente começa seu retorno a condição de plenamente desenvolvido, seção (5), e continua com este perfil até que o próximo componente do sistema é atingido, na seção (6). Em muitos casos, a tubulação é suficientemente longa para que as regiões com escoamento plenamente desenvolvidos sejam muito maiores do que aquelas onde ocorre o desenvolvimento do escoamento, ou seja, $(x_3 - x_2) \gg l_e$ e $(x_6 - x_5) \gg (x_5 - x_4)$. Em outros casos, as distâncias entre os componentes da tubulação (curvas, tês, válvulas etc) são tão pequenas que o escoamento plenamente desenvolvido nunca é atingido.

8.1.3 Tensão de Cisalhamento e Pressão

O escoamento plenamente desenvolvido, em regime permanente e num tubo com diâmetro constante, pode ser promovido pela gravidade e/ou por forças de pressão. O único efeito da gravidade nos escoamentos em tubos horizontais é a variação da pressão (hidrostática) através do duto, γD. Normalmente esta variação é desprezível. A diferença entre as pressões nas seções transversais de um tubo horizontal, $\Delta p = p_1 - p_2$, força o fluido a escoar no tubo. Os efeitos viscosos oferecem a força de resistência, que equilibra exatamente a força de pressão. Isto faz com que o fluido escoe pelo tubo sem aceleração. Note que a pressão será constante ao longo do tubo (exceto pela variação hidrostática) se os efeitos viscosos forem irrelevantes no escoamento.

Nas regiões onde o escoamento não é plenamente desenvolvido, como na região de entrada do tubo, o fluido acelera e desacelera (observe a mudança no perfil de velocidades – de uniforme, na seção de alimentação do conduto, para o plenamente desenvolvido, no final da região de entrada). Assim, na região de entrada existe um equilíbrio entre as forças de pressão, as viscosas e as de inércia. O resultado deste processo é a distribuição de pressão indicada na Fig. 8.6. O módulo do gradiente de pressão, $\partial p/\partial x$, é maior na região de entrada do que na região de escoamento plenamente desenvolvido, onde ele é constante e igual a $\partial p/\partial x = -\Delta p/\ell$. Note que este gradiente de pressão não é nulo porque existem os efeitos viscosos. Como foi discutido no Cap. 3, a pressão não varia com x somente se a viscosidade do fluido que escoa no tubo for nula.

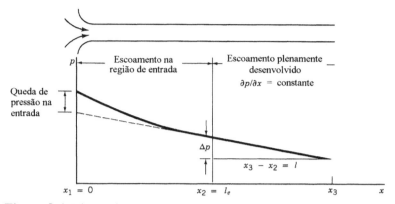

Figura 8.6 Distribuição de pressão no escoamento num tubo horizontal.

A força de pressão é necessária para vencer as forças viscosas geradas no escoamento. Se fizermos um balanço de energia do escoamento nós identificamos que o trabalho realizado pela força de pressão é utilizado para vencer a dissipação viscosa de energia no escoamento. Se o tubo não é horizontal, o gradiente de pressão ao longo do duto é devido, em parte, ao componente do peso naquela direção. Como será apresentado na Seção 8.2.1, a contribuição da força peso pode ajudar ou retardar o escoamento (dependendo se o escoamento é para cima ou para baixo).

A natureza do escoamento em tubos depende muito se o escoamento do fluido é laminar ou turbulento. Esta é uma consequência direta das diferenças entre a tensão de cisalhamento nos escoamentos laminares e àquela nos escoamentos turbulentos. Com será discutido na Sec. 8.3.3, a tensão de cisalhamento no escoamento laminar é o resultado direto da transferência de quantidade de movimento provocada pelas moléculas que se movem aleatoriamente (um fenômeno microscópico). Já a tensão de cisalhamento no escoamento turbulento é, em grande parte, resultado da transferência de quantidade de movimento entre os movimentos aleatórios de partículas fluidas de tamanhos finitos (um fenômeno macroscópico). Assim, as propriedades físicas da tensão de cisalhamento no escoamento laminar são muito diferentes daquelas no escoamento turbulento.

8.2 Escoamento Laminar Plenamente Desenvolvido

Nós mostramos na seção anterior que o escoamento num tubo comprido, liso e com diâmetro constante se torna plenamente desenvolvido. Nesta condição, o perfil de velocidade é o mesmo em qualquer seção transversal do tubo. É interessante ressaltar que os detalhes do perfil de velocidade (e outras características do escoamento) dependem se o escoamento é laminar ou turbulento. Como nós veremos neste capítulo, o conhecimento do perfil de velocidade pode fornecer diretamente outras informações úteis, como a queda de pressão, vazão etc. Assim, nós começaremos nossa análise com o desenvolvimento da equação para o perfil de velocidade dos escoamentos laminares plenamente desenvolvidos em tubos. Se o escoamento não é plenamente desenvolvido, a análise teórica se torna muito mais complexa e sai fora do escopo deste texto. Agora, se o escoamento é turbulento, a análise teórica rigorosa não pode ser realizada porque ainda não existe uma teoria rigorosa para a descrição deste tipo de escoamento.

A maioria dos escoamentos são turbulentos e muitos tubos não são compridos o suficiente para que o modelo de escoamento plenamente desenvolvido seja aplicável. Apesar disso, o tratamento teórico e a caracterização do escoamento laminar plenamente desenvolvido são importantes. Este procedimento representa uma das poucas análises viscosas que pode ser realizadas de modo "exato" (dentro de um conjunto muito geral de hipóteses) e sem usar qualquer outra hipótese ou aproximação "ad hoc". O entendimento do método de análise e dos resultados obtidos forma uma base que pode ser transferida para as análises mais complexas e existem muitas situações práticas onde encontramos um escoamento laminar plenamente desenvolvido.

Há inúmeras maneiras de obter os resultados importantes do escoamento laminar plenamente desenvolvido. Três alternativas clássicas são: (1) a partir de $\mathbf{F} = \mathbf{ma}$ aplicada diretamente a um elemento fluido, (2) a partir das equações do movimento de Navier – Stokes, e (3) a partir dos métodos da análise dimensional.

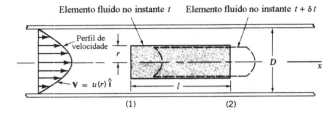

Figura 8.7 Movimento de um elemento fluido cilíndrico num tubo.

8.2.1 Aplicação de F = ma num Elemento Fluido

Nós vamos considerar o elemento fluido mostrado na Fig. 8.7 no instante t. Note que o elemento fluido é cilíndrico, apresenta comprimento L, raio r e está centrado no eixo de um tubo horizontal (diâmetro interno D). O perfil de velocidade do escoamento no tubo não é uniforme e provoca a deformação do elemento fluido, ou seja, as superfícies frontal e traseira do cilindro que inicialmente eram planas no instante t, estão destorcidas no instante $t + \delta t$ (quando o elemento deslocou para a nova posição ao longo do tubo – veja a Fig. 8.7). Se o escoamento é plenamente desenvolvido e em regime permanente, a distorção em cada extremidade do elemento fluido é a mesma e nenhuma parte do elemento é submetida a qualquer aceleração. A aceleração local é nula ($\partial V / \partial t = 0$) porque o escoamento ocorre em regime permanente e a aceleração convectiva também é nula, $\mathbf{V} \cdot \nabla \mathbf{V} = u\, \partial u / \partial x\, \hat{\mathbf{i}} = 0$, porque o escoamento é plenamente desenvolvido. Assim, qualquer partícula fluida escoa sobre linhas de corrente paralelas as paredes do tubo e com velocidade constante (embora as partículas vizinhas apresentem velocidades bem diferentes). Assim, a velocidade varia de uma linha de corrente para outra. Esta variação de velocidade, combinada com a viscosidade do fluido, produz a tensão de cisalhamento.

Se os efeitos gravitacionais são desconsiderados, a pressão é constante em qualquer seção transversal do tubo, ainda que a pressão varie de uma seção para outra. Assim, se a pressão é $p = p_1$ na seção (1), a pressão na seção (2) é $p_2 = p_1 - \Delta p$. Nós sabemos que a pressão decresce na direção do escoamento e, deste modo, $\Delta p > 0$. Uma tensão de cisalhamento, τ, atua na superfície lateral do elemento e ela é função do raio do elemento, ou seja, $\tau = \tau(r)$.

Considere o diagrama de corpo livre mostrado na Fig. 8.8 e apliquemos a segunda lei de Newton, $F_x = ma_x$ no elemento cilíndrico. Observe que já utilizamos esta técnica de análise no Cap. 2 (análise estática). No caso que estamos interessados, embora o fluido esteja em movimento, ele não está acelerando ($a_x = 0$). Assim, o escoamento plenamente desenvolvido no tubo é o resultado do equilíbrio entre as forças de pressão e as viscosas – a diferença de pressão atua na extremidade do cilindro (área igual a πr^2) e a tensão de cisalhamento atua na superfície lateral do cilindro (área igual a $2\pi rL$). Este equilíbrio de forças pode ser escrito do seguinte modo:

$$(p_1)\pi r^2 - (p_1 - \Delta p)\pi r^2 - (\tau)\pi r l = 0$$

Simplificando a equação,

$$\frac{\Delta p}{l} = \frac{2\tau}{r} \qquad (8.3)$$

A Eq. 8.3 representa o equilíbrio de forças necessário para mover cada partícula fluida através do tubo com uma velocidade constante. Como Δp e l não são funções da coordenada radial, r, segue que $2\tau / r$ também deve ser independente de r. Assim, $\tau = Cr$, onde C é uma constante. Em $r = 0$ (a linha de centro do tubo), não há tensão de cisalhamento ($\tau = 0$). Em $r = D/2$ (a parede do tubo) a tensão de cisalhamento é máxima, e é denominada τ_p, a tensão de cisalhamento na parede.

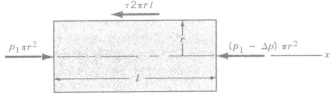

Figura 8.8 Diagrama de corpo livre do elemento fluido cilíndrico.

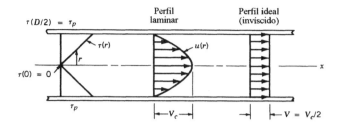

Figura 8.9 Distribuição da tensão de cisalhamento no escoamento em tubo (laminar ou turbulento) e perfis de velocidade típicos.

Consequentemente, $C = 2\tau_p/D$ e a distribuição de tensão de cisalhamento ao longo do tubo é uma função linear da coordenada radial:

$$\tau = \frac{2\tau_p r}{D} \quad (8.4)$$

A Fig. 8.9 mostra o esboço desta distribuição. A dependência linear de τ com r é o resultado da força de pressão ser proporcional a r^2 (a pressão atua nas extremidades do elemento fluido com área igual a πr^2) e da força de cisalhamento ser proporcional a r (a tensão de cisalhamento atua na superfície lateral do elemento fluido com área igual a $2\pi rL$). Se a viscosidade for nula, não há tensão de cisalhamento e a pressão será constante ao longo do tubo horizontal ($\Delta p = 0$). Como pode ser visto nas Eqs. 8.3 e 8.4, a queda de pressão e a tensão de cisalhamento na parede estão relacionadas por:

$$\Delta p = \frac{4l\tau_p}{D} \quad (8.5)$$

Assim, uma pequena tensão de cisalhamento pode produzir uma grande diferença de pressão se o tubo é relativamente longo ($L/D \gg 1$).

Nós estamos analisando escoamentos laminares mas uma consideração mais cuidadosa das hipóteses envolvidas na derivação das Eqs. 8.3, 8.4 e 8.5 revela que estas equações também são válidas para escoamentos turbulentos. Neste ponto nós devemos descrever como a tensão de cisalhamento está relacionada com a velocidade. Este é a etapa crítica que separa a análise do escoamento laminar daquela referente aos escoamentos turbulentos. É importante ressaltar que é possível "resolver" o escoamento laminar mas que não é possível "resolver" o escoamento turbulento sem a utilização de hipóteses "ad hoc". Como será discutido na Seção 8.3, a natureza da tensão de cisalhamento no escoamento turbulento é muito complexa. Todavia, a tensão de cisalhamento é simplesmente proporcional ao gradiente de velocidade no escoamento laminar de um fluido Newtoniano, ou seja, "$\tau = \mu \, du/dy$" (veja a Sec. 1.6). Na notação associada com o escoamento em tubos, temos

$$\tau = -\mu \frac{du}{dr} \quad (8.6)$$

Nós incluímos o sinal negativo para que $\tau > 0$ quando $du/dr < 0$ (a velocidade decresce da linha de centro para a parede do duto).

As Eqs. 8.3 (segunda lei de Newton) e 8.6 (definição de fluido Newtoniano) representam as duas leis que descrevem o escoamento plenamente desenvolvido de um fluido Newtoniano num tubo horizontal. Combinando estas equações, obtemos:

$$\frac{du}{dr} = -\left(\frac{\Delta p}{2\mu l}\right) r$$

O perfil de velocidade pode ser obtido pela integração desta equação. Deste modo,

$$\int du = -\frac{\Delta p}{2\mu l} \int r \, dr$$

ou

$$u = -\left(\frac{\Delta p}{4\mu l}\right)r^2 + C_1$$

onde C_1 é uma constante. O fluido é viscoso, e por isso adere as paredes do tubo e faz com que $u = 0$ em $r = D/2$. Utilizando esta condição temos que $C_1 = (\Delta p/16\mu l)D^2$. Assim, o perfil de velocidade do escoamento pode ser escrito como:

$$u(r) = \left(\frac{\Delta p\, D^2}{16\mu l}\right)\left[1 - \left(\frac{2r}{D}\right)^2\right] = V_c\left[1 - \left(\frac{2r}{D}\right)^2\right] \tag{8.7}$$

onde $V_c = \Delta p D^2/(16\mu l)$ é velocidade na linha de centro do tubo. Uma expressão alternativa pode ser escrita se utilizarmos a relação entre a tensão de cisalhamento e o gradiente de pressão. (Eqs. 8.5 e 8.7). Deste modo,

$$u(r) = \frac{\tau_p D}{4\mu}\left[1 - \left(\frac{r}{R}\right)^2\right]$$

onde $R = D/2$ é o raio do tubo.

Este perfil de velocidade (veja a Fig. 8.9) é parabólico na coordenada radial, r, apresenta velocidade máxima, V_c, na linha de centro do tubo e velocidade nula na parede do tubo. A vazão em volume do escoamento no duto pode ser obtida pela integração do perfil de velocidade. Como o escoamento é axissimétrico, a velocidade é constante numa área pequena formada por um anel com raio r e espessura dr. Assim,

$$Q = \int u\, dA = \int_{r=0}^{r=R} u(r)2\pi r\, dr = 2\pi V_c \int_0^R \left[1 - \left(\frac{r}{R}\right)^2\right] r\, dr$$

ou

$$Q = \frac{\pi R^2 V_c}{2}$$

Por definição, a velocidade média é igual a vazão volumétrica dividida pela área transversal do tubo, ou seja, $V = Q/A = Q/\pi R^2$. A velocidade média neste escoamento é dada por

$$V = \frac{\pi R^2 V_c}{2\pi R^2} = \frac{V_c}{2} = \frac{\Delta p D^2}{32\mu \ell} \tag{8.8}$$

e

$$Q = \frac{\pi D^4 \Delta p}{128\mu \ell} \tag{8.9}$$

A Eq. 8.8 indica que a velocidade média do escoamento laminar e que ocorre em regime permanente num tubo é igual a metade da velocidade máxima do escoamento. Geralmente, para outros perfis de velocidade (como o relativo ao escoamento turbulento), a velocidade média não é igual a média das velocidades máxima (V_c) e mínima (0) como no perfil laminar parabólico. Os dois perfis de velocidade indicados na Fig. 8.10 fornecem a mesma vazão - um é o perfil ideal ($\mu = 0$) e o outro é o perfil laminar real.

Os resultados acima confirmam as seguintes propriedades do escoamento laminar em tubos. Para um escoamento num tubo horizontal, a vazão é (a) diretamente proporcional a queda de pressão, (b) inversamente proporcional à viscosidade, (c) inversamente proporcional ao comprimento do tubo e (d) proporcional ao diâmetro do duto elevado a quarta potência. Com todos os outros parâmetros fixos, se dobrarmos o diâmetro do tubo nós aumentaremos a vazão em 16 vezes – note que a vazão é fortemente influenciada pelo diâmetro do tubo. Um erro de 2% no diâmetro do tubo provocará um erro de 8% na vazão ($Q \sim D^4$ ou $\delta Q \sim 4D^3 \delta D$, resultando em $\delta Q/Q = 4\delta D/D$). Este escoamento é conhecido como o de Hagen – Poiseuille porque foram estudados independentemente pelos pesquisadores G. Hagen (1797 – 1884) e J. Poiseuille (1799 – 1869) em

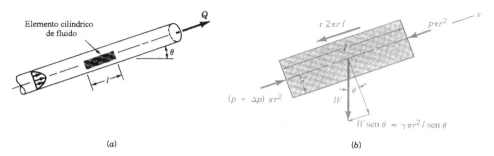

(a)　　　　　　　　　　　　　　(b)

Figura 8.10 Diagrama de corpo livre para um elemento fluido cilíndrico localizado num tubo inclinado.

1840. A Eq. 8.9 é conhecida como a Lei de Poiseuille. Lembre sempre que todos estes resultados estão restritos a escoamentos laminares em tubos horizontais (que apresentam número de Reynolds menores do que aproximadamente 2100).

O ajuste necessário para levar em consideração a inclinação do tubo (veja a Fig. 8.10) no modelo de escoamento laminar é bastante simples pois basta incluir no cálculo da queda de pressão, Δp, os efeitos gravitacionais, ou seja, a nova queda de pressão é dada por $\Delta p - \gamma l \,\text{sen}\, \theta$, onde θ é o ângulo formado pela linha de centro do tubo e o plano horizontal. Observe que $\theta > 0$ se o escoamento é para cima e que $\theta < 0$ se o escoamento é para baixo. Isto pode ser visto no equilíbrio de forças na direção x (ao longo do eixo do tubo) do elemento fluido mostrado na Fig. 8.10b. O método é exatamente análogo aquele utilizado para obter a equação de Bernoulli (Eq. 3.6) quando a linha de corrente não é horizontal. A força líquida na direção x é uma combinação da força de pressão naquela direção, $\Delta p \pi r^2$, e a componente do peso na mesma direção, $\gamma \pi r^2 l \,\text{sen}\, \theta$. O resultado é uma forma um pouco modificada da Eq. 8.3, ou seja,

$$\frac{\Delta p - \gamma l \,\text{sen}\, \theta}{l} = \frac{2\tau}{r} \tag{8.10}$$

Assim, todos os resultados para os dutos horizontais são válidos desde que Δp seja substituído por $\Delta p - \gamma l \,\text{sen}\, \theta$. Deste modo,

$$V = \frac{(\Delta p - \gamma l \,\text{sen}\, \theta) D^2}{32 \mu l} \tag{8.11}$$

e

$$Q = \frac{\pi (\Delta p - \gamma l \,\text{sen}\, \theta) D^4}{128 \mu l} \tag{8.12}$$

Nós mostramos que a força motora para o escoamento em condutos pode ser tanto a queda de pressão na direção do escoamento, Δp, ou a componente do peso na direção do escoamento, $-\gamma l \,\text{sen}\, \theta$. Se os escoamento é para baixo, a gravidade ajuda o escoamento (é necessária uma queda de pressão menor porque $\text{sen}\, \theta < 0$). Se o escoamento é para cima, a gravidade atua contra o escoamento (é necessária uma queda de pressão maior porque $\text{sen}\, \theta > 0$). Observe que $\gamma l \,\text{sen}\, \theta = \gamma \Delta z$ (onde Δz é a mudança na elevação) é um termo do tipo pressão hidrostática. Se não há escoamento, $V = 0$ e $\Delta p = \gamma l \,\text{sen}\, \theta = \gamma \Delta z$.

Exemplo 8.2

Um óleo (viscosidade dinâmica $\mu = 0,40$ N·s/m^2 e massa específica $\rho = 900$ kg/m^3) escoa num tubo que apresenta diâmetro interno, D, igual a 20 mm. (**a**) Qual é a queda de pressão, $p_1 - p_2$, necessária para produzir uma vazão de $Q = 2,0 \times 10^{-5}$ m^3/s se o tubo for horizontal com $x_1 = 0$ e $x_2 = 10$ m? (**b**) Qual deve ser a inclinação do tubo, θ, para que o óleo escoe com a mesma vazão que na parte (a) mas com $p_1 = p_2$? (**c**) Para as condições da parte (b), determine a pressão na seção $x_3 = 5$ m (onde x é a medido ao longo do tubo) sabendo que $p_1 = 200$ kPa.

Solução (a) Se o número de Reynolds é menor que 2100, o escoamento é laminar e as equações derivadas nesta seção são válidas. A velocidade média do escoamento é definida por $V = Q/A$. Assim, $V = 2,0 \times 10^{-5} / [\pi (0,02)^2 /4] = 0,0637$ m/s e o número de Reynolds é $Re = \rho VD/\mu = 2.87$. Assim, o escoamento é laminar e nós podemos calcular a queda de pressão com a Eq. 8.9 (lembre que $l = x_2 - x_1 = 10$ m). Deste modo,

$$\Delta p = p_1 - p_2 = \frac{128 \mu l Q}{\pi D^4} = \frac{128(0.40)(10.0)(2.0 \times 10^{-5})}{\pi (0.020)^4} = 20400 \text{ Pa} = 20,4 \text{ kPa}$$

(b) Sabendo que $\Delta p = p_1 - p_2 = 0$ nós podemos utilizar a Eq. 8.12 para determinar a inclinação do tubo, ou seja,

$$\text{sen}\,\theta = \frac{-128 \mu Q}{\pi \rho g D^4} \tag{1}$$

$$\text{sen}\,\theta = \frac{-128(0,40)(2,0 \times 10^{-5})}{\pi (900)(9,81)(0,020)^4} \quad \text{e} \quad \theta = -13,34°$$

Este resultado está de acordo com aquele relativo ao tubo horizontal pois uma mudança de elevação de $\Delta z = l\, sen\theta = (10)\,sen(-13.34^-) = -2.31$ m resulta numa alteração na pressão igual a $\Delta p = \rho g \Delta z = (900)(9,81)(2,31) = 20400$ Pa. Note que este valor é igual ao calculado no item (a). O trabalho realizado pelas forças de pressão do escoamento no tubo horizontal equilibra a dissipação viscosa. Como a queda de pressão do escoamento no tubo inclinado é nula, a mudança na energia potencial do fluido que escoa no tubo é dissipada pelos efeitos viscosos. Note que o valor fornecido pela Eq. 1 é sen $\theta = -1.15$ se desejarmos aumentar a vazão do escoamento para $Q = 1.0 \times 10^{-4}$ m³/s com $p_1 = p_2$. O seno de um ângulo não pode ser maior que 1 e, assim, este escoamento não é possível. O peso do fluido pode não ser grande o suficiente para compensar as forças viscosas geradas para a vazão desejada. Nestes casos, nós deveremos utilizar um tubo com diâmetro maior do que o referente ao item (a).

(c) A Eq. 1 não fornece informações sobre o comprimento do tubo, l, se $p_1 = p_2$. Isto é uma conseqüência da pressão ser constante ao longo do tubo. Este resultado pode ser verificado aplicando os valores de Q e θ do caso (b) na Eq. 8.12 e obtendo $\Delta p = 0$ para qualquer l. Por exemplo, $\Delta p = p_1 - p_3 = 0$ se $l = x_3 - x_1 = 5$ m. Assim, $p_1 = p_2 = p_3$ de modo que

$$p_3 = 200 \text{ kPa}$$

Se o fluido que escoa no tubo fosse gasolina ($\mu = 3,1 \times 10^{-4}$ N·s/m² e $\rho = 680$ kg/m³), o número de Reynolds seria igual a 2790 e o escoamento provavelmente não seria laminar. Neste caso, a utilização das Eqs. 8.9 e 8.12 fornecerá resultados incorretos. Note que a viscosidade cinemática, $v = \mu/\rho$, é um parâmetro viscoso importante (veja a Eq. 1) pois a razão entre a força viscosa ($\sim \mu$) e a força peso ($\sim \gamma = \rho g$) determina o valor de θ no escoamento a pressão constante no tubo inclinado.

8.2.2 Aplicação das Equações de Navier Stokes

Na seção anterior nós obtivemos vários resultados aplicáveis ao escoamento laminar plenamente desenvolvido num tubo através da aplicação da segunda lei de Newton a uma partícula fluida cilíndrica e com a utilização da hipótese de que o fluido era Newtoniano. Nós podemos obter as equações de Navier - Stokes modelando o fluido como Newtoniano e aplicando a Segunda lei de Newton num escoamento geral (veja o Cap. 6). Lembre que nós já resolvemos estas equações aplicadas ao escoamento laminar plenamente desenvolvido num tubo (releia a Sec. 6.9.3). Note que os resultados apresentados anteriormente são iguais aqueles indicados na Eq. 8.7.

Nós não repetiremos detalhadamente o procedimento utilizado para obter os resultados do escoamento laminar a partir das equações de Navier − Stokes mas mostraremos que as hipóteses utilizadas na modelagem do problema e os passos empregados no procedimento são equivalentes aos utilizados na seção anterior.

O movimento geral de um fluido Newtoniano é descrito pela equação da continuidade (conservação de massa, Eq. 6.31) e pela equação da quantidade de movimento (Eq. 6.127). As formas destas equações, adequadas para um fluido incompressível, são:

$$\nabla \cdot \mathbf{V} = 0 \tag{8.13}$$

$$\frac{\partial \mathbf{V}}{\partial t} + \mathbf{V} \cdot \nabla \mathbf{V} = -\frac{\nabla p}{\rho} + \mathbf{g} + \nu \nabla^2 \mathbf{V} \tag{8.14}$$

Se escoamento no tubo ocorre em regime permanente e é plenamente desenvolvido, o vetor velocidade apresenta apenas um componente axial que é função da coordenada radial [$\mathbf{V} = u(r)\,\hat{\mathbf{i}}$]. Nestas condições, o lado esquerdo da Eq. 8.14 é nulo. Isto é equivalente a dizer que o fluido não é submetido a qualquer aceleração enquanto escoa no tubo. Nós também utilizamos esta restrição na seção anterior porque consideramos $\mathbf{F} = m\mathbf{a} = 0$ para o elemento cilíndrico. Assim, com $\mathbf{g} = g\hat{\mathbf{k}}$, as equações de Navier – Stokes ficam reduzidas a:

$$\nabla \cdot \mathbf{V} = 0$$

$$\nabla p + \rho g \hat{\mathbf{k}} = \mu \nabla^2 \mathbf{V} \tag{8.15}$$

Note que o escoamento é caracterizado pelo equilíbrio das forças de pressão, peso e viscosas na direção do escoamento (de modo análogo ao mostrado na Fig. 8.10 e na Eq. 8.10). Se o escoamento não for plenamente desenvolvido (por exemplo, na região de entrada), a simplificação das equações de Navier – Stokes poderá ser impossível (o termo não linear $\mathbf{V} \cdot \nabla \mathbf{V}$ poderá não ser nulo). Neste caso, a Eq. 8.15 não será aplicável e a solução poderá ser muito difícil de ser obtida.

A equação da continuidade, Eq. 8.13, fica automaticamente satisfeita quando adotamos a hipótese $\mathbf{V} = u(r)\hat{\mathbf{i}}$. Esta condição era imposta na seção anterior quando fizemos a hipótese que o fluido era incompressível. O fluido escoa através de uma seção transversal do duto com a mesma vazão que escoa através que qualquer outra seção transversal (veja a Fig. 8.8).

Utilizando o sistema de coordenadas polares (como foi feito na seção 6.9.3), a componente da Eq. 8.15 ao longo do duto é

$$\frac{\partial p}{\partial x} + \rho g\,\mathrm{sen}\,\theta = \mu \frac{1}{r}\frac{\partial}{\partial r}\left(r \frac{\partial u}{\partial r}\right) \tag{8.16}$$

Desde que o escoamento seja plenamente desenvolvido, $u = u(r)$ e o termo do membro direito é uma função, no máximo, de r. O membro esquerdo da equação é uma função, no máximo, de x. Note que este fato leva a condição de que o gradiente de pressão na direção x é uma constante $-\partial p/\partial x = -\Delta p/l$. A mesma condição também foi utilizada na modelagem utilizada na seção anterior (Eq. 8.3).

A representação do efeito gravitacional na equação de Navier – Stokes, adequada ao escoamento plenamente desenvolvido (Eq. 8.16), é similar ao modelo gravitacional discutido na seção anterior. O gradiente de pressão na direção do escoamento é acoplado ao efeito do peso naquela direção para produzir um gradiente de pressão efetivo de $-\Delta p/l + \rho g\,\mathrm{sen}\,\theta$.

O perfil de velocidade pode ser obtido pela integração da Eq. 8.16. Esta equação diferencial é de segunda ordem. Assim, são necessárias duas condições de contorno: (1) o fluido adere a parede do duto (como foi feito na Eq. 8.7) e (2) a velocidade permanece finita no escoamento (em particular, $u < \infty$ em $r = 0$) ou, por causa da simetria, $\partial u/\partial r = 0$ em $r = 0$. Nós só utilizamos uma condição de contorno na seção anterior (a condição de não-escorregamento na parede) porque a equação era de primeira ordem. A outra condição ($\partial u/\partial r = 0$ em $r = 0$) era automaticamente inserida na análise porque $\tau = -\mu\,du/dr$ e $\tau = 2\tau_p r/D = 0$ em $r = 0$.

Os resultados obtidos com a aplicação de $\mathbf{F} = m\mathbf{a}$ a uma partícula fluida cilíndrica (Sec. 8.2.1) ou com a solução das equações de Navier – Stokes (Seção 6.9.3) são exatamente os mesmos (as hipóteses básicas utilizadas nestas soluções são iguais). Isto não é surpreendente porque os dois métodos são baseados no mesmo princípio - a segunda lei de Newton.

8.2.3 Aplicação da Análise Dimensional

O escoamento laminar plenamente desenvolvido num tubo horizontal é simples o suficiente para permitir as soluções diretas apresentadas nas duas seções anteriores. Mesmo assim, é interessante considerar este escoamento do ponto de vista da análise dimensional. Assim, nós

410 Fundamentos da Mecânica dos Fluidos

vamos admitir que a queda de pressão no duto horizontal, Δp, é função da velocidade média do escoamento no tubo, V, do comprimento do duto, l, do diâmetro do duto, D, e da viscosidade do fluido, μ. Nós não vamos incluir a massa específica, ou o peso específico, do fluido na análise porque estas propriedades não são importantes neste escoamento. Assim,

$$\Delta p = F(V, l, D, \mu)$$

As cinco variáveis relevantes do problema podem ser descritas em função de três dimensões de referência (M, L, T). De acordo com o apresentado no Cap. 7, este escoamento pode ser descrito em termos de $(k - r) = 5 - 3 = 2$ grupos adimensionais. Uma das representações possíveis é

$$\frac{D \Delta p}{\mu V} = \phi\left(\frac{l}{D}\right) \tag{8.17}$$

onde $\phi\,(l/D)$ é uma função desconhecida da razão entre o comprimento e o diâmetro do duto.

Embora isto seja o mais longe que a análise dimensional possa nos levar, parece razoável admitirmos que a queda de pressão é diretamente proporcional ao comprimento do duto. Isto é, se o comprimento é dobrado, a queda de pressão ao longo do duto é multiplicada por dois. A única maneira para que isso possa ser verdade é quando $\phi(l/D) = Cl/D$, onde C é uma constante. Deste modo, a Eq. 8.17 pode ser reescrita da seguinte maneira:

$$\frac{D \Delta p}{\mu V} = \frac{Cl}{D}$$

Isolando o termo de queda de pressão por unidade de comprimento de tubo, temos

$$\frac{\Delta p}{l} = \frac{C \mu V}{D^2}$$

e a vazão em volume do escoamento no tubo é dada por

$$Q = AV = \frac{(\pi/4C) \Delta p D^4}{\mu l} \tag{8.18}$$

A forma básica da Eq. 8.18 é a mesma daquelas obtidas nas das duas seções anteriores. O valor de C deve ser determinado pela teoria (como foi feito nas seções anteriores) ou experimentalmente. O valor de C para escoamentos laminares em tubos é 32. Para dutos que apresentam outras formas de seção transversal, o valor de C é diferente (veja Seção 8.4.3).

Normalmente é vantajoso descrever um processo em função de quantidades adimensionais. Assim, para obter a forma adimensional da equação da queda de pressão no escoamento laminar em tubos horizontais, nós reescrevemos Eq. 8.8 como $\Delta p = 32 \mu l V / D^2$ e dividimos os dois lados da equação pela pressão dinâmica, $\rho V^2/2$. Seguindo este procedimento, obtemos

$$\frac{\Delta p}{\frac{1}{2}\rho V^2} = \frac{(32 \mu l V/D^2)}{\frac{1}{2}\rho V^2} = 64\left(\frac{\mu}{\rho V D}\right)\left(\frac{l}{D}\right) = \frac{64}{\text{Re}}\left(\frac{l}{D}\right)$$

Normalmente esta equação é escrita como,

$$\Delta p = f \frac{l}{D} \frac{\rho V^2}{2}$$

onde a quantidade adimensional

$$f = \Delta p(D/l)/(\rho V^2/2)$$

é denominada fator de atrito (ou coeficiente de atrito). A nomenclatura fator de atrito de Darcy também é utilizada para este adimensional. É importante ressaltar que este parâmetro não pode ser confundido com o fator de atrito de Fanning que é definido como $f/4$. Neste texto nós só utilizaremos o fator de atrito de Darcy porque o de Fanning não é muito difundido. Note que o fator de atrito para escoamento laminar plenamente desenvolvido em tubos é igual a

$$f = \frac{64}{\text{Re}} \qquad (8.19)$$

Nós também podemos relacionar o coeficiente de atrito à tensão de cisalhamento adimensional (veja a Eq. 8.5), ou seja,

$$f = \frac{8\tau_w}{\rho V^2} \qquad (8.20)$$

O conhecimento do fator de atrito nos permitirá obter várias informações referentes aos escoamentos em condutos. A relação entre o fator de atrito e o número de Reynolds é muito mais complexa nos escoamentos turbulentos do que aquela indicada na Eq. 8.19 (que é adequada para escoamentos laminares). Este aspecto será discutido detalhadamente na Sec. 8.4.

8.2.4 Considerações sobre Energia

Nas três seções anteriores nós obtivemos vários resultados relativos a escoamentos laminares a partir da aplicação de **F** = m**a** ou da aplicação da análise dimensional. Nesta seção nós analisaremos o comportamento energético destes escoamentos. Para este fim, considere a equação da energia (Eq. 5.89) adequada aos escoamentos incompressíveis e que ocorrem em regime permanente entre as seções (1) e (2):

$$\frac{p_1}{\gamma} + \alpha_1 \frac{V_1^2}{2g} + z_1 = \frac{p_2}{\gamma} + \alpha_2 \frac{V_2^2}{2g} + z_2 + h_L \qquad (8.21)$$

Lembre que os coeficientes de energia cinética, α_1 e α_2, corrigem os efeitos provocados pela não uniformidade dos perfis de velocidade nas seções transversais do duto. Assim, $\alpha = 1$ se os perfis de velocidade são uniformes e $\alpha > 1$ para perfis não uniformes. O termo de perda de carga distribuída, h_L, contabiliza qualquer perda de energia associada com o escoamento. Esta perda é uma consequência direta da dissipação viscosa que ocorre ao longo do escoamento no conduto. Para escoamentos ideais (invíscidos) $\alpha_1 = \alpha_2 = 1$, $h_L = 0$ e a equação de energia fica reduzida a equação de Bernoulli discutida no Cap. 3 (Eq. 3.7).

Observe que $\alpha_1 = \alpha_2$ no escoamento viscoso e plenamente desenvolvido em tubos porque o perfil de velocidade não muda da seção (1) para a (2) (os valores de α são diferentes de 1 – analise a não uniformidade dos perfis de velocidade). Assim, a energia cinética é a mesma em qualquer seção $\alpha_1 V_1^2 / 2 = \alpha_2 V_2^2 / 2$ e a equação da energia fica reduzida a

$$\left(\frac{p_1}{\gamma} + z_1\right) - \left(\frac{p_2}{\gamma} + z_2\right) = h_L \qquad (8.22)$$

Note que a energia dissipada pelas forças viscosas no escoamento é fornecida pelo trabalho realizado pelas forças de pressão e gravitacionais.

A comparação da Eq. 8.22 com a Eq. 8.10 mostra que a perda de carga distribuída é dada por:

$$h_L = \frac{2\tau l}{\gamma r}$$

(lembre que $p_1 = p_2 + \Delta p$ e $z_2 - z_1 = l\,\text{sen}\,\theta$). Combinando esta equação com a Eq. 8.4, temos:

$$h_L = \frac{4 l \tau_p}{\gamma D} \qquad (8.23)$$

Esta equação mostra que a tensão de cisalhamento na parede (que é diretamente relacionada com a viscosidade e a tensão de cisalhamento ao longo do fluido) é responsável pela perda de carga distribuída. Uma análise mais cuidadosa das hipóteses envolvidas na derivação da Eq. 8.23 mostrará que este resultado é válido para escoamentos laminares e turbulentos.

Exemplo 8.3

A vazão, Q, de xarope de milho no tubo horizontal mostrado na Fig. E8.3a é monitorada pela diferença entre as pressões nas seções (1) e (2). É proposto que $Q = K\Delta p$, onde a constante de calibração, K, é uma função da temperatura, T (lembre que a viscosidade dinâmica e a massa específica variam com a temperatura – veja os dados apresentados na Tab. E8.3). (a) Faça um gráfico de $K(T)$ em função de T para 15 °C $\leq T \leq$ 65 °C. (b) Determine a tensão de cisalhamento e a queda de pressão, $\Delta p = p_1 - p_2$, para $Q = 0{,}0142$ m³/s e $T = 37$ °C. (c) Para as condições da parte (b), determine a força líquida de pressão, $(\pi D^2/4) \Delta p$, e a força líquida de cisalhamento, $\pi D l \tau_p$, no escoamento entre as seções (1) e (2).

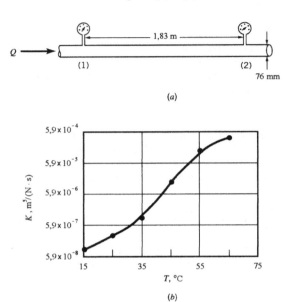

Figura E8.3

Tabela E8.3

T (°C)	ρ (kg/m³)	μ (N.s/m²)
15	1067	$1{,}92 \times 10^0$
25	1062	$9{,}10 \times 10^{-1}$
35	1057	$1{,}82 \times 10^{-1}$
45	1052	$2{,}11 \times 10^{-2}$
55	1046	$4{,}41 \times 10^{-3}$
65	1041	$1{,}10 \times 10^{-3}$

Solução: (a) Se o escoamento é laminar, a Eq. 8.9 indica

$$Q = \frac{\pi D^4 \Delta p}{128 \mu l} = \frac{\pi (0{,}076)^4 \Delta p}{128 \mu (1{,}83)}$$

ou

$$Q = K \Delta p = \frac{4{,}47 \times 10^{-7}}{\mu} \Delta p \qquad (1)$$

onde as unidades de Q, Δp e μ são, respectivamente, m³/s, N/m² e N·s/m². Assim,

$$K = \frac{4{,}47 \times 10^{-7}}{\mu}$$

Note que a unidade de K é m⁵/(N·s). A curva de calibração mostrada na Fig. E8.3b pode ser construída com as viscosidade dinâmicas apresentadas na Tab. E8.3. Este resultado é válido somente se o escoamento é laminar. Como mostramos na Seção 8.5, a relação entre a vazão e a queda de pressão não é linear nos escoamentos turbulentos. Assim, nestes escoamentos, não é possível admitir que $Q = K\Delta p$. Observe também que o valor de K é independente da massa específica do xarope (veja que ρ não foi usado nos cálculos). Isto ocorre porque o escoamento laminar é controlado pela pressão e pelos efeitos viscosos e a inércia do fluido não é importante.

(b) A viscosidade dinâmica, μ, é 0.15 N·s/m² quando $T = 37$ °C. A queda de pressão, nesta temperatura e para a vazão fornecida, é (veja a Eq. 8.9)

$$\Delta p = \frac{128\mu l Q}{\pi D^4} = \frac{128(0,15)(1,83)(0,0142)}{\pi(0,076)^4} = 4760\,\text{Pa}$$

É sempre interessante verificar se o escoamento é laminar. Para este caso,

$$V = \frac{Q}{A} = \frac{0,0142}{(\pi/4)(0,076)^2} = 3,13\,\text{m/s}$$

e o número de Reynolds vale

$$\text{Re} = \frac{\rho V D}{\mu} = \frac{(1056)(3,13)(0,076)}{(0,15)} = 1675 < 2100$$

Assim, nós confirmamos que o escoamento é laminar. Aplicando a Eq. 8.5, a tensão de cisalhamento na parede é

$$\tau_p = \frac{\Delta p D}{4l} = \frac{(4760)(0,076)}{4(1,83)} = 49,4\,\text{Pa}$$

(c) Para as condições da parte (b), a força líquida de pressão, F_p, entre as seções (1) e (2) é

$$F_p = \frac{\pi}{4}D^2 \Delta p = \frac{\pi}{4}(0,076)^2(4760) = 21,6\,\text{N}$$

De modo análogo, a força viscosa líquida, F_v, nesta região é

$$F_v = 2\pi\left(\frac{D}{2}\right)l\tau_p = 2\pi\left[\frac{0,076}{2}\right](1,83)(49,4) = 21,6\,\text{N}$$

Observe que os valores destas duas forças são iguais. Lembre que a força resultante tem que ser nula para que não exista aceleração no escoamento.

8.3 Escoamento Turbulento Plenamente Desenvolvido

Nós discutimos, nas seções anteriores, várias características do escoamento laminar plenamente desenvolvido em tubos. É muito mais freqüente encontrarmos escoamentos turbulentos nos condutos e, por este motivo, torna-se necessário obter informações similares para o escoamento turbulento em condutos. No entanto, o escoamento turbulento é um processo muito complexo.

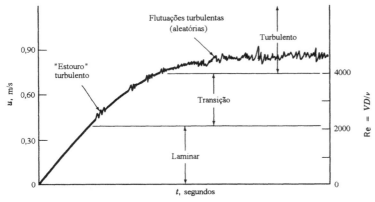

Figura 8.11 Transição do escoamento laminar para turbulento num tubo.

Muitas pessoas tem dedicado um esforço considerável tentando entender os mecanismos e a estrutura da turbulência. Apesar de conhecermos alguns aspectos básicos da turbulência, o assunto está sendo estudado e o campo do escoamento turbulento ainda permanece como a área menos compreendida da mecânica dos fluidos. Neste livro nós só apresentaremos algumas das idéias básicas da turbulência e o leitor interessado deverá consultar a bibliografia disponível, Refs. [1,2 e 3].

8.3.1 Transição do Escoamento Laminar para o Turbulento

Os escoamentos são classificados como laminares ou turbulentos. Existe, para qualquer escoamento, pelo menos um parâmetro adimensional que indica se o escoamento é laminar ou turbulento, ou seja, se o valor do adimensional for menor do que um valor de referência ele será laminar. Os parâmetros adimensionais relevantes ao escoamento (i.e., número de Reynolds, número de Mach, etc.) e seus valores críticos (de referência), dependem da situação específica do escoamento. Por exemplo, o escoamento num tubo e sobre uma placa plana (escoamento de camada limite, veja a Sec. 9.2.4) pode ser laminar ou turbulento, dependendo do número de Reynolds. Para escoamentos em tubos, o escoamento será laminar se o número de Reynolds for menor do que aproximadamente 2100 e turbulento se o número de Reynolds for maior do que 4000. Para um escoamento ao longo de uma placa plana, a transição entre laminar e turbulento ocorre num número de Reynolds aproximadamente igual 5×10^5 (veja a Sec. 9.2.4). Note que, neste último escoamento, o comprimento característico utilizado na definição do número de Reynolds é a distância medida a partir do bordo de ataque da placa.

Considere um tubo longo que inicialmente está repleto com um fluido. Assim que a válvula é aberta, para iniciar o escoamento, a velocidade do escoamento e, consequentemente, o número de Reynolds aumenta de zero (sem escoamento) até atingir um valor máximo (referente ao regime permanente – veja a Fig. 8.11). Admita que este processo transitório é lento o suficiente para que os efeitos não-permanentes possam ser desprezados (escoamento quase-permanente). Inicialmente, o escoamento no tubo é laminar mas, num certo instante, o número de Reynolds atinge 2100 e o escoamento começa sua transição para o regime turbulento. Neste regime de escoamento (transição) nós identificamos "explosões" ou manifestações repentinas e intermitentes no escoamento. Com o aumento do número de Reynolds, todo o campo do escoamento se torna turbulento. Esta condição ocorre quanto o número de Reynolds excede 4000 (aproximadamente).

A Fig. 8.12 mostra um gráfico típico da componente axial da velocidade do escoamento turbulento num tubo, $u = u(t)$. A característica mais notável da turbulência é sua natureza irregular e aleatória. O caráter de muitas propriedades importantes do escoamento (por exemplo, a perda de pressão, a transferência de calor etc.) dependem fortemente da existência e da natureza das flutuações turbulentas indicadas na figura. Nas considerações anteriores sobre os escoamentos invíscidos, o número de Reynolds é (rigorosamente falando) infinito (porque a viscosidade é nula) e o escoamento será turbulento. Todavia, resultados razoáveis foram obtidos utilizando a equação de Bernoulli como a equação que descreve o escoamento. A razão para esta abordagem invíscida

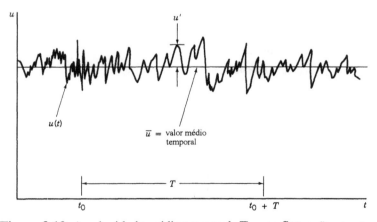

Figura 8.12 A velocidade média temporal, $\overline{u}$, e as flutuações em torno da velocidade média, u'.

fornecer resultados razoáveis é que os efeitos viscosos não eram importantes e a velocidade utilizada nos cálculos era a velocidade média temporal do escoamento, $\bar{u}$ (veja a Fig. 8.13). Os cálculos da transferência de calor, da queda de pressão, e de muitos outros parâmetros não seriam possíveis sem a inclusão dos aparentemente "pequenos", mas muito importantes, efeitos associados a aleatoriedade do escoamento.

Considere o escoamento da água contida numa panela colocada sobre um fogão. Com o fogão desligado, o fluido está imóvel. Não é possível detectar qualquer resíduo do movimento provocado no enchimento da panela por causa da dissipação viscosa na água. Se ligarmos o fogão, nós identificamos um gradiente de temperatura na direção vertical, $\partial T / \partial z$ (a temperatura é maior perto do fundo da panela do que aquela na superfície livre da água). Se a diferença de temperatura é muito pequena, a água irá permanecer estacionária, ainda que a massa específica da água seja menor no fundo da panela (lembre que a temperatura da água é maior no fundo da panela). O aumento do gradiente de temperatura causará uma instabilidade provocada pelo empuxo – a água quente, e menos densa, sobe para o topo, enquanto a água fria, mais densa, vai para o fundo. Este "sobe e desce" lento e regular aumenta a transferência de calor da panela para a água e promove uma mistura dentro da panela. Se o gradiente de temperatura aumenta mais ainda, o movimento fluido torna-se mais vigoroso e eventualmente torna-se um escoamento turbulento caótico e aleatório, promovendo uma mistura considerável e aumentando muito a taxa de transferência de calor. Note que o escoamento progride de estacionário, para laminar e, finalmente, para turbulento.

Os processos de mistura e de transferência de calor e massa são mais intensos no escoamento turbulento do que no escoamento laminar. Esta intensificação é devida a escala macroscópica dos movimentos turbulentos. Todos nós estamos familiarizados como as estruturas de movimento do tipo "rolo" encontradas no escoamento de água nas panelas aquecidas num fogão (mesmo que não esteja sendo aquecida para ferver). Este tipo de movimento, que apresenta tamanho finito, é muito efetivo no transporte de energia e massa no campo de escoamento (aumenta significativamente as várias taxas de processo envolvidas). O escoamento laminar, por outro lado, pode ser entendido como pequenas partículas, mas de tamanho finito, escoando suavemente em camadas sobrepostas. A única aleatoriedade e mistura se dá em escala molecular e resulta em taxas de transferência de calor, massa e quantidade de movimento relativamente baixas.

Sem a turbulência seria virtualmente impossível termos a vida como a conhecemos. Em algumas situações, o escoamento turbulento é necessário. Por exemplo, para alcançar a taxa de transferência de calor necessária de um sólido para um fluido (como nas serpentinas do resfriador de um ar condicionado ou nos tubos da caldeira de uma termoeléctrica) seria necessária uma enorme área de transferência de calor se o escoamento fosse laminar. De modo análogo, para que a taxa de transferência de massa do estado líquido para o estado vapor (por exemplo, o sistema de resfriamento evaporativo relacionado com a transpiração) seja razoável seria necessário superfícies muito grandes se o fluido escoasse pela superfície laminarmente e não de modo turbulento.

A turbulência também é importante na mistura de fluidos. Se o escoamento for laminar, ao invés de turbulento, a fumaça de uma chaminé pode se estender por quilômetros como uma tira de poluentes (a dispersão dos poluentes na atmosfera seria muito pequena). Este fenômeno pode ser observado sob certas condições atmosféricas. Nestes casos, ainda que haja dispersão em escala molecular (escoamento laminar), a mistura é muito ineficiente e menos efetiva do que a mistura em escala macroscópica (escoamento turbulento). É consideravelmente mais fácil misturar creme num copo de café (escoamento turbulento) do que misturar perfeitamente duas cores de uma tinta viscosa (escoamento laminar).

Em outras situações o escoamento laminar é desejável. A queda de pressão no escoamento em condutos (assim como, a potência necessária para a movimentação do fluido) pode ser consideravelmente menor se o escoamento for laminar. Felizmente, o escoamento de sangue nas veias das pessoas normalmente é laminar (exceto nas artérias com altas vazões de sangue). O arrasto aerodinâmico sobre um avião pode ser consideravelmente menor num escoamento laminar do que num turbulento.

8.3.2 Tensão de Cisalhamento Turbulenta

A diferença fundamental entre o escoamento laminar e o turbulento é provocada pelo comportamento caótico e aleatório dos parâmetros do escoamento turbulento. Estas variações ocorrem

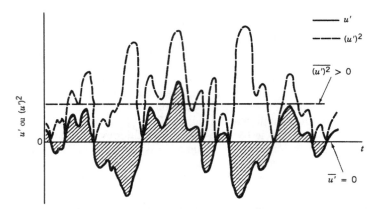

Figura 8.13 Média da flutuação e média do quadrado da flutuação.

nas três componentes da velocidade, na pressão, na tensão de cisalhamento, na temperatura, e em várias outras variáveis que tenham uma descrição de campo. O escoamento turbulento é caracterizado pela vorticidade aleatória nas três dimensões (i.e., rotação da partícula fluida, veja a Seção 6.1.3). A Fig. 8.12 mostra que os escoamentos turbulentos podem ser descritos em função de valores médios (indicados com um traço em cima da variável) e pelas flutuações (indicadas com um apóstrofo após a variável). Assim, se $u = u(x,y,z,t)$ é a componente x da velocidade, então a sua média temporal, $\bar{u}$, é

$$\bar{u} = \frac{1}{T} \int_{t_0}^{t_0+T} u(x,y,z,t)\, dt \quad (8.24)$$

onde o intervalo de tempo, T, é consideravelmente mais longo que o período da flutuação mais longo, mas consideravelmente mais curto que qualquer variação na velocidade média (veja a Fig. 8.12).

A flutuação da velocidade, u', é a diferença entre o valor instantâneo da velocidade, u, e o valor médio da velocidade, $\bar{u}$, ou seja,

$$u = \bar{u} + u' \quad \text{ou} \quad u' = u - \bar{u} \quad (8.25)$$

Note que a média temporal da flutuação é nula, pois

$$\bar{u}' = \frac{1}{T} \int_{t_0}^{t_0+T} (u - \bar{u})\, dt = \frac{1}{T} \left(\int_{t_0}^{t_0+T} u\, dt - \int_{t_0}^{t_0+T} \bar{u}\, dt \right) = \frac{1}{T}(T\bar{u} - T\bar{u}) = 0$$

A Fig. 8.13 também mostra que a média do quadrado da flutuação é positiva, $[(u')^2 > 0]$. Assim,

$$\overline{(u')^2} = \frac{1}{T} \int_{t_0}^{t_0+T} (u')^2 \, dt > 0$$

De modo análogo, é possível que as médias dos produtos das flutuações (por exemplo, $\overline{u'v'}$) são nulas ou finitas (tanto negativas como positivas).

A estrutura e as características da turbulência podem variar de uma situação para outra. Por exemplo, a intensidade de turbulência (ou nível da turbulência) pode ser maior numa ventania do que numa brisa (ainda que turbulenta). A intensidade de turbulência, I, é geralmente definida como a raiz quadrada da média das flutuações de velocidade elevadas ao quadrado dividida pela velocidade média temporal. Deste modo,

$$I = \frac{\sqrt{\overline{(u')^2}}}{\bar{u}} = \frac{\left[\frac{1}{T} \int_{t_0}^{t_0+T} (u')^2 \, dt \right]^{1/2}}{\bar{u}}$$

Quanto maior a intensidade de turbulência, maiores serão as flutuações da velocidade (e dos outros parâmetros do escoamento). Os túneis de vento bem projetados apresentam intensidades de

Escoamento Viscoso em Condutos 417

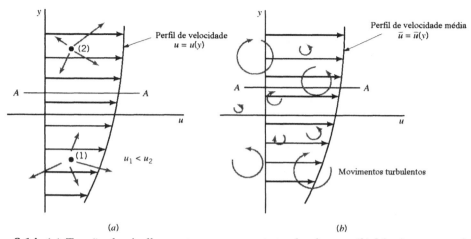

Figura 8.14 (a) Tensão de cisalhamento em escoamentos laminares. (b) Movimentos turbulentos tridimensionais num escoamento turbulento.

turbulência da ordem de 0,01, mas, com extremo cuidado, é possível obter valores tão baixos quanto 0,0002. Por outro lado, nós encontramos intensidades de turbulência maiores do que 0,1 nos escoamentos em rios e na atmosfera.

Outro parâmetro da turbulência que é diferente de uma situação de escoamento para outra é o período das flutuações - a escala de tempo das flutuações mostrada na Fig. 8.12. Em vários escoamentos, como o escoamento de água numa torneira, as freqüências típicas são da ordem de 10, 100 ou 1000 ciclos por segundo (cps). Em outros escoamentos, como o da Corrente do Golfo no Oceano Atlântico ou o escoamento da atmosfera em Júpiter, as oscilações aleatórias características podem apresentar um período com ordem de grandeza de horas, dias ou até mais.

É tentador estender os conceitos da tensão de cisalhamento viscosa para escoamento laminar ($\tau = \mu \, du / dy$) para o escoamento turbulento substituindo u, a velocidade instantânea, por $\bar{u}$, a velocidade média temporal. Todavia, numerosos estudos teóricos e práticos tem mostrado que esta abordagem leva a resultados completamente incorretos. Isto é, $\tau \neq \mu \, d\bar{u} / dy$. Uma explicação física para este comportamento pode ser encontrada no conceito da tensão de cisalhamento.

O escoamento laminar pode ser modelado como um movimento organizado de camadas compostas por partículas fluidas. Note que, nestes escoamentos, as camadas deslizam uma sobre as outras, ou seja, as camadas apresentam velocidades diferentes. Nós vimos, no Cap. 1, que o fluido é constituído por uma quantidade imensa de moléculas que apresentam flutuações (veja a Fig. 8.14a). As moléculas que cruzam o plano $A - A$ da figura e são provenientes da região situada abaixo do plano apresentam velocidades na direção x menores do que as velocidades das moléculas que cruzam o plano e são provenientes da região superior.

O fluxo líquido de quantidade de movimento na direção x através do plano $A - A$ provoca um arrasto para a direita no fluido situado abaixo do plano e também um arrasto oposto no fluido situado acima do plano. Isto ocorre porque as moléculas "mais lentas" que se movem para cima do plano $A - A$ devem ser aceleradas pelo fluido localizado acima deste plano. A tensão de cisalhamento só será detectada se existir um gradiente de $u(y)$ no escoamento. Se a velocidade média na direção x (e a quantidade de movimento nesta direção) das moléculas ascendentes e descendentes for a mesma o fluxo líquido de quantidade de movimento no plano $A - A$ será nulo. Além deste mecanismo existem as forças de atração entre as moléculas. Se combinarmos estes efeitos nós podemos obter a "lei da viscosidade de Newton": $\tau = \mu \, du / dy$. Assim, em termos moleculares, a viscosidade dinâmica, μ, está relacionada com as massas e as velocidades (temperatura) do movimento aleatório das moléculas.

Ainda que o movimento aleatório das moléculas também esteja presente no escoamento turbulento, há um outro fator que é geralmente mais importante. Um modo simples de entender o escoamento turbulento é considerá-lo como sendo composto por uma série de movimentos do tipo tridimensional e aleatório como o mostrado (somente numa dimensão) na Fig. 8.14b. As faixa de tamanho destes movimentos turbulentos ("eddy") vão desde um diâmetro muito pequeno (da ordem do tamanho de uma partícula fluida) até diâmetros muito grandes (da ordem do tamanho do objeto ou da geometria do escoamento considerado). Eles se movem aleatoriamente, transportando massa com uma velocidade média $\bar{u} = \bar{u}(y)$. A estrutura dos movimentos turbulentos promove uma grande mistura no escoamento e, por isto, intensifica o transporte de quantidade de movimento através do plano $A - A$. Note que parcelas finitas de fluido (não somente moléculas individuais como no escoamento laminar) são aleatoriamente transportadas através deste plano, resultando numa força de cisalhamento relativamente grande (quando comparada com àquela do escoamento laminar). Veja o ◉ 8.2 – Turbulência num prato de sopa.

Os componentes aleatórios do vetor velocidade que são importantes para esta transferência de quantidade de movimento (e para a força de cisalhamento) são u' (para a componente x da velocidade) e v' (para a taxa de transferência de massa através do plano $A - A$). Uma análise mais detalhada dos processos envolvidos neste fenômeno mostrará que a tensão aparente de cisalhamento no plano $A - A$ é dada pela expressão (veja a Ref. [2]):

$$\tau = \mu \frac{d\bar{u}}{dy} - \overline{\rho u' v'} = \tau_{lam} + \tau_{turb} \quad (8.26)$$

Se o escoamento é laminar, $u' = v' = 0$. Assim, $\overline{u'v'} = 0$ e a Eq. 8.26 fica reduzida a expressão habitual para a tensão de cisalhamento laminar, $\tau_{lam} = \mu \, du/dy$. Nós encontramos nos escoamentos turbulentos que a tensão de cisalhamento turbulenta, $\tau_{turb} = -\overline{\rho u' v'}$, é positiva. Assim, a tensão de cisalhamento é maior no escoamento turbulento do que no laminar. Note que a unidade de τ_{turb} é (massa específica)(velocidade)^2 = (kg/m^3)(m/s)^2 = (kgm/s^2)/m^2 = N/m^2. Os termos com forma $-\overline{\rho u' v'}$ (ou $-\overline{\rho v' w'}$, etc.) são conhecidos como as tensões de Reynolds – para homenagear o trabalho pioneiro de Osborne Reynolds (1895).

A Eq. 8.26 mostra que a tensão de cisalhamento no escoamento turbulento não é meramente proporcional ao gradiente da velocidade média temporal, $\bar{u}(y)$, pois ela também contém uma contribuição devida as flutuações aleatórias das componentes x e y da velocidade. A massa específica do fluido também está presente na equação devido à transferência de quantidade de movimento provocada pelos movimentos turbulentos. Mesmo que a relação entre τ_{lam} e τ_{turb} seja uma função complexa das características do escoamento específico envolvido, a Fig. 8.15a mostra algumas medições típicas da estrutura do escoamento turbulento num tubo. (Lembre que a Eq. 8.4 mostra que a tensão de cisalhamento é proporcional a distância da linha de centro do tubo). Note que a tensão de cisalhamento laminar é dominante na região fina e próxima à parede (sub-camada viscosa). Longe da parede (na camada externa), a porção turbulenta da tensão de cisalhamento passa a ser dominante. A transição entre estas duas regiões ocorre na camada de superposição. O perfil de velocidades típico do escoamento turbulento em tubo está mostrado na Fig. 8.15b.

A escala dos diagramas mostrados na Fig. 8.15 não é necessariamente correta. Normalmente, o valor de τ_{turb} é de 100 a 1000 maior que τ_{lam} na região externa, enquanto o inverso é verdade na

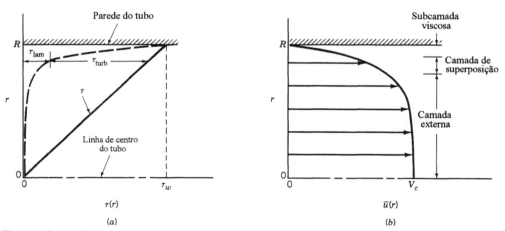

Figura 8.15 Estrutura do escoamento turbulento num tubo: (a) tensão de cisalhamento e (b) velocidade média.

sub-camada viscosa. Uma modelagem correta do escoamento turbulento depende muito do conhecimento preciso de τ_{turb}. Isto, por sua vez, requer um conhecimento preciso das flutuações u' e v', ou de $\rho u'v'$. Ainda não é possível resolver rigorosamente as equações que descrevem os escoamentos turbulentos (as equações de Navier-Stokes) mas algumas informações importantes sobre algumas características da turbulência tem sido obtidas com simulações numéricas destes escoamentos. Um esforço considerável está sendo aplicado no estudo da turbulência mas muitos aspectos ainda são desconhecidos. Talvez os resultados dos novos estudos nas áreas do caos e da geometria fractal propiciem um melhor entendimento da turbulência (veja a Sec. 8.3.5).

A escala vertical da Fig. 8.15 também está destorcida. A sub-camada viscosa (adjacente à parede) é geralmente muito fina. Por exemplo, a espessura da sub-camada viscosa é aproximadamente igual a 0.05 mm no escoamento de água, com velocidade média igual a 3,1 m/s, num tubo com diâmetro de 76 mm. O movimento do fluido confinado na sub-camada viscosa é crítico para o escoamento como um todo. Note que a condição de não escorregamento e a tensão de cisalhamento na parede ocorrem nesta camada. Assim, não é surpreendente detectarmos que as propriedades do escoamento turbulento em condutos dependem bastante da rugosidade da parede do conduto – diferentemente do escoamento laminar que é independente da rugosidade. Pequenos elementos rugosos (ranhuras, ferrugem, areia ou partículas de sujeira, etc) podem facilmente perturbar a subcamada viscosa (veja a Sec. 8.4) e isto afeta todo o campo de escoamento.

Uma forma alternativa para a tensão de cisalhamento em escoamentos turbulentos é dada em função da viscosidade turbulenta efetiva, η, onde

$$\tau = \eta \frac{d\overline{u}}{dy} \qquad (8.27)$$

Esta extensão da terminologia laminar foi introduzida pelo cientista francês J. Boussinesq em 1877. Ainda que o conceito de viscosidade turbulenta efetiva é intrigante, ele não é um parâmetro fácil de ser utilizado nas aplicações práticas. Diferentemente da viscosidade dinâmica, μ, que tem um valor conhecido para um dado fluido, a viscosidade turbulenta efetiva é uma função tanto do fluido quanto do escoamento. Isto é, a viscosidade turbulenta da água não pode ser pesquisada em manuais - seus valores mudam de um escoamento turbulento para outro e de um ponto para outro no mesmo escoamento turbulento.

A incapacidade de determinar precisamente as tensões de Reynolds, $\rho u'v'$, é equivalente a não conhecer a viscosidade turbulenta efetiva. Muitas teorias semi-empíricas foram propostas (veja a Ref. [3]) para determinar os valores aproximados de η. L. Prandtl (1875 – 1953), físico alemão e especialista em aerodinâmica, propôs que o processo turbulento poderia ser visto como um transporte aleatório de "agregados" de partículas fluidas de uma região que apresenta uma certa velocidade para outra região que apresenta uma velocidade diferente. A distância deste transporte foi denominada comprimento de mistura, l_m. Prandtl concluiu, a partir da utilização de algumas hipóteses (ad hoc) e de modelos físicos, que a viscosidade turbulenta era dada por

$$\eta = \rho \ell_m^2 \left|\frac{d\overline{u}}{dy}\right|$$

Deste modo, a tensão de cisalhamento turbulenta é

$$\tau_{turb} = \rho \ell_m^2 \left(\frac{d\overline{u}}{dy}\right)^2 \qquad (8.28)$$

Assim, o problema foi deslocado para a determinação do comprimento de mistura, l_m. Estudos posteriores indicaram que o comprimento de mistura não apresenta valor constante ao longo do campo de escoamento. Por exemplo, a turbulência é função da distância da parede nas regiões próximas às paredes. Nestas condições, torna-se necessário utilizar mais hipóteses que relacionam o comprimento de mistura com a distância à parede.

O resultado final é que ainda não existe um modelo de turbulência geral e completo que descreva como varia a tensão de cisalhamento num campo de escoamento incompressível, viscoso e turbulento qualquer. Sem este tipo de informação é impossível integrar a equação de equilíbrio de forças para obter o perfil de velocidades turbulento e todas outras informações relevantes do escoamento (como foi feito no caso de escoamento laminar).

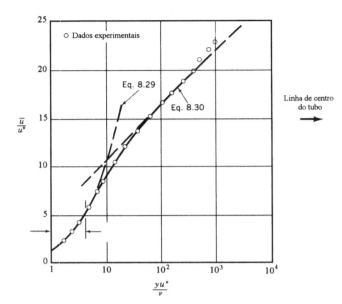

Figura 8.16 Estrutura típica do perfil de velocidade dos escoamentos turbulentos em tubos.

8.3.3 Perfil de Velocidade Turbulento

Uma quantidade considerável de informações sobre os perfis de velocidade turbulentos tem sido obtidas através da utilização da análise dimensional, de métodos experimentais e semi-empíricos. A Fig. 8.15 mostra que o escoamento turbulento plenamente desenvolvido em tubos pode ser dividido em três regiões que podem ser caracterizadas pelas suas distâncias até a parede: a sub-camada viscosa (muito próxima da parede do tubo), a região de superposição e a camada turbulenta externa (na região central do tubo). A tensão de cisalhamento viscosa é dominante na subcamada viscosa [se comparada com a tensão turbulenta (ou de Reynolds)]. O movimento aleatório turbulento não é detectado nesta região. As tensões de Reynolds são muito importantes na camada turbulenta externa. É possível identificar movimentos turbulentos vigorosos e aleatórios, que intensificam grandemente a mistura do fluido, nesta região.

A natureza dos escoamentos nestas duas regiões é inteiramente diferente. Por exemplo, dentro da subcamada viscosa, a viscosidade do fluido é um parâmetro significativo mas a massa específica não é importante. Na camada externa ocorre o inverso. Através da utilização cuidadosa da análise dimensional dos escoamentos nas duas camadas e "casando" os resultados na camada de superposição é possível obter as próximas conclusões sobre o perfil de velocidade turbulento num tubo liso. (Ref. 5).

O perfil de velocidade na subcamada viscosa pode ser escrito, na forma adimensional, do seguinte modo:

$$\frac{\bar{u}}{u^*} = \frac{yu^*}{\nu} \qquad (8.29)$$

onde $y = R - r$ é a distância medida à partir da parede, $\bar{u}$ é a velocidade média temporal na direção x e e $u^* = (\tau_p/\rho)^{1/2}$ é denominada velocidade de atrito. Observe que u^* não é uma velocidade real do fluido – é meramente uma quantidade que apresenta dimensão igual a da velocidade. A Eq. 8.29 (normalmente denominada de lei da parede) é válida na região fina e adjacente a parede lisa, ou seja, para $0 \leq yu^*/\nu \leq 5$ (veja a Fig. 8.16).

Os argumentos da análise dimensional indicam que a velocidade varia como um logaritmo de y na região de superposição. Assim, a seguinte expressão foi proposta:

$$\frac{\bar{u}}{u^*} = 2.5 \ln\left(\frac{yu^*}{\nu}\right) + 5.0 \qquad (8.30)$$

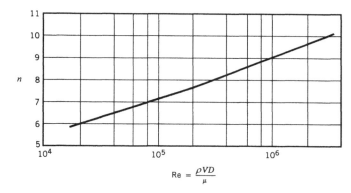

Figura 8.17 Expoente n para o perfil de velocidade (adaptado da Ref.[1]).

onde as constantes 2.5 e 5.0 foram determinadas experimentalmente. A Fig. 8.16 indica que a Eq. 8.30 apresenta uma correlação razoável com os dados experimentais na região meio distante da parede lisa (mas também não muito próximas à região central). Note que a escala horizontal da figura é logarítmica. Isto cria uma tendência de exagerar o tamanho da subcamada viscosa relativamente ao restante do escoamento. Como será mostrado no Exemplo 8.4, a subcamada viscosa é geralmente muito fina. Resultados similares podem ser obtidos para escoamento turbulento sobre paredes rugosas (veja a Ref. [17]).

Existem várias outras correlações para o perfil de velocidade dos escoamentos turbulentos em tubos. Por exemplo, na região central (camada exterior turbulenta), a expressão $(V_c - \bar{u})/u^* = 2,5\ln(R/y)$, onde V_c é velocidade na linha de centro, é freqüentemente recomendada porque apresenta uma boa correlação com os dados experimentais. Uma outra correlação muito utilizada para o perfil de velocidade nestes escoamentos é o de potência

$$\frac{\bar{u}}{V_c} = \left(1 - \frac{r}{R}\right)^{1/n} \tag{8.31}$$

Nesta representação, o valor de n é uma função do número de Reynolds (veja a Fig. 8.17). A lei da potência de um sétimo para o perfil de velocidade ($n = 7$) é geralmente utilizada, com uma precisão razoável, em muitas situações reais. A Fig. 8.18 mostra vários perfis turbulentos típicos baseados nesta lei de potência (◉ 8.3 – Perfis de velocidade laminar e turbulento).

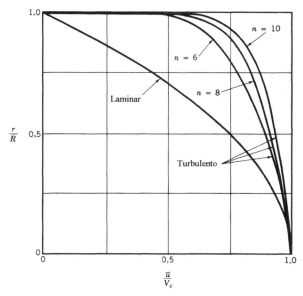

Figura 8.18 Perfis de velocidade para os escoamentos laminar e turbulentos em tubos.

Uma análise cuidadosa da Eq. 8.31 mostra que o perfil da lei de potência pode não ser válido próximo da parede, pois ali o gradiente de velocidade é infinito. Adicionalmente, a Eq. 8.31 não é precisamente válida perto da linha de centro, pois não fornece $d\bar{u}/dr = 0$ em $r = 0$. Todavia, esta equação fornece uma aproximação razoável para os perfis de velocidade medidos na maior parte do tubo.

Observe no ⊙ 8.3 e na Fig. 8.18 que os perfis turbulentos são muito mais "chatos" do que o laminar e que esse achatamento aumenta com o número de Reynolds (isto é, com n). Relembre que nós obtivemos resultados aproximados no Cap. 3 utilizando a equação invíscida de Bernoulli e admitindo que os perfis de velocidade eram uniformes. A utilidade da equação de Bernoulli e a hipótese de velocidade uniforme não são inesperadas. É claro que muitas propriedades do escoamento não podem ser calculadas sem a inclusão dos efeitos viscosos.

Exemplo 8.4

Água a 20 °C ($\rho = 998$ kg/m³ e $\nu = 1{,}004\times10^{-6}$ m²/s) escoa num tubo horizontal; que apresenta diâmetro igual a 0,1 m; com uma vazão de $Q = 4 \times 10^{-2}$ m³/s. O gradiente de pressão no escoamento é 2,59 kPa/m. (**a**) Determine a espessura aproximada da subcamada viscosa. (**b**) Determine a velocidade do escoamento na linha de centro do tubo, V_c. (**c**) Determine a razão entre a tensão de cisalhamento turbulenta e a laminar, τ_{turb}/τ_{lam}, no ponto médio entre a linha de centro e a parede do tubo (i.e. em $r = 0.025$ m).

Solução (**a**) De acordo com a Fig. 8.16, a espessura da subcamada viscosa, δ_s, é dada por

$$\frac{\delta_s u^*}{\nu} = 5$$

ou

$$\delta_s = 5\frac{\nu}{u^*}$$

onde

$$u^* = \left(\frac{\tau_p}{\rho}\right)^{1/2} \quad (1)$$

A tensão de cisalhamento na parede pode ser obtida através da queda de pressão no escoamento e da Eq. 8.5 (que é válida em escoamentos laminares e turbulentos). Assim,

$$\tau_p = \frac{D\Delta p}{4l} = \frac{(0.1)(2{,}59\times 10^3)}{4(1)} = 64{,}8\text{ N/m}^2$$

Utilizando a Eq. (1) obtemos,

$$u^* = \left(\frac{64{,}8}{998}\right)^{1/2} = 0{,}255\text{ m/s}$$

Assim,

$$\delta_s = \frac{5(1{,}004\times 10^{-6})}{0{,}255} = 1{,}97\times 10^{-5}\text{ m} \approx 0{,}02\text{ mm}$$

Note que a subcamada viscosa é muito fina e que as pequenas imperfeições na parede do duto podem perturbar esta subcamada e afetar algumas características do escoamento (por exemplo, a tensão de cisalhamento na parede e o gradiente de pressão).

(**b**) A velocidade na linha de centro do tubo pode ser obtida através da velocidade média e da hipótese de que o perfil de velocidade segue a lei de potência. Para este escoamento,

$$V = \frac{Q}{A} = \frac{0{,}04}{\pi(0{,}1)^2/4} = 5{,}09\text{ m/s}$$

Já o número de Reynolds é igual a

$$\text{Re} = \frac{VD}{\nu} = \frac{(5,09)(0,1)}{(1,004 \times 10^{-6})} = 5,07 \times 10^{5}$$

A Fig. 8.17 indica que $n = 8,4$. Deste modo,

$$\frac{\overline{u}}{V_c} \approx \left(1 - \frac{r}{R}\right)^{1/8,4}$$

Para determinar a velocidade na linha de centro, V_c, nós devemos conhecer a relação entre V (a velocidade média) e V_c. Esta relação pode ser obtida pela integração do perfil de velocidade do escoamento no tubo (lei de potência). Como o escoamento é axissimétrico,

$$Q = AV = \int \overline{u}\, dA = V_c \int_{r=0}^{r=R} \left(1 - \frac{r}{R}\right)^{1/n} (2\pi r)\, dr$$

Esta equação pode ser integrada, ou seja,

$$Q = 2\pi R^2 V_c \frac{n^2}{(n+1)(2n+1)}$$

Como $Q = \pi R^2 V$, nós obtemos,

$$\frac{V}{V_c} = \frac{2n^2}{(n+1)(2n+1)}$$

Neste caso, $n = 8,4$ e

$$V_c = \frac{(n+1)(2n+1)}{2n^2} V = 1,186\, V = 1,186\,(5,09) = 6,04 \text{ m/s}$$

Lembre que, no caso laminar, $V_c = 2V$.

(c) Aplicando a Eq. 8.4, que é válida para escoamentos laminares e turbulentos, a tensão de cisalhamento em $r = 0.025$ m é

$$\tau = \frac{2\tau_p r}{D} = \frac{2(64,8)(0,025)}{(0,1)}$$

ou

$$\tau = \tau_{\text{lam}} + \tau_{\text{turb}} = 32,4 \text{ N/m}^2$$

onde $\tau_{\text{lam}} = -\mu\, d\overline{u}/dr$. Nós podemos calcular o gradiente da velocidade média com o perfil de velocidade (Eq. 8.31). Deste modo,

$$\frac{d\overline{u}}{dr} = -\frac{V_c}{nR}\left(1 - \frac{r}{R}\right)^{(1-n)/n}$$

e

$$\frac{d\overline{u}}{dr} = \frac{(6,04)}{8,4(0,05)}\left(1 - \frac{0,025}{0,05}\right)^{(1-8.4)/8.4} = -26,5 \text{ s}^{-1}$$

Assim,

$$\tau_{\text{lam}} = -\mu \frac{d\overline{u}}{dr} = -(\nu\rho)\frac{d\overline{u}}{dr} = -(1,004 \times 10^{-6})(998)(-26,5) = 0.0266 \text{ N/m}^2$$

A razão entre a tensão de cisalhamento turbulenta e a laminar é

$$\frac{\tau_{\text{turb}}}{\tau_{\text{lam}}} = \frac{\tau - \tau_{\text{lam}}}{\tau_{\text{lam}}} = \frac{32,4 - 0,0266}{0,0266} = 1220$$

Como era esperado, a maior parte da tensão de cisalhamento neste local do escoamento é devida as tensões de cisalhamento turbulentas.

As características do escoamento turbulento em tubos discutidas nesta seção também são encontradas em vários outros escoamentos. Muitas das características apresentadas (i.e., tensão de Reynolds, a subcamada viscosa, a camada de superposição, a camada externa, as características gerais do perfil de velocidades etc) também são encontradas em outros escoamentos turbulentos. O escoamento turbulento em condutos e sobre uma parede sólida (escoamento de camada limite) apresentam várias características comuns. Estes conceitos serão discutidos mais detalhadamente no Cap. 9.

8.3.4 Modelagem da Turbulência

Ainda não é possível predizer teoricamente toda a riqueza de detalhes irregulares e aleatórios encontrados nos escoamentos turbulentos. Entretanto, a determinação antecipada dos campos médios de velocidade, pressão, temperatura e de outras características dos escoamentos é necessária em muitas aplicações da engenharia. Para que isso fosse possível, foram desenvolvidas as equações médias temporais das equações de Navier – Stokes (Eqs. 6.31 e 6.127). Entretanto, estas equações não são lineares e as equações diferenciais que operam com médias temporais apresentam termos que representam médias de produtos de flutuações. Assim, as equações só podem nos fornecer os valores médios, como os da pressão e dos componentes do vetor velocidade, se conhecermos os termos que representam as médias dos produtos das flutuações. Por exemplo, a tensão de Reynolds $-\rho\ u'v'$ (veja a Eq. 8.26) surge quando realizamos a média temporal na equação de quantidade de movimento. Observe que o objetivo principal para a realização da média temporal era o de obter equações formadas por termos que podem ser avaliados diretamente.

Assim, não é possível simplesmente realizar a media das equações básicas e obter uma equação que envolva apenas as quantidades medias desejadas. Para contornar esta característica usual dos sistemas não lineares, várias hipóteses simplificadoras "ad hoc" tem sido utilizadas para fechar o problema composto pelas pelas equações diferenciais que operam com as características médias temporais dos escoamentos. Ou seja, o conjunto de equações precisa ser completado ou fechado – lembre que o número de equações tem que ser igual ao número de variáveis.

Várias tentativas tem sido feitas para fechar o problema da turbulência (Refs. 1, 32). Entre os procedimentos utilizados para fechar o problema, nós encontramos a definição de uma viscosidade turbulenta e de um comprimento de mistura (veja a Sec. 8.3.2). Estes dois procedimentos, ou modelos, são denominados algébricos ou de zero equações. Outros modelos, que estão fora do escopo deste livro, são os que utilizam uma ou duas equações para caracterizar o comportamento turbulento dos escoamentos. Normalmente, uma das equações utilizadas nestes modelos é a de transporte da energia cinética turbulenta. É interessante ressaltar que o esforço computacional associado a simulação de escoamentos turbulentos é significativo.

A modelagem da turbulência é um tópico difícil e importante. Entretanto, apesar dos progressos identificados nas últimas décadas, esta área do conhecimento ainda não está madura.

8.3.5 Caos e Turbulência

A teoria do caos é um ramo recente da física matemática que pode fornecer novas informações sobre a natureza complexa da turbulência. A teoria utiliza um método que combina análise matemática com técnicas numéricas para que seja possível analisar uma certa classe de problemas. A teoria do caos, que é bastante complexa e está no inicio de seu desenvolvimento, se propõe a analisar o comportamento dos sistemas dinâmicos não lineares e sua resposta as variações da condição inicial das condições de contorno. O escoamento de um fluido viscosos, que é descrito pelas equações de Navier – Stokes (Eq. 6.127), pode ser tratado como um sistema não linear muito complexo.

Para resolver as equações de Navier Stokes e, assim, determinar aos campos de velocidade e pressão num escoamento viscoso é necessário a especificar o domínio do escoamento (as condições de contorno) e o estado do escoamento num certo instante (as condições iniciais). Algumas pesquisas recentes indicam que as equações de Navier – Stokes permitem a existência de um comportamento caótico. Nesta situação, o estado do escoamento detectado após o instante inicial arbitrado é muito sensível as variações da condição inicial. Observe que uma pequena variação na condição inicial pode provocar grandes variações no escoamento ao longo do tempo.

Quando esta condição é levada ao extremo, o escoamento poderá ser classificado como "caótico", "randômico" ou talvez (na terminologia atual) como "turbulento".

A ocorrência de tal comportamento depende do valor do número de Reynolds. Por exemplo, quando o número de Reynolds do escoamento é suficientemente baixo, o escoamento não é caótico (i.e. é laminar) e o escoamento é caótico, com características turbulentas, quando o número de Reynolds é alto.

No futuro, a teoria do caos poderá fornecer informações que substituirão as numerosas hipóteses "ad hoc" utilizadas para o fechamento do problema da turbulência (por exemplo: a viscosidade turbulenta, o comprimento de mistura e lei da parede não serão mais necessárias). Isto só ocorrerá se a teoria indicar como a estrutura dos escoamentos turbulentos pode ser calculada diretamente a partir das equações que descrevem os escoamentos. Mas nós ainda precisamos esperar até que este tópico seja mais desenvolvido. O leitor interessado pode encontrar uma introdução geral à teoria do caos na Refs. [33 e 34].

8.4 Análise Dimensional do Escoamento em Tubos

Os escoamentos turbulentos são muito complexos e, por este motivo, ainda não existe uma teoria geral e rigorosa que descreva completamente estes escoamentos. Assim, a maioria dos escoamentos turbulentos é analisada a partir de procedimentos baseados em resultados experimentais e em formulações semi-empíricas (mesmo nos casos onde o escoamento é plenamente desenvolvido). Normalmente, os dados disponíveis sobre os escoamentos turbulentos plenamente desenvolvidos são apresentados na forma adimensional e cobrem uma variedade muito grande de situações. Existe uma grande variedade de dados úteis relacionados com os escoamentos através de condutos, conexões (como cotovelos, tês), válvulas e outros componentes de linhas fluidas. É importante ressaltar que estes dados normalmente estão expressos na forma adimensional.

8.4.1 O Diagrama de Moody

O tratamento baseado na análise adimensional fornece uma base conveniente para o estudo do escoamento turbulento plenamente desenvolvido em condutos. Nós já apresentamos uma introdução a este assunto na Sec. 8.3. A queda de pressão (e a perda de carga) num conduto depende da tensão de cisalhamento na parede, τ_p. Uma diferença fundamental entre o escoamento laminar e o turbulento é que a tensão de cisalhamento no escoamento turbulento é função da massa específica do fluido, ρ. A tensão de cisalhamento no escoamento laminar independente da massa específica e a viscosidade torna-se a única propriedade relevante do fluido.

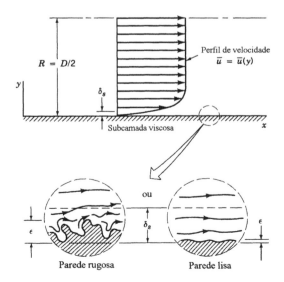

Figura 8.19 Escoamento na subcamada viscosa.

Assim, a queda de pressão, Δp, para o escoamento incompressível, turbulento e que ocorre em regime permanente num tubo horizontal com diâmetro D pode ser escrita como

$$\Delta p = F(V, D, l, \varepsilon, \mu, \rho) \tag{8.32}$$

onde V é a velocidade média do fluido, l é o comprimento do tubo e ε é uma medida de rugosidade da parede do duto. É lógico que Δp deve ser uma função de V, D, e l. A dependência de Δp com as propriedades do fluido, μ e ρ, são esperadas por que τ depende destes parâmetros.

Ainda que a queda de pressão no escoamento laminar em tubos seja independente da rugosidade do tubo, é necessário incluir este parâmetro quando consideramos o escoamento turbulento. Como foi discutido na Sec. 8.3.3, sempre existe uma subcamada viscosa, adjacente a parede, nos escoamentos turbulentos em condutos (veja a Fig. 8.19). Em muitas circunstâncias esta subcamada é muito fina, $\delta_s / D \ll 1$, onde δ_s é a espessura da subcamada viscosa. Se um elemento típico da rugosidade na parede se projeta suficientemente para dentro (ou mesmo atravessa) esta camada, a estrutura e as características da subcamada viscosa (Δp e τ_p) serão diferentes daquelas desenvolvidas sobre uma parede lisa. Assim, a queda de pressão nos escoamentos turbulentos é uma função da rugosidade da parede. Não existe subcamada viscosa no escoamento laminar – os efeitos viscosos são importantes em todo o campo de escoamento. Logo, elementos relativamente pequenos de rugosidade são completamente desprezíveis no escoamento laminar em condutos. É claro que em condutos com rugosidade muito pronunciadas, ($\varepsilon / D \geq 0,1$), como em tubos dobrados ou enrugados, a vazão talvez possa ser uma função da "rugosidade". Nós só iremos considerar os escoamentos em tubos com diâmetro constante e com rugosidade relativa na faixa de $0 \leq \varepsilon / D \leq 0,05$. Os escoamentos em tubos corrugados não se encaixam na categoria normal de escoamentos em tubos rugosos com diâmetro constante, ainda que resultados experimentais para escoamentos nestes tubos estejam disponíveis (veja a Ref.[30]).

Aparentemente, a lista dos parâmetros incluídos Eq. 8.32 está completa. Isto é, os experimentos têm mostrado que outros parâmetros (como a tensão superficial, pressão de vapor etc.) não afetam a queda de pressão para as condições estabelecidas (regime permanente e escoamento incompressível em tubos horizontais). Note que existem sete variáveis ($k = 7$) neste problema e que estas podem ser escritas em função de três dimensões de referência (*MLT*), ou seja, $r = 3$. Deste modo, a Eq. 8.32 pode ser escrita na forma adimensional em função de $k - r = 4$ grupos adimensionais. Como foi discutido na Seção 7.9.1, uma das representações possíveis é

$$\frac{\Delta p}{\frac{1}{2}\rho V^2} = \tilde{\phi}\left(\frac{\rho V D}{\mu}, \frac{l}{D}, \frac{\varepsilon}{D}\right)$$

Existem duas diferenças entre este resultado e aquele adequado para escoamentos laminares (veja a Eq. 8.17). A primeira é: nós utilizamos a pressão dinâmica, $\rho V^2/2$, para adimensionalizar a queda de pressão do escoamento no caso turbulento e não a tensão de cisalhamento característica, $\mu V/D$. A segunda diferença é: nós introduzimos dois parâmetros adimensionais – o número de Reynolds, $Re = \rho V D/\mu$, e a rugosidade relativa, ε/D, – que não estão presentes na formulação laminar. Esta introdução é necessária porque ρ e ε são importantes no escoamento turbulento plenamente desenvolvido.

Como foi feito para o escoamento laminar, a representação funcional pode ser simplificada se admitirmos que a queda de pressão é proporcional ao comprimento do duto (esta hipótese não está dentro do domínio da análise dimensional e é somente uma hipótese lógica sustentada por muitos experimentos). A única maneira para que isto seja verdade é se termo l/D puder ser retirado da dependência da função e passe a multiplicar a própria função, ou seja,

$$\frac{\Delta p}{\frac{1}{2}\rho V^2} = \frac{l}{D}\phi\left(\frac{\rho V D}{\mu}, \frac{\varepsilon}{D}\right)$$

Como foi discutido na Seção 8.2.3, a quantidade $\Delta p D/(l \rho V^2/2)$ é denominada fator de atrito, f. Assim, para o escoamento num tubo horizontal

$$\Delta p = f \frac{l}{D} \frac{\rho V^2}{2} \tag{8.33}$$

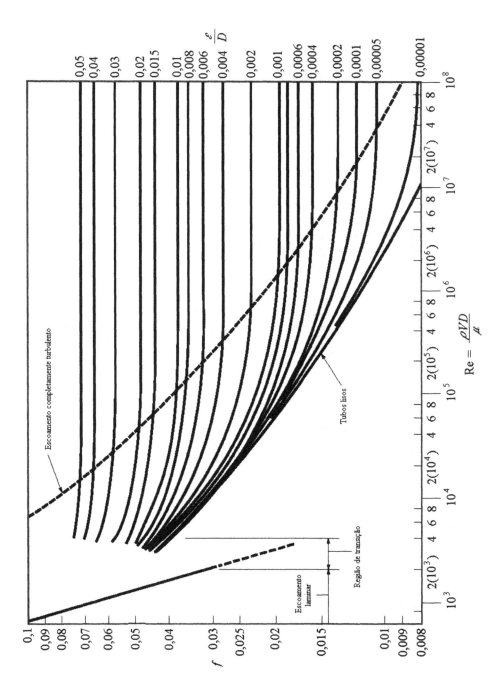

Figura 8.20 Diagrama de Moody (Dados da Ref. [7], reprodução autorizada).

onde

$$f = \phi\left(\frac{\rho V D}{\mu}, \frac{\varepsilon}{D}\right)$$

O valor de f para os escoamentos laminares plenamente desenvolvidos é igual a 64/Re. Note que, nos escoamentos laminares, o valor de f independe de ε/D. A dependência funcional entre o fator de atrito, o número de Reynolds baseado no diâmetro e a rugosidade relativa, $f = f(\text{Re}, \varepsilon/D)$ nos escoamentos turbulentos é tão complexa que não pode ser obtida através da análise teórica. Assim, esta dependência funcional foi determinada a partir de um conjunto imenso de experimentos que, geralmente, apresentavam os resultados experimentais na forma gráfica ou como uma equação ajustada a partir dos dados experimentais.

A equação da energia para um escoamento incompressível em regime permanente é (Eq. 5.89)

$$\frac{p_1}{\gamma} + \alpha_1 \frac{V_1^2}{2g} + z_1 = \frac{p_2}{\gamma} + \alpha_2 \frac{V_2^2}{2g} + z_2 + h_L$$

onde h_L é a perda de carga no escoamento entre as seções (1) e (2). Se adotarmos a hipótese de que o tubo apresenta diâmetro constante ($D_1 = D_2$, logo $V_1 = V_2$), é horizontal ($z_1 = z_2$), e que o escoamento é plenamente desenvolvido ($\alpha_1 = \alpha_2$), a equação fica reduzida a $\Delta p = p_1 - p_2 = \gamma h_L$. Este resultado quando combinado com a Eq. 8.33 resulta em

$$h_L = f \frac{l}{D} \frac{V^2}{2g} \qquad (8.34)$$

Esta relação é conhecida como a equação de Darcy-Weisbach. Note que ela é válida para qualquer escoamento incompressível, em regime permanente e plenamente desenvolvido – não importando se o tubo é horizontal ou inclinado. Por outro lado, a Eq. 8.33 só é válida para escoamentos em tubos horizontais. Se, $V_1 = V_2$, a equação da energia fica restrita a

$$p_1 - p_2 = \gamma(z_2 - z_1) + \gamma h_L = \gamma(z_2 - z_1) + f \frac{l}{D} \frac{\rho V^2}{2}$$

Observe que uma parte da diferença de pressão é devida a variação de elevação e a outra é devida aos efeitos de atrito (a perda associada ao atrito é representada pelo fator de atrito, f).

A dependência funcional entre o fator de atrito, o número de Reynolds e a rugosidade relativa não é fácil de ser determinada. Grande parte das informações disponíveis sobre esta dependência é devida aos experimentos conduzidos por J. Nikuradse em 1933 (veja a Ref. [6]). Posteriormente, estas informações foram ampliadas com resultados obtidos em outros trabalhos experimentais. Uma dificuldade na obtenção de dados confiáveis é a determinação da rugosidade do duto. Nikuradse utilizou tubos com rugosidade artificial (a rugosidade é obtida colando-se grãos de areia de tamanho conhecido na parede interna do tubo). Os experimentos de Nikuradse eram baseados na medição da queda de pressão necessária para produzir a vazão desejada num tubo com rugosidade conhecida. Os resultados dos experimentos eram tratados e se obtinha o coeficiente de atrito para o número de Reynolds do escoamento (estes resultado só é válido para o tubo ensaiado). Os testes foram repetidos numerosas vezes para uma grande conjunto de valores de Re e ε/D. Este foi o procedimento utilizado para determinar a relação $f = \phi(\text{Re}, \varepsilon/D)$.

A rugosidade dos tubos comerciais não é tão uniforme e bem definida como aquela dos tubos ensaiados por Nikuradse. Entretanto, é possível arbitrar uma rugosidade relativa efetiva para os tubos comerciais típicos e assim obter o fator de atrito. A Tab. 8.1 apresenta um conjunto de valores de rugosidades típicas para várias superfícies de tubos. A Fig. 8.20, conhecida como o diagrama de Moody, mostra a dependência funcional entre f, Re e ε/D. L.F. Moody com C.F. Colebrook correlacionaram os dados originais de Nikuradse em função da rugosidade relativa de tubos comerciais. Note que os valores de ε/D não correspondem necessariamente aos valores reais obtidos por determinação das alturas das irregularidades da superfície. Porém, os dados da Tab. 8.1 e o diagrama de Moody fornecem o comportamento adequado para a relação $f = \phi(\text{Re}, \varepsilon/D)$.

Tabela 8.1
Rugosidade equivalente para tubos novos (dados obtidos em Moody (Ref. [7]) e Colebrook (Ref. [8]).

Tubo	Rugosidade equivalente, ε (mm)
Aço rebitado	0,9 – 9,0
Concreto	0,3 – 3,0
Madeira aparelhada	0,18 – 0,9
Ferro fundido	0,26
Ferro galvanizado	0,15
Aço comercial ou estrudado	0,045
Tubo estirado	0,0015
Plástico, vidro	0,0 (liso)

É importante observar que os valores de rugosidade equivalente fornecidos neste livro são aplicáveis a tubos novos e limpos. Ao longo do tempo, a maioria dos tubos apresenta um aumento de rugosidade relativa (provocado pela corrosão e presença de depósitos na superfície em contato com o fluido). Para se ter uma idéia, a rugosidade relativa de um tubo envelhecido pode apresentar rugosidade relativa com uma ordem de grandeza superior a correspondente ao tubo novo. Note que os tubos muito velhos podem apresentar redução de diâmetro efetivo para o escoamento devido ao acúmulo de incrustações na sua superfície interna (além do aumento de rugosidade relativa).

As seguintes características podem ser observadas a partir da análise da Fig. 8.20. Note que $f = 64/\text{Re}$ nos escoamentos laminares e que, nestas situações, f independe da rugosidade relativa. Quando o número de Reynolds é muito grande, $f = \phi(\varepsilon/D)$, ou seja, o fator de atrito é independente do número de Reynolds. Para estes escoamentos, conhecidos como escoamentos completamente turbulentos (ou totalmente turbulentos), a subcamada laminar é tão pequena (sua espessura decresce com o aumento de Re) que a rugosidade superficial domina completamente a natureza do escoamento na região próxima à parede. Nestes casos, a queda de pressão necessária para promover o escoamento é o resultado de uma tensão de cisalhamento "predominantemente inercial" e não de uma tensão de cisalhamento laminar "predominantemente viscosa" normalmente encontrada na subcamada viscosa. Entretanto, para escoamentos com valores moderados de Re, o coeficiente de atrito depende tanto do número de Re como da rugosidade relativa, ou seja, $f = \phi(\text{Re}, \varepsilon/D)$. O intervalo da figura onde não existem valores para f (a faixa de $2100 < \text{Re} < 4000$) é referente ao regime de transição (de escoamento laminar para o turbulento). Dependendo da situação, o escoamento neste intervalo pode ser laminar ou turbulento.

Observe que o fator de atrito não é nulo mesmo no escoamento em tubos lisos ($\varepsilon = 0$). Isto é, nós detectamos uma perda de carga em qualquer escoamento em duto liso (não importa quão lisa é a superfície interna do tubo). Este é um resultado da condição de não escorregamento do escoamento na superfície do tubo. As superfícies internas dos tubos sempre apresentam uma rugosidade superficial (mesmo que microscópica ou consideravelmente menor que a espessura da subcamada viscosa) que produz a condição de não-escorregamento no escoamento (e assim $f \neq 0$). Estes tubos são conhecidos como hidraulicamente lisos.

Vários investigadores tentaram obter uma expressão analítica para $f = \phi(\text{Re}, \varepsilon/D)$. Observe que o diagrama de Moody cobre uma faixa muito grande de parâmetros de escoamento. A região não-laminar do diagrama é bastante ampla (aproximadamente delimitada pelos números de Reynolds 4×10^3 e 10^8). Se analisarmos os valores típicos da velocidade média para vários pares tubo – fluido nós veremos que esta faixa é muito ampla. No entanto, este intervalo bastante grande de número de Reynolds é necessário porque existe uma grande variedade de tubos (D), fluidos (ρ e μ) e velocidades (V). Em muitos casos, o escoamento em que estamos interessados está confinado numa região relativamente pequena do diagrama de Moody e expressões simples podem ser desenvolvidas para estes casos. Por exemplo, uma empresa que produza tubos de ferro fundido para o transporte de água com diâmetros de 50 mm a 305 mm pode utilizar uma equação mais simples e válida somente para suas aplicações. O diagrama de Moody, por outro lado, é válido para todos escoamentos incompressíveis, em regime permanente e plenamente desenvolvidos em tubos.

A próxima equação, proposta por Colebrook, é válida para a região não laminar do diagrama de Moody

$$\frac{1}{\sqrt{f}} = -2,0\log\left(\frac{\varepsilon/D}{3,7} + \frac{2,51}{\text{Re}\sqrt{f}}\right) \qquad (8.35)$$

De fato, o diagrama de Moody é uma representação gráfica desta equação (obtida a partir do ajuste dos resultados experimentais da queda de pressão em escoamentos em tubos). A Eq. 8.35 é conhecida como a fórmula de Colebrook. É um pouco difícil trabalhar com esta equação porque ela apresenta uma dependência implícita de f. Isto é, para uma dada condição (Re e ε/D), não é possível determinar o valor de f sem a utilização de um procedimento iterativo. Com o uso de computadores e calculadoras, estes cálculos se tornaram bem mais fáceis. Nós devemos alertar o leitor de que a fórmula de Colebrook, ou os dados do diagrama de Moody, não são absolutos. A razão para isto são as imprecisões inerentes aos experimentos envolvidos na determinação das características dos escoamentos em tubos (por exemplo, a incerteza na determinação da rugosidade relativa, os erros intrínsecos nos dados experimentais etc.). Assim, a utilização de muitas casas decimais nos problemas de escoamentos em tubos não é justificada. Como regra geral, não é possível trabalhar com uma precisão melhor do que 10%.

Exemplo 8.5

Ar, a 15 °C e pressão padrão, escoa numa tubulação estrudada, que apresenta 4,0 mm de diâmetro interno, com velocidade média, V, igual a 50 m/s. Normalmente, nestas condições, o escoamento é turbulento. Porém, se algumas precauções forem tomadas para eliminar as perturbações no escoamento (o formato da região de alimentação do tubo é suave, o ar não contém particulados, o duto não vibra, etc), é possível manter o escoamento laminar. (**a**) Determine a queda de pressão num trecho de tubo com comprimento igual a 0,1 m se o escoamento for laminar. (**b**) Repita estes cálculos admitindo que o escoamento 'e turbulento.

Solução A massa específica e a viscosidade dinâmica do ar, nas condições dadas, são iguais a 1,23 kg/m³ e 1.79×10^{-5} N·s/m². Assim, o número de Reynolds do escoamento é

$$\text{Re} = \frac{\rho VD}{\mu} = \frac{(1,23)(50)(0,004)}{1,79 \times 10^{-5}} = 13700$$

Este resultado mostra que, normalmente, o escoamento seria turbulento.

(**a**) Se o escoamento for laminar, então f = 64/Re = 64/13700 = 0,00467 e a queda de pressão num duto horizontal com comprimento igual a 0.1 m de seria

$$\Delta p = f\frac{l}{D}\frac{1}{2}\rho V^2 = (0,00467)\frac{(0,1)}{(0,004)}\frac{1}{2}(1,23)(50)^2 = 179\,\text{Pa}$$

Observe que o mesmo resultado pode ser obtido com a Eq. 8.8, ou seja,

$$\Delta p = \frac{32\mu l}{D^2}V = \frac{32(1,79\times 10^{-5})(0,1)}{(0,004)^2}(50) = 179\,\text{N/m}^2 = 179\,\text{Pa}$$

(**b**) Agora, se o escoamento for turbulento, temos que $f = \phi(\text{Re}, \varepsilon/D)$. A Tab. 8.1 indica que, para este tipo de tubo, $\varepsilon = 0,0015$ mm e, assim, $\varepsilon/D = 0,0015/4,0 = 0,000375$. Com estes resultados, ou seja, Re = $1,37 \times 10^4$ e $\varepsilon/D = 0,000375$, o diagrama de Moody fornece $f = 0,028$. Assim, a queda de pressão neste caso é

$$\Delta p = f\frac{l}{D}\frac{1}{2}\rho V^2 = (0,028)\frac{(0,1)}{(0,004)}\frac{1}{2}(1,23)(50)^2 = 1076\,\text{Pa}$$

Note que a queda de pressão necessária para promover o escoamento turbulento é bem maior do que àquela necessária para promover o escoamento laminar (se for possível manter o escoamento laminar neste número de Reynolds). Geralmente isto é muito difícil de se obter, mesmo que o escoamento laminar possa ser mantido até Re ≈ 100 000 (sob condições muito restritas).

Um método alternativo para determinar o fator de atrito de um escoamento turbulento é aquele baseado na fórmula de Colebrook, Eq. 8.35. Deste modo,

$$\frac{1}{\sqrt{f}} = -2,0 \log\left(\frac{\varepsilon/D}{3,7} + \frac{2,51}{\mathrm{Re}\sqrt{f}}\right) = -2,0 \log\left(\frac{0,000375}{3,7} + \frac{2,51}{1,37 \times 10^4 \sqrt{f}}\right)$$

ou

$$\frac{1}{\sqrt{f}} = -2,0 \log\left(1,01 \times 10^{-4} + \frac{1,83 \times 10^{-4}}{\sqrt{f}}\right) \quad (1)$$

Nós devemos utilizar um procedimento iterativo para obter o valor de f. Por exemplo, admita que f é igual a 0,02. Substituindo f por este valor no lado direito da Eq. (1) é possível calcular um novo valor de f ($f = 0.0307$, neste caso). O processo iterativo ainda não convergiu porque os dois valores de f são diferentes. Na próxima tentativa nós vamos admitir que $f = 0,0307$ (o último valor calculado) e, seguindo o mesmo procedimento, determinamos que o novo f é igual a 0.0289. Novamente esta não é a solução. São necessárias mais duas iterações para que o valor admitido e o calculado sejam iguais a 0,0291 (note que este resultado está de acordo com aquele obtido no diagrama de Moody).

Numerosas fórmulas empíricas, referentes a regiões do diagrama de Moody, podem ser encontradas na literatura (veja, por exemplo, a Ref. [5]). Uma equação, conhecida como a fórmula de Blasius, adequada para escoamentos turbulentos em tubos lisos ($\varepsilon/D = 0$) e válida para a faixa Re< 10^5 é

$$f = \frac{0,316}{\mathrm{Re}^{1/4}}$$

A aplicação das condições de nosso caso nesta equação resulta em

$$f = 0,316 \,(13700)^{-0.25} = 0,0292$$

Observe que este valor está de acordo com os resultados anteriores. Note que o valor de f é relativamente insensível a variação de ε/D para as condições deste exemplo. Observe que a queda de pressão deste escoamento não variará muito se o tubo de vidro liso ($\varepsilon/D = 0$) ou estrudado ($\varepsilon/D = 0,000375$). Para as condições deste exemplo, se multiplicarmos a rugosidade relativa por 30; ou seja, $\varepsilon/D = 0,0113$ (equivalente a um tubo de aço comercial, veja a Tab. 8.1); nós obteremos $f = 0,043$. Isto representa um aumento na queda de pressão e na perda de carga de um fator de $0,043/0,0291 = 1,48$ (quando comparado ao escoamento no tubo estrudado original).

A queda de pressão de 1,076 kPa num comprimento de 0,1 m de duto corresponde a uma mudança na pressão absoluta [admitindo que $p = 101$ kPa (abs) em $x = 0$] aproximadamente igual a $1,076/101 = 0,0107$, ou seja, algo em torno de 1%. Assim, a hipótese de escoamento incompressível, na qual os cálculos acima (e todas as fórmulas deste capítulo) são baseados, é razoável. Todavia, se o duto tiver dois metros de comprimento, a queda de pressão será próxima de 21,5 kPa (ou, aproximadamente, 20% da pressão original). Nesta situação, a massa específica não será constante ao longo do tubo e nós deveremos analisar o problema com um modelo adequado a escoamentos de fluidos compressíveis. Estas considerações serão discutidas no Capítulo 11.

8.4.2 Perdas Localizadas (ou Singulares)

Como foi discutido nas seções anteriores, a perda de carga distribuída em condutos retos e longos pode ser calculada utilizando o fator de atrito obtido no diagrama de Moody ou na fórmula de Colebrook. Entretanto, a maioria das tubulações apresenta outros componentes além dos trechos de condutos retos. Estes componentes adicionais (válvulas, cotovelos, tês, e outros) também contribuem para a perda de carga na tubulação. Normalmente, estas perdas são denominadas de perdas localizadas (ou singulares). Nesta seção nós indicaremos como determinar as várias perdas singulares que normalmente ocorrem em tubulações.

A perda de carga associada ao escoamento numa válvula é uma perda de carga singular comum. O propósito da válvula é fornecer um meio para controlar a vazão num sistema fluido. O

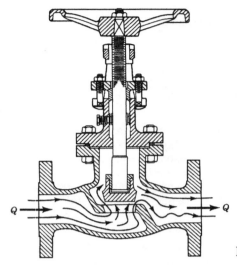

Figura 8.21 Escoamento através de uma válvula.

controle é realizado pela mudança da geometria do sistema (i.e. o ato de fechar, ou abrir, a válvula altera o "padrão" do escoamento através da válvula) que por sua vez altera as perdas associadas ao escoamento na válvula. A resistência ao escoamento, ou a perda de carga, através da válvula pode ser significativa na resistência do sistema. De fato, com a válvula totalmente fechada, a resistência ao escoamento é infinita pois o fluido não pode escoar. Então, as perdas singulares podem ser muito importantes. É importante ressaltar que a resistência extra devida a presença da válvula pode ou não ser desprezível com a válvula totalmente aberta.

O padrão de escoamento através de uma válvula típica está mostrado na Fig. 8.21. Não é difícil imaginar que ainda não foi possível desenvolver uma análise teórica que nos indique os detalhes deste escoamento e nos forneça a perda de carga provocada por uma válvula típica. Assim, a perda de carga normalmente é determinada experimentalmente e, para a maioria dos componentes, são fornecidas na forma adimensional. O método mais comum utilizado para determinar estas perdas de carga, ou perdas de pressão, é o baseado no coeficiente de perda, K_L. Este coeficiente é definido por

$$K_L = \frac{h_L}{\left(V^2/2g\right)} = \frac{\Delta p}{\left(\rho V^2/2\right)}$$

ou

$$\Delta p = K_L \frac{1}{2}\rho V^2$$

e

$$h_L = K_L \frac{V^2}{2g} \qquad (8.36)$$

A queda de pressão através de um componente que apresenta coeficiente de perda $K_L = 1$ é igual à pressão dinâmica, $\rho V^2/2$.

O valor real de K_L dependente muito da geometria do componente considerado e também pode ser influenciado pelas propriedades dos fluidos, ou seja,

$$K_L = \phi(\text{geometria}, \text{Re})$$

onde Re = $\rho VD/\mu$ é o número de Reynolds do escoamento no tubo. O número de Reynolds, em muitas situações reais, é grande o suficiente para que o escoamento através do componente seja dominado pelos efeitos de inércia (os efeitos viscosos são secundários). Isto é verdade por causa das acelerações e desacelerações relativamente grandes sofridas pelo fluido enquanto escoa através dos canais curvos, tortuosos e que apresentam áreas variáveis (veja a Fig. 8.21). Normalmente nós encontramos que a perda de pressão correlaciona muito bem com a pressão dinâmica nos escoamentos dominados pelos efeitos de inércia. Esta é a razão para o fator de atrito ser independente do número de Reynolds nos escoamentos plenamente desenvolvidos em tubos com números de Reynolds altos. Esta mesma condição é encontrada no escoamento através dos componentes das tubulações. Assim, na maioria dos casos de interesse prático, os coeficientes de perda são funções somente da geometria, $K_L = \phi(\text{geometria})$.

As perdas de carga singulares, às vezes, são fornecidas em termos de comprimento equivalente, l_{eq}. Nesta terminologia, a perda de carga através de um componente é fornecida em termos do comprimento de conduto que produz a mesma perda de carga que o componente. Deste modo,

$$h_L = K_L \frac{V^2}{2g} = f \frac{l_{eq}}{D} \frac{V^2}{2g}$$

ou

$$l_{eq} = \frac{K_L D}{f}$$

onde D e f são baseados na tubulação que contém o componente. Assim, a perda de carga de uma tubulação é igual a soma da perda de carga produzida por um conduto reto que apresenta comprimento igual aquele dos tubos que compõe a tubulação original com a somatória dos comprimentos equivalentes dos componentes adicionais da tubulação. A maioria das análises de escoamento em condutos, incluindo as deste livro, utilizam o método do coeficiente de perda.

Muitas tubulações apresentam várias seções de transição (nas quais se verifica a variação de diâmetros, ou seja, o diâmetro do tubo de alimentação é diferente do de descarga). Estas mudanças de diâmetro podem ocorrer abruptamente ou suavemente (com uma mudança gradual da área disponível para o escoamento). Qualquer mudança na área de escoamento introduz perdas que não são contabilizadas no cálculo das perdas de carga para escoamentos plenamente desenvolvidos (o fator de atrito). Os casos extremos de transição são o escoamento de um grande tanque para um conduto (alimentação do conduto) e a descarga de um escoamento num reservatório.

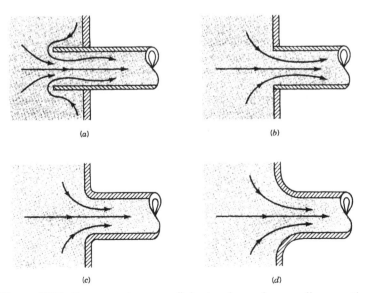

Figura 8.22 Escoamentos e coeficientes de perda para diversos tipos de alimentação (Refs. {28 e 29]). (a) Reentrante, $K_L = 0,8$; (b) canto vivo, $K_L = 0,5$; (c) ligeiramente arredondado, $K_L = 0,2$ (veja a Fig. 8.24); (d) bem arredondado, $K_L = 0,04$ (veja a Fig. 8.24).

434 Fundamentos da Mecânica dos Fluidos

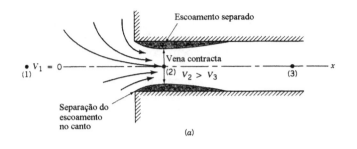

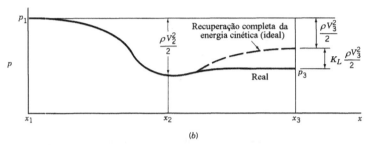

Figura 8.23 Escoamento e distribuição de pressão numa região de alimentação com canto vivo.

O fluido pode escoar de um reservatório para um tubo através de muitos tipos de região de entrada (veja a Fig. 8.22). Cada geometria apresenta um coeficiente de perda associado. A Fig. 8.23a mostra o esboço típico de um escoamento entrando num tubo através de uma entrada com canto vivo. Note que, nestas condições, existe a possibilidade de encontrarmos uma vena contracta no escoamento porque o fluido não segue trajetórias com pequenos raios de curvatura (veja o Cap. 3). Este escoamento é conhecido como o separado por canto vivo. Observe que a velocidade máxima na seção (2) é maior do que aquela na seção (3) e que a pressão em (2) é menor do que aquela em (3). Se o fluido que escoa com alta velocidade pudesse desacelerar eficientemente, a energia cinética poderia ser totalmente convertida em pressão (o efeito de Bernoulli). O resultado deste processo ideal está indicado na Fig. 8.23b. A perda de carga neste escoamento ideal seria nula.

Mas este não é o caso. Mesmo que um fluido possa ser acelerado muito eficientemente, é muito difícil desacelerá-lo deste modo. Assim, uma parte da energia cinética do fluido na seção (2) é parcialmente perdida pela dissipação viscosa de modo que a pressão não retorna ao valor ideal. Um perda de carga (perda de pressão) na região de entrada é produzida do modo indicado na Fig. 8.23b. Uma parte significativa da perda que estamos analisando é devida aos efeitos de inércia que são dissipados pela tensão de cisalhamento no fluido. Somente uma pequena porção desta perda é provocada pela tensão de cisalhamento na parede identificada no trecho referente à região de entrada. O efeito líquido destes processos é que o coeficiente de perda para uma entrada com

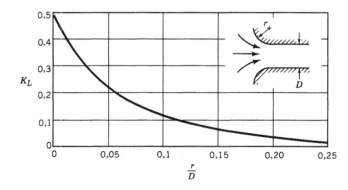

Figura 8.24 Coeficiente de perda na entrada em função do arredondamento (Ref.[9]).

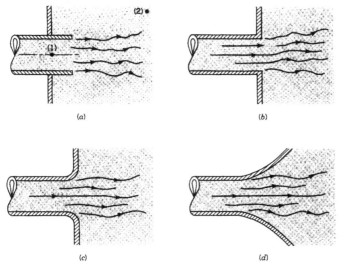

Figura 8.25 Escoamentos e coeficientes de perda em diversos tipos de descarga. (a) Reentrante, $K_L = 1,0$; (b) canto vivo, $K_L = 1,0$; (c) ligeiramente arredondado, $K_L = 1,0$; (d) bem arredondado, $K_L = 1,0$

canto vivo é aproximadamente igual a 0,5. Note que metade da carga de velocidade é perdida quando o fluido entra no tubo. Observe que a perda pode ser ainda maior se a seção de alimentação do tubo estiver posicionada dentro do tanque (veja a Fig. 8.25a).

Uma maneira óbvia de diminuir a perda de entrada é arredondar a região de entrada (veja a Fig. 8.22c). Deste modo, é possível reduzir ou até eliminar a ocorrência da vena contracta. A Fig. 8.24 mostra os valores típicos para o coeficiente de perda para regiões de entrada em função do raio de arredondamento da borda. Note que é possível obter uma redução significante de K_L com um arredondamento suave da região de entrada (⊙ 8.4 – Escoamentos em seções de alimentação e descarga).

Uma perda de carga (perda de saída) também é produzida quando um fluido escoa de um tubo para um tanque (veja a Fig. 8.25). Nestes casos, toda a energia cinética do fluido (velocidade V_1) é dissipada por efeitos viscosos quando a corrente de fluido se mistura com o fluido no tanque que normalmente está em repouso ($V_2 = 0$). Então, a perda de saída, do ponto (1) até o ponto (2), é equivalente a carga de velocidade, ou seja, $K_L=1$.

Nos também detectamos perdas nos escoamentos em expansões e contrações axissimétricas (veja as características destes escoamentos nas Figs. 8.26 e 8.27). Os escoamentos em entradas ou saídas com canto vivo discutidos nos parágrafos anteriores são casos limites para estes tipos de escoamento (para verificar esta afirmação considere $A_1/A_2 = \infty$ e $A_1/A_2 = 0$). O coeficiente de perda para uma redução brusca, $K_L = h_L / (V_2^2 / 2g)$, é função da razão entre as áreas, A_2/A_1 (veja a

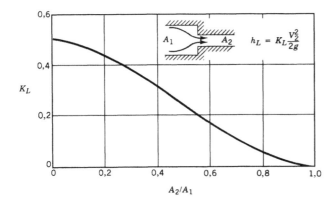

Figura 8.26 Coeficiente de perda para uma contração brusca axissimétrica.

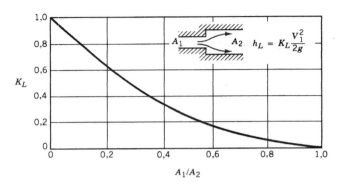

Figura 8.27 Coeficiente de perda para uma expansão brusca.

Fig. 8.26). O valor de K_L muda gradualmente da situação extrema onde a entrada com canto vivo apresenta $A_2/A_1 = 0$ (com $K_L = 0.5$) a outra situação extrema na qual não ocorre mudança de área, ou seja, $A_2/A_1 = 1$ (com $K_L = 0$).

O escoamento numa expansão brusca é bastante semelhante aquele encontrado na descarga num tanque. O fluido deixa, como indicado na Fig. 8.28, o tubo menor e, inicialmente, nós encontramos uma estrutura do tipo jato na região inicial do tubo que apresenta maior diâmetro. Na região com comprimento de poucos diâmetros, medidos a jusante da garganta da expansão, o jato é dispersado transversalmente e o escoamento plenamente desenvolvido é restabelecido. Neste processo [entre as seções (2) e (3)] uma parte da energia cinética do fluido é dissipada (é um resultado da ação dos efeitos viscosos).

A expansão brusca é um dos poucos componentes (talvez o único) para o qual é possível obter o coeficiente de perda a partir de uma análise simples. Para fazer isso, considere as equações da continuidade e da conservação da quantidade de movimento para o volume de controle mostrado na Fig. 8.28 e a equação da energia entre as seções (2) e (3). Nós vamos admitir que o escoamento é uniforme nas seções (1), (2) e (3) e que a pressão é constante ao longo do lado esquerdo do volume de controle ($p_a = p_b = p_c = p_1$). As três equações que descrevem este escoamento são

$$A_1 V_1 = A_3 V_3$$

$$p_1 A_3 - p_3 A_3 = \rho A_3 V_3 (V_3 - V_1)$$

e

$$\frac{p_1}{\gamma} + \frac{V_1^2}{2g} = \frac{p_3}{\gamma} + \frac{V_3^2}{2g} + h_L$$

Rearranjando estas equações é possível obter o coeficiente de descarga, $K_L = h_L / (V_1^2 / 2g)$, ou seja

$$K_L = \left(1 - \frac{A_1}{A_2}\right)^2$$

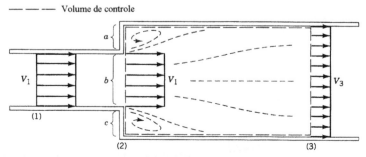

Figura 8.28 Volume de controle utilizado para calcular o coeficiente de perda numa expansão axissimétrica brusca.

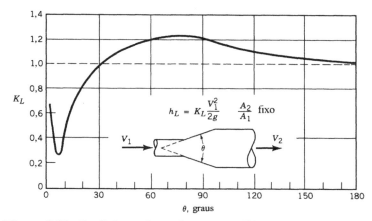

Figura 8.29 Coeficiente de perda para um difusor cônico típico.

onde nós usamos o fato de que $A_2 = A_3$. Este resultado, indicado na Fig. 8.27, concorda muito bem com os experimentais. Como em muitas perdas de cargas singulares, não são os efeitos relativos a tensão de cisalhamento na parede que provocam diretamente a perda. Ao invés disto, é a dissipação de energia cinética no processo de desaceleração (outro tipo de efeito viscoso) que provoca a perda.

As perdas podem ser muito diferentes se a contração ou a expansão for gradual. A Fig. 8.29 mostra alguns resultados típicos para um difusor cônico com razão de áreas A_2/A_1. Note que o ângulo do difusor é um parâmetro muito importante. Se o ângulo é muito pequeno, o difusor é excessivamente longo e a maior parte da perda de carga é devida à tensão de cisalhamento na parede (como no escoamento plenamente desenvolvido). Agora, se o ângulo é moderado, o escoamento pode separar das paredes e a perda de carga passa a ser provocada pela dissipação de energia cinética do jato que deixa o duto que apresenta menor diâmetro. De fato, para valores relativamente altos de θ (i.e. $\theta > 35°$ para o caso mostrado na Fig. 8.29), o difusor cônico é, talvez inesperadamente, menos eficiente do que uma expansão de bordas retas que tem $K_L = 1$. Há um ângulo ótimo ($\theta \approx 8°$ para o caso ilustrado) para o qual o coeficiente de perda é mínimo. O valor relativamente pequeno de θ para o mínimo de K_L (um difusor comprido) é uma indicação do fato de que é difícil desacelerar eficientemente um fluido.

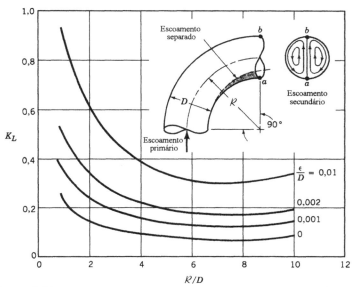

Figura 8.30 Características do escoamento numa curva de 90° e o coeficiente de perda neste tipo de escoamento (Ref. [5]).

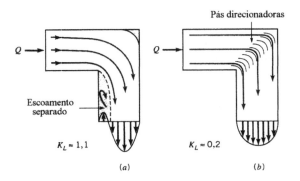

Figura 8.31 Características do escoamento numa "curva" típica de 90° usualmente utilizada em sistemas de ar condicionado e os coeficientes de perda associados: (a) sem pás direcionadoras, (b) com pás direcionadoras.

É importante ressaltar que os resultados indicados na Fig. 8.29 são típicos. O escoamento nos difusores é muito complicado e é fortemente influenciado pela razão de áreas, detalhes específicos da geometria e pelo número de Reynolds. Os dados são freqüentemente apresentados em termos de um coeficiente de recuperação de pressão, $C_p = (p_2 - p_1)/(\rho V_1^2/2)$, que é a razão entre o aumento de pressão estática ao longo do difusor pela pressão dinâmica na seção de alimentação do difusor. As Refs. [11 e 12] mostram alguns resultados relevantes a este tipo de escoamento.

O escoamento numa contração cônica (bocal – o sentido do escoamento é inverso daquele mostrado na Fig. 8.29) é menos complexo do que aquele encontrado numa expansão cônica. Os coeficientes de perda típicos, baseados na velocidade na seção de descarga do bocal, podem ser muito pequenos (por exemplo, $K_L = 0,02$ para $\theta = 30°$ e $K_L = 0,07$ para $\theta = 60°$). Este resultado mostra que é relativamente fácil acelerar um fluido eficientemente.

As perdas de carga nos escoamentos em curvas são maiores do que aquelas referentes ao escoamentos em tubos retos. As perdas são devidas a separação do escoamento que ocorre na parte interna da curva (especialmente se o raio de curvatura for pequeno) e a presença de um escoamento rotativo secundário provocado por um desbalanceamento das forças centrípetas (resultante da curvatura da linha de centro do conduto). A Fig. 8.30 mostra estas características e o valor de K_L associado a este tipo de escoamento (os resultados são válidos para curvas de 90° e escoamentos com altos números de Reynolds). A perda por atrito, relativa ao comprimento axial da curva, deve ser calculada e adicionada àquela calculada com o coeficiente de perda fornecido na Fig. 8.30.

Nos casos onde o espaço é limitado, a alteração da direção dos escoamentos usualmente é realizada com os componentes mostrados na Fig. 8.31. Note que as consideráveis perdas de carga detectadas nos escoamentos nestes tipos de "curva" podem ser reduzidas com a utilização de pás direcionadoras. Note que a presença das pás reduz os escoamentos secundários e as perturbações encontradas na configuração original (⊙ 8.5 – Sistema de exaustão de um automóvel).

Outros componentes importantes das tubulações são as conexões (tais como cotovelos, tês e redutores), válvulas e filtros. Os valores de K_L para estes componentes dependem fortemente da sua forma e praticamente são independentes do número de Reynolds para os escoamentos que apresentam números de Reynolds altos. Assim, o coeficiente de perda para uma curva de 90° depende se a junção é rosqueada ou flangeada, mas é, dentro da precisão dos dados experimentais, seguramente independente do diâmetro do tubo, da vazão, e das propriedades do fluido. A Tab. 8.2 apresenta alguns valores típicos de K_L para estes componentes. É interessante notar que estes componentes são projetados de modo a facilitar sua fabricação e diminuir os custos de produção e não para minimizar as perdas de carga. A vazão típica na torneira de uma residência é suficiente se utilizarmos um curva normal ($K_L = 1,5$) ou uma curva com raio longo ($K_L = 0,2$ – veja a Fig. 8.30). Observe que o custo de uma curva normal é mais baixo que aquele de uma curva com raio longo.

As válvulas proporcionam o controle da vazão nos sistemas fluidos porque podem induzir uma perda de carga variável nos sistemas. Quando a válvula está fechada, o valor de K_L é infinito e o fluido não escoa. A abertura da válvula reduz o valor de K_L e, assim, proporcionando a vazão

Escoamento Viscoso em Condutos **439**

desejada. A Fig. 8.32 mostra alguns cortes transversais de válvulas comercialmente disponíveis. Algumas válvulas (como a globo) são projetadas para uso geral e, normalmente, fornecem um controle adequado entre os extremos totalmente aberto e fechado. Já a válvula agulha é projetada para fornecer o controle fino da vazão e a válvula de retenção funciona como um diodo, ou seja, ela só permite o escoamento do fluido num sentido.

A Tab. 8.2 apresenta alguns coeficientes de perda para válvulas típicas. A perda de carga nas válvulas, como em muitos outros componentes dos sistemas fluidos, é o resultado da dissipação da energia cinética que ocorre nas regiões do escoamento que apresentam velocidades relativamente altas (veja a Fig. 8.33).

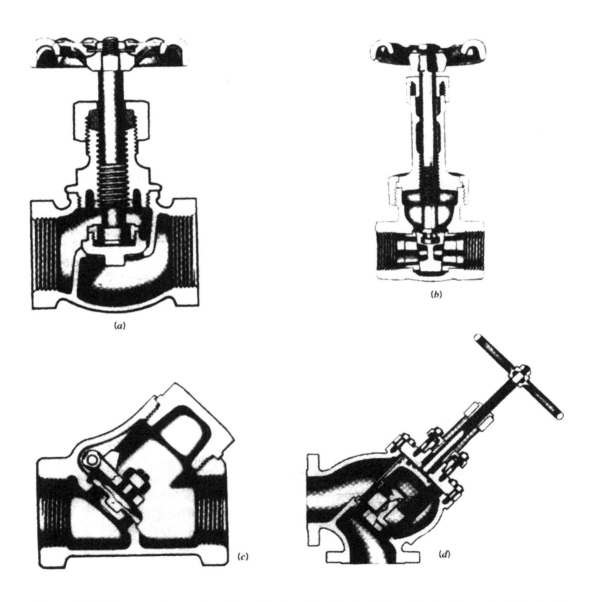

Figura 8.32 Estrutura interna de várias válvulas: (*a*) válvula globo, (*b*) válvula gaveta, (*c*) válvula de retenção e (*d*) válvula de verificação (cortesia da Crane Co., Divisão de Válvulas).

Tabela 8.2 Coeficientes de perda ($h_L = K_L V^2 / 2g$) para alguns componentes de tubulações (Dados obtidos nas Refs. [5, 10, 27]).

Componente	K_L
a. Curvas	
90° (raio normal), flangeada	0,3
90° (raio normal), rosqueada	1,5
90° (raio longo), flangeada	0,2
90° (raio longo), rosqueada	0,7
45° (raio longo), flangeada	0,2
45° (raio normal)	0,4
b. Retornos (curvas com 180°)	
flangeados	0,2
rosqueados	1,5
c. Tês	
Escoamento alinhado, flangeado	0,2
Escoamento alinhado, rosqueado	0,9
Escoamento derivado, flangeado	1,0
Escoamento derivado, rosqueado	2,0
d. União rosqueada	0,08
e. Válvulas*	
Globo, totalmente aberta	10
Gaveta, totalmente aberta	0,15
Gaveta, 1/4 fechada	0,26
Gaveta, 1/2 fechada	2,1
Gaveta, 3/4 fechada	17
Retenção, escoamento a favor	2
Retenção, escoamento contrário	∞
Esfera, totalmente aberta	0,05
Esfera, 1/3 fechada	5,5
Esfera, 2/3 fechada	210

* Veja as geometrias das válvulas na Fig. 8.36

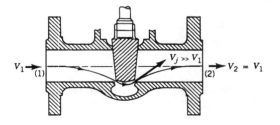

Figura 8.33 A perda de carga do escoamento numa válvula é devida a dissipação de energia cinética na região próxima ao assento da válvula.

Exemplo 8.6

Ar, a 15°C e na pressão padrão, escoa através de uma seção de teste [entre as seções (5) e (6)] do túnel de vento com circuito fechado mostrado na Fig. E8.6. A velocidade do ar na seção de teste é 61,0 m/s e o escoamento é promovido por um ventilador que essencialmente aumenta a pressão estática, de uma quantidade $p_1 - p_9$, necessária para vencer a perda de carga do escoamento no circuito. Estime o valor de $p_1 - p_9$ e a potência fornecida ao fluido pelo ventilador.

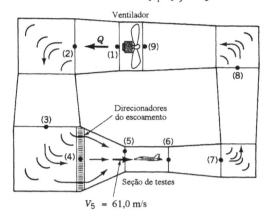

Figura E8.6

Seção	Área (m²)	Velocidade (m/s)
1	2,04	11,1
2	2,60	8,7
3	3,25	7,0
4	3,25	7,0
5	0,37	61,0
6	0,37	61,0
7	0,93	24,4
8	1,67	13,5
9	2,04	11,1

Solução A velocidade máxima do escoamento no túnel de vento ocorre na seção de teste (pois esta apresenta a menor seção transversal do circuito). Assim, o número de Mach máximo do escoamento é $Ma_5 = V_5/c_5$, onde $V_5 = 61,0$ m/s. A velocidade do som na seção 5, c_5, pode ser calculada com a Eq. 1.20, ou seja,

$$c_5 = (kRT_5)^{1/2} = (1,4 \times 286,9 \times 288)^{1/2} = 340 \text{ m/s}$$

Deste modo, $Ma_5 = 61,0 / 340,0 = 0.179$. Nós afirmamos no Cap. 3 que a maioria dos escoamentos pode ser considerado incompressível se o número de Mach for menor que 0,3 (este assunto será considerado novamente no Cap. 11). Nestas condições, nós utilizaremos as equações referentes a escoamentos incompressíveis na solução deste problema.

A finalidade do ventilador no túnel de vento é fornecer a energia necessária para vencer as perdas de cargas do escoamento de ar no circuito. Se aplicarmos a equação da energia entre os pontos (1) e (9), temos

$$\frac{p_1}{\gamma} + \frac{V_1^2}{2g} + z_1 = \frac{p_9}{\gamma} + \frac{V_9^2}{2g} + z_9 + h_{L_{1-9}}$$

onde $h_{L_{1-9}}$ é a perda de carga total entre as seções (1) e (9). Como $z_1 = z_9$ e $V_1 = V_9$,

$$\frac{p_1}{\gamma} - \frac{p_9}{\gamma} = h_{L_{1-9}} \qquad (1)$$

442 Fundamentos da Mecânica dos Fluidos

De modo análogo, aplicando a equação da energia (Eq. 5.84) através do ventilador, de (9) a (1), nós obtemos

$$\frac{p_9}{\gamma}+\frac{V_9^2}{2g}+z_9+h_P = \frac{p_1}{\gamma}+\frac{V_1^2}{2g}+z_1$$

onde h_P é o fornecimento real de carga realizado pelo ventilador. Combinando esta equação com a Eq. (1), temos (lembre que $z_1 = z_9$ e $V_1 = V_9$)

$$h_p = \frac{(p_1 - p_9)}{\gamma} = h_{L_{1-9}}$$

A potência real fornecida ao ar (*Pot*, em Watt) pode ser obtida à partir da carga do ventilador, ou seja,

$$Pot = \gamma Q h_p = \gamma A_5 V_5 h_p = \gamma A_5 V_5 h_{L_{1-9}} \qquad (2)$$

Note que a potência que o ventilador precisar fornecer ao ar depende da perda de carga associada ao escoamento no circuito do túnel de vento. Para obter uma resposta razoável e aproximada nós utilizaremos as seguintes hipóteses: cada uma das curvas do túnel será modelada como àquela com pás direcionadoras mostrada na Fig. 8.31. Deste modo, o coeficiente de perda em cada uma das curvas é igual a 0,2, ou seja,

$$h_{L_{curva}} = K_L \frac{V^2}{2g} = 0,2\frac{V^2}{2g}$$

onde $V = V_5 A_5 /A$, porque nós admitimos que o escoamento é incompressível. A tabela abaixo da Fig. E8.6 mostra os valores de *A*, e as velocidades correspondentes, através do túnel de vento.

Nós modelaremos a expansão que ocorre no trecho do túnel limitado pelo final da seção de testes, seção (6), e a seção de alimentação do bocal, (4), como um difusor cônico com coeficiente de perda $K_{L\,dif} = 0{,}6$. Este valor é maior do que aquele referente a um difusor bem projetado (veja, por exemplo, a Fig. 8.29). Desde que o difusor é interrompido pelas quatro curvas e pelo ventilador, pode ser impossível obter um valor menor de $K_{L\,dif}$ para esta configuração. Assim,

$$h_{L_{dif}} = K_{L_{dif}} \frac{V_6^2}{2g} = 0,6\frac{V_6^2}{2g}$$

Nós vamos admitir que os coeficientes de perda para o bocal cônico, entre as seções (4) e (5), e para os retificadores de escoamento são dados por $K_{L\,bocal} = 0{,}2$ e $K_{L\,ret} = 4{,}0$ (Ref. [13]). Nós vamos desprezar a perda de carga na seção de testes porque ela é relativamente curta.

Nestas condições, a perda de carga no circuito é

$$h_{L_{1-9}} = h_{L\,curva7} + h_{L\,curva8} + h_{L\,curva2} + h_{L\,curva3} + h_{L\,dif} + h_{L\,bocal} + h_{L\,ret}$$

$$h_{L_{1-9}} = \left[0{,}2\left(V_7^2+V_8^2+V_2^2+V_3^2\right)+0{,}6 V_6^2+0{,}2 V_5^2+4{,}0 V_4^2\right]/2g =$$
$$= \left[0{,}2\left(24{,}4^2+13{,}5^2+8{,}7^2+7{,}0^2\right)+0{,}6(61{,}0)^2+0{,}2(61{,}0)^2+4{,}0(7{,}0)^2\right]/[2(9{,}8)]$$

, ou seja,

$$h_{L_{1-9}} = 171{,}1\,\text{m}$$

O aumento de pressão através do ventilador pode ser calculado com a Eq. (1),

$$p_1 - p_9 = \gamma h_{L_{1-9}} = (12{,}0)(171{,}1) = 2053{,}2\,\text{Pa}$$

Já a potência fornecida ao fluido pode ser calculada com a Eq. (2),

$$Pot = (12{,}0)(0{,}37)(61{,}0)(171{,}1) = 46341\,\text{W}$$

Observe que, nos escoamentos em túneis de vento fechados, toda a potência transferida ao fluido é dissipada por efeitos viscosos (a energia transferida ao fluido permanece no fluido que escoa no circuito). Se a transferência de calor pelas paredes do túnel for desprezível, a temperatura do ar dentro do túnel aumentará ao longo do tempo. Os túneis de vento deste tipo que operam em regime permanente normalmente contam um sistema de resfriamento do ar recirculado para manter a temperatura em níveis aceitáveis.

A potência do motor que aciona o ventilador deve ser maior do que os 46,34 kW calculados, porque nenhum ventilador apresenta eficiência igual a 100%. A potência calculada acima é a necessária para o fluido vencer as perdas no túnel. Se a eficiência do ventilador for igual a 60%, a potência de acionamento do ventilador será *Pot* = 46,34 / 0.60 = 77.23 kW. A determinação das eficiências de ventiladores (ou bombas) pode ser um problema muito complexo e é função da geometria específica do ventilador. Algumas informações básicas sobre o comportamento de ventiladores podem ser encontradas no Cap. 12 e o leitor interessado no assunto deve consultar a bibliografia para ampliar seus conhecimentos (por exemplo, as Refs. [14, 15 e 16]).

Nós devemos ressaltar que os resultados apresentados neste exemplo são apenas aproximados. Um projeto cuidadoso dos componentes do túnel de vento (curvas, difusores, etc.) pode levar a uma redução dos valores dos coeficientes de perda de carga. Deste modo, a potência transferida ao fluido pode ser minimizada. É importante lembrar que h_L é proporcional a V^2. Assim, os escoamentos que apresentam velocidades significativas tendem a apresentar as maiores perdas de carga. Por exemplo, mesmo que $K_L = 0,2$ para cada uma das quatro curvas, a perda de carga para a curva (7) é $(V_7/V_3)^2 = (24,4/7,0)^2 = 12,2$ vezes maior do que a relativa a curva (3).

8.4.3 Dutos

Muitas tubulações utilizadas para transportar fluidos não apresentam seções transversais circulares. Ainda que os detalhes do escoamento nestes dutos dependam da forma exata da seção transversal, muitos resultados relativos aos escoamentos em tubos podem ser transformados para se tornarem adequados aos escoamentos em condutos que apresentam outras formas.

É possível obter vários resultados teóricos relativos aos escoamentos laminares e plenamente desenvolvidos em dutos mas os procedimentos matemáticos são bastante trabalhosos. Para uma seção transversal arbitrária, como a mostrada na Fig. 8.34, o perfil de velocidade é uma função tanto de y quanto de z [$V = u(y, z)$ î]. Isto significa que a equação que descreve o fenômeno e fornece o perfil de velocidade (tanto a equação de Navier – Stokes quanto uma equação de balanço de forças similar àquela utilizada para tubos, Eq. 8.6) é uma equação diferencial parcial ao invés de uma equação diferencial ordinária. Ainda que a equação seja linear (a aceleração convectiva nos escoamentos plenamente desenvolvidos é nula),a obtenção do perfil de velocidade não é trivial. Nestes casos, é normal obtermos o perfil de velocidade em função de séries infinitas (veja a Ref. [17]).

Tabela 8.3 Fatores de atrito para escoamentos laminares e plenamente desenvolvidos em dutos com seção transversal não circulares (Dados obtidos na Ref. [18]).

Formato	Parâmetro	$C = f\,Re_h$
I. Anel concêntrico $D_h = D_2 - D_1$	D_1/D_2	
	0,0001	71,8
	0,01	80,1
	0,1	89,4
	0,6	95,6
	1,00	96,0
III. Retângulo $D_h = \dfrac{2ab}{a+b}$	a/b	
	0	96,0
	0,05	89,9
	0,10	84,7
	0,25	72,9
	0,50	62,2
	0,75	57,9
	1,00	56,9

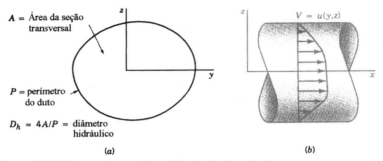

Figura 8.34 Duto com seção transversal não circular.

Um resultado prático e fácil de utilizar pode ser obtido do seguinte modo. Lembre que os efeitos de inércia não existem nos escoamentos laminares plenamente desenvolvidos (este resultado independe do formato da seção transversal do duto). Assim, o coeficiente de atrito pode ser escrito como $f = C/Re_h$, onde a constante C depende basicamente do formato do duto e Re_h é o número de Reynolds baseado no diâmetro hidráulico, $Re = \rho V D_h / \mu$. O diâmetro hidráulico é definido como $D_h = 4A/P$, ou seja, quatro vezes a razão da área da seção transversal pelo perímetro molhado, P (veja a Fig. 8.34). Note que o diâmetro hidráulico é comprimento característico associado ao formato da seção transversal do duto. O fator 4 é incluído na definição de D_h para que este se torne igual ao diâmetro do tubo nos casos onde estamos analisando escoamentos em tubos [$D_h = 4A/P = 4(\pi D^2/4)/(\pi D) = D$]. O diâmetro hidráulico também é utilizado nas definições do fator de atrito, $h_L = f(l/D_h) V^2/2g$, e da rugosidade relativa, ε / D_h.

Os cálculos da perda de carga em escoamentos turbulentos plenamente desenvolvidos em condutos com seção transversal não circulares são normalmente realizados com o diagrama de Moody (o diâmetro hidráulico passa a fazer o papel do diâmetro do tubo nas avaliações do número de Reynolds e da rugosidade relativa). A precisão dos resultados desta aproximação é da ordem de 15%. É importante lembrar que é necessária uma análise detalhada do escoamento no duto nos casos onde o conhecimento da perda de carga for muito importante (onde a precisão de 15% não for aceitável).

Exemplo 8.7

Ar, a 50 °C e pressão padrão, é descarregado de uma fornalha através de um tubo que apresenta diâmetro igual a 203 mm. A velocidade média do ar neste tubo é 3,0 m/s. O tubo descarrega o ar num duto com seção transversal quadrada (lado = a). Admita que as superfícies do tubo e do duto são lisas ($\varepsilon = 0$). Determine o valor de a para que a perda de carga por metro de duto seja igual àquela no tubo.

Solução Nós vamos primeiro determinar a perda de carga por metro de tubo, $h_L/l = (f/D) V^2/2g$ e depois a dimensão a para que obtenhamos o mesmo valor de perda de carga por metro de duto. A viscosidade cinemática do ar para a pressão e temperatura fornecidas é $v = 1.76 \times 10^{-5}$ m²/s (veja a Tab. B.2 do Apêndice). O número de Reynolds do escoamento no tubo é

$$Re = \frac{VD}{v} = \frac{(3,0)(203 \times 10^{-3})}{1,76 \times 10^{-5}} = 34602$$

O coeficiente de atrito do escoamento no tubo pode ser determinado com este número de Re e com a rugosidade relativa (neste caso o tubo é liso, ou seja, $\varepsilon/D = 0$). Utilizando a Fig. 8.23, encontramos $f = 0.022$. Deste modo,

$$\frac{h_L}{l} = \frac{0,022}{203 \times 10^{-3}} \frac{(3,0)^2}{2(9,8)} = 0,0498$$

O escoamento no duto quadrado deve apresentar

$$\frac{h_L}{l} = \frac{f}{D_h}\frac{V_s^2}{2g} = 0,0498 \tag{1}$$

onde

$$D_h = 4A/P = 4a^2/4a = a \quad \text{e} \quad V_s = \frac{Q}{A} = \frac{\frac{\pi}{4}(0,203)^2(3,0)}{a^2} = \frac{0,0971}{a^2} \tag{2}$$

onde V_s é a velocidade média no duto.

Combinando as Eqs. (1) e (2),

$$0,0498 = \frac{f}{a}\frac{(0,0971/a^2)^2}{2(9,8)}$$

ou

$$a = 0,395 f^{1/5} \tag{3}$$

O número de Reynolds do escoamento no duto é

$$\text{Re}_h = \frac{V_s D_h}{\nu} = \frac{(0,0971/a^2)a}{1,76\times10^{-5}} = \frac{5,517\times10^3}{a} \tag{4}$$

Note que o problema apresenta três incógnitas (a, f, e Re_h) e três equações (as Eqs. (3), (4) e a terceira equação está na forma gráfica, Fig. 8.20). Nestas condições, é necessário utilizar um procedimento de tentativa e erro.

Nós vamos admitir, na primeira tentativa, que o coeficiente de atrito do escoamento no duto é igual aquele relativo ao escoamento no tubo. Isto é, nós vamos admitir que $f = 0.022$. O valor de a fornecido pela Eq. (3) é 0,184 m e a Eq. (4) indica que $\text{Re}_h = 3.00 \times 10^4$. Utilizando o valor do número de Reynolds calculado e a rugosidade relativa fornecida ($\varepsilon = 0$), temos que $f = 0,023$ (veja a Fig. 8.23). Este resultado não concorda muito bem com o valor admitido para f. Assim, nós ainda não temos uma solução para o problema. A segunda tentativa do processo iterativo pode ser inicializada com a hipótese de que $f = 0,023$. Note que nós devemos continuar o processo iterativo até que o valor de f admitido seja igual ao valor fornecido pelo diagrama de Moody. O resultado final (depois de apenas duas iterações) é $f = 0.023$, $\text{Re}_h = 2,97 \times 10^4$, e

$$a = 0.186 \text{ m}$$

Observe que o lado do duto quadrado equivalente é aproximadamente igual a 92% do diâmetro do tubo ($a/D = 0,918$) É possível mostrar que esta relação é aproximadamente válida tanto para escoamentos laminares quanto para turbulentos. A área transversal do duto ($A = a^2 = 0,035$ m²) é maior que para a do duto circular ($A = \pi D^2/4 = 0,032$ m²). É interessante notar que a fabricação do tubo consome menos material (perímetro $= \pi D = 0,637$ m) do que a do duto quadrado (perímetro $= 4a = 0,744$ m).

8.5 Exemplos de Escoamento em Condutos

Nós discutimos, nas seções anteriores, vários aspectos dos escoamento em tubos e dutos. O objetivo desta seção é aplicar as idéias apresentadas às soluções de vários problemas. É importante modelar adequadamente os problemas da engenharia e aplicar corretamente as equações relevantes ao problema em questão. Nos escoamentos em condutos, a principal idéia envolvida é aplicar a equação da energia entre regiões apropriadas do escoamento, com as perdas de carga escritas em função dos coeficientes de atrito distribuídos e localizados (singulares). Nós iremos considerar duas classes de sistemas de condutos: uma que apresenta um único conduto (cujo comprimento pode ser interrompido por vários componentes) e outra que apresenta vários condutos arranjados em paralelo, série ou configurados em rede.

8.5.1 Dutos Simples

O processo que deve ser utilizado para a solução de escoamentos em condutos pode depender fortemente de vários parâmetros. Alguns destes são independentes (dados) e outros dependentes (a

Tabela 8.4 Tipos de escoamentos em condutos

Variável	Tipo I	Tipo II	Tipo III
a. Massa específica	Fornecida	Fornecida	Fornecida
Viscosidade	Fornecida	Fornecida	Fornecida
b. Diâmetro do tubo	Fornecido	Fornecido	A determinar
Comprimento	Fornecido	Fornecido	Fornecido
Rugosidade	Fornecida	Fornecida	Fornecida
c. Vazão ou velocidade média	Fornecida	A determinar	Fornecida
d. Queda de pressão ou perda de carga	A determinar	Fornecida	Fornecida

determinar). A Tab. 8.4 mostra as características dos três tipos de problemas mais comuns. Nós vamos admitir que o sistema de condutos pode ser caracterizado em função dos comprimentos dos condutos utilizados, do número de cotovelos, curvas, e válvulas necessárias para transportar o fluido entre os dois locais preestabelecidos. Nós também vamos admitir que as propriedades relevantes do fluido que escoa no sistema são conhecidas.

Nós especificamos a vazão desejada, ou a velocidade média, e devemos determinar a diferença de pressão necessária para promover o escoamento ou a perda de carga nos problemas do Tipo I. Por exemplo, qual é a pressão necessária na seção de descarga de um aquecedor de água sabendo que a máquina de lavar louça, conectada ao aquecedor através de uma tubulação, deve operar com uma vazão de $1,26 \times 10^{-4}$ m³/s?

Já nos problemas do Tipo II, nós especificamos a pressão que promove o escoamento (ou, alternativamente, a perda de carga) e determinamos a vazão. Por exemplo, quantos m³/s de água quente são fornecidos à máquina de lavar louça se a pressão na seção de descarga do aquecedor de água é 413,7 kPa e os detalhes da tubulação (comprimento, diâmetro, rugosidade do conduto, número de conexões etc) são conhecidos?

Num problema do Tipo III nós especificamos a queda de pressão, a vazão necessária e determinamos o diâmetro do duto necessário. Por exemplo, qual é o diâmetro do tubo que deve ser utilizado entre a seção de descarga do aquecedor e a de alimentação da máquina de lavar louça se a pressão na seção de descarga do aquecedor é 413,7 kPa (determinado pelo sistema municipal de abastecimento de água) e a vazão não pode ser menor que $1,26 \times 10^{-4}$ m³/s (determinado pelo fabricante da máquina)?

Nos apresentaremos a seguir vários exemplos destes tipos de problema.

Exemplo 8.8 (Tipo I, Determinação da queda de pressão)

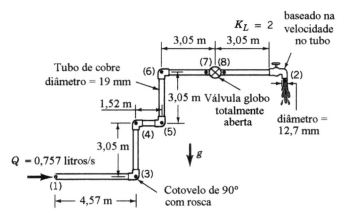

Figura E8.8a

Água, a 20 °C, escoa do térreo para o segundo andar de um edifício através de um tubo estirado de cobre que apresenta diâmetro interno igual a 19 mm. A Fig. E8.8*a* mostra que a vazão na torneira, diâmetro da seção de escoamento igual a 12,7 mm, é 0,757 litros/s. Determine a pressão no ponto (1) se: **(a)** os efeitos viscosos forem desprezados, **(b)** as únicas perdas de carga forem as distribuídas e **(c)** todas as perdas forem consideradas.

Solução A velocidade média do escoamento no tubo é dada por $V_1 = Q/A = Q/(\pi D^2/4) = (0,757 \times 10^{-3})/[\pi(19 \times 10^{-3})^2/4] = 2,67$ m/s e a Tab. B.1 indica que as propriedades do fluido são: $\rho = 998,2$ kg/m³ e $\mu = 1,00 \times 10^{-3}$ N·s/m². Nestas condições, o número de Reynolds do escoamento, $\rho VD/\mu$, é igual a Re = $(998,2)(2,67)(0,019)/(1,00 \times 10^{-3}) = 50640$. Observe que o escoamento no tubo é turbulento. A equação adequada para os casos (a), (b) e (c) é a Eq. 8.21,

$$\frac{p_1}{\gamma} + \alpha_1 \frac{V_1^2}{2g} + z_1 = \frac{p_2}{\gamma} + \alpha_2 \frac{V_2^2}{2g} + z_2 + h_L$$

onde $z_1 = 0$, $z_2 = 6,10$ m, $p_2 = 0$ (jato livre), $\gamma = \rho g = 9782,4$ N/m³ e a velocidade na seção de descarga da torneira é $V_2 = Q/A_2 = (0,757 \times 10^{-3})/[\pi(0,0127)^2/4] = 5,98$ m/s. Nós vamos admitir que os coeficientes de energia cinética, α_1 e α_2, são iguais a unidade. Esta aproximação é razoável porque o perfil de velocidade do escoamento turbulento no tubo é quase uniforme. Nestas condições,

$$p_1 = \gamma z_2 + \frac{1}{2}\rho\left(V_2^2 - V_1^2\right) + \gamma h_L \tag{1}$$

onde a perda de carga é diferente para cada um dos três casos do problema.

(a) Se todas as perdas de carga forem desprezadas ($h_L = 0$), a Eq. (1) fornece:

$$p_1 = 9789 \times 6,1 + \frac{998,2}{2}\left[(5,98)^2 - (2,67)^2\right] = 59713 + 14290 = 74003 \text{ Pa}$$

Observe que o variação de pressão devida a diferença de nível (o efeito hidrostático) é $\gamma(z_2-z_1) = 59713$ Pa e a que é devida ao aumento de energia cinética é $\rho(V_2^2 - V_1^2)/2 = 14290$ Pa.

(b) Se as únicas perdas incluídas no cálculo forem as distribuídas, temos que

$$h_L = f\frac{l}{D}\frac{V_1^2}{2g}$$

A Tab. 8.1 indica que a rugosidade típica dos tubos estirados de cobre vale 0,0015 mm. Assim, a rugosidade relativa do tubo com 19 mm de diâmetro interno é igual a 8×10^{-5}. Utilizando este valor e sabendo que o número de Reynolds do escoamento é 50640, temos, pelo diagrama de Moody, que $f = 0,021$. Observe que a equação de Colebrook (Eq. 8.35) resulta num mesmo valor para f. O comprimento total da tubulação é $l = (4,57 + 3,05 + 1,52 + 3,05 + 3,05 + 3,05) = 18,29$ m. Lembre que os termos de elevação e energia cinética são iguais aqueles calculados na parte (a). Aplicando a Eq.(1),

$$p_1 = \gamma z_2 + \frac{1}{2}\rho\left(V_2^2 - V_1^2\right) + \rho f \frac{l}{D}\frac{V_1^2}{2g}$$

$$= (59713 + 14290) + 998,2 \times 0,021 \times \left(\frac{18,29}{0,019}\right)\frac{(2,67)^2}{2} =$$

$$= (59713 + 14290 + 71927) = 145930 \text{ Pa}$$

Note que a parte da queda de pressão devida ao atrito é igual a 71927 Pa.

(c) Nós agora vamos considerar as perdas distribuídas e as localizadas. Aplicando a Eq. (1),

$$p_1 = \gamma z_2 + \frac{1}{2}\rho\left(V_2^2 - V_1^2\right) + f\gamma \frac{l}{D}\frac{V_1^2}{2g} + \sum \rho K_L \frac{V^2}{2}$$

ou

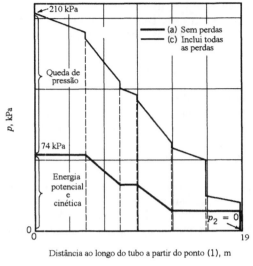

Figura E8.8b

$$p_1 = 145930 + \sum \rho K_L \frac{V^2}{2} \quad (2)$$

onde o primeiro termo do lado direito da equação representa a variação de pressão devida a diferença de nível, a variação de energia cinética e as perdas distribuídas [parte (b)]. O segundo termo do lado direito da equação representa a soma de todas as perdas de carga localizadas. Os coeficientes de perda ($K_L = 1,5$ para cada curva e $K_L = 10$ para a válvula globo totalmente aberta) podem ser encontrados na Tab. 8.2 e o coeficiente para a torneira, fornecido na Fig. E8.8a, é $K_L = 2$. Deste modo,

$$\sum \rho K_L \frac{V^2}{2} = 998,2 \frac{(2,67)^2}{2} [10 + 4(1,5) + 2] = 64045 \text{ Pa} \quad (3)$$

Observe que nós não incluímos as perdas de entrada e saída porque os pontos (1) e (2) estão localizados dentro do escoamento (e não dentro de um reservatório onde a energia cinética é nula). Combinando as Eqs. 2 e 3 nós obtemos a queda de pressão total, ou seja,

$$p_1 = (145930 + 64045) = 209975 \text{ Pa}$$

Esta queda de pressão, calculada com todos as perdas de carga, fornece a resposta mais realista para o escoamento deste problema.

A Fig. 8.8b mostra um esboço da distribuição de pressão ao longo da tubulação. A figura mostra as distribuições de pressão relativas aos casos (a) e (c). Observe que nem toda a queda de pressão, $p_1 - p_2$, é uma "perda de pressão". As quedas de pressão devidas a diferença de nível e diferenças de velocidade são totalmente reversíveis mas a parte da diferença de pressão devida as perdas distribuídas e localizadas é irreversível.

Ainda que as equações que descrevem o escoamento em condutos sejam simples, elas fornecem resultados muito razoáveis para uma grande variedade de aplicações.

Exemplo 8.9 (Tipo I, Determinação da Perda de Carga)

Óleo cru a 60 °C ($\gamma = 8436$ N/m³ e $\mu = 3,83 \times 10^{-3}$ N·s/m²) é bombeado através do Alasca numa tubulação de aço de apresenta diâmetro e comprimento iguais a 1219 mm e 1286 km. A vazão de óleo na tubulação é 3,31 m³/s, ou seja, a velocidade média do escoamento, $V = Q/A$, é igual a 2,84 m/s. Determine a potência necessária para bombear o óleo nesta tubulação.

Solução A aplicação da equação da energia (Eq. 8.21) fornece

$$\frac{p_1}{\gamma}+\frac{V_1^2}{2g}+z_1+h_p=\frac{p_2}{\gamma}+\frac{V_2^2}{2g}+z_2+h_L$$

onde (1) e (2) representam pontos localizados dentro dos grandes tanques de armazenamento de óleo (nos extremos da tubulação), e h_p é a carga fornecida pelas bombas de óleo. Nós vamos admitir que $z_1 = z_2$ (bombeamento do nível do mar para o nível do mar, por exemplo), $p_1 = p_2 = V_1 = V_2 = 0$ (tanque grande e aberto a atmosfera) e $h_L = (f\,l/D)(V^2/2g)$. Nós também vamos considerar que as perdas de carga singulares são desprezíveis porque a tubulação é praticamente reta e muito longa ($l/D = 1286000/1,219 = 1,05 \times 10^6$). Nestas condições,

$$h_p = h_L = f\frac{l}{D}\frac{V^2}{2g}$$

O número de Reynolds deste escoamento é Re = $(8436/9,8)(2,84)(1,219)/(3,83 \times 10^{-3}) = 7,78 \times 10^5$ e $\varepsilon/D = 3,7 \times 10^{-5}$ (veja a Tab. 8.1). Com estes resultados, a Fig. 8.23 fornece $f = 0,0125$. Assim,

$$h_p = 0,0125\,(1,05\times 10^6)\frac{(2,84)^2}{2(9,8)} = 5401,1\,\text{m}$$

e a potência real fornecida ao fluido, *Pot*, é

$$Pot = \gamma Q h_P = (8436)(3,31)(5401,1) = 150,8\times 10^6\,\text{W} = 150,8\,\text{MW}$$

Existem muitas razões para que não se utilize uma única bomba para promover o escoamento de óleo nesta tubulação. A primeira é que não existe uma bomba com esta potência. A segunda é que a pressão na seção de descarga da bomba precisaria ser $p = \gamma h_L = (8436)(5401,1) = 45,6$ MPa. Nenhum tubo comercialmente disponível com 1219 mm de diâmetro pode suportar esta pressão. Outra alternativa inviável seria colocar um tanque num topo de uma montanha de 5395,6 metros e deixar a gravidade forçar o óleo através de 1286 km de duto.

O sistema real de bombeamento de óleo é constituído por 12 estações de bombeamento posicionadas em lugares estratégicos ao longo da tubulação. Cada estação possui quatro bombas, três delas operando normalmente e uma quarta de reserva (para casos de emergência). Cada bomba é movida por um motor de 13500 hp (10 MW) que, no total, produzem uma potência Pot_{tot} = 12 estações $\times$ 3 bombas/estação $\times$ 1,0 $\times 10^6$ W = 360 MW. Se nós admitirmos que cada conjunto motor – bomba apresenta uma eficiência de 60%, então 0,60 $\times$ 360 MW = 216 MW são transferidos ao fluido. Este número é próximo do valor calculado acima.

A hipótese de que o óleo escoa a 60 °C pode parecer inadequada para um escoamento através do Alasca. Porém, observe que o óleo está quente quando é bombeado do solo e que a potência necessária para bombear o óleo (150,8 MW) é dissipada no fluido. Entretanto se a temperatura do óleo fosse 20 °C, ao invés de 60 °C, a viscosidade dinâmica seria aproximadamente igual a 7,66 $\times 10^{-3}$ N·s/m² (o dobro do valor original), mas o fator de atrito aumentaria de $f = 0,0125$ (referente a Re = 7,78 $\times 10^5$) para $f = 0,0140$ a 20 °C (referente a Re = 3,88 $\times 10^5$). Mesmo que a viscosidade dobre, a potência transferida ao fluido seria aumentada em apenas 11% (de 150,8 MW para 168,5 MW). Isto é uma consequência do alto valor do número de Reynolds do escoamento no tubo (a maior parte da tensão de cisalhamento é devida a natureza turbulenta do escoamento). Isto é, f é praticamente independente de Re (ou da viscosidade) porque o número de Re é grande o suficiente (note que existe uma parte plana no diagrama de Moody).

Normalmente os problemas de escoamento em condutos nos quais se deseja determinar a vazão para um conjunto de condições dadas (problemas do Tipo II) requerem um técnica de solução baseada na tentativa e erro. Isto é necessário porque o valor do fator de atrito é função do número de Reynolds que por sua vez é função da velocidade (vazão) que é a incógnita do problema. O Exemplo 8.10 apresenta um procedimento de solução deste tipo.

Exemplo 8.10 (Tipo II - Determinação da Vazão)

O manual do fabricante de um secador de roupa indica que o tubulação de exaustão de gás (diâmetro = 102 mm e fabricado com ferro fundido) não pode apresentar comprimento total (somatória dos comprimentos dos trechos de tubo) maior do que 6,1 m e quatro curvas de 90°. Determine a vazão de ar nesta tubulação sabendo que a pressão dentro do secador é 50 Pa. Admita que a temperatura do ar descarregado do secador é igual a 37 °C e que a pressão ambiente é igual a pressão padrão.

Solução A aplicação da equação da energia (Eq. 8.21) entre os pontos (1), no interior do secador, e o (2), na saída da tubulação de descarga, fornece

$$\frac{p_1}{\gamma}+\frac{V_1^2}{2g}+z_1 = \frac{p_2}{\gamma}+\frac{V_2^2}{2g}+z_2 + f\frac{l}{D}\frac{V^2}{2g}+\sum K_L \frac{V^2}{2g} \quad (1)$$

Nos vamos admitir que $K_L = 0,5$ para a região de entrada na tubulação e que $K_L = 1,5$ para cada uma das curvas de 90°. Adicionalmente nós vamos considerar que $V_1 = 0$, $V_2 = V$ (a velocidade do ar no duto), $z_1 = z_2$. (os efeitos da diferença de nível normalmente são desprezados nos escoamentos de gases), $p_1 = 50$ Pa e que $p_2 = 0$. Nestas condições, e lembrando que o peso específico do ar é $\gamma = 11,1$ N/m^3 (veja a Tab. B.2), temos

$$\frac{50}{11,1} = [1+59,8\times f + 0,5 + 4(1,5)]\frac{V^2}{2(9,8)}$$

ou

$$88,3 = (7,5 + 59,8\times f)V^2 \quad (2)$$

O valor de f é função de Re, que, por sua vez, depende de V que é a incógnita do nosso problema. A Tab. B.3 indica que a viscosidade cinemática do ar a 37 °C é $1,64 \times 10^{-5}$ m²/s e nós podemos escrever

$$Re = \frac{VD}{\nu} = \frac{0,102 V}{1,64\times 10^{-5}}$$

, ou seja,

$$Re = 6,22\times 10^3 \, V \quad (3)$$

Também, como $\varepsilon/D = 0,15/102 = 0,0015$ (veja a Tab. 8.1 para obter o valor de ε), nós conhecemos qual é a curva pertinente a este escoamento no Diagrama de Moody. Assim nós temos três correlações (Eqs. (2), (3) e que a curva relativa a $\varepsilon/D = 0,0015$ da Fig. 8.20). A partir destas três relações nós podemos encontrar as três incógnitas do problema (f, Re e V). Nós agora apresentaremos um procedimento para a solução deste tipo de problema.

Um procedimento simples para resolver o problema consiste em admitir um valor para f, calcular V com a Eq. (2), calcular Re com a Eq. (3) e conferir o valor de f no Diagrama de Moody para este valor de Re. Se o f admitido e o novo f calculado não forem iguais o conjunto (f, Re e V) não é a solução do problema. É interessante admitir um valor para f porque o valor correto freqüentemente fica na parte mais horizontal do Diagrama de Moody (que é insensível a Re).

Seguindo este procedimento, nós vamos admitir que f é igual a 0,022 (este valor é relativo a número de Reynolds altos e para a rugosidade relativa dada). Aplicando a Eq. (2), temos

$$V = \left[\frac{88,3}{7,5 + 59,8\,(0,022)}\right]^{1/2} = 3,16 \text{ m/s}$$

e a Eq. 3 fornece

$$Re = 6,22\times 10^3 (3,16) = 19655$$

A Fig. 8.20 fornece, para este Re e a rugosidade relativa do problema, $f = 0,029$. Este valor não é igual ao valor admitido ($f = 0,022$) ainda que eles sejam bastante próximos. Nós agora vamos admitir que $f = 0,029$. Nesta segunda tentativa nós encontramos $V = 3,09$ m/s e Re = 19234. Com estes valores, a Fig. 8.20 fornece $f = 0,029$. Note que este valor é igual ao valor admitido. Desse modo, a solução é $V = 3,09$ m/s, ou

$$Q = AV = \frac{\pi}{4}(0,102)^2(3,09) = 0,0252 \text{ m}^3/\text{s} = 90,9 \text{ m}^3/\text{h}$$

Observe que é necessário utilizar um procedimento iterativo de solução porque uma das equações, $f = \phi(\text{Re}, \varepsilon/D)$, está na forma gráfica (Diagrama de Moody). Se a dependência entre f, Re e ε/D é conhecida através de uma equação (a utilização do gráfico torna-se desnecessária), o procedimento de solução pode se tornar mais fácil. Isto ocorre nos casos onde o escoamento é laminar porque $f = 64/\text{Re}$. Nos casos onde o escoamento é turbulento, nós podemos utilizar a equação de Colebrook ao invés do Diagrama de Moody. Mesmo nestes casos é necessário utilizar um procedimento iterativo para determinar a solução porque a equação de Colebrook é complexa. Nós mostraremos a seguir um método de solução que é adequado para a solução iterativa utilizando um computador.

Nós vamos utilizar novamente as Eqs. (2) e (3) em conjunto com a equação de Colebrook (Eq. 8.35) – ao invés do Diagrama de Moody – com $\varepsilon/D = 0,0015$. Deste modo,

$$\frac{1}{\sqrt{f}} = -2,0 \log\left(\frac{\varepsilon/D}{3,7} + \frac{2,51}{\text{Re}\sqrt{f}}\right) = -2,0 \log\left(4,05 \times 10^{-4} + \frac{2,51}{\text{Re}\sqrt{f}}\right) \quad (4)$$

Aplicando a Eq. (2) nós encontramos $V = [88,3/(7,5+59,8f)]^{1/2}$. Combinando este resultado com a Eq. (3),

$$\text{Re} = \frac{58448}{\sqrt{7,5+59,8f}} \quad (5)$$

A combinação das Eqs. 4 e 5 fornece uma equação para a determinação de f, ou seja,

$$\frac{1}{\sqrt{f}} = -2,0 \log\left(4,05 \times 10^{-4} + 4,29 \times 10^{-5} \sqrt{59,8 + \frac{7,5}{f}}\right) \quad (6)$$

Uma simples solução iterativa resulta em $f = 0,029$. Note que este resultado é idêntico ao obtido com a utilização do diagrama de Moody. [Uma solução iterativa usando a equação de Colebrook pode ser feita da seguinte maneira: (a) admita um valor para f, (b) calcule o novo valor de f aplicando o valor admitido no lado direito da Eq. 6, (c) utilizar o f calculado para recalcular outro valor de f, e (d) repetir estes passos até que os valores sucessivos de f sejam iguais.

No Exemplo 8.9 nós admitimos que as perdas de carga singulares eram desprezíveis porque a tubulação era muito longa. Neste exemplo, as perdas localizadas tem importância porque a tubulação é relativamente curta ($l/D = 60$). A razão entre as perdas localizadas e a distribuída no caso deste exemplo é $K_L/(f\,l/D) = 3,74$. Note que as curvas e a região de entrada produzem mais perdas do que o próprio tubo.

Exemplo 8.11 (Tipo II, Determinação da Vazão)

A potência da turbina esboçada na Fig. E8.11 é 37,3 kW (50 hp). A tubulação de alimentação da turbina apresenta diâmetro interno e comprimento iguais a 305 mm e 91,44 m. Admitindo que o fator de atrito do escoamento no tubo é igual a 0,02 e que as perdas de cargas localizadas são desprezíveis, determine a vazão de água na turbina.

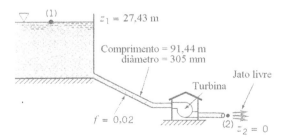

Figura E8.11

Solução: A equação da energia (Eq. 8.21) pode ser aplicada entre a superfície livre do reservatório e a seção (2) do escoamento, ou seja,

$$\frac{p_1}{\gamma}+\frac{V_1^2}{2g}+z_1=\frac{p_2}{\gamma}+\frac{V_2^2}{2g}+z_2+h_L+h_T \tag{1}$$

onde $p_1 = V_1 = p_2 = z_2 = 0$, $z_1 = 27{,}43$ m e $V_2 = V$, onde V é a velocidade do fluido na tubulação. A perda de carga distribuída na tubulação é dada por

$$h_L = f\frac{l}{D}\frac{V^2}{2g}=0{,}02\frac{91{,}44}{0{,}305}\frac{V^2}{2(9{,}8)}=0{,}306\,V^2$$

Já a carga da turbina é

$$h_T=\frac{Pot}{\gamma Q}=\frac{Pot}{\gamma(\pi/4)D^2 V}=\frac{37300}{9800(\pi/4)(0{,}305)^2 V}=\frac{52{,}1}{V}$$

Assim, a Eq. (1) pode ser reescrita como

$$27{,}43=\frac{V^2}{2(9{,}8)}+0{,}306V^2+\frac{52{,}1}{V}$$

ou

$$0{,}357V^3-27{,}43V+52{,}1=0 \tag{2}$$

Resolvendo a Eq. (2) nós obtemos a velocidade do escoamento na tubulação de alimentação da turbina. Surpreendentemente, existem duas raízes positivas: $V = 2{,}00$ m/s e $V = 7{,}59$ m/s. A terceira raiz é negativa ($V = -9{,}59$ m/s) e não tem nenhum significado físico para este escoamento. Então as duas vazões aceitáveis são

$$Q=\frac{\pi}{4}D^2V=\frac{\pi}{4}(0{,}305)^2(2{,}00)=0{,}146\,\text{m}^3/\text{s}$$

e

$$Q=\frac{\pi}{4}(0{,}305)^2(7{,}59)=0{,}555\,\text{m}^3/\text{s}$$

Qualquer uma destas vazões fornece a mesma potência, $Pot = \gamma Q h_T$. A razão para a existência destas duas respostas pode ser interpretada do seguinte modo. Quando a vazão é pequena ($Q = 0{,}146$ m³/s), a perda de carga e a carga da turbina são iguais a $h_L = 1{,}26$ m e $h_T = 26{,}02$ m. Note que a perda de carga na tubulação é pequena, devido a baixa velocidade do escoamento, e, portanto, a carga disponível para a turbina é grande. Quando a vazão é alta ($Q = 0{,}555$ m³/s), nós encontramos $h_L = 17{,}51$ m e $h_T = 6{,}98$ m. Nesta situação, a velocidade significativa do escoamento gera uma perda relativamente alta e sobra pouca carga para a turbina. Porém, nos dois casos, o produto da carga na turbina pela vazão é o mesmo. Mesmo que cada uma destas vazões permita a retirada de 37284 W do escoamento da água, os detalhes de projeto da turbina irão depender fortemente da vazão utilizada. Esta informação pode ser vista no Capítulo 12 e em várias referências sobre máquinas de fluxo (por exemplo as Refs. [14, 19 e 20]).

Se o fator de atrito não fosse conhecido, o procedimento de solução do problema poderia ser muito mais trabalhoso. Uma solução do tipo tentativa e erro, parecida com a do Exemplo 8.10, poderia ser mais complicada porque agora estamos envolvidos com uma equação cúbica.

É necessário utilizar um procedimento baseado na tentativa e erro nos problemas onde o diâmetro interno do tubo não é conhecido. Isto ocorre porque o fator de atrito é uma função do diâmetro - através do número de Reynolds e da rugosidade relativa. Observe que não podemos determinar os valores de Re = $\rho VD/\mu$ = $4\rho Q/\pi\mu D$ e ε/D se não conhecermos o valor de D. Os Exemplos 8.12 e 8.13 ilustram este tipo de problema.

Escoamento Viscoso em Condutos **453**

Exemplo 8.12 (Tipo III, Determinação do Diâmetro sem as Perdas Localizadas)

Ar, a 25 °C e pressão padrão, escoa num tubo de ferro galvanizado e horizontal (ε = 0,00015) com uma vazão de 0,0566 m³/s. Determine o diâmetro mínimo do tubo sabendo que a queda de pressão não deve ser maior do que 113 Pa por metro de tubo.

Solução Nós vamos admitir que o escoamento de ar é incompressível com ρ = 1,184 kg/m³ e μ = 1,85 × 10⁻⁵ N·s/m². Observe que o escoamento não pode ser modelado como incompressível se o tubo for muito longo porque a queda de pressão de um extremo a outro, $p_1 - p_2$, não é muito menor que a pressão absoluta na seção de alimentação do tubo. Nós vamos considerar que $z_1 = z_2$ e que $V_1 = V_2$. A aplicação da equação da energia (Eq. 8.21) nos fornece

$$p_1 = p_2 + f \frac{l}{D} \frac{\rho V^2}{2} \tag{1}$$

onde $V = Q/A = 4Q/(\pi D^2) = 4(0,0566)/\pi D^2$, ou

$$V = \frac{7,21 \times 10^{-2}}{D^2}$$

Como $p_1 - p_2 = 113$ Pa para $l = 1$ m,

$$p_1 - p_2 = (113) = f \frac{1}{D}(1,184)\frac{1}{2}\left(\frac{7,21 \times 10^{-2}}{D^2}\right)^2$$

ou

$$D = 0,122 f^{1/5} \tag{2}$$

onde D está em metros. Já o número de Reynolds é dado por

$$\text{Re} = \frac{(1,184)(7,21 \times 10^{-2}/D^2)D}{(1,85 \times 10^{-5})} = \frac{4614,4}{D} \tag{3}$$

A rugosidade relativa deste tubo é

$$\frac{\varepsilon}{D} = \frac{0,00015}{D} \tag{4}$$

Assim nós temos 4 equações [(Eqs (2), (3), (4) e o diagrama de Moody ou a fórmula de Colebrook] e quatro incógnitas (*f, D, ε/D* e Re). O problema está fechado e nós vamos obter sua solução através de um método baseado na tentativa e erro.

Se nós utilizarmos o diagrama de Moody, é mais fácil admitir um valor para *f*, calcular *D*, Re, *ε/D* com as Eqs. (2), (3) e (4) e então comparar o valor admitido de *f* com o fornecido pelo diagrama de Moody. Se o valor não for igual, é necessário admitir um novo valor de *f* e repetirmos o procedimento novamente. Por exemplo, nós vamos admitir *f* = 0,02 (um valor típico) e obtemos: $D = 0,122(0,02)^{1/5} = 0,056$ m; $\varepsilon/D = 0,00015/0,056 = 2,68 \times 10^{-3}$ e Re = 4614,4/0,056 = 82400. Utilizando o diagrama de Moody nós obtemos *f* = 0,027 para estes valores de *ε/D* e Re. Como este valor não é igual ao admitido no início do procedimento, nós teremos que admitir um outro valor para o fator de atrito. Com *f* = 0,027, nós obtemos $D = 0,059$ m, $\varepsilon/D = 2,5 \times 10^{-3}$ e Re = 78210. Utilizando o diagrama de Moody nós obtemos *f* = 0,027 para estes valores de *ε/D* e Re. Assim, o diâmetro do tubo é

$$D = 0,059 \text{ m}$$

Se nós utilizarmos a equação de Colebrook (Eq. 8.35) com $\varepsilon/D = 0,00015/(0,122 f^{1/5}) = 1,23 \times 10^{-3}/f^{1/5}$ e Re = $4614,4/(0,122 f^{1/5}) = 3,782 \times 10^4/f^{1/5}$,

$$\frac{1}{\sqrt{f}} = -2,0 \log\left(\frac{\varepsilon/D}{3,7} + \frac{2,51}{\text{Re}\sqrt{f}}\right)$$

ou

454 Fundamentos da Mecânica dos Fluidos

$$\frac{1}{\sqrt{f}} = -2{,}0 \log\left(\frac{3{,}34 \times 10^{-4}}{f^{1/5}} + \frac{6{,}64 \times 10^{-5}}{f^{3/10}}\right)$$

Um procedimento iterativo de cálculo (veja a solução da Eq. 6 no Exemplo 8.10) indica que a solução desta equação é $f = 0{,}027$. Assim, $D = 0{,}059$ m. Observe que este resultado concorda com o obtido com o diagrama de Moody.

No exemplo anterior nós só consideramos a perda de carga distribuída. Em alguns casos, a inclusão das perdas localizadas no problema obriga a utilização de um procedimento de solução mais complicado (ainda que as equações que descrevem o escoamento sejam as mesmas). Este aspecto será mostrado no próximo exemplo.

Exemplo 8.13 (Tipo III, Determinação do Diâmetro com Perdas de Carga Localizadas)

Água a 10 °C ($\nu = 1{,}307 \times 10^{-6}$ m²/s, veja Tab. B.1) escoa do reservatório A mostrado na Fig. E8.13 para o reservatório B através de uma tubulação de ferro fundido ($\varepsilon = 0{,}26$ mm) que apresenta 20 m de comprimento. A vazão de água é $Q = 0{,}0020$ m³/s. O sistema contém uma entrada de canto vivo e seis curvas "normais" de 90°. Determine o diâmetro desta tubulação.

Solução A equação da energia (Eq. 8.21) pode ser aplicada entre os dois pontos localizados nas superfícies dos reservatórios ($p_1 = p_2 = V_1 = V_2 = z_2 = 0$). Assim,

$$\frac{p_1}{\gamma} + \frac{V_1^2}{2g} + z_1 = \frac{p_2}{\gamma} + \frac{V_2^2}{2g} + z_2 + h_L$$

ou

$$z_1 = \frac{V^2}{2g}\left(f\frac{l}{D} + \sum K_L\right) \quad (1)$$

onde $V = Q/A = 4Q/\pi D^2 = 4(2 \times 10^{-3})/\pi D^2$, ou

$$V = \frac{2{,}55 \times 10^{-3}}{D^2} \quad (2)$$

Os coeficientes de perda são obtidos na Tab. 8.2 e Figs. 8.25 e 8.28, ou seja, $K_{L\text{ent}} = 0{,}5$, $K_{L\text{curva}} = 1{,}5$ e $K_{L\text{saída}} = 1$. Deste modo, a Eq. (1) pode ser reescrita do seguinte modo:

$$2 = \frac{V^2}{2(9{,}81)}\left\{\frac{20}{D}f + [6(1{,}5) + 0{,}5 + 1]\right\}$$

Esta equação, quando combinada com a Eq. (2), fornece,

$$6{,}03 \times 10^6 D^5 - 10{,}5 D - 20 f = 0 \quad (3)$$

Nós precisamos conhecer o valor de f, que é uma função de Re e ε/D, para determinar D. Note que

$$\text{Re} = \frac{VD}{\nu} = \frac{\left[(2{,}55 \times 10^{-3})/D^2\right]D}{1{,}307 \times 10^{-6}} = \frac{1{,}95 \times 10^3}{D} \quad (4)$$

e

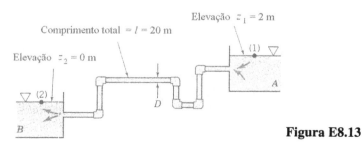

Figura E8.13

$$\frac{\varepsilon}{D} = \frac{2{,}6 \times 10^{-4}}{D} \tag{5}$$

Novamente nós temos quatro equações [Eqs (3), (4), (5) e o diagrama de Moody ou a fórmula de Colebrook) para determinar as quatro incógnitas do problema, ou seja, $D, f,$ Re e ε/D.

Considere a solução deste problema com o diagrama de Moody. Ainda que seja geralmente mais fácil admitir um valor para f e fazer cálculos para determinar se este valor é correto, este procedimento pode não ser o mais adequado com a inclusão das perdas localizadas. Por exemplo, se admitirmos que $f = 0{,}02$ e calcularmos D pela Eq. 3, nós obteremos uma equação do quinto grau. Com apenas as perdas localizadas (vide Exemplo 8.12), o termo proporcional a D na Eq. (3) não existe e a solução do problema fica mais fácil. Quando consideramos os dois tipos de perdas [representados pelos termos de segundo e terceiro graus na Eq. (3)], a solução para D (dado um f) pode requerer uma solução de tentativa e erro ou outra técnica iterativa.

Talvez, para este tipo de problema, seja mais fácil admitir um valor para D, calcular o f correspondente com a Eq.(3), com os valores de Re e ε/D, determinados com as Eqs. (4) e (5), encontrar o valor de f no diagrama de Moody (ou com fórmula de Colebrook). A solução é a verdadeira quando os dois valores de f forem iguais. Por exemplo, nós vamos considerar $D = 0{,}05$ m. A Eq. (3) fornece $f = 0{,}068$ e as Eqs. (4) e (5) indicam que Re $= 3{,}9 \times 10^4$ e $\varepsilon/D = 5{,}2 \times 10^{-3}$. Com estes valores de Re e ε/D, o diagrama de Moody fornece $f = 0{,}033$. Como este valor não é igual aquele admitido temos que $D \neq 0{,}05$ m. Depois de mais algumas tentativas de cálculo, o método fornecerá $D \approx 0{,}045$ m ($f = 0{,}032$).

É interessante tentar resolver este problema admitindo que todas as perdas são nulas. Neste caso, a Eq. (1) fica reduzida a $z_1 = 0$. A Fig. E8.13 mostra que $z_1 = 2$ m! É óbvio que alguma coisa está errada. Um fluido não pode escoar, iniciando num nível superior que apresenta pressão relativa e velocidade nulas, e atingir um nível mais baixo, que apresenta pressão relativa e velocidade nulas, exceto se a energia for removida (i.e., perda de carga ou uma turbina) em algum lugar entre os dois pontos. Se o duto for curto (atrito desprezível) e as perdas singulares forem desprezíveis, há ainda a energia cinética quando o fluido sai do duto e entra no reservatório. A perda de saída não pode ser desprezada, não importando o quanto a viscosidade do fluido seja pequena. O mesmo resultado pode ser visto se a equação da energia for aplicada da superfície livre do tanque até a seção de saída do tubo (num ponto onde ainda há energia cinética no escoamento). Para este caso, a equação da energia fica reduzida a $z_1 = V^2/2g$ (este resultado está de acordo com a equação de Bernoulli, veja o Cap. 3).

8.5.2 Sistemas com Múltiplos Condutos

Muitos sistemas de distribuição de fluido apresentam mais do que um conduto. O sistema de transporte de ar para os nossos pulmões (da traquéia, que apresenta um "diâmetro" relativamente grande, aos diminutos bronquíolos) e a complexa rede de condutos de distribuição de água numa cidade são bons exemplos de sistemas com múltiplos condutos. As equações que descrevem os

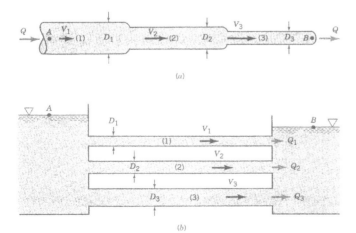

Figura 8.35 Arranjo de tubos (*a*) em série e (*b*) em paralelo.

456 Fundamentos da Mecânica dos Fluidos

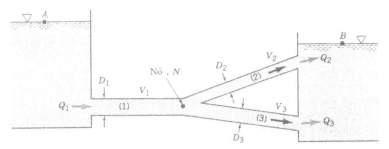

Figura 8.36 Sistema de múltiplos tubos para o transporte de líquidos.

escoamentos em sistema com múltiplos condutos são as mesmas que descrevem os sistemas com um único conduto. Entretanto, devido ao número de incógnitas envolvidas, a complexidade da resolução aumenta. Algumas destas complexidades serão discutidas nesta seção.

As configurações mais simples de sistemas com múltiplos condutos são as classificadas como escoamentos em série e em paralelo (veja a Fig. 8.35). A nomenclatura é similar àquela usada nos circuitos elétricos. Num circuito elétrico simples, a lei de Ohm, $U = Ri$, estabelece a relação entre a tensão (U), a resistência (R) e a corrente (i). Nos circuitos fluidos existe uma relação entre a queda de pressão (Δp), a vazão ou velocidade (Q ou V) e a resistência ao escoamento (dada em função do fator de atrito e dos coeficientes de perda). Para um escoamento simples $[\Delta p = f\ (l/D)(\rho\ V^2/2)]$, temos $\Delta p = Q^2 R$, onde R é uma medida da resistência ao escoamento (que é proporcional a f).

As diferenças entre os métodos utilizados para resolver os problemas de circuitos elétricos e os utilizados nos problemas de escoamentos é provocada pela lei de Ohm (esta lei é linear, i.e. dobrando a tensão, dobra-se a corrente). Note que a maioria das equações que descrevem os escoamentos geralmente são não lineares (dobrando a queda de pressão, não se dobra a vazão, exceto se o escoamento for laminar). Devido a esta característica apenas alguns métodos clássicos da engenharia elétrica podem ser utilizados para resolver os problemas de escoamentos de fluidos.

A Fig. 8.35a mostra um arranjo de condutos em série. Cada partícula fluida que escoa pelo sistema passa em cada um dos condutos. Assim a vazão (mas não a velocidade) é a mesma em cada conduto e a perda de carga do ponto A ao B é igual a soma das perdas de carga em cada um dos trechos. As equações que descrevem o escoamento são

$$Q_1 = Q_2 = Q_3$$

e

$$h_{L_{A-B}} = h_{L_1} + h_{L_2} + h_{L_3}$$

onde os subscritos indicam cada um dos dutos mostrados na figura. Normalmente, os coeficientes de atrito serão diferentes porque os números de Reynolds dos escoamentos nos trechos ($Re_i = \rho_i V_i D_i / \mu_i$) e rugosidade relativa dos trechos (ε_i / D_i) são diferentes. Se a vazão é dada, o cálculo da queda de pressão, ou perda de carga, não apresenta maiores dificuldades (Problema do Tipo I). Se a queda de pressão é fornecida e é necessário calcular a vazão (Problema do Tipo II), é necessário utilizar um método iterativo. Nesta situação nenhum dos coeficientes de atrito, f_i, são conhecidos e a resolução pode levar a mais tentativas e erros do que em uma resolução para um único conduto. O mesmo se verifica nos problemas onde os diâmetros tem que ser determinados (Problema do Tipo III).

A Fig. 8.35b mostra uma arranjo de condutos em paralelo. Neste sistema uma partícula pode percorrer o caminho de A a B por qualquer um dos condutos mostrados e a vazão do arranjo é igual a soma das vazões em cada conduto. Se aplicarmos a equação da energia entre os pontos A e B da Fig. 8.36b é possível mostrar que a perda de carga do escoamento de qualquer partícula fluida que escoa entre os dois pontos independe da trajetória da partícula. As equações que descrevem o escoamento em arranjos com condutos em paralelo são

$$Q = Q_1 + Q_2 + Q_3$$

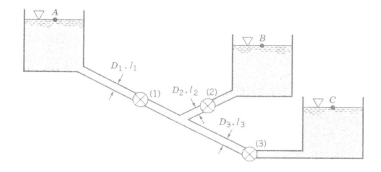

Figura 8.37 Um sistema com três reservatórios.

e
$$h_{L_1} = h_{L_2} = h_{L_3}$$

Novamente, o método de solução destas equações depende de quais informações são fornecidas e quais devem ser determinadas.

A Fig. 8.36 mostra um sistema com múltiplos tubos. Neste caso, a vazão no tubo (1) é igual a soma das vazões nos tubos (2) e (3), ou seja, $Q_1 = Q_2 + Q_3$. Como pode ser observado através da equação da energia entre as superfícies de cada reservatório, a perda de carga do escoamento no duto (2) deve ser igual a perda de carga do escoamento no duto (3) – mesmo que os diâmetros e vazões sejam diferentes para cada um deles. Deste modo,

$$\frac{p_A}{\gamma} + \frac{V_A^2}{2g} + z_A = \frac{p_B}{\gamma} + \frac{V_B^2}{2g} + z_B + h_{L_1} + h_{L_2}$$

para uma partícula fluida que percorre os dutos (1) e (2), enquanto que

$$\frac{p_A}{\gamma} + \frac{V_A^2}{2g} + z_A = \frac{p_B}{\gamma} + \frac{V_B^2}{2g} + z_B + h_{L_1} + h_{L_3}$$

é válida para uma partícula fluida que percorre os dutos (1) e (3). Estas duas equações podem ser combinadas para fornecer $h_{L_2} = h_{L_3}$. Este resultado é uma consequência de: as partículas fluidas que percorrem o caminho através do duto (2) e aquelas que o fazem pelo duto (3) se originaram de condições comuns na junção dos dutos (nó N) e terminaram o movimento nas mesmas condições.

O escoamento num sistema aparentemente simples pode se revelar bastante complexo. O sistema ramificado com três reservatórios mostrado na Fig. 8.37 é um bom exemplo deste tipo de situação. Três reservatórios que apresentam superfícies livres com cotas conhecidas estão conectados através de condutos com características conhecidas (comprimento, diâmetro e rugosidade). O problema é determinar as vazões para dentro ou para fora dos reservatórios. Se a válvula (1) estiver fechada, o fluido escoará do reservatório B para o C e a vazão pode ser facilmente calculada. Cálculos similares podem ser feitos se as válvulas (2) ou (3) estiverem fechadas enquanto as outras restantes estiverem abertas.

Agora, se todas as válvulas estiverem abertas, o sentido do escoamento do fluido não é óbvio. Para as condições indicadas na Fig. 8.37, está claro que o fluido escoa do reservatório A. Se o fluido escoa para dentro ou para fora do reservatório B depende das cotas dos reservatórios B e C e das características (comprimento, diâmetro e rugosidade) dos três dutos. Geralmente o sentido do não é explícito, e o processo de solução deve incluir a determinação dos sentidos dos escoamentos. Este aspecto está ilustrado no próximo exemplo.

Exemplo 8.14

A Fig. E8.14 mostra três reservatórios conectados por três tubos. Para simplificar, nós vamos admitir que os diâmetros de todos os tubos são iguais a 305 mm, que o fator de atrito é 0,02 e que as perdas localizadas são nulas. Determine a vazão para dentro, ou para fora, em cada reservatório.

458 Fundamentos da Mecânica dos Fluidos

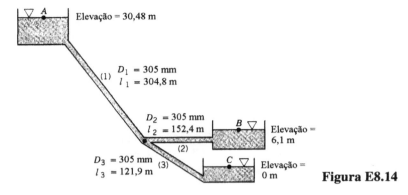

Figura E8.14

Solução O sentido do escoamento no tubo (2) não é óbvio, porém, nós vamos admitir que o fluido escoa para fora do reservatório B. Nós escreveremos as equações que descrevem o processo e verificaremos depois esta hipótese inicial. A equação da continuidade estabelece que $Q_1 + Q_2 = Q_3$, e como os diâmetros são iguais, temos

$$V_1 + V_2 = V_3 \qquad (1)$$

A equação da energia para o fluido que escoa de A para C pelos tubos (1) e (3) pode ser escrita como,

$$\frac{p_A}{\gamma} + \frac{V_A^2}{2g} + z_A = \frac{p_C}{\gamma} + \frac{V_C^2}{2g} + z_C + f_1 \frac{l_1}{D_1} \frac{V_1^2}{2g} + f_3 \frac{l_3}{D_3} \frac{V_3^2}{2g}$$

Para as condições dadas no problema,

$$30,48 = \frac{0,02}{2(9,8)} \frac{1}{0,305} \left[304,8 V_1^2 + 121,9 V_3^2 \right]$$

ou

$$29,88 = V_1^2 + 0,4 V_3^2 \qquad (2)$$

De modo análogo, o resultado da aplicação da equação da energia para o fluido que escoa de B para C é

$$\frac{p_B}{\gamma} + \frac{V_B^2}{2g} + z_B = \frac{p_C}{\gamma} + \frac{V_C^2}{2g} + z_C + f_2 \frac{l_2}{D_2} \frac{V_2^2}{2g} + f_3 \frac{l_3}{D_3} \frac{V_3^2}{2g}$$

ou

$$z_B = f_2 \frac{l_2}{D_2} \frac{V_2^2}{2g} + f_3 \frac{l_3}{D_3} \frac{V_3^2}{2g}$$

Aplicando as condições do problema,

$$6,1 = 0,51 V_2^2 + 0,41 V_3^2 \qquad (3)$$

As Eqs. (1), (2) e (3) (em termos das incógnitas V_1, V_2 e V_3) são as equações que descrevem o escoamento. Todavia não há solução para estas equações nas quais a velocidade seja real e positiva. Ainda que estas equações não sejam complicadas, não há um modo fácil de resolvê-las. Logo sugerimos um método de tentativa e erro que pode ser feito da seguinte maneira: nós admitimos um valor para V_1 maior que zero, calculamos V_3 pela Eq. (2) e então V_2 pela Eq. (3). O trio resultante V_1, V_2, V_3 não satisfaz a Eq. 1 para qualquer valor de V_1 admitido. Assim, não existe solução para o sistema formado pelas Eqs. (1), (2) e (3) para valores reais e positivos de V_1, V_2 e V_3. Logo, a hipótese inicial de escoamento para fora do reservatório B está incorreta.

Para obter a solução, admitiremos que o fluido escoa para dentro dos reservatórios B e C e para fora do A. Neste caso, a equação da continuidade apresenta a forma

ou
$$Q_1 = Q_2 + Q_3$$
$$V_1 = V_2 + V_3 \tag{4}$$

A aplicação da equação da energia entre os pontos A e B e A e C fornece

$$z_A = z_B + f_1 \frac{l_1}{D_1}\frac{V_1^2}{2g} + f_2 \frac{l_2}{D_2}\frac{V_2^2}{2g}$$

e

$$z_A = z_C + f_1 \frac{l_1}{D_1}\frac{V_1^2}{2g} + f_3 \frac{l_3}{D_3}\frac{V_3^2}{2g}$$

Aplicando os dados fornecidos,

$$24{,}38 = 1{,}02 V_1^2 + 0{,}51 V_2^2 \tag{5}$$
$$30{,}48 = 1{,}02 V_1^2 + 0{,}41 V_3^2 \tag{6}$$

As Eqs. (4), (5) e (6) podem ser resolvidas do seguinte modo: Subtraia a Eq. (5) da (6),

$$V_3 = \sqrt{14{,}88 + 1{,}24 V_2^2}$$

Reescreva a Eq. (5) para que

$$24{,}38 = 1{,}02 (V_2 + V_3)^2 + 0{,}51 V_2^2 = 1{,}02 \left(V_2 + \sqrt{14{,}88 + 1{,}24 V_2^2}\right)^2 + 0{,}51 V_2^2$$

, ou seja,

$$2V_2 \sqrt{14{,}88 + 1{,}24 V_2^2} = 9{,}02 - 2{,}74 V_2^2 \tag{7}$$

Elevando ao quadrado os dois membros da equação e rearranjando,

$$V_2^4 - 42{,}73 V_2^2 + 31{,}91 = 0$$

Com a utilização da fórmula quadrática nós podemos obter $V_2 = 6{,}48$ m/s e $V_2 = 0{,}88$ m/s. O valor para $V_2 = 6{,}48$ m/s não é uma raiz da equação original pois foi introduzida quando elevamos ao quadrado os membros da Eq. (7). Assim, a aplicação da Eq. 5, com $V_2 = 0{,}88$ m/s, fornece $V_1 = 4{,}85$ m/s. As vazões nos trechos do sistema são

$$Q_1 = A_1 V_1 = \frac{\pi}{4} D_1^2 V_1 = \frac{\pi}{4}(0{,}305)^2 (4{,}85) = 0{,}35 \text{ m}^3/\text{s}$$

$$Q_2 = A_2 V_2 = \frac{\pi}{4} D_2^2 V_2 = \frac{\pi}{4}(0{,}305)^2 (0{,}88) = 0{,}06 \text{ m}^3/\text{s}$$

e

$$Q_3 = Q_1 - Q_2 = 0{,}35 - 0{,}06 = 0{,}29 \text{ m}^3/\text{s}$$

É interessante observar que as equações que descrevem as duas situações analisadas são bastante parecidas – compare o conjunto formado pelas Eqs. (1), (2) e (3) com aquele formado pelas Eqs. (4), (5) e (6) – e que será necessário utilizar um procedimento iterativo para resolver o problema se os coeficientes de atrito não forem conhecidos.

A Fig. 8.38 mostra um sistema de distribuição de fluido com múltiplos condutos (rede de condutos) que apresenta múltiplas seções de alimentação e de descarga. Um exemplo muito bom deste tipo de sistema é o de distribuição de água municipal. O sentido do escoamento nos vários condutos não é óbvio. De fato, estes podem variar ao longo do tempo pois dependem de como o sistema é utilizado a cada instante.

A solução dos problemas que envolvem redes de condutos é geralmente obtida com métodos parecidos com aqueles utilizados na resolução dos circuitos elétricos (equação dos nós e dos circuitos). Por exemplo, a equação da continuidade requer que a vazão líquida seja nula em cada nó

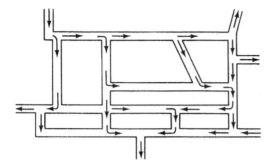

Figura 8.38 Sistema de distribuição de fluido.

(uma junção de dois ou mais condutos). Adicionalmente, a diferença de pressão líquida em um circuito fechado (começando em um ponto num duto e retornando para o mesmo ponto) também deve ser nula. Combinando estas idéias com as perdas de carga e as equações que descrevem os escoamentos em condutos, é possível determinar os escoamentos em todos os condutos do sistema. É lógico que esta abordagem normalmente leva a uma solução iterativa porque não conhecemos a priori os sentidos dos escoamentos e os fatores de atrito. As Refs. [21 e 22] apresentam procedimentos computacionais, baseados em técnicas matriciais, para a solução deste tipo de problema.

8.6 Medição da Vazão em Tubos

A determinação experimental da vazão num tubo é uma tarefa usual. Nós apresentamos, no Cap. 3, vários tipos de dispositivos dedicados a medição da vazão (Venturi, bocal, placa de orifício, etc.) e discutimos sua operação sob a hipótese de que os efeitos viscosos não eram importantes. Nesta seção nós iremos indicar como se avaliam os efeitos viscosos nos escoamentos nestes medidores e mostraremos alguns outros tipos de medidores que são bastante utilizados.

8.6.1 Medidores de Vazão em Tubos

Os três dispositivos mais utilizados para medir a vazão instantânea em tubos são a placa de orifício, o bocal e o Venturi. Como foi discutido na Seção 3.6.3, cada um destes medidores opera sob o mesmo princípio: uma diminuição na seção transversal do escoamento provoca um aumento na velocidade que é acompanhada por uma diminuição da pressão. A correlação da diferença de pressão com a velocidade fornece um meio para medir a vazão volumétrica.

Se admitirmos que os efeitos viscosos são desprezíveis e que o tubo é horizontal, a aplicação da equação de Bernoulli (Eq. 3.7) entre os pontos (1) e (2) mostrados na Fig. 8.39 fornece

$$Q_{ideal} = A_2 V_2 = A_2 \sqrt{\frac{2(p_1 - p_2)}{\rho(1 - \beta^4)}} \qquad (8.37)$$

onde $\beta = D_2/D_1$. Utilizando as informações apresentadas nas seções anteriores deste capítulo é possível antecipar que existe uma perda de carga entre os pontos (1) e (2). As equações que descrevem o fenômeno são

$$Q = A_1 V_1 = A_2 V_2$$

e

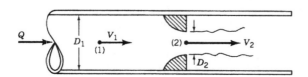

Figura 8.39 Geometria típica dos medidores de vazão.

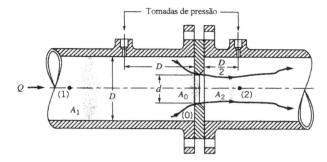

Figura 8.40 Placa de orifício típica.

$$\frac{p_1}{\gamma}+\frac{V_1^2}{2g}=\frac{p_2}{\gamma}+\frac{V_2^2}{2g}+h_L$$

A situação ideal apresenta $h_L = 0$ e a Eq. 8.37 pode ser obtida com as duas equações anteriores. A dificuldade de incluir a perda de carga na análise é provocada pela ausência de uma expressão precisa para calculá-la. O resultado desta ausência é a utilização de coeficientes empíricos nas equações de vazão.

A Fig. 8.40 mostra uma placa de orifício típica. A pressão no ponto (2), localizado dentro da vena contracta, é menor do que aquela no ponto (1). As não idealidades são provocadas por dois fenômenos: o primeiro é que a área da seção transversal da vena contracta, A_2, é menor do que a área do orifício, A_0 (o valor desta diferença é desconhecido). Assim, é usual considerar $A_2 = A_0 C_c$, onde C_c é o coeficiente de contração ($C_c < 1$). O segundo fenômeno é a perda de carga introduzida pelos escoamentos recirculativos e pelos movimentos turbulentos na região próxima a placa (que também não pode ser calculada teoricamente). Assim, um coeficiente de descarga, C_0, é utilizado para levar em conta estes efeitos. Isto é,

$$Q = C_0 Q_{\text{ideal}} = C_0 A_0 \sqrt{\frac{2(p_1 - p_2)}{\rho(1-\beta^4)}} \tag{8.38}$$

onde $A_0 = \pi d^2/4$ é a área do orifício da placa. O valor de C_0 é uma função de $\beta = d/D$ e do número de Reynolds $\text{Re} = \rho VD/\mu$, onde $V = Q/A_1$. A Fig. 8.41 apresenta os valores típicos de C_0.

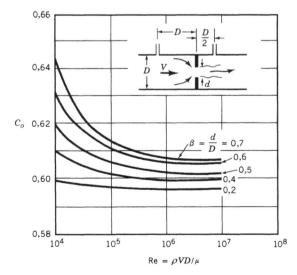

Figura 8.41 Coeficientes de descarga para placas de orifício (Ref.[24]).

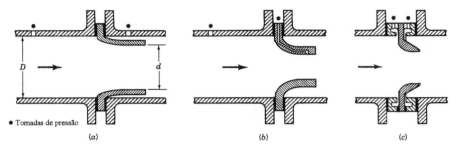

Figura 8.42 Medidores do tipo bocal.

Observe que o valor de C_0 depende da construção específica do medidor (i.e., a localização das tomadas de pressão, se os cantos da placa de orifício são retos ou arredondados etc). Atualmente, as regras para o projeto, construção e instalação das placas de orifício são padronizadas para que sempre se obtenha uma medida precisa (Refs. [23 e 24]).

Um outro tipo de medidor de vazão é o bocal. Sua operação pode ser descrita com os mesmos princípios utilizados para descrever o escoamento na placa de orifício. A Fig. 8.42 mostra três configurações de bocal. Este medidor utiliza um bocal com contorno suave e normalmente é instalado entre flanges (ao contrário da instalação simples da placa com orifício). O comportamento do escoamento no bocal é mais próximo do ideal do que aquele numa placa de orifício. Há somente uma vena contracta suave e a separação do escoamento secundário é menos severa. Apesar disto, os efeitos viscosos ainda são relevantes e são levados em consideração através de um coeficiente de descarga do bocal, C_n. Assim,

$$Q = C_n Q_{ideal} = C_n A_n \sqrt{\frac{2(p_1 - p_2)}{\rho(1 - \beta^4)}} \qquad (8.39)$$

com $A_n = \pi d^2/4$. De modo análogo a placa de orifício, o valor C_n é função da razão dos diâmetros, $\beta = d/D$, e do número de Reynolds, $Re = \rho VD/\mu$. A Fig. 8.43 mostra alguns valores experimentais típicos de C_n. Novamente, o valor preciso de C_n depende de detalhes específicos do projeto do bocal e, por isto, o projeto, construção e instalação dos bocais é normalizada (Ref. [24]). Observe que $C_n > C_0$, ou seja, o bocal é mais eficiente (dissipa menos energia) do que a placa de orifício.

O Venturi é o mais preciso, e o mais caro, dos três medidores de vazão por obstrução (veja a Fig. 8.44). Mesmo que o princípio de operação deste dispositivo seja o mesmo do bocal e da placa de orifício, o Venturi é projetado de modo a reduzir as perdas de carga ao mínimo (o formato da contração é tal que "acompanha" as linhas de corrente e minimiza a separação do escoamento na garganta e o formato da expansão é muito gradual para minimizar a separação no trecho de desaceleração do escoamento). A maior parte da perda de carga que ocorre num Venturi bem projetado é devida as perdas por atrito nas paredes ao invés das perdas associadas a separação do escoamento. A expressão para a vazão num Venturi é

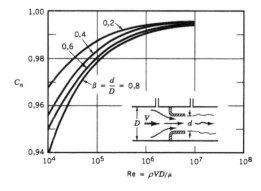

Figura 8.43 Coeficiente de descarga para bocais (Ref.[24]).

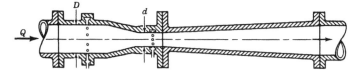

Figura 8.44 Medidor Venturi típico.

$$Q = C_v Q_{\text{ideal}} = C_v A_T \sqrt{\frac{2(p_1 - p_2)}{\rho(1-\beta^4)}}$$

onde $A_T = \pi d^2/4$ é a área da garganta e C_v é o coeficiente de descarga do Venturi. A Fig. 8.45 mostra a faixa de valores deste coeficiente. Os parâmetros que influenciam o valor de C_v são: a razão entre os diâmetros da garganta e do tubo ($\beta = d/D$), o número de Reynolds do escoamento e o formato das seções convergente e divergente do medidor.

É interessante ressaltar que os valores de C_n, C_0 e C_v dependem da geometria específica dos dispositivos utilizados. Informações importantes sobre o projeto, utilização e a instalação de medidores podem ser encontradas na bibliografia (por exemplo, nas Refs. [23, 24, 25, 26 e 31]).

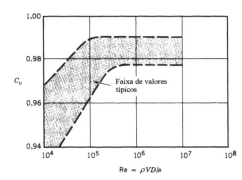

Figura 8.45 Coeficientes de descarga para medidores Venturi (Ref.[23]).

Exemplo 8.15

Álcool etílico escoa num tubo com diâmetro, D, igual a 60 mm. A queda de pressão num medidor do tipo bocal, Δp, é 4,0 kPa quando a vazão no tubo, Q, é 0,003 m³/s. Determine o diâmetro da garganta do bocal, d, deste medidor.

Solução As propriedades do álcool etílico são $\rho = 789$ kg/m³ e $\mu = 1{,}19 \times 10^{-3}$ N·s/m³ (veja a Tab. 1.5). Assim,

$$\text{Re} = \frac{\rho V D}{\mu} = \frac{4\rho Q}{\pi D \mu} = \frac{4(789)(0{,}003)}{\pi(0{,}06)(1{,}19 \times 10^{-3})} = 42200$$

Aplicando Eq. 8.39,

$$Q = 0{,}003 = C_n \frac{\pi}{4} d^2 \sqrt{\frac{2(4 \times 10^3)}{789(1-\beta^4)}}$$

ou

$$1{,}20 \times 10^{-3} = \frac{C_n d^2}{\sqrt{1-\beta^4}} \tag{1}$$

Observe que $\beta = d/D = d/0{,}06$. A Eq. 1 e Fig. 8.43 representam duas equações e as duas incógnitas, d e C_n, devem ser resolvidas com um procedimento baseado na tentativa e erro.

Como uma primeira aproximação, nós vamos admitir que o escoamento é ideal, ou seja, $C_n = 1$. Deste modo, a Eq. 1 fica reduzida a

$$d = \left(1{,}20 \times 10^{-3} \sqrt{1-\beta^4}\right)^{1/2} \qquad (2)$$

Adicionalmente, $1 - \beta^4 \approx 1$ em muitos casos e, nesta condição, o valor aproximado de d que pode ser obtido com a Eq. (2) é

$$d = \left(1{,}20 \times 10^{-3}\right)^{1/2} = 0{,}0346 \text{ m}$$

Assim, com o valor inicial de $d = 0{,}0346$ m, $\beta = d/D = 0{,}0346/0{,}06 = 0{,}577$, nós obtemos da Fig. 8.47 (usando Re = 42200) um valor de C_n igual a 0,972. É claro que isto não concorda com a hipótese inicial de que $C_n = 1{,}0$. Logo, nós não temos a solução da Eq. 1 em conjunto com a Fig. 8.47. Nós vamos agora admitir que $\beta = 0{,}577$ e que $C_n = 0{,}972$. A aplicação destes valores na Eq. 1 fornece

$$d = \left(\frac{1{,}20 \times 10^{-3}}{0{,}972}\sqrt{1-0{,}577^4}\right)^{1/2} = 0{,}0341 \text{ m}$$

Com o novo valor de $\beta = 0{,}0341/0{,}060 = 0{,}568$ e Re = 42200 nós obtemos (Fig. 8.47) $C_n \approx 0{,}972$ (este valor concorda com o valor admitido). Assim, o diâmetro da garganta do bocal é 34,1 mm.

Se nós vamos investigar vários casos torna-se interessante substituir a relação indicada na Fig. 8.47 por uma equação equivalente, $C_n = \phi\,(\beta, \text{Re})$, e utilizar um computador para fazer as iterações do procedimento de solução do problema. Estas equações estão disponíveis na literatura (Ref. 24). Lembre que esta substituição é similar ao uso da equação de Colebrook, ao invés do diagrama de Moody, nos problemas de escoamento em condutos.

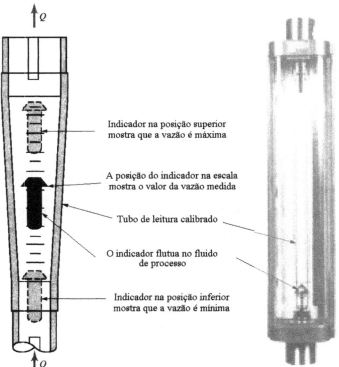

Figura 8.46 Medidor de vazão do tipo rotâmetro (Cortesia de Fischer & Porter Co.).

Escoamento Viscoso em Condutos **465**

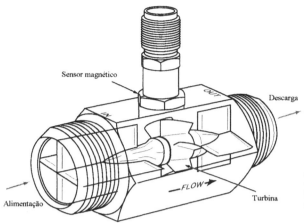

Figura 8.47 Medidor de vazão do tipo turbina (Cortesia da E G & G Flow Technology, Inc.).

Existem outros tipos de medidores de vazão que operam de modo diferente dos analisados até este ponto. Um medidor de vazão bastante utilizado, preciso e relativamente barato é o rotâmetro, ou medidor de área variável, como aquele mostrado na Fig. 8.46 (⊙ 6.6 – Rotâmetro). Neste dispositivo, há uma marcador inserido num tubo transparente e com escala que está conectado verticalmente na tubulação. Conforme o fluido escoa através do medidor (entrando por baixo), o marcador sobe dentro do tubo e atinge uma altura de equilíbrio (que é função da vazão). Esta altura corresponde a uma condição de equilíbrio na qual a força resultante (empuxo, peso do marcador e arrasto do fluido) é nula. Uma escala de calibração no tubo fornece a relação entre a posição do marcador e a vazão.

Outro tipo de medidor muito útil é o do tipo turbina (veja a Fig. 8.47). Dentro do medidor há um propulsor rotativo ou pequena turbina que gira livremente com uma velocidade angular que é aproximadamente proporcional a velocidade média do fluido no tubo. Esta velocidade angular é medida magneticamente e é calibrada para fornecer uma medida precisa da vazão no medidor.

8.6.2 Medidores Volumétricos

Em muitas ocasiões é necessário conhecer a quantidade (volume ou massa) de fluido que escoa num tubo durante um certo período de tempo ao invés da vazão instantânea. Por exemplo, nós estamos mais interessados em saber quantos litros de gasolina foram transferidos para o tanque do nosso automóvel do que em saber qual é a vazão de gasolina num determinado instante. Existem vários medidores que fornecem este tipo de informação (⊙ 8.7 – Medidor de água).

O medidor com disco nutante (veja a Fig. 8.48) é muito utilizado para medir a quantidade total de água consumida numa instalação comercial ou residencial, ou ainda o total de litros de gasolina colocados no tanque do seu carro. Este medidor contém apenas uma parte móvel e é rela-

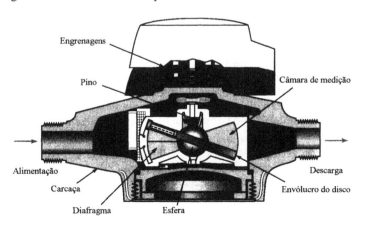

Figura 8.48 Medidor de vazão com disco nutante (Cortesia da Badger Meter, Inc.).

466 Fundamentos da Mecânica dos Fluidos

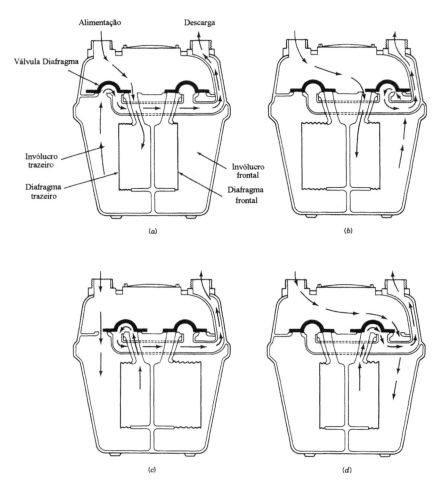

Figura 8.49 Medidor do tipo fole. (*a*) Esvaziamento do invólucro traseiro e enchimento do diafragma traseiro. (*b*) Enchimento do diafragma frontal, esvaziamento do invólucro frontal. (*c*) Enchimento do invólucro traseiro, esvaziamento do diafragma traseiro. (*d*) Esvaziamento do diafragma frontal, enchimento do invólucro frontal (Cortesia da BTR – Rockwell Gas Products).

tivamente barato e preciso. Seu princípio de operação é muito simples, mas sua operação pode ser difícil de entender sem examiná-lo diretamente. O dispositivo apresenta uma câmara de medição com lados esféricos, tampas cônicas e um disco móvel, que contém uma esfera montada no seu centro, que divide a câmara em duas partes. O eixo disco sempre está deslocado do eixo de simetria da câmara e restringido para que não forme ângulo reto. A placa (diafragma) divide a câmara para que o fluido que entra no medidor provoque uma oscilação no disco (nutação). Note que o fluido escoa por cima e por baixo do disco. O fluido sai da câmara após o disco realizar uma oscilação completa (que corresponde a um determinado volume de fluido). Durante cada oscilação do disco, o pino preso ao centro da esfera, normal ao disco, completa um ciclo. O volume de fluido que passa pelo medidor pode ser obtido pela contagem do número de revoluções realizadas.

O dispositivo mostrado na Fig. 8.49 é conhecido como medidor do tipo fole e é utilizado para medir a quantidade de gás que escoou numa tubulação. Este medidor apresenta um conjunto de foles que enchem e esvaziam alternadamente devido a pressão do gás e ao movimento de um conjuntos de válvulas de admissão e descarga. Este medidor de vazão é bastante utilizado na medição do consumo de gás combustível em instalações domésticas. Note que um determinado volume de gás passa pelo medidor em cada ciclo de operação [(*a*) até (*d*)].

O medidor com disco nutante (medidor para líquidos) é um exemplo de extrema simplicidade pois só apresenta uma parte móvel e o medidor de fole (medidor para gás) é relativamente complexo pois contém muitas partes móveis e interconectadas. Esta diferença é ditada pela aplicação envolvida.

Nós apresentamos neste capítulo apenas alguns dispositivos utilizados para medir a vazão em tubos. O leitor interessado deve consultar a bibliografia para obter informações mais detalhadas sobre este assunto importante (por exemplo, veja as Refs. [25 e 26]).

Referências

1. Hinze, J.O., *Turbulence*, 2nd Ed., McGraw-Hill, New York, 1975.
2. Panton, R.L., *Incompressible Flow*, New York, 1984.
3. Schlichting, H, *Boundary Layer Theory*, Sétima Edição, McGraw-Hill, New York, 1979.
4. Gleick, J., *Chaos: Making a New Science*, Viking Penguim, New York, 1987.
5. White, F.M., *Fluid Mechanics*, McGraw-Hill, New York, 1979.
6. Nikuradse, J., "Stomungsgesetz in Rauhen Rohren", *VDI-Forschungsch*, No. 361, 1933, ou NACA Tech Memo 1922.
7. Moody, L.F., "Friction Factors for Pipe Flow", *Transactions of the ASME*, Vol. 66, 1944.
8. Colebrook, C.F., "Turbulent Flow in Pipes with Particular Reference to the Transition Between the Smooth and Rough Pipes Laws", *Journal of the Institute of Civil Engineers London*, Vol. 11, 1939.
9. *ASHRAE Handbook of Fundamentals*, ASHRAE, Atlanta, 1981.
10. Streeter, V.L., *Handbook of Fluid Dynamics*, McGraw-Hill, New York, 1961.
11. Sovran, G., Klomp, E.D., "Experimentally Determined Optimum Geometries for Rectilinear Diffusers with Rectangular, Conical or Annular Cross Sections", in *Fluid Mechanics of Internal Flow*, Sovran, G., ed., Elsevier, Amsterdam, 1967.
12. Runstadler, P.W., "Diffuser Data Book", Technical Note 186, Creare, Inc. Hanover, NH, 1975.
13. Laws, E.M., Livesey, J.L., "Flow Through Screens", *Annual Review of Fluid Mechanics*, Vol. 10, Annual Reviews, Inc. Palo Alto, CA, 1978.
14. Balje, O.E., *Turbomachines: A Guide to Design, Selection and Theory*, Wiley, New York, 1981.
15. Wallis, R.A., *Axial Flows Fans and Ducts*, Wiley, New York, 1983.
16. Karassick, I.J. e outros, *Pump Handbook*, Segunda Edição, McGraw-Hill, New York, 1985.
17. White, F.M., *Viscous Fluid Flow*, McGraw-Hill, New York, 1974.
18. Olson, R.M., *Essentials of Engineering Fluid Mechanics*, Quarta Edição, Harper & Row, New York, 1980.
19. Dixon, S.L., *Fluid Mechanics of Turbomachinery*, Terceira Edição, Pergamon, Oxford, 1978.
20. Daugherty, R.L., Franzini, J.R., *Fluid Mechanics*, Sétima Edição, McGraw-Hill, New York, 1977.
21. Streeter, V.L., Wylie, E.B., *Fluid Mechanics*, Oitava Edição, McGraw-Hill, New York, 1985.
22. Jeppson, R.W., *Analysis of Flow Pipe Networks*, Ann Arbor Science Publishers, Ann Arbor, Mich., 1976.
23. Bean, H.S., ed., *Fluid Meters: Their Theory and Application*, Sexta Edição, American Society of Mechanical Engineers, New York, 1971.
24. "Measurement of Fluid Flow by Means of Orifice Plates, Nozzles and Venturi Tubes Inserted in Circular Cross Section Conduits Running Full", Int. Organ. Stand. Rep. DIS-5167, Geneve, 1976.
25. Goldstein, R.J., ed., *Fluid Mechanics Measurements*, Hemisphere Publishing, New York, 1983.

26. Benedict, R.P., *Measurement of Temperature, Pressure and Flow*, Segunda Edição, Wiley, New York, 1977.
27. Hydraulic Institute, *Engineering Data Book*, Cleveland Hydraulic Institute, 1979.
28. Harris, C.W., *University of Washington Engineering Experimental Station Bulletin*, 48, 1928.
29. Hamilton, J.B., *University of Washington Engineering Experimental Station Bulletin*, 51, 1929.
30. Miller, D.S. *Internal Flow Systems*, Segunda Edição, BHRA, Cranfield, UK, 1990.
31 Spitzer, D.W., editor, *Flow Measurement: Practical Guides for Measurement and Control*, Instrument Society of America, Research Triangle Park, North Carolina, 1991.
32 Wilcox, D. C., *Turbulence Modeling for CFD*, DCW Industries Inc., La Canada, California, 1994.
33 Gleick, J., *Chaos, Making a New Science*, Penguin Books, New York, 1988.
34 Mullin, T., Ed., *The Nature of Chaos*, Oxford University Press, Oxford, 1993.

Problemas

Nota: Se o valor de uma propriedade não for especificado no problema, utilize o valor fornecido na Tab. 1.5 ou 1.6 do Cap. 1. Os problemas com a indicação (∗) devem ser resolvidos com uma calculadora programável ou computador. Os problemas com a indicação (+) são do tipo aberto (requerem uma análise crítica, a formulação de hipóteses e a adoção de dados). Não existe uma solução única para este tipo de problema.

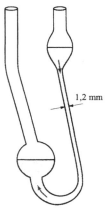

Figura P8.6

8.1 A água da chuva coletada num estacionamento escoa num tubo, com 0,9 m de diâmetro, preenchendo-o completamente. Você espera que o escoamento seja laminar ou turbulento? Veja o ⊙ 8.1 e justifique sua resposta com cálculos apropriados.

+ 8.2 Sob condições normais, o escoamento de ar na sua traquéia é laminar ou turbulento? Especifique todas as hipóteses e mostre todos os seus cálculos.

8.3 O escoamento de água num tubo com 3 mm de diâmetro deve permanece laminar. Construa um gráfico da vazão máxima permitida em função da temperatura para $0 < T < 100$ °C.

8.4 Ar, a 38 °C e pressão atmosférica padrão, escoa num tubo com uma vazão em massa igual a 0,036 kg/s. Determine o diâmetro máximo do tubo para que o escoamento ainda permaneça turbulento.

8.5 Dióxido de carbono, a 20 °C e 550 kPa (abs), escoa num tubo com uma vazão de 0,04 kg/s. Determine o diâmetro máximo do tubo para que o escoamento permaneça turbulento.

8.6 O tempo necessário para que 8,2 cm³ de água escoe pelo tubo capilar instalado no viscosímetro mostrado na Fig. P8.6 é igual a 20 segundos (veja o ⊙ 1.3). O escoamento no tubo capilar é turbulento?

8.7 A vazão de ar utilizada para resfriar uma sala é 0,113 m³/s. O ar é transportado dentro de uma tubulação que apresenta diâmetro interno igual a 0,2 m. Qual é o comprimento da região de entrada do escoamento de ar nesta tubulação?

8.8 Água escoa, de modo plenamente desenvolvido, num tubo com 0,305 m de diâmetro. A tensão de cisalhamento na parede é 12,8 kPa. Determine o gradiente de pressão, dp/dx, onde x é a direção do escoamento, se o tubo for (**a**) horizontal, (**b**) vertical com escoamento ascendente e (**c**) vertical com escoamento descendente.

8.9 O gradiente de pressão necessário para forçar água a escoar num tubo horizontal com 25,4 mm de diâmetro é 1,13 kPa/m. Determine a tensão de cisalhamento na parede do tubo. Calcule, também, a tensão de cisalhamento a 7,6 e 12,7 mm da parede do tubo.

8.10 Refaça o Prob. 8.9 considerando que o tubo apresenta uma inclinação de 20° e que a seção de descarga está localizada acima da seção de alimentação. O escoamento é para cima ou para baixo? Justifique sua resposta.

8.11 Água escoa num tubo com diâmetro constante e apresenta as seguintes características: na seção (a) p_a = 2,2 bar e z_a = 17,3 m e na seção (b) p_b = 2,0 bar e z_b = 20,8 m. O sentido do escoamento é de (a) para (b) ou de (b) para (a)? Justifique sua resposta.

8.12 Água escoa num tubo de aço inclinado que apresenta diâmetro interno igual a 76 mm. Considere que a seção de alimentação do tubo esteja numa cota superior àquela da seção de descarga. Sabendo que o comprimento da tubulação é igual a 1609 m e que a pressão é constante ao longo do escoamento, determine a máxima inclinação do tubo de modo que o escoamento permaneça laminar.

8.13 Alguns fluidos não – Newtonianos apresentam a relação entre tensão de cisalhamento e gradiente de velocidade dada por $\tau = -C\,(du/dr)^n$, onde n =1, 3, 5 e C é uma constante (se n = 1, o fluido é Newtoniano). Integre a equação de balanço de forças (Eq. 8.3) para obter o perfil de velocidade do escoamento num tubo com diâmetro D, ou seja,

$$u(r) = \frac{-n}{(n+1)}\left(\frac{\Delta p}{2lC}\right)^{1/n}\left[r^{(n+1)/n} - \left(\frac{D}{2}\right)^{(n+1)/n}\right]$$

*8.14 Reconsidere o Prob. 8.13. Construa o perfil da velocidade adimensional; u/V_c, onde V_c é a velocidade na linha de centro do tubo (r = 0); em função da coordenada radial adimensional; $r/(D/2)$, onde D é o diâmetro do tubo. Admita que n é igual a 1; 3; 5 e 7.

8.15 Um fluido, massa específica e viscosidade dinâmica iguais a 1000 kg/m^3 e 0,30 N·s/m^2, escoa em regime permanente num tubo vertical que apresenta diâmetro e altura iguais a 0,10 m e 10 m. O escoamento é para baixo e o fluido é descarregado do tubo como um jato livre. Determine a máxima pressão na seção de alimentação do tubo para que o escoamento permaneça laminar ao longo do tubo.

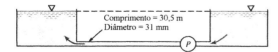

Figura P8.16

8.16 Água é bombeada, em regime permanente, de um tanque grande e aberto para outro tanque que também é grande e está exposto à atmosfera (veja a Fig.P8.16). Sabendo que as cotas das superfícies livres da água nos tanques são iguais, determine a máxima transferência de energia para o fluido de modo que o escoamento permaneça laminar ao longo das tubulações conectadas a bomba.

8.17 Glicerina a 20 °C escoa para cima num tubo (diâmetro = 75 mm). A velocidade na linha de centro do tubo é igual a 1,0 m/s. Determine a perda de carga e a queda de pressão sabendo que o comprimento do tubo é igual a 10 m.

8.18 Um fluido escoa num tubo horizontal que apresenta diâmetro interno e comprimento iguais a 2,5 mm e 6,1 m. Sabendo que a perda de carga no escoamento é 1,95 m quando o número de Reynolds é igual a 1500, determine a velocidade média deste escoamento.

8.19 Um fluido viscoso escoa num tubo (diâmetro = 0,10 m) e a velocidade do escoamento a 12 mm da parede é igual a 1,3 m/s. Se o escoamento é laminar, determine a velocidade na linha de centro do tubo e a vazão deste escoamento.

8.20 Óleo (peso específico = 8900 N/m^3, viscosidade dinâmica = 0,10 N·s/m^2) escoa no tubo mostrado na Fig. P8.20. O diâmetro interno do tubo é igual a 23 mm e um manômetro diferencial em U é utilizado para medir a queda de pressão no escoamento. Qual é o máximo valor de h para que o escoamento de óleo ainda seja laminar?

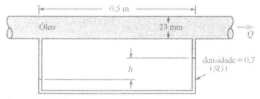

Figura P8.20

8.21 O número de Reynolds do escoamento de um fluido num tubo liso é igual a 6000. Considere que seja possível manter o escoamento laminar nesta condição. Determine a diferença percentual entre a perda de carga no escoamento turbulento (o regime mais encontrado nesta condição) e aquela referente ao escoamento laminar considerado.

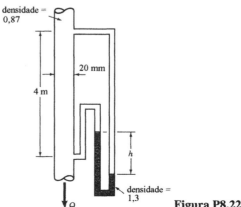

Figura P8.22

8.22 Óleo (densidade = 0,87 e $\nu = 2,2 \times 10^{-4}$ m²/s) escoa no tubo vertical mostrado na Fig. P8.22. A vazão de óleo é 4×10^{-4} m³/s. Determine a leitura do manômetro. h.

8.23 Determine a leitura do manômetro, h, da Fig P8.22 sabendo que o escoamento é para cima (i.e. ao contrário do mostrado na figura).

8.24 Reconsidere o Prob. 8.22. Qual é a vazão que proporcionará $h = 0$? O escoamento é ascendente ou descendente?

8.25 O coeficiente de energia cinética, α, é definido na Eq. 5.86. Mostre que seu valor para um perfil turbulento que segue uma lei de potência (Eq. 8.31) é dado por $\alpha = (n + 1)^3(2n+1)^3/[4n^4(n+3)(2n+3)]$.

8.26 A Fig. P8.26 e o ⊙ 8.3 mostram que o perfil de velocidade do escoamento laminar num tubo é bastante diferente daquele encontrado nos escoamentos turbulentos. Observe que o perfil de velocidade é parabólico quando o escoamento é laminar. Para um escoamento turbulento, com Re = 10000, o perfil de velocidade pode ser aproximado pelo perfil indicado na figura. (a) Considere um escoamento laminar. Em que posição você colocaria a ponta de um tubo de Pitot para que fosse possível medir diretamente a velocidade média do escoamento? (b) Refaça o item anterior considerando que o escoamento é turbulento com Re = 10000.

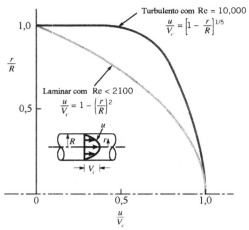

Figura P8.26

8.27 Água, a 27 °C escoa num tubo (diâmetro = 0,152 m) com uma vazão de 0,05 m³/s. Qual é a velocidade do escoamento a uma distância de 51 mm da parede? Determine, também, a velocidade na linha de centro do tubo.

8.28 Durante uma forte tempestade, a água coletada num estacionamento escoa por um tubulação de esgoto (diâmetro = 0,457 m, lisa e construída com concreto) preenchendo-a completamente. Se a vazão for 0,283 m³/s, determine a queda de pressão num trecho horizontal de tubo com comprimento de 30,5 m. Repita o problema admitindo que este trecho apresenta um desnível de 0,6 m.

8.29 Dióxido de carbono, a 0°C e pressão de 600 kPa (abs), escoa num tubo horizontal com 40 mm de diâmetro. A velocidade média do escoamento é 2 m/s. Determine o coeficiente de atrito neste escoamento sabendo que a queda de pressão é 235 N/m² para cada 10 m de tubo.

8.30 A vazão de água num tubo horizontal (diâmetro = 0,152 m) é 0,0566 m³/s. Sabendo que queda de pressão no escoamento é 29 kPa a cada 30,5 m de duto, determine o fator de atrito neste escoamento.

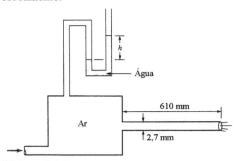

Figura P8.31

8.31 Ar escoa no tubo mostrado na Fig. P8.31 (diâmetro e comprimento iguais a 2,7 e 610 mm). Determine o fator de atrito sabendo que $h = 43$ mm quando a vazão, Q, é igual a $5,4 \times 10^{-5}$ m³/s. Compare seu resultado com o fornecido por $f = $ Re/64. O escoamento é laminar ou turbulento?

8.32 É muito provável que você gere um escoamento turbulento quando mexe a colher na sopa contida num prato (veja o ⊙ 8.2). Simplificando muito a análise do escoamento, a turbulência gerada na sopa é formada por uma infinidade de vórtices interrelacionados e cada um deles apresenta um diâmetro e uma velocidade característica. É interessante observar que os vórtices pequenos (a estrutura fina da turbulência) morrem rapidamente e, após um intervalo de tempo curto, nós só encontramos os vórtices grandes. Explique porque este fenômeno ocorre.

8.33 Considere um escoamento num tubo, diâmetro = 203 mm, que apresenta número de Reynolds igual a 25000. Determine a espessura da subcamada viscosa neste escoamento.

8.34 Água a 16 °C escoa num duto (diâmetro = 0,152 m) com uma velocidade média de 4,6 m/s. Qual é a dimensão do maior elemento rugoso para que o tubo ainda possa ser classificado como liso?

8.35 Uma mangueira (comprimento = 21,34 m, diâmetro = 12,7 mm e rugosidade = 0,27 mm) está conectada a uma torneira onde a pressão é p_1. Admitindo que não há nenhum bocal conectado à mangueira, determine p_1 sabendo que a velocidade média do escoamento na mangueira é 1,83 m/s. Despreze as perdas localizadas e o possível desnível.

8.36 Refaça o Prob. 8.35 admitindo que um bocal está conectado à seção de descarga da mangueira.

Considere que o diâmetro da seção mínima de escoamento no bocal é igual a 6,4 mm.

* 8.37 A próxima equação é, algumas vezes, utilizada no lugar da equação de Colebrook (Eq. 8.35):

$$f = \frac{1,325}{\left\{\ln\left[(\varepsilon/3,7D) + (5,74/\text{Re}^{0,9})\right]\right\}^2}$$

Esta equação é válida para $10^{-6} < \varepsilon/D < 10^{-2}$ e $5000 < \text{Re} < 10^{+8}$ (Ref. 22, pg. 220). Uma vantagem desta equação é que ela fornece o valor de f sem a necessidade de um procedimento iterativo. Faça um gráfico da diferença percentual entre os resultados fornecidos por esta equação e pela de Colebrook para números de Reynolds na faixa de validade da equação acima e para $\varepsilon/D = 10^{-4}$.

8.38 A vazão de água num tubo horizontal, novo, fabricado com ferro e galvanizado é $6,31 \times 10^{-4}$ m³/s. Sabendo que o diâmetro interno do tubo é igual a 19,1 mm, determine o gradiente de pressão ao longo do tubo neste escoamento.

8.39 A Fig. 8.3 e o ⊙ 8.1 mostram que o comportamento do escoamento num tubo varia muito se o escoamento é laminar ou turbulento. Uma vantagem do escoamento laminar é que o fator de atrito e a perda de carga são menores do que aquelas encontradas num escoamento turbulento que apresenta o mesmo número de Reynolds do escoamento laminar. Em que condições é mais interessante operar com um escoamento turbulento num tubo?

+ 8.40 Uma mangueira de jardim está conectada a uma torneira que está completamente aberta. A distância atingida pela água esguichada não é significativa sem que um bocal esteja instalado na outra ponta da mangueira. Todavia, se você colocar o seu polegar na seção de descarga da mangueira, é possível esguichar a água a uma distância considerável. Explique este fenômeno.

8.41 Ar, no estado padrão, escoa num tubo de ferro galvanizado (diâmetro = 25,4 mm) com velocidade média de 3,05 m/s. Qual é o comprimento de tubo que produz uma perda de carga equivalente (**a**) a um cotovelo 90° flangeado, (**b**) a uma válvula totalmente aberta e (**c**) a uma entrada com cantos vivos?

* 8.42 Água a 40 °C escoa em tubos estrudados que apresentam diâmetros iguais a 25; 50 e 75 mm. Faça um gráfico da perda de carga por metro de tubo para cada um destes escoamentos. Admita que a vazão de água varia de 5×10^{-4} a 50×10^{-4} m³/s. Utilize a fórmula de Colebrook na solução deste problema.

8.43 Ar, no estado padrão, escoa com uma vazão de 0,198 m³/s num duto de ferro galvanizado horizontal que apresenta seção transversal retangular (0,305 m por 0,152 m). Estime a perda de pressão se o comprimento do duto é igual a 60,7 m.

8.44 A vazão de água num tubo velho e oxidado (rugosidade relativa = 0,01) é igual a 0,056 m³/s. O diâmetro interno deste tubo é igual a 152 mm. Uma pessoa propôs a inserção de um revestimento plástico no tubo, de modo que o tubo original será transformado num tubo liso e com diâmetro interno igual a 127 mm (veja a Fig. P8.44). A mesma pessoa alega que o gradiente de pressão ao longo do escoamento será reduzido com a inserção do revestimento. É verdade que o tubo revestido transporta a mesma vazão do tubo oxidado e opera com uma perda de carga menor do que aquela encontrada no tubo oxidado? Justifique a sua resposta.

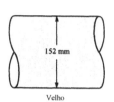

Figura P8.44

+ 8.45 Considere o processo utilizado na doação de sangue. O sangue escoa de uma veia, onde a pressão é maior do que a atmosférica, para um saco de plástico, que apresenta pressão próxima da atmosférica, através de um tubo que apresenta diâmetro pequeno. Estime o tempo necessário para uma pessoa doar 470 ml de sangue utilizando os princípios da mecânica dos fluidos. Faça uma lista com as hipóteses utilizadas na solução do problema.

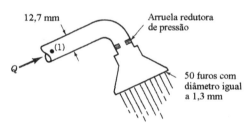

Figura P8.46

8.46 A Fig. P8.46 mostra que a instalação de um "redutor de pressão" em chuveiros elétricos pode diminuir os consumos de água e energia. Admitindo que a pressão no ponto (1) permanece constante e que todas as perdas, exceto a causada pelo "redutor de pressão", forem desprezadas, determine o valor do coeficiente de perda (baseado na velocidade no duto) para que o "redutor de pressão" diminua a vazão pela metade. Despreze os efeitos da gravidade.

8.47 Água escoa (vazão = 0,40 m³/s) num tubo (diâmetro = 0,12 m) conectado a uma contração abrupta que apresenta seção de descarga com diâmetro igual a 0,06 m. Determine a perda de pressão do escoamento na contração. Quanto desta diferença de pressão é devida as perdas e quanto é devido à variação de energia cinética?

8.48 Um aviso de perigo, parecido com o mostrado na Fig. P8.48, está sempre presente na lateral das turbinas dos aviões. Explique porque o formato das

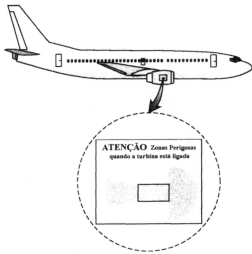

Figura P8.48

zonas perigosas é parecido com o indicado na figura (as zonas cinzas). A análise do ⊙ 8.4 e das Figs. 8.22 e 8.25 pode facilitar a sua exposição.

8.49 No instante $t = 0$, o nível do tanque A mostrado na Fig. P8.49 está 0,61 m acima daquele do tanque B. Faça o gráfico do nível no tanque A em função do tempo até que as superfícies livres dos tanques apresentem a mesma cota. Admita que o regime de escoamento é o quase permanente – isto é, que as equações relativas ao regime permanente sejam válidas em qualquer instante. Despreze as perdas de carga singulares. Observação: Verifique se o escoamento é laminar.

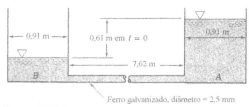

Figura P8.49

* 8.50 Refaça o problema anterior admitindo que o diâmetro de tubo é igual a 31 mm. Observação: O escoamento neste caso pode ser turbulento.

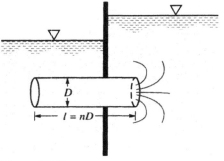

Figura P8.51

8.51 Água escoa de um tanque para outro através de uma tubo curto (veja a Fig. P8.51). Observe que as perdas singulares encontradas nas seções de alimentação e descarga do tubo podem ser significativas nesta aplicação (veja o ⊙ 8.4). Determine o máximo comprimento do tubo (o maior valor de n) para que a perda de carga no escoamento no tubo seja menor do que 10% das perdas singulares. Admita que o fator de atrito no escoamento de água no tubo é igual a 0,02.

8.52 A vazão de gasolina num tubo (diâmetro = 40 mm) é 0,001 m³/s. Se for possível inibir a ocorrência de turbulência, qual é a razão entre a perda de carga para o escoamento turbulento real e àquela do escoamento laminar?

8.53 Um tubo (diâmetro = 914 mm) é utilizado para transportar ar num túnel de vento. Um teste do equipamento mostrou que a queda de pressão do escoamento de ar num trecho de tubo com 457,2 m é 38,1 mm de coluna d'água quando a vazão no tubo é 4,25 m³/s. Qual é o valor do fator de atrito neste escoamento? Qual a dimensão aproximada da rugosidade equivalente encontrada na superfície interna deste tubo?

8.54 Gás natural (ρ e ν iguais a 2,3 kg/m³ e $4,8 \times 10^{-6}$ m²/s) é bombeado num tubo de ferro fundido com 152 mm de diâmetro. A vazão em massa de gás natural é 0,101 kg/s. Se a pressão na seção (1) é 3,45 bar (abs), determine a pressão numa seção situada a 12,87 Km a jusante da seção (1). Admita que o escoamento de gás é incompressível. Esta hipótese é razoável? Justifique sua resposta.

* 8.55 Água escoa num tubo de ferro galvanizado (diâmetro interno = 20 mm) com velocidades médias que variam de 0,01 a 10,0 m/s. Faça o gráfico da perda de carga por unidade de comprimento nesta faixa de velocidades. Discuta os seus resultados.

8.56 Um fluido escoa num tubo liso e horizontal (comprimento = 2 m e diâmetro = 2 mm) com velocidade média de 2,1 m/s. Determine a perda de carga e a queda de pressão no escoamento se o fluido for (**a**) ar, (**b**) água e (**c**) mercúrio.

8.57 Ar, no estado padrão, escoa num duto horizontal de ferro galvanizado que apresenta seção transversal retangular (0,61 m por 0,40 m) com uma vazão de 0,232 m³/s. Determine a queda de pressão, em mm de coluna d'água, se o comprimento do duto for igual a 30,5 m.

8.58 Ar escoa num duto retangular de ferro galvanizado (0,30 m por 0,15 m) com uma vazão de 0,068 m³/s. Sabendo que o comprimento do duto é igual a 12 m, determine a perda de carga neste escoamento.

8.59 Ar, no estado padrão, escoa num duto de madeira com seção transversal retangular (0,31 m por 0,46 m). O comprimento do duto é 152,4 m e a vazão de ar no duto é 2,36 m³/s. Determine a perda de carga, a queda de pressão e a potência que é transferida ao fluido pelo ventilador que promove este escoamento.

8.60 Quando a válvula mostrada na Fig. P8.60 está fechada, a pressão no tubo é 400 kPa e a altura da superfície livre da água na câmara de equilíbrio, h é igual a 0,4 m. Determine o nível da água na câmara de equilíbrio admitindo que a válvula está totalmente aberta e que a pressão no ponto (1) permanece igual a 400 kPa. Considere que o fator de atrito é 0,02 e que as conexões são rosqueadas.

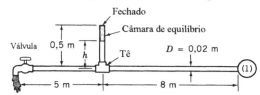

Figura P8.60

8.61 Qual deve ser a potência transferida a água para que ela escoe para cima, com uma vazão de 1,7 litros/s, num tubo vertical que apresenta comprimento e diâmetro iguais a 60,96 m e 25,4 mm. Admita que o tubo é estrudado e que as pressões nas seções de entrada e saída do tubo são iguais.

8.62 A vazão de água na tubulação mostrada na Fig. P8.62 é 0,113 m³/s. O dispositivo instalado no prédio é uma bomba ou uma turbina? Explique e determine a sua potência. Despreze todas a perdas de carga localizadas e admita que o coeficiente de atrito é igual a 0,025.

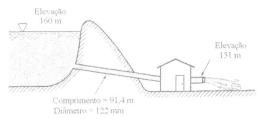

Figura P8.62

8.63 Refaça o Prob. P8.62 admitindo que a vazão na tubulação é igual a 0,0283 m³/s.

8.64 Numa estação de esqui, água a 4,5 °C e proveniente de uma lago situado a uma altitude de 1306 m, é bombeada para uma máquina de fazer neve, situada numa altitude de 1409 m, através de um tubo de aço que apresenta diâmetro e comprimento iguais a 76,2 mm e 609,6 m. Sabendo que a vazão de água é 0,0073 m³/s e que é necessário manter a pressão de 5,5 bar na seção de alimentação da máquina de gelo, determine a potência transferida a água pela bomba.

8.65 Água escoa no tubo mostrado na Fig. P8.65. Determine o coeficiente de perda para o escoamento através da tela.

8.66 A vazão de água no sistema mostrado na Fig. P8.66 é igual a $5,7 \times 10^{-4}$ m³/s. O sistema opera em

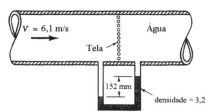

Figura P8.65

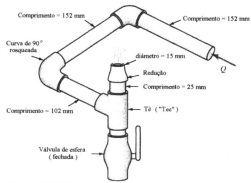

Figura P8.66

regime permanente e o diâmetro interno dos tubos utilizados na construção do sistema são iguais a 19,1 mm. Uma pessoa sugere que não é necessário calcular a perda de carga nos escoamentos nos trechos retos de tubo porque estas perdas são muito menores do que as singulares encontradas no sistema. Você concorda com os argumentos desta pessoa? Justifique sua resposta. (veja o ⊙ 8.6).

8.67 Considere uma torneira de cozinha que está vazando. O medidor de consumo de água da residência (do tipo mostrado no ⊙ 8.7) indicou que, durante uma semana onde a residência não estava ocupada, o volume de água desperdiçado era igual a 0,76 m³. (**a**) Determine o coeficiente de perda do vazamento na torneira sabendo que a tubulação a montante da torneira apresenta diâmetro interno igual a 13 mm e que a pressão da água neste tubulação vale 345 kPa. (**b**) Qual é o comprimento de tubo necessário para produzir uma perda de carga equivalente a encontrada no vazamento?

8.68 Admita que o sistema de exaustão de gases de um automóvel pode ser modelado como um conjunto de tubos de ferro fundido, comprimento total e diâmetros iguais a 4,27 m e 38 mm, acoplado a seis curvas flangeadas de 90° e um silenciador (veja o ⊙ 8.5). O silenciador age como uma resistência com coeficiente de perda $K_L = 8,5$. Determine a pressão na seção de entrada do sistema de escapamento se a vazão e a temperatura dos gases forem iguais a $2,83 \times 10^{-3}$ m³/s e 121 °C.

8.69 Ar escoa num duto liso, horizontal e com seção transversal retangular. A vazão do escoamento é 100 m³/s e a queda de pressão não é maior do que 40 mm de coluna d'água a cada 50 m de duto.

Se a relação de aspecto da seção transversal do duto é 3 para 1, determine as dimensões do duto.

8.70 Reconsidere o Prob. 3.14 levando em consideração todas as perdas do escoamento. Os tubos são de cobre, apresentam diâmetros iguais a 25,4 mm e as conexões são flangeadas e comuns. As torneiras devem ser modeladas como válvulas globo.

8.71 Água a 4 °C escoa na serpentina horizontal de um trocador de calor (veja a Fig. P8.91). Sabendo que a vazão do escoamento é $5,68 \times 10^{-5}$ m³/s, determine a perda de pressão entre as seções de alimentação e descarga da serpentina.

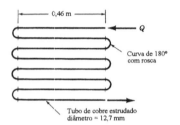

Figura P8.71

8.72 Água a 4 °C é bombeada de um lago do modo indicado na Fig. P8.72. Qual é a vazão máxima na bomba sem a ocorrência de cavitação?

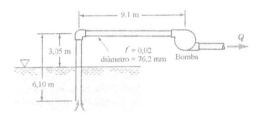

Figura P8.72

8.73 A mangueira mostrada na Fig. P8.73 (diâmetro = 12,7 mm) suporta, sem romper, uma pressão de 13,8 bar. Determine o comprimento máximo permitido, l, sabendo que o fator de atrito é igual a 0,022 quando a vazão é $2,83 \times 10^{-4}$ m³/s. Despreze as perdas de carga singulares.

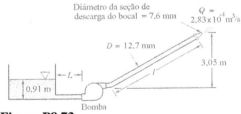

Figura P8.73

8.74 A mangueira mostrada na Fig. P8.73 irá colapsar se a pressão interna for 69 kPa menor do que a pressão atmosférica. Determine o comprimento máximo permitido, l, sabendo que a vazão é $2,83 \times 10^{-4}$ m³/s e que o fator de atrito vale 0,015. Despreze as perdas singulares.

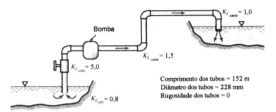

Figura P8.75

8.75 A bomba esboçada na Fig. P8.75 transfere uma carga de 76,2 m para á água. Determine a potência transferida ao fluido sabendo que a diferença entre as cotas das superfícies livres da água nos lagos é igual a 61 m.

8.76 A jato descarregado da tubulação mostrada na Fig. P8.76 atinge uma altura, medida a partir da seção de descarga da tubulação, igual a 76 mm (veja o ⊙ 8.6). Os diâmetros internos dos componentes e o comprimento total da tubulação são respectivamente iguais a 19 e 534 mm. Nestas condições, determine o valor da pressão medida no ponto (1).

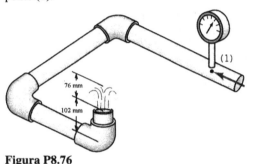

Figura P8.76

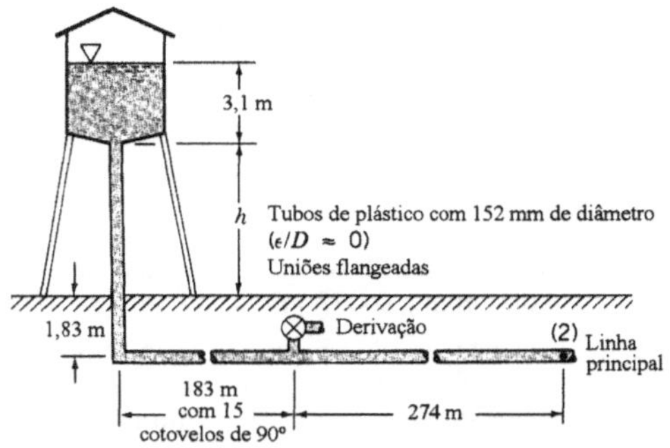

Figura P8.77

8.77 A pressão na seção(2) mostrada na Fig. P8.99 não fica abaixo de 4,1 bar quando a vazão varia de 0 a $2,83 \times 10^{-2}$ m³/s e a linha secundária estiver fechada. Determine a altura mínima, h, do tanque de água admitindo que (**a**) as perdas localizadas são nulas e (**b**) as perdas de carga singulares não são nulas.

8.78 Refaça o problema anterior admitindo que a linha secundária está aberta e que metade da vazão proveniente do tanque vai para esta linha.

8.79 Refaça o Prob. 3.43 considerando todas as perdas de carga.

8.80 A Fig. P8.80 mostra o esboço de um sistema de exaustão automotivo (veja o ⊙ 8.5). Admita que a queda de pressão neste sistema é Δp_1 quando o motor está em marcha lenta (1000 rpm). Estime a queda de pressão no sistema de exaustão (em função de Δp_1) quando o motor estiver operando a 3000 rpm. Faça uma lista com todas as hipóteses utilizadas na solução do problema.

Figura P8.80

8.81 Considere o escoamento de água de um tanque grande e aberto até a seção de descarga de uma tubulação que está posicionada rente ao solo. O comprimento total e o diâmetro da tubulação são respectivamente iguais a 15,3 m e 31 mm. A velocidade na seção de descarga da tubulação é 1,52 m/s quando a altura da superfície livre da água no tanque é igual a 3,0 m. Admita que a soma de todos os coeficientes de perda de carga singular é igual a 12. Determine o novo nível da água no tanque se retirarmos 6,1 m de tubo da tubulação e quisermos manter o valor da velocidade de descarga inalterado. Admita, também, que a soma dos coeficientes de perda de carga singular não varia com a reforma da tubulação.

8.82 Uma tubulação horizontal e construída com alumínio ($\varepsilon = 1,5 \times 10^{-3}$ mm) transporta 0,1 m³/s de água. As pressões nas seções de alimentação e descarga da tubulação são iguais a 448 e 207 kPa. Sabendo que o comprimento da tubulação é igual a 152 m, determine o diâmetro interno dos tubos utilizados na construção desta tubulação.

8.83 Água escoa num tubo vertical que apresenta parede interna lisa. Nós não detectamos uma variação de pressão no escoamento quando a vazão de água no tubo vale $1,42 \times 10^{-2}$ m³/s. Nestas condições, determine o diâmetro deste tubo.

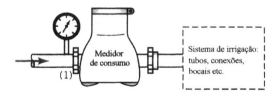

Figura P8.84

8.84 O medidor de consumo indicado na Fig. P8.84 foi instalado num sistema de irrigação para medir o volume de água consumido num ciclo de operação do sistema. O medidor indicou que o sistema consumiu 3,4 m³ de água num ciclo de operação quando a pressão a montante do medidor era igual a 344 kPa. Estime a pressão a montante do medidor necessária para que o sistema consuma 4,3 m³ de água no mesmo ciclo de operação do sistema de irrigação. Faça uma lista com todas as hipóteses utilizadas na solução do problema.

8.85 A altura da superfície livre da água no tanque mostrado na Fig. P8.85, h, varia quando a válvula é aberta. Considerando o gráfico mostrado na figura, calcule a área da seção transversal do tanque. O diâmetro interno dos componentes da tubulação e o comprimento da tubulação são iguais a 183 mm e 6,1 m. Admita que o fator de atrito é 0,03 e que os coeficientes de perda de carga singulares na entrada da tubulação, em cada curva e na válvula são respectivamente iguais a 0,5, 1,5 e 10.

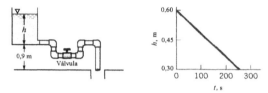

Figura P8.85

8.86 Considere o escoamento de água mostrado na Fig. P8.86. O diâmetro interno dos componentes do sistema são iguais a 51 mm, a rugosidade relativa dos tubos é 0,004 e o coeficiente de perda localizada na seção de descarga da tubulação é igual a 1,0. Nestas condições, determine a altura da coluna de água no tubo piezométrico, h.

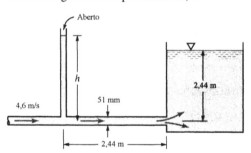

Figura P8.86

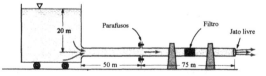

Figura P8.87

8.87 A Fig. P8.87 mostra um tanque grande e aberto que está apoiado sobre rodas. O tanque contém água e as rodas não apresentam atrito. O diâmetro da tubulação conectada ao tanque e a rugosidade da tubulação são iguais a 500 mm e 0,092 mm. O coeficiente de perda no filtro é 8 e as outras perdas de carga localizadas podem ser consideradas nulas. Observe que o trecho de tubulação que apresenta comprimento igual a 75 m está firmemente ancorado ao chão. Determine, para as condições indicadas, a força que atua nos parafusos instalados na flange que conecta os dois trechos da tubulação.

8.88 Água escoa pela tubulação vertical mostrada na Fig. P8.88. A junta de expansão não suporta qualquer força na direção vertical. O diâmetro dos tubos é 122 mm, pesa 2,9 N/m e o escoamento apresenta coeficiente de atrito de 0,02. Qual é velocidade média do escoamento para que a força na junta seja nula?

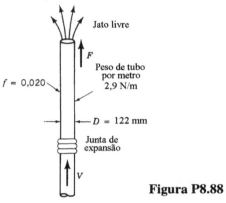

Figura P8.88

8.89 A bomba indicada na Fig. P8.89 transfere 25 kW para a água e produz uma vazão de 0,04 m³/s. Determine a vazão esperada se a bomba for removida do sistema. Admita $f = 0,016$ nos dois casos e despreze as perdas localizadas.

Figura P8.89

8.90 Um certo processo requer 0,065 m³/s de água a pressão de 2,1 bar. Esta água deve ser retirada de um tanque que apresenta pressão constante e igual a 4,1 bar. A comprimento da tubulação necessária é 61 m e ela deve ser construída com tubos de ferro galvanizado. Sabendo que irão existir seis curvas rosqueadas de 90°, determine o diâmetro interno da tubulação adequado para a operação do processo. Admita que as diferenças de nível são desprezíveis.

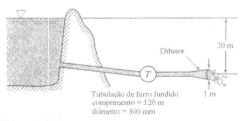

Figura P8.91

8.91 A potência da turbina indicada na Fig. P8.91 é 400 kW. Determine a vazão na turbina se (**a**) as perdas de carga forem desprezíveis e (**b**) a única perda relevante é a distribuída. Admita $f = 0,02$. Observação: A solução deste problema pode ser múltipla ou não existir.

8.92 A Fig. P9.92 mostra um circuito fechado onde ar escoa a 40 m/s. Observe que um ventilador é utilizado para promover o escoamento de ar. Os tubos que compõe o circuito podem ser considerados lisos e o coeficiente de perda singular de cada uma das curvas de 90° é igual a 0,30. Nestas condições, determine a potência que o ventilador transfere ao ar.

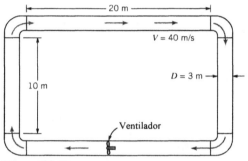

Figura P8.92

8.93 Considere o escoamento de água no circuito fechado mostrado na Fig. P8.93. Sabendo que a bomba transfere 272 W à água e que a rugosidade relativa dos tubos que compõe a tubulação é igual a 0,01, determine a vazão que escoa através do filtro mostrado na figura.

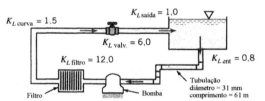

Figura P8.93

8.94 Uma tubulação deve conectar um tanque grande que contém água, pressurizada com ar comprimido a 138 kPa, a outro tanque grande e exposto à atmosfera. O projeto básico da tubulação indica que o comprimento total dos tubos necessário para a implementação do sistema é igual a 610 m. Sabendo que a superfície livre da água no tanque aberto à atmosfera está 45,7 m abaixo da superfície livre no tanque pressurizado, determine o diâmetro interno da tubulação necessário para que a vazão na tubulação seja igual a 0,085 m³/s. Admita que as perdas de carga localizadas são desprezíveis.

8.95 Água da chuva escoa por um calha de ferro galvanizado do modo indicado na Fig. P8.95. O formato da seção transversal da calha é retangular e apresenta razão de aspecto 1,7:1 e a calha sempre está cheia de água. Sabendo que a vazão de água é igual a 6 litros/s, determine as dimensões da seção transversal da calha. Despreze a velocidade da superfície livre da água e a perda de carga associada à curva de 90°.

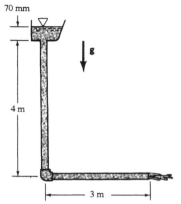

Figura P8.95

* 8.96 Refaça o problema anterior admitindo que a seção transversal da calha é circular.

8.97 Ar escoa na tubulação mostrada na Fig. P8.97. Determine a vazão se as perdas localizadas forem desprezíveis e o fator de atrito em cada tubo for igual a 0,020. Admita que o escoamento de ar é incompressível. Determine a vazão se substituirmos o tubo com 12,7 mm por um com 25,4 mm de diâmetro. Analise se a hipótese de escoamento incompressível é razoável.

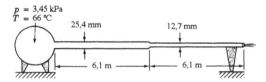

Figura P8.97

* 8.98 Refaça o problema anterior admitindo que a tubulação é construída com tubos de ferro galvanizado. Utilize o valor da rugosidade relativa indicado no livro.

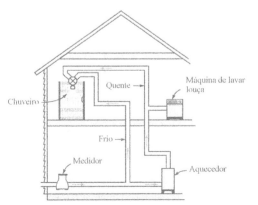

Figura P8.99

+ 8.99 A temperatura da água que alimenta a casa esboçada na Fig. P8.99 é 10 °C. Observe que o aquecedor fornece água quente, a 38 °C, para o chuveiro e para a máquina de lavar louça. Quando o válvula de controle do chuveiro está na posição intermediária, e a máquina de lavar louça está desligada, a água é descarregada do chuveiro a 24 °C. Entretanto, quando a máquina está ligada, a temperatura da água descarregada do chuveiro cai e o banho se torna desagradável. Estime a variação de temperatura da água descarregada do chuveiro quando este opera em conjunto com a máquina de lavar louça. Admita que a posição da válvula de controle do chuveiro é a mesma nas duas condições operacionais. Faça uma lista com todas as hipóteses utilizadas na solução do problema.

8.100 Água escoa do tanque A para o B quando a válvula está fechada (veja a Fig. 8.100). Qual é a vazão para o tanque B quando a válvula está aberta e permitindo que água também escoe para o tanque C. Despreze todas as perdas localizadas e admita que os coeficientes de atrito são iguais a 0,02 em todos os escoamentos.

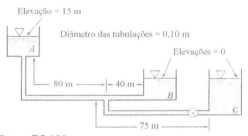

Figura P8.100

* 8.101 Refaça o problema anterior admitindo que os coeficientes de atrito não são conhecidos e que os tubos são construídos com aço.

8.102 Os três tanques mostrados na Fig. P8.102 contém água. Determine a vazão em cada tubo admitindo que as perdas singulares são desprezíveis.

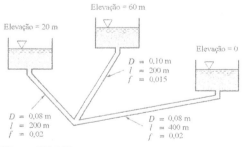

Figura P8.102

8.103 A Fig. P8.103 mostra água sendo bombeada de um lago. A bomba descarrega o fluido num tanque grande e pressurizado e fornece uma carga igual a $h_B = 13,7 + 2,98 \times 10^2 Q - 2,06 \times 10^4 Q$, onde h_B está expresso em m e Q (a vazão em volume na bomba) em m³/s. Determine as vazões descarregadas do tanque, Q_1 e Q_2, sabendo que as perdas localizadas são pequenas, que os efeitos gravitacionais são desprezíveis e que a fator de atrito nos escoamentos nos tubos são iguais a 0,02.

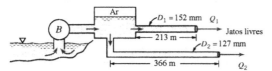

Figura P8.103

8.104 Um placa de orifício é instalada num tubo (diâmetro = 76,2 mm). Sabendo que o diâmetro do orifício e a vazão de água no tubo são iguais a 50,8 mm e 20 litros/s, determine a diferença de pressão indicada no manômetro conectado ao medidor.

8.105 O ar de ventilação de uma mina subterrânea escoa por uma tubulação com 2 m de diâmetro. Um medidor rudimentar de vazão é construído colocando-se uma "arruela" de metal entre duas flanges do tubo. Estime a vazão sabendo que o furo da "arruela" apresenta diâmetro igual a 1,6 m e que a diferença de pressão através do dispositivo é 8,0 mm de coluna d'água.

8.106 A vazão de gasolina que escoa num tubo com 35 mm de diâmetro é 0,0032 m³/s. Determine a queda de pressão num bocal acoplado ao tubo sabendo que a seção de descarga do bocal apresenta diâmetro igual a 20 mm.

8.107 Ar, a 93 °C e 4,1 bar (abs), escoa num tubo (diâmetro = 102 mm) com uma vazão em massa igual a 0,236 kg/s. Determine a perda de pressão na garganta de um Venturi (diâmetro = 50,8 mm) que está acoplado ao tubo.

8.108 Um bocal (diâmetro da seção de descarga igual a 50 mm) está instalado na extremidade de um tubo com 80 mm de diâmetro. Ar escoa no conjunto e o manômetro que está conectado a uma tomada de pressão estática localizada a montante do bocal indica uma pressão de 7,3 mm de coluna d'água. Nestas condições, determine a vazão de ar no conjunto.

8.109 Um medidor bocal (seção mínima com 63,5 mm de diâmetro) está instalado num tubo que apresenta diâmetro igual a 96,5 mm. Água a 71 °C escoa no conjunto. Se a leitura no manômetro do tipo U invertido utilizado para medir a variação de pressão no medidor for igual a 945 mm de coluna d'água, determine a vazão de água no tubo.

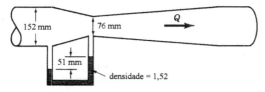

Figura P8.110

8.110 Água escoa através do medidor Venturi esboçado na Fig. P8.110. Sabendo que a densidade do fluido manométrico é 1,52, determine a vazão no Venturi.

8.111 Se o fluido que escoa no Prob. 8.110 for ar, qual será a vazão no Venturi? Os efeitos de compressibilidade serão importantes? Explique.

8.112 A vazão de água no tubo mostrado na Fig. P8.112 é 2,8 litros/s. Sabendo que o diâmetro do orifício da placa é igual a 30,5 mm, determine o valor de h.

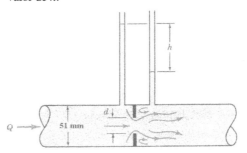

Figura P8.112

8.113 Água escoa, com uma vazão de 2,8 litros/s, através da placa de orifício esboçada na Fig. P8.112. Sabendo que $h = 1158$ mm, determine o valor de d.

8.114 Água escoa através da placa de orifício esboçada na Fig. 8.112 de tal modo que $h = 488$ mm quando $d = 38,1$ mm. Determine a vazão de água no medidor.

8.115 O comportamento do rotâmetro mostrado na Fig. P8.115 é linear, ou seja, o valor indicado na escala do rotâmetro é diretamente proporcional a vazão do escoamento que atravessa o medidor. A altura do jato d'água descarregado da tubulação mostrada na figura é igual a 76 mm quando o flutuador indica 2,6. Qual será a altura do jato quando o flutuador indicar 5,0?

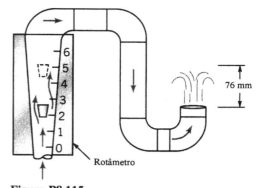

Figura P8.115

8.116 O dispositivo mostrado na Fig. P8.116 é utilizado para investigar o escoamento laminar em tubos e para determinar o número de Reynolds de transição (de escoamento laminar para turbulento). Ar, a 23 °C e pressão absoluta de 760,2 mm de Hg, escoa com uma velocidade média V num tubo com diâmetro pequeno, $D = 2,74$ mm, e comprimento $l =$

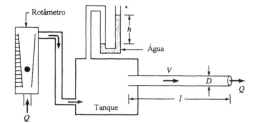

Figura P8.116

0,61 m. A vazão, Q, é determinada com um rotâmetro e a pressão no tanque ao qual o tubo está conectado é fornecida pela leitura do manômetro de coluna d'água, h.

Q (litros/s)	h (mm)
1,10	15,2
1,80	27,4
2,40	37,8
2,90	48,0
3,70	68,6
4,50	95,3
4,60	103,1
4,86	116,1
5,00	127,3
5,15	137,9
5,65	164,3
6,00	185,7
6,20	200,4

A tabela anterior mostra alguns valores de Q e h determinados experimentalmente. Utilize estes resultados para construir um gráfico num papel log-log do fator de atrito do escoamento em função do número de Reynolds baseado no diâmetro do duto, $Re = \rho VD/\mu$. Superponha, neste gráfico, a curva teórica para escoamentos laminares em tubos. A partir dos resultados obtidos, determine o valor do número de Reynolds de transição.

Compare os resultados teóricos com os experimentais e discuta as possíveis razões para as diferenças que podem existir entre eles.

8.117 O perfil de velocidade num tubo pode ser obtido do modo indicado na Fig. P8.117. Ar, a 28 °C e pressão absoluta de 739 mm de Hg, é fornecido com uma vazão constante. De acordo com o medidor de vazão do dispositivo, $Q = 0,019$ m³/s. Um tubo de Pitot é utilizado para determinar a velocidade do ar. Note que ele está conectado a um manômetro de coluna d'água e que pode ser posicionado em vários pontos da seção transversal de descarga do tubo.

A próxima tabela apresenta alguns valores experimentais da leitura do manômetro, h, em função de r. Utilize estes resultados para construir um gráfico da velocidade do escoamento de ar, u, em função da distância radial, r.

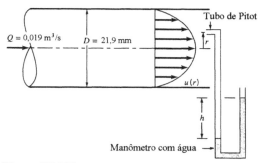

Figura P8.117

A vazão associada ao perfil axissimétrico de velocidade pode ser determinada aplicando os dados do perfil de velocidade na equação

$$Q = 2\pi \int_{r=0}^{r=D/2} ru\, dr$$

Utilize os valores calculados de u em função de r para determinar Q. Observação: Será necessário utilizar algum tipo de procedimento numérico ou gráfico para a integração dos dados experimentais.

Compare o valor da vazão determinada a partir dos dados da tabela com aquela fornecida pelo medidor de vazão. Discuta as possíveis razões para a diferença que pode existir entre estes valores.

r (mm)	h (mm)
10,91	0
10,61	2,0
9,63	149,9
9,51	156,2
9,11	170,1
8,62	184,2
8,11	207,0
6,83	232,4
5,58	240,0
4,30	243,8
2,74	246,3

8.118 O dispositivo mostrado na Fig. P8.118 é utilizado para calibrar medidores Venturi e placas de orifício. A água é bombeada de um tanque e escoa em cada um dos medidores. A vazão, Q, é obtida pela determinação do tempo, t, necessário para que um determinado volume, $\mathcal{V}$, seja bombeado do tanque. Isto é, $Q = \mathcal{V}/t$. Nesta experiência $\mathcal{V} = 7,57$ litros. A diferença de pressão em cada medidor é determinada com um manômetro do tipo U invertido (veja a Fig. P8.118). As leituras dos manômetros são h_v e h_o.

A próxima tabela apresenta alguns valores experimentais de t, h_v e h_o. Utilize estes resultados para construir, num papel de gráfico log – log, a curva da vazão em função da leitura manométrica no Venturi e a curva relativa a placa de orifício.

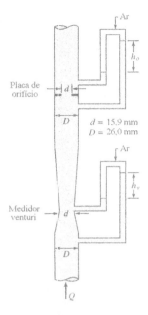

Figura P8.118

Superponha no gráfico a curva da vazão teórica obtida com a hipótese de que o coeficiente de descarga é igual a 1. (Observe que os dois medidores apresentam o mesmo diâmetro de garganta). Utilizando os dados da tabela, determine os coeficientes de descarga para cada um dos medidores de vazão.

Discuta quais as possíveis fontes de erro nos seus resultados.

t (s)	h_v (mm)	h_o (mm)
34,0	48,3	139,7
27,0	96,5	236,2
25,0	106,7	256,5
20,4	157,5	373,4
17,3	221,0	543,6
15,7	279,4	678,2
13,2	368,3	939,8
12,0	459,7	1097,3

8.119 O aparato mostrado na Fig. P8.119 é utilizado para investigar o esvaziamento de um tanque d'água. Para drenar a água são utilizados tubos de ferro galvanizado com diâmetros internos iguais a 15,1 mm. O tanque apresenta seção transversal retangular (0,305 m por 0,229 m). Quando a válvula está totalmente aberta, a água escoa do tanque e a profundidade da água, h, é medida em função do tempo, t. Assim, a vazão do escoamento pode ser determinada com $Q = Adh/dt$, onde A é a área da seção transversal do tanque.

A próxima tabela apresenta alguns valores experimentais de h e t. Utilize estes resultados para determinar a vazão do tanque. Para o sistema esboçado na Fig. P8.119, determine a vazão teórica que corresponde as seguintes situações: (**a**) todas as perdas são desprezíveis, (**b**) apenas as perdas distribuídas são importantes e (**c**) todas as perdas são importantes (distribuídas e singulares).

Compare os resultados teóricos com os experimentais e discuta as possíveis razões para as diferenças que podem existir entre estas informações.

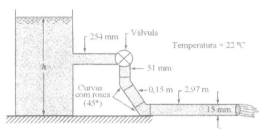

Figura P8.119

h (m)	t (s)
0,610	0
0,579	13
0,549	26
0,518	40
0,488	54

Escoamento Sobre Corpos Imersos 9

Neste capítulo nós iremos analisar vários aspectos dos escoamentos em torno de corpos imersos. O escoamento de ar ao redor dos aviões, automóveis, flocos de neve, ou ainda o de água em torno de submarinos e peixes são bons exemplos desta classe de escoamentos. Normalmente, o escoamento é denominado externo nos casos onde o objeto está totalmente envolvido pelo fluido.

A análise dos escoamentos externos de ar é conhecida como aerodinâmica e esta denominação é uma conseqüência da importância deste tipo de escoamento no vôo dos aviões. Mesmo que este tipo de escoamento externo seja muito importante, há outros exemplos nos quais ele tem a mesma importância. O estudo das forças de sustentação e arrasto em veículos de superfície (como carros, caminhões e bicicletas) tem se tornado cada vez mais importante pois é possível obter um menor consumo de combustível e aumentar as características de mobilidade do veículo com o projeto correto destes veículos. Esforços semelhantes tem sido feitos para aperfeiçoar ainda mais o projeto dos navios (envolvidos por dois fluidos, ar e água) e dos submersíveis (totalmente envolvidos pela água).

A classe dos escoamentos externos também inclui aqueles em torno de objetos que não estão totalmente imersos num fluido. Por exemplo, os efeitos do vento devem ser levados em consideração nos projetos das edificações (que pode ser a sua casa ou um arranha-céu).

Como nas outras áreas da mecânica dos fluidos, existem duas abordagens (teórica e experimental) para a obtenção das informações sobre as forças que atuam no corpo imerso. As técnicas teóricas (i.e. analíticas e numéricas) podem fornecer muitas informações sobre este fenômeno. Entretanto, a quantidade de informações obtidas com métodos puramente teóricos é limitada devido a complexidade das equações que descrevem os escoamentos e da geometria dos objetos envolvidos. É provável, com os atuais avanços na área da mecânica dos fluidos computacional, que a previsão das forças e dos complicados padrões de escoamento realizada com computadores se tornem mais confiáveis e disponíveis.

Muitas informações sobre os escoamentos externos foram obtidas em experimentos realizados, na maioria das vezes, com modelos dos objetos reais. Estes tipos de teste incluem os ensaios de modelos de aviões, prédios e mesmo de cidades inteiras em túneis de vento. É interessante ressaltar que em certas circunstâncias é necessário ensaiar o dispositivo real, e não um modelo, nos túneis de vento para obter resultados confiáveis. A Fig. 9.1a e b mostram veículos sendo testados em túneis de vento. O uso de túneis de água e de tanques de prova também fornecem informações úteis sobre o escoamento ao redor de navios e outros objetos.

Nós analisaremos, neste capítulo, as características dos escoamentos externos em torno de vários objetos. Nós investigaremos os aspectos qualitativos destes escoamentos e aprenderemos como determinar as várias forças que atuam em objetos imersos em escoamentos.

9.1 Características Gerais dos Escoamentos Externos

A força que atua nos corpos imersos num fluido que apresenta movimento é um resultado da interação entre o corpo e o fluido. Em algumas ocasiões (como a de um avião voando através do ar parado) o fluido ao longo do corpo está imóvel e o corpo se move através do fluido com uma velocidade U. Em outras circunstâncias (como o vento passando por um edifício), o corpo está imóvel e o fluido escoa em torno dele com uma velocidade ao longe U. Em ambos os casos, nós podemos fixar o sistema de coordenadas no corpo e tratar a situação como se o fluido estivesse escoando em torno do corpo imóvel com velocidade ao longe U. Para os propósitos deste livro, nós iremos admitir que a velocidade ao longe é constante ao longo do tempo e no espaço. Isto não é verdade na maioria das situações reais. Por exemplo, o escoamento de ar (vento) em torno de uma chaminé quase sempre é turbulento, transitório e provavelmente não apresenta velocidade ao

482 Fundamentos da Mecânica dos Fluidos

Figura 9.1 (*a*) Escoamento em torno de um veículo aerodinâmico no túnel de vento da GM. A seção de teste do túnel é retangular (5,5 m por 10,4 m) e o escoamento de ar é promovido por um ventilador (diâmetro do rotor = 13,1 m) acionado por um motor de 4000 hp (Cortesia da General Motors Corp.). (*b*) O escoamento em torno do modelo é visualizado com pequenas tiras de tecido fixadas na superfície do modelo (Reprodução autorizada pela Society of Automotive Engineers, Ref. [28]).

longe uniforme. Muitas vezes, os efeitos transitórios e as não uniformidades do escoamento não são importantes na análise dos escoamentos externos.

Ainda que o escoamento seja uniforme ao longe, ele pode ser transitório na região adjacente ao corpo. Exemplos deste tipo de comportamento podem ser encontrados nos escoamentos em torno de aerofólios, fios (as oscilações regulares de cabos de telefone que "zumbem" sob a ação do vento) e nas flutuações turbulentas e irregulares das esteiras formadas a jusante dos corpos imersos em escoamentos (◉ 9.1 – Aterrissagem do Space Shuttle).

Geralmente, a estrutura de um escoamento externo e o modo que este pode ser analisado dependem da natureza do corpo imerso. A Fig. 9.2 mostra três categorias de objetos: (*a*) objetos bidimensionais (infinitamente longos e com seção transversal constante), (*b*) objetos axissimétricos (formados pela rotação de uma figura sobre um eixo de simetria) e (*c*) objetos tridimensionais. Na prática não há corpos verdadeiramente bidimensionais porque nada se estende até o infinito. Todavia eles podem ser suficientemente longos para que os efeitos de borda se tornem desprezíveis.

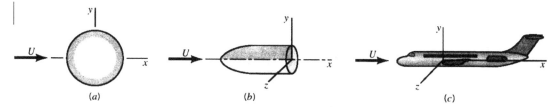

Figura 9.2 Classificação dos escoamentos: (*a*) bidimensional, (*b*) axissimétrico, (*c*) tridimensional.

Um outro modo de classificar estes escoamentos é baseado no formato do corpo imerso porque as características do escoamento dependem fortemente do formato do corpo. Usualmente, os corpos aerodinâmicos (como aerofólios e carros de corrida) provocam poucos efeitos no escoamento se comparados com aqueles provocados pelos corpos rombudos (como pára-quedas e edifícios). Normalmente, mas não sempre, é mais fácil forçar um corpo aerodinâmico através de um fluido do que um corpo rombudo (de tamanho similar) a mesma velocidade.

9.1.1 Arrasto e Sustentação

Quando um corpo se move através de um fluido, há uma interação entre o corpo e o fluido. Esta interação pode ser descrita por forças que atuam na interface fluido-corpo. Estas forças, por sua vez, podem ser escritas em função da tensão de cisalhamento na parede, τ_p, provocada pelos efeitos viscosos, e da tensão normal que é devida a pressão, p. As Figs. 9.3*a* e 9.3*b* mostram distribuições de pressão e tensão de cisalhamento típicas.

Sempre é interessante conhecer as distribuições de pressão e de tensão de cisalhamento na superfície do corpo (mesmo que seja difícil de obter esta informação). Entretanto, na maioria das vezes, apenas os efeitos globais destas tensões são necessários para resolver os nossos problemas. A componente da força resultante que atua na direção do escoamento é denominada arrasto, D ("drag"), e a que atua na direção normal ao escoamento é denominada sustentação, L ("lift") – veja a Fig. 9.3*c*. Nós também detectamos, em alguns corpos tridimensionais, uma força perpendicular ao plano que contém D e L.

O arrasto e a sustentação podem ser obtidos pela integração das tensões de cisalhamento e normais ao corpo que está sendo considerado (veja a Fig. 9.4). Os componentes x e y da força que atua num pequeno elemento de área dA são:

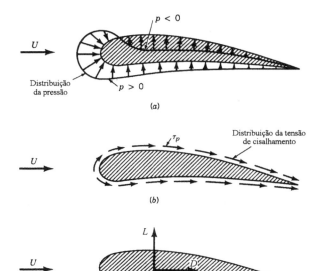

Figura 9.3 Forças num objeto bidimensional submerso: (*a*) força de pressão, (*b*) força viscosa e (*c*) força resultante (arrasto e sustentação).

484 Fundamentos da Mecânica dos Fluidos

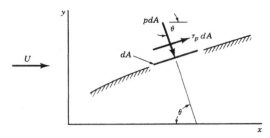

Figura 9.4 Forças de pressão e cisalhamento num elemento de área infinitesimal localizado na superfície de um corpo imerso.

$$dF_x = (p\,dA)\cos\theta + (\tau_p\,dA)\operatorname{sen}\theta$$

e

$$dF_y = -(p\,dA)\operatorname{sen}\theta + (\tau_p\,dA)\cos\theta$$

Assim, os módulos das forças D e L que atuam no objeto são

$$D = \int dF_x = \int p\cos\theta\,dA + \int \tau_p\operatorname{sen}\theta\,dA \tag{9.1}$$

e

$$L = \int dF_y = -\int p\operatorname{sen}\theta\,dA + \int \tau_p\cos\theta\,dA \tag{9.2}$$

Para calcular as integrais, e determinar o arrasto e a sustentação num corpo, nós precisamos conhecer o formato do corpo (i.e., θ ao longo do corpo) e as distribuições de τ_p e p ao longo da superfície do corpo. Normalmente, é muito difícil obter estas distribuições (tanto teórica como experimentalmente). A distribuição de pressão pode ser obtida experimentalmente sem muitas dificuldades com o a instalação de uma série de tomadas de pressão ao longo da superfície do corpo. Por outro lado, geralmente é muito difícil medir a tensão de cisalhamento na parede.

Tanto a tensão de cisalhamento quanto a força de pressão contribuem para a sustentação e o arrasto porque θ não é nulo ou igual a 90° em toda sua superfície. A exceção é a placa plana alinhada com o escoamento ($\theta = 90°$) ou posicionada normalmente ao escoamento ($\theta = 0$).

Exemplo 9.1

Ar, no estado padrão, escoa sobre a placa plana mostrada na Fig. E9.1. No caso (a), a placa está paralela ao escoamento ao longe e no caso (b) está posicionada perpendicularmente ao escoamento. Se a pressão e a tensão de cisalhamento sobre a superfície são as indicadas na figura, determine a sustentação e o arrasto na placa.

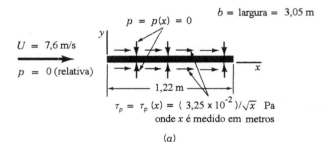

(a)   **Figura E9.1**

Solução Qualquer que seja a orientação da placa, o arrasto e a sustentação podem ser calculados com as Eqs. 9.1 e 9.2. Note que θ é igual a 90° na face superior e igual a 270° na face inferior da placa quando esta está paralela ao escoamento ao longe. Nesta condição, as forças na placa são

$$D = \int_{\text{sup}} \tau_p\,dA + \int_{\text{inf}} \tau_p\,dA = 2\int_{\text{sup}} \tau_p\,dA \tag{1}$$

e

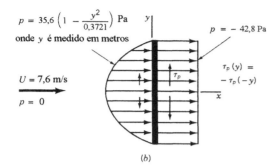

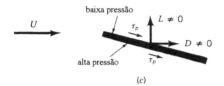

Figura E9.1 (continuação)

$$L = -\int_{sup} p\, dA + \int_{inf} p\, dA = 0$$

Note que não há sustentação na placa e que o escoamento é simétrico, ou seja, as distribuições de tensão de cisalhamento e de pressão nas superfícies superior e inferior da placa são iguais. Nós podemos utilizar a pressão relativa ($p = 0$) ou a absoluta ($p = p_{atm}$) na Eq. 9.1. Aplicando a distribuição de tensão de cisalhamento fornecida (Fig. E9.1a) na Eq. (1), temos

$$D = 2\int_{x=0}^{1,22}\left(\frac{0,0325}{x^{1/2}}\right)(3,05)\,dx = 0,44\text{ N}$$

Com a placa posicionada perpendicularmente ao escoamento (veja a Fig. E9.1b), $\theta = 0°$ na porção frontal e $\theta = 180°$ na porção posterior. Assim, a partir das Eqs. 9.1 e 9.2 temos

$$L = \int_{frente}\tau_p\, dA - \int_{atrás}\tau_p\, dA = 0$$

e

$$D = \int_{frente} p\, dA - \int_{atrás} p\, dA$$

Novamente a sustentação é nula porque a distribuição da tensão de cisalhamento é simétrica em relação ao centro da placa. Note que a pressão é relativamente grande na frente da placa (o centro da placa é um ponto de estagnação) e que a pressão é negativa atrás da placa (menor do que a pressão no escoamento ao longe). Aplicando a equação anterior,

$$D = \int_{y=-0,61}^{0,61}\left[35,6\left(1-\frac{y^2}{0,3721}\right)-(-42,8)\right](3,05)\,dy = 247,6\text{ N}$$

Os casos (a) e (b) deste exemplo mostram que existem dois mecanismos responsáveis pelo arrasto. O mecanismo de arrasto no caso (a) é provocado pela tensão de cisalhamento identificada nas superfícies da placa. Note que, neste exemplo, o arrasto é relativamente pequeno. Já para o caso (b) – escoamento em torno de um corpo rombudo (a placa plana posicionada normalmente ao escoamento) – o arrasto é totalmente provocado pela diferença dos perfis de pressão nas faces da placa.

Nós detectaremos uma força de arrasto e outra de sustentação se a placa for posicionada do modo indicado na Fig. 9.1c. Isto ocorre porque as distribuições da tensão de cisalhamento e da pressão nas faces superior e inferior da placa são diferentes.

As Eqs. 9.1 e 9.2 podem ser aplicadas em qualquer corpo imerso num escoamento. Entretanto, é bastante difícil as utilizarmos porque, normalmente, nós não conhecemos as distribuições de pressão e de tensão de cisalhamento. Esforços consideráveis tem sido feitos para determinar estas distribuições mas, devido as complexidades envolvidas, elas estão disponíveis apenas para algumas situações bastante simples. Uma alternativa muito utilizada para contornar esta dificuldade é definir coeficientes adimensionais de arrasto e sustentação e determinar os seus valores aproximados através de uma análise simplificada, técnica numérica ou experimentos apropriados. O coeficiente de sustentação, C_L, e o coeficiente de arrasto, C_D, são definidos por

$$C_L = \frac{L}{\frac{1}{2}\rho U^2 A}$$

e

$$C_D = \frac{D}{\frac{1}{2}\rho U^2 A}$$

onde A é a área característica do objeto (veja o Cap. 7). Normalmente, A é a área frontal do corpo imerso, ou seja, a área projetada vista por um observador que olha para o objeto na direção paralela a velocidade ao longo do escoamento, U. As vezes, esta área está relacionada a sombra do objeto gerada por uma fonte luminosa paralela ao escoamento ao longe e projetada numa tela normal a este escoamento. Já em outras situações, a área A é calculada como sendo a área de planta, ou seja, a área vista por um observador localizado numa direção normal ao escoamento. Obviamente as áreas características utilizadas na definição dos coeficientes de sustentação e arrasto devem ser claramente identificadas.

9.1.2 Características do Escoamento em Torno de Corpos

Os escoamentos externos sobre corpos apresentam uma grande variedade de fenômenos da mecânica dos fluidos. Nós já vimos que as características do escoamento dependem da forma do corpo imerso no escoamento e nós esperamos que os escoamentos sobre corpos simples (i.e., uma esfera ou um cilindro) apresentem campos de escoamento menos complexos do que aqueles encontrados em torno de corpos mais complicados (como uma avião ou uma árvore). No entanto, nós encontramos estruturas muito complexas mesmo nos escoamentos em torno de objetos simples.

As características do escoamento em torno de um corpo dependem fortemente de vários parâmetros como forma e tamanho do corpo, velocidade, orientação e propriedades do fluido que escoa sobre o corpo. Como foi discutido no Capítulo 7, é possível descrever o caráter do escoamento com alguns parâmetros adimensionais. Os parâmetros mais importantes nos escoamentos externos são o número de Reynolds, Re = $\rho Vl/\mu = Ul/\nu$, o número de Mach, Ma = U/c, e para escoamentos com superfície livre (i.e. escoamentos que apresentam uma interface entre dois fluidos), o número de Froude, Fr = $Ul/(gl)^{1/2}$. (Lembre que l é um comprimento característico do objeto e c é velocidade do som).

Inicialmente, nós vamos considerar como o escoamento externo, o arrasto e a sustentação variam com o número de Reynolds. Lembre que este número representa a razão entre os efeitos de inércia e os viscosos. Na ausência de todos os efeitos viscosos ($\mu = 0$), o número de Reynolds é infinito. Por outro lado, na ausência de todos os efeitos de inércia ($\rho = 0$), o número de Reynolds é nulo. É claro que qualquer escoamento real apresentará um número de Reynolds entre estes dois limites. A natureza do escoamento em torno de um corpo varia muito se Re >> 1 ou Re << 1.

A maior parte dos escoamentos que nos é familiar (água e ar) estão associados a objetos de tamanho moderado – com comprimento característico da ordem de 0,01 < l < 10 m. As velocidades ao longo destes escoamentos apresentam ordem de grandeza entre 0,01 m/s < U < 100 m/s. Assim, os números de Reynolds destes escoamentos estão situados entre 10 < Re < 10^9. Como regra geral, escoamentos com número de Re > 100 são controlados pelos efeitos de inércia, enquanto que os escoamentos com Re < 1 são controlados pelos efeitos viscosos. Note que a maioria destes escoamentos externos são controlados pelos efeitos de inércia.

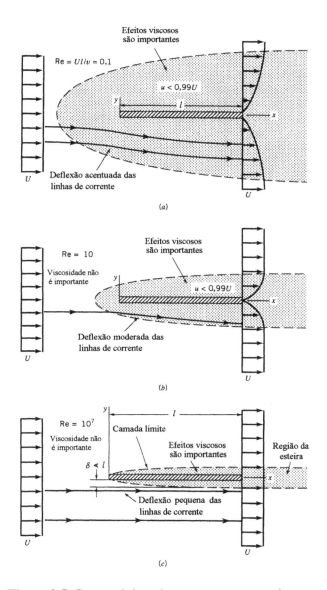

Figura 9.5 Características do escoamento em regime permanente sobre uma placa plana paralela ao escoamento ao longe. Escoamento com número de Reynolds (*a*) baixo, (*b*) moderado e (*c*) alto.

Por outro lado, existem muitos escoamento externos com número de Reynolds bem menores do que 1 (este número indica que os efeitos viscosos são mais importantes que os de inércia). A decantação das pequenas partículas presentes num lago sujo é descrita pelas equações relativas a números de Reynolds baixos porque as partículas apresentam diâmetros pequenos e a velocidade de decantação é baixa. De modo análogo, os números de Reynolds dos escoamentos de óleos viscosos em torno de objetos também é pequeno porque as viscosidades dinâmicas destes óleos são altas. As diferenças entre os escoamentos com números de Reynolds altos e baixos sobre corpos aerodinâmicos ou rombudos podem ser ilustradas considerando o escoamento sobre uma placa plana e em torno de um cilindro circular.

A Fig. 9.5 mostra três escoamentos sobre uma placa plana com comprimento l. Note que os números de Reynolds dos escoamentos, Re = $\rho U l/\mu$, são iguais a 0,1; 10 e 10^7. Se o número de Reynolds é pequeno (veja a Fig. 9.5*a*), os efeitos viscosos serão relativamente fortes e a placa afetará bastante o escoamento uniforme. Assim, nós devemos nos afastar bastante da placa para alcançar a região do escoamento que tem sua velocidade alterada em menos de 1% (i.e. $U - u < 0,01U$). Note que a região afetada pelos efeitos viscosos é bastante ampla quando o número de Reynolds do escoamento é baixo.

Com o aumento do número de Reynolds do escoamento (por exemplo, com o aumento de U), a região onde os efeitos viscosos são importantes se torna menor em todas as direções, exceto a jusante da placa (veja a Fig. 9.5b). Note que as linhas de corrente são deslocadas da posição original do escoamento uniforme, mas o deslocamento não é grande como na situação referente a Re = 0,1 (veja a a Fig. 9.5a).

Se o número de Reynolds do escoamento for grande (mas não infinito), o escoamento será controlado pelos efeitos de inércia e os efeitos viscosos serão desprezíveis em todos os pontos, exceto naqueles pertencentes a região adjacente a placa e a região de esteira localizada a jusante da placa (veja a Fig. 9.5c). Como a viscosidade do fluido não é nula (Re < ∞), o fluido precisa aderir a superfície sólida (a condição de não escorregamento). Assim, a velocidade do escoamento varia do valor ao longo, U, até zero na região fina (i.e. fina em relação ao comprimento da placa) e adjacente a placa. Esta região é conhecida como camada limite. É interessante ressaltar que a espessura da camada limite, δ, é sempre muito menor do que o comprimento da placa. A espessura desta camada aumenta na direção do escoamento e é nula no bordo de ataque da placa. O escoamento na camada limite pode ser laminar ou turbulento e o regime de escoamento depende de vários parâmetros do escoamento.

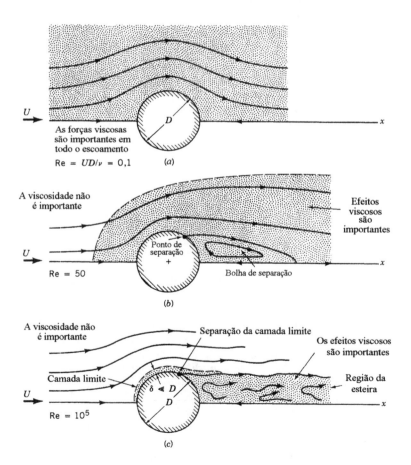

Figura 9.6 Características do escoamento viscoso e em regime permanente em torno de um cilindro. Escoamento com número de Reynolds: (a) baixo, (b) moderado e (c) alto.

As linhas de corrente fora da camada limite são aproximadamente paralelas a placa. Como nós iremos ver na próxima seção, o leve deslocamento das linhas de corrente externas (fora da camada limite) é devido ao aumento de espessura da camada limite na direção do escoamento. A existência da placa tem pouco efeito nas linhas de corrente externas - tanto na frente, acima ou abaixo da placa. Por outro lado, a região de esteira é provocada por efeitos viscosos.

Um dos grandes avanços na mecânica dos fluidos ocorreu em 1904 e foi realizado a partir dos trabalhos do físico alemão Ludwig Prandtl (1875-1953). Ele concebeu a idéia da camada limite – uma região muito fina e adjacente a superfície do corpo onde os efeitos viscosos são muito importantes. Fora da camada limite, o fluido se comporta como se fosse um fluido invíscido. É claro que a viscosidade dinâmica é a mesma em todo o escoamento. Assim, somente a importância relativa de seus efeitos (devido aos gradientes de velocidade) é diferente dentro ou fora da camada limite. Como será discutido na próxima seção, esta abordagem permite que simplifiquemos a análise dos escoamentos com número de Reynolds altos.

O escoamento sobre um corpo rombudo (como um cilindro circular) também varia com o número de Reynolds. Geralmente, quanto mais alto for o número de Reynolds menor será a região do campo do escoamento onde os efeitos viscosos são importantes. Nós também observamos uma outra característica interessante nos escoamentos em torno de corpos rombudos (pouco aerodinâmicos). Esta característica é denominada separação do escoamento e está mostrada na Fig. 9.6.

O escoamento em torno de um cilindro circular com número de Reynolds baixo (Re = $UD/\nu < 1$) é caracterizado por uma região onde os efeitos viscosos são importantes muito extensa. A Fig. 9.6a enfatiza que os efeitos viscosos são importantes na região adjacente ao cilindro e com espessura de vários diâmetros quando Re = $UD/\nu = 0,1$. Uma outra característica é que as linhas de corrente são praticamente simétricas em relação ao centro do cilindro – note que o padrão das linhas de corrente é o mesmo na frente e na parte posterior do cilindro.

Com o aumento do número de Reynolds do escoamento, a sub-região onde os efeitos viscosos são importantes situada a montante do cilindro se torna menor. Os efeitos viscosos são transportados (convectados) para região a jusante do cilindro e o escoamento perde sua simetria. Outra característica dos escoamentos externos ganha importância - o escoamento se separa do corpo e o ponto de separação está indicado na Fig. 9.6b. Com o aumento do número de Reynolds, a inércia do fluido fica mais importante e em algum ponto sobre o corpo, ponto de separação, esta inércia é tal que o fluido não pode mais seguir a trajetória curva ao redor do corpo. O resultado é a formação de um bolha de separação atrás do cilindro (onde o fluido se move no sentido contrário aquele do escoamento principal).

Com um aumento adicional do número de Reynolds, a área afetada pelas forças viscosas é forçada para a jusante do cilindro até que desenvolva somente uma camada limite bem fina ($\delta \ll D$) na parte frontal do cilindro e uma região de esteira irregular e em regime transitório (talvez turbulenta) na parte traseira do cilindro. O fluido na região fora da camada limite e da região de esteira escoa como se fosse invíscido. É claro que a viscosidade dinâmica é a mesma em todos os pontos do escoamento. Os gradientes de velocidade dentro da camada limite e da esteira são muito maiores do que aqueles encontrados no resto do campo de escoamento. Como a tensão de cisalhamento (i.e. efeitos viscosos) é o produto da viscosidade dinâmica do fluido pelo gradiente de velocidade, os efeitos viscosos estarão confinados nas regiões da camada limite e de esteira (⊙ 9.2 - Corpos aerodinâmicos e rombudos).

As características dos escoamentos sobre uma placa plana e em torno de um cilindro (veja as Figs. 9.5 e 9.6) são, respectivamente, parecidas com as características dos escoamentos em torno de corpos aerodinâmicos e rombudos. A natureza do escoamento depende muito do número de Reynolds. Os escoamento com números de Reynolds altos (Figs. 9.5c e 9.6c) são mais encontrados do que os escoamentos com números de Reynolds baixos.

Exemplo 9.2

É necessário determinar várias características do escoamento sobre um automóvel. Os testes poderão ser realizados em: (a) escoamento de glicerina, $U = 20$ mm/s, em torno de um modelo em escala que apresenta 34 mm de altura, 100 mm de comprimento e 40 mm de largura, (b) escoamento de ar, $U = 20$ mm/s sobre o modelo em escala ou (c) escoamento de ar, $U = 25$ m/s, em torno do automóvel real que apresenta 1,7 m de altura, 5,0 m de comprimento e 2,0 m de largura. As características destes escoamentos seriam similares? Explique.

Solução As características do escoamento sobre um corpo dependem do número de Reynolds. Neste problema nós podemos adotar três comprimentos característicos para o escoamento, ou seja, a altura, h, a largura, b, e o comprimento, l, do carro. Assim, os três números de Reynolds possíveis são: $Re_h = Uh/\nu$, $Re_b = Ub/\nu$ e $Re_l = Ul/\nu$. Note que estes números serão diferentes porque h, b e l são diferentes. Uma vez escolhido o comprimento característico, é necessário mante-lo em todas as comparações entre o modelo e o protótipo.

As viscosidades cinemáticas do ar e da glicerina podem ser encontradas no Cap. 1, ou seja, $\nu_{ar} = 1{,}46 \times 10^{-5}$ m²/s e $\nu_{glicerina} = 1{,}19 \times 10^{-3}$ m²/s. Assim, os números de Reynolds dos escoamentos do problema são:

Número de Reynolds	(a) Modelo na Glicerina	(b) Modelo em ar	(c) Automóvel no ar
Re_h	0,571	46,6	$2{,}91 \times 10^6$
Re_b	0,672	54,8	$3{,}42 \times 10^6$
Re_l	1,68	137,0	$8{,}56 \times 10^6$

Os números de Reynolds dos três escoamentos são bastante diferentes (não importando o comprimento característico escolhido). Nós esperamos, baseados nas discussões anteriores a respeito do escoamento sobre uma placa plana ou sobre um cilindro, que o escoamento sobre o automóvel real deverá se comportar de um modo similar aos mostrados na Fig. 9.5c ou na 9.6c. Isto é, nós esperamos um escoamento com uma camada limite adjacente a superfície do carro e um algum tipo de esteira na parte posterior do automóvel.

O escoamento de glicerina sobre o modelo do automóvel é controlado pelos efeitos viscosos porque os números de Reynolds são pequenos. De alguma maneira, o escoamento sobre o modelo apresenta as características mostradas nas Figs. 9.5a e 9.6b. De modo análogo, o escoamento de ar sobre o modelo com números de Reynolds moderados apresenta características similares aquelas mostradas nas Figs. 9.5b e 9.6b. Os efeitos viscosos podem ser importantes no escoamento real mas não tão importantes como no escoamento de glicerina em torno do modelo.

Não é difícil afirmar que os escoamentos nos modelos não são semelhantes ao escoamento em torno do automóvel real. Esta conclusão é válida se compararmos Re_h, Re_b ou Re_l. Nós mostramos no Cap. 7 que os escoamentos em torno do modelo e do automóvel serão semelhantes se o número de Reynolds no modelo e no protótipo forem iguais. Não é uma tarefa fácil assegurar esta condição. Uma solução (mais cara) para este problema é testar os protótipos de tamanho real em túneis de vento de grande porte (veja a Fig. 9.1).

9.2 Características da Camada Limite

Nós mostramos na seção anterior que é possível tratar o escoamento sobre um corpo como a combinação de um escoamento viscoso (na camada limite) e de um invíscido (fora da camada limite). Se o número de Reynolds for grande o suficiente, os efeitos viscosos só serão importantes na região da camada limite (e na região de esteira). Note que a camada limite é necessária para permitir a existência da condição de não escorregamento. Os gradientes de velocidade normais ao escoamento são relativamente pequenos fora da camada limite e o fluido se comporta como se fosse invíscido (mesmo que a viscosidade não seja nula). A condição necessária para a existência de uma estrutura de escoamento como esta é que o número de Reynolds deve ser elevado.

9.2.1 Estrutura e Espessura da Camada Limite numa Placa Plana

O tamanho da camada limite e a estrutura do escoamento nela confinado variam muito. Parte desta variação é provocada pelo formato do objeto onde se desenvolve a camada limite. Nesta seção nós vamos considerar a situação mais simples, na qual a camada limite é formada por um escoamento de um fluido viscoso e incompressível sobre uma placa plana de comprimento infinito (veja a Fig. 9.7). A estrutura da camada limite pode ser mais complexa se a superfície for curva (i.e. sobre um cilindro ou um aerofólio). Estes escoamento serão discutidos na Seção 9.2.6.

Se o número de Reynolds é suficientemente alto, somente o fluido confinado na camada limite (que é relativamente fina) sentirá a presença da placa. Isto é, exceto na região próxima a placa,

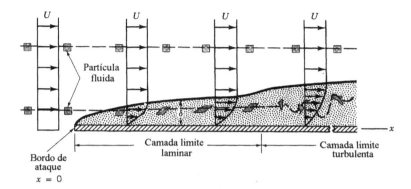

Figura 9.7 Destorção de uma partícula fluida enquanto escoa numa camada limite.

a velocidade do escoamento será essencialmente igual a velocidade ao longe, $\mathbf{V} = U\hat{\mathbf{i}}$. Não é óbvio definir o número de Reynolds para o escoamento sobre uma placa plana infinita (x varia de 0 a ∞) porque não há um comprimento característico. Note que a placa não tem espessura e apresenta um comprimento infinito!

Para uma placa plana finita, o comprimento, l, pode ser utilizado como comprimento característico. Já para placa infinita, nós utilizaremos x, a distância medida ao longo da placa e medida a partir do bordo de ataque, como comprimento característico. Nesta condição, o número de Reynolds é definido por $Re_x = Ux/\nu$. Assim, é sempre possível obter um escoamento com número de Reynolds alto se a placa plana é bastante longa (com qualquer fluido ou velocidade ao longe).

Se a placa for bastante longa, o número de Reynolds será suficientemente alto de modo que o escoamento apresentará as características de camada limite exceto numa região muito pequena e próxima ao bordo de ataque da placa. Os detalhes do escoamento próximo do bordo de ataque não são notados porque nós estamos observando a placa de um ponto muito distante. Nesta escala, a presença da placa não afeta sensivelmente a região posicionada a montante do bordo de ataque da placa (veja a Fig. 9.5c). A presença da placa só é sentida em regiões relativamente finas da camada limite e da esteira. Como foi anteriormente dito, Prandtl (1904) for o primeiro a utilizar este modelo de escoamento. Esta abordagem foi essencial para o desenvolvimento da mecânica dos fluidos.

Nós podemos entender melhor a estrutura da camada limite considerando o movimento de uma partícula fluida no campo de escoamento. A Fig. 9.7 mostra que uma partícula de forma retangular mantém sua forma original se é transportada pelo escoamento externo à camada limite. Quando uma partícula entra na camada limite, ela começa a distorcer devido ao gradiente de velocidade do escoamento – a parte superior da partícula apresenta velocidade maior do que aquela na parte inferior. O fluido não têm rotação quando escoa fora da camada limite, mas começa a rotacionar quando atravessa a superfície fictícia da camada limite e entra na região onde os efeitos viscosos são importantes. O escoamento é irrotacional fora da camada limite e rotacional dentro da camada limite. Nós discutimos na Sec. 6.1 que o escoamento externo a camada limite apresenta vorticidade nula enquanto que o escoamento na camada limite apresenta vorticidade não nula).

A partir de uma certa distância do bordo de ataque, o escoamento na camada limite torna-se turbulento e as partículas fluidas ficam extremamente distorcidas devido a natureza aleatória e irregular da turbulência. Uma das características do escoamento turbulento é o movimento de mistura produzido no escoamento. Esta mistura é devida aos movimentos irregulares de porções de fluido que apresentam comprimentos que variam da escala molecular até a espessura da camada limite. Quando o escoamento é laminar, a mistura ocorre somente em escala molecular. A transição de escoamento laminar para turbulento ocorre quando o número de Reynolds atinge um valor crítico, Re_{xcr}. O valor crítico para o caso que estamos analisando varia de 2×10^5 a 3×10^6 e é função da rugosidade da superfície e da intensidade da turbulência presente no escoamento ao longe. Este tópico será discutido na Sec. 9.2.4 (◉ 9.3 – Transição de escoamento laminar para turbulento).

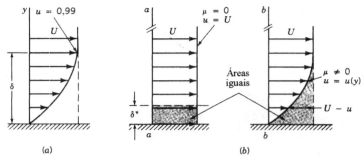

Figura 9.8 Espessuras da camada limite: (a) espessura normal e (b) espessura de deslocamento.

A função da camada limite na placa é permitir que o fluido mude sua velocidade do valor ao longe, U, para zero na placa. Assim, nós devemos encontrar um perfil de velocidade, $u = u(x, y)$, que satisfaça as condições $\mathbf{V} = 0$ em $y = 0$ e $\mathbf{V} \approx U\,\hat{\mathbf{i}}$ em $y = \delta$. Na realidade (tanto matemática quanto fisicamente), o perfil de velocidade na camada limite não apresenta nenhuma singularidade. Isto é $u \to U$ quanto mais nos afastamos da placa (não é necessário que u seja precisamente igual a U em $y = \delta$). Nós definimos a espessura da camada limite, δ, como uma distância da placa na qual a velocidade do fluido adquire um valor arbitrário em relação a velocidade ao longe. É normal definirmos esta espessura do seguinte modo (veja a Fig. 9.8a):

$$\delta = y \quad \text{onde} \quad u = 0,99U$$

Para remover esta arbitrariedade (i.e., o que há de tão especial em 99%, porque não 98%?), nós analisaremos algumas definições. A Fig. 9.8b mostra dois perfis de velocidade para o escoamento sobre uma placa plana - um no qual não há viscosidade (um perfil uniforme) e outro no qual há viscosidade e a velocidade na parede é nula (o perfil da camada limite). Devido a diferença de velocidades $U - u$ dentro da camada limite, a vazão através da seção $b - b$ é menor do que aquela na seção $a - a$. Todavia, se nós deslocarmos a placa na seção $a - a$ de uma quantidade apropriada δ^*, as vazões pelas seções serão idênticas. Este distância é denominada espessura de deslocamento da camada limite. Esta definição é verdadeira se

$$\delta^* bU = \int_0^\infty (U - u) b\, dy$$

onde b é a largura da placa. Assim,

$$\delta^* = \int_0^\infty \left(1 - \frac{u}{U}\right) dy \tag{9.3}$$

A espessura de deslocamento representa o aumento da espessura do corpo necessário para que a vazão do escoamento uniforme fictício seja igual a do escoamento viscoso real. Esta espessura também representa o deslocamento das linhas de corrente provocado pelos efeitos viscosos. Esta idéia nos permite simular a presença da camada limite no escoamento pela adição de uma espessura de deslocamento na parede real e tratar o escoamento sobre o corpo espessado como se fosse inviscido. O conceito de espessura de deslocamento está ilustrado no Exemplo 9.3.

Exemplo 9.3

Ar, no estado padrão, escoa no duto com seção transversal quadrada mostrado na Fig. E9.3. A velocidade na seção de alimentação do duto é uniforme e igual a 3,0 m/s. A figura também mostra a formação de camadas limites nas paredes do canal. O fluido na região central do escoamento (fora da camada limite) escoa como se fosse inviscido. Modelos de escoamento avançados nos indicam que as espessuras de deslocamento das camadas limites deste escoamento são dadas por

$$\delta^* = 3,87 \times 10^{-3} (x)^{1/2} \tag{1}$$

onde δ^* e x estão em metros. Determine a velocidade $U = U(x)$ na região central deste escoamento.

Solução Se nós admitirmos que o escoamento é incompressível (uma aproximação razoável devido as baixas velocidades envolvidas), a vazão em volume em qualquer seção transversal do duto é constante e igual a aquela na seção de entrada. Deste modo,

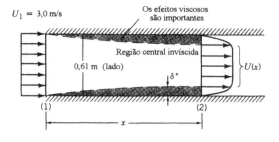

Figura E9.3

ou
$$Q_1 = Q_2$$

$$U_1 A_1 = 3{,}0(0{,}61)^2 = 1{,}116 \text{ m}^3/\text{s} = \int_{(2)} u \, dA$$

Se utilizarmos a definição de espessura de deslocamento, δ^*, a vazão na seção (2) é igual a

$$1{,}116 = \int_{(2)} u \, dA = U(0{,}61 - 2\delta^*)^2 \tag{2}$$

Combinando as Eqs. 1 e 2 temos

$$1{,}116 = \int_{(2)} u \, dA = U(0{,}61 - 7{,}74 \times 10^{-3} \, x^{1/2})^2$$

ou

$$U = \frac{1{,}116}{(0{,}61 - 7{,}74 \times 10^{-3} \, x^{1/2})^2} \tag{2}$$

Note que U aumenta na direção do escoamento. Por exemplo, $U = 3{,}46$ m/s em $x = 30{,}0$ m. Os efeitos viscosos, que provocam a aderência do fluido nas paredes do duto, reduzem a seção transversal da região central do escoamento e isto provoca a aceleração do escoamento nesta região. A queda de pressão do escoamento no duto pode ser obtida aplicando a equação de Bernoulli (Eq. 3.7) ao longo de uma linha de corrente que passa nas seções (1) e (2) e que pertence à região central do escoamento. É importante lembrar que esta equação não é válida em escoamentos viscosos (por exemplo, dentro da camada limite). Assim,

$$p_1 + \frac{1}{2}\rho U_1^2 = p + \frac{1}{2}\rho U^2$$

Se admitirmos que $\rho = 1{,}184$ kg/m³ e $p_1 = 0$ temos

$$p = \frac{1}{2}\rho(U_1^2 - U^2) = \frac{1}{2}(1{,}184)\left[(3{,}0)^2 - \frac{1{,}116^2}{(0{,}61 - 7{,}74 \times 10^{-3} \, x^{1/2})^4}\right]$$

ou

$$p = 5{,}33\left[1 - \frac{0{,}138}{(0{,}61 - 7{,}74 \times 10^{-3} \, x^{1/2})^4}\right]$$

Por exemplo, $p = -1{,}76$ Pa para $x = 30{,}0$ m.

Se nós desejarmos manter a velocidade constante ao longo da linha de centro do duto, as paredes terão que ser deslocadas para fora (i.e. a inclinação das paredes deve ser tal que reproduza o perfil da espessura de deslocamento da camada limite, δ^*).

Outra definição para a espessura da camada limite, que normalmente é utilizada na determinação do arrasto de corpos, é a espessura de quantidade de movimento, Θ. A diferença de velocidades existente na camada limite, $U - u$, provoca a redução do fluxo de quantidade de movimento na seção $b - b$ mostrada na Fig. 9.8 (o fluxo é menor do que aquele na seção $a - a$ da mesma figura). Esta diferença de fluxo de quantidade de movimento na camada limite, também conhecida como déficit do fluxo de quantidade de movimento no escoamento real, é dada por,

$$\int \rho u (U - u) dA = \rho b \int_0^\infty u(U-u) dy$$

Por definição, estas integrais representam o déficit do fluxo de quantidade de movimento numa camada de velocidade uniforme U e espessura Θ. Assim,

$$\rho b U^2 \Theta = \rho b \int_0^\infty u(U-u) dy$$

ou

$$\Theta = \int_0^\infty \frac{u}{U}\left(1 - \frac{u}{U}\right) dy \qquad (9.4)$$

As três definições de espessura de camada limite, δ, δ^* e Θ são utilizadas nas análises das camadas limite.

A hipótese da camada limite ser fina é essencial para o desenvolvimento do modelo do escoamento. Esta hipótese, na análise do escoamento sobre uma placa plana, garante que $\delta \ll x$, $\delta^* \ll x$ e $\Theta \ll x$ onde x é a distância em relação ao bordo de ataque da placa. Isto sempre será verdade se não estivermos analisando a região muito próxima ao bordo de ataque da placa (i.e. o modelo não é válido para $Re_x = Ux/\nu$ menores do que aproximadamente 1000).

A estrutura e as características do escoamento na camada limite dependem se o escoamento é laminar ou turbulento. A Fig. 9.9 mostra como variam a espessura da camada limite e a tensão de cisalhamento na parede nos dois regimes de escoamento. Estes assuntos serão apresentados nas próximas seções.

9.2.2 Solução da Camada Limite de Prandtl/Blasius

Os detalhes dos escoamentos viscosos e incompressíveis sobre um corpo podem ser obtidos resolvendo as equações de Navier-Stokes discutidas na Seção 6.8.2. Se o escoamento é bidimensional, ocorre em regime permanente e os efeitos gravitacionais forem desprezíveis, as equações de Navier Stokes (Eqs. 6.127a, b e c) ficam reduzidas a

$$u\frac{\partial u}{\partial x} + v\frac{\partial u}{\partial y} = -\frac{1}{\rho}\frac{\partial p}{\partial x} + \nu\left(\frac{\partial^2 u}{\partial x^2} + \frac{\partial^2 u}{\partial y^2}\right) \qquad (9.5)$$

$$u\frac{\partial v}{\partial x} + v\frac{\partial v}{\partial y} = -\frac{1}{\rho}\frac{\partial p}{\partial y} + \nu\left(\frac{\partial^2 v}{\partial x^2} + \frac{\partial^2 v}{\partial y^2}\right) \qquad (9.6)$$

A equação da continuidade, Eq. 6.31, para escoamentos bidimensionais e incompressíveis é

$$\frac{\partial u}{\partial x} + \frac{\partial v}{\partial y} = 0 \qquad (9.7)$$

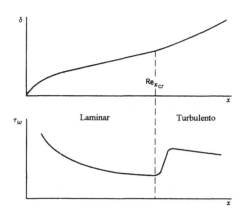

Figura 9.9 Evolução típica da espessura da camada limite e da tensão de cisalhamento na parede na camada limite.

As condições de contorno apropriadas para o problema são: a velocidade do escoamento ao longe é conhecida e a velocidade do fluido é nula na superfície do corpo imerso no escoamento. O problema do escoamento está muito bem colocado matematicamente mas, até hoje, ninguém obteve uma solução analítica destas equações para o escoamento em torno de qualquer corpo! Atualmente, muitos trabalhos estão sendo feitos para obter soluções numéricas deste conjunto de equações.

Prandtl utilizou os conceitos de camada limite (veja a seção anterior) e simplificou as equações que descrevem os escoamentos. Em 1908, H. Blasius (1883-1970), um dos alunos de Prandtl, resolveu estas equações simplificadas para o caso da camada limite sobre uma placa plana paralela ao escoamento (lembre que as equações obtidas por Prandtl são adequadas aos escoamentos com números de Reynolds altos). Nós apresentaremos a seguir um breve resumo da técnica e dos resultados obtidos com esta abordagem. Outras informações sobre este importante tópico podem ser encontrados na literatura (Refs. [1, 2 e 3]).

Nós esperamos que a componente da velocidade normal a placa seja muito menor que a paralela a placa porque a camada limite é fina. Do mesmo modo, nós esperamos que a taxa de variação de qualquer parâmetro na direção normal ao escoamento principal deve ser muito maior do que aquela na direção do escoamento. Nestas condições,

$$v \ll u \quad \text{e} \quad \frac{\partial}{\partial x} \ll \frac{\partial}{\partial y}$$

Note que, basicamente, o escoamento é paralelo a placa e a eficiência do transporte de qualquer propriedade do escoamento por convecção é muito mais eficiente do que o transporte na direção transversal à placa.

Se aplicarmos estas hipóteses no conjunto de equações que descreve o escoamento, Eqs. 9.5, 9.6 e 9.7, obtemos

$$\frac{\partial u}{\partial x} + \frac{\partial v}{\partial y} = 0 \tag{9.8}$$

$$u\frac{\partial u}{\partial x} + v\frac{\partial v}{\partial y} = v\frac{\partial^2 u}{\partial y^2} \tag{9.9}$$

Ainda que as equações da camada limite e as equações originais de Navier-Stokes sejam equações diferenciais parciais não-lineares, existem diferenças consideráveis entre elas. Note que o conjunto de equações para o escoamento na camada limite não contém a equação de conservação da quantidade de movimento na direção y. Já a equação de conservação da quantidade de movimento na direção x não apresenta mais o termo de pressão porque nós vamos admitir que a pressão no escoamento é uniforme. Assim, as incógnitas do problema da camada limite são os componentes do vetor velocidade do escoamento. Note que este escoamento apresenta um equilíbrio entre os efeitos viscosos e os de inércia (sem influência das forças de pressão).

As condições de contorno para o conjunto de equações que descreve o escoamento na camada limite são:

$$u = v = 0 \quad \text{em} \quad y = 0 \tag{9.10}$$

e

$$u \to U \quad \text{quando} \quad y \to \infty \tag{9.11}$$

O valor da velocidade na direção paralela a placa se aproxima assintoticamente da velocidade do escoamento ao longe. Nós modelaremos esta condição do seguinte modo: nós vamos admitir que o valor da velocidade na direção da placa é igual a 99% do valor da velocidade ao longe a uma distância δ da placa.

Em termos matemáticos, as equações de Navier-Stokes (Eqs. 9.5 e 9.6) e a equação da continuidade (Eq. 9.7) são equações elípticas, enquanto as equações da camada limite (Eqs. 9.8 e 9.9) são parabólicas. Logo a natureza das soluções destas equações é diferente. O que acontece a jusante de um ponto não pode afetar o que ocorre a montante do mesmo nos escoamentos parabólicos. Isto é, se a placa mostrada na Fig. 9.5c de comprimento l for estendida para um comprimento $2l$, o escoamento no primeiro trecho da placa não será modificado. Adicionalmente, a presença da placa não afeta o escoamento a montante da placa.

As soluções de equações diferenciais parciais não-lineares (como as equações da camada limite, Eqs. 9.8 e 9.9) geralmente são difíceis de se obter. Todavia, aplicando-se uma transformação de coordenadas adequada e uma mudança de variáveis, Blasius reduziu as equações diferenciais parciais numa equação diferencial ordinária que pode ser resolvida. Nós apresentaremos a seguir uma descrição resumida deste processo de solução. Detalhes adicionais podem ser encontrados nos livros dirigidos à análise das camadas limites (por exemplo, as Refs. [1 e 2]).

Nós podemos especular que os perfis de velocidade adimensional do escoamento na camada limite sobre uma placa plana são similares, ou seja,

$$\frac{u}{U} = g\left(\frac{y}{\delta}\right)$$

onde $g(y/\delta)$ é uma função que deve ser determinada. Adicionalmente, é possível mostrar que a espessura da camada limite é proporcional a raiz quadrada de x e inversamente proporcional a raiz quadrada de U se aplicarmos uma análise da ordem de grandeza das forças que atuam no fluido contido na camada limite, ou seja,

$$\delta \approx \left(\frac{\nu x}{U}\right)^{1/2}$$

Esta conclusão é uma decorrência do balanço entre as forças viscosas e as de inerciais dentro da camada limite e do seguinte fato: a velocidade varia muito mais rapidamente na direção transversal à camada limite do que longitudinalmente a ela.

Assim, nós vamos utilizar a variável adimensional de similaridade $\eta = (U/\nu x)^{1/2}$ e a função de corrente $\psi = (\nu x U)^{1/2} f(\eta)$, onde $f = f(\eta)$ é uma função desconhecida, para a solução do problema. Nós mostramos na Sec. 6.2.3 que os componentes do vetor velocidade dos escoamentos bidimensionais podem ser expressos em termos da função corrente ($u = \partial \psi / \partial y$ e $v = -\partial \psi / \partial x$). Deste modo,

$$u = U f'(\eta) \qquad (9.12)$$

$$v = \left(\frac{\nu U}{4x}\right)^{1/2} (\eta f' - f) \qquad (9.13)$$

onde a notação ( )' significa $d/d\eta$. Se aplicarmos as Eqs. 9.12 e 9.13 nas equações que descrevem o escoamento, Eqs. 9.8 e 9.9, nós obtemos (depois de uma manipulação matemática considerável) a seguinte equação diferencial ordinária não-linear de terceira ordem:

$$2f''' + ff'' = 0 \qquad (9.14a)$$

As condições de contorno dadas pelas Eqs. 9.10 e 9.11 podem ser reescritas como

$$f = f' = 0 \text{ em } \eta = 0 \text{ e } f' \to 1 \text{ quando } \eta \to \infty \qquad (9.14b)$$

Note que as equações diferenciais parciais originais e as condições de contorno foram reduzidas a uma equação diferencial ordinária através do uso da variável de similaridade η. As duas variáveis independentes, x e y, foram combinadas na variável de similaridade para reduzir as equações diferenciais parciais (e condições de contorno) para equações diferencias ordinárias. Normalmente este tipo de redução não é possível. Por exemplo, este método não funciona no sistema completo das equações de Navier-Stokes, ainda que funcione para equações da camada limite (Eqs. 9.8 e 9.9).

Ainda que não exista uma solução analítica para a Eq. 9.14, ela é facilmente integrável num computador. A Tab. 9.1 apresenta a solução do problema na forma tabular e a Fig. 9.10 apresenta um esboço do perfil adimensional de velocidade na camada limite, $u/U = f'(\eta)$. Estes resultados foram obtidos com a solução numérica da Eq. 9.14 (denominada equação de Blasius). Os perfis de velocidade são similares e por isto só é necessário apresentar uma curva para descrever o campo de escoamento na camada limite. Como a variável de similaridade η é função de x e y, o perfil real de velocidade também é função de x e y. Note que o perfil num ponto x_1 é o mesmo do que em x_2, exceto que a coordenada y é deformada por um fator $(x_2/x_1)^{1/2}$.

Tabela 9.1 Escoamento Laminar numa Placa Plana (Solução de Blasius)

$\eta = y(U/\nu x)^{1/2}$	$f'(\eta) = u/U$
0	0
0,4	0,1328
0,8	0,2647
1,2	0,3938
1,6	0,5168
2,0	0,6298
2,4	0,7290
2,8	0,8115
3,2	0,8761
3,6	0,9233
4,0	0,9555
4,4	0,9759
4,8	0,9878
5,0	0,9916
5,2	0,9943
5,6	0,9975
6,0	0,9990
∞	1,0000

A solução obtida por Blasius mostra que $u/U \approx 0,99$ quando $\eta = 5,0$. Assim,

$$\delta = 5\sqrt{\frac{\nu x}{U}} \tag{9.15}$$

ou

$$\frac{\delta}{x} = \frac{5}{\sqrt{Re_x}}$$

onde $Re_x = Ux/\nu$. É possível mostrar que as espessuras de deslocamento e de quantidade de movimento são dadas por,

$$\frac{\delta^*}{x} = \frac{1,721}{\sqrt{Re_x}} \tag{9.16}$$

e

$$\frac{\Theta}{x} = \frac{0,664}{\sqrt{Re_x}} \tag{9.17}$$

Como foi postulado anteriormente, a camada limite é fina quando Re_x é alto (i.e. $\delta/x \to 0$ quando $Re_x \to \infty$).

É fácil determinar a tensão de cisalhamento na parede conhecendo o perfil de velocidade porque $\tau_p = \mu(\partial u/\partial y)_{y=0}$. Utilizando a solução de Blasius, temos

$$\tau_p = 0,332 U^{3/2}\sqrt{\frac{\rho\mu}{x}} \tag{9.18}$$

Observe que a tensão de cisalhamento na parede diminui com o aumento de x devido ao aumento na espessura da camada limite (o gradiente de velocidade diminui com o aumento de x). Note também que τ_p varia com $U^{3/2}$ (e não com U – veja a solução do escoamento laminar plenamente desenvolvido num tubo). Estas diferenças serão analisadas na Sec. 9.2.3.

498 Fundamentos da Mecânica dos Fluidos

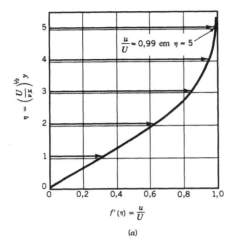

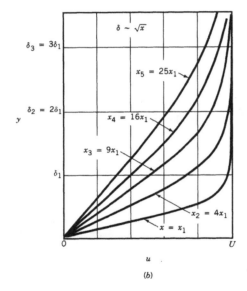

Figura 9.10 Perfil da camada limite (Blasius): (a) perfil da camada limite na forma adimensional utilizando a variável de similaridade η e (b) perfis similares da camada limite em várias posições ao longo da camada limite.

9.2.3 Equação Integral da Quantidade de Movimento para a Placa Plana

Um dos aspectos importantes da teoria da camada limite é que ela nos proporciona um modo de calcular o arrasto provocado pelas força de cisalhamento num corpo imerso. O arrasto pode ser obtido a partir das equações diferenciais que descrevem o escoamento na camada limite laminar (veja as seções anteriores). Normalmente, é muito difícil obter as soluções destas equações analiticamente e de modo rigoroso. Assim, nós temos que recorrer a um método aproximado para obter a solução do escoamento. Nós apresentaremos, nesta seção, um método integral que é bastante utilizado para a obtenção de soluções aproximadas dos problemas de camada limite.

Considere o escoamento sobre a placa plana e o volume de controle fixo mostrados na Fig. 9.11. De acordo com vários resultados experimentais, nós vamos admitir que a pressão é constante no campo do escoamento. O escoamento entra no volume de controle, de modo uniforme, pela seção (1) – localizado no bordo de ataque da placa – e sai do volume de controle pela seção (2). Note que a velocidade na seção (2) varia de 0 (em $y = 0$) até o valor da velocidade do escoamento ao longe (em $y = \delta$).

O fluido adjacente à placa forma a parte inferior da superfície de controle. A superfície superior do volume de controle coincide com a linha de corrente externa a borda da camada limite

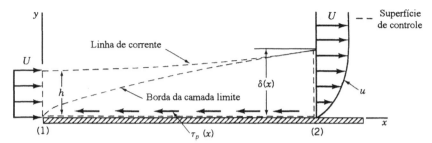

Figura 9.11 Volume de controle utilizado na obtenção da equação integral da quantidade de movimento para o escoamento na camada limite laminar.

na seção (2). Esta linha de corrente não precisa coincidir (e de fato não coincide) com a borda da camada limite, mas precisa passar na extremidade superior da seção (2). O resultado da aplicação da equação da quantidade de movimento na direção x (Eq. 5.22) ao escoamento que ocorre em regime permanente dentro deste volume de controle é

$$\sum F_x = \rho \int_{(1)} u \, \mathbf{V} \cdot \hat{\mathbf{n}} \, dA + \rho \int_{(2)} u \, \mathbf{V} \cdot \hat{\mathbf{n}} \, dA$$

Se a placa plana apresenta largura b,

$$\sum F_x = -D = -\int_{\text{placa}} \tau_w \, dA = -b \int_{\text{placa}} \tau_w \, dx \qquad (9.19)$$

onde D é o arrasto que a placa exerce no fluido. Observe que, neste escoamento, a força resultante provocada pela distribuição de pressão é nula (a pressão é uniforme no campo de escoamento). Como a placa é sólida e a superfície superior do volume de controle é uma linha de corrente (não existe escoamento através desta superfície). Assim,

$$-D = \rho \int_{(1)} U(-U) \, dA + \rho \int_{(2)} u^2 \, dA$$

ou

$$D = \rho U^2 bh + \rho b \int_0^\delta u^2 \, dy \qquad (9.20)$$

Mesmo que a altura h não seja conhecida, a equação de conservação da massa estabelece que a vazão na seção (1) deve ser igual aquela na seção (2), ou seja,

$$Uh = \int_0^\delta u \, dy$$

Esta equação pode ser reescrita do seguinte modo:

$$\rho U^2 bh = \rho b \int_0^\delta Uu \, dy \qquad (9.21)$$

Combinando as Eqs. 9.20 e 9.21 nós obtemos o arrasto em função da diferença de fluxo de quantidade de movimento no volume de controle. Deste modo,

$$D = \rho b \int_0^\delta u(U - u) \, dy \qquad (9.22)$$

Note que o arrasto será nulo se o escoamento for invíscido (porque $u \equiv U$). A Eq. 9.22 indica outro fato importante: o escoamento na camada limite sobre uma placa plana é o resultado do equilíbrio do arrasto (o membro esquerdo da Eq. 9.22) e a diminuição da quantidade de movimento do fluido (o membro direito da Eq. 9.22). Conforme x aumenta, δ aumenta e o arrasto também. O aumento da espessura da camada limite é necessário para equilibrar o arrasto provocado pela tensão de cisalhamento viscosa na placa. Esta característica não ocorre no escoamento horizontal plenamente desenvolvido num conduto porque, neste escoamento, a quantidade de movimento do escoamento permanece constante e a força de cisalhamento é vencida pelo gradiente de pressão ao longo do conduto.

O procedimento apresentado até este ponto foi proposto pelo engenheiro alemão T. von Karman (1831 - 1963). Comparando as Eqs. 9.22 e 9.4 nós podemos concluir que o arrasto pode ser escrito em função da espessura de quantidade de movimento, Θ, ou seja

$$D = \rho b U^2 \Theta \qquad (9.23)$$

Lembre que esta equação é valida para escoamentos turbulentos e laminares.

A distribuição de tensão de cisalhamento pode ser obtida a partir da Eq. 9.23. Diferenciando os dois lados da equação, temos

$$\frac{dD}{dx} = \rho b U^2 \frac{d\Theta}{dx} \qquad (9.24)$$

O aumento no arrasto por comprimento de placa, dD/dx, ocorre a custa de um aumento da espessura da camada limite de quantidade de movimento. Note que isto representa uma diminuição da quantidade de movimento do fluido.

Como $dD = \tau_p\, b\, dx$ (veja a Eq. 9.19), temos

$$\frac{dD}{dx} = b \tau_p \qquad (9.25)$$

Combinando as Eqs. 9.24 e 9.25 nós obtemos a equação integral da quantidade de movimento para o escoamento de camada limite sobre uma placa plana, ou seja,

$$\tau_p = \rho U^2 \frac{d\Theta}{dx} \qquad (9.26)$$

A utilidade desta relação está na facilidade de se obter resultados aproximados para a camada limite usando hipóteses grosseiras. Por exemplo, se nós conhecermos detalhadamente o perfil de velocidades na camada limite (i.e. a solução de Blasius discutida na seção anterior), nós poderemos calcular o membro direito da Eq. 9.26 e obter a tensão de cisalhamento. Mesmo que nós consideremos um perfil de velocidade grosseiro ainda é possível obter resultados razoáveis para o arrasto e para a tensão de cisalhamento com a Eq. 9.26. O Exemplo 9.4 apresenta uma aplicação deste método.

Exemplo 9.4

Considere o escoamento laminar de um fluido incompressível sobre uma placa plana posicionada no plano com $y = 0$. Admita que o perfil de velocidade na camada limite é linear, ou seja, $u = Uy/\delta$ para $0 \leq y \leq \delta$ e $u = U$ para $y > \delta$ (veja a Fig. E9.4). Determine a tensão de cisalhamento utilizando a equação integral da quantidade de movimento. Compare os resultados obtidos com aqueles da solução de Blasius (Eq. 9.8).

Solução Segundo a Eq. 9.26, a tensão de cisalhamento é dada por

$$\tau_p = \rho U^2 \frac{d\Theta}{dx} \qquad (1)$$

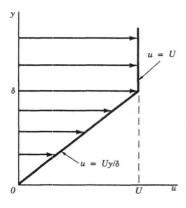

Figura E9.4

Nós sabemos que a tensão na parede nos escoamentos laminares sobre placas planas é dado por $\tau_p = \mu\,(\partial u/\partial y)_{y=0}$. Para o perfil admitido, temos

$$\tau_p = \mu \frac{U}{\delta} \qquad (2)$$

Aplicando a Eq. 9.4 (definição da espessura de quantidade de movimento),

$$\Theta = \int_0^\infty \frac{u}{U}\left(1-\frac{u}{U}\right)dy = \int_0^\delta \frac{u}{U}\left(1-\frac{u}{U}\right)dy = \int_0^\delta \frac{y}{\delta}\left(1-\frac{y}{\delta}\right)dy$$

ou

$$\Theta = \frac{\delta}{6} \qquad (3)$$

Observe que nós não conhecemos o valor de δ (mas suspeitamos que δ é função de x).

Combinando as Eqs. (1), (2), e (3) nós obtemos a seguinte equação diferencial para δ:

$$\mu \frac{U}{\delta} = \frac{\rho U^2}{6}\frac{d\delta}{dx}$$

Simplificando,

$$\delta\,d\delta = \frac{6\mu}{\rho U} dx$$

Esta equação pode ser integrada desde o bordo de ataque da placa, $x = 0$ (onde $\delta = 0$), até um ponto x arbitrário onde a espessura da camada limite é δ. O resultado desta operação é

$$\frac{\delta^2}{2} = \frac{6\mu}{\rho U} x$$

ou

$$\delta = 3{,}46 \sqrt{\frac{\nu x}{U}} \qquad (4)$$

Note que este resultado é aproximado (i.e. o perfil de velocidade real na camada limite não é linear) mas é bastante próximo do resultado fornecido pela Eq. 9.15 (Blasius).

A tensão de cisalhamento na parede pode ser obtida pela combinação das Eqs. (1), (3) e (4). Deste modo,

$$\tau_p = 0{,}289\, U^{3/2} \sqrt{\frac{\rho\mu}{x}}$$

Novamente, a diferença entre a tensão de cisalhamento na parede relativa ao perfil linear de velocidade e o resultado de Blasius (Eq. 9.18) é pequena (da ordem de 13%).

O Exemplo 9.4 mostra que a equação integral da quantidade de movimento, Eq. 9.26, pode ser utilizada, em conjunto com um perfil de velocidade arbitrário, pode fornecer resultados bastante razoáveis para o escoamento na camada limite. É claro que a precisão dos resultados obtidos depende de quão próxima é a forma do perfil de velocidade admitido do perfil real. Nós vamos considerar o seguinte perfil de velocidade para verificar o comportamento da solução aproximada

$$\frac{u}{U} = g(Y) \quad \text{para} \quad 0 \leq Y \leq 1$$

e

$$\frac{u}{U} = 1 \quad \text{para} \quad Y > 1$$

onde a coordenada adimensional $Y = y/\delta$ varia de 0 até 1 (na direção transversal à camada limite). A forma da função adimensional $g(Y)$ é arbitrária mas ela deve fornecer uma aproximação razoável do perfil de velocidade da camada limite. Em particular, a função deve satisfazer, no mínimo, as condições de contorno $u = 0$ em $y = 0$ e $u = U$ em $y = \delta$. Isto é

$$g(0)=0 \quad \text{e} \quad g(1)=1$$

A função linear, $g(Y) = Y$, utilizada no Exemplo 9.4 é um dos perfis possíveis. Note que outras condições, como $dg/dy = 0$ em $Y = 1$ (i.e. $du/dy = 0$ em $y = \delta$), poderiam ser incorporadas a função $g(Y)$ para que o perfil admitido se torne mais próximo do real.

O arrasto referente a uma função $g(Y)$ pode ser determinado com a Eq. 9.22, pois

$$D = \rho b \int_0^\delta u(U-u)dy = \rho b U^2 \delta \int_0^1 g(Y)[1-g(Y)]dY$$

ou

$$D = \rho b U^2 \delta C_1 \tag{9.27}$$

onde a constante adimensional C_1 é definida por

$$C_1 = \int_0^1 g(Y)[1-g(Y)]dY$$

A tensão de cisalhamento na parede pode ser escrita como

$$\tau_p = \mu \left.\frac{\partial u}{\partial y}\right|_{y=0} = \frac{\mu U}{\delta}\left.\frac{dg}{dY}\right|_{Y=0}$$

ou

$$\tau_p = \frac{\mu U}{\delta} C_2 \tag{9.28}$$

onde a constante adimensional C_2 é definida por

$$C_2 = \left.\frac{dg}{dY}\right|_{Y=0}$$

Combinando as Eqs. 9.25, 9.27 e 9.28 nós obtemos

$$\delta\, d\delta = \frac{\mu C_2}{\rho U C_1} dx$$

Esta equação pode ser integrada de $\delta = 0$ em $x = 0$ e fornecer

$$\delta = \sqrt{\frac{2\nu C_2 x}{U C_1}}$$

ou

$$\frac{\delta}{x} = \sqrt{\frac{2 C_2/C_1}{\text{Re}_x}} \tag{9.29}$$

Substituindo esta expressão na Eq. 9.28, temos

$$\tau_p = \sqrt{\frac{C_1 C_2}{2}} U^{3/2} \sqrt{\frac{\rho \mu}{x}} \tag{9.30}$$

Para usar as Eqs. 9.29 e 9.30 nós devemos determinar os valores de C_1 e C_2. A Fig. 9.12 e a Tab. 9.2 apresentam vários perfis de velocidade, e os resultados associados, que podem ser utilizados neste procedimento. Os perfis mais adequados são aqueles que se aproximam mais do perfil real (i.e. o de Blasius). A dependência funcional entre δ, τ_p e os parâmetros físicos ρ, μ, U e x é a mesma para qualquer perfil de velocidade admitido (somente as constantes são diferentes). Isto é, $\delta \sim (\mu x/\rho U)^{1/2}$ ou $\delta\,\text{Re}_x^{1/2}/x =$ constante e $\tau_w \sim (\rho\mu U^3/x)^{1/2}$, onde $\text{Re}_x = \rho U x/\mu$.

Normalmente, é conveniente trabalharmos com o coeficiente local de atrito, c_f, que é definido por

$$c_f = \frac{\tau_p}{\frac{1}{2}\rho U^2} \tag{9.31}$$

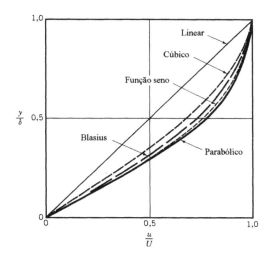

Figura 9.12 Perfis de velocidade típicos utilizados na análise integral da camada limite.

para exprimir a tensão de cisalhamento na parede. O valor aproximado do coeficiente local de atrito pode ser obtido com a Eq. 9.30, ou seja,

$$c_f = \sqrt{2C_1 C_2} \sqrt{\frac{\mu}{\rho U x}}$$

ou

$$c_f = \sqrt{\frac{2C_1 C_2}{Re_x}}$$

O valor do coeficiente local de atrito da solução de Blasius é

$$c_f = \frac{0{,}664}{\sqrt{Re_x}} \qquad (9.32)$$

Os resultados referentes a outros perfis de velocidade podem ser encontrados na Tab. 9.2. Nós podemos exprimir o arrasto, D, numa placa com comprimento l e largura b em função do coeficiente médio de atrito, C_{Df}, que é definido por

$$C_{Df} = \frac{D_f}{\frac{1}{2} U^2 bl} = \frac{b \int_0^l \tau_p \, dx}{\frac{1}{2} \rho U^2 bl}$$

Tabela 9.2 Resultados da Análise Integral da Camada Limite Sobre uma Placa Plana Referentes a Vários Perfis de Velocidade

Perfil de velocidade	$\delta \, Re_x^{1/2}/x$	$c_f Re_x^{1/2}$	$C_{Df} Re_x^{1/2}$
a. Solução de Blasius	5,00	0,664	1,328
b. Linear $u/U = y/\delta$	3,46	0,578	1,156
c. Parabólico $u/U = 2y/\delta - (y/\delta)^2$	5,48	0,730	1,460
d. Cúbico $u/U = 3(y/\delta)/2 - (y/\delta)^3/2$	4,64	0,646	1,292
e. Senoidal $u/U = \text{sen}[\pi(y/\delta)/2]$	4,79	0,655	1,310

ou

$$C_{Df} = \frac{1}{l}\int_0^l c_f \, dx \qquad (9.33)$$

Aplicando o valor aproximado do coeficiente local de atrito, $c_f = (2C_1 C_2 \mu /\rho Ux)^{1/2}$, na equação anterior, obtemos

$$C_{Df} = \frac{\sqrt{8 C_1 C_2}}{\sqrt{\mathrm{Re}_l}}$$

onde $\mathrm{Re}_l = Ul/\nu$ é o número de Reynolds baseado no comprimento da placa. O valor do coeficiente médio de atrito que corresponde a solução de Blasius (Eq. 9.32) é

$$C_{Df} = \frac{1,328}{\sqrt{\mathrm{Re}_l}}$$

Este resultado também está indicado na Tabela 9.2.

O procedimento do método integral da quantidade de movimento para a solução do escoamento na camada limite é relativamente simples e produz resultados úteis. Como será discutido nas Secs. 9.2.5 e 9.2.6, este procedimento pode ser estendido aos escoamentos nas camadas limite sobre superfícies curvas (a pressão e a velocidade do fluido na borda da camada limite não são constantes) e aos escoamentos turbulentos.

9.2.4 Transição de Escoamento Laminar para Turbulento

Os resultados analíticos apresentados na Tab. 9.2 são aplicáveis as camadas limite laminares sobre placas planas com gradiente de pressão nulo. Estes dados concordam muito bem com resultados experimentais até o ponto onde a camada limite se torna turbulenta. O regime turbulento ocorrerá para qualquer escoamento desde que a placa apresente um comprimento suficientemente longo. Isto é verificado experimentalmente porque o parâmetro que descreve a transição de escoamento laminar para turbulento é o número de Reynolds – neste caso o número de Reynolds é o baseado na distância até o bordo de ataque da placa, $\mathrm{Re}_x = Ux/\nu$.

O valor do número de Reynolds de transição é uma função muito complexa de vários parâmetros como a rugosidade da superfície, a curvatura da superfície e da intensidade das perturbações existentes no escoamento externo à camada limite. A transição de escoamento laminar para turbulento na camada limite sobre uma placa plana posicionada num escoamento de ar e com bordo de ataque agudo ocorre a uma distância x (medida a partir do bordo de ataque da placa) que proporciona Re_{xcr} na faixa 2×10^5 a 3×10^6. Nós admitiremos que o número de Reynolds de transição é sempre igual a 5×10^5 nos nossos cálculos (salvo se especificarmos outro valor).

Figura 9.13 "Manchas turbulentas" e transição de escoamento laminar para turbulento no escoamento sobre uma placa plana. O escoamento é da esquerda para a direita. (Cortesia de B. Cantwell, Universidade de Stanford).

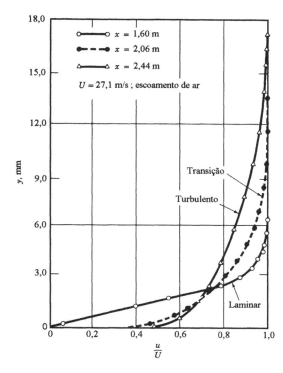

Figura 9.14 Perfis típicos de velocidade para os regimes laminar, de transição e turbulento do escoamento na camada limite sobre uma placa plana (Ref.[1]).

A transição real de escoamento laminar para turbulento pode ocorrer numa região e não num ponto específico da placa. Isto ocorre, em parte, devido as características aleatórias do processo de transição. Normalmente, a transição ocorre em pontos aleatórios localizados nas vizinhanças de Re_{cr}. Estas "manchas turbulentas" aumentam de tamanho rapidamente conforme são transportadas pelo escoamento até que a placa inteira esteja coberta por um escoamento turbulento. A Fig. 9.13 ilustra muito bem este processo.

O processo de transição do regime de escoamento laminar para o turbulento envolve a instabilidade do campo de escoamento. Pequenas perturbações impostas sobre a camada limite (i.e. vibrações na placa, rugosidade da superfície, pulsações no escoamento principal) irão crescer (instabilidade) ou decair (estabilidade), dependendo do local onde a perturbação for introduzida no escoamento. Se estas perturbações ocorrerem num ponto onde $Re_x < Re_{cr}$ elas serão amortecidas e a camada limite retornará ao regime laminar. Se as perturbações forem introduzidas num ponto onde $Re_x > Re_{cr}$ elas irão crescer e transformarão o regime de escoamento na camada limite em turbulento. Atualmente, o estudo do início, crescimento e estrutura das instabilidades que levam ao regime turbulento é uma área muito estudada.

A transição do escoamento laminar para turbulento também provoca uma mudança na forma do perfil de velocidade na camada limite. A Fig. 9.14 mostra perfis de velocidade típicos obtidos nas vizinhanças da região de transição de um escoamento sobre uma placa plana. Note que o perfil turbulento é mais plano e apresenta um alto gradiente de velocidade na parede.

Exemplo 9.5

Um fluido escoa em regime permanente sobre uma placa plana com velocidade ao longe igual a 3,1 m/s. Determine a distância em relação ao bordo de ataque da placa em que ocorre a transição do regime laminar para o turbulento e estime a espessura da camada limite neste local. Considere os seguintes fluidos: (a) água a 15 °C, (b) ar no estado padrão e (c) glicerina a 20 °C.

Solução A espessura da camada limite pode ser avaliada com a Eq. 9.15, ou seja,

$$\delta = 5\left(\frac{\nu x}{U}\right)^{1/2}$$

O escoamento na camada limite permanece laminar até

$$x_{cr} = \frac{\nu \, \text{Re}_{xcr}}{U}$$

Se nós admitirmos que $\text{Re}_{xcr} = 5 \times 10^5$,

$$x_{cr} = \frac{5 \times 10^5}{3,1} \nu = 1,6 \times 10^5 \nu$$

e

$$\delta_{cr} = \delta \mid_{x=x_{cr}} = 5 \left[\frac{\nu}{3,1} \left(1,6 \times 10^5 \, \nu \right) \right]^{1/2}$$

Os valores da viscosidade cinemática podem ser encontrados nas tabelas do Cap. 1 e do Apen. B. Com estes valores nós podemos construir a Tab. E9.5.

Tabela E9.5

Fluido	ν (m²/s)	x_{cr} (m)	δ_{cr} (mm)
a. Água	$1,16 \times 10^{-6}$	0,19	1,3
b. Ar	$1,56 \times 10^{-5}$	2,50	17,7
c. Glicerina	$1,19 \times 10^{-3}$	190,4	1352

Note que o regime laminar pode ser mantido numa porção maior da placa se a viscosidade cinemática do fluido for aumentada e, de modo análogo, nós detectamos um aumento da espessura da camada limite quando aumentamos a viscosidade cinemática do fluido que escoa sobre a placa.

9.2.5 Escoamento Turbulento na Camada Limite

A estrutura do escoamento na camada limite turbulenta é muito complexa, aleatória, irregular e apresenta muitas características parecidas com aquelas do escoamento turbulento em tubos (veja a Sec. 8.3). No escoamento turbulento, a velocidade em qualquer ponto do campo de escoamento varia aleatoriamente ao longo do tempo. Nós podemos modelar este escoamento como uma mistura desordenada de grupos de partículas fluidas entrelaçadas ("eddies") que apresentam dimensões e características bem diversas (tais como diâmetros e velocidades angulares). As várias grandezas do escoamento (i.e. massa, quantidade de movimento e velocidades angulares) são transportadas para jusante como ocorre no escoamento na camada limite laminar. Mas, nos escoamentos turbulentos, estas também são transportadas através da borda da camada limite (na direção perpendicular a placa) pelo transporte aleatório das estruturas turbulentas. O transporte provocado pelas estruturas turbulentas (que apresentam múltiplas escalas) é muito mais eficiente do que aquele associado ao escoamento laminar (onde a mistura está confinada a escala molecular). Mesmo que exista um considerável transporte de partículas na direção perpendicular a placa, a transferência de massa através da camada limite é muito menor do que a vazão do escoamento na direção paralela à placa.

O movimento aleatório das estruturas turbulentas provoca uma considerável transferência líquida de quantidade de movimento na direção perpendicular a placa. As estruturas que se movem contra a placa (no sentido negativo do eixo y) tem o excesso de quantidade de movimento (elas são provenientes de uma região onde a velocidade é mais alta) removido pela placa. Já as estruturas que se movem para longe da placa (no sentido positivo do eixo y) ganham quantidade de movimento do escoamento (pois são provenientes de uma região onde a velocidade é mais baixa). O resultado final deste processo é que a placa atua como um sorvedouro de quantidade de movimento (extrai quantidade de movimento do escoamento continuamente). No escoamento laminar, o mecanismo de transferência de propriedades na direção transversal ao escoamento só ocorre na escala molecular. Já no escoamento turbulento, a mistura é realizada pelos movimentos aleatórios das estruturas turbulentas. Conseqüentemente, as tensões de cisalhamento no escoamento turbulento do tipo camada limite são consideravelmente maiores do que aquelas relativas aos escoamentos laminares do mesmo tipo (veja a Sec. 8.3.2).

Não existem soluções "exatas" para os escoamentos turbulentos do tipo camada limite. Como discutimos na Sec. 9.2.2, é possível resolver as equações da camada limite de Prandtl para o escoamento laminar sobre uma placa plana e, deste modo, obter a solução de Blasius (que é "exata" dentro do conjunto de hipóteses adotado para a formulação das equações da camada limite). Como não existe expressão exata para a tensão de cisalhamento em escoamentos turbulentos (veja a Sec. 8.3), não é possível obter as soluções para os escoamentos turbulentos. Todavia, um esforço considerável tem sido feito para a obtenção de soluções numéricas dos escoamentos turbulentos com a utilização de relações empíricas para a tensão de cisalhamento. Atualmente, tem se estudado a integração numérica completa das equações básicas que descrevem os escoamentos (i.e. as equações de Navier – Stokes).

A equação integral da quantidade de movimento, Eq. 9.26, também pode ser utilizada para fornecer resultados aproximados dos escoamentos turbulentos (esta equação é válida tanto para escoamentos laminares quanto para turbulentos). Para utilizarmos esta equação é necessário admitir um perfil de velocidade para o escoamento, $u = Ug(Y)$, onde $Y = y/\delta$ e u é a velocidade média temporal (a notação com a barra superior, $\bar{u}$, foi deixada de lado por conveniência) e uma relação funcional que descreva a tensão de cisalhamento na parede. Se o escoamento é laminar, a tensão de cisalhamento na parede é $\tau_p = \mu (\partial u/\partial y)_{y=0}$. Esta técnica também deve funcionar na análise aproximada do escoamento na camada limite turbulenta. Porém, os detalhes sobre o gradiente de velocidade na região próxima à parede não são muito bem conhecidos (veja a Sec. 8.3). Assim, torna-se necessário utilizar uma relação empírica para a tensão de cisalhamento na parede. O Exemplo 9.6 ilustra este procedimento.

Exemplo 9.6

Considere escoamento turbulento de um fluido incompressível sobre uma placa plana. Nós vamos admitir que o perfil de velocidade na camada limite é dado por $u/U = (y/\delta)^{1/7} = Y^{1/7}$ para $Y = y/\delta \leq 1$ e $u = U$ para $Y > 1$ (veja a Fig. E9.6). Este perfil é próximo daqueles obtidos experimentalmente em placas planas exceto na região muito próxima a placa (onde esta aproximação fornece $\partial u/\partial y = \infty$ em $y = 0$). Observe as diferenças entre o perfil de velocidade turbulento admitido e o perfil laminar. Admita, também, que a tensão de cisalhamento na parede é dada por

$$\tau_p = 0{,}0225\rho U^2 \left(\frac{\nu}{U\delta}\right)^{1/4} \tag{1}$$

Determine as espessuras da camada limite, δ, δ^*, Θ e a tensão de cisalhamento na parede, τ_p, em função de x. Determine, também, o coeficiente médio de atrito na parede, C_{Df}.

Solução A tensão de cisalhamento na parede pode ser obtida a partir da taxa de aumento da espessura de quantidade de movimento da camada limite, Θ, com a distância ao longo da placa, x, (Eq. 9.26)

$$\tau_p = \rho U^2 \frac{d\Theta}{dx}$$

A espessura da quantidade de movimento da camada limite relativa ao perfil de velocidade admitido pode ser calculada com a Eq. 9.4, ou seja,

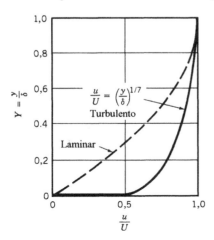

Figura E9.6

$$\Theta = \int_0^\infty \frac{u}{U}\left(1-\frac{u}{U}\right)dy = \delta \int_0^1 \frac{u}{U}\left(1-\frac{u}{U}\right)dY$$

ou

$$\Theta = \delta \int_0^1 Y^{1/7}\left(1-Y^{1/7}\right)dY$$

onde δ é uma função desconhecida de x. Integrando esta equação,

$$\theta = \frac{7}{72}\delta \tag{2}$$

Combinando a tensão de cisalhamento fornecida, Eq. (1), com a Eq. (2),

$$0,0225\rho U^2 \left(\frac{\nu}{U\delta}\right)^{1/4} = \frac{7}{72}\rho U^2 \frac{d\delta}{dx}$$

ou

$$\delta^{1/4}d\delta = 0,231\left(\frac{\nu}{U}\right)^{1/4} dx$$

Lembrando que $\delta = 0$ em $x = 0$ nós podemos integrar esta equação. Deste modo,

$$\delta = 0,370\left(\frac{\nu}{U}\right)^{1/5} x^{4/5} \tag{3}$$

Este resultado, na forma adimensional, é

$$\frac{\delta}{x} = \frac{0,370}{\text{Re}_x^{1/5}}$$

Rigorosamente, a camada limite é laminar na região inicial da placa. Assim, a condição de contorno correta para a obtenção da Eq. (3) é: a espessura inicial da camada limite turbulenta é igual a espessura da camada limite laminar no ponto de transição. É importante lembrar que, normalmente, a extensão da camada limite laminar é relativamente pequena e o erro associado com a hipótese da camada limite turbulenta iniciar com $\delta = 0$ em $x = o$ pode ser desprezível.

A espessura de deslocamento, δ^*, e a espessura de quantidade de movimento, Θ, podem ser calculadas com as Eqs. 9.3 e 9.4. Assim,

$$\delta^* = \int_0^\infty \left(1-\frac{u}{U}\right)dy = \delta \int_0^1 \left(1-\frac{u}{U}\right)dY = \delta \int_0^1 \left(1-Y^{1/7}\right)dY$$

ou

$$\delta^* = \frac{\delta}{8}$$

Combinando este resultado com a Eq. (3),

$$\delta^* = 0,0463\left(\frac{\nu}{U}\right)^{1/5} x^{4/5}$$

De modo análogo, se utilizarmos a Eq. (2),

$$\Theta = \frac{7}{72}\delta$$

ou

$$\Theta = 0,0360\left(\frac{\nu}{U}\right)^{1/5} x^{4/5} \tag{4}$$

A dependência funcional de δ, δ^* e Θ é a mesma. Note que apenas as constantes de proporcionalidade são diferentes. Normalmente, nós encontramos $\Theta < \delta^* < \delta$.

Combinando as Eqs. (1) e (3), nós obtemos a equação para a tensão de cisalhamento na parede,

$$\tau_p = 0,0225\rho U^2 \left(\frac{\nu}{U(0,370)(\nu/U)^{1/5} x^{4/5}} \right)^{1/4} = \frac{0,0288\rho U^2}{\mathrm{Re}^{1/5}}$$

Esta equação pode ser integrada ao longo da placa para nós obtermos a força de arrasto na placa, D_f. Deste modo,

$$D_f = \int_0^l b\tau_w \, dx = b(0,0288\rho U^2) \int_0^l \left(\frac{\nu}{Ux}\right)^{1/5} dx$$

ou

$$D_f = 0,0360\rho U^2 \frac{A}{\mathrm{Re}_l^{1/5}}$$

onde $A = bl$ é a área da placa. Note que este resultado também pode ser obtido combinando a Eq. 9.23 e a expressão da espessura de quantidade de movimento da camada limite, Eq. (4). O coeficiente médio de atrito, C_{Df}, é

$$C_{Df} = \frac{D_f}{\frac{1}{2}\rho U^2 A} = \frac{0,0720}{\mathrm{Re}_l^{1/5}}$$

Observe que $\delta \sim x^{4/5}$ e que a tensão de cisalhamento decresce com $\tau_w \sim x^{-1/5}$ na região turbulenta da camada limite. Se o regime é laminar, $\delta \sim x^{1/2}$ e a tensão de cisalhamento decresce com $x^{1/2}$. A diferença entre as estruturas das camadas limites laminar e turbulenta é provocada pelo caráter aleatório do escoamento turbulento.

É claro que os resultados apresentados neste exemplo são válidos apenas na faixa de validade dos dados admitidos – o perfil de velocidade e a tensão de cisalhamento na parede. Estes dados são adequados para camadas limites em placas planas com número de Reynolds entre 5×10^5 e 10^7.

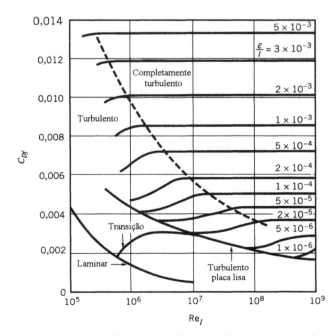

Figura 9.15 Coeficiente médio de atrito para uma placa plana posicionada paralelamente ao escoamento ao longe (Ref. [18], reprodução autorizada).

Tabela 9.3 Equações Empíricas para o Coeficiente Médio de Atrito em Placas Planas (Ref. [1])

Equação	Escoamento
$C_{Df} = 1{,}328/(Re_l)^{0{,}5}$	Laminar
$C_{Df} = 0{,}455/(\log Re_l)^{2{,}58} - 1700/Re_l$	Transição com $Re_{xcr} = 5 \times 10^5$
$C_{Df} = 0{,}455/(\log Re_l)^{2{,}58}$	Turbulento, placa plana
$C_{Df} = [1{,}89 - 1{,}62 \log(\varepsilon/l)]^{-2{,}5}$	Completamente turbulento

Normalmente, o coeficiente de atrito numa placa plana é função do número de Reynolds e da rugosidade relativa, ε/l. A Fig. 9.15 mostra resultados de inúmeros experimentos abrangendo uma grande faixa de valores destes parâmetros. Para camadas limite laminares, o coeficiente de atrito depende apenas do número de Reynolds - a rugosidade superficial não é importante. Isto é similar ao escoamento laminar em dutos. No entanto, para escoamentos turbulentos, a rugosidade afeta muito a tensão de cisalhamento e assim o coeficiente de atrito. Isto é similar ao escoamento turbulento em condutos, no qual a rugosidade superficial pode interferir ou até atravessar a subcamada viscosa próxima a parede e alterar o escoamento como um todo. A Tab. 8.1 apresenta os valores da rugosidade, ε, para alguns materiais.

O diagrama de coeficiente de arrasto mostrado na Fig. 9.15 (escoamento tipo camada limite) apresenta muitas características semelhantes ao diagrama de Moody (relativo a escoamento em condutos – veja a Fig. 8.20) ainda que os mecanismos presentes nos escoamentos sejam muito diferentes. O escoamento totalmente desenvolvido em condutos é descrito por um balanço entre as forças de pressão e as forças viscosas. A inércia do fluido permanece a mesma. Já o escoamento do tipo camada limite sobre uma placa horizontal é descrito por um balanço entre os efeitos de inércia e as forças viscosas. A pressão permanece constante em todo o campo de escoamento.

Normalmente é mais conveniente ter uma equação para o coeficiente médio de atrito, em função do número de Reynolds e da rugosidade relativa, ao invés de uma representação gráfica (como a Fig. 9.15). Ainda que nenhuma equação seja válida para a faixa inteira de Re_l e ε/l, as equações apresentadas na Tab. 9.3 funcionam muito bem nas condições indicadas na tabela.

Exemplo 9.7

O esqui aquático mostrado na Fig. E9.7a movimenta-se pela água a 20 °C com velocidade U. Estime o arrasto provocado pela tensão de cisalhamento na parte inferior do esqui, para U variando de 0 a 9,0 m/s.

Solução É claro que o esqui não é uma placa plana e, normalmente, ele não fica alinhado com o escoamento ao longe. Porém, utilizando os resultados obtidos para a placa plana, nós podemos obter um valor aproximado da força de arrasto no esqui. O arrasto no esqui, D_f, pode ser estimado com

$$D_f = \frac{1}{2}\rho U^2 lb C_{Df}$$

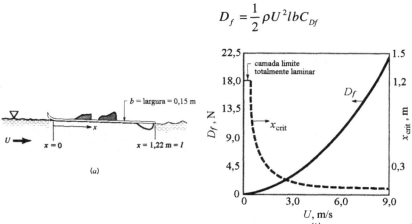

Figura E9.7

Com $A = lb = 1{,}22$ m $\times$ 0,15 m = 0,183 m², $\rho = 998{,}2$ kg/m³ e $\mu = 1{,}004 \times 10^{-3}$ N·s/m², temos

$$D_f = \frac{1}{2}(998{,}2)(0{,}183)U^2 C_{Df} = 91{,}33\, U^2 C_{Df} \tag{1}$$

O coeficiente de atrito, C_{Df}, pode ser obtido na Fig. 9.15 ou a partir das equações apresentadas na Tab. 9.3. Como veremos, a maior parte do escoamento deste problema está dentro do regime de transição (tanto o trecho laminar quanto o turbulento apresentam comprimentos comparáveis).

Para as condições dadas,

$$\mathrm{Re}_l = \frac{\rho U l}{\mu} = \frac{(998{,}2)(1{,}22)U}{1{,}004 \times 10^{-3}} = 1{,}21 \times 10^6\, U$$

Com $U = 3{,}0$ m/s ou $\mathrm{Re}_l = 3{,}63 \times 10^6$, nós obtemos da Tab. 9.3, $C_{Df} = 0{,}455/(\log \mathrm{Re}_l)^{2{,}58} - 1700/\mathrm{Re}_l = 0{,}00308$. Assim, o arrasto fornecido pela Eq. (1) é

$$D_f = 91{,}33\,(3{,}0)^2 (0{,}00308) = 2{,}53\ \mathrm{N}$$

Variando a velocidade do escoamento ao longe nós obtemos os resultados mostrados na Fig. E9.7b.

Se $\mathrm{Re} \leq 1000$, os resultados da teoria da camada limite não são válidos - os efeitos de inércia não são predominantes e a camada limite não é fina quando comparada ao comprimento da placa. Para o nosso problema isto corresponde a $U = 8{,}2 \times 10^{-4}$ m/s. Para todos os propósitos práticos U é maior que este valor e o escoamento no esqui é do tipo camada limite.

A transição entre o regime de escoamento laminar e o turbulento na camada limite ocorre quando o número de Reynolds é aproximadamente igual a 5×10^5 ($\mathrm{Re}_{cr} = \rho U x_{cr}/\mu$). A Fig. E9.7b indica que o escoamento na camada limite sob o esqui é totalmente laminar até $U = 0{,}41$ m/s. A região coberta por uma camada limite laminar decresce com o aumento de U até que apenas os primeiros 0,055 m do esqui estejam cobertos por uma camada limite laminar (quando $U = 9{,}0$ m/s).

A força necessária para puxar dois esquis a 9,0 m/s é muito maior do que $2 \times 20{,}8 = 41{,}6$ N indicados na Fig. E9.7b. Como será discutido na Seção 9.3, o arrasto total num objeto como o esqui aquático é provocado por vários fenômenos (o arrasto devido ao atrito é um deles). Os outros fenômenos que contribuem de modo significativo para o arrasto no esqui são o arrasto de pressão e arrasto por geração de ondas.

9.2.6 Efeitos do Gradiente de Pressão

Até este ponto nós sempre consideramos que as camadas limite se desenvolviam sobre placas planas com gradiente de pressão nulo. Normalmente, quando o fluido escoa sobre um objeto, diferente de uma placa plana, o campo de pressão não é uniforme. A Fig. 9.16 indica que uma camada limite relativamente fina irá se desenvolver sobre as superfícies do corpo quando o número de Reynolds do escoamento é alto. Nestes escoamentos, o componente do gradiente de pressão na direção do escoamento (i.e. ao longo da superfície do corpo) não é nulo, ainda que o gradiente de pressão na direção normal à superfície seja muito pequeno. Note que a pressão varia ao longo da superfície do corpo se este for curvo. O gradiente de pressão na camada limite é provocado pela variação da velocidade da corrente livre (velocidade na borda da camada limite), U_{fs}. Normalmente, as características de todo o campo de escoamento (tanto externa quanto internamente a camada limite) dependem muito dos efeitos do gradiente de pressão na camada limite.

A velocidade ao longe é igual a velocidade no bordo da camada limite, $U = U_{fs}$, nos escoamentos sobre placas planas posicionadas paralelamente ao escoamento ao longe. Isto é uma conseqüência da espessura desprezível da placa. Quando o corpo apresenta uma espessura considerável, estas duas velocidades são diferentes. Isto pode ser observado no escoamento em torno de um cilindro que apresenta diâmetro D. A velocidade e a pressão a montante do cilindro são, respectivamente, U e p_0. Se o fluido fosse invíscido ($\mu = 0$), o número de Reynolds seria infinito ($\mathrm{Re} = \rho U D/\mu = \infty$) e as linhas de corrente seriam simétricas (veja a Fig. 9.16a). A velocidade do fluido ao longo da superfície do cilindro varia de $U_{fs} = 0$ na frente e atrás do cilindro (os pontos A e F são pontos de estagnação) ao máximo de $U_{fs} = 2U$ no topo e em baixo do cilindro (ponto C). A pressão na superfície do cilindro será simétrica em relação ao semiplano vertical, atingindo um máximo de $p_0 + \rho U^2/2$ (a pressão de estagnação) tanto na frente como na traseira do cilindro. As distribuições de pressão e velocidade ao longo estão mostradas na Fig. 9.16b e 9.16c. Estas características podem ser obtidas a partir de uma análise do tipo escoamento potencial (veja a Sec. 6.6.3).

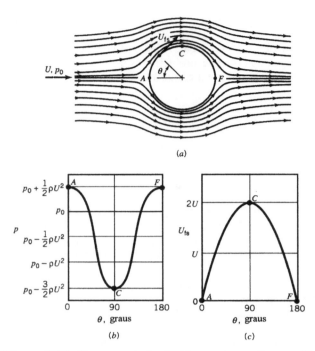

Figura 9.16 Escoamento invíscido em torno de um cilindro: (a) linhas de corrente para o escoamento invíscido, (b) distribuição de pressão na superfície do cilindro e (c) velocidade ao longe para o escoamento em torno do cilindro.

Observe que o arrasto no cilindro é nulo quando modelamos o escoamento como invíscido ($\tau_p = 0$ e a distribuição de pressão sobre o cilindro é simétrica). Ainda que não seja óbvio, é possível mostrar que o arrasto é nulo para qualquer objeto que não produz sustentação (simétrico ou não) imerso num escoamento invíscido (veja a Ref. [4]). Todavia, se analisarmos as evidências experimentais, nós detectaremos um arrasto no cilindro. Assim, nós podemos especular que os efeitos viscosos são responsáveis pelo arrasto observado experimentalmente.

Para testar esta hipótese nós poderemos realizar um conjunto de experimentos dedicados a medição do arrasto num objeto (como um cilindro) que utiliza uma série de fluidos que apresentam valores decrescentes de viscosidade. Para nossa surpresa nós encontraremos que sempre mediremos um arrasto – não importando o quanto a viscosidade é pequena – e que o valor do arrasto é praticamente independente da viscosidade dinâmica do fluido que escoa em torno do corpo. Como foi observado na Sec. 6.6.3, este fato leva ao que é chamado de paradoxo de d'Alembert – o arrasto sobre um objeto imerso num fluido invíscido é zero mas o arrasto sobre um objeto num fluido com viscosidade muito pequena (mas não nula) não é zero.

A razão deste paradoxo pode ser explicada em função do gradiente de pressão na camada limite. Considere um escoamento com número de Reynolds alto sobre um cilindro. Como discutimos na Seção 9.1.2, os efeitos viscosos devem estar confinados na camada limite adjacente à superfície. Esta condição permite ao fluido aderir a superfície ($V = 0$) - uma condição necessária para qualquer fluido com $\mu \neq 0$. A idéia básica da teoria da camada limite é: a espessura da camada é fina o suficiente para que a perturbação no escoamento externo seja insignificante. Assim, nós esperamos que a maior parte do campo de escoamento sobre o cilindro deve ser muito parecida com o campo invíscido (veja a Fig. 9.16a) desde que o número de Reynolds do escoamento seja alto.

A distribuição de pressão indicada na Fig. 9.16b é imposta ao escoamento na camada limite formada sobre a superfície do cilindro. De fato, há uma variação desprezível de pressão na direção transversal à camada limite mas, normalmente, nós consideramos que esta variação é nula. A distribuição de pressão ao longo do cilindro é tal que o fluido estacionado no "nariz" do cilindro ($U_{fs} = 0$

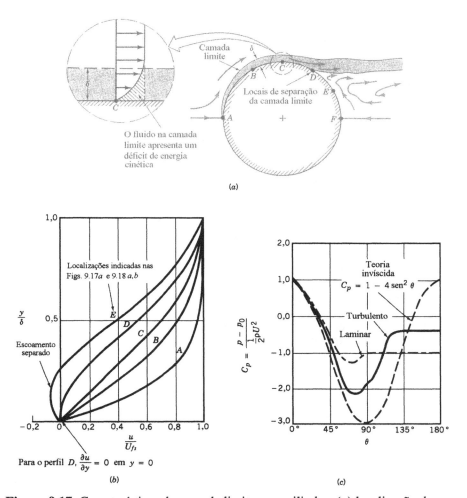

Figura 9.17 Características da camada limite num cilindro: (*a*) localização da separação da camada limite, (*b*) perfis de velocidade típicos em várias posições da camada limite e (*c*) distribuições superficiais de pressão para o escoamento invíscido e para o escoamento do tipo camada limite.

em $\theta = 0$) é acelerado até a velocidade máxima ($U_{fs} = 2U$ em $\theta = 90°$) e é desacelerado na região traseira do cilindro ($U_{fs} = 0$ em $\theta = 180°$). Na região externa à camada limite, o escoamento apresenta um equilíbrio entre os efeitos de inércia e pressão porque os efeitos viscosos não são importantes nesta região.

Na ausência de efeitos viscosos, uma partícula fluida pode escoar da parte dianteira para a traseira do cilindro (do ponto *A* para o *F* na Fig. 9.16*b*) sem nenhuma perda de energia. Há uma transformação de energia cinética para energia de pressão mas as perdas no processo são nulas. Se a camada limite é fina nós encontramos a mesma distribuição de pressão no escoamento dentro da camada limite. A diminuição da pressão na direção do escoamento (ao longo da metade dianteira do cilindro) é denominada gradiente de pressão favorável. O aumento da pressão na direção do escoamento (ao longo da metade traseira do cilindro) é denominado gradiente de pressão desfavorável (ou adverso).

Considere uma partícula fluida que escoa dentro da camada limite mostrada na Fig. 9.17. Durante o movimento de *A* para *F*, a partícula está submetida a mesma distribuição de pressão das partículas do escoamento ao longe (na região imediatamente externa a camada limite). Entretanto, devido aos efeitos viscosos, a partícula localizada dentro da camada limite sofre perdas de energia enquanto escoa. Esta perda faz com a partícula não tenha energia suficiente para vencer o gradiente de pressão adverso (movimento de C para F) e atingir o ponto de estagnação localizado na traseira do cilindro. Este déficit de energia cinética pode ser visto na Fig. 9.17a (detalhe do perfil de velocidade no ponto C). Devido ao atrito, o fluido da camada limite não pode se movimentar livremente da porção frontal para a região traseira do cilindro. Esta conclusão também pode ser obtida do seguinte modo: a partícula em C não tem quantidade de movimento suficiente para vencer o gradiente adverso de pressão.

Esta situação é similar a do ciclista que desce uma montanha e sobe a outra montanha localizada no outro lado do vale. Se não existe atrito, o ciclista que parte da velocidade zero poderá atingir a mesma altura na outra montanha. É claro que o atrito (resistência ao rolamento, arrasto aerodinâmico e outros) provoca uma perda de energia (e de quantidade de movimento), tornando impossível ao ciclista atingir uma altura igual aquela do ponto de partida sem que forneça energia mecânica adicional. Não existe um mecanismo de suprimento de energia mecânica dentro da camada limite. Assim, o fluido escoa contra uma pressão crescente e, num certo ponto, a camada limite se separa da superfície. A Fig. 9.17a indica a separação da camada limite e a Fig. 8.17b mostra alguns perfis de velocidade típicos da camada limite sobre o cilindro. No ponto de separação (perfil D), o gradiente de velocidade e a tensão de cisalhamento na parede são nulos. Além deste ponto (do ponto D para o E) nós detectamos um escoamento reverso na camada limite.

A Fig. 9.17c indica que a pressão média na metade traseira do cilindro é consideravelmente menor do que na metade dianteira e isto é devido a separação da camada limite. Assim, nós detectamos um forte arrasto de pressão no cilindro, ainda que (devido a pequena viscosidade do fluido) o arrasto da tensão de cisalhamento seja muito pequeno. Deste modo nós explicamos o paradoxo de d'Alembert. Não importa quão pequena é a viscosidade, sempre ocorrerá a separação da camada limite da superfície do corpo. Esta separação provoca um arrasto que é, na maior parte, independente do valor da viscosidade do fluido que escoa em torno do corpo (◉ 9.4 – Esteira num corpo rombudo).

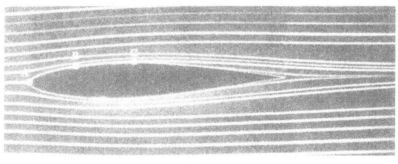

(a)

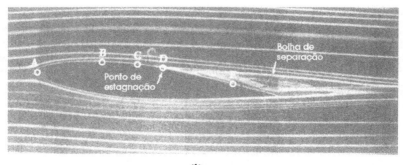

(b)

Figura 9.18 Fotografias do escoamento em torno de um aerofólio: (a) ângulo de ataque nulo (sem separação) e (b) ângulo de ataque igual a 5° (escoamento com separação). A visualização do escoamento de água é feita com injeção de tinta (Cortesia do ONERA, França).

A localização do ponto de separação, a largura da esteira posicionada atrás do objeto e a distribuição de pressão na superfície do corpo dependem da natureza do escoamento na camada limite. A energia cinética e a quantidade de movimento associadas ao escoamento na camada limite turbulenta são bem maiores do que as associadas ao escoamento na camada limite laminar porque: (1) o perfil de velocidade é mais uniforme (veja a Fig. E9.6) e (2) a energia associada com os movimentos turbulentos aleatórios é significativa. Assim, o descolamento da camada limite turbulenta desenvolvida em torno do cilindro ocorre numa posição posterior àquela da camada limite laminar. Esta idéia será discutida detalhadamente na Sec. 9.3.2.

A estrutura do campo de escoamento invíscido sobre um cilindro circular é completamente diferente daquela referente a um fluido viscoso (não importa quão pequena é a viscosidade do fluido) e isto é devido a separação da camada limite. Nós podemos aplicar estes conceitos aos escoamentos sobre outros corpos. A Fig. 9.18a mostra o escoamento em torno de um aerofólio com ângulo de ataque nulo (o ângulo entre a velocidade do escoamento ao longe e o eixo do objeto) e a Fig. 9.18b o escoamento sobre o mesmo aerofólio mas com ângulo de ataque igual a 5°. A pressão diminui na direção do escoamento na região frontal do aerofólio (i.e. nós detectamos um gradiente de pressão favorável nesta região). Já na região traseira do aerofólio, a pressão aumenta na direção do escoamento, ou seja, nós detectamos um gradiente de pressão adverso. Os perfis de velocidade na camada limite são semelhantes aqueles indicados na Fig. 9.17b (referentes ao escoamento em torno de um cilindro). Se o gradiente de pressão adverso não é muito significativo (o corpo não é muito rombudo), o fluido da camada limite pode escoar suavemente sobre a superfície do corpo (i.e. de C para o bordo de fuga mostrados na Fig. 9.18a). Todavia, se o gradiente de pressão adverso é significativo (devido ao ângulo de ataque ser alto), a camada limite separará da superfície do modo indicado na Fig. 9.18b. Como será mostrado na Sec. 9.4, a separação da camada limite pode induzir perdas catastróficas de sustentação (esta situação é conhecida como estol).

Os corpos aerodinâmicos são projetados de modo a eliminar (ou pelo menos reduzir) os efeitos da separação, enquanto os corpo não-aerodinâmicos tem geralmente um arrasto muito grande devido a baixa pressão nas regiões de separação (a esteira). Mesmo que a camada limite seja fina, a sua presença provoca a alteração do campo de escoamento (devido a separação do escoamento). Estas idéias serão novamente discutidas na Sec. 9.3.

9.2.7 Equação Integral da Quantidade de Movimento com Gradiente de Pressão Não-Nulo

Os resultados apresentados nas Secs. 9.2.2 e 9.2.3 são válidos apenas para camadas limites com gradientes de pressão nulos. Eles correspondem ao perfil de velocidade C da Fig. 9.17b. As características do escoamento numa camada limite com gradiente de pressão não-nulo podem ser obtidas a partir das equações diferenciais parciais não-lineares da camada limite, similares as Eqs. 9.8 e 9.9, com a apropriada contabilização do gradiente de pressão existente. Uma abordagem deste tipo está além dos objetivos deste livro e pode ser encontrada, por exemplo, nas Refs. [1 e 2].

Uma abordagem alternativa é estender a equação integral da quantidade de movimento (Sec. 9.2.3) para que ela se torne aplicável em escoamentos com gradientes de pressão não-nulos. A equação integral para gradiente nulo, Eq. 9.26, foi obtida a partir de um balanço entre a força de cisalhamento na placa (representada por τ_p) e a taxa de variação da quantidade de movimento do fluido contido na camada limite [representada por $\rho U^2(d\Theta/dx)$]. Para estes escoamentos, a velocidade ao longe é constante ($U_{fs} = U$). Se a velocidade ao longe não é constante ($U_{fs} = U_{fs}(x)$, onde x é a distância medida ao longo da superfície do corpo curvo), a pressão não será constante. Se utilizarmos a hipótese que os efeitos gravitacionais são desprezíveis, a equação de Bernoulli indica que $p + \rho U_{fs}^2/2$ é constante ao longo das linhas de corrente localizadas fora da camada limite. Assim,

$$\frac{dp}{dx} = -\rho U_{fs} \frac{dU_{fs}}{dx} \tag{9.34}$$

A velocidade na corrente livre e o gradiente superficial de pressão, para um dado corpo, podem ser obtidos com as técnicas adequadas aos escoamentos invíscidos (potenciais) que foram apresentadas na Sec. 6.7 (os resultados da Fig. 9.16 foram obtidos com este modelo de escoamento).

O escoamento na camada limite com um gradiente de pressão não-nulo é similar àquele mostrado na Fig. 9.11, exceto que a velocidade a montante da placa, U, é substituída pela velocidade da corrente livre, $U_{fs}(x)$, e que as pressões nas seções (1) e (2) não são necessariamente iguais. Se utilizarmos a componente x da equação de quantidade de movimento (Eq. 5.22), com as forças de cisalhamento e de pressão apropriadas agindo na superfície de controle indicada na Fig. 9.11, nós podemos obter a equação integral da quantidade de movimento adequada ao tratamento das camadas limites com gradiente de pressão. Deste modo,

$$\tau_p = \rho \frac{d}{dx}\left(U_{fs}^2 \Theta\right) + \rho \delta^* U_{fs} \frac{dU_{fs}}{dx} \qquad (9.35)$$

A dedução desta equação é similar àquela feita para a equação dedicada a escoamentos em camada limite com gradiente de pressão nulo, Eq. 9.26, ainda que a inclusão do gradiente de pressão traga novos termos (Refs. [1, 2 e 3]). Por exemplo, tanto a espessura de quantidade de movimento quanto a espessura de deslocamento de camada limite estão presentes nela.

A Eq. 9.35 pode ser utilizada para fornecer informações similares àquelas obtidas para o escoamento sobre a placa plana (Seção 9.2.3). O procedimento utilizado na solução deste tipo de problema consiste em: (1) determinar a velocidade da corrente livre, U_{fs}, para o corpo considerado; (2) admitir uma família de perfis de velocidade aproximados para o escoamento na camada limite e (3) utilizar a Eq. 9.35 para obter a espessura da camada limite, a tensão de cisalhamento na parede etc. Os detalhes desta técnica podem ser encontrados, por exemplo, nas Refs. [1 e 3].

9.3 Arrasto

Como discutimos na Seção 9.1, qualquer objeto que se movimenta num fluido sofre um arrasto (força na direção do escoamento composta pelas forças de pressão e de cisalhamento que atuam na superfície do objeto). O arrasto pode ser determinado com a Eq. 9.1 desde que nós conheçamos a distribuição de pressão, p, e a de tensão de cisalhamento na parede, τ_p. Somente em raríssimas ocasiões estas distribuições podem ser determinadas analiticamente. A camada limite sobre uma placa plana paralela ao escoamento ao longe é um desses casos (veja a Sec. 9.2). A mecânica dos fluidos computacional (i.e. a utilização de computadores para a solução das equações que descrevem o campo do escoamento) tem fornecido resultados encorajadores para o arrasto em corpos com formas mais complexas. Todavia, o trabalho nesta área ainda não está completo.

A maior parte da informações relacionadas ao arrasto em objetos é resultado de numerosos experimentos realizados em túneis de vento, túneis de água, tanques de prova e outros dispositivos engenhosos que podem ser utilizados para medir o arrasto em modelos. Como foi discutido no Cap. 7, estes dados podem ser apresentados na forma adimensional e aproveitados para o projeto do protótipo. Normalmente, os experimentos fornecem o coeficiente de arrasto, definido por

$$C_D = \frac{D}{\frac{1}{2}\rho U^2 A} \qquad (9.36)$$

O coeficiente de arrasto é função de outros parâmetros adimensionais como o número de Reynolds (Re), o de Mach (Ma), o de Froude (Fr) e da rugosidade relativa da superfície, ε/l. Assim,

$$C_D = \phi(\text{forma}, \text{Re}, \text{Ma}, \text{Fr}, \varepsilon/l)$$

9.3.1 Arrasto devido ao Atrito

O arrasto devido ao atrito, D_f, é a parte do arrasto que é provocada pela tensão de cisalhamento, τ_p, sobre o objeto. Note que o arrasto por atrito não depende somente da distribuição desta tensão mas também do formato do objeto. Este aspecto é indicado pelo termo $\tau_p \operatorname{sen}\theta$ da Eq. 9.1. Se a superfície é paralela a velocidade a montante, toda a força de cisalhamento contribui diretamente para a composição do arrasto. Este fato foi verificado no caso da placa plana paralela ao escoamento (veja a Sec. 9.2). Se a superfície é perpendicular a velocidade ao longe, a tensão de cisalhamento não contribui para a composição do arrasto. Este é o caso de uma placa plana normal a velocidade ao longe (veja a Sec. 9.1).

Geralmente, a superfície do corpo apresentará regiões normais e paralelas a velocidade a montante do corpo (como também em qualquer direção intermediária). O cilindro é um tipo de corpo que apresenta estas características. Como a viscosidade dinâmica dos fluidos usuais é pequena, a contribuição da força de cisalhamento para o arrasto total sobre um corpo é geralmente muito pequena. Esta conclusão também pode ser reescrita em função dos números adimensionais, ou seja, como os números de Reynolds dos escoamentos usuais são altos, a parte do arrasto total devida as tensões de cisalhamento é muito pequena. No entanto, se o corpo é rombudos ou se o número de Reynolds é baixo, a maior parte do arrasto pode ser devida ao atrito.

O arrasto devido ao atrito sobre uma placa plana com largura b e comprimento l posicionada paralelamente ao escoamento a montante pode ser calculado com

$$D_f = \frac{1}{2}\rho U^2 \, bl C_{Df}$$

onde C_{Df} é o coeficiente de arrasto devido ao atrito. A Fig. 9.15 (e a Tab. 9.3) apresenta valores de C_{Df}; em função do número de Reynolds, $Re_l = \rho Ul/\mu$, e da rugosidade relativa, ε/l; obtidos a partir da análise da camada limite e de experimentos (veja a Sec. 9.2). A Tab. 8.1 apresenta os valores típicos da rugosidade para várias superfícies. Como no escoamento em dutos, discutido no Cap. 8, o escoamento pode ser dividido em dois regimes - laminar e turbulento – com um regime de transição conectando-os. O coeficiente de arrasto (e o arrasto) não é função da rugosidade se o escoamento for laminar. Porém, se o escoamento é turbulento, a rugosidade pode afetar consideravelmente o valor de C_{Df}. Do mesmo modo que nos escoamento em condutos, esta dependência é o resultado da interação entre os elementos rugosos da superfície e o escoamento na camada limite (veja a Sec. 8.3).

A maioria dos objetos não são placas planas paralelas ao escoamento e apresentam regiões curvas ao longo das quais a pressão varia. Como nós vimos na Sec. 9.2.6, isto significa que o caráter da camada limite, incluindo o gradiente de velocidade na parede, nos objetos é distinto daquele da camada limite numa placa plana. Isto pode ser observado na mudança da forma do perfil da camada limite ao longo do cilindro (veja a Fig. 9.17b).

A determinação precisa da tensão de cisalhamento ao longo da superfície de um corpo curvo é muito difícil. Ainda que resultados aproximados possam ser obtidos através de uma variedade de técnicas (consulte as Refs. [1 e 2]), este assunto está fora do escopo deste livro. O próximo exemplo mostra como a contribuição das forças de cisalhamento para o arrasto pode ser calculada se a distribuição de tensão de cisalhamento na superfície do objeto for conhecida.

Exemplo 9.8

Um fluido incompressível e viscoso escoa sobre o cilindro mostrado na Fig. E9.8a. A Fig. E9.8b (Ref. [1]) mostra a distribuição da tensão de cisalhamento adimensionalizada na superfície do cilindro e que a separação do escoamento ocorre em $\theta \sim 108.8°$. A tensão de cisalhamento na região do cilindro adjacente a esteira, $108.8° < \theta < 180°$, é desprezível. Determine o coeficiente de arrasto, provocado pelo atrito, para o cilindro.

Solução O arrasto devido ao atrito, D_f, pode ser determinado com a Eq. 9.1, ou seja,

$$D_f = \int \tau_p \, \text{sen}\,\theta \, dA = 2\left(\frac{D}{2}\right) b \int_0^\pi \tau_p \, \text{sen}\,\theta \, d\theta$$

onde b é o comprimento do cilindro. Observe que θ está em radianos para assegurar as dimensões corretas para $dA = 2(D/2)bd\theta$. Nestas condições,

$$C_{Df} = \frac{D_f}{\frac{1}{2}\rho U^2 bD} = \frac{2}{\rho U^2}\int_0^\pi \tau_p \text{sen}\,\theta \, d\theta$$

Este resultado pode ser colocado na forma adimensional com a utilização do parâmetro adimensional de tensão de cisalhamento dado na Fig. E9.8b, $F(\theta) = \tau_p (\text{Re})^{1/2}/(\rho U^2/2)$. Deste modo,

$$C_{Df} = \int_0^\pi \frac{\tau_p}{\frac{1}{2}\rho U^2} \text{sen}\,\theta \, d\theta = \frac{1}{\sqrt{\text{Re}}}\int_0^\pi \frac{\tau_p \sqrt{\text{Re}}}{\frac{1}{2}\rho U^2} \text{sen}\,\theta \, d\theta$$

518 Fundamentos da Mecânica dos Fluidos

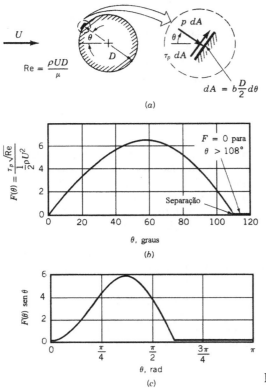

Figura E9.8

onde Re = $\rho UD/\mu$. Assim,

$$C_{Df} = \frac{1}{\sqrt{Re}} \int_0^\pi F(\theta)\operatorname{sen}\theta \, d\theta \qquad (1)$$

A Fig. E9.8c mostra o gráfico da função $F(\theta)\operatorname{sen}\theta$ obtida com os dados da Fig. E9.8b. A integração necessária para obter C_{Df} pode ser realizada com um método numérico ou gráfico. Utilizando um destes métodos temos que a integral da Eq. (1) é igual a 5,93. Assim,

$$C_{Df} = \frac{5{,}93}{\sqrt{Re}}$$

Observe que o arrasto total deve incluir tanto os efeitos da tensão de cisalhamento na superfície do corpo (atrito) quanto o arrasto devido à pressão. Como nós veremos no Exemplo 9.9, a maior contribuição para o arrasto no cilindro é devida a força de pressão.

O arrasto devido ao atrito obtido neste exemplo só é válido se a camada limite sobre o cilindro é laminar. Como será discutido na Sec. 9.3.3, isto ocorre se a superfície do cilindro é lisa e se Re = $\rho UD/\mu < 3 \times 10^5$. Outra condição para a validade dos resultados é que o número de Reynolds do escoamento deve ser suficientemente alto para assegurar uma estrutura de escoamento do tipo camada limite sobre a superfície do cilindro. Para um cilindro, este limite é Re > 100.

9.3.2 Arrasto devido à Pressão

O arrasto devido à pressão, D_p, é a parte do arrasto provocada diretamente pela distribuição de pressão sobre o objeto. Normalmente, esta contribuição ao arrasto total é denominada arrasto de forma devido a sua forte dependência com o formato do objeto. O arrasto devido à pressão é função da magnitude da pressão e da orientação do elemento de superfície onde esta atua. Por exemplo, a força de pressão nos dois lados de uma placa paralela ao escoamento pode ser muito grande mas não contribui em nada para o arrasto (as pressões atuam na direção normal à placa). Por outro lado, a força de pressão que atua sobre uma placa normal ao escoamento fornece todo o arrasto.

Como foi observado anteriormente, a maioria dos corpos apresentam regiões com orientações diversas (regiões paralelas ao escoamento, normais e intermediárias). A força de pressão pode ser obtida com a Eq. 9.1 se nós conhecermos a distribuição de pressão na superfície do corpo. Isto é,

$$D_p = \int p \cos\theta \, d\theta$$

Nós podemos definir o coeficiente de arrasto devido à pressão, C_{Dp}, como,

$$C_{Dp} = \frac{D_p}{\frac{1}{2}\rho U^2 A} = \frac{\int p \cos\theta \, dA}{\frac{1}{2}\rho U^2 A} = \frac{\int C_p \cos\theta \, dA}{A} \quad (9.37)$$

onde $C_p = (p - p_0)/(\rho U^2/2)$ é o coeficiente de pressão e p_0 é uma pressão de referência. Note que o nível da pressão de referência não pode influenciar o arrasto diretamente porque a força resultante devida a pressão sobre o corpo é nula se a pressão for constante (i.e. p_0) em toda a superfície.

Nos escoamentos onde os efeitos de inércia são grandes, quando comparados aos efeitos viscosos (i.e. escoamentos com números de Reynolds altos), a diferença de pressão $p - p_0$ varia proporcionalmente a pressão dinâmica, $\rho U^2/2$, e o coeficiente de pressão é independente do número de Reynolds. Nestas situações nós esperamos que o coeficiente de arrasto seja praticamente independente do número de Reynolds.

Já nos escoamentos onde os efeitos viscosos são grandes, em relação aos efeitos de inércia (i.e. escoamentos com números de Reynolds muito baixos), tanto a diferença de pressão quanto a tensão de cisalhamento na parede variam proporcionalmente com a tensão viscosa característica, $\mu U/l$, onde l é um comprimento característico. Nestas situações nós esperamos que o coeficiente de arrasto seja proporcional a 1/Re. Isto é, $C_D \sim D/(\rho U^2/2) \sim (\mu U/l)/(\rho U^2/2) \sim \mu/\rho Ul = 1/\text{Re}$. Este comportamento é similar aquele do fator de atrito nos escoamentos em condutos, ou seja, $f \sim 1/\text{Re}$ nos escoamentos laminares e $f \sim$ constante nos escoamentos com números de Reynolds altos (veja a Sec. 8.4).

Se o escoamento for invíscido e ocorrer em regime permanente, o arrasto devido à pressão sobre um corpo com forma qualquer (simétrico ou não) será nulo mas se a viscosidade não for nula, o arrasto devido à pressão não será nulo devido a separação da camada limite (releia a Sec. 9.2.6). O Exemplo 9.9 ilustra este fato.

Exemplo 9.9

A Fig. E9.8a mostra o escoamento de um fluido viscoso e incompressível em torno de um cilindro. Já a Fig. E9.9a mostra como varia o coeficiente de pressão na superfície do cilindro (a curva foi determinada experimentalmente). Determine o arrasto devido à pressão para este escoamento. Combine este resultado com os do Exemplo 9.8 para determinar o coeficiente de arrasto para um cilindro. Compare seus resultados com aqueles fornecidos na Fig. 9.23.

Solução O coeficiente de arrasto de pressão (ou de forma), C_{Dp}, pode ser determinado com a Eq. 9.37. Assim,

$$C_{Dp} = \frac{1}{A} \int C_p \cos\theta \, dA = \frac{1}{bD} \int_0^{2\pi} C_p \cos\theta \, b\left(\frac{D}{2}\right) d\theta$$

Esta equação, devido a simetria, pode ser reduzida a

$$C_{Dp} = \int_0^\pi C_p \cos\theta \, d\theta$$

onde b e D são o comprimento e o diâmetro do cilindro. Para obter C_{Dp}, nós devemos integrar a função $C_p \cos\theta$ de $\theta = 0$ até $\theta = \pi$ radianos. Novamente, isto pode ser feito através de algum método numérico ou determinando a área debaixo da curva mostrada na Fig. E9.9b. O resultado é

$$C_{Dp} = 1{,}17 \quad \textbf{(1)}$$

Observe que a pressão positiva na parte frontal do cilindro ($0 \leq \theta \leq 34°$) e a pressão negativa (menor do que aquela a montante do cilindro) na parte traseira ($90° \leq \theta \leq 180°$) produzem uma contribuição positiva para o arrasto. A pressão negativa na parte frontal do cilindro ($34° \leq \theta \leq 90°$)

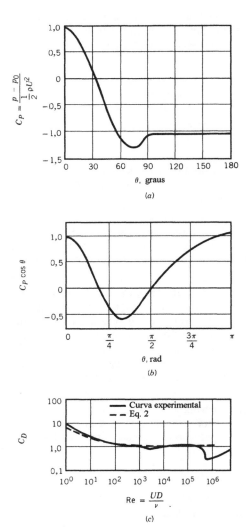

Figura E9.9

reduz o arrasto e empurra o cilindro no sentido contrário ao do escoamento. A parte positiva da área debaixo da curva de $C_p \cos \theta$ é maior que a parte negativa - isto indica que existe um arrasto devido à pressão. Na ausência de viscosidade, estas duas contribuições seriam iguais e não haveria arrasto devido à pressão (nem devido ao atrito).

O arrasto total sobre o cilindro é a soma do arrasto devido à pressão com o arrasto devido ao atrito. Assim, combinando a Eq. (1) do Exemplo 9.8 com a Eq. (1) deste exemplo, nós obtemos o coeficiente de arrasto, isto é,

$$C_D = C_{Df} + C_{Dp} = \frac{5{,}93}{\sqrt{\mathrm{Re}}} + 1{,}17 \tag{2}$$

A comparação entre este resultado e os valores experimentais típicos (veja a Fig. 9.23) está apresentada na Fig. E9.9c. Note que a concordância entre eles é muito boa dentro de uma faixa bastante ampla de número de Reynolds. Para Re < 10, a curva diverge porque o escoamento não é do tipo camada limite - as distribuições de pressão e de tensão de cisalhamento usadas para obter a Eq. (2) não são válidas neste tipo de escoamento. A drástica divergência das curvas quando Re > 3 × 10⁵ é devida a mudança de escoamento laminar para turbulento na camada limite (a distribuição de pressão não é mais descrita pela curva da Fig. E9.9a). Este aspecto será discutido na Sec. 9.3.3.

É interessante comparar o arrasto devido ao atrito com o arrasto total no cilindro. Isto é,

$$\frac{C_{Df}}{C_D} = \frac{5,93/\sqrt{Re}}{(5,93/\sqrt{Re})+1,17} = \frac{1}{1+0,197\sqrt{Re}}$$

Para Re = 10^3, 10^4 e 10^5 esta proporção é, respectivamente, 0,138, 0,0483 e 0,0158. Observe que a maior parte do arrasto sobre o cilindro é provocada pelo arrasto devido à pressão (que é um resultado da separação da camada limite).

9.3.3 Dados de Coeficientes de Arrasto e Exemplos

Nós mostramos, nas seções anteriores, que o arrasto total num corpo é produzido pelos efeitos da pressão e da tensão de cisalhamento na superfície do corpo. Normalmente, estes dois efeitos são considerados conjuntamente e produzem um coeficiente de arrasto total, C_D. Nós podemos encontrar muitas informações sobre este coeficiente de arrasto na literatura. Por exemplo, existem dados para escoamentos viscosos incompressíveis sobre objetos com formas muito variadas. Nesta seção nos consideraremos somente uma parte representativa destas informações. Dados adicionais podem ser obtidos em outras fontes (por exemplo, Refs. [5 e 6]).

Dependência da Forma. É claro que o coeficiente de arrasto sobre um objeto depende de sua forma. O formato de um objeto pode variar desde uma forma aerodinâmica até uma rombuda. O arrasto sobre uma elipse com relação de aspecto l/D, onde D e l são a espessura e o comprimento paralelo ao escoamento, ilustra esta dependência. A Fig. 9.19 mostra como varia o coeficiente de arrasto da elipse, $C_D = D/(\rho U^2 bD/2)$, baseado na sua área frontal $A = bD$ (onde b é o comprimento do corpo na direção normal ao escoamento). Note que, quanto mais rombuda for a elipse, maior será o arrasto sobre ela. Note que se $l/D = 0$ (i.e. uma placa plana normal ao escoamento) nós obtemos $C_D = 1,9$ e com $l/D = 1$ nós encontramos o valor de C_D referente ao cilindro. É importante observar que o valor de C_D diminui quando a relação l/D aumenta (◉ 9.5 – Movimento de um pára-quedas).

Quando $l/D \to \infty$, a elipse se comporta como uma placa plana paralela ao escoamento. Nestes casos, o arrasto devido ao atrito é maior que o arrasto devido à pressão e o valor de C_D baseado na área frontal, $A = bD$, cresce com o aumento de l/D. (Isto ocorre para valores de l/D maiores do que aqueles mostrados na Fig. 9.19).

A área projetada no plano perpendicular ao plano da figura, $A = bl$, é utilizada na definição do coeficiente de arrasto quando o corpo é extremamente fino (i.e., uma elipse com $l/D \to \infty$, uma placa plana ou um aerofólio muito fino). Isto é feito porque a tensão de cisalhamento atua em superfícies muito mais parecidas com esta do que com a frontal (que é pequena para corpos finos). A Fig. 9.19 mostra o comportamento do coeficiente de arrasto da elipse baseado na área projetada, $C_D = D/(\rho U^2 bl/2)$. É óbvio que o arrasto obtido com a utilização destas duas expressões para uma dada elipse será o mesmo (é um modo diferente de apresentar a mesma informação).

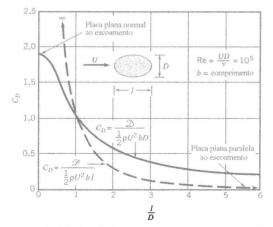

Figura 9.19 Coeficiente de arrasto para uma elipse com área frontal igual a bD ou área de seção transversal no plano perpendicular à figura igual a bl (Ref. [5]).

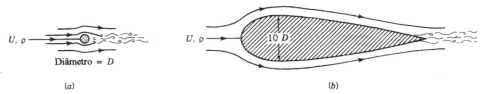

Figura 9.20 Dois objetos com formas diferentes mas que apresentam o mesmo arrasto: (a) cilindro com $C_D = 1,2$ e (b) aerofólio com $C_D = 0,12$.

O formato do corpo pode ter um efeito considerável no arrasto. Inacreditavelmente, o arrasto nos dois corpos mostrados em escala na Fig. 9.20 é o mesmo. A largura da esteira criada no aerofólio é muito fina quando comparada àquela do cilindro (que apresenta um diâmetro pequeno).

Dependência do Número de Reynolds O coeficiente de arrasto depende muito do número de Reynolds do escoamento onde o corpo está imerso. Estes escoamentos podem ser classificados do seguinte modo: (1) escoamentos com número de Reynolds muito baixos, (2) com número de Reynolds moderados e (3) com número de Reynolds muito altos (camada limite turbulenta). O comportamento do coeficiente de arrasto em cada tipo de escoamento será apresentado a seguir.

Os escoamento com número de Reynolds baixos (Re < 1) são controlados por um balanço entre as forças viscosas e as de pressão. As forças de inércia são muito pequenas. Nestas circunstâncias, o arrasto é função da velocidade a montante, U, do tamanho do corpo, l, e da viscosidade dinâmica, μ. Assim,

$$D = f(U, l, \mu)$$

A partir de considerações adimensionais (vide Seção 7.7.1)

$$D = C\mu l U \tag{9.38}$$

onde o valor da constante C depende da forma do corpo. Se nós adimensionalizarmos a Eq. 9.38, utilizando a definição padrão de coeficiente de arrasto, temos,

Tabela 9.4 Coeficiente de atrito para escoamentos com números de Reynolds baixos (Ref. [7]). (Re = $\rho UD/\mu$, $A = \pi D^2/4$)

Objeto	C_D = (Arrasto)/($\rho U^2 A/2$) (para Re ≤ 1)
a. Disco circular normal ao escoamento	20,4/Re
b. Disco circular paralelo ao escoamento	13,6/Re
c. Esfera	24,0/Re
d. Hemisfério	22,2/Re

$$C_D = \frac{D}{\frac{1}{2}\rho U^2 l^2} = \frac{2C\mu l U}{\rho U^2 l^2} = \frac{2C}{\mathrm{Re}}$$

onde Re = $\rho\, Ul/\mu$. A utilização da pressão dinâmica, $\rho U^2/2$, na definição do coeficiente de arrasto para os escoamentos com números de Reynolds muito baixos (Re<1) é um tanto enganosa porque introduz a massa específica na análise do fenômeno. Lembre que esta propriedade do fluido não é importante neste tipo de escoamento (a inércia não é importante). A utilização da definição padrão de coeficiente de arrasto resulta numa dependência de 1/Re para o coeficiente quando Re é pequeno.

A Tab. 9.4 apresenta valores típicos de C_D para escoamento com números de Reynolds baixos em torno de alguns corpos. Normalmente, os resultados relativos aos escoamentos com números de Reynolds baixos são válidos até Reynolds igual a 1. É interessante notar que o arrasto sobre um disco normal ao escoamento é somente 1,5 vezes maior do que aquele sobre um disco paralelo ao escoamento. Esta proporção se torna significativa quando o número de Reynolds do escoamento aumenta (veja o Exemplo 9.1). Nós podemos obter uma redução considerável do coeficiente de atrito com a utilização de um corpo com formato aerodinâmico (i.e. um corpo delgado) se o número de Reynolds do escoamento é alto. Entretanto, se o número de Reynolds é baixo, a utilização de corpos com este formato pode aumentar o arrasto devido a um aumento da área onde atuam as forças de cisalhamento.

Exemplo 9.10

Um pequeno grão de areia; com diâmetro $K = 0{,}10$ mm e densidade (SG) igual a 2,3; decanta para o fundo de um lago depois de ter sido agitado por um barco que passou. Determine a velocidade do movimento do grão de areia admitindo que a água do lago está estagnada.

Figura E9.10

Solução A Fig. E9.10 mostra o diagrama de corpo livre da partícula (o observador está solidário a partícula). A partícula se move para baixo com velocidade U que é definida por um balanço entre o peso da partícula, W, a força de empuxo, F_B, e o arrasto da água sobre a partícula, D. Utilizando o diagrama,

$$W = D + F_B$$

onde

$$W = \gamma_{\mathrm{areia}}\, \mathcal{V} = SG\, \gamma_{H_2O}\, \frac{\pi}{6} K^3 \qquad (1)$$

e

$$F_B = \gamma_{H_2O}\, \mathcal{V} = \gamma_{H_2O}\, \frac{\pi}{6} K^3 \qquad (2)$$

Nós vamos admitir que o número de Reynolds do escoamento é pequeno (Re < 1) porque o diâmetro da partícula é pequeno. Assim, $C_D = 24/\mathrm{Re}$ (veja a Tab. 9.4) e o arrasto na partícula é

$$D = \frac{1}{2}\rho_{H_2O} U^2 \frac{\pi}{4} K^2 C_D = \frac{1}{2}\rho_{H_2O} U^2 \frac{\pi}{4} K^2 \left(\frac{24}{\rho_{H_2O} U K / \mu_{H_2O}} \right)$$

ou

$$D = 3\pi\, \mu_{H_2O}\, U K \qquad (3)$$

524 Fundamentos da Mecânica dos Fluidos

Nós devemos conferir se esta hipótese é válida ou não. A equação (3) é conhecida como a lei de Stokes em homenagem ao matemático e físico inglês G.G. Stokes (1819-1903). Combinando as Eqs. (1), (2) e (3), obtemos,

$$SG\gamma_{H_2O}\frac{\pi}{6}K^3 = 3\pi\mu_{H_2O}UK + \gamma_{H_2O}\frac{\pi}{6}K^3$$

Como $\gamma = \rho g$,

$$U = \frac{(SG\rho_{H_2O} - \rho_{H_2O})gK^2}{18\mu} \tag{4}$$

Nós vamos admitir que a temperatura da água do lago é 16 °C. As propriedades da água podem ser encontradas no Apen. B, ou seja, $\rho_{H_2O} = 999$ kg/m³ e $\mu_{H_2O} = 1{,}12 \times 10^{-3}$ N·s/m². Aplicando estes valores na Eq. (4), temos

$$U = \frac{(2{,}3-1)(999)(9{,}81)(0{,}10\times 10^{-3})^2}{18(1{,}12\times 10^{-3})} = 6{,}32\times 10^{-3} \text{ m}^2$$

O número de Reynolds deste escoamento é

$$\text{Re} = \frac{\rho UD}{\mu} = \frac{(999)(0{,}10\times 10^{-3})(0{,}00632)}{1{,}12\times 10^{-3}} = 0{,}564$$

Como Re < 1, o coeficiente de arrasto utilizado é válido, ou seja, a hipótese inicial foi verificada.

Note que $U = 0$ se a densidade da partícula for a mesma do fluido [analise a Eq. (4)]. Observe também que a velocidade da partícula foi considerada constante (conhecida como velocidade terminal). Isto é, nós desprezamos o período de aceleração da partícula do repouso até a velocidade terminal. Como a velocidade terminal é pequena, o tempo de aceleração também é pequeno. Para objetos mais rápidos (como um pára-quedista em queda livre), a análise do movimento inicial do objeto pode ser importante.

Os escoamentos com número de Reynolds moderados tendem a apresentar uma estrutura do tipo camada limite. O coeficiente de arrasto tende a diminuir suavemente com o número de Reynolds nos escoamentos sobre corpos aerodinâmicos. A relação $C_D \sim \text{Re}^{-1/2}$, que é válida para escoamentos laminares numa placa plana, é um exemplo deste comportamento (veja a Tab. 9.3). Os escoamentos com números de Reynolds moderados sobre corpos rombudos geralmente produzem coeficientes de arrasto relativamente constantes. O valor de C_D para esferas e cilindros circulares mostrados na Fig. 9.21a indicam esta característica na faixa de $10^3 < \text{Re} < 10^5$.

A Fig. 9.21b mostra as estruturas do campo do escoamento relativas aos pontos indicados na Fig. 9.21a. Note que, para um dado corpo, existem inúmeras condições de escoamento (que podem ser identificadas pelo valor do número de Reynolds). Nós recomendamos que você analise as fotografias destes escoamentos apresentadas nas Refs. [8 e 31].

Nós detectamos, em muitos corpos, uma mudança abrupta no caráter do coeficiente de arrasto quando a camada limite se torna turbulenta. Esta situação está ilustrada na Fig. 9.15 (para a placa plana) e na Fig. 9.21 (para esferas e cilindros). Note que o número de Reynolds no qual ocorre a transição é função da forma do corpo (◉ 9.6 – Sinal oscilatório).

O coeficiente de arrasto aumenta quando a camada limite se torna turbulenta nos corpos aerodinâmicos porque a maior parte do arrasto é devida à força de cisalhamento (que é muito maior no escoamento turbulento do que no laminar). Por outro lado, o coeficiente de arrasto para um corpo relativamente rombudo, como um cilindro ou esfera, realmente diminui quando a camada limite se torna turbulenta. Como será discutido na Seção 9.2.6, uma camada limite turbulenta pode se desenvolver ao longo de uma superfície com um gradiente de pressão adverso (esta situação ocorre na parte posterior de um cilindro e antes do ponto de separação). O resultado deste processo é que a esteira é mais fina e o arrasto devido à pressão se torna menor no escoamento turbulento. A Fig. 9.21 mostra que o valor de C_D diminui abruptamente na faixa $10^5 < \text{Re} < 10^6$. Numa parte desta faixa, o arrasto real (não somente o coeficiente de arrasto) diminui com o aumento da velocidade. É interessante observar que seria muito difícil controlar o vôo em regime permanente de um

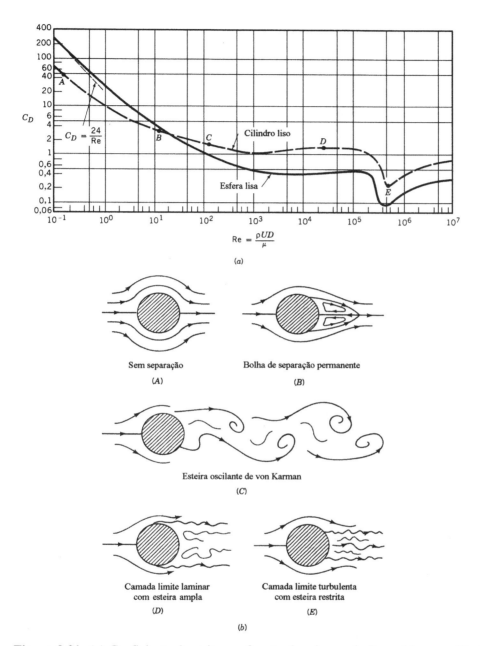

Figura 9.21 (*a*) Coeficiente de atrito em função do número de Reynolds para cilindros e esferas com superfícies lisas e (*b*) Estruturas típicas dos escoamentos referentes aos pontos indicados no gráfico.

objeto nesta faixa pois um aumento na velocidade requer uma diminuição da potência utilizada para o vôo. Em todas as outras faixas no número de Reynolds, o arrasto aumenta com um aumento da velocidade a montante do objeto (mesmo que C_D diminua com Re).

Para corpos extremamente rombudos, como uma placa plana perpendicular ao escoamento, o escoamento separa na borda da placa e isto independe da natureza do escoamento na camada limite. Assim, o coeficiente de arrasto mostra uma dependência muito pequena em relação ao número de Reynolds. A Fig. 9.22 mostra como variam os coeficientes de arrasto em função do nú-

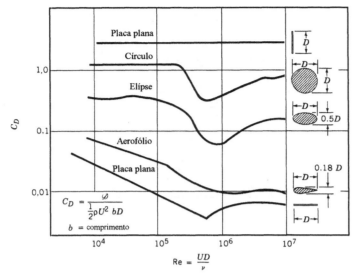

Figura 9.22 Comportamento do coeficiente de atrito em função do número de Reynolds para vários corpos (escoamentos bidimensionais) (Ref. [5]).

mero de Reynolds para uma série de corpos bidimensionais. As características descritas anteriormente ficam claras se analisarmos cuidadosamente a figura.

Exemplo 9.11

O granizo é produzido pela repetida ascensão e queda de partículas de gelo em correntes ascendentes de uma tempestade (veja a Fig. E9.11). Quando o granizo se torna grande o suficiente, o arrasto aerodinâmico de ascensão não pode suportar o peso do granizo e este cai da nuvem tempestuosa. Estime a velocidade da corrente ascendente, U, necessária para produzir um granizo com diâmetro, K, igual a 38 mm (i.e. do tamanho de uma bola de golfe).

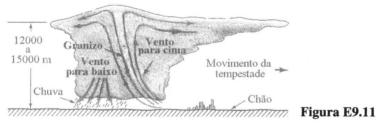

Figura E9.11

Solução Como foi apresentado no Exemplo 9.10, o balanço de forças para um corpo que cai, em regime permanente, num fluido resulta em

$$W = D + F_B$$

onde $F_B = \gamma_{ar} \mathcal{V}$ é a força de empuxo do ar sobre a partícula, $W = \gamma_{gelo} \mathcal{V}$ é o peso da partícula, e D é o arrasto aerodinâmico. Esta equação pode ser rescrita como

$$\frac{1}{2} \rho_{ar} U^2 \frac{\pi}{4} K^2 C_D = W - F_B. \tag{1}$$

Com $\mathcal{V} = \pi K^3/6$ e desde que $\gamma_{gelo} \gg \gamma_{ar}$ (i.e. $W \gg F_B$), a Eq. 1 pode ser simplificada e fornecer

$$U = \left(\frac{4}{3} \frac{\rho_{gelo}}{\rho_{ar}} \frac{g K}{C_D} \right)^{1/2} \tag{2}$$

Aplicando $\rho_{gelo} = 948{,}3$ kg/m³, $\rho_{ar} = 1{,}22$ kg/m³ e $K = 38$ mm na Eq. (2), temos

$$U = \left[\frac{4}{3}\frac{(948,3)}{(1,22)}\frac{9,8(38\times10^{-3})}{C_D}\right]^{1/2}$$

ou

$$U = \frac{19,7}{\sqrt{C_D}} \tag{3}$$

Para determinar U, nós devemos conhecer C_D. No entanto, o coeficiente de atrito depende do número de Reynolds (veja a Fig. 9.21) que não é conhecido. Assim, nós temos que usar um método iterativo para obter a solução deste problema (o método é similar aqueles utilizados na Sec. 8.5).

A Fig. 9.21 indica que C_D é próximo de 0,5. Assim, nós vamos admitir que $C_D = 0,5$. Aplicando este valor na Eq. (3),

$$U = \frac{19,7}{\sqrt{0,5}} = 27,9 \text{ m/s}$$

O número de Reynolds correspondente a esta velocidade (admitindo $v = 1,45 \times 10^{-5}$ m²/s) é

$$\text{Re} = \frac{UK}{v} = \frac{27,9(38\times10^{-3})}{1,45\times10^{-5}} = 7,3\times10^4$$

O valor de C_D que corresponde a este número de Reynolds na Fig. 9.23 é 0,5. Nós já obtemos a resposta do problema porque o valor admitido para o coeficiente de arrasto também é igual a 0,5.

$$U = 27,9 \text{ m/s}$$

Este resultado foi obtido utilizando as propriedades do ar ao nível do mar. Se utilizarmos as propriedades referentes a uma altitude de 6000 m ($\rho_{ar} = 0,66$ kg/m³ e $\mu_{ar} = 1,60 \times 10^{-5}$ N·s/m² – veja a Tab. C.1) nós encontramos $U = 37,8$ m/s.

A Eq. (2) mostra que quanto maior o granizo mais forte tem que ser a corrente ascendente de ar. Pedras de granizo com "diâmetros" maiores do que 152 mm já foram encontradas. Normalmente, o granizo não é esférico e não apresenta superfície lisa. Todavia, as velocidades de ascensão calculadas do modo indicado neste exemplo concordam com os valores medidos.

Efeitos de Compressibilidade Toda as discussões anteriores sobre o arrasto estão restritas aos escoamento incompressíveis. Se a velocidade do objeto é suficientemente alta, os efeitos da compressibilidade se tornam importantes e o coeficiente de arrasto passa a depender do número de Mach, Ma = U/c, onde c é velocidade do som no fluido. A introdução dos efeitos do número de Mach traz complicações pois o arrasto para um dado objeto passa a ser função dos números de Reynolds e Mach – $C_D = \phi$ (Re, Ma). Os efeitos dos números de Mach e Reynolds são fortemente interligados pois são proporcionais a velocidade do escoamento a montante do corpo. Por exemplo, tanto Re quanto Ma aumentam quando a velocidade do vôo de um avião aumenta.

A relação entre o coeficiente de arrasto e os números de Reynolds e Mach é muito complexa (Ref. [13]). Todavia as seguintes simplificações são freqüentemente aceitas. Se o número de Mach é baixo, o coeficiente de arrasto é essencialmente independente de Ma (veja a Fig. 9.23). Para esta situação, se Ma < 0,5, os feitos de compressibilidade não são importantes. Por outro lado, para escoamentos com números de Mach altos, o coeficiente de arrasto pode ser fortemente dependente de Ma e os efeitos provocados pelo número de Reynolds se tornam secundários.

Os valores de C_D aumentam dramaticamente nas vizinhanças de Ma = 1 (i.e. escoamento sônico) para a maioria dos objetos. Esta mudança de natureza, indicada na Fig. 9.24, é devida a existência de ondas de choque (regiões extremamente finas no campo de escoamento onde os parâmetros do escoamento mudam de forma descontínua) que serão discutidas no Cap. 11. As ondas de choque, que não podem existir em escoamentos subsônicos, fornecem um mecanismo de geração de arrasto que não está presente nos escoamentos com velocidades relativamente baixas.

O comportamento do coeficiente de arrasto em função do número de Mach dos corpos rombudos é diferente daquele dos corpos pontiagudos. A Fig. 9.24 mostra que os corpos pontiagudos apresentam arrasto máximo nas vizinhanças de Ma = 1 (escoamento sônico) enquanto que o coeficiente dos corpos rombudos aumenta muito antes de Ma = 1. Este comportamento é devido a

528 Fundamentos da Mecânica dos Fluidos

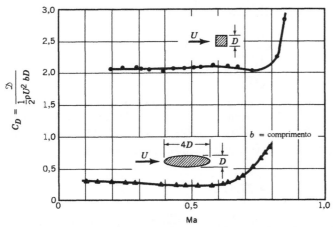

Figura 9.23 Coeficiente de arrasto em função do número de Mach para corpos bidimensionais imersos em escoamentos subsônicos (Ref. [5]).

natureza das estruturas das ondas de choque e da separação do escoamento. O bordo de ataque das asas de aeronaves subsônicas são geralmente arredondados e rombudos enquanto que os bordos de ataque de aeronaves supersônicas são pontiagudos. Maiores informações sobre estes tópicos podem ser encontradas em textos dedicados aos escoamentos compressíveis e aerodinâmica (por exemplo, veja as Refs. [9, 10 e 29]).

Rugosidade Superficial A Fig. 9.15 mostra que o arrasto numa placa plana paralela ao escoamento depende muito da rugosidade superficial da placa se a camada limite for turbulenta. Nestes casos, a rugosidade superficial interage com a sub-camada laminar do escoamento (veja a Sec. 8.4) e altera a tensão de cisalhamento. Além de aumentar a tensão de cisalhamento turbulenta, a rugosidade pode alterar o valor do número de Reynolds de transição. Assim, a região ocupada pela camada limite turbulenta sobre uma placa rugosa pode ser maior do que a coberta numa placa lisa. Note que isto também contribui para aumentar o arrasto na placa.

Geralmente, nos corpos aerodinâmicos, o arrasto aumenta com o aumento da rugosidade superficial. É interessante ressaltar que são tomados grandes cuidados no projeto das asas de aviões

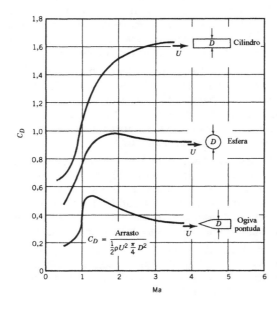

Figura 9.24 Coeficiente de arrasto em função do número de Mach para objetos imersos em escoamentos supersônicos (adaptado da Ref.[19]).

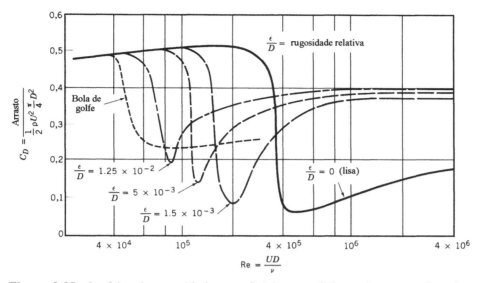

Figura 9.25 O efeito da rugosidade superficial no coeficiente de arrasto de esferas na faixa de número de Reynolds em que a camada limite laminar se torna turbulenta (Ref. [5]).

para que estas sejam lisas (a presença de rebites e cabeças de parafusos podem interferir de modo significativo no escoamento e causar um aumento considerável no arrasto). Por outro lado, para um corpo extremamente rombudo, como uma placa plana normal ao escoamento, o arrasto é independente da rugosidade superficial, pois a tensão de cisalhamento não está na direção do escoamento a montante do corpo e, por isso, não contribui em nada para o arrasto.

Para corpos rombudos, como um cilindro circular ou esfera, um aumento na rugosidade superficial pode realmente causar uma diminuição no arrasto. Isto é ilustrado para uma esfera na Fig. 9.25. Como foi discutido na Sec. 9.2.6, quando o número de Reynolds atinge um valor crítico (Re = 3×10^5 para uma esfera lisa), a camada limite se torna turbulenta e a região de esteira (posicionada atrás da esfera) fica consideravelmente mais estreita do que na situação laminar (veja a Fig. 9.17). O resultado disto é uma queda considerável no arrasto devido à pressão e um leve aumento no arrasto devido ao atrito, que combinados proporcionam um arrasto total menor. A camada limite numa esfera pode se tornar turbulenta com um número de Reynolds mais baixo se a superfície for rugosa. Por exemplo, o número de Reynolds crítico para uma bola de golfe é aproximadamente igual a 4×10^4. Na faixa $4 \times 10^4 <$ Re $< 4 \times 10^5$, o arrasto sobre uma bola de golfe padrão é consideravelmente menor do que numa bola lisa ($C_{Drugosa}/C_{Dlisa} \sim 0{,}25/0{,}5 = 0{,}5$). Como será mostrado no Exemplo 9.12, as bolas de golfe bem tacadas apresentam números de Reynolds dentro da faixa indicada. Já os números de Reynolds das bolas de tênis de mesa bem rebatidas é menor que Re = 4×10^4. Por este motivo as bolas de tênis são lisas.

Exemplo 9.12

Uma bola de golfe bem tacada (diâmetro K = 42,9 mm e peso W = 0,44 N) deixa o taco com velocidade U = 61,0 m/s. Uma bola de tênis de mesa bem rebatida (diâmetro K = 38,1 mm e peso W = $2{,}45 \times 10^{-2}$ N) deixa a raquete com velocidade U = 18,3 m/s. Determine o arrasto numa bola de golfe padrão, numa bola de golfe lisa, e numa bola de tênis de mesa para as condições dadas. Determine, também, a desaceleração em cada bola para as condições fornecidas no problema.

Solução O arrasto em cada bola pode ser determinado com

$$D = \frac{1}{2}\rho U^2 \frac{\pi}{4} K^2 C_D \tag{1}$$

onde o coeficiente de arrasto, C_D, pode ser encontrado na Fig. 9.25 em função do número de Reynolds e da rugosidade superficial. Nós vamos admitir que a temperatura do ar é 20 °C e que a pressão é a padrão. Utilizando as propriedades do ar (veja as tabelas do Apen. B), temos que o número de Reynolds para a bola de golfe é

530 Fundamentos da Mecânica dos Fluidos

$$\text{Re} = \frac{UD}{v} = \frac{61,0 \left(42,9 \times 10^{-3}\right)}{1,51 \times 10^{-5}} = 1,73 \times 10^5$$

e o da bola de tênis de mesa é

$$\text{Re} = \frac{UD}{v} = \frac{18,3 \left(38,1 \times 10^{-3}\right)}{1,51 \times 10^{-5}} = 4,62 \times 10^4$$

Os coeficientes de arrasto correspondentes são $C_D = 0,25$ para a bola de golfe padrão, $C_D = 0,51$ para a bola de golfe lisa e $C_D = 0,50$ para a bola de tênis de mesa. Aplicando a Eq. (1) para a bola de golfe padrão,

$$D = \frac{1}{2}(1,20)(61,0)^2 \frac{\pi}{4} \left(42,9 \times 10^{-3}\right)^2 0,25 = 0,81 \text{ N}$$

para a bola de golfe lisa,

$$D = \frac{1}{2}(1,20)(61,0)^2 \frac{\pi}{4} \left(42,9 \times 10^{-3}\right)^2 0,51 = 1,65 \text{ N}$$

e para a bola de tênis de mesa,

$$D = \frac{1}{2}(1,20)(18,3)^2 \frac{\pi}{4} \left(38,1 \times 10^{-3}\right)^2 0,50 = 0,11 \text{ N}$$

As desacelerações correspondentes são dadas por $a = D/m = gD/W$, onde m é a massa da bola. Assim, as desacelerações relativas a aceleração da gravidade, $a/g = D/W$, são

$$\frac{a}{g} = \frac{0,81}{0,44} = 1,84 \quad \text{para a bola de golfe padrão}$$

$$\frac{a}{g} = \frac{1,65}{0,44} = 3,75 \quad \text{para a bola de golfe lisa}$$

$$\frac{a}{g} = \frac{0,11}{2,45 \times 10^{-2}} = 4,49 \quad \text{para a bola de tênis de mesa}$$

Observe que a desaceleração na bola de golfe padrão (rugosa) é bem menor do que aquela na bola lisa. Devido a alta razão arrasto – peso, a bola de tênis de mesa desacelera rapidamente e não pode alcançar as distâncias percorridas pelas bolas de golfe.

A faixa de números de Reynolds na qual a bola de golfe rugosa apresenta menos arrasto do que a bola lisa (i.e. 4×10^4 a 4×10^5) corresponde a velocidades entre 13 e 137 m/s. Esta faixa engloba as tacadas da grande maioria dos golfistas. Como será discutido na Sec. 9.4.2, as cavidades das bolas de golfe também ajudam a produzir uma sustentação (devido ao "spin" da bola) que permite a bola ir mais longe do que uma bola lisa.

Efeitos do número de Froude O coeficiente de arrasto também é influenciado pelo número de Froude, $\text{Fr} = U/(gl)^{1/2}$. Como será apresentado no Cap. 10, o número de Froude é uma razão entre a velocidade ao longe e uma velocidade típica de onda na interface de dois fluidos (como a interface do oceano). Um objeto que se desloca numa superfície livre, como um navio, normalmente produz ondas que requerem uma fonte de energia para serem geradas. Esta energia provém do navio e se manifesta como um arrasto (◉ 9.7 – "Jet ski"). A natureza das ondas produzidas sempre é função do número de Froude do escoamento e da forma do objeto - as ondas geradas por um esqui aquático "cortando" a água com velocidade baixa (baixo Fr) são diferentes daquelas geradas pelo esqui "planando" sobre a superfície com alta velocidade (alto Fr).

Assim, o coeficiente de arrasto para as embarcações de superfície é uma função dos números de Reynolds (efeitos viscosos) e Froude (efeitos de produção de ondas); $C_D = \phi$ (Re, Fr). Como foi discutido no Cap. 7, normalmente é muito difícil testar um modelo em condições semelhantes aquelas do protótipo (i.e. números de Re e Fr iguais para o modelo e o protótipo). Felizmente, os efeitos viscosos e de onda podem ser separados e o arrasto total passa a ser igual a soma dos dois tipos de arrasto. Uma discussão detalhada deste assunto pode ser encontrada, por exemplo, na Ref. [11].

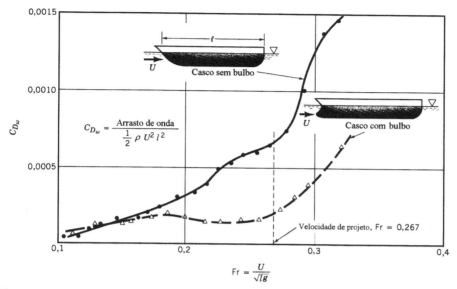

Figura 9.26 Dados típicos do coeficiente de arrasto de onda para cascos em função do número de Froude e do formato do casco (adptado da Ref. [25]).

A Fig. 9.26 mostra que o arrasto devido a geração de ondas pode ser uma função complexa do número de Froude e do formato do corpo. A dependência "sinuosa" do coeficiente de arrasto de onda, C_{D_w}, em relação ao número de Froude é provocada pela estrutura das ondas produzidas pelo casco (que depende muito da velocidade do navio ou, na forma adimensional, do número de Froude). Note que o coeficiente de arrasto devido a geração de ondas também depende do formato do casco. Por exemplo, a influência da onda de proa, que normalmente é a que mais contribui para o arrasto, pode ser reduzida com a utilização de um bulbo na proa do casco (veja a Fig. 9.26). Nesta circunstância, o corpo mais hidrodinâmico (casco sem bulbo) apresenta um arrasto maior do que aquele que é menos hidrodinâmico.

Arrasto de Corpos Compostos Nós podemos estimar o arrasto num corpo complexo a partir da decomposição do corpo em várias partes. Por exemplo, o arrasto em um avião pode ser aproximado somando-se o arrasto produzido por seus vários componentes - as asas, a fuselagem, a cauda e outros. Deve ser tomado muito cuidado nesta abordagem devido as interações entre os escoamentos sobre as várias partes. Por exemplo, o escoamento sobre a base de uma asa (próximo a interseção asa-fuselagem) é consideravelmente alterado pela fuselagem. Assim, não é muito correto apenas somar os componentes do arrasto para obter o arrasto no objeto inteiro. Entretanto, este tipo de aproximação freqüentemente fornece estimativas razoáveis.

Exemplo 9.13

Um vento de 26,8 m/s sopra sobre a caixa d'água esboçada na Fig. E9.13a. Estime o torque, M, necessário para manter a base da torre estática.

Solução Nós vamos tratar a torre de água como uma esfera localizada na ponta de um cilindro e também vamos admitir que o arrasto total é a soma do arrasto das partes. A Fig. E9.13b mostra o diagrama de corpo-livre da torre. Somando os momentos sobre a base da torre, temos

$$M = \mathcal{D}_s\left(b + \frac{D_s}{2}\right) + \mathcal{D}_c\left(\frac{b}{2}\right) \quad (1)$$

onde

$$\mathcal{D}_s = \frac{1}{2}\rho U^2 \frac{\pi}{4} D_s^2 C_{Ds} \quad (2)$$

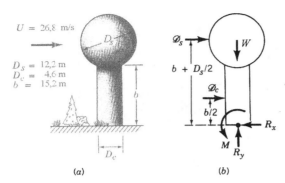

(a)   (b)   **Figura E9.13**

e

$$\mathcal{D}_c = \frac{1}{2}\rho U^2 \frac{\pi}{4} D_c \, C_{Dc} \qquad (3)$$

são, respectivamente, o arrasto na esfera e o no cilindro. Considerando que a temperatura é 15 °C e que a pressão é a padrão, os números de Reynolds são,

$$\text{Re}_s = \frac{UD_s}{\nu} = \frac{26,8\,(12,2)}{1,47\times10^{-5}} = 2,22\times10^7$$

e

$$\text{Re}_c = \frac{UD_c}{\nu} = \frac{26,8\,(4,6)}{1,47\times10^{-5}} = 8,38\times10^6$$

Os coeficientes de arrasto correspondentes, C_{Ds} e C_{Dc} podem ser encontrados na Fig. 9.21, ou seja,

$$C_{Ds} \approx 0,3 \quad \text{e} \quad C_{Dc} \approx 0,7$$

Observe que o valor de C_{Ds} foi obtido com uma extrapolação (este procedimento pode ser muito perigoso!). Utilizando as Eqs. (2) e (3), temos

$$D_s = \frac{1}{2}(1,23)(26,8)^2 \frac{\pi}{4}(12,2)^2\, 0,3 = 15491\,\text{N}$$

e

$$D_s = \frac{1}{2}(1,23)(26,8)^2 (15,2\times4,6)0,7 = 21619\,\text{N}$$

O torque necessário para manter a caixa d'água equilibrada é

$$M = 15491\left(15,2+\frac{12,2}{2}\right)+21619\left(\frac{15,2}{2}\right)=494263\,\text{N}\cdot\text{m}$$

Este resultado é somente uma estimativa do torque necessário para manter equilibrada a caixa d'água porque: (a) provavelmente, o vento não é uniforme do topo da torre até o chão; (b) a torre não é exatamente uma combinação de uma esfera lisa com um cilindro circular; (c) o cilindro não tem comprimento infinito; (d) existe alguma interação entre o escoamento sobre o cilindro e sobre a esfera de modo que o arrasto resultante não é exatamente igual a soma dos dois arrastos calculados isoladamente e (e) o valor do coeficiente de arrasto da esfera foi obtido por extrapolação. Entretanto, os resultados obtidos deste modo são razoavelmente próximos dos reais.

O arrasto aerodinâmico em automóveis também pode ser estimado com o procedimento dos corpos compostos. A potência necessária para movimentar um carro numa rua é utilizada para vencer a resistência ao rolamento e o arrasto aerodinâmico. O arrasto aerodinâmico se torna importante quando a velocidade se torna superior a 48 km/h. A contribuição do arrasto devida as várias partes de um carro tem sido determinada através de testes de modelos (alguns construídos na escala 1:1) e simulações numéricas. A realização destes experimentos tornou possível prever o arrasto aerodinâmico em automóveis de vários tipos (◉ 9.8 – Arrasto num caminhão).

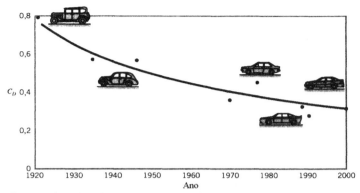

Figura 9.27 Tendência histórica da redução do coeficiente de arrasto dos automóveis (adptado da Ref. [5]).

Forma	Área de Referência A (b = comprimento)	Coeficiente de arrasto $C_D = \dfrac{D}{\frac{1}{2}\rho U^2 A}$	Número de Reynolds $\mathrm{Re} = UD\rho/\mu$
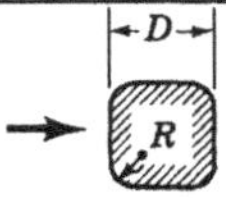 Barra quadrada com cantos arredondados	$A = bD$	R/D C_D 0 2,2 0,02 2,0 0,17 1,2 0,33 1,0	$\mathrm{Re} = 10^5$
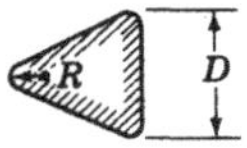 Triângulo eqüilátero com cantos arredondados	$A = bD$	R/D C_D $\rightarrow$ $\leftarrow$ 0 1,4 2,1 0,02 1,2 2,0 0,08 1,3 1,9 0,25 1,1 1,3	$\mathrm{Re} = 10^5$
 Casca semicircular	$A = bD$	$\rightarrow$ 2,3 $\leftarrow$ 1,1	$\mathrm{Re} = 2 \times 10^4$
 Cilindro semicircular	$A = bD$	$\rightarrow$ 2,15 $\leftarrow$ 1,15	$\mathrm{Re} > 10^4$
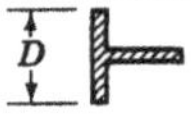 Barra T	$A = bD$	$\rightarrow$ 1,80 $\leftarrow$ 1,65	$\mathrm{Re} > 10^4$
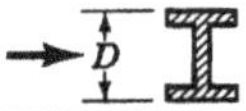 Barra I	$A = bD$	2,05	$\mathrm{Re} > 10^4$
 Barra L	$A = bD$	$\rightarrow$ 1,98 $\leftarrow$ 1,82	$\mathrm{Re} > 10^4$
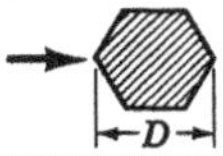 Hexágono	$A = bD$	1,0	$\mathrm{Re} > 10^4$
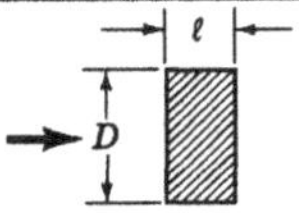 Retângulo	$A = bD$	l/D C_D $\leq 0,1$ 1,9 0,5 2,5 0,65 2,9 1,0 2,2 2,0 1,6 3,0 1,3	$\mathrm{Re} = 2 \times 10^5$

Figura 9.28 Coeficientes de arrasto típicos para objetos bidimensionais (Refs. [5 e 6]).

Forma	Área de Referência A	Coeficiente de arrasto C_D	Número de Reynolds Re
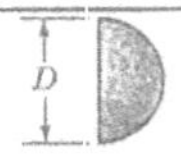 Hemisfério sólido	$A = \pi D^2/4$	→ 1,17 ← 0,42	Re > 10^4
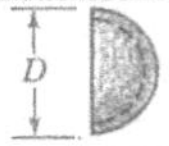 Hemisfério oco	$A = \pi D^2/4$	→ 1,42 ← 0,38	Re > 10^4
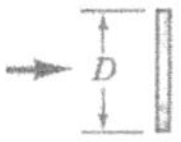 Disco fino	$A = \pi D^2/4$	1,1	Re > 10^3
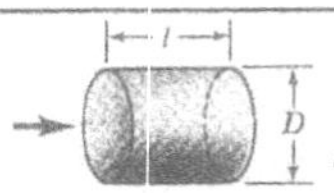 Eixo paralelo ao escoamento	$A = \pi D^2/4$	l/D C_D 0,5 1,10 1,0 0,93 2,0 0,83 4,0 0,85	Re > 10^5
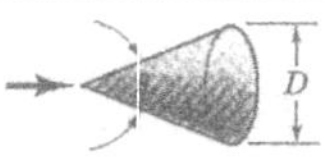 Cone	$A = \pi D^2/4$	θ, graus C_D 10 0,30 30 0,55 60 0,80 90 1,15	Re > 10^4
Cubo	$A = D^2$	1,05	Re > 10^4
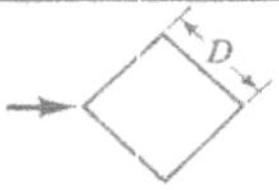 Cubo	$A = D^2$	0,80	Re > 10^4
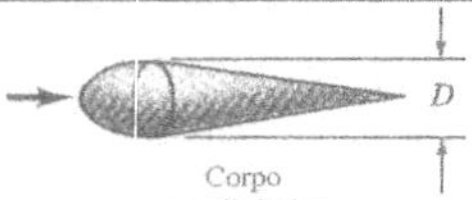 Corpo aerodinâmico	$A = \pi D^2/4$	0,04	Re > 10^5

Figura 9.29 Coeficientes de arrasto típicos para objetos tridimensionais (Ref. [5]).

Como está indicado na Fig. 9.27, o coeficiente de arrasto dos automóveis tem decrescido continuamente ao longo dos anos. Esta redução é um resultado do projeto mais cuidadoso das formas e dos detalhes do automóvel (por exemplo, os formatos dos espelhos retrovisores). Note que ocorreu uma diminuição significativa do arrasto com a redução da área projetada dos automóveis e, consequentemente, do consumo específico de combustível, especialmente em velocidades de cruzeiro em estrada. Informações adicionais sobre a aerodinâmica de veículos podem ser encontradas na literatura (por exemplo, veja a Ref. [30]).

Nós apresentamos, nesta seção, os efeitos de vários parâmetros importantes (forma, Re, Ma, Fr e rugosidade) no coeficiente de arrasto para vários objetos. Como foi dito anteriormente, a literatura contém muitas informações sobre os coeficientes de arrasto para uma grande variedade de objetos. Algumas destas informações estão apresentadas nas Figs. 9.28, 9.29 e 9.30 para vários objetos bidimensionais e tridimensionais. Lembre que o coeficiente de arrasto unitário é equivalente ao arrasto produzido pela pressão dinâmica atuando uma área A. Isto é, Arrasto $= 0,5\rho\ U^2AC_D = 0,5\rho\ U^2A$ se $C_D = 1$. Note que os objetos não aerodinâmicos apresentam coeficientes de arrasto com esta ordem de grandeza.

9.4 Sustentação

Qualquer objeto que se movimenta através de um fluido sofre a ação de uma força provocada pelo fluido. Se o objeto é simétrico, esta força atuará na direção do escoamento ao longe - o arrasto. Se o objeto não é simétrico (ou se este não produz um campo de escoamento simétrico, como o escoamento numa esfera girando), pode haver também uma força normal ao escoamento ao longe –

Forma	Área de referência	Coeficiente de arrasto, C_D
 Pára - quedas	Área Frontal $A = \pi D^2/4$	1,4
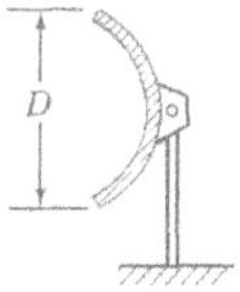 Antena parabólica porosa	Área Frontal $A = \pi D^2/4$	Porosidade 0 0,2 0,5 → 1,42 1,20 0,82 ← 0,95 0,90 0,80 Porosidade = área aberta/área total
 Pessoa média	de pé sentado agachado	$C_D A = 0{,}84\ m^2$ $C_D A = 0{,}56\ m^2$ $C_D A = 0{,}23\ m^2$
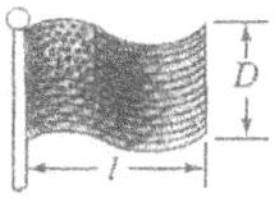 Bandeira panejando	$A = LD$	l/D C_D 1 0,07 2 0,12 3 0,15
 Empire State Building	Área frontal	1,4
 Trem com seis carros de passageiros	Área frontal	1,8
Bicicleta Comum	$A = 0{,}51\ m^2$	1,10
 Corrida	$A = 0{,}51\ m^2$	0,88
 "Drafting"	$A = 0{,}51\ m^2$	0,50
 Aerodinâmica	$A = 0{,}51\ m^2$	0,12
Caminhão com carreta fechada Comum	Área frontal	0,96
Com defletor	Área frontal	0,76
 Com defletor e selo	Área frontal	0,70
Árvore 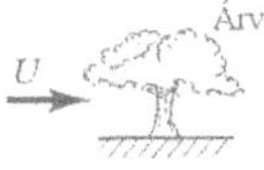 $U = 10$ m/s $U = 20$ m/s $U = 30$ m/s	Área frontal	0,43 0,26 0,20
 Golfinho	Área molhada	0,0036 em Re $=6 \times 10^6$ (uma placa plana apresenta $C_{Df} = 0{,}0031$)
 Pássaro grande	Área frontal	0,40

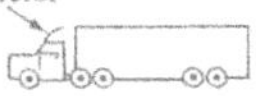

Figura 9.33 Coeficientes de arrasto típicos para vários corpos (Refs. [5, 6, 15 e 20]).

uma sustentação, L. Alguns objetos, como os aerofólios, são projetados para produzir uma sustentação. Outros objetos são projetados para reduzir a geração de sustentação. Por exemplo, a sustentação num carro tende a reduzir a força de contato entre as rodas e o solo, causando uma redução de tração e a sua capacidade de fazer curvas. Em casos como este, é desejável reduzir esta sustentação.

Figura 9.31 Distribuição de pressão na superfície de um automóvel.

9.4.1 Distribuição de Pressão Superficial

A sustentação num corpo pode ser determinada com a Eq. 9.2 se nós conhecermos as distribuições de pressão e de tensão de cisalhamento em torno do corpo. Nós já vimos na sec. 9.1 que, geralmente, estes dados não são conhecidos. Normalmente, a sustentação é dada em função do coeficiente de sustentação,

$$C_L = \frac{L}{\frac{1}{2}\rho U^2 A} \quad (9.39)$$

que é obtido a partir de experimentos, análises avançadas ou simulações numéricas. O coeficiente de sustentação, como o de arrasto, é uma função de diversos parâmetros adimensionais e pode ser escrito como

$$C_L = \phi(\text{forma}, \text{Re}, \text{Ma}, \text{Fr}, \varepsilon/l)$$

O número de Froude, Fr, somente é importante se houver uma superfície livre presente, como nas asas submarinas (hidrofólios) utilizadas para suportar navios rápidos de superfície. Geralmente, a rugosidade superficial, ε, não é importante para a sustentação (ela é mais importante para o arrasto). O número de Mach, Ma, é importante para escoamentos subsônicos com alta velocidade e supersônicos (i.e. Ma > 0,8), e o efeito do número de Reynolds, normalmente, não é muito importante. O parâmetro mais importante para o coeficiente de sustentação é a forma do objeto. Esforços consideráveis tem sido feitos para projetar dispositivos com formas que tornem máxima a sustentação. Nós apenas analisaremos o efeito da forma na sustentação e os efeitos dos outros parâmetros adimensionais podem ser encontrados na literatura (por exemplo, nas Refs. [13,14 e 29]).

Os dispositivos geradores de sustentação mais comuns (i.e. aerofólios, pás, aerofólios de carros etc) operam numa faixa larga de número de Reynolds na qual o escoamento apresenta uma natureza de camada limite (os efeitos viscosos ficam confinados nas camadas limite e na esteira). Nestas circunstâncias, a tensão de cisalhamento na parede, τ_p, contribui pouco para a sustentação. A maior parte da sustentação é devida a distribuição de pressão na superfície. A Fig. 9.31 mostra o esboço da distribuição típica da pressão que atua num automóvel em movimento. Note que a maior parte desta distribuição é consistente com uma análise simples baseada na equação de Bernoulli. Pontos com alta velocidade (i.e. acima do teto e no assoalho) apresentam baixa pressão, enquanto pontos com baixa velocidade (i.e. no radiador e no pára-brisa) apresentam alta pressão. É fácil observar que a integral da distribuição de pressão pode produzir uma força para cima.

Se o escoamento em torno do corpo apresenta número de Reynolds baixo (Re < 1), os efeitos viscosos são importantes e a contribuição da tensão de cisalhamento para a sustentação pode ser tão importante quanto a da pressão. O vôo de pequenos insetos e o nado de organismos microscópicos são bons exemplos destes casos. O Exemplo 9.14 mostra as importâncias relativas de τ_p e p na geração de sustentação num escoamento típico com número de Reynolds alto.

Exemplo 9.14

Um vento uniforme sopra, com velocidade U, sobre a edificação semicircular esboçada na Fig. E9.14a. As distribuições de tensão de cisalhamento e pressão na parede externa da edificação estão mostradas nas Figs. E9.8*b* e E9.9*a*. Se a pressão dentro da edificação é a atmosférica (i.e. o valor de p_0 ao longe), determine o coeficiente de sustentação e a sustentação no teto da edificação.

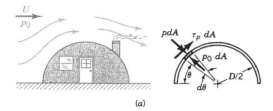

(a)

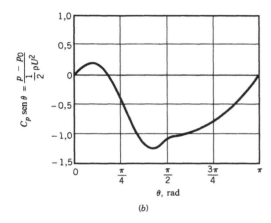

(b)

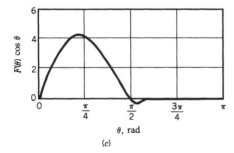

(c)

Figura E9.14

Solução A sustentação pode ser calculada com a Eq. 9.2, ou seja,

$$L = -\int p\,\text{sen}\,\theta\,dA + \int \tau_w \cos\theta\,dA \qquad (1)$$

Como está indicado na Fig. E9.14*a*, nós admitimos que a pressão no interior da edificação é uniforme, igual a p_0, e que a tensão de cisalhamento nesta superfície é nula. Assim, a Eq. (1) pode ser reescrita do seguinte modo:

$$L = -\int_0^\pi (p - p_0)\,\text{sen}\,\theta\,b\left(\frac{D}{2}\right)d\theta + \int_0^\pi \tau_p \cos\theta\,b\left(\frac{D}{2}\right)d\theta$$

ou

$$L = \frac{bD}{2}\left[-\int_0^\pi (p - p_0)\,\text{sen}\,\theta\,d\theta + \int_0^\pi \tau_p \cos\theta\,d\theta\right] \qquad (2)$$

onde *b* e *D* são, respectivamente, o comprimento e o diâmetro da edificação e $dA = b(D/2)\,d\theta$. A Eq. (2) pode ser adimensionalizada com a utilização da pressão dinâmica, $\rho U^2/2$, da área projetada, $A = bD$, e da tensão de cisalhamento adimensional,

$$F(\theta) = \tau_p (\text{Re})^{1/2} / (\rho U^2 / 2)$$

Deste modo, obtemos

$$L = \frac{1}{2}\rho U^2 A\left[-\frac{1}{2}\int_0^\pi \frac{(p-p_0)}{\frac{1}{2}\rho U^2}\text{sen}\theta\, d\theta + \frac{1}{2\sqrt{\text{Re}}}\int_0^\pi F(\theta)\cos\theta\, d\theta\right] \qquad (3)$$

Os valores destas integrais podem ser calculados determinando-se as área abaixo das curvas de $[(p-p_0)/(\rho U^2/2)]\,\text{sen}\,\theta$ versus θ e $F(\theta)\cos\theta$ versus θ mostradas nas Figs. E9.14b e E9.14c. Deste modo,

$$\int_0^\pi \frac{(p-p_0)}{\frac{1}{2}\rho U^2}\text{sen}\theta\, d\theta = -1{,}76 \quad \text{e} \quad \int_0^\pi F(\theta)\cos\theta\, d\theta = 3{,}92$$

Assim, a sustentação é dada por

$$L = \frac{1}{2}\rho U^2 A\left[\left(-\frac{1}{2}\right)(-1{,}76) + \frac{1}{2(\text{Re})^{1/2}}(3{,}92)\right]$$

ou

$$L = \left(0{,}88 + \frac{1{,}96}{(\text{Re})^{1/2}}\right)\left(\frac{1}{2}\rho U^2 A\right)$$

e

$$C_L = \frac{L}{\frac{1}{2}\rho U^2 A} = 0{,}88 + \frac{1{,}96}{\sqrt{\text{Re}}} \qquad (4)$$

Considere uma situação típica onde $D = 6{,}1$ m, $U = 9{,}1$ m/s, $b = 15{,}2$ m e com as seguintes condições atmosféricas ($p = 1$ bar, $\rho = 1{,}23$ kg/m³ e $\nu = 1{,}45 \times 10^{-5}$ m²/s). Nestas condições, o número de Reynolds é

$$\text{Re} = \frac{UD}{\nu} = \frac{9{,}1 \times 6{,}1}{1{,}45 \times 10^{-5}} = 3{,}83 \times 10^6$$

Logo, o coeficiente de sustentação é

$$C_L = 0{,}88 + \frac{1{,}96}{\sqrt{3{,}83 \times 10^6}} = 0{,}881$$

Observe que a contribuição da pressão para a sustentação é 0,88 enquanto aquela devida à tensão de cisalhamento na parede é somente $1{,}96/(\text{Re})^{1/2} = 0{,}01$. Note que C_L quase não é influenciado pelo número de Reynolds. Assim, a sustentação é controlada pela pressão (veja o Exemplo 9.9 onde isto também é verificado para um corpo com forma semelhante).

A sustentação para as condições consideradas é

$$L = \frac{1}{2}\rho U^2 A C_L = \frac{1}{2}(1{,}23)(9{,}1)^2 (6{,}1 \times 15{,}2)(0{,}881) = 4160\text{ N}$$

Existe uma tendência considerável para o levantamento da edificação. Isto ocorre porque o corpo não é simétrico. A força de sustentação num cilindro infinito é nula ainda que as forças do escoamento tendam a separar as partes superior e inferior do cilindro.

Um dispositivo dedicado a produzir sustentação é projetado de modo que a distribuição de pressão na superfície inferior do dispositivo seja diferente daquela na superfície superior. Se o número de Reynolds do escoamento em torno do dispositivo é alto, estas distribuições de pressão são diretamente proporcionais a pressão dinâmica, $\rho U^2/2$, e os efeitos viscosos apresentam uma importância secundária. A Fig. 9.32 mostra dois aerofólios que produzem sustentação. É claro que

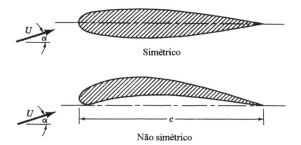

Figura 9.32 Aerofólio simétrico e não simétrico.

o aerofólio simétrico não pode gerar sustentação a menos que o ângulo de ataque seja não-nulo. Devido a assimetria do outro aerofólio, as distribuições de pressão nas superfícies superior e inferior são diferentes e uma sustentação é produzida, mesmo que o ângulo de ataque seja nulo. Note que a sustentação no aerofólio não simétrico pode ser nula para um certo valor do ângulo de ataque (neste caso, o ângulo é negativo e as distribuições de pressão são diferentes nas superfícies superior e inferior, porém a força resultante no aerofólio é nula).

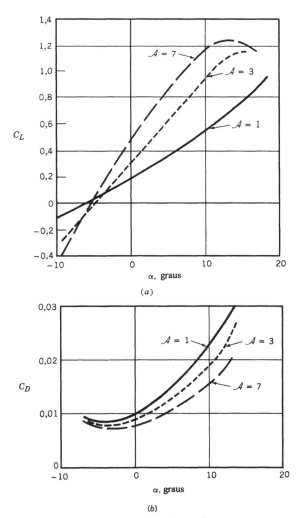

Figura 9.33 Coeficientes típicos de sustentação e arrasto em função do ângulo de ataque e da relação de aspecto do aerofólio: (*a*) coeficiente de sustentação e (*b*) coeficiente de arrasto.

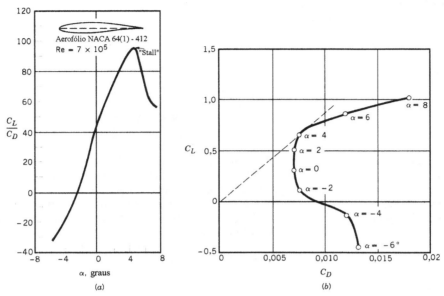

Figura 9.34 Duas representações para os mesmos dados de sustentação e arrasto num aerofólio típico: (*a*) razão entre a sustentação e o arrasto em função do ângulo da ataque (o início da separação na superfície superior do aerofólio está indicado pela ocorrência do estol, (*b*) o diagrama polar sustentação versus arrasto com a indicação de ângulo de ataque (Ref. [27]).

É usual utilizarmos a área projetada do aerofólio na definição do coeficiente de sustentação porque a maioria dos aerofólios é fina. A área projetada do aerofólio é definida por $A = bc$, onde b é o comprimento do aerofólio e c é o comprimento de corda – o comprimento do bordo de ataque até o bordo de fuga do aerofólio (veja a Fig. 9.32). A ordem de grandeza típica do coeficiente de sustentação é um, isto é, a força de sustentação é da ordem de grandeza da pressão dinâmica multiplicada pela área projetada do aerofólio, $L \sim (\rho U^2/2)A$. A carga da asa é definida como sendo a sustentação média por unidade de área da asa, L/A. Note que esta carga aumenta com a velocidade. Por exemplo, a carga da asa do avião dos irmãos Wright (1903) era de 71,8 N/m² enquanto que aquela de um Boeing 747 é 7182 N/m². Já a carga de asa para um besouro é aproximadamente igual a 47,9 N/m² (Ref. 15).

As Figs 9.33*a* e 9.33*b* mostram coeficientes de sustentação e arrasto típicos em função do ângulo de ataque, α, e da relação de aspecto, $\mathcal{A}$. A relação de aspecto é definida como a razão do quadrado do comprimento da asa pela área projetada, $\mathcal{A} = b^2/A$. Se o comprimento da corda, c, é constante ao longo do comprimento da asa (asa retangular), esta razão fica reduzida a $\mathcal{A} = b/c$.

Normalmente, o coeficiente de sustentação aumenta e o de arrasto diminui com o aumento da relação de aspecto. Asas compridas são mais eficientes do que as curtas porque as perdas na ponta da asa são menos significativas. O aumento no arrasto causado pelo comprimento finito da asa ($\mathcal{A} < \infty$) é geralmente denominado arrasto induzido, que por sua vez, é provocado pela interação de estruturas vorticais complexas próximas da ponta das asas (veja a Fig. 9.37) com o escoamento ao longe (Ref. [13]). Aviões de alto rendimento e dedicados ao vôo em grandes altitudes e os pássaros que voam em altas altitudes (albatrozes e gaivotas) tem asas compridas e estreitas. Porém, estas asas tem uma grande inércia e inibem manobras rápidas. Assim, um caça altamente manobrável, aviões acrobáticos e pássaros de caça (por exemplo, o falcão) tem asas com relação de aspecto pequena.

Os efeitos viscosos tem um papel importante no projeto e na utilização dos dispositivos de sustentação (ainda que a tensão de cisalhamento contribua pouco na geração da sustentação) porque a separação da camada limite, provocada pelos efeitos viscosos, pode ocorrer em corpos não aerodinâmicos, como os aerofólios que apresentam um ângulo de ataque muito grande (veja a Fig. 9.18). A Fig. 9.33 mostra que o coeficiente de sustentação cresce com o ângulo de ataque até

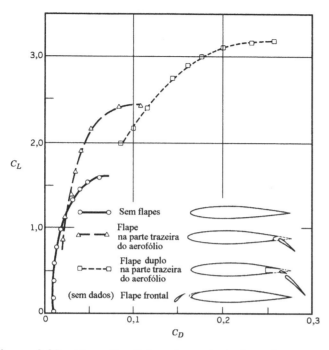

Figura 9.35 Alterações típicas da sustentação e do arrasto com a utilização de vários tipos de flapes (Ref. [21]).

um certo ponto. Se este ângulo for muito grande, a camada limite se separa da superfície superior do aerofólio e nós detectamos uma esteira grande e turbulenta no escoamento, uma diminuição da sustentação e o aumento do arrasto. Nestas condições nós dizemos que o aerofólio estola. Este fenômeno é extremamente perigoso se o avião estiver voando a baixa altitude pois não há tempo, nem altitude, suficientes para a recuperação da perda de sustentação.

Uma quantidade muito importante em muitos dispositivos geradores de sustentação é a razão entre a sustentação e o arrasto desenvolvido, $L/D = C_L/C_D$. Esta informação normalmente é apresentada num gráfico de C_L/C_D em função de α (veja a Fig. 9.34a) ou num gráfico polar de C_L versus C_D com α como um parâmetro (veja a Fig. 9.34b). O ângulo de ataque mais eficiente (i.e. o que apresenta maior C_L/C_D) pode ser encontrado desenhando-se uma linha tangente a curva C_L-C_D a partir da origem (veja a Fig. 9.34b). Aerofólios de alto rendimento geram uma sustentação 100 vezes maior do que o arrasto. Isto significa que eles podem planar uma distância horizontal de 100 m e perder somente 1 m de altitude.

Como nós já mostramos, a sustentação e o arrasto num aerofólio podem ser alterados com a mudança do ângulo de ataque (a alteração do ângulo de ataque pode ser encarada como uma mudança na forma do aerofólio). Existem outros modos de alterar a sustentação e o arrasto do aerofólio. Nos aviões modernos é muito comum a utilização de flapes de bordo de ataque e de bordo de fuga (veja a Fig. 9.35). Para gerar a sustentação necessária durante os procedimentos de vôo com velocidades relativamente baixas (aterrissagem e decolagem), a forma do aerofólio é alterada pelos flapes localizados na parte frontal e traseira das asas. A utilização dos flapes aumenta consideravelmente a sustentação, mesmo que isto seja feito às custas de um aumento de arrasto (o aerofólio fica numa configuração "suja"). Este aumento no arrasto não é muito importante durante as operações de aterrissagem e decolagem - a diminuição na velocidade de aterrissagem e decolagem é mais importante do que um aumento temporário no arrasto. Durante o vôo normal, os flapes são retraídos (configuração "limpa"), o arrasto é relativamente pequeno e a força de sustentação necessária é atingida com um menor coeficiente de sustentação e maior pressão dinâmica (maior velocidade).

Os sistemas complexos de flapes são muito importantes no projeto das aeronaves modernas. Na realidade, alguns pássaros utilizam o conceito de flape de bordo de ataque. Algumas espécies tem penas especiais no bordo de ataque de suas asas que se estendem com se fossem flapes quando voam a baixa velocidade (como também suas asas ficam totalmente estendidas durante a aterrissagem) (veja a Ref. [15]). Uma grande variedade de informações sobre o arrasto e a sustentação em corpos pode ser encontrada em livros sobre aerodinâmica (por exemplo, as Refs. [13, 14 e 29]).

Exemplo 9.15

Em 1977, a aeronave à propulsão humana "Condor de Gossamer" ganhou o prêmio Kremer por completar uma trajetória em forma de oito com os dois pontos de retorno separados por 805 m (Ref. [22]). A aeronave tinha os seguintes características:

velocidade de vôo = U = 4,6 m/s
características das asas = b = 29,26 m, c = 2,27 m (média)
peso (incluindo o piloto) = W = 934 N
coeficiente de arrasto = C_D = 0,046 (baseado na área plana projetada)
eficiência da transmissão = η = potência para vencer arrasto/potência do piloto = 0,8
Determine o coeficiente de sustentação, C_L, e a potência necessária para o vôo desta aeronave.

Solução Se o regime de vôo é o permanente, a sustentação deve ser igual ao peso, ou seja,

$$W = L = \frac{1}{2}\rho U^2 A C_L$$

Assim,

$$C_L = \frac{2W}{\rho U^2 A}$$

onde $A = bc = 29{,}26 \times 2{,}27 = 66{,}42$ m², W = 934 N e ρ = 1,23 kg/m³ (ar a 15ºC e pressão padrão). Nestas condições,

$$C_L = \frac{2(934)}{(1{,}23)(4{,}6)^2\ 66{,}42} = 1{,}08$$

Este número é razoável pois a razão sustentação-arrasto para a aeronave é C_L/C_D = 1,08/0,046 = 23,5.

O produto da potência que o piloto fornece pela eficiência da transmissão é igual a potência útil necessária para vencer o arrasto, D. Isto é,

$$\eta\, Pot = DU$$

onde

$$D = \frac{1}{2}\rho U^2 A C_D$$

Assim,

$$Pot = \frac{DU}{\eta} = \frac{\frac{1}{2}\rho U^2 A C_D U}{\eta} = \frac{\rho A C_D U^3}{2\eta} \tag{1}$$

ou

$$Pot = \frac{(1{,}23)(66{,}42)(0{,}046)(4{,}6)^3}{2\times 0{,}8} = 229\ W$$

Esta potência pode ser fornecida por um atleta bem condicionado (isto foi verificado – o vôo foi completado com sucesso). Observe que apenas 80% da potência do piloto (i.e. 0,8 × 229 = 183 W, corresponde a um arrasto D = 39,8 N) é necessária para manter o vôo da aeronave. Os outros 20% são perdidos (observe que a transmissão não é ideal). A Eq. (1) mostra que a potência necessária para o vôo aumenta com U^3 se o coeficiente de arrasto for constante. Assim, para dobrar a velocidade de cruzeiro é necessário aumentar a potência de acionamento em oito vezes (i.e. serão necessários 1832 W para o vôo – este valor é superior a capacidade de qualquer ser humano).

Escoamento Sobre Corpos Imersos **543**

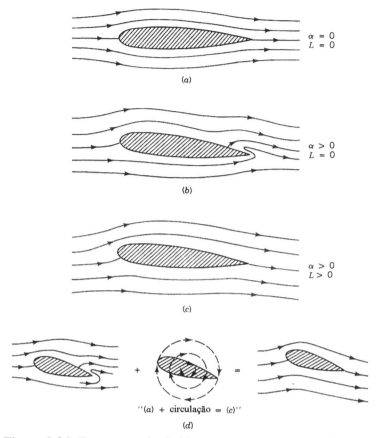

Figura 9.36 Escoamento invíscido em torno de um aerofólio: (*a*) escoamento simétrico em torno de um aerofólio simétrico com ângulo de ataque nulo, (*b*) mesmo aerofólio com ângulo de ataque não nulo e sem sustentação – note que o escoamento na vizinhança do bordo de fuga não é realista, (*c*) condições iguais ao do caso (*b*) mas com a adição de uma circulação ao escoamento – o escoamento é razoável e a sustentação não é nula e (*d*) superposição de escoamentos para produzir um escoamento "real" em torno do aerofólio.

9.4.2 Circulação

Os efeitos viscosos não são muito importantes na produção de sustentação e, assim, torna-se possível calcular a força de sustentação sobre o aerofólio com a integração da distribuição de pressão obtida a partir das equações que descrevem o escoamento invíscido. Logo, a teoria do escoamento potencial, discutida no Cap. 6, fornece um método para calcular a sustentação. Ainda que alguns detalhes estejam fora do escopo deste livro, podemos encontrar os seguintes resultados a partir deste tipo de análise (Ref. [4]).

A Fig. 9.36 mostra a solução invíscida do escoamento em torno de um aerofólio bidimensional. A previsão do escoamento em torno do aerofólio sem sustentação (i.e. simétrico e com ângulo de ataque nulo, Fig. 9.36*a*) aparenta ser bem precisa (exceto pela ausência das camadas limite). Porém, como está mostrado na Fig. 9.36*b*, o escoamento calculado em torno do mesmo aerofólio com um ângulo de ataque não-nulo (mas pequeno o suficiente para que não ocorra a separação) não é bem descrito na região próxima ao bordo de fuga do aerofólio. Adicionalmente, a sustentação calculada para este aerofólio com ângulo de ataque não-nulo é nula e isto não está de acordo com os resultados reais (nesta condição a sustentação é não nula).

Na realidade, o escoamento passa suavemente sobre a superfície do modo indicado na Fig. 9.36*c*, (sem o comportamento estranho perto do bordo de fuga indicado na Fig. 9.36*b*). Como pode ser observado na Fig. 9.36*d*, esta situação irreal pode ser corrigida com a adição de um escoamento vortical apropriado (no sentido horário) em torno do aerofólio. Os principais resultados desta adição são dois: (1) o comportamento irreal perto do bordo de fuga é eliminado (i.e. o padrão de escoamento é alterado do modo indicado na Fig. 9.36*b* para o da Fig. 9.36*c*) e (2) a velocidade média na superfície superior do aerofólio é aumentada enquanto que aquela na superfície inferior é diminuída. A partir da equação de Bernoulli (i.e. $p/\gamma + V^2/2g + z = constante$), a pressão na superfície superior diminui e a da inferior aumenta. O efeito final deste procedimento é a mudança de uma situação que não apresenta sustentação para outra que apresenta sustentação.

A adição do vórtice horário é denominada adição de circulação. A intensidade do vórtice (circulação) necessária para que o escoamento deixe o bordo de fuga suavemente é função do tamanho do aerofólio e da sua forma. Esta função pode ser calculada a partir da teoria do escoamento potencial (invíscido) (veja a Sec. 6.6.3 e a Ref. [29]). A adição da circulação é bem fundamentada tanto física quanto matematicamente ainda que pareça ser um tanto artificial. Por exemplo, considere o escoamento sobre o aerofólio de comprimento finito mostrado na Fig. 9.37. Para as condições de escoamento com sustentação, a pressão média na superfície inferior é maior do que aquela na superfície superior. Perto das pontas das asas, esta diferença de pressão provoca uma tendência de migração do fluido da superfície inferior para a superior (veja a Fig. 9.37*b*). Ao mesmo tempo, o fluido movimenta-se para jusante do aerofólio formando uma esteira de vórtices em cada ponta de asa (veja a Fig. 4.3). Especula-se que os pássaros migram com formação em V para tirar vantagem da corrente ascendente produzida pela esteira de vórtices gerada pelo pássaro anterior. [Calculando-se o gasto de energia, uma revoada de pássaros voando numa formação em V viajaria 70% mais longe do que um pássaro voando separadamente (Ref. 15)].

As esteiras de vórtices das pontas das asas estão conectadas ao vórtice ligado (distribuído) ao longo do comprimento da asa. É este vórtice que gera a circulação, que por sua vez produz a sustentação. Este sistema combinado de vórtices é denominado vórtice ferradura. A intensidade das esteiras de vórtices (que é igual a intensidade do vórtice distribuído) é proporcional a sustentação gerada. As grandes aeronaves (por exemplo, o Boeing 747) geram esteiras de vórtices que permanecem na atmosfera por um longo tempo (antes que os efeitos viscosos os dissipem). Se uma aeronave pequena voar atrás e bem perto deste avião grande, o vórtices são suficientemente fortes para a deixar a pequena aeronave fora de controle (⊙ 9.9 – Vórtices nas pontas das asas).

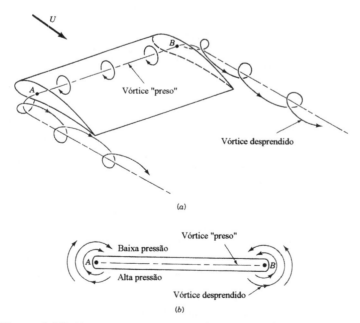

Figura 9.37 Escoamento em torno de uma asa finita: (*a*) vórtice "preso" ou ligado e o vórtice desprendido (esteira de vórtices) e (*b*) escoamento de ar em torno das pontas da asa que produz o desprendimento de vórtices.

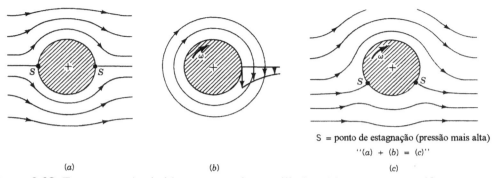

(a)   (b)   (c)

S = ponto de estagnação (pressão mais alta)
"(a) + (b) = (c)"

Figura 9.38 Escoamento invíscido em torno de um cilindro: (a) escoamento uniforme a montante do cilindro e sustentação no cilindro nula, (b) vórtice livre no centro do cilindro, (c) combinação do vórtice livre com o escoamento uniforme para fornecer um escoamento assimétrico e sustentação no cilindro.

Nós mostramos na Sec. 6.6.3 que o escoamento invíscido em torno de um cilindro apresenta um padrão similar aquele mostrado na Fig. 9.38a. Por simetria, o arrasto e a sustentação são nulos. Todavia, se o cilindro for girado em torno de seu próprio eixo num fluido estacionário real ($\mu \neq 0$), a rotação arrastará fluido em volta do cilindro produzindo uma circulação (veja a Fig. 9.38b). Quando a circulação é combinada com um escoamento ideal e uniforme ao longe, obtém-se o padrão de escoamento mostrado na Fig. 9.38c. O escoamento não é simétrico em relação ao plano horizontal que passa pelo centro do cilindro e a pressão média na parte inferior é maior do que aquela que atua na parte superior do cilindro. Note que isto gera uma sustentação. Este efeito é conhecido como efeito Magnus para homenagear o químico e físico alemão Heinrich Magnus (1802-1870) que investigou o fenômeno. Uma esfera que gira produz uma sustentação semelhante a do cilindro. Este é o motivo para a existência dos vários tipos de arremesso em beisebol (por exemplo, a bola curva), dos vários modos de chutar a bola no futebol ou de bater numa bola de golfe.

A Fig. 9.39 mostra os coeficientes típicos de sustentação e arrasto para uma esfera lisa e que gira. Mesmo que o coeficiente de arrasto seja pouco influenciado pela rotação da esfera, o coeficiente de sustentação depende muito da rotação da esfera. Adicionalmente (ainda que não

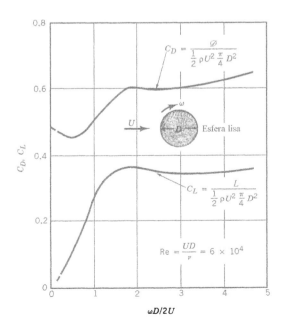

Figura 9.39 Coeficientes de sustentação e arrasto para uma esfera lisa que gira (Ref.[23]).

indicado na figura), tanto C_L como C_D dependem da rugosidade superficial. Como foi discutido na Sec. 9.3, em certas faixas de número de Reynolds, um aumento da rugosidade superficial, diminui o coeficiente de arrasto. De modo análogo, um aumento da rugosidade superficial pode aumentar o coeficiente de sustentação, pois a rugosidade ajuda a arrastar mais fluido ao redor da esfera, aumentando a circulação para uma dada velocidade angular. Assim, uma bola de golfe rugosa que gira pode ir mais longe do que uma lisa porque o arrasto é menor e a sustentação é maior. No entanto, uma bola de golfe extremamente rugosa não se comporta muito bem e muitos testes foram realizados para determinar a rugosidade ótima das bolas de golfe.

Exemplo 9.16

Uma bolinha de tênis de mesa, com peso (W) e diâmetro (K) iguais a 0,0245 N e 0,038 m é rebatida com um efeito para trás ("back spin") que proporciona uma velocidade angular ω na bolinha (veja a Fig. E9.16). Sabendo que a velocidade da bolinha (U) após a rebatida é 12 m/s, determine o valor de ω para que a bola percorra uma trajetória horizontal (sem cair devido a ação da gravidade).

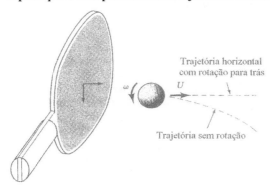

Figura E9.16

Solução A sustentação produzida pela rotação da bolinha deve equilibrar a força peso, W, para que a trajetória seja horizontal. Assim,

$$W = L = \frac{1}{2}\rho U^2 A C_L$$

ou

$$C_L = \frac{2W}{\rho U^2 (\pi/4) K^2}$$

Admitindo que a temperatura do ar é 15 °C e que a pressão é a padrão temos que $\rho = 1{,}23$ kg/m³. Nestas condições,

$$C_L = \frac{2 \times 2,45 \times 10^{-2}}{(1,23)(12)^2 (\pi/4)(3,8 \times 10^{-2})^2} = 0,244$$

Utilizando a Fig. 9.39,

$$\frac{\omega K}{2U} = 0,9$$

ou

$$\omega = \frac{2U(0,9)}{K} = \frac{2(12)0,9}{3,8 \times 10^{-2}} = 568 \text{ rad/s} \quad \text{ou} \quad \omega = 5420 \text{ rpm}$$

Será que é possível impor esta velocidade angular à bolinha? Se a velocidade angular for maior do a calculada, a bola subirá e seguirá uma trajetória curva ascendente. As trajetórias das bolas de golfe bem tacadas são similares a da bolinha deste problema (o alcance de uma bola de golfe com rotação é maior do que a de uma bola sem rotação). Entretanto, se aplicarmos a rotação inadequada na bola ("top spin"), a bola irá seguir uma curva para baixo e irá cair mais rapidamente do que se estivesse somente sob a ação da gravidade. Note que, neste caso, a sustentação na bola é negativa. De modo análogo, a trajetória da bola será curva para um dos lados se impusermos uma rotação em torno do eixo vertical da bola.

Referências

1. Schlichting, H.; *Boundary Layer Theory*, Sétima Edição, McGraw-Hill, New York, 1979.
2. Rosenhead, L., *Laminar Boundary Layers*, Oxford University Press, London, 1963.
3. White, F.M., *Viscous Fluid Flow*, McGraw-Hill, New York, 1974.
4. Currie, I.G., *Fundamentals Mechanics of Fluids*, McGraw-Hill, New York, 1974.
5. Blevins, R.D., *Applied Fluid Dynamics Handbook*, Van Nonstrand Reinhold, New York, 1984.
6. Hoerner, S.F., *Fluid-Dynamics Drag*, publicado pelo autor, Library of Congress No. 64, 1966, 1965.
7 Happel, J., *Low Reynolds Number Hydrodynamics*, Prentice Hall, Englewood Cliffs, 1965.
8 Van Dyke, M., *An Album of Fluid Motion*, Parabolic Press, Stanford, Calif., 1982.
9 Thompson, P.A. *Compressible Fluid Dynamics*, McGraw-Hill, New York, 1972.
10 Zucrow, M.J., Hoffman, J.D., *Gas Dynamics*, Vol. I, Wiley, New York, 1976.
11 Clayton, B.R., Bishop, R.E.D., *Mechanics of Marine Vehicles*, Gulf Publishing Co., Houston, 1982.
12 *CRC Handbook of Tables for Applied Engineering Sciences*, Segunda Edição, CRC Press, 1973.
13 Shevell, R.S., *Fundamentals of Flight*, Segunda Edição, Prentice Hall, Englewood Cliffs, 1989.
14 Kuethe, A.M., Chow, C.Y., *Foundations of Aerodynamics, Bases of Aerodynamics Design*, Quarta Edição., Wiley 1986.
15 Vogel, J., *Life in Moving Fluids*, Segunda Edição, Willard Grant Press, Boston, 1994.
16 Kreider, J.F., *Principles of Fluid Mechanics*, Allyn and Bacon, Newton, Mass., 1985.
17 Dobrodzicki, G.A., *Flow Visualization in the National Aeronautical Establishment's Water Tunnel*, National Research Council of Canada, Aeronautical Report LR-557, 1972.
18 White, F.M., *Fluid Mechanics*, McGraw-Hill, New York, 1986.
19 Vennard, J.K., Street, R.L., *Elementary Fluid Mechanics*, Sexta Edição, Wiley, New York, 1982.
20 Gross, A.C., Kyle, C.R., Malewicki, D.J., *The Aerodynamics of Human Powered Land Vehicles*, Scientific American, Vol. 249, No. 6, 1983.
21 Abbott, I.H., von Doenhoff, A.E., *Theory of Wing Sections*, Dover Publications, New York, 1959.
22 MacReady, P.B., "Flight on 0,33 Horsepower: The Gossamer Condor", *Proc. AIAA 14th Annual Meeting (Paper No. 78-308)*, Washington, DC, 1978.
23 Goldstein, S., *Modern Developments in Fluid Dynamics*, Oxford Press, London, 1938.
24 Achenbach, E., Distribution of Local Pressure and Skin Friction around a Circular Cylinder in Cross-Flow up to Re = 5×10^6, *Journal of Fluid Mechanics*, Vol. 34, Pt. 4, 1968.
25 Inui, T., Wave-Making Resistance of Ships, *Transactions of the Society of Naval Architects and Marine Engineers*, Vol. 70, 1962.
26 Sovran, G. e outros (ed.), *Aerodynamics Drag Mechanics of Bluff Bodies and Road Vehicles*, Plenum Press, NY, 1978.
27 Abbott, I.H., von Doenhoff, A.E., Stivers, L.S., Summary of Airfoil Data, NACA Report No. 824, Langley Field, Va., 1945.
28 Society of Automotive Engineers Report HSJ1566, "Aerodynamics Flow Visualization Techniques and Procedures", 1986.
29 Anderson, J.D., *Fundamentals of Aerodynamics*, Segunda Edição, McGraw-Hill, New York, 1991.
30 Hucho, W.H., *Aerodynamics of Road Vehicles*, Butterworth-Heinemann, 1987.
31 Homsy, G. M., et al., *Multimedia Fluid Mechanics* CD – ROM, Cambridge University Press, New York, 2000.

Problemas

Nota: Se o valor de uma propriedade não for especificado no problema, utilize o valor fornecido na Tab. 1.5 ou 1.6 do Cap. 1. Os problemas com a indicação (∗) devem ser resolvidos com uma calculadora programável ou computador. Os problemas com a indicação (+) são do tipo aberto (requerem uma análise crítica, a formulação de hipóteses e a adoção de dados). Não existe uma solução única para este tipo de problema.

9.1 Água escoa em torno da barra mostrada na Fig. P9.1. A seção transversal da barra é um triângulo eqüilátero e o escoamento produz a distribuição de pressão indicada na figura. Determine a sustentação e o arrasto na barra. Calcule, também, os coeficientes de sustentação e arrasto correspondentes baseados na área frontal da barra. Despreze as forças de cisalhamento.

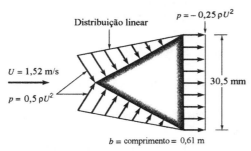

Figura P9.1

9.2 Um fluido escoa em torno da barra bidimensional mostrada na Fig. P9.2. Observe que a figura também indica os valores da pressão nas superfícies frontal e posterior da barra e que a tensão de cisalhamento média na superfície lateral da barra vale τ_{med}. (a) Determine τ_{med} em função da pressão dinâmica, $\rho U^2/2$. (b) Determine o coeficiente de arrasto deste objeto. Admita que o arrasto devido a pressão é igual aquele devido aos efeitos viscosos.

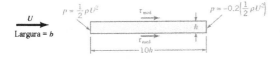

Figura P9.2

∗9.3 A distribuição de pressão sobre o disco mostrado na Fig. P9.3 é dada na próxima tabela. Determine o arrasto no disco.

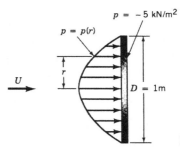

Figura P9.3

r (m)	p (kN/m²)
0	4,34
0,05	4,28
0,10	4,06
0,15	3,72
0,20	3,10
0,25	2,78
0,30	2,37
0,35	1,89
0,40	1,41
0,45	0,74
0,50	0,0

9.4 A Fig. P9.4 mostra uma aproximação da distribuição de pressão que atua na superfície do cilindro. Observe que a distribuição é aproximada por dois segmentos de reta. Determine, utilizando a aproximação indicada e desprezando os efeitos das forças de cisalhamento, o arrasto na esfera.

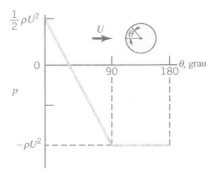

Figura P9.4

9.5 Refaça o Prob. 9.1 admitindo que o objeto é um cone (construído a partir da rotação do triângulo eqüilátero em torno do seu eixo horizontal).

9.6 Considere um caiaque, com 5,18 m de comprimento, se deslocando a 1,5 m/s. Que tipo de camada limite é desenvolvida em torno do casco desta embarcação? (veja o ⊙9.2).

9.7 A próxima tabela apresenta alguns valores típicos do número de Reynolds associado ao movimento de um animal no ar ou na água. Em quais casos a inércia do fluido é importante? Em quais casos os efeitos viscosos são significativos? Classifique os escoamentos gerados pelo deslocamento dos animais. Justifique suas respostas.

Animal	Velocidade	Re
(a) baleia	10 m/s	3×10^8
(b) pato voando	20 m/s	3×10^5
(c) libélula	7 m/s	3×10^4
(d) larva invertebrada	1 mm/s	3×10^{-1}
(e) bactéria	0,01 mm/s	3×10^{-5}

+ 9.8 Estime o número de Reynolds associado aos seguintes movimentos no ar: **(a)** a queda de uma pequena flor de uma árvore, **(b)** o vôo de um mosquito, **(c)** o pouso do "space shuttle" e **(d)** uma pessoa caminhando num parque.

9.9 Qual deve ser a velocidade do vento que sopra em torno de um galho com diâmetro igual a 6,35 mm para que os efeitos viscosos tenham importância no campo de escoamento (Re < 1)? Explique. Repita o problema para um fio de cabelo (D = 0,102 mm) e para uma chaminé com 1,83 m de diâmetro.

9.10 Um fluido viscoso escoa sobre uma placa plana e a espessura de camada limite é 12 mm a 1,3 m do bordo de ataque da placa. Determine a espessura da camada limite a 0,2; 2,0 e 20 m do bordo de ataque. Admita que o escoamento é laminar.

9.11 Se a velocidade ao longe do escoamento no Problema 9.10 é U = 1,5 m/s, determine a viscosidade cinemática do fluido.

9.12 Água escoa sobre uma placa plana com velocidade ao longe igual a 0,02 m/s. Determine a velocidade do escoamento a 10 mm da placa admitindo que a distância da seção considerada ao bordo de ataque da placa é igual a 1,5 m e 15 m.

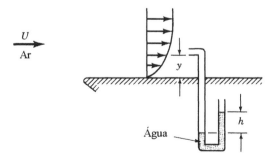

Figura P9.13

* 9.13 Um tubo de Pitot é utilizado para medir a pressão total no interior da camada limite do modo indicado na Fig. P9.13. Utilizando os dados fornecidos na próxima tabela, determine a espessura da camada limite, δ, a espessura de deslocamento, $\delta *$, e a espessura de quantidade de movimento, Θ.

y (mm)	h (mm)
0	0
2,1	10,6
4,3	21,1
6,4	25,6
10,7	32,5
15,0	36,9
19,3	39,4
23,6	40,5
26,8	41,0
29,3	41,0
32,7	41,0

9.14 As linhas de corrente do escoamento sobre uma placa plana não são exatamente paralelas devido ao déficit de velocidade, $U - u$, na camada limite. Este desvio pode ser determinado com a utilização da espessura de deslocamento, $\delta *$. Admita que ar escoa sobre a placa plana mostrada na Fig. P9.14. Construa o gráfico da linha de corrente $A - B$ que passa pela borda da camada limite ($y = \delta_B$ em $x = l$) no ponto B. Isto é, faça o gráfico de $y = y(x)$ para a linha de corrente $A - B$. Admita que a camada limite é laminar.

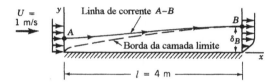

Figura P9.14

9.15 A Fig. P9.15 mostra um duto com seção transversal quadrada (lado = 0,305 m) que é alimentado com ar. Como a espessura de deslocamento da camada limite aumenta na direção do escoamento, é necessário aumentar a seção transversal do duto para que a velocidade seja constante na região central do escoamento. Nestas condições, construa um gráfico da largura do duto, d, em função de x para $0 \le x \le 3,04$ m. Admita que o escoamento é laminar.

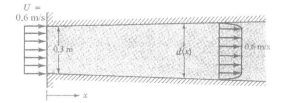

Figura P9.15

9.16 Uma placa plana lisa (comprimento l = 6 m e largura b = 4 m) é colocada num escoamento de água que apresenta velocidade ao longe U = 0,5 m/s. Determine a espessura da camada limite e a tensão de cisalhamento na parede no centro e no bordo de fuga da placa. Admita que a camada limite é laminar.

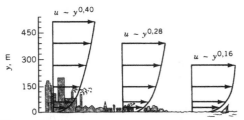

Figura P9.17

9.17 Uma camada limite atmosférica é formada quando o vento sopra sobre a superfície da Terra. Normalmente, estes perfis de velocidade podem ser aproximados pela lei de potência: $u = ay^n$, onde as constantes a e n dependem da rugosidade do terreno. A Fig. P9.17 mostra que $n = 0,4$ para áreas urbanas, $n = 0,28$ para zona rural ou de subúrbio e $n = 0,16$ para grandes planícies (Ref. [23]). **(a)** Se a velocidade no convés de um barco ($y = 1,22$ m) for igual 6,1 m/s, determine a velocidade na ponta do mastro ($y = 9,14$ m). **(b)** Se a velocidade média no décimo andar de um edifício urbano é 4,5 m/s, qual será a velocidade média no sexto andar do edifício?

9.18 Um edifício comercial com 30 andares (cada andar apresenta altura igual a 3,7 m) está localizado num subúrbio industrial. Construa o gráfico da pressão dinâmica, $\rho U^2/2$, em função da altura se a velocidade do vento no topo do edifício é 121 km/h (furação). Utilize as informações sobre a camada limite atmosférica fornecidas no Prob. 9.17.

9.19 A Fig. P9.19 mostra a forma típica de pequenos cúmulos. Explique porque é razoável admitir que o sentido do vento é o mostrado na figura. Utilize os conceitos de camada limite na sua explicação.

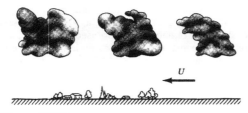

Figura P9.19

9.20 Mostre que a equação da quantidade de movimento para escoamento na camada limite sobre uma placa plana (Eq. 9.9) pode ser escrita como uma equação diferencial ordinária (Eq. 9.14) se escrevermos a velocidade em termos da variável de similitude, η, e da função $f(\eta)$.

*9.21 Integre numericamente a Eq. 9.41 (equação de Blasius) e determine o perfil de velocidade na camada limite laminar sobre uma placa plana. Compare seus resultados com aqueles fornecidos na Tab. 9.1.

9.22 Um avião voa a 644 Km/h numa altitude de 3048 m. Se a camada limite sobre a superfície da asa do avião se comporta como aquela sobre uma placa plana, estime a extensão da camada limite laminar na asa. Admita que o número de Reynolds de transição é igual a 5×10^5. Determine a extensão da camada limite laminar na asa do avião admitindo que a velocidade ainda é igual a 644 Km/h mas a altitude é nula (nível do mar). Explique porque os resultados das duas situações são diferentes.

+9.23 Se a camada limite no capô do seu carro se comporta como aquela numa placa plana, estime a distância da borda inicial do capô até o ponto onde a camada limite se torna turbulenta. Qual é a espessura da camada limite neste local?

9.24 O perfil de velocidade numa camada limite laminar pode ser aproximado por $u/U = 2(y/\delta) - 2(y/\delta)^2$ para $y \leq \delta$ e $u = U$ para $y > \delta$. **(a)** Mostre que este perfil satisfaz as condições de contorno do problema da camada limite. **(b)** Utilize a equação integral da quantidade de movimento para determinar a espessura da camada limite, $\delta = \delta(x)$.

9.25 A Fig. P9.25 mostra uma aproximação (baseada em dois trechos de reta) do perfil de velocidade numa camada limite laminar. Utilize a equação integral da quantidade de movimento para determinar a espessura da camada limite, $\delta = \delta(x)$ e a tensão de cisalhamento na parede, $\tau_p = \tau_p(x)$. Compare estes resultados com aqueles indicados na Tab. 9.2.

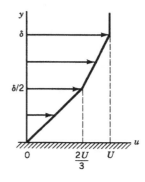

Figura P9.25

y/δ	u/U
0	0
0,08	0,133
0,16	0,265
0,24	0,394
0,32	0,517
0,40	0,630
0,48	0,729
0,56	0,811
0,64	0,876
0,72	0,923
0,80	0,956
0,88	0,976
0,96	0,988
1,00	1,000

* 9.26 A tabela anterior apresenta uma aproximação para o perfil de velocidade adimensional numa camada limite laminar. Utilize a equação integral da quantidade de movimento para determinar $\delta = \delta(x)$. Compare seu resultado com a solução exata de Blasius (Tab. 9.2).

* 9.27 Um fluido, com densidade igual a 0,86, escoa sobre uma placa plana com velocidade ao longe igual a 5 m/s. A próxima tabela apresenta um conjunto de tensões de cisalhamento na parede determinado experimentalmente. Utilize a equação integral da quantidade de movimento para determinar a espessura da quantidade de movimento na camada limite, $\Theta = \Theta(x)$. Admita que $\Theta = 0$ no bordo de ataque da placa.

x (m)	τ_p (N/m^2)
0	–
0,2	13,40
0,4	9,25
0,6	7,68
0,8	6,51
1,0	5,89
1,2	6,57
1,4	6,75
1,6	6,23
1,8	5,92
2,0	5,26

9.28 A placa quadrada mostrada na Fig. P9.28a foi cortada em quatro placas iguais e arranjada do modo indicado na Fig. P9.28b. Determine a razão entre o arrasto na placa original (caso *a*) e aquele que ocorre no novo arranjo (caso *b*). Admita que as camadas limites são laminares. Justifique, fisicamente, sua resposta.

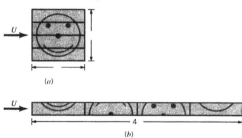

Figura P9.28

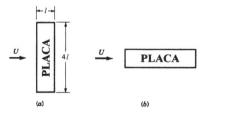

Figura P9.29

9.29 A Fig. P9.29 mostra duas placas idênticas que estão orientadas paralelamente a velocidade ao longe do escoamento. Se os escoamentos nas camadas limite forem laminares, determine a razão entre o arrasto do caso (*a*) e aquele do caso (*b*). Justifique sua resposta.

9.30 O arrasto num lado de uma placa plana paralela ao escoamento é D quando a velocidade ao longe é U. Qual será o arrasto na placa se a velocidade for alterada para $2U$ e para $U/2$? Admita que o escoamento é laminar.

9.31 Ar escoa, do modo indicado na Fig. P9.31, sobre uma placa plana com formato parabólico. Observe que o escoamento ao longe é paralelo à placa. Integre a tensão de cisalhamento sobre a placa e determine o arrasto por atrito num lado da placa. Admita que o escoamento é laminar.

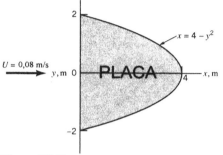

Figura P9.31

9.32 Normalmente, as pessoas consideram que os "objetos pontudos podem cortar o ar melhor do que os rombudos". Baseado nesta crença, o arrasto no objeto mostrado na Fig. P9.32 deveria ser menor se o vento soprasse da direita para esquerda do que da esquerda para direita. Mas, os resultados experimentais mostram que o oposto é verdade. Explique por que isto ocorre.

Figura P9.32

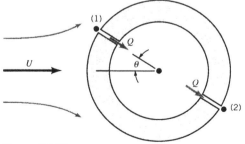

Figura P9.33

9.33 A Fig. P9.33 mostra o corte transversal de um cilindro. Os dois furos presentes no cilindro são pequenos e opostos. Quando o cilindro é colocado num escoamento de ar, nós detectamos um pequeno escoamento no interior do cilindro. A vazão em volume deste escoamento pode ser avaliada com a equação: $Q = K(p_1 - p_2)$, onde K é uma constante que depende da geometria do arranjo mostrado na figura. É possível admitir que o escoamento em torno do cilindro não é afetado pela presença dos furos e pelo escoamento de ar no interior do cilindro. Considere que Q_0 é a vazão em volume do escoamento de ar no interior do cilindro quando $\theta = 0$. Construa um gráfico de Q/Q_0 em função de θ para $0 \leq \theta \leq \pi/2$ considerando: **(a)** o escoamento em torno do cilindro é invíscido e **(b)** a camada limite desenvolvida sobre o cilindro é turbulenta (utilize os dados presentes na Fig. 9.17c para resolver este item).

9.34 Água escoa sobre uma placa plana triangular orientada paralelamente ao escoamento ao longe (veja a Fig. P9.34). Integre a tensão de cisalhamento sobre a placa e determine o arrasto por atrito num lado da placa. Admita que o escoamento é laminar.

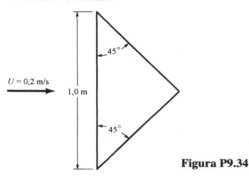

Figura P9.34

9.35 O hélice com três pás de um helicóptero gira a 200 rpm. Se cada pá apresenta comprimento e largura iguais a 3,66 e 0,46 m, estime o torque necessário para vencer o atrito nas pás. Admita que as pás se comportam como placas planas.

9.36 Um ventilador de teto com cinco pás gira a 100 rpm. Se cada pá apresenta comprimento e largura iguais a 0,80 e 0,10 m, estime o torque necessário para vencer o atrito nas pás. Admita que as pás se comportam como placas planas.

9.37 O ⊙ 9.2 mostra um caiaque em movimento (veja a Fig. P9.37a). O arrasto no caiaque pode ser estimado grosseiramente considerando que o casco se comporta como uma placa plana, lisa e com comprimento e largura respectivamente iguais a 5,2 e 0,6 m. Determine o arrasto na placa em função da velocidade. Compare os seus resultados com os dados experimentais mostrados na Fig. P9.37b (estes dados foram levantados num caiaque típico). Quais são os motivos para a existência das diferenças entre os resultados calculados e os experimentais.

9.38 Um esfera (diâmetro = D e massa específica = ρ_s) cai com velocidade constante num fluido (viscosidade = μ e massa específica = ρ). Se o número de Reynolds, Re = $\rho\, DU/\mu$, é menor do que 1, mostre que a viscosidade do fluido pode ser determinada com a equação $\mu = gD^2(\rho_s - \rho)/18U$.

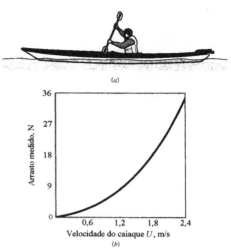

Figura P9.37

9.39 Determine o arrasto num disco (diâmetro = 3 mm) que se desloca com velocidade de 0,003 m/s através de um óleo (densidade = 0,87 e viscosidade dinâmica 10000 vezes maior do que a da água). O disco está orientado normalmente a velocidade do escoamento ao longe. Qual será arrasto se o disco for orientado paralelamente ao escoamento?

9.40 O coeficiente de arrasto de alguns objetos é igual a uma constante dividida pelo número de Reynolds quando este adimensional é pequeno (veja a Tab. 9.4). Nestas condições, quando o número de Reynolds tende a zero, o coeficiente de arrasto tende a infinito. O módulo da força de arrasto se torna imenso quando a velocidade dos objetos considerados se torna pequena? Justifique sua resposta.

9.41 Compare a velocidade de subida de uma bolha de ar (diâmetro = 3,2 mm) na água com a velocidade de queda de uma gota de água, de mesmo diâmetro, no ar. Admita que as gotas se comportam como esferas rígidas.

9.42 Uma bolinha de ping-pong (diâmetro = 38,1 mm e peso = 0,0245 N) é solta do fundo de uma piscina. Qual é a velocidade de ascensão da bolinha na piscina? Admita que esta já tenha atingido sua velocidade terminal.

+ 9.43 Qual a velocidade máxima que um balão de hélio pode atingir numa atmosfera estagnada? Faça uma lista com todas as hipóteses utilizadas na solução do problema.

9.44 Um balão de ar quente, rugoso e esférico apresenta volume de 1982 m³ e peso igual a 2224 N (incluindo passageiros, cesto, tecido do balão etc.). Se a temperatura externa ao balão é 27 °C e a temperatura dentro do balão é 74 °C, estime a taxa de subida em regime permanente se a pressão atmosférica for igual a 1 atm.

9.45 Um cubo (peso = 500 N e construído com um material que apresenta densidade = 1,8) cai num vaso cheio de água com uma velocidade constante

U. Determine *U* se o cubo cair **(a)** orientado do modo indicado na Fig. P9.45*a* e **(b)** do modo indicado na Fig. 9.45*b*.

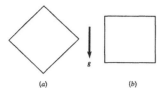

(a)   (b)   **Figura P9.45**

9.46 A Fig. P9.46 mostra uma semente de dente-de-leão. Admita que a massa média das sementes é igual a 5×10^{-6} kg e que a velocidade terminal média delas em ar estagnado é 0,15 m/s. Nestas condições, determine o coeficiente de arrasto médio destas sementes.

Figura P9.46

9.47 Um poste suporta uma placa de indicação de velocidade máxima que apresenta largura e altura iguais a 560 e 865 mm. O diâmetro do poste e a distância entre a parte inferior da placa e o chão são iguais a 76 mm e 1,52 m. Estime o momento fletor na base do poste quando um vento de 13,4 m/s incide na placa (veja o ⊙ 9.6). Faça uma lista com todas as hipóteses utilizadas na solução do problema.

9.48 Determine o momento na base do mastro de uma bandeira (30 m de altura e 0,12 m de diâmetro) necessário para equilibrá-lo quando a velocidade do vento é igual a 20 m/s.

9.49 Refaça o Prob. 9.48 considerando que existe uma bandeira (2 m por 2,5 m) posicionada no topo do mastro. Utilize as informações da Fig. 9.30 para calcular o arrasto na bandeira.

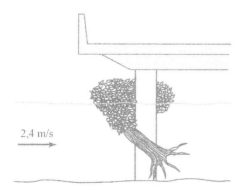

Figura P9.50

9.50 A Fig. P9.50 mostra uma árvore encalhada no pilar de uma ponte durante uma inundação (veja o ⊙ 7.6). A árvore apresenta altura igual a 9,1 m e a largura de sua copa é 4,6 m. Estime o módulo da força que atua no pilar devida a presença da árvore. Admita que metade da árvore está submersa e utilize a Fig. 9.30 para avaliar o coeficiente de arrasto.

9.51 A potência necessária para vencer o arrasto aerodinâmico de um veículo é 14920 W quando a velocidade é igual a 89 km/h. Estime a potência necessária para que o veículo atinja 105 Km/h.

9.52 Dois ciclistas correm a 30 km/h através de ar estagnado. Qual é a redução percentual na potência necessária para vencer o arrasto aerodinâmico obtida pelo segundo ciclista se ele se posicionar em fila e bem próximo da traseira da primeira bicicleta ao invés de correr ao lado da outra bicicleta? Despreze todas as outras forças.

+9.53 Estime a velocidade do vento necessária para tombar uma perua estacionada no meio-fio. Faça uma lista com todas as hipóteses utilizadas na solução do problema e mostre todos os cálculos.

9.54 Um automóvel consome *x* litros de gasolina quando se desloca, com velocidade constante *U*, do ponto *A* ao *B* e volta ao ponto *A* num dia sem vento. Admita que a mesma viagem é realizada, na mesma velocidade, noutro dia onde o vento sopra com velocidade constante e no sentido de *B* para *A*. O que acontecerá com o consumo de gasolina nesta nova viagem? Justifique sua resposta com uma análise apropriada.

9.55 Um caminhão, com massa total igual a 22,7 toneladas, perdeu o freio e desce a ladeira de concreto indicada na Fig. P9.55. A velocidade terminal do caminhão, *V*, é determinada pelo equilíbrio das forças peso, resistência ao rolamento e arrasto aerodinâmico. Admita que a resistência ao rolamento é igual a 1,2% do peso do caminhão e que o coeficiente de arrasto é 0,96 quando o defletor de ar montado na cabine não está presente e 0,70 quando o defletor está presente (veja a Fig. P9.56 e o ⊙ 9.8). Determine a velocidade terminal do caminhão nestas duas situações.

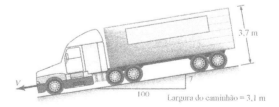

Figura P9.55

9.56 O ⊙ 9.8 e a Fig. P9.56 mostram que o arrasto aerodinâmico dos caminhões pode ser reduzido com a instalação de defletores. Estime a redução da potência necessária para movimentar o caminhão mostrado na figura a 105 km/h proporcionada pela instalação do defletor.

554 Fundamentos da Mecânica dos Fluidos

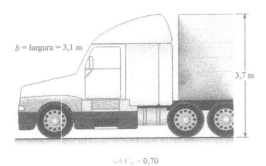

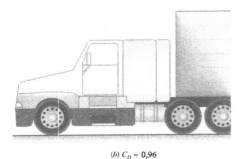

Figura P9.56

9.57 Os trechos do suporte da placa elíptica mostrados na Fig. P9.57 são cilíndricos. Suponha que um vento, com velocidade ao longe constante e igual a 81 km/h, incide sobre a placa. Nestas condições, estime a força aplicada no conjunto composto pela placa e o suporte pelo vento.

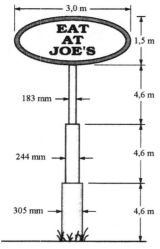

Figura P9.57

+ 9.58 Estime a velocidade máxima do vento na qual você ainda consegue ficar de pé sem se segurar em nada. Faça uma lista com todas as hipóteses utilizadas na solução do problema.

9.59 O ⊙ 9.5 e a Fig. P9.59 mostram que nós podemos utilizar um túnel de vento vertical para a prática do pára-quedismo. Estime a velocidade vertical necessária para sustentar uma pessoa (**a**) curvada e (**b**) deitada. Admita que a massa da pessoa é igual a 75 kg e que os coeficientes de arrasto são aqueles indicados na Fig. 9.30.

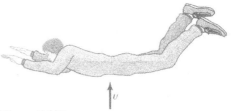

Figura P9.59

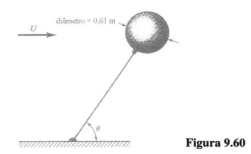

Figura 9.60

* 9.60 O balão cheio de hélio mostrado na Fig. P9.60 é utilizado como indicador da velocidade do vento. O peso específico do hélio é $\gamma = 1,73$ N/m³, o peso do material do balão é 0,89 N e o do cabo de ancoragem é desprezível. Faça um gráfico de θ em função de U para $1 \leq U \leq 82$ km/h. Este dispositivo funciona bem em toda esta faixa de velocidade? Explique.

9.61 Uma bóia esférica de plástico (peso específico = 2042 N/m³) está ancorada no fundo de um rio do modo indicado na Fig. P9.61. Sabendo que o coeficiente de arrasto da bóia é igual a 0,5, estime a velocidade do rio.

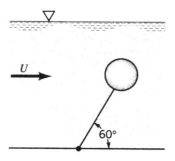

Figura P9.61

9.62 A Fig. P9.62 mostra duas esferas lisas conectadas por um eixo. O diâmetro do eixo é pequeno e o conjunto pode girar num plano horizontal em torno do ponto O. O eixo é mantido imóvel até que a velocidade do ar ao longe, U, atinja 15,2 m/s. O conjunto girará no sentido horário quando o conjunto for liberado? Justifique sua resposta.

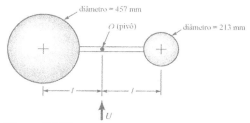

Figura P9.62

9.63 A antena de rádio de um carro pode ser modelada como um cilindro com diâmetro e altura respectivamente iguais a 6,35 mm e 1,22 m. Determine o momento fletor na base da antena se o carro se desloca a 89 km/h através de ar estagnado.

+ 9.64 Considere um corredor competindo numa maratona. Estime a energia necessária para vencer o arrasto aerodinâmico durante todo o percurso da maratona. Suponha que o corredor resolva escalar uma montanha. Qual é a altura da montanha que o corredor pode escalar com a energia que ele gastou na maratona? Faça uma lista com todas as hipóteses utilizadas na solução do problema.

9.65 Estime a força do vento sobre sua mão quando você a coloca para fora de um automóvel que apresenta velocidade igual a 89 km/h. Repita seus cálculos se você colocar a mão para fora da janela de um avião que voa a 885 km/h.

* 9.66 Seja P_0 a potência necessária para que um determinado avião voe a 805 km/h ao nível do mar. Construa um gráfico da razão P/P_0, onde P é a potência necessária para que o avião voe com velocidade U, em função da altitude. Considere 805 km/h ≤ U ≤ 4830 km/h e as seguintes altitudes: nula (nível do mar), 3050 m, 6100 m e 9150 m. Admita que o coeficiente de arrasto do avião se comporta de modo análogo a ogiva pontiaguda mostrada na Fig. 9.24.

9.67 Um meteoro com diâmetro e massa específica iguais a 0,5 m e 7650 kg/m^3 se desloca a 1800 m/s na atmosfera quando está numa altura de 20.000 m. Considere que nesta altitude a massa específica do ar e a velocidade do som são iguais a 9 × 10^{-2} kg/m^3 e 300 m/s. Utilize os dados presentes na Fig. 9.24 para determinar a taxa de desaceleração deste meteoro.

9.68 Uma torre com 9,15 m de altura é construída com os segmentos mostrados na Fig. P9.68 (o comprimento de um segmento é igual a 305 mm e os quatro lados do segmento são iguais). Estime o arrasto na torre quando a velocidade do vento for igual a 121 km/h.

9.69 A esfera mostrada na Fig. P9.69 apresenta diâmetro e massa iguais a 51 mm e 64 gramas. Observe que a esfera está sendo sustentada por um jato de ar (veja o ⊙ 3.1). O coeficiente de arrasto da esfera vale 0,5. Determine a pressão indicada no manômetro considerando que os efeitos gravitacionais e os devidos ao atrito são desprezíveis no escoamento entre a seção onde

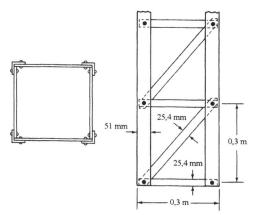

Figura P9.68

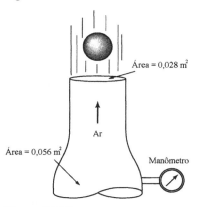

Figura P9.69

está instalado o manômetro e seção de descarga do bocal.

9.70 O edifício das Nações Unidas em Nova Iorque pode ser aproximado por um retângulo com 87,5 m de largura e 154 m de altura. **(a)** Determine o arrasto neste edifício se o coeficiente de arrasto for 1,3 e a velocidade do vento for uniforme e igual a 20 m/s **(b)** Repita os seus cálculos admitindo que o perfil de velocidade do vento é o típico de uma área urbana (veja o Prob. 9.17) e que a velocidade no plano médio do edifício for igual a 20 m/s.

+ 9.71 Considere uma máquina de fazer pipoca. O ar quente é soprado sobre os grãos com velocidade U para que os não estourados permaneçam na grelha ($U < U_{max}$) e os estourados sejam soprados para fora do recipiente ($U > U_{min}$). Estime a faixa de velocidades para a operação apropriada da máquina ($U_{min} < U < U_{max}$). Faça uma lista com todas as hipóteses utilizadas na solução do problema.

9.72 O papagaio esboçado na Fig. P9.72 apresenta massa igual a 408 g e está em equilíbrio. A velocidade do vento ao longo do papagaio é igual a 6,1 m/s. Observe que, nesta condição, a tensão no fio é 13,3 N e o ângulo formado pela linha e o chão é 30º **(a)** Determine os coeficientes de sustentação e arrasto do papagaio sabendo que sua área frontal é igual a 0,56 m². **(b)** O papagaio vai subir quando a velocidade do vento for alterada para 9,1 m/s? Admita que os coeficientes de atrito e sustentação são iguais aos calculados no item anterior. Justifique sua resposta.

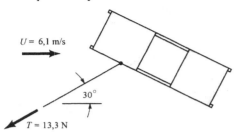

Figura P9.72

9.73 Uma bola de futebol padrão tem 172,2 mm de diâmetro e pesa 4,04 N. Admitindo que o coeficiente de arrasto é $C_D = 0,2$; determine sua desaceleração se esta apresentar velocidade igual a 6,1 m/s no topo de sua trajetória.

9.74 Explique como o arrasto numa dada chaminé poderá ser o mesmo para um vento de 1 m/s e para um de 2 m/s. Admita os valores de ρ e μ são os mesmos nos dois casos.

9.75 Considere um taco de baseball. Observe que quanto maior for a velocidade do taco no instante da rebatida maior será o alcance da jogada. Na Sec. 9.3 nós mostramos que o arrasto nas bolas corrugadas utilizadas no golfe é menor do que o arrasto numa bola lisa de mesmo diâmetro. Será que é interessante construir um taco de baseball corrugado?

+ 9.76 É impossível navegar um barco a remo contra o vento quando este se torna muito forte. Estime a velocidade do vento para que esta condição ocorra. Faça uma lista com todas as hipóteses utilizadas na solução do problema.

9.77 Um vento forte pode remover a bola de golfe de seu apoio (observe na Fig. P9.77 que é possível o pivotamento em torno do ponto 1). Determine a velocidade do vento necessária para remover a bola do apoio.

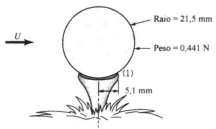

Figura P9.77

9.78 Um avião transporta uma faixa; que apresenta altura, b, e comprimento, l, respectivamente iguais a 0,8 e 25 m; com uma velocidade de 150 km/h. Se o coeficiente de arrasto baseado na área bl é $C_D = 0,06$, estime a potência necessária para transportar a faixa. Compare a força de arrasto na faixa com aquela numa placa plana rígida de mesma área. Qual apresentará a maior força de arrasto? Porquê?

9.79 Com alterações apropriadas, o coeficiente de arrasto de um certo avião pode ser reduzido em 12% enquanto a área frontal permaneceu a mesma. Admitindo que a potência de acionamento do avião é constante, determine a porcentagem do aumento da velocidade de vôo provocada pelas alterações aerodinâmicas?

9.80 O dirigível Akron tem comprimento e diâmetro máximo respectivamente iguais a 239 e 40,2 m. Estime a potência necessária para que o dirigível mantenha uma velocidade de 135 km/h. Admita que o coeficiente de arrasto baseado na área frontal é igual a 0,060.

9.81 Uma pessoa corre num ambiente estagnado com velocidade igual a 9,1 m/s. Estime a potência necessária para vencer o arrasto aerodinâmico. Refaça o cálculo se a corrida é feita com um vento contrário que apresenta velocidade igual a 32 km/h.

+ 9.82 O livro *Guiness Book of World Records* indica que 297 pára-quedistas conseguiram realizar um salto ornamental de mãos dadas. Considere que todos os pára-quedistas saltaram do mesmo avião e no mesmo instante. Quais são as manobras que devem ser realizadas para que seja possível realizar este salto ornamental (veja o ⊙ 9.5). Utilize os princípios da mecânica dos fluidos, e as equações representativas, para justificar sua resposta.

9.83 Uma rede de pesca é tecida com linhas que apresentam diâmetros iguais a 2,54 mm e estão amarradas em quadrados com 101,6 mm de lado. Estime a força necessária para carregar uma rede de 4,6 m por 9,2 m através da água a uma velocidade de 1,5 m/s.

9.84 Um iceberg flutua com aproximadamente 1/7 do seu volume em contato com o ar (veja a Fig. P9.84). Se a velocidade do vento é U e a água está parada, estime a velocidade do vento para que o iceberg comece a se movimentar.

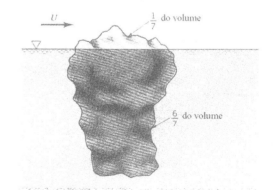

Figura P9.84

9.85 Um avião Piper Cub tem peso bruto igual a 7784 N, velocidade de cruzeiro de 185 km/h e

16,62 m² de área de asa. Determine, nestas condições, o coeficiente de sustentação deste avião.

9.86 Um avião pequeno apresenta área de asa e peso iguais a 18,58 m² e 8896 N. Sabendo que os coeficientes de arrasto e de sustentação valem 0,05 e 0,40, determine a potência necessária para que o avião voe nivelado.

9.87 O ⊙ 9.9 e a Fig. P9.87 mostram que os aerofólios são utilizados nos carros de corrida para produzir uma sustentação negativa. Observe que o objetivo principal da instalação dos aerofólios é o aumento da tração no automóvel. Considere que o coeficiente de sustentação do aerofólio mostrado na figura é igual a 1,1, que o coeficiente de atrito entre os pneus e o pavimento é 0,6 e que o automóvel apresenta velocidade igual a 322 km/h. Determine, para as condições operacionais indicadas, a força de tração no automóvel. Suponha que o aerofólio caiu e o automóvel continua correndo com a mesma velocidade. Qual a força de tração nesta situação? Admita que a velocidade do ar em torno do aerofólio é igual a velocidade do automóvel e que o aerofólio aplica a força de sustentação diretamente nas rodas do veículo.

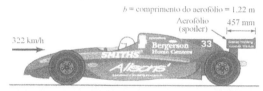

Figura P9.87

9.88 As asas dos aviões antigos eram sempre reforçadas com cabos (veja a Fig. P9.88). Se o coeficiente de arrasto para as asas era 0,20 (baseado na área projetada), determine a proporção entre o arrasto causado pelos cabos de reforço e aquele causado pelas asas.

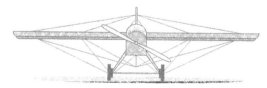

Figura P9.88

9.89 As turbinas de um Boeing 757 precisam desenvolver uma certa potência para movimentar o avião a 917 km/h numa altitude de 10670 m. Qual é o aumento percentual da potência necessária para movimentar o mesmo avião a 917 km/h em altitude zero (nível do mar)?

9.90 A sustentação de uma asa é L quando ela se movimenta com velocidade U na atmosfera ao nível do mar. Admitindo que o coeficiente de sustentação é constante, determine a velocidade dessa asa numa altitude de 10670 m para que a sustentação seja a mesma daquela no nível do mar.

*9.91 A Fig. P9.91 mostra a distribuição de velocidade na vizinhança externa da camada limite sobre um aerofólio. Nestas condições, estime o coeficiente de sustentação deste aerofólio.

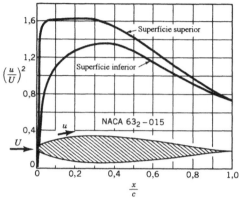

Figura P9.91

9.92 Os controladores de vôo dos aeroportos impõe um intervalo de tempo mínimo entre decolagens para garantir a segurança dos vôos. Durante os horários de pico, esta espera pode criar uma longa fila de aviões nas pistas auxiliares dos aeroportos. Utilize a Fig. 9.37 e ⊙'s 4.2, 9.1 e 9.9 para explicar porque o intervalo entre decolagens pode ser diminuído se o vento soprar com uma componente transversal à pista de decolagem.

9.93 Um avião Boeing 747 pesa 2,58 × 10⁶ N quando carregado com combustível e 100 passageiros. Nesta condição, a velocidade para a decolagem é 225 km/h. Com a mesma configuração (i.e. ângulo de ataque, posicionamento de flapes etc), qual é a velocidade de decolagem do avião carregado com 327 passageiros? Admita que cada passageiro com bagagem pesa 890 N.

9.94 Mostre que o ângulo de planagem, θ, é dado por tg $\theta = C_D/C_L$ num vôo sem propulsão (nesta condição as forças peso, sustentação e arrasto estão em equilíbrio).

9.95 O coeficiente de sustentação de um Boeing 777 é 15 vezes maior do que seu coeficiente de arrasto. Suponha que o avião perca a propulsão numa altura de 9144 m. É possível para este avião planar até um aeroporto que dista 129 km do ponto onde a propulsão foi perdida? (veja o Prob. 9.94.)

9.96 A inclinação de um avião em relação ao plano horizontal é 3° graus no procedimento de aterrissagem. Qual é a proporção sustentação-arrasto necessária para que o avião aterrise com seus motores desligados?(veja o Prob. 9.94.)

9.97 Um planador com uma razão sustentação-arrasto igual a 25,0 voa com uma velocidade de 80 km/h. O planador mantém ou aumenta sua altitude voando em térmicas (colunas de ar ascendentes produzidas por efeitos de convecção natural na atmosfera). Qual é a velocidade vertical do ar necessária para o planador manter a mesma altitude?

9.98 A velocidade de vôo, U, a altitude de cruzeiro, h, o peso, W, e a carga de asa (W/A = peso dividido pela área da asa) dos aviões tem aumentado significativamente ao longo do tempo. Utilize os dados apresentados na próxima tabela para calcular os coeficientes de sustentação dos aviões considerados.

Avião	Ano	W, N	U, km/h	W/A, N/m²	h, m
Wrigth	1903	3340	56	72	0
Douglas DC-3	1935	111200	290	1197	3050
Douglas DC-6	1947	467040	507	3447	4572
Boeing 747	1970	3558400	917	7182	9144

9.99 A velocidade de aterrissagem do Space Shuttle depende do valor da massa específica do ar na região da aterrissagem (veja o ⊙ 9.1). Determine o aumento percentual da velocidade de aterrissagem num dia que apresenta temperatura ambiente igual a 43 °C em relação àquela encontrada noutro dia onde a temperatura ambiente vale 10 °C. Admita que o valor da pressão atmosférica é o mesmo nos dois dias considerados.

9.100 As altitudes normais de cruzeiro dos aviões comerciais modernos são bastante altas (entre 9000 e 10700 m). Mostre porque é mais interessante voar em altitudes altas do que nas baixas (em torno de 3000 m).

9.101 Um arremessador pode impor um movimento de rotação na bola de baseball no instante do lançamento. A trajetória da bola é reta quando o movimento de rotação é nulo. Entretanto, quando o movimento de rotação existe, a trajetória da bola é curva (mesmo que o movimento de rotação promova apenas uma rotação completa durante o tempo de permanência da bola no ar). Analise o movimento da bola de baseball com rotação. Observe que a superfície da bola não é lisa e apresenta vários sulcos.

9.102 A capacidade da bola de beisebol realizar curvas sempre foi questionada na literatura. De acordo com um teste (*Life*, 27 de Julho de 1953), uma bola de beisebol (diâmetro = 73,7 mm e massa = 149 g) girando a 1400 rpm e com velocidade de 69,2 km/h segue uma trajetória com um raio de curvatura de 243 m. Você concorda com os resultados deste teste? Utilize os dados da Fig. 9.39 na sua análise.

9.103 O perfil de velocidade na camada limite sobre uma placa plana pode ser determinado com o dispositivo mostrado na Fig. P9.103. Ar, a 27 °C e pressão absoluta de 98,5 kPa escoa em regime permanente sobre a placa plana. Um tubo de pequeno diâmetro e aberto na extremidade é posicionado em vários planos que distam y da placa. Este tubo é utilizado para medir a pressão de estagnação do escoamento. A pressão estática é medida através do orifício na placa (veja a figura). A diferença entre a pressão de estagnação e a estática é determinada com o manômetro inclinado.

A próxima tabela apresenta alguns valores de l e y obtidos experimentalmente a uma distância de 381 mm do bordo de ataque da placa. Utilize estes resultados para construir o gráfico da velocidade do ar, u, em função da distância y. Determine a espessura da camada limite neste ponto. Calcule também a espessura de camada limite teórica para as condições correspondentes aos dados experimentais do problema.

Compare os resultados teóricos com os experimentais e discuta as possíveis razões para as diferenças que podem existir entre eles.

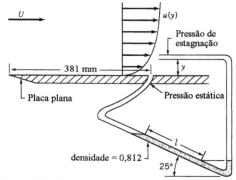

Figura P9.103

y (mm)	l (mm)
0,51	3,81
0,89	8,89
1,12	10,16
1,52	17,78
2,44	22,86
2,79	33,02
3,51	36,83
4,52	41,91
5,84	49,53
6,86	50,80
8,18	50,80

Apêndice A

Tabela de Conversão de Unidades[1]

A tabela deste apêndice contém vários fatores de conversão de unidades. A notação utilizada na apresentação dos fatores é a computacional. Alguns destes fatores são exatos (porque são resultados de definições) e estão indicados pela presença do asterisco. Por exemplo, 1 polegada = 2.54E–2* metro, ou seja, 1 polegada é exatamente igual a 2,54 × 10^{-2} metro (por definição). Os números que não apresentam asterisco são aproximados.

Tabela A.1
Fatores de Conversão

Para Converter de	para	Multiplique por
Aceleração		
pé/segundo^2	metro/segundo^2	3,048 E–1*
polegada/segundo^2	metro/segundo^2	2,54 E–2*
Área		
pé^2	metro^2	9,290304 E–2*
polegada^2	metro^2	6,4516 E–4*
Massa específica		
grama/centímetro^3	quilograma/metro^3	1,00 E+3*
libra massa/polegada^3	quilograma/metro^3	2,7679905 E+4
libra massa/pé^3	quilograma/metro^3	1,6018463 E+1
slug/pé^3	quilograma/metro^3	5,15379 E+2
Energia		
British thermal unit (BTU) (IST depois de 1956)	joule	1,055056 E+3
British thermal unit (BTU) (termoquímica)	joule	1,054350 E+3
caloria (Tabela Internacional de Vapor)	joule	4,1868 E+0
caloria (termoquímica)	joule	4,184 E+0*
kWh	joule	3,60 E+06*
pé × libra força	joule	1,3558179 E+0
quilocaloria (Tabela Internacional de Vapor)	joule	4,1868 E+3
quilocaloria (termoquímica)	joule	4,184 E+3*
Força		
dina	newton	1,00 E–5*
libra força (lbf)	newton	4,4482216152605 E+0*
quilograma força (kgf)	newton	9,80665 E+0*
Comprimento		
jarda	metro	9,144 E–1*
milha (valor legal americano)	metro	1,609344 E+3*
milha nautica (Estados Unidos)	metro	1,852 E+3*
pé	metro	3,048 E–1*
polegada	metro	2,54 E–2*

---

[1] A tabela foi construída com os valores encontrados em Mechtly, E. A., *The International System of Units*, 2ª Rev., NASA, SP – 7012, 1973.

Tabela A.1 (continuação)

Para Converter de	para	Multiplique por
Massa		
grama	quilograma	1,00 E−3*
libra massa, lbm	quilograma	4,5359237 E−1*
tonelada (curta, 2000 lbm)	quilograma	9,0718474 E+2*
tonelada (longa)	quilograma	1,0160469088 E+3*
tonelada (métrica)	quilograma	1,0 E+3*
Potência		
Btu (termoquímico)/segundo	watt	1,054350264488 E+3
caloria (termoquímica)/segundo	watt	4,184 E+0*
hp (550 pé × lbf/segundo)	watt	7,4569987 E+2
pé × lbf/segundo	watt	1,3558179 E+0
quilocaloria (termoquímica)/segundo	watt	4,184 E+3*
Pressão		
atmosfera	newton/metro^2	1,01325 E+5*
bar	newton/metro^2	1,0 E+5*
centímetro de água (4 °C)	newton/metro^2	9,80638 E+1
centímetro de mercúrio (0 °C)	newton/metro^2	1,33322 E+3
dina/centímetro^2	newton/metro^2	1,0 E−1*
kgf/centímetro^2	newton/metro^2	9,80665 E+4*
kgf/metro^2	newton/metro^2	9,80665 E+0*
lbf/pe^2	newton/metro^2	4,7880258 E+1
lbf/polegada^2 (psi)	newton/metro^2	6,8947572 E+3
milímetro de mercúrio (0 °C)	newton/metro^2	1,333224 E+2
pascal	newton/metro^2	1,0 E+0*
polegada de água (39,2 °F)	newton/metro^2	2,49082 E+2
polegada de água (60 °F)	newton/metro^2	2,4884 E+2
polegada de mercúrio (32 °F)	newton/metro^2	3,386389 E+3
polegada de mercúrio (60 °F)	newton/metro^2	3,37685 E+3
torr (0 °C)	newton/metro^2	1,333224 E+2
Velocidade		
pé/segundo	metro/segundo	3,048 E−1*
polegada/segundo	metro/segundo	2,54 E−2*
Temperatura		
Celsius	kelvin	$T_K = T_C + 273,15$
Fahrenheit	kelvin	$T_K = (5/9)(T_F + 459,67)$
Fahrenheit	Celsius	$T_C = (5/9)(T_F - 32)$
Rankine	kelvin	$T_K = (5/9) T_R$
Viscosidades		
pé^2/segundo	metro^2/segundo	9,290304 E−2*
stoke	metro^2/segundo	1,0 E−4*
lbm/pé segundo	newton × segundo/metro^2	1,4881639 E+0
lbf × segundo/pé^2	newton × segundo/metro^2	4,7880258 E+1
poise	newton × segundo/metro^2	1,0 E−1*
Volume		
barril (petróleo, 42 galões))	metro^3	1,589873 E−1
galão americano	metro^3	3,785411784 E−3*
galão inglês	metro^3	4,546087 E−3
pé^3	metro^3	2,8316846592 E−2*
polegada^3	metro^3	1,638706 E−5*

Apêndice B

Propriedades Físicas dos Fluidos

Tabela B.1
Propriedades Físicas da Água[a]

Temperatura (°C)	Massa específica ρ (kg/m³)	Peso específico[b] γ (kN/m³)	Viscosidade dinâmica μ (N·s/m²)	Viscosidade cinemática ν (m²/s)	Tensão superficial[c] σ (N/m)	Pressão de vapor p_v [N/m²(abs)]	Velocidade do som[d] c (m/s)
0	999,9	9,806	1,787 E−3	1,787 E−6	7,56 E−2	6,105 E+2	1403
5	1000,0	9,807	1,519 E−3	1,519 E−6	7,49 E−2	8,722 E+2	1427
10	999,7	9,804	1,307 E−3	1,307 E−6	7,42 E−2	1,228 E+3	1447
20	998,2	9,789	1,002 E−3	1,004 E−6	7,28 E−2	2,338 E+3	1481
30	995,7	9,765	7,975 E−4	8,009 E−7	7,12 E−2	4,243 E+3	1507
40	992,2	9,731	6,529 E−4	6,580 E−7	6,96 E−2	7,376 E+3	1526
50	988,1	9,690	5,468 E−4	5,534 E−7	6,79 E−2	1,233 E+4	1541
60	983,2	9,642	4,665 E−4	4,745 E−7	6,62 E−2	1,992 E+4	1552
70	977,8	9,589	4,042 E−4	4,134 E−7	6,44 E−2	3,116 E+4	1555
80	971,8	9,530	3,547 E−4	3,650 E−7	6,26 E−2	4,734 E+4	1555
90	965,3	9,467	3,147 E−4	3,260 E−7	6,08 E−2	7,010 E+4	1550
100	958,4	9,399	3,818 E−4	2,940 E−7	5,89 E−2	1,013 E+5	1543

[a] Baseada nos dados do *Handbook of Chemistry and Physics*, 69ª Ed., CRC Press, 1988.
[b] A massa específica e o peso específico estão realcionados por $\gamma = \rho g$.
[c] Em contato com ar.
[d] Dados obtidos em R. D. Blevins, *Applied Fluid Dynamics Handbook*, Van Nostrand Reinhold Co. New York, 1984.

Tabela B.2
Propriedades Físicas do Ar Referentes a Pressão Atmosférica Padrão[a]

Temperatura (°C)	Massa específica ρ (kg/m³)	Peso específico[b] γ (N/m³)	Viscosidade dinâmica μ (N·s/m²)	Viscosidade cinemática ν (m²/s)	Razão entre calores específicos k	Velocidade do som[d] c (m/s)
−40	1,514	14,85	1,57 E−5	1,04 E−5	1,401	306,2
−20	1,395	13,68	1,63 E−5	1,17 E−5	1,401	319,1
0	1,292	12,67	1,71 E−5	1,32 E−5	1,401	331,4
5	1,269	12,45	1,73 E−5	1,36 E−5	1,401	334,4
10	1,247	12,23	1,76 E−5	1,41 E−5	1,401	337,4
15	1,225	12,01	1,80 E−5	1,47 E−5	1,401	340,4
20	1,204	11,81	1,82 E−5	1,51 E−5	1,401	343,3
25	1,184	11,61	1,85 E−5	1,56 E−5	1,401	346,3
30	1,165	11,43	1,86 E−5	1,60 E−5	1,400	349,1
40	1,127	11,05	1,87 E−5	1,66 E−5	1,400	354,7

Tabela B.2 (continuação)

Temperatura (°C)	Massa específica ρ (kg/m³)	Peso específico[b] γ (N/m³)	Viscosidade dinâmica μ (N·s/m²)	Viscosidade cinemática ν (m²/s)	Razão entre calores específicos k	Velocidade do som[d] c (m/s)
50	1,109	10,88	1,95 E − 5	1,76 E − 5	1,400	360,3
60	1,060	10,40	1,97 E − 5	1,86 E − 5	1,399	365,7
70	1,029	10,09	2,03 E − 5	1,97 E − 5	1,399	371,2
80	0,9996	9,803	2,07 E − 5	2,07 E − 5	1,399	376,6
90	0,9721	9,533	2,14 E − 5	2,20 E − 5	1,398	381,7
100	0,9461	9,278	2,17 E − 5	2,29 E − 5	1,397	386,9
200	0,7461	7,317	2,53 E − 5	3,39 E − 5	1,390	434,5
300	0,6159	6,040	2,98 E − 5	4,84 E − 5	1,379	476,3
400	0,5243	5,142	3,32 E − 5	6,34 E − 5	1,368	514,1
500	0,4565	4,477	3,64 E − 5	7,97 E − 5	1,357	548,8
1000	0,2772	2,719	5,04 E − 5	1,82 E − 4	1,321	694,8

[a] Baseada nos dados de R. D. Blevins, *Applied Fluid Dynamics Handbook*, Van Nostrand Reinhold Co. New York, 1984.
[b] A massa específica e o peso específico estão realcionados por $\gamma = \rho g$.

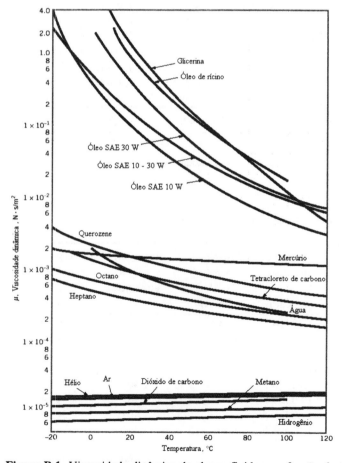

Figura B.1 Viscosidade dinâmica de alguns fluidos em função da temperatura. (Fox. R. W., e MacDonald, A. T., *Introduction to Fluid Mechanics*, 3ª Ed. Wiley, New York, 1985. Reprodução autorizada).

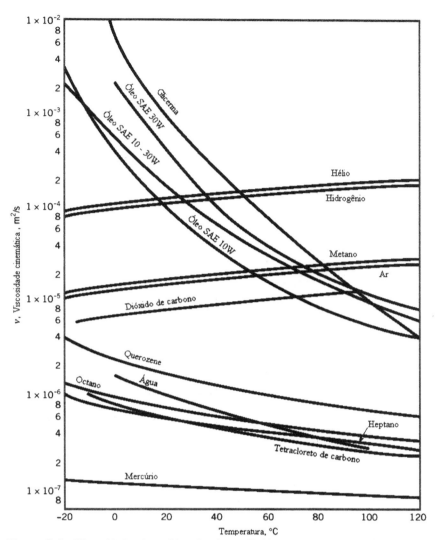

Figura B.2 Viscosidade cinemática de alguns fluídos (a pressão atmosférica) em função da temperatura. (Fox. R. W., e MacDonald, A. T., *Introduction to Fluid Mechanics*, 3ª Ed. Wiley, New York, 1985. Reprodução autorizada).

Respostas de Alguns Problemas Pares

Capítulo 1

1.4	(a) FL^{-2} ; FL^{-3} ; (c) FL
1.6	(b)
1.8	adimensional; sim
1.10	adimensional; sim
1.12	sim
1.14	(a) 4,32 mm/s; (b) 70,2 kg; (c) 13,4 N; (d) 22,3 m/s^2; (e) 1,12 N·s/m^2
1.20	(a) $7,57 \times 10^{-2}$ m^3/s; (b) 4540 litros/min
1.22	30,6 kg ; 37,3 N
1.24	1366 kg/m^3 ; 1,37
1.28	16,0 kN/m^3 ; $1,63 \times 10^3$ m^3/kg ; 1,63
1.30	$\rho = 1001 - 0,05333T - 0,004095T^+$; 991,5 kg/m^3
1.32	58,0 kPa
1.40	$1,5 \times 10^{-3}$ N·s/m^2 ; $3,1 \times 10^{-5}$ lbf·s/ft^2
1.42	31,0%
1.48	15.000 (água); 752 (ar)
1.50	$C = 1,43 \times 10^{-6}$ kg/(m·s·K$^{1/2}$)
1.52	$D = 1,767 \times 10^{-6}$ N·s/m^2 ; $B = 1,87 \times 10^3$ K ; $5,76 \times 10^{-4}$ N·s/m^2
1.54	razão = 1
1.56	7,2°
1.58	$\tau = 0,552\ U/\delta$ (em N/m^2)
1.64	117,3 N·s/m^2
1.68	2069 MPa
1.70	717 kPa
1.72	1,52 kg/m^3
1.76	1,06
1.78	32,7 kPa
1.82	97,9 kPa
1.84	(a) 24,5°
1.86	1,6 mm

Capítulo 2

2.2	(a) 16,0 kPa; 9,31 kPa; (b) não
2.6	50,5 MPa; 7320 psi
2.8	não
2.12	$1,6 \times 10^5$ N
2.16	−53,1 kPa
2.22	12,1 kPa; 0,195 kg/m^3
2.24	32,2 kPa
2.26	7100 N/m^3
2.28	349 N
2.32	1,54 kPa
2.34	$h = (p_1 - p_2)/(\gamma_2 - \gamma_1)$
2.36	0,040 m
2.38	94,9 kPa
2.40	1930 kg/m^3
2.44	27,8°
2.48	2958 N
2.50	−4,51 kPa
2.52	6005 N
2.58	436 kN
2.64	0,57 m
2.66	426 N, 2,46 m abaixo da superfície livre do líquido
2.68	0,146
2.70	F_H = 882 kN; F_V = 983 kN; sim
2.74	23,2 MPa
2.76	60,8 kN; 0,1 m abaixo do centro da tampa
2.78	203 kN
2.82	0,37 m
2.88	0,59 m^3
2.90	(a) 18,9 kPa; (b) 0,208 m^3
2.92	$dz/dy = 0,50$
2.94	4,91 m/s^2
2.98	10,5 rd/s
2.100	6,0 rd/s

Capítulo 3

3.4	−30,0 kPa/m
3.10	12,0 kPa; −20,1 kPa
3.14	10,4 m/s
3.18	296 kPa
3.20	10,7 s
3.26	$2,45 \times 10^5$ kN/m^2; $5,50 \times 10^{-6}$ m^3/s
3.28	2,25 km/h
3.30	$Q = 1,56\ D^2$, em m^3/s
3.32	0,0156 m^3/s
3.34	13,9 m
3.38	$2,54 \times 10^{-4}$ m^3/s
3.40	30°
3.44	135 kPa
3.46	63,5 mm
3.48	0,4 m
3.52	2,34
3.58	15,4 m
3.62	35,7 kPa
3.66	0,37 m

566 Fundamentos da Mecânica dos Fluidos

3.70	7,38 m³/s
3.74	$8,68 \times 10^{-3}$ m³/s
3.76	$R = 0,998 z^{1/4}$
3.84	3,68 bar; 3,31 bar
3.90	$Q = CH^2$
3.92	0,19 m; 1,37 m
3.94	0,174 m³/s
3.96	6,51 m; 25,4 m; 6,51 m; −9,59 m

Capítulo 4

4.4	(2, 2)
4.10	$xy = C$
4.12	$x = -h(u_0/v_0)\ln[1 - (y/h)]$
4.14	$2c^2x^3$; $2c^2y^3$; $x = y = 0$
4.18	−8 m/s²; −2,0 m/s²; −0,08 m/s²
4.24	$-x/t^2$; x/t^2
4.32	−18,9 °C/s; −16,8 °C/s
4.34	0; 100 N/m² · s
4.36	9,8 m/s²
4.38	0, K/r^3
4.46	$3,13 \times 10^{-5}$ m/s²; $2,00 \times 10^{-3}$ m/s²
4.50	3,75 m³/s
4.60	3000 kg/s; 3,0 m³/s

Capítulo 5

5.4	314 m/s
5.6	5,9 m
5.10	0,68 m/s
5.12	64 mm
5.14	2,00 m³/s
5.20	$(7/8)Ul\delta$
5.22	32,7 horas
5.30	1566 N (para a esquerda)
5.36	0,11 m³/s
5.38	9,27 N (para a esquerda)
5.44	2,1%
5.50	0,108 kg
5.52	1,82 kPa
5.54	2,15 m/s a 45°
5.56	0
5.60	3,97 m
5.82	84,2%
5.86	237,1 m
5.90	0,042 m³/s
5.92	$4,58 \times 10^{-3}$ m³/s
5.96	(a) 392 kPa; (b) 422 kPa
5.106	(a) 4,29 m/s, 17,2°; (b) 558 (N · m)/s
5.108	2,22 MW
5.110	301 hp
5.114	(a) 1,20 m³/s; (b) 0,928 m³/s; (c) 0,705 m³/s
5.116	2,0 hp
5.120	31,3 hp

Capítulo 6

6.4	(a) 0; (b) $-(y/2+z)\,\hat{i} + (5z/2)\,\hat{j} - (y/2)\,\hat{k}$; (c) não
6.6	não, nenhuma (só se as duas forem nulas)
6.10	$\omega = 4yz^2 - 6y^2z$
6.18	(a) sim; (b) só se $A = B$; (c) $y^2 = (B/A)x^2 + C$
6.20	(a) $v = -2y$; (b) 0,43 m/s
6.22	−1 m³/s (por unidade de largura)
6.26	(a) $p_A = p_0$; (b) $p_B = p_0$
6.28	$\psi = 5x^2y - (5/3)y^3 + C$
6.36	80,1 kPa
6.38	(a) $\psi = -Kr^2/2 + C$; (b) não
6.42	sim
6.44	$C = 0,50$ m
6.46	$\Gamma = \omega \Delta \theta \,(b^2 - a^2)$
6.52	7,50 m²/s
6.54	$8,49 \times 10^{-4}$ m³/s
6.62	$y/a \geq 10$
6.68	(b) $m = 4\pi AL^2$
6.74	(a) $2,81 \times 10^{-4}$ m²/s; (b) 40 N/m² (atuando no sentido do escoamento); (c) 0,105 m/s
6.76	$q = (\rho g h^3 \operatorname{sen} \alpha) / 3\mu$
6.78	$q = -2\rho g h^3 / 3\mu$
6.80	$u = [(U_1 + U_2)/b]y - U_2$
6.82	$y/b = 1/3$
6.84	0,355 N · m
6.90	(a) Re = 320 < 2100; (b) 180 kPa; (c) 60 N/m²
6.92	(b) 1,20 Pa
6.94	$v_\theta = R^2\omega / r$
6.98	50 mm

Capítulo 7

7.4	(a) 103 m/s; (b) 444 m/s
7.6	$\omega (l/g)^{1/2} = \phi (h/l)$
7.8	$q/b^{3/2}g^{1/2} = \phi (H/b,\, \mu/\rho\, b^{3/2}g^{1/2})$
7.16	$D/\rho V^2 l_1^2 = \phi (V/c,\, l_i/l_1)$
7.18	$\Delta p \propto 1/D^2$ (para uma dada velocidade)
7.22	$h/D = \phi (\sigma/\gamma D^2)$
7.26	(a) correto; (b) $t = 1,36\mu$
7.32	$2,0 \times 10^{-2}$ m/s
7.36	$\sigma_m/\sigma = 4,44 \times 10^{-3}$
7.38	1170 km/h
7.40	301 km/h
7.44	(a) 400 km/h; (b) 170 N
7.46	50,2 kPa (abs)
7.52	0,329 m³/s; 3,4 kPa
7.56	160 a 724 km/h; não
7.58	0,0647 a 0,0971
7.60	0,134 m; 0,079 m³/s
7.62	1,31 m/s; $1,2544 \times 10^5$

Capítulo 8

8.4	0,69 m
8.6	laminar
8.12	31 mm
8.18	0,61 m/s
8.20	$h \leq 0,51$ m
8.22	18,5 m
8.24	0
8.30	0,03
8.34	0,03 mm
8.36	1,73 bar
8.44	sim
8.46	9,0
8.52	21,0
8.54	3,3 bar
8.58	0,188 m
8.60	0,285 m
8.62	bomba de 127 hp
8.64	24,4 hp
8.70	6,9 m/s; 5,2 m/s
8.72	0,02 m^3/s
8.74	25,6 m
8.78	(a) 41,1 m; (b) 41,8 m
8.80	9
8.86	5,0 m
8.88	1,75 m/s
8.92	379 kW
8.96	0,0445 m
8.100	0,018 m^3/s
8.104	1,72 bar
8.106	32,4 kPa
8.108	0,022 m^3/s
8.112	1,76 m
8.114	$2,65 \times 10^{-3}$ m^3/s

Capítulo 9

9.2	$0,06(\rho U^2/2)$; 2,40
9.4	1,91
9.6	sim
9.10	4,7 mm; 14,8 mm; 47,0 mm
9.12	0,00718 m/s; 0,00229 m/s
9.16	0,0130 m; 0,0716 Pa; 0,0183 m; 0,0506 Pa
9.24	$\delta = 5,48\,(vx/U)^{1/2}$
9.26	$\delta/x = 5,03/\mathrm{Re}_x^{1/2}$
9.28	2
9.34	0,0296 N
9.36	0,044 N·m
9.40	não
9.42	1,06 m/s
9.46	2,82
9.48	7080 N·m
9.52	43,2%
9.56	58,4 hp
9.62	sentido anti-horário
9.70	4,31 MN; 4,17 MN
9.78	53,5 kW; 4,46 kW
9.80	2,47 MW
9.84	0,0187 U
9.86	65,9 hp
9.88	22,5%
9.90	1,80 U
9.96	19,1
9.98	0,48; 0,41; 0,45; 0,48

Capítulo 10

10.2	(a) supercrítico; (b) supercrítico; (c) subcrítico
10.6	1,73 m
10.8	3,60 m/s
10.10	2,5 m/s
10.14	1,26 m ou 0,43 m
10.16	0,16 m; 0,22 m
10.22	não
10.24	0,61 m, 1,07 m, 0,61 m, 0,42 m
10.28	3,44 m
10.34	35,0 m^3/s
10.36	maior
10.38	445 s
10.40	0,000664
10.42	0,000269
10.44	sim
10.48	0,93 m^3/s
10.50	0,68 m; 0,756
10.58	0,856h
10.60	10,7 m
10.64	18,2 m^3/s
10.70	0,0076
10.74	$-7,07 \times 10^{-5}$
10.76	4,2 m/s
10.82	1,51 m; 12,5 MW
10.84	0,0577; 0,00024
10.86	1,3 m/s
10.88	0,17 m^3/s
10.90	53°
10.92	0,47 m^3/s
10.94	sim

Capítulo 11

11.6	−1890 J/(kg·K)
11.8	351 K
11.12	288 m/s
11.20	(a) 102,1 m/s; (b) 390 m/s
11.24	0,625

11.32 (a) 0,40 kg/s; (b) 0,44 kg/s
11.34 (a) 283 m/s; 0,89 (b) 231 m/s; 0,913; (c) 1070 m/s; 0,884
11.36 269 m/s; 0,90
11.44 (a) $1,11 \times 10^{-3}$ m^2; (b) $9,23 \times 10^{-4}$ m^2; (c) $2,86 \times 10^{-3}$ m^2
11.46 (a) 0,36 m^2; 23 kPa (abs); 113 K (b) 0,257 m^2; 24,8 kPa (abs); 82,6 K
11.54 75,8 kPa (abs)
11.56 (a) 1,7 kg/s; (b) 1,5 kg/s
11.62 $T_1 = 282$ K; $p_1 = 95$ kPa (abs); $T_{0,1} = 288$ K; $p_{0,1} = 101$ kPa (abs); $V_1 = 104$ m/s; $T_2 = 674$ K; $p_2 = 45$ kPa (abs); $T_{0,2} = 786$ K; $p_{0,2} = 84,9$ kPa (abs); $V_2 = 520$ m/s
11.64 404 kPa (abs); 81,2 K; 31 m/s
11.66 (a) 56 kPa; (b) 47,6 kPa
11.70 378 m/s; 1,25
11.72 (a) 0,94; 4 kPa; (b) 0,80; 17 kPa; (c) 0,47; 50 kPa
11.74 (a) $p_2/p_{0,1} = 0,213$; Ma$_2 = 0,62$; (b) $p_2/p_{0,1} = 0,16$; Ma$_2 = 0,89$

Capítulo 12

12.6 (b) ventilador
12.8 0,08 kW
12.10 1245 N · m; 0 rpm
12.12 1,84 hp
12.14 11,5 m
12.18 não
12.22 0,023 m^3/s
12.24 0,016 m^3/s; não
12.26 0,0529 m^3/s; aberta 13%
12.30 0,063 m^3/s; 243,8 m
12.32 sim
12.34 bomba centrífuga
12.36 bomba com escoamento misto
12.44 25 mm; 19,8 hp
12.50 26.600 N; 37,6 m/s; 707 kg/s

Índice

Análise dimensional, 344
Arquimedes, 63
Arrasto, 483, 516
Arrasto em corpos, 521
Atmosfera padrão, 42, 564

Barômetro, 44
Blasius, 494
Bocal convergente - divergente, 643
Bocal para a medida de vazão, 462
Bomba axial, 731
Bomba centrífuga, 713
Bomba de deslocamento positivo, 706
Bomba mista, 731

Calores específicos, 629
Camada limite, 490
Campo de aceleração, 153
Campo de pressão, 36
Campo de velocidade, 145
Caos, 424
Cavitação, 113
Cinemática, 145, 265
Circulação, 543
Coeficiente de compressibilidade, 18
Comporta deslizante, 118, 601
Comporta submersa, 614
Comprimento de mistura, 419
Compressor centrífugo, 749
Conservação da massa, 185, 271
Coordenadas da linha de corrente, 160
Corpo de Rankine, 302
Correlação de dados experimentais, 363
Curva característica da bomba, 718
Curva do sistema, 722

Deformação, 12, 267, 268, 310
Densidade, 11
Derivada convectiva, 157
Derivada material, 154
Derivada substantiva, 154
Descrição Euleriana do escoamento, 147
Descrição Lagrangeana do escoamento, 147
Diagrama de Moody, 425
Dimensões, 2, 354

Dipolo, 296
Dutos, 443

Efeitos convectivos, 157
Efeitos rotacionais, 128
Efeitos transitórios, 172
Empuxo, 63
Energia específica, 581
Energia interna específica, 223, 629
Entalpia específica, 226, 629
Entropia específica, 631
Equação de Andrade, 16
Equação de Bernoulli, 106, 282, 285
Equação de Chezy e Manning, 589
Equação de Colebrook, 430
Equação da continuidade, 185
Equação de Darcy - Weisbach, 428
Equação de Euler, 281
Equação da energia, 223
Equação integral da camada limite, 498, 515
Equação da quantidade de movimento linear, 199
Equação de Sutherland, 16
Equação do momento da quantidade de movimento, 214, 279
Equação de Navier – Stokes, 311
Equação do movimento, 279
Equação do movimento de Euler, 281
Escalas, 371
Escoamento compressível bidimensional, 691
Escoamento de Couette, 315
Escoamento em canal aberto, 575
Escoamento confinado, 115
Escoamento externo, 481
Escoamento de Fanno, 660
Escoamento de Rayleigh, 673
Escoamento invíscido, 281
Escoamento irreversível, 240, 242
Escoamento irrotacional, 270, 283
Escoamento isoentrópico de um gás perfeito, 640
Escoamento laminar em espaços anulares, 320
Escoamento laminar em tubos, 317, 399, 403
Escoamento não isoentrópico de um gás perfeito, 660

Escoamento turbulento, 399, 506
Escoamento turbulento em tubo, 413
Escoamento potencial plano, 289
Escoamento rotacional, 270
Escoamento uni, bi e tridimensional, 148
Escoamento viscoso, 310
Escoamento turbulento em tubos, 413
Escoamento turbulento na camada limite, 506
Estabilidade, 66

Fator de atrito, 410
Fluido compressível, 40
Fluido incompressível, 38
Fluido Newtoniano, 14
Flutuação, 63
Força hidrostática, 52, 62
Fonte, 291
Formas da superfície livre, 599
Função corrente, 274

Gases perfeitos, 11, 628
Grupos adimensionais usuais, 359

Homogeneidade dimensional, 2

Jato livre, 108

Leis de semelhança para bombas, 728
Linha de corrente, 91, 150
Linha de emissão, 150
Linha de energia, 120
Linha piezométrica, 120

Magnus, 308
Manômetro com o tubo em U, 46
Manômetro com o tubo inclinado, 49
Manometria, 45
Massa específica, 10
Métodos numéricos, 322
Modelagem da turbulência, 322
Modelos, 367
Módulo de elasticidade volumétrico, 18
Movimento de corpo rígido, 67

NPSH, 720
Número de Cauchy, 361
Número de Euler, 361
Número de Froude, 361, 530, 580
Número de Mach, 361, 527, 633
Número de Reynolds, 17, 360, 400, 522
Número de Strouhal, 362
Número de Weber, 362

Onda de choque normal, 680
Onda de pressão, 633
Onda superficial, 577

Perda, 242
Perda de carga distribuída, 425
Perda de carga localizada (ou singular), 431
Peso específico, 11
Placa de orifício, 115, 461
Potencial de velocidade, 286
Prandtl, 494
Pressão, 35
Pressão absoluta, 35
Pressão dinâmica, 102
Pressão de estagnação, 102
Pressão estática, 102
Pressão relativa, 43
Pressão total, 102
Pressão de vapor, 21
Primeira lei da Termodinâmica, 223
Prisma de pressões, 58

Razão entre calores específicos, 630
Relações entre tensões e deformações, 310
Região de entrada, 401
Regime permanente, 149
Regime transitório, 149
Regra da mão direita, 217
Ressalto hidráulico, 603, 608
Rotação específica, 729
Rotação específica de sucção, 730
Rotação de corpo rígido, 69
Rotâmetro, 464
Rugosidade equivalente, 429
Rugosidade superficial, 528

Segunda lei da Termodinâmica, 240
Segunda lei de Newton, 89
Semelhança, 367, 382
Sistema britânico de unidades, 5
Sistema Inglês de engenharia, 8
Sistema Internacional, 6
Sistemas, 162
Sistemas com múltiplos condutos, 455
Sistemas de unidades, 5
Solução de Blasius, 494
Sorvedouro, 291
Sustentação, 483, 534

Tabela de conversão de unidades, 559
Tensão superficial, 21

Tensão de cisalhamento turbulenta, 415
Tensões, 279
Teorema de Buckingham Pi, 346
Teorema de Transporte de Reynolds, 163
Trajetória, 150
Transdutor de pressão, 50
Transição, 399, 414, 504
Triângulo de velocidade, 712
Tubo de Bourdon, 50
Tubo de Pitot, 103
Tubo piezométrico, 45
Turbina, 734
Turbina a gás, 751
Turbina com escoamento compressível, 753
Turbina de ação, 736
Turbina de reação, 744
Turbina Francis, 745
Turbina Kaplan, 745
Turbina Pelton, 736
Turbo compressor, 749

Válvulas, 432
Velocidade da onda, 577
Velocidade do som, 20, 633
Vena contracta, 107, 434
Ventilador, 733
Venturi, 115, 463, 646
Vertedor com soleira delgada, 119, 609
Vertedor com soleira espessa, 612
Viscosidade, 13
Viscosidade aparente, 418
Viscosidade cinemática, 16
Viscosidade dinâmica, 13
Volume de controle, 162
Volume de controle deformável, 195
Volume de controle móvel, 174, 193
Vorticidade, 269
Vórtice, 293

C Apêndice

Atmosfera Americana Padrão

Tabela C.1

Propriedades da Atmosfera Americana Padrão[a]

Altitude (m)	Temperatura (°C)	Aceleração da gravidade, g (m/s^2)	Pressão p [Pa (abs)]	Massa específica ρ (kg/m^3)	Viscosidade dinâmica μ (N·s/m^2)
−1000	21,50	9,810	1,139 E + 5	1,347 E + 0	1,821 E − 5
0	15,00	9,807	1,013 E + 5	1,225 E + 0	1,789 E − 5
1000	8,50	9,804	8,988 E + 4	1,112 E + 0	1,758 E − 5
2000	2,00	9,801	7,950 E + 4	1,007 E + 0	1,726 E − 5
3000	−4,49	9,797	7,012 E + 4	9,093 E − 1	1,694 E − 5
4000	−10,98	9,794	6,166 E + 4	8,194 E − 1	1,661 E − 5
5000	−17,47	9,791	5,405 E + 4	7,364 E − 1	1,628 E − 5
6000	−23,96	9,788	4,722 E + 4	6,601 E − 1	1,595 E − 5
7000	−30,45	9,785	4,111 E + 4	5,900 E − 1	1,561 E − 5
8000	−36,94	9,782	3,565 E + 4	5,258 E − 1	1,527 E − 5
9000	−43,42	9,779	3,080 E + 4	4,671 E − 1	1,493 E − 5
10000	−49,90	9,776	2,650 E + 4	4,135 E − 1	1,458 E − 5
15000	−56,50	9,761	1,211 E + 4	1,948 E − 1	1,422 E − 5
20000	−56,50	9,745	5,529 E + 3	8,891 E − 2	1,422 E − 5
25000	−51,60	9,730	2,549 E + 3	4,008 E − 2	1,448 E − 5
30000	−46,64	9,715	1,197 E + 3	1,841 E − 2	1,475 E − 5
40000	−22,80	9,684	2,871 E + 2	3,996 E − 3	1,601 E − 5
50000	−2,50	9,654	7,978 E + 1	1,027 E − 3	1,704 E − 5
60000	−26,13	9,624	2,196 E + 1	3,097 E − 4	1,584 E − 5
70000	−53,57	9,594	5,221 E + 0	8,283 E − 5	1,438 E − 5
80000	−74,51	9,564	1,052 E + 0	1,846 E − 5	1,321 E − 5

[a]Dados coletados na *U.S. Standard Atmosphere*, 1976, U. S. Government Printing Office, Washington, D.C.